国家科学技术学术著作出版基金资助出版

中国科学院中国动物志编辑委员会主编

中国动物志

昆虫纲 第七十八卷

膜翅目

茧蜂科（三）

陈学新 唐 璞 〔俄〕S. A. 别洛科比利斯基（S. A. Belokobylskij） 何俊华 著

科技基础资源调查专项项目
中国科学院重点部署项目
国家自然科学基金重大项目
（科技部 中国科学院 国家自然科学基金委员会 资助）

科学出版社
北 京

内 容 简 介

茧蜂科隶属于膜翅目姬蜂总科，是自然界中一类常见的天敌昆虫，在昆虫体内外营寄生性生活，在生态系统的自然控制和害虫的生物防治中占有重要的地位。茧蜂科是一相当大的类群，本志为第三部分，对矛茧蜂亚科 Doryctinae、优茧蜂亚科 Euphorinae（巨轭茧蜂族 Ecnomiini）和塬腹茧蜂亚科 Gnamptodontinae 等 3 亚科 42 属 320 种进行了介绍，内有 8 新种；每一种均有引证、特征描述、形态特征图、分布和标本记录；并有各阶元特征介绍和检索表，以及寄主和地理分布记录。书末附有参考文献、英文摘要、茧蜂和寄主的中名及学名索引。

本志是我国茧蜂科昆虫系统学及其生物多样性研究在现阶段的系统总结的第三部分，可为生物学和农学等研究、教学和推广，以及农林卫生等生产及服务部门的技术人员及高等院校师生查阅和参考。

图书在版编目(CIP)数据

中国动物志. 昆虫纲. 第七十八卷, 膜翅目. 茧蜂科. 三 / 陈学新等著. --北京 : 科学出版社, 2025. 8. --ISBN 978-7-03-082745-6

I. Q958. 52

中国国家版本馆 CIP 数据核字第 20257JP290 号

责任编辑：刘新新　赵小林 /责任校对：宁辉彩

责任印制：肖　兴 /封面设计：刘新新

科学出版社出版

北京东黄城根北街 16 号

邮政编码：100717

http://www.sciencep.com

北京建宏印刷有限公司印刷

科学出版社发行　各地新华书店经销

*

2025 年 8 月第　一　版　开本：787 × 1092　1/16

2025 年 8 月第一次印刷　印张：38 3/4　插页：34

字数：900 000

定价：648.00 元

(如有印装质量问题，我社负责调换)

Supported by the National Fund for Academic Publication in Science and Technology

Editorial Committee of Fauna Sinica, Chinese Academy of Sciences

FAUNA SINICA

INSECTA Vol. 78

Hymenoptera

Braconidae (III)

By

Chen Xuexin, Tang Pu, S. A. Belokobylskij and He Junhua

Science & Technology Fundamental Resources Investigation Program
The Key Research Program of the Chinese Academy of Sciences
A Major Project of the National Natural Science Foundation of China
(Supported by the Ministry of Science and Technology of China,
the Chinese Academy of Sciences, and the National Natural Science Foundation of China)

Science Press
Beijing, China

前　言

茧蜂是一类常见的昆虫，是在其他昆虫体上营拟寄生生活的拟寄生物（parasitoid）。其种类众多，分布广泛，致使寄主昆虫营养耗尽而死亡，因而是一类重要的天敌昆虫。茧蜂科寄主范围较广，可寄生于完全和不完全变态昆虫，但主要寄生于鳞翅目、双翅目、鞘翅目和膜翅目害虫体内，对许多重要害虫都有较高的寄生率，在害虫自然控制和生物防治方面早已被人们注意和利用。我国稻田已知茧蜂就有 80 种，占 20 个科寄生蜂总数 349 种的 22.9%。从世界各国引进天敌以防治本国害虫而获得成功的 199 例来看，茧蜂为 45 例，占 22.6%。因此，研究我国茧蜂科种类、分布、寄主及寄生习性等是一项很有意义的工作，它不仅是我国自然资源调查和管理、昆虫区系及其生物多样性研究的基础工作，而且将为生物系统管理、动物地理研究、害虫生物防治等的开展提供科学依据和资料，解决目前群落生态学和生物多样性等研究及其农林生产上有关天敌昆虫的鉴定问题；同时对于天敌方面的国际交流也有现实的意义。

我国茧蜂科的研究工作早在 20 世纪 30 年代就已由祝汝佐教授在浙江省昆虫局工作时开启（其后一直在浙江农业大学任职，1981 年病故）。新中国成立后，福建农学院（现福建农林大学）赵修复教授曾对柄腹茧蜂属 *Spathius* 等一些类群有过深入研究。此外，浙江农业大学（现已并入浙江大学）、中国科学院动物研究所、湖南农学院（现湖南农业大学）等单位的一些同仁也对茧蜂进行过分类研究，但由于各种原因，我们于 1992 年前开始编写《中国动物志　昆虫纲　第十八卷　膜翅目　茧蜂科（一）》时，总体力量还十分薄弱，研究分散，水平不高，零星涉及了近 20 个属，深入研究的基础尚未能奠定，说明当时我国这方面工作确实比较落后。

2000 年初，《中国动物志　昆虫纲　第十八卷　膜翅目　茧蜂科（一）》（以下简称《茧蜂科志（一）》）的出版表明我们对茧蜂科的研究状况有了显著改变。《茧蜂科志（一）》力求汇总世界上茧蜂研究的最新进展，扼要介绍了其分类地位、形态特征、生物学、分类和系统发育、地理分布和分亚科检索表等，在分类部分着重系统、完整地记录了内茧蜂亚科 Rogadinae、软节茧蜂亚科 Lysiterminae、奇脉茧蜂亚科 Miracinae、蚁茧蜂亚科 Neoneurinae、探茧蜂亚科 Ichneutinae、隐缝茧蜂亚科 Adeliinae、悦茧蜂亚科 Charmontinae、长体茧蜂亚科 Macrocentrinae、高腹茧蜂亚科 Canoceoliinae、鳞跨茧蜂亚科 Meteorideinae、屏腹茧蜂亚科 Sigalphinae、滑茧蜂亚科 Homolobinae 和刀腹茧蜂亚科 Xiphozelinae 等 13 亚科 48 属 296 种，其中内茧蜂亚科和长体茧蜂亚科是常见的重要的茧蜂类群，其他亚科则为少见的珍稀茧蜂。《茧蜂科志（一）》的出版使我国有了第一本综合性的茧蜂科专著，为我国茧蜂的深入研究打下了坚实的基础。

2003 年，我们又完成了《中国动物志 昆虫纲 第三十七卷 膜翅目 茧蜂科（二）》（以下简称《茧蜂科志（二）》）的编写。该志着重系统、完整地记录了优茧蜂亚科 Euphorinae、怒茧蜂亚科 Origilinae、折脉茧蜂亚科 Cardiochilinae、小模茧蜂亚科 Microtypinae、异茧蜂亚科 Exothecinae、角腰茧蜂亚科 Pambolinae 和索翅茧蜂亚科 Hormiinae 等 7 亚科 49 属 262 种。在编写过程中，我们注意收集我国各地的标本，检查了 5000 多件标本，共发现 1 新族、2 新属、1 新亚属、97 新种、18 中国新记录属、32 中国新记录种等。

本志，即《中国动物志 昆虫纲 第七十八卷 膜翅目 茧蜂科（三）》正是在《茧蜂科志（一）》和《茧蜂科志（二）》的基础上进行编研的，并仍按上述两卷的做法选取一些重要的和珍稀的亚科作为重点研究对象。本志对矛茧蜂亚科 Doryctinae、优茧蜂亚科 Euphorinae（巨轭茧蜂族 Ecnomiini）和塬腹茧蜂亚科 Gnamptodontinae 等 3 亚科 42 属 320 种进行了介绍，内有 8 新种。考虑到茧蜂鉴定有一定困难，故记述的形态描述较详细，并附有较多的形态特征图。同时，为了读者查找方便，文末还附有参考文献，以及英文摘要，茧蜂和寄主的中名、学名索引。

在本志完成之际，深切怀念我国寄生蜂专家、业师祝汝佐教授（1900—1981）和福建农林大学赵修复教授（1917—2001）对本志编写所奠定的基础和关怀鼓励。本志的编研得到科技基础资源调查专项（项目编号：2022FY202100）资助。在编写过程中，各省份有关单位给予了大力支援，为我们提供了标本、资料和采集时的诸多帮助；荷兰自然博物馆 van Achterberg 博士、英国帝国理工学院生物系 Quicke 博士、美国伊利诺伊大学昆虫系 Whitfield 博士、匈牙利自然博物馆 Papp 博士等在标本、资料和论文发表方面给予了很多帮助；中国科学院动物研究所、中国农业大学昆虫学系、福建农林大学生物防治研究所、中国科学院上海昆虫博物馆、贵州大学昆虫研究所、西北农林科技大学昆虫博物馆等惠借标本；苏州大学蔡平教授、华南农业大学许再福教授、广西壮族自治区农业科学院、湖南省林业科学研究所和浙江省松阳县林业科学研究所陈汉林高级工程师、沈阳农业大学娄巨贤先生惠赠标本，在此一并表示衷心感谢。

本志所涉及标本馆藏地详细信息如下：AEI——American Entomological Institute, Gainesville, USA；BIIC——中国福建福州，福建农林大学益虫研究所标本馆；BMNH——The Natural History Museum (formerly British Museum of Natural History), London, UK；SDEI——Senckenberg Deutsches Entomologisches Institut, Müncheberg, Germany；GSFPM——中国辽宁沈阳，国家林业局森林病虫害防治总站；HNHM——Hungarian Natural History Museum, Budapest, Hungary；IZCAS——中国北京，中国科学院动物研究所；MIZW——Muzeum i Instytut Zoologii Polskiej Akademii Nauk, Warsaw, Poland；NHRS——Naturhistoriska Riksmuseet, Stockholm, Sweden；NIAES——National Institute of Agro-Environmental Sciences, Tsukuba, Japan；MNS——Museum of Natural Science, Taichung, Taiwan, China；RMNH——Naturalis Biodiversity Center (formerly Rijksmuseum van Natuurlijke Historie), Leiden, Netherlands；SEMCAS——中国上海，中国科学院上海昆虫博物馆；TAMUIC——Texas A&M University Insect Collection, Texas, USA；

USNM——National Museum of Natural History, Smithsonian Institution, Washington DC, USA；ZISP—— Zoological Institute Russian Academy of Sciences, St. Petersburg, Russia；ZJUH——中国浙江杭州，浙江大学。

在本志编写过程中，虽然力求完整、正确，但由于我们的水平有限，只能根据资料和我们自己掌握的标本进行整理汇编，无法研究部分保存于国外的有关模式标本和馆藏标本，可能会存在许多不足之处，请读者不吝指正。

陈学新

2024 年于杭州

目　录

各 论

一、矛茧蜂亚科 Doryctinae Förster, 1862

Dorytoidae Förster, 1862: 227.
Doryctidas Marshall, 1885: 9.
Doryctinae Cameron, 1887: 392.
Doryctidae Marshall, 1888: 219.
Doryctini Ashmead, 1900a: 140.
Doryctina Telenga, 1952: 26.

形态特征：触角不着生于触角架上；复眼宽于上颚基部宽；唇基下陷深而宽，唇基腹缘中央明显高于上颚上关节基部水平线；唇基下陷底部由凹陷的上唇和唇基凹陷部分组成；下颚须 6 节；前胸侧板后突缘存在，大部分位于背方；前翅 2m-cu 脉缺；后翅 2-CU 脉常缺；前足胫节常具成列的钉状刺或刺，刺长至多为宽的 6 倍；后足基节前腹方常呈角状，常形成 1 个瘤突；腹部第 1 背板两侧凸起，与第 2 背板之间可以活动；产卵管近端部背方几乎均有 2 个结节。

生物学：多数种类外寄生于栖居于木材、树皮或植物组织内部的鞘翅目幼虫，特别是天牛科、小蠹科、象甲科、长蠹科和吉丁虫科幼虫。少数种类寄生于鳞翅目和植食性膜翅目，偶尔寄生于纺足目（Shaw & Edgerly，1985；Wharton，1993；Marsh，1997；Marsh & Melo，1999；Belokobylskij & Maeto，2009）。Cushman（1923）在白蚁巢中发现了矛茧蜂亚科高角茧蜂族 Ypsistocerini 种类，但不确定其寄主是否为白蚁；此外，在新热带区发现有几类矛茧蜂为植食性种类（Wharton & Hanson，2005；Zaldivar-Riverón *et al.*，2007；Belokobylskij & Maeto，2009）。

分布：全世界各动物区系均有分布。

附注：抚顺茧蜂属 *Fushunobracon* 为化石属，未将该属放入属检索表中。

属检索表

1. 第 1 背板明显柄状；第 1 背板端腹片长，是第 1 背板长的 0.7–0.8 倍 ……………………………… 2
   第 1 背板不呈柄状或稍柄状；第 1 背板端腹片短或稍伸长，是第 1 背板长的 0.15–0.40 倍（少数情况下几乎 0.5 倍）……………………………………………………………………………………… 5
2. 前翅 r-m 脉缺；第 2–5 背板具“Y”状图案；体强烈扁平，胸长是高的 3.0–5.0 倍；雄虫的足和腹部具显著长毛（后足基节基腹方无瘤突）（同见检索表第 15 条）……… **狭腹茧蜂属 *Spathiostenus***
   前翅 r-m 脉存在；第 2–5 背板无“Y”状图案；体不扁平或稍扁平（柄腹茧蜂属 *Spathius* 一些种

除外），胸长是高的 1.8–2.2 倍；雄虫的足和腹部具普通毛……………………………………………3

3. 前翅 m-cu 脉明显前叉；中胸盾片光滑（前翅 CU1a 脉从第 1 亚盘室端缘下部 0.3 伸出）（同见检索表第 27 条）……………………………………………………………… **拟柄腹茧蜂属 *Spathiomorpha***

前翅 m-cu 脉明显后叉；中胸盾片常具刻纹，大部分具颗粒……………………………………………4

4. 触角柄节长，其长大于最大宽的 2 倍，具明显端叶……………………… **近柄腹茧蜂属 *Paraspathius***

触角柄节短，其长短于最大宽的 2 倍，无端叶……………………………………… **柄腹茧蜂属 *Spathius***

5. 后翅 cu-a 脉缺；后翅亚基室缺或极少数情况下端部明显开放；下唇须 1–3 节（前翅 r-m 脉缺；触角第 1 鞭节明显短于第 2 鞭节）……………………………………………………………………………6

后翅 cu-a 脉存在；后翅亚基室存在且端部闭合；下唇须 4 节……………………………………………8

6. 前翅 cu-a 脉存在，第 1 亚盘室和亚基室明显分离；腹部第 2 背板光滑或具刻纹……………………………………………………………………………………………… **艾维茧蜂属 *Aivalykus***

前翅 cu-a 脉缺，第 1 亚盘室和亚基室愈合；腹部第 2 背板常光滑……………………………………7

7. 后足基节腹方无转角和瘤突；盾纵沟通常缺；后翅 1-SC+R 脉缺……… **萨克特步茧蜂属 *Sycosoter***

后足基节腹方具转角和瘤突；盾纵沟通常存在；后翅 1-SC+R 脉存在……… **异腹茧蜂属 *Ecphylus***

8. 后翅 m-cu 脉长且强烈向翅尖弯曲；后足基节背方具一长一短的 2 个刺状突起……………………………………………………………………………………………… **刺足茧蜂属 *Zombrus***

后翅 m-cu 脉短，向翅基弯曲或稍斜向翅基，有时无 m-cu 脉，极少数情况下整个 m-cu 脉或其端部小部分稍向翅基弯曲；后足基节背方无刺状突起，极少数情况下（矛茧蜂属 *Doryctes*）具 1 个钝且短的刺突……………………………………………………………………………………………9

9. 后足基节窝与并胸腹节之间存在明显的基腹桥；腹部第 1 背板背凹缺；后翅缘室具明显的横脉（触角第 1 鞭节短于第 2 鞭节；腹部第 2 背板基部具三角形区域；第 1 背板端腹片稍长，是第 1 腹板长的 0.35–0.50 倍）…………………………………………………… **小柄腹茧蜂属 *Leptospathius***

基腹桥缺；腹部第 1 背板背凹存在；后翅缘室无横脉……………………………………………………10

10. 前翅第 1 亚盘室端部开放，CU1b 脉缺；后翅基室窄，通常端部不加宽或稍加宽；前翅 r-m 脉或 2-SR 脉常缺……………………………………………………………………………………………11

前翅第 1 亚盘室端部闭合，CU1b 脉存在；后翅基室常宽，端部明显加宽；前翅 r-m 脉和 2-SR 脉常存在……………………………………………………………………………………………20

11. 前翅 2-SR 脉缺或大部分微弱；雄虫的后翅常具翅痣状膨大………………………………………12

前翅 2-SR 脉存在；雄虫的后翅常无翅痣状膨大（前翅 r-m 脉存在或缺）……………………………13

12. 产卵管端部变形，向背方弯曲，近端部收缩后变宽，强烈向端部变窄；产卵管鞘端部明显变宽；腹部第 2 背板具明显由沟组成的基区……………………………… **新断脉茧蜂属 *Neoheterospilus***

产卵管端部不变形，不向背方弯曲，向端部逐渐变窄；产卵管鞘端部不变宽或稍变宽；腹部第 2 背板无明显由沟组成的基区…………………………………………………… **断脉茧蜂属 *Heterospilus***

13. 体明显扁平；头常明显扁平；腹部第 2、3 背板具图案及纵向或横向沟…………………………14

体（包括头）不扁平；腹部第 2、3 背板无图案和沟，有时仅（拟方头茧蜂属 *Hecabolomorpha* 和斜沟茧蜂属 *Leluthia*）第 2 背板近侧方具纵沟……………………………………………………17

14. 腹部第 2–5 背板具“Y”状图案；雄虫后翅无骨化的翅痣状膨大；头顶具横向刻条或光滑，无颗粒

状刻纹……15

腹部第 2–5 背板无“Y”状图案；雄虫后翅具翅痣状膨大；头顶具密集的颗粒，有时具横向和几乎波浪形断续刻条……16

15. 第 1 背板端腹片明显细长，是第 1 背板长的 0.4–0.6 倍（同见检索表第 2 条）……狭腹茧蜂属 ***Spathiostenus***

第 1 背板端腹片不细长，是第 1 背板长的 0.20–0.25 倍……多窄茧蜂属 ***Polystenus***

16. 后足基节基腹方无瘤突；腹部第 2 背板沟无侧向弯曲；第 3 背板基部具明显横沟；胸部强烈扁平，长是高的 2.7–3.5 倍……秀矛茧蜂属 ***Pareucorystes***

后足基节基腹方具明显瘤突；腹部第 2 背板沟明显侧向弯曲；第 3 背板基部通常无横沟；胸部不强烈扁平，长是高的 2.2–2.5 倍（同见检索表第 17 条）……斜沟茧蜂属 ***Leluthia***

17. 头顶具颗粒，具波浪形横向刻条；中胸侧板下半部具颗粒；腹部第 2 背板沟明显侧向弯曲；雄虫后翅具翅痣状膨大（同见检索表第 16 条）……斜沟茧蜂属 ***Leluthia***

头顶光滑或具横向刻条，无颗粒；中胸侧板下半部光滑；腹部第 2 背板沟无侧向弯曲或微弱侧向弯曲；雄虫后翅无翅痣状膨大……18

18. 头顶具粗糙的横向刻条；前翅 r-m 脉常缺；并胸腹节无中区……单轴茧蜂属 ***Monolexis***

头顶常光滑，少数具微弱的针刮状刻纹；前翅 r-m 脉常存在；并胸腹节具大的中区……19

19. 腹部第 2 背板近侧方具浅但宽的纵沟；中胸背板具颗粒；前翅 m-cu 脉后叉或对叉；腹部第 3–5 背板大部分具明显刻纹……拟方头茧蜂属 ***Hecabolomorpha***

腹部第 2 背板无纵沟；中胸背板无颗粒，大部分光滑；前翅 m-cu 脉常前叉；腹部第 3–5 背板大部分光滑……拟奇异茧蜂属 ***Parallorhogas***

20. 前翅 CU1a 脉明显从第 1 亚盘室下部伸出；m-cu 脉常前叉（扁矛茧蜂属 *Halycaea* 和厚脉茧蜂属 *Neurocrassus* 某些种除外）……21

前翅 CU1a 脉与 2-CU1 脉对叉或从第 1 亚盘室上部或少数从中部伸出；m-cu 脉常后叉或对叉，少数（楚南茧蜂属 *Sonanus*）几乎前叉……28

21. 前足胫节内侧无钉状刺或强烈退化；后足胫节外刺短，是内刺长的 0.25–0.30 倍；后翅 M+CU 脉明显短于 1-M 脉（腹部第 2 背板具“V”状图案）……扁矛茧蜂属 ***Halycaea***

前足胫节内侧具明显钉状刺；后足胫节外刺长，是内刺长的 0.5–0.7 倍；后翅 M+CU 脉常长于 1-M 脉，若有时短，则不明显……22

22. 腹部第 2 背板常具由深沟围成的大的基区，少数仅仅具浅的“V”状图案（风雅合沟茧蜂 *H. fuga* 特别微弱）；腹部第 1–3 背板全部或大部分及第 4、5 背板基部具刻纹……23

腹部第 2 背板无沟或图案，但具由沟围成的三角形基区；腹部第 1、2 背板全部和第 3 背板基半部具刻纹，剩余背板常全部光滑（矛茧蜂属 *Doryctes* 一些雄虫除外）……24

23. 腹部第 2+3 背板无深沟围成的透镜状区域；腹部第 4 背板基部无刻条的、弯曲的沟……合沟茧蜂属 ***Hypodoryctes***

腹部第 2+3 背板具深沟围成的透镜状区域；腹部第 4 背板基部具刻条的、弯曲的沟……深居矛茧蜂属 ***Bathycentor***

24. 后足基节基腹方无瘤突；复眼具明显的、密集的刚毛；盾纵沟不完整，端半部减弱；中胸盾片后方常具中沟（前翅 r 脉明显从翅痣前方伸出）……………………………… **隐陡盾茧蜂属 *Cryptontsira***

后足基节基腹方具瘤突；复眼常光滑，少数具短且稀疏的刚毛；盾纵沟完整，后半部常浅…… 25

25\. 中胸背板缓慢地从前胸背板弧形升起；前胸背板背方具明显的凸叶；腹部第 2 背板沟具明显侧向弯曲……………………………………………………………………………………… **矛茧蜂属 *Doryctes***

中胸背板强烈地从前胸背板几乎垂直升起；前胸背板背方无凸叶，常平坦；腹部第 2 背板沟侧方几乎直或缺……………………………………………………………………………………… 26

26\. 触角窝背方具明显幕骨凹陷，圆形或椭圆形；雄虫前翅有时在 1-SR、1-M 和 1-SR+M 脉附近具明显骨化的膨大（前翅 m-cu 脉前叉、对叉或后叉；有时腹部第 2 背板具光滑的基中区）…………………………………………………………………………………… **厚脉茧蜂属 *Neurocrassus***

触角窝背方无幕骨凹陷；雄虫前翅常无骨化的膨大……………………………………………… 27

27\. 腹部第 1 背板柄状，其端腹片明显长，是第 1 背板长的 0.5–0.7 倍（同见检索表第 3 条）…………………………………………………………………………………… **拟柄腹茧蜂属 *Spathiomorpha***

腹部第 1 背板不呈柄状，其端腹片短，是第 1 背板长的 0.2–0.3 倍 …………… **陡盾茧蜂属 *Ontsira***

28\. 后足胫节背方具成列稀疏的粗的钉状刺；触角第 1 鞭节外侧凹且光滑，基半部内侧凸且至少具皱……………………………………………………………………………………… 29

后足胫节背方无成列钉状刺；触角第 1 鞭节内外侧凸且光滑……………………………………… 30

29\. 后足腿节腹方具许多长短不一的齿突；后足胫节基半部明显弯曲；中胸腹板后横脊中央存在……………………………………………………………………………………… **异足茧蜂属 *Euscelinus***

后足腿节腹方无齿突；后足胫节基半部几乎直；中胸腹板后横脊中央缺（腹部第 2 背板具“U”状图案）………………………………………………………………………… **楚南茧蜂属 *Sonanus***

30\. 雌虫腹部仅可见 5 背板；第 5 背板常长于前面的背板且将后面的背板覆盖…………………………………………………………………………………… **条背茧蜂属 *Rhaconotus***

雌虫腹部可见多于 5 背板；第 6 或 7 背板通常不长于前面的背板……………………………… 31

31\. 雌虫腹部第 1 和 2 背板愈合，不活动（侧面观）………………………………………… 32

雌虫腹部第 1 和 2 背板不愈合，活动………………………………………………………… 33

32\. 前翅 CU1a 脉对叉；雄虫腹部第 1 和 2 背板愈合，不活动；头顶光滑或具密集颗粒，无皱或刻条…………………………………………………………………………… **拟条背茧蜂属 *Arhaconotus***

前翅 CU1a 脉不对叉，从第 1 亚盘室端缘上部 0.2–0.3 伸出；雄虫腹部第 1 和 2 背板不愈合；头顶具皱或刻条，常具颗粒……………………………………………… **小甲矛茧蜂属 *Mimipodoryctes***

33\. 额和头顶前侧部具高的隆起；后单眼间距明显小于前后单眼间距；雄虫后翅常具翅痣状骨化…………………………………………………………………………… **隆额茧蜂属 *Dendrosoter***

额和头顶前侧部无隆起；后单眼间距不小于前后单眼间距；雄虫后翅无翅痣状膨大…………… 34

34\. 腹部第 1 背板近柄状，基部至端部稍变宽；腹部第 1 背板端腹片长…………………………… 35

腹部第 1 背板非柄状，基部至端部明显变宽；腹部第 1 背板端腹片短…………………………… 36

35\. 腹部第 2 背板无纵沟；第 1 和 2 背板具小的、十分密集的且几乎规则的网纹和颗粒；第 1 背板（侧面观）基半部明显凸出；前翅 M+CU1 脉端半部强烈向 1-1A 和 2-1A 脉弯曲；基节前沟短，是中胸侧板下缘长的 0.6–0.7 倍 ………………………………………… **泡腿柄腹茧蜂属 *Platyspathius***

腹部第 2 背板具明显且弯曲的纵沟；第 1 和 2 背板具刻条，且刻条间具微弱皱；第 1 背板（侧面观）基半部稍凸出；前翅 M+CU1 脉端半部不向或稍向 1-1A 和 2-1A 脉弯曲；基节前沟长，横贯中胸侧板下缘……………………**拢沟茧蜂属 *Eodendrus***

36. 腹部第 2 背板基部具光滑基区……………………37
腹部第 2 背板基部无光滑基区……………………38

37. 并胸腹节无由脊组成的中区；腿节背方具明显肿突；腹部第 3–5 背板大部分具刻条……………………**甲矛茧蜂属 *Ipodoryctes***
并胸腹节具由脊组成的中区；腿节背方无肿突；腹部第 3–5 背板大部分常光滑……………………**亚洲陡盾茧蜂属 *Asiaontsira***

38. 腹部第 3 背板之后的背板至少在基部具刻纹……………………39
腹部第 3 背板之后的背板常全部光滑……………………40

39. 腹部第 1 背板长，是其端宽的 2.0–2.7 倍；第 6 背板明显大，将后面的背板覆盖；胸部长是宽的 2.5–2.7 倍……………………**热纹茧蜂属 *Troporhaconotus***
腹部第 1 背板短，通常明显小于端宽的 2.0 倍；第 6 背板通常不大，不将后面的背板覆盖；胸部长是宽的 1.8–2.2 倍……………………**背纹茧蜂属 *Rhaconotinus***

40. 产卵管鞘长于体长（后足基节基腹方无瘤突；后足胫节背方具短毛；前翅 m-cu 脉后叉；头顶常具明显且完整的横向刻条；腹部第 2 背板基部具刻纹，其侧背板不分离，气门位于背板侧方；第 2 背板沟几乎缺）……………………**长鞘茧蜂属 *Rhoptrocentrus***
产卵管鞘明显短于体长……………………41

41. 第 2 背板沟侧方具明显弯曲；后足基节基腹方具瘤突；前翅 CU1a 脉通常不对叉……………………**瓜娅茧蜂属 *Guaygata***
第 2 背板沟无侧方弯曲或稍弯曲；后足基节基腹方无瘤突；前翅 CU1a 脉通常对叉……………………**树矛茧蜂属 *Dendrosotinus***

1. 艾维茧蜂属 *Aivalykus* Nixon, 1938

Aivalykus Nixon, 1938: 152; Shenefelt *et* Marsh, 1976: 1352; Belokobylskij *et* Chen, 2002: 73. **Type species:** *Aivalykus eclectes* Nixon, 1938; by monotype.

Ecphyloides Marsh, 1993: 14. **Type species:** *Ecphyloides flavus* Marsh, 1993; by monotype. Synonymized by Belokobylskij *et* Chen, 2002: 73.

形态特征：复眼无毛；触角第 1 鞭节明显短于第 2 鞭节；下唇须 1–3 节。前翅 M+CU 脉明显存在且完全骨化，2-SR 脉存在，r-m 脉缺，cu-a 脉存在，亚基室和第 1 亚盘室明显分离，亚基室末端闭合；后翅 cu-a 脉缺，亚基室缺。第 1 背板不呈柄状；端腹片短；腹部第 2 背板光滑或具刻纹。

生物学：据记载，寄主有鞘翅目的小蠹科 Scolytidae（Yu *et al.*，2016；Belokobylskij & Maeto，2009）。

分布：东洋区、新北区、非洲区、新热带区、澳洲区。本属全世界已知 13 种，其中

多米尼加艾维茧蜂 *Aivalykus dominicanus* 为化石种；中国已知 2 种。

种检索表

触角 21 节；柄节长是宽的 1.2 倍；第 1 亚盘室端部明显在 m-cu 脉之前闭合；后足第 2 跗节长是后足第 5 跗节长的 1.3 倍；腹部第 1 背板长是其端宽的 1.1 倍；第 2 背板完全光滑；产卵管短，产卵管鞘长是前翅长的 0.7 倍……………………………………………………………… **亮艾维茧蜂 *A. nitidus***

触角 27 节；柄节长是宽的 1.0 倍；第 1 亚盘室端部稍在 m-cu 脉之前闭合；后足第 2 跗节长是后足第 5 跗节长的 2.0 倍；腹部第 1 背板长是其端宽的 1.4 倍；第 2 背板基部 2/3 具刻条；产卵管长，产卵管鞘长是前翅长的 1.2 倍……………………………………………………… **博斯克艾维茧蜂 *A. bouceki***

(1) 博斯克艾维茧蜂 *Aivalykus bouceki* Belokobylskij *et* Chen, 2002（图 1）

Aivalykus bouceki Belokobylskij *et* Chen, 2002: 75.

雌：体长 3.0 mm；前翅长 2.5 mm。

头：触角 27 节，是体长的 1.3 倍；柄节长是宽的 1.0 倍；鞭节第 1 节长是其端宽的 5.0 倍，是第 2 鞭节长的 0.6 倍；倒数第 2 鞭节长是宽的 4.5 倍，是第 1 鞭节长的 0.6 倍，是最后 1 鞭节长的 1.0 倍；头顶具明显密集的针刮状刻纹，头宽是长的 1.4 倍；额具微弱针刮状刻纹；背面观上颊自复眼后强烈圆弧形收缩；背面观复眼横径是上颊长的 1.6 倍；后单眼间距是前后单眼间距的 1.3 倍；POL（后单眼间距）∶OD（后单眼直径）∶OOL（单复眼间距）=3∶3∶7；复眼无毛，纵径是横径的 1.4 倍；颚眼距是复眼纵径的 0.4 倍，是上颚基部宽的 0.8 倍；脸近中央具微弱皱纹，其余部分基本光滑；脸宽是复眼纵径的 0.9 倍，是脸和唇基总长的 1.1 倍；后头脊背面完整，与口后脊在上颚基部处不愈合。

胸：胸长是高的 2.0 倍，中胸盾片与前胸背板水平面成直角；中胸盾片密布微弱的颗粒状刻点；中胸盾片中叶中后方具 2 条近平行的刻条；盾纵沟前半部深，后半部浅，其间具稀疏的短刻条；小盾片前凹深，具明显隆脊；小盾片前凹长是小盾片长的 0.3 倍；小盾片光滑；中胸侧板光滑；翅下区浅，宽，具微弱皱纹；基节前沟深，光滑，其长达中胸侧板下部全长的 2/3；后胸侧板光滑；并胸腹节基侧区光滑，仅基侧区隆脊周围具皱纹；中区不明显，小，近三角形；并胸腹节无侧瘤突。

翅：前翅长是宽的 3.8 倍，r 脉从翅痣中央后方几乎垂直伸出，3-SR∶r∶2-SR=46∶7∶12；第 1 盘室长是宽的 2.0 倍；m-cu 脉前叉；第 1 亚盘室末端稍在 m-cu 脉前方闭合。后翅基室末端闭合。

足：后足基节腹方具明显瘤突；后足腿节长是宽的 4.2 倍；后足跗节长是后足胫节长的 0.9 倍；后足基跗节长是第 2–5 跗节总长的 0.65 倍，第 2 跗节长是基跗节长的 0.6 倍，是第 5 跗节长的 2.0 倍。

腹：腹长是头胸总长的 1.1 倍；第 1 背板无明显气门瘤；第 1 背板端宽是基宽的 1.8 倍，长是端宽的 1.4 倍；第 1 背板具强烈向端部会合的背脊；第 2 背板具微弱侧沟；第 2 背板长是基宽的 1.0 倍，是第 3 背板长的 1.7 倍；第 2 背板缝浅，规则弯曲；第 1 背板全部、第 2 背板基部 2/3 具明显刻条；剩余背板光滑；产卵管鞘长比体长稍长，是腹长的 2.0 倍，是前翅长的 1.2 倍。

体色：头棕黄色；胸部和腹部浅红棕色，腹部第 2 背板侧方、后方和腹部顶端黄色；触角红棕色，柄节和梗节浅红棕色；须黄色；足黄色；产卵管鞘棕色；翅近透明；翅痣棕色，基部 1/3 和端部颜色稍浅。

雄：未知。

生物学：未知。

研究标本：♀（正模，BMNH），Hainan I. Tien Fong Mts，1983.V，Boucek。

分布：海南（尖峰岭）。

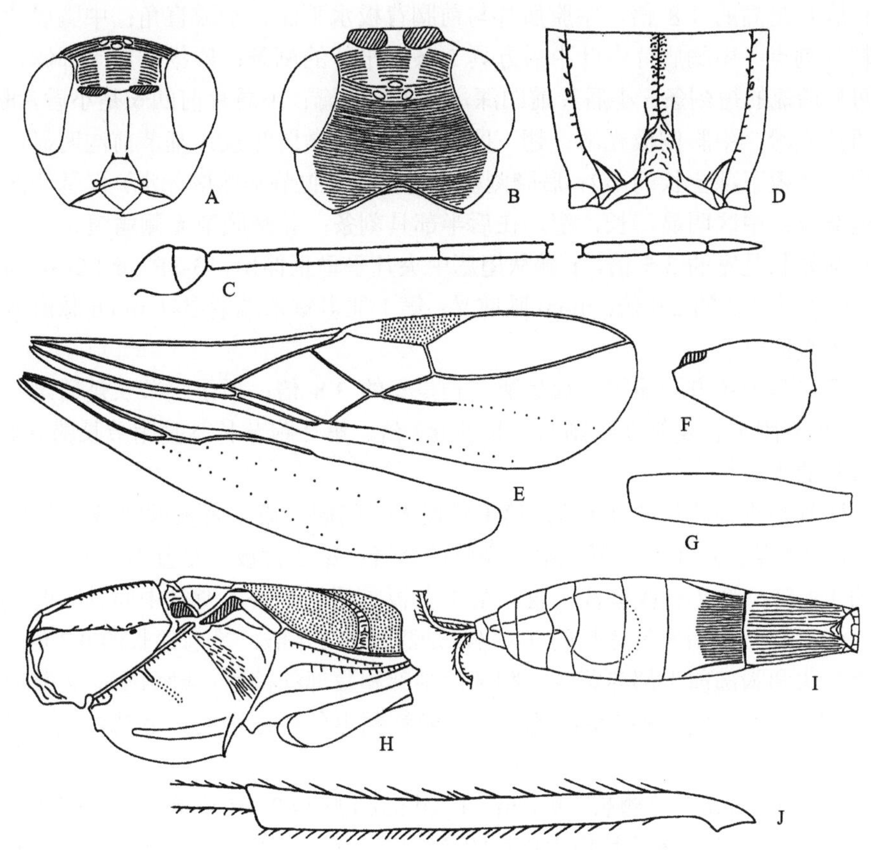

图 1　博斯克艾维茧蜂 *Aivalykus bouceki* Belokobylskij *et* Chen（仿 Belokobylskij & Chen，2002）

A. 头，前面观；B. 头，背面观；C. 触角；D. 并胸腹节，背面观；E. 翅；F. 后足基节，侧面观；G. 后足腿节，侧面观；H. 胸部，侧面观；I. 腹部，背面观；J. 后足胫节，侧面观

(2) 亮艾维茧蜂 *Aivalykus nitidus* Belokobylskij *et* Chen, 2002（图版 I: 1）

Aivalykus nitidus Belokobylskij *et* Chen, 2002: 73.

雌：体长 2.0 mm；前翅长 1.8 mm。

头：触角 21 节，是体长的 1.2 倍；柄节长是宽的 1.2 倍；鞭节第 1 节长是其端宽的 4.5 倍，是第 2 鞭节长的 0.7 倍；倒数第 2 鞭节长是宽的 4.3 倍，是第 1 鞭节长的 0.7 倍，是最后 1 鞭节长的 1.0 倍；头顶密布微弱针刮状刻纹，头宽是长的 1.5 倍；额具微弱针刮状刻纹；背面观上颊自复眼后圆弧形收缩；背面观复眼横径是上颊长的 1.8 倍；后单眼间距是前后单眼间距的 1.1 倍；POL∶OD∶OOL=3∶3∶7；复眼无毛，纵径是横径的 1.1 倍；颚眼距是复眼纵径的 0.4 倍，是上颚基部宽的 0.9 倍；脸近中央具微弱皱纹，其余部分基本光滑；脸宽是复眼纵径的 1.0 倍，是脸和唇基总长的 1.2 倍；后头脊背面完整，与口后脊在上颚基部处不愈合。

胸：胸长是高的 1.8 倍，中胸盾片与前胸背板水平面几乎成直角；中胸盾片密布微弱的颗粒状刻点；中胸盾片中叶中后方具 2 条近平行的刻条；盾纵沟前半部深，后半部浅，其间具稀疏的短刻条；小盾片前凹深，具明显隆脊；小盾片前凹长是小盾片长的 0.3 倍；小盾片光滑；中胸侧板光滑；翅下区浅，宽，具微弱皱纹；基节前沟明显，光滑，其长达中胸侧板下部全长的 1/2；后胸侧板光滑；并胸腹节基侧区光滑，仅基侧区隆脊周围有微弱皱纹；中区明显，长，窄，在后半部具刻条；并胸腹节无侧瘤突。

翅：前翅长是宽的 3.5 倍，r 脉从翅痣中央几乎垂直伸出，3-SR∶r∶2-SR=48∶7∶11；第 1 盘室长是宽的 2.0 倍；m-cu 脉前叉；第 1 亚盘室末端明显在 m-cu 脉前方闭合。后翅基室末端闭合。

足：后足基节腹方无瘤突；后足腿节长是宽的 3.8 倍；后足跗节长是后足胫节长的 0.9 倍；后足基跗节长是第 2–5 跗节总长的 0.7 倍，第 2 跗节长是基跗节长的 0.4 倍，是第 5 跗节长的 1.3 倍。

腹：腹长是头胸总长的 0.9 倍；第 1 背板无气门瘤；第 1 背板端宽是基宽的 1.7 倍，长是端宽的 1.1 倍；第 1 背板具明显、完整的背脊；第 2 背板长是基宽的 0.8 倍，是第 3 背板长的 1.4 倍；第 2 背板缝浅、直；第 1 背板具明显刻条，背脊中间具微弱皱纹；剩余背板光滑；产卵管鞘长是体长的 0.6 倍，是腹长的 1.2 倍，是前翅长的 0.7 倍。

体色：头和胸部前半部赤黄色；胸部后半部和腹部红棕色；触角基部 2 节黄色，鞭节端部 3 节白色；须黄色；足浅黄色；产卵管鞘黑色；翅透明；翅痣棕色，基部 1/3 稍浅。

雄：体长 3.8 mm；前翅长 1.9 mm。前翅 m-cu 脉与 2-SR 脉等长；腹部非常长，从第 3 背板后强烈收窄；腹长是头胸总长的 2.5 倍；第 1 背板长是其端宽的 1.4 倍；第 3 背板后的背板腹面具许多稀疏长毛；沿背板边缘的毛明显短于腹面长毛。其余特征与雌虫相似。

生物学：未知。

研究标本：♀（正模，ZJUH），河南鸡公山，1997.VII.12，陈学新，No.974980。ZJUH：1♂，浙江天目山七里亭，1998.VI.13，陈学新，No.980890；1♀1♂，海南鹦哥岭，2007.V.24–25，陈学新，Nos.200702686、200702692。

分布：河南（鸡公山）、浙江（西天目山）、海南（鹦哥岭）；印度尼西亚。

2. 拟条背茧蜂属 *Arhaconotus* Belokobylskij, 2000

Arhaconotus Belokobylskij, 2000: 345; 2001: 157; Belokobylskij *et al.*, 2004: 22; Belokobylskij *et* Maeto, 2009: 59; Belokobylskij *et* Zaldivar-Riverón, 2021: 14. **Type species:** *Arhaconotus papuanus* Belokobylskij, 2000; by monotype.

形态特征：头横形；复眼光滑；后头脊背方存在，与口后脊在上颚基部处愈合；颚眼沟缺；须长，下颚须 6 节，下唇须 4 节，下唇须第 3 节不变短；触角柄节宽，短，无端叶；第 1 鞭节几乎与第 2 鞭节等长。前胸背板脊明显位于前胸背板中央；中胸背板从前胸背板水平面圆弧形升起；盾纵沟完整、深，内具稀疏短刻条；基节前沟深，长，几乎直，光滑；胸腹侧脊明显；并胸腹节分区明显，侧突缺。前翅翅痣宽；r 脉几乎从翅痣中央伸出；2-SR 脉和 r-m 脉存在；m-cu 脉和 cu-a 脉均后叉；CU1a 脉对叉；第 1 亚盘室末端闭合。后翅 cu-a 脉存在；m-cu 脉存在，前叉。前中足胫节具成列的密集钉状刺；后足基节腹方具瘤突；腿节背方具肿突。腹部第 1 背板不呈柄状；雌虫和雄虫的第 1 腹板和第 2 背板愈合；第 2 背板具半椭圆形基区和端区；雌虫第 6 背板大；产卵管长于腹部。

生物学：未知。

分布：东洋区、澳洲区。本属全世界已知 7 种，中国已知 1 种。

附注：本属由 Belokobylskij（2000）建立，该属与条背茧蜂属 *Rhaconotus* 相似，但该属雌虫腹部第 1、2 背板愈合，这是茧蜂科进化过程中极其重要的形态演变特征，而在矛茧蜂亚科中目前仅有 3 属（拟条背茧蜂属 *Arhaconotus* Belokobylskij、小甲矛茧蜂属 *Mimipodoryctes* Belokobylskij 和艾尔茧蜂属 *Iare* Barbalho *et* Penteado）具有这个特征。

(3) 海南拟条背茧蜂 *Arhaconotus hainanensis* Tang *et* Chen, 2010（图版 I: 2）

Arhaconotus hainanensis Tang *et* Chen, in: Tang *et al.*, 2010: 64.

雌：体长 2.8–3.4 mm；前翅长 2.6–3.0 mm。

头：触角 30–32 节；柄节长是宽的 1.5–1.6 倍；第 1 鞭节长是其端宽的 6.0 倍，是第 2 鞭节长的 1.0–1.1 倍；倒数第 2 鞭节长是第 1 鞭节长的 4.8 倍，是最后 1 鞭节长的 0.9 倍；头顶密布颗粒，背面观头宽是中长的 1.4 倍；额密布颗粒；上颊腹方具微弱颗粒；背面观复眼横径是上颊长的 2.6 倍，单眼中等大小，后单眼间距是前后单眼间距的 1.0 倍，POL=1.0×OD=0.5×OOL；复眼光滑，纵径是横径的 1.2 倍；颚眼距是复眼纵径的 0.3 倍，是上颚基部宽的 0.7 倍；脸具微弱革质颗粒；脸宽是复眼纵径的 1.2 倍，是脸和唇基总长的 1.4 倍；无颚眼沟；后头脊背方存在，与口后脊在上颚基部处不愈合。

胸：胸长是高的 2.1–2.3 倍；前胸背板后横脊微弱，位于前胸背板中央，明显与前胸背板后缘分离；中胸盾片密布长毛和颗粒，从前胸背板水平面圆弧形升起；中胸盾片中叶无中沟；盾纵沟深、完整，其间具稀疏的短刻条；小盾片密布颗粒；小盾片前凹深，其长是小盾片长的 0.5 倍；翅下区深，具粗糙的刻条；基节前沟很深、革质、稍弯曲，其长达中胸侧板下部全长的 2/3；并胸腹节中纵脊是并胸腹节长的 1/3，基侧区革质，无中区；并胸腹节其余部分具皱。

翅：前翅长是宽的 3.3–3.9 倍；r 脉微弱地从翅痣中央后方伸出；3-SR 脉与 r 脉成钝角；3-SR=2.7–3.5×r=0.5–0.7×2-SR；第 2 亚缘室大，其长是宽的 2.9–3.1 倍，是第 1 亚盘室长的 1.4 倍，是第 1 盘室长的 1.0–1.1 倍；1-SR+M 脉微弱“S”形弯曲；m-cu 脉后叉；1-CU1 脉与 cu-a 脉等长；CU1a 脉对叉。后翅 M+CU=0.6×1-M；m-cu 脉微弱弯曲，前叉，着色。

足：后足基节背方具颗粒；后足腿节革质，背方具肿突，长是宽的 3.3–3.4 倍；后足跗节长是后足胫节长的 1.0 倍；后足基跗节长是后足第 2–5 跗节长的 0.8 倍，后足第 2 跗节长是后足基跗节长的 0.4 倍，是后足第 5 跗节长的 1.3 倍。

腹：腹部具 6 节可见背板，长是头胸总长的 1.0–1.1 倍；第 1 背板具明显的纵刻条，端宽是其基宽的 1.6 倍，长是其端宽的 1.2 倍；第 2 背板大部分具明显的纵刻条，具 1 个明显分离的光滑基区和 1 个相当大的光滑端区；第 2 背板长是其基宽的 0.7 倍；第 2 背板缝深、宽；第 2–5 背板基半部具明显的纵刻条；第 6 背板相当大，基半部密布刻点，端半部具半弧形刻条；第 6 背板后缘圆弧形，具凹缘；产卵管鞘长是腹长的 1.2 倍，是前翅长的 0.6 倍。

体色：头赤黄色；胸部和腹部顶端红棕色，胸部和腹部其余部分黑色（浙江古田山标本腹部全为红棕色）；触角基部 1/4 红棕色，其余部分深红棕色到黑色；须浅黄色；足黄色，后足基节稍暗；产卵管鞘深棕色，基部颜色稍浅；翅微弱烟褐色；翅痣棕色，基部 1/3 和端部 1/4 黄色。

雄：未知。

生物学：未知。

研究标本：♀（正模，ZJUH），海南霸王岭，2007.VI.9–10，刘经贤，No.200703484；1♀（副模，ZJUH），海南尖峰岭，2007.VI.5–7，翁丽琼，No.200806631；1♀，浙江古田山，2005.VII.3，张红英，No.200616126；1♀，海南尖峰岭天池，2006.VII.12–15，翁丽琼，No.200803267；1♀，海南尖峰岭天池，2007.X.22–23，刘经贤，No.200710486。

分布：浙江（古田山）、海南（霸王岭、尖峰岭）；越南。

附注：本志研究检视的浙江古田山标本和海南尖峰岭天池标本（No.200710486），腹部第 6 背板凹缘深，且浙江古田山标本腹部颜色为红棕色，但其他特征都与本种相似，尤其是腹部第 6 背板的刻纹十分相似，因此认为这 2 个标本为本种。

3. 亚洲陡盾茧蜂属 *Asiaontsira* Belokobylskij, Tang *et* Chen, 2013

Asiaontsira Belokobylskij, Tang *et* Chen, 2013a: 310; Belokobylskij, 2016: 20. **Type species:** *Asiaontsira cucphuongi* Belokobylskij, Tang *et* Chen, 2013; by monotype.

形态特征：头不扁平；头顶至少部分具横向刻条；单眼区底边大于侧边；额几乎平或微凹，有时具浅中沟；复眼光滑无毛；后头脊背方完整，但弱，与口后脊愈合；颚眼沟缺；唇基下陷小，圆形或椭圆形；下唇须相当长，共 6 节，第 6 节与第 5 节长相等；下颚须相当短，共 4 节，第 3 节不变短；触角柄节宽且相当短，无端叶，基部无缢缩；第 1 鞭节近圆柱形，外侧稍弯曲，比第 2 鞭节稍长。胸部不扁平且短；前胸背板中等程度长，背方前部 0.5–0.7 处和侧方下部 0.2–0.3 处光滑；前胸背板背方侧面观几乎平坦，前胸背板脊明显；前胸背板凹缺；前胸侧板背后端叶凸长且宽；中胸盾片从前胸背板垂直升起，大部分具颗粒皱和刻点，有时仅盾纵沟具弯曲的短刻条；中胸盾片中叶前端深后端浅，完整，宽；翅基片端部稍宽，沿后缘稍凹；小盾片前沟相对长，具 1–4 脊；小盾片稍凹，具微弱的侧脊；翅下区浅且宽；后胸背板具不明显或短且钝的齿突；基节前沟相当深、宽、短、直、斜；胸腹侧脊明显且完整；后胸侧板脊缺；后胸侧板突叶短、宽，端部圆形；并胸腹节具明显分区，侧突缺；并胸腹节气门小且呈椭圆形；后胸侧板沟明显；后胸侧板大部分光滑，具稀疏微弱刻点；后胸侧板稍凸。前翅翅痣宽；r 脉从翅痣中央之前伸出；2-SR 和 r-m 脉存在；第 2 亚缘室长且窄；m-cu 脉对叉或稍后叉；cu-a 脉明显后叉；CU1a 脉从第 1 亚盘室前端或稍从前端伸出；第 1 亚盘室端部闭合。后翅具 3 翅钩；cu-a 脉存在；亚基室短；M+CU=0.60–0.75×1-M；m-cu 脉相当短，稍斜向翅基，稍弯曲。前足胫节外侧具成列钉状刺；前足跗节长是前足胫节长的 1.4–1.7 倍；中足侧方具成列钉状刺；后足基节基腹方具明显瘤突和转角；后足基跗节长是后足第 2–5 跗节长的 0.8–0.9 倍。第 1 背板近柄状，相当长且相对宽；第 1 背板端腹片长约是第 1 背板长的 0.3 倍，达到或几乎达到气门；第 1 背板背凹浅且明显；基侧叶缺；气门瘤不明显，位于第 1 背板基部 0.3 处；第 1 背板背脊明显且稍分离；第 2 背板具短或非常短的基区，无侧沟、端沟和其他区域；第 2 背板缝明显、窄、直或中央稍弯曲，侧方稍波浪形弯曲；第 3 背板基部 0.3 具浅的横向凹陷；第 2–4 背板或第 2–6 背板具侧背板；第 2 背板之后的背板仅近中央具 1 列稀疏直立毛；肛下板端缘明显窄且端部尖；产卵管近端部结节几乎不明显；产卵管鞘长于腹部。

生物学：未知。

分布：东洋区。本属全世界已知 3 种，中国已知 1 种。

附注：亚洲陡盾茧蜂属 *Asiaontsira* 与陡盾茧蜂属 *Ontsira* 相似，不同之处在于亚洲陡盾茧蜂属 *Asiaontsira* 后翅 M+CU 脉短于 1-M 脉；亚基室短；第 2 背板具窄的光滑基区；触角窝和复眼间具明显横脊；后胸侧板大部分光滑，具稀疏刻点，仅后端具皱；前胸背板前端和侧方光滑；除此之外前翅 CU1a 脉从或稍从第 1 亚盘室端部前方伸出；m-cu 脉对叉或稍后叉（联陡盾茧蜂 *O. apposita* 和尤金纳陡盾茧蜂 *O. eugeniae* 除外）；第 1 背板端腹片长（联陡盾茧蜂 *O. apposita* 除外）。

(4) 广东亚洲陡盾茧蜂 *Asiaontsira cantonica* Belokobylskij, Tang *et* Chen, 2013（图版 I: 3）

Asiaontsira cantonica Belokobylskij, Tang *et* Chen, 2013a: 313.

雌：体长 2.6–2.8 mm；前翅长 2.2 mm。

头：触角长于 29 节（端部缺）；柄节长是宽的 1.3–1.5 倍；鞭节第 1 节长是其端宽的 4.5–5.0 倍，是第 2 鞭节长的 1.1 倍；头顶具相当微弱密集的横向刻条，前端、后端 0.2–0.3 处和侧方光滑；额大部分光滑，侧方或后侧方具微弱的或非常微弱的皱刻条或刻条；上颊光滑；头宽是长的 1.7–1.8 倍，是中胸盾片宽的 1.3 倍；头在复眼后方前部稍凸出，后方弧形收窄；背面观复眼横径是上颊长的 2.6–2.8 倍；单眼稍位于头中央之前，前单眼明显位于复眼中央之前，后单眼间距是前后单眼间距的 1.3 倍；POL=1.0×OD=0.4–0.5×OOL；复眼光滑无毛，纵径是横径的 1.10–1.15 倍；颚眼距是复眼纵径的 0.3 倍，是上颚基部宽的 0.6–0.8 倍；脸具密集的横向刻条，刻条间具密集皱，部分区域具颗粒，中央几乎光滑或具微弱皱；脸宽是复眼纵径的 0.9 倍，是脸和唇基总长的 1.1 倍；触角窝直径是触角窝间距的 2.0 倍，是触角窝与复眼之间距离的 1.4–1.5 倍；唇基下陷宽是唇基下陷边缘至复眼间距离的 0.8–1.0 倍，是脸宽的 0.40–0.45 倍。

胸：胸长是高的 1.8–1.9 倍；前胸背板基部 0.3–0.4 具前胸背板脊；中胸盾片宽是中长的 1.2 倍；中胸盾片中叶明显向前凸出；中胸盾片具明显的、密集的皱颗粒，后端几乎光滑，中后部 0.3 狭窄区域具皱和小室状刻纹；盾纵沟具明显的相当密集的短刻条，部分具皱；小盾片前凹具微弱或非常微弱的皱，部分光滑；小盾片前凹长是小盾片长的 0.3 倍；后胸盾片具 2 条明显会合的侧脊，无中脊；中胸侧板大部分光滑；基节前沟明显具稀疏短刻条，后方 0.3–0.5 光滑，是中胸侧板下缘长的 0.5 倍。并胸腹节具明显分区，基侧区大，几乎光滑，脊周围和后端 0.25 具皱；中区短，宽，具明显皱刻条，长是宽的 1.0–1.2 倍；基脊是叉脊的 1.5–1.7 倍；柄区相当长，明显；并胸腹节端半部具相当稀疏的皱。

翅：前翅长是宽的 3.0–3.3 倍；1-R1 脉长是翅痣长的 1.4–1.5 倍；3-SR=3.2–3.6×r=0.6×SR1=1.3–1.5×2-SR；第 2 亚缘室长是宽的 3.4–3.7 倍，是第 1 亚盘室长的 1.8 倍；1-SR+M 脉稍波浪形弯曲；m-cu=1.4–1.8×2-SR+M。后翅长是宽的 5.0 倍；M+CU=0.6–0.7×1-M；m-cu 脉着色，明显前叉。

足：后足基节背方至少端半部具相当微弱或明显的横向弯曲刻条，其余部分光滑，长是宽的 1.3–1.5 倍；后足腿节光滑，长是宽的 3.3 倍；后足跗节长是后足胫节长的 1.1 倍；后足第 2 跗节长是基跗节长的 0.4 倍，是第 5 跗节长的 1.0–1.1 倍。

腹：腹长是头胸总长的 1.1 倍；第 1 背板明显从基部到端部线性加宽；第 1 背板端宽是其基宽的 1.8–2.1 倍，长是其端宽的 1.35–1.40 倍；第 2 背板长是其基宽的 0.50–0.55 倍，是第 3 背板长的 0.9–1.1 倍；第 1、2 背板全部具密集刻条；第 3 背板横凹具微弱稀疏皱；第 4、5 背板基部具微弱稀疏的皱刻点；剩余背板光滑；产卵管鞘长是体长的 0.7 倍，是腹长的 1.3 倍，是胸长的 2.0 倍，是前翅长的 0.8–0.9 倍。

体色：体深红棕色、红棕色或黄棕色；头大部分、腹部第 1 背板之后的背板红棕色、浅红棕色或几乎黄色，腹部腹方、有时前胸背板前端和腹方黄棕色或黄色；触角深棕色至黑色，基部颜色稍浅，基部 2 节黄色；须浅黄色；足黄色至棕黄色，后足或者所有跗节微弱烟褐色，所有胫节基部颜色浅；产卵管鞘黑色，基部棕色；前翅微弱或非常微弱烟褐色；翅痣棕色。

雄：未知。

生物学：未知。

研究标本：♀（正模，ZJUH），广东乳源南岭，2003.VII.23，许再福，No.20049176；1♀（副模，ZISP），Vietnam：Ninh Binh Province，Cuc Phuong National Park，20°21′N 105°36′E；*h*=200 m，2002.V.7–9，S. Belokobylskij。

分布：广东（南岭）；越南。

4. 深居矛茧蜂属 *Bathycentor* Saussure, 1892

Bathycentor Saussure, in: Grandidier, 1892: 21; Shenefelt *et* Marsh, 1976: 1267; Belokobylskij, 2018: 766; Belokobylskij *et* Zaldivar-Riverón, 2021: 20. **Type species:** *Bathycentor kraesselini* Saussure, 1892.

Epirhacon Belokobylskij, 1990a: 141; 1992: 907 (as synonym of *Ipodoryctes* Granger); 2018: 766. **Type species:** *Epirhacon laetus* Belokobylskij, 1990; by original designation. Synonymized by Belokobylskij, 2018: 766.

Sinaodoryctes Chen *et* Shi, 2004: 59; Belokobylskij, 2018: 766. **Type species:** *Sinaodoryctes aurus* Chen *et* Shi, 2004; by monotype. Synonymized by Belokobylskij, 2018: 766.

形态特征：本属与甲矛茧蜂属 *Ipodoryctes* Granger 很接近：前翅 m-cu 前叉或对叉；CU1a 脉不与 2-CU1 脉处在同一水平，从第 1 亚盘室端部上方 1/3 处或中央伸出。腹部第 2 背板基部具深沟围成的基区；第 2+3 背板中央具由 2 条横沟围成的椭圆形区域。

生物学：未知。

分布：东洋区、非洲区。本属全世界已知 6 种，中国已知 1 种。

(5) 金黄深居矛茧蜂 *Bathycentor aurus* (Chen *et* Shi, 2004)（图版 I: 4）

Sinaodoryctes aurus Chen *et* Shi, 2004: 60.

Bathycentor aurus: Belokobylskij, 2018: 766; Belokobylskij *et* Zaldivar-Riverón, 2021: 20.

雌：体长 4.36 mm；前翅长 3.43 mm；触角长 6.07 mm。

头：触角 38 节；第 1 鞭节长是宽的 4.75 倍，约是第 2 鞭节、柄节和梗节总长的 1.0 倍；背面观头方形，头宽是头长的 1.35 倍；头顶横皱，具极稀疏短毛；上颊光滑，在复眼后圆钝地收敛；复眼长是上颊长的 2.94 倍；POL=1.3×OD=0.4×OOL；额微凹陷，具皱；正面观复眼大；脸上着生较密的中等长度毛，具横皱，脸宽是脸长的 2.21 倍；唇基半圆形，宽是长的 2.40 倍，唇基上方具 2 短沟；口窝圆形；颚眼距长为复眼纵径的 0.31 倍；后头脊存在。

胸：胸长是高的 2.50 倍，密生短毛。中胸盾片约与前胸背板在同一平面，中叶具中纵沟；盾纵沟后端会合于 1 个较宽的粗糙区域，具短刻条；小盾片前凹具 3 条纵脊；小盾片平，具颗粒状刻点；中胸侧板具颗粒状刻点，翅下区具横皱；并胸腹节具网状皱，无中区，端部两端具瘤突。

翅：前翅翅痣三角形，痣长为痣宽的 3.87 倍；r 脉长为翅痣宽的 0.87 倍；2-SR=0.57×3-SR；SR1 脉伸至翅尖；r-m 脉骨化；2-M=2.55×r-m；m-cu 脉对叉；cu-a 脉后叉；第 1 亚盘室末端关闭；CU1a 脉从第 1 亚盘室末端中间伸出。后翅 M+CU=0.3×1-M。

足：前足、中足胫节外缘具 1 列刺；腿节肿大；后足基节具齿状突，前缘光滑，后缘具颗粒状刻点。

腹：腹部全具纵刻条；第 1 背板基部具背凹，长是端宽的 1.28 倍，端宽是基宽的 1.33 倍；第 2 背板具纵刻条，基部具三角形区域；第 2+3 背板中央具 2 条横沟围成的横椭圆形区域；第 4 背板基部具 1 弧形横沟；第 5、6 背板横沟近基部无椭圆形区域；产卵管长略短于体长（1.00∶1.30）。

体色：体红褐色；须黄褐色；中胸小盾片褐色；前中足黄褐色；产卵管鞘末端褐色。

生物学：未知。

分布：福建（武夷山）。

附注：根据陈家骅和石全秀（2004）的描述整理，本志研究未见此种标本。模式标本保存于 BIIC。

5. 隐陡盾茧蜂属 *Cryptontsira* Belokobylskij, 2008

Cryptontsira Belokobylskij, 2008: 123; Belokobylskij *et* Maeto, 2009: 86. **Type species:** *Doryctes parvus* Muesebeck, 1941; by monotype.

形态特征：头稍横形；额具相当明显的凹陷，无中脊；复眼具明显密集的刚毛；颚眼沟十分浅或不明显；唇基下陷相当小；下唇须 6 节；下颚须 4 节；触角柄节无端叶，基部无缢缩，背方长于腹方；第 1 鞭节近圆柱形，几乎直或稍弯曲，比第 2 鞭节长或相当。中胸背板从前胸背板水平面几乎垂直升起，密布短刚毛；盾纵沟不完整，前部深，后部 0.3–0.6 不明显；小盾片前沟相当明显；后胸背板具短或不明显齿突；基节前沟前端浅，后端深，相对短且直；胸腹侧脊明显且完整；并胸腹节分区明显，侧突存在，但短、粗。前翅 r 脉明显从翅痣前方伸出；2-SR 脉和 r-m 脉存在；m-cu 脉前叉；第 1 亚盘室末端封闭；CU1a 脉从第 1 亚盘室中央后端伸出。后翅 m-cu 脉存在；cu-a 脉存在。前足胫节具成列密集钉状刺；后足基节腹面基部无转角和瘤突；后足腿节宽，背方无肿突。腹部第 1 背板不呈柄状，宽、短，具明显背凹，基部 0.3 具小的气门；端腹片长是第 1 背板长的 0.2 倍；第 2 背板具分离的侧板；第 2 背板缝常缺或浅；产卵管鞘直，短于腹部。

生物学：据记载，寄主有鞘翅目的长蠹科 Bostrichidae（Yu *et al.*，2016；Belokobylskij & Maeto，2009）。

分布：古北区、东洋区、新热带区、澳洲区。本属全世界已知 2 种，中国已知 1 种。

附注：本属由 Belokobylskij（2008a）建立，该属与陡盾茧蜂属 *Ontsira* Cameron 十

分相似，不同之处在于本属后足基节无瘤突，复眼具毛，中胸背板盾纵沟后半部明显减弱甚至消失，前翅 r 脉明显从翅痣中央前方伸出。

(6) 小隐陡盾茧蜂 *Cryptontsira parva* (Muesebeck, 1941)（图版 II: 1）

Doryctes parvus Muesebeck, 1941: 150; Shenefelt *et* Marsh, 1976: 1290.
Ontsira parva: Belokobylskij, 1998a: 474; Belokobylskij *et al*., 2004: 72.
Cryptontsira parva: Belokobylskij, 2008: 123; Belokobylskij *et* Maeto, 2009: 88.

雌：体长 2.1–2.4 mm；前翅长 1.7–2.0 mm。

头：触角 20–25 节；柄节长是宽的 1.3–1.5 倍，第 1 鞭节长是宽的 3.0–3.3 倍，是第 2 鞭节长的 1.0–1.1 倍；倒数第 2 鞭节长是第 1 鞭节长的 0.6–0.8 倍，是倒数第 1 鞭节长的 0.8–0.9 倍；头顶光滑；头宽是长的 1.4 倍；额大部分光滑，稍具皱；背面观复眼横径是上颊长的 1.1–1.2 倍；单眼小，后单眼间距是前后单眼间距的 1.4 倍；POL=1.1–1.2×OD=0.4–0.5×OOL；复眼具明显密集刚毛，纵径是横径的 1.3–1.4 倍；颚眼距是复眼纵径的 0.3–0.4 倍，是上颚基部宽的 0.7 倍；脸密布横刻条，侧方具网皱；脸宽是复眼纵径的 1.0 倍，是脸和唇基总长的 1.3–1.4 倍；颚眼沟存在，浅；后头脊背方完整，与口后脊在上颚基部处愈合。

胸：胸长是高的 1.7–1.8 倍；前胸背板明显，前胸背板后横脊位于前胸背板中央；中胸盾片着生密毛，向前突出，前缘陡，与前胸背板水平面成直角或略成锐角；中胸盾片密布颗粒；盾纵沟前面深，后方浅，其间具短刻条；小盾片前凹相当浅，具 3–5 条隆脊，隆脊间具微皱或光滑；小盾片前凹长是小盾片长的 0.4 倍；小盾片光滑；中胸侧板大部分光滑；翅下区明显、宽、具粗糙皱；基节前沟直，光滑，其长达中胸侧板下部全长的 0.5 倍；并胸腹节明显分区，基侧区小，仅基侧区隆脊周围具微弱革质颗粒；中区相当长，宽，具网皱。

翅：前翅翅痣大且宽，三角形，前翅长是宽的 2.9–3.2 倍，r 脉明显从翅痣中部之前伸出；SR1 脉伸至翅尖。翅痣长是宽的 2.9–3.1 倍，为 1-R1 脉的 0.7–0.8 倍；3-SR=2.3–2.4×r=0.5–0.6×SR1=1.2–1.4×2-SR；第 2 亚缘室较长，长是宽的 2.2–2.3 倍，是第 1 亚盘室长的 1.5–1.6 倍；1-CU1=0.6–0.7×cu-a。后翅 M+CU=1.1–1.2×1-M，m-cu 脉退化。

足：后足基节几乎光滑；后足腿节光滑，长是宽的 2.7–2.8 倍；后足跗节长等于后足胫节长；后足基跗节长是第 2–5 跗节总长的 0.6–0.7 倍，第 2 跗节长是基跗节长的 0.5 倍，是第 5 跗节长的 1.0 倍。

腹：腹长是头胸总长的 0.6–0.7 倍；第 1 背板端宽是基宽的 1.8–2.0 倍，长是端宽的 0.7 倍；第 1 背板大部分具刻条，其间具皱；第 1 背板基半部具明显背脊，端半部背脊弱；第 2+3 背板长是第 2 背板基宽的 0.8 倍，是其最宽处的 0.5–0.7 倍；第 3 背板无横沟；第 2 背板基部具皱刻条；剩余背板光滑；产卵管鞘长是腹长的 0.70–0.85 倍，是前翅长的 0.3–0.4 倍；腹部背板各节基部着生 1 列短且稀疏的毛。

体色：头、胸及腹部第 1 背板、第 2+3 背板棕黄色，腹部第 3 背板以后各节基部具宽的暗色带；后足胫节基部颜色较浅；翅透明，翅痣褐色。

雄：未知。

生物学：寄主有鞘翅目的竹长蠹 *Dinoderus minutus*、日本竹长蠹 *Dinoderus japonicus*，据记载寄主还有鞘翅目的双棘长蠹 *Sinoxylon* sp.等。

研究标本（ZJUH）：4♀，浙江杭州，1987.VI，王征琦，Nos.870629（4），寄主，竹蠹；1♀，浙江丽水，1976.V.17，何俊华，No.760164；2♀，福建魁歧，1955.VI.9，赵修复，Nos.20003993，20003996；4♀，福建魁歧，1948.IV.23，赵修复，Nos.20004230–20004233；1♀，永泰，1956.VII，寄主，竹长蠹；2♀，江西铅山，1977.VII.18，张丽峰，Nos.780050（2），寄主，日本竹长蠹幼虫；1♀，广西南宁，1982.V.3，何俊华，No.821021。

分布：浙江（杭州、丽水）、江西（铅山）、福建（福州）、广西（南宁）；日本，印度，越南，印度尼西亚，美国（夏威夷），波多黎各，巴拿马，古巴，澳大利亚，巴西。

6. 隆额茧蜂属 *Dendrosoter* Wesmael, 1838

Dendrosoter Wesmael, 1838: 137; Shenefelt *et* Marsh, 1976: 1269; Belokobylskij *et* Tobias, 1986: 39; Belokobylskij, 1998b: 66; 2010: 78; Belokobylskij *et* Maeto, 2009: 91. **Type species:** *Bracon protuberans* Nees, 1834; by monotype.

Caenopachys Förster, 1862: 239; Shenefelt *et* Marsh, 1976: 1270; Mancini *et al.*, 2003: 460; Zaldivar-Riverón *et al.*, 2008: 358. **Type species:** *Bracon hartigii* Ratzeburg, 1848; by monotype. Synonymized by Belokobylskij *et* Maeto, 2009: 91.

Eurybolus Ratzeburg, 1848: 32; Shenefelt *et* Marsh, 1976: 1270. **Type species:** *Bracon curtisii* Ratzeburg, 1848; by monotype. Synonymized by Mancini *et al.*, 2003: 460.

形态特征：头近方形；额凹，无中脊；额和头顶前侧方具高的隆起；复眼光滑；后头脊存在，与口后脊在上颚基部处常不愈合；下颚须 6 节，下唇须 4 节；下唇须第 3 节不变短；触角柄节相当宽，短，无端叶；第 1 鞭节弯曲，背方凹陷且光滑，腹方凸出，具刻纹；第 1 鞭节短于第 2 鞭节。前胸短；盾纵沟完整，前部深，常后部浅；小盾片前沟明显；基节前沟深，相当长，直；胸腹侧脊明显；并胸腹节侧突缺。前翅 2-SR 脉和 r-m 脉存在；m-cu 脉后叉；cu-a 脉后叉；第 1 亚盘室末端闭合。后翅 cu-a 脉存在；m-cu 脉存在。雄虫后翅常具翅痣状骨化。前足胫节具成列密集钉状刺；后足基节腹方无瘤突和转角；腹部第 1 背板不呈柄状，常宽，具明显背凹；端腹片长是第 1 背板长的 0.2 倍。

生物学：据记载，寄主有鞘翅目的长蠹科 Bostrichidae、吉丁虫科 Buprestidae、天牛科 Cerambycidae、象甲科 Curculionidae、小蠹科 Scolytidae、拟步甲科 Tenebrionidae（Yu *et al.*，2016；Belokobylskij & Maeto，2009）。

分布：古北区、东洋区、新北区、非洲区、澳洲区。本属全世界已知 21 种，中国已知 1 种。

(7) 海南隆额茧蜂 *Dendrosoter hainanicus* Belokobylskij, 2010（图 2）

Dendrosoter hainanicus Belokobylskij, 2010: 78.

雌：体长 2.3 mm；前翅长 2.1 mm。

头：触角 25 节，长是体长的 1.3 倍；柄节长是宽的 1.6 倍，是梗节长的 1.6 倍；鞭节第 1 节微弱弯曲，长是其端宽的 7.0 倍，是第 2 鞭节长的 1.2 倍；倒数第 2 鞭节长是第 1 鞭节长的 0.6 倍，是最后 1 鞭节长的 0.9 倍；头顶在单眼和后头脊间具相当明显的中纵沟；头顶密布微弱波浪形弯曲的细密槽纹，槽纹间具微弱网纹；头宽是长的 1.5 倍；额侧方具相当明显的隆起，隆起上密布粗糙的刻条；背面观复眼横径是上颊长的 1.0 倍；单眼小，后单眼间距是前后单眼间距的 1.4 倍；POL=2.8×OD=1.0×OOL；复眼光滑，纵径是横径的 1.1 倍；颚眼距是复眼纵径的 0.4 倍，是上颚基部宽的 0.7 倍；脸密布微弱刻条，中央几乎光滑；脸宽是复眼纵径的 1.0 倍，是脸和唇基总长的 1.2 倍；无颚眼沟；后头脊背方完整，与口后脊在上颚基部处不愈合。

胸：胸长是高的 1.8 倍；前胸背板短，前胸背板后横脊位于前胸背板中央；中胸盾片从前胸背板水平面圆弧形升起，其长是宽的 1.0 倍；中胸盾片密布皱刻条，后方 0.4 具波浪形中脊；盾纵沟深、完整，其间具短刻条；2 条盾纵沟在中胸背板后方 0.6 处会合；中胸背板无中沟；小盾片前凹相当深，具 3 隆脊，隆脊间光滑；小盾片前凹长是小盾片长的 0.3 倍；小盾片密布微弱刻点皱；中胸侧板大部分光滑；翅下区浅，宽，具皱，但是上方几乎光滑；基节前沟相当浅，光滑，稍弯曲，后方具小、深的圆形凹陷，其长达中胸侧板下部全长的 0.5 倍；并胸腹节明显分区，基侧区基本光滑，仅基侧区隆脊周围具皱纹；中区相当长，窄，前半部具横向皱刻条，后半部几乎光滑。

翅：前翅长是宽的 3.3 倍；缘室不变短；r 脉微弱地从翅痣中央后方伸出；1-R1 脉长是翅痣长的 1.1 倍；r 脉与 3-SR 脉成钝角；3-SR=1.9×r=0.3×SR1；2-SR 脉大部分缺，仅留一点痕迹；1-SR+M 脉微弱“S”形弯曲；CU1a 脉几乎对叉；第 1 亚盘室末端在 m-cu 脉处成直线闭合。后翅长是宽的 5.0 倍；C+SC+R=0.5×1-SC+R；M+CU=0.65×1-M；m-cu 脉不骨化，微弱弯曲，对叉。

足：前足胫节具 3 根成列钉状刺；后足基节基腹方大部分光滑，仅上部具相当微弱的刻条；后足腿节光滑，背方无肿突，具明显颗粒和刻条，侧方革质，长是宽的 3.3 倍；后足胫节外侧端部具 4 根钉状刺；后足跗节长稍短于后足胫节长；后足基跗节长是第 2–5 跗节总长的 0.55 倍，第 2 跗节长是基跗节长的 0.5 倍，是第 5 跗节长的 1.25 倍。

腹：腹长是头胸总长的 0.8 倍；第 1 背板具相当大的背凹，气门瘤明显；第 1 背板端宽是基宽的 2.0 倍，长是端宽的 1.15 倍；第 1 背板具向端部会合的完整的背脊；无第 2 背板缝；第 2 背板具 1 光滑、窄的基区；第 2+3 背板长是第 2 背板基宽的 1.0 倍，是其最宽处的 0.85 倍；第 1 背板全部及第 2、3 背板基部 0.2 具粗糙刻条；第 1 背板在背脊间具横向皱刻条；剩余背板光滑；产卵管鞘长是体长的 1.55 倍，是腹长的 1.8 倍，是前翅长的 0.8 倍。

体色：头黄色，背方略带褐色；胸部浅红棕色，前胸大部分黄色；腹部浅红棕色，端部棕黄色，腹方黄色；触角黑色，鞭节基部 3 或 4 节黄色或棕黄色；须浅黄色；足黄色，跗节微弱褐色；产卵管鞘基部 0.7 棕色，端部 0.3 黑色；前翅透明，1-SR 脉、1-M 脉和第 1 亚盘室周围颜色稍暗；翅痣棕色，基部 0.3 和端部黄色。

雄：未知。

生物学：未知。

研究标本：♀（正模，BMNH），China，Hainan I.，Tien Fong Mts.，[19]83，Boucek。

分布：海南（尖峰岭）。

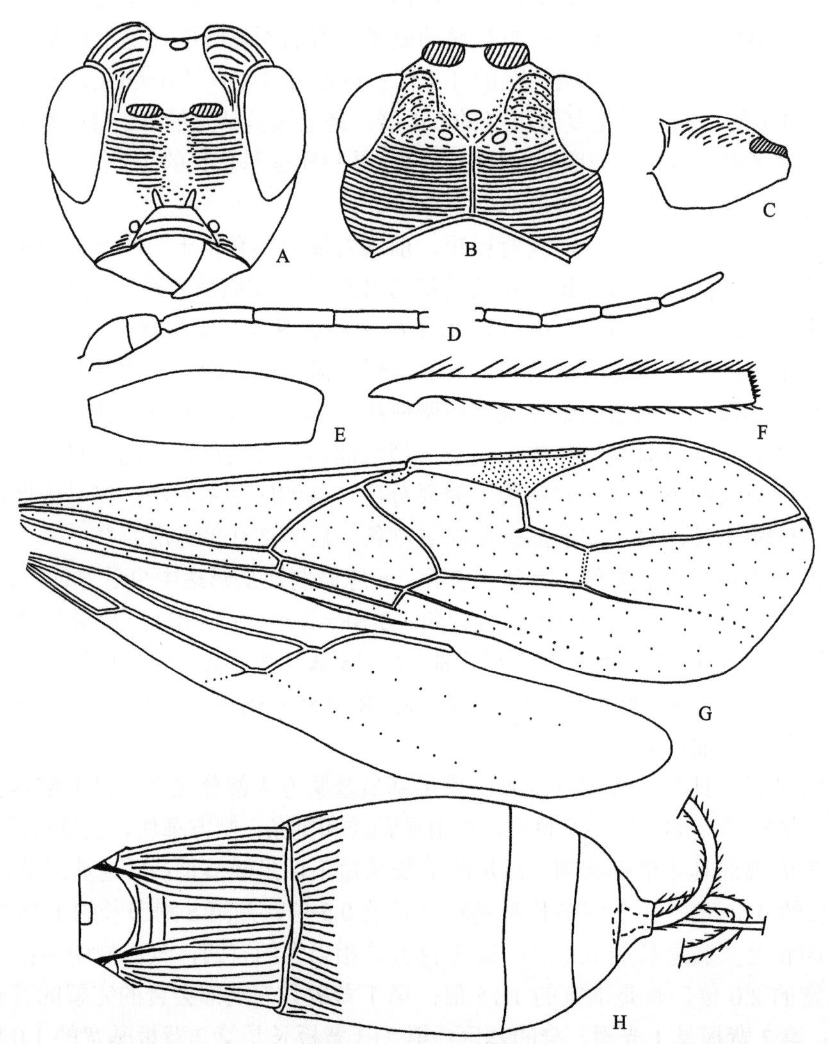

图 2 海南隆额茧蜂 *Dendrosoter hainanicus* Belokobylskij（仿 Belokobylskij，2010）

A. 头，前面观；B. 头，背面观；C. 后足基节，侧面观；D. 触角，侧面观；E. 后足腿节，侧面观；F. 后足胫节，侧面观；G. 翅；H. 腹部，背面观

7. 树矛茧蜂属 *Dendrosotinus* Telenga, 1941

Dendrosotinus Telenga, 1941: 387; Shenefelt *et* Marsh, 1976: 1276; Belokobylskij, 1983: 182; Belokobylskij *et* Tobias, 1986: 37; Belokobylskij, 1993a: 94; 2010: 81. **Type species:** *Dendrosoter ferrugineus* Marshall, 1888; by monotype.

形态特征：前翅 2-SR 脉和 r-m 脉存在；CU1a 脉对叉；第 1 亚盘室末端闭合。后足基节基腹方无瘤突；所有腿节背方无肿突。第 3 背板之后的背板光滑。

生物学：据记载，寄主有鞘翅目的长蠹科 Bostrichidae、象甲科 Curculionidae、小蠹科 Scolytidae（Yu *et al.*，2016）。

分布：古北区、东洋区、非洲区、澳洲区。本属全世界已知 20 种，中国已知 2 种。

附注：Belokobylskij（2010）认为武夷树矛茧蜂 *Dendrosotinus wuyiensis* Shi, 2006 为误鉴种，根据该种的特征图和描述来看，此种可能属于陡盾茧蜂属 *Ontsira*，因此暂将此种记录于“误鉴和疑似误鉴种”中。此外，树矛茧蜂属 *Dendrosotinus* 特征变化较大，一些种类处于几个属的中间状态，因此该属日后需要做进一步研究。

(8) 台湾树矛茧蜂 *Dendrosotinus taiwanicus* Belokobylskij, 2010（图 3）

Dendrosotinus taiwanicus Belokobylskij, 2010: 81.

雌：体长 4.1 mm；前翅长 3.0 mm。

头：触角长于 36 节（端部缺）；柄节短，粗，长是宽的 1.4 倍；鞭节第 1 节外侧微弱弯曲，凸，具微弱颗粒；内侧几乎平坦，微弱革质或光滑；鞭节第 1 节长是其端宽的 5.3 倍，是第 2 鞭节长的 1.2 倍；头顶中央密布明显的、侧方密布微弱的横向刻条，其间密布微弱颗粒或网纹；头宽是长的 1.55 倍；额密布颗粒皱；背面观复眼横径是上颊长的 2.2 倍；单眼中等大小，后单眼间距是前后单眼间距的 1.5 倍；POL=2.6×OD=1.0×OOL；复眼光滑，纵径是横径的 1.2 倍；颚眼距是复眼纵径的 0.3 倍，是上颚基部宽的 0.65 倍；脸密布规则横刻条，有些部分具颗粒；脸宽是复眼纵径的 0.8 倍，是脸和唇基总长的 1.1 倍；无颚眼沟；后头脊背面完整，与口后脊在上颚基部处不愈合。

胸：胸不扁平，长是高的 2.1 倍；中胸盾片与前胸背板水平面成直角；中胸盾片中叶向前凸出；中胸盾片密布明显的网皱，有些区域具微弱颗粒；盾纵沟相当宽，前半部深，后半部浅，其间具粗糙的短刻条皱；小盾片前凹深，窄，具 7 条粗糙的隆脊，隆脊间微弱革质；小盾片前凹长是小盾片长的 0.3 倍；胸腹侧片在靠近基节外侧具 2 条明显的侧纵脊；小盾片密布微弱颗粒皱；中胸侧板上半部后方具明显刻条皱，下半部微弱革质到大部分光滑；翅下区浅，宽，具粗糙的宽的网皱；基节前沟明显，前方浅，后方深、直、窄，其间具微弱短刻条，其长达中胸侧板下部全长的 0.7 倍；并胸腹节无分区，密布网皱；并胸腹节无侧瘤突。

翅：前翅长是宽的 3.4 倍；翅痣长是宽的 3.7 倍；r 脉微弱地从翅痣中央后方伸出；

缘室不变短；1-R1 脉长是翅痣长的 1.25 倍；3-SR=2.4×r=0.5×SR1=1.2×2-SR；第 2 亚缘室相当小，端部不变窄，长是宽的 2.6 倍，是第 1 亚盘室长的 1.35 倍；m-cu 脉明显后叉，m-cu=5.5×2-SR+M；cu-a 脉直，几乎垂直于 M+CU1 脉；CU1a 脉几乎对叉；第 1 亚盘室末几乎成直线，末端闭合。后翅具 3 翅钩，长是宽的 5.0 倍；C+SC+R=0.7×1-SC+R，M+CU=0.6×1-M，m-cu 脉微弱地弯向翅尖，微弱前叉。

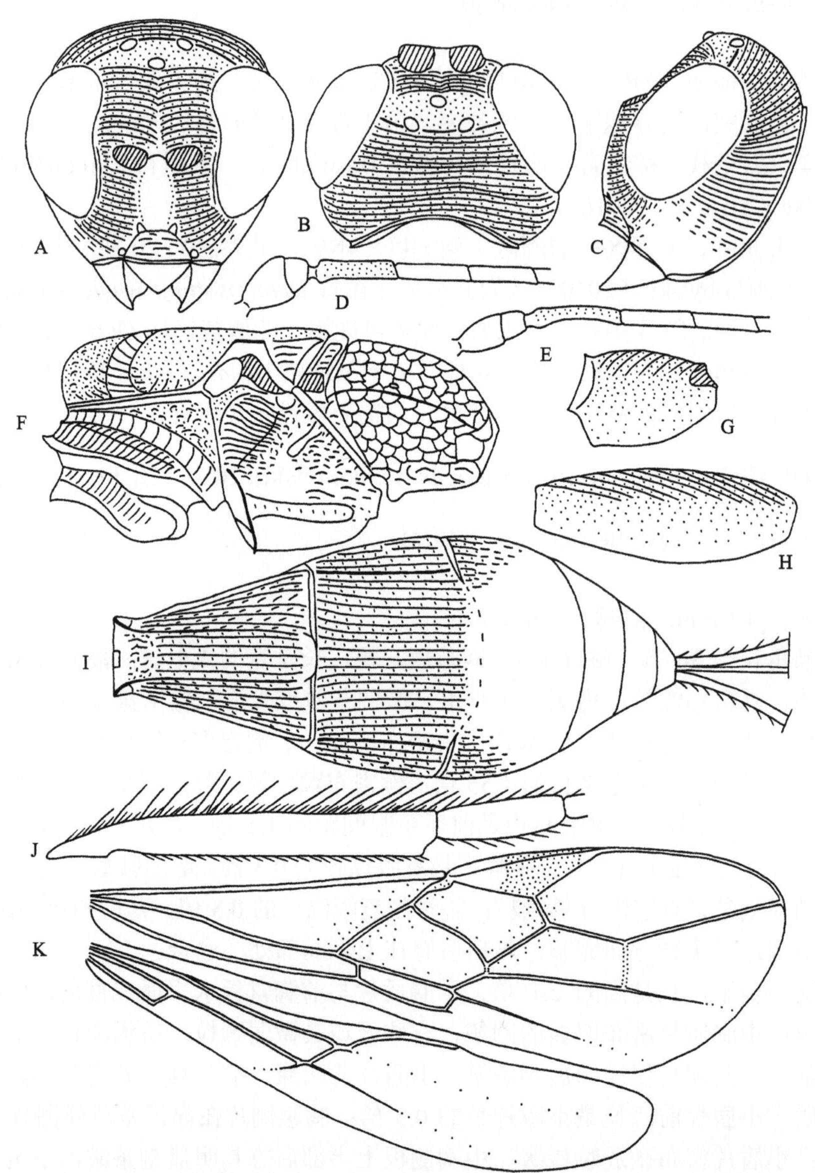

图 3 台湾树矛茧蜂 *Dendrosotinus taiwanicus* Belokobylskij（仿 Belokobylskij，2010）

A. 头，前面观；B. 头，背面观；C. 头，侧面观；D. 触角基部 5 节，侧面观；E. 触角基部 5 节，背面观；F. 胸部，侧面观；G. 后足基节，侧面观；H. 后足腿节，侧面观；I. 腹部，背面观；J. 后足胫节，侧面观；K. 翅

足：前足胫节具成列且明显的粗糙钉状刺；后足基节腹方具瘤突，背方具刻条，侧方革质或几乎光滑；后足腿节背方无肿突，具明显颗粒和刻条，侧方密布革质，长是宽的 3.0 倍；后足胫节外侧端部具 6 根钉状刺；后足跗节长是后足胫节长的 1.0 倍；后足基跗节长是第 2–5 跗节总长的 0.35 倍，第 2 跗节长是基跗节长的 0.6 倍，是第 5 跗节长的 1.2 倍。

腹：腹长是头胸总长的 0.9 倍；第 1 背板具相当大的背凹，基部 0.3 具小气门瘤；第 1 背板端宽是其基宽的 2.4 倍，长是其端宽的 1.2 倍；第 1 背板具明显的强烈向端部会合的背脊；第 2 背板具微弱的侧带；第 2+3 背板长是第 2 背板基宽的 1.4 倍，是其最宽处的 1.1 倍；第 1、2 背板全部和第 3 背板基侧方 1/4 具明显刻条，其间密布明显颗粒或者皱纹；第 3 背板端部侧方 1/4 具相当微弱的网皱；剩余背板光滑；产卵管鞘长是腹长的 1.6 倍，是前翅长的 0.85 倍。

体色：头黄色，背方略带褐色；胸部浅红棕色，前胸大部分黄色；腹部浅红棕色，端部棕黄色，腹方黄色；触角黑色，鞭节基部 3 或 4 节黄色或者棕黄色；须浅黄色；足黄色，跗节微弱褐色；产卵管鞘基部 0.7 棕色，端部 0.3 黑色；前翅透明，1-SR 脉、1-M 脉和第 1 亚盘室周围颜色稍暗；翅痣棕色，基部 0.3 和端部黄色。

雄：未知。

生物学：未知。

研究标本：♀（正模，HNHM），Formosa[①]，Sauter，Fuhosho，1909.VIII。

分布：台湾（南投）。

附注：虽然 Belokobylskij（2010）把台湾树矛茧蜂 *Dendrosotinus taiwanicus* Belokobylskij 放在树矛茧蜂属 *Dendrosotinus* 中，但是台湾树矛茧蜂 *D. taiwanicus* 特征介于树矛茧蜂属 *Dendrosotinus* 和吉多茧蜂属 *Gildoria* 2 属的属征之间。现吉多茧蜂属 *Gildoria* 被认为是树矛茧蜂属的亚属。

8. 矛茧蜂属 *Doryctes* Haliday, 1836

Rogas (*Doryctes*) Haliday, 1836: 40, 43. **Type species:** *Bracon obliteratus* Nees, 1834, designated by Erichson, 1837.

Doryctes Shenefelt *et* Marsh, 1976: 1277; Belokobylskij *et* Tobias, 1986: 43; Belokobylskij, 1996: 164; Belokobylskij *et al*., 2004: 37; Chen *et* Shi, 2004: 16; Belokobylskij *et* Maeto, 2009: 96.

Ischiogonus Wesmael, 1838: 125; Ashmead, 1900a: 144; Viereck, 1914: 76. **Type species:** *Ischiogonus erythrogaster* Wesmael, 1838, designated by Viereck, 1914. Synonymized by Haliday, 1838: 125.

Paradoryctes Granger, 1949: 102. **Type species:** *Paradoryctes coxalis* Granger, 1949; by monotype. Synonymized by Marsh, 1973: 70.

Pristodoryctes Kieffer, 1921: 133. **Type species:** *Pristodoryctes striativentris* Kieffer, 1921; by monotype. Synonymized by Marsh, 1973: 70.

---

① 台湾是中国领土的一部分。Formosa（早期西方人对台湾岛的称呼）一般指台湾，具有殖民色彩。本志因引用历史文献或原始标签不便改动，仍使用 Formosa 一词，但并不代表作者及科学出版社的政治立场。

Udamolcus Enderlein, 1920: 142; Brues, 1926: 377. **Type species:** *Udamolcus herero* Enderlein, 1920; by monotype. Synonymized by Fahringer, 1930: 143.

Neodoryctes Szépligeti, 1914: 199; Shenefelt *et* Marsh, 1976: 1321. **Type species:** *Neodoryctes thoracicus* Szépligeti, 1914; designated by Brues, 1926. Synonymized by Belokobylskij *et al.*, 2004: 37.

Plyctes Fischer, 1981a: 78. **Type species:** *Hybodoryctes diversus* Szépligeti, 1910; designated by Papp, 2004. Synonymized by Belokobylskij, 1992: 908.

形态特征：单眼区底边大于侧边；额常不凹陷或稍浅，无中脊；复眼光滑无毛；后头脊背方存在，与口后脊在上颚基部处常不愈合；颚眼沟不明显；须长；下唇须 6 节，下颚须 4 节；触角柄节相当宽，长，无端叶和基部缢缩，背方长于腹方；第 1 鞭节近圆柱形，长于第 2 鞭节。前胸背板背面前方常具肿突；中胸背板从前胸背板圆弧升起；盾纵沟完整，后半部浅；小盾片前凹常长；基节前沟前部浅，后部常深，相对短，直；胸腹侧脊明显，完整；并胸腹节分区明显，侧突常存在、短。前翅 r 脉常从翅痣中央伸出；2-SR 脉和 r-m 脉都存在；m-cu 脉常前叉；第 1 亚盘室末端关闭，CU1a 脉从第 1 亚盘室后部 0.25–0.30 伸出。后翅 cu-a 脉存在；m-cu 脉存在。前足胫节具成列密集钉状刺；后足基节腹方具瘤突和转角；后足腿节宽，背方无肿突。腹部第 1 背板不呈柄状，常宽，短，具大的背凹；第 2 背板具相当微弱的侧纵沟或脊；第 2 背板缝常明显；产卵管鞘常短于腹部。

生物学：据记载，寄主有鞘翅目的窃蠹科 Anobiidae、长蠹科 Bostrichidae、吉丁虫科 Buprestidae、天牛科 Cerambycidae、叶甲科 Chrysomelidae、郭公甲科 Cleridae、象甲科 Curculionidae、小蠹科 Scolytidae；鳞翅目的瘿蛾科 Cecidosidae；膜翅目的长颈树蜂科 Xiphydriidae、长节锯蜂科 Xyelidae（Yu *et al.*，2016；Belokobylskij & Maeto，2009）。

分布：全世界分布。本属全世界已知 89 种，中国已知 16 种，包括本志报道的 1 新种：短尾矛茧蜂 *D. curticaudis* Tang *et* Chen, sp. nov.。

附注：Belokobylskij 和 Maeto（2009）将该属分为 3 亚属：矛茧蜂亚属 *Doryctes s. str.*、新矛茧蜂亚属 *Neodoryctes* Szépligeti 和等脉矛茧蜂亚属 *Plyctes* Fischer，各亚属主要特征见矛茧蜂属的分种检索表。虽然最近的分子数据表明这 3 个亚属位于系统发育树的不同位置，存在一定争议，但在更多证据出现之前，本志仍将此属分为 3 亚属。Belokobylskij 和 Maeto（2009）认为陈家骅和石全秀（2004）记录的淡矛茧蜂 *D. leucogaster* 为误鉴种，根据该种的特征图和描述来看，此种可能是马来矛茧蜂 *D. malayensis* 的雄虫，因此暂将此种记录于“误鉴和疑似误鉴种”中。

种检索表

1. 翅痣端部浅褐色或黄色，极少数整个黄色；前翅 CU1b 脉明显斜向翅基部；中胸盾片仅沿盾纵沟或周围具稀疏的、长且半直立或直立的毛，大部分区域无毛；腹部第 3 背板具短刻条横向凹陷…………2

翅痣端部褐色，常完全深棕色或黑色；前翅 CU1b 脉几乎与 2-1A 脉垂直，几乎不斜向翅基部；中

胸盾片密布短且半直立的毛；腹部第 3 背板无短刻条横向凹陷（矛茧蜂亚属 *Doryctes*）…………7

2. 后翅 M+CU 脉明显短于 1-M 脉（新矛茧蜂亚属 *Neodoryctes*）……………………………………3

后翅 M+CU 脉等于或长于 1-M 脉（等脉矛茧蜂亚属 *Plyctes*）……………………………………5

3. 后足基节具瘤突；中胸盾片光滑；基节前沟是中胸侧板下缘的 0.5–0.7 倍 ……………………………………………………………………………………**齿基矛茧蜂 *D. denticoxa***

后足基节无瘤突；中胸盾片具明显刻纹；基节前沟几乎横贯整个中胸侧板下缘……………………4

4. 中胸盾片具微弱密集的颗粒网纹；前翅 CU1a 脉从第 1 亚盘室端部中央伸出；第 2 背板缝无明显侧带；产卵管鞘长是腹长的 0.45 倍，是前翅长的 0.30 倍 …………………**云南矛茧蜂 *D. yunnanicus***

中胸盾片大部分具弯曲皱，无颗粒；前翅 CU1a 脉明显从第 1 亚盘室端部中央下方伸出；第 2 背板缝具明显侧带；产卵管鞘长是腹长的 1.3 倍，是前翅长的 1.0 倍 ………**河南矛茧蜂 *D. henanensis***

5. 脸几乎光滑；第 2 背板长是其基宽的 0.3 倍，是第 3 背板长的 0.6 倍；产卵管鞘长是腹长的 0.8 倍，是前翅长的 0.5 倍；后足胫节基部黄色……………………………………**海南矛茧蜂 *D. hainanensis***

脸具明显横向的密集的刻条，刻条间具密集皱；第 2 背板长是其基宽的 0.4–0.5 倍，是第 3 背板长的 0.8–0.9 倍；产卵管鞘长是腹长的 0.9–1.2 倍，是前翅长的 0.6–0.9 倍；后足胫节基部颜色深 …6

6. 翅痣中央大部分棕色，基部和端部黄色；上颊短，背面观复眼长是上颊长的 1.4–1.6 倍；后足胫节背方毛长是后足胫节宽的 1.4–1.8 倍；后足跗节几乎与后足胫节等长；后足第 2 跗节长是后足第 5 跗节长的 1.2 倍；第 1 背板长是其端宽的 1.2–1.3 倍 ……………………**马来矛茧蜂 *D. malayensis***

翅痣黄色；上颊长，背面观复眼长是上颊长的 1.3 倍；后足胫节背方毛长是后足胫节宽的 0.8–1.0 倍；后足跗节长是后足胫节长的 1.2 倍；后足第 2 跗节长是后足第 5 跗节长的 1.6 倍；第 1 背板长是其端宽的 1.4 倍……………………………………………………**黄痣矛茧蜂 *D. flavistigma***

7. 第 1 背板长是其端宽的 1.4–1.9 倍 ……………………………………………………………………8

第 1 背板长是其端宽的 0.9–1.3 倍 ……………………………………………………………………10

8. 头棕红色；前翅颜色深；第 2 背板基部半圆形区域具刻条皱；第 3 背板光滑…………………………………………………………………………………………**具柄矛茧蜂 *D. petiolatus***

头黑色或深红棕色，有时腹方颜色浅；前翅透明或稍微着色；第 2 背板整个具刻条或皱刻条（侧方几乎光滑）；第 3 背板基部 0.2–0.5 具刻条……………………………………………………9

9. 腹部第 1 背板长是其端宽的 1.4 倍；产卵管鞘稍长于腹长；须棕色………………………………………………………………………………………………**海丁矛茧蜂 *D. hedini***

腹部第 1 背板长是其端宽的 1.6–1.9 倍；产卵管鞘远远长于腹长；须浅棕色 ……………………………………………………………………………………**俄罗斯矛茧蜂 *D. gyljak***

10. 产卵管鞘长是腹长的 1.5 倍，是前翅长的 0.8 倍；产卵管鞘具密集的、长的黑色刚毛；后单眼间距是前后单眼间距的 1.6 倍；后足跗节长是后足胫节长的 1.2 倍；后足第 2 跗节长是后足第 5 跗节长的 2.5 倍…………………………………………………………………**马云矛茧蜂 *D. mayunae***

产卵管鞘长是腹长的 0.3–1.0 倍，是前翅长的 0.20–0.55 倍；产卵管鞘具稀疏的、短的浅色刚毛；后单眼间距是前后单眼间距的 1.1–1.3 倍；后足跗节长是后足胫节长的 0.85–1.00 倍；后足第 2 跗节长是后足第 5 跗节长的 1.4–1.8 倍 ……………………………………………………11

11. 腹部第 2 背板端部常具刻条；第 3 背板至少中央具明显半弧形刻条……………………………12

腹部第 2 背板端部常光滑；第 3 背板光滑或有时具纵向刻条……………………………………………… 14

12. 头在复眼后方明显收缩；上颊短，复眼长是上颊长的 1.3–1.5 倍；单眼大，POL=1.0–1.2×OD；前翅第 2 亚缘室长是宽的 2.0–2.2 倍 ……………………………………………………… **余吴矛茧蜂 *D. yogoi***

头在复眼后方近平行或稍凸出，然后稍收缩；上颊长，复眼长是上颊长的 1.0–1.2 倍（极少数情况下 1.3 倍）；单眼小，POL=1.3–2.0×OD；前翅第 2 亚缘室长是宽的 2.4–3.0 倍 ……………………… 13

13. 头顶全被相当密集的毛；前翅第 2 亚缘室长是宽的 3.0 倍；第 1 亚盘室端部变宽；产卵管鞘长是腹长的 0.3 倍，是前翅长的 0.2 倍 ……………………………**短尾矛茧蜂，新种 *D. curticaudis* sp. nov.**

头顶后端和侧方具密集的半直立短毛，中前部大部分光滑无毛；前翅第 2 亚缘室长是宽的 2.4–2.8 倍；第 1 亚盘室端部不变宽；产卵管鞘长是腹长的 0.6–0.9 倍，是前翅长的 0.3–0.5 倍…… **波浪矛茧蜂 *D. undulatus***

14. 头整个具密集毛；背面观头在复眼后方稍凸……………………………………………… **亨利矛茧蜂 *D. henryi***

头具稀疏毛，中央常光滑无毛；背面观头在复眼后方不凸………………… **条纹矛茧蜂 *D. striatellus***

(9) 短尾矛茧蜂，新种 *Doryctes curticaudis* Tang *et* Chen, sp. nov.（图版 II: 2）

雌：体长 3.20 mm；前翅长 2.85 mm。

头：触角 28 节；柄节长是宽的 1.25 倍，第 1 鞭节长是端宽的 3.5 倍，是第 2 鞭节长的 1.0 倍；倒数第 2 鞭节长是宽的 2.5 倍，是最后 1 鞭节长的 0.85 倍。背面观头宽是中长的 1.35 倍，是中胸盾片宽的 1.0 倍；头部自复眼后前部几乎平行，后部弧形收缩；头顶光滑，全被相当密集的毛；额光滑；上颊光滑；背面观复眼横径是上颊长的 1.1 倍，单眼中等大小，后单眼间距是前后单眼间距的 1.3 倍，POL=1.3×OD=0.6×OOL；复眼具短而稀疏的刚毛，纵径是横径的 1.3 倍；颚眼距是复眼纵径的 0.3 倍，是上颚基部宽的 0.7 倍；脸具相当明显且密集的刻点，无皱；脸宽是复眼纵径的 1.0 倍，是脸和唇基总长的 1.2 倍；颚眼沟不明显；后头脊背方完整，与口后脊在上颚基部处不愈合。

胸：胸长是高的 2.8 倍；前胸背板背方具明显凸叶，前部 0.3 具明显的前胸背板脊；中胸盾片中叶前端稍凸出，具浅中沟；中胸盾片具密集微弱刻点，中后半部大部分区域具密集皱；中胸盾片大部分区域无毛，前侧方大部分区域具密集的、短且半直立的毛，沿盾纵沟和周围具稀疏的、长且直立的毛；盾纵沟前部深、窄，后部浅、完整，具明显短刻条；小盾片具微弱的稀疏刻点；小盾片前凹短，相当深，具密集皱和 3 脊，前凹长是小盾片长的 0.3 倍；中胸侧板几乎光滑；翅下区相当浅，窄，前半部至少具皱刻条；基节前沟浅，但后部深，光滑，其长达中胸侧板下部全长的 0.6 倍；并胸腹节无侧突，具明显基侧区和中区，基侧区具微弱颗粒，并胸腹节剩余区域具粗糙网皱。

翅：前翅长是宽的 3.2 倍，r 脉明显从翅痣中部之前伸出；3-SR=3.5×r=0.6×SR1=1.6×2-SR；第 2 亚缘室长是宽的 3.0 倍，是第 1 亚盘室长的 1.5 倍；1-SR+M 脉稍弯曲；m-cu 脉明显前叉；第 1 亚盘室端部变宽；CU1a 脉从第 1 亚盘室端部 0.25 伸出。后翅 M+CU=1.4×1-M；m-cu 脉直，稍前叉。

足：后足基节背方无瘤突，具皱刻条，腹方微弱革质至光滑；后足腿节上部 0.4 具密集的斜向刻条，下部 0.6 几乎光滑，长是宽的 3.25 倍；后足胫节背方具非常短、密集的半直立毛，毛长是后足胫节宽的 0.2–0.4 倍；后足跗节长是后足胫节长的 0.9 倍；后足基跗节长是第 2–5 跗节总长的 0.7 倍；后足第 2 跗节长是后足基跗节长的 0.5 倍，是后足第 5 跗节长的 1.4 倍。

腹：腹长是头胸总长的 1.0 倍；第 1 背板无基叶，基部 1/3 具小的气门瘤；第 1 背板基部强烈变宽，之后从背凹处至端部几乎明显直线加宽；第 1 背板端宽是其基宽的 2.0 倍；第 1 背板长是其端宽的 1.0 倍；第 2 背板侧方具浅的、近平行的凹陷；第 2 背板长是其基宽的 0.6 倍，是第 3 背板长的 1.2 倍；第 2 背板缝微弱，具相当明显但不深的侧带，中央弯曲；第 3 背板基部无凹陷；第 1、2 背板具纵向刻条和皱；第 3 背板仅基侧方具微弱斜向刻条；剩余部分光滑；产卵管鞘长是腹长的 0.3 倍，是胸长的 0.4 倍，是前翅长的 0.2 倍；产卵管鞘具密集的色浅的短毛。

体色：体黑色，脸和上颊下部、前胸侧板和翅基片棕黄色；触角黑色；须浅棕色；足棕色，后足胫节基部稍黄色；产卵管鞘深棕色至黑色；翅稍烟褐色；翅痣棕色。

雄：未知。

生物学：未知。

研究标本：♀（正模，ZJUH），浙江杭州五云山，2010.III.27，谭江丽，No.201105606。

分布：浙江（杭州）。

词源：拉丁语“*curt*”意为短的，“*caud*”意为尾，指本种产卵管鞘短。

鉴别特征：与波浪矛茧蜂 *D. undulatus* (Ratzeburg)不同之处在于新种头顶全被相当密集的毛；前翅第 2 亚缘室长是宽的 3.0 倍；第 1 亚盘室端部变宽；产卵管鞘短，长是腹长的 0.3 倍，是胸长的 0.4 倍，是前翅长的 0.2 倍。

(10) 齿基矛茧蜂 *Doryctes denticoxa* Belokobylskij, 1996（图版 II: 3）

Doryctes denticoxa Belokobylskij, 1996: 164; 1998b: 60; Chen *et* Shi, 2004: 17; Belokobylskij *et* Maeto, 2009: 103; Belokobylskij *et al*., 2012a: 48.

雌：体长 5.8–11.5 mm；前翅长 4.6–7.2 mm。

头：触角 39–65 节；柄节长是宽的 1.5–1.7 倍，第 1 鞭节长是端宽的 4.8–5.5 倍；倒数第 2 鞭节长是宽的 3.5–4.0 倍，是最后 1 鞭节长的 0.7–0.8 倍。背面观头宽是中长的 1.4–1.5 倍，是中胸盾片宽的 1.15–1.20 倍；头部自复眼后强烈弧形收缩；头顶光滑；额具明显的横向刻条；上颊腹方光滑；背面观复眼横径是上颊长的 1.4–1.8 倍，单眼小，后单眼间距是前后单眼间距的 1.2–1.4 倍，POL=1.1–1.3×OD=0.5–0.7×OOL；复眼纵径是横径的 1.2–1.3 倍；颚眼距是复眼纵径的 0.25–0.30 倍，是上颚基部宽的 0.5–0.7 倍；脸具皱刻条，部分区域几乎光滑；脸宽是复眼纵径的 0.80–0.85 倍，是脸和唇基总长的 1.1–1.3 倍；颚眼沟极其浅；后头脊背方完整，与口后脊在上颚基部处不愈合。

胸：胸长是高的 2.0–2.3 倍；前胸背板背方具微弱凸叶和明显前胸背板脊；中胸盾片中叶突起；中胸盾片仅沿盾纵沟或周围具稀疏的、长且直立的毛，大部分区域无毛；中胸盾片光滑，中叶具 2 条明显会合的脊，脊间具粗糙皱；盾纵沟前深后浅，具粗糙的稀疏短刻条；小盾片光滑；小盾片前凹深，具明显中脊，具稀疏刻条，前凹长是小盾片长的 0.35–0.40 倍；中胸侧板几乎光滑；翅下区深且宽，具密集横刻条；基节前沟明显，前部 0.7 相当深或后部 0.3 几乎不明显，光滑，是中胸侧板下缘的 0.5–0.7 倍；并胸腹节端部无侧突，分区不明显，无中区；并胸腹节具粗糙密集网皱。

翅：前翅长是宽的 3.7–4.5 倍，r 脉从翅痣中部伸出；3-SR=1.4–2.0×r=0.3–0.4×SR1=1.3–1.6×2-SR；第 2 亚缘室长是宽的 2.2–2.8 倍，是第 1 亚盘室长的 0.8–0.9 倍；1-SR+M 脉“S”形弯曲；m-cu 脉前叉。后翅 M+CU=0.7–0.8×1-M；m-cu 脉直，末端稍弯曲，稍前叉。

足：后足基节背方具皱或皱-刻点，背面近中部具 1 明显的瘤突，腹方具明显瘤突；后足腿节长是宽的 3.0–3.5 倍；后足胫节具相当长而稀疏的毛，后足跗节与后足胫节约等长，后足基跗节长是后足第 2–5 跗节长的 0.8–0.9 倍；后足第 2 跗节长是后足基跗节长的 0.4 倍，是后足第 5 跗节长的 1.4–1.5 倍。

腹：腹长是头胸总长的 1.2–1.3 倍；第 1 背板基部 1/4 具小的气门瘤；第 1 背板从基部至端部几乎直线加宽；第 1 背板端宽是其基宽的 1.2–1.5 倍；第 1 背板长是其端宽的 1.4–1.6 倍；第 2 背板具明显的、几乎直且近平行的侧凹陷；第 2 背板长是其基宽的 0.5–0.7 倍，是第 3 背板长的 0.9–1.1 倍；第 2 背板缝明显，浅，具明显侧带；第 3 背板基部 0.3 具宽但浅的凹陷；第 1 背板和第 2 背板全部、第 3 背板基部中央 0.3–0.5（基部侧方 0.8–0.9）具密集细微刻纹；第 4–6 背板基部 0.3–0.5 密布颗粒和网皱；产卵管鞘长是腹长的 1.2–1.5 倍，是前翅长的 0.85–1.15 倍。

体色：头和胸的前部红棕色，腹部黑色；触角棕色；足黑色，所有跗节棕色；翅烟褐色，翅痣暗棕色，基部和端部黄色。

雄：体长 3.6–6.4 mm，前翅长 2.5–4.4 mm。头宽是长的 1.2–1.3 倍；胸长是高的 2.3–2.5 倍。腹部细长，第 1 背板端宽是基宽的 1.1–1.2 倍，长是端宽的 1.7–2.0 倍；第 2 背板长为基宽的 1.0–1.1 倍；第 4–6 背板常几乎全具刻纹。体浅红棕色，足全部棕黄色。其他特征与雌虫相似。

生物学：未知。

研究标本（ZJUH）：1♀，浙江天目山，1982.IX.10，王昌松，No.825901；1♂，浙江安吉龙王山，1996.VI.26，李强，No.963296；1♂，浙江清凉峰，2005.VIII.8–12，时敏，No.200607301；1♀，福建武夷山，1989.IX.26，汪家社，No.964287；2♂，河南罗山，2000.V.22，蔡平，Nos.200101895，200101910；1♀，广东佛冈观音山，2007.IX.15–16，许再福，No.200711599；1♀，贵州开阳，1980.XII.6，省农科院，No.804525；1♂，贵州麻阳河万家，2007.IX.27–30，刘经贤，No.200708383；1♀，陕西佛坪凉风垭，1999.VI.28，姚建。

分布：河南（罗山）、陕西（佛坪）、浙江（天目山、龙王山、清凉峰）、福建（武夷山）、台湾（恒春、雾社、嘉义、垦丁）、广东（观音山）、贵州（开阳、麻阳河）；韩国，日本。

(11) 黄痣矛茧蜂 *Doryctes flavistigma* Belokobylskij, Tang, He *et* Chen, 2012（图版 II: 4）

Doryctes flavistigma Belokobylskij, Tang, He *et* Chen, 2012a: 48.

雌：体长 8.0 mm；前翅长 6.3 mm。

头：触角 56 节；柄节长是宽的 1.7 倍，第 1 鞭节长是端宽的 5.5 倍，是第 2 鞭节长的 1.15 倍；倒数第 2 鞭节长是宽的 4.0 倍，几乎与最后 1 鞭节等长。背面观头宽是中长的 1.4 倍，是中胸盾片宽的 1.2 倍；头部自复眼后基半部平行，端半部弧形收缩；头顶光滑，大部分无毛，仅边缘具稀疏长毛；额光滑；上颊光滑；背面观复眼横径是上颊长的 1.3 倍，单眼中等大小，后单眼间距是前后单眼间距的 1.3 倍，POL=1.4×OD=0.6×OOL；复眼纵径是横径的 1.2 倍；颚眼距是复眼纵径的 0.3 倍，是上颚基部宽的 0.75 倍；脸中央具明显密集刻条皱，侧方大部分区域光滑；脸宽是复眼纵径的 0.9 倍，是脸和唇基总长的 1.15 倍；颚眼沟不明显；后头脊背方完整，与口后脊在上颚基部处不愈合。

胸：胸长是高的 2.1 倍；前胸背板背方具明显凸叶，前部 0.3 具明显的前胸背板脊；中胸盾片中叶明显向前凸出，无中沟；中胸盾片光滑，具 2 条明显会合的脊，脊间具刻条；中胸盾片大部分区域无毛，前侧方区域具密集的、短且半直立的毛，沿盾纵沟或周围具稀疏的、长且半直立或直立的毛；盾纵沟前部深且宽，后部浅且窄，完整，具明显短刻条；小盾片光滑；小盾片前凹深，内具短刻条皱，具明显的中脊，前凹长是小盾片长的 0.3 倍；中胸侧板几乎光滑，上部 1/3 具微弱的稀疏刻点；翅下区相当深且宽，具粗糙皱刻条；基节前沟浅，但后部深，光滑，其长达中胸侧板下部全长的 0.7 倍；并胸腹节具侧突，具明显基侧区和中区，基侧区光滑。

翅：前翅长是宽的 3.8 倍，r 脉从翅痣中部伸出；3-SR=2.25×r=0.4×SR1=1.8×2-SR；第 2 亚缘室长是宽的 2.9 倍，是第 1 亚盘室长的 1.0 倍；1-SR+M 脉明显弯曲；m-cu 脉明显前叉。后翅 M+CU=1.2×1-M；m-cu 脉直，明显前叉。

足：后足基节背方无瘤突，具粗糙网皱，背侧方具粗糙纵刻条，腹方和侧方微弱革质到光滑；后足腿节长是宽的 3.3 倍；后足胫节背方具相当长而稀疏的半直立毛，毛长是后足胫节宽的 0.8–1.0 倍；后足跗节长是后足胫节长的 1.2 倍；后足基跗节长是第 2–5 跗节总长的 0.9 倍；后足第 2 跗节长是后足基跗节长的 0.4 倍，是后足第 5 跗节长的 1.6 倍。

腹：腹长是头胸总长的 1.2 倍；第 1 背板基部 1/3 具小的气门瘤；第 1 背板从基部至端部几乎直线加宽；第 1 背板端宽是其基宽的 1.7 倍；第 1 背板长是其端宽的 1.4 倍；第 2 背板具宽的、相当深的、斜向后方会合的侧沟；第 2 背板长是其基宽的 0.5 倍，是第 3 背板长的 0.9 倍；第 2 背板缝中央微弱，侧方明显，弯曲，具深的侧带；第 3 背板基部 0.3 具宽但浅的凹陷；第 1 背板和第 2 背板具粗糙的纵向刻条皱；第 3 背板基部中央 0.5 具明显的稀疏刻条皱，基部侧方 0.7–0.8 具密集的斜向刻条和网纹；第 4–7 背板基部 0.3–0.5 密布颗粒和网纹，剩余部分光滑；产卵管鞘长是腹长的 1.1 倍，是胸长的 1.8 倍，是前翅长的 0.75 倍；产卵管鞘具密集的色浅短毛。

体色：头和胸棕黄色至浅红棕色；胸红棕色至深红棕色，腹方基半部浅黄色；触角深红棕色至黑色，柄节和梗节浅红棕色至红棕色；须黄色；前足和中足棕黄色，后足红棕色，后足基节下半部颜色浅，后足跗节黄棕色，后足胫节基部颜色深；产卵管鞘黑色，近中部区域颜色浅；翅微弱黄色，沿 1-SR 脉和 1-M 脉颜色深；翅痣黄色。

雄：未知。

生物学：未知。

研究标本：♀（正模，ZJUH），云南景洪三岔河，1981.IV.12，何俊华，No.811707。

分布：云南（景洪）。

(12) 俄罗斯矛茧蜂 *Doryctes gyljak* Shestakov, 1940（图版 III: 1）

Doryctes gyljak Shestakov, 1940: 4; Telenga, 1941: 393; Shenefelt *et* Marsh, 1976: 1283; Belokobylskij, 1984: 94; 1998b: 63; Belokobylskij *et al*., 2012a: 51.

Doryctes strigosus Chen *et* Shi, 2004: 20. Synonymized by Belokobylskij *et* Maeto, 2009: 97.

雌：体长 12.0–12.5 mm；前翅长 8.5–9.3 mm。

头：触角 58 节；柄节长是宽的 1.3–1.5 倍，第 1 鞭节长是宽的 2.7–3.0 倍，为第 2 鞭节长的 1.0–1.1 倍；头顶完全光滑；额光滑；上颊腹方光滑；头宽为中间长的 1.3–1.5 倍；头部自复眼后圆弧形收缩；复眼横径是上颊长的 1.4 倍；POL=2.1–2.2×OD=1.6–1.8×OOL；复眼纵径是横径的 1.5 倍；颚眼距是复眼纵径的 0.3 倍，是上颚基部宽的 0.6–0.7 倍；脸具刻点；脸宽是复眼纵径的 0.9 倍，是脸和唇基总长的 1.2–1.3 倍；颚眼沟极其浅；后头脊背方完整，与口后脊在上颚基部处不愈合。

胸：胸长是高的 2.3–2.4 倍；中胸盾片中叶突起；中胸盾片密布刻点，并着生密集短毛；中胸盾片中叶具明显深的中沟，沟内具短刻条；盾纵沟深、完整、具短刻条；小盾片光滑；小盾片前凹深，具 3 脊；小盾片前凹长是小盾片长的 0.4 倍；中胸侧板具刻点，近背板处密；翅下区深且宽，具密集横条纹；基节前沟深，稍弯，其长达中胸侧板下部全长的 0.6 倍；并胸腹节端部无侧突，分区不明显，基侧区几乎光滑，仅脊周围具微弱刻条，无中区；并胸腹节具粗糙密集网皱。

翅：前翅长是宽的 3.8–4.3 倍；r 脉从翅痣中部稍前发出，与 3-SR 脉成钝角；3-SR=2.9–3.3×r=0.5–0.7×SR1=1.4–1.6×2-SR；SR1 脉伸至翅尖；m-cu 脉伸入第 1 亚缘室；cu-a 脉明显后叉；CU1a 脉从第 1 亚盘室端部下 1/4 处伸出。后翅 M+CU=1.0–1.2×1-M。

足：后足基节背面几乎光滑，腹方具明显瘤突；后足腿节长是宽的 3.5 倍；后足胫节具相当长的稀疏毛，后足跗节长是后足胫节长的 0.9 倍，后足基跗节长是后足第 2–5 跗节长的 0.8–0.9 倍；后足第 2 跗节长是后足基跗节长的 0.5 倍，是后足第 5 跗节长的 1.2 倍。

腹：腹长是头胸总长的 1.0–1.1 倍；第 1 背板从基部至端部几乎直线加宽；第 1 背板端宽是其基宽的 1.2–1.3 倍；第 1 背板长是其端宽的 1.6–1.9 倍；第 2 背板基侧方具明显的侧凹陷；第 2 背板长是其基宽的 0.6 倍，是第 3 背板长的 1.0 倍；第 2 背板缝明显，浅，具明显侧带；第 1 背板具粗糙网皱；第 2 背板中部具粗糙网皱，侧面几乎光滑；第 3 背板基部具细微刻纹；背板其余部分光滑；产卵管鞘长是腹长的 1.2–1.4 倍，是前翅长的 0.9–1.1 倍。

体色：体黑色；足浅红棕色，后足胫节基部灰白色，后足其余部分与后足跗节几乎黑色；翅烟褐色，翅痣棕色。

雄：未知。

生物学：未知。

研究标本（ZJUH）：1♀，河北小五台山山涧口，2005.VIII.22，张红英，No.200608547；2♀，浙江天目山开山老殿，1999.V.18，赵明水，Nos.20001591，20001592。

分布：河北（小五台山）、浙江（天目山）；俄罗斯，韩国，哈萨克斯坦。

(13) 海南矛茧蜂 *Doryctes hainanensis* Belokobylskij, Tang, He *et* Chen, 2012（图版 III: 2）

Doryctes hainanensis Belokobylskij, Tang, He *et* Chen, 2012a: 51.

雌：体长 5.8–6.4 mm；前翅长 4.7–5.1 mm。

头：触角已断，余 32 节；柄节长是宽的 1.5 倍，第 1 鞭节长是端宽的 7.0 倍，是第 2 鞭节长的 1.2 倍。背面观头宽是中长的 1.2 倍，头部自复眼后明显弧形收缩；头顶光滑；额光滑；上颊腹方光滑；背面观复眼横径是上颊长的 1.6 倍，单眼小，后单眼间距是前后单眼间距的 1.3–1.4 倍，POL=1.0×OD=0.4×OOL；复眼纵径是横径的 1.2 倍；颚眼距是复眼纵径的 0.4 倍，是上颚基部宽的 0.9 倍；脸几乎光滑，仅侧方 0.2 具刻条；脸宽是复眼纵径的 0.7–0.8 倍，是脸和唇基总长的 1.1–1.2 倍；颚眼沟明显，浅；后头脊背方完整，与口后脊在上颚基部处不愈合。

胸：胸长是高的 2.2–2.3 倍；中胸盾片中叶明显向前凸出；中胸盾片光滑，具 2 条明显会合的脊，脊间具粗糙皱；中胸盾片仅沿盾纵沟或周围具稀疏的、长且半直立或直立的毛，大部分区域无毛；盾纵沟前深后浅，完整，具粗糙的稀疏短刻条；小盾片光滑；小盾片前凹深，具明显的中脊，前凹长是小盾片长的 0.6 倍；中胸侧板几乎光滑；翅下区深且宽，具密集横刻条；基节前沟深，长，光滑，其长达中胸侧板下部全长的 0.8 倍；并胸腹节端部无侧突，具明显基侧区和中区，基侧区光滑。

翅：前翅长是宽的 3.9 倍，r 脉从翅痣中部伸出；3-SR=2.3×r=0.4×SR1=1.4×2-SR；第 2 亚缘室长是宽的 2.7–2.8 倍，是第 1 亚盘室长的 1.1 倍；1-SR+M 脉“S”形弯曲；m-cu 脉前叉。后翅 M+CU=1.0×1-M；m-cu 脉直，末端稍弯曲，前叉。

足：后足基节背方具皱和刻点，无瘤突，腹方光滑，基腹方具瘤突；后足腿节长是宽的 2.9–3.0 倍；后足胫节具相当长的稀疏毛，后足跗节长是后足胫节长的 0.9 倍；后足基跗节长是第 2–5 跗节总长的 0.8 倍；后足第 2 跗节长是后足基跗节长的 0.4 倍，是后足第 5 跗节长的 1.2 倍。

腹：腹长几乎与头胸总长相等；第 1 背板基部 1/4 具小的气门瘤；第 1 背板从基部至端部几乎直线加宽；第 1 背板端宽是其基宽的 1.5 倍；第 1 背板长是其端宽的 1.0–1.2

倍；第 2 背板具明显的、几乎直且近平行的侧沟；第 2 背板长是其基宽的 0.3 倍，是第 3 背板长的 0.6 倍；第 2 背板缝明显，浅，具明显侧带；第 3 背板基部 0.3 具宽但浅的凹陷；第 1 背板和第 2 背板全部、第 3 背板基部中央 0.4（基部侧方 0.8）具密集刻条，刻条间广布刻纹；第 4–6 背板基部 0.3–0.5 密布颗粒和网皱；产卵管鞘长是腹长的 0.8 倍，是前翅长的 0.5 倍。

体色：头黄色，上颊侧方棕色；胸几乎黄色，前胸背板和并胸腹节几乎黑色，中胸侧板下部棕黄色；腹部黑色，第 2–6 背板侧方、第 4–6 背板中央、第 7 背板端部白色；触角棕黄色；足黄色，前足和中足基节、转节浅黄色；后足基节、后足转节、后足腿节端部 0.8 和后足胫节近中部大部分区域棕色；所有第 5 跗节深棕色；翅烟褐色，翅痣深棕色，端部黄色。

雄：未知。

生物学：未知。

研究标本：♀（正模，ZJUH），海南霸王岭，2007.VI.9–10，刘经贤，No.200703439；1♀（副模，ZJUH），海南霸王岭，2007.VI.9–10，刘经贤，No.200703463；1♀（副模，ZJUH），海南尖峰岭，2007.VI.4–7，曾洁，No.200710855；1♀（副模，ZJUH），尖峰岭鸣凤谷，2007.X.25，刘经贤，No.200709657；1♀（ZJUH），广东封开，1992.V.16，陈学新，No.921518；1♀（ZJUH），海南尖峰岭，2007.VI.4–7，曾洁，No.200710845。

分布：广东（封开）、海南（霸王岭、尖峰岭）。

(14) 海丁矛茧蜂 *Doryctes hedini* (Fahringer, 1934)（图版 III: 3）

Wachsmannia hedini Fahringer, 1934: 350.

Doryctes hedini: Papp, 1988: 445; Belokobylskij, 1998b: 63; Chen *et* Shi, 2004: 17.

雌：体长 10.0 mm；前翅长 10.0 mm。

头：触角已断，余 26 节；第 1 鞭节长是端宽的 4.0 倍，其后各鞭节逐渐变短。头方形；头光亮，具微弱刻点；上颊腹方具皱；背面观复眼长是上颊长的 1.0 倍，单眼卵圆形，前后单眼间距是前单眼纵径的 1.0 倍，OD=0.7×OOL；复眼纵径是横径的 1.5 倍；颚眼距是上颚基部宽的 1.0 倍；脸稍具密集刻点；脸宽是脸长的 2.0 倍；下颚须长是头高的 1.5 倍。

胸：胸长是高的 2.0 倍；前胸背板具皱；中胸盾片具密集但微弱的刻点，后部具皱；盾纵沟明显，其间具短刻条；小盾片具刻点；小盾片前凹具皱刻条，其长是小盾片长的 1/3；基节前沟具短刻条；后胸背板具皱；并胸腹节具集中的刻条皱。

翅：前翅翅痣长是宽的 5.0 倍；r 脉从翅痣中央伸出；r 脉等于翅痣宽；3-SR=1.5×2-SR=0.5×SR1；m-cu 脉前叉；cu-a 脉后叉。

足：前足胫节内侧具 12 根刺；后足基节外侧具皱；后足腿节长是宽的 3.4 倍；后足胫节长是后足基跗节长的 2.0 倍。

腹：腹长是头胸总长的 1.0 倍；第 1 背板具纵皱刻条，长是端宽的 1.4 倍；第 2 背板端宽是长的 2.0 倍，具皱刻条，后方减弱，侧方光滑；第 2 背板长是第 3 背板长的 1.0 倍；第 3 背板基部具微弱的横刻条，后方光滑；其余背板光滑；产卵管鞘长是后足胫节长的 1.0 倍。

体色：体和足大部分深棕色；须棕色；前足基节、前足转节、腹片红棕色；前足和中足胫节基部很小区域白色，后足胫节基部 1/3 白色；翅基片黑色；翅近透明；翅痣和翅脉棕色。

雄：未知。

生物学：未知。

研究标本：♀（正模，NHRS），Kina S. Kansu，Sven Heedins Exp. Ctr. Asien Dr Hummel。

分布：甘肃。

附注：种本名"*hedini*"陈家骅和石全秀（2004）曾拟为"何氏"。Fahringer（1934）曾记录该种分布于内蒙古，实际上该种分布于甘肃。

(15) 河南矛茧蜂 *Doryctes henanensis* Li *et* van Achterberg, 2015（图版 III: 4）

Doryctes henanensis Li *et* van Achterberg, in: Li *et al*., 2015a: 109.

雌：体长 4.6–5.8 mm；前翅长 3.7–4.8 mm。

头：触角 39 节；柄节长是宽的 1.6 倍，第 1 鞭节长是端宽的 4.8–5.5 倍，是第 2 鞭节长的 1.2 倍，倒数第 2 鞭节长是宽的 3.1 倍，是最后 1 鞭节长的 1.0 倍；头宽是长的 1.3 倍，是中胸盾片宽的 1.1 倍；上颊自复眼后弧形收缩；额在触角窝后方稍凹陷，具 3 或 4 沟；单眼区位于头中央靠前；单眼中等大小，侧方区域稍凹陷；POL=1.2×OD=0.5×OOL；复眼无毛，近触角窝处稍凹陷，纵径是横径的 1.2 倍；脸均匀凸出，具微弱皱和长毛，中央触角窝下方无毛，侧方皱较弱；脸宽是复眼纵径的 0.8 倍，是脸和唇基总长的 1.2 倍；颚眼距是复眼纵径的 0.4 倍，是上颚基部宽的 1.1 倍；颚眼沟缺；唇基沟完整；唇基下陷圆形，其宽长于下陷边缘至复眼距离的 1.0 倍，是脸宽的 0.4 倍；后头脊完整，与口后脊在上颚基部不愈合；下颚须长是头高的 1.3 倍。

胸：胸长是高的 2.4 倍，前胸背板背方凸出，中央明显凹陷，具不规则皱；中胸盾片大部分具弯曲皱，皱间光滑，具光泽，中叶明显凸出，具微弱中沟，后部 1/3 无毛；盾纵沟完整，前部具明显短刻条，后半部浅，具微弱短刻条；小盾片前沟宽，深，具粗糙中脊，几乎光滑，其长是小盾片长的 0.4 倍；小盾片稍凸出，光滑，后部具皱，具完整侧脊；后胸背板背方中央具 3 个明显脊；翅下区浅，宽，具短刻条；中胸侧板前部具皱，下部具光滑区域；基节前沟明显，光滑，直；并胸腹节凸出，具网皱，中区不明显；中脊长是并胸腹节长的 0.5 倍。

翅：前翅长是宽的 4.0 倍；翅痣长是其最大宽的 4.3 倍；M+CU1 脉强烈弯曲；r-m 脉存在，稍斜；2-M 脉存在；r 脉从翅痣近中央伸出；2-SR=1.4×r=0.3×SR1=0.7×3-SR=1.5×r-m；1-SR+M 脉弯曲；1-CU1=0.2×2-CU1；3-CU1=0.5×m-cu。后翅 1-M=1.6×M+CU；m-cu 脉后部直；SR 脉基部存在。

足：前足胫节外缘具 7 或 8 个成列钉状刺；后足基节长是宽的 1.6 倍，背方具皱，无瘤突；后足腿节长是宽的 2.6 倍，具直立长毛；后足胫节具直立的中等长度毛；后足跗节几乎与后足胫节等长；后足基跗节长是后足第 2–5 跗节长的 0.9 倍；后足第 2 跗节是后足基跗节长的 0.4 倍，是后足第 5 跗节长的 1.5 倍。

腹：腹长是头胸总长的 1.1 倍；第 1 背板长是端宽的 1.1 倍，具大的背凹；第 1 背板具明显均匀的完整刻条，刻条间具横刻纹；后部中央稍突，光滑；背脊明显，长是第 1 背板长的一半；端宽是基宽的 1.6 倍；第 2 背板端侧面具斜向凹陷；第 2 背板长是基部宽的 0.5 倍；侧面观第 2+3 背板长是其基宽的 0.9 倍，是第 4 背板长的 1.8 倍；第 2+3 背板表面基部 0.7 具明显均匀的完整刻条，端部 0.3 光滑；第 2 背板缝不清晰，具刻条，弯曲；第 4 和第 5 背板基半部具微弱刻纹，端部光滑；剩余背板光滑；产卵管鞘长是腹长的 1.3 倍，是前翅长的 1.0 倍。

体色：体黑色，头褐色，但单眼区和上颚黑褐色，脸中央区域和触角柄节黄褐色，间具少许红色，触角端半部深褐色；前胸背板、中胸盾片、中胸侧板（端部黑褐色）和中胸腹板红褐色；翅基片、前足（但腿节和胫节黑褐色）、中足（但基节、腿节和胫节黑褐色）、后足转节和胫节基部黄褐色；翅痣（基部和端部黄褐色）和翅脉黑褐色；腹部第 2 背板侧方刻条深红褐色。

雄：体长 4.2 mm；前翅长 2.9 mm。触角 29 节，触角长是体长的 1.1 倍；胸长是高的 2.8 倍；腹部第 1 背板长是其端宽的 1.5 倍，端宽是其基宽的 1.7 倍；第 2+3 背板长是其基宽的 1.8 倍，是第 4 背板长的 2.2 倍。头（但单眼区和上颚黑褐色；触角基半部黄色，端半部褐色）、前足、中足（但基跗节和跗爪黑褐色）、后足（但基节和腿节大部分黄色，间具红色；端跗节和跗爪黑褐色）、翅痣和翅脉黄褐色；前胸背板和中胸盾片黄褐色，间具红色；并胸腹节和腹部红褐色，部分区域黑色。

生物学：推测可能寄生于取食构树的鞘翅目天牛科坡天牛属 *Pterolophia* sp.的幼虫。

分布：河南（新乡）。

附注：研究中未见此种标本，据 Li 等（2015a）描述翻译整理，模式标本保存于 GSFPM。

(16) 亨利矛茧蜂 *Doryctes henryi* Belokobylskij, 1996（图版 IV: 1）

Doryctes henryi Belokobylskij, 1996: 166; Chen *et* Shi, 2004: 18.

雌：体长 5.4–6.7 mm；前翅长 4.9–5.8 mm。

头：触角 40 节；柄节长是宽的 1.3–1.5 倍，第 1 鞭节长是端宽的 3.6–3.8 倍，与第 2 鞭节等长或稍短，倒数第 2 鞭节长是宽的 1.8–2.0 倍，是最后 1 鞭节长的 0.7 倍；头顶密布细刻点，头宽是长的 1.2–1.4 倍；上颊端部近平行或稍变宽，自复眼后圆弧形收缩；上颊稍长于复眼横径；单眼小，后单眼间距是前后单眼间距的 1.3–1.4 倍；POL=1.5–1.6×OD=0.5–0.6×OOL；复眼纵径是横径的 1.3 倍，颊长是复眼纵径的 0.25–0.30 倍，是上颚基部宽的 0.5–0.6 倍；脸宽稍长于复眼纵径或与之等长，是脸和唇基总长的 1.2–1.3 倍；颚眼沟很浅，有时不明显；唇基具窄的下凸缘，唇基沟明显；唇基下陷几乎圆形，其宽长于下陷边缘至复眼距离的 1.1–1.3 倍；后头脊与口后脊在上颚基部不愈合；下颚须长是头高的 1.2 倍。

胸：胸长是高的 2.0–2.2 倍，前胸背板具明显的突叶和细的前胸背板脊；中胸盾片密布刻点，中后部具粗糙皱纹，盾片中叶凸起；盾纵沟深，末端 1/3 浅，具短刻条；小盾片前凹浅，具 1–3 个中脊，其长是小盾片长的 0.25–0.30 倍，翅下陷深、宽，具皱纹；基节前沟明显，几乎光滑，与胸腹侧脊前端相接，后缘具深且圆的凹陷，约达中胸侧板下端全长的一半；中胸侧板光滑；并胸腹节具小的侧突，具皱，基半部几乎光滑，具明显的缘区，基部 1/3 或 1/4 具明显的中脊，中区大，呈五角形。

翅：前翅长是宽的 3.4–3.7 倍，r 脉从翅痣中间之前伸出，缘室不变短；3-SR=3–3.4×r=0.5×SR1=1.5–1.7×2-SR；第 2 亚缘室长是宽的 2.2–2.7 倍，是第 1 亚盘室长的 1.4–1.6 倍，m-cu=4.5–6.5×2-M；1-CU1=0.8×cu-a。后翅 M+CU=1.2–1.4×1-M；m-cu 脉完全直，前叉或对叉。

足：后足腿节长是宽的 3.4–3.5 倍，后足基节背面无瘤突；后足跗节比后足胫节稍长，后足基跗节长是后足第 2–5 跗节长的 0.8–0.9 倍；后足第 2 跗节是后足基跗节长的 0.45 倍，是后足第 5 跗节长的 2 倍。

腹：腹长稍短于头胸总长；腹部第 1 背板具条纹皱，第 2 背板基部 2/3 具条纹，其他背板光滑；第 1 背板基部具明显的圆形背凹，基部 1/3 具小的气门瘤，从基部至端部几乎直线加宽；第 1 背板最大宽是最小宽的 2 倍，长是端宽的 1.1–1.3 倍；第 2 背板端侧面无凹陷，长是基部宽的 0.6–0.7 倍，是第 3 背板长的 1.1–1.2 倍；第 2 背板缝相当细；产卵管鞘长是腹长的 0.75–0.90 倍，是前翅长的 0.5 倍；体完全着生短刚毛。

体色：体黑色，头下部和后部、前胸和中胸端部浅红棕色，腹部（除第 1 背板外）暗红棕色，触角黑色，基部 2 节红棕色；足暗红棕色至黑色，中足和后足胫节基部白色；翅烟褐色，翅痣全部棕色。

雄：未知。

生物学：未知。

研究标本：♀（正模，AEI），Taiwan，Meifeng，210 m，1983.V.10，H. Townes。

分布：台湾（梅峰）。

(17) 马来矛茧蜂 *Doryctes malayensis* (Fullaway, 1919)（图版 IV: 2）

Ischiogonus malayensis Fullaway, 1919: 41.

Doryctes malayensis: Shenefelt *et* Marsh, 1976: 1286; Belokobylskij *et* Maeto, 2009: 114; Belokobylskij *et al*., 2012a: 53.

Doryctes tristriatus Kieffer, 1921: 134; Nixon, 1939a: 495; Shenefelt *et* Marsh, 1976: 1294. Synonymized by Belokobylskij *et* Maeto, 2009: 114.

Pristodoryctes striativentris Kieffer, 1921: 133; Nixon, 1939a: 498 (as synonym of *D. tristriatus*); Shenefelt *et* Marsh, 1976: 1294.

雌：体长 5.8–8.2 mm；前翅长 3.9–5.1 mm。

头：触角已断，余 41 节；柄节长是宽的 1.5–1.6 倍，第 1 鞭节长是端宽的 5.0 倍，为第 2 鞭节长的 1.2–1.3 倍；头顶光滑；额光滑；上颊腹方光滑；头部自复眼后弧形收缩；背面观复眼横径是上颊长的 1.4–1.6 倍；单眼小，后单眼间距是前后单眼间距的 1.2–1.3 倍，POL=1.0–1.1×OD=0.5×OOL；复眼纵径是横径的 1.2 倍；颚眼距是复眼纵径的 0.3 倍，是上颚基部宽的 0.5–0.6 倍；脸具横向密集刻条，刻条间具微弱密集皱；脸宽是复眼纵径的 0.8 倍，是脸和唇基总长的 1.1–1.2 倍；颚眼沟不明显，浅；后头脊背方完整，与口后脊在上颚基部处不愈合。

胸：胸长是高的 2.2–2.3 倍，前胸背板具不明显的凸起和清晰的前胸背板脊；中胸盾片中叶明显向前凸出；中胸盾片仅沿盾纵沟或周围具稀疏的、长且半直立或直立的毛，大部分区域无毛；盾纵沟前深后浅，完整，前方具粗糙的稀疏短刻条，后方光滑；小盾片光滑；小盾片前凹深，具 3 脊，前凹长是小盾片长的 0.4 倍；中胸侧板几乎光滑；翅下区浅，窄，具密集横刻条；基节前沟前方浅、后方深，长、光滑，其长达中胸侧板下部全长的 0.8 倍；并胸腹节端部无侧突，具明显基侧区和中区，基侧区光滑，仅脊周围具脊。

翅：前翅长是宽的 3.8–4.0 倍，r 脉从翅痣中部伸出；3-SR=2.3–2.7×r=0.4–0.5×SR1=1.5–1.8×2-SR；第 2 亚缘室长是宽的 2.4–2.6 倍，是第 1 亚盘室长的 1.0–1.1 倍；1-SR+M 脉“S”形弯曲；m-cu 脉前叉。后翅 M+CU=1.0×1-M；m-cu 脉直，末端稍弯曲，前叉。

足：后足基节背方具皱，无瘤突，腹方光滑，基腹方具瘤突；后足腿节长是宽的 3.0–3.2 倍；后足跗节具相当长而稀疏的毛，后足跗节长是后足胫节长的 1.0 倍；后足基跗节长是第 2–5 跗节总长的 0.7–0.8 倍；后足第 2 跗节长是后足基跗节长的 0.4 倍，是后足第 5 跗节长的 1.2 倍。

腹：腹长是头胸总长的 1.0–1.2 倍；第 1 背板基部 0.3 具小的气门瘤；第 1 背板从基部至端部几乎直线加宽；第 1 背板端宽是其基宽的 1.8–2.0 倍；第 1 背板长是其端宽的 1.2–1.3 倍；第 2 背板具明显的、几乎直且近平行的侧沟；第 2 背板长是其基宽的 0.4–0.5 倍，是第 3 背板长的 0.8 倍；第 2 背板缝明显，浅，具明显侧带；第 3 背板基部 0.3 具宽但浅的凹陷；第 1 背板和第 2 背板全部、第 3 背板基部中央 0.4（基部侧方 0.8）具密集刻条，刻条间广布刻纹；第 4–6 背板基部 0.3–0.5 密布颗粒和网皱；产卵管鞘长是腹长的 0.9–1.2 倍，是前翅长的 0.6–0.9 倍。

体色：头黄棕色；胸几乎黄棕色，并胸腹节和中胸侧板上部几乎黑色；腹部黑色，第 1 背板后侧方 0.5、第 2 背板侧方和第 3 背板前侧方 0.8 白色；触角棕黄色；前中足黄棕色，后足黑色；翅烟褐色，翅痣中央大部分棕色，基部和端部黄色。

雄：体长 4.5–5.1 mm；前翅长 3.2–3.4 mm。后翅 M+CU=0.8–0.9×1-M。腹部相当细长，第 1 背板长是其端宽的 1.6–1.7 倍，端宽是其基宽的 1.5–1.7 倍；第 2 背板无明显侧沟，长是其基宽的 0.9 倍，是第 3 背板长的 1.3 倍；第 2 背板缝稍弯曲，无侧带；腹部第 1、2 背板全部具纵条纹，第 3 背板以后除端部很窄的光滑区外，其他全部具纵条纹；体几乎全部黄棕色，其他特征与雌虫相似。

生物学：据记载，寄主有鞘翅目的竹虎天牛 *Chlorophorus annularis* 和灭字脊虎天牛

Xylotrechus quadripes。

研究标本（ZJUH）：1♂，福建武夷山挂墩，1982.VII.29，许建飞，No.20004210；1♂，广东广州，1989.XI.1，何俊华，No.896588；1♀，广西龙州弄岗，1982.V.21，何俊华，No.821738；1♂，广西百色，1982.VI.2，何俊华，No.822100；1♀1♂，云南保山，1981.IV.24–25，何俊华，Nos.813751，813749；1♀，云南西双版纳，1958.IV.14，王书永，No.871676；1♀，云南西双版纳，1958.IV.14，洪淳培，No.871680；1♀，云南勐海，1981.IV.17，何俊华，No.811759；1♀，云南勐腊，1979.IX.16，邹环光，No.871108；1♂，云南勐仑，1982.IV.17，王素梅，No.200011457。

分布：福建（武夷山）、广东（广州）、广西（弄岗、百色）、云南（保山、西双版纳）；日本，印度，越南，印度尼西亚。

(18) 马云矛茧蜂 *Doryctes mayunae* Belokobylskij, Tang, He *et* Chen, 2012（图版 IV: 3）

Doryctes mayunae Belokobylskij, Tang, He *et* Chen, 2012a: 53.

雌：体长 5.6 mm；前翅长 5.6 mm。

头：触角 56 节；柄节长是宽的 1.5 倍，第 1 鞭节长是端宽的 3.5 倍，是第 2 鞭节长的 1.1 倍；头顶光滑，大部分无毛，仅边缘区域具稀疏长毛；额大部分光滑，侧方具微弱皱；上颊光滑；头部自复眼后微弱弧形收缩；头宽为长的 1.5 倍，几乎与中胸盾片宽等长；背面观复眼横径是上颊长的 1.2 倍；单眼中等大小，后单眼间距是前后单眼间距的 1.6 倍；POL=1.6×OD=0.8×OOL；复眼具稀疏短毛，纵径是横径的 1.3 倍；颚眼距是上颚基部宽的 1.1 倍，为复眼纵径的 0.2 倍；脸几乎光滑，侧方具微弱刻点，唇基具皱；脸宽是复眼纵径的 0.75 倍，是脸和唇基总长的 1.1 倍；颚眼沟不明显；后头脊背方完整，与口后脊在上颚基部处不愈合。

胸：胸长是高的 2.3 倍；前胸背板背方后部 0.3 具明显凸叶，前部 0.3 具明显的前胸背板脊；中胸盾片中叶明显向前凸出，后半部具明显中沟；中胸盾片光滑，具微弱稀疏刻点，具 2 条明显但微弱的会合的脊，中后部 0.7 大部分区域具粗糙皱；中胸盾片整个密布浅色、半直立短毛；盾纵沟前部深且宽，后部浅且窄，完整，具密集的粗糙的短刻条皱；小盾片光滑；小盾片前凹深，光滑，具明显的中脊，前凹长是小盾片长的 0.4 倍；中胸侧板几乎光滑，上半部具微弱的稀疏刻点；翅下区深且宽，具密集的弯曲刻条；基节前沟浅，但后部深，光滑，其长达中胸侧板下部全长的 0.6 倍；并胸腹节具侧突，具明显基侧区和中区，基侧区整个具皱刻条，中区长，窄，具刻条。

翅：前翅长是宽的 3.5 倍，r 脉从翅痣中部伸出；3-SR=2.9×r=0.6×SR1=1.5×2-SR；第 2 亚缘室长是宽的 2.7 倍，是第 1 亚盘室长的 1.4 倍；1-SR+M 脉稍弯曲；m-cu 脉明显前叉。后翅 M+CU=1.2×1-M；m-cu 脉直，对叉。

足：后足基节背方无瘤突，基部具微弱刻点皱，侧方具微弱的密集刻点，腹方几乎光滑；后足腿节长是宽的 3.5 倍；后足胫节背方具长短不一的密集的半直立毛，毛长是后足胫节宽的 0.6–0.8 倍；后足跗节长是后足胫节长的 1.2 倍；后足基跗节长是第 2–5 跗节总长的 0.8 倍；后足第 2 跗节长是后足基跗节长的 0.5 倍，是后足第 5 跗节长的 2.5 倍。

腹：腹长几乎是头胸总长的 0.9 倍；第 1 背板无气门瘤，从基部至端部几乎直线加宽；第 1 背板端宽是其基宽的 1.9 倍；第 1 背板长是其端宽的 1.2 倍；第 2 背板具微弱的、直的、近平行的侧沟；第 2 背板长是其基宽的 0.6 倍，是第 3 背板长的 1.3 倍；第 2 背板缝明显，浅，中央弯曲，具明显侧带；第 3 背板无凹陷；第 1 背板侧方具粗糙的弯曲刻条皱，中央大部分区域具粗糙的小室状皱；第 2 背板近侧方具明显粗糙的纵刻条，中央大部分区域具小室状皱和弯曲的刻条；第 3 背板大部分光滑，基部中央间具微弱的皱刻条；剩余背板光滑；产卵管鞘长是腹长的 1.5 倍，是胸长的 1.7 倍，是前翅长的 0.8 倍；产卵管鞘具密集的黑色长毛。

体色：体深红棕色至黑色；头和前胸侧板浅红棕色，前胸背板和中胸盾片中叶前部红棕色；触角深红棕色至黑色；须深红棕色；足深红棕色至黑色，前足基节基部和前足转节红棕色，所有胫节基部颜色深；翅微弱烟褐色；翅痣棕色。

雄：未知。

生物学：未知。

研究标本：♀（正模，ZJUH），河南西峡黄石庵，1998.VII.17，马云，No.989323；1♀，河南罗山灵山，2000.V.22，蔡平，No.200101888（ZJUH）。

分布：河南（西峡、罗山）。

(19) 具柄矛茧蜂 *Doryctes petiolatus* Shestakov, 1940（图版 IV: 4）

Doryctes petiolatus Shestakov, 1940: 5; Telenga, 1941: 99; Shenefelt *et* Marsh, 1976: 1290; Belokobylskij, 1998b: 60; Belokobylskij *et al*., 2012a: 56.

雌：体长 10.6–14.1 mm；前翅长 11.5–12.3 mm。

头：触角 44–58 节；柄节长是宽的 1.6–1.8 倍，第 1 鞭节长是端宽的 3.4–3.5 倍，与第 2 鞭节等长；头顶光滑；额光滑；上颊腹方具稀疏刻点；头部自复眼后弧形收缩；头宽为长的 1.3–1.5 倍；背面观复眼横径是上颊长的 1.0–1.2 倍；单眼小，后单眼间距是前后单眼间距的 2.8–3.5 倍；POL=1.8–2.3×OD=0.6–0.9×OOL；复眼纵径是横径的 1.3 倍；颚眼距是上颚基部宽的 0.9–1.2 倍，为复眼纵径的 0.3 倍；脸几乎光滑；脸宽是复眼纵径的 1.0–1.1 倍，是脸和唇基总长的 1.1–1.2 倍；颚眼沟不明显；后头脊背方完整，与口后脊在上颚基部处不愈合。

胸：胸长是高的 2.1–2.5 倍；中胸盾片中叶不明显向前凸出，具中沟；中胸背板密布短毛；盾纵沟前深后浅，完整，具粗糙的短刻条；小盾片具稀疏刻点；小盾片前凹深，具 1 脊，前凹长是小盾片长的 0.4 倍；中胸侧板具稀疏刻点；翅下区浅，宽，具密集横刻条；基节前沟浅，长，光滑，其长达中胸侧板下部全长的 0.7 倍；并胸腹节端部具 2 小侧突，具明显基侧区和中区，基侧区光滑，仅脊周围具脊。

翅：前翅长是宽的 3.4–4.0 倍，r 脉从翅痣中部伸出；3-SR=1.8–2.3×r=0.3–0.7×SR1=1.2–1.6×2-SR；第 2 亚缘室长是宽的 1.8–2.3 倍，是第 1 亚盘室长的 0.9–1.1 倍；m-cu 脉直，

明显前叉。后翅 M+CU=1.1–1.3×1-M；m-cu 脉直，末端稍弯曲，前叉。

足：后足基节背方具稀疏刻点，无瘤突，腹方光滑，基腹方具瘤突；后足腿节长是宽的 3.0–3.2 倍；后足跗节长是后足胫节长的 0.8–1.1 倍；后足基跗节长是第 2–5 跗节总长的 0.8–1.0 倍；后足第 2 跗节长是后足基跗节长的 0.4–0.6 倍，是后足第 5 跗节长的 1.2 倍。

腹：腹长是头胸总长的 1.0–1.2 倍；第 1 背板从基部至端部几乎直线加宽；第 1 背板端宽是其基宽的 1.6–1.8 倍；第 1 背板长是其端宽的 1.5 倍；第 2 背板长是其基宽的 0.6 倍，是第 3 背板长的 0.9 倍；第 2 背板基部 0.6–0.7 具椭圆形区域；第 2 背板缝浅，具明显侧带；第 3 背板基部 0.3 具宽但浅的凹陷；第 1 背板全部和第 2 背板椭圆形区域内具粗糙网皱；背板剩余部分光滑；产卵管鞘长是腹长的 1.2–1.4 倍，是前翅长的 0.8–0.9 倍。

体色：头和前胸棕红色，其余部分几乎呈黑色。翅烟褐色，翅痣深棕色。

雄：体长 6.5–7.4 mm，前翅长 4.8–5.5 mm；胸长是高的 2.5–3.0 倍。腹部细长，第 1 背板长是端宽的 1.1–1.3 倍；第 2 背板有时仅椭圆形区域内具网皱，有时除侧方光滑，其他部分具稀疏的网皱；第 3 背板基部具弱刻纹。其他特征与雌虫相似。

生物学：据记载，寄主有鞘翅目的栗山天牛 *Massicus raddei*。

研究标本（ZJUH）：1♀，辽宁沈阳，No.772225；1♂，辽宁沈阳，1992.VI–VII，娄巨贤，No.975617；1♀，吉林东丰，1982.VI.26，徐宝升，No.861611；1♂，黑龙江镜泊湖，1995.VIII.26，娄巨贤，No.962291；1♂，浙江古田山，1986.VII.20，徐伟良，No.862965；1♀，河南内乡宝天曼，1998.VII.13–15，马云，No.987270；1♂，河南内乡葛条爬，1998.VII.12，陈学新，No.985998；1♀，陕西洛川，1982.VIII.2，农学院，No.200011701。

分布：黑龙江（镜泊湖）、吉林（东丰）、辽宁（沈阳、宽甸）、河南（内乡）、陕西（洛川）、浙江（古田山）；俄罗斯，哈萨克斯坦。

(20) 条纹矛茧蜂 *Doryctes striatellus* (Nees, 1834)（图版 V: 1）

Bracon striatellus Nees, 1834: 107.

Doryctes striatellus: Shenefelt *et* Marsh, 1976: 1292; Belokobylskij *et al.*, 2003: 376; Belokobylskij *et* Maeto, 2009: 124; Belokobylskij *et al.*, 2012a: 56.

Doryctes mutillator auct.: Papp, 1984: 175; Belokobylskij *et* Tobias, 1986: 46; Belokobylskij, 1998b: 63.

Doryctes rex Marshall, 1897: 121. Synonymized by Papp, 1984: 175.

Rogas (*Doryctes*) *tabidus* Haliday, 1836: 47; Shenefelt *et* Marsh, 1976: 1293. Synonymized by Marshall, 1985: 73.

雌：体长 3.9–7.9 mm；前翅长 3.9–5.7 mm。

头：触角 36–44 节；柄节长是宽的 1.4–1.6 倍，第 1 鞭节长是端宽的 2.7–3.4 倍，是第 2 鞭节长的 1.1–1.2 倍；倒数第 2 鞭节长是宽的 1.5–1.8 倍，是最后 1 鞭节长的 0.6–0.7 倍；头顶光滑；额近触角附近具微弱刻条，大部分光滑；上颊腹方光滑；头部自复眼后前部几乎平行，后部弧形收缩；头宽为长的 1.3–1.6 倍，是中胸盾片宽的 1.0 倍；背面观复眼横径是上颊长的 0.9–1.0 倍；单眼小，后单眼间距是前后单眼间距的 1.2–1.3 倍；

POL=1.3–1.5×OD=0.5×OOL；复眼纵径是横径的 1.3 倍；颚眼距是上颚基部宽的 0.5–0.7 倍，为复眼纵径的 0.3–0.4 倍；脸几乎光滑；脸宽是复眼纵径的 1.2 倍，是脸和唇基总长的 1.3–1.5 倍；无颚眼沟；后头脊背方完整，与口后脊在上颚基部处不愈合。

胸：胸长是高的 2.1–2.2 倍；前胸背板背方具明显凸叶，前部 0.3–0.4 具明显的前胸背板脊；中胸盾片中叶明显凸出，具浅的中沟；中胸盾片密布短毛；中胸盾片具密集微弱刻点，中后方相当宽的区域内具皱；盾纵沟前深后浅，完整，具粗糙的短刻条皱；小盾片具稀疏刻点；小盾片前凹深，具 3–5 脊，前凹长是小盾片长的 0.3 倍；中胸侧板大部分光滑；翅下区深、宽，具皱刻条；基节前沟浅，长，光滑，其长达中胸侧板下部全长的 0.5–0.6 倍；并胸腹节端部无侧突，具明显具皱的基侧区和中区。

翅：前翅长是宽的 2.8–3.1 倍；r 脉从翅痣中间前方发出；3-SR=1.7–2.0×r=0.4×SR1=1.0–1.2×2-SR；第 2 亚缘室长是宽的 2.0–2.4 倍，是第 1 亚盘室长的 1.0–1.3 倍；m-cu 脉直，明显前叉。后翅 M+CU=1.5–2.0×1-M；m-cu 脉直，末端稍弯曲，几乎对叉。

足：后足基节背方具网皱，无瘤突，腹方光滑，基腹方具瘤突；后足腿节长是宽的 3.0–3.2 倍；后足跗节长是后足胫节长的 0.85–0.90 倍；后足基跗节长是第 2–5 跗节总长的 0.7 倍；后足第 2 跗节长是后足基跗节长的 0.45–0.50 倍，是后足第 5 跗节长的 1.4 倍。

腹：腹长是头胸总长的 0.8–0.9 倍；第 1 背板从基部至端部几乎直线加宽；第 1 背板端宽是其基宽的 1.7–2.0 倍；第 1 背板长是其端宽的 1.0–1.1 倍；第 2 背板长是其基宽的 0.5–0.6 倍，是第 3 背板长的 1.0 倍；第 2 背板侧方具 2 条光滑的纵条带；第 2 背板缝浅，具明显侧带；第 3 背板基部无横向凹陷；第 1 背板全部和第 2 背板大部分具皱和刻条，第 2 背板端部光滑或偶尔具网皱；第 3 背板基部极少数情况下具微弱纵短刻条；背板剩余部分光滑；产卵管鞘长是腹长的 0.7–0.9 倍，是前翅长的 0.45–0.55 倍。

体色：体黑色；第 2 背板、第 3 背板基半部棕黄色；触角黑色，基部 2 节深棕色；须基半部红棕色，端半部黄色；足黑色，前足跗节稍浅，所有胫节基部 0.2 黄色；产卵管鞘黑色；翅烟褐色，翅痣深棕色。

雄：体长 4.8–5.5 mm；前翅长 3.5–4.3 mm。腹部第 1 背板长是其端宽的 1.3–1.4 倍；第 2 背板全部具纵条纹，第 2 背板长是其基宽的 0.8–0.9 倍，是第 3 背板长的 1.4–1.5 倍；第 2 背板缝明显且直；第 3 背板基半部具纵条纹；腹部第 1、2 背板有时全部黑色。其他特征与雌虫相似。

生物学：据记载，寄主有鞘翅目的栎双点吉丁虫 *Agrilus biguttatus*、*Anthaxia tuerki*、*Dorcatoma dresdensis*、松窃蠹 *Ernobius mollis*、细干小蠹 *Hylurgops palliatus*、长林小蠹 *Hylurgus ligniperda*、云杉八齿小蠹 *Ips typographus*、*Magdalis rufa*、紫大盾象 *Magdalis violacea*、*Obrium brunneum*、*Pissodes notatus*、*Pogonocherus hispidus*、*Callidium abdominale*、*Callidium rufipennis*、*Callidium violaceum*、栎红天牛 *Pyrrhidium sanguineum*、*Saperda similis*、*Scolytus ratzeburgi*、光胸断眼天牛 *Tetropium castaneum*、暗褐断眼天牛 *Tetropium fuscum*、落叶松断眼天牛 *Tetropium gabrieli*；鳞翅目的有苹果蠹蛾 *Cydia pomonella* 等；膜翅目的有 *Xiphydria camelus* 和 *Xiphydria prolongata*。

研究标本（ZJUH）：1♂，吉林长白山，1977.VIII.8，何俊华，No.771086；1♀1♂，

吉林长白山，1977.VIII.10，何俊华，Nos.771478，771502；4♀2♂，黑龙江伊春，1985.VIII–IX，金丽元，Nos.853240，853261，853221，853237，853275，853295；4♀，黑龙江伊春带岭，1977.VII.24，何俊华，Nos.770457（2），770458，770459；1♀，黑龙江德都，1980.VII.19，于诚铭，No.810017；1♀，贵州贵阳，1980.XII.6，No.814525。

分布：黑龙江（伊春、德都）、吉林（长白山）、贵州（贵阳）；俄罗斯，韩国，日本，伊朗，欧洲，美国。

(21) 波浪矛茧蜂 *Doryctes undulatus* (Ratzeburg, 1852)（图版 V: 2）

Bracon undulatus Ratzeburg, 1852: 35.

Doryctes undulatus: Shenefelt *et* Marsh, 1976: 1294; Belokobylskij, 1998b: 63; Belokobylskij *et* Maeto, 2009: 128; Belokobylskij *et al.*, 2012a: 56.

Doryctes brachyurus Marshall, 1888: 238; Shenefelt *et* Marsh, 1976: 1279. Synonymized by Papp, 1984: 175.

雌：体长 4.4–7.3 mm；前翅长 4.1–5.8 mm。

头：触角 34–47 节；柄节长是宽的 1.3–1.6 倍，第 1 鞭节长是宽的 3.2–3.7 倍，为第 2 鞭节长的 1.0–1.1 倍；倒数第 2 鞭节长是宽的 1.7–2.0 倍，是最后 1 鞭节长的 0.75–0.85 倍；头顶光滑，后端和侧方具密集的半直立短毛，中前部大部分光滑无毛；额几乎光滑；上颊腹方光滑；头部自复眼后前部几乎平行，后部弧形收缩；头宽为长的 1.3–1.5 倍；背面观复眼横径是上颊长的 1.0–1.3 倍；单眼小，后单眼间距是前后单眼间距的 1.1–1.3 倍；POL=1.6–2.0×OD=0.6–0.8×OOL；复眼纵径是横径的 1.3 倍；颚眼距是上颚基部宽的 0.6–0.7 倍，为复眼纵径的 0.3 倍；脸几乎光滑；脸宽是复眼纵径的 0.9–1.0 倍，是脸和唇基总长的 1.1–1.3 倍；无颚眼沟；后头脊背方完整，与口后脊在上颚基部处不愈合。

胸：胸长是高的 2.1–2.4 倍；中胸盾片中叶明显凸出，具浅且宽的中沟；中胸盾片密布短毛；中胸盾片具密集微弱刻点；盾纵沟前深后浅，完整，具粗糙的短刻条皱；小盾片具稀疏刻点；小盾片前凹深，具 3 脊，前凹长是小盾片长的 0.3 倍；中胸侧板大部分光滑；翅下区深、宽，具皱刻条；基节前沟浅，长，光滑，其长达中胸侧板下部全长的 0.6 倍；并胸腹节端部无侧突，具明显具皱的基侧区和中区。

翅：前翅长是宽的 2.8–3.3 倍；r 脉从翅痣中间前方发出；3-SR=2.2–3.5×r=0.45–0.55×SR1=1.2–1.5×2-SR；第 2 亚缘室长是宽的 2.4–2.8 倍，是第 1 亚盘室长的 1.2–1.6 倍；m-cu 脉直，明显前叉；第 1 亚盘室端部不变宽。后翅 M+CU=1.4–1.8×1-M；m-cu 脉直，末端稍弯曲，几乎对叉。

足：后足基节背方具网皱，无瘤突，腹方光滑，基腹方具瘤突；后足腿节长是宽的 3.0–3.2 倍；后足跗节长是后足胫节长的 0.9 倍；后足基跗节长是第 2–5 跗节总长的 0.7 倍；后足第 2 跗节长是后足基跗节长的 0.5 倍，是后足第 5 跗节长的 1.4 倍。

腹：腹长是头胸总长的 0.8–1.1 倍；第 1 背板从基部至端部几乎直线加宽；第 1 背板端宽是其基宽的 2.0–2.2 倍；第 1 背板长是其端宽的 0.9–1.1 倍；第 2 背板长是其基宽的 0.6 倍，是第 3 背板长的 1.2–1.3 倍；第 2 背板侧方具 2 条近平行的凹陷；第 2 背板缝浅，具明显侧带；第 3 背板基部无横向凹陷；第 1 背板全部和第 2 背板大部分或全部具皱和刻条；第 3 背板基半部中央具密集的半弧形刻条，端半部光滑；背板剩余部分光滑；产卵管鞘长是腹长的 0.6–0.9 倍，是前翅长的 0.3–0.5 倍。

体色：体黑色，腹部第 2 背板侧方和端部、第 3 背板基部棕黄色；触角黑色，基部 2 节深棕色；须基半部红棕色，端半部黄色；足深棕色，所有胫节基部 0.2 黄色；产卵管鞘黑色；翅烟褐色，翅痣深棕色。

雄：体长 3.3–3.6 mm；前翅长 2.5–3.0 mm；后足腿节长是宽的 3.6 倍；腹部第 1 背板长是其端宽的 1.2 倍；第 2 背板长是其基宽的 0.8–0.9 倍，是第 3 背板长的 1.2–1.5 倍。其他特征与雌虫相似。

生物学：据记载，寄主有鞘翅目的 *Agrilus convexicollis*、苹果小吉丁虫 *Agrilus mali*、*Agrilus mendax*、山毛榉吉丁 *Agrilus viridis*、*Anthaxia tuerki*、*Axinopalpis gracilis*、*Grammoptera ruficornis*、*Magdalis armigera*、*Magdalis ruficornis*、*Molorchus kiesenwetteri*、*Molorchus umbellatarum*（钻蛀苹果 *Malus pumila*）、二齿星坑小蠹 *Pityogenes bidentatus*、*Pogonocherus decoratus*、毛束芒天牛 *Pogonocherus fasciculatus*、*Pogonocherus hispidulus*、*Pogonocherus hispidus*、*Tetrops praeustus* 和松黄象甲 *Pissodes nitidus* 等。

研究标本（ZJUH）：1♂，吉林长白山，1977.VIII.8，何俊华，No.771086；10♀5♂，黑龙江伊春，1985，金丽元，Nos.864293（4），864294（6），864312，864313，864330（2），864756；1♀2♂，黑龙江伊春，1985.VII，金丽元，Nos.851843（3）；2♀，黑龙江伊春带岭，1977.VII.24，何俊华，Nos.771809，771953；1♂，甘肃青松山，1991.VIII.9，李林，No.974236。

分布：黑龙江（伊春）、吉林（长白山）、甘肃（青松山）、新疆（巩留、新源）；俄罗斯，蒙古国，朝鲜，韩国，哈萨克斯坦，伊朗，欧洲，美国。

(22) 余吴矛茧蜂 *Doryctes yogoi* Watanabe, 1954（图版 V: 3）

Doryctes yogoi Watanabe, 1954: 80; Shenefelt *et* Marsh, 1976: 1295; Belokobylskij, 1998b: 63 (as synonym of *D. mutillator*); Belokobylskij *et* Maeto, 2009: 131; Belokobylskij *et al.*, 2012a: 57.

雌：体长 5.6–6.2 mm；前翅长 4.7–5.6 mm。

头：触角 40–46 节；柄节长是宽的 1.4–1.6 倍，第 1 鞭节长是端宽的 3.8–4.3 倍，是第 2 鞭节长的 1.1–1.2 倍，倒数第 2 鞭节长是宽的 1.8–2.0 倍，是最后 1 鞭节长的 0.70–0.75 倍。背面观头宽是中长的 1.3–1.6 倍，与中胸盾片宽几乎等长；头部自复眼后明显弧形收缩；头顶和上颊光滑，仅具稀疏的刻点；额具皱刻条或前侧方仅具皱；背面观复眼横径是上颊长的 1.3–1.5 倍，单眼大，后单眼间距是前后单眼间距的 1.2–1.3 倍，POL=1.0–1.2×OD=0.6–0.8×OOL；复眼具稀疏的短毛，纵径是横径的 1.30–1.35 倍；颚眼距是复眼纵径的 0.3 倍，是上颚基部宽的 0.5–0.7 倍；脸具明显或微弱的稀疏的刻点，无皱；脸宽是复眼纵径的 0.85–1.00 倍，是脸和唇基总长的 1.15–1.25 倍；颚眼沟浅；后头脊背方完整，与口后脊在上颚基部处不愈合。

胸：胸长是高的 2.1–2.3 倍；前胸背板背方后半部具明显凸叶，前部 0.3–0.4 具微弱的前胸背板脊；前胸背板侧方整个具粗糙皱刻条，中央大部分区域具粗糙的短刻条；中胸盾片中叶明显凸出，无中沟；中胸盾片密布微弱的刻点，后半部中央大部分区域具皱；中胸盾片整个密布半直立的短毛；盾纵沟前深后浅，完整，具密集短刻条；小盾片几乎光滑或具微弱的稀疏刻点；小盾片前凹长，深，内具刻条皱，具明显的中脊，前凹长是小盾片长的 0.3–0.4 倍；中胸侧板大部分光滑或具稀疏的刻点；翅下区相当深且宽，具纵刻条，刻条间具皱；基节前沟浅，但后部深，光滑，其长达中胸侧板下部全长的 0.6 倍；并胸腹节无侧突，具明显基侧区和中区，基侧区大部分光滑，中区中等大小，窄，具密集皱。

翅：前翅长是宽的 3.1–3.4 倍，r 脉从翅痣中部前方伸出；3-SR=1.8–2.2×r=0.4–0.5×SR1=1.0–1.3×2-SR；第 2 亚缘室长是宽的 2.0–2.2 倍（极少数情况下为 2.4–2.6 倍），是第 1 亚盘室长的 1.2–1.4 倍；1-SR+M 脉稍“S”形弯曲。后翅 M+CU=1.2–1.5×1-M；m-cu 脉直，前叉。

足：后足基节无瘤突，大部分具网皱，腹方具微弱皱；后足腿节几乎光滑，长是宽的 2.8–3.1 倍；后足胫节背方具密集的半直立的短毛，短毛长是后足胫节宽的 0.2–0.3 倍；后足跗节长是后足胫节长的 0.9–1.0 倍；后足基跗节长是第 2–5 跗节总长的 0.65–0.80 倍；后足第 2 跗节长是后足基跗节长的 0.50–0.55 倍，是后足第 5 跗节长的 1.5–1.8 倍。

腹：腹长是头胸总长的 0.8–0.9 倍；第 1 背板基部 1/3 具小的气门瘤；第 1 背板基部强烈变宽，其后从基部至端部几乎直线加宽；第 1 背板端宽是其基宽的 2.0–2.3 倍；第 1 背板长是其端宽的 0.9–1.0 倍；第 2 背板具浅的近平行的侧沟；第 2 背板长是其基宽的 0.5–0.6 倍，是第 3 背板长的 1.2–1.4 倍；第 2 背板缝浅，具明显侧带，中央弯曲；第 3 背板基部无凹陷；第 1 背板和第 2 背板全部、第 3 背板基部中央 0.5–0.7 具不规则的粗的刻条，刻条间具明显皱；第 3 背板中央具半弧形刻条；剩余背板光滑；产卵管鞘与腹长等长（有时是腹长的一半），是胸长的 1.0–1.1 倍（有时是胸长的 0.60–0.65 倍），是前翅长的 0.50–0.55 倍（有时是前翅长的 0.25–0.30 倍）。

体色：体红棕色、深红棕色或几乎黑色；胸部大部分黑色；腹部有时红棕色，第 2 背板基半部具黄色或红色条纹或头和前胸大部分红棕色和浅色斑块，但头背方颜色深；触角深红棕色或黑色，基部 2 节颜色浅；须浅红棕色或黄棕色；足红棕色，部分区域至少深红棕色或几乎黑色，前足颜色浅，跗节深红棕色，后足胫节深红棕色，所有胫节基部颜色浅黄色，后足胫节基部 0.15–0.20 黄色；产卵管鞘深棕色至黑色；翅烟褐色，翅痣棕色或深棕色。

雄：未知。

生物学：未知。

研究标本（ZJUH）：1♀，浙江松阳，1989.VIII.21，何俊华，No.895236；1♀，浙江松阳，1989.VII.18–31，何俊华，No.895347。

分布：浙江（松阳）；日本。

(23) 云南矛茧蜂 *Doryctes yunnanicus* Belokobylskij, Tang, He *et* Chen, 2012（图版 V: 4）

Doryctes yunnanicus Belokobylskij, Tang, He *et* Chen, 2012a: 57.

雌：体长 5.2 mm；前翅长 3.9 mm。

头：触角已断，余 16 节；柄节长是宽的 1.7 倍，第 1 鞭节长是端宽的 6.0 倍，是第 2 鞭节长的 1.3 倍。背面观头宽是中长的 1.5 倍，是中胸盾片宽的 1.15 倍；头部自复眼后明显弧形收缩；头顶光滑，大部分无毛，仅边缘具稀疏长毛；额前半部具皱刻条，后半部微弱革质至光滑；背面观复眼横径是上颊长的 1.75 倍；单眼中等大小，后单眼间距与前后单眼间距相等，POL=0.6×OD=0.25×OOL；复眼光滑，纵径是横径的 1.2 倍；颚眼距是复眼纵径的 0.3 倍，是上颚基部宽的 0.75 倍；脸密布横向刻条，刻条间具皱；脸宽是复眼纵径的 0.8 倍，是脸和唇基总长的 1.1 倍；颚眼沟浅，几乎不明显；后头脊背方完整，与口后脊在上颚基部处不愈合。

胸：胸长是高的 2.45 倍；前胸背板背方具微弱凸叶，前部 0.3 具明显的前胸背板脊；中胸盾片中叶明显向前凸出；中胸盾片密布微弱的颗粒和网纹，中后部 0.7 具 2 条明显向后会合的脊且大部分区域具粗糙皱；中胸盾片具稀疏的半直立长毛，沿盾纵沟和其边缘大部分区域具几乎直立毛；盾纵沟前部深且宽，后部浅且窄，完整，具明显密集的短刻条；小盾片微弱革质，侧方几乎光滑；小盾片前凹深，内具粗糙的弯曲皱，具明显的中脊，前凹长是小盾片长的 0.35 倍；中胸侧板上半部具皱刻条，下半部网皱至光滑；翅下区相当深且宽，具刻条皱；基节前沟深，长，光滑，其长横贯整个中胸侧板下部；并胸腹节具侧突，具不明显基侧区，基侧区具皱刻条，中区缺。

翅：前翅长是宽的 3.7 倍，r 脉稍从翅痣中部前方伸出；3-SR=2.3×r=0.4×SR1=1.5×2-SR；第 2 亚缘室长是宽的 2.7 倍，是第 1 亚盘室长的 1.1 倍；1-SR+M 脉稍弯曲；m-cu 脉明显前叉；CU1a 脉从第 1 亚盘室中央伸出。后翅 M+CU=0.4×1-M；m-cu 脉直，前叉。

足：后足基节无瘤突，背方具网皱和颗粒，部分区域具横向刻条，侧方具微弱密集的网纹和颗粒，腹方几乎光滑；后足腿节长是宽的 2.9 倍；后足胫节背方具密集的半直立的长毛，毛长是后足胫节宽的 1.2–1.5 倍；后足跗节长是后足胫节长的 0.9 倍；后足基跗节长是第 2–5 跗节总长的 0.7 倍；后足第 2 跗节长是后足基跗节长的 0.45 倍，几乎与后足第 5 跗节等长。

腹：腹长稍长于头胸总长；第 1 背板无气门瘤；第 1 背板从基部至端部几乎直线加宽；第 1 背板端宽是其基宽的 2.0 倍；第 1 背板长是其端宽的 1.1 倍；第 2 背板具微弱、几乎直且平行的侧沟；第 2 背板长是其基宽的 0.5 倍，是第 3 背板长的 0.7 倍；第 2 背板缝浅但明显，稍凹，无明显侧带；第 3 背板无凹陷；第 1 背板和第 2 背板全部具粗糙的密集刻条，第 3 背板基部 0.5–0.6 具向侧方弯曲的密集刻条，第 3 背板其余区域光滑；剩余背板光滑；产卵管鞘是腹长的 0.45 倍，是胸长的 0.65 倍，是前翅长的 0.30 倍。

体色：体棕黄色；头背方和前方颜色稍深；中胸侧板下半部浅红棕色，小盾片前凹和后胸背板深红棕色至黑色；并胸腹节后部颜色深；腹部背方烟褐色；触角棕黄色，柄节浅红棕色；须浅黄色；足黄色；前足和中足腿节棕色，后足腿节端部 0.5 红棕色，后足胫节基部黄色；所有第 5 跗节棕色；翅微弱烟褐色；翅痣深棕色，基部和端部黄色。

雄：未知。

生物学：未知。

研究标本：♀（正模，ZJUH），云南西双版纳，2003.VII.31，许再福，No.20053583。

分布：云南（西双版纳）。

9. 异腹茧蜂属 *Ecphylus* Förster, 1862

Ecphylus Förster, 1862: 237; Hedqvist, 1967: 66; Shenefelt *et* Marsh, 1976: 1344; Belokobylskij, 1993b: 87; 1996: 174; 1998b: 107; Hedqvist, 1998: 45; Chen *et* Shi, 2004: 61; Belokobylskij, 2009a: 84; Belokobylskij *et* Maeto, 2009: 135. **Type species:** *Bracon silesiacus* Ratzeburg, 1848; by monotype.

Paraecphylus Ashmead, 1900a: 147; Shenefelt *et* Marsh, 1976: 1345. **Type species:** *Paraecphylus websteri* Ashmead, 1900; by monotype. Synonymized by Marsh, 1965: 678.

Sactopus Ashmead, 1900a: 146; Shenefelt *et* Marsh, 1976: 1345. **Type species:** *Sactopus schwarzii* Ashmead, 1900; by monotype. Synonymized by Muesebeck, 1935: 21.

Terenusa Marshall, 1885: 65; Shenefelt *et* Marsh, 1976: 1345. **Type species:** *Bracon silesiacus* Ratzeburg, 1948; by monotype.

形态特征：复眼无毛；无颚眼沟；头后头脊存在，与口后脊在上颚基部处不愈合；触角柄节宽，短，无端叶；第 1 鞭节明显短于第 2 鞭节。中胸背板几乎垂直地从前胸背板升起；盾纵沟完整，后半部浅；基节前沟浅，长，直；胸腹侧脊明显完整。前翅缘室常短；r-m 脉缺；m-cu 脉前叉；cu-a 脉缺；愈合的亚基室和第 1 亚盘室末端闭合；CU1a 脉对叉。后翅 M+CU 脉不短于 1-M 脉；1-SC+R 脉存在；无基室和亚基室；m-cu 脉缺。前足胫节外侧具成列钉状刺；后足基节腹方具转角和瘤突；腿节背方无肿突；雄虫后足腿节不粗壮或稍粗壮；雄虫腹部不扁平，相对较短，端部向下弯曲；雄虫腹部背板从第 3 节开始往后具明显斜向内侧的侧脊；后足基跗节为后足第 2–5 跗节的 0.8–1.0 倍。腹部第 1 背板不呈柄状，宽，具明显背凹；端腹片长为腹部第 1 背板长的 0.2 倍；第 2 背板缝浅或缺；腹部第 2 背板无沟或刻纹组成的图案，光滑；产卵管常短于腹部。

生物学：据记载，寄主有鞘翅目的窃蠹科 Anobiidae、长蠹科 Bostrichidae、天牛科 Cerambycidae、粉蠹科 Lyctidae、小蠹科 Scolytidae（Yu *et al.*，2016；Belokobylskij & Maeto，2009）。

分布：全世界分布。本属全世界已知 52 种，中国已知 2 种。

附注：本属与萨克特步茧蜂属关系较近，Belokobylskij 和 Lin（2020）将原属于异腹茧蜂属中东洋区分布的很多种移入了萨克特步茧蜂属。此外，异腹茧蜂属虽世界分布，但新热带区和非洲区的种类仍需进一步确定。

种检索表

雌虫腹部第 2、3 背板光滑；头大部分光滑，仅头顶前侧方具微弱的横向刻条……………………………………………………………………………………**西里西亚异腹茧蜂 *E. silesiacus***

雌虫腹部第 2 背板、第 3 背板基侧方具明显刻条；头顶前半部具粗糙横向刻条，后半部具微弱刻条至光滑……………………………………………………………………**林氏异腹茧蜂 *E. lini***

(24) 林氏异腹茧蜂 *Ecphylus lini* Belokobylskij, 2020（图版 VI: 1）

Ecphylus lini Belokobylskij, in: Belokobylskij *et* Lin, 2020: 25.

雌：体长 1.6–2.7 mm；前翅长 1.4–2.1 mm。

头：触角 17–21 节，是体长的 1.1–1.2 倍；柄节长是宽的 1.5–1.6 倍，是梗节长的 1.8–2.0 倍；鞭节第 1 节长是其端宽的 4.0–4.5 倍，是第 2 鞭节长的 0.8–0.85 倍；倒数第 2 鞭节长是宽的 3.0–3.6 倍，是第 1 鞭节长的 1.0 倍，是最后 1 鞭节长的 0.7–0.8 倍；头顶基半部具粗糙的横向刻条，后半部具微弱刻条至光滑，中单眼和侧单眼间具粗糙的横向弯曲的脊；头宽是长的 1.6–1.7 倍，是中胸盾片长的 1.0–1.1 倍；额具粗糙横向刻条；上颊光滑；背面观上颊稍弧形收缩；背面观复眼横径是上颊长的 1.5–1.7 倍；后单眼间距是前后单眼间距的 1.3–1.4 倍；POL=1.2–1.8×OD=0.45–0.55×OOL；复眼无毛，纵径是横径的 1.3–1.5 倍；颚眼距是复眼纵径的 0.5 倍，是上颚基部宽的 0.9–1.0 倍；脸通常具横向刻条；脸宽是复眼纵径的 1.0 倍，是脸和唇基总长的 1.15–1.2 倍；后头脊背面完整，通常与口后脊在上颚基部处愈合。

胸：胸长是高的 1.7–1.8 倍；中胸盾片与前胸背板水平面成直角；中胸盾片具明显肩角，长是宽的 1.0–1.1 倍；中胸盾片侧叶具微弱密集革质颗粒，中叶具粗糙皱，后半部具粗糙弯曲刻条，夹杂皱；中胸盾片中叶具浅但明显的中纵沟；盾纵沟完整，大部分深，宽，其间具明显短刻条；小盾片前凹深，短，是小盾片长的 0.35–0.4 倍；小盾片光滑；中胸侧板大部分光滑，翅下区深、窄，具刻条皱，有时光滑；基节前沟深、宽、直，大部分光滑，但有时下方具微弱弯曲皱，长达中胸侧板下部全长的 0.4–0.5 倍；后胸背板具短且钝的背突；并胸腹节具粗糙密集网皱，基半部具弯曲纵刻条，无中区。

翅：前翅长是宽的 3.4–3.6 倍；翅痣狭窄，长是宽的 5.0–5.5 倍；1-R1 脉是翅痣长的 1.2–1.4 倍；r 脉几乎从翅痣中央伸出，3-SR=5.0–5.5×r=5.8–8.1×2-SR；2-SR=0.6–0.9×r=0.8–1.3×2-SR+M=0.9–1.3×m-cu；第 1 盘室长是宽的 1.8–2.3 倍；M+CU1 明显弯曲；第 1 亚盘室末端明显在 m-cu 脉前方闭合。后翅 1-SC+R 脉缺。

足：后足基节和后足腿节大部分光滑，基节背方具微弱皱；后足腿节背方无肿突，长是宽的 3.1–3.4 倍；后足跗节长是后足胫节长的 0.8–0.9 倍；后足基跗节长是第 2–5 跗节总长的 0.75–0.85 倍，第 2 跗节长是基跗节长的 0.3–0.4 倍，是第 5 跗节长的 1.0 倍。

腹：腹长是头胸总长的 0.9–1.0 倍；第 1 背板具明显背凹，无明显的气门瘤；第 1 背板端宽是基宽的 2.0–2.5 倍，长是端宽的 0.75–0.8 倍，是并胸腹节长的 1.2–1.4 倍；第

1 背板具明显的强烈向端部会合的背脊和明显的纵刻条；第 2 背板长是基宽的 0.3–0.35 倍，是第 3 背板长的 1.2–1.5 倍；第 2 背板缝浅，稍弯曲；第 2 背板完全、第 3 背板基侧方具粗糙刻条，第 3 背板后部大部分光滑；剩余背板光滑；产卵管鞘长是腹长的 0.4–0.7 倍，是胸长的 0.6–0.8 倍，是前翅长的 0.25–0.35 倍。

体色：体大部分红棕色，有时背方色深，头部有时色深，胸部侧方具黄色痕迹；触角大部分深红棕色至黑色，第 6–8 节黄色至棕黄色；须浅黄色；足大部分黄色，转节白色，后足有时烟褐色；产卵管鞘黑色；前翅近透明；翅痣棕色至浅棕色，端部黄色。

雄：体长 1.1–3.0 mm；前翅长 0.9–2.3 mm。触角 17–20 节；前翅 2-SR=0.5–0.6×r=0.3–0.8×2-SR+M=0.6–1.0×m-cu；后足腿节长是宽的 3.0–3.3 倍；腹部端部明显向下弯曲；第 3–5 背板侧方后部明显延长，侧方具明显刻条；第 1 背板长是端宽的 0.9–1.0 倍。其他特征与雌虫相似。

生物学：据记载，寄主有果树小蠹 *Scolytus japonicus*。

分布：台湾（南投）。

附注：根据 Belokobylskij 和 Lin（2020）的描述整理，本志研究未见此种标本。模式标本保存于 NMNS。

(25) 西里西亚异腹茧蜂 *Ecphylus silesiacus* (Ratzeburg, 1848)（图版 VI: 2）

Bracon silesiacus Ratzeburg, 1848: 30.

Ecphylus silesiacus: Förster, 1862: 237; Marshall, 1888: 210; de Dalla Torre, 1898: 239; Fahringer, 1930: 101; Telenga, 1935: 274; 1941: 53; Nixon, 1943a: 264; Marsh, 1965: 670; Hedqvist, 1967: 69; Tobias, 1971: 198; Shenefelt *et* Marsh, 1976: 1350; Belokobylskij *et* Tobias, 1986: 31; Belokobylskij, 1998b: 107.

Ecphylus chaetoptelii Gautier *et* Russo, 1925: 152; Telenga, 1941: 51. Synonymized by Russo, 1938: 287.

Bracon minutissimus Ratzeburg, 1848: 31. Synonymized by Russo, 1938: 287.

雌：体长 2.15 mm；前翅长 1.70 mm。

头：触角已断，余 9 节；柄节长是宽的 1.3 倍；鞭节第 1 节长是其端宽的 5.8 倍，是第 2 鞭节长的 0.5 倍。头大部分光滑，仅头顶前侧方具微弱的横向刻条；头宽是长的 1.7 倍；背面观上颊自复眼后前方 0.4 直线收缩，后方 0.6 弧形收缩；背面观复眼横径是上颊长的 1.1 倍；后单眼间距是前后单眼间距的 1.75 倍；POL∶OD∶OOL=14∶7∶24；复眼无毛，纵径是横径的 1.3 倍；颚眼距是复眼纵径的 0.4 倍，是上颚基部宽的 1.0 倍；脸具微弱皱刻条；脸宽是复眼纵径的 1.2 倍，是脸和唇基总长的 1.45 倍；后头脊背面完整，与口后脊在上颚基部处不愈合。

胸：胸长是高的 1.7 倍，中胸盾片与前胸背板水平面几乎成直角；中胸盾片中叶具革质皱，具微弱中沟，沟内具皱纹；中胸盾片侧叶大部分光滑，侧方稍革质；盾纵沟前半部深且宽，内具明显稀疏短刻条，后半部浅且窄；中胸背板宽是中长的 1.2 倍，前侧方具明显肩角；小盾片前凹深，具明显中隆脊；小盾片前凹长是小盾片长的 0.3 倍；小盾片光滑；中胸侧板光滑，翅下区浅，窄，具微弱的皱纹；基节前沟窄，直，前深后浅，其长横贯中胸侧板下部；后胸背板具短且钝的背突；并胸腹节全具皱。

翅：前翅长是宽的 3.4 倍。翅痣窄；r 脉从翅痣中央稍前方伸出，r 脉长是翅痣最宽处的 1.5 倍；3-SR∶r∶2-SR∶2-SR+M∶m-cu=41∶6∶8∶3∶5；第 1 盘室长是宽的 1.6 倍；1-M 脉与 1-SR 脉等长；第 1 亚盘室末端明显在 m-cu 脉前方闭合。后翅 1-SC+R 脉存在。

足：后足基节光滑；后足腿节光滑，背方无肿突，长是宽的 4.2 倍；后足跗节长是后足胫节长的 1.0 倍；后足基跗节长是第 2–5 跗节总长的 0.7 倍，第 2 跗节长是基跗节长的 0.3 倍，是第 5 跗节长的 1.0 倍。

腹：腹长几乎与头胸总长等长；第 1 背板具明显背凹，无气门瘤，从基部向端部线性加宽；第 1 背板端宽是基宽的 1.7 倍，长是端宽的 0.8 倍；第 1 背板具明显的、完整的背脊；第 2+3 背板长是基宽的 0.75 倍；第 2 背板缝缺；第 1 背板具明显密集纵刻条，背脊中间具微弱的皱纹；剩余背板光滑；产卵管鞘长是腹长的 1.0 倍，是前翅长的 0.6 倍。

体色：体棕色；腹部前部和后部颜色稍浅；足棕黄色；产卵管鞘黑色，基部颜色浅；翅透明；翅痣棕色。

雄：未知。

生物学：未知。

研究标本：1♀，辽宁沈阳，1990.VII.27，刘高盛，No.9611582（ZJUH）。

分布：辽宁（沈阳）；哈萨克斯坦，伊朗，以色列，欧洲。本种为我国首次记录。

10. 拢沟茧蜂属 *Eodendrus* Belokobylskij, 1998

Dendrosotinus (*Eodendrus*) Belokobylskij, 1998b: 66. **Type species:** *Dendrosotinus eous* Belokobylskij, 1988; by monotype.

Eodendrus Belokobylskij *et al.*, 2005: 2716; Belokobylskij *et* Maeto, 2009: 153.

形态特征：后头脊背方存在，与口后脊在上颚基部处不愈合；触角柄节宽且很短，第 1 鞭节外缘稍弯，常不比第 2 鞭节长。中胸盾片陡，与前胸背板水平面几乎垂直，中胸盾片中叶无前侧角且明显向前突出；并胸腹节无缘区。前翅 CU1a 脉与 2-CU1 脉在同一水平。后足基节很大，基腹方常无瘤突。腹部第 1 背板几乎具柄或具柄，气门突常长；第 1 背板基部具背脊；第 2 背板缝明显，第 2 背板侧面、端部具会合的 2 条沟，且腹部第 1 背板端侧片延长。

生物学：未知。

分布：古北区、东洋区、非洲区。本属全世界已知 9 种，中国已知 3 种。

附注：陇沟茧蜂属 *Eodendrus* 曾为树矛茧蜂属 *Dendrosotinus* 的 1 个亚属，Belokobylskij（1998b）将其提升为属。

种检索表

1. 腹部第 2 背板长是其基宽的 1.6 倍；第 1 背板长是其端宽的 2.3 倍；复眼具稀疏短毛……………………………………………………………………………………**具柄拢沟茧蜂 *E. petiolatus***

腹部第 2 背板长是其基宽的 0.9–1.1 倍；第 1 背板长是其端宽的 1.6–2.1 倍；复眼光滑…………2

2. 腹部第 1 背板长是其端宽的 2.1 倍，端宽是基宽的 2.0 倍；第 1 背板瘤突长且明显，是第 1 背板基宽的 0.4 倍；第 2 背板具不规则网纹；第 3 背板基中区 0.55 具网纹且颜色较第 3 背板其他区域深……………………………………………………………………………………**网纹拢沟茧蜂 *E. reticulatus***

腹部第 1 背板长是其端宽的 1.6 倍，端宽是基宽的 2.3 倍；第 1 背板瘤突短；第 2 背板具密集刻条，刻条间具密集网纹；第 3 背板基中区 0.25 具微弱刻条且颜色与第 3 背板其他区域一样……………………………………………………………………………………**和平拢沟茧蜂 *E. hoabinicus***

(26) 和平拢沟茧蜂 *Eodendrus hoabinicus* Belokobylskij *et* Long, 2005（图版 VI: 3）

Eodendrus hoabinicus Belokobylskij *et* Long, in: Belokobylskij *et al.*, 2005: 2737; Wang *et al.*, 2009: 46.

雌：体长 3.1 mm；前翅长 2.4 mm。

头：触角细长，线形，大于 26 节（端部缺）；柄节长是宽的 1.3 倍；第 1 鞭节外缘稍弯曲，不平，长是端宽的 5.0 倍，是第 2 鞭节长的 0.85 倍；头顶和额密布明显的具颗粒的横刻条；头宽是长的 1.5 倍；背面观头部自复眼后前半部稍突起，后半部圆弧形收缩；复眼横径是上颊长的 2.0 倍；上颊具明显的皮质刻条，下部 1/4 几乎光滑；单眼小，后单眼间距是前后单眼间距的 1.5 倍；POL=1.6×OD=0.5×OOL；复眼光滑，纵径是横径的 1.2 倍；颚眼距是复眼纵径的 0.4 倍，是上颚基部宽的 0.9 倍；脸具横刻条，其间具密集颗粒；脸宽几乎等于复眼纵径，是脸和唇基总长的 1.2 倍；唇基沟明显且完整；唇基下陷圆形，宽是下陷边缘至复眼距离的 0.6 倍，是脸宽的 0.4 倍。

胸：胸长是高的 2.2 倍；中胸盾片密布短毛，具颗粒皱，中后方 0.7 具相当宽的网皱；中胸盾片前缘陡，与前胸背板水平面几乎垂直；前胸背板后横脊相当明显；盾纵沟端半部深，后半部浅，内具粗糙的短刻条；小盾片前凹相当浅，具 3 根隆脊，几乎光滑；小盾片前凹长是小盾片长的 0.4 倍；小盾片密布颗粒；翅下区浅，宽，具刻条皱；基节前沟相当深，直，窄，几乎光滑，与胸腹侧脊前端相接，长达中胸侧板下部的一半；中胸侧板上方 0.3 具颗粒皱，中部具颗粒，基节前沟下方几乎光滑；后胸侧板密布粗糙网皱；并胸腹节无分区，密布网皱，基侧区长，具相当稀疏但明显的刻点。

翅：前翅长是宽的 3.5 倍，r 脉从翅痣中央伸出；1-R1 脉是翅痣长的 1.2 倍；3-SR=3.1×r=0.5×SR1=1.3×2-SR；第 2 亚缘室长是宽的 3.0 倍，是第 1 亚盘室长的 1.3 倍；1-SR+M 脉明显“S”形弯曲；m-cu=3.0×2-M；第 1 亚盘室末端明显在 m-cu 脉之前闭合。后翅长是宽的 5.5 倍；C+SC+R=0.5×1-SC+R；M+CU=0.5×1-M；m-cu 脉短，弯向翅基，不骨化，明显前叉。

足：后足基节腹方基部无瘤突，背半方具稀疏刻条及密集颗粒，侧方革质；后足基节长是宽的 1.8 倍；后足腿节密布明显颗粒，长是宽的 3.1 倍；后足胫节密布颗粒，下半方革质，端部外缘具 5 短刺；后足跗节长是胫节长的 1.1 倍；基跗节粗，长是第 2–5 跗节总长的 0.5 倍；第 2 跗节长是基跗节长的 0.6 倍，是第 5 跗节长的 1.4 倍。

腹：腹长是头胸总长的 1.0 倍；第 1 背板从基部至端部成直线加宽，基部 1/4 有长的气门瘤，端腹片长是第 1 背板长的 0.5 倍；第 1 背板端宽是基宽的 2.3 倍，长是端宽的 1.6 倍；第 2 背板具相当明显、浅、几乎直、向后会合的浅纵侧沟，中间区域的基宽是端宽的 2.0 倍；第 1、2 背板密布刻条，刻条间密布网纹；第 3 背板基中部 1/4 具刻条，基侧方密布颗粒，大部分革质，端中部光滑；剩余背板光滑；第 2 背板长是基宽的 1.1 倍，是第 3 背板长的 1.3 倍；第 2 背板缝浅，但明显，具微弱的侧带；产卵管鞘长是体长的 0.9 倍，是腹长的 1.4 倍，是前翅长的 1.0 倍。

体色：头棕黄色；胸部浅红棕色，小盾片前凹，后胸背板、中胸侧板下方、并胸腹节中央和后方明显烟褐色到黑色。腹部深红棕色，第 2、3 背板沟和缝及其周围浅红棕色；第 2 背板大部分黄色；腹部顶端棕黄色。触角深红棕色，端部几乎黑色，基部 2 节黄色；须黄色。翅基片黄棕色。足棕黄色，后足浅红棕色，转节和胫节基部 0.2 浅黄色。产卵管鞘黑色，基部深棕色。前翅浅烟褐色；翅痣棕色，基部 0.4 和端部浅黄色。

雄：未知。

生物学：未知。

研究标本：1♀，海南尖峰岭，2007.VI.7，刘经贤，No.20702549（ZJUH）。

分布：海南（尖峰岭）；越南，文莱。

(27) 具柄拢沟茧蜂 *Eodendrus petiolatus* Belokobylskij *et* Chen, 2005（图版 VI: 4）

Eodendrus petiolatus Belokobylskij *et* Chen, 2005: 2740; Wang *et al*., 2009: 46.

雌：体长 4.2 mm；前翅长 2.8 mm。

头：触角细长，线形，大于 23 节（端部缺）；柄节长是宽的 1.3 倍；第 1 鞭节外缘稍弯曲，不平，长是端宽的 5.0 倍，比第 2 鞭节稍短。头顶和额具微弱的颗粒横刻条；头宽是长的 1.4 倍；背面观头部前半部稍凸起，上颊自复眼后几乎成直线收缩；复眼横径是上颊长的 1.5 倍；上颊具微弱的革质刻条，下部 1/4 几乎光滑；单眼小，后单眼间距是前后单眼间距的 1.5 倍；POL=1.7×OD=0.7×OOL；复眼具稀疏的短刚毛，纵径是横径的 1.2 倍；颚眼距是复眼纵径的 0.4 倍，是上颚基部宽的 0.8 倍；脸上具明显的横刻条，脸宽几乎等于复眼纵径，是脸和唇基总长的 1.2 倍；唇基沟明显且完整；唇基下陷圆形，宽是下陷边缘至复眼距离的 0.6 倍，是脸宽的 0.35 倍。

胸：胸长是高的 2.0 倍；中胸盾片具皱刻条，刻条间密布微弱颗粒；中胸盾片前缘陡，与前胸背板水平面几乎垂直；前胸背板后横脊微弱；盾纵沟前半部深，后半部浅至不明显，内具短刻条；小盾片前凹浅、宽、具明显的中脊，有具颗粒的刻条；小盾片前凹长是小盾片长的 0.3 倍；小盾片具微弱颗粒；翅下区浅，宽，具小室状皱；基节前沟很浅，几乎直，窄，微弱革质，与胸腹侧脊前端相接，长达中胸侧板下部全长；中胸侧板上部 0.7 具颗粒皱，下部 0.3 几乎光滑；后胸侧板密布网皱。并胸腹节密布网皱，基侧区长，具细微刻点或几乎光滑，无脊和分区。

翅：前翅长是宽的 3.6 倍，r 脉从翅痣中间伸出；1-R1 脉是翅痣长的 1.2 倍；3-SR=3.0×r=0.5×SR1=1.4×2-SR；第 2 亚缘室长是宽的 3.0 倍，是第 1 亚盘室长的 1.3 倍；1-SR+M 脉明显“S”形弯曲；m-cu=5.0×2-M；第 1 亚盘室末端明显在 m-cu 脉之前闭合。后翅 C+SC+R=0.5×1-SC+R；M+CU=0.5×1-M；m-cu 脉长，弯向翅基部，不骨化，明显前叉。

足：后足基节腹面基部无瘤突，背半方具微弱的具颗粒的刻条，腹方几乎光滑；后足基节长是宽的 2.0 倍；后足腿节长是宽的 4.2 倍；后足胫节端部外缘具 6 短刺；后足跗节长是胫节长的 1.1 倍，基跗节长是第 2–5 跗节总长的 0.6 倍；第 2 跗节长是基跗节长的 0.6 倍，是第 5 跗节长的 1.5 倍。

腹：腹长是头胸总长的 1.6 倍；第 1 背板从基部至端部成直线加宽，基部有长的气门瘤，端腹片长是第 1 背板长的 0.6 倍；第 1 背板具刻条，端宽是基宽的 1.8 倍，长是端宽的 2.3 倍，具条纹；第 2 背板具浅、弯、明显向后会合的浅纵侧沟，中间区域的基宽是端宽的 1.6 倍；第 2、3 背板中央具刻条，侧方具网纹；剩余背板光滑；第 2 背板长是基宽的 1.6 倍，是第 3 背板长的 1.2 倍；第 2 背板缝浅，但明显，具微弱侧带；产卵管鞘长是体长的 0.9 倍，是腹长的 1.4 倍，是前翅长的 1.3 倍。

体色：头、中胸盾片浅红棕色，胸部剩余部分和腹末红棕色；腹部大部分几乎黑色；触角红棕色，至端部变暗，基部棕黄色；须黄色；翅基片黄红色；足棕黄色；产卵管鞘黑色；前翅浅烟褐色；翅痣棕色，基部 0.3 和端部浅黄色。

雄：触角大于 19 节（端部缺）；前翅长 1.8 mm，长是宽的 3.4 倍；体长 2.1 mm；胸长是高的 2.2 倍，腹长是头胸总长的 1.1 倍；体全部黄色，第 2 背板纵侧沟浅。其他特征与雌虫相似。

生物学：未知。

研究标本：♀（正模，ZJUH），广西田林，1982.V.31，何俊华，No.822073；1♂，广东封开黑石顶，2003.VIII.15，陈驹坚，No.20048942（ZJUH）。

分布：广东（封开）、广西（田林）。

(28) 网纹拢沟茧蜂 *Eodendrus reticulatus* Wang *et* Chen, 2009（图版 VII: 1）

Eodendrus reticulatus Wang *et* Chen, in: Wang *et al*., 2009: 46.

雌：体长 3.0 mm；前翅长 2.7 mm。

头：触角大于 27 节（端部缺）；柄节长是宽的 1.0 倍；第 1 鞭节长是端宽的 6.0 倍，是第 2 鞭节长的 1.0 倍；第 2 鞭节长是端宽的 5.0 倍；上颚须长是头长的 1.7 倍；头顶具微弱颗粒刻条；额具不规则的横向刻条皱；背面观上颊自复眼后圆弧形收缩；复眼横径是上颊长的 2.0 倍；上颊下部具微弱刻条，上部几乎光滑；后单眼间距长于前后单眼间距；POL=1.3×OD=0.5×OOL；复眼光滑，纵径是横径的 2.0 倍；颚眼距是复眼纵径的 0.6 倍，是上颚基部宽的 1.6 倍；脸具微弱颗粒刻条。

胸：胸长是高的 2.0 倍；前胸背板后横脊不明显；中胸盾片密布短毛，中后方具不规则皱，中脊不明显；中胸盾片前缘陡，与前胸背板水平面几乎垂直；盾纵沟完整，前半部深，后半部浅，具短刻条；小盾片前凹浅，具 4 个隆脊；小盾片稍凸，革质；中胸侧板密布颗粒皱，基节前沟下方革质；基节前沟浅，窄，内具短刻条；后胸侧板具不规则皱。

翅：前翅长是宽的 4.1 倍；翅痣长是宽的 4.2 倍；r 脉从翅痣中央伸出；3-SR=2.8×r=0.6×SR1=1.4×2-SR；cu-a 脉短，后叉；第 2 亚缘室长是宽的 2.6 倍。后翅长是宽的 5.0 倍；M+CU=0.5×1-M；m-cu 脉存在，靠近 1r-m 脉。

足：前足胫节具 4 根钉状刺；前足跗节长是前足胫节长的 1.7 倍；前足腿节基部 1/3 具肿突；后足基节腹面基部无瘤突，其长是最宽处的 1.7 倍；后足腿节长是宽的 3.7 倍；后足胫节长是宽的 8.8 倍；后足基跗节长是宽的 6.0 倍；后足胫节端部外缘具 5 短刺；后足跗节长是胫节长的 1.0 倍；后足基跗节长是第 2–5 跗节总长的 0.5 倍，是第 2 跗节长的 1.5 倍；第 3 跗节长是端跗节长的 0.8 倍。

腹：腹部第 1 背板从基部至端部成直线加宽；第 1 背板端宽是基宽的 2.0 倍，长是端宽的 2.1 倍，是并胸腹节长的 1.5 倍；端腹片长是第 1 背板长的 0.45 倍；第 1 背板具刻条和粗糙颗粒，具明显中等大小背凹，在基部 1/4 具明显长的气门瘤；气门瘤长是第 1 背板基宽的 0.4 倍；第 2+3 背板长是宽的 1.7 倍，具网纹，端半圆形区域光滑；第 2 背板长是其基宽的 0.9 倍，具相当明显、浅、几乎直、向后方会合的纵沟；第 2 背板缝明显，宽，弯曲，具颗粒；剩余背板光滑；产卵管鞘长是体长的 1.1 倍，是腹长的 1.9 倍，是前翅长的 1.2 倍，是后足胫节长的 3.7 倍。

体色：体棕色；头和触角基部红棕色；触角端部深棕色；中胸背板、小盾片、并胸腹节深棕色。前足基节、前足胫节浅棕色，前足跗节黄棕色，但端跗节深棕色；中足浅棕色；后足黄棕色，端跗节深褐色。翅半透明，略带棕色；翅痣基半部颜色浅，端半部深棕色。腹部第 1 背板深棕色；第 2 背板棕色，沟间部分深棕色；第 3 背板棕色，基中部深棕色；剩余背板棕色；产卵管鞘深棕色；产卵管红色，端部深棕色。

雄：未知。

生物学：未知。

研究标本：♀（正模，ZJUH），海南尖峰岭，2007.VI.7，刘经贤，No.200702509。

分布：海南（尖峰岭）。

11. 异足茧蜂属 *Euscelinus* Westwood, 1882

Euscelinus Westwood, 1882: 25; Shenefelt *et* Marsh, 1976: 1296. **Type species:** *Euscelinus sarawacus* Westwood, 1882; by monotype.

Sbeitla Wilkinson, 1934: 82. **Type species:** *Sbeitla furax* Wilkinson, 1934; by monotype. Synonymized by Baltazar, 1961: 393.

形态特征：触角第 1 鞭节外侧光滑，内凹；内侧具皱，外凸。中胸腹板后横脊存在。后足腿节腹方具许多长短不一的齿突；后足胫节基半部明显弯曲，背方具成列刺。

生物学：据记载，寄主有鞘翅目的长蠹科 Bostrichidae（Yu *et al.*，2016）。

分布：古北区、东洋区、澳洲区。本属全世界已知 2 种，中国已知 1 种。

附注：本属为我国首次记录，最明显的特征为后足腿节具许多长短不一的齿突。

(29) 沙捞越异足茧蜂 *Euscelinus sarawacus* Westwood, 1882（图版 VII: 2）

Euscelinus sarawacus Westwood, 1882: 26; Shenefelt *et* Marsh, 1976: 1296; Capek, 1992: 138.

Euscelinus manilae Ashmead, 1904: 145; Muesebeck, 1931: 14. Synonymized by Baltazar, 1966: 57.

Horimus peregrinus Perkins, 1910: 685. Synonymized by Baltazar, 1966: 57.

Sbeitla furax Wilkinson, 1934: 83. Synonymized by Baltazar, 1966: 57.

Eurymeros gibbosa Sharma, 1983: 129. Synonymized by Gupta *et* van Achterberg, 2022: 580.

Eurymeros mangiferae Sharma, 1983: 128. Synonymized by Gupta *et* van Achterberg, 2022: 580.

Eurymeros namkumensis Sharma *et* Naqvi, 1993: 65. Synonymized by Gupta *et* van Achterberg, 2022: 580.

雌：体长 4.80 mm；前翅长 3.35 mm。

头：触角 29 节；柄节长是宽的 2.0 倍；第 1 鞭节外侧光滑，内凹；内侧具皱，外凸，长是端宽的 3.75 倍，是第 2 鞭节长的 1.15 倍；倒数第 2 鞭节长是端宽的 4.0 倍，是第 1 鞭节长的 0.5 倍，是最后 1 鞭节长的 1.1 倍；头顶前部革质，后部具密集横向刻条；额前部具粗糙皱纹，后部革质；头宽是长的 1.5 倍；复眼横径是上颊长的 1.5 倍；上颊具刻条，腹方几乎光滑，仅具稀疏刻点；单眼小，后单眼间距是前后单眼间距的 1.45 倍；POL=3.3×OD=1.1×OOL；复眼纵径是横径的 1.2 倍；颚眼距是复眼纵径的 0.5 倍，是上颚基部宽的 1.3 倍；脸上具粗糙网皱，脸宽几乎等于复眼纵径，是脸和唇基总长的 1.2 倍。

胸：胸长是高的 2.0 倍；中胸盾片革质，中胸盾片前缘陡，与前胸背板水平面几乎垂直；中胸盾片中叶后半部具明显中沟；盾纵沟端半部深，内具稍横向短刻条，后半部浅至不明显，内具纵向皱刻条；小盾片前凹深、宽，具 6 条明显隆脊和颗粒的条纹，小盾片前凹长是小盾片长的 0.5 倍；小盾片上大部分光滑，后部具细微的颗粒；翅下陷浅，宽，具刻条，其间具明显皱纹；基节前沟浅，稍弯曲，窄，内具微弱短刻条，与胸腹侧脊前端相接，长达中胸侧板下部的 2/3；中胸侧板几乎光滑；后胸侧板完全具网皱。并胸腹节密布网皱，有具密集网皱的长的基侧区和密集的小的中区。

翅：前翅长是宽的 4.5 倍，r 脉从翅痣中间伸出；3-SR=2.1×r=0.4×SR1=0.9×2-SR；第 2 亚缘室长是宽的 3.1 倍，是第 1 亚盘室长的 1.1 倍；1-SR+M 脉明显“S”形；m-cu 脉后叉；第 1 亚盘室端部稍在 m-cu 脉之后关闭。后翅 M+CU=0.4×1-M；m-cu 脉长，稍弯向翅基部，不骨化，稍后叉。

足：后足基节腹面基部无瘤突，背方具皱刻条，侧方具十分微弱的皱纹，腹方光滑；后足腿节长是宽的 1.8 倍（不包含齿突长）；后足腿节腹方具许多长短不一的齿突；后足胫节基半部明显弯曲，背方具成列刺；后足跗节长是胫节长的 0.6 倍；后足基跗节长是第 2–5 跗节总长的 0.5 倍；第 2 跗节长是基跗节长的 0.85 倍，是第 5 跗节长的 1.2 倍。

腹：腹长是头胸总长的 1.0 倍；第 1 背板基部具明显背凹，第 1 背板端宽是基宽的 1.7 倍，长是端宽的 1.2 倍，全具网皱；第 2 背板基中部具短的纵刻条，刻条间具皱纹；剩余背板光滑；第 2+3 背板长是第 2 背板基宽的 1.7 倍；无第 2 背板缝；产卵管鞘长是腹长的 1.3 倍，是前翅长的 0.9 倍。

体色：头红棕色；胸大部分黑色，中胸盾片和中胸侧板基节前沟附近红棕色；腹部第 1 背板黑色；第 2+3 背板大部分黄色，仅端部 0.2 棕色；剩余背板棕色，其间具黄色条纹；触角棕黄色，至端部变暗，基部棕黄色；足黄色，后足腿节基部 0.2 红棕色，端部 0.8 深棕色，后足胫节近端部深棕色；产卵管鞘棕黄色，端部黑色；前翅透明，仅翅脉周围浅烟褐色；翅痣深棕色，基部和端部浅黄色。

雄：未知。

生物学：未知。

研究标本：1♀，云南保山高黎贡山，2006.VII.16–17，曾洁，No.200802066（ZJUH）。

分布：云南（高黎贡山）；印度，巴基斯坦，孟加拉国，缅甸，泰国，菲律宾，马来西亚，以色列，美国（夏威夷），澳大利亚。本种为我国首次记录。

12. 瓜娅茧蜂属 *Guaygata* Marsh, 1993

Guaygata Marsh, 1993: 16; Belokobylskij *et* Maeto, 2006: 691; 2009: 86; Tang *et al.*, 2013a: 84. **Type species:** *Guaygata howdeni* Marsh, 1993; by monotype.

形态特征：额不凹，无中脊；复眼光滑无毛；后头脊与口后脊愈合；颚眼沟缺；唇基下陷圆形；下颚须 6 节，下唇须 4 节；触角柄节宽，相当短，无端叶；第 1 鞭节稍弯曲，等于或长于第 2 鞭节。胸部不扁平；前胸背板脊存在；中胸背板中叶向前凸出；盾纵沟完整；后胸背板无齿突；胸腹侧脊明显，完整；后胸侧脊缺；并胸腹节具明显分区，侧突小。前翅 r 脉明显从翅痣前方伸出；2-SR 脉和 r-m 脉存在；m-cu 脉稍或明显后叉；CU1a 脉从第 1 亚盘室前部 0.25–0.50 伸出；第 1 亚盘室末端封闭。后翅 m-cu 脉存在；cu-a 脉存在，明显斜向翅基部。前足胫节外侧具成列钉状刺；后足基节腹面基部具转角和瘤突；后足腿节背方无肿突。第 1 背板不呈柄状，其端腹片是第 1 背板长的 0.2–0.3 倍；第 2 背板无沟和特殊区域；第 2 背板和第 3 背板基半部具侧背板。

生物学：未知。

分布：古北区、东洋区、新热带区。本属全世界已知 4 种，中国已知 2 种。

附注：本属由 Marsh（1993）建立，该属原本认为只存在于新热带区，但 Belokobylskij 和 Maeto（2006）在研究日本矛茧蜂时发现该属；随后作者研究中国矛茧蜂发现该属 1 新种（Tang *et al.*，2013a）。瓜娅茧蜂属 *Guaygata* Marsh 与树矛茧蜂属 *Dendrosotinus* Telenga 相似，可能以后会存在异名，鉴别 2 属时需从整体特征考虑，不能只考虑单一特征。

种检索表

后单眼间距是前后单眼间距的 2.3 倍；腹部第 2 背板长是其基宽的 0.75 倍，是第 3 背板长的 1.6 倍；腹部第 3 背板无横沟；中胸盾片垂直从前胸背板升起；中胸侧板和后足腿节光滑……………………………………………………………………………………………… 福建瓜娅茧蜂 ***G. fujianensis***

后单眼间距是前后单眼间距的 1.2–1.3 倍；腹部第 2 背板长是其基宽的 0.40–0.45 倍，是第 3 背板长的 0.8–1.0 倍；腹部第 3 背板具横沟；中胸盾片弧形从前胸背板升起；中胸侧板和后足腿节具颗粒……………………………………………………………………………… 海瓜娅茧蜂 ***G. mariae***

(30) 福建瓜娅茧蜂 *Guaygata fujianensis* Tang, Belokobylskij *et* Chen, 2013（图版 VII: 3）

Guaygata fujianensis Tang, Belokobylskij *et* Chen, 2013a: 85.

雌：体长 3.25 mm；前翅长 2.60 mm。

头：触角已断，余 21 节；柄节长是宽的 1.4 倍，第 1 鞭节长是宽的 5.0 倍，是第 2 鞭节长的 1.25 倍；头顶具密集且明显的革质刻纹；头顶后半部和侧方具稀疏的半直立短毛；头宽是长的 1.4 倍；额具明显且密集的革质刻纹，前部具微弱刻条；上颊上半部具密集革质刻纹，下半部光滑；背面观头在复眼后方明显弧形收窄；复眼横径是上颊长的 1.9 倍；单眼小，后单眼间距是前后单眼间距的 2.3 倍；POL=2.3×OD=1.0×OOL；复眼光滑无毛，纵径是横径的 1.3 倍；颚眼距是复眼纵径的 0.3 倍，是上颚基部宽的 1.1 倍；脸具微弱但密集的革质颗粒和微弱刻条，中央光滑；脸宽是复眼纵径的 1.0 倍，是脸和唇基总长的 1.15 倍；颚眼沟缺；后头脊背方完整，与口后脊在上颚基部处不愈合。

胸：胸长是高的 2.1 倍；前胸背板相当短，背方明显凸出，前胸背板具 2 条脊，1 条位于前胸背板中央，另 1 条明显与前胸背板后缘接近；中胸盾片垂直从前胸背板升起；中胸盾片具明显颗粒和相当微弱的小网纹，全部密布半直立的短毛，中后端区域具皱；盾纵沟前端深且相当宽，后方浅且窄，其间具短刻条；中胸盾片中叶前方强烈凸出，无中沟；小盾片前凹浅，长，光滑，具 3 条隆脊；小盾片前凹长是小盾片长的 0.4 倍；小盾片具明显密集颗粒；中胸侧板光滑；中胸侧板中央大部分光滑无毛；翅下区相当浅且相当宽，具皱刻条和颗粒；基节前沟浅，光滑，其长达中胸侧板下部全长的 2/3；并胸腹节具小的侧突，明显分区，基侧区具密集网纹，基侧区隆脊周围具短皱，并胸腹节剩余部分具稀疏皱刻条。

翅：前翅长是宽的 2.9 倍，r 脉明显从翅痣中部之前伸出；3-SR=3.0×r=0.55×SR1=1.25×2-SR；第 2 亚缘室长是宽的 3.1 倍，是第 1 亚盘室长的 1.85 倍；1-SR+M 脉明显“S”形弯曲；m-cu 脉几乎对叉；CU1a 脉从第 1 亚盘室端缘前部 0.4 伸出。后翅 M+CU=0.75×1-M，m-cu 脉几乎直，明显前叉，不骨化。

足：后足基节背方具刻条，剩余部分光滑；后足腿节光滑，长是宽的 2.5 倍；后足胫节背方具相当长的、密集的半直立毛，毛长为后足胫节宽的 0.5–0.8 倍；后足跗节长是后足胫节长的 0.9 倍；后足基跗节粗，腹方具相当明显的脊；后足基跗节长是后足第 2–

5 跗节长的 0.4 倍，后足第 2 跗节长是后足基跗节长的 0.8 倍，是后足第 5 跗节长的 1.3 倍。

腹：腹长是头胸总长的 1.0 倍；第 1 背板明显且几乎线性从基部到端部变宽，无完整背脊，端宽是基宽的 1.2 倍，长是端宽的 1.8 倍；第 1 背板完全具明显且相当密集的弯曲刻条，刻条间具密集皱；第 2 背板缝非常浅，稍弯曲；第 2 背板长是其基宽的 0.75 倍，是第 3 背板长的 1.6 倍；第 3 背板基部无横沟；第 2+3 背板长是第 2 背板基宽的 1.2 倍，是第 2+3 背板最宽处的 0.95 倍；第 2 背板具相当密集的刻条，且刻条间具皱；第 3 背板近基部具短的横向刻条带；剩余背板光滑；产卵管鞘长是腹长的 0.8 倍，是胸长的 1.0 倍，是前翅长的 0.5 倍。

体色：体浅红棕色；触角浅红棕色至黑色；须浅黄色；足黄色，所有胫节基部颜色浅；产卵管鞘黑色；前翅微弱烟褐色；翅痣棕色，基部和端部浅。

雄：未知。

生物学：未知。

研究标本：♀（正模，ZJUH），福建七里桥，1987.VI，黄居昌，No.20004020。

分布：福建（武夷山）。

(31) 海瓜娅茧蜂 *Guaygata mariae* (Belokobylskij, 1993)（图版 VII: 4）

Neurocrassus mariae Belokobylskij, 1993c: 163; 1998b: 63.

Guaygata mariae: Belokobylskij *et* Maeto, 2006: 692; 2009: 160; Tang *et al*., 2013a: 85.

雌：体长 1.5–2.6 mm；前翅长 1.5–2.4 mm。

头：触角 19–23 节；柄节长是宽的 1.5–1.7 倍，第 1 鞭节长是宽的 4.8–5.3 倍，是第 2 鞭节长的 1.0–1.1 倍；倒数第 2 鞭节长是第 1 鞭节长的 0.6–0.7 倍，是倒数第 1 鞭节长的 0.9–1.0 倍；头顶具密集的、相当明显的颗粒或微弱革质；头顶后半部和侧方具稀疏的半直立短毛；头宽是长的 1.35–1.50 倍；额具明显、密集的颗粒或革质；上颊光滑；背面观头在复眼后方明显弧形收窄；复眼横径是上颊长的 1.4–1.8 倍；单眼小，后单眼间距是前后单眼间距的 1.2–1.3 倍；POL=1.3–1.7×OD=0.5–0.75×OOL；复眼光滑无毛，纵径是横径的 1.15–1.20 倍；颚眼距是复眼纵径的 0.45–0.50 倍，是上颚基部宽的 0.8–1.0 倍；脸微弱革质，具微弱或相当密集的颗粒，有时上半部具微弱刻条或有时整个脸光滑；脸宽是复眼纵径的 1.0–1.15 倍，是脸和唇基总长的 1.20–1.35 倍；颚眼沟缺；后头脊背方完整，与口后脊在上颚基部处不愈合。

胸：胸长是高的 1.9–2.1 倍；前胸背板相当短，背方明显凸出，前胸背板具 2 条脊，1 条位于前胸背板中央，另 1 条明显与前胸背板后缘接近；中胸盾片弧形从前胸背板升起；中胸盾片密布明显颗粒和密集的半直立短毛，中后端区域具皱；盾纵沟前端深且相当宽，后方浅且窄，其间具短刻条；中胸盾片中叶前方强烈凸出，具浅的中沟；小盾片前凹深，相当长，具 1–3 条隆脊；小盾片前凹长是小盾片长的 0.40–0.45 倍；小盾片具明显密集的颗粒；中胸侧板具相当微弱、密集的革质颗粒，有时部分几乎光滑，上端和后端具相当密集的颗粒；中胸侧板中央大部分光滑无毛；翅下区相当浅，宽，具皱刻条和颗粒；基节前沟相当深，具微弱短刻条和颗粒，其长达中胸侧板下部全长的 0.5 倍。并胸腹节具小的侧突，明显分区，基侧区具微弱或明显的革质颗粒或革质，有时基侧区隆脊周围具短皱，并胸腹节剩余部分具稀疏皱刻条，部分区域光滑；中区长且相当宽；柄区短；基脊是叉脊的 0.8–1.2 倍。

翅：前翅长是宽的 3.0–3.4 倍，r 脉明显从翅痣中部之前伸出；3-SR=2.8–3.6×r= 0.55–0.6×SR1=1.3–1.7×2-SR；第 2 亚缘室长是宽的 2.7–3.1 倍，是第 1 亚盘室长的 1.6–2.0 倍；1-SR+M 脉稍"S"形弯曲；m-cu 脉明显或稍后叉；CU1a 脉从第 1 亚盘室端缘前部 0.2–0.3 伸出。后翅 M+CU=0.6–0.7×1-M，m-cu 脉几乎直，明显前叉，不骨化。

足：后足基节背方具刻条和颗粒或刻条，剩余部分具革质颗粒或仅上半部具革质颗粒，下半部光滑；后足腿节具颗粒或革质颗粒，腹半方革质或光滑，长是宽的 2.7–3.1 倍；后足胫节背方具相当长的、密集的半直立毛，毛长为后足胫节宽的 0.8–1.2 倍；后足跗节长是后足胫节长的 0.9–1.0 倍；后足基跗节粗，腹方具相当明显的脊；后足基跗节长是后足第 2–5 跗节长的 0.6–0.7 倍，后足第 2 跗节长是后足基跗节长的 0.4–0.5 倍，是后足第 5 跗节长的 1.0 倍。

腹：腹长是头胸总长的 0.85–1.0 倍；第 1 背板基部 0.3 具小的或几乎不明显的气门瘤，明显且几乎线性从基部到端部变宽，端宽是基宽的 2.0–2.4 倍，长是端宽的 1.0 倍；第 1 背板完全具明显或相当稀疏的弯曲刻条，其间具皱；第 2 背板缝浅或非常浅，稍弯曲；第 2 背板长是其基宽的 0.40–0.45 倍，是第 3 背板长的 0.8–1.0 倍；第 3 背板基部 0.2 具非常浅、光滑或稍具短刻条的横沟；第 2+3 背板长是第 2 背板基宽的 0.75–0.90 倍，是第 2+3 背板最宽处的 0.60–0.75 倍；第 2 背板具相当密集的刻条，且刻条间具皱；有时第 3 背板近基部具短的横向刻条带；剩余背板光滑；产卵管鞘长是腹长的 0.5–0.7 倍，是胸长的 0.6–0.8 倍，是前翅长的 0.3–0.4 倍。

体色：体浅红棕色，有时背方颜色深，头下方和腹部棕黄色；有时体棕黄色，头上半部红棕色；触角深红棕色至黑色，基部 0.3 颜色浅，基部 3–5 节棕黄色；须黄色；前中足黄色，后足棕黄色，所有胫节基部颜色浅；产卵管鞘黑色；前翅微弱烟褐色；翅痣灰棕色或浅棕色。

雄：未知。

生物学：未知。

研究标本（ZJUH）：1♀，江苏南京，1989.X.19，孙玉珍，No.20004638；1♀，Foochow，Fukien，China，1953.VI.18，H. F. Chao，No.20004040。

分布：江苏（南京）、福建（福州）；俄罗斯，日本，越南。

13. 扁矛茧蜂属 *Halycaea* Cameron, 1903

Halycaea Cameron, 1903: 127; Viereck, 1914: 66; Baltazar, 1961: 393; 1962: 750; Shenefelt *et* Marsh, 1976: 1375; Belokobylskij, 2002: 62; Belokobylskij *et al*., 2004: 51. **Type species:** *Halycaea erythrocephala* Cameron, 1903; by monotype.

Cendebeus Cameron, 1905a: 105; Viereck, 1914: 29. **Type species:** *Cendebeus filicornis* Cameron, 1905;

by monotype. Synonymized by Baltazar, 1961: 393.

形态特征：后头脊背方存在，与口后脊不愈合。中胸盾片前缘陡，与前胸背板水平面几乎垂直；并胸腹节无缘区。前翅 CU1a 脉不与 2-CU1 脉在同一水平上；m-cu 脉稍后叉；cu-a 脉后叉，第 1 亚盘室端部关闭。腹部第 1 背板不呈柄状，常宽且长，第 2 背板缝存在且直，第 2 背板具明显、窄的沟，在第 2 背板缝近中部愈合，组成三角形区域。该属具明显的性二型，雄虫与雌虫的区别在于雄虫触角较厚，前足跗节和后足第 2 跗节较短（第 2 跗节长约与第 5 跗节等长），腹部背板第 3–5 节均具三角形区域。

生物学：未知。

分布：东洋区、澳洲区。本属全世界已知 13 种，中国已知 5 种。

附注：Belokobylskij（1996）记录台湾分布红头扁矛茧蜂 *H. erythrocephala*，但随后 Belokobylskij（2002）认为该种为误鉴，应为红扁矛茧蜂 *H. rubata*。

种检索表

1. 腹部第 2 背板仅基部 0.2 具半弧形区域，该区域明显与第 2 背板缝分离；第 2 背板长是其基宽的 1.7 倍，是第 3 背板长的 2.1 倍；第 1 背板长是其最大宽的 3.6 倍（中华扁矛茧蜂亚属 *Sinohalycaea*）……**长背扁矛茧蜂 *H. longitergum***
   腹部第 2 背板具长的三角形区域，该区域长几乎与第 2 背板等长或稍短（0.8–0.9），与第 2 背板缝愈合或稍分离；第 2 背板长是其基宽的 0.9–1.2 倍，是第 3 背板长的 0.8–1.5 倍；第 1 背板长是其最大宽的 2.0–3.3 倍（扁矛茧蜂亚属 *Halycaea*）……2
2. 后翅具 3 或 4 翅钩；头大部分黑色或深红棕色（*H. liui* 仅额和头顶靠近单眼黑色）……3
   后翅具 6 翅钩；头大部分红色或黄红色……4
3. 后足基节背方几乎光滑；第 4 背板基部中央 0.5 具网皱；中胸侧板全部密布毛；第 3 背板基部无三角形区域；雌虫头部浅红棕色，额和头顶靠单眼附近黑色……**刘氏扁矛茧蜂 *H. liui***
   后足基节背方具密集刻条或皱刻条；第 4 背板基部中央 0.7–0.75 具密集的微弱网纹；中胸侧板中部大部分区域无毛；第 3 背板基部具三角形区域；雌虫头部整个深红棕色……**红扁矛茧蜂 *H. rubata***
4. 腹部第 1 背板长而窄，长是其最大宽的 2.4 倍；第 2 背板长是其基宽的 1.2 倍，是第 3 背板长的 1.5 倍；前足和中足基节黑色……**黑基扁矛茧蜂 *H. nigricoxis***
   腹部第 1 背板短而宽，长是其最大宽的 2.0 倍；第 2 背板长是其基宽的 1.0 倍，是第 3 背板长的 1.0 倍；前足和中足基节乳黄色……**五指扁矛茧蜂 *H. wuzhiensis***

(32) 刘氏扁矛茧蜂 *Halycaea liui* Tang, Belokobylskij, van Achterberg *et* Chen, 2012（图版 VIII: 1）

Halycaea liui Tang, Belokobylskij, van Achterberg *et* Chen, 2012a: 21.

雌：体长 6.3 mm；前翅长 4.3 mm。

头：触角已断，仅余 1 节；柄节长是最大宽的 1.1 倍；头宽是中间长的 1.2 倍；头顶光滑，大部分无毛，仅侧方具稀疏的直立短毛；额稍凹，广布皱刻条；上颊光滑，具密集的半直立长毛；上颊自复眼后圆弧形收缩；复眼横径是上颊长的 1.4 倍；单眼中等大小，后单眼间距与前后单眼间距相等；POL=1.1×OD=0.45×OOL；复眼无毛，纵径是横径的 1.3 倍；颚眼距是复眼纵径的 0.4 倍，是上颚基部宽的 0.8 倍；脸密布刻条，刻条间具皱；脸宽是复眼纵径的 0.9 倍，是脸和唇基总长的 1.2 倍；颚眼沟缺；唇基下陷圆形，宽与下陷边缘至复眼间距近似相等，是脸宽的 0.4 倍；后头脊背面完整，中间明显弯曲，近上颚基部处不与口后脊愈合。

胸：胸部稍凹陷，背面观几乎平，胸长是高的 2.7 倍；前胸背板侧方大部分具刻点皱，前胸背板后半部背方具微弱的凸叶和明显的前胸背板脊，该脊靠近中胸背板，但中央与中胸背板不愈合；中胸背板整个密布颗粒和刻点，密布短毛；中胸盾片中叶稍圆形凸起，具浅且宽的中纵沟；盾纵沟前深后浅，具短刻条；小盾片前凹很深，具明显中脊，其长是小盾片长的 0.3 倍；小盾片具微弱的颗粒；后胸背板无齿突；中胸侧板具刻点，但中部小部分区域光滑，整个区域密布刚毛；翅基下陷浅，宽，具皱；基节前沟明显，浅，宽，具短刻条，前面与胸腹侧脊相接，长几乎占中胸侧板下部全长，后半部弯曲；并胸腹节无侧突。

翅：前翅长是最大宽的 4.8 倍，翅痣长是宽的 4.7 倍；r 脉几乎从翅痣中间伸出；1-R1 脉是翅痣长的 1.4 倍；3-SR=2.9×r=0.4×SR1=1.4×2-SR，第 2 亚缘室长是最大宽的 2.3 倍，是第 1 亚盘室长的 0.9 倍；1-SR+M 脉稍“S”形，m-cu 脉稍前叉。后翅具 3 翅钩；M+CU=0.2×1-M；m-cu 脉直、短，着色，前叉。

足：前足跗节缺失；后足基节几乎光滑，具极其稀疏的刻点；后足基节腹面基部具小的瘤突，后足腿节长是宽的 3.3 倍；后足跗节细长，长是后足胫节长的 1.1 倍；后足基跗节长是第 2–5 跗节总长的 0.7 倍，后足第 2 跗节长是基跗节长的 0.6 倍，是后足第 5 跗节长的 1.6 倍。

腹：腹长是头胸总长的 1.4 倍；第 1 背板具明显的背凹，基部 1/4 具小的气门瘤，自基部至端部几乎直线加宽；第 1 背板具密集的小室状刻纹；第 1 背板最大宽是最小宽的 1.8 倍，长是最大宽的 2.8 倍，是并胸腹节长的 2.2 倍；第 2 背板端侧面具明显的沟；第 2 背板长是其基宽的 1.1 倍，是第 3 背板长的 1.1 倍；三角区端部尖，长是第 2 背板基宽的 1.5 倍；第 2 背板缝深、窄，中央向背板基部稍弯曲；第 2 背板全部、第 3 背板大部分（除端部光滑区域）具密集的网纹；第 4 背板基半部中央具网皱；剩余背板光滑；产卵管鞘长是体长的 1.1 倍，是前翅长的 1.6 倍。

体色：头浅红棕色；额和头顶靠近单眼附近黑色；胸部和腹部黑色；须浅黄色；前足和中足基节乳黄色，后足基节几乎黑色；所有转节乳黄色；所有腿节几乎黑色，基部颜色浅；所有胫节和跗节棕黄色；中足跗节、中足胫节和后足胫节基部颜色浅；翅微弱烟褐色；翅痣深棕色。

雄：未知。

生物学：未知。

研究标本：♀（正模，ZJUH），海南尖峰岭天池，2006.VII.12–15，刘经贤，No.200803581。

分布：海南（尖峰岭）。

(33) 长背扁矛茧蜂 *Halycaea longitergum* Tang, Belokobylskij, van Achterberg *et* Chen, 2012（图版 VIII: 2）

Halycaea longitergum Tang, Belokobylskij, van Achterberg *et* Chen, 2012a: 20.

雌：体长 11.2 mm（头除外），前翅长 7.3 mm。

头：触角缺；头大部分缺；后头脊背面完整，中间明显弯曲，近上颚基部处不与口后脊愈合。

胸：胸部稍凹陷，背面观几乎平，长是高的 2.7 倍；前胸背板侧方大部分具刻点皱，前胸背板后半部背方具微弱的凸叶和明显的前胸背板脊，该脊靠近中胸背板，但中央与中胸背板不愈合；中胸背板整个密布颗粒和刻点，密布短毛；中胸盾片中叶稍圆形凸起，具浅且宽的中纵沟；盾纵沟前深后浅，具短刻条；小盾片前凹很深，具明显中脊，其长是小盾片长的 0.4 倍；小盾片具微弱的颗粒；后胸背板无齿突；中胸侧板具刻点，但中部小部分区域光滑，几乎整个区域密布刚毛，中部区域无毛；翅基下陷浅，宽，具皱；基节前沟明显，浅，宽，具短刻条，前面与胸腹侧脊相接，长几乎占中胸侧板下部全长，后半部弯曲；并胸腹节无侧突，具粗糙的小室状皱和几乎完整的中脊。

翅：前翅长是最大宽的 4.6 倍，翅痣长是宽的 4.5 倍；r 脉几乎从翅痣中间伸出；1-R1 脉是翅痣长的 1.5 倍；3-SR=3.75×r=0.5×SR1=1.3×2-SR，第 2 亚缘室长是最大宽的 2.8 倍，是第 1 亚盘室长的 0.8 倍；1-SR+M 脉稍“S”形，m-cu 脉几乎对叉。后翅具 4 翅钩；M+CU=0.2×1-M；m-cu 脉直、短，着色，几乎对叉。

足：前足跗节相当细长，长是前足胫节长的 2.4 倍；后足基节背方具刻条皱，侧方几乎光滑；后足基节腹面基部具小瘤突，后足腿节长是宽的 3.9 倍；后足跗节细长，长是后足胫节长的 1.1 倍；后足基跗节长是第 2–5 跗节总长的 0.7 倍，后足第 2 跗节长是基跗节长的 0.6 倍，是后足第 5 跗节长的 2.5 倍。

腹：腹部第 1 背板具明显的背凹，基部 1/4 具小气门瘤，自基部至端部几乎直线加宽；第 1 背板具密集的小室状刻纹；第 1 背板最大宽是最小宽的 1.9 倍，长是最大宽的 3.6 倍，是并胸腹节长的 2.7 倍；第 2 背板长是其基宽的 1.7 倍，是第 3 背板长的 2.1 倍；三角区长是第 2 背板基宽的 0.6 倍；第 2 背板缝浅、窄、侧方向背板基部弯曲；第 2 背板全部、第 3 背板大部分（除端部光滑区域）具密集网纹；第 4 背板基半部中央密布微弱刻纹；剩余背板光滑；产卵管鞘长是胸腹总长的 1.5 倍，是前翅长的 1.5 倍。

体色：头红色；胸部和腹部黑色；前足和中足基节黄色，后足基节几乎黑色；所有转节黄色；所有腿节几乎黑色，基部和端部颜色浅；所有胫节几乎棕黄色，基部颜色浅；所有跗节几乎棕黄色；翅微弱烟褐色；翅痣深棕色。

雄：未知。

生物学：未知。

研究标本：♀（正模，ZJUH），海南，1984.VII.26，华立中，No.870230。

分布：海南。

(34) 黑基扁矛茧蜂 *Halycaea nigricoxis* Tang, Belokobylskij, van Achterberg *et* Chen, 2012（图版 VIII: 3）

Halycaea nigricoxis Tang, Belokobylskij, van Achterberg *et* Chen, 2012a: 24.

雌：体长 9.3 mm；前翅长 7.2 mm。

头：触角细长，62 节；柄节长是最大宽的 1.8 倍；第 1 鞭节长是宽的 4.8 倍，是第 2 鞭节长的 2.4 倍；倒数第 2 鞭节长是宽的 3.0 倍，是第 1 鞭节长的 0.7 倍；头宽是中间长的 1.2 倍；头顶光滑，大部分无毛，仅侧方具稀疏的直立短毛；额稍凹，广布皱刻条；上颊光滑，具密集的半直立长毛；上颊自复眼后圆弧形收缩；复眼横径是上颊长的 1.4 倍；单眼中等大小，后单眼间距与前后单眼间距相等；POL=1.1×OD=0.45×OOL；复眼无毛，纵径是横径的 1.3 倍；颚眼距是复眼纵径的 0.4 倍，是上颚基部宽的 0.8 倍；脸密布刻条，刻条间具皱；脸宽是复眼纵径的 0.9 倍，是脸和唇基总长的 1.2 倍；颚眼沟缺；唇基下陷圆形，宽与下陷边缘至复眼间距近似相等，是脸宽的 0.4 倍；后头脊背面完整，中间明显弯曲，近上颚基部处不与口后脊愈合。

胸：胸部稍凹陷，背面观几乎平，长是高的 2.7 倍；前胸背板侧方大部分具刻点皱，前胸背板后半部背方具微弱的凸叶和明显的前胸背板脊，该脊靠近中胸背板，但中央与中胸背板不愈合；中胸背板整个密布颗粒和刻点，密布短毛；中胸盾片中叶稍圆形凸起，具浅且宽的中纵沟；盾纵沟前深后浅，具短刻条；小盾片前凹很深，具明显中脊，其长是小盾片长的 0.4 倍；小盾片具微弱颗粒；后胸背板无齿突；中胸侧板具刻点，但中部小部分区域光滑，整个区域密布刚毛；翅基下陷浅，宽，具皱；基节前沟明显，浅，宽，具短刻条，前面与胸腹侧脊相接，长几乎占中胸侧板下部全长，后半部弯曲；并胸腹节无侧突。

翅：前翅长是最大宽的 4.7 倍，翅痣长是宽的 4.7 倍；r 脉明显从翅痣前部伸出；1-R1 脉是翅痣长的 1.4 倍；3-SR=3.85×r=0.45×SR1=1.5×2-SR，第 2 亚缘室长是最大宽的 3.7 倍，是第 1 亚盘室长的 0.9 倍；1-SR+M 脉稍“S”形，m-cu 脉后叉。后翅具 6 翅钩；M+CU=0.2×1-M；m-cu 脉直、短，着色，后叉。

足：前足跗节长是前足胫节长的 2.0 倍；后足基节背方具粗糙的横向皱刻条，侧方具刻点；后足基节腹面基部具小的瘤突，后足腿节长是宽的 3.2 倍；后足跗节细长，长与后足胫节等长；后足基跗节长是第 2–5 跗节总长的 0.6 倍，后足第 2 跗节长是基跗节长的 0.6 倍，是后足第 5 跗节长的 1.2 倍。

腹：腹长是头胸总长的 1.3 倍；第 1 背板具明显背凹，基部 1/5 具小气门瘤，自基部至端部几乎直线加宽；第 1 背板具密集的小室状刻纹；第 1 背板最大宽是最小宽的 1.6 倍，长是最大宽的 2.4 倍，是并胸腹节长的 2.0 倍；第 2 背板端侧面具明显的沟；第 2 背板长是其基宽的 1.2 倍，是第 3 背板长的 1.5 倍；三角区端部尖，长是第 2 背板基宽的 1.5 倍；第 2 背板缝深、窄、中央向背板基部稍弯曲；第 2 背板全部、第 3 背板大部分（除端部光滑区域）和第 4 背板基半部具密集的网纹；剩余背板光滑；产卵管鞘长是体长的 1.2 倍，是前翅长的 1.8 倍。

体色：头红色；胸部和腹部黑色；触角黑色，基部 2 节红棕色；须浅黄色；所有基节、转节和腿节黑色；所有胫节几乎棕色或深棕色，中足和后足胫节基部颜色浅；所有跗节几乎棕色或深棕色；翅微弱烟褐色；翅痣深棕色。

雄：未知。

生物学：未知。

研究标本：♀（正模，ZJUH），海南吊罗山，2006.VII.16–17，刘经贤，No.200802294。

分布：海南（吊罗山）。

(35) 红扁矛茧蜂 *Halycaea rubata* Belokobylskij, 2002（图版 VIII: 4）

Halycaea rubata Belokobylskij, 2002: 66; Tang *et al*., 2012a: 26.

雌：体长 8.5 mm；前翅长 5.7 mm。

头：触角细长，大于 39 节；柄节长是最大宽的 1.3 倍，鞭节第 1 节长是其端宽的 6.0 倍，是第 2 鞭节长的 1.4 倍；头宽是中间长的 1.4 倍，头顶光滑；额具粗糙皱刻条；上颊具密集刻点；额稍凹，上颊自复眼后圆弧形收缩，复眼横径是上颊长的 1.3 倍；单眼中等大小，后单眼间距是前后单眼间距的 1.25 倍；POL=1.1×OD=0.4×OOL；复眼无毛，纵径是横径的 1.3 倍；颚眼距是复眼纵径的 0.35 倍，是上颚基部宽的 0.7 倍；脸具密集刻条，刻条间具皱；脸宽是复眼纵径的 0.8 倍，与脸和唇基总长几乎相等；颚眼沟缺，唇基沟明显；唇基下陷圆形，宽与下陷边缘至复眼间距近似相等，是脸宽的 0.5 倍；后头脊背面完整，中间稍弯，近上颚基部处远离口后脊。

胸：胸部背板几乎平，长是高的 2.7 倍；前胸背板侧方大部分具皱和刻点，具明显脊，靠近中胸盾片，但脊中部不与中胸盾片愈合；中胸盾片中叶稍圆形凸起，具浅且宽的中纵沟；中胸盾片具密集刻点和微弱刻点，具密集短毛，中后部狭窄区域具皱；盾纵沟完整，前深后浅，具短刻条；小盾片前凹很深，具明显中脊，具皱，其长是小盾片长的 0.4 倍；小盾片具密集的、微弱的刻点；后胸背板无齿突；中胸侧板大部分光滑，但具密集短毛，中部大部分无毛，后方具刻点；翅基下陷浅，宽，具短刻条皱；基节前沟明显，深，很窄，后面稍加宽，具粗糙短刻条，前面与胸腹侧脊相接，长几乎占中胸侧板下部全长，后半部弯；并胸腹节无侧突。

翅：前翅长是最大宽的 4.5 倍，翅痣长是宽的 4.5 倍；r 脉几乎从翅痣中间伸出；1-R1 脉是翅痣长的 1.4 倍；3-SR=2.2×r=0.4×SR1=1.4×2-SR，第 2 亚缘室很短，长是最大宽的 2.7 倍，是第 1 亚盘室长的 0.85 倍；1-SR+M 脉稍“S”形，m-cu 脉稍前叉。后翅具 3 翅钩；M+CU=0.3×1-M；m-cu 脉直、很短，着色，前叉。

足：前足跗节相当细长，长是前足胫节长的 2.2 倍；后足基节背方具密集刻条，侧方几乎光滑；后足转节端背面明显突起。后足基节腹面基部具小角突，后足腿节长是宽的 3.5 倍；后足跗节长是后足胫节长的 1.15 倍，后足基跗节长是后足第 2–5 跗节长的 0.7

倍，后足第 2 跗节长是后足基跗节长的 0.6 倍，是后足第 5 跗节长的 2.0 倍。

腹：腹长是头胸总长的 1.4 倍；第 1 背板具明显的背凹，基部 1/4 具很小的气门瘤，自基部至端部几乎直线加宽；第 1 背板最大宽是最小宽的 2.0 倍，长是最大宽的 2.7 倍，是并胸腹节长的 2.3 倍；第 1 背板具密集小室状皱，端半部更密集；第 2 背板基部 1/3 端侧面具明显窄沟，基部 4/5 具三角形区，第 2 背板长是基部宽的 1.1 倍，比第 3 背板稍长；三角区后部具柄，其长是基宽的 1.4 倍；第 2 背板缝深、窄、中部向背板基部规则弯曲；第 2 背板全部、第 3 背板大部分（除端部光滑区域外）和第 4 背板基部中央 0.75 具密集、微弱、几乎规则的网纹；产卵管鞘长是体长的 1.2 倍，是前翅长的 1.8 倍。

体色：头和胸深红棕色；腹部背方红棕色，腹方棕黄色或黄色；触角深红棕色至黑色，基部 2 节全部和第 3 节基半部黄色；翅基片棕黄色；足黄色，后足基节棕黄色，端半部烟褐色；所有腿节黄棕色或棕色；所有胫节近中部大部分区域棕色；所有跗节端部 0.5–0.8 棕色，中后足第 3、4 跗节棕黄色；产卵管鞘深棕色，基部颜色浅；翅稍烟褐色；翅痣深棕色。

雄：体长 6.5–7.8 mm；前翅长 4.5–5.7 mm。触角 48–55 节；第 1 鞭节长是其端宽的 4.0 倍，是第 2 鞭节长的 1.4–1.6 倍；倒数第 2 鞭节长是宽的 2.8–3.0 倍，是第 1 鞭节长的 0.4–0.45 倍，是最后 1 鞭节长的 0.85 倍；额具刻条；POL=0.8×OD。前胸背板侧方具皱和刻点；中胸侧板后部大部分具皱和刻点。前翅长是宽的 4.0 倍；1-R1 脉是翅痣长的 1.2 倍；3-SR=3.0×r=1.3–1.4×2-SR；第 2 亚缘室长是最大宽的 3.1.–3.3 倍，是第 1 亚盘室长的 0.9 倍。后翅具 4 翅钩；M+CU=0.2×1-M。前足跗节长是前足胫节长的 1.4–1.5 倍；后足基节背方前半部具皱，后半部具刻条，侧方具刻点；后足腿节长是宽的 3.0 倍；后足跗节几乎与后足胫节等长；后足基跗节长是第 2–5 跗节总长的 0.75 倍；后足第 2 跗节长是后足基跗节长的 0.45 倍，与后足第 5 跗节几乎等长。腹长是头胸总长的 1.2 倍；第 1 背板最大宽是最小宽的 1.6 倍，长是最大宽的 2.2–2.4 倍；第 2 背板长是其基宽的 0.9–1.0 倍，是第 3 背板长的 0.8–0.9 倍；三角区长与第 2 背板基宽等长或稍长；第 2 背板缝中央向背板基部强烈弯曲；第 3–5 背板基部 0.3–0.5 具半椭圆形区域；第 1 背板具小室状皱；第 4 背板基部 0.7 和第 5 背板基半部具小、密集、规则的网纹；头下方颜色浅；胸部和腹部几乎整个黑色或深红棕色。其他特征与雌虫相似。

生物学：未知。

研究标本：♀（正模，RMNH），Malaysia–SW. Sabah，n[ea]r Long Pa Sia (West)，c. 1200 m，1987.IV.2–14，Mal. Trap 7，RMNH'87，C. v. Achterberg；1♂（副模，ZISP），"Formosa，Sauter"，"Fuhosho，1909，III"；1♂，海南吊罗山，刘经贤，2007.V.28–31，刘经贤，No.200702991（ZJUH）。

分布：台湾（南投）、海南（吊罗山）；马来西亚。

(36) 五指扁矛茧蜂 *Halycaea wuzhiensis* Tang, Belokobylskij, van Achterberg *et* Chen, 2012（图版 IX: 1）

Halycaea liui Tang, Belokobylskij, van Achterberg *et* Chen, 2012a: 26.

雄：体长 4.9–6.3 mm；前翅长 3.5–4.8 mm。

头：触角细长，51 节；柄节长是最大宽的 1.1–1.3 倍；第 1 鞭节长是宽的 3.7–4.0 倍，是第 2 鞭节长的 1.4–1.5 倍；倒数第 2 鞭节长是宽的 2.7 倍，是第 1 鞭节长的 0.4 倍，是最后 1 鞭节长的 0.9 倍；头宽是中间长的 1.2 倍；头顶光滑；额稍凹，中部大部分具皱刻条；上颊光滑；上颊自复眼后圆弧形收缩；复眼横径是上颊长的 1.0–1.2 倍；单眼中等大小，后单眼间距与前后单眼间距相等；POL=1.3×OD=0.4×OOL；复眼无毛，纵径是横径的 1.3 倍；颚眼距是复眼纵径的 0.4 倍，是上颚基部宽的 0.9 倍；脸具密集皱刻条，中央狭窄区域几乎光滑；脸宽是复眼纵径的 1.1 倍，是脸和唇基总长的 1.1 倍；颚眼沟缺；唇基下陷圆形，宽是脸宽的 0.4 倍。

胸：胸部稍凹陷，背面观几乎平，长是高的 2.8 倍；前胸背板侧方具皱，前胸背板背方后部 1/3 具微弱的凸叶和明显的前胸背板脊，该脊靠近中胸背板，但中央与中胸背板不愈合；中胸背板密布短毛；中胸盾片中叶稍圆形凸起，具浅且宽的中纵沟；盾纵沟前深后浅，具短刻条；小盾片前凹很深，具明显中脊；小盾片具颗粒；后胸背板无齿突；中胸侧板具刻点，但中部小部分区域光滑，整个区域密布刚毛；翅基下陷浅、宽，具皱；基节前沟明显，浅、宽，具短刻条，与胸腹侧脊相接，长几乎占中胸侧板下部全长，后半部弯曲；并胸腹节无侧突。

翅：前翅长是最大宽的 4.6 倍，翅痣长是宽的 4.6 倍；r 脉从翅痣前部伸出；1-R1 脉是翅痣长的 1.3 倍；3-SR=4.2×r=0.6×SR1=1.55×2-SR，第 2 亚缘室长是最大宽的 3.8 倍，是第 1 亚盘室长的 0.9 倍；1-SR+M 脉稍“S”形，m-cu 脉稍后叉。后翅具 6 翅钩；M+CU=0.2×1-M；m-cu 脉稍弯曲、短，着色，前叉。

足：前足跗节长是前足胫节长的 1.5 倍；后足基节背方具粗糙横向皱刻条；后足基节腹面基部具小瘤突，后足腿节长是宽的 3.1 倍；后足跗节细长，长是后足胫节长的 0.9 倍；后足基跗节长是第 2–5 跗节总长的 0.6 倍，后足第 2 跗节长是后足基跗节长的 0.5 倍，是后足第 5 跗节长的 0.9 倍。

腹：腹长是头胸总长的 1.2 倍；第 1 背板具明显背凹，基部 1/5 具小气门瘤，自基部至端部几乎直线加宽；第 1 背板具密集的小室状刻纹；第 1 背板最大宽是最小宽的 1.5 倍，长是最大宽的 2.0 倍，是并胸腹节长的 1.4 倍；第 2 背板端侧面具明显的沟；第 2 背板长几乎与其基宽相等，与第 3 背板等长；三角区端部尖，长是第 2 背板基宽的 1.3 倍；第 2 背板缝深、窄、中央向背板基部稍弯曲；第 3–5 背板基半部具半椭圆形区域；第 3、4 背板端半部具弧形会合的中侧沟；第 2–5 背板具密集、微弱、规则的网纹（第 3、4 背板端半部光滑，第 5 背板后部 0.7 光滑）；第 6 背板光滑。

体色：头红色；胸部黑色，中胸侧板具大的红棕色斑块；腹部黑色；触角黑色，基部 2 节红棕色；须浅黄色；前足基节和中足基节乳黄色，中足胫节和后足胫节基部颜色浅，所有跗节几乎棕黄色；翅微弱烟褐色；翅痣深棕色。

雌：未知。

生物学：未知。

研究标本：♂（正模，ZJUH），海南五指山，2007.V.16–17，刘经贤，No.200703304；

2♂（副模，ZJUH），海南五指山，2007.V.16–17，刘经贤，Nos.200703263，200703387。

分布：海南（五指山）。

14. 拟方头茧蜂属 *Hecabolomorpha* Belokobylskij *et* Chen, 2006

Hecabolomorpha Belokobylskij *et* Chen, 2006: 107. **Type species:** *Hecabolomorpha asiaticum* Belokobylskij *et* Chen, 2006; by monotype.

形态特征：复眼光滑；无颚眼沟；后头脊背方存在，与口后脊在上颚基部处不愈合。触角柄节宽，短，无端叶；第 1 鞭节几乎直，不长于第 2 鞭节。胸部不平坦；中胸背板几乎垂直从前胸背板升起；中胸背板中叶稍向前凸出，无肩角，具浅的中纵沟；盾纵沟前深后浅，完整，内具粗糙短刻条；小盾片前沟长；翅下区浅，宽；基节前沟深，长，几乎直，内具短刻条；并胸腹节具明显分区。前翅翅痣宽；前翅 r 脉明显从翅痣中央前方伸出；2-SR 脉和 r-m 脉都存在；m-cu 脉明显后叉或对叉；cu-a 脉后叉；CU1a 脉从第 1 亚盘室末端的后部 1/3 伸出；第 1 亚盘室末端开放。后翅 cu-a 脉存在；m-cu 脉存在。前足和中足胫节具成列钉状刺；后足基节腹方具瘤突；所有腿节背方都具肿突；后足腿节窄；后足基跗节长为后足第 2–5 跗节长的 0.6 倍。腹部第 1 背板不呈柄状，宽，背凹明显；第 2 背板具 2 条向后方会合的侧沟。

生物学：未知。

分布：东洋区。本属全世界已知 1 种，仅分布于中国和印度。

(37) 亚洲拟方头茧蜂 *Hecabolomorpha asiaticum* Belokobylskij *et* Chen, 2006（图版 IX: 2）

Hecabolomorpha asiaticum Belokobylskij *et* Chen, 2006: 107.

雌：体长 3.4–4.4 mm；前翅长 2.4–3.1 mm。

头：触角 28–33 节，长是体长的 1.2 倍；柄节长是宽的 1.5–1.7 倍，第 1 鞭节长是其端宽的 6.0–7.0 倍，是第 2 鞭节长的 1.0 倍；倒数第 2 鞭节长是宽的 4.5 倍，是第 1 鞭节长的 0.5–0.6 倍，是最后 1 鞭节长的 0.9–1.0 倍；头顶几乎光滑，具微弱刻点；头顶完全密布短毛；背面观头宽是其中间长的 1.5–1.6 倍，头部自复眼后弧形收缩；复眼横径是上颊长的 1.8–2.1 倍；POL=1.0×OD=0.3–0.4×OOL；复眼纵径是横径的 1.1–1.2 倍；颚眼距是复眼纵径的 0.4 倍，是上颚基部宽的 0.8–0.9 倍；脸密布微弱颗粒皱，侧方及下方几乎光滑；脸宽是复眼纵径的 1.0 倍，是脸和唇基总长的 1.2–1.3 倍；唇基下陷宽是下陷边缘至复眼距离的 0.8–0.9 倍；上颚须长是头长的 1.4 倍。

胸：胸长是高的 2.1–2.2 倍。中胸背板长是宽的 1.0 倍；中胸盾片完全密布短毛；中胸盾片密布颗粒，中后部具皱；中胸盾片中叶向前突出；小盾片光滑，具微弱刻点；小盾片前凹具微弱皱，前凹长是小盾片长的 0.4–0.5 倍；中胸侧板几乎完全被长毛；中胸侧板大部分光滑，上方 0.3 具纵刻条；基节前沟长达中胸侧板下部全长；并胸腹节基侧区具刻点皱，基部几乎光滑，中纵脊周围密布颗粒；中区明显，小，宽；并胸腹节剩余部分具稀疏的小室状皱，其间具密集颗粒。

翅：前翅长是宽的 3.6–3.8 倍；1-R1 脉长是翅痣长的 1.1–1.2 倍；3-SR=1.4–1.7×r=0.3×SR1=0.9–1.0×2-SR；第 2 亚缘室长是宽的 3.3–3.6 倍，是第 1 亚盘室长的 0.9–1.0 倍；1-SR+M 脉微弱"S"形弯曲；第 1 盘室长是宽的 2.8 倍。后翅长是宽的 5.2–5.6 倍。

足：前足胫节长是前足腿节长的 1.0 倍，是前足跗节长的 0.8 倍；后足基节背方密布微弱横皱，其间具颗粒，大部分光滑；后足腿节背半方后部具刻条，大部分光滑，长是宽的 4.2–4.4 倍；后足跗节长是后足胫节长的 1.0 倍；后足第 2 跗节长是后足基跗节长的 0.6 倍，是后足第 5 跗节长的 1.5–1.6 倍。

腹：腹长是头胸总长的 1.3–1.4 倍；第 1 背板从基部至端部成直线加宽，第 1 背板端宽是其基宽的 1.8–2.0 倍，长是其端宽的 1.5 倍；第 1、2 背板全部，以及第 3 背板基中部 3/4、第 4 背板基部 0.7 密布明显规则刻条，刻条间密布网纹；第 3、4 背板端部光滑；第 5 背板基部 0.3 密布微弱刻点，其余部分光滑；剩余背板光滑；第 2 背板长是其基宽的 0.7 倍，是第 3 背板长的 0.9–1.1 倍；产卵管鞘亚端部明显变宽，到末端明显变窄，长是体长的 0.8 倍，是胸长的 2.3–2.4 倍，是腹长的 1.3–1.4 倍，是前翅长的 1.1 倍。

体色：体黄色，背方烟褐色；触角大部分深棕色到黑色，基部黄色；须黄色；足黄色，所有第 5 跗节棕色；产卵管鞘黑色；前翅微弱烟褐色，翅痣棕色，基部颜色稍浅。

雄：未知。

生物学：未知。

研究标本：♀（正模，BMNH），India "Dehra Dun，U.P.，J.C.M. Gardner，1930.VII. 19"，"R.R.D. 72，B.C.R. 5，Cage 695"，"Ex Combretum decandrum"，"1079"；1♀（副模，ZJUH），浙江天目山，1998.IX.7，赵明水，No.999805。

分布：浙江（天目山）；印度。

15. 断脉茧蜂属 *Heterospilus* Haliday, 1836

Rogas (*Heterospilus*) Haliday, 1836: 46.

Heterospilus Förster, 1862: 239; Fischer, 1960: 33; Shenefelt *et* Marsh, 1976: 1298; Belokobylskij, 1983: 172; Belokobylskij *et* Tobias, 1986: 32; Belokobylskij, 1998b: 74; Chen *et* Shi, 2004: 66. **Type species:** *Heterospilus quaestor* Haliday, 1836; by monotype.

Anocatostigma Enderlein, 1920: 131; Shenefelt *et* Marsh, 1976: 1299. **Type species:** *Anocatostigma paradoxum* Enderlein, 1920; by monotype. Synonymized by Marsh, 1973: 70.

Harpagolaccus Enderlein, 1920: 138; Shenefelt *et* Marsh, 1976: 1398. **Type species:** *Harpagolaccus pectinatus* Enderlein, 1920; by monotype. Synonymized by Belokobylskij, 1992: 913.

Kareba Cameron, 1905b: 50; Shenefelt *et* Marsh, 1976: 1299. **Type species:** *Kareba flavipes* Cameron, 1905; designated by Viereck, 1914. Synonymized by Marsh, 1973: 70.

Lituania Jakimavičius, 1968: 902; Shenefelt *et* Marsh, 1976: 1357. **Type species:** *Lituania brachyptera* Jakimavičius, 1968; by monotype. Synonymized by Belokobylskij, 1983: 172.

Telebolus Marshall, 1888: 202; Shenefelt *et* Marsh, 1976: 1299. **Type species:** *Telebolus corsicus* Marshall, 1888; by monotype. Synonymized by Muesebeck *et* Walkley, 1951: 178.

形态特征：头横形；单眼区底边大于侧边；额无中脊；复眼常光滑无毛；后头脊背方完整；颚眼沟缺；唇基下陷圆形或近圆形；下唇须 6 节；下颚须 4 节，第 3 节长；触角柄节宽、短，常无端叶，基部无缢缩。前胸背板脊明显；中胸盾片常从前胸背板垂直升起，有时缓慢升起；盾纵沟完整；小盾片前沟相对长；基节前沟明显；胸腹侧脊明显；后胸侧板脊缺；并胸腹节至少基区分区明显，侧突小或缺；并胸腹节气门缺。前翅翅痣相当宽；2-SR 脉明显退化，几乎缺；m-cu 脉常后叉；cu-a 脉明显后叉；第 1 亚盘室端部明显开放；cu-a 脉存在；亚基室小；M+CU 脉短于 1-M 脉，极少数情况相等；m-cu 脉存在，不骨化，直或稍弯曲。前足胫节外侧具成列钉状刺；后足基节基腹方具明显瘤突和转角；所有腿节背方无或稍具肿突。第 1 背板端腹片长是第 1 背板长的 0.20–0.25 倍；第 1 背板具明显背凹；基侧叶缺；第 2 背板缝常明显，完整，几乎直，有时侧方稍弯曲；第 3 背板基部 0.3 具浅的横向凹陷；第 2、3 背板或第 2–5 背板具侧背板。

生物学：据记载，寄主有鞘翅目的窃蠹科 Anobiidae、长角象甲科 Anthribidae、长蠹科 Bostrichidae、豆象科 Bruchidae、吉丁虫科 Buprestidae、天牛科 Cerambycidae、象甲科 Curculionidae、拟叩甲科 Languriidae、花蚤科 Mordellidae 和小蠹科 Scolytidae；膜翅目的茎蜂科 Cephidae、叶蜂科 Tenthredinidae 和方头泥蜂科 Crabronidae；鳞翅目的草螟科 Crambidae、麦蛾科 Gelechiidae、蒙蛾科 Momphidae、丝兰蛾科 Prodoxidae、螟蛾科 Pyralidae 和卷蛾科 Tortricidae；等翅目为寄主的记录存疑（Yu *et al.*，2016；Belokobylskij *et* Maeto，2009）。

分布：全世界分布。本属全世界已知 444 种，中国已知 35 种。

附注：Tang 等（2013b）指出陈家骅和石全秀（2004）记录的褐断脉茧蜂 *H. fuscexilis* 为误鉴种，因此暂将此种记录于“误鉴和疑似误鉴种”中。

种检索表

1. 触角柄节腹方不短于其背方；后翅 1-SC+R 脉缺（昼断脉茧蜂亚属 *Eoheterospilus*）……………………………………………………………………………………………………**艳断脉茧蜂 *H. rubrocinctus***

   触角柄节腹方短于其背方；后翅 1-SC+R 脉常存在（断脉茧蜂亚属 *Heterospilus*）…………………2

2. 中胸盾片全被毛……………………………………………………………………………………3

   中胸盾片沿盾纵沟和侧方具稀疏毛……………………………………………………………………9

3. 中胸盾片完全光滑或有时具微弱或极其微弱的革质刻纹…………………………………………4

   中胸盾片具明显密集的颗粒，极少数情况具粗糙的半弧形刻条和微弱颗粒或刻点皱………………6

4. 腹部第 1 背板长是其端宽的 1.5 倍；第 2 背板长是其基宽的 0.8 倍；第 4 和第 5 背板完全光滑 ……………………………………………………………………………………………**多毛断脉茧蜂 *H. setosus***

   腹部第 1 背板长是其端宽的 1.1–1.2 倍；第 2 背板长是其基宽的 0.55–0.60 倍；第 4 或第 5 背板至少基部具短刻条……………………………………………………………………………………5

5. 触角端部鞭节白色；腹部第 5 背板基部 0.4–0.5 具明显密集的刻条；后足基节背方具明显刻条；背面观复眼长是上颊长的 3.4 倍……………………………………………………祝氏断脉茧蜂 ***H. chui***

   触角端部鞭节黑色；腹部第 5 背板完全光滑；后足基节背方几乎光滑；背面观复眼长是上颊长的 2.2 倍……………………………………………………毛盾断脉茧蜂 ***H. setosiscutum***

6. 胸部稍扁平，长是高的 2.4 倍；中胸侧板广布颗粒和皱，基节前沟附近革质……………………………………………………半凹断脉茧蜂 ***H. semidepressus***

   胸部不扁平，长是高的 1.8–2.0 倍；中胸侧板几乎完全光滑……………………………………7

7. 中胸盾片具刻点和些许皱；触角端部黑色……………………………刻点断脉茧蜂 ***H. punctatus***

   中胸盾片具密集颗粒和微弱的横向刻条；触角端部白色（*H. alternicoloratus* 端部仅 1 鞭节白色）……………………………………………………8

8. 头顶具刻条和刻点；后足基节背方具明显刻条；腹部第 2 背板长是第 3 背板长的 0.7–0.8 倍……………………………………………………间色断脉茧蜂 ***H. alternicoloratus***

   头顶常大部分光滑；后足基节背方光滑；腹部第 2 背板长是第 3 背板长的 0.9–1.1 倍……………………………………………………半黄断脉茧蜂 ***H. hemitestaceus***

9. 中胸背板完全光滑或微弱革质……………………………………………………10

   中胸背板具明显密集的颗粒，极少数情况具粗糙的半弧形刻条和微弱颗粒或粗糙的皱刻条……19

10. 腹部第 3 背板无刻条……………………………………………………11

    腹部第 3 背板具刻条……………………………………………………13

11. 腹部第 2 背板缝缺；第 3 背板无横沟……………………………武夷断脉茧蜂 ***H. wuyiensis***

    腹部第 2 背板缝明显；第 3 背板具相当明显的横沟……………………………………12

12. 产卵管鞘长是腹长的 0.5 倍，是前翅长的 0.4 倍……………………福建断脉茧蜂 ***H. fujianensis***

    产卵管鞘长是腹长的 0.85–1.20 倍，是前翅长的 0.5–0.8 倍（见检索表 15 条）……………………………………………………离断脉茧蜂 ***H. separatus***

13. 腹部第 4 和第 5 背板常光滑（*H. separatus* 极少数情况第 4 背板近基部横凹处具短刻条）……14

    腹部第 4 背板基部具明显刻条，第 5 背板基部常具刻条……………………………………16

14. 腹部第 2+3 背板具细且密集的刻条；第 3 背板基半部具刻条………密纹断脉茧蜂 ***H. densistriatus***

    腹部第 2+3 背板具粗且相对稀疏的刻条；第 3 背板近基部横凹处具刻条，极少数情况几乎完全光滑……………………………………………………15

15. 产卵管鞘长是腹长的 0.8–1.2 倍，是前翅长的 0.5–0.8 倍；体色常大部分深（见检索表 12 条）……………………………………………………离断脉茧蜂 ***H. separatus***

    产卵管鞘长是腹长的 0.4–0.6 倍，是前翅长的 0.3–0.4 倍；体色常大部分浅……………………………………………………中华断脉茧蜂 ***H. chinensis***

16. 头顶和额完全光滑……………………………………………………清凉断脉茧蜂 ***H. qingliangensis***

    头顶具明显刻条，额常具横向刻条……………………………………………………17

17. 背面观复眼长是上颊长的 3.3 倍；产卵管鞘长是腹长的 1.1 倍，是前翅长的 0.85 倍……………………………………………………长腹断脉茧蜂 ***H. longiventrius***

    背面观复眼长是上颊长的 2.6–2.8 倍；产卵管鞘长是腹长的 0.9 倍，是前翅长的 0.6 倍…………18

18. 触角端部鞭节黑色；腹部第 1 背板长是端宽的 1.0 倍；脸几乎光滑；后足腿节光滑；第 2 背板缝深且明显弯曲（见检索表 35 条）……弯沟断脉茧蜂 ***H. curvisulcus***
触角端部鞭节白色；腹部第 1 背板长是端宽的 1.3 倍；脸具粗糙刻条，刻条间具皱；后足腿节背方具明显纵向刻条；第 2 背板缝浅且几乎直……斑头断脉茧蜂 ***H. balicyba***
19. 腹部第 4 和第 5 背板常光滑……20
腹部第 4 背板基部广布刻条，第 5 背板常基部具刻条……24
20. 产卵管鞘长是腹长的 1.7 倍，是前翅长的 1.0 倍……微断脉茧蜂 ***H. parvus***
产卵管鞘不长于或有时仅稍长于腹长，明显短于前翅长……21
21. 腹部第 3 背板完全光滑，无横向凹陷……短角断脉茧蜂 ***H. brevicornalus***
腹部第 3 背板具明显刻条和横向凹陷……22
22. 中胸背板几乎全具粗糙的半弧形刻条，刻条间具微弱颗粒；头顶全具横向刻条皱；腹部第 3 背板基半部具刻条……网皱断脉茧蜂 ***H. cancellatus***
中胸背板几乎大部分具密集颗粒或革质颗粒，无刻条；头顶光滑或仅部分具微弱刻条；腹部第 3 背板仅中央狭窄区域具刻条……23
23. 腹部第 2 背板长是其基宽的 0.3 倍；产卵管鞘长是腹长的 1.0 倍……修断脉茧蜂 ***H. extasus***
腹部第 2 背板长是其基宽的 0.45–0.55 倍；产卵管鞘长是腹长的 0.65–0.80 倍……奥斯曼断脉茧蜂 ***H. austriacus***
24. 中胸盾片几乎全具粗糙刻条皱和微弱颗粒……25
中胸盾片大部分具密集颗粒或革质颗粒，无刻条……27
25. 头顶和额几乎完全光滑；翅痣深棕色，基部和端部色浅；腹部第 1 背板长是其端宽的 0.7 倍；第 5 背板基半部具短刻条……刘氏断脉茧蜂 ***H. liui***
头顶和额具明显刻条；翅痣颜色均一，深棕色或深红棕色；腹部第 1 背板长是其端宽的 1.0 倍；第 5 背板完全光滑……26
26. 第 2 背板缝几乎直；基节前沟具明显短刻条；并胸腹节基区具颗粒；后足基节背方光滑……短颊断脉茧蜂 ***H. breviatus***
第 2 背板缝明显弯曲；基节前沟光滑；并胸腹节基区几乎光滑；后足基节背方具刻条……窄腹断脉茧蜂 ***H. tenuitergum***
27. 胸部明显扁平，长是高的 2.2–2.7 倍；腹部第 2 背板长是其基宽的 0.55–0.60 倍，是第 3 背板长的 1.20–1.35 倍……肯氏断脉茧蜂 ***H. kerzhneri***
胸部不扁平，长是高的 1.8–2.0 倍；腹部第 2 背板长是其基宽的 0.3–0.5 倍，是第 3 背板长的 0.5–1.1 倍……28
28. 背面观复眼长是上颊长的 4.4 倍；后足腿节长是宽的 2.9 倍；触角第 1 鞭节长是第 2 鞭节长的 0.8 倍；体长 3.0 mm……奇怪断脉茧蜂 ***H. prodigiosus***
背面观复眼长是上颊长的 1.5–3.0 倍；后足腿节长是宽的 3.1–4.2 倍；触角第 1 鞭节不短于第 2 鞭节……29
29. 背面观复眼长是上颊长的 1.5–1.8 倍……30
背面观复眼长是上颊长的 2.3–3.0 倍……33

30. 复眼光滑无毛；腹部第 5 背板基部常光滑；第 1 背板长是其端宽的 1.0–1.1 倍 ······················ 31
复眼具短且稀疏的毛；腹部第 5 背板基部常具刻条；第 1 背板长是其端宽的 0.8–0.9 倍 ·········· 32
31. 前翅 m-cu 脉前叉趋势；腹部第 2 背板长是其基宽的 0.30–0.35 倍，是第 3 背板长的 0.5–0.6 倍 ···· ·· **小断脉茧蜂 *H. leptosoma***
前翅 m-cu 脉明显后叉趋势；腹部第 2 背板长是其基宽的 0.6 倍，是第 3 背板长的 1.05 倍 ········· ·· **南岭断脉茧蜂 *H. nanlingensis***
32. 产卵管鞘长是腹长的 0.45–0.6 倍，短于胸长，是前翅长的 0.3–0.4 倍；体黄色 ························ ·· **冠断脉茧蜂 *H. cephi***
产卵管鞘长是腹长的 0.75–1.00 倍，不短于胸长，是前翅长的 0.4–0.7 倍；体深红棕色至黑色或浅红棕色，但并胸腹节和第 1 腹板深色 ··· **克里木断脉茧蜂 *H. tauricus***
33. 触角端部鞭节白色 ·· 34
触角端部鞭节黑色 ·· 35
34. 第 1 鞭节长是端宽的 4.7 倍；胸长是高的 1.7 倍；腹部第 1 背板长是其端宽的 0.8 倍 ················ ·· **图丽断脉茧蜂 *H. tulyensis***
第 1 鞭节长是端宽的 5.0–5.5 倍；胸长是高的 2.0–2.1 倍；腹部第 1 背板长是其端宽的 1.2 倍······· ·· **白端断脉茧蜂 *H. alboapicalis***
35. 腹部第 1 背板长是其端宽的 0.8 倍；第 2 背板缝直；背面观复眼长是上颊长的 2.8 倍；翅痣浅黄色 ·· **尖峰断脉茧蜂 *H. jianfengensis***
腹部第 1 背板长是其端宽的 1.0 倍；第 2 背板缝明显弯曲；背面观复眼长是上颊长的 2.3 倍；翅痣浅棕色（见检索表 18 条） ·· **弯沟断脉茧蜂 *H. curvisulcus***

(38) 艳断脉茧蜂 *Heterospilus rubrocinctus* (Ashmead, 1905)（图版 IX: 3）

Hecabolus rubrocinctus Ashmead, 1905: 8.

Heterospilus oculatus Belokobylskij, 1988a: 628; 1998b: 76. Synonymized by Belokobylskij *et* Maeto, 2009: 175.

Heterospilus rubrocinctus: Shenefelt *et* Marsh, 1976: 1311; Belokobylskij, 1994a: 23; Long *et* Belokobylskij, 2003: 388; Belokobylskij *et* Maeto, 2008: 142; 2009: 175; Tang *et al*., 2013b: 205.

雌：体长 1.9 mm；前翅长 1.2 mm。

头：触角 18 节；柄节长是宽的 1.8 倍，柄节腹方长于背方；第 1 鞭节长是端宽的 5.0 倍，是第 2 鞭节长的 1.0 倍；倒数第 2 鞭节长是第 1 鞭节长的 0.8 倍，是最后 1 鞭节长的 0.9 倍。头在复眼后方明显规则地弧形收缩；背面观头宽是中长的 1.6 倍；头顶和额光滑；上颊光滑；背面观复眼长是上颊长的 1.8 倍；后单眼间距是前后单眼间距的 1.1 倍，POL=1.3×OD=0.5×OOL；脸中央和侧方光滑，仅侧方中央具刻条；脸宽是复眼纵径的 0.8 倍，是脸和唇基总长的 1.3 倍；复眼光滑，纵径是横径的 1.3 倍；颚眼距是复眼纵径的 0.3 倍，是上颚基部宽的 0.7 倍；无颚眼沟；后头脊背方存在，与口后脊在上颚基部处愈合。

胸：胸长是高的 2.0 倍；中胸盾片前半部具密集的革质颗粒，后半部微弱革质或光滑，沿盾纵沟及附近被稀疏短毛，从前胸背板水平面垂直升起；盾纵沟浅，窄，内具稀疏短刻条；小盾片前半部光滑，后半部具微弱颗粒；小盾片前凹浅，相当短，具明显中纵脊，其长是小盾片长的 0.4 倍；中胸侧板大部分光滑；翅下区深，窄，具粗糙的刻条；基节前沟深，直，具短刻条，其长达中胸侧板下部全长的 0.5 倍；并胸腹节具明显分区，基侧区具密集颗粒；中区明显，但不规则；并胸腹节其余部分具粗糙的小室状皱。

翅：前翅长是宽的 3.2 倍；r 脉从翅痣中央前方伸出；3-SR 脉与 r 脉成钝角；3-SR=0.9×r=0.2×SR1；第 1 盘室长是宽的 1.8 倍；1-SR+R 脉稍弯曲；m-cu 脉后叉。后翅 M+CU=1.2×1-M；m-cu 脉弱。

足：后足基节背方基部具明显刻条，侧方和腹方几乎光滑，腹方基部具小瘤突；后足腿节背半方光滑，长是宽的 3.2 倍；后足跗节长是后足胫节长的 1.1 倍；后足基跗节长是第 2–5 跗节总长的 0.4 倍，第 2 跗节长是基跗节长的 0.8 倍，是第 5 跗节长的 1.3 倍。

腹：腹长是头胸总长的 1.0 倍；第 1 背板具明显稍向后方会合的背脊，密布粗糙刻条；第 1 背板端宽是基宽的 1.8 倍，长是端宽的 1.0 倍；第 2 背板缝浅，稍弯曲；第 2 背板基部 0.3 具明显的密集刻条，剩余部分光滑；第 2 背板长是基宽的 0.5 倍，是第 3 背板长的 1.1 倍；第 3 背板基部 0.3 具微弱横沟；其余背板光滑；产卵管鞘长是腹长的 0.5 倍，是前翅长的 0.3 倍。

体色：头棕黄色；胸部几乎棕黄色，后胸背板和并胸腹节红棕色；第 1–4 背板棕色，剩余背板棕黄色；触角棕黄色渐变为黑色，基部 2 节棕黄色，端部 6 节白色；须浅黄色；足棕黄色，所有基节和转节浅黄色；产卵管鞘深棕色，基部颜色稍浅；翅微弱烟褐色；翅痣深棕色。

雄：未知。

生物学：未知。

研究标本：1♀，浙江西天目山七里亭，1999.VII.28，赵明水，No.998834（ZJUH）。

分布：浙江（西天目山）；俄罗斯，韩国，日本，越南，菲律宾，阿联酋，也门。

(39) 白端断脉茧蜂 *Heterospilus alboapicalis* Belokobylskij, 1994（图版 IX: 4）

Heterospilus alboapicalis Belokobylskij, 1994a: 18; Belokobylskij *et* Maeto, 2009: 179; Tang *et al.*, 2013b: 205.

雌：体长 3.0–3.5 mm；前翅长 2.2–2.7 mm。

头：触角 22–24 节；柄节长是宽的 1.2–1.5 倍，第 1 鞭节长是端宽的 5.0–5.5 倍，是第 2 鞭节长的 1.0 倍；倒数第 2 鞭节长是第 1 鞭节长的 0.6 倍，是最后 1 鞭节长的 0.8 倍。头在复眼后方明显弧形收缩；背面观头宽是中长的 1.4–1.5 倍；背面观复眼长是上颊长的 3.0–3.3 倍；后单眼间距是前后单眼间距的 1.0 倍，POL=0.7–1.0×OD=0.3×OOL；头顶和额全部密布横向刻条；脸具粗糙刻条，其间具皱；脸宽是复眼纵径的 1.0 倍，是脸和唇基总长的 1.1 倍；复眼光滑，纵径是横径的 1.2 倍；颚眼距是复眼纵径的 0.4 倍，是上颚基部宽的 0.9–1.0 倍；无颚眼沟；后头脊背方存在，与口后脊在上颚基部处愈合。

胸：胸长是高的 2.0–2.1 倍；中胸盾片具明显的密集颗粒，其间具密集微弱刻条，沿盾纵沟被密集短毛，从前胸背板水平面垂直升起；盾纵沟深、宽，内具稀疏短刻条；小盾片光滑；小盾片前凹深，长，具 3 纵脊，其长是小盾片长的 0.5 倍；翅下区浅，窄，具粗糙刻条；基节前沟深，直，光滑，其长达中胸侧板下部全长的 2/3；并胸腹节具明显分区，中纵脊短，基侧区大部分光滑，隆脊周围具明显网皱；中区明显；并胸腹节其余部分具粗糙小室状皱。

翅：前翅长是宽的 3.0–3.2 倍；r 脉从翅痣中央前方伸出；3-SR 脉与 r 脉成钝角；3-SR=3.4×r=0.4×SR1；第 1 盘室长是宽的 1.8 倍；1-SR+R 脉明显弯曲；m-cu 脉后叉。后翅 M+CU=0.9×1-M；m-cu 脉几乎直，斜向翅基部，前叉，着色。

足：后足基节背方基部具刻条，腹方基部具明显瘤突；后足腿节具微弱刻条，长是宽的 3.5–3.7 倍；后足跗节长是后足胫节长的 1.0–1.1 倍；后足基跗节长是第 2–5 跗节总长的 0.4–0.5 倍，第 2 跗节长是基跗节长的 0.8 倍，是第 5 跗节长的 1.4–1.5 倍。

腹：腹长是头胸总长的 1.1 倍；第 1 背板具明显、稍弯曲、向后方会合的背脊，密布粗糙的刻条，其间具微弱网纹；第 1 背板端宽是基宽的 1.8–2.0 倍，长是端宽的 1.2 倍；第 2 背板缝深，稍弯曲；第 2 背板全部具明显密集的刻条，其间具网纹；第 2 背板长是基宽的 0.5–0.6 倍，是第 3 背板长的 0.8 倍；第 3 背板基部 0.3 具明显的窄横沟；第 3 背板横沟周围宽的区域具刻条；第 4、5 背板基半部具刻条；其余背板光滑；产卵管鞘长是腹长的 0.7 倍，是前翅长的 0.5 倍。

体色：头棕黄色；胸部几乎棕黄色，后胸背板和并胸腹节红棕色；第 1–4 背板棕色，剩余背板棕黄色；触角棕黄色渐变为黑色，基部 2 节棕黄色，端部 6 节白色；须浅黄色；足棕黄色，所有基节和转节浅黄色；产卵管鞘深棕色，基部颜色稍浅；翅微弱烟褐色；翅痣深棕色。

雄：未知。

生物学：未知。

研究标本（ZJUH）：1♀，海南吊罗山，2007.VI.1–2，刘经贤，No.200703936；2♀，海南鹦哥岭，2007.V.24–25，刘经贤，Nos.200702668，200702783；1♀，海南尖峰岭天池，2007.X.22–23，刘经贤，No.200710646；1♀，海南五指山水满乡，2007.V.15–20，刘经贤，No.200703848；1♀，云南西双版纳，2004.X.3，刘经贤，No.20059112。

分布：海南（吊罗山、鹦哥岭、尖峰岭、五指山）、云南（西双版纳）；日本，越南。

(40) 间色断脉茧蜂 *Heterospilus alternicoloratus* Tang, Belokobylskij, He *et* Chen, 2013（图版 X: 1）

Heterospilus alternicoloratus Tang, Belokobylskij, He *et* Chen, 2013b: 205.

雌：体长 2.9–3.3 mm；前翅长 2.3–2.6 mm。

头：触角已断，余 14 节；柄节长是宽的 1.4 倍，第 1 鞭节长是端宽的 5.5 倍，是第 2 鞭节长的 1.0 倍。头在复眼后方明显弧形收缩；背面观头宽是中长的 1.5 倍；背面观复眼长是上颊长的 2.7 倍；后单眼间距是前后单眼间距的 1.0 倍，POL=1.5×OD=0.5×OOL；

头顶具明显或微弱刻条，其间有刻点；头顶具稀疏短毛；额侧方具微弱刻条；脸具微弱皱和刻点；脸宽是复眼纵径的 1.1 倍，是脸和唇基总长的 1.3 倍；复眼光滑，纵径是横径的 1.1 倍；颚眼距是复眼纵径的 0.3 倍，是上颚基部宽的 1.0 倍；无颚眼沟；后头脊背方存在，与口后脊在上颚基部处愈合。

胸：胸长是高的 1.8 倍；中胸盾片密布短毛和刻条皱，从前胸背板水平面垂直升起；中胸盾片中叶无中沟；盾纵沟浅，其间具稀疏的明显短刻条；小盾片光滑；小盾片前凹深，具 1–3 纵脊，其长是小盾片长的 0.5 倍；翅下区宽，具粗糙刻条皱；基节前沟很深，光滑，稍弯曲，其长达中胸侧板下部全长的 2/3；并胸腹节具明显分区，中纵脊短，基侧区具明显皱，中区明显；并胸腹节其余部分具小室状皱。

翅：前翅长是宽的 3.1–3.2 倍；r 脉从翅痣中央前方伸出；3-SR 脉与 r 脉成钝角；3-SR=2.1×r=0.2×SR1；第 1 盘室长是宽的 1.7–1.8 倍；1-SR+R 脉明显弯曲；m-cu 脉后叉。后翅 M+CU=0.7×1-M；m-cu 几乎直，斜向翅基部，前叉，着色。

足：后足基节背方具刻条，腹方基部具瘤突；后足腿节光滑，长是宽的 3.4–3.5 倍；后足跗节长是后足胫节长的 0.9 倍；后足基跗节长是第 2–5 跗节总长的 0.4 倍，第 2 跗节长是基跗节长的 1.0 倍，是第 5 跗节长的 1.7 倍。

腹：腹长是头胸总长的 1.0 倍；第 1 背板具明显、稍弯曲、向后方会合的背脊，密布粗糙的刻条，其间具微弱网纹；第 1 背板端宽是基宽的 1.9–2.0 倍，长是端宽的 0.8 倍；第 2 背板缝深，直；第 2 背板密布粗糙的刻条，其间具网纹；第 2 背板长是基宽的 0.4 倍，是第 3 背板长的 0.7–0.8 倍；第 3 背板基部 0.3 具明显的宽横沟；第 3 背板近基部、第 4 背板基部具刻条；第 5 背板有时基半部具明显刻条；其余背板光滑；产卵管鞘长是腹长的 0.5 倍，是前翅长的 0.3 倍。

体色：体棕黄色；胸部几乎棕黄色，并胸腹节颜色深；腹部几乎棕黄色，第 1–4 背板颜色深；触角棕黄色渐变为黑色，基部 2 节棕黄色；须浅黄色；足棕黄色，所有基节和转节浅黄色；产卵管鞘深棕色；翅微弱烟褐色；翅痣深棕色，基部和端部颜色浅。

雄：未知。

生物学：未知。

研究标本：♀（正模，ZJUH），海南尖峰岭，2007.VI.4–7，曾洁，No.200710919；1♀（副模，ZJUH），海南尖峰岭，2007.VI.4–7，曾洁，No.200711066；1♀（副模，ZISP），海南尖峰岭，2007.VI.7，刘经贤，No.200702545；1♀（副模，ZJUH），海南吊罗山，2007.V.28–VI.1，曾洁，No.200806844。

分布：海南（尖峰岭、吊罗山）。

(41) 奥斯曼断脉茧蜂 *Heterospilus austriacus* (Szépligeti, 1906)（图版 X: 2）

Atoreuteus austriacus Szépligeti, 1906: 605; Papp, 1984: 177 [as synonym of *H. sicanus* (Marshall)].

Heterospilus austriacus: Belokobylskij *et* Tobias, 1986: 34; Yu *et al*., 2016 (as valid species).

Heterospilus ater Fischer, 1960: 36; Shenefelt *et* Marsh, 1976: 1301; Belokobylskij *et* Tobias, 1986: 34; Belokobylskij, 1998b: 76; Belokobylskij *et* Maeto, 2009: 187; Tang *et al*., 2013b: 208. Synonymized by Belokobylskij *et* Ku, 2021: 38.

雌：体长 2.7–3.3 mm；前翅长 2.2–2.6 mm。

头：触角 18–21 节；柄节长是宽的 1.3–1.5 倍，第 1 鞭节长是端宽的 4.5–5.0 倍，是第 2 鞭节长的 0.9–1.0 倍。头在复眼后方稍弧形收缩；背面观头宽是中长的 1.5–1.6 倍；背面观复眼长是上颊长的 1.7–2.0 倍；后单眼间距是前后单眼间距的 1.0–1.2 倍，POL=1.2–1.3×OD=0.4×OOL；头顶光滑或侧方具刻条；头顶具稀疏短毛；额光滑或具微弱刻条；脸光滑或下方中央具微弱皱；脸宽是复眼纵径的 1.0–1.1 倍，是脸和唇基总长的 1.2 倍；复眼光滑，纵径是横径的 1.2–1.3 倍；颚眼距是复眼纵径的 0.4–0.5 倍，是上颚基部宽的 0.8–0.9 倍；无颚眼沟；后头脊背方存在，与口后脊在上颚基部处不愈合。

胸：胸长是高的 1.7–1.8 倍；中胸盾片沿盾纵沟及其边缘具相当稀疏的几乎直立的长毛；中胸盾片具明显的密集革质颗粒，中叶后部具 2 条向后会合的脊，脊间具微弱皱；盾纵沟宽，深，其间具稀疏的微弱短刻条；小盾片稍凸，无侧脊，几乎光滑；小盾片前凹深，相当宽，具 1–3 纵脊，其长是小盾片长的 0.5 倍；中胸侧板大部分光滑；翅下区浅，宽，具微弱的稀疏刻条；基节前沟相当深，宽，直，几乎光滑，其长达中胸侧板下部全长的 1/2；并胸腹节具明显分区，中纵脊短，基侧区具微弱皱，沿脊具稀疏的短皱，中区明显；并胸腹节其余部分具小室状皱。

翅：前翅长是宽的 2.8–3.0 倍；r 脉明显从翅痣中央前方伸出；3-SR 脉与 r 脉成钝角；3-SR=1.6–2.0×r=0.3×SR1；第 1 盘室长是宽的 1.7–1.9 倍；1-SR+R 脉几乎直；m-cu 脉后叉。后翅 M+CU=0.9–1.0×1-M；m-cu 脉均匀弯向翅基部，对叉，不骨化。

足：后足基节大部分光滑，背方具微弱刻条，腹方基部具瘤突；后足腿节大部分光滑，背半方具微弱皱，长是宽的 3.3–3.6 倍；后足跗节长是后足胫节长的 0.9–1.0 倍；后足基跗节长是第 2–5 跗节总长的 0.4 倍，第 2 跗节长是基跗节长的 0.7–0.8 倍，是第 5 跗节长的 1.5 倍。

腹：腹长是头胸总长的 1.0 倍；第 1 背板具明显的稍向后方会合的背脊；第 1 背板具相当稀疏的粗糙刻条，其间具微弱网纹；第 1 背板端宽是基宽的 1.9–2.0 倍，长是端宽的 1.0–1.1 倍；第 2 背板缝浅，相当明显，稍弯曲；第 2 背板具明显的密集纵向刻条，侧方几乎光滑；第 2 背板长是基宽的 0.45–0.55 倍，是第 3 背板长的 0.8–1.0 倍；第 3 背板基部 0.3 具浅、窄的横沟；第 3 背板横沟附近具明显刻条，有时光滑；其余背板光滑；产卵管鞘长是腹长的 0.65–0.80 倍，是前翅长的 0.35–0.50 倍。

体色：头黄棕色；胸部几乎黑色，前胸侧板下部红棕色；腹部几乎棕色；触角棕黄色渐变为黑色，基部 2 节棕黄色；须浅黄色；足棕黄色，所有转节浅黄色；产卵管鞘黑色；翅微弱烟褐色；翅痣浅棕色。

雄：未知。

生物学：据记载，寄主有鞘翅目的中华蜡天牛 *Ceresium sinicum sinicum*、*Xylocleptes bispinus*、*Scolytus intricatus*。

研究标本：2♀（ZJUH），河北张家口小五台山杨家坪，2006.VIII.20，张红英，Nos.200611773，200611777；1♀（ZJUH），辽宁沈阳，1994.VIII.26，娄巨贤，No.975729；1♀（ZJUH），吉林长白山，1994.VIII.4，娄巨贤，No.952107；1♀（ZJUH），吉林龙潭

山，1995.VIII.21，娄巨贤，No.961969；1♀（ZJUH），黑龙江镜泊湖，1995.VIII.26，娄巨贤，No.962202；1♀（ZJUH），浙江西天目山三亩坪，1999.VI.26，赵明水，No.20003635；1♀（ZJUH），浙江西天目山三亩坪，1998.VI.27，赵明水，No.999525；1♀（ZJUH），浙江西天目山，1983.VI.17，周彩娥，No.830765；1♀（ZJUH），浙江安吉龙王山，1996.VII.28，吴鸿，No.970402；1♀（ZJUH），浙江庆元，1985.VII.26–27，吴全聪，No.851914；1♀（ZJUH），浙江临安清凉峰，2005.VIII.8，张红英，No.200607093；1♀（ZJUH），浙江杭州，1995.VI.9，何俊华，No.850530；1♀（ZJUH），浙江杭州，1989.VI.30，何俊华，No.895636；1♀（ZJUH），浙江桐乡，1935.V.4，寄主，中华蜡天牛 *Ceresium sinicum sinicum* White；1♀（ZJUH），湖南壶瓶山三河村，2009.VII.11，唐璞，No.200901130；1♀（ZJUH），广西田林朗坪，1982.V.30，何俊华，No.824391；1♀（ZJUH），海南尖峰岭，2007.VI.7，刘经贤，No.200702490；1♀（ZJUH），海南尖峰岭鸣凤谷，2007.X.25，刘经贤，No.200709650；1♀（ZJUH），海南五指山，2007.X.29，刘经贤，No.200710138。ZISP：1♀，河北张家口小五台山杨家坪，2006.VIII.20，张红英，No.200611731；2♀，浙江临安西天目山，2000.IX.16–17，S. A. Belokobylskij。

分布：黑龙江（镜泊湖）、吉林（长白山、龙潭山）、辽宁（沈阳）、河北（小五台山）、浙江（西天目山、龙王山、清凉峰、庆元、杭州、桐乡）、湖南（壶瓶山）、海南（尖峰岭、五指山）、广西（田林）；俄罗斯，韩国，日本，哈萨克斯坦，欧洲。

(42) 斑头断脉茧蜂 *Heterospilus balicyba* Tang, Belokobylskij, He *et* Chen, 2013（图版 X: 3）

Heterospilus balicyba Tang, Belokobylskij, He *et* Chen, 2013b: 208.

雌：体长 3.2–4.3 mm；前翅长 2.5–3.3 mm。

头：触角 24–25 节；柄节长是宽的 1.5–1.6 倍，第 1 鞭节长是端宽的 4.8 倍，是第 2 鞭节长的 0.9 倍；倒数第 2 鞭节长是第 1 鞭节长的 0.75 倍，是最后 1 鞭节长的 1.0 倍。头在复眼后方均匀地弧形收缩；背面观头宽是中长的 1.45 倍；背面观复眼长是上颊长的 2.8 倍；后单眼间距是前后单眼间距的 1.0 倍，POL=0.7×OD=0.3×OOL；头完全密布明显横刻条；脸具粗糙刻条，其间具皱；脸宽是复眼纵径的 1.0 倍，是脸和唇基总长的 1.2 倍；复眼光滑，纵径是横径的 1.2 倍；颚眼距是复眼纵径的 0.3 倍，是上颚基部宽的 0.75 倍；无颚眼沟；后头脊背方存在，与口后脊在上颚基部处愈合。

胸：胸长是高的 1.9 倍；中胸盾片光滑，沿盾纵沟被稀疏短毛，从前胸背板水平面垂直升起；盾纵沟浅，宽，内具明显的稀疏短刻条；小盾片光滑；小盾片前凹深，长，光滑，具 3 纵脊，其长是小盾片长的 0.3 倍；翅下区宽，具粗糙的刻条皱；基节前沟深，光滑，其长达中胸侧板下部全长；并胸腹节具明显分区，中纵脊短，基侧区几乎光滑，仅隆脊周围和基侧区后半部具明显网皱；中区明显；并胸腹节其余部分具粗糙的小室状皱。

翅：前翅长是宽的 3.2–3.5 倍；r 脉几乎从翅痣中央伸出；3-SR 脉与 r 脉成钝角；3-SR=4.3×r=0.4×SR1；第 1 盘室长是宽的 1.9–2.1 倍；1-SR+R 脉明显弯曲；m-cu 脉后叉。

后翅 M+CU=0.8×1-M；m-cu 稍弯向翅基部，前叉，着色。

足：后足基节背方具明显刻条，腹方基部具明显瘤突；后足腿节背方具明显的纵刻条，长是宽的 3.0–3.3 倍；后足跗节长是后足胫节长的 0.9 倍；后足基跗节长是第 2–5 跗节总长的 0.4 倍，第 2 跗节长是基跗节长的 0.9 倍，是第 5 跗节长的 1.3 倍。

腹：腹长是头胸总长的 1.15 倍；第 1 背板具明显、稍弯曲、向后方会合的背脊，密布粗糙刻条，其间具微弱网纹；第 1 背板端宽是基宽的 2.5 倍，长是端宽的 1.3 倍；第 2 背板缝浅，直；第 2 背板密布粗糙刻条；第 2 背板长是基宽的 0.6 倍，是第 3 背板长的 0.9 倍；第 3 背板基部 0.3 具明显、窄的横沟；第 3、4 背板基部 0.4–0.5 具明显密集的刻条；其余背板光滑；产卵管鞘长是腹长的 0.9 倍，是前翅长的 0.6 倍。

体色：体棕黄色，背方颜色深，复眼周围颜色浅；胸部几乎黑色，盾纵沟、中胸盾片中叶端半部、基节前沟棕黄色；腹部几乎黑色；触角棕黄色渐变为黑色，基部 2 节棕黄色，端部 5 节白色；须浅黄色；足棕黄色；产卵管鞘深棕色，基部颜色稍浅；翅微弱烟褐色；翅痣深棕色。

雄：未知。

生物学：未知。

研究标本：♀（正模，ZJUH），海南尖峰岭，2007.VI.6，刘经贤，No.200703714；1♀（副模，ZISP），海南尖峰岭，2007.VI.4–7，曾洁，No.200710955；1♀（副模，ZJUH），海南吊罗山，2007.V.29–VI.2，肖斌，No.200804584；1♀（副模，ZJUH），海南鹦哥岭，2007.V.28–VI.3，翁丽琼，No.200804214；1♀（副模，ZJUH），海南霸王岭，2007.VI.9–10，刘经贤，No.200703502。

分布：海南（尖峰岭、吊罗山、鹦哥岭、霸王岭）。

(43) 短颊断脉茧蜂 *Heterospilus breviatus* Shi, Yang *et* Chen, 2002（图 4）

Heterospilus breviatus Shi, Yang *et* Chen, 2002a: 3; Chen *et* Shi, 2004: 68.

雌：体长 3.6 mm；前翅长 2.8 mm。

头：触角 26 节；第 1 鞭节长是宽的 4.5 倍，是柄节和梗节总长的 1.0 倍。头在复眼后方圆钝地收缩；背面观头宽是中长的 1.9 倍；背面观复眼长是上颊长的 4.0 倍；POL=0.9×OD=0.5×OOL；头顶具横皱，被较密的中等长度毛；额微凹陷，具横皱；上颊光滑；脸被较长柔毛，具横皱；脸宽是脸和唇基总长的 1.5 倍；唇基上方具 2 条平行沟，伸至触角窝；唇基近三角形，宽为长的 1.5 倍；口窝圆形；后头脊明显存在。

胸：前胸背板槽具明显刻痕；中胸盾片具横皱，沿盾纵沟被长毛，从前胸背板水平面垂直升起；盾纵沟内具明显的稀疏刻条；小盾片具稀疏毛，光滑；小盾片前凹具 1 纵脊；翅下区具皱；基节前沟内具短刻条；后胸侧板具皱，被中等程度毛；并胸腹节具明显分区，中纵脊非常短，基侧区具颗粒状刻点；中区明显，宽，内具网状皱。

翅：前翅长是宽的 3.0 倍；r 脉从翅痣中央伸出，长是翅痣宽的 0.9 倍；3-SR=0.6×2-SR；SR1 脉伸至翅尖；2-SR 脉极弱骨化，仅遗依稀痕迹；r-m 脉弱骨化；m-cu 脉稍后叉；cu-a

脉后叉；第 1 亚盘室末端开放；CU1a 脉与 1-CU1 脉成直线。后翅 M+CU=1.0×1-M；m-cu 脉弱骨化。

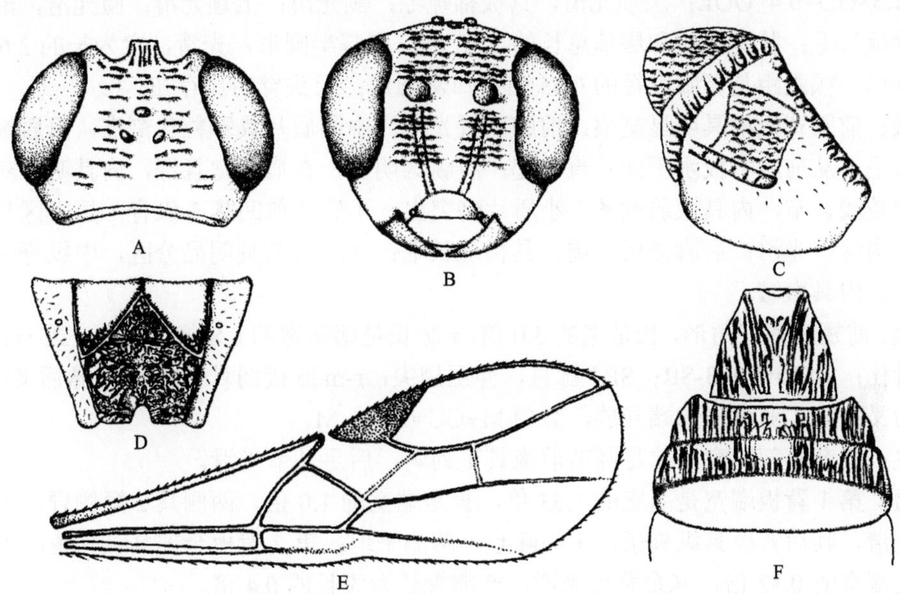

图 4　短颊断脉茧蜂 *Heterospilus breviatus* Shi, Yang *et* Chen（仿陈家骅和石全秀，2004）

A. 头，背面观；B. 头，前面观；C. 中胸侧板；D. 并胸腹节，背面观；E. 前翅；F. 腹部，背面观

足：前足胫节前缘具 1 列刺；后足基节光滑。

腹：第 1 背板端宽是基宽的 1.45 倍，长是端宽的 0.95 倍，具纵刻条；第 2 背板全部具纵刻条；第 2 背板端宽是长的 4.83 倍；第 3 背板基半部具纵刻条，具横沟；第 4、5 背板各具 1 横沟；第 4 背板横沟后具短纵刻条；其余背板光滑；产卵管长稍短于腹长。

体色：头红褐色；胸部红褐色；并胸腹节暗褐色；腹部第 1 背板黑褐色；第 2、3 背板具梯形暗褐色斑；第 4、5 背板基部暗褐色，其余红褐色；腹部末端黄褐色；上颚末端黑色；触角褐色；足黄褐色；产卵管红褐色，末端黑色；产卵管鞘褐色；翅透明；翅痣褐色。

雄：未知。

生物学：未知。

分布：云南（西双版纳）。

附注：根据陈家骅和石全秀（2004）的描述整理，本志研究未见此种标本。模式标本保存于 BIIC。

(44) 短角断脉茧蜂 *Heterospilus brevicornalus* Shi *et* Chen, 2004（图 5）

Heterospilus brevicornalus Shi *et* Chen, in: Chen *et* Shi, 2004: 69.

雌：体长 2.1 mm；前翅长 2.0 mm；触角长 2.1 mm。

头：触角 20 节；第 1 鞭节长是宽的 4.0 倍，是柄节和梗节总长的 1.0 倍。头在复眼后方圆钝地收缩；背面观头宽是中长的 1.57 倍；背面观复眼长是上颊长的 2.0 倍；POL=1.5×OD=0.4×OOL；头顶光滑，具极稀疏毛；额光滑；上颊光滑；脸光滑，沿复眼缘具稀疏长毛；脸宽是脸和唇基总长的 1.58 倍；唇基半圆形，光滑，宽为长的 2.67 倍；口窝圆形；颚眼距是复眼纵径的 0.45 倍；口窝圆形；后头脊明显存在。

胸：前胸背板槽具明显刻痕；前胸侧板光滑；中胸盾片具颗粒状刻点，沿盾纵沟被稀疏长毛，从前胸背板水平面垂直升起；盾纵沟明显，在肩角宽且深，内具明显刻条，在背面较浅、窄，内具微弱刻条；小盾片略突出；小盾片前凹具 3 纵脊；翅下区具皱；基节前沟深，光滑；后胸侧板粗糙，具稀疏长毛；并胸腹节具明显分区，中纵脊短，中区明显，内具微皱。

翅：前翅翅痣三角形，长是宽的 3.0 倍；r 脉长是翅痣宽的 0.8 倍；3-SR=1.25×r；2-SR 脉弱骨化；2-SR=2.0×3-SR；SR1 脉直，伸至翅尖；r-m 脉极弱骨化；m-cu 脉后叉；cu-a 脉略后叉；第 1 亚盘室末端开放。后翅 M+CU=1.0×1-M。

足：腿节基部肿突；前足胫节前缘具 1 列刺；后足基节光滑。

腹：第 1 背板端宽是基宽的 1.83 倍，长是端宽的 1.0 倍，两侧具 2 短侧脊，侧脊间区域光滑，其后背板具纵刻条，中间隆起，两侧平坦；第 2 背板全部具纵刻条；第 2 背板长是端宽的 0.32 倍；其余背板光滑；产卵管长为腹长的 0.4 倍。

体色：头顶、额、上颊褐色；脸、唇基、口窝、上颊基部黄褐色；上颚端部黑色；中胸盾片褐色，其余胸部、腹部红褐色；触角基节 4 节黄褐色，其余褐色；须白色；足黄褐色；产卵管红褐色，末端黑色；产卵管鞘褐色；翅烟褐色。

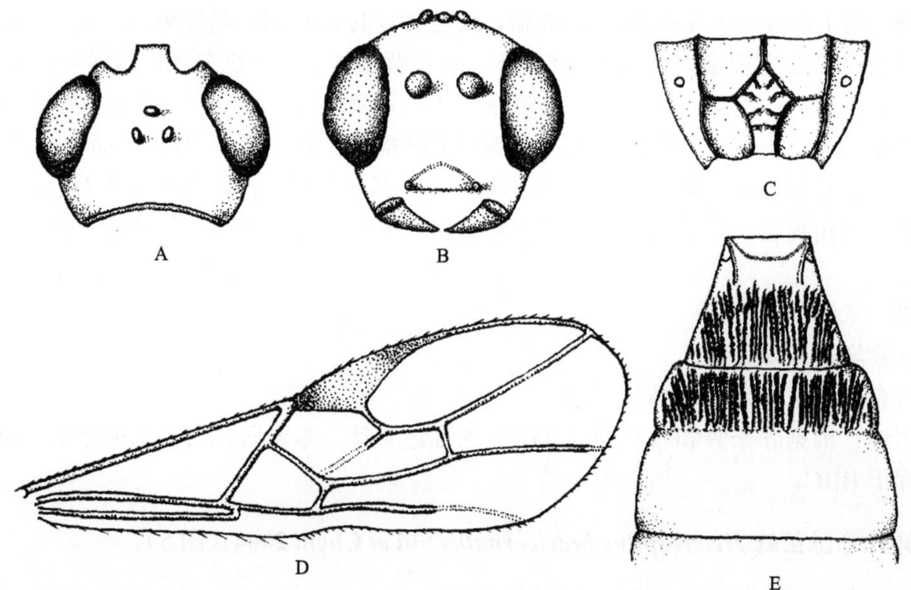

图 5 短角断脉茧蜂 *Heterospilus brevicornalus* Shi *et* Chen（仿陈家骅和石全秀，2004）

A. 头，背面观；B. 头，前面观；C. 并胸腹节，背面观；D. 前翅；E. 腹部，背面观

雄：未知。

生物学：未知。

分布：福建（武夷山）。

附注：根据陈家骅和石全秀（2004）的描述整理，本志研究未见此种标本。模式标本保存于 BIIC。

(45) 网皱断脉茧蜂 *Heterospilus cancellatus* Shi, Yang *et* Chen, 2002（图 6）

Heterospilus cancellatus Shi, Yang *et* Chen, 2002b: 329; Chen *et* Shi, 2004: 71.

雌：体长 4.8 mm；前翅长 3.9 mm；触角长 5.7 mm。

头：触角 31 节；第 1 鞭节长是宽的 5.0 倍，是第 2 鞭节长的 1.0 倍。头在复眼后方圆钝地收缩；背面观头宽是中长的 1.4 倍；背面观复眼长是上颊长的 2.0 倍；单眼小，正三角形排列，POL=1.25×OD=0.4×OOL；头顶横皱，具稀疏毛；额具横皱；上颊光滑；脸具横皱，具稀疏长毛，中央微突；脸宽是脸和唇基总长的 1.75 倍；唇基宽为长的 2.3 倍；口窝圆形；颚眼距是复眼纵径的 0.5 倍；口窝圆形；后头脊明显存在。

胸：胸长是胸高的 2.0 倍；前胸背板槽具短脊；中胸盾片背面观较平坦，具细横皱，沿盾纵沟密生中等长度毛，从前胸背板水平面垂直升起；盾纵沟内具短刻条，后端会合于 1 个宽的、粗糙、具网皱、密生中等长度毛的区域；小盾片略突出，光滑；小盾片前凹具 3 纵脊；翅下区具横皱；基节前沟宽且深，光滑，其长达中胸侧板全长的 0.6 倍；后胸侧板具网皱，被稀疏长毛；并胸腹节具明显分区，中纵脊长是并胸腹节长的 0.2 倍，基侧区较光滑，仅基部具少数颗粒状凹陷；中区明显，内具粗糙网皱。

翅：前翅翅痣长是宽的 3.5 倍；r 脉从翅痣中央伸出，长是翅痣宽的 0.5 倍；3-SR=1.0×2-SR；2-SR 脉部分骨化；2-M=3.6×r-m；SR1 脉伸至翅尖；r-m 脉弱骨化；m-cu 脉伸入第 2 亚缘室；cu-a 脉后叉；第 1 亚盘室末端开放；CU1a 脉与 1-CU1 脉成直线。后翅 2-M 脉骨化；SR 脉近消失；M+CU=1.0×1-M。

足：腿节基部肿突；前足、中足胫节外缘具 1 列刺；后足基节具横皱；后足第 1 跗节长是第 2 跗节长的 1.2 倍。

腹：第 1 背板端宽是基宽的 2.0 倍，长是端宽的 1.2 倍，具两侧纵脊，具纵刻条；第 2 背板全部具纵刻条，长是端宽的 0.4 倍；第 3、4 背板各具 1 条横沟，横沟处具短纵刻条；第 3 背板基半部具纵刻条；其余背板光滑；产卵管长是腹长的 0.7 倍。

体色：头红褐色；单眼区、复眼、上颚末端黑色；前、中胸背板红褐色；中胸侧板上半部及并胸腹节黑褐色，中胸侧板下半部红褐色；腹部第 1–4 背板黑褐色；第 5、6 背板红褐色；腹末端黑褐色；触角深褐色；须黄白色；足褐色；翅痣深褐色。

雄：未知。

生物学：未知。

分布：福建（武夷山）。

附注：根据石全秀等（2002b）的描述整理，本志研究未见此种标本。模式标本保存于 BIIC。

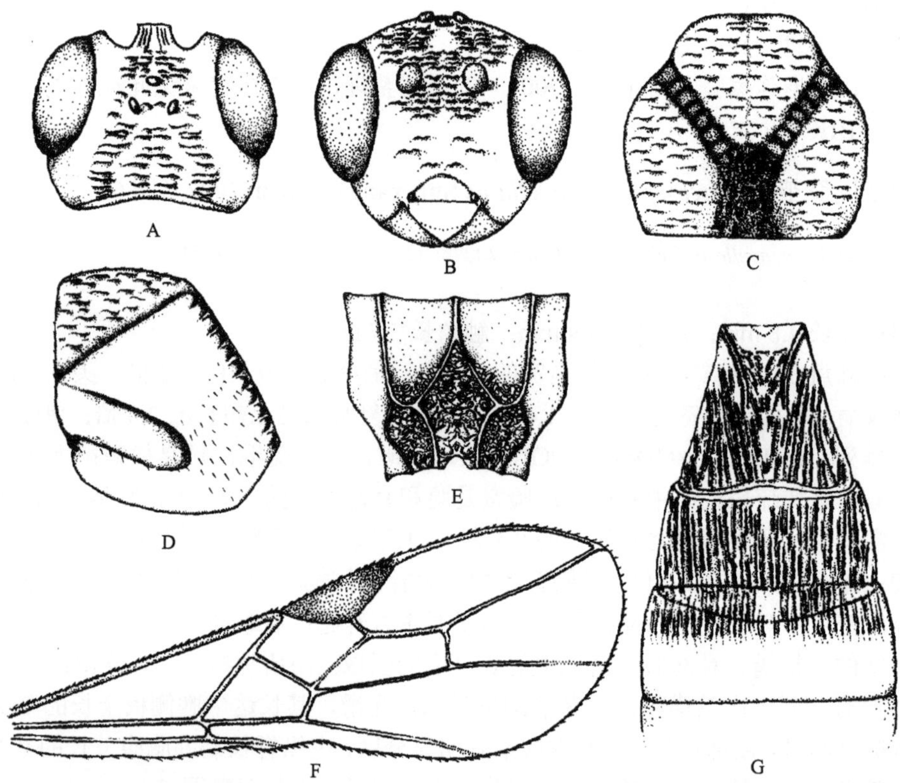

图 6 网皱断脉茧蜂 *Heterospilus cancellatus* Shi, Yang *et* Chen（仿陈家骅和石全秀，2004）
A. 头，背面观；B. 头，前面观；C. 中胸盾片，背面观；D. 中胸侧板；E. 并胸腹节，背面观；F. 前翅；G. 腹部，背面观

(46) 冠断脉茧蜂 *Heterospilus cephi* Rohwer, 1925（图版 X: 4）

Heterospilus cephi Rohwer, 1925: 178; Shenefelt *et* Marsh, 1976: 1302; Belokobylskij, 1983: 180; 1994b: 29; 1998b: 80; Shaw, 1997: 35; Belokobylskij *et* Maeto, 2009: 190; Tang *et al.*, 2013b: 210.

Heterospilus testaceus Telenga, 1941: 47; Shenefelt *et* Marsh, 1976: 1312; Belokobylskij *et* Tobias, 1986: 34. Synonymized by Belokobylskij, 1994b: 29.

Heterospilus basifurcatus Fischer, 1960: 38; Shenefelt *et* Marsh, 1976: 1302; Belokobylskij *et* Tobias, 1986: 34. Synonymized by Shaw, 1997: 35.

Heterospilus rubicundus Fischer, 1960: 56; Shenefelt *et* Marsh, 1976: 1310; Belokobylskij, 1983: 181 (as synonym of *H. testaceus*); 1994b: 29 (as synonym of *H. cephi*); Shaw, 1997: 35 (as valid species).

Heterospilus magnastigmata Beyarslan, 2019: 37. Synonymized by Belokobylskij, 2009: 37.

雌：体长 2.4–3.8 mm；前翅长 1.8–2.6 mm。

头：触角 31 节；柄节长是宽的 1.3–1.5 倍；第 1 鞭节长是宽的 4.5–5.0 倍，是第 2

鞭节长的 1.1 倍。头在复眼后方明显弧形收缩；背面观头宽是中长的 1.4–1.6 倍；背面观复眼长是上颊长的 1.6–1.7 倍；后单眼间距是前后单眼间距的 1.0 倍，POL=1.2–1.6×OD=0.3–0.4×OOL；头顶全具明显的密集横向刻条或前半部具微弱刻条，后半部几乎光滑；额几乎全具明显的密集横向刻条；颊上半部光滑，下半部具垂直刻条或几乎完全光滑；脸侧方具微弱刻条，大部分光滑或完全光滑；脸宽是复眼纵径的 1.1–1.2 倍，是脸和唇基总长的 1.2–1.3 倍；复眼光滑，纵径是横径的 1.2–1.3 倍；颚眼距是复眼纵径的 0.5–0.6 倍，是上颚基部宽的 1.1–1.2 倍；无颚眼沟；后头脊背方存在，与口后脊在上颚基部处愈合。

胸：胸长是高的 1.9–2.0 倍；中胸盾片具明显密集的颗粒，中叶具 2 条稍向后方会合的脊，脊间具皱；中胸盾片沿盾纵沟及边缘被密集短毛，从前胸背板水平面垂直升起；盾纵沟深、窄，内具粗糙短刻条；小盾片稍凸，具侧脊，具微弱革质颗粒或几乎光滑；小盾片前凹深，宽，具 1–3 纵脊，几乎光滑，其长是小盾片长的 0.4 倍；中胸侧板下半部光滑，上半部或后部具明显刻条；翅下区浅，宽，具粗糙的刻条；基节前沟深，直，具微弱短刻条，其长达中胸侧板下部全长的 1/2；并胸腹节具明显分区，中纵脊短或缺，基侧区具微弱网皱或微弱革质；中区明显；并胸腹节其余部分具粗糙的小室状皱。

翅：前翅长是宽的 3.0–3.4 倍；r 脉稍从翅痣中央之后伸出；3-SR 脉与 r 脉成钝角；3-SR=1.0–1.5×r=0.3×SR1；第 1 盘室长是宽的 1.7–1.8 倍；1-SR+R 脉稍“S”形弯曲；m-cu 脉后叉。后翅 M+CU=0.9–1.0×1-M；m-cu 脉不骨化，直，对叉。

足：后足基节背方具弯曲的横向刻条，腹半方几乎光滑，腹方基部具明显瘤突；后足腿节上半部具革质网纹，下半部光滑，长是宽的 3.5–3.8 倍；后足跗节长是后足胫节长的 0.9–1.0 倍；后足基跗节长是第 2–5 跗节总长的 0.4–0.5 倍，第 2 跗节长是基跗节长的 0.7–0.8 倍，是第 5 跗节长的 1.4–1.5 倍。

腹：腹长是头胸总长的 1.0–1.1 倍；第 1 背板具明显向后方会合的背脊，密布粗糙刻条，其间具微弱网纹；第 1 背板端宽是基宽的 2.2–2.5 倍，长是端宽的 0.8–1.0 倍；第 2 背板缝深，明显，几乎直；第 2 背板全部具明显密集的纵刻条，刻条间具网纹；第 2 背板长是基宽的 0.4 倍，是第 3 背板长的 0.7–0.8 倍；第 3 背板基部 1/3 具明显的窄横沟；第 3 背板横沟周围窄的区域具刻条；第 4、5 背板基部具短刻条；其余背板光滑；产卵管鞘长是腹长的 0.45–0.6 倍，是前翅长的 0.3–0.4 倍。

体色：体黄色，胸部具棕黄色区域；触角红棕色至深红棕色，基部 2–4 节黄色或棕黄色；须黄色；足黄色，端部棕黄色，基部色浅；产卵管鞘黑色；翅透明；翅痣黄色。

雄：未知。

生物学：未知。

研究标本（ZJUH）：1♀，河北邯郸，灯诱，1977，马仲实，No.800169；1♀，辽宁阜新，1995.VII.16–23，娄巨贤，No.961358；1♀，吉林长白山，1994.VIII.4，娄巨贤，No.951806；1♀，黑龙江镜泊湖，1995.VIII.26，娄巨贤，No.962518；1♀，浙江古田山，1986.VII.22，娄巨贤，No.863199；1♀，浙江德清伐头，1995.V.27，何俊华，No.957415；1♀，浙江杭州，1981.VII.28，何俊华，No.911121；1♀，福建阳坊，1980.VII，林乃铨，

No.20003929；1♀，湖南壶瓶山东山峰，2009.VII.14，唐璞，No.200901828。

分布：黑龙江（镜泊湖）、吉林（长白山）、辽宁（阜新）、河北（邯郸）、浙江（古田山、德清、杭州）、湖南（壶瓶山）、福建（阳坊）；俄罗斯，蒙古国，韩国，日本，中亚，伊朗，高加索地区，中欧，西欧，北美洲。

(47) 中华断脉茧蜂 *Heterospilus chinensis* Chen *et* Shi, 2004（图版 XI: 1）

Heterospilus chinensis Chen *et* Shi, 2004: 72; Tang *et al*., 2013b: 210.

Heterospilus austriacus: Belokobylskij, 1996: 172 (incorrect determination for Taiwan).

Heterospilus asiaticola Belokobylskij *et* Maeto, 2009: 183. Synonymized by Tang *et al*., 2013b: 210.

雌：体长 1.8–3.6 mm；前翅长 1.5–2.7 mm。

头：触角 18–27 节；柄节长是宽的 1.3–1.4 倍；第 1 鞭节长是宽的 4.5–5.5 倍，是第 2 鞭节长的 0.9–1.0 倍。头在复眼后方明显弧形收缩；背面观头宽是中长的 1.5–1.6 倍；背面观复眼长是上颊长的 1.8–2.5 倍；后单眼间距是前后单眼间距的 1.0–1.1 倍，POL=0.9–1.3×OD=0.4–0.5×OOL；头几乎全光滑；有时头顶中央具非常微弱的刻条，额具微弱皱，脸下部中央具皱；脸宽是复眼纵径的 0.9–1.0 倍，是脸和唇基总长的 1.1–1.2 倍；复眼光滑，纵径是横径的 1.15–1.20 倍；颚眼距是复眼纵径的 0.4–0.5 倍，是上颚基部宽的 0.8–1.0 倍；无颚眼沟；后头脊背方存在，与口后脊在上颚基部处不愈合。

胸：胸长是高的 1.75–1.85 倍；中胸盾片大部分光滑或革质，中叶具 2 条稍向后方会合的脊，脊间具皱；中胸盾片沿盾纵沟及边缘被稀疏短毛，从前胸背板水平面垂直升起；盾纵沟深、宽，内具短刻条；小盾片稍凸，具侧脊，光滑；小盾片前凹深，宽，具 3–5 纵脊，几乎光滑或具微弱皱，其长是小盾片长的 0.4–0.5 倍；中胸侧板大部分光滑；翅下区相当浅，窄，具粗糙的稀疏刻条，部分具皱；基节前沟深，直，几乎光滑，其长达中胸侧板下部全长的 0.5–0.6 倍；并胸腹节具明显分区，中纵脊短，基侧区大部分光滑或革质，沿脊具密集短皱；中区明显；并胸腹节其余部分具粗糙的小室状皱。

翅：前翅长是宽的 3.0–3.2 倍；r 脉明显从翅痣中央之前伸出；3-SR 脉与 r 脉成钝角；3-SR=1.4–1.8×r=0.3×SR1；第 1 盘室长是宽的 1.7–1.8 倍；1-SR+R 脉稍弯曲；m-cu 脉后叉。后翅 M+CU=0.7–1.0×1-M；m-cu 脉不骨化，弯向翅尖，明显前叉。

足：后足基节几乎光滑，腹方基部具明显瘤突；后足腿节大部分光滑，背方具十分微弱的革质皱，长是宽的 3.4–3.7 倍；后足跗节长是后足胫节长的 0.85–0.90 倍；后足基跗节长是第 2–5 跗节总长的 0.40–0.45 倍，第 2 跗节长是基跗节长的 0.7–0.8 倍，是第 5 跗节长的 1.2–1.5 倍。

腹：腹长是头胸总长的 1.1–1.2 倍；第 1 背板具明显向后方会合的背脊，密布粗糙刻条，其间具微弱网纹；第 1 背板端宽是基宽的 2.2–2.3 倍，长是端宽的 0.85–1.00 倍；第 2 背板缝浅，明显，稍弯曲；第 2 背板全部具明显密集的纵刻条，刻条间具网纹；第 2 背板长是基宽的 0.45–0.60 倍，是第 3 背板长的 1.0 倍；第 3 背板基部 1/3 具浅的、窄的横沟；第 3 背板横沟周围窄的区域具刻条或光滑；其余背板光滑；产卵管鞘长是腹长的

0.4–0.6 倍，是前翅长的 0.3–0.4 倍。

体色：头黄色或棕黄色，背方常红棕色或深红棕色；胸红棕色或浅红棕色，背方深红棕色，前胸上半部浅红棕色或红棕色，下半部黄色或黄棕色，中胸侧板和后胸侧板色浅；腹部全部或基部黄棕色，端部红棕色，第 1 背板前部中央色深；触角棕色至黑色，基部黄色；须黄色，足黄色；产卵管鞘黑色，端部棕色；翅近透明；翅痣棕色。

雄：未知。

生物学：据记载，寄主有鞘翅目的菊小筒天牛 *Phytoecia rufiventris*。

研究标本：1♀（ZJUH），河北小五台山杨家坪，2005.VII.20，时敏，No.200607819；1♀（ZJUH），辽宁大连，1992.IX.5，娄巨贤，No.976247；1♀（ZJUH），黑龙江镜泊湖，1995.VIII.26，娄巨贤，No.962108；1♀（ZJUH），浙江古田山，1992.VII.18，马云，No.923873；1♀（ZJUH），浙江西天目山，1989.VI.7，何俊华，No.890783；1♀（ZJUH），浙江西天目山，1996.VI.20，陈学新，No.972211；1♀（ZJUH），浙江天目山开山老殿，1998.VI.23，赵明水，No.20000766；1♀（ZJUH），浙江临安清凉峰，2005.VIII.9，张红英，No.200607121；1♀（ZJUH），浙江临安清凉峰，2005.VIII.11，张红英，No.200607496；1♀（ZJUH），浙江安吉龙王山，1996.VI.25，何俊华，No.962974；2♀（ZJUH），浙江安吉龙王山，1993.VIII.31，何俊华，Nos.9310716，9310718；1♀（ZJUH），福建崇安桐木村，1980.VI，赵修复，No.20003877；1♀（ZJUH），福建将乐龙栖山，1991.VII.16，刘长明，No.20007177；2♀（ZJUH），福建武夷山，200.VIII.22–25，曾洁，Nos.200806392，200806363；1♀（ZJUH），福建南平，1965.VII.25，陈家骅，No.20003987；1♀（ZJUH），福建南平，1965.VII.26，赵修复，No.20003986；2♀（ZJUH），福建桐木村，1981.X，黄居昌，Nos.20003886，20003887；1♀（ZJUH），福建桐木村，1979.X，黄居昌，No.20003854；2♀（ZJUH），福建二里坪，1979.IX，黄居昌，Nos.20003838，20003840；1♀（ZJUH），福建梅花山，1988.VII.23–24，何俊华，No.887427；1♀（ZJUH），湖南石门壶瓶山三河村，2009.VII.18，曾洁，No.200901632；4♀，广东始兴车八岭，2002.V.25，许再福，Nos.20051119，20051566，20051255，20051172；1♀（ZJUH），广东龙门南昆山，2004.V.12，许再福，No.20053078；1♀（ZJUH），广东河源桂山，2002.V.18，许再福，No.20028694；1♀（ZJUH），海南五指山水满乡，2007.V.16–18，曾洁，No.200807604；1♀（ZJUH），四川雅江，1996.VI.14，杜予洲，No.977682；1♀（ZJUH），四川峨眉山，2006.VIII.1–2，张红英，No.200613143；7♀（ZJUH），陕西西安，1988.V.，惠彦文，寄主，菊小筒天牛 *Phytoecia rufiventris* Gautier，Nos.889024（7）；1♀（ZJUH），甘肃文县店坝，1998.VI.16，马度，No.984301。ZISP：1♀，浙江临安清凉峰，2005.VIII.8，张红英，No.200607108；1♀，浙江临安，西天目山，2000.IX.16–17，S. A. Belokobylskij；1♀，陕西西安，1988.V，惠彦文，寄主，菊小筒天牛 *Phytoecia rufiventris* Gautier，No.889024。

分布：黑龙江（镜泊湖）、吉林（长白山）、辽宁（大连）、河北（小五台山）、陕西（西安）、宁夏（六盘山）、甘肃（文县）、浙江（古田山、西天目山、清凉峰、龙王山）、湖北（神农架）、湖南（壶瓶山）、福建（武夷山、龙栖山、南平、梅花山、清流、光泽、崇安）、台湾（雾社、梅峰）、广东（车八岭、南昆山、桂山）、海南（五指山）、四川（雅江、峨眉山）、云南（西双版纳）；韩国，日本。

(48) 祝氏断脉茧蜂 *Heterospilus chui* Tang, Belokobylskij, He *et* Chen, 2013（图版 XI: 2）

Heterospilus chui Tang, Belokobylskij, He *et* Chen, 2013b: 211.

雌：体长 2.5–2.7 mm；前翅长 2.2–2.3 mm。

头：触角 21 节；柄节长是宽的 1.4 倍，第 1 鞭节长是端宽的 5.5 倍，是第 2 鞭节长的 0.9 倍；倒数第 2 鞭节长是第 1 鞭节长的 0.8 倍，是最后 1 鞭节长的 1.0 倍。头在复眼后方均匀地弧形收缩；背面观头宽是中长的 1.3–1.4 倍；背面观复眼长是上颊长的 3.4 倍；后单眼间距是前后单眼间距的 1.0 倍，POL=1.0×OD=0.3×OOL；头完全光滑；脸光滑；脸宽是复眼纵径的 1.0 倍，是脸和唇基总长的 1.4 倍；复眼光滑，纵径是横径的 1.1 倍；颚眼距是复眼纵径的 0.3 倍，是上颚基部宽的 0.6 倍；无颚眼沟；后头脊背方存在，与口后脊在上颚基部处愈合。

胸：胸长是高的 1.9–2.0 倍；中胸盾片光滑，密布短毛，从前胸背板水平面垂直升起；盾纵沟浅，宽，内具明显的稀疏短刻条；小盾片光滑；小盾片前凹深，长，光滑，具 3 纵脊，其长是小盾片长的 0.6 倍；翅下区宽，具粗糙的刻条皱；基节前沟很深、光滑，其长达中胸侧板下部全长的 2/3；并胸腹节具明显分区，中纵脊短，基侧区几乎光滑，仅隆脊周围具明显网皱；中区明显；并胸腹节其余部分具粗糙的小室状皱。

翅：前翅长是宽的 3.0–3.1 倍；r 脉几乎从翅痣中央伸出；3-SR 脉与 r 脉成钝角；3-SR=2.3×r=0.4×SR1；第 1 盘室长是宽的 3.0 倍；1-SR+R 脉明显弯曲；m-cu 脉后叉。后翅 M+CU=0.8×1-M；m-cu 脉直，斜向翅基部，前叉，着色。

足：后足基节背方具明显刻条，腹方基部具明显瘤突；后足腿节光滑，长是宽的 3.0 倍；后足跗节长是后足胫节长的 1.0 倍；后足基跗节长是第 2–5 跗节总长的 0.4 倍，第 2 跗节长是基跗节长的 0.8 倍，是第 5 跗节长的 1.4 倍。

腹：腹长是头胸总长的 0.9 倍；第 1 背板具明显、稍弯曲、向后方会合的背脊，密布粗糙刻条，其间具微弱网纹；第 1 背板端宽是基宽的 2.5 倍，长是端宽的 1.1 倍；第 2 背板缝浅，直；第 2 背板密布粗糙刻条；第 2 背板长是基宽的 0.6 倍，是第 3 背板长的 0.9 倍；第 3 背板基部 0.3 具不明显、窄的横沟；第 3–5 背板基部 0.4–0.5 具明显的密集刻条；其余背板光滑；产卵管鞘长是腹长的 0.55 倍，是前翅长的 0.3 倍。

体色：头和胸部棕黄色；腹部几乎深棕色，端部 2 节背板棕黄色；触角棕黄色渐变为黑色，基部 2 节棕黄色，端部 6 节白色；须浅黄色；足棕黄色，所有基节和转节浅黄色；产卵管鞘深棕色，基部颜色稍浅；翅微弱烟褐色；翅痣深棕色。

雄：未知。

生物学：未知。

研究标本：♀（正模，ZJUH），海南吊罗山，2007.VI.1–2，刘经贤，No.200704010；1♀（副模，ZJUH），海南尖峰岭，2007.VI.6，刘经贤，No.200703802；1♀（副模，ZJUH），海南尖峰岭，2007.V.28–VI.3，翁丽琼，No.200804243。

分布：海南（吊罗山、尖峰岭）。

(49) 弯沟断脉茧蜂 *Heterospilus curvisulcus* Tang, Belokobylskij, He *et* Chen, 2013（图版 XI: 3）

Heterospilus curvisulcus Tang, Belokobylskij, He *et* Chen, 2013b: 213.

雌：体长 3.4–3.9 mm；前翅长 2.5–3.0 mm。

头：触角 30–32 节；柄节长是宽的 1.5 倍，第 1 鞭节长是端宽的 4.7 倍，是第 2 鞭节长的 1.1 倍；倒数第 2 鞭节长是第 1 鞭节长的 0.6 倍，是最后 1 鞭节长的 1.1 倍。头在复眼后方均匀地弧形收缩；背面观头宽是中长的 1.5 倍；背面观复眼长是上颊长的 2.3 倍；后单眼间距是前后单眼间距的 1.6 倍，POL=1.0×OD=0.4×OOL；头顶中央和侧方具明显横刻条，后方光滑；头顶具稀疏短毛；额具明显横刻条；脸光滑；脸宽是复眼纵径的 1.0 倍，是脸和唇基总长的 1.3 倍；复眼光滑，纵径是横径的 1.2 倍；颚眼距是复眼纵径的 0.4 倍，是上颚基部宽的 1.0 倍；无颚眼沟；后头脊背方存在，与口后脊在上颚基部处愈合。

胸：胸长是高的 1.7 倍；中胸盾片微弱革质，沿盾纵沟被稀疏短毛，从前胸背板水平面垂直升起；盾纵沟深，内具明显的稀疏短刻条；小盾片光滑；小盾片前凹深，长，光滑，具 5 纵脊，其长是小盾片长的 0.5 倍；翅下区宽，具粗糙的刻条皱；基节前沟很深、内具短刻条，其长达中胸侧板下部全长的 2/3；并胸腹节具明显分区，中纵脊短，基侧区几乎光滑，仅隆脊周围具明显网皱；中区明显；并胸腹节其余部分具粗糙的小室状皱。

翅：前翅长是宽的 4.4 倍；r 脉明显从翅痣中央前方伸出；3-SR 脉与 r 脉成钝角；3-SR=1.3×r=0.3×SR1；第 1 盘室长是宽的 1.8 倍；1-SR+R 脉明显弯曲；m-cu 脉后叉。后翅 M+CU=0.8×1-M；m-cu 脉稍弯向翅基部，前叉，着色。

足：后足基节背方具微弱刻条，腹方基部具明显瘤突；后足腿节光滑，长是宽的 3.6 倍；后足跗节长是后足胫节长的 0.8 倍；后足基跗节长是第 2–5 跗节总长的 0.5 倍，第 2 跗节长是基跗节长的 0.7 倍，是第 5 跗节长的 1.4 倍。

腹：腹长是头胸总长的 1.0 倍；第 1 背板具明显、稍弯曲、向后方会合的背脊，密布粗糙的刻条；第 1 背板端宽是基宽的 2.0 倍，长是端宽的 1.0 倍；第 2 背板缝深，明显波浪形弯曲；第 2 背板具粗糙的密集刻条；第 2 背板长是基宽的 0.4 倍，是第 3 背板长的 0.8 倍；第 3 背板近基部 0.4 具明显的刻条；第 4 背板基部 0.2 具短的刻条；第 5 背板基部具短刻条；其余背板光滑；产卵管鞘长是腹长的 0.9 倍，是前翅长的 0.6 倍。

体色：头黄色；胸部黄色渐变为黑色，前胸背板、前胸侧板、中胸背板、中胸侧板、小盾片黄色，胸部其余部分颜色深；腹部几乎深棕色，第 1–4 背板深棕色，剩余背板棕黄色；触角棕黄色渐变为黑色，基部 2 节棕黄色；须浅黄色；足黄色；产卵管鞘深棕色；翅微弱烟褐色；翅痣浅棕色。

雄：未知。

生物学：未知。

研究标本：♀（正模，ZJUH），海南尖峰岭，2007.VI.7，刘经贤，No.200702536；1♀（副模，ZJUH），浙江临安清凉峰，2005.VIII.12，张红英，No.200607764；1♀（副模，ZJUH），海南五指山，2007.V.16–20，刘经贤，No.200703285；1♀（副模，ZJUH），海南五指山水满乡，2007.V.16–18，曾洁，No.200707632；1♀（副模，ZJUH），海南鹦哥岭，2007.X.18，刘经贤，No.200709941；1♀（副模，ZISP），海南鹦哥岭，2007.V.24–26，刘经贤，No.200704038；1♀（副模，ZJUH），海南吊罗山，2009.VI.1–2，刘经贤，No.200703953；1♀（副模，ZJUH），海南五指山水满，2005.VI.17，肖斌，No.2008004804；1♀（副模，ZJUH），海南尖峰岭，2007.VI.6，刘经贤，No.200703782。

分布：浙江（清凉峰）、海南（五指山、鹦哥岭、吊罗山、尖峰岭）。

(50) 密纹断脉茧蜂 *Heterospilus densistriatus* Tang, Belokobylskij, He *et* Chen, 2013（图版 XI: 4）

Heterospilus densistriatus Tang, Belokobylskij, He *et* Chen, 2013b: 216.

雌：体长 3.4 mm；前翅长 3.3 mm。

头：触角已断，余 24 节；柄节长是宽的 1.2 倍，第 1 鞭节长是端宽的 4.0 倍，是第 2 鞭节长的 1.0 倍。头在复眼后方明显弧形收缩；背面观头宽是中长的 1.6 倍；背面观复眼长是上颊长的 2.3 倍；后单眼间距是前后单眼间距的 1.5 倍，POL=1.0×OD=0.45×OOL；头顶和额光滑；脸侧方具微弱刻条皱；脸宽是复眼纵径的 1.0 倍，是脸和唇基总长的 1.2 倍；复眼光滑，纵径是横径的 1.3 倍；颚眼距是复眼纵径的 0.3 倍，是上颚基部宽的 0.8 倍；无颚眼沟；后头脊背方存在，与口后脊在上颚基部处愈合。

胸：胸长是高的 1.6 倍；中胸盾片光滑，沿盾纵沟被稀疏短毛，从前胸背板水平面垂直升起；盾纵沟浅，内具明显的稀疏短刻条；小盾片光滑；小盾片前凹深，长，光滑，具 3 纵脊，其长是小盾片长的 0.4 倍；翅下区宽，具粗糙刻条皱；基节前沟很深，光滑，其长达中胸侧板下部全长的 2/3；并胸腹节具明显分区，中纵脊短，基侧区几乎光滑，仅隆脊周围具明显网皱；中区不明显；并胸腹节其余部分具粗糙的小室状皱。

翅：前翅长是宽的 3.1 倍；r 脉从翅痣中央伸出；3-SR 脉与 r 脉成钝角；3-SR=2.25×r=0.4×SR1；第 1 盘室长是宽的 3.1 倍；1-SR+R 脉明显弯曲；m-cu 脉后叉。后翅 M+CU=1.0×1-M；m-cu 脉几乎直，斜向翅基部，前叉，着色。

足：后足基节背方具明显的微弱刻条，腹方基部具明显瘤突；后足腿节光滑，长是宽的 3.5 倍；后足跗节长是后足胫节长的 0.9 倍；后足基跗节长是第 2–5 跗节总长的 0.5 倍，第 2 跗节长是基跗节长的 0.7 倍，是第 5 跗节长的 1.6 倍。

腹：腹长是头胸总长的 1.0 倍；第 1 背板具明显、稍弯曲、向后方会合的背脊，密布粗糙的刻条；第 1 背板端宽是基宽的 2.0 倍，长是端宽的 1.1 倍；第 2 背板缝几乎直；第 2 背板全部具密集刻条；第 2 背板长是基宽的 0.5 倍，是第 3 背板长的 0.7 倍；第 3 背板基半部具明显密集的刻条；其余背板光滑；产卵管鞘长是腹长的 1.2 倍，是前翅长的 0.6 倍。

体色：头棕黄色，背方颜色深；胸部和腹部黑色；触角棕黄色渐变为黑色，基部 2 节棕黄色；须浅黄色；足黄色，所有基节和转节浅黄色；产卵管鞘深棕色，基部颜色稍浅；翅微弱烟褐色；翅痣深棕色。

雄：未知。

生物学：未知。

研究标本：♀（正模，ZJUH），湖南石门壶瓶山，2009.VII.12，马丽，No.200900964。

分布：湖南（壶瓶山）。

(51) 修断脉茧蜂 *Heterospilus extasus* Papp, 1987（图版 XII: 1）

Heterospilus extasus Papp, 1987: 163; Belokobylskij, 1994b: 30; 1998b: 78; Tang *et al*., 2013b: 205.

雌：体长 2.5–3.6 mm；前翅长 2.0–2.6 mm。

头：触角 22–29 节；柄节长是宽的 1.3–1.5 倍，第 1 鞭节长是端宽的 4.5–5.0 倍，是第 2 鞭节长的 0.9–1.0 倍。头在复眼后方稍弧形收缩；背面观头宽是中长的 1.3–1.5 倍；背面观复眼长是上颊长的 1.2–1.3 倍；后单眼间距是前后单眼间距的 1.0–1.2 倍，POL=1.2–1.3×OD=0.4×OOL；头顶光滑或稍具微弱刻条；头顶具稀疏短毛；额光滑或具微弱刻条；脸光滑或下方中央具微弱皱；脸宽是复眼纵径的 1.0–1.1 倍，是脸和唇基总长的 1.2 倍；复眼光滑，纵径是横径的 1.2–1.3 倍；颚眼距是复眼纵径的 0.4–0.5 倍，是上颚基部宽的 0.8–0.9 倍；无颚眼沟；后头脊背方存在，与口后脊在上颚基部处不愈合。

胸：胸长是高的 1.7–1.8 倍；中胸盾片沿盾纵沟及其边缘具相当稀疏的几乎直立的长毛；中胸盾片具明显密集的革质颗粒，中叶后部具 2 条向后会合的脊，脊间具微弱皱；盾纵沟宽，深，其间具稀疏的短刻条；小盾片稍凸，无侧脊，光滑；小盾片前凹深，相当宽，具 1–3 纵脊，其长是小盾片长的 0.5 倍；中胸侧板大部分光滑；翅下区浅，宽，具微弱的稀疏刻条；基节前沟相当深，宽，直，几乎光滑，其长达中胸侧板下部全长的 2/3；并胸腹节具明显分区，中纵脊短，基侧区具微弱皱，沿脊具稀疏短皱，中区明显；并胸腹节其余部分具小室状皱。

翅：前翅长是宽的 2.8–3.0 倍；r 脉从翅痣中央伸出；3-SR 脉与 r 脉成钝角；3-SR=1.5–1.8×r=0.3×SR1；第 1 盘室长是宽的 1.7–1.9 倍；1-SR+R 脉几乎直；m-cu 脉后叉。后翅 M+CU=0.9–1.0×1-M；m-cu 脉均匀弯向翅基部，对叉，不骨化。

足：后足基节大部分光滑，背方具微弱刻条，腹方基部具瘤突；后足腿节大部分革质，长是宽的 3.3–3.6 倍；后足跗节长是后足胫节长的 0.9–1.0 倍；后足基跗节长是第 2–5 跗节总长的 0.4 倍，第 2 跗节长是基跗节长的 0.7–0.8 倍，是第 5 跗节长的 1.5 倍。

腹：腹长是头胸总长的 1.0 倍；第 1 背板具密集的粗糙刻条，其间具微弱网纹；第 1 背板端宽是基宽的 1.8–2.0 倍，长是端宽的 1.0–1.1 倍；第 2 背板缝浅，相当明显，稍弯曲；第 2 背板具明显的密集纵向刻条；第 2 背板长是基宽的 0.3 倍，是第 3 背板长的 0.8–1.0 倍；第 3 背板基部 0.3 具浅、窄的横沟；第 3 背板横沟附近具刻条，有时光滑；其余背板光滑；产卵管鞘长是腹长的 1.0 倍，是前翅长的 0.6 倍。

体色：体黄棕色；中胸盾片色深；触角棕黄色渐变为黑色，基部 2 节棕黄色；须浅黄色；足棕黄色，所有转节浅黄色；产卵管鞘黑色；翅微弱烟褐色；翅痣浅棕色。

雄：未知。

生物学：未知。

研究标本：1♀（ZJUH），辽宁辽源，1991.VII.15，娄巨贤，No.950467；6♀（ZJUH），黑龙江镜泊湖，1995.VIII.26，娄巨贤，Nos.962233，962619，962332，962280，962265，962244；1♀（ZJUH），浙江庆元百山祖，1994.VII.16，张红英，No.946584；2♀（ZJUH），福建建阳，1985.VIII.9，林乃铨，Nos.9610543，9610528；1♀（ZJUH），福建武夷山，1985.VI.29，林乃铨，No.968406。1♀（ZISP），黑龙江镜泊湖，1995.VIII.26，娄巨贤，No.962319。

分布：黑龙江（镜泊湖）、辽宁（辽源）、山东（泰山）、浙江（百山祖）、湖北（神农架）、福建（建阳、武夷山、光泽）；俄罗斯，韩国。

(52) 福建断脉茧蜂 *Heterospilus fujianensis* Tang, Belokobylskij, He *et* Chen, 2013（图版 XII: 2）

Heterospilus fujianensis Tang, Belokobylskij, He *et* Chen, 2013b: 218.

雌：体长 2.5 mm；前翅长 1.7 mm。

头：触角 19 节；柄节长是宽的 1.3 倍，第 1 鞭节长是端宽的 5.4 倍，是第 2 鞭节长的 0.9 倍，倒数第 2 鞭节长是第 1 鞭节长的 1.0 倍，是最后 1 鞭节长的 1.0 倍。头在复眼后方明显弧形收缩；背面观头宽是中长的 1.4 倍；背面观复眼长是上颊长的 2.4 倍；后单眼间距是前后单眼间距的 1.0 倍，POL=1.0×OD=0.4×OOL；头顶和额光滑；脸光滑；脸宽是复眼纵径的 1.0 倍，是脸和唇基总长的 1.3 倍；复眼光滑，纵径是横径的 1.3 倍；颚眼距是复眼纵径的 0.3 倍，是上颚基部宽的 0.7 倍；无颚眼沟；后头脊背方存在，与口后脊在上颚基部处愈合。

胸：胸长是高的 1.8 倍；中胸盾片微弱革质，沿盾纵沟被稀疏短毛，从前胸背板水平面垂直升起；盾纵沟浅，内具明显的稀疏短刻条；小盾片光滑；小盾片前凹深，长，具 3 纵脊，其长是小盾片长的 0.4 倍；翅下区宽，具粗糙刻条皱；基节前沟很深、光滑，其长达中胸侧板下部全长的 1/2；并胸腹节具明显分区，中纵脊短，基侧区几乎光滑；中区明显；并胸腹节其余部分具粗糙的小室状皱。

翅：前翅长是宽的 2.9 倍；r 脉明显从翅痣中央前方伸出；3-SR 脉与 r 脉成钝角；3-SR=2.0×r=0.3×SR1；第 1 盘室长是宽的 1.5 倍；1-SR+R 脉明显弯曲；m-cu 脉后叉。后翅 M+CU=1.1×1-M；m-cu 脉稍弯向翅基部，前叉，着色。

足：后足基节背方光滑，腹方基部具明显瘤突；后足腿节光滑，长是宽的 3.5 倍；后足跗节长是后足胫节长的 0.9 倍；后足基跗节长是第 2–5 跗节总长的 0.35 倍，第 2 跗节长是基跗节长的 0.9 倍，是第 5 跗节长的 1.5 倍。

腹：腹长是头胸总长的 1.0 倍；第 1 背板具明显、稍弯曲、向后方会合的背脊，密布粗糙的刻条；第 1 背板端宽是基宽的 2.0 倍，长是端宽的 1.0 倍；第 2 背板缝直；第 2 背板全部具粗糙的、密集的刻条；第 2 背板长是基宽的 0.5 倍，是第 3 背板长的 1.0 倍；其余背板光滑；产卵管鞘长是腹长的 0.5 倍，是前翅长的 0.4 倍。

体色：体棕黄色；触角棕黄色渐变为黑色，基部 2 节棕黄色；须浅黄色；足棕黄色，所有基节和转节浅黄色；产卵管鞘深棕色；翅微弱烟褐色；翅痣浅棕色。

雄：未知。

生物学：未知。

研究标本：♀（正模，ZJUH），福建武夷山桐木村，2009.IV.15，谭江丽，No.200900131。

分布：福建（武夷山）；韩国。

(53) 半黄断脉茧蜂 *Heterospilus hemitestaceus* Belokobylskij, 1996（图版 XII: 3）

Heterospilus hemitestaceus Belokobylskij, 1996: 172; Long *et* Belokobylsij, 2003: 388; Tang *et al.*, 2013b: 218.

雌：体长 3.5–3.7 mm；前翅长 2.5–2.7 mm。

头：触角 24 节；柄节长是宽的 1.3–1.4 倍；第 1 鞭节长是宽的 4.3 倍，是第 2 鞭节长的 1.0 倍；倒数第 2 鞭节长是第 1 鞭节长的 0.6 倍，是最后 1 鞭节长的 1.0 倍。头在复眼后方明显弧形收缩；背面观头宽是中长的 1.4 倍；背面观复眼长是上颊长的 2.7 倍；后单眼间距是前后单眼间距的 1.0 倍，POL=1.0×OD=0.3×OOL；头顶和额光滑；脸光滑；脸宽是复眼纵径的 1.0 倍，是脸和唇基总长的 1.2 倍；复眼光滑，纵径是横径的 1.2 倍；颚眼距是复眼纵径的 0.4 倍，是上颚基部宽的 1.0 倍；无颚眼沟；后头脊背方存在，与口后脊在上颚基部处愈合。

胸：胸长是高的 2.1 倍；中胸盾片具刻条皱，全部密被短毛，从前胸背板水平面垂直升起；盾纵沟浅，宽，内具稀疏短刻条；小盾片光滑；小盾片前凹深，长，具 3 纵脊，其长是小盾片长的 0.5 倍；翅下区宽，具粗糙刻条；基节前沟深，光滑，其长达中胸侧板下部全长的 2/3；并胸腹节具明显分区，中纵脊短，基侧区具明显皱；中区明显；并胸腹节其余部分具粗糙的小室状皱。

翅：前翅长是宽的 3.2 倍；r 脉从翅痣中央伸出；3-SR 脉与 r 脉成钝角；3-SR=2.1×r=0.3×SR1；第 1 盘室长是宽的 1.9 倍；1-SR+R 脉明显弯曲；m-cu 脉后叉。后翅 M+CU=0.7×1-M；m-cu 脉直，斜向翅基部，前叉，着色。

足：后足基节背方光滑，腹方基部具明显瘤突；后足腿节光滑，长是宽的 3.4 倍；后足跗节长是后足胫节长的 0.9 倍；后足基跗节长是第 2–5 跗节总长的 0.4 倍，第 2 跗节长是基跗节长的 0.9 倍，是第 5 跗节长的 1.4 倍。

腹：腹长是头胸总长的 1.1 倍；第 1 背板具明显、稍弯曲、向后方会合的背脊，密布粗糙的刻条，其间具微弱网纹；第 1 背板端宽是基宽的 2.0 倍，长是端宽的 1.0 倍；第 2 背板缝深，直；第 2 背板全部具明显密集的纵刻条，其间具微弱网纹；第 2 背板长是基宽的 0.6 倍，是第 3 背板长的 0.9–1.1 倍；第 3 背板基部 1/4 具明显的、窄的横沟；第

3 背板横沟周围宽的区域具刻条；第 4、5 背板基半部具刻条；其余背板光滑；产卵管鞘长是腹长的 0.6 倍，是前翅长的 0.4 倍。

体色：头棕黄色；胸部几乎黑色，中胸盾片棕色，基节前沟红棕色；腹部几乎黑色；触角棕黄色渐变为黑色，基部 2 节棕黄色，端部 5 节白色；须浅黄色；足黄色，所有基节和转节浅黄色；产卵管鞘深棕色，基部颜色浅；翅微弱烟褐色；翅痣深棕色。

雄：未知。

生物学：未知。

研究标本：2♀（ZJUH），海南吊罗山，2006.VII.16–17，刘经贤，Nos.200802178，200802353；2♀（ZJUH），海南吊罗山，2007.V.28–31，刘经贤，Nos.200702919，200702945；1♀（ZJUH），海南尖峰岭，2007.VI.7，刘经贤，No.200702590；1♀（ZJUH），海南尖峰岭，2007.VI.5–7，肖斌，No.200806985；1♀（ZISP），海南吊罗山，2007.V.28–31，刘经贤，No.200702903。

分布：台湾（雾社）、海南（吊罗山、尖峰岭）；越南。

(54) 尖峰断脉茧蜂 *Heterospilus jianfengensis* Tang, Belokobylskij, He *et* Chen, 2013（图版 XII: 4）

Heterospilus jianfengensis Tang, Belokobylskij, He *et* Chen, 2013b: 220.

雌：体长 3.1 mm；前翅长 2.5 mm。

头：触角 25 节；柄节长是宽的 1.2 倍，第 1 鞭节长是端宽的 6.0 倍，是第 2 鞭节长的 1.0 倍，倒数第 2 鞭节长是第 1 鞭节长的 0.6 倍，是最后 1 鞭节长的 1.0 倍。头在复眼后方明显弧形收缩；背面观头宽是中长的 1.4 倍；背面观复眼长是上颊长的 2.8 倍；后单眼间距是前后单眼间距的 1.0 倍，POL=0.7×OD=0.3×OOL；头顶和额具刻条；脸光滑；脸宽是复眼纵径的 1.1 倍，是脸和唇基总长的 1.3 倍；复眼光滑，纵径是横径的 1.2 倍；颚眼距是复眼纵径的 0.5 倍，是上颚基部宽的 1.0 倍；无颚眼沟；后头脊背方存在，与口后脊在上颚基部处不愈合。

胸：胸长是高的 1.8 倍；中胸盾片具颗粒，其间具微弱刻条，沿盾纵沟被稀疏短毛，从前胸背板水平面垂直升起；盾纵沟浅，内具明显的稀疏短刻条；小盾片光滑；小盾片前凹深，长，具 1 纵脊，其长是小盾片长的 0.5 倍；翅下区宽，具粗糙的刻条皱；基节前沟很深，光滑，其长达中胸侧板下部全长的 2/3；并胸腹节具明显分区，中纵脊短，基侧区几乎光滑，仅隆脊周围具明显网皱；中区明显；并胸腹节其余部分具粗糙的小室状皱。

翅：前翅长是宽的 3.1 倍；r 脉从翅痣中央前方伸出；3-SR 脉与 r 脉成钝角；3-SR=1.6×r=0.3×SR1；第 1 盘室长是宽的 1.8 倍；1-SR+R 脉明显弯曲；m-cu 脉后叉。后翅 M+CU=0.8×1-M；m-cu 脉几乎直，斜向翅基部，前叉，着色。

足：后足基节背方光滑，腹方基部具明显瘤突；后足腿节背方具微弱刻条，长是宽的 3.8 倍；后足跗节长是后足胫节长的 1.0 倍；后足基跗节长是第 2–5 跗节总长的 0.4 倍，

第 2 跗节长是基跗节长的 0.8 倍，是第 5 跗节长的 1.4 倍。

腹：腹长是头胸总长的 1.0 倍；第 1 背板具明显、稍弯曲、向后方会合的背脊，密布粗糙的刻条，其间具微弱网纹；第 1 背板端宽是基宽的 2.3 倍，长是端宽的 0.8 倍；第 2 背板缝深，稍弯曲；第 2 背板全部具粗糙的密集刻条；第 2 背板长是基宽的 0.5 倍，是第 3 背板长的 1.1 倍；第 3、4 背板基半部具刻条；第 5 背板基部具短刻条；其余背板光滑；产卵管鞘长是腹长的 0.9 倍，是前翅长的 0.5 倍。

体色：头棕黄色；胸部几乎棕黄色，前胸侧板红棕色，并胸腹节颜色深；腹部几乎棕黄色，第 1–4 背板颜色深；触角棕黄色渐变为黑色，基部 2 节棕黄色；须浅黄色；足棕黄色，所有基节和转节浅黄色；产卵管鞘深棕色；翅微弱烟褐色；翅痣浅黄色。

雄：未知。

生物学：未知。

研究标本：♀（正模，ZJUH），海南尖峰岭，2007.VI.7，曾洁，No.200702595。

分布：海南（尖峰岭）。

(55) 肯氏断脉茧蜂 *Heterospilus kerzhneri* Belokobylskij *et* Maeto, 2009（图版 XIII: 1）

Heterospilus kerzhneri Belokobylskij *et* Maeto, 2009: 201; Tang *et al.*, 2013b: 222.

雌：体长 2.2–3.8 mm；前翅长 1.8–2.7 mm。

头：触角 19–23 节；柄节长是宽的 1.4–1.5 倍；第 1 鞭节长是宽的 3.8–4.5 倍，是第 2 鞭节长的 1.0–1.1 倍。头在复眼前半部几乎平行，后半部弧形收缩；背面观头宽是中长的 1.5–1.6 倍；背面观复眼长是上颊长的 1.5–1.9 倍；后单眼间距是前后单眼间距的 1.0 倍，POL=1.0–1.6×OD=0.4–0.5×OOL；头顶大部分具明显的横向刻条，后部有时光滑；额具相当明显的密集横向刻条，部分光滑；颊光滑；脸上部光滑，下部具微弱刻条；脸宽是复眼纵径的 1.0 倍，是脸和唇基总长的 1.4–1.5 倍；复眼光滑，纵径是横径的 1.2–1.3 倍；颚眼距是复眼纵径的 0.3–0.4 倍，是上颚基部宽的 0.7–0.9 倍；无颚眼沟；后头脊背方存在，与口后脊在上颚基部处不愈合。

胸：胸长是高的 2.2–2.7 倍；中胸盾片具明显的密集颗粒，中叶具 2 条近平行的脊，基部中央具密集网皱；中胸盾片沿盾纵沟及边缘被密集短毛，从前胸背板水平面垂直升起；盾纵沟前部深且宽，后部浅且窄，内具短刻条；小盾片几乎平坦，具侧脊，具明显但微弱颗粒；小盾片前凹浅，具 3–5 纵脊，几乎光滑或具微弱皱，其长是小盾片长的 0.3 倍；中胸侧板上部具明显刻条，下部几乎光滑；翅下区浅，窄，具粗糙皱刻条；基节前沟明显，几乎直或稍弯曲，光滑或具微弱网纹，其长达中胸侧板下部全长的 0.6 倍；并胸腹节具明显分区，中纵脊短，基侧区具密集颗粒和刻条；中区明显；并胸腹节其余部分具粗糙的小室状皱。

翅：前翅长是宽的 2.9–3.2 倍；r 脉明显从翅痣中央之后伸出；3-SR 脉与 r 脉成钝角；3-SR=1.3–1.6×r=0.25–0.3×SR1；第 1 盘室长是宽的 1.7–1.8 倍；1-SR+R 脉几乎直或稍弯曲；m-cu 脉后叉。后翅 M+CU=1.0×1-M；m-cu 脉不骨化，直或稍弯曲，稍前叉。

足：后足基节上部具皱刻条，剩余部分具微弱颗粒至光滑，腹方基部具明显瘤突；后足腿节上半部具微弱的针刮状皱，下半部光滑，长是宽的 3.0–3.3 倍；后足跗节长是后足胫节长的 0.9 倍；后足基跗节长是第 2–5 跗节总长的 0.4–0.45 倍，第 2 跗节长是基跗节长的 0.7–0.8 倍，是第 5 跗节长的 1.4–1.5 倍。

腹：腹长是头胸总长的 1.0–1.1 倍；第 1 背板具稍向后方会合的背脊，密布粗糙刻条，其间具微弱网纹；第 1 背板端宽是基宽的 2.3–2.7 倍，长是端宽的 0.9–1.0 倍；第 2 背板缝深，明显，几乎直；第 2 背板全部具明显密集纵刻条，刻条间具网纹；第 2 背板长是基宽的 0.55–0.60 倍，是第 3 背板长的 1.20–1.35 倍；第 3 背板基部 0.5–0.6 具不明显横沟；第 3 背板基部 0.3–0.5 具明显密集的刻条；第 4 和第 5 背板基部具短刻条；其余背板光滑；产卵管鞘长是腹长的 0.45–0.60 倍，是前翅长的 0.3–0.4 倍。

体色：头浅红棕色或黄棕色，背方色深；胸部红棕色或黄棕色，前胸和中胸侧板下半部浅红棕色或棕黄色；腹部浅红棕色或红棕色，第 1 背板色深，第 2 背板和第 3 背板基半部黄棕色至黄色；触角深红棕色至黑色，基部 3–5 节黄色或棕黄色；须黄色；足棕黄色；产卵管鞘黑色；翅近透明；翅痣浅棕色。

雄：未知。

生物学：未知。

研究标本：1♀（ZJUH），浙江安吉龙王山，1996.VI.24，李强，No.963113；1♀（ZJUH），浙江天目山开山老殿，1998.VI.30，赵明水，No.20000802；1♀（ZJUH），浙江天目山开山老殿，1998.VII.5，赵明水，No.20000832；1♀（ZJUH），安徽岳西，1981.V.24，杨辅安，No.820560；1♀（ZJUH），湖南天平山，1981.VI.11，童新旺，No.846576。ZISP：1♀，浙江天目山开山老殿，1999.V.11，赵明水，No.20001366；1♀，浙江临安西天目山，2000.IX.16–17，S. A. Belokobylskij；1♀，浙江安吉龙王山，1000 m，2004.IX.21–22，S. A. Belokobylskij。

分布：安徽（岳西）、浙江（龙王山、西天目山）、湖南（天平山）；俄罗斯，韩国，日本。

(56) 小断脉茧蜂 *Heterospilus leptosoma* Fischer, 1960（图版 XIII: 2）

Heterospilus leptosoma Fischer, 1960: 52; Shenefelt *et* Marsh, 1976: 1303; Belokobylskij, 1983: 181; Belokobylskij *et* Tobias, 1986: 34; Belokobylskij, 1994b: 30; Shaw, 1997: 40; Belokobylskij, 1998b: 78; Chen *et* Shi, 2004: 78; Belokobylskij *et* Maeto, 2009: 207; Tang *et al.*, 2013b: 222.

雌：体长 2.2–2.8 mm；前翅长 1.8–2.0 mm。

头：触角 26–28 节；柄节长是宽的 1.4 倍；第 1 鞭节长是宽的 4.5 倍，是第 2 鞭节长的 1.0 倍。头在复眼后方明显弧形收缩；背面观头宽是中长的 1.5–1.6 倍；背面观复眼长是上颊长的 1.6–1.7 倍；后单眼间距是前后单眼间距的 1.0 倍，POL=1.0–1.3×OD=0.3–0.35×OOL；头顶具密集但相当微弱的横向刻条，后方和侧方有时光滑；额几乎全具密集的、微弱的横向刻条；颊光滑；脸上部光滑，下部具微弱皱；脸宽是复眼纵径的 1.1 倍，是脸和唇基总长的 1.3–1.4 倍；复眼光滑，纵径是横径的 1.2–1.3 倍；颚眼距是复眼纵径的 0.45–0.55 倍，是上颚基部宽的 1.0–1.2 倍；无颚眼沟；后头脊背方存在，与口后脊在上颚基部处不愈合。

胸：胸长是高的 1.8–1.9 倍；中胸盾片具明显的密集颗粒和网纹，中叶具 2 条稍向后会合的短脊，脊间具微弱皱；中胸盾片沿盾纵沟及边缘被相当稀疏短毛，从前胸背板水平面垂直升起；盾纵沟深、窄，内具稀疏的微弱短刻条；小盾片稍凸，具侧脊，几乎光滑或具微弱颗粒；小盾片前凹相当深，宽，具 3–5 纵脊，大部分光滑，其长是小盾片长的 0.4 倍；中胸侧板大部分光滑，下半部后方具微弱皱；翅下区浅，相当宽，具明显稀疏的刻条；基节前沟明显，几乎直或稍弯曲，光滑或具微弱网纹，其长达中胸侧板下部全长的 0.6 倍；并胸腹节具明显分区，中纵脊长，基侧区具明显革质皱，基部几乎光滑，沿脊具明显短刻条；中区明显；并胸腹节其余部分具粗糙的小室状皱。

翅：前翅长是宽的 3.3–3.5 倍；r 脉明显从翅痣中央或稍后伸出；3-SR 脉与 r 脉成钝角；3-SR=1.3–1.7×r=0.25–0.3×SR1；第 1 盘室长是宽的 1.9–2.0 倍；1-SR+R 脉稍“S”形弯曲；m-cu 脉前叉。后翅 M+CU=0.8–0.9×1-M；m-cu 脉不骨化，稍弯向翅尖，对叉。

足：后足基节上半部具明显皱刻条，下半部几乎光滑，腹方基部具小的瘤突；后足腿节上半部具微弱网皱，下半部光滑，长是宽的 3.1–3.5 倍；后足跗节长是后足胫节长的 1.0 倍；后足基跗节长是第 2–5 跗节总长的 0.35–0.40 倍，第 2 跗节长是基跗节长的 0.7–0.8 倍，是第 5 跗节长的 1.2–1.3 倍。

腹：腹长是头胸总长的 0.9 倍；第 1 背板具微弱的稍向后方会合的背脊，密布粗糙刻条，其间具微弱网纹；第 1 背板端宽是基宽的 2.0–2.3 倍，长是端宽的 1.0 倍；第 2 背板缝浅，明显，稍弯曲；第 2 背板全部具明显密集的纵刻条；第 2 背板长是基宽的 0.30–0.35 倍，是第 3 背板长的 0.5–0.6 倍；第 3 背板基部 0.3 具浅的横沟，横沟附近具刻条；第 4 背板基部具短刻条；其余背板光滑；产卵管鞘长是腹长的 0.6–0.9 倍，是前翅长的 0.4–0.5 倍。

体色：体棕黄色或浅红棕色，头背方、并胸腹节和腹部第 1 背板基中部红棕色或深棕色；触角浅棕色至棕色，基部棕黄色；须浅黄色；足大部分黄色；产卵管鞘黑色；翅透明；翅痣浅棕色或黄色。

雄：未知。

生物学：未知。

研究标本：1♀（ZJUH），辽宁沈阳东陵，1994.V–VI，娄巨贤，No.947511；2♀（ZJUH），黑龙江镜泊湖，1995.VIII.26，娄巨贤，Nos.962258，962275；2♀（ZJUH），浙江杭州，1983.VI.28，施祖华，Nos.831644，831637；1♀（ZJUH），浙江东阳，1987.VIII.10，徐伟良，No.875288；1♀（ZJUH），浙江衢州，1986.VIII.9，徐伟良，No.862159；1♀（ZJUH），贵州贵阳，1981.V.21，何俊华，No.813502。1♀（ZISP），浙江杭州，1989.VII.14，何俊华，No.895726。

分布：黑龙江（镜泊湖）、吉林（长白山）、辽宁（沈阳）、浙江（杭州、东阳、衢州）、福建（武夷山）、贵州（贵阳）、云南（西双版纳）；俄罗斯，蒙古国，韩国，哈萨克斯坦，伊朗，高加索地区，欧洲。

(57) 刘氏断脉茧蜂 *Heterospilus liui* Tang, Belokobylskij, He *et* Chen, 2013（图版 XIII: 3）

Heterospilus liui Tang, Belokobylskij, He *et* Chen, 2013b: 222.

雌：体长 3.8 mm；前翅长 2.8 mm。

头：触角已断，余 14 节；柄节长是宽的 1.3 倍，第 1 鞭节长是端宽的 4.3 倍，是第 2 鞭节长的 1.0 倍。头在复眼后方明显弧形收缩；背面观头宽是中长的 1.5 倍；背面观复眼长是上颊长的 3.3 倍；后单眼间距是前后单眼间距的 1.7 倍，POL=1.0×OD=0.45×OOL；头顶和额光滑；脸具微弱刻点皱；脸宽是复眼纵径的 1.1 倍，是脸和唇基总长的 1.3 倍；复眼光滑，纵径是横径的 1.2 倍；颚眼距是复眼纵径的 0.4 倍，是上颚基部宽的 1.0 倍；无颚眼沟；后头脊背方存在，与口后脊在上颚基部处愈合。

胸：胸长是高的 1.9 倍；中胸盾片具刻条皱，沿盾纵沟被稀疏的短毛，从前胸背板水平面垂直升起；盾纵沟浅，内具稀疏的、明显的短刻条；小盾片光滑；小盾片前凹深，长，光滑，具 1 纵脊，其长是小盾片长的 0.5 倍；翅下区宽，具粗糙的刻条皱；基节前沟很深、光滑，其长达中胸侧板下部全长的 2/3；并胸腹节具明显分区，中纵脊短，基侧区几乎光滑，仅后方具皱；中区明显；并胸腹节其余部分具粗糙的小室状皱。

翅：前翅长是宽的 3.2 倍；r 脉从翅痣中央前方伸出；3-SR 脉与 r 脉成钝角；3-SR=2.1×r=0.3×SR1；第 1 盘室长是宽的 1.9 倍；1-SR+R 脉明显弯曲；m-cu 脉后叉。后翅 M+CU=0.8×1-M；m-cu 脉几乎直，斜向翅基部，前叉，着色。

足：后足基节背方具刻条，腹方基部具明显瘤突；后足腿节背方光滑，长是宽的 3.5 倍；后足跗节长是后足胫节长的 0.9 倍；后足基跗节长是第 2–5 跗节总长的 0.5 倍，第 2 跗节长是基跗节长的 0.8 倍，是第 5 跗节长的 1.4 倍。

腹：腹长是头胸总长的 1.1 倍；第 1 背板具明显、稍弯曲、向后方会合的背脊，密布粗糙刻条，其间具微弱网纹；第 1 背板端宽是基宽的 2.0 倍，长是端宽的 0.7 倍；第 2 背板缝深，侧方稍弯曲；第 2 背板全部具粗糙的密集刻条；第 2 背板长是基宽的 0.4 倍，是第 3 背板长的 0.7 倍；第 3 背板基部 0.3 具明显的、宽的横沟；第 3 背板横沟附近宽的区域具刻条，第 4、5 背板基半部具刻条；其余背板光滑；产卵管鞘长是腹长的 0.6 倍，是前翅长的 0.4 倍。

体色：体棕黄色；腹部几乎棕黄色，第 1 背板全部、第 2 背板基部及第 3、4 背板端部颜色深；触角棕黄色渐变为黑色，基部 2 节棕黄色；须浅黄色；足棕黄色，所有基节和转节浅黄色；产卵管鞘深棕色；翅微弱烟褐色；翅痣深棕色，基部和端部颜色浅。

雄：未知。

生物学：未知。

研究标本：♀（正模，ZJUH），海南尖峰岭天池，2007.X.22–23，刘经贤，No.200710431；1♀（副模，ZISP），海南尖峰岭天池，2007.X.22–23，刘经贤，No.200710798；1♀（副模，ZJUH），海南鹦哥岭，2007.V.24–26，刘经贤，No.200704178；1♀（副模，ZJUH），

云南瑞丽勐休，1981.V.2–6，何俊华，No.812980。

分布：海南（尖峰岭、鹦哥岭）、云南（瑞丽）。

(58) 长腹断脉茧蜂 *Heterospilus longiventrius* Tang, Belokobylskij, He *et* Chen, 2013（图版 XIII: 4）

Heterospilus longiventrius Tang, Belokobylskij, He *et* Chen, 2013b: 224.

雌：体长 3.9–4.6 mm；前翅长 3.2–3.3 mm。

头：触角已断，余 22 节；柄节长是宽的 1.3 倍，第 1 鞭节长是端宽的 5.0 倍，是第 2 鞭节长的 1.0 倍。头在复眼后方明显弧形收缩；背面观头宽是中长的 1.1 倍；背面观复眼长是上颊长的 3.3 倍；后单眼间距是前后单眼间距的 1.3 倍，POL=1.3×OD=0.6×OOL；头顶中部光滑，侧方具明显的、微弱的横向刻条；额具微弱的横向刻条；脸光滑；脸宽是复眼纵径的 0.8 倍，是脸和唇基总长的 1.2 倍；复眼光滑，纵径是横径的 1.3 倍；颚眼距是复眼纵径的 0.4 倍，是上颚基部宽的 0.9 倍；无颚眼沟；后头脊背方存在，与口后脊在上颚基部处愈合。

胸：胸长是高的 1.8–1.9 倍；中胸盾片光滑，沿盾纵沟密被短毛，从前胸背板水平面垂直升起；盾纵沟浅，内具稀疏的、明显的短刻条；小盾片光滑；小盾片前凹深，长，光滑，具 5 纵脊，其长是小盾片长的 0.4 倍；翅下区宽，具粗糙刻条皱；基节前沟很深，光滑，其长达中胸侧板下部全长的 2/3；并胸腹节具明显分区，中纵脊短，基侧区几乎光滑，仅隆脊周围具网皱；中区明显；并胸腹节其余部分具粗糙的小室状皱。

翅：前翅长是宽的 3.0–3.1 倍；r 脉从翅痣中央伸出；3-SR 脉与 r 脉成钝角；3-SR=1.2×r=0.2×SR1；第 1 盘室长是宽的 1.8–1.9 倍；1-SR+R 脉明显弯曲；m-cu 脉后叉。后翅 M+CU=0.8×1-M；m-cu 脉稍弯向翅基部，前叉，着色。

足：后足基节背方光滑，腹方基部具明显瘤突；后足腿节背方光滑，长是宽的 3.50–3.75 倍；后足跗节长是后足胫节长的 1.10–1.15 倍；后足基跗节长是第 2–5 跗节总长的 0.5 倍，第 2 跗节长是基跗节长的 0.75 倍，是第 5 跗节长的 1.7 倍。

腹：腹长是头胸总长的 1.3 倍；第 1 背板具明显、稍弯曲、向后方会合的背脊，密布粗糙的刻条；第 1 背板端宽是基宽的 2.5 倍，长是端宽的 1.0 倍；第 2 背板缝深，明显波浪形弯曲；第 2 背板全部具粗糙的、密集的刻条；第 2 背板长是基宽的 0.4–0.5 倍，是第 3 背板长的 0.9 倍；第 3 背板基部 0.4 具明显的、宽的横沟；第 3 背板横沟附近具明显的刻条，第 4 背板基部 0.2 具短刻条；第 5 背板基具短刻条；其余背板光滑；产卵管鞘长是腹长的 1.1 倍，是前翅长的 0.85 倍。

体色：头棕黄色，头顶深棕色，复眼周围颜色浅；胸部几乎黑色，中胸侧板下半部红棕色；腹部深棕色；触角棕黄色渐变为黑色，基部 2 节棕黄色；须浅黄色；足黄色；产卵管鞘深棕色，基部颜色稍浅；翅微弱烟褐色；翅痣深棕色。

雄：未知。

生物学：未知。

研究标本：♀（正模，ZJUH），浙江临安清凉峰，2005.VIII.8–12，时敏，No.200607306；1♀（副模，ZJUH），浙江古田山，2005.VII.2，吴琼，No.200615966；1♀，吉林龙潭山，1995.VIII.21，娄巨贤，No.961915。

分布：吉林（龙潭山）、浙江（清凉峰、古田山）。

(59) 南岭断脉茧蜂 *Heterospilus nanlingensis* Tang, Belokobylskij, He *et* Chen, 2013（图版 XIV: 1）

Heterospilus nanlingensis Tang, Belokobylskij, He *et* Chen, 2013b: 226.

雌：体长 4.9 mm；前翅长 3.8 mm。

头：触角 29 节；柄节长是宽的 1.7 倍，第 1 鞭节长是端宽的 5.0 倍，是第 2 鞭节长的 1.15 倍。头在复眼后方明显均匀地弧形收缩；背面观头宽是中长的 1.5 倍；背面观复眼长是上颊长的 1.8 倍；后单眼间距是前后单眼间距的 1.0 倍，POL=1.0×OD=0.4×OOL；头顶和额具明显密集的横向刻条；脸具粗糙刻条，刻条间具皱，仅中央狭窄区域光滑；上颊光滑；脸宽是复眼纵径的 0.9 倍，是脸和唇基总长的 1.1 倍；复眼光滑，纵径是横径的 1.3 倍；颚眼距是复眼纵径的 0.4 倍，是上颚基部宽的 0.9 倍；无颚眼沟；后头脊背方存在，与口后脊在上颚基部处愈合。

胸：胸长是高的 1.9 倍；中胸盾片密布明显颗粒和密集的微弱刻条，中叶具 2 条明显稍向后会合的脊，脊间具皱，沿盾纵沟及边缘被稀疏长毛，从前胸背板水平面垂直升起；盾纵沟宽，浅，内具明显稀疏的短刻条；小盾片光滑；小盾片前凹深，相当长，具 3 纵脊，其长是小盾片长的 0.4 倍；翅下区宽，具粗糙皱刻条；基节前沟深，光滑，其长达中胸侧板下部全长的 2/3；并胸腹节具明显分区，中纵脊短，基侧区几乎光滑，沿脊具明显网皱；中区明显；并胸腹节其余部分具粗糙的小室状皱。

翅：前翅长是宽的 3.1 倍；r 脉从翅痣中央伸出；3-SR 脉与 r 脉成钝角；3-SR=1.4×r=0.4×SR1；第 1 盘室长是宽的 1.8 倍；1-SR+R 脉明显弯曲；m-cu 脉后叉。后翅 M+CU=0.9×1-M；m-cu 脉几乎直，斜向翅基部，前叉，着色。

足：后足基节背方具明显的刻条，腹方基部具明显瘤突；后足腿节几乎光滑，长是宽的 3.5 倍；后足跗节长是后足胫节长的 0.9 倍；后足基跗节长是第 2–5 跗节总长的 0.5 倍，第 2 跗节长是基跗节长的 0.7 倍，是第 5 跗节长的 1.6 倍。

腹：腹长是头胸总长的 1.0 倍；第 1 背板具明显、稍弯曲、向后方会合的背脊，密布粗糙刻条；第 1 背板端宽是基宽的 2.0 倍，长是端宽的 1.1 倍；第 2 背板缝几乎直；第 2 背板全部具密集纵刻条；第 2 背板长是基宽的 0.6 倍，是第 3 背板长的 1.05 倍；第 3 背板基部 0.3 具明显相当窄的横沟，横沟附近具明显短刻条；第 4 背板基部具短刻条；其余背板光滑；产卵管鞘长是腹长的 0.6 倍，是前翅长的 0.4 倍。

体色：头棕黄色；胸部前半部红棕色，后半部黑色；腹部几乎黑色，第 5、6 背板红棕色；触角棕黄色渐变为黑色，基部 2 节棕黄色；须浅黄色；足黄色，所有基节和转节浅黄色；产卵管鞘黑色，基部色浅；翅微弱烟褐色；翅痣深棕色。

雄：未知。

生物学：未知。

研究标本：♀（正模，ZJUH），广东乳源南岭，2004.VIII.4，许再福，No.20049728。

分布：广东（南岭）。

(60) 微断脉茧蜂 *Heterospilus parvus* Tang, Belokobylskij, He *et* Chen, 2013（图版 XIV: 2）

Heterospilus parvus Tang, Belokobylskij, He *et* Chen, 2013b: 228.

雌：体长 2.3 mm；前翅长 1.8 mm。

头：触角 20 节；柄节长是宽的 1.3 倍，第 1 鞭节长是端宽的 4.0 倍，是第 2 鞭节长的 0.9 倍；倒数第 2 鞭节长是第 1 鞭节长的 0.8 倍，是最后 1 鞭节长的 1.0 倍。头在复眼后方明显均匀地弧形收缩；背面观头宽是中长的 1.5 倍；背面观复眼长是上颊长的 2.1 倍；后单眼间距是前后单眼间距的 1.0 倍，POL=1.0×OD=0.3×OOL；头顶具微弱刻条；额光滑；脸光滑；脸宽是复眼纵径的 1.0 倍，是脸和唇基总长的 1.3 倍；复眼光滑，纵径是横径的 1.3 倍；颚眼距是复眼纵径的 0.5 倍，是上颚基部宽的 1.2 倍；无颚眼沟；后头脊背方存在，与口后脊在上颚基部处不愈合。

胸：胸长是高的 1.8 倍；中胸盾片密布明显颗粒，沿盾纵沟被稀疏长毛，从前胸背板水平面垂直升起；盾纵沟宽，深；小盾片光滑；小盾片前凹深，长，具 3 纵脊，其长是小盾片长的 0.6 倍；翅下区深，宽，具粗糙刻条；基节前沟深，弯曲，内具短刻条，其长达中胸侧板下部全长的 2/3；并胸腹节具明显分区，中纵脊短，基侧区几乎光滑；中区明显；并胸腹节其余部分具粗糙的小室状皱。

翅：前翅长是宽的 3.2 倍；r 脉从翅痣中央前方伸出；3-SR 脉与 r 脉成钝角；3-SR=1.5×r=0.3×SR1；第 1 盘室长是宽的 1.7 倍；1-SR+R 脉稍弯曲；m-cu 脉后叉。后翅 M+CU=0.8×1-M；m-cu 脉稍不骨化，直，斜向翅基部，前叉。

足：后足基节背方具明显密集颗粒，腹方基部具明显瘤突；后足腿节背方革质，长是宽的 3.9 倍；后足跗节长是后足胫节长的 0.9 倍；后足基跗节长是第 2–5 跗节总长的 0.4 倍，第 2 跗节长是基跗节长的 0.9 倍，是第 5 跗节长的 1.5 倍。

腹：腹长是头胸总长的 1.0 倍；第 1 背板具明显、稍弯曲、向后方会合的背脊，密布粗糙的刻条；第 1 背板端宽是基宽的 2.0 倍，长是端宽的 0.9 倍；第 2 背板缝不明显；第 2 背板全部具明显密集的纵刻条；第 2 背板长是基宽的 0.5 倍，是第 3 背板长的 0.9 倍；其余背板光滑；产卵管鞘长是腹长的 1.7 倍，是前翅长的 1.0 倍。

体色：头黄棕色；胸部红棕色；腹部几乎黄棕色；触角棕黄色渐变为黑色，基部 2 节棕黄色；须浅黄色；足黄棕色，所有基节和转节浅黄色；产卵管鞘黑色；翅微弱烟褐色；翅痣深棕色。

雄：未知。

生物学：未知。

研究标本：♀（正模，ZJUH），海南鹦哥岭，2007.V.28–VI.3，翁丽琼，No.200804303。

分布：海南（鹦哥岭）。

(61) 奇怪断脉茧蜂 *Heterospilus prodigiosus* Tang, Belokobylskij, He *et* Chen, 2013（图版 XIV: 3）

Heterospilus prodigiosus Tang, Belokobylskij, He *et* Chen, 2013b: 230.

雌：体长 3.0 mm；前翅长 2.4 mm。

头：触角 23 节；柄节长是宽的 1.4 倍，第 1 鞭节长是端宽的 4.0 倍，是第 2 鞭节长的 0.8 倍；倒数第 2 鞭节长是第 1 鞭节长的 0.6 倍，是最后 1 鞭节长的 0.9 倍。头在复眼后方明显均匀地弧形收缩；背面观头宽是中长的 1.4 倍；背面观复眼长是上颊长的 4.4 倍；后单眼间距是前后单眼间距的 1.0 倍，POL=0.75×OD=0.3×OOL；头顶和额具刻条；脸光滑；脸宽是复眼纵径的 0.4 倍，是脸和唇基总长的 1.0 倍；复眼光滑，纵径是横径的 1.3 倍；颚眼距是复眼纵径的 0.1 倍，是上颚基部宽的 0.4 倍；无颚眼沟；后头脊背方存在，与口后脊在上颚基部处愈合。

胸：胸长是高的 2.0 倍；中胸盾片密布明显的颗粒，盾纵沟周围和中胸盾片中叶后方被稀疏短毛，从前胸背板水平面垂直升起；盾纵沟宽，浅，内具稀疏短刻条；小盾片光滑；小盾片前凹深，长，具 3 纵脊，其长是小盾片长的 0.6 倍；中胸侧板革质，翅下区深，宽，具粗糙的刻条；基节前沟深，弯曲，其长达中胸侧板下部全长的 2/3；并胸腹节具明显分区，中纵脊短，基侧区具微弱颗粒；中区明显；并胸腹节其余部分具粗糙的小室状皱。

翅：前翅长是宽的 3.1 倍；r 脉从翅痣中央前方伸出；3-SR 脉与 r 脉成钝角；3-SR=1.0×r=0.3×SR1；第 1 盘室长是宽的 1.8 倍；1-SR+R 脉稍弯曲；m-cu 脉几乎对叉。后翅 M+CU=0.8×1-M；m-cu 脉稍不骨化，直，斜向翅基部，前叉。

足：后足基节背方具明显密集的刻条，其间具颗粒，腹方基部具明显瘤突；后足腿节背方革质，长是宽的 2.9 倍；后足跗节长是后足胫节长的 0.9 倍；后足基跗节长是第 2–5 跗节总长的 0.5 倍，第 2 跗节长是基跗节长的 0.6 倍，是第 5 跗节长的 1.0 倍。

腹：腹长是头胸总长的 0.9 倍；第 1 背板具明显、稍弯曲、向后方会合的背脊，密布粗糙的刻条；第 1 背板端宽是基宽的 2.0 倍，长是端宽的 0.8 倍；第 2 背板缝几乎直，侧方弯曲；第 2 背板全部具明显密集的纵刻条；第 2 背板长是基宽的 0.3 倍，是第 3 背板长的 0.7 倍；第 3 背板基部 0.2 具明显的、窄的横沟；第 3 背板基部 1/3 具刻条；第 4 背板基部具短刻条；其余背板光滑；产卵管鞘长是腹长的 0.65 倍，是前翅长的 0.4 倍。

体色：体红棕色；触角棕黄色渐变为黑色，基部 2 节棕黄色；须浅黄色；足黄棕色；产卵管鞘黑色；翅微弱烟褐色；翅痣深棕色。

雄：未知。

生物学：未知。

研究标本：♀（正模，ZJUH），浙江临安清凉峰，2005.VIII.12，时敏，No.200607669。

分布：浙江（清凉峰）。

(62) 刻点断脉茧蜂 *Heterospilus punctatus* Tang, Belokobylskij, He *et* Chen, 2013（图版 XIV: 4）

Heterospilus punctatus Tang, Belokobylskij, He *et* Chen, 2013b: 232.

雌：体长 3.3 mm；前翅长 2.5 mm。

头：触角 24 节；柄节长是宽的 1.3 倍，第 1 鞭节长是端宽的 6.5 倍，是第 2 鞭节长的 1.0 倍；倒数第 2 鞭节长是第 1 鞭节长的 0.7 倍，是最后 1 鞭节长的 0.9 倍。头在复眼后方明显弧形收缩；背面观头宽是中长的 1.5 倍；背面观复眼长是上颊长的 3.4 倍；后单眼间距是前后单眼间距的 1.0 倍，POL=0.8×OD=0.4×OOL；头顶和额光滑；脸具刻条皱；脸宽是复眼纵径的 1.0 倍，是脸和唇基总长的 1.2 倍；复眼光滑，纵径是横径的 1.3 倍；颚眼距是复眼纵径的 0.4 倍，是上颚基部宽的 0.9 倍；无颚眼沟；后头脊背方存在，与口后脊在上颚基部处愈合。

胸：胸长是高的 2.0 倍；中胸盾片具刻点皱，全部密被短毛，从前胸背板水平面垂直升起；盾纵沟浅，内具稀疏短刻条；小盾片光滑；小盾片前凹深，长，具 3 纵脊，其长是小盾片长的 0.5 倍；翅下区宽，具粗糙刻条；基节前沟深，其长达中胸侧板下部全长的 2/3；并胸腹节具明显分区，中纵脊短，基侧区光滑，仅隆脊周围具明显网皱；中区明显；并胸腹节其余部分具粗糙的小室状皱。

翅：前翅长是宽的 3.1 倍；r 脉从翅痣中央前方伸出；3-SR 脉与 r 脉成钝角；3-SR=2.7×r=0.4×SR1；第 1 盘室长是宽的 1.7 倍；1-SR+R 脉明显弯曲；m-cu 脉后叉。后翅 M+CU=0.9×1-M；m-cu 脉几乎直，斜向翅基部，前叉，着色。

足：后足基节背方具刻条，腹方基部具明显瘤突；后足腿节光滑，长是宽的 3.3 倍；后足跗节长是后足胫节长的 0.9 倍；后足基跗节长是第 2–5 跗节总长的 0.4 倍，第 2 跗节长是基跗节长的 0.9 倍，是第 5 跗节长的 1.4 倍。

腹：腹长是头胸总长的 1.1 倍；第 1 背板具明显、稍弯曲、向后方会合的背脊，密布粗糙的刻条，其间具微弱网纹；第 1 背板端宽是基宽的 1.9 倍，长是端宽的 0.9 倍；第 2 背板缝深，稍弯曲；第 2 背板全部具明显密集的纵刻条；第 2 背板长是基宽的 0.5 倍，是第 3 背板长的 1.0 倍；第 3 背板基部 1/4 具明显的、窄的横沟；第 3 背板基半部具刻条；第 4 背板基部具短刻条；其余背板光滑；产卵管鞘长是腹长的 0.6 倍，是前翅长的 0.4 倍。

体色：头棕黄色；胸部棕黄色；腹部几乎棕黄色，第 1、2 背板全部及第 3、4 背板基部颜色深；触角棕黄色渐变为黑色，基部 2 节棕黄色；须浅黄色；足黄色，所有基节和转节浅黄色；产卵管鞘深棕色；翅微弱烟褐色；翅痣浅棕色。

雄：未知。

生物学：未知。

研究标本：♀（正模，ZJUH），海南吊罗山，2007.VI.1–2，刘经贤，No.200704024；1♀（副模，ZJUH），海南鹦哥岭，2007.V.24–25，刘经贤，No.200702725。

分布：海南（吊罗山、鹦哥岭）。

(63) 清凉断脉茧蜂 *Heterospilus qingliangensis* Tang, Belokobylskij, He *et* Chen, 2013（图版 XV: 1）

Heterospilus qingliangensis Tang, Belokobylskij, He *et* Chen, 2013b: 234.

雌：体长 2.9–4.2 mm；前翅长 2.0–3.1 mm。

头：触角已断，余 25 节；柄节长是宽的 1.2–1.3 倍，第 1 鞭节长是端宽的 5.0 倍，是第 2 鞭节长的 0.9 倍。头在复眼后方明显弧形收缩；背面观头宽是中长的 1.4 倍；背面观复眼长是上颊长的 2.2 倍；后单眼间距是前后单眼间距的 1.0 倍，POL=1.0×OD=0.3×OOL；头顶和额光滑；脸光滑；脸宽是复眼纵径的 1.0 倍，是脸和唇基总长的 1.3 倍；复眼光滑，纵径是横径的 1.2 倍；颚眼距是复眼纵径的 0.4 倍，是上颚基部宽的 1.2 倍；无颚眼沟；后头脊背方存在，与口后脊在上颚基部处不愈合。

胸：胸长是高的 1.8–2.0 倍；中胸盾片光滑，沿盾纵沟被稀疏短毛，从前胸背板水平面垂直升起；盾纵沟浅，内具稀疏短刻条；小盾片光滑；小盾片前凹深，长，光滑，具 3 纵脊，其长是小盾片长的 0.4 倍；翅下区宽，具粗糙的刻条；基节前沟深，光滑，其长达中胸侧板下部全长的 2/3；并胸腹节具明显分区，中纵脊短，基侧区光滑，仅隆脊周围具明显网皱；中区明显；并胸腹节其余部分具粗糙的小室状皱。

翅：前翅长是宽的 2.7–3.1 倍；r 脉几乎从翅痣中央伸出；3-SR 脉与 r 脉成钝角；3-SR=1.7×r=0.2×SR1；第 1 盘室长是宽的 3.2 倍；1-SR+R 脉明显弯曲；m-cu 脉后叉。后翅 M+CU=0.8×1-M；m-cu 脉稍弯向翅基部，前叉，着色。

足：后足基节背方光滑，腹方基部具明显瘤突；后足腿节具微弱刻条，长是宽的 2.7–4.4 倍；后足跗节长是后足胫节长的 1.15 倍；后足基跗节长是第 2–5 跗节总长的 0.5 倍，第 2 跗节长是基跗节长的 0.75 倍，是第 5 跗节长的 1.7 倍。

腹：腹长是头胸总长的 1.1 倍；第 1 背板具明显、稍弯曲、向后方会合的背脊，密布粗糙的刻条；第 1 背板端宽是基宽的 2.4 倍，长是端宽的 1.0 倍；第 2 背板缝几乎直；第 2 背板全部具明显密集的纵刻条；第 2 背板长是基宽的 0.4 倍，是第 3 背板长的 1.0 倍；第 3 背板基部 0.2 具明显的、宽的横沟；第 3 背板基部 0.4 具明显刻条；第 4 背板基部 0.2 具短刻条；第 5 背板基部具短刻条；其余背板光滑；产卵管鞘长是腹长的 1.4 倍，是前翅长的 0.85 倍。

体色：头棕黄色；胸部深棕黄色；腹部深棕色，第 3、4 背板基半部深棕黄色，端半部棕黄色；触角棕黄色渐变为黑色，基部 2 节棕黄色；须浅黄色；足黄色；产卵管鞘深棕色，基部颜色稍浅；翅微弱烟褐色；翅痣深棕色。

雄：未知。

生物学：未知。

研究标本：♀（正模，ZJUH），浙江临安清凉峰，2005.VIII.12，时敏，No.200607640；1♀（副模，ZJUH），浙江临安清凉峰，2005.VIII.8，时敏，No.200607072；1♀（副模，ZJUH），浙江临安清凉峰，2005.VIII.9，张红英，No.200607120；2♀（副模，ZJUH），浙江临安清凉峰，2005.VIII.10，时敏，Nos.200607380，200607398；1♀（副模，ZISP），

浙江临安清凉峰，2005.VIII.11，张红英，No.200607489；1♀（副模，ZJUH），浙江临安清凉峰，2005.VIII.12，张红英，No.200607750。

分布：浙江（清凉峰）。

(64) 半凹断脉茧蜂 *Heterospilus semidepressus* Tang, Belokobylskij, He *et* Chen, 2013（图版 XV: 2）

Heterospilus semidepressus Tang, Belokobylskij, He *et* Chen, 2013b: 236.

雌：体长 2.7 mm；前翅长 2.15 mm。

头：触角 19 节；柄节长是宽的 1.5 倍，第 1 鞭节长是端宽的 4.5 倍，是第 2 鞭节长的 1.0 倍。头在复眼后方规则弧形收缩；背面观头宽是中长的 1.4 倍；背面观复眼长是上颊长的 2.8 倍；后单眼间距是前后单眼间距的 1.0 倍，POL=1.0×OD=0.4×OOL；头顶和额光滑；头顶具稀疏短毛；脸侧方具微弱刻条，中央光滑；脸宽是复眼纵径的 1.0 倍，是脸和唇基总长的 1.1 倍；复眼光滑，纵径是横径的 1.2 倍；颚眼距是复眼纵径的 0.3 倍，是上颚基部宽的 0.8 倍；无颚眼沟；后头脊背方存在，与口后脊在上颚基部处愈合。

胸：胸长是高的 2.4 倍；中胸盾片具密集颗粒和微弱的横向刻条，完全被密集短毛，从前胸背板水平面垂直升起；盾纵沟完整，前深后浅，内具稀疏的、明显的短刻条；小盾片全具颗粒；小盾片前凹深，长，具中纵脊，内具皱，其长是小盾片长的 0.5 倍；中胸侧板广布颗粒和皱，基节前沟附近革质；翅下区浅，具粗糙的皱刻条；基节前沟深，光滑，其长达中胸侧板下部全长的 2/3；并胸腹节具明显分区，中纵脊短，基侧区几乎具微弱颗粒，沿脊具明显网皱；中区明显；并胸腹节其余部分具粗糙的小室状皱。

翅：前翅长是宽的 3.6 倍；r 脉几乎从翅痣中央伸出；3-SR 脉与 r 脉成钝角；3-SR=2.2×r=0.35×SR1；第 1 盘室长是宽的 1.6 倍；1-SR+R 脉明显弯曲；m-cu 脉后叉。后翅 M+CU=0.9×1-M；m-cu 脉稍弯向翅基部，前叉，着色。

足：后足基节背方具微弱刻条，腹方基部具明显瘤突；后足腿节光滑，长是宽的 3.2 倍；后足胫节背方毛长、稀疏、半直立，毛长是后足胫节最大宽的 0.5–1.2 倍；后足跗节长是后足胫节长的 0.9 倍；后足基跗节长是第 2–5 跗节总长的 0.4 倍，第 2 跗节长是基跗节长的 0.8 倍，是第 5 跗节长的 1.3 倍。

腹：腹长是头胸总长的 1.1 倍；第 1 背板具明显、稍弯曲、向后方会合的背脊，密布粗糙的刻条；第 1 背板端宽是基宽的 2.0 倍，长是端宽的 1.0 倍；第 2 背板缝明显，侧方弯曲，中央稍弯曲；第 2 背板全部具密集刻条；第 2 背板长是基宽的 0.6 倍，是第 3 背板长的 0.9 倍；第 3 背板基半部具明显刻条；第 4 背板基半部和第 5 背板基部 0.3 具刻条；其余背板光滑；产卵管鞘长是腹长的 0.5 倍，是前翅长的 0.3 倍。

体色：头棕黄色；胸部棕黄色至黑色，前胸背板、前胸侧板、中胸背板、中胸侧板和小盾片黄色，剩余部分色深；腹部第 1 背板黑色，第 2–4 背板棕黄色，剩余背板黄色；触角棕黄色渐变为黑色，基部 2 节棕黄色；须浅黄色；足黄色；产卵管鞘深棕色；翅微弱烟褐色；翅痣深棕色，基部和端部稍浅。

雄：未知。

生物学：未知。

研究标本：♀（正模，ZJUH），海南吊罗山，2007.VI.28–31，刘经贤，No.200702932。

分布：海南（吊罗山）。

(65) 离断脉茧蜂 *Heterospilus separatus* Fischer, 1960（图版 XV: 3）

Heterospilus separatus Fischer, 1960: 61; Shenefelt *et* Marsh, 1976: 1311; Belokobylskij, 1983: 178; Belokobylskij *et* Tobias, 1986: 32; Belokobylskij, 1994b: 31; 1998b: 76; Belokobylskij *et* Maeto, 2009: 231; Tang *et al*., 2013b: 238.

Heterospilus anulifer Papp, 1992: 67. Synonymized by Belokobylskij, 1998b: 76.

Heterospilus gracilis Shi *et* Chen, in: Chen *et* Shi, 2004: 76. Synonymized by Tang *et al*., 2013b: 238.

雌：体长 2.3–4.3 mm；前翅长 1.9–3.3 mm。

头：触角 23–31 节；柄节长是宽的 1.3–1.6 倍，第 1 鞭节长是端宽的 4.5–4.8 倍，是第 2 鞭节长的 0.90–1.05 倍，倒数第 2 鞭节长是宽的 3.3–4.0 倍，是第 1 鞭节长的 0.6–0.7 倍，是最后 1 鞭节长的 0.8–1.0 倍。头在复眼后方明显均匀地弧形收缩；背面观头宽是中长的 1.4–1.6 倍；背面观复眼长是上颊长的 1.7–2.1 倍；单眼中等大小，后单眼间距是前后单眼间距的 1.1–1.2 倍，POL=1.0–1.4×OD=0.4–0.5×OOL；头顶整个光滑，极少数情况下侧方或前侧方具微弱短刻条；额具微弱的横刻条，极少数情况下光滑；脸几乎光滑，有时上方具微弱刻条皱；脸宽是复眼纵径的 0.9–1.1 倍，是脸和唇基总长的 1.10–1.25 倍；复眼光滑，纵径是横径的 1.20–1.25 倍；颚眼距是复眼纵径的 0.40–0.45 倍，是上颚基部宽的 0.8–1.0 倍；无颚眼沟；后头脊背方存在，与口后脊在上颚基部处愈合。

胸：胸长是高的 1.75–1.90 倍；中胸盾片光滑，具 2 条向后会合的微弱脊，沿盾纵沟被稀疏短毛，从前胸背板水平面垂直升起；盾纵沟宽，深，内具密集短刻条；小盾片光滑；小盾片前凹深，宽，光滑，具 1–3 纵脊，其长是小盾片长的 0.4–0.5 倍；翅下区浅，窄，具粗糙刻条，其间具皱；基节前沟浅，窄，光滑，其长达中胸侧板下部全长的 1/2–2/3；并胸腹节具明显分区，中纵脊短，基侧区光滑，仅隆脊周围具明显皱；中区明显；并胸腹节其余部分具粗糙的小室状皱。

翅：前翅长是宽的 2.9–3.2 倍；r 脉几乎从翅痣中央或稍在中央前方伸出；3-SR 脉与 r 脉成钝角；3–SR=1.1–1.6×r=0.25–0.3×SR1；第 1 盘室长是宽的 1.6–1.9 倍；1-SR+R 脉明显弯曲；m-cu 脉后叉；第 1 亚盘室末端开放，CU1b 脉缺。后翅 M+CU=0.75–1.0×1-M；m-cu 脉不骨化，稍弯向翅基部，对叉。

足：前足胫节外侧具 1 列钉状刺；后足基节背方具刻条皱，侧方常光滑；腹方基部具明显瘤突；后足腿节背方无肿突，革质或光滑，长是宽的 3.5–3.8 倍；后足跗节长是后足胫节长的 0.9–1.0 倍；后足基跗节长是第 2–5 跗节总长的 0.50–0.55 倍，第 2 跗节长是基跗节长的 0.65–0.70 倍，是第 5 跗节长的 1.5–1.8 倍。

腹：腹长是头胸总长的 1.1–1.2 倍；第 1 背板具明显、稍弯曲、向后方会合的背脊，密布粗糙的刻条，其间具微弱网纹；第 1 背板端宽是基宽的 2.0–2.3 倍，长是端宽的 1.1–

1.2 倍；第 2 背板缝浅，明显，侧方稍弯曲；第 2 背板全部具明显密集的纵刻条，其间具密集网纹；第 2 背板长是基宽的 0.40–0.55 倍，是第 3 背板长的 0.8–1.0 倍；第 3 背板基部 0.3 具浅的、窄的横沟；第 3 背板横沟附近具短刻条；其余背板光滑；产卵管鞘长是腹长的 0.85–1.20 倍，是前翅长的 0.5–0.8 倍。

体色：头黑色或部分深红棕色；胸部黑色；腹部深红棕色，第 1 背板大部分或全部黑色，有时第 2 背板和腹部顶端红棕色，浅红棕色或几乎黄色；触角深红棕色渐变为黑色，柄节、梗节和第 1 鞭节红棕色或棕黄色；须黄色；足黄色；产卵管鞘黑色，基部棕色；翅微弱烟褐色，基部黄色；翅痣棕色或者浅棕色。

雄：触角 18–25 节；体长 1.7–3.2 mm；前翅长 1.4–2.6 mm；背面观复眼长是上颊长的 1.3–1.7 倍；后单眼间距是前后单眼间距的 1.0 倍；前翅 3-SR=1.5–2.5×r；第 1 盘室长是宽的 1.6–1.9 倍；1-SR+R 脉稍弯曲；后翅翅痣明显变大；后足基跗节长是第 2–5 跗节总长的 0.4–0.5 倍，第 2 跗节长是第 5 跗节长的 1.3–1.6 倍；第 1 背板长是端宽的 1.2–1.6 倍；第 2 背板长是基宽的 0.7–0.8 倍，是第 3 背板长的 1.10–1.25 倍；第 2 背板缝深，稍均匀弯曲；第 3 背板具深的横沟，横沟附近宽的区域具短刻条；第 4 背板基部具短刻条；头常红棕色或黄棕色，背方明显颜色暗。其余特征与雌虫相似。

生物学：未知。

研究标本：1♀（ZJUH），河北小五台山杨家坪，2005.VIII.20，时敏，No.200607788；1♀（ZJUH），河北小五台山杨家坪，2005.VIII.20，张红英，No.200611768；1♀（ZJUH），河北小五台山金河口，2005.VIII.23，张红英，No.200608950；1♀（ZJUH），河北小五台山山涧口，20025.VIII.22，张红英，No.200608534；1♀（ZJUH），吉林安图，1994.VI.5–6，娄巨贤，No.977053；1♀（ZJUH），浙江西天目山七里亭，1999.IX.7，赵明水，No.998937；1♀（ZJUH），浙江天目山，1987.IX.2，陈学新，No.877377；1♀（ZJUH），浙江西天目山仙人顶，1990.IV.2–4，施祖华，No.902410；1♀（ZJUH），湖南石门壶瓶山，2009.VII.11，曾洁，No.200900703；1♀（ZJUH），广东始兴车八岭，2002.V.25，许再福，No.20051488；2♀（ZJUH），广东乳源南岭，2004.VIII.4，许再福，Nos.20049760，20049812；1♀（ZJUH），海南五指山，2007.V.16-20，刘经贤，No.200703405；1♀（ZJUH），海南尖峰岭鸣凤谷，2007.X.25，刘经贤，No.200709626；1♀（ZJUH），海南吊罗山，2006.VII.16–17，刘经贤，No.200802227；1♀（ZJUH），四川平武白马寨，2006.VII.25，张红英，No.200615016；1♀（ZJUH），云南绿水河电站，536 m，2003.VII.23，许再福，No.20055408。ZISP：1♀，浙江临安西天目山，2000.IX.16–17，S. A. Belokobylskij；1♀，广东乳源南岭，2004.VIII.4，许再福，No.20049862。

分布：吉林（安图）、河北（小五台山）、浙江（天目山）、湖北、湖南（壶瓶山）、台湾（梅峰、雾社）、广东（车八岭、南岭）、海南（五指山、尖峰岭、吊罗山）、四川（平武）、云南（绿水河）；俄罗斯，蒙古国，韩国，日本，哈萨克斯坦，高加索地区，中欧，西欧。

附注：Tang 等（2013b）指出，记录于陈家骅和石全秀（2004）中的离断脉茧蜂 *H. separatus* 腹部的第 2 背板十分短，该特征明显与离断脉茧蜂 *H. separatus* 不符。作者认为该种可能为似离断脉茧蜂 *H. subseparatus* Belokobylskij *et* Maeto, 2009，但需进一步研究。

(66) 毛盾断脉茧蜂 *Heterospilus setosiscutum* Tang, Belokobylskij, He *et* Chen, 2013（图版 XV: 4）

Heterospilus setosiscutum Tang, Belokobylskij, He *et* Chen, 2013b: 239.

雌：体长 2.9–3.0 mm；前翅长 2.4–2.6 mm。

头：触角 19 节；柄节长是宽的 1.25–1.30 倍；第 1 鞭节长是宽的 5.0 倍，是第 2 鞭节长的 1.4 倍。头在复眼后方均匀地弧形收缩；背面观头宽是中长的 1.4 倍；背面观复眼长是上颊长的 2.2 倍；后单眼间距是前后单眼间距的 1.0 倍，POL=1.0×OD=0.4×OOL；头顶和额光滑；头顶具稀疏的短毛；脸几乎光滑；脸宽是复眼纵径的 1.0 倍，是脸和唇基总长的 1.1 倍；复眼光滑，纵径是横径的 1.3 倍；颚眼距是复眼纵径的 0.4 倍，是上颚基部宽的 1.0 倍；无颚眼沟；后头脊背方存在，与口后脊在上颚基部处愈合。

胸：胸长是高的 2.2 倍；中胸盾片几乎光滑，具稀疏刻点，全具密集毛，从前胸背板水平面稍垂直升起；盾纵沟完整，前深后浅，内具明显稀疏的短刻条；小盾片光滑；小盾片前凹深，相当长，具 3 条脊，光滑，其长是小盾片长的 0.4 倍；中胸侧板光滑；翅下区浅，具粗糙皱刻条；基节前沟深，光滑，其长达中胸侧板下部全长的 2/3；并胸腹节具明显分区；基侧区几乎光滑，隆脊周围具明显网皱；中区明显；并胸腹节其余部分具粗糙小室状皱。

翅：前翅长是宽的 3.5 倍；r 脉从翅痣中央前方伸出；3-SR 脉与 r 脉成钝角；3-SR=3.0×r=0.4×SR1；第 1 盘室长是宽的 1.6 倍；1-SR+R 脉明显弯曲；m-cu 脉后叉。后翅 M+CU=0.8×1-M；m-cu 脉稍弯向翅基部，前叉，不骨化，着色。

足：后足基节光滑，腹方基部具明显瘤突；后足腿节光滑，长是宽的 3.3–3.4 倍；后足跗节长是后足胫节长的 0.9 倍；后足基跗节长是第 2–5 跗节总长的 0.4 倍，第 2 跗节长是基跗节长的 0.8 倍，是第 5 跗节长的 1.2 倍。

腹：腹长是头胸总长的 1.0 倍；第 1 背板具明显、微弱向后方会合的弯曲背脊；第 1 背板具密集的粗糙刻条；第 1 背板端宽是基宽的 1.9–2.0 倍，长是端宽的 1.2 倍；第 2 背板缝明显，稍弯曲；第 2 背板全具密集的刻条；第 2 背板长是基宽的 0.55 倍，是第 3 背板长的 0.8 倍；第 3 背板基部 1/3 具横沟，横沟具明显刻条；第 4 背板基部具短刻条；其余背板光滑；产卵管鞘长是腹长的 0.7 倍，是前翅长的 0.4 倍。

体色：头棕黄色；胸部大部分棕色，中胸侧板下部深棕黄色；腹部大部分棕色，端部棕黄色；触角棕黄色渐变为黑色，基部 2 节棕黄色；须浅黄色；足黄色，所有基节和转节浅黄色；产卵管鞘深棕色；翅微弱烟褐色；翅痣棕色，基部和端部色浅。

雄：未知。

生物学：未知。

研究标本：♀（正模，ZJUH），贵州雷公山，1000 m，2005.VI.2–3，刘经贤，No.200605920；

1♀（副模，ZJUH），广东韶关南岭，2006.V.10–14，许再福，No.200807826。

分布：广东（南岭）、贵州（雷公山）。

(67) 多毛断脉茧蜂 *Heterospilus setosus* Tang, Belokobylskij, He *et* Chen, 2013（图版 XVI: 1）

Heterospilus setosus Tang, Belokobylskij, He *et* Chen, 2013b: 241.

雌：体长 2.7 mm；前翅长 2.3 mm。

头：触角 19 节；柄节长是宽的 1.25 倍；第 1 鞭节长是宽的 4.5 倍，是第 2 鞭节长的 1.0 倍。头在复眼后方均匀地弧形收缩；背面观头宽是中长的 1.4 倍；背面观复眼长是上颊长的 2.4 倍；后单眼间距是前后单眼间距的 1.0 倍，POL=1.0×OD=0.4×OOL；头顶和额光滑；头顶具稀疏的短毛；脸几乎光滑，仅具稀疏刻点；脸宽是复眼纵径的 1.0 倍，是脸和唇基总长的 1.1 倍；复眼光滑，纵径是横径的 1.3 倍；颚眼距是复眼纵径的 0.4 倍，是上颚基部宽的 0.8 倍；无颚眼沟；后头脊背方存在，与口后脊在上颚基部处愈合。

胸：胸长是高的 2.1 倍；中胸盾片几乎光滑，全具密集毛，从前胸背板水平面稍垂直升起；盾纵沟完整，前深后浅，内具明显稀疏的短刻条；小盾片光滑；小盾片前凹深，相当长，具中脊，其长是小盾片长的 0.5 倍；中胸侧板光滑；翅下区浅，具粗糙皱刻条；基节前沟深，光滑，其长达中胸侧板下部全长的 2/3；并胸腹节具明显分区；基侧区几乎光滑，隆脊周围具明显网皱；中区明显；并胸腹节其余部分具粗糙小室状皱。

翅：前翅长是宽的 3.3 倍；r 脉从翅痣中央前方伸出；3-SR 脉与 r 脉成钝角；3-SR=3.0×r=0.3×SR1；第 1 盘室长是宽的 1.7 倍；1-SR+R 脉明显弯曲；m-cu 脉后叉。后翅 M+CU=0.9×1-M；m-cu 脉不骨化，弯向翅基部，前叉。

足：后足基节几乎光滑，腹方基部具明显瘤突；后足腿节光滑，长是宽的 3.6 倍；后足跗节长是后足胫节长的 0.9 倍；后足基跗节长是第 2–5 跗节总长的 0.4 倍，第 2 跗节长是基跗节长的 0.8 倍，是第 5 跗节长的 1.2 倍。

腹：腹长是头胸总长的 1.1 倍；第 1 背板具明显、微弱向后方会合的弯曲背脊；第 1 背板具密集的粗糙刻条；第 1 背板端宽是基宽的 1.85 倍，长是端宽的 1.5 倍；第 2 背板缝明显，几乎直；第 2 背板全具密集的刻条；第 2 背板长是基宽的 0.8 倍，是第 3 背板长的 1.0 倍；第 3 背板基部 1/3 具明显刻条；其余背板光滑；产卵管鞘长是腹长的 0.6 倍，是前翅长的 0.4 倍。

体色：头棕黄色；胸部和腹部棕色，腹部端部棕黄色；触角棕黄色渐变为黑色，基部 2 节棕黄色，端部 3 节白色；须浅黄色；足黄色；产卵管鞘深棕色；翅微弱烟褐色；翅痣棕色。

雄：未知。

生物学：未知。

研究标本：♀（正模，ZJUH），云南盈江铜壁关，2009.V.19，王漫漫，No.200904083。

分布：云南（盈江）。

(68) 克里木断脉茧蜂 *Heterospilus tauricus* Telenga, 1941（图版 XVI: 2）

Heterospilus tauricus Telenga, 1941: 45; Fischer, 1960: 63; Shenefelt *et* Marsh, 1976: 1312; Belokobylskij *et* Tobias, 1986: 34; Belokobylskij, 1983: 178; 1994b: 31; 1998b: 78, 80; Belokobylskij *et* Maeto, 2009: 247; Tang *et al.*, 2013b: 243.

Heterospilus graeffei Fischer, 1960: 45; Shenefelt *et* Marsh, 1976: 1305; Belokobylskij, 1983: 178 (as synonym of *H. tauricus*); Shaw, 1997: 35 (as valid species).

雌：体长 2.7–3.8 mm；前翅长 1.8–2.8 mm。

头：触角 28–30 节；柄节长是宽的 1.4–1.6 倍，第 1 鞭节长是端宽的 4.0–5.0 倍，是第 2 鞭节长的 1.00–1.15 倍；倒数第 2 鞭节长是第 1 鞭节长的 0.6–0.7 倍，是最后 1 鞭节长的 0.9–1.0 倍。头在复眼后方明显弧形收缩；背面观头宽是中长的 1.5–1.6 倍；背面观复眼长是上颊长的 1.4–1.8 倍；后单眼间距是前后单眼间距的 1.0 倍，POL=1.0–1.2×OD=0.3–0.4×OOL；头顶全具明显的、密集的横向刻条，刻条间具颗粒；额几乎全具明显的、密集的横向刻条；脸具微弱革质，部分区域具微弱刻条或全部光滑；颊光滑，有时后方 0.3–0.5 具明显垂直刻条；脸宽是复眼纵径的 1.1–1.2 倍，是脸和唇基总长的 1.1–1.2 倍；复眼光滑，纵径是横径的 1.15–1.20 倍；颚眼距是复眼纵径的 0.55–0.65 倍，是上颚基部宽的 1.1–1.3 倍；无颚眼沟；后头脊背方存在，与口后脊在上颚基部处愈合。

胸：胸长是高的 1.8–1.9 倍；中胸盾片全具明显的密集颗粒，中叶具 2 条稍向后方会合的脊，脊间具微弱皱，沿盾纵沟及边缘被稀疏短毛，从前胸背板水平面几乎垂直升起；盾纵沟宽，相当深，内具密集的粗糙短刻条；小盾片稍凸，具微弱侧脊和明显革质颗粒；小盾片前凹深，宽，具 1–3 纵脊，其长是小盾片长的 0.45–0.55 倍；中胸侧板下部 0.7 具密集颗粒或革质颗粒；翅下区深，相当宽，具粗糙刻条和颗粒；基节前沟深，弯曲，具短刻条和颗粒，其长达中胸侧板下部全长的 0.5–0.6 倍；并胸腹节具分区，中纵脊长，基侧区具密集颗粒，沿脊具皱；中区不明显；并胸腹节其余部分具粗糙的小室状皱。

翅：前翅长是宽的 3.1–3.5 倍；r 脉从翅痣中央伸出；3-SR 脉与 r 脉成钝角；3-SR=0.85–1.2×r=0.2–0.3×SR1；第 1 盘室长是宽的 1.8–2.1 倍；1-SR+R 脉几乎直或稍弯曲；m-cu 脉后叉。后翅 M+CU=0.7–1.0×1-M；m-cu 脉直，斜向翅基部，前叉，不骨化。

足：后足基节背方具横向刻条和颗粒，侧方具明显的密集颗粒，腹方基部具明显瘤突；后足腿节上半部具革质颗粒，有时具微弱刻条，下半部光滑，长是宽的 3.7–4.2 倍；后足跗节长是后足胫节长的 0.9–1.0 倍；后足基跗节长是第 2–5 跗节总长的 0.45–0.50 倍，第 2 跗节长是基跗节长的 0.7–0.8 倍，是第 5 跗节长的 1.5–1.8 倍。

腹：腹长是头胸总长的 1.1–1.2 倍；第 1 背板具明显向后方会合的背脊，密布粗糙刻条，刻条间具微弱网纹；第 1 背板端宽是基宽的 2.0–2.2 倍，长是端宽的 0.85–1.00 倍；第 2 背板缝浅，明显，侧方稍弯曲；第 2 背板全部具明显密集的纵刻条，刻条间具网纹；第 2 背板长是基宽的 0.30–0.35 倍，是第 3 背板长的 0.6–0.7 倍；第 3 背板基部 0.3 具浅的、窄的横沟；第 3 背板基部具明显刻条；第 4 和第 5 背板基部具短刻条；其余背板光滑；产卵管鞘长是腹长的 0.75–1.00 倍，是前翅长的 0.4–0.7 倍。

体色：头棕黄色，前部颜色常深，额大部分和头顶深红棕色或黑色；胸部和腹部深红棕色至黑色，前胸盾片边缘、前胸侧板、中胸侧板下半部红棕色，中胸盾片中后部、小盾片和腹部边缘或后部 0.7 深红棕色；有时胸部浅红棕色，背方色深，后胸和并胸腹节黑色；触角深红棕色渐变为黑色，基部黄棕色或红棕色；须棕黄色或黄色；足黄色或棕黄色，后足基节有时色深；产卵管鞘黑色；翅微弱烟褐色或几乎透明；翅痣黄色或棕黄色。

雄：未知。

生物学：未知。

研究标本：2♀（ZJUH），辽宁沈阳，1995.VI–VII，娄巨贤，Nos.960848，960311；2♀（ZJUH），辽宁阜新，1995.VII.16–23，娄巨贤，Nos.961184，961428；2♀（ZJUH），辽宁辽源，1991.VII.15，娄巨贤，Nos.960461，960475；1♀（ZJUH），辽宁沈阳东陵，1994.VI–VII，娄巨贤，No.947772；2♀（ZJUH），黑龙江镜泊湖，1995.VIII.26，娄巨贤，Nos.962537，962067；1♀（ZJUH），吉林长白山，1994.VIII.4，娄巨贤，No.951801；1♀（ZJUH），湖南石门壶瓶山，2009.VII.11，唐璞，No.200901068。1♀（ZISP），辽宁沈阳，1995.VI–VII，娄巨贤，No.960739。

分布：黑龙江（镜泊湖）、吉林（长白山）、辽宁（沈阳、阜新、辽源）、湖南（壶瓶山）；俄罗斯，韩国，日本，哈萨克斯坦，塔吉克斯坦，伊朗，高加索地区，欧洲。

(69) 窄腹断脉茧蜂 *Heterospilus tenuitergum* Tang, Belokobylskij, He *et* Chen, 2013（图版 XVI: 3）

Heterospilus tenuitergum Tang, Belokobylskij, He *et* Chen, 2013b: 243.

雌：体长 2.7 mm；前翅长 2.2 mm。

头：触角 22 节；柄节长是宽的 1.5 倍，第 1 鞭节长是端宽的 5.5 倍，是第 2 鞭节长的 1.0 倍；倒数第 2 鞭节长是第 1 鞭节长的 0.7 倍，是最后 1 鞭节长的 1.0 倍。头在复眼后方明显弧形收缩；背面观头宽是中长的 1.5 倍；背面观复眼长是上颊长的 3.2 倍；后单眼间距是前后单眼间距的 0.8 倍，POL=0.75×OD=0.25×OOL；头顶和额具微弱刻条；脸具刻点皱；脸宽是复眼纵径的 0.9 倍，是脸和唇基总长的 1.2 倍；复眼光滑，纵径是横径的 1.2 倍；颚眼距是复眼纵径的 0.4 倍，是上颚基部宽的 1.0 倍；无颚眼沟；后头脊背方存在，与口后脊在上颚基部处不愈合。

胸：胸长是高的 2.0 倍；中胸盾片具刻条皱，沿盾纵沟被稀疏短毛，从前胸背板水平面垂直升起；盾纵沟浅，内具稀疏短刻条；小盾片光滑；小盾片前凹深，长，具 1 纵脊，其长是小盾片长的 0.5 倍；翅下区宽，具粗糙的刻条；基节前沟深，光滑，其长达中胸侧板下部全长的 2/3。并胸腹节具明显分区，中纵脊短，基侧区光滑；中区明显；并胸腹节其余部分具粗糙的小室状皱。

翅：前翅长是宽的 3.4 倍；r 脉从翅痣中央前方伸出；3-SR 脉与 r 脉成钝角；3-SR=1.9×r=0.4×SR1；第 1 盘室长是宽的 1.7 倍；1-SR+R 脉明显弯曲；m-cu 脉后叉。后翅 M+CU=1.0×1-M；m-cu 脉几乎直，斜向翅基部，前叉，着色。

足：后足基节背方具刻条，腹方基部具明显瘤突；后足腿节光滑，长是宽的 3.3 倍；后足跗节长是后足胫节长的 1.0 倍；后足基跗节长是第 2–5 跗节总长的 0.4 倍，第 2 跗节长是基跗节长的 0.9 倍，是第 5 跗节长的 1.7 倍。

腹：腹长是头胸总长的 1.1 倍；第 1 背板具明显、稍弯曲、向后方会合的背脊，密布粗糙的刻条；第 1 背板端宽是基宽的 2.0 倍，长是端宽的 0.9 倍；第 2 背板缝深，波浪形弯曲；第 2 背板全部具明显密集的纵刻条；第 2 背板长是基宽的 0.3 倍，是第 3 背板长的 0.4 倍；第 3 背板基部 0.2 具不明显的、窄的横沟；第 3 背板基部 1/3 具刻条；第 4 背板基部具非常短的刻条；其余背板光滑；产卵管鞘长是腹长的 0.9 倍，是前翅长的 0.6 倍。

体色：体棕黄色；触角棕黄色渐变为黑色，基部 2 节棕黄色；须浅黄色；足黄色，前足和中足基节及所有转节浅黄色；产卵管鞘深棕色，基部颜色稍浅；翅微弱烟褐色；翅痣深棕色。

雄：未知。

生物学：未知。

研究标本：♀（正模，ZJUH），海南鹦哥岭，2007.V.23–25，肖斌，No.200807431；1♀（副模，ZJUH），海南鹦哥岭，2007.V.24–25，刘经贤，No.200702690；1♀，海南尖峰岭天池，2007.X.22–23，刘经贤，No.200710642（ZJUH）。

分布：海南（鹦哥岭、尖峰岭）。

(70) 图丽断脉茧蜂 *Heterospilus tulyensis* Belokobylskij, 1994（图版 XVI: 4）

Heterospilus tulyensis Belokobylskij, 1994a: 16; Long *et* Belokobylskij, 2003: 388; Tang *et al.*, 2013b: 245.

雌：体长 3.8 mm；前翅长 2.7 mm。

头：触角 27 节；柄节长是宽的 1.1 倍；第 1 鞭节长是端宽的 4.7 倍，是第 2 鞭节长的 1.0 倍；倒数第 2 鞭节长是第 1 鞭节长的 0.6 倍，是最后 1 鞭节长的 1.1 倍。头在复眼后方明显弧形收缩；背面观头宽是中长的 1.5 倍；背面观复眼长是上颊长的 3.2 倍；后单眼间距是前后单眼间距的 1.3 倍，POL=0.8×OD=0.3×OOL；头顶和额具明显横刻条；脸具刻条皱，其间具刻点；脸宽是复眼纵径的 1.1 倍，是脸和唇基总长的 1.2 倍；复眼光滑，纵径是横径的 1.2 倍；颚眼距是复眼纵径的 0.4 倍，是上颚基部宽的 1.0 倍；无颚眼沟；后头脊背方存在，与口后脊在上颚基部处愈合。

胸：胸长是高的 1.7 倍；中胸盾片具刻条皱，全部密被短毛，从前胸背板水平面垂直升起；盾纵沟浅，宽，内具明显的稀疏刻条；小盾片光滑；小盾片前凹深，宽，光滑，具 3 纵脊，其长是小盾片长的 0.6 倍；翅下区深，具粗糙刻条；基节前沟深，具明显短刻条，其长达中胸侧板下部全长的 2/3。并胸腹节具明显分区，中纵脊短，基侧区具明显皱；中区明显；并胸腹节其余部分具粗糙的小室状皱。

翅：前翅长是宽的 3.2 倍；r 脉几乎从翅痣中央前方伸出；3-SR 脉与 r 脉成钝角；3-SR=2.1×r=0.4×SR1；第 1 盘室长是宽的 1.7 倍；1-SR+R 脉明显弯曲；m-cu 脉后叉。后翅 M+CU=0.75×1-M；m-cu 脉直，斜向翅基部，前叉，着色。

足：后足基节背方具明显刻条，腹方基部具明显瘤突；后足腿节革质，具颗粒，长是宽的 3.5 倍；后足跗节长是后足胫节长的 0.9 倍；后足基跗节长是第 2–5 跗节总长的 0.4 倍，第 2 跗节长是基跗节长的 0.9 倍，是第 5 跗节长的 1.5 倍。

腹：腹长是头胸总长的 1.1 倍；第 1 背板具明显、稍弯曲向后方会合的背脊，密布粗糙刻条；第 1 背板端宽是基宽的 1.9 倍，长是端宽的 0.8 倍；第 2 背板缝深，侧方稍弯曲；第 2 背板全部具密集的粗糙刻条；第 2 背板长是基宽的 0.4 倍，是第 3 背板长的 0.8 倍；第 3 背板基部 1/3 具明显的、窄的横沟；第 3 背板横沟周围宽的区域具刻条；第 4、5 背板基半部具明显刻条；其余背板光滑；产卵管鞘长是腹长的 0.6 倍，是前翅长的 0.4 倍。

体色：头黄色；胸部棕黄色；腹部第 1、2 背板全部及第 3、4 背板基半部棕黄色，剩余背板黄棕色；触角棕黄色渐变为黑色，基部 2 节棕黄色，端部 3 节白色；须浅黄色；足黄色；产卵管鞘深棕色；翅微弱烟褐色；翅痣深棕色，基部和端部颜色浅。

雄：未知。

生物学：未知。

研究标本：1♀（ZJUH），海南霸王岭，2007.VI.9–10，刘经贤，No.200703489；1♀（ZJUH），海南吊罗山，2006.VII.16–17，刘经贤，No.200802177。

分布：海南（霸王岭、吊罗山）；越南。

(71) 武夷断脉茧蜂 *Heterospilus wuyiensis* Chen *et* Shi, 2004（图 7）

Heterospilus wuyiensis Chen *et* Shi, 2004: 80.

雌：体长 3.3 mm；前翅长 2.6 mm；触角长 3.1 mm。

头：触角 23 节；第 1 鞭节长是宽的 5.0 倍，是柄节和梗节总长的 1.0 倍，是第 2 鞭节长的 1.15 倍。头在复眼后方圆钝地收缩；背面观头宽是中长的 1.44 倍；背面观复眼长是上颊长的 2.0 倍；单眼正三角形排列，POL=1.0×OD=0.3×OOL；头顶光滑，具稀疏中等长毛；额光滑，微凹陷；上颊光滑；脸光滑，具中等长度毛；脸宽是脸和唇基总长的 1.93 倍；唇基上方具 2 短沟；唇基近方形，光滑，宽为长的 1.6 倍；口窝圆形；颚眼距是复眼纵径的 0.45 倍；后头脊明显存在。

胸：胸长是高的 2.0 倍；前胸背板槽具短脊；前胸侧板光滑；中胸盾片光滑，沿盾纵沟具稀长毛，从前胸背板水平面垂直升起；盾纵沟深，内具短刻条，后端会合于较宽、粗糙、具纵脊区域；小盾片略突出，光滑，具稀毛；小盾片前凹具 3 纵脊；中胸侧板翅下区具横皱，其余部分光滑；基节前沟光滑；后胸侧板具皱；并胸腹节具明显分区，中纵脊长是并胸腹节长的 0.25 倍，基侧区光滑；中区明显，内具网状皱。

翅：前翅翅痣三角形，长是宽的 3.33 倍；r 脉从翅痣中央伸出，长是翅痣宽的 1.0 倍；3-SR=0.65×2-SR；2-SR 脉弱骨化；SR1 脉伸至翅尖；r-m 脉弱骨化；m-cu 脉后叉；

cu-a 脉后叉；第 1 亚盘室末端开放。后翅 M+CU=1.0×1-M。

足：腿节具肿突；后足基节光滑。

腹：第 1 背板端宽是基宽的 1.65 倍，长是端宽的 1.12 倍，两侧具 2 短侧脊，侧脊间区域光滑，其后背板具纵刻条，中间隆起，两侧平坦；第 2 背板全部具纵刻条，长是端宽的 0.33 倍；其余背板光滑；产卵管长短于腹长。

体色：头黄褐色；前胸黄褐色，胸部其余部分褐色；上颚端部黑色；触角红褐色；须白色；翅烟褐色；足基节黄白色，其余黄褐色；腹部红褐色至褐色，第 5 背板后黄褐色；产卵管红褐色，末端黑色；产卵管鞘褐色。

雄：未知。

生物学：未知。

分布：福建（武夷山）。

附注：根据陈家骅和石全秀（2004）的描述整理，本志研究未见此种标本。模式标本保存于 BIIC。

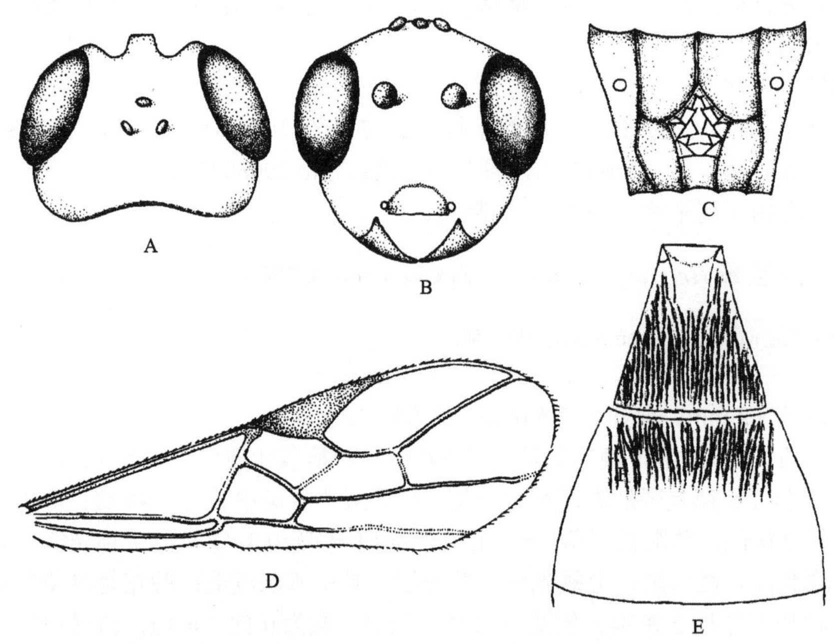

图 7　武夷断脉茧蜂 *Heterospilus wuyiensis* Chen *et* Shi（仿陈家骅和石全秀，2004）

A. 头，背面观；B. 头，前面观；C. 并胸腹节，背面观；D. 前翅；E. 腹部，背面观

16. 合沟茧蜂属 *Hypodoryctes* Kokujev, 1900

Hypodoryctes Kokujev, 1900: 548; Szépligeti, 1904: 70; Fahringer, 1930: 126; Tobias, 1971: 195; Shenefelt *et* Marsh, 1976: 1313; Belokobylskij, 2003a: 185; Belokobylskij *et* Chen, 2004a: 698; Chen *et* Shi, 2004: 22; Belokobylskij *et* Maeto, 2009: 258. **Type species:** *Hypodoryctes sibiricus* Kokujev,

1900; by monotype.

Mixtec Marsh, 1993: 25. **Type species:** *Mixtec whartoni* Marsh, 1993; by monotype. Synonymized by Belokobylskij, 1995a: 166.

形态特征：并胸腹节具缘区，中区很小。前翅 CU1a 脉接近 2-1A 脉。后足基节基腹方常具瘤突。腹部第 1 背板不具柄，具深的背凹；第 2 背板基部多少具 2 条明显的沟（或是颜色不同的带）组成的三角形区，该区端部具柄，与第 2 背板缝分离；第 3 背板近中部多少具明显的横沟；第 1、2 背板完全及第 3 背板至少基半部和第 4、5 背板基部具刻条。

生物学：据记载，寄主有鞘翅目的窃蠹科 Anobiidae、天牛科 Cerambycidae 等。

分布：古北区、东洋区、新热带区。本属全世界已知 11 种，中国已知 9 种，包括本志报道的 1 新种：云南合沟茧蜂，新种 *H. yunnanensis* Tang *et* Chen, sp. nov.。

种 检 索 表

1. 腹部第 2 背板长是基部宽的 0.5–0.8 倍 ··· 2
   腹部第 2 背板长是基部宽的 0.9–1.3 倍 ··· 4
2. 后头脊背方缺；后足腿节长是宽的 2.5–2.6 倍；复眼横径是上颊长的 1.1–1.3 倍；第 1 鞭节长是其端宽的 2.2–2.3 倍；中胸盾片中叶前部稍凸 ··· **坎塔合沟茧蜂 *H. cantata***
   后头脊背方完整；后足腿节长是宽的 2.8–3.5 倍；复眼横径是上颊长的 1.3–2.0 倍；第 1 鞭节长是其端宽的 2.8–3.4 倍；中胸盾片中叶前部明显凸 ··· 3
3. 胸部大部分黑色；中足跗节粗短，中足第 1 跗节长是宽的 3.0–5.0 倍，中足第 2 跗节长是宽的 2.2–3.0 倍；上颊较长，背面观复眼横径是上颊长的 1.3–1.8 倍；第 2 亚缘室长是宽的 2.0–2.8 倍，几乎与第 1 亚盘室等长 ··· **二叶合沟茧蜂 *H. bilobus***
   胸部大部分浅红棕色；中足跗节细长，中足第 1 跗节长是宽的 5.5–6.5 倍，中足第 2 跗节长是宽的 3.0–4.0 倍；上颊较短，背面观复眼横径是上颊长的 1.7–2.0 倍；第 2 亚缘室长是宽的 2.7–3.2 倍，是第 1 亚盘室长的 1.2–1.3 倍 ··· **朗多合沟茧蜂 *H. rondo***
4. 腹部第 1 背板较长，是端宽的 2.5–2.8 倍 ··· 5
   腹部第 1 背板较短，是端宽的 1.6–2.2 倍 ··· 6
5. 后头脊与口后脊在上颚基部处不愈合；腹部第 3 背板无横沟；后足胫节基部黑色 ··· **触合沟茧蜂 *H. tango***
   后头脊与口后脊在上颚基部处愈合；腹部第 3 背板具横沟；后足胫节基部灰白色 ··· **云南合沟茧蜂，新种 *H. yunnanensis* sp. nov.**
6. 产卵管鞘的近端部具较长的白色带，腹部第 3 背板近中部具深且完整的横沟；腹部第 1 背板较长，长是端宽的 2.1–2.2 倍；后足基部基节几乎光滑 ··· **圣利诺合沟茧蜂 *H. serenada***
   产卵管鞘无白色带，腹部第 3 背板近中部多少具浅的、不完整的横沟；腹部第 1 背板较短，长是端宽的 1.6–2.0 倍 ··· 7
7. 背面观中胸盾片前缘陡，与前胸背板水平面几乎垂直，向前凸出明显，前侧面着生毛较密；后足基跗节长是第 2–5 跗节总长的 0.6 倍；第 2 背板沟深 ··· **干合沟茧蜂 *H. torridus***

背面观中胸盾片前缘平缓，与前胸背板水平面成钝角，向前稍凸出，前侧面着生毛较稀疏；后足基跗节长是第 2–5 跗节总长的 0.7–0.9 倍；第 2 背板沟浅，有时不明显 ……………………………… 8

8. 头部自复眼后稍收缩，复眼横径是上颊长的 1.2–1.5 倍；前翅第 2 亚缘室较长，3-SR=0.4–0.6×SR1；腹部第 2 背板具 1 明显的三角形区，其内带清晰的花纹；后足胫节基部烟褐色…………………………………………………………………………………………… **西伯利亚合沟茧蜂 *H. sibiricus***

头部自复眼后明显收缩，复眼横径是上颊长的 1.6–2.0 倍；前翅第 2 亚缘室较短，3-SR=0.3–0.5×SR1；腹部第 2 背板无带有花纹的三角形区；后足胫节基部灰白色………………… **风雅合沟茧蜂 *H. fuga***

(72) 二叶合沟茧蜂 *Hypodoryctes bilobus* (Shestakov, 1940)（图版 XVII: 1）

Doryctes bilobus Shestakov, 1940: 6; Shenefelt *et* Marsh, 1976: 1278.

Doryctodes bilobus: Telenga, 1941: 87.

Hypodoryctes bilobus: Belokobylskij, 1982: 612; 1998b: 58; Belokobylskij *et* Chen, 2004a: 699; Chen *et* Shi, 2004: 22; Belokobylskij *et* Maeto, 2009: 261.

雌：体长 3.8–8.8 mm；前翅长 3.3–6.2 mm。

头：触角 46–63 节；柄节长是宽的 1.4–1.5 倍；鞭节第 1 节长是其端宽的 2.8–3.0 倍，是第 2 鞭节长的 1.2–1.3 倍；倒数第 2 鞭节长是宽的 2.3–2.6 倍，是第 1 鞭节长的 0.5–0.6 倍，是最后 1 鞭节长的 0.8–0.9 倍，最后 1 鞭节具显著尖锐的端刺。头顶着生密绒毛，具细微的稀疏刻点或者几乎光滑，宽是长的 1.4–1.5 倍；背面观上颊自复眼后圆弧形收缩，复眼横径是上颊长的 1.3–1.8 倍；单眼中等大小，后单眼间距是前后单眼间距的 1.2–1.3 倍；POL=0.7–1.0×OD=0.4–0.5×OOL；复眼着生稀疏的毛，纵径是横径的 1.3–1.4 倍；颚眼距是复眼纵径的 0.2–0.3 倍，是上颚基部宽的 0.4–0.6 倍；脸上密布刻点，中间具皱纹，脸宽是复眼高的 0.8–0.9 倍，是脸和唇基总长的 1.2–1.3 倍；颚眼沟浅；唇基下陷圆形，宽几乎与唇基下陷边缘到复眼间距离相等，是脸宽的 0.4–0.5 倍；后头脊背面完整，与口后脊在上颚基部处愈合。

胸：胸长是高的 1.8–1.9 倍；中胸盾片前缘陡，与前胸背板水平面几乎垂直，中叶突出显著，背面观基侧面无肩角，端部具窄且深的中纵沟；中胸盾片密布相当明显的刻点，其基侧部不着生毛，基部中间具窄的皱区；盾纵沟具短刻条；小盾片具细且相当密的刻点；小盾片前凹深且长，具 1–3 脊，其间具皱纹，其长是小盾片长的 0.3 倍；翅下陷很浅，宽，具皱纹；基节前沟很浅，窄，明显钝斜，长是中胸侧板下部全长的 0.6–0.7 倍。并胸腹节具明显的缘区；基侧区大，基部光滑，端部具皱纹，并胸腹节剩余部分具粗糙皱纹；中区短且宽。

翅：前翅长是宽的 3.0–3.3 倍，r 脉从翅痣中部或中部稍后发出，1-R1 脉是翅痣长的 1.3–1.4 倍，3-SR=3.5–4.5×r=0.5–0.6×SR1=1.2–1.5×2-SR；第 2 亚缘室很短，长是宽的 2.0–2.8 倍，是第 1 亚盘室长的 0.90–1.15 倍，是第 1 盘室长的 0.7–0.9 倍；盘室宽，末梢扩大；1-CU1=0.3–0.6×cu-a。后翅 M+CU=1-M；m-cu 脉直，前叉或对叉。

足：中足跗节粗，中足基跗节长是宽的 3.0–5.0 倍，是中足第 2–5 跗节长的 0.7 倍；中足第 2 跗节长是宽的 2.2–3.0 倍；后足基节背面具横皱，侧面具细微且很密的刻点；

后足基节腹面具明显的瘤突，后足腿节长是宽的 3.0–3.6 倍；后足跗节长是后足胫节长的 0.9–1.0 倍；后足基跗节长是后足第 2–5 跗节长的 0.7–0.8 倍，是后足第 2 跗节长的 2.0–2.5 倍。

腹：腹长是头胸总长的 1.0–1.2 倍，腹部第 1 背板、第 2 背板三角形区内具粗糙的、不规则的网皱，第 1 背板常在端部具刻条，第 2 背板剩余部分和第 3 背板基部及侧面具密的纵皱；腹部第 1 背板具明显的背凹，从基部向亚端部明显地成直线加宽，端部稍变窄；第 1 背板基部具 1 小的气门瘤，第 1 背板端宽是其基宽的 1.6–2.0 倍，长是其端宽的 1.4–1.9 倍，是并胸腹节长的 1.4–1.5 倍；腹部第 2 背板具明显且浅的相汇聚的沟，在第 2 背板近端部处汇聚；第 2 背板长是其基宽的 0.7–0.8 倍，与第 3 背板几乎等长；第 2 背板缝深，具弱的侧带，或无；第 3 背板基部 1/3–2/5 具浅的横沟；第 4、5 背板基部具相当密且细的网皱；第 6 背板基部有时具细微的革质皱纹；背板剩余部分光滑；产卵管鞘长是体长的 0.8–1.0 倍，是腹长的 1.5–1.9 倍，是前翅长的 1.0–1.2 倍。

体色：体黑色，腹部第 2 背板缝红色或黄色；触角大部分深红棕色，端部稍浅褐色或几乎黑色；足淡红棕色或是棕黄色，前中足及所有足的转节黄色；腿节背面常较暗；后足胫节常有 1 较长的灰白色区域；跗节红棕色；翅浅烟褐色；翅痣深棕色。

雄：体长 3.7–6.5 mm；前翅长 3.0–4.7 mm。背面观复眼横径是上颊长的 1.1–1.5 倍；后足腿节长是宽的 2.6–2.8 倍；腹部第 2 背板长是其基宽的 0.7–0.9 倍，是第 3 背板长的 1.0–1.2 倍；第 2 背板缝有时很窄，且三角形区较短；后足基节大部分光滑，仅背面具刻条，腹部刻条粗糙，第 6 背板基部具刻条。其他特征与雌虫相似。

生物学：未知。

研究标本(ZJUH)：1♀1♂，浙江天目山，1984.VI.23，1984.VI.25，陈学新，Nos.842622，842340；1♂，浙江西天目山三里亭，1999.IV.30，赵明水，No.999665；1♀，浙江西天目山仙人顶，2003.VII.29，时敏，No.20039412；1♀，浙江西天目山，1984.VII.27，吴晓晶，No.844074；2♀，浙江西天目山仙人顶，1999.VI.20，1999.VII.4，赵明水，Nos.996506，996679；1♂，浙江松阳安岱后，1989.VII.15–17，何俊华，No.893804；1♀，浙江古田山，2005.VII.3，时敏，No.200616394；2♂，浙江古田山，2005.VII.2，张红英，Nos.200616002，200616014；1♀1♂，浙江临安清凉峰，2005.VIII.10，张红英，Nos.200607477，200607475；1♂，浙江临安清凉峰，2005.VIII.10，时敏，No.200607356；1♂，浙江临安清凉峰，2005.VIII.12，时敏，No.200607658；1♀，浙江龙泉凤阳山，2003.VIII.10，刘经贤，No.20048338；1♀，浙江龙泉凤阳山大田坪，2007.VII.28，刘经贤，No.200802759；1♀，安徽岳西，1981.IX.22，杨辅安，No.820520；1♀，河南内乡宝天曼，1998.VII.14，陈学新，No.988653；1♀，湖北神农架千家坪，1982.VIII.26，何俊华，No.825550；1♀，湖南天平山，1981.VI.18，童新旺，No.846493；2♂，广东乳源南岭，2004.VIII.4，许再福，Nos.20049750，20049935；1♂，广东乳源南岭，2003.VII.23，许再福，No.20049140；1♂，广东乳源南岭，2004.V.8，许再福，No.20049403；1♀，广东乳源南岭，2003.VII.25，许再福，No.20054085；1♀，海南鹦哥岭，2008.XI.18，谭江丽，No.200805033；1♂，海南尖峰岭鸣凤谷，2007.X.25，刘经贤，No.200709679；1♂，四川峨眉山，1980.VIII.10，

何俊华，No.802921；1♀1♂，四川王朗自然保护区，2006.VII.26，高智磊，No.200615454，张红英，No.200615381。

分布：吉林（长白山）、河南（宝天曼）、安徽（岳西）、浙江（天目山、安岱后、古田山、清凉峰、凤阳山）、湖北（神农架）、湖南（天平山）、福建（武夷山、连城）、台湾（梅峰、南投、凤山）、广东（南岭）、海南（鹦哥岭、尖峰岭）、四川（王朗、峨眉山）；俄罗斯，朝鲜，韩国，日本。

(73) 坎塔合沟茧蜂 *Hypodoryctes cantata* Belokobylskij *et* Chen, 2004（图 8）

Hypodoryctes cantata Belokobylskij *et* Chen, 2004a: 702; Belokobylskij *et* Maeto, 2009: 266; Bai *et al.*, 2017: 2.

雌：体长 7.2–9.6 mm；前翅长 5.3–7.3 mm。

头：触角 56–64 节，长约为体长的 1.1 倍；柄节长是其最大宽的 1.1–1.2 倍；第 1 鞭节长是端宽的 2.2–2.3 倍，是第 2 鞭节长的 1.1–1.2 倍；头宽是中间长的 1.6–1.7 倍，是中胸盾片宽的 1.0–1.1 倍；额稍凹，光滑；上颊阔，圆形稍隆起，具稀疏细毛点和白色短毛，侧缘的毛点相对稀疏；头顶圆形，光滑光亮，具稀疏细毛点和白色短毛；头部在复眼后强烈收窄；背面观单眼区位于头部中央前方，单眼中等大小，侧单眼后方明显凹陷；POL=0.8–0.9×OD=0.7–0.8×OOL；复眼光滑，在触角窝处微凹，复眼纵径是横径的 1.3–1.4 倍；脸中央均匀稍隆起，上缘在触角窝之间凹陷，具密集细刻点和白色短毛；脸宽为复眼纵径的 0.9–1.0 倍，是颜面和唇基总长的 1.2–1.3 倍；下缘在唇基上方具弱横皱；颚眼距是复眼纵径的 0.2–0.3 倍，是上颚基部宽的 0.8–0.9 倍；唇基基半部光滑，几乎无刻点，端半部具密集细刻点，端缘平截，稍上卷；唇基下陷近圆形；上颚强壮，单齿；后头脊在中央处消失。

胸：胸长是高的 1.9–2.0 倍；前胸背板前缘具密集细刻点和白色短毛；侧凹阔，光滑，具明显粗皱，侧凹后下方具不规则粗皱；中胸盾片具均匀密集的细毛点和白色短毛，中央具粗网状皱；中胸盾片中叶垂直抬高；盾纵沟明显，前部阔且具网状皱，后部几乎伸达中胸盾片中部之后；小盾片前凹阔，具明显中脊，凹内具短皱；小盾片微隆起，具均匀细密的毛点和白色短毛；后小盾片具弱皱；中胸侧板中央圆形稍隆起，中央大部光滑，无刻点，周围具稀细刻点和白色短毛；前翅基下陷宽阔，具粗斜皱和白色短毛；翅基下脊及其前部具密集细毛点和白色短毛；中胸侧凹横沟状；中胸侧板下后方具密集细毛点和白色短毛；基节前沟完整，且深凹，前方较阔；后胸背板上半部具密集细刻点和白色短毛，后方的刻点相对粗，下半部具网状皱和粗皱。并胸腹节圆形稍隆起，脊明显，分区完整；基区靠近中纵脊处光滑，无刻点，其余部分具稀疏细毛点和白色短毛；端区具不规则粗斜皱；外侧区具网状皱；气门小，近圆形。

翅：前翅长为最大宽的 3.6–3.7 倍，翅痣长为其最大宽的 4.0–4.2 倍，r 脉从翅痣前方约 0.4 处伸出；M+CU1 脉几乎直；r-m 脉存在；2-SR=2.2–2.3×r=0.5–0.6×3-SR=0.4–0.5×SR1=1.3–1.4×r-m；1-SR+M 弯曲；1-CU1=0.2×2-CU1；3-CU1=0.5×m-cu。后翅 1-M=0.7–

0.8×M+CU1。

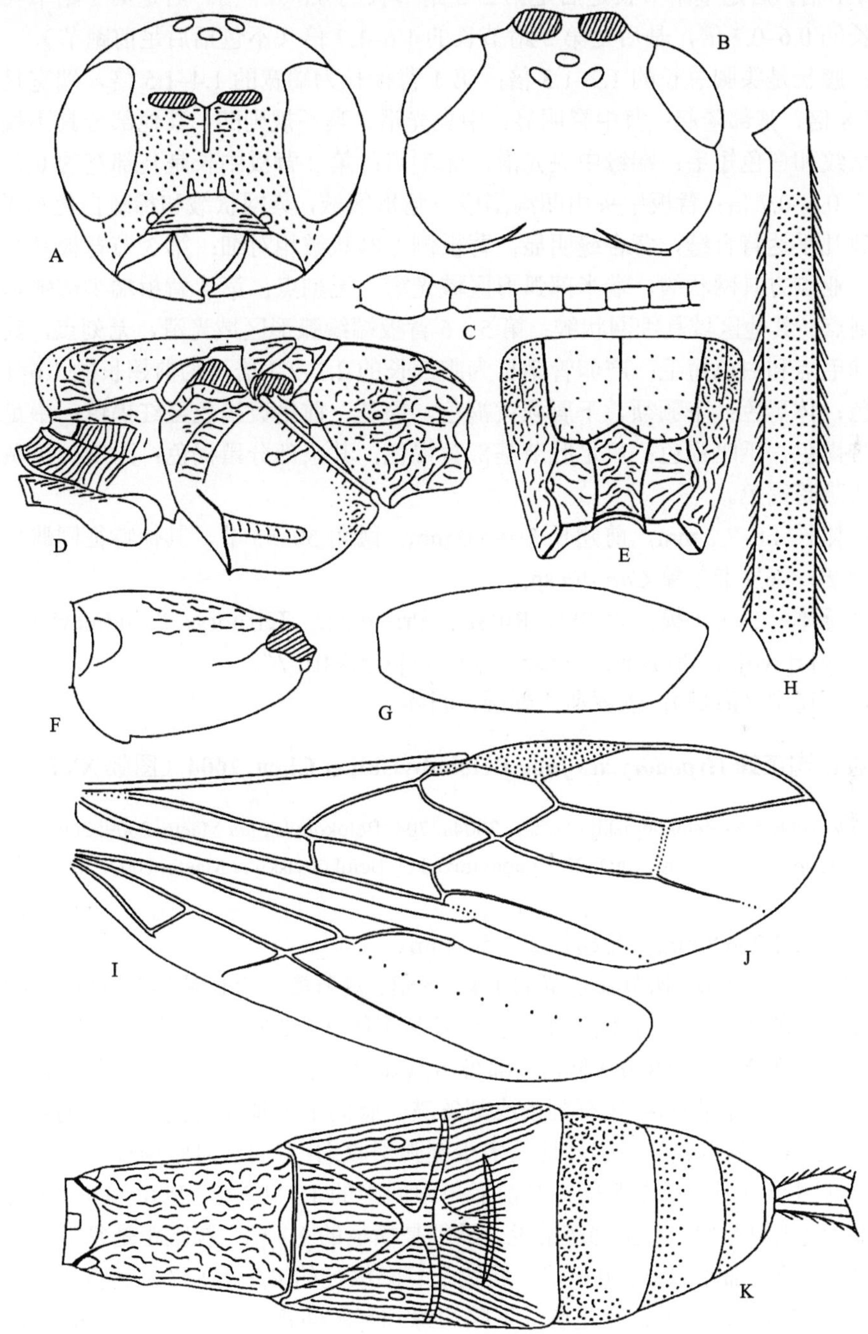

图 8　坎塔合沟茧蜂 *Hypodoryctes cantata* Belokobylskij *et* Chen（仿 Belokobylskij & Chen，2004a）

A. 头，前面观；B. 头，背面观；C. 触角基部，侧面观；D. 胸部，侧面观；E. 并胸腹节，背面观；F. 后足基节，侧面观；G. 后足腿节，侧面观；H. 后足胫节，侧面观；I. 后翅；J. 前翅；K. 腹部，背面观

足：后足基节腹面具瘤突；后足腿节长是宽的 2.5–2.6 倍，后足跗节长是后足胫节长的 1.0–1.1 倍；后足基跗节长是后足第 2–5 跗节长的 0.6–0.7 倍，后足第 2 跗节长是后足基跗节长的 0.6–0.7 倍，是后足第 5 跗节长的 1.6–1.7 倍（不包括后足前跗节）。

腹：腹长是头胸总长的 1.2–1.3 倍；第 1 背板长为端宽的 1.4–1.5 倍，端宽是基部宽的 1.7–1.8 倍，基部隆起；背中脊明显；中央光滑，具不规则凹，其他部分具不规则皱组成的网状纹和白色短毛；端缘中央光滑，无刻点；第 2 背板中长是基部宽的 0.7–0.8 倍，为端宽的 0.6–0.7 倍；背板中央由凹沟围成三角形区域，具网状皱和稀疏白色短毛，凹沟向后收敛几乎达背合缝，背合缝明显；背板侧方网状皱相对细；第 3 节背板基半部中央具纵皱，亚侧方具网状皱，端半部弧形区域光滑，无刻点；第 4 背板端半部弧形区域光滑，无刻点，其他区域具细网状皱；第 5、6 背板端缘弧形区域光滑，无刻点，其余部分具密集细毛点和白色短毛；产卵管鞘长为腹部长的 2.1–2.2 倍，为前翅长的 1.6–1.7 倍。

体色：体黑色；下颚须、下唇须黄褐色。翅基、前足黄褐色至红褐色；中足跗节黄褐色稍带褐色，爪暗褐色；后足胫节基部黄褐色，其余部分黑褐色；跗节、爪黑褐色；翅痣、翅脉暗褐色。

雄：体长 4.8–7.2 mm，前翅长 3.7–5.0 mm。触角 50–55 节。其他特征同雌虫。

生物学：寄生卡尔象 *Carcilia* sp.。

研究标本：♀（正模，ZISP），Russia，Primorskiy Territory："Andreevka，MES，Khasan[skiy] r[ayo]n，Primorie，Kasparyan，[1]978.VIII. 7"。

分布：辽宁（海城）；俄罗斯，韩国，日本。

(74) 风雅合沟茧蜂 *Hypodoryctes fuga* Belokobylskij *et* Chen, 2004（图版 XVII: 2）

Hypodoryctes fuga Belokobylskij *et* Chen, 2004a: 704; Belokobylskij *et* Maeto, 2009: 269.
Ontsira retina Chen *et* Shi, 2004: 33. Synonymized by Belokobylskij *et* Maeto, 2009: 269.

雌：体长 3.2–6.8 mm；前翅长 2.7–5.0 mm。

头：触角 36–50 节；柄节长是宽的 1.4–1.5 倍；鞭节第 1 节长是其端宽的 3.0–3.4 倍，是第 2 鞭节长的 1.1–1.2 倍；倒数第 2 鞭节长是宽的 2.5–2.7 倍，是第 1 鞭节长的 0.5–0.7 倍，是最后 1 鞭节长的 0.8–0.9 倍，端部鞭节具显著细长的端刺。头部几乎光滑，宽是长的 1.4–1.6 倍；额前部 1/4–1/3 有刻条或刻条皱；脸向中央延伸有刻条或是刻条皱，侧面有刻点；背面观上颊自复眼后强烈地且多少圆弧形收缩；背面观复眼横径是上颊长的 1.6–2.0 倍；单眼中等大小，后单眼间距是前后单眼间距的 1.1–1.2 倍；POL=0.9–1.3×OD=0.5–0.7×OOL；复眼纵径短，着生稀疏的毛，纵径是横径的 1.3 倍；颚眼距是复眼纵径的 0.2–0.3 倍，是上颚基部宽的 0.5–0.6 倍；脸宽是复眼纵径的 0.9–1.0 倍，是脸和唇基总长的 1.1–1.3 倍；唇基下陷圆形，宽是唇基下陷边缘到复眼间距离的 1.2 倍，是脸宽的 0.4–0.5 倍；后头脊背面完整，与口后脊在上颚基部处愈合。

胸：胸长是高的 2.0–2.1 倍，中胸盾片着生密且均匀的毛，密布相当明显的刻点；中胸盾片前缘平缓，与前胸背板水平面成钝角，端半部中间具窄的网皱，盾片中叶稍向前凸出，背面观前侧方无肩角，至少在端部 5/6 具明显的中纵沟；盾纵沟基部 1/2 深，端部 1/2 很浅、完整，具短刻条皱；小盾片具细且很密的刻点；小盾前凹深，具 3–5 脊，脊之间常有细微皱，前凹长是小盾片长的 0.3–0.4 倍；翅下区很深，宽，具粗糙的皱纹；基节前沟很深，具短刻条，其长达中胸侧板下部全长的 0.7 倍。并胸腹节基部 1/5–1/2 光滑，常大部分具粗糙的皱纹，具明显的缘区，基侧区大，端部 1/2–4/5 具皱，少数种类大部分光滑；并胸腹节剩余部分具粗糙皱纹；中区短，很宽，长是宽的 1.1–1.3 倍。

翅：前翅长是宽的 3.1–3.4 倍，r 脉从翅痣中部或稍后发出，1-R1 脉是翅痣长的 1.3–1.4 倍，3-SR=2.3–4.0×r=0.3–0.5×SR1=1.0–1.2×2-SR；第 2 亚缘室长是宽的 2.1–2.8 倍，与第 1 亚盘室几乎等长，是第 1 盘室长的 0.7 倍；第 1 亚盘室端部稍变宽；1-CU1=0.3–0.5×cu-a。后翅 M+CU=0.9–1.1×1-M；m-cu 脉稍弯曲，对叉或前叉。

足：中足跗节细长；中足第 1 跗节长是宽的 4.5–5.0 倍，是中足第 2–4 跗节总长的 0.8 倍，中足第 2 跗节长是宽的 3.2 倍；后足基节长是宽的 1.6–1.7 倍，腹面具明显的瘤突，背面具粗糙的横刻条，刻条间常具皱，侧面有刻点皱或刻点；后足腿节长是宽的 2.9–3.2 倍；后足跗节长和后足胫节长几乎相等；后足基跗节长是后足第 2–5 跗节长的 0.8–0.9 倍，后足第 2 跗节长是后足基跗节长的 0.4–0.5 倍，是后足第 5 跗节长的 1.4–1.5 倍；后足第 4 跗节长是宽的 1.7–2.0 倍，是后足第 3 跗节长的 0.6–0.7 倍。

腹：腹长是头胸总长的 1.1–1.2 倍，腹部第 1 背板具大背凹，无明显的气门瘤，基部向端部稍成直线加宽；腹部第 1 背板端宽是其基宽的 1.6–2.0 倍，长是其端宽的 1.7–2.0 倍，是并胸腹节长的 1.4–1.5 倍；腹部第 2 背板无明显的或是在近中部具极浅且相汇聚的沟；第 2 背板长是其基宽的 0.9–1.2 倍，是第 3 背板长的 1.2–1.4 倍；腹部第 1、2 背板完全且很规则地密布均匀的纵刻条，第 3 背板基部 2/5–1/2（除了侧面大部分或完全）密布均匀的纵刻条，刻条间具微皱；第 4 背板且有时第 5 背板基部 1/3–1/2 具密集的纵刻条或斜刻条，有时具微弱的刻条皱；第 2 背板缝浅，很窄，无侧带；第 3 背板近中部具浅且多少明显的横沟；少数种类第 3–5 背板基中部光滑；腹部第 3–5 背板近中部着生 1 窄的横列毛，侧面完全着生毛；产卵管鞘长是体长的 0.9–1.1 倍，是腹长的 1.7–1.9 倍，是前翅长的 1.2–1.5 倍。

体色：体黑色，胸部侧面、中部常深红棕色，有时腹部中央棕黄色，第 3、4 背板红棕色或端半部浅红棕色；触角深红棕色至黑色，基部 2–4 节红棕色或浅红棕色，少数种类深红棕色；翅基片红色；足浅红棕色，有时具暗斑，转节、前中足的基节黄色；后足常较深，有时明显黑色，后足基节黑色或浅红棕色，后足跗节深红棕色至红棕色，少数种类几乎黑色，后足腿节基部黄色；产卵管鞘完全黑色或深红棕色；翅微弱烟褐色，翅痣棕色。

雄：体长 2.8–5.2 mm；前翅长 2.2–3.6 mm。上颊自复眼后较弱地变窄，背面观复眼横径是上颊长的 2.2–3.6 倍；触角 33–48 节，第 1 鞭节长是其端宽的 1.8–2.2 倍。腹部第 2 背板长是其基宽的 1.1–1.3 倍；体型大的标本第 3–5 背板基部 2/3–4/5 具很粗糙的条纹皱，第 6 背板基半部具皱；体型小的标本第 4–6 背板大部分或全部光滑，并胸腹节基区几乎全部光滑；中区窄，长是宽的 1.7–2.0 倍。其他特征与雌虫相似。

生物学：据记载，寄主有鞘翅目的栗山天牛 *Massicus raddei*。

研究标本：1♀（副模，ZJUH），吉林长白山，1993.VIII.4–20，娄巨贤，No.976338；1♀（副模，ZJUH），吉林通化，1994.VIII.1，娄巨贤，No.976741；1♀1♂（副模，ZJUH），吉林龙潭山，1995.VIII.21，娄巨贤，Nos.961935，961687；1♀（副模，ZJUH），浙江西天目山仙人顶，1998.VIII.10，1998.V.30，赵明水，No.994311；1♀（副模，ZJUH），浙江西天目山仙人顶，1998.V.30，赵明水，No.992194；1♀（副模，ZJUH），浙江安吉龙王山，1993.VIII.31，许再福，No.9310228；1♀（副模，ZJUH），浙江安吉龙王山，1993.VIII.31，陈学新，No.939744；1♂（副模，ZJUH），浙江西天目山，1988.V.17–18，徐伟良，No.885944；1♀（副模，ZJUH），浙江天目山，1987.IX.4，陈学新，No.877090；1♀（副模，ZJUH），福建武夷山大竹岚，1983.VII.31，何俊华，No.832389；1♀7♂（副模，ZJUH），河南内乡宝天曼，1998.VII.14，陈学新，Nos. 988586，988721，988711，988658，988330，988575，988621，988324；1♀1♂（副模，ZJUH），河南内乡宝天曼，1998.VII.15，陈学新，Nos.989091，989030；1♂（副模，ZJUH），河南内乡宝天曼，1998.VII.15，马云，No.986501；1♀（副模，ZJUH），河南栾川龙裕湾，1996.VII.14，蔡平，No.972427；1♀（副模，ZJUH），河南卢氏县，1996.VIII.24，蔡平，No.973277；1♀（副模，ZJUH），贵州梵净山金顶，1993.VII.12，陈学新，No.937958；1♂（副模，ZJUH），陕西火地塘板桥沟，1998.VI.5，马云，No.982386。ZJUH：1♀，浙江松阳安岱后，1989.VII.15–17，何俊华，No894258；1♀，浙江西天目山仙人顶，1999.VIII.17，杨雅芬，No.997392；1♀，贵州习水长嵌沟，2000.IX.25，马云，No.200102522。

分布：吉林（长白山、龙潭山、通化）、辽宁（宽甸）、河南（宝天曼、龙裕湾、卢氏）、陕西（火地塘）、浙江（天目山、龙王山、安岱后）、福建（武夷山）、台湾（南投）、贵州（梵净山、习水）；俄罗斯，朝鲜，韩国，日本，越南。

(75) 朗多合沟茧蜂 *Hypodoryctes rondo* Belokobylskij *et* Chen, 2004（图版 XVII: 3）

Hypodoryctes rondo Belokobylskij *et* Chen, 2004a: 709; Belokobylskij *et* Maeto, 2009: 274.

雌：体长 3.5–6.6 mm；前翅长 3.2–5.0 mm。

头：触角大于 50 节；柄节长是宽的 1.4–1.6 倍；鞭节第 1 节长是其端宽的 3.0–3.4 倍，是第 2 鞭节长的 1.2 倍；倒数第 2 鞭节长是宽的 2.3–2.5 倍；头部大部分光滑，宽是中间长的 1.5–1.7 倍；背面观上颊自复眼后明显地圆弧形收缩；背面观复眼横径是上颊长的 1.7–2.0 倍；单眼中等大小，后单眼间距是前后单眼间距的 1.1–1.2 倍；POL=0.7–0.8×OD=0.4–0.5×OOL；复眼光滑，纵径是横径的 1.2–1.3 倍；颚眼距是复眼纵径的 0.2–0.3 倍，是上颚基部宽的 0.5–0.6 倍；脸中部具密刻点，中部有皱纹，脸宽是复眼纵径的 0.8–0.9 倍，是脸与唇基总长的 1.2 倍；唇基下陷圆形，宽是唇基下陷边缘至复眼间距离的 1.0–1.3 倍，是脸宽的 0.5 倍；后头脊背面完整，与口后脊在上颚基部处愈合。

胸：胸长是高的 1.8–1.9 倍，中胸盾片密布细微的刻点，端半部中央具窄的网皱，中胸盾片前缘陡，与前胸背板水平面几乎垂直，着生密且均匀的毛，中胸盾片中叶向前凸出不强烈，端部具明显的中纵沟，基部边缘无肩角（背面观）；盾纵沟深、完整，具短刻皱。小盾片具稀疏且很细的刻点或几乎光滑；小盾片前凹深，具 3–5 个明显的脊，脊之间具细微的皱或几乎光滑，其长是小盾片长的 0.3–0.4 倍；翅下凹很浅，窄，具皱纹；基节前沟深，具稀疏的短刻条，长达中胸侧板下部全长的 0.7 倍。并胸腹节基部光滑，端部具皱纹或具稀疏皱纹；具明显的缘区，基侧区大；中区短、很宽。

翅：前翅长是宽的 3.0–3.3 倍，r 脉几乎从翅痣中部发出，1-R1 脉是翅痣长的 1.2–1.4 倍，3-SR=3.7–5.0×r=0.6–0.7×SR1=1.5–1.8×2-SR；第 2 亚缘室中等大小，长是宽的 2.7–3.2 倍，是第 1 亚盘室长的 1.2–1.3 倍；第 1 亚盘室端部稍变宽；1-CU1=0.5×cu-a。后翅 M+CU=1.0–1.2×1-M；m-cu 脉直且斜，对叉或前叉。

足：中足跗节细长，中足基跗节长是宽的 5.5–6.5 倍，是中足第 2–5 跗节长的 5.5–6.5 倍；中足第 2 跗节长是宽的 3.0–4.0 倍；后足基节背面具横刻条，侧面具很深且很密的刻点；后足腿节长是宽的 3.0–3.5 倍；后足跗节长是后足胫节长的 0.8–0.9 倍，后足基跗节长是后足第 2–5 跗节长的 0.7–0.8 倍；是后足第 2 跗节长的 2.0–2.5 倍。

腹：腹长是头胸总长的 1.1–1.2 倍，腹部第 1 背板基部具大背凹，无气门瘤，基部向端部稍成直线加宽；腹部第 1 背板长是其端宽的 1.4–1.5 倍，是并胸腹节长的 1.4–1.5 倍；腹部第 2 背板具 2 条很明显的且很深的相汇聚的沟，在近端部处愈合；第 2 背板长是其基部的 0.5–0.8 倍，是第 3 背板长的 0.9–1.1 倍；腹部第 1–3 背板基部多少具波浪形或线形刻条，第 1 背板中部密布皱纹；第 2 背板缝深，很宽，稍弯曲；第 3 背板基部具很深且不完整的横沟；第 4–6 背板基部 1/4–1/2 具密集皱和刻点（侧面具刻条）；产卵管鞘长是体长的 1.0–1.2 倍，是腹长的 2.0–2.5 倍，是胸长的 2.2–3.3 倍，是前翅长的 1.1–1.3 倍。

体色：头部红棕色或深红棕色；胸部浅红棕色，有时小盾片、后胸背板和并胸腹节后半部颜色深；腹部深红棕色至黑色，第 2、3 背板近中部黄棕色，第 2 背板合沟之间和第 2 背板缝棕黄色或黄色；触角黑色或红棕色；翅基片浅黄色或黄色；后足跗节深红棕色，后足胫节基部和端部浅褐色；产卵管鞘红棕色或深红棕色，端部几乎黑色；翅浅烟褐色，翅痣棕色。

雄：未知。

生物学：未知。

研究标本：1♀（副模，ZJUH），浙江松阳，1989.VIII.14，何俊华，No.895504；1♀（副模，ZJUH），云南屏边大围山保护区，2003.VII.18，陆佳，No.20045422。

分布：浙江（松阳）、云南（大围山）；日本，越南。

(76) 圣利诺合沟茧蜂 *Hypodoryctes serenada* Belokobylskij *et* Chen, 2004（图版 XVII: 4）

Hypodoryctes serenada Belokobylskij *et* Chen, 2004a: 710.

雌：体长 8.0–11.0 mm；前翅长 6.0–7.6 mm。

头：触角 66–69 节，是体长的 1.4–1.5 倍；柄节长是宽的 1.4–1.6 倍；鞭节第 1 节长是其端宽的 2.7–3.2 倍，是第 2 鞭节长的 1.1–1.2 倍；端部鞭节具明显且细长的端刺。头部几乎光滑，其宽是长的 1.4–1.5 倍；额前部 1/4–2/3 处常具皱和刻点，背面观上颊自复眼后明显地圆弧形收缩；背面观复眼横径是上颊长的 1.2–1.4 倍；单眼中等大小，后单眼间距是前后单眼间距的 1.2 倍；POL=0.7–0.9×OD=0.5–0.6×OOL；复眼光滑，纵径是横径的 1.3 倍；颚眼距是复眼纵径的 0.2–0.3 倍，是上颚基部宽的 0.5–0.7 倍；脸中部密布刻点，脸宽是复眼纵径的 0.8–0.9 倍，是脸和唇基总长的 1.2–1.3 倍；唇基下陷圆形，宽是唇基下陷边缘到复眼间距离的 1.2–1.4 倍，是脸宽的 0.4–0.5 倍；后头脊背面完整，与口后脊在上颚基部之上愈合。

胸：胸长是高的 2.0–2.2 倍，中胸盾片着生密毛，沿着盾纵沟基部 1/3 着生密毛，中胸盾片前缘陡，与前胸背板水平面几乎垂直，端半部中央具窄的网皱，盾片中叶向前凸出明显，端部 1/2–2/3 多少具明显的中纵沟，背面观无肩角；盾纵沟基半部深，端半部很浅、完整、具皱；小盾片具稀疏且很细的刻点或几乎光滑，小盾片前凹深，具细微的中脊，脊之间具微皱，其长是小盾片长的 0.2–0.3 倍，翅下区很深、宽、具条纹；基节前沟深、窄且具短刻条，端部光滑，长达中胸侧板下部全长的 0.8 倍；后胸侧板大部分光滑，下凸缘宽、很短、端部圆形。并胸腹节基部 3/5 光滑，端部 2/5 具稀疏的皱纹；具明显的缘区，基侧区大；中区短、很宽。

翅：前翅长是宽的 3.3–3.6 倍，r 脉几乎从翅痣中部发出，1-R1 脉是翅痣长的 1.4–1.5 倍，3-SR=2.8–3.5×r=0.5–0.6×SR1=1.3–1.5×2-SR；第 2 亚缘室中等大小，长是宽的 2.5–2.6 倍，是第 1 亚盘室长的 0.9–1.1 倍，是第 1 盘室长的 0.6–0.7 倍；第 1 亚盘室端部稍变宽；1-CU1=0.4–0.6×cu-a。后翅 M+CU=0.9–1.0×1-M；m-cu 脉直、前叉。

足：中足跗节很细长；中足基跗节长是宽的 5.0–6.0 倍，是中足第 2–4 跗节总长的 0.9–1.0 倍；中足第 2 跗节长是宽的 3.0–3.5 倍；后足基节光滑，腹面具很明显的瘤突，长是宽的 1.7–2.0 倍，背面具细微的横刻条；后足腿节长是宽的 3.3–3.5 倍；后足跗节长是后足胫节长的 1.1 倍；后足基跗节长是后足第 2–5 跗节长的 0.9–1.0 倍；后足第 2 跗节是后足基跗节长的 0.4 倍，是后足第 5 跗节长的 1.7 倍；后足第 4 跗节长是宽的 1.7–2.0 倍，是后足第 3 跗节长的 0.6–0.7 倍。

腹：腹长是头胸总长的 1.2–1.3 倍；腹部第 1 背板具大背凹，基部 1/4 具小的气门瘤，基部向端部稍成直线加宽；腹部第 1 背板端宽是其基宽的 1.8–2.0 倍，其长是端宽的 2.1–2.2 倍，是并胸腹节长的 1.7–2.0 倍；腹部第 2 背板具 2 条明显且很深的相汇聚的沟，在端部 3/5–7/10 愈合；第 2 背板长是其基宽的 0.9–1.1 倍，是第 3 背板长的 1.1–1.2 倍；第 2 背板缝深，很宽；第 3 背板近中部具很深且完整的横沟；腹部第 1–3 背板基部 3/4（除了侧面）多少具波浪形或线形刻条，第 1 背板中部、少数第 1 背板全部及第 2 背板合沟之间密布皱，第 3–5 背板基部着生密且短的毛，侧面着生密毛，端部中间 1/5–1/2 不着生毛；第 4–6 背板基部 1/3–1/2 具皱和刻点；产卵管鞘长与体长几乎相等，是腹长的 2.0 倍，是胸长的 3.0–3.2 倍，是前翅长的 1.4–1.6 倍。

体色：黑色，有时部分红色；第 2 背板合沟之间及第 2 背板缝棕黄色；有时腹部端半部浅红棕色；触角完全黑色或红棕色；翅基片黄色；足红棕色或浅红棕色，后足常较暗，后足胫节和跗节深红棕色，后足胫节基部黑色；前中足基节至少基半部或完全及前足转节黄色；产卵管鞘黑色，近端部具 1 长的白色带；翅浅烟褐色，翅痣棕色。

雄：体长 4.6–9.2 mm；前翅长 3.4–6.1 mm。触角粗，第 1 鞭节长是端宽的 2.0–2.5 倍；后足基节腹面基部常具弱瘤突；腹部第 1 背板端部稍加宽，端宽是其基宽的 1.4–1.5 倍；腹部第 2 背板长是其基宽的 1.1–1.2 倍，第 2 背板沟在端部 3/5 处愈合；第 4–6 背板基部具明显且强烈凸的半圆形沟，大部分具粗糙的皱纹；后足常棕黄色或有时黄色。其他特征与雌虫相似。

生物学：未知。

研究标本：♀（正模，ZJUH），浙江天目山，1983.VI.18，马云，No.830974；1♂（副模，ZJUH），浙江开化古田山，1992.VIII.21，吴鸿，No.948963；1♂（副模，ZJUH），浙江开化古田山，1994.IX.27，何俊华，No.948675；1♂（副模，ZJUH），浙江古田山，1986.VII.22，楼晓明，No.863380；1♂（副模，ZJUH），浙江庆元百山祖，1994.VII.19，吴鸿，No.946859；1♀（副模，ZJUH），浙江西天目山，1984.VII.31，沈立荣，No.843832；1♂（副模，ZJUH），浙江松阳安岱后，1989.VII.15–17，何俊华，No.893853；1♀（副模，ZJUH），福建挂墩，1982.VII.3，江凡，No.20003704。ZJUH：1♀，浙江古田山，2005.VII.3，时敏，No.200316405；1♀，浙江临安清凉峰，2005.VIII.12，张红英，No.200607693；1♂，广东乳源南岭，2004.VIII.4，许再福，No.20049961；（SEMCAS）：1♀，浙江庆元百山祖，1050 公尺[①]，1963.VII.25，金根桃，No.34021310。

分布：浙江（天目山、安岱后、古田山、清凉峰、百山祖）、福建（武夷山）、台湾（凤山）、广东（南岭）；越南。

(77) 西伯利亚合沟茧蜂 *Hypodoryctes sibiricus* Kokujev, 1900（图版 XVIII: 1）

Hypodoryctes sibiricus Kokujev, 1900: 548; Fahringer, 1930: 127; Telenga, 1941: 70; Watanabe, 1951a: 96; Tobias, 1971: 195; Shenefelt *et* Marsh, 1976: 1313; Fischer, 1981b: 249; Belokobylskij *et* Tobias, 1986: 41; Belokobylskij, 1996: 171; 1998b: 58; 2003a: 185; Belokobylskij *et* Chen, 2004a: 712; Chen *et* Shi, 2004: 23; Belokobylskij *et* Maeto, 2009: 277.

Mixtec whartoni Marsh, 1993: 25. Synonymized by Belokobylskij, 1995a: 166.

雌：体长 2.6–8.3 mm；前翅长 2.2–6.0 mm。

头：触角 30–61 节，是体长的 1.2–1.3 倍；柄节长是宽的 1.3–1.5 倍；鞭节第 1 节长是其端宽的 3.0–3.5 倍，是第 2 鞭节长的 1.1–1.2 倍；倒数第 2 鞭节长是宽的 2.5–3.0 倍，是第 1 鞭节长的 0.6–0.9 倍，是最后 1 鞭节长的 0.8–0.9 倍；端部鞭节具细长的端刺。头部几乎光滑，宽是长的 1.3–1.5 倍；背面观上颊自复眼后稍弧形收缩；额前部 1/3–1/2 或有时全部具刻条或皱刻条，少数种类完全光滑；背面观复眼横径是上颊长的 1.2–1.5 倍；单眼中等大小，后单眼间距是前后单眼间距的 1.10–1.15 倍；POL=0.6–1.0×OD=0.4–0.6×OOL；复眼光滑或着生稀疏且短的刚毛；复眼纵径是横径的 1.2–1.3 倍；颚眼距是复眼纵径的 0.25–0.30 倍，是上颚基部宽的 0.5–0.6 倍；脸至少近中部具密布颗粒的皱刻条，

① 1 公尺=1 m。

侧面光滑；脸宽是复眼纵径的 0.9–1.0 倍，是脸和唇基总长的 1.1–1.2 倍；颚眼沟浅；唇基下陷圆形，宽是唇基下陷边缘到复眼间距离的 1.0–1.1 倍，是脸宽的 0.4–0.5 倍；后头脊背面完整，与口后脊在上颚基部之上愈合。

胸：胸长是高的 1.9–2.0 倍；中胸盾片具明显的刻点，着生密毛，基部具颗粒，基部侧面不着生毛，端半部中央具窄的皱；中胸盾片前缘平缓，与前胸背板水平面成钝角，盾片中叶向前稍凸出，背面观无明显的肩角，端部 1/2–2/3 多少具明显的中纵沟；盾纵沟深，但是端部 1/3 浅、完整、具短刻皱；小盾片具很密的刻点；小盾片前凹深，具 3–5 脊，具稀疏或很密的皱纹，其长是小盾片长的 0.3–0.4 倍；翅下区很浅、很窄，具稀疏的短刻条；基节前沟深且窄，具短刻条，端部光滑，长达中胸侧板下部长的 7/10–3/4；后胸侧板大部分光滑，下凸缘很窄、很长、端部圆形。并胸腹节基部 3/5 光滑，端部 2/5 具稀疏的皱纹，具明显的缘区，基侧区大部分光滑或有时端部和侧面具皱，其余部分具细微的颗粒或革质；中区短、很窄，长是宽的 1.2–1.5 倍。

翅：前翅长是最大宽的 2.9–3.5 倍，r 脉几乎从翅痣中部或中部稍前伸出，1-R1 脉是翅痣长的 1.25–1.40 倍；3-SR=2.5–3.5×r=0.4–0.6×SR1=1.3–1.5×2-SR；第 2 亚缘室中等大小，长是宽的 2.5–3.0 倍，是第 1 亚盘室长的 0.9–1.1 倍，是第 1 盘室长的 0.7–0.8 倍；1-CU1=0.2–0.5×cu-a。后翅 M+CU=0.9–1.1×1-M；m-cu 脉稍弯曲、前叉或对叉。

足：中足跗节较细长，中足基跗节长是宽的 5.5 倍，是中足第 2–4 跗节总长的 0.8–0.9 倍；中足第 2 跗节长是宽的 3.5–4.0 倍；后足基节腹面具很明显的瘤突，后足基节长是宽的 1.7–2.0 倍，背面具横的皱刻条，密布刻点，侧面有具刻点的皱或几乎光滑；后足腿节长是宽的 3.3–3.7 倍；后足跗节长是胫节长的 1.0–1.1 倍；后足基跗节长是后足第 2–5 跗节长的 0.7–0.8 倍；后足第 2 跗节是基跗节长的 0.4–0.5 倍，是后足第 5 跗节长的 1.3–1.6 倍；后足第 4 跗节长是宽的 2.0–2.2 倍，是后足第 3 跗节长的 0.50–0.55 倍。

腹：腹长是头胸总长的 1.1–1.2 倍；腹部第 1 背板具大背凹，基部 1/3 具小的气门瘤，基部向端部很明显地几乎成直线加宽；腹部第 1 背板端宽是其基宽的 1.7–2.0 倍，其长是端宽的 1.6–2.0 倍，是并胸腹节长的 1.6–1.8 倍；腹部第 2 背板具 2 条浅的、很深的相汇聚的沟，该沟在第 2 背板端部 1/2–3/5 处愈合；第 2 背板长是其基宽的 0.9–1.2 倍，是第 3 背板长的 1.1–1.2 倍；第 2 背板缝很深；第 3 背板近中部具浅且不完整的横沟；腹部第 1 背板密布粗糙的皱刻条，第 2、3 背板基部 1/3–1/2（除了侧面基部 4/5–5/6）及第 4 背板基部 1/3–1/2 具多的网皱，部分具刻条，第 5 背板基部具密集刻点；有时第 2 背板的端半部和第 3 背板中部具微弱刻条或几乎光滑；第 3–5 腹部背板近中部具横刻条，侧面着生密刚毛，有时基部和端半部不着生毛；产卵管鞘长是体长的 0.8–1.1 倍，是腹长的 1.6–1.8 倍，是胸长的 2.3–3.0 倍，是前翅长的 1.0–1.5 倍。

体色：体黑色，有红斑，或者少数完全红棕色；腹部中央红棕色或浅红棕色，少数种类几乎黄色；有时腹部第 2 背板沟附近具宽条纹，以及沿着第 2 背板缝黄色或浅棕色；触角黑色或少数种类红棕色，基部 2、3 节浅红棕色或红棕色，但有时几乎黑色，有红色的边缘；足浅棕色或浅红棕色，前足基节及所有转节黄色；跗节（特别是后足跗节）、后足胫节基部及后足腿节背面或几乎完全变暗，有时深红棕色至黑色；少数种类前中足腿节至少背面、后足腿节及基节几乎完全深红棕色（有时黑色）或红棕色，有时几乎所有的足浅棕色；翅浅烟褐色，翅痣深棕色。

雄：体长 2.0–6.2 mm；前翅长 1.6–4.5 mm；上颊有时明显凸起；触角第 1 鞭节长是宽的 2.2–2.7 倍；后足腿节长是宽的 2.7–3.3 倍；第 2 背板长是其基宽的 1.1–1.4 倍；腹部刻条细且小型标本几乎无刻条，少数种类第 2 背板端部光滑；第 3–5 背板中部 1 较宽的区域着生毛，后足胫节基部灰白色或稍烟褐色；第 2 背板颜色常深。其他特征与雌虫相似。

生物学：未知。

研究标本：3♀8♂（ZISP），Japan：South Honshu，Hyogo Prefecture，Kobe，Rokko Mts，Maya Mt.，forest，S. Belokobylskij，2005.VIII.28，2005.IX.18、24、25，2005.X.16。1♂（ZJUH），浙江西天目山，1990.VI.2–4，娄永根，No.900872；1♂（ZJUH），浙江西天目山，1988.V.17–18，徐伟良，No.885953；1♂（ZJUH），浙江西天目山，1998.VII.3，赵明水，No.20000159；1♂（ZJUH），广东乳源南岭，2003.VII.23，许再福，No.20049253。

分布：浙江（天目山）、台湾（雾社、梅峰、南投、翠峰）、广东（南岭）；俄罗斯，朝鲜，韩国，日本，哈萨克斯坦，缅甸，越南，欧洲，墨西哥，洪都拉斯，哥斯达黎加。

(78) 触合沟茧蜂 *Hypodoryctes tango* Belokobylskij *et* Chen, 2004（图版 XVIII: 2）

Hypodoryctes tango Belokobylskij *et* Chen, 2004a: 716.

雌：体长 8.7–10.4 mm；前翅长 5.6–7.5 mm。

头：触角大于 57 节；柄节长是宽的 1.3–1.5 倍；鞭节第 1 节长是其端宽的 2.5–2.8 倍，是第 2 鞭节长的 1.1–1.2 倍；头顶和上颊光滑；头宽是长的 1.3–1.4 倍；背面观上颊自复眼后圆弧形收缩；背面观复眼横径是上颊长的 1.2–1.4 倍；单眼中等大小；POL=OD=0.4–0.7×OOL；复眼光滑，纵径是横径的 1.2–1.3 倍；颚眼距是复眼高的 0.1–0.3 倍，是上颚基部宽的 0.4–0.5 倍；脸中间有明显的宽刻条，侧面具明显的刻点；脸宽是复眼纵径的 0.7–0.9 倍，是脸和唇基总长的 1.0–1.2 倍；颚眼沟缺，唇基下陷圆形，宽是唇基下陷边缘到复眼间距离的 1.2 倍，是脸宽的 0.5 倍；后头脊背面完整，与口后脊在上颚基部处不愈合。

胸：胸长是高的 2.1–2.4 倍，中胸盾片前缘陡，与前胸背板水平面几乎垂直，着生密且均匀的毛，具密且很细的刻点，无颗粒，端部中央具很窄的皱区；中胸盾片中叶向前明显地凸出，在端半部具明显的中纵沟，背面观基部无明显的肩角；盾纵沟完整、具粗糙的短刻条；小盾片具明显且很密的刻点；小盾片前凹深，具 3 个明显的脊，脊之间具细微的皱，前凹长约为小盾片长的 0.3 倍；基节前沟深，基部具短刻条，端部光滑，稍弯，长达中胸侧板下部全长的 0.7 倍；后胸侧板大部分光滑，下凸缘宽、很长、端部圆形。并胸腹节具明显的缘区，基侧区基半部光滑，端半部具粗糙的网皱；中区短，宽。

翅：前翅长是宽的 4.0–4.3 倍，r 脉几乎从翅痣中部发出；1-R1 脉是翅痣长的 1.3–1.5 倍；3-SR=2.9–3.1×r=0.6–0.9×SR1=1.9–2.2×2-SR；第 2 亚缘室长，长是宽的 3.4–3.7 倍，是第 1 亚盘室长的 1.0–1.4 倍；第 1 亚盘室端部稍变宽；1-CU1=0.4×cu-a。后翅 M+CU=1.2×

1-M；m-cu 脉直、斜、稍前叉。

足：后足基节腹面基部具小的、但很明显的瘤突。后足腿节长是宽的 3.4–3.5 倍；后足跗节长与后足胫节长几乎相等；后足基跗节长与后足第 2–5 跗节长几乎相等；后足第 2 跗节是后足基跗节长的 0.4–0.5 倍。

腹：腹长是头胸总长的 1.2–1.4 倍；腹部第 1 背板具大背凹，基部具小的气门瘤，基部向端部稍成直线加宽。腹部第 1 背板长是端宽的 2.5–2.8 倍；腹部第 2 背板具 2 条深的、相汇聚的沟，两沟在第 2 背板近端部处愈合；第 2 背板的长与其基宽相等，与第 3 背板等长；第 2 背板缝深、很窄；第 3 背板基部无横沟；腹部第 1 背板密布粗糙的网皱，第 2 背板密布粗糙的刻条，刻条间具皱，刻条中间宽，侧面窄；第 3、4 背板基部密布小的网皱；腹部背板剩余部分光滑；第 5、6 背板基部具细微的刻点；产卵管鞘长是体长的 1.0–1.3 倍，是腹长的 1.9–2.2 倍，是胸长的 3.2–3.4 倍，是前翅长的 1.5–1.6 倍。

体色：体黑色，并胸腹节和腹部深红棕色；触角深红棕色至黑色；足红棕色；转节黄色；前中足胫节端部及前中足跗节浅红棕色；后足跗节红棕色；所有足的胫节基部黑色；产卵管鞘几乎黑色；翅浅烟褐色，翅痣深棕色。

雄：未知。

生物学：未知。

研究标本：♀（正模，ZJUH），福建武夷山三岗，1982.IX.30，汪家社，No.854227；1♀，浙江临安清凉峰，2005.VIII.12，张红英，No.200607702；1♀，浙江西天目山，2010.VII.1–3，陈晓宇，No.201500001（ZJUH）。

分布：浙江（清凉峰、西天目山）、福建（武夷山）。

(79) 干合沟茧蜂 *Hypodoryctes torridus* Papp, 1987（图版 XVIII: 3）

Hypodoryctes torridus Papp, 1987: 161; Belokobylskij, 1990b: 36; 1998b: 58; Belokobylskij *et* Chen, 2004a: 718; Chen *et* Shi, 2004: 23.

雌：体长 8.5 mm；前翅长 5.3 mm。

头：触角 62 节，是体长的 1.1 倍；柄节长是宽的 1.5 倍；鞭节第 1 节长是其端宽的 2.8 倍，是第 2 鞭节长的 1.1 倍；端部鞭节具明显且尖锐的端刺。头顶几乎全部着生密毛；头部大部分光滑，宽是长的 1.3 倍；背面观上颊自复眼圆弧形收缩；背面观复眼横径是上颊长的 1.3 倍；单眼中等大小，后单眼间距是前后单眼间距的 1.3 倍；POL=1.0×OD=0.5×OOL；复眼着生短而稀疏的毛，复眼纵径是横径的 1.3 倍；颚眼距是复眼纵径的 0.3 倍，是上颚基部宽的 0.5 倍；脸宽是复眼纵径的 0.8 倍，是脸和唇基总长的 1.3 倍；颚眼沟多少明显；唇基下陷圆形，宽是唇基下陷边缘到复眼间距离的 1.2 倍，是脸宽的 0.5 倍；后头脊背面完整，与口后脊在上颚基部处愈合。

胸：胸长是高的 2.1 倍；中胸盾片前缘陡，与前胸背板水平面几乎垂直，密布很细的刻点，端半部中央具宽的皱纹区。中胸盾片中叶向前凸出明显，背面观基部多少具明显的侧角，端部具中纵沟；小盾片具细且很密的刻点；小盾片前凹深、很短，具 3–5 个脊，前凹长是小盾片长的 0.3 倍；基节前沟深，窄，具短刻条，稍弯，长达中胸侧板下部全长的 0.6 倍。并胸腹节具明显的缘区，基侧区大，基部光滑，端部具有刻点的皱纹；中区短、宽。

翅：前翅长是宽的 3.7 倍，r 脉从翅痣中部稍前发出；1-R1 脉是翅痣长的 1.2 倍；3-SR=3.9×r=0.7×SR1=1.5×2-SR；第 2 亚缘室很长，长是宽的 3.0 倍，是第 1 亚盘室长的 1.1 倍；1-CU1=0.3×cu-a。后翅 M+CU=1.3×1-M；m-cu 脉多少直、前叉或对叉。

足：后足基节腹面具很明显的瘤突，背面具有刻点的横纹，侧面具很明显且很稀疏的刻点；后足腿节长是宽的 3.1 倍；后足跗节长是胫节长的 0.9 倍；后足基跗节长是第 2–5 跗节总长的 0.6 倍，是第 2 跗节长的 2.0 倍。

腹：腹长是头胸总长的 1.2 倍；腹部第 1 背板具大背凹，基部具小的气门瘤，基部向端部稍成直线加宽；腹部第 1 背板长是宽的 1.8 倍；腹部第 2 背板具 2 条深的、相汇聚的沟，两沟在第 2 背板缝之前愈合；第 2 背板长是基宽的 1.0 倍，是第 3 背板长的 1.2 倍；第 2 背板缝深、宽，侧面稍弯曲；第 3 背板基部多少具浅的、不完整的、稍弯曲的横沟；腹部第 1 背板全部及第 2 背板中部密布粗糙的网皱，第 2 背板剩余部分及第 3、4 背板（除端部）密布纵条纹；第 5 背板基部有具刻点的皱纹，基部具细微的横纹；第 5 背板以后的背板光滑；产卵管鞘长是体长的 1.1–1.2 倍，是腹长的 1.9–2.1 倍，是胸长的 3.4–3.7 倍，是前翅长的 1.4–1.7 倍。

体色：体黑色至深红棕色；胸部有时侧面红色；第 2 背板合沟和第 2 背板缝红色或浅红棕色；触角完全黑色或深红棕色；足浅红棕色，前中足基部黄色；跗节较暗；后足胫节基部具 1 黄色段或整个基部浅棕色，大部分几乎黑色或深红棕色；后足跗节深红棕色；翅浅烟褐色，翅痣深棕色。

雄：未知。

生物学：未知。

研究标本（ZJUH）：1♀，浙江清凉峰，2005.VIII.8–12，时敏，No.200607300；1♀，陕西太白山，1982.X.15，考察组，No.200012040。

分布：陕西（太白山）、浙江（清凉峰）、福建（武夷山）、台湾；俄罗斯，朝鲜，韩国，日本，越南。

(80) 云南合沟茧蜂，新种 *Hypodoryctes yunnanensis* Tang *et* Chen, sp. nov.（图版 XVIII: 4）

雌：体长 5.0–5.4 mm；前翅长 4.2–4.4 mm。

头：触角 46 节；柄节长是宽的 1.5 倍；鞭节第 1 节长是其端宽的 3.0 倍，是第 2 鞭节长的 1.0 倍；倒数第 2 鞭节长是宽的 1.8 倍，是最后 1 鞭节长的 0.7 倍；端部鞭节具明显且尖锐的端刺。头顶具明显刻点，侧方具微弱刻条；头宽是长的 1.2 倍；背面观上颊自复眼圆弧形收缩；背面观复眼横径是上颊长的 1.8 倍；单眼中等大小，后单眼间距是前后单眼间距的 1.2 倍；POL=1.7×OD=0.6×OOL；复眼光滑，复眼纵径是横径的 1.4 倍；颚眼距是复眼纵径的 0.2 倍，是上颚基部宽的 0.5 倍；脸中部具明显刻条，侧面具明显的刻点，脸宽是复眼纵径的 0.9 倍，是脸和唇基总长的 1.3 倍；颚眼沟缺；唇基下陷圆形，宽是唇基下陷边缘到复眼间距离的 1.6 倍，是脸宽的 0.5 倍；后头脊背面完整，与口后脊在上颚基部处愈合。

胸：胸长是高的 2.2–2.3 倍；中胸盾片前缘与前胸背板水平面几乎垂直，密布皱纹；中胸盾片中叶向前凸出明显，背面观基部多少具明显的肩角，端部 0.9 具中纵沟；盾纵沟完整且内具短刻条；小盾片具明显且密的刻点；小盾片前凹深、很短，具 4 个脊，前凹长是小盾片长的 0.4 倍；基节前沟浅，前方内具短刻条，后方光滑，稍弯，长达中胸侧板下部全长的 0.8 倍。并胸腹节具明显的缘区，基侧区光滑、短、很宽。

翅：前翅长是宽的 3.8 倍，r 脉从翅痣中部发出；1-R1 脉是翅痣长的 1.5–1.6 倍；3-SR=2.9–3.1×r=0.4–0.5×SR1；第 2 亚缘室很长，长是宽的 2.7 倍，是第 1 亚盘室长的 1.1–1.2 倍；1-CU1=0.4×cu-a。后翅 M+CU=1.0×1-M；m-cu 脉稍弯曲，前叉。

足：后足基节腹面具很明显的瘤突，背面具粗糙的横刻条；后足腿节长是宽的 2.7–2.8 倍；后足跗节长是胫节长的 0.9 倍；后足基跗节长是第 2–5 跗节总长的 1.0 倍，是第 2 跗节长的 2.5 倍。

腹：腹长是头胸总长的 1.1 倍；腹部第 1 背板具明显背凹，基部无气门瘤，基部向端部稍成直线加宽；腹部第 1 背板端宽是其基宽的 1.4 倍，第 1 背板长是其端宽的 2.5 倍，是并胸腹节长的 1.5 倍；腹部第 2 背板具 2 条深的、相汇聚的沟，两沟在第 2 背板后部 0.6 处愈合；第 2 背板长是其基宽的 1.2–1.3 倍，是第 3 背板长的 1.4 倍；第 2 背板缝深、窄，侧面无弯曲；第 3 背板基部具浅的、稍弯曲的横沟；腹部第 1、2 背板全部密布粗糙的皱，第 3 背板基部 1/2 具网纹，其间具刻点；第 4–6 背板基部具刻条，其间具刻点；背板其余部分光滑；产卵管鞘长是体长的 1.0 倍，是腹长的 1.9 倍，是胸长的 2.9 倍，是前翅长的 1.2 倍。

体色：体黑色；并胸腹节和中胸侧板部分区域具小的棕色斑块；触角黑色，柄节和梗节棕黄色；须浅黄色；翅基片棕黄色；前中足基节浅黄色；后足基节红棕色；所有转节浅黄色；前足腿节和前足胫节棕黄色；中后足腿节和胫节红棕色；所有腿节基部和端部较暗；所有胫节基部灰白色；所有跗节深棕色；产卵管鞘几乎黑色；翅稍烟褐色，翅痣深棕色。

雄：未知。

生物学：未知。

研究标本：♀（正模，ZJUH），云南腾冲界头沙坝村，2009.V.22，曾洁，No.200904058；1♀（副模，ZJUH），云南腾冲界头大田坡，2009.V.22，曾洁，No.200904506。

分布：云南（腾冲）。

词源：以采集地点命名。

鉴别特征：本种与触合沟茧蜂 *H. tango* Belokobylskij *et* Chen 相似，区别在于该种后头脊与口后脊在上颚基部处愈合；腹部第 3 背板具浅且稍弯曲的横沟；后足胫节基部灰白色。

17. 甲矛茧蜂属 *Ipodoryctes* Granger, 1949

Ipodoryctes Granger, 1949: 106; Shenefelt *et* Marsh, 1976: 1314; Belokobylskij, 1994c: 129; 1996: 161; 2001: 135; 2019: 36; Belokobylskij *et al.*, 2004: 57; Chen *et* Shi, 2004: 25; Belokobylskij *et* Maeto, 2009: 284; Tang *et al.*, 2011: 1; Belokobylskij *et* Zaldivar-Riverón, 2021: 43. **Type species:** *Ipodoryctes anticestriatus* Granger, 1949; by monotype.

形态特征：本属与条背茧蜂属 *Rhaconotus* Ruthe 很接近：腹部可见 6 背板；腿节背面均有泡状肿突；腹部背板全部具刻纹且最后 1 节扩大；前翅 CU1a 脉不与 2-CU1 处在同一水平上；腹部第 2 背板具基区；中胸侧板上部常具条纹；后足胫节基部一般颜色较暗至黑色。

生物学：据记载，寄主有鳞翅目的木蠹蛾科 Cossidae、草螟科 Crambidae 等。

分布：古北区、东洋区、非洲区。本属全世界已知 37 种，中国已知 10 种。本志提出 2 个新异名：白鞭甲矛茧蜂 *Ipodoryctes albiflagellum* (Shi *et* Chen, 2004)是亮甲矛茧蜂 *Ipodoryctes nitidus* Belokobylskij, 2001 的次异名、粗脊甲矛茧蜂 *Ipodoryctes forticarinatus* (Chen *et* Shi, 2004)是皱盾甲矛茧蜂 *Ipodoryctes rugosiscutum* Belokobylskij, 1994 的次异名。

附注：Belokobylskij 和 Zaldivar-Riverón（2021）更新了条背茧蜂族 Rhaconotini 中属级阶元，恢复和新建了其中不少属级阶元，因此不少物种的属级阶元发生了变化，尤其是原隶属于甲矛茧蜂属和条背茧蜂属的种类。

种 检 索 表

1. 头顶完全光滑……………………………………………………………… **亮甲矛茧蜂 *I. nitidus***
   头顶常大部分具明显的条纹或皱刻条或颗粒状刻点……………………………………………2
2. 头顶具明显的条纹或皱刻条……………………………………………………………………3
   头顶具明显颗粒状刻点……………………………………………………………………………6
3. 后足腿节、所有胫节和跗节几乎全为黑色；腹部第 6 背板后缘中央具浅的凹缘；小盾片几乎光滑……………………………………………………………… **皱盾甲矛茧蜂 *I. rugosiscutum***
   后足腿节、所有胫节（除跗节基部颜色深）和跗节大部分为浅红色或棕黄色；腹部第 6 背板后缘中央无浅的凹缘；小盾片几乎全具颗粒…………………………………………………………4
4. 前翅 3-RS 脉长是 r 脉的 1.5 倍；第 2 亚缘室长是宽的 2.6 倍 ………… **短脉甲矛茧蜂 *I. brevivenus***
   前翅 3-RS 脉长是 r 脉的 2.4–3.1 倍；第 2 亚缘室长是宽的 2.8–3.3 倍……………………………5
5. 触角 48–51 节，端半部颜色均一，暗；第 1 鞭节长是端宽的 3.3–3.5 倍；头顶具皱和波浪形刻条；体深红棕色，头和后足基节红棕色………………………………… **三岛甲矛茧蜂 *I. tamdaoensis***
   触角 37–40 节，端部 6–8 节黄白色；第 1 鞭节长是端宽的 4.0–4.5 倍；头顶具横向且相当规则的刻条；体黑色，后足基节几乎黑色………………………………… **环角甲矛茧蜂 *I. annulicornis***
6. 产卵管鞘稍短于体长，明显长于腹部长；腹部第 2 背板具相当长的基区…… **长甲矛茧蜂 *I. longus***
   产卵管鞘短于腹部长；腹部第 2 背板具短的基区……………………………………………………7

7. 翅痣中部棕色，基部和端部黄色……………………………………………… **标记甲矛茧蜂 *I. signatus***
   翅痣黄色或是淡棕色……………………………………………………………………………………8
8. 腹部第 2 背板长是基宽的 0.3 倍…………………………………………………… **离甲矛茧蜂 *I. vagrans***
   腹部第 2 背板长是基宽的 0.4–0.5 倍……………………………………………………………………9
9. 产卵管鞘长，是腹部第 1 背板长的 2.1–3.8 倍，是前翅长的 0.4–0.65 倍……………………………
   ………………………………………………………………………………… **台湾甲矛茧蜂 *I. formosanus***
   产卵管鞘短，是腹部第 1 背板长的 1.6–1.8 倍，是前翅长的 0.23–0.32 倍…………………………
   ………………………………………………………………………………… **具羽甲矛茧蜂 *I. signipennis***

(81) 环角甲矛茧蜂 *Ipodoryctes annulicornis* Belokobylskij, 1994（图版 XIX: 1）

Ipodoryctes annulicornis Belokobylskij, 1994c: 138; Tang *et al.*, 2011: 3.

雌：体长 4.1–5.2 mm；前翅长 3.1–4.0 mm。

头：触角细长，37–40 节；柄节长是宽的 1.4–1.6 倍；第 1 鞭节长是其端宽的 4.0–4.5 倍，是第 2 鞭节长的 1.1–1.2 倍；倒数第 2 鞭节长是宽的 4.0–4.5 倍；头顶和额具明显的横形皱刻条，头顶后部常光滑；头宽是长的 1.5 倍；上颊光滑；复眼横径是上颊长的 2.0–2.3 倍，上颊前方稍变宽，后方成直线收缩；单眼小，后单眼间距是前后单眼间距的 1.2 倍，POL=1.2–1.4×OD=0.6–0.7×OOL，复眼纵径是横径的 1.2–1.3 倍；脸上密布具颗粒的皱，宽为复眼纵径的 0.8–0.9 倍，是脸和唇基总长的 1.1–1.2 倍。颚眼距是复眼纵径的 0.3–0.4 倍，是上颚基部宽的 0.7–0.8 倍；无颚眼沟；后头脊背方完整，与口后脊在上颚基部处愈合。

胸：胸长是高的 1.8–2.0 倍；中胸盾片密布颗粒，有时具弱皱；盾纵沟深、完整、内具短刻条；小盾片具颗粒状刻点；小盾片前凹深、具微弱皱、具中脊，长是小盾片长的 0.25–0.30 倍；中胸侧板几乎光滑，翅下区具粗糙的刻条；基节前沟深，长，光滑，是中胸侧板下缘的 2/3；并胸腹节端半部具皱纹，具 2 个大且几乎光滑的基侧区。

翅：前翅长是宽的 3.1–3.3 倍；1-R1 脉长于翅痣长的 1.4–1.5 倍；r 脉从翅痣中间伸出；3-SR=2.6–3.1×r=0.5–0.6×SR1=1.1–1.5×2-SR；第 2 亚缘室长是宽的 2.8–3.1 倍；1-SR+M 脉明显“S”形弯曲；m-cu 脉稍后叉；CU1a 脉不与 2-CU1 脉处在同一水平，从第 1 亚盘室端部上方 1/3 处伸出。后翅 M+CU=0.8×1-M；m-cu 脉前叉或对叉。

足：所有腿节背面端部 1/3 具泡状肿突；后足基节背面具明显的几乎同心刻条；后足腿节具明显的刻条，长是宽的 3.0–3.3 倍，后足跗节稍长于后足胫节，后足第 2 跗节长是后足基跗节长的 0.3 倍，是后足第 5 跗节长的 1.1 倍；后足基跗节长是后足第 2–5 跗节长的 0.8–1.0 倍。

腹：腹长是头胸总长的 1.2–1.3 倍，腹板可见 6 节；第 1 背板端宽是其基宽的 2.0–2.4 倍，为其长的 0.8–0.9 倍；第 2 背板基部具窄的光滑基区和端区；第 2 背板长是其基宽的 0.6–0.7 倍，是第 3 背板长的 1.6–2.0 倍；第 2 背板缝深，均匀弯曲；腹部全部具刻条；第 2 背板基部和端部 1/3 光滑；第 6 背板具密的同心刻条，端部弧形，中央无凹缘，长是第 5 背板长的 1.1–1.3 倍，是第 4 背板长的 1.3–1.5 倍；产卵管鞘长是腹长的 1.1–1.2 倍，是第 1 背板长的 4.0–4.8 倍，是前翅长的 0.7–0.9 倍。

体色：体黑色；触角红棕色，基部 2 节浅红棕色，端部 6–8 节黄白色；足棕黄色，后足基节几乎黑色；后足腿节具黑色斑块；后足胫节基部黑色；翅烟褐色；翅痣深棕色，基部和端部黄色。

雄：未知。

生物学：未知。

研究标本（ZJUH）：1♀，海南吊罗山，2007.V.28–31，刘经贤，No.200703005；1♀，海南鹦哥岭，2007.V.24–26，刘经贤，No.200704052；1♀，海南鹦哥岭，2008.XI.18，刘经贤，No.200805035；1♀，云南德宏州那帮，2009.V.15，王漫漫，No.200904840。

分布：海南（吊罗山、鹦哥岭）、云南（德宏）；越南。

(82) 短脉甲矛茧蜂 *Ipodoryctes brevivenus* Tang *et* Chen, 2011（图版 XIX: 2）

Ipodoryctes brevivenus Tang *et* Chen, in: Tang *et al.*, 2011: 3.

雌：体长 5.3 mm；前翅长 3.7 mm。

头：触角已断，细长，几乎线形，余 41 节；柄节长是宽的 1.75 倍；第 1 鞭节长是端宽的 5.0 倍，是第 2 鞭节长的 1.2 倍；头顶和额具明显粗糙的皱；头宽是长的 1.25 倍；复眼横径是上颊长的 2.2 倍；上颊腹方光滑，自复眼后几成直线收缩；单眼中等大小，后单眼间距是前后单眼间距的 1.3 倍，POL=1.3×OD=0.6×OOL；复眼光滑，纵径是横径的 1.3 倍；脸具明显粗糙的皱，脸宽为复眼纵径的 1.0 倍，是脸和唇基总长的 1.2 倍；颚眼距是复眼纵径的 0.3 倍，是上颚基部宽的 0.8 倍；无颚眼沟；后头脊背方完整，与口后脊在上颚基部处愈合。

胸：胸长是高的 2.0 倍；前胸背板后横脊微弱，位于前胸背板中央；中胸盾片密布皱和短毛；中胸盾片中叶无中凹；盾纵沟深、完整、内具短刻条；小盾片具稀疏颗粒；小盾片前凹深，具 3 纵脊，纵脊间光滑，小盾片前凹长是小盾片长的 0.4 倍；中胸侧板几乎光滑；翅下区具横向刻条；基节前沟深，长，光滑，横贯中胸侧板下部；胸腹侧脊明显，腹方宽；并胸腹节明显分区，具 2 个大且几乎光滑的基侧区和 1 个宽的中区。

翅：前翅长是宽的 3.7 倍；r 脉从翅痣中央伸出；3-RS 脉与 r 脉成钝角；3-SR=1.5×r=0.4×SR1；第 2 亚缘室小，长是宽的 2.6 倍，是第 1 亚盘室长的 1.0 倍；1-SR+M 脉明显“S”形弯曲；m-cu 脉对叉；1-CU1=1.1×cu-a；CU1a 脉不与 2-CU1 脉处在同一水平，从第 1 亚盘室端部上方 1/3 处伸出。后翅 M+CU=0.9×1-M；m-cu 脉稍弯曲，对叉，着色。

足：后足基节背方具明显的几乎同心的刻条；后足腿节大部分光滑，背方具刻条；后足腿节背方具明显的肿突，长是宽的 3.4 倍；后足跗节长是后足胫节长的 1.1 倍，后足基跗节长是后足第 2–5 跗节长的 1.0 倍；后足第 2 跗节长是后足基跗节长的 0.3 倍，是后足第 5 跗节长的 1.0 倍。

腹：腹长是头胸总长的 1.3 倍，可见 6 节背板；第 1 腹板全部具粗糙刻条，端宽是其基宽的 2.2 倍，长是其端宽的 1.0 倍；第 2 背板具明显的光滑基区和端区，大部分具粗糙的刻条；第 2 背板长是其基宽的 0.5 倍；第 2 背板缝深，均匀弯曲；第 3、4 背板基半部及第 5 背板基部 3/4 具粗糙刻条，剩余部分光滑；第 6 背板密布同心刻条，但基部光滑；第 6 背板端缘为微弱的、规则的圆形，端缘中央无凹缘；产卵管鞘长是腹长的 1.1 倍，是前翅长的 0.8 倍。

体色：体黑色；触角红棕色渐变为黑色；须浅黄色；足浅棕色，后足基节红棕色，后足胫节基部黑色，前足和中足跗节红棕色，后足跗节几乎黑色；翅烟褐色；翅痣深棕色，基部和端部颜色稍浅。

雄：未知。

生物学：未知。

研究标本：♀（正模，ZJUH），海南吊罗山，2007.VI.1–2，刘经贤，No.200703901。

分布：海南（吊罗山）。

(83) 台湾甲矛茧蜂 *Ipodoryctes formosanus* (Watanabe, 1934)（图版 XIX: 3）

Rhaconotus formosanus Watanabe, 1934a: 119; Shenefelt *et* Marsh, 1976: 1337; Belokobylskij, 1994d: 344; 1996: 161; 1998b: 69; Belokobylskij *et* Chen, 2004b: 354; Chen *et* Shi, 2004: 45; Belokobylskij *et* Maeto, 2009: 422.

Rhaconotus carolinensis Watanabe, 1945: 49; Shenefelt *et* Marsh, 1976: 1336; Chen *et* Shi, 2004: 45. Synonymized by Belokobylskij *et* Maeto, 2009: 422.

Ipodoryctes formosanus: Belokobylskij, 2019: 36; Belokobylskij *et* Zaldivar-Riverón, 2021: 44.

雌：体长 2.3–5.4 mm；前翅长 2.2–3.6 mm。

头：触角 26–34 节；柄节长是宽的 1.6–1.8 倍；第 1 鞭节长为端宽的 4.5–5.5 倍，是第 2 鞭节长的 1.1–1.2 倍；头顶和额密布颗粒，额前方有时具少许刻条；头宽为中长的 1.4–1.6 倍，上颊自复眼之后圆弧形收缩；上颊微弱革质，下方光滑；上颊长为复眼横径的 0.4–0.5 倍；单眼小，后单眼间距是前后单眼间距的 1.1–1.2 倍；POL=1.0–1.6×OD=0.4–0.6×OOL；复眼光滑，纵径是横径的 1.2–1.3 倍；颚眼距是复眼纵径的 0.3 倍，是上颚基部宽的 0.7–0.8 倍；脸密布颗粒，中央具革质颗粒或光滑；宽为复眼纵径的 0.8–0.9 倍，是脸和唇基总长的 1.1–1.3 倍；后头脊与口后脊在上颚处不愈合。

胸：胸长是高的 1.8–2.0 倍；前胸背板中央具明显背脊，位于前胸背板中央；中胸盾片前缘平缓，与前胸背板水平面成钝角，密布颗粒，盾纵沟周围无皱，端部中央具粗糙皱或刻条；中胸背板全部密布毛；盾纵沟很深、完整、具短刻条；中胸盾片无中纵沟；小盾片前凹明显、深，具 3–5 脊，光滑，前凹长是小盾片长的 0.3–0.4 倍；小盾片密布颗粒；基节前沟前浅后深，直，光滑，稍斜，长达中胸侧板下部全长的 0.7 倍，前端与胸腹侧脊相接；中胸侧板几乎革质，基节前沟下方几乎光滑；翅下区浅，窄，具刻条和密集颗粒；胸腹侧脊明显，腹面宽；并胸腹节具明显分区，基侧区具革质颗粒，并胸腹节剩余部分有具皱。

翅：前翅长是宽的 3.2–3.5 倍；r 脉从翅痣中间或之前伸出，与 3-SR 脉相接成明显的钝角；3-SR=2.3–3.0×r=0.5–0.6×SR1=1.2–1.4×3-SR；第 2 亚缘室端部不变宽，长是宽的 2.5–3.2 倍，是第 1 亚盘室长的 1.3–1.4 倍；1-SR+M 脉稍“S”形；m-cu 脉明显后叉；1-CU1=1.0–1.6×cu-a；第 1 亚盘室在 m-cu 脉处或稍后强烈成直线闭合；前翅 CU1a 脉几乎对叉或稍后叉。后翅 M+CU=0.6–0.7×1-M；m-cu 脉明显，前叉，不骨化。

足：后足基节背方密布颗粒，后足腿节背方具颗粒，侧方革质，腹方几乎光滑；后足腿节长是宽的 2.8–3.2 倍，背面具很小的泡状肿突；后足跗节长是后足胫节长的 0.9–1.0 倍；后足胫节端部外缘具 4 或 5 刺，后足基跗节长是后足第 2–5 跗节长的 0.6–0.7 倍，后足第 2 跗节长是后足基跗节长的 0.4–0.5 倍，是后足第 5 跗节长的 1.2–1.4 倍。

腹：腹长是头胸总长的 1.1–1.2 倍，可见 6 节背板；第 1 背板均匀且直线地向后扩大，端宽是其基宽的 2.0–2.3 倍，长是其端宽的 0.9–1.0 倍；第 2 背板具窄的光滑基区，具明显窄的椭圆形光滑端区，该端区长是第 2 背板剩余部分长的 0.3–0.5 倍；第 1 背板全部、第 2 背板（除光滑的基区及椭圆形区外）、第 3–5 背板基部 0.5–0.9 具纵刻条，刻条间部分具皱；第 3–5 背板端部光滑；第 2–5 背板侧面具纵刻条；第 2 背板长是基宽的 0.4–0.5 倍，是第 3 背板长的 1.2–1.4 倍；第 2 背板缝深且宽，均匀弯曲；第 6 背板端部几乎直，中央无凹缘，后腹面无侧叶；第 6 背板端部密布明显微弱的半圆形刻条，基部中央具颗粒皱或刻点和网纹；产卵管鞘长是腹长的 0.6–0.9 倍，是第 1 背板长的 2.1–3.8 倍，是胸长的 0.8–1.4 倍，是前翅长的 0.40–0.65 倍。

体色：体深红棕色或红棕色，部分几乎黑色；触角棕黄色或红棕色，从基部到端部颜色逐渐变深；须浅黄色；足黄色，有时基部色深，所有足第 5 跗节棕色；产卵管鞘黑色；翅几乎透明，翅脉附近微弱烟褐色；翅痣浅黄色或黄色。

雄：未知。

生物学：据记载，寄主有鞘翅目的栗山天牛 *Massicus raddei*。

研究标本（ZJUH）：1♀，浙江杭州，1997.VIII.16，何俊华，No.974066；2♀，海南霸王岭，2006.VII.7–11，许再福，Nos.200907359，200907327；1♀，海南霸王岭，2007.VI.9–10，肖斌，No.200807080；2♀，海南鹦哥岭，2007.V.28–VI.3，翁丽琼，Nos.200804148，200804329；2♀，海南尖峰岭，2007.VI.5–7，肖斌，Nos.200806965，200806939；2♀，海南尖峰岭天池，2008.V.7–9，刘经贤，Nos.201500004，201500005；1♀，海南尖峰岭，2007.VI.7，刘经贤，No.200702523；1♀，海南尖峰岭，2007.VI.4–7，曾洁，No.200711153；2♀，海南尖峰岭天池，2007.X.22–23，刘经贤，Nos.200710820，200710539；1♀，海南吊罗山，2007.V.29–VI.2，肖斌，No.200804572；1♀，海南吊罗山，2007.VI.1–2，刘经贤，No.200703930；2♀，海南吊罗山，2006.VII.16–17，刘经贤，Nos.200802219，200802395；1♀，海南五指山，2007.X.29，刘经贤，No.200710340；3♀，海南五指山，2007.V.16–20，刘经贤，Nos.200703362，200703243，200703228；1♀，海南五指山，2007.V.17–20，肖斌，200804692；1♀，海南五指山水满乡，2007.V.16–18，曾洁，200807619；1♀，云南保山市芒宽乡，2006.VII.18，曾洁，200801849。

分布：吉林（长白山）、辽宁（宽甸）、浙江（杭州）、湖北（神农架）、福建（武夷山、宁化、龙栖山）、台湾、海南（霸王岭、尖峰岭、鹦哥岭、吊罗山、五指山）、云南（勐仑、西双版纳、保山）；俄罗斯，韩国，日本，越南，马来西亚，印度尼西亚，澳大利亚。

(84) 长甲矛茧蜂 *Ipodoryctes longus* (Shi *et* Chen, 2004)（图 9）

Rhaconotus longus Shi *et* Chen, in: Chen *et* Shi, 2004: 51.
Ipodoryctes longus: Belokobylskij *et* Zaldivar-Riverón, 2021: 44.

雌：体长 2.9 mm；前翅长 2.9 mm。

头：触角已断，余 26 节；第 1 鞭节长是宽的 5.0 倍，与第 2 鞭长、柄节和梗节总长相等；背面观头横形，头宽为头长的 1.3 倍；头顶具颗粒状刻点，着生极稀毛；上颊光滑，在复眼后弧形收敛，长为复眼横径的 0.3 倍；POL=0.4×OOL=1.5×OD；额具颗粒状刻点，在触角后具 2 凹陷；脸具颗粒状刻点及稀长毛，脸宽为脸长的 2.3 倍；颚眼距长为复眼纵径的 0.4 倍；具后头脊。

胸：胸长是高的 2.1 倍；前胸背板凹具纵脊；前胸侧板光滑；中胸盾片缓落向前胸背板，具颗粒状刻点及较密毛；盾纵沟明显，具短刻条，后端会合于 1 个较宽、粗糙的区域；小盾片前凹具 1 中纵脊；小盾片略突出，具颗粒状刻点；中胸侧板具颗粒状刻点；基节前沟光滑，沟内无短刻条；并胸腹节中区成网状皱，中纵脊长。

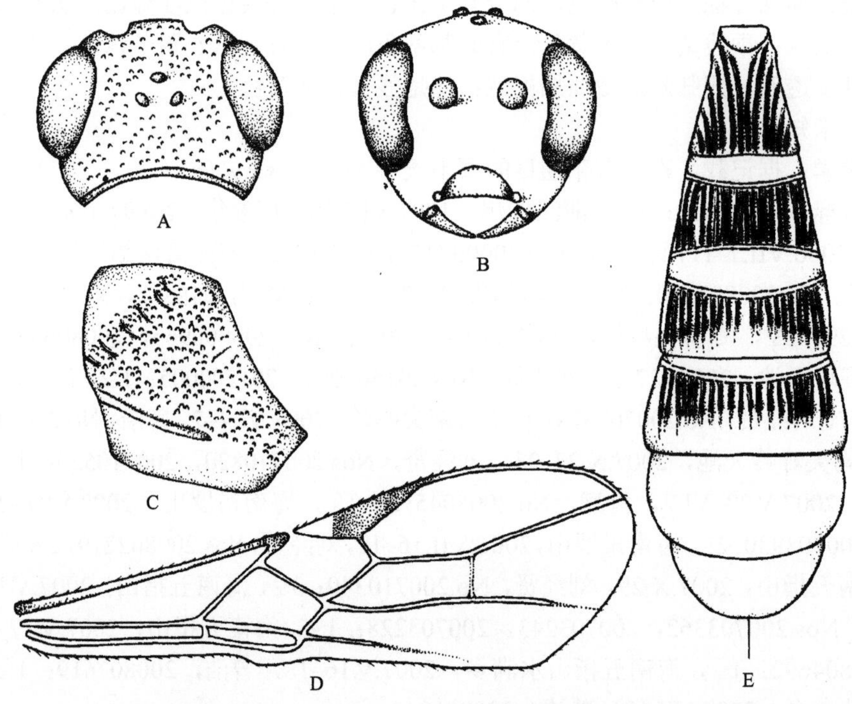

图 9 长甲矛茧蜂 *Ipodoryctes longus* (Shi *et* Chen)（仿陈家骅和石全秀，2004）

A. 头，背面观；B. 头，前面观；C. 中胸侧板；D. 前翅；E. 腹部，背面观

翅：前翅翅痣长是宽的 4.2 倍；r 脉从翅痣中间伸出，与 3-SR 脉成钝角；r 脉长是痣宽 0.8 倍；3-SR=1.4×2-SR；SR1 脉伸至翅尖；r-m 脉弱骨化；2-M=4.0×r-m；m-cu 脉伸入第 2 亚缘室基部；cu-a 脉后叉；第 1 亚盘室末端关闭，与 m-cu 脉对叉。后翅 m-cu 脉和 cu-a 脉骨化弱；M+CU=0.4×1-M。

足：腿节背面具肿突；前足胫节外缘具 1 列刺；后足基节光滑；后足胫节外缘毛等于后足胫节宽；后足腿节长∶后足胫节长∶后足基跗节长∶后足其余跗节长=4.0∶6.7∶3.0∶3.8。

腹：第 1 背板长为端宽的 1.1 倍，端宽为基宽的 1.4 倍，基部具背凹，具纵刻条；第 2+3 背板长为端宽的 1.1 倍，具 4 条横沟，第 1、4 横沟分别与基部、端部围成 1 半椭圆形光滑区域，第 2、3 横沟围成 1 椭圆形光滑区域，其间具短刻条；第 4、5 背板各具 2 条横沟，与基部、端部围成 2 椭圆形光滑区域，其间具纵刻条；第 6 背板基部具纵刻条及颗粒状刻点，末端具横刻条；产卵管鞘长略短于腹长。

体色：体黑色；触角红棕色；须黄色；翅褐色；足红褐色，跗爪黑褐色，其余栗褐色；腹部第 3–6 背板端部红棕色；产卵管红褐色，产卵管鞘黑褐色。

雄：未知。

生物学：未知。

分布：福建（梅花山）。

附注：根据陈家骅和石全秀（2004）的描述整理，本志研究未见此种标本。模式标本保存于 BIIC。

(85) 亮甲矛茧蜂 *Ipodoryctes nitidus* Belokobylskij, 2001（图版 XIX: 4）

Ipodoryctes nitidus Belokobylskij, 2001: 143; Chen *et* Shi, 2004: 26; Tang *et al.*, 2011: 11.
Rhaconotus albiflagellum Shi *et* Chen, in: Chen *et* Shi, 2004: 37. **Syn. nov.**
Ipodoryctes albiflagellum: Belokobylskij *et* Zaldivar-Riverón, 2021: 44.

雌：体长 4.1–5.5 mm；前翅长 3.5–4.2 mm。

头：触角细长，41–45 节；柄节长是宽的 1.6–1.7 倍，第 1 鞭节长是其端宽的 4.5–5.0 倍，是第 2 鞭节长的 1.1–1.2 倍；倒数第 2 鞭节长是宽的 4.5–5.5 倍，是第 1 鞭节长的 0.6 倍，是最后 1 鞭节长的 0.9–1.0 倍；头顶光滑；额具粗糙皱刻条和微弱颗粒；上颊光滑；复眼横径是上颊长的 1.2–1.3 倍；单眼中等大小，后单眼间距是前后单眼间距的 1.2–1.3 倍；POL=1.0–1.1×OD=0.5–0.6×OOL；复眼光滑，纵径是横径的 1.2–1.4 倍；颚眼距是复眼纵径的 0.3–0.4 倍，是上颚基部宽的 0.8–1.0 倍；脸密布横向和微弱波浪形刻条；脸宽为复眼纵径的 0.8–1.0 倍，是脸和唇基总长的 1.1–1.2 倍；唇基下陷圆形，宽是下陷边缘至复眼距离的 0.8–1.0 倍；无颚眼沟；后头脊背方完整，与口后脊在上颚基部处愈合。

胸：胸长是高的 1.9–2.1 倍；前胸背板后横脊明显，后横脊位于前胸背板中央；中胸背板中叶无中凹，密布皱和颗粒，中后方具粗糙皱刻条；侧叶具微弱皱，侧方和前方具网皱和颗粒；盾纵沟前深后浅、完整、具短刻条；小盾片具微弱刻点；小盾片前凹深，具弱皱，具 1–3 脊，是小盾片长的 0.3 倍；中胸侧板几乎光滑，翅下区浅，相当宽，具纵刻条；基节前沟浅、后方 1/3 深，光滑，几乎直，其长达中胸侧板下部全长的 2/3；并胸腹节基部 1/3 具基脊；基侧区明显，光滑；中区明显；并胸腹节剩余部分具粗糙皱。

翅：前翅长是宽的 3.2–3.4 倍；1-R1 脉是翅痣长的 1.3–1.4 倍，r 脉稍从翅痣中间后方伸出；3-SR=2.5–2.8×r=0.5–0.6×SR1=1.2–1.3×2-SR，第 2 亚缘室长是宽的 2.8–3.0 倍，是第 1 亚盘室长的 1.1–1.2 倍；1-SR+M 脉“S”形弯曲；m-cu 脉稍后叉或几乎对叉；1-CU1=0.7–1.0×cu-a；CU1a 脉从第 1 亚盘室末端 1/3 处伸出。后翅 M+CU=0.7–0.8×1-M，m-cu 脉对叉或稍前叉，不骨化，着色。

足：后足基节背面具同心刻条；后足腿节背面具明显刻条；后足腿节长是宽的 3.5–3.7 倍，背面端部具小的泡状肿突；后足跗节长是后足胫节长的 1.1–1.2 倍；后足基跗节长是后足第 2–5 跗节长的 0.9–1.0 倍；后足第 2 跗节长是后足基跗节长的 0.3–0.4 倍，是后足第 5 跗节长的 1.1–1.3 倍。

腹：腹长是头胸总长的 1.2–1.3 倍，可见 6 节背板；腹部第 1 背板全具刻条；第 1 背板端宽是其基宽的 2.0–2.2 倍，长是其端宽的 1.2–1.3 倍；第 2 背板具窄的基区和明显端区，大部分具明显的纵刻条；第 2 背板具 1 明显横沟；第 2 背板长是其基宽的 0.7–0.8 倍，是第 3 背板长的 2.0 倍；第 2 背板缝深且宽；第 3–5 背板基部 2/3 具纵刻条，剩余部分光滑；第 6 背板具密的同心刻条，端部中央无凹缘；产卵管鞘长是腹长的 1.2–1.4 倍，是前翅长的 0.8–1.0 倍。

体色：体黑色，部分区域具红色斑块，有时中胸侧板下半部和第 6 背板端半部棕红色或红色；触角红棕色，从基部到端部渐变为黑色，末端白色；须黄色；足棕黄色或棕色，后足基节几乎黑色；后足胫节基部黑色；所有跗节几乎黑色；翅烟褐色；翅痣深棕色，基部和端部黄色。

雄：未知。

生物学：未知。

研究标本（ZJUH）：1♀，浙江西天目山，1989.VI.5，何俊华，No.890965；1♀，浙江西天目山，1990.VI.2–4，何俊华，No.904218；1♀，浙江开化古田山，1990.VI–VIII，徐志宏，No.905552；1♀，浙江古田山，2005.VII.3，陈学新，No.200617195；1♀，浙江古田山，1992.VII.19，陈学新，No.923638；1♀，浙江临安清凉峰，2005.VIII.9，时敏，No.200607224；1♀，浙江遂昌九龙山，1994.VIII.18，蔡平，No.944275；1♀，福建一里坪，1982.VI.20，黄居昌，No.20004175；2♀，广东始兴车八岭，2003.VIII.21，许再福，Nos.20052463，20051997；1♀，广东始兴车八岭，2002.IV.19，许再福，20050775；1♀，广东始兴车八岭，2008.VII.26，洪纯丹，200809157；1♀，广东封开黑石顶，2003.VIII.15，陈驹坚，No.20048913；1♀，广东封开，1992.V.16，陈学新，No.921591；1♀，广东鼎湖山，1983.VI.18–19，张雅林，No.200011405；1♀，广东乳源南岭，2004.V.8，许再福，20049526；1♀，广西龙胜，1982.VI.24，何俊华，No.823405；3♀，海南鹦哥岭，2007.X.18，刘经贤，Nos.200709749，200709964，200709848；1♀，海南鹦哥岭，2008.XI.18，谭江丽，No.200805034；1♀，海南鹦哥岭红茂村，2007.V.23–25，曾洁，No.200804467；2♀，

海南五指山，2007.X.29，刘经贤，Nos.200710286，200710259；2♀，海南五指山，2007.V.16–20，刘经贤，Nos.200703201，200703191；1♀，海南五指山水满乡，2007.V.16–18，曾洁，No.2008076741；1♀，海南五指山水满乡，2007.V.15–20，翁丽琼，No.200803947；1♀，海南吊罗山，2006.VII.16–17，刘经贤，No.200802179；1♀，海南吊罗山，2007.VI.1–2，刘经贤，No.200703888；3♀，海南尖峰岭天池，2006.VII.12–15，张文勇，Nos.200803406，200803452，20083474；1♀，海南尖峰岭天池，2006.VII.12–15，翁丽琼，No.200803391；1♀，海南尖峰岭天池，2006.VII.12–15，刘经贤，No.200803638；1♀，海南尖峰岭天池，2007.X.22–23，刘经贤，No.200710526；1♀，海南尖峰岭，2007.VI.4–7，曾洁，No.200710836；1♀，海南尖峰岭，2007.VI.7，刘经贤，No.200702539；1♀，贵州麻阳河，2007.X.1，刘经贤，No.200708956。

分布：浙江（清凉峰、西天目山、古田山、九龙山）、湖北（神农架）、福建（武夷山）、台湾、广东（车八岭、封开、鼎湖山、南岭）、海南（尖峰岭、鹦哥岭、吊罗山、五指山）、广西（龙胜）、贵州（麻阳河）、云南（西双版纳）；越南，泰国，马来西亚。

附注：本志研究未见 *Rhaconotus albiflagellum* Shi *et* Chen 的模式标本（存放于 BIIC），Belokobylskij 和 Zaldivar-Riverón（2021）将其移入甲矛茧蜂属 *Ipodoryctes*。依据陈家骅和石全秀（2004）的原始描述和图片，该种头顶完全光滑，额具粗糙横皱，触角鞭节末端白色，以及基节前沟长为中胸侧板下缘长的 2/3 等特征表明该种应为亮甲矛茧蜂 *Ipodoryctes nitidus* Belokobylskij, 2001。

(86) 皱盾甲矛茧蜂 *Ipodoryctes rugosiscutum* Belokobylskij, 1994（图版 XX: 1）

Ipodoryctes rugosiscutum Belokobylskij, 1994c: 136; Tang *et al.*, 2011: 12.
Rhaconotus forticarinatus Chen *et* Shi, 2004: 45. **Syn. nov.**
Ipodoryctes forticarinatus: Belokobylskij *et* Zaldivar-Riverón, 2021: 44.

雌：体长 6.7–7.3 mm；前翅长 4.8–5.5 mm。

头：触角细长，48–56 节，为体长的 1.7–1.9 倍；柄节长是宽的 1.4–1.7 倍；第 1 鞭节长是端宽的 4.0–4.4 倍，是第 2 鞭节长的 1.0–1.4 倍；头顶前部具皱，后部光滑；额具皱；复眼横径是上颊长的 2.0–2.2 倍；上颊前面稍加宽，自复眼后成直线收缩；单眼小，后单眼间距是前后单眼间距的 1.1–1.4 倍；POL=1.0–1.3×OD=0.6×OOL；复眼光滑，纵径是横径的 1.2 倍；颚眼距是复眼纵径的 0.3–0.4 倍，是上颚基部宽的 1.1–1.2 倍；脸密布皱；脸宽为复眼纵径的 0.8–1.0 倍，是脸和唇基总长的 1.1–1.2 倍；唇基下陷圆形，宽是下陷边缘至复眼距离的 0.8–1.1 倍。

胸：胸长是高的 2.0–2.2 倍；中胸盾片具横向的短皱，基部皱纹间具细颗粒；小盾片几乎光滑；盾纵沟深、完整、具皱；小盾片前凹深，具弱皱，具 5 脊，是小盾片长的 0.3–0.4 倍；中胸侧板几乎光滑；翅下区具粗糙的刻条；基节前沟深，长，光滑，其长达中胸侧板下部全长的 2/3；并胸腹节端半部具皱，具 2 个大的、几乎光滑的基侧区。

翅：前翅长是宽的 3.3–3.6 倍；1-R1 脉是翅痣长的 1.4–1.6 倍，r 脉从翅痣中间伸出；

3-SR=2.2–2.5×r=0.4–0.5×SR1=1.1–1.3×2-SR，第 2 亚缘室长是宽的 2.8–3.1 倍；1-SR+M 脉“S”形弯曲，m-cu 脉稍后叉，1-CU1=0.8–1.1×cu-a；CU1a 脉不与 2-CU1 脉处在同一水平，从第 1 亚盘室端部上方 1/3 处伸出。后翅 M+CU=0.8×1-M，m-cu 脉稍前叉。

足：后足基节背面具明显的刻条，其间具颗粒；后足腿节背面具明显的纵刻条；后足腿节长是宽的 3.3–3.5 倍，背面端部具小的泡状肿突；后足跗节长是后足胫节长的 1.1 倍；后足第 2 跗节长是后足基跗节长的 0.4 倍，是后足第 5 跗节长的 1.2 倍；后足基跗节长是后足第 2–5 跗节长的 1.1–1.2 倍。

腹：腹长是头胸总长的 1.1–1.2 倍，可见 6 节背板；腹部几乎全部具明显刻条；第 1 背板端宽是其基宽的 2.2 倍，是其长的 0.9 倍；第 2 背板长是其基宽的 0.7–0.8 倍，是第 3 背板长的 1.8 倍；第 2 背板缝深，均匀弯曲；第 3–5 背板端部光滑；第 2 背板具光滑的基区和光滑的端区；第 6 背板具密集的同心刻条；第 6 背板后缘中央具浅的凹缘；产卵管鞘长是腹长的 1.2 倍，是前翅长的 0.9 倍。

体色：体黑色，腹部第 3–5 背板端部红棕色；触角红棕色，基部 2 节黑色，中部较浅，端部深；须浅黄色；足黑色，前足基节、所有转节及所有腿节几乎棕黄色；中后足腿节具黑色斑块；翅烟褐色；翅痣深棕色，基部和端部颜色稍浅。

雄：触角大于 24 节（端部断），体长 5.6 mm；前翅长 4.5 mm。腹部几乎黑色，全部具纵条纹（条纹之间具皱）；第 2+3 背板椭圆形区不光滑，具皱纹；腹部各节背板端部几乎无光滑区；第 6 背板后缘中央无凹缘。其他特征与雌虫相似。

生物学：未知。

研究标本（ZJUH）：1♂，福建将乐龙栖山，1991.IX.30，刘长明，No.20007380；2♀，海南霸王岭，2007.VI.9–10，刘经贤，Nos.200703476，200703430；1♀，海南尖峰岭，2007.VI.6，刘经贤，No.200703781；2♀，海南尖峰岭天池，2007.X.22–23，刘经贤，Nos.200710787，200710459；1♀，海南尖峰岭，2007.VI.4–7，曾洁，No.200711060；1♀，海南尖峰岭天池，2008.V.7–9，刘经贤，No.200908486；1♀，海南吊罗山，2006.VII.16–17，翁丽琼，No.200802460。

分布：福建（龙栖山、武夷山）、海南（霸王岭、尖峰岭、吊罗山）、云南（西双版纳）；越南。

附注：本志研究未见 *Rhaconotus forticarinatus* Chen *et* Shi 的模式标本（存放于 BIIC），Belokobylskij 和 Zaldivar-Riverón（2021）将其移入甲矛茧蜂属 *Ipodoryctes*。依据陈家骅和石全秀（2004）的原始描述和图片，该种头顶具横皱，腹部第 2 背板具基区和端区，后足腿节、所有胫节和跗节几乎全为黑色，腹部第 6 背板后缘中央具浅的凹缘，小盾片几乎光滑等特征表明该种应为皱盾甲矛茧蜂 *Ipodoryctes rugosiscutum* Belokobylskij, 1994。

(87) 标记甲矛茧蜂 *Ipodoryctes signatus* (Belokobylskij, 2001)（图版 XX: 2）

Rhaconotus signatus Belokobylskij, 2001: 125; Belokobylskij *et* Chen, 2004b: 355; Belokobylskij *et* Maeto, 2009: 436.

Ipodoryctes signatus: Belokobylskij *et* Zaldivar-Riverón, 2021: 44.

雌：体长 2.3–4.5 mm；前翅长 2.1–3.5 mm。

头：触角 23–33 节；柄节长是宽的 1.5–1.6 倍；第 1 鞭节长是端宽的 4.3–5.3 倍，是第 2 鞭节长的 1.0–1.1 倍；头部密布颗粒，头宽是长的 1.5–1.6 倍；上颊具极细微颗粒；上颊自复眼后圆弧形收缩，长是复眼横径的 0.3–0.5 倍；单眼小，后单眼间距是前后单眼间距的 1.1–1.2 倍；POL=0.8–1.1×OD=0.4–0.5×OOL；复眼光滑，纵径是横径的 1.2–1.4 倍；颚眼距是复眼纵径的 0.2–0.4 倍，是上颚基部宽的 0.7–0.8 倍；脸密布革质颗粒，宽为复眼纵径的 0.9–1.1 倍，是脸和唇基总长的 1.2–1.3 倍；后头脊与口后脊在上颚处不愈合。

胸：胸长是高的 1.9–2.0 倍；前胸背板中央具明显背脊，位于前胸背板中央；中胸盾片前缘平缓，与前胸背板水平面成钝角，密布颗粒，端部中央具 1 大的、密布网皱的区域；中胸背板全部密布毛；盾纵沟很深、完整、具短刻条；中胸盾片无中纵沟；小盾片前凹明显、浅，具中脊及细微的颗粒和条纹，前凹长是小盾片长的 0.4 倍；小盾片密布颗粒；基节前沟很浅、具颗粒，几乎直，长达中胸侧板下部全长的 0.6–0.7 倍，前端与胸腹侧脊相接；中胸侧板革质；翅下区浅，宽，具短刻条；胸腹侧脊明显，腹面宽；并胸腹节基半部具中脊，基侧区具明显的缘区且全部革质，并胸腹节剩余部分有具颗粒的皱纹。

翅：前翅长是宽的 3.2–3.3 倍；r 脉从翅痣中间伸出，与 3-SR 脉相接成明显的钝角；3-SR=2.4–3.5×r=0.5–0.6×SR1=1.1–1.5×3-SR；第 2 亚缘室端部不变宽，长是宽的 2.8–3.2 倍，是第 1 亚盘室长的 1.4–1.6 倍；1-SR+M 脉稍“S”形，m-cu 脉后叉；1-CU1=1.1–1.3×cu-a；第 1 亚盘室在 m-cu 脉处或稍后强烈成直线关闭；前翅 CU1a 脉几乎对叉或稍后叉。后翅 M+CU=0.6–0.7×1-M，m-cu 脉前叉、不骨化。

足：后足基节和腿节密布细颗粒，腿节腹半面光滑；后足腿节长是宽的 2.8–3.3 倍，背面具很小的泡状肿突；后足跗节与后足胫节等长；后足胫节端部外缘具 3 刺，后足基跗节长是后足第 2–5 跗节长的 0.7 倍，后足第 2 跗节长是后足基跗节长的 0.4–0.5 倍，是后足第 5 跗节长的 1.0 倍。

腹：腹长与头胸总长相等或稍长，可见 6 节背板；腹部第 1 背板具完整背脊，端宽是基宽的 2.0–2.3 倍，长是端宽的 0.9–1.1 倍；第 2 背板具窄的基区，具明显窄的椭圆形端区，该区长是第 2 背板剩余部分长的 0.7–0.8 倍；第 1 背板全部、第 2 背板（除光滑的基区及椭圆形区外）、第 3–5 背板基部 1/3–1/2 具纵刻条；第 3–5 背板端部 1/2–2/3 光滑；第 2–5 背板侧面具纵刻条，端部 1/3–1/2 具颗粒；第 2 背板长是基宽的 0.4–0.5 倍，是第 3 背板长的 1.3–1.5 倍；第 2 背板缝深且宽；第 6 背板端部稍圆形，中央无凹缘或非常小的凹缘，后腹面无侧叶；第 6 背板基部密布刻点，大部分具半圆形条纹；产卵管鞘长是腹长的 0.6–0.8 倍，是胸长的 0.8–1.2 倍，是前翅长的 0.4–0.5 倍。

体色：头部红黄色；中胸背板、腹端部浅红棕色或红棕色；胸、腹剩余部分黑色；触角红棕色，端部较暗；足棕黄色；后足基节常红色；产卵管鞘暗棕色，基部较浅；翅浅烟褐色；翅痣中部棕色，端部和基部黄色。

雄：体长 1.5–2.7 mm；前翅长 1.2–2.1 mm。胸长是高的 2.0–2.2 倍；后足腿节长是

宽的 2.5–3.0 倍；腹长是头胸总长的 1.2–1.4 倍；腹部第 1 背板长是端宽的 1.3–1.4 倍；第 2 背板具端区，长是第 2 背板剩余部分长的 0.3–0.4 倍；第 2 背板长是基宽的 0.9–1.0 倍；第 6 背板具微弱的纵刻条，端部 1/4 光滑。其余特征与雌虫相似。

生物学：未知。

研究标本：1♀（副模，ZJUH），Vietnam，Tam Dao pr.，Vinh Phu.，1000 m，forest，1990.XI.16，Belokobylskij；2♀1♂（副模，ZJUH），Japan，Ryukyus Iriomote Is.，1999.X.16–18，Belokobylskij；1♀（副模，ZJUH），Japan，Ryukyus Ishigaki Is.，1999.X.13–15，Belokobylskij；2♀（副模，ZJUH），Japan，Ryukyus Ishigaki Is.，1999.X.19–21，Belokobylskij。ZJUH：1♀，浙江遂昌九龙山，1994.VIII.18，陈学新，No.944754；1♀，浙江开化古田山，1992.VII.25，吴鸿，No.934608；1♀，浙江临安清凉峰，2005.VIII.12，时敏，No.200607646；1♀，浙江临安清凉峰，2005.VIII.10，张红英，No.200607425；2♀，浙江临安西天目山，2000.IX.16–17，Belokobylskij；1♀，广东乳源南岭，2003.VII.23，许再福，No.20049238；4♀2♂，广东梅州丰溪，2003.VII.29，陈驹坚，Nos.20048427，20048464，20048564，20048575，20048781，20048844；1♀，海南尖峰岭天池，2008.V.7–9，刘经贤，No.201500006；1♀，海南尖峰岭，2007.VI.5–7，翁丽琼，No.200806618；1♀，海南尖峰岭，2007.VI.5–7，肖斌，No.200806945；1♀，海南五指山，2007.V.16–20，刘经贤，No.200703345；1♀，云南盈江铜壁关浪速村，2009.V.16，王漫漫，No.200905133；1♀，云南德宏州那邦镇，2009.V.15，王漫漫，No.200904842；1♀，云南腾冲县界头乡大塘，2006.VII.14–15，肖斌，No.200907421。

分布：浙江（九龙山、古田山、清凉峰、西天目山）、广东（南岭、丰溪）、海南（尖峰岭、五指山）、云南（盈江、德宏、腾冲）；日本，越南，澳大利亚。

(88) 具羽甲矛茧蜂 *Ipodoryctes signipennis* (Walker, 1860)（图版 XX: 3）

Spathius signipennis Walker, 1860: 309; Wilkinson, 1931a: 528.

Stenophasmus signipennis: Enderlein, 1912: 11.

Rhaconotus signipennis: Nixon, 1939b: 127; Shenefelt *et* Marsh, 1976: 1336; Belokobylskij, 2001: 134; Belokobylskij *et* Chen, 2004b: 355; Belokobylskij *et* Maeto, 2009: 439.

Rhaconotus carolinensis Watanabe, 1945: 49; Shenefelt *et* Marsh, 1976: 1336; Belokobylskij, 1983: 184. Synonymized by Belokobylskij, 2001: 135.

Dendrosotinus flavistigmus Belokobylskij, 1983: 184. Synonymized by Belokobylskij, 2001: 135.

Ipodoryctes signipennis: Belokobylskij, 2019: 36; Belokobylskij *et* Zaldivar-Riverón, 2021: 44.

雌：体长 2.6–3.6 mm；前翅长 2.2–3.0 mm。

头：触角 30–35 节；柄节长是宽的 1.5–1.6 倍；第 1 鞭节长为端宽的 4.5–5.5 倍，与第 2 鞭节等长或稍长；头顶和额密布革质颗粒，上颊自复眼之后圆弧形收缩；头宽为中长的 1.5–1.6 倍；上颊革质，下方光滑；上颊长为复眼横径的 0.3–0.4 倍；单眼小，后单眼间距是前后单眼间距的 1.1–1.2 倍；POL=1.0–1.3×OD=0.5–0.6×OOL；复眼光滑，纵径是横径的 1.2 倍；颚眼距是复眼纵径的 0.3 倍，是上颚基部宽的 0.7–0.8 倍；脸密布颗粒，中央光滑；宽为复眼纵径的 0.9–1.0 倍，是脸和唇基总长的 1.2–1.3 倍；后头脊与口后脊在上颚处不愈合。

胸：胸长是高的 1.9–2.0 倍；前胸背板中央具明显背脊，位于前胸背板中央。中胸盾片前缘平缓，与前胸背板水平面成钝角，密布颗粒，端部中央具皱；中胸背板全部密布毛；盾纵沟很深、完整、具短刻条；中胸盾片无中纵沟；小盾片前凹明显、深，具 3–5 脊，光滑，前凹长是小盾片长的 0.4 倍；小盾片密布颗粒；基节前沟深，直，革质，稍斜，长达中胸侧板下部全长的 0.7 倍，前端与胸腹侧脊相接；中胸侧板几乎革质；翅下区浅，窄，具短刻条和颗粒；胸腹侧脊明显，腹面宽；并胸腹节具明显分区，基部 0.4 具中脊，基侧区革质，中区不明显，并胸腹节剩余部分有具皱。

翅：前翅长是宽的 2.8–3.0 倍；r 脉从翅痣中间或之前伸出，与 3-SR 脉相接成明显的钝角；3-SR=2.0–2.8×r=0.5–0.6×SR1=1.2–1.4×3-SR；第 2 亚缘室端部不变宽，长是宽的 2.5–2.8 倍，是第 1 亚盘室长的 1.4–1.6 倍；1-SR+M 脉稍“S”形；m-cu 脉后叉；1-CU1=1.1–1.3×cu-a；第 1 亚盘室在 m-cu 脉处或稍后强烈成直线关闭；前翅 CU1a 脉几乎对叉或稍后叉。后翅 M+CU=0.6–0.7×1-M；m-cu 脉前叉、不骨化。

足：后足基节密布颗粒，后足腿节背方具颗粒，侧方革质，腹方几乎光滑；后足腿节长是宽的 2.8–3.2 倍，背面具很小的泡状肿突；后足跗节与后足胫节等长；后足胫节端部外缘具 3 刺，后足基跗节长是后足第 2–5 跗节长的 0.7 倍，后足第 2 跗节长是后足基跗节长的 0.4–0.5 倍，是后足第 5 跗节长的 1.3–1.4 倍。

腹：腹长约等于头胸总长，可见 6 节背板；腹部第 1 背板具完整背脊，端宽是基宽的 2.0–2.2 倍，长是端宽的 0.9–1.1 倍；第 2 背板具窄的基区，具明显窄的椭圆形端区，该端区长是第 2 背板剩余部分长的 0.3–0.5 倍；第 1 背板全部、第 2 背板（除光滑的基区及椭圆形区外）、第 3–5 背板基部 0.6–0.7 具纵刻条，刻条间部分具皱；第 3–5 背板端部光滑；第 2–5 背板侧面具纵刻条；第 2 背板长是基宽的 0.4–0.5 倍，是第 3 背板长的 1.1–1.3 倍；第 2 背板缝深且宽；第 6 背板端部稍圆形，中央无凹缘或具非常小的凹缘，后腹面无侧叶；第 6 背板端部密布明显微弱的半圆形刻条，基部中央具颗粒皱；产卵管鞘长是腹长的 0.4–0.5 倍，是第 1 背板长的 1.6–1.8 倍，是胸长的 0.55–0.65 倍，是前翅长的 0.23–0.32 倍。

体色：头棕黄色或浅红棕色，有时背方色深；胸部浅红黄色或浅红棕色，有时大部分深红棕色或几乎黑色；腹部深红棕色或黑色，第 3–6 背板边缘红色，第 6 背板红黄色；触角棕黄色或红棕色，从基部到端部颜色逐渐变深；须浅黄色；足黄色或红黄色，后足基节和后足腿节端部或背方色深，所有第 5 跗节色深；产卵管鞘黑色；翅微弱烟褐色；翅痣浅黄色或黄色。

雄：未知。

生物学：据记载，寄主有鳞翅目的台湾稻螟 *Chilo auricilius* 和三化螟 *Scirpophaga incertulas*。

研究标本（ZJUH）：1♀，浙江安吉龙王山，1993.VIII.31，陈学新，No.939795；1♀，浙江开化古田山，1992.VII.21，吴鸿，No.949001；1♀，浙江松阳，1992.X.7，陈汉林，

No.948490；1♀，浙江天目山，1935.VII.7；1♀，湖南衡山，1977.VIII.13，童新旺，No.20044309；1♀，广东龙门南昆山，2003.VII.14–15，许再福，No.20050219；1♀，广东郁南同乐大山，2003.VIII.12–13，许再福，No.20054359；1♀，广东梅州丰溪，2003.VII.29，陈驹坚，No.20048574；2♀，广东始兴车八岭，2003.VIII.21，许再福，Nos.20052020，20052845；2♀，广东始兴车八岭，2002.VII.27，许再福，Nos.20051933，20051783；1♀，广东佛冈观音山，2007.IX.15–16，许再福，No.200711432；1♀，广西植物园，2002.X.30，林乃铨，No.20034947；1♀，广西防城板八，2000.VI.8，吴鸿，No.200100244；4♀，海南吊罗山，2007.V.29–VI.2，肖斌，Nos.200804590，200804585，200804577，200804606；1♀，海南吊罗山，2007.V.28–VI.1，曾洁，No.200806847；1♀，海南吊罗山，2007.V.28–31，刘经贤，No.200702852；1♀，海南吊罗山，2006.VII.16–17，刘经贤，No.200802174；3♀，海南吊罗山，2007.VI.1–2，刘经贤，Nos.200703870，200704022，200704004；1♀，海南尖峰岭，2007.VI.5–7，翁丽琼，No.200806622；1♀，海南尖峰岭，2007.VI.6，刘经贤，No.200703808；1♀，海南尖峰岭，2007.VI.4–7，曾洁，No.200711034；1♀，海南尖峰岭，2007.VI.4–7，曾洁，No.200710915；1♀，海南尖峰岭天池，2007.VII.12–15，陈天飞，No.200803200；1♀，海南尖峰岭鸣凤谷，2007.X.25，刘经贤，No.200709697；5♀，海南鹦哥岭，2007.V.24–26，刘经贤，Nos.200704054，200704065，200704090，200704198，200704076；2♀，海南鹦哥岭，2007.V.24–25，刘经贤，Nos.200702660，200702789；1♀，海南鹦哥岭，2007.X.18，刘经贤，No.200709821；2♀，海南五指山，2007.X.29，刘经贤，Nos.200710327，200710134；2♀，海南五指山，2007.V.16–20，刘经贤，Nos.200703242，200702273；1♀，海南霸王岭，2007.VI.9–10，刘经贤，No.200703456；2♀，云南瑞丽，1981.V.3，何俊华，Nos. 812426，812429；1♀，云南瑞丽，1981.V.5，何俊华，No.812845；1♀，云南瑞丽，1981.V.6，何俊华，No.813016；1♀，云南瑞丽勐休，1981.V.2–6，何俊华，No.814056；1♀，云南西双版纳，2003.VII.30，许再福，No.20055462；3♀，云南西双版纳森林公园，2003.VII.31，许再福，Nos.20053529，20053555，20053599；1♀，云南西双版纳，2003.VII.31，许再福，No.20053571；1♀，云南河口南溪镇，2003.VII.20–21，许再福，No.20055223；1♀，云南德宏州那邦镇，2009.V.15，王漫漫，No.200904843；1♀，云南思茅，1981.IV.7，何俊华，No.811513；1♀，云南思茅，1981.IV.8，何俊华，No.814882；1♀，云南勐遮，1981.IV.19，何俊华，No.812603；1♀，云南勐仑，1981.IV.10，何俊华，No.811700。

分布：浙江（龙王山、古田山、松阳、天目山）、湖南（衡山）、台湾、广东（南昆山、同乐大山、丰溪、车八岭、观音山）、海南（吊罗山、尖峰岭、鹦哥岭、五指山、霸王岭）、广西（防城、植物园）、云南（瑞丽、西双版纳、南溪、德宏、思茅、勐遮、勐仑）；俄罗斯，韩国，日本，印度，越南，斯里兰卡，印度尼西亚，加罗林群岛。

(89) 三岛甲矛茧蜂 *Ipodoryctes tamdaoensis* Belokobylskij, 1994（图版 XX: 4）

Ipodoryctes tamdaoensis Belokobylskij, 1994c: 132; Tang *et al*., 2011: 16.

雌：体长 6.1–7.0 mm；前翅长 4.6–5.3 mm。

头：触角细长，48–51 节；柄节长是宽的 1.4–1.8 倍；第 1 鞭节长是其端宽的 3.3–3.5 倍，是第 2 鞭节长的 1.1–1.2 倍；头宽是长的 1.5–1.6 倍，头顶和额具明显的粗糙皱和波浪形刻条，仅上颊腹面光滑；上颊前面稍加宽，自复眼后成直线收缩；复眼横径是上颊长的 1.8–2.0 倍；单眼小，POL=1.1–1.3×OD=0.5–0.6×OOL；复眼纵径是横径的 1.2–1.3 倍；颚眼距是复眼纵径的 0.4 倍，是上颚基部宽的 0.8–0.9 倍；脸具皱；脸宽是复眼纵径的 1.0–1.1 倍，是脸和唇基总长的 1.1–1.2 倍；唇基下陷圆形，宽为下陷边缘至复眼距离的 1.1–1.2 倍。

胸：胸长是高的 2.0–2.2 倍；中胸背板和小盾片具密皱纹及颗粒；盾纵沟深、完整、具短刻条；小盾片前凹深、具细微皱，具中脊，是小盾片长的 0.4–0.6 倍；中胸侧板几乎光滑，翅下区具粗糙刻条；基节前沟深，长，光滑，长是中胸侧板下部的 2/3；并胸腹节端部具皱，具 2 个大的、几乎光滑的基侧区。

翅：前翅长是宽的 3.4–3.6 倍；1-R1 脉为翅痣长的 1.5–1.7 倍，r 脉从翅痣中间或中间稍后伸出；3-SR=2.4–2.6×r=0.5–0.6×SR1=1.1–1.3×2-SR，第 2 亚缘室长是宽的 2.8–3.3 倍；1-SR+M 脉明显“S”形弯曲，m-cu 脉几乎对叉或稍后叉，1-CU1=0.9–1.0×cu-a；CU1a 脉不与 2-CU1 脉处在同一水平，从第 1 亚盘室端部上方 1/3 处伸出。后翅 M+CU=0.8–1.0×1-M，m-cu 脉明显前叉。

足：腿节背面端部处具小的泡状肿突，后足基节背面具弱皱纹；后足腿节长是宽的 2.7–3.3 倍，具明显的纵刻条；后足跗节约与胫节等长；后足第 2 跗节长是后足基跗节长的 0.4 倍，是后足第 5 跗节长的 1.1–1.2 倍；后足基跗节长是后足第 2–5 跗节长的 0.8 倍。

腹：腹长是头胸总长的 1.1–1.3 倍，可见 6 节背板；腹部几乎全部具明显刻条，第 1 节端宽是其基宽的 2.1–2.4 倍；第 1 背板长是其端宽的 1.1 倍；第 2 背板基部具光滑基区和光滑端区；第 2 背板长是其基宽的 0.6 倍，是第 3 背板长的 1.5–1.7 倍；第 2 背板缝深，均匀弯曲；第 3–5 背板各节基部均具 1 弯向端部的横沟；第 6 背板扩大，具密的同心刻条，端部中央无凹缘；产卵管鞘长是腹长的 1.1–1.2 倍，是前翅长的 0.7–0.8 倍。

体色：体深红棕色，有时胸部侧面具黑色斑；头部红棕色；触角红棕色，基部 2 节腹面几乎黑色；须浅黄色；足浅黄色，后足基节红棕色；后足胫节基部及所有跗节基部黑色；翅烟褐色；翅痣深棕色，基部和端部浅黄色。

雄：触角大于 37 节（端部断）；前翅长 3.4 mm，翅长是宽的 3.5 倍；体长 4.5 mm；头顶不光滑，密布横形皱条纹；腹部可见 7 节，第 2 背板具较窄且几乎光滑的椭圆形区；第 3 背板以后各节端部不光滑；腹部颜色均匀。其他特征与雌虫相似。

生物学：未知。

研究标本（ZJUH）：1♂，福建坑上，1983.IX.9，汪家社，No.854326；1♀，福建崇安桐木村，1981.IX.29，黄居昌，No.20004163；1♀，广东龙门南昆山，2004.VIII.7，许再福，No.20053201；4♀，海南尖峰岭，2007.VI.7，刘经贤，Nos.200702525，200702471，200702508，20072526；2♀，海南尖峰岭，2007.VI.5–7，翁丽琼，Nos.200806571，200806573；1♀，海南尖峰岭，2007.VI.5–7，肖斌，No.200806923；1♀，海南尖峰岭天池，2007.X.22–

23，刘经贤，No.200710636；3♀，海南尖峰岭天池，2006.VII.12–15，陈天飞，Nos.200803085，200803096，200803170；1♀，海南尖峰岭天池，2006.VII.12–15，刘经贤，No.200803640；1♀，海南尖峰岭，2007.VI.4–7，曾洁，No.200711017；1♀，海南吊罗山，2007.VI.1–2，刘经贤，No.200703901；1♀，海南五指山，2007.V.16–20，刘经贤，No.200703312；1♀，海南鹦哥岭，2007.V.28–VI.3，翁丽琼，No.200804084。

分布：福建（武夷山、崇安）、广东（南昆山）、海南（尖峰岭、吊罗山、五指山、鹦哥岭）、云南；越南。

(90) 离甲矛茧蜂 *Ipodoryctes vagrans* (Bridwell, 1920)（图版 XXI: 1）

Hormiopterus vagrans Bridwell, 1920: 321.

Rhaconotus vagrans: Shenefelt *et* Marsh, 1976: 1342; Belokobylskij, 1994d: 347; 1996: 161; Belokobylskij *et* Chen, 2004b: 356; Chen *et* Shi, 2004: 59.

Ipodoryctes vagrans: Belokobylskij, 2019: 36; Belokobylskij *et* Zaldivar-Riverón, 2021: 44.

雌：体长 2.8 mm；前翅长 2.3 mm。

头：触角 27 节；柄节长是宽的 1.6 倍；第 1 鞭节长为端宽的 5.0 倍，是第 2 鞭节长的 1.2 倍；头顶和额密布颗粒；头宽为中长的 1.3 倍，上颊自复眼之后圆弧形收缩；上颊微弱革质，下方光滑；上颊长为复眼横径的 0.4 倍；单眼小，后单眼间距是前后单眼间距的 1.3 倍；POL=1.5×OD=0.5×OOL；复眼光滑，纵径是横径的 1.4 倍；颚眼距是复眼纵径的 0.2 倍，是上颚基部宽的 0.7 倍；脸密布颗粒，中央光滑；宽为复眼纵径的 0.9 倍，是脸和唇基总长的 1.3 倍；后头脊与口后脊在上颚处不愈合。

胸：胸长是高的 1.8 倍；前胸背板中央具明显背脊，位于前胸背板中央；中胸盾片前缘平缓，与前胸背板水平面成钝角，密布颗粒，盾纵沟周围无皱，端部中央具粗糙皱；中胸背板全部密布毛；盾纵沟很深、完整、具短刻条；中胸盾片无中纵沟；小盾片前凹明显、深，具 3 脊，光滑，前凹长是小盾片长的 0.3 倍；小盾片密布颗粒；基节前沟前浅后深，直，光滑，稍斜，长达中胸侧板下部全长的 0.7 倍，前端与胸腹侧脊相接；中胸侧板光滑；翅下区浅，窄，具刻条和密集颗粒；胸腹侧脊明显，腹面宽；并胸腹节具明显分区，基侧区具革质颗粒，并胸腹节剩余部分具皱。

翅：前翅长是宽的 3.2 倍；r 脉从翅痣中间伸出，与 3-SR 脉相接成明显的钝角；3-SR=2.1×r=0.5×SR1=1.2×3-SR；第 2 亚缘室端部不变宽，长是宽的 3.3 倍，是第 1 亚盘室长的 1.6 倍；1-SR+M 脉稍“S”形；m-cu 脉明显后叉；1-CU1=1.0–1.6×cu-a；第 1 亚盘室在 m-cu 脉稍后强烈成直线关闭；前翅 CU1a 脉几乎对叉。后翅 M+CU=0.6×1-M；m-cu 脉明显，前叉，不骨化。

足：后足基节背方密布颗粒，后足腿节背方具颗粒，侧方革质，腹方几乎光滑；后足腿节长是宽的 2.8 倍，背面具很小的泡状肿突；后足跗节长是后足胫节长的 1.0 倍；后足基跗节长是后足第 2–5 跗节长的 0.7 倍，后足第 2 跗节长是后足基跗节长的 0.5 倍，是后足第 5 跗节长的 1.3 倍。

腹：腹长是头胸总长的 1.1 倍，可见 6 节背板；第 1 背板均匀且直线地向后扩大，端宽是其基宽的 2.3 倍，长是其端宽的 0.8 倍；第 2 背板具窄的光滑基区，具明显窄的椭圆形光滑端区，该端区长是第 2 背板剩余部分长的 0.8 倍；第 1 背板全部具纵刻条，刻条间部分具皱；第 2 背板（除光滑的基区及椭圆形端区外）、第 3–5 背板基部 0.5–0.6 具纵刻条；第 3–5 背板端部光滑；第 2–5 背板侧面具纵刻条皱；第 2 背板长是基宽的 0.3 倍，是第 3 背板长的 0.9 倍；第 2 背板缝深且宽，均匀弯曲；第 6 背板端部几乎直，中央无凹缘，后腹面无侧叶；第 6 背板端部具微弱的横刻条，基部几乎光滑，稍革质，中央光滑；产卵管鞘长是腹长的 0.5 倍，是第 1 背板长的 2.4 倍，是胸长的 0.8 倍，是前翅长的 0.3 倍。

体色：头棕黄色；胸部大部分红棕色，后胸及并胸腹节几乎黑色；触角棕黄色，从基部到端部颜色逐渐变深；须浅黄色；足黄色，所有第 5 跗节棕色；产卵管鞘黑色；翅几乎透明；翅痣黄色。

雄：未知。

生物学：据记载，寄主有鞘翅目的 *Neoclytarlus chenopodii* 和 *Neoclytarlus euphorbiae* 等。

研究标本：1♀，福建武夷山，1989.X.1，汪家社，No.964347（ZJUH）。

分布：福建（武夷山）、台湾；俄罗斯，朝鲜，韩国，越南，美国（夏威夷）。

18. 斜沟茧蜂属 *Leluthia* Cameron, 1887

Leluthia Cameron, 1887: 392; Marsh, 1967: 359; Shenefelt *et* Marsh, 1976: 1315; Belokobylskij, 1994b: 22; Marsh, 2002: 119; Belokobylskij *et* Maeto, 2006: 695; 2009: 293. **Type species:** *Leluthia mexicana* Cameron, 1887; designated by Viereck, 1914.

Doryctosoma Picard, 1938: 142; Shenefelt *et* Marsh, 1976: 1296. **Type species:** *Doryctosoma paradoxum* Picard, 1938; by monotype. Synonymized by Belokobylskij, 1992: 915.

Euhecabolodes Tobias, 1962: 1190; Shenefelt *et* Marsh, 1976: 1354; Belokobylskij *et* Tobias, 1986: 34. **Type species:** *Euhecabolodes minutus* Tobias, 1962; by monotype. Synonymized by Belokobylskij *et* Tobias, 1986: 34.

Russellia Muesebeck, 1950: 78 (not *Russellia* Vargas, 1943); Shenefelt *et* Marsh, 1976: 1315. **Type species:** *Heterospilus astigmus* Ashmead, 1896; by monotype. Synonymized by Marsh, 1967: 360.

Russelella Muesebeck *et* Walkley, 1951: 178 (replaced name); Shenefelt *et* Marsh, 1976: 1315.

形态特征：复眼光滑；无颚眼沟；后头脊背方存在，与口后脊在上颚基部处愈合或不愈合；触角柄节长且宽，无端叶；第 1 鞭节长于第 2 鞭节，极少数情况下相等。中胸背板中叶常无肩角；盾纵沟完整，内具刻纹；小盾片前沟相当长；基节前沟明显，长，几乎直；并胸腹节无明显分区，无侧突。前翅翅痣宽；r 脉从翅痣中央前方伸出；m-cu 脉常前叉，极少数后叉或对叉；2-SR 脉存在且明显骨化；cu-a 脉后叉；第 1 亚盘室末端开放。后翅 cu-a 脉存在；M+CU 脉不短于 1-M；雄虫后翅具似翅痣样的膨大。前足和中足胫节外侧具成列的钉状刺；后足基节腹方常具瘤突；后足腿节背方具明显的肿突；后足基跗节长为后足第 2–5 跗节长的 0.5–0.7 倍。腹部第 1 背板宽，常短，具明显背凹；第

2 背板缝明显，完整，侧方弯曲；第 2 背板侧方常具浅、宽的近平行沟。

生物学：据记载，寄主有鞘翅目的长蠹科 Bostrichidae、吉丁虫科 Buprestidae、象甲科 Curculionidae、小蠹科 Scolytidae（Yu *et al.*，2016；Belokobylskij & Maeto，2009）。

分布：古北区、东洋区、新北区、新热带区、澳洲区。本属全世界已知 23 种，中国已知 1 种，且为中国新记录种：高加索斜沟茧蜂 *L. transcaucasica* (Tobias, 1976)。

(91) 高加索斜沟茧蜂 *Leluthia transcaucasica* (Tobias, 1976)（图版 XXI: 2）

Euhecabolodes transcaucasicus Tobias, 1976a: 251; Belokobylskij *et* Tobias, 1986: 37.
Euhecabolodes ulmi Tobias, 1980: 290. Synonymized by Belokobylskij, 1994b: 23.
Leluthia transcaucasicus: Belokobylskij, 1994b: 22.

雌：体长 3.5–4.0 mm；前翅长 2.7–3.0 mm。

头：触角 25 节；柄节长是宽的 1.6 倍；第 1 鞭节长是宽的 3.8–4.0 倍，是第 2 鞭节长的 1.1–1.2 倍；背面观头宽是其中间长的 1.6–1.8 倍，头部自复眼后弧形收缩；复眼横径是上颊长的 2.2–2.4 倍，单眼区底边长是侧边的 1.3 倍；POL=1.3–1.6×OD=0.5–0.6×OOL；头顶具明显密集的横向刻条，其间具密集颗粒和刻条；额具密集颗粒和刻条；复眼光滑，其纵径是横径的 1.3 倍；颚眼距是复眼纵径的 0.2–0.3 倍，是上颚基部宽的 0.6–0.7 倍；脸宽是复眼纵径的 0.8–0.9 倍，是脸和唇基总长的 1.2–1.3 倍；脸具微弱刻条，其间具密集的颗粒和刻条；无颚眼沟；后头脊背方存在，与口后脊在上颚基部处不愈合。

胸：胸长是高的 1.7–1.8 倍；前胸背板短；中胸盾片具密集但微弱的颗粒和刻条，仅中后方具波浪状刻纹和皱；中胸盾片中叶无中凹；盾纵沟浅，其内具明显的稀疏刻条，沿盾纵沟和中胸背板中后方被稀疏长毛。小盾片具微弱但密集的颗粒状刻纹；小盾片前凹深，窄，内具 5–7 条隆脊，小盾片前凹长为小盾片长的 0.4 倍。中胸侧板具颗粒状革质刻纹；基节前沟浅，但中后方深且宽，横贯整个中胸侧板下缘。并胸腹节无分区；并胸腹节表面大部分具粗糙网皱。

翅：前翅长是宽的 3.0–3.2 倍，r 脉明显从翅痣中央之前伸出；3-SR=0.9–1.1×r=0.2–0.3×SR1；r-m 脉缺；第 2 亚缘室长是宽的 2.2–2.3 倍，是第 1 亚盘室长的 0.9 倍；1-SR+M 脉明显“S”形弯曲；m-cu 脉近对叉或明显后叉。后翅基室狭窄，其长是宽的 8.8 倍；M+CU=2.0×1-M；m-cu 脉直，前叉。

足：后足基节背面具颗粒状革质刻纹，其间具皱；后足腿节背面具革质状刻纹，后足腿节长是宽的 3.0–3.2 倍；后足跗节长是后足胫节长的 0.9–1.0 倍，后足基跗节长是后足第 2–5 跗节长的 0.5–0.6 倍，后足第 2 跗节长是后足基跗节长的 0.5–0.6 倍，是后足第 5 跗节长的 1.4–1.5 倍。

腹：腹长与头胸总长几乎等长；第 1 背板全具纵刻条，其间具微皱，端宽是其基宽的 1.8–2.0 倍，长是其端宽的 0.9–1.0 倍；第 2 背板侧方具浅且短的凹陷；第 2 背板具纵刻条，其间具微皱，长是其基宽的 0.5 倍；第 3、4 背板基部 5/6 具短刻条，其间具微皱；第 5 背板基部 1/2 具微弱但密集的革质刻条；第 6 背板基部 1/2 具密集革质刻纹；第 3–6

背板剩余区域光滑。

体色：头和腹部红褐色；胸部前半部分深红褐色，后半部分几乎黑色；足红褐色，所有胫节端部黄色；翅浅褐色半透明，翅痣深褐色。

雄：未知。

生物学：寄主为杉肤小蠹 *Phloeosinus sinensis*。

研究标本（ZJUH）：1♀，浙江安吉龙王山，1995.VII.20，吴鸿，No.971463；1♀，西天目山三亩坪，1999.VII.21，赵明水，No.999439；1♀，福建泉州，1963.V.27，钱庚玉；1♀，山东定陶，1980.IX.20，范迪，No.840781，寄主，榆小蠹虫；1♀，河南信阳，1983.VIII.1，苏世友，No.846343，寄主，杉肤小蠹；1♀，湖南道县，1982.VIII.22，童新旺，No.20044397；1♀，贵州贵定，1980.VII.22，何俊华，No.802983。

分布：山东（定陶）、河南（信阳）、浙江（龙王山、西天目山）、湖南（道县）、福建（泉州）、贵州（贵定）；俄罗斯，蒙古国，哈萨克斯坦，伊朗，格鲁吉亚，捷克斯洛伐克，匈牙利。本种为我国首次记录。

19. 小柄腹茧蜂属 *Leptospathius* Szépligeti, 1902

Leptospathius Szépligeti, 1902a: 49; Shenefelt *et* Marsh, 1976: 1375; Belokobylskij, 1996: 174; Chen *et* Shi, 2004: 173. **Type species:** *Leptospathius formosus* Szépligeti, 1902; by monotype.

Habnoba Cameron, 1905a: 107; Shenefelt *et* Marsh, 1976: 1375. **Type species:** *Habnoba petiolata* Cameron, 1905; by monotype. Synonymized by Nixon, 1943b: 188.

Rhoptrospathius Cameron, 1910a: 47; Shenefelt *et* Marsh, 1976: 1375. **Type species:** *Rhoptrospathius striatus* Cameron, 1910; by monotype. Synonymized by Nixon, 1943b: 188.

形态特征：头方形；具后头脊；下颚须 5 节；触角第 4 节长于第 3 节；盾纵沟深而明显。前翅具 3 个亚缘室；m-cu 对叉；cu-a 脉对叉；CU1a 脉从第 1 亚盘室端缘下部伸出。后翅 SR 脉上着生 1 条横脉，M+CU 脉只略短于 1-M 脉。后足基节腹面无瘤突。第 1 背板呈柄状，从基部到端部逐渐增宽；第 2+3 背板具 2 条向后会合的纵沟。

生物学：未知。

分布：东洋区、澳洲区。本属全世界已知 9 种，中国已知 2 种。

种检索表

第 2 亚缘室长是宽的 3.5 倍；后足腿节长是宽的 4.6 倍；腹部第 1 背板长是其端宽的 3.0 倍；第 1 背板全具皱……………………………………………………………………… **三角小柄腹茧蜂 *L. triangulifera***

第 2 亚缘室长是宽的 2.6 倍；后足腿节长是宽的 5.1 倍；腹部第 1 背板长是其端宽的 3.7 倍；第 1 背板具皱，中央几乎光滑…………………………………………………… **湖南小柄腹茧蜂 *L. hunanensis***

(92) 湖南小柄腹茧蜂 *Leptospathius hunanensis* Tang, Wu, Belokobylskij *et* Chen, 2012 （图版 XXI: 3）

Leptospathius hunanensis Tang, Wu, Belokobylskij *et* Chen, 2012b: 63.

雌：体长 14.6 mm；前翅长 10.5 mm。

头：触角已断，余 65 节；柄节长是宽的 1.2 倍；第 1 鞭节稍弯曲，长是其端宽的 4.2 倍，是第 2 鞭节长的 0.9 倍；头顶光滑，背面观头宽是中长的 1.2 倍；额光滑；上颊腹方具稀疏的弯曲刻条；背面观复眼横径是上颊长的 1.3 倍，单眼中等大小，后单眼间距是前后单眼间距的 1.7 倍，POL=1.3×OD=0.7×OOL；复眼光滑，纵径是横径的 1.2 倍；颚眼距是复眼纵径的 0.3 倍，是上颚基部宽的 0.7 倍；脸密布皱；脸宽是复眼纵径的 1.0 倍，是脸和唇基总长的 1.3 倍；在触角窝间具小且明显的齿突；无颚眼沟；后头脊背方存在，与口后脊在上颚基部处不愈合。

胸：胸长是高的 2.8 倍；前胸背板明显；中胸盾片密布细微刻点，从前胸背板水平面圆弧形升起；中胸盾片中叶具中纵沟，其间具短刻条；盾纵沟深、完整，其间具短刻条；小盾片前凹深，其长是小盾片长的 0.3 倍；中胸侧板几乎密布微弱刻点；翅下区深，窄，具短刻条；基节前沟很深、窄，具短刻条，其长达中胸侧板下部全长的 0.7 倍；并胸腹节基侧区光滑，并胸腹节其余部分具网皱。

翅：前翅长是宽的 4.4 倍；r 脉从翅痣中央前方伸出；缘室具 1 明显横脉；3-SR 脉与 r 脉成钝角；3-SR=3.8×r=0.9×SR1；第 2 亚缘室大，其长是宽的 2.6 倍，是第 1 亚盘室长的 1.0 倍，是第 1 盘室长的 1.0 倍；1-SR+M 脉微弱“S”形弯曲；m-cu 脉前叉；1-CU1 脉与 cu-a 脉等长；CU1a 脉对叉。后翅 M+CU=1.3×1-M；m-cu 脉几乎对叉，稍弯向翅尖。

足：后足基节背方密布微弱刻点，长是宽的 2.8 倍，是后足腿节长的 0.7 倍；后足腿节密布微弱刻点，长是宽的 5.1 倍；中足胫节无刺；后足跗节长是后足胫节长的 1.1 倍；后足基跗节长是第 2–5 跗节总长的 1.2 倍，第 2 跗节长是基跗节长的 0.4 倍，是第 5 跗节长的 2.8 倍。

腹：腹长是头胸总长的 1.0 倍；第 1 背板基部 1/3 具明显气门瘤，几乎无背凹，胸腹侧片长，长达气门瘤前，长是第 1 背板长的 0.3 倍；第 1 背板具皱，中间光滑；第 1 背板端宽是其基宽的 2.0 倍，长是其端宽的 3.7 倍，是并胸腹节长的 2.0 倍；第 2 背板具皱；第 2 背板基部 0.8 具三角区域；第 2 背板长是基宽的 1.4 倍，是第 3 背板长的 1.0 倍；第 2 背板缝明显，直；第 3 背板基侧方具针刮状刻纹；第 3 背板基部 2/3 具 1 明显横沟；第 1–6 背板具密集短毛；产卵管鞘长是腹长的 1.3 倍，是前翅长的 1.5 倍。

体色：体黑色；头红棕色，背方和后方黑色；触角深红棕色，基部 2 节浅红棕色；须深棕色，端部 2 节浅棕色；前足红棕色，中后足胫节基部和后足基跗节黄白色，剩余后足跗节红棕色，所有基节几乎黑色；产卵管鞘黑色，基部棕色；翅微烟褐色；翅痣深棕色。

雄：未知。

生物学：未知。

研究标本：♀（正模，ZJUH），湖南壶瓶山象鼻子沟，2009.VII.8，唐璞，No.200908490。

分布：湖南（壶瓶山）。

附注：本种十分特殊，在其前翅缘室具 1 明显横脉，可能为变异。

(93) 三角小柄腹茧蜂 *Leptospathius triangulifera* Enderlein, 1914（图版 XXI: 4）

Leptospathius triangulifera Enderlein, 1914: 33; Shenefelt *et* Marsh, 1976: 1376; Belokobylskij, 1996: 174; Chen *et* Shi, 2004: 174; Tang *et al.*, 2012b: 65.

雌：体长 15.3 mm；前翅长 11.0 mm。

头：触角已断，余 65 节；柄节长是宽的 1.5 倍；第 1 鞭节稍弯曲，长是其端宽的 4.2 倍，是第 2 鞭节长的 0.9 倍；头顶光滑，背面观头宽是中长的 1.4 倍；额光滑；上颊腹方具稀疏的弯曲刻条；背面观复眼横径是上颊长的 1.3 倍，单眼中等大小，后单眼间距是前后单眼间距的 1.2 倍，POL=1.3×OD，POL 稍短于 OOL；复眼光滑，纵径是横径的 1.3 倍；颚眼距是复眼纵径的 0.3 倍，是上颚基部宽的 0.5 倍；脸密布皱；脸宽是复眼纵径的 0.8 倍，是脸和唇基总长的 1.3 倍；在触角窝间具小且明显的齿突；无颚眼沟。

胸：胸长是高的 2.4 倍；前胸背板明显；中胸盾片密布细微刻点，从前胸背板水平面圆弧形升起；中胸盾片中叶具中纵沟，其间具短刻条；盾纵沟深、完整，其间具短刻条；小盾片前凹深，其长是小盾片长的 0.3 倍；中胸侧板几乎密布微弱刻点；翅下区深，窄，具短刻条；基节前沟很深，窄，具短刻条，其长达中胸侧板下部全长的 0.7 倍；并胸腹节基侧区光滑，并胸腹节其余部分具网皱。

翅：前翅 r 脉从翅痣中央前方伸出；3-SR 脉与 r 脉成钝角；3-SR=3.0×r=0.7×SR1；第 2 亚缘室大，其长是宽的 3.5 倍，稍短于第 1 亚盘室长的 1.0 倍；m-cu 脉稍前叉；CU1a 脉对叉。后翅 M+CU=1.4×1-M；m-cu 脉稍后叉，稍弯向翅尖。

足：后足基节背方密布微弱刻点，长是宽的 2.5 倍，是后足腿节长的 0.7 倍；后足腿节密布微弱刻点，长是宽的 4.6 倍；中足胫节无刺；后足跗节长是后足胫节长的 1.0 倍；后足基跗节长是第 2–5 跗节总长的 1.0 倍；第 2 跗节长是基跗节长的 0.5 倍，是第 5 跗节长的 3.0 倍。

腹：腹部第 1 背板基部具明显气门瘤，几乎无背凹，胸腹侧片长，长达气门瘤前，长是第 1 背板长的 0.3 倍；第 1 背板具皱；第 1 背板端宽是其基宽的 2.3 倍，长是其端宽的 3.0 倍，是并胸腹节长的 2.0 倍；第 2 背板具皱；第 2 背板基部 2/3 具三角区域；第 2 背板长是基宽的 1.3 倍，是第 3 背板长的 1.2 倍；第 2 背板缝明显，直；第 3 背板基侧方具针刮状刻纹；第 3 背板基部 2/3 具 1 明显横沟；第 1–6 背板具密集短毛；产卵管鞘长稍长于体长，是前翅长的 1.4 倍。

体色：体黑色；头红棕色，背方和后方黑色；触角深红棕色，基部 2 节浅红棕色；须深棕色，端部 2 节浅棕色；前足红棕色，中后足胫节基部和后足基跗节黄白色，剩余后足跗节红棕色，所有基节几乎黑色；产卵管鞘黑色，基部棕色；翅微烟褐色；翅痣深棕色。

雄：体长 12.0–13.7 mm；前翅长 7.8 mm。触角 68 节；第 1 鞭节长是端宽的 3.7–4.0

倍；背面观头宽是中长的 1.2 倍；复眼横径是上颊长的 1.1–1.2 倍；胸部长为高的 2.5–2.6 倍；前翅 3-SR=3.2–3.6×r；第 2 亚缘室长是宽的 3.0–3.7 倍；后翅 M+CU 脉为 1-M 脉的 1.0 倍。腹部第 1 背板长为端宽的 1.5–1.8 倍，长是其端宽的 6.0–7.0 倍，是并胸腹节长的 2.5 倍；第 2 背板基部 1/3 具三角区域；第 2 背板长是基宽的 3.0–3.2 倍。

生物学：未知。

研究标本：♀（正模，DEI），“Formosa，Hoozan，V.19[10]，Sauter”，“Syntypus”，“*Leptospathius triangulifera* Enderl.，Type”。ZJUH：1♂，浙江西天目山，1994.VI，刘经贤，No.941017；1♂，海南尖峰岭，2007.VI.6，刘经贤，No.200703824。

分布：浙江（西天目山）、台湾（凤山）、海南（尖峰岭）。

20. 小甲矛茧蜂属 *Mimipodoryctes* Belokobylskij, 2000

Mimipodoryctes Belokobylskij, 2000: 348; 2001: 162; Belokobylskij *et* Maeto, 2006: 704; 2009: 305.

Type species: *Mimipodoryctes robustus* Belokobylskij, 2000 (=*Rhyssalus rubriceps* Cameron, 1909); by monotype.

形态特征：复眼光滑；后头脊背方存在，与口后脊在上颚基部处愈合。前翅 CU1a 脉不与 2-CU1 脉处在同一水平；腿节背面多少具明显的肿突。雌虫腹部第 1 背板与第 2 背板之间愈合不可动，雄虫第 1、2 背板不愈合；腹部第 2 背板端部常具 1 沟，并与第 2 背板缝组成椭圆形区域；雌虫腹部第 6 背板大，后缘中央常具缺刻。

生物学：未知。

分布：古北区、东洋区、澳洲区。本属全世界已知 5 种，中国已知 3 种。

附注：该属与甲矛茧蜂属非常相似，区别在于该属雌虫腹部第 1 背板与第 2 背板之间愈合不可动，雄虫第 1、2 背板不愈合。

种 检 索 表

1. 腹部第 2 背板具明显光滑基区；第 1 背板长是其端宽的 0.80–0.85 倍；第 2 背板长是其基宽的 0.50–0.55 倍；产卵管鞘长是前翅长的 0.60–0.65 倍 ……………………………**丹顶小甲矛茧蜂 *M. rubriceps***
- 腹部第 2 背板无基区；第 1 背板长是其端宽的 0.9–1.2 倍；第 2 背板长是其基宽的 0.65–1.00 倍；产卵管鞘长是前翅长的 0.7–1.1 倍 ……………………………………………………………………2
2. 腹部第 2 背板端部椭圆形区具皱纹，第 6 背板后缘中央具浅且宽的缺刻；头顶具稀疏、粗糙且部分波形条纹；中足胫节基部暗棕色或黑色，后足腿节大部分暗红棕色……………………………………………………………………………………………**奇小甲矛茧蜂 *M. peregrinus***
- 腹部第 2 背板端部椭圆形区常大部分光滑，第 6 背板后缘中央具深且窄的缺刻；头顶具密且微弱的线条纹；中足胫节基部灰白色，后足腿节大部分棕黄色，少数种类浅烟褐色……………………………………………………………………**克罗塔亚夫小甲矛茧蜂 *M. korotyaevi***

(94) 克罗塔亚夫小甲矛茧蜂 *Mimipodoryctes korotyaevi* (Belokobylskij, 1996)（图版 XXII: 1）

Ipodoryctes korotyaevi Belokobylskij, 1996: 161; Chen *et* Shi, 2004: 26.

Mimipodoryctes korotyaevi: Belokobylskij, 2000: 349.

雌：体长 3.1–5.0 mm；前翅长 2.7–3.6 mm。

头：触角细长，34–38 节；柄节长是宽的 1.6–1.8 倍；触角第 1 鞭节长是其端宽的 4.5–5.3 倍，是第 2 鞭节长的 1.0–1.1 倍；倒数第 2 鞭节长是宽的 4.5–5.5 倍，是倒数第 1 鞭节的 1.0 倍；头顶具密集的、微弱的横刻条；额具稀疏的刻条皱，头宽是长的 1.4–1.5 倍；复眼横径是上颊长的 2.0–2.5 倍，上颊光滑，自复眼后几乎成直线收缩；单眼小，后单眼间距为前后单眼间距的 1.2–1.3 倍，POL=1.0–1.3×OD=0.5×OOL；复眼纵径是横径的 1.2 倍；颚眼距是复眼纵径的 0.4–0.5 倍，是上颚基部宽的 1.0 倍；脸具稀疏的刻条皱，脸宽稍长于复眼纵径，稍长于脸和唇基总长；唇基下陷圆形，宽是下陷边缘至复眼距离的 0.8–0.9 倍；后头脊与口后脊在上颚基部处愈合。

胸：胸长是高的 2.0 倍；盾纵沟深、完整、具短刻条；中胸盾片具密集刻条皱，其间具颗粒，中叶密布颗粒；小盾片具微弱颗粒和刻点；小盾片前凹深、具皱、具明显的中脊，前凹长是小盾片长的 0.3–0.4 倍；中胸侧板几乎光滑，近背部 1/3 或 1/2 具有粗糙的条纹，基节前沟深、长、光滑；并胸腹节端部 2/5 具皱纹，具 2 个大的、几乎光滑或具微弱颗粒的基侧区；胸部除了并胸腹节外密布短毛。

翅：前翅长是最大宽的 3.7–3.9 倍；1-R1 脉为翅痣长的 1.4–1.5 倍；r 脉从翅痣中央稍后伸出；3-SR=2.5–3.8×r=0.5–0.6×SR1=1.3–1.6×2-SR；第 2 亚缘室长是宽的 3.0–3.6 倍，是第 1 亚盘室长的 1.3–1.4 倍；1-SR+M 脉明显“S”形弯曲；m-cu 脉几乎对叉或稍后叉；1-CU1=1.0×cu-a；CU1a 脉从第 1 亚盘室端部上部 1/3 伸出。后翅 M+CU=0.55–0.7×1-M，m-cu 脉稍前叉。

足：后足基节背面具微弱颗粒；腿节背面具明显的肿突；后足腿节具明显的刻条，长是宽的 3.2–3.4 倍；后足跗节长是后足胫节长的 1.1–1.2 倍，后足第 2 跗节长是后足基跗节长的 0.4 倍，是后足第 5 跗节长的 1.2–1.3 倍；后足基跗节短于后足第 2–5 跗节长的 0.8–0.9 倍。

腹：腹长于头胸总长的 1.4–1.5 倍，背板可见 6 节；第 1 背板与第 2 背板之间愈合不可动；第 1 背板端宽是其基宽的 2.2–2.4 倍，是其长的 0.8–0.9 倍；腹部几乎全部具粗糙的条纹，第 2 背板端部光滑；第 2 背板无基区，端部 1/5 具明显的、窄的光滑区域；第 2 背板长是其基宽的 0.75–1.00 倍，是第 3 背板长的 2.0 倍；第 2 背板缝深，均匀弯曲；第 3–5 背板端部 1/3 光滑；第 6 背板具密集的同心刻条，端部圆形，中间具深的凹缘，第 6 背板长是第 5 背板长的 1.1–1.3 倍，是第 4 背板长的 1.3–1.6 倍；产卵管鞘是腹长的 1.1–1.3 倍，是第 1 背板长的 5.5–6.0 倍，是胸长的 2.0–2.4 倍，是前翅长的 0.9–1.1 倍。

体色：体黑色或深红棕色，有时体几乎浅红棕色；胸部和腹部具暗红色块；头浅红棕色，脸颜色较深；触角红棕色渐变为黑色；须浅黄色；足黄色，后足基节和第 5 跗节红棕色，后足胫节基部和所有基跗节基半部黑色；前翅主要沿脉序烟褐色；翅痣深棕色，基部 1/4 和端部浅黄色。

雄：体长 3.2–3.5 mm；前翅长 2.5–2.6 mm。后足腿节长是宽的 2.7–2.8 倍。腹部细长，背板可见 7 节，第 1、2 背板相接，可动；腹部第 1 背板长是其端宽的 1.5–1.6 倍；第 2 背板长是其基宽的 1.1–1.3 倍，第 2 背板端部沟与第 2 背板缝之间窄，有时几乎不明显；第 6 背板具纵刻条；第 7 背板具半圆形刻条。其他特征与雌虫相似。

生物学：未知。

研究标本：♀（正模，ZISP），Vietnam，prov. Ha Son Binh，Mai Chao，forest，1990. X.31，S. Belokobylskij；1♀（副模，AEI），Wushe，1150 m，1983.III.23，H. & M. Townes。

分布：台湾（南投）；越南，马来西亚，新加坡。

(95) 奇小甲矛茧蜂 *Mimipodoryctes peregrinus* (Belokobylskij, 1994)（图版 XXII: 2）

Ipodoryctes peregrinus Belokobylskij, 1994c: 130; 1996: 161; Chen *et* Shi, 2004: 26.

Mimipodoryctes peregrinus: Belokobylskij, 2000: 349.

雌：体长 4.8–7.6 mm；前翅长 4.0–5.2 mm。

头：触角细长，39–51 节；柄节长是宽的 1.8–2.0 倍；第 1 鞭节长是其端宽的 4.8–5.0 倍，是第 2 鞭节长的 1.1–1.2 倍；倒数第 2 鞭节长是宽的 4.8–5.0 倍；头顶明显具稀疏、粗糙且部分波形的条纹；额具稀疏的直刻条皱，头宽是长的 1.4–1.6 倍；复眼横径是上颊长的 1.8–2.0 倍，上颊光滑，自复眼后几乎成直线收缩；单眼小，后单眼间距为前后单眼间距的 1.3 倍，POL=1.0–1.2×OD=0.4–0.5×OOL；复眼纵径是横径的 1.2 倍；颚眼距是复眼纵径的 0.45 倍，是上颚基部宽的 1.0 倍；脸具稀疏的直刻条皱，脸宽稍长于复眼纵径，是脸和唇基总长的 1.1–1.2 倍；唇基下陷圆形，宽是下陷边缘至复眼距离的 0.7–0.8 倍。

胸：胸长是高的 2.1–2.3 倍；盾纵沟深、完整、具短刻条；中胸盾片和小盾片具颗粒，其间具微弱密集的短刻条；小盾片前凹深、具皱、具明显的中脊，前凹长是小盾片长的 0.3 倍；中胸侧板几乎光滑，近背部 1/3 或 1/2 具有粗糙的条纹，基节前沟深，长，光滑；并胸腹节端部 2/5 具皱纹，具 2 个大的、几乎光滑或稍具刻纹的基侧区；胸部除了并胸腹节外密布短毛。

翅：前翅长是宽的 3.4–3.5 倍；1-R1 脉为翅痣长的 1.4–1.5 倍；r 脉从翅痣中央稍后伸出；3-SR=3.4–3.9×r=0.55–0.8×SR1=1.3–1.5×2-SR；第 2 亚缘室长是宽的 3.2–3.5 倍；1-SR+M 脉明显“S”形弯曲；m-cu 脉稍后叉；1-CU1=0.6–1.0×cu-a；CU1a 脉从第 1 亚盘室端部中央稍前伸出。后翅 M+CU=1.1–1.4×1-M，m-cu 脉稍前叉，着色。

足：后足基节背面具微弱皱纹；腿节背面具明显的肿突；后足腿节具明显的纵刻条，长是宽的 3.2–3.6 倍；后足跗节稍长于后足胫节，后足第 2 跗节长是后足基跗节长的 0.4 倍，是后足第 5 跗节长的 1.3 倍；后足基跗节短于后足第 2–5 跗节长的 0.8 倍。

腹：腹长于头胸总长的 1.2 倍，背板可见 6 节；第 1 背板与第 2 背板之间愈合不可动；第 1 节端宽是其基宽的 2.0–2.2 倍，与其长近似相等或稍短；腹部几乎全部具粗糙的条纹，第 2 背板基部 1/4 几乎光滑；第 2 背板无基区，端部 1/4 具弱的横沟；第 2 背板长是其基宽的 0.8 倍，是第 3 背板长的 1.8–1.9 倍；第 2 背板缝深，均匀弯曲；第 6 背板具密集的同心刻条，端部圆形，中间具浅且宽的缺刻，第 6 背板长是第 5 背板长的 1.3–1.5 倍，是第 4 背板长的 1.4–1.6 倍；产卵管鞘是腹长的 1.1–1.3 倍，是第 1 背板长的 5.0–5.5 倍，是前翅长的 0.8 倍。

体色：胸和腹深红棕色；头浅棕色或浅红棕色；触角浅红棕色，基部 2 节腹面暗；足黄色或浅棕色；跗节黑色或中足胫节基部暗棕色或黑色，后足腿节大部分暗红棕色；前翅明显烟褐色，基部和端半部具浅色带；翅痣深棕色或黑色，基部和端部浅黄色。

雄：体长 5.5 mm；前翅长 3.8 mm。第 1 鞭节长是其端宽的 4.0 倍；后足腿节长是宽的 2.6 倍。腹部细长，背板可见 7 节，腹部第 1 背板长是其端宽的 1.3 倍；第 2 背板长稍长于基宽，是第 3 背板长的 1.4 倍；第 1、2 背板不愈合；第 2 背板端部具窄的光滑区；第 6 背板后缘中央无凹缘，具纵刻条，稍长于第 4 或第 5 背板长；第 7 背板全部具粗糙的皱纹。后足基节背面具颗粒。头浅棕色，仅脸的腹半面几乎黑色；前足和中足腿节泡状肿突黄色。其他特征与雌虫相似。

生物学：未知。

研究标本：♀（正模，ZISP），Vietnam，Vinh Phu，Tam Dao，1000 m，forest，1990.XI.13，S. Belokobylskij；2♀1♂（副模，ZISP），Vietnam，Vinh Phu，Tam Dao，1000 m，forest，1990.XI.10 & 15，S. Belokobylskij。

分布：台湾（日月潭）；越南。

(96) 丹顶小甲矛茧蜂 *Mimipodoryctes rubriceps* (Cameron, 1909)（图版 XXII: 3）

Rhyssalus rubriceps Cameron, 1909: 114.

Ipodpryctes rubriceps: Belokobylskij, 1996: 161; 2001: 156.

Mimipodoryctes robustus Belokobylskij, 2000: 348. Synonymized by Belokobylskij *et* Maeto, 2006: 704.

Mimipodoryctes rubriceps: Belokobylskij *et* Maeto, 2006: 704; 2009: 305.

雌：体长 3.5–5.1 mm；前翅长 2.8–4.1 mm。

头：触角 34–41 节；第 1 鞭节长是其端宽的 4.2–4.7 倍；倒数第 2 鞭节长是宽的 4.3–4.8 倍，是倒数第 1 鞭节长的 0.6–0.7 倍，是最后 1 鞭节长的 0.9 倍；头顶具粗糙的横向刻条；额具粗糙的斜向刻条；复眼横径是上颊长的 2.3–2.8 倍，上颊上半部光滑，后半部具微弱的刻条或完全光滑；上颊自复眼后前半部凸出，后半部几乎成直线收缩；后单眼间距为前后单眼间距的 1.2–1.3 倍，POL=0.9–1.1×OD=0.4–0.5×OOL；复眼纵径是横径的 1.15–1.20 倍；颚眼距是复眼纵径的 0.40–0.45 倍，是上颚基部宽的 1.0 倍；脸具刻条皱，脸宽是复眼纵径的 1.0–1.1 倍，是脸和唇基总长的 1.1–1.2 倍；唇基下陷圆形，宽是下陷边缘至复眼距离的 0.6–0.7 倍。

胸：胸长是高的 1.8–2.0 倍；中胸盾片中叶无沟；中胸盾片具粗糙的横向刻条和密集的皱，部分区域皱间具颗粒；中胸盾片全布密集的半直立短毛；小盾片具颗粒和皱或仅具皱；小盾片前凹具中脊和明显的稀疏皱；中胸侧板整个密布短毛，具明显的横向刻条，后部和基节前沟下方光滑；翅下区具粗糙的纵刻条；并胸腹节具微弱革质或光滑的基侧区，脊间具皱；中区缺；剩余并胸腹节具网皱。

翅：前翅长是最大宽的 3.3–3.4 倍；翅痣长是宽的 3.8–4.3 倍；1-R1 脉为翅痣长的 1.4–1.6 倍；3-SR=1.8–2.4×r=0.4–0.5×SR1=1.0–1.2×2-SR；第 2 亚缘室长是宽的 2.6–2.8 倍，是第 1 亚盘室长的 1.15–1.30 倍；1-SR+M 脉“S”形弯曲；m-cu 脉几乎对叉或稍后叉；1-CU1=0.7–1.0×cu-a；CU1a 脉从第 1 亚盘室端部上部 1/3 伸出。

足：后足基节背半方具明显皱刻条和颗粒，腹半方几乎光滑；后足腿节背方具刻条，侧方具颗粒，剩余部分光滑；后足跗节长是后足胫节长的 1.0 倍，后足第 2 跗节长是后足基跗节长的 0.4 倍，是后足第 5 跗节长的 1.0–1.2 倍。

腹：背板可见 6 节；第 1 背板与第 2 背板之间愈合不可动；第 1 背板长是其端宽的 0.80–0.85 倍；第 2 背板具光滑的基区和端区；第 2 背板端区长是第 2 背板剩余背板长的 0.4–0.5 倍；第 2 背板长是其基宽的 0.50–0.55 倍，是第 3 背板长的 1.3–1.5 倍；第 6 背板后缘直或稍具缺刻；第 1 背板全部、第 2 背板（除光滑的基区和端区外）、第 3–5 背板（除端部 1/5–1/4 光滑外）具纵刻条；第 6 背板具密集的同心刻条；第 2–6 背板侧方具密集刻条；第 6 背板长是第 5 背板长的 1.2–1.4 倍，是第 4 背板长的 1.4–1.7 倍；产卵管鞘是腹长的 0.8–0.9 倍，是胸长的 1.2–1.4 倍，是前翅长的 0.60–0.65 倍。

体色：体黑色，头暗红色，胸部和第 6 背板端半部红色；触角基部 1/4 浅红棕色，基部 2 节和端部 3/4 深红棕色至黑色；须黄色；足黄色，后足基节红色，所有腿节基部棕色；后足胫节基部和所有跗节（第 1–4 跗节端部 1/5–1/3 黄色）黑色或棕色；产卵管鞘黑色；前翅烟褐色；翅痣棕色，基部和端部 1/4–1/3 黄色。

雄：未知。

生物学：未知。

研究标本（ZJUH）：1♀，云南河口，107 m，2003.VII.20，姜茜，No.20045456；1♀，云南个旧绿水河热带雨林，2003.VII.23，陆佳，No.20045557。

分布：云南（河口、个旧）；越南，泰国，马来西亚，印度尼西亚，巴布亚新几内亚。本种为我国首次记录。

21. 单轴茧蜂属 *Monolexis* Förster, 1862

Monolexis Förster, 1862: 237; Nixon, 1943a: 261; Shenefelt *et* Marsh, 1976: 1358; Papp, 1984: 181; Belokobylskij, 1998b: 72; Belokobylskij *et al*., 2004: 65; Belokobylskij *et* Maeto, 2009: 310. **Type species:** *Monolexis fuscicornis* Förster, 1862; by monotype.

形态特征：复眼光滑；无颚眼沟；后头脊背方存在，与口后脊在上颚基部处不愈合；触角柄节长且宽，无端叶；第 1 鞭节长常与第 2 鞭节等长。中胸背板几乎垂直于前胸背板升起；中胸背板中叶常无肩角；盾纵沟完整，内具刻纹；小盾片前沟相当长；基节前沟明显，相当短，直；并胸腹节无明显分区，无侧突。前翅翅痣宽；r 脉从翅痣中央前方伸出；r-m 脉缺；cu-a 脉后叉；第 1 亚盘室末端开放。后翅 cu-a 脉存在；m-cu 脉存在且明显骨化；雄虫后翅具似翅痣样的膨大。前足胫节外侧具成列钉状刺；后足基节腹方具瘤突；后足腿节细长，背方无明显肿突；后足基跗节相当短，长为后足第 2–5 跗节长的 0.5–0.6 倍。腹部第 1 背板宽，常短，具明显背凹；第 2 背板缝明显，完整，侧方明显弯曲；产卵管鞘长于腹部。

生物学：据记载，寄主有鞘翅目的长蠹科 Bostrichidae、天牛科 Cerambycidae、扁甲科 Cucujidae、粉蠹科 Lyctidae、小蠹科 Scolytidae（Yu *et al.*, 2016; Belokobylskij & Maeto, 2009）。

分布：全世界分布。本属全世界已知 4 种，中国已知 1 种。

(97) 暗角单轴茧蜂 *Monolexis fuscicornis* Förster, 1862（图版 XXII: 4）

Monolexis fuscicornis Förster, 1862: 237; Shenefelt *et* Marsh, 1976: 1358; Papp, 1984: 181; Belokobylskij *et* Tobias, 1986: 37; Belokobylskij, 1998b: 72; Belokobylskij *et* Maeto, 2009: 311.

Hecabolus doderoi Mantero, 1910: 52; Shenefelt *et* Marsh, 1976: 1358. Synonymized by Papp, 1984: 181.

Monolexis lavagnei Picard, 1913: 399; Shenefelt *et* Marsh, 1976: 1359. Synonymized by Papp, 1984: 181.

Monolexis atis Nixon, 1943a: 261; Watanabe, 1961a: 112; Shenefelt *et* Marsh, 1976: 1358. Synonymized by Belokobylskij, 1998b: 72.

Monolexis sorus Nixon, 1943a: 262; Shenefelt *et* Marsh, 1976: 1360. Synonymized by Belokobylskij *et* Maeto, 2009: 311.

雌：体长 1.8–3.6 mm；前翅长 2.1–2.7 mm。

头：触角 26 节；柄节长是宽的 1.5 倍；第 1 鞭节长是其端宽的 4.0–4.5 倍，是第 2 鞭节长的 1.25 倍；倒数第 2 鞭节长是宽的 2.6–3.3 倍，是第 1 鞭节长的 0.6–0.8 倍，是末端鞭节长的 0.9–1.0 倍；背面观头宽是其中间长的 1.6–1.8 倍，头部自复眼后弧形收缩；复眼横径是上颊长的 1.6–1.8 倍，单眼区底边长与侧边等长；POL=1.0×OD=0.4×OOL；头顶和额具明显密集的横向刻条；复眼有明显的稀疏刚毛，其纵径是横径的 1.2–1.3 倍；颚眼距是复眼纵径的 0.4 倍，是上颚基部宽的 0.7–0.9 倍；脸宽是复眼纵径的 0.9–1.0 倍，是脸和唇基总长的 1.0–1.2 倍；脸具皱和刻条，仅中部光滑；无颚眼沟；后头脊与口后脊在上颚基部处不愈合。

胸：胸长是高的 1.6–1.8 倍；中胸盾片具颗粒状革质刻纹，仅中后方具皱纹；盾纵沟前半部分深，后半部分浅宽，其内具明显的稀疏刻条。小盾片具颗粒状刻纹或者革质状刻纹；小盾片前凹深，内具 4–7 条纵脊，小盾片前凹宽为小盾片长的 0.3 倍。基节前沟深，光滑，横贯中胸侧板下缘 1/2，其内刻条短。并胸腹节分区不明显；并胸腹节表面大部分具粗糙网皱，或几乎光滑。

翅：前翅长是宽的 3.0–3.2 倍，r 脉明显从翅痣中部之前伸出；3-SR=4.6–5.8×r=0.5×SR1；

1-SR+M 脉明显弯曲；m-cu 脉后叉。后翅长是宽的 4.2–4.5 倍；基室狭窄，其长是宽的 7.0–8.0 倍；M+CU=1.0×1-M；m-cu 脉直。

足：后足基节背方和后足腿节背方具密集刻条，后足腿节长是宽的 3.4–3.5 倍；后足跗节与后足胫节等长，后足基跗节长是后足第 2–5 跗节长的 0.6 倍，后足第 2 跗节长是后足基跗节长的 0.6 倍，是后足第 5 跗节长的 1.6–1.8 倍。

腹：腹长与头胸总长几乎等长；第 1 背板基部 0.3 具小的气门瘤；第 1 背板全具纵刻条，有时其间具微皱，端宽是其基宽的 2.0 倍，长是其端宽的 1.2 倍；第 2 背板具纵刻条，其间具微皱，第 2 背板长是其基宽的 0.5–0.6 倍，是第 3 背板长的 1.1 倍；第 3 背板亚基部具短刻条，有时完全光滑；其余背板光滑；产卵管鞘长是腹长的 1.3–1.5 倍，是前翅长的 0.9–1.0 倍。

体色：体红褐色，背面颜色常较深；头黄褐色；触角基部黄褐色，渐变为黑色；须黄色；足浅褐色；产卵管鞘红褐色，端部颜色稍深；翅透明，翅痣深褐色。

雄：体长 1.5–3.8 mm；前翅长 1.1–2.4 mm。触角 14–24 节；腹部第 1 背板长是其端宽的 1.3 倍，第 2 背板长是其基宽的 0.75 倍。其他特征与雌虫相似。

生物学：据记载，寄主有鞘翅目的褐粉蠹 *Lyctus brunneus*、抱扁蠹 *Lyctus linearis*、*Lyctus parallelocollis*、*Lyctus planicollis*、*Lyctus striatus*、*Laemophloeus capensis*、*Schistoceros bimaculatus*、*Scobicia pustulata*、六齿双棘长蠹 *Sinoxylon sexdentatum*、*Trogoxylon* sp.、*Xylonites praeustus*、*Leiopus cinereus*、*Mesosa curculionoides*、*Phloeotribus scarabaeoides*、*Pityogenes* sp.、*Pityophthorus* sp.。

研究标本（ZJUH）：1♀，浙江杭州，1983.VII，马云，No.831858；1♀，浙江杭州，1983.VII.5，何俊华，No.831399；1♀，浙江萧山，1979.VI.24，何俊华，No.790687；1♀，福建魁岐，1955.IX.1，No.20004033；3♀4♂，山东惠民，1983.VII，曲耀训，Nos.831859（7）；1♀，山东博兴，1984.VII.6，曲耀训，No.841680；1♀1♂，湖北仙桃，1982.VI，詹仲才，Nos. 824487，824488；4♀3♂，湖北仙桃，1982.VII，詹仲才，Nos.824488（7）；3♀1♂，湖南常德，1977.IX.8，林科所，Nos.846535（4）；1♀，贵州贵阳，1982.VII，宋厚沛，No.912322；1♀1♂，陕西西安，1982.IV.30，张英俊，Nos.830027（2）；1♀，新疆墨玉，1991.VII.17，何俊华，No.912322。

分布：山东（惠民、博兴）、陕西（西安）、新疆（墨玉）、浙江（杭州）、湖北（仙桃）、湖南（常德）、福建（魁岐）、贵州（贵阳）；韩国，日本，土库曼斯坦，高加索地区，西欧，突尼斯，美国（夏威夷），加拿大，哥斯达黎加，澳大利亚，巴西，阿根廷。

22. 新断脉茧蜂属 *Neoheterospilus* Belokobylskij, 2006

Neoheterospilus Belokobylskij, 2006: 151; Belokobylskij *et* Maeto, 2009: 314. **Type species:** *Neoheterospilus koreanus* Belokobylskij, 2006; by monotype.

形态特征：额无中脊；复眼光滑；后头脊背方存在，与口后脊愈合；复眼光滑；颚眼沟缺；须短，下颚须 6 节，下唇须 4 节；下唇须第 3 节长；触角柄节无端叶，基部不收缩；第 1 鞭节近圆柱形，几乎直。胸不扁平；前胸背板背方稍凸出；中胸背板垂直于前胸背板升起；中胸背板中叶前侧方具明显肩角；盾纵沟相当深，完整，内具短刻条；胸腹侧脊明显，完整；并胸腹节分区明显，具明显中区，无侧突。前翅 r 脉从翅痣中央或其前方伸出；2-SR 脉缺；r-m 脉存在且骨化；cu-a 脉后叉；第 1 亚盘室末端开放。后翅 cu-a 脉存在；M+CU 脉不长于 1-M 脉；m-cu 脉存在；雄虫后翅具似翅痣样的膨大。前足和中足胫节具明显成列钉状刺；后足基节腹方具明显转角和瘤突；所有腿节背方具肿突；后足基跗节长是后足第 2–5 跗节长的 0.4–0.5 倍。腹部第 1 背板不呈柄状；端腹片长是第 1 腹板长的 0.2 倍；背凹明显；第 2 背板缝常明显，侧方稍弯曲；第 2–4 背板或第 2–5 背板具分离的侧缘；产卵管端半部扁平，明显向背方弯曲，端部变形；产卵管鞘端部变宽。

生物学：据记载，寄主有鞘翅目的小蠹科 Scolytidae（Belokobylskij，2006；Belokobylskij & Maeto，2009）。

分布：古北区、东洋区、非洲区、新热带区、澳洲区。本属全世界已知 14 种，中国已知 1 种。

(98) 亚热带新断脉茧蜂 *Neoheterospilus subtropicalis* Belokobylskij, 2006（图版 XXIII: 1）

Neoheterospilus subtropicalis Belokobylskij, 2006: 173; Belokobylskij *et* Maeto, 2009: 316.

雌：体长 1.7–1.8 mm；前翅长 1.4 mm。

头：触角 16–17 节，几乎与体长等长；柄节长是宽的 1.3–1.5 倍，第 1 鞭节长是其端宽的 4.3–4.7 倍，是第 2 鞭节长的 1.0 倍；亚末端鞭节长是宽的 3.5–4.0 倍，是第 1 鞭节长的 0.8 倍，与末端鞭节等长；背面观头宽是其长的 1.6 倍，头部自复眼后明显弧形收缩；复眼横径是上颊长的 1.6–1.9 倍；POL=1.0–1.2×OD=0.4–0.5×OOL；复眼光滑，其纵径是横径的 1.2 倍；颚眼距是复眼纵径的 0.2–0.3 倍，是上颚基部宽的 0.6 倍；脸宽是复眼纵径的 1.1–1.3 倍，是脸和唇基总长的 1.5–1.6 倍；头光滑。

胸：胸长是高的 1.7 倍；中胸背板长为其宽的 0.7–0.8 倍；中胸背板中叶前方稍凸出；中胸背板具微弱颗粒，有时侧方几乎光滑，后半部具明显汇集的脊，脊间具皱；小盾片前沟内具中脊，光滑，约为小盾片长的 0.5 倍；小盾片稍隆起，几乎光滑；中胸侧板几乎光滑；基节前沟直，内具微弱短刻条，长约为中胸侧板下缘的一半。并胸腹节分区明显，基侧区几乎光滑，沿脊具皱；中区长是宽的 1.5–2.0 倍；基脊是叉脊的 0.5–1.0 倍；并胸腹节表面大部分具粗糙的稀疏网状皱。

翅：前翅长是宽的 2.9–3.2 倍；1-R 脉是翅痣长的 1.1–1.2 倍；3-SR=0.5–0.8×r=0.1–0.2×SR1；1-SR+M 脉稍弯曲；第 1 盘室长是宽的 1.7–2.0 倍；m-cu 脉稍后叉。后翅长是宽的 5.0–5.4 倍；1-SC+R 脉缺；M+CU=1.0×1-M；m-cu 脉对叉，不骨化。

足：后足基节光滑；后足腿节光滑；后足腿节长是宽的 3.2–3.5 倍；后足跗节长是后足胫节长的 0.8–0.9 倍，后足第 2 跗节长是后足基跗节长的 0.6–0.7 倍，是后足第 5 跗节长的 1.0 倍。

腹：腹长是头胸总长的 1.1–1.2 倍；第 1 背板几乎全具规则的明显密集的纵刻条，刻条间无其他刻纹；第 1 背板端宽是其基宽的 1.6–1.7 倍，第 1 背板长是其端宽的 1.6–1.8 倍；第 2 背板具明显密集的刻条或仅基区具刻条；第 2 背板基区由浅但宽的沟组成，基区长是第 2 背板剩余长的 0.2–0.3 倍；第 2 背板长几乎与其基宽等长，是第 3 背板长的 2.0 倍；剩余背板光滑。产卵管鞘长是腹长的 0.5–0.6 倍，是胸长的 0.8–0.9 倍，是前翅长的 0.8–0.9 倍；产卵管相当细长，端部扁平，似钩状；产卵管鞘端部明显均匀加宽。

体色：体棕黄色或黄色，腹部或腹部第 1–3 背板红棕色；触角深棕色，基部 4、5 节浅红棕色或黄色；须浅黄色；足黄色；产卵管鞘浅棕色或棕色，端部颜色深；前翅稍烟褐色；翅痣浅棕色或棕色。

雄：未知。

生物学：未知。

研究标本：♀（正模，ZISP），Vietnam，Mai Chao，Ha Son Binh（= Hoa Binh），1990.XI.4，Belokobylskij；1♀（副模，BMNH），China，Guangzhou，[19]83.6.2，Boucek。

分布：广东（广州）；日本，越南。

23. 厚脉茧蜂属 *Neurocrassus* Šnoflak, 1945

Neurocrassus Šnoflak, 1945: 26; Shenefelt, 1975: 1125; Whitfield, 1988: 471; Belokobylskij, 1993c: 161; Belokobylskij *et* Maeto, 2006: 707; 2009: 318; Zaldivar-Riverón *et al.*, 2008: 351; Belokobylskij *et al.*, 2013b: 236. **Type species:** *Neurocrassus tesari* Šnoflak, 1945; by monotype.

形态特征：额常不凹陷，无中隆脊；靠近触角窝背方具明显的幕骨凹陷；后头脊与口后脊在上颚基部处常不愈合；颚眼沟缺或微弱；触角柄节基部不缢缩，端部无叶突；第 1 鞭节长于第 2 鞭节。中胸盾片前缘陡，几乎与前胸背板水平面垂直；盾纵沟完整。前翅 2-SR 和 r-m 脉存在；第 1 亚盘室末端闭合；CU1a 脉从第 1 亚盘室中央或下方伸出。后翅 cu-a 脉存在。后足基节腹面基部具明显的转角和瘤突，后足腿节背方无肿突。腹部第 1 背板不具柄，具背凹。

生物学：据记载，寄主有鞘翅目的天牛科 Cerambycidae、象甲科 Curculionidae。

分布：古北区、东洋区。本属全世界已知 19 种，中国已知 8 种。

附注：该属与陡盾茧蜂属 *Ontsira* Cameron 十分相似，尤其是雌虫，主要区别在于厚脉茧蜂属 *Neurocrassus* Šnoflak 靠近触角窝背方具明显的幕骨凹陷。

种检索表

1. 腹部第 2 背板无基中区；常无深浅对比体色……2
   腹部第 2 背板具由沟或不同刻纹围成的光滑的基中区；常具深浅对比体色……4
2. 雄性：腹部第 1 背板长是其端宽的 1.5 倍；第 2 背板长是其基宽的 1.05 倍；后足长是宽的 4.1 倍；前翅 cu-a 脉稍前叉……**长体厚脉茧蜂 *N. elongatus***

雌性……………………………………………………………………………………3

3. 近触角窝背幕骨陷大，椭圆形；背幕骨陷最大直径大于触角窝最大直径的一半……………………………………………………………………………………**黄头厚脉茧蜂 *N. flaviceps***

近触角窝背幕骨陷小（有时特别小），近圆形；背幕骨陷最大直径明显不大于触角窝最大直径的一半……………………………………………………**拟陡盾厚脉茧蜂 *N. ontsiroides***

4. 产卵管鞘长是腹长的 0.4–0.8 倍，是前翅长的 0.3–0.5 倍；腹部第 1 背板常宽，侧方常稍圆滑（密毛厚脉茧蜂 *N. densipilosus* 除外），其长不长于其端宽；后足腿节长是宽的 3.0–3.7 倍……………5

产卵管鞘长是腹长的 1.0–1.5 倍，是前翅长的 0.7–1.1 倍；腹部第 1 背板窄，侧方几乎直，其长长于其端宽；后足腿节长是宽的 3.7–4.5 倍（腹部第 2 背板相当长，长是其基宽的 0.45–0.60 倍，是第 3 背板长的 0.8–1.0 倍）……………………………………………………7

5. 腹部第 2 背板具明显有沟围成的光滑基中区；第 2 背板长是其基宽的 0.3–0.4 倍，是第 3 背板长的 0.6–0.7 倍……………………………………………………**斑头厚脉茧蜂 *N. palliatus***

腹部第 2 背板具不由沟围成的光滑基中区；第 2 背板长是其基宽的 0.45–0.55 倍，是第 3 背板长的 0.8–0.9 倍……………………………………………………………………6

6. 后足腿节长是其最大宽的 3.3–3.5 倍；腹部第 1 背板宽且短，具明显弯曲的侧边……………………………………………………………………**假斑头厚脉茧蜂 *N. pseudopalliatus***

后足腿节长是其最大宽的 3.7 倍；腹部第 1 背板窄且相当长，具几乎直的侧边……………………………………………………………………**密毛厚脉茧蜂 *N. densipilosus***

7. 腹部第 2 背板具由不同类型刻纹围成的不明显基中区；触角倒数第 2 鞭节长是宽的 2.3–2.8 倍；头大部分深红棕色或者浅红棕色……………………………………**箱根厚脉茧蜂 *N. hakonensis***

腹部第 2 背板具由明显沟围成的明显基中区；触角倒数第 2 鞭节长是宽的 3.0–3.4 倍；头大部分黄色或浅黄色……………………………………………………**变红厚脉茧蜂 *N. opis***

(99) 密毛厚脉茧蜂 *Neurocrassus densipilosus* Belokobylskij, Tang *et* Chen, 2013（图版 XXIII: 2）

Neurocrassus densipilosus Belokobylskij, Tang *et* Chen, 2013b: 236.

雌：体长 4.5–5.6 mm；前翅长 3.5–4.6 mm。

头：触角 34–38 节；柄节长是端宽的 1.6–1.8 倍；第 1 鞭节长是端宽的 4.8–5.3 倍，是第 2 鞭节长的 1.2–1.4 倍；倒数第 2 鞭节长是宽的 4.0 倍，是第 1 鞭节长的 0.4 倍，是最后 1 鞭节长的 0.8 倍；头顶光滑，具密集的半直立短毛；头宽是长的 1.5 倍，是中胸盾片宽的 1.10–1.25 倍；额前部 0.3–0.8 具粗糙的皱或皱刻条，后部光滑或几乎光滑，无脊，具浅的中沟；复眼横径是上颊长的 1.6–1.8 倍；上颊光滑；上颊在复眼后相当明显地弧形收缩；单眼稍位于头中部前方，前单眼明显位于近复眼中央水平线之前；后单眼间距是前后单眼间距的 1.20–1.25 倍；POL=1.0–1.5×OD=0.4–0.6×OOL；复眼光滑无毛，纵径是横径的 1.10–1.15 倍；颚眼距是复眼纵径的 0.4–0.5 倍，是上颚基部宽的 0.9–1.0 倍；脸具明显且相当密集的横向刻条，刻条间具微弱但密集的皱，侧方和下方具明显但相当稀疏的刻点或几乎光滑；脸宽是复眼纵径的 1.15–1.20 倍，是脸和唇基总长的 1.20–1.35 倍；颚眼沟不明显；后头脊背方完整，与口后脊在上颚基部处愈合。

胸：胸长是高的 1.8–1.9 倍；前胸背板背方稍凸出，近中央具明显的前胸背板脊，具小的或明显的背凹；前胸背板侧方具粗糙的皱刻条，中沟具粗糙短刻条，背方和腹方狭窄区域光滑；中胸盾片着生密集的半直立短毛，中叶相当明显地向前突出，前端弧形，具非常浅的中沟；中胸盾片具相当密集的微弱或非常微弱的刻点，有时前方具皱和刻点，中后半部狭窄区域具密集且粗糙的皱；盾纵沟前深后浅，相当窄，其间具短刻条皱；小盾片前凹相当深，具明显中脊和 2 条微弱侧脊，大部分光滑；小盾片前凹长是小盾片长的 0.30–0.35 倍；小盾片凸出，无侧脊，光滑，有时后端具微弱刻点；中胸侧板几乎完全光滑；翅下区相当浅，宽，具粗糙的网皱；基节前沟前浅后深，直，斜，光滑或几乎光滑，与前胸侧脊前方相连，其长达中胸侧板下部全长的 0.55–0.60 倍；并胸腹节具明显短且粗的侧突，明显分区；基侧区相当大，光滑或微弱革质，沿脊具短或相当长的皱；中区短，相当窄。

翅：前翅长是宽的 2.9–3.3 倍，r 脉从翅痣中央伸出；3-SR=3.2–4.3×r=0.45–0.55×SR1=1.0–1.2×2-SR；第 2 亚缘室长是宽的 2.4–2.6 倍，是第 1 亚盘室长的 1.2–1.4 倍；1-SR+M 脉“S”形弯曲；CU1a 脉明显从第 1 亚盘室端缘后方 0.25–0.30 伸出。后翅 M+CU=1.2–1.4×1-M；m-cu 脉几乎直，斜，稍后叉，着色。

足：后足基节背方无瘤突，背方具皱，剩余部分具微弱刻点至光滑；后足腿节具微弱刻条，几乎光滑，长是宽的 3.7 倍；后足胫节背方具密集的半直立短毛，毛长是后足胫节最大宽的 0.4–0.7 倍；后足跗节长是后足胫节长的 0.9–1.0 倍；后足基跗节长是第 2–5 跗节总长的 0.70–0.75 倍，第 2 跗节长是基跗节长的 0.40–0.45 倍，是第 5 跗节长的 1.1–1.2 倍。

腹：腹长是头胸总长的 0.9–1.3 倍；第 1 背板具大的背凹，基部 0.25–0.30 具小的或明显的气门瘤；第 1 背板从基部到端部稍或几乎线性加宽，具密集的、粗糙的线形或弯曲的刻条，基中部 0.2–0.3 几乎光滑或具微弱革质和皱；第 1 背板端宽是基宽的 2.0 倍，长是端宽的 1.0 倍；第 1 背板大部分具刻条，其间具皱；第 2 背板无由沟构成的基中区，但具相当明显的半圆形基中瘤；第 2 背板长是其基宽的 0.50–0.55 倍，是第 3 背板长的 0.8–0.9 倍；第 2 背板缝明显，几乎直；第 3 背板近中央具明显的横沟；第 2 背板具密集刻条，基中瘤几乎光滑，侧方具弯曲刻条；剩余背板光滑；产卵管鞘长是腹长的 0.5–0.7 倍，是胸长的 0.75–1.00 倍，是前翅长的 0.35–0.40 倍。

体色：头黄棕色或黄色，头顶中央三角形狭窄区域或宽的四边形区域、上颊复眼后半部沿后头脊区域、眼眶周围、有时脸中央大部分棕色至深棕色或黑色；胸部黑色，中胸背板（有时仅仅沿盾纵沟区域和侧腹方）、小盾片基半部或端部、中胸侧板下半部、有时后胸背板黄棕色或浅红棕色，极少数沿盾纵沟区域、中胸盾片后部和小盾片后端黄色；腹部黑色、红棕色或深红棕色，有时第 1 背板中后部或后部 1/4、第 2 背板中央狭区域浅红棕色，第 3–7 背板端半部和侧方色浅；触角深红棕色至黑色，鞭节基部 0.25 有时稍浅，基部 2 节内侧黄色，外侧红棕色；须浅黄色；足黄色或棕黄色，基部浅黄色，所有胫节基部烟褐色至深棕色，近中央或端半部红棕色或棕色；产卵管鞘黑色；前翅稍烟褐色；翅痣深棕色或棕色，基部 0.25–0.30 浅。

雄：未知。

生物学：未知。

研究标本：♀（正模，ZJUH），广东乳源南岭，2004.VIII.4，许再福，No.20049958；2♀（副模，ZJUH），浙江临安清凉峰，2005.VIII.9，时敏，Nos.200607221，200607223；1♀（副模，ZJUH），福建武夷山，2007.VIII.22–25，曾洁，No.200806347；2♀（副模，ZJUH），广东乳源南岭，2004.VIII.4，许再福，Nos.20049962，200498811。

分布：浙江（清凉峰）、福建（武夷山）、广东（南岭）。

(100) 长体厚脉茧蜂 *Neurocrassus elongatus* Belokobylskij, Tang *et* Chen, 2013（图版 XXIII: 3）

Neurocrassus elongatus Belokobylskij, Tang *et* Chen, 2013b: 239.

雄：体长 3.7 mm；前翅长 3.2 mm。

头：触角已断，余 26 节；第 1 鞭节长是端宽的 5.8 倍，是第 2 鞭节长的 1.0 倍；头宽是长的 1.3 倍，是中胸盾片宽的 1.2 倍；上颊在复眼后方规则地弧形收缩；触角窝附近具非常小的背幕骨陷；复眼横径是上颊长的 1.6 倍；单眼中等大小，后单眼间距是前后单眼间距的 1.15 倍，POL=1.0×OD=0.4×OOL。头顶光滑，具相当密集的半直立长毛；额光滑；上颊光滑；复眼光滑无毛，复眼纵径是横径的 1.2 倍，颚眼距是复眼纵径的 0.4 倍，是上颚基部宽的 0.8 倍；脸中央具微弱的横向刻条，侧方大部分光滑；脸宽是复眼纵径的 1.0 倍，是脸和唇基总长的 1.2 倍；颚眼沟缺；后头脊和口后脊在上颚基部处不愈合。

胸：胸长是高的 2.0 倍；前胸背板相当短，背方稍凸，近中央具非常明显的前胸背板脊；中胸盾片从前胸背板明显弧形升起；中胸盾片中叶向前凸出，无中沟；中胸盾片全具密集的半直立短毛；中胸盾片具密集颗粒，中后部具 2 条明显的强烈向后会合的刻条，刻条间具皱；盾纵沟前深后浅，窄，前部具粗糙短刻条，后半部具短刻条皱；小盾片前凹深，具 5 条脊，脊间具微弱皱；前凹长是小盾片长的 0.4 倍；小盾片凸，具微弱密集颗粒；中胸侧板大部分光滑；翅下区相当浅，宽，具粗糙皱刻条；基节前沟浅，后部深，光滑，基节前沟长达中胸侧板下部长的 0.7 倍；并胸腹节具短的、粗的侧瘤突，明显分区；基侧区大，前半部具颗粒，后半部具皱；中区长，窄。

翅：前翅长是宽的 3.2 倍；r 脉从翅痣中央伸出；3-SR=4.8×r=0.7×SR1=1.5×2-SR；第 2 亚缘室长是宽的 3.4 倍，是第 1 亚盘室长的 2.2 倍；m-cu 脉稍前叉；CU1a 脉从第 1 亚盘室端缘中央伸出。后翅 M+CU=0.6×1-M；m-cu 脉向翅基部明显均匀弯曲，明显前叉，不骨化。

足：后足基节背方无瘤突，背方 0.5 具相当密集的刻条，剩余部分光滑；后足腿节光滑，长是宽的 4.1 倍；后足胫节背方具稀疏长毛和密集短毛，毛长是后足胫节最大宽的 0.5–1.0 倍；后足跗节长是后足胫节长的 1.15 倍；后足基跗节长是第 2–5 跗节总长的 0.8 倍，第 2 跗节长是基跗节长的 0.4 倍，是第 5 跗节长的 1.7 倍。

腹：腹长是头胸总长的 11.0 倍；腹部第 1 背板基部 1/3 具小气门瘤，背板基部向端部几乎线性加宽；第 1 背板具几乎完整且近平行的背脊，全具密集的粗糙刻条，刻条间广布刻纹；第 1 背板端宽是最小宽的 1.8 倍，长是端宽的 1.5 倍；第 2 背板长是基宽的 1.05 倍，是第 3 背板长的 1.5 倍；第 2 背板缝完整，几乎直，侧方稍弯曲；第 3 背板基部具浅横沟；第 2+3 背板长是其最大宽的 1.7 倍，是第 2 背板基宽的 1.2 倍；第 2 背板几乎全具相当微弱的刻条，刻条间具微弱皱；剩余背板光滑。

体色：体黑色；头红棕色，背方深，脸上部 2/3 深；中胸盾片沿盾纵沟、中后部 0.4、翅基片附近区域和基节前沟附近或下方棕色或浅红棕色；腹部中央红棕色；触角黄棕色；须黄色；足黄色，端部稍烟褐色，后足腿节基部背方烟褐色，所有胫节基部浅黄色；前翅稍烟褐色；翅痣棕色，基部浅。

雌：未知。

生物学：未知。

研究标本：♂（正模，ZJUH），浙江庆元百山祖，1856 m，2003.VIII.13，余晓霞，No.20034773。

分布：浙江（百山祖）。

(101) 黄头厚脉茧蜂 *Neurocrassus flaviceps* Belokobylskij, Tang *et* Chen, 2013（图版 XXIII: 4）

Neurocrassus flaviceps Belokobylskij, Tang *et* Chen, 2013b: 241.

雌：体长 3.4–3.7 mm；前翅长 2.8–3.0 mm。

头：触角 26–29 节；柄节长是端宽的 1.7–1.8 倍；第 1 鞭节长是端宽的 4.3–4.5 倍，是第 2 鞭节长的 1.2–1.3 倍；倒数第 2 鞭节长是宽的 2.8 倍，是第 1 鞭节长的 0.5 倍，是最后 1 鞭节长的 0.8 倍；头宽是长的 1.4 倍，是中胸盾片宽的 1.1 倍；上颊在复眼后方前部稍凸，后部弧形收缩；触角窝附近具相当大的椭圆形背幕骨陷；复眼横径是上颊长的 1.8 倍；单眼中等大小，后单眼间距是前后单眼间距的 1.2–1.3 倍，POL=1.2×OD=0.5–0.6×OOL。头顶光滑，具稀疏的半直立长毛；额几乎光滑；上颊光滑；复眼光滑无毛，复眼纵径是横径的 1.3 倍，颚眼距是复眼纵径的 0.4 倍，是上颚基部宽的 0.9 倍；脸侧方具明显刻点，上部中央具微弱皱；脸宽是复眼纵径的 1.0 倍，是脸和唇基总长的 1.3 倍；颚眼沟缺；后头脊和口后脊在上颚基部处不愈合。

胸：胸长是高的 1.9–2.0 倍；前胸背板短，前部 0.4 具相当明显的前胸背板脊；中胸盾片从前胸背板明显弧形升起；中胸盾片中叶向前凸出，无中沟；中胸盾片全具密集短毛；中胸盾片具非常微弱但明显的颗粒，中后部具 2 条明显的强烈向后会合的刻条，刻条间明显皱；盾纵沟前深后浅，相当窄，具密集的短刻条皱；小盾片前凹深，具明显中脊，光滑；前凹长是小盾片长的 0.4 倍；小盾片具微弱颗粒；中胸侧板光滑；翅下区相当浅、宽，具皱刻条；基节前沟前浅后深、短、宽、具皱刻条，基节前沟长达中胸侧板下部长的 0.6 倍；并胸腹节具短的、粗的侧瘤突，明显分区；基侧区大，基部 0.7 光滑，后部具明显皱；剩余部分具粗糙、密集的皱刻条，中区不明显。

翅：前翅长是宽的 2.9 倍；r 脉稍从翅痣中央伸出；3-SR=4.2–4.5×r=0.5–0.6×SR1=1.1–1.2×2-SR；第 2 亚缘室长是宽的 2.5 倍，是第 1 亚盘室长的 1.7 倍；1-SR+R 脉稍弯曲；CU1a 脉从第 1 亚盘室端缘中央伸出。后翅 M+CU=1.1×1-M；m-cu 脉向翅基部均匀弯曲，前叉，不骨化。

足：后足基节背方无瘤突，具弯曲刻条，剩余部分光滑；后足腿节光滑，长是宽的 3.5 倍；后足胫节背方具密集的半直立长毛，毛长是后足胫节最大宽的 0.5–0.8 倍；后足跗节长是后足胫节长的 0.9 倍；后足基跗节长是第 2–5 跗节总长的 0.7 倍，第 2 跗节长是基跗节长的 0.4 倍，是第 5 跗节长的 1.2 倍。

腹：腹长是头胸总长的 1.0 倍；腹部第 1 背板基部 1/3 具小的气门瘤，背板基部向端部明显线性加宽；第 1 背板具明显的几乎完整的背脊，全具明显的且相当密集的刻条，刻条间广布刻纹，端部中央小部分区域光滑；第 1 背板端宽是最小宽的 2.0–2.1 倍，长是端宽的 1.0 倍；第 2 背板全具刻条和近三角形的光滑基中区，第 2 背板长是基宽的 0.6 倍，是第 3 背板长的 1.0 倍；第 2 背板缝浅，窄，几乎直；第 3 背板基部 0.4 具浅横沟；第 2+3 背板长是其最大宽的 0.9 倍，是第 2 背板基宽的 1.2 倍；第 2 背板几乎全具明显的密集刻条，刻条间具皱，基部中央小的区域光滑；剩余背板光滑；产卵管鞘长是腹长的 0.8 倍，是胸长的 1.1 倍，是前翅长的 0.5 倍。

体色：头棕黄色；胸深红棕色，中胸背板沿盾纵沟区域、小盾片部分区域黄棕色；中胸侧板下部 0.3–0.5 红棕色；腹部第 1、2 背板深红棕色，剩余背板基部颜色深，端部棕黄色；触角几乎黑色，基部 4 节棕黄色；须浅黄色；足黄色；产卵管鞘黑色，基部颜色浅；翅微弱烟褐色；翅痣棕色。

雄：未知。

生物学：未知。

研究标本：♀（正模，ZJUH），浙江临安清凉峰，2005.VIII.10，时敏，No.200607375；1♀（副模，ZJUH），浙江庆元百山祖，1993.X.29，吴鸿，No.945918；1♀（副模，ZJUH），海南尖峰岭，2007.VI.7，刘经贤，No.200702405。

分布：浙江（清凉峰、百山祖）、海南（尖峰岭）。

(102) 箱根厚脉茧蜂 *Neurocrassus hakonensis* (Ashmead, 1906)（图版 XXIV: 1）

Ischiogonus hakonensis Ashmead, 1906: 199; Fahringer, 1930: 155; Watanabe, 1937: 40; 1957: 5.

Ontsira hakonensis: Shenefelt *et* Marsh, 1976: 1323; Belokobylskij, 1998b: 56; Chen *et* Shi, 2004: 29; Zaldivar-Riverón *et al.*, 2008: 348.

Neurocrassus hakonensis: Belokobylskij *et* Maeto, 2009: 322; Belokobylskij *et al.*, 2013b: 243.

雌：体长 4.5–7.7 mm；前翅长 3.5–6.5 mm。

头：触角 30–41 节；柄节长是端宽的 1.7–1.9 倍；第 1 鞭节长是端宽的 4.8–5.5 倍，

是第 2 鞭节长的 1.35–1.50 倍；倒数第 2 鞭节长是宽的 2.3–2.8 倍，是第 1 鞭节长的 0.3 倍，是最后 1 鞭节长的 0.7–0.9 倍；头宽是长的 1.3–1.6 倍，额无脊，前半部具短而宽的中沟；复眼横径是上颊长的 1.1–1.5 倍，单眼中等大小，后单眼间距是前后单眼间距的 1.15–1.35 倍，POL=0.8–1.0×OD=0.3–0.4×OOL。头顶和上颊光滑或具稀疏的微弱刻点；额前部 0.3–0.5 具刻条皱，后部 0.5–0.7 光滑，有时中后方具刻条；复眼光滑，复眼纵径是横径的 1.10–1.15 倍，颚眼距是复眼纵径的 0.45–0.60 倍，是上颚基部宽的 0.9–1.1 倍；脸中央具刻条皱或刻点皱，侧方具稀疏的微弱刻点或几乎光滑；脸宽是复眼纵径的 1.25–1.40 倍，是脸和唇基总长的 1.2–1.4 倍；颚眼沟不明显；后头脊和口后脊在上颚基部处愈合。

胸：胸长是高的 1.7–1.8 倍；中胸盾片中叶向前凸出，具非常深的中沟，有时中沟浅；中胸盾片全具密集短毛；中胸盾片几乎光滑，具稀疏的微弱刻点；盾纵沟明显，前深后浅，宽，具粗糙的短刻条皱；小盾片前凹深，具明显中脊，前凹长是小盾片长的 0.4–0.5 倍；小盾片光滑；中胸侧板光滑；翅下区浅，宽，具密集网皱，上方具许多刻条；基节前沟前方浅，后方 0.3–0.4 深，几乎直，具微弱且窄的短刻条或几乎光滑，基节前沟长达中胸侧板下部长的 0.55–0.60 倍。并胸腹节具明显分区；基侧区大，前部 0.5–0.7 光滑，后部 0.3–0.5 具刻条皱；中区长且宽；并胸腹节具短的、粗的侧瘤突。

翅：前翅长是宽的 3.2–3.4 倍；r 脉稍从翅痣中央后方伸出；3-SR=3.5–5.0×r=0.5–0.6×SR1=1.0–1.3×2-SR；第 2 亚缘室长是宽的 2.1–2.6 倍，是第 1 亚盘室长的 1.20–1.45 倍；1-SR+R 脉相当微弱地“S”形弯曲；CU1a 脉从第 1 亚盘室的端部中央稍后伸出。后翅 M+CU=1.1–1.3×1-M；m-cu 脉直或稍弯曲，前叉或对叉，着色。

足：后足基节背方具微弱或明显的刻点皱或刻条皱，侧方具皱或光滑，腹方光滑，基腹面具瘤突；后足腿节具微弱刻点或几乎光滑，长是宽的 3.7–4.5 倍；后足跗节长是后足胫节长的 0.9–1.0 倍，后足基跗节长是第 2–5 跗节总长的 0.65–0.75 倍，第 2 跗节长是基跗节长的 0.45–0.50 倍，是第 5 跗节长的 1.3–1.4 倍。

腹：腹长是头胸总长的 0.9–1.1 倍；腹部第 1 背板基部 0.25 具气门，无气门瘤，背板基部向端部均匀地、几乎成直线加宽；第 1 背板具明显向后会合的背脊，几乎全具刻条，端宽是最小宽的 2.0–2.4 倍，长是端宽的 1.00–1.15 倍；第 2 背板全具刻条和近三角形的光滑基中区，第 2 背板长是基宽的 0.45–0.50 倍，是第 3 背板长的 0.8–1.0 倍；第 2 背板缝明显，直、浅；第 3 背板基部 0.4 具完整横沟；剩余背板光滑；产卵管鞘长是腹长的 1.0–1.2 倍，是前翅长的 0.70–0.85 倍。

体色：头深红棕色或者浅红棕色，颚眼之间和上颊下部 0.3–0.5 黄色或棕黄色，复眼上方具浅红棕色斑点；胸深红棕色或部分红棕色，中胸背板沿盾纵沟区域、小盾片部分区域黄棕色；中胸侧板下部 0.3–0.5 红棕色或浅红棕色；腹部第 1、2 背板深红棕色，剩余背板颜色稍浅，浅红棕色或红棕色，腹部顶端黄色；触角几乎黑色或深红棕色；须黄色或棕黄色；所有基节、转节和腿节黄色或黄棕色，所有腿节背方或端部、所有胫节和跗节基部和端部 0.50–0.75 红棕色或深红棕色；产卵管鞘黑色，基部颜色浅；翅微弱烟褐色，经常沿翅脉明显烟褐色；翅痣棕色或深棕色，基部 0.3 和端部黄色。

雄：体长 4.1–5.0 mm；前翅长 3.5–3.8 mm。触角 29–33 节，第 1 鞭节长是宽的 5.3–6.0 倍；倒数第 2 鞭节长是宽的 2.8 倍。腹部第 1 背板长是端宽的 1.3 倍；第 2 背板长是基宽的 0.65–0.70 倍，几乎与第 3 背板等长。其余特征与雌虫相似。

生物学：未知。

研究标本：♀（正模，USNM），Hakone，Japan，Koenele，No.7298；3♂，Mt. Tachibana，Fukuoka City，K. Maeto leg，1979.V.10，1979.V. 21，1979.VII. 2（NIAES，ZISP）；1♀，Tainai，Kurokawa-mura，Niigata，Pref.，1980.VI.3–4，K. Maeto leg（ZISP）；1♀，海南尖峰岭，2007.VI.6，刘经贤，No.200703718（ZJUH）；1♀，云南瑞丽勐休，1981.V.2–6，何俊华，No.813134（ZJUH）。

分布：江苏、海南（尖峰岭）、云南（瑞丽）；俄罗斯，韩国，日本。

附注：Chen 和 Shi（2004）曾将 *Ontsira hakonensis* 命名为尖汉口陡盾茧蜂，但 "*hakonensis*" 的词源为日本地名 Hakone（箱根），故著者认为将其命名为箱根厚脉茧蜂更为恰当。

(103) 拟陡盾厚脉茧蜂 *Neurocrassus ontsiroides* Belokobylskij, Tang *et* Chen, 2013（图版 XXIV: 2）

Neurocrassus ontsiroides Belokobylskij, Tang *et* Chen, 2013b: 243.

雌：体长 4.60 mm；前翅长 3.35 mm。

头：触角 30 节；柄节长是端宽的 1.6 倍；第 1 鞭节长是端宽的 4.5 倍，是第 2 鞭节长的 1.1 倍；倒数第 2 鞭节长是宽的 3.5 倍，是第 1 鞭节长的 0.6 倍，是最后 1 鞭节长的 1.0 倍；头顶光滑，具稀疏的半直立短毛；头宽是长的 1.4 倍，是中胸盾片宽的 1.1 倍；额光滑；复眼横径是上颊长的 1.6–1.8 倍；上颊光滑；上颊在复眼后前部几乎平行，后部弧形收窄；单眼相当小，后单眼间距是前后单眼间距的 1.1 倍；POL=1.4×OD=0.4×OOL；触角窝附近背幕骨陷相当小；复眼光滑无毛，纵径是横径的 1.2 倍；颚眼距是复眼纵径的 0.5 倍，是上颚基部宽的 1.1 倍；脸上半部中央具微弱皱；脸宽是复眼纵径的 1.1 倍，是脸和唇基总长的 1.2 倍；颚眼沟缺；后头脊背方完整，与口后脊在上颚基部处愈合。

胸：胸长是高的 2.0 倍；前胸背板明显，近前部具明显横脊；中胸背板从前胸背板明显弧形升起；中胸盾片着生密集的半直立短毛；中胸盾片具微弱但密集的颗粒，中后部区域具 2 条强烈向后会合的脊和微弱皱；盾纵沟前深后浅，宽，完整，内具明显且密集的短刻条；小盾片前凹深，相当长，具 3 条脊，脊间具明显皱；小盾片前凹长是小盾片长的 0.4 倍；小盾片稍凸，具微弱侧脊，光滑；中胸侧板下部 0.8 光滑，中央大部分区域光滑无毛；翅下区浅，宽，具明显皱刻条，部分具颗粒；基节前沟前浅后深，宽，几乎直，具微弱短刻条，其长达中胸侧板下部全长的 0.5 倍；并胸腹节具明显短且粗的侧突，明显分区；基侧区具密集颗粒皱，剩余部分具网皱；中区具微弱皱，短，窄。

翅：前翅长是宽的 2.9 倍，r 脉从翅痣中央伸出；3-SR=4.2×r=0.5×SR1=1.0×2-SR；第 2 亚缘室长是宽的 2.4 倍，是第 1 亚盘室长的 1.4 倍；1-SR+M 脉稍 "S" 形弯曲；m-cu

脉前叉；CU1a 脉明显从第 1 亚盘室端缘后方 0.3 伸出。后翅 M+CU=1.0×1-M；m-cu 脉稍向翅基弯曲，斜，明显前叉，着色。

足：后足基节背方无瘤突，光滑；后足腿节光滑，长是宽的 3.9 倍；后足胫节背方具密集的半直立长毛，毛长是后足胫节最大宽的 0.4–0.7 倍；后足跗节长是后足胫节长 0.9 倍；后足基跗节长是第 2–5 跗节总长的 0.7 倍，第 2 跗节长是基跗节长的 0.4 倍，是第 5 跗节长的 1.0 倍。

腹：腹长是头胸总长的 1.1 倍；第 1 背板基部 0.3 具小气门瘤；第 1 背板从基部到端部明显线性加宽，具明显且完整的背脊，中央具明显但相当稀疏的刻条，刻条间具相当微弱的皱，端部侧方 1/4 几乎光滑；第 1 背板端宽是基宽的 2.0 倍，长是端宽的 1.25 倍；第 2 背板长是其基宽的 0.8 倍，是第 3 背板长的 1.3 倍；第 2 背板缝浅，窄，稍弯曲；第 3 背板无横沟；第 2+3 背板长是其最宽处的 0.9 倍，是第 2 背板基宽的 1.3 倍；剩余背板光滑；产卵管鞘长是腹长的 0.7 倍，是胸长的 0.9 倍，是前翅长的 0.4 倍。

体色：体深红棕色，具红色斑块，上颚基部和唇基下部黄色；腹部第 1 背板之后背板黄棕色，边缘红棕色；触角黑色；须黄色；足棕黄色，所有胫节基部浅黄色；产卵管鞘藕色；前翅稍烟褐色；翅痣棕色。

雄：未知。

生物学：未知。

研究标本：♀（正模，ZJUH），陕西宁陕旬阳坝镇，1998.VI.6，马云，No.928841。

分布：陕西（宁陕）。

(104) 变红厚脉茧蜂 *Neurocrassus opis* (Belokobylskij, 1998)（图版 XXIV: 3）

Ontsira opis Belokobylskij, 1998b: 469.

Neurocrassus opis: Belokobylskij *et* Maeto, 2009: 338; Belokobylskij *et al.*, 2013b: 246.

雌：体长 5.2–7.4 mm；前翅长 4.0–5.7 mm。

头：触角 39–46 节；柄节长是端宽的 1.7–1.8 倍；第 1 鞭节长是端宽的 5.0–6.0 倍，是第 2 鞭节长的 1.3–1.5 倍；倒数第 2 鞭节长是宽的 3.0–3.4 倍，是第 1 鞭节长的 0.3 倍，是最后 1 鞭节长的 0.8 倍；头顶光滑，具密集的半直立短毛；头宽是长的 1.3–1.4 倍，是中胸盾片宽的 1.1–1.2 倍；额后部 0.5–0.7 光滑，前部 0.3–0.5 具稀疏皱刻条；复眼横径是上颊长的 1.4–1.6 倍；上颊光滑；上颊在复眼后前部几乎平行，后部弧形收窄；单眼相当小，后单眼间距是前后单眼间距的 1.1–1.3 倍；POL=0.8–1.2×OD=0.3–0.5×OOL；复眼具十分稀疏的短毛，纵径是横径的 1.2 倍；颚眼距是复眼纵径的 0.4–0.5 倍，是上颚基部宽的 0.8–1.0 倍；脸大部分具皱刻条，侧方具稀疏的微弱刻点；脸宽是复眼纵径的 1.1–1.2 倍，是脸和唇基总长的 1.2–1.3 倍；颚眼沟缺；后头脊背方完整，与口后脊在上颚基部处愈合。

胸：胸长是高的 1.8–1.9 倍；前胸背板背方稍凸，近中央具明显横脊；中胸盾片中央相当明显地向前突出，具浅的中沟；中胸盾片着生密集的半直立短毛；中胸盾片具微弱但密集的颗粒，中后部狭窄区域具粗糙皱；盾纵沟前深后浅，宽，具粗糙短刻条，内具明显且密集的短刻条；小盾片前凹深，宽，具中脊，脊间具网皱；小盾片前凹长是小盾片长的 0.4–0.6 倍；小盾片凸，无侧脊，光滑；中胸侧板光滑，中央大部分区域光滑无毛；翅下区浅，宽，具密集网皱；基节前沟前部浅，后半部深且宽，直，光滑，其长达中胸侧板下部全长的 0.5–0.6 倍；并胸腹节具短且粗的侧突，明显分区；基侧区前部 0.5–0.9 光滑，后部 0.1–0.5 具皱刻条或网皱。

翅：前翅长是宽的 3.2–3.5 倍，r 脉从翅痣中央后方伸出；3-SR=3.6–4.5×r=0.4–0.5×SR1=1.1–1.2×2-SR；第 2 亚缘室长是宽的 2.2–2.5 倍，是第 1 亚盘室长的 1.4–1.5 倍；1-SR+M 脉明显“S”形弯曲；m-cu 脉前叉；CU1a 脉明显从第 1 亚盘室端缘后方 0.3 伸出。后翅 M+CU=1.0–1.2×1-M；m-cu 脉稍弯曲，斜，对叉或前叉，着色。

足：后足基节背方无瘤突，具皱刻条，侧方和腹方几乎光滑；后足腿节几乎光滑，长是宽的 3.8–4.5 倍；后足胫节背方具密集的半直立短毛，毛长是后足胫节最大宽的 0.3–0.5 倍；后足跗节长是后足胫节长 0.9–1.0 倍；后足基跗节长是第 2–5 跗节总长的 0.7–0.8 倍，第 2 跗节长是基跗节长的 0.5 倍，是第 5 跗节长的 1.4–1.6 倍。

腹：腹长是头胸总长的 1.1–1.2 倍；第 1 背板基部 0.3 具小气门瘤；第 1 背板从基部到端部明显线性加宽，具明显且完整的背脊，具明显刻条，基部中央 0.2–0.3 几乎光滑或具微弱的横向刻条；第 1 背板端宽是基宽的 1.8–2.0 倍，长是端宽的 1.0–1.1 倍；第 2 背板长是其基宽的 0.5–0.6 倍，是第 3 背板长的 1.0 倍；第 2 背板缝明显，浅，窄，几乎直或稍弯曲；第 3 背板基部 0.4 具不完整横沟；第 2+3 背板长是第 2 背板基宽的 0.9–1.2 倍；第 2 背板具明显刻条，基区光滑；剩余背板光滑；产卵管鞘长是腹长的 1.2–1.5 倍，是胸长的 1.7–2.4 倍，是前翅长的 0.7–1.0 倍。

体色：头黄色或浅黄色，在复眼后方和单眼区后方具棕色或深红棕色斑块；胸部黑色、深红棕色或部分红棕色，前胸腹半方、中胸盾片中央沿盾纵沟和前半部黄色或黄棕色；腹部黑色、深红棕色或红棕色，胸部端部 1/4 具大的黄色斑块；触角黑色、深红棕色或基部红棕色；须浅黄色；所有基节和转节浅黄色；腿节基部和端部黄色，中央大部分色深；所有胫节和跗节基部和中央 0.6–0.7 深红棕色至几乎黑色；所有胫节近基部和端部 1/5 黄色或棕黄色；产卵管鞘黑色；前翅烟褐色，沿翅脉色深；翅痣几乎整个深棕色，基部色浅。

雄：未知。

生物学：未知。

研究标本（ZJUH）：1♀，福建南靖，1988.VII.18，林晓琳，No.20005847；1♀，福建将乐龙栖山，1991.VII.16，刘长明，No.20007154；1♀，广东龙门南昆山，2004.VIII.7，刘经贤，No.200703251；1♀，广东始兴车八岭，2003.VIII.21，许再福，No.20052285。

分布：福建（南靖、龙栖山）、广东（南昆山、车八岭）；日本，越南。

(105) 斑头厚脉茧蜂 *Neurocrassus palliatus* (Cameron, 1881)（图版 XXIV: 4）

Monolexis palliatus Cameron, 1881: 560; Szépligeti, 1904: 59.

Doryctes palliatus: Nixon, 1839a: 488.

Ischiogonus palliates: Ashmead, 1901: 362.

Ipodoryctes palliates: Granger, 1949: 106.

Doryctes picticeps Kieffer, 1921: 135; Nixon, 1939a: 488 (as synonym of *D. palliatus*).

Ontsira palliata: Shenefelt *et* Marsh, 1976: 1326; Zhang *et al*., 1987: 306; You *et al*., 1990: 30; He *et al*., 1992: 1250; Belokobylskij, 1996: 170; 1998a: 473; You *et al*., 2000: 395; He *et al*., 2004: 559; Chen *et* Shi, 2004: 31.

Doryctes nixoni Watanabe, 1952: 25; Shenefelt *et* Marsh, 1976: 1289.

Ontsira nixoni: Belokobylskij, 1987: 79; Belokobylskij, 1996: 170; 1998b: 56; Konishi *et* Maeto, 2000: 308; Chen *et* Shi, 2004: 31. Synonymized by Belokobylskij *et* Maeto, 2009: 341.

Ontsira anoplophorae Kusigemati *et* Hashimoto, 1993: 187; Belokobylskij, 1998a: 473 (as synonym of *O. palliata*).

Neurocrassus palliatus: Belokobylskij *et* Maeto, 2009: 341; Belokobylskij *et al*., 2013b: 246.

雌：体长 3.8–6.7 mm；前翅长 3.5–5.6 mm。

头：触角 30–43 节；柄节长是端宽的 1.7–1.9 倍；第 1 鞭节长是端宽的 4.7–5.4 倍，是第 2 鞭节长的 1.2–1.4 倍；倒数第 2 鞭节长是宽的 3.3–3.8 倍，是第 1 鞭节长的 0.4–0.5 倍，是最后 1 鞭节长的 0.8–0.9 倍；头宽是长的 1.3–1.5 倍，额无脊和中沟；触角窝间具明显深且宽的凹陷；复眼横径是上颊长的 1.4–1.8 倍，单眼中等大小，后单眼间距是前后单眼间距的 1.1–1.5 倍，POL=1.0–1.5×OD=0.4–0.6×OOL。头顶和上颊光滑；额光滑，前部具短的纵刻条；复眼光滑，复眼纵径是横径的 1.1–1.2 倍，颚眼距是复眼纵径的 0.4–0.5 倍，是上颚基部宽的 0.9–1.0 倍；脸具刻条皱；脸宽是复眼纵径的 1.0–1.1 倍，是脸和唇基总长的 1.2–1.4 倍；颚眼沟不明显；后头脊和口后脊在上颚基部处愈合。

胸：胸长是高的 1.7–1.8 倍；中胸盾片中叶明显向前凸出，无或具非常浅的中沟；中胸盾片全具密集的短毛；中胸盾片几乎光滑，具密集但微弱的刻点；盾纵沟深，相当宽，具短刻条皱；小盾片前凹相当深，具中脊，前凹长是小盾片长的 0.3–0.4 倍；小盾片光滑；中胸侧板光滑；翅下区浅，宽，具网皱；基节前沟前方浅，后方 0.3–0.5 深，几乎直且几乎光滑，基节前沟长达中胸侧板下部长的 0.5–0.6 倍；并胸腹节具明显分区；基侧区大，光滑，仅脊周围具皱；中区短而宽；并胸腹节具短的、粗的侧瘤突。

翅：前翅长是宽的 2.6–3.2 倍；r 脉稍从翅痣中央后方伸出；3-SR=2.5–3.8×r=0.5–0.6×SR1=1.0–1.3×2-SR；第 2 亚缘室长是宽的 2.1–2.6 倍，是第 1 亚盘室长的 1.4–1.5 倍；1-SR+R 脉微弱弯曲；CU1a 脉从第 1 亚盘室的端部中央稍后伸出。后翅 M+CU=1.2–1.5×1-M；m-cu 脉直，前叉或对叉，着色。

足：后足基节背方具微弱刻点皱或光滑，基腹面具瘤突；后足腿节具非常微弱的刻点或几乎光滑，长是宽的 3.1–3.6 倍；后足跗节长是后足胫节长的 0.9–1.0 倍，后足基跗节长是第 2–5 跗节总长的 0.7 倍，第 2 跗节长是基跗节长的 0.4 倍，是第 5 跗节长的 1.1–1.4 倍。

腹：腹长是头胸总长的 1.0 倍；腹部第 1 背板基部 0.3 具小气门瘤，背板基部向端部均匀且几乎成直线加宽；第 1 背板具明显向后会合的背脊，全具刻条，端宽是最小宽的

2.0–2.2 倍，长是端宽的 0.9 倍；第 2 背板全具刻条和由沟围成的短但明显光滑的基中区，第 2 背板长是基宽的 0.3–0.4 倍，是第 3 背板长的 0.6–0.7 倍；第 2 背板缝相当明显、浅，中间直，侧方稍弯曲；第 3 背板基部 0.4 具完整横沟；剩余背板光滑；产卵管鞘长是腹长的 0.6–0.7 倍，是前翅长的 0.4–0.5 倍。

体色：头黄色，在头顶和复眼后方棕色；中胸盾片、小盾片、前胸侧板部分、中胸侧板下部 0.3–0.5 黄色，胸部其余部分棕色；腹部第 1、2 背板棕色，第 3–7 背板基部和端部棕色，中间黄色；触角浅棕色，基部 2 节棕色；须浅黄色；足黄色，所有腿节和胫节近中部具棕色斑块，所有跗节大部分棕色；产卵管鞘棕色；翅微弱烟褐色，经常沿翅脉明显烟褐色；翅痣棕色，基部和端部黄色。

雄：体长 3.0–4.4 mm；前翅长 2.7–3.2 mm。第 1 背板长是端宽的 1.1 倍；第 2 背板具不明显的基中区，第 2 背板长是端宽的 0.5 倍，是第 3 背板长的 0.9 倍。其他特征与雌虫相似。

生物学：寄主有鞘翅目的粗鞘双条杉天牛 *Semanotus sinoauster*；据记载寄主还有鞘翅目的 *Anoplodera malasiaca*、竹虎天牛 *Chlorophorus annularis*、*Ch. japonicus*、*Neoclytarlus* sp.、*N. chenopodii*、拟吉丁天牛 *Niphona furcata*、*Plagithmysus* sp.、*P. bilineatus*、*P. concolor munroi*、*P. fragilis*、*P. indecens*、*P. molokaiensis*、*P. pulverulentus*、*Prosoplus bankii*、葡萄虎天牛 *Xylotrechus pyrrhoderus*、灭字脊虎天牛 *X. quadripes*、*Syagrius fulvitarsis*。

研究标本：♀（正模，BMNH），"*Monolexis palliatus* Cam.，(type)，Honolulu"（handwriting on paper card with glued specimen），"Type"（round with red border），"B.M. Type Hym. 3.c. 176"，"Cameron 99-30"，"Lectotype (not correct!) *Monolexis palliatus* Cam.，det. Fischer 1980"；1♂（BMNH），"*Monolexis ? palliatus* Cam.，type，Sandwich Islands"（handwriting on paper card with glued specimen），"Type"（round with red border），"B.M. Type Hym. 3.c. 176"，"Cameron 99-30"。ZJUH：1♀，浙江西天目山仙人顶，1998.VII.29，赵明水，灯诱，No.993287；1♀，浙江西天目山仙人顶，2003.VI.25，施卫兵，No.20038089；1♀，浙江西天目山，1992.VI.9，陈学新，No.922326；2♀，福建景洪（?），1978.V.10，赵修复，Nos.20004242，20004243；1♀，福建福州，1991.IV.17，刘长明，No.366535；1♀，河南鸡公山，1997.VII.11，陈学新，No.973754；1♀，河南鸡公山，1997.VII.12，陈学新，No.975033；7♀4♂，广东化州，1981.III.16，张连芹，Nos.810377（11），寄主，粗鞘双条杉天牛；35♀4♂，广东化州，1981.VIII.16，张连芹，Nos.810377（39）；6♀2♂，广东广州，1985，张连芹，Nos.850082（8），寄主，皱鞘双条杉天牛；14♀1♂，广东广州，1985.XI，张连芹，Nos.860621（15），寄主，皱鞘双条杉天牛；1♀，广东化县（化州），1976.VI，刘友樵，No.760715，寄主，双条杉天牛；1♀，广东化州，1986.III.15，张连芹，No.200011400；1♀，广东佛冈观音山，2007.IX.15–16，许再福，No.200715351；1♀，广西南宁西乡塘，1982.V.25，何俊华，No.822444；1♀，广西南宁，1982.V.11，何俊华，No.821525；1♀，广西南宁，1982.V.13，何俊华，No.824504；1♀，海南尖峰岭天池，2006.VII.12–15，刘经贤，No.200803686；1♀，云南富宁，200 m，1998.IV.16，乔格侠，No.200104994。

分布：河南（鸡公山）、浙江（西天目山、天台）、湖南（湘南）、福建（福州、武夷山）、台湾（嘉义、恒春、南投）、广东（化州、广州、佛冈）、海南（尖峰岭）、广西（南宁）、云南（富宁、西双版纳）；俄罗斯，日本，印度，尼泊尔，越南，菲律宾，马来西亚，印度尼西亚，美国，瓦努阿图。

(106) 假斑头厚脉茧蜂 *Neurocrassus pseudopalliatus* Belokobylskij *et* Maeto, 2009（图版 XXV: 1）

Neurocrassus pseudopalliatus Belokobylskij *et* Maeto, 2009: 346; Belokobylskij *et al.*, 2013b: 246.

雌：体长 3.9–4.7 mm；前翅长 3.4–4.2 mm。

头：触角 36 节；柄节长是端宽的 1.8–1.9 倍；第 1 鞭节长是端宽的 5.0 倍，是第 2 鞭节长的 1.30–1.35 倍；倒数第 2 鞭节长是宽的 2.6 倍，是第 1 鞭节长的 0.4 倍，是最后 1 鞭节长的 0.8 倍；头顶光滑，具相当密集的半直立短毛；头宽是长的 1.50–1.55 倍，是中胸盾片宽的 1.1–1.2 倍；额后部光滑，中央狭窄区域具皱，无脊，具浅中沟；复眼横径是上颊长的 1.5–1.7 倍；上颊光滑；上颊在复眼后凸，明显弧形收缩；单眼明显位于头中部前方，前单眼位于近复眼中央水平线；后单眼间距是前后单眼间距的 1.1–1.2 倍；POL=1.1–1.4×OD=0.45–0.40×OOL；复眼光滑无毛，纵径是横径的 1.1 倍；颚眼距是复眼纵径的 0.45–0.50 倍，是上颚基部宽的 0.9–1.0 倍；脸具稀疏的微弱刻点，中央狭窄区域具皱；脸宽是复眼纵径的 1.1 倍，是脸和唇基总长的 1.30–1.35 倍；颚眼沟不明显；后头脊背方完整，与口后脊在上颚基部处愈合。

胸：胸长是高的 1.70–1.75 倍；前胸背板背方稍凸出，近中央具微弱的前胸背板脊，具浅的小背凹；前胸背板侧方大部分具粗糙皱刻条，上方和下方狭窄区域光滑；中胸盾片着生密集的半直立短毛，中叶相当明显地向前突出，具非常浅的中沟；中胸盾片具相当密集的微弱刻点，中后半部狭窄区域具皱；盾纵沟前深后浅，相当窄，其间具粗糙的短刻条皱；小盾片前凹相当浅，具明显中脊，几乎光滑，但近中央具微弱皱；小盾片前凹长是小盾片长的 0.3–0.4 倍；小盾片凸出，无侧脊，光滑；中胸侧板几乎完全光滑；翅下区浅，相当宽，具粗糙的网皱；基节前沟前浅后深，直，稍斜，光滑，与前胸侧脊前方相连，其长达中胸侧板下部全长的 0.6 倍。并胸腹节具明显短且粗的侧突，明显分区；基侧区大，几乎光滑，沿脊具小室状皱；中区长，窄。

翅：前翅长是宽的 3.0 倍，r 脉从翅痣中央之后伸出；3-SR=3.2–3.4×r=0.5–0.6×SR1=1.10–1.15×2-SR；第 2 亚缘室长是宽的 2.4 倍，是第 1 亚盘室长的 1.50–1.65 倍；1-SR+M 脉稍“S”形弯曲；CU1a 脉明显从第 1 亚盘室端缘后方 1/3 伸出。后翅 M+CU=1.35–1.40×1-M；m-cu 脉几乎直，斜，对叉，着色。

足：后足基节背方无瘤突，几乎完全光滑，具微弱刻点；后足腿节光滑，长是宽的 3.3–3.5 倍；后足胫节背方具密集的半直立短毛，毛长是后足胫节最大宽的 0.5–0.6 倍；后足跗节长是后足胫节长 0.9 倍；后足基跗节长是第 2–5 跗节总长的 0.7 倍，第 2 跗节长是基跗节长的 0.45 倍，是第 5 跗节长的 1.15–1.30 倍。

腹：腹长是头胸总长的 0.9 倍；第 1 背板具大的背凹，基部 1/3 具小的或明显的气门瘤；第 1 背板从基部到端部强烈线性加宽，具密集的稍弯曲的粗糙刻条，刻条间广布刻纹，基部 1/3 具微弱刻纹或几乎光滑；第 1 背板端宽是基宽的 2.0 倍，长是端宽的 0.85–0.90 倍；第 1 背板大部分具刻条，其间具皱；第 1 背板基半部具明显背脊，端半部背脊弱；第 2 背板无分离的基中区，但具相当小的近三角形的基中瘤；第 2 背板长是其基宽的 0.5 倍，是第 3 背板长的 0.9 倍；第 2 背板缝明显，直；第 3 背板基部 1/3 具微弱的横沟；第 2 背板具密集刻条；剩余背板光滑；产卵管鞘长是腹长的 0.5–0.6 倍，是胸长的 0.60–0.75 倍，是前翅长的 0.3 倍。

体色：头黑色，颚眼距区域、复眼上方和上颊下方黄色；脸红棕色，中央烟褐色；胸部黑色或深红棕色，中胸侧板下部 1/3–1/2 红棕色，前胸背板侧方狭窄区域棕黄色；腹部黑色，侧方端半部，腹方棕黄色或黄色；触角黑色，基部 2 节深红棕色；须浅黄色；足黄色或棕黄色，端部烟褐色，后足胫节基部几乎黑色或至少烟褐色；产卵管鞘黑色或深棕色；前翅稍烟褐色；翅痣深棕色或棕色。

雄：未知。

生物学：未知。

研究标本（ZJUH）：1♀，浙江古田山，1992.VII.18，陈学新，No.923512；1♀，浙江遂昌九龙山，1994.VIII.18，许再福，No.944464。

分布：浙江（古田山、九龙山）；韩国，日本。

24. 陡盾茧蜂属 *Ontsira* Cameron, 1900

Ontsira Cameron, 1900: 89; Shenefelt *et* Marsh, 1976: 1322; Belokobylskij *et* Tobias, 1986: 41; Belokobylskij, 1998a: 464; 1998b: 54; Chen *et* Shi, 2004: 27; Belokobylskij *et* Maeto, 2009: 363; Belokobylskij *et al.*, 2013c: 75. **Type species:** *Ontsira reticulata* Cameron, 1900; by monotype.

Doryctes (*Doryctodes*) Hellén, 1927: 40; Shenefelt *et* Marsh, 1976: 1322. **Type species:** *Rogas* (*Doryctes*) *imperator* Haliday, 1836; designated by Telenga, 1941. Synonymized by Marsh, 1973: 71.

Doryctodes Telenga, 1941: 389; Shenefelt *et* Marsh, 1976: 1322.

Wachsmannia Szépligeti, 1900: 217; Shenefelt *et* Marsh, 1976: 1333; Belokobylskij, 1992: 908 (as synonym of *Ontsira*); van Achterberg, 1995: 131 (as synonym of *Hypodoryctes*); Belokobylskij, 1998a: 462 (as synonym of *Ontsira*). **Type species:** *Wachsmannia maculipennis* Szépligeti, 1900; by monotype.

形态特征：头常稍横形；额常不凹陷，无中脊；后头脊完整，常与口后脊在上颚基部处愈合；颚眼沟常缺；须常长；下颚须 6 节；下唇须 4 节；触角柄节宽，无端叶，基部无缢缩；第 1 鞭节近圆柱形，几乎直，长于第 2 鞭节。前胸背板背脊存在；中胸盾片前缘陡，几乎与前胸背板水平面垂直。后足基节腹面基部具明显转角和瘤突，所有腿节背方无肿突。腹部第 1 背板不具柄；第 2 背板缝常存在，多少直，第 2 背板无侧沟。

生物学：据记载，寄主有鞘翅目的长蠹科 Bostrichidae、吉丁虫科 Buprestidae、天牛科 Cerambycidae、象甲科 Curculionidae、小蠹科 Scolytidae、拟步甲科 Tenebrionidae。

分布：全世界分布。本属全世界已知 33 种，中国已知 11 种。

附注：该属近似于矛茧蜂属 *Doryctes* Haliday，区别在于该属前胸背板背面前方不具肿突，腹部第 2+3 背板基部常具刻纹。

种检索表

1. 腹部第 2 背板完全光滑……2
   腹部第 2 背板至少基部具刻纹……5
2. 腹部第 1 背板短于其端宽；中胸背板大部分光滑或前部具微弱颗粒……3
   腹部第 1 背板长于其端宽（1.15–1.30 倍）；中胸背板整个密布颗粒……4
3. 产卵管鞘长是腹长的 0.5 倍，是胸长的 0.7 倍，是前翅长的 0.3 倍；复眼横径是上颊长的 1.0 倍；并胸腹节具明显侧突；腹部第 1 背板长是其端宽的 0.9 倍……**前陡盾茧蜂 *O. antica***
   产卵管鞘长是腹长的 0.9–1.0 倍，明显长于胸长，是前翅长的 0.45–0.50 倍；复眼横径是上颊长的 0.9 倍；并胸腹节几乎无侧突；腹部第 1 背板与其端宽等长……**拟前陡盾茧蜂 *O. neantica***
4. 3-SR=0.8×SR1；第 2 亚缘室长是其最大宽的 2.7 倍；并胸腹节基区具颗粒；腹部第 2 背板长是第 3 背板长的 1.4 倍……**娇美陡盾茧蜂 *O. gratia***
   3-SR=0.5×SR1；第 2 亚缘室长是其最大宽的 2.35 倍；并胸腹节基区完全或大部分光滑；腹部第 2 背板长与第 3 背板长等长……**小室陡盾茧蜂 *O. abbreviata***
5. 上颊短，复眼横径长是上颊长的 3.3–3.8 倍；腹部第 1 背板端腹片明显延长；触角端部具白色鞭节……**联陡盾茧蜂 *O. apposita***
   上颊长，复眼横径长是上颊长的 1.0–1.6 倍；腹部第 1 背板端腹片短；触角端部鞭节黑色……6
6. 产卵管鞘不长于腹部；中胸盾片和小盾片具明显密集的颗粒；前翅 CU1a 脉第 1 亚盘室端部中央伸出；后翅 M+CU=1.0×1-M……**河南陡盾茧蜂 *O. henana***
   产卵管鞘长于腹部，几乎与体长相等；中胸盾片具微弱颗粒；小盾片几乎光滑；前翅 CU1a 脉第 1 亚盘室端部下部 0.25–0.30 伸出；后翅 M+CU 脉长于 1-M 脉……7
7. 腹部第 1 背板长是其端宽的 0.9–1.1 倍（少数 1.2 倍）；后足腿节长是宽的 3.4–4.0 倍；触角倒数第 2 鞭节长是宽的 1.7–2.0 倍……8
   腹部第 1 背板长是其端宽的 1.2–1.7 倍；后足腿节长是宽的 4.0–5.3 倍；触角倒数第 2 鞭节长是宽的 2.1–2.4 倍……9
8. 头顶完全或大部分、上颊几乎完全光滑；中胸盾片（中后部皱刻条区域除外）大部分光滑，部分区域具微弱颗粒……**首陡盾茧蜂 *O. imperator***
   头顶几乎完全或大部分、上颊大部分具密集刻条；中胸盾片（中后部皱刻条区域除外）几乎完全具密集的微弱颗粒和稀疏刻点……**皱陡盾茧蜂 *O. robusta***
9. 后足腿节长是其最大宽的 5.0–5.3 倍；腹部第 1 背板长是其端宽的 1.4–1.7 倍；第 2 背板长是其基宽的 0.9 倍；后足胫节背方具稀疏毛……**大陡盾茧蜂 *O. macer***
   后足腿节长是其最大宽的 3.9–4.5 倍；腹部第 1 背板长是其端宽的 1.2–1.3 倍（少数 1.15 倍或 1.40 倍）；第 2 背板长是其基宽的 0.5–0.8 倍；后足胫节背方具十分密集的毛……10

10. 头顶完全光滑；中胸盾片具相当微弱的刻点和网纹，部分区域具微弱颗粒；后足第 2 跗节长是第 5 跗节长的 1.4–1.5 倍，是基跗节长的 0.4 倍；触角第 1 鞭节长是宽的 4.0–4.5 倍…… **火陡盾茧蜂 *O. ignea***

头顶完全或几乎完全具粗糙的皱刻条；中胸盾片具粗糙皱颗粒；后足第 2 跗节长是第 5 跗节长的 1.6–1.8 倍，是基跗节长的 0.5 倍；触角第 1 鞭节长是宽的 3.6–3.8 倍…… **皱顶陡盾茧蜂 *O. rugivertex***

(107) 小室陡盾茧蜂 *Ontsira abbreviata* Belokobylskij, Tang *et* Chen, 2013（图版 XXV: 2）

Ontsira abbreviata Belokobylskij, Tang *et* Chen, 2013c: 79.

雌：体长 3.0 mm；前翅长 2.7 mm。

头：触角 25 节；柄节长是端宽的 1.9 倍；第 1 鞭节长是端宽的 5.0 倍，是第 2 鞭节长的 1.45 倍；倒数第 2 鞭节长是宽的 2.7 倍，是第 1 鞭节长的 0.5 倍，是最后 1 鞭节长的 0.9 倍；头宽是长的 1.6 倍；头顶光滑，具相当稀疏的半直立长毛，前半部光滑无毛；额大部分光滑，前侧方微弱革质，无脊，在触角窝间具明显的坑；上颊光滑；背面观头在复眼后方均匀地弧形收缩；复眼横径是上颊长的 1.2 倍；单眼位于头中央之后，前单眼与复眼中央水平，后单眼间距是前后单眼间距的 1.0 倍；POL=1.2×OD=0.3×OOL；复眼具稀疏的短毛，纵径是横径的 1.2 倍；颚眼距是复眼纵径的 0.55 倍，是上颚基部宽的 0.9 倍；脸大部分光滑，上部具微弱皱刻条；脸宽是复眼纵径的 1.4 倍，是脸和唇基总长的 1.4 倍；触角窝直径是触角窝间距的 1.0 倍，是触角窝与复眼之间距离的 1.0 倍；唇基下陷宽是唇基下陷边缘至复眼间距离的 1.0 倍，是脸宽的 0.4 倍；后头脊背方存在，与口后脊在上颚基部处愈合。

胸：胸长是高的 1.8 倍；前胸背板背方不凸，具明显的前胸背板脊；中胸盾片中叶稍向前凸出，具宽的中沟；中胸盾片具明显的密集颗粒，前端具皱；中胸盾片具密集的半直立长毛，侧叶大部分区域光滑无毛；盾纵沟深、窄，具短刻条皱；小盾片前凹相当深，具 3 条脊，微弱皱至光滑；小盾片前凹长是小盾片长的 0.4 倍；小盾片凸，无侧脊，具微弱颗粒；中胸侧板大部分光滑；翅下区相当浅，宽，具稀疏皱刻条；基节前沟深，直，具微弱短刻条，长是中胸侧板下缘长的 0.6 倍。并胸腹节具明显分区，具短且粗的侧突，基侧区大，光滑，脊周围和后端 1/3 具皱；中区长，窄，长是宽的 2.0 倍；基脊是叉脊的 2.0 倍。

翅：前翅长是宽的 3.1 倍；r 脉稍从翅痣中央之后伸出；3-SR=4.5×r=0.5×SR1=1.15×2-SR；第 2 亚缘室长是宽的 2.35 倍，是第 1 亚盘室长的 1.7 倍；1-SR+M 脉稍“S”形弯曲；m-cu 脉明显前叉；CU1a 脉明显从第 1 亚盘室端部中央后方伸出。后翅长是宽的 4.5 倍；M+CU=1.1×1-M；m-cu 脉稍弯曲，明显前叉，不骨化。

足：后足基节背方无瘤突，背半方具粗糙刻条，腹半方具微弱刻条至光滑；后足腿节光滑，长是宽的 4.2 倍；后足胫节背方具半直立长毛，基部稀疏、端部密集，毛长是后足胫节宽的 0.7–1.0 倍；后足跗节长是后足胫节长的 0.9 倍；后足基跗节长是后足第 2–

5 跗节长的 0.7 倍；后足第 2 跗节长是基跗节长的 0.45 倍，是第 5 跗节长的 1.1 倍。

腹：腹长是头胸总长的 1.0 倍；第 1 背板具明显背凹，基部 1/3 具小的气门瘤，明显从基部到端部线性加宽；第 1 背板具完整的近平行的背脊，具明显刻条，基部中央和端部侧方光滑；第 1 背板端宽是其基宽的 2.0 倍，长是其端宽的 1.15 倍；第 2 背板无基区，长是其基宽的 0.7 倍，是第 3 背板长的 1.0 倍；第 2 背板缝直，非常浅；第 3 背板无横沟；剩余背板光滑；产卵管鞘长是腹长的 0.8 倍，是胸长的 1.0 倍，是前翅长的 0.4 倍。

体色：体深红棕色；腹部第 1 背板之后的背板红棕色；颚眼距黄棕色；触角深棕色，基部浅红棕色；须黄色；足黄色；产卵管鞘黑色；前翅稍烟褐色；翅痣棕色，基部和端部色浅。

雄：未知。

生物学：未知。

研究标本：♀（正模，ZJUH），陕西火地塘板桥沟，1600 m，1998.VI.5，杜予州，No.982455。

分布：陕西（火地塘）。

(108) 前陡盾茧蜂 *Ontsira antica* (Wollaston, 1858)（图版 XXV: 3）

Clinocentrus anticus Wollaston, 1858: 18; de Dalla Torre, 1898: 226; Brues, 1926: 378; Fahringer, 1932: 202.

Ontsira antica: Marsh, 1973: 71; Shenefelt *et* Marsh, 1976: 1322; Belokobylskij *et al*., 2004: 72; 2013c: 82.

Doryctes gallicus Reinhard, 1865: 248; Marshall, 1888: 228; Kokujev, 1900: 564; Fischer, 1971: 101. Synonymized by Marsh, 1973: 71.

雌：体长 5.1 mm；前翅长 4.4 mm。

头：触角已断，余 12 节；柄节长是端宽的 1.6 倍，第 1 鞭节长是端宽的 3.4 倍，是第 2 鞭节长的 1.4 倍；头宽是长的 1.5 倍，额无脊，前半部具浅的凹陷；复眼横径是上颊长的 1.0 倍，单眼中等大小，后单眼间距是前后单眼间距的 1.1 倍，POL=1.2×OD=0.4×OOL；头顶光滑；额前部 0.7 具微弱弯曲刻条，后方 0.3 光滑；上颊光滑；复眼具稀疏短毛，复眼纵径是横径的 1.3 倍，颚眼距是复眼纵径的 0.4 倍，是上颚基部宽的 0.8 倍；脸具微弱的断续刻条，中央和下方光滑；脸宽是复眼纵径的 1.1 倍，是脸和唇基总长的 1.3 倍；颚眼沟不明显；后头脊和口后脊在上颚基部处愈合。

胸：胸长是高的 1.7 倍；前胸背板背方不凸，近中央具微弱的前胸背板脊；中胸盾片中叶明显向前凸出，具浅的中沟；中胸盾片全具密集的半直立短毛；中胸盾片具微弱的稀疏刻点，几乎全具微弱的密集颗粒，中后部具粗糙皱；盾纵沟前深后浅，宽，具粗糙网皱；小盾片前凹深，宽，具明显中脊，具皱，前凹长是小盾片长的 0.45 倍；小盾片稍凸，无侧脊，几乎光滑，后部稍具皱；中胸侧板几乎光滑；翅下区深、宽，具粗糙网皱；基节前沟深，宽，几乎直，具明显短刻条，基节前沟长达中胸侧板长的 0.6 倍。并胸腹节具明显分区，具短而粗的侧突；基侧区大，几乎光滑；中区短而宽；基脊长是叉脊的 2.0 倍。

翅：前翅长是宽的 3.2 倍；r 脉明显从翅痣中央伸出；3-SR=2.8×r=0.5×SR1=1.1×2-SR；第 2 亚缘室长是宽的 2.0 倍，是第 1 亚盘室长的 1.2 倍；1-SR+M 脉稍“S”形弯曲；CU1a 脉从第 1 亚盘室的端部中央后端 1/4 伸出。后翅 M+CU=1.5×1-M；m-cu 脉稍弯曲，稍后叉，不骨化，但明显着色。

足：后足基节背方具皱刻条，腹方几乎光滑；后足腿节背半方具密集皱刻条，腹半方几乎光滑，长是宽的 3.5 倍；后足跗节长是后足胫节长的 0.85 倍，后足基跗节长是后足第 2–5 跗节长的 0.8 倍，后足第 2 跗节长是后足基跗节长的 0.5 倍，是后足第 5 跗节长的 1.6 倍。

腹：腹长是头胸总长的 1.0 倍；腹部第 1 背板在基部 0.3 具小气门瘤，背板基部向端部均匀且几乎成直线加宽；第 1 背板全具密集的粗糙纵刻条，刻条间具微弱刻纹，端宽是其最小宽的 1.8 倍，长是其端宽的 0.9 倍；第 2 背板无基中区，长是其基宽的 0.4 倍，是第 3 背板长的 0.8 倍；第 2 背板缝不明显；第 3 背板无横沟；剩余背板光滑；产卵管鞘长是腹长的 0.5 倍，是胸长的 0.7 倍，是前翅长的 0.3 倍。

体色：体深红棕色至黑色，腹部中央红棕色；触角黄棕色；须黄色，基部稍深；足黄棕色，基部颜色深，所有转节和后足腿节基部黄色，后足基节和后足腿节基部深红棕色；产卵管鞘基部棕色，端部黑色；前翅稍烟褐色；翅痣棕色。

雄：未知。

生物学：据记载寄主为鞘翅目的山毛榉吉丁 *Agrilus viridis*、蓝大盾象 *Magdalis frontalis*、松纵坑切梢小蠹 *Tomicus piniperda*、*Chrysobothris igniventris*、*Clytus arietis*、*Exocentrus punctipennis*、松六齿小蠹 *Ips acuminatus*、梳角细脉窃蠹 *Ptilinus pectinicornis*、皱小蠹 *Scolytus rugulosus*、*Melasis buprestoides*、欧洲棍腿天牛 *Phymatodes testaceus*、*Plagionotus arcuatus*、*Plagionotus floralis*、*Pogonocherus hispidulus*、栎红天牛 *Pyrrhidium sanguineum*、*Scolytus pygmaeus*。

研究标本：1♀，黑龙江伊春带岭，1977.VII.24，何俊华，No.771882（ZJUH）。

分布：黑龙江（伊春）；俄罗斯，伊朗，土耳其，高加索地区，中欧，西欧，美国。

(109) 联陡盾茧蜂 *Ontsira apposita* Belokobylskij, 1998（图版 XXV: 4）

Ontsira apposita Belokobylskij, 1998a: 466; Long *et* Belokobylskij, 2003: 388; Belokobylskij *et al.*, 2013c: 82.

Ontsira brachytes Chen *et* Shi, 2004: 27. Synonymized by Belokobylskij *et* Maeto, 2009: 363.

雌：体长 3.0–3.7 mm；前翅长 2.5–3.0 mm。

头：触角 32 节，是体长的 1.2 倍；第 1 鞭节长是端宽的 3.7–4.0 倍，是第 2 鞭节长的 1.2–1.3 倍；倒数第 2 鞭节长是宽的 3.0 倍，是第 1 鞭节长的 0.5 倍，稍短于最末鞭节长；头宽是长的 1.6–1.7 倍，头在复眼后方强烈地圆弧形收缩；头光滑；复眼横径是上颊长的 3.3–3.8 倍，后单眼间距等于前后单眼间距；POL=0.8×OD=0.5×OOL。复眼光滑，纵径是横径的 1.1–1.2 倍，是脸宽的 1.1 倍，是脸和唇基总长的 1.2 倍；颊长是复眼纵径的 0.3 倍，几乎等于或稍短于上颚基部宽；颚眼沟缺；脸具横皱，中部无明显隆基；脸宽稍长于脸和唇基总长；唇基下陷的宽度等于或稍小于下陷边缘到复眼的距离；后头脊和口后脊在上颚基部愈合。

胸：胸长是高的 1.8–2.0 倍；中胸背板具微弱的密集颗粒，全被密集的短毛；中胸盾片中叶具 2 条纵脊，后方具小的不规则皱区；盾纵沟明显，完整，内具短刻条；小盾片前凹长，几乎光滑，内明显中脊，前凹长是小盾片长的 0.4 倍；小盾片几乎光滑；中胸侧板光滑；翅下区浅，具微弱皱；基节前沟窄，深，具微弱短刻条；后胸背板中间具明显短的齿突；并胸腹节具明显光滑的基侧区，基脊是并胸腹节的 2/5，中区后部界限不明，有时明显但窄；并胸腹节其余部分具粗糙网皱。

翅：前翅长是宽的 3.0 倍；r 脉几乎从翅痣的中间发出；3-SR=3.3–4.0×r=0.6–0.8×SR1=1.2–1.5×2-SR，第 2 亚缘室端部不加宽，长是宽的 3.2–3.4 倍，是第 1 亚盘室长的 2.0 倍；m-cu 脉稍前叉，有时几乎对叉；cu-a 脉明显后叉；1-SR+M 脉稍“S”形弯曲；CU1a 脉从第 1 亚盘室的端部中央发出。后翅长是宽的 4.8–5.0 倍；M+CU=1.1–1.3×1-M，C+SC+R=0.5–0.6×1-SC+R；m-cu 脉几乎对叉。

足：后足腿节长是宽的 2.7–3.0 倍；后足跗节约等于后足胫节长；后足胫节背方具密集的、短的半直立毛，毛长明显短于后足胫节宽；后足基跗节长是后足第 2–5 跗节长的 0.6–0.7 倍；后足第 2 跗节长是后足基跗节长的 0.4 倍，是后足第 5 跗节长的 1.1 倍。

腹：腹长约等于或稍短于头胸总长；腹部第 1 背板基部向端部均匀且几乎成直线加宽，具深的背凹；气门位于基部 1/3 处；端腹片相当长；第 1 背板端宽是其基宽的 1.8–2.0 倍，长是其端宽的 1.2–1.3 倍；第 2 背板缝明显，几乎直；第 2 背板长是其基宽的 0.7–0.8 倍，是第 3 背板长的 1.2 倍；第 3 背板中央具微弱的光滑横沟；第 1 背板全部、第 2 背板基半部具明显的纵刻条；剩余背板光滑；产卵管鞘长是腹长的 0.4–0.6 倍，是胸长的 1.2–1.3 倍，是前翅长的 0.3–0.4 倍。

体色：头浅红色或黄棕色，下部颜色稍浅；单眼周围、头顶中部和头后部颜色深，有时几乎黑色；中胸背板红棕色或深红棕色，胸部剩余部分几乎黑色；腹部第 1 背板或第 1–3 背板黑色，剩余背板深红棕色；触角黑色，基部 2 节浅红棕色，端部 5 节白色；须浅黄色；足浅红棕色或黄棕色；后足转节浅红棕色；产卵管鞘棕色，端部黑色；翅稍烟褐色；翅痣棕色，基部和端部颜色浅。

雄：体长 2.5 mm，前翅长 2.1 mm。前翅 CU1a 脉稍从第 1 亚盘室端部中央之后伸出；端腹片稍伸长。后翅 M+CU 脉明显短于 1-M 脉；m-cu 脉前叉。其余特征与雌虫相似。

生物学：未知。

研究标本：♀（正模，ZISP），prov. Ha Son Binh，Mai Chau，forest，1990.XI.4，Belokobylskij；2♀（副模，ZISP），prov. Ha Son Binh，Mai Chau，forest，1990.X.31，1990.XI.2，Belokobylskij；1♂，浙江古田山，1992.VII.19，陈学新，No.923661（ZJUH）。

分布：浙江（古田山）、福建（武夷山）；越南。

(110) 娇美陡盾茧蜂 *Ontsira gratia* Belokobylskij, 1996（图 10）

Ontsira gratia Belokobylskij, 1996: 168; Chen *et* Shi, 2004: 29; Belokobylskij *et al.*, 2013c: 79.

雌：体长 3.6 mm；前翅长 3.5 mm。

头：触角已断，至少 24 节；第 1 鞭节长是端宽的 4.0 倍，是第 2 鞭节长的 1.3 倍；头顶光滑，部分具微弱刻点；额侧方具颗粒皱；头宽是长的 1.5 倍，复眼横径是上颊长的 1.2 倍，后单眼间距等于前后单眼间距；POL=1.3×OD=0.33×OOL。复眼纵径是横径的 1.1 倍，颊长稍短于上颚基部宽，是复眼纵径的 0.45 倍；颚眼沟缺；脸中央具颗粒皱；脸宽是复眼纵径的 1.25 倍，是脸和唇基总长的 1.4 倍，唇基下陷的宽度与下陷边缘到复眼的距离相等；后头脊和口后脊在上颚基部不愈合。

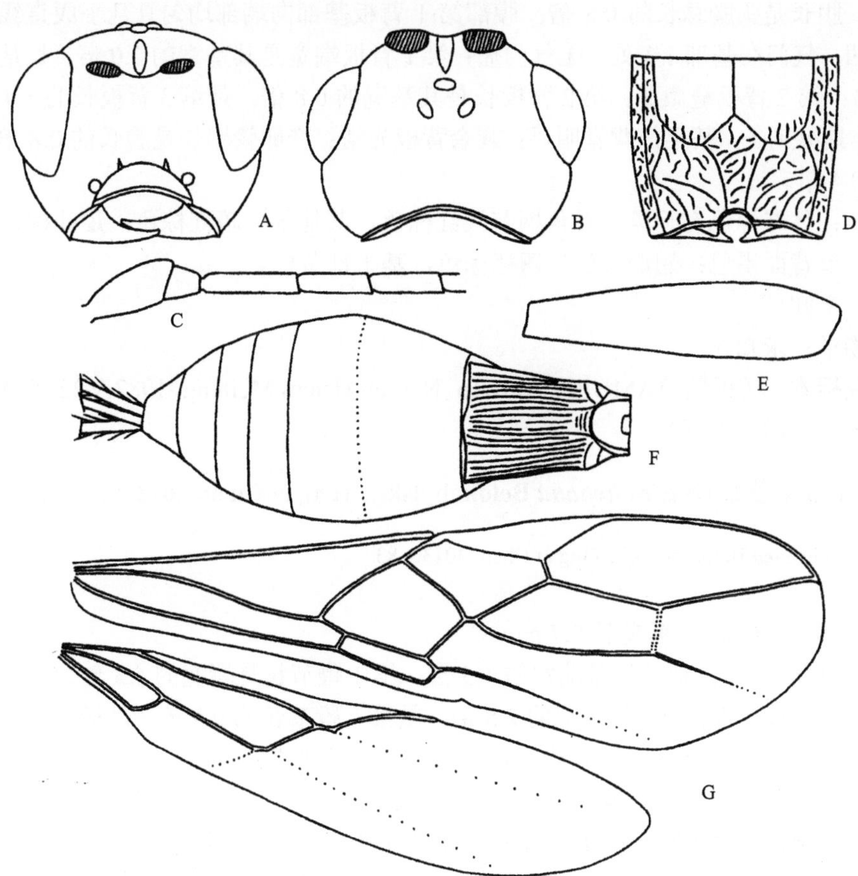

图 10　娇美陡盾茧蜂 *Ontsira gratia* Belokobylskij（仿 Belokobylskij，1996）

A. 头，前面观；B. 头，背面观；C. 触角；D. 并胸腹节，背面观；E. 后足腿节，侧面观；F. 腹部，背面观；G. 翅

胸：胸长是高的 1.8 倍；中胸背板具密集颗粒；盾纵沟明显，端部沟较浅、具短刻条；小盾片前凹深、具皱及明显中脊，前凹长是小盾片长的 0.3 倍；中胸侧板光滑；基

节前沟深，直，具细的短刻条，长达中胸侧板下部长的一半；翅下区浅，具皱及稀疏颗粒；后胸背板中间具明显且钝的齿突；后胸侧板具粗糙皱；并胸腹节具明显分区，基脊是并胸腹节长的 1/3；基侧区具微弱颗粒和皱，并胸腹节剩余部分具稀疏皱。

翅：前翅长是宽的 3.0 倍；r 脉明显从翅痣的中间后方伸出；缘室不变宽；3-SR=4.5×r=0.8×SR1=1.3×2-SR；第 2 亚缘室端部稍变窄，长是宽的 2.7 倍，是第 1 亚盘室长的 2.0 倍；m-cu 脉稍前叉；1-CU1=1.5×cu-a；CU1a 脉从第 1 亚盘室的端部中央后部发出。后翅 M+CU 脉稍长于 1-M 脉，C+SC+R=0.5×1-SC+R；m-cu 脉几乎对叉。

足：后足基节腹方具微弱皱；后足腿节长是宽的 4.2 倍；后足胫节背方具密集的、短的半直立毛，毛长是后足胫节宽的 0.7–0.8 倍；后足跗节稍短于后足胫节长，后足基跗节等于后足第 2–5 跗节长，后足第 2 跗节长是后足基跗节长的 0.4 倍，与后足第 5 跗节等长。

腹：腹长是头胸总长的 0.8 倍；腹部第 1 背板基部向端部均匀且几乎成直线加宽，具深背凹；气门在基部 1/3 处，无气门瘤；第 1 背板端宽是其基宽的 2.0 倍，长是其端宽的 1.3 倍；第 2 背板缝微弱；第 2 背板长是其基宽的 0.8 倍，是第 3 背板长的 1.4 倍；第 1 背板全具纵刻条，基半部背脊明显；剩余背板光滑；产卵管鞘长是腹长的 0.8 倍，是前翅长的 0.4 倍。

体色：体红棕色有暗斑；触角柄节浅红棕色，其他部分暗红棕色；足浅棕色，后足腿节和胫节背面黑色；翅烟褐色，翅痣棕色，基半部黄色。

雄：未知。

生物学：未知。

研究标本：♀（正模，TAMUIC），Taiwan，Nantou Hsien，Meifeng，1982.V.22，R. Wharton。

分布：台湾（梅峰）。

(111) 河南陡盾茧蜂 *Ontsira henana* Belokobylskij, Tang *et* Chen, 2013（图版 XXVI: 1）

Ontsira henana Belokobylskij, Tang *et* Chen, 2013c: 83.

雌：体长 2.8 mm；前翅长 2.7 mm。

头：触角 26 节；柄节长是端宽的 1.5 倍；第 1 鞭节长是端宽的 4.3 倍，是第 2 鞭节长的 1.1 倍；倒数第 2 鞭节长是宽的 2.5 倍，是第 1 鞭节长的 0.5 倍，是最后 1 鞭节长的 0.9 倍；头宽是长的 1.5 倍；头顶光滑，具相当密集的半直立短毛；额大部分光滑，前侧方具微弱革质颗粒，无脊，具十分浅的中沟；上颊光滑；背面观头在复眼后方均匀地弧形收缩；复眼横径是上颊长的 1.55 倍；单眼位于头中央，前单眼稍位于复眼中央水平之后，后单眼间距是前后单眼间距的 1.0 倍；POL=1.3×OD=0.4×OOL；复眼光滑，纵径是横径的 1.1 倍；颚眼距是复眼纵径的 0.5 倍，是上颚基部宽的 1.0 倍；脸具微弱刻条，刻条间具密集的微弱皱；脸宽是复眼纵径的 1.4 倍，是脸和唇基总长的 1.4 倍；触角窝直径是触角窝间距的 1.4 倍，是触角窝与复眼之间距离的 1.4 倍；颚眼沟不明显；唇基下陷宽是唇基下陷边缘至复眼间距离的 0.75 倍，是脸宽的 0.35 倍；后头脊背方存在，与口后脊在上颚基部处不愈合。

胸：胸长是高的 1.8 倍；前胸背板背方不凸，具明显的前胸背板脊；中胸盾片中叶不向前凸出，无中沟；中胸盾片具粗糙的密集颗粒，后半部中央狭窄区域具皱；中胸盾片全具密集的半直立短毛；盾纵沟深、窄，具明显短刻条，部分具皱；小盾片前凹相当深，具 3 条脊，具皱；小盾片前凹长是小盾片长的 0.3 倍；小盾片凸，无侧脊，具密集颗粒；中胸侧板大部分光滑，后部具微弱颗粒；翅下区相当浅，宽，具网皱；基节前沟深，直，光滑，长是中胸侧板下缘长的 0.6 倍。并胸腹节具明显分区，具短且粗的侧突，基侧区大，具粗糙颗粒，后部具皱；中区长，窄，长是宽的 1.7 倍；基脊是叉脊的 1.7 倍。

翅：前翅长是宽的 3.0 倍；r 脉几乎从翅痣中央伸出；3-SR=4.4×r=0.7×SR1=1.3×2-SR；第 2 亚缘室长是宽的 3.2 倍，是第 1 亚盘室长的 2.4 倍；1-SR+M 脉稍弯曲；m-cu 脉明显前叉；CU1a 脉明显从第 1 亚盘室端部中央伸出。后翅长是宽的 5.0 倍；M+CU=1.0×1-M；m-cu 脉直，稍前叉，不骨化。

足：后足基节背方无瘤突，具粗糙刻条和颗粒，侧方具密集颗粒和微弱皱，腹方几乎光滑；后足腿节大部分光滑，背方具微弱皱和颗粒，长是宽的 3.6 倍；后足胫节背方具相当密集的半直立长毛，毛长是后足胫节宽的 0.6–0.8 倍；后足跗节长是后足胫节长的 0.9 倍；后足基跗节长是后足第 2–5 跗节长的 0.6 倍；后足第 2 跗节长是基跗节长的 0.6 倍，是第 5 跗节长的 1.6 倍。

腹：腹长是头胸总长的 0.8 倍；第 1 背板具明显背凹，无气门瘤，从基部到端部稍线性加宽；第 1 背板具完整的、近平行的背脊，具密集的、粗糙的线形刻条；第 1 背板端宽是其基宽的 2.0 倍，长是其端宽的 1.1 倍；第 2 背板无基区，长是其基宽的 0.7 倍，是第 3 背板长的 1.2 倍；第 2 背板缝直，浅；第 3 背板具浅的横沟；第 2 背板大部分具相当微弱的刻条皱，后部光滑；剩余背板光滑；产卵管鞘长是腹长的 0.7 倍，是胸长的 0.75 倍，是前翅长的 0.3 倍。

体色：体深红棕色，具黑色斑块；头下方棕黄色；触角基半部棕黄色，端半部棕色至深棕色；须浅黄色；足黄色或棕黄色，端部烟褐色；产卵管鞘黑色；前翅稍烟褐色；翅痣棕色，基部和端部黄色。

雄：未知。

生物学：未知。

研究标本：♀（正模，ZJUH），河南内乡宝天曼，1998.VII.15，陈学新，No.989014。

分布：河南（宝天曼）。

(112) 火陡盾茧蜂 *Ontsira ignea* (Ratzeburg, 1852)（图版 XXVI: 2）

Bracon igneus Ratzeburg, 1852: 36.

Doryctes igneus: Reinhard, 1865: 250; Watanabe, 1961a: 111.

Doryctodes igneus: Telenga, 1941: 91; Tobias, 1971: 195.

Ontsira ignea: Shenefelt *et* Marsh, 1976: 1323; Belokobylskij *et* Tobias, 1986: 43 (as synonym of *O. imperator*); Belokobylskij *et* Maeto, 2009: 370; Belokobylskij *et al.*, 2013c: 86.

雌：体长 4.6–6.7 mm；前翅长 4.0–5.8 mm。

头：触角 40–44 节；柄节长是端宽的 1.6–1.7 倍；第 1 鞭节长是端宽的 4.0–4.5 倍，是第 2 鞭节长的 1.2–1.4 倍；头顶光滑，具稀疏的半直立长毛，前半部光滑无毛；头宽是长的 1.3–1.4 倍，是中胸盾片宽的 1.2 倍；额前部具微弱皱刻条，后部光滑，无脊，触角窝间前半部具相当深且宽的中沟；上颊光滑；上颊在复眼后方前部稍凸，后部弧形收窄；背面观复眼横径是上颊长的 1.0–1.3 倍；单眼明显位于头中部前方，前单眼位于复眼中央水平线之前；后单眼间距是前后单眼间距的 1.2–1.3 倍；POL=1.0–1.2×OD=0.3×OOL；复眼光滑无毛，纵径是横径的 1.3 倍；颚眼距是复眼纵径的 0.4 倍，是上颚基部宽的 0.8 倍；脸具相当密集的粗糙刻条皱，侧方光滑，下方具明显刻点；脸宽是复眼纵径的 1.0–1.1 倍，是脸和唇基总长的 0.5 倍；颚眼沟不明显；后头脊背方完整，与口后脊在上颚基部处愈合。

胸：胸长是高的 1.8–2.0 倍；前胸背板背方稍凸，近中央具明显的前胸背板脊；前胸背板侧方具相当密集的粗糙皱，中沟具粗糙短刻条；中胸盾片着生密集的半直立短毛，中叶稍向前突出，具浅的中沟；中胸盾片密布相当明显的刻点，刻点间具密集的微弱颗粒，后半部中央广布粗糙皱；盾纵沟前深后浅，相当宽，其间具粗糙的短刻条皱；小盾片前凹相当深，长，具明显隆脊，隆脊间具微弱皱；小盾片前凹长是小盾片长的 0.4 倍；小盾片稍凸，具相当微弱的侧脊，几乎光滑；中胸侧板下部 0.4–0.6 光滑；翅下区相当浅，宽，具粗糙的刻条皱；基节前沟深，几乎直，具明显的、窄的短刻条，与前胸侧脊前方相连，其长达中胸侧板下部全长的 0.6 倍；并胸腹节具明显短且粗的侧突，明显分区；基侧区大，广布粗糙网皱，前部具微弱网纹和密集但微弱的颗粒；中区短，宽。

翅：前翅长是宽的 3.2–3.4 倍，r 脉几乎从翅痣中央伸出；3-SR=3.2–3.4×r=0.5×SR1=1.2–1.4×2-SR；第 2 亚缘室长是宽的 2.0–2.2 倍，是第 1 亚盘室长的 1.0–1.2 倍；1-SR+M 脉明显“S”形弯曲；CU1a 脉明显从第 1 亚盘室端缘中央后方 1/4 伸出。后翅 M+CU=1.4–1.6×1-M；m-cu 脉稍弯曲，对叉，不骨化但着色。

足：后足基节背方无瘤突，具微弱半弧形刻条，侧方具微弱刻条皱或光滑，下方光滑；后足腿节背方具刻条，侧方上部具颗粒和刻点，下部几乎光滑，长是宽的 3.9–4.2 倍；后足胫节背方具密集的半直立短毛，毛长是后足胫节最大宽的 0.2–0.5 倍；后足跗节长是后足胫节长 0.9 倍；后足基跗节长是第 2–5 跗节总长的 0.8–0.9 倍，第 2 跗节长是基跗节长的 0.4 倍，是第 5 跗节长的 1.4–1.5 倍。

腹：腹长是头胸总长的 1.1–1.2 倍；第 1 背板基部 1/3 具相当小的气门瘤；第 1 背板稍从基部到端部线性加宽，部分区域具密集的弯曲刻条，中央具网皱和刻条，刻条间广布刻纹；第 1 背板端宽是基宽的 1.8–2.0 倍，长是端宽的 1.2–1.3 倍；第 1 背板大部分具刻条，其间具皱；第 1 背板基半部具明显背脊，端半部背脊弱；第 2 背板无基中区；第 2 背板长是其基宽的 0.7 倍，与第 3 背板等长；第 2 背板缝直，非常浅，完整；第 3 背板无横沟；第 2 背板基部具刻条；剩余背板光滑；产卵管鞘长是腹长的 1.8–2.0 倍，是胸长的 2.8–3.2 倍，是前翅长的 1.2–1.4 倍。

体色：体黑色或深红棕色；头和腹部第 1 背板之后的各背板深红棕色或红棕色，腹部腹方红棕色和黄色；触角黑色，基部 1/4 红棕色或黄棕色，基部 2 节黄色；须黄色或浅黄色；足黄棕色，有时腿节至少部分烟褐色，所有胫节和跗节红棕色或浅红棕色，所有胫节基部黄色或浅黄色；产卵管鞘深红棕色或黑色；前翅稍烟褐色；翅痣棕色，基部和端部浅。

雄：体长 4.7 mm，前翅长 3.4 mm；腹部第 1 背板长是其端宽的 1.5 倍。其余特征与雌虫相似。

生物学：据记载，寄主有鞘翅目的槲红腹长蠹 *Bostrichus capucinus*、条纹吉丁 *Buprestis strigosa*、毛束芒天牛 *Pogonocherus fasciculatus*、光胸断眼天牛 *Tetropium castaneum*。

研究标本（ZJUH）：1♀，福建三港，1979.X，黄居昌，No.20003927；1♂，广东梅州丰溪，2003.VII.29，陈驹坚，No.20048483；1♀，陕西宁陕火地塘，灯诱，1580 m，1998.VIII.17，袁德成。

分布：陕西（火地塘）、福建（三港）、广东（丰溪）；俄罗斯，韩国，日本，伊朗，土耳其，以色列，高加索地区，中欧，西欧。

(113) 首陡盾茧蜂 *Ontsira imperator* (Haliday, 1836)（图版 XXVI: 3）

Rogas (*Doryctes*) *imperator* Haliday, 1836: 46.

Doryctes imperator: Reinhard, 1865: 247; Marshall, 1885: 70; 1888: 229; Kokujev, 1900: 565; Szépligeti, 1906: 603; Fahringer, 1930: 158; 1934: 350; 1951: 67; Watanabe, 1937: 39.

Doryctodes imperator: Hellén, 1940: 40; Telenga, 1941: 91; Tobias, 1961: 532; Marsh, 1966: 509; Tobias, 1971: 195.

Ontsira imperator: Marsh, 1973: 71; Shenefelt *et* Marsh, 1976: 1324; Chen *et* Shi, 2004: 29; Belokobylskij *et* Maeto, 2009: 375; Belokobylskij *et al.*, 2013c: 86.

Syngaster cingulatus Provancher, 1880: 162; Marsh, 1966: 509; Shenefelt *et* Marsh, 1976: 1325. Synonymized by Marsh, 1966: 509.

Bracon praecisus Ratzeburg, 1852: 36; Shenefelt *et* Marsh, 1976: 1325. Synonymized by Reinhard, 1865: 247.

Ischiogonus zonatus Wesmael, 1838: 127; Shenefelt *et* Marsh, 1976: 1325. Synonymized by Reinhard, 1865: 247.

Doryctes imperator var. *bicolorinus* Fahringer, 1930: 159; Shenefelt *et* Marsh, 1976: 1325.

Doryctes imperator var. *rufiventris* Fahringer, 1930: 159; Shenefelt *et* Marsh, 1976: 1325.

雌：体长 4.0–7.5 mm；前翅长 3.5–6.3 mm。

头：触角 31–39 节；柄节长是端宽的 1.6–1.8 倍；第 1 鞭节长是端宽的 2.7–3.3 倍，是第 2 鞭节长的 1.15–1.30 倍；倒数第 2 鞭节长是宽的 1.7–2.0 倍，是第 1 鞭节长的 0.40–0.45 倍，是最后 1 鞭节长的 0.7–0.9 倍；头宽是长的 1.15–1.40 倍，额具中沟，在触角窝间具宽的凹陷；复眼横径是上颊长的 0.9–1.0 倍，单眼中等大小，后单眼间距是前后单眼间距的 1.10–1.25 倍，POL=1.15–1.4×OD=0.35–0.5×OOL。头顶光滑；额具明显刻条皱，但在后方 0.3–0.5 光滑；复眼光滑，复眼纵径是横径的 1.30–1.35 倍，颚眼距是复眼纵径的 0.35–0.45 倍，是上颚基部宽的 0.8–1.0 倍；脸具明显横向密集的波浪形刻条，刻条间具微弱皱；上颊光滑；脸宽是复眼纵径的 1.1–1.3 倍，是脸和唇基总长的 1.3–1.4 倍；颚眼沟不明显；后头脊和口后脊在上颚基部处愈合。

胸：胸长是高的 1.9–2.1 倍；中胸盾片中叶稍向前凸出，具浅的中沟；中胸盾片全具密集的短毛；中胸盾片具密集的网纹和刻点，前半部网纹间具密集微弱的颗粒，中后半部具粗糙皱；盾纵沟明显，前深后浅，具密集且宽的短刻条皱；小盾片前凹深、长，具明显中脊和 2 条微弱侧脊，前凹长是小盾片长的 0.5–0.6 倍；小盾片光滑；中胸侧板下半部光滑，有时后部具微弱颗粒或皱；翅下区浅，宽，具粗糙的刻条皱，部分区域密布微弱颗粒；基节前沟深，几乎直，具密集的短刻条皱，基节前沟长达中胸侧板长的 0.6–0.7 倍；并胸腹节具明显分区，全具粗糙网皱；基侧区大，具粗糙网皱，其间具密集的微弱颗粒；中区短而宽；并胸腹节具相当明显的、短的、粗的侧瘤突。

翅：前翅长是宽的 3.3–3.7 倍；r 脉从翅痣中央之后或中央发出；3-SR=3.2–4.5×r=0.4–0.7×SR1=1.1–1.6×2-SR；第 2 亚缘室长是宽的 2.0–2.5 倍，是第 1 亚盘室长的 1.1–1.3 倍；1-SR+M 脉稍“S”形弯曲；CU1a 脉从第 1 亚盘室的端部中央稍后伸出。后翅 M+CU=1.5–1.7×1-M；m-cu 脉稍弯曲，明显前叉，不骨化，但明显着色。

足：后足基节全具密集网皱，皱间具密集颗粒，背方经常具刻条，基腹面具瘤突；后足腿节背半方具网皱和密集的微弱刻条，腹半方光滑，长是宽的 3.4–4.0 倍；后足跗节长是后足胫节长的 0.85–0.90 倍，后足基跗节长是后足第 2–5 跗节长的 0.7–0.8 倍，后足第 2 跗节长是后足基跗节长的 0.40–0.45 倍，是后足第 5 跗节长的 1.2–1.5 倍。

腹：腹长是头胸总长的 1.0–1.2 倍；腹部第 1 背板在基部 0.3 具小气门瘤，背板基部向端部均匀且几乎成直线加宽；第 1 背板具密集纵刻条，刻条间具网皱，端宽是其最小宽的 1.7–2.0 倍，长是其端宽的 0.9–1.1 倍；第 2 背板无基中区，基部 0.2–0.3 具刻条，长是其基宽的 0.55–0.65 倍，是第 3 背板长的 1.0–1.2 倍；第 2 背板缝直、浅、完整；第 3 背板无横沟；剩余背板光滑；产卵管鞘长是腹长的 1.5–2.5 倍，是前翅长的 1.10–1.45 倍。

体色：体黑色或深红棕色；腹部在第 1 背板后中央红棕色；触角黑色或红棕色，基部 2–6 节颜色稍浅；须浅红棕色；足红棕色或黄棕色，基部颜色深，所有转节和后足腿节基部黄色，所有胫节基部黄色；产卵管鞘黑色或深红棕色；翅微弱烟褐色，翅痣棕色，基部和端部颜色稍浅。

雄：体长 4.5 mm；前翅长 3.6 mm。头宽是长的 1.45 倍；复眼横径是上颊长的 1.15 倍，颚眼距是复眼纵径的 0.3 倍，是上颚基部宽的 0.6 倍；后足腿节长是宽的 4.6 倍。其余特征与雌虫相似。

生物学：据记载，寄主有鞘翅目的大灰长角天牛 *Acanthocinus aedilis*、小灰长角天牛 *Acanthocinus griseus*、*Callidium* sp.、北美家天牛 *Hylotrupes bajulus*、*Leiopus nebulosus*、毛束芒天牛 *Pogonocherus fasciculatus*、*Rhagium indagator*、*Dicerea berolinensis*、*Myelophilus minor*、*Scolytus scotylus*、松纵坑切梢小蠹 *Tomicus piniperda*。

研究标本：1♀（ZJUH），吉林长春，1985.X.8，白洪玉；1♀，Nederland，Asperen（Z.H.），1973.VII.4–24，C.J. Zwakhals。1♂（AEI），Taiwan，Meifeng，2150 m，1983.V.3，

H. Townes。

分布：吉林（长春）、台湾（梅峰）；俄罗斯，蒙古国，韩国，日本，哈萨克斯坦，伊朗，高加索地区，欧洲，北美洲。

附注：首陡盾茧蜂 *Ontsira imperator* 是广布种且形态变异较大，因此 *O. imperator* 与火陡盾茧蜂 *O. ignea* 的区别有时候不是很明显，需仔细鉴别。

(114) 大陡盾茧蜂 *Ontsira macer* Chen *et* Shi, 2004（图版 XXVI: 4）

Ontsira macer Chen *et* Shi, 2004: 30; Belokobylskij *et al*., 2013c: 87.

雌：体长 5.4–8.4 mm；前翅长 4.7–6.1 mm。

头：触角 48–51 节；柄节长是端宽的 1.6–1.8 倍；第 1 鞭节长是端宽的 4.1–4.4 倍，是第 2 鞭节长的 1.1–1.2 倍；倒数第 2 鞭节长是宽的 2.1–2.4 倍，是第 1 鞭节长的 0.40–0.45 倍，是最后 1 鞭节长的 0.7–0.9 倍；头宽是长的 1.2–1.4 倍，额具中沟，在触角窝间具宽的凹陷；复眼横径是上颊长的 1.1–1.3 倍，单眼中等大小，后单眼间距是前后单眼间距的 1.1–1.3 倍，POL=1.3–1.4×OD=0.4–0.5×OOL。头顶光滑；额具明显刻条皱，后方 0.3–0.5 光滑；复眼光滑，复眼纵径是横径的 1.30–1.35 倍，颚眼距是复眼纵径的 0.40–0.45 倍，是上颚基部宽的 0.8–1.0 倍；脸具明显横向密集的波浪形刻条，刻条间具微弱的皱；上颊光滑；脸宽是复眼纵径的 1.1–1.2 倍，是脸和唇基总长的 1.3–1.4 倍；颚眼沟不明显；后头脊和口后脊在上颚基部处愈合。

胸：胸长是高的 1.9–2.0 倍；中胸盾片中叶稍向前凸出，具浅的中沟；中胸盾片全具密集的短毛；中胸盾片具密集的网纹和刻点，前半部网纹间具密集的微弱颗粒，中后半部具粗糙皱；盾纵沟明显，前深后浅，具密集且宽的短刻条皱；小盾片前凹深、长，具明显的中脊和 2 条微弱的侧脊，前凹长是小盾片长的 0.5 倍；小盾片稍凸，无侧脊，光滑；中胸侧板下半部光滑；翅下区浅，宽，具粗糙的刻条皱，部分区域密布微弱颗粒；基节前沟深，几乎直，具密集的短刻条皱，基节前沟长达中胸侧板长的 0.6–0.7 倍。并胸腹节具明显分区，全具粗糙网皱；基侧区大，具粗糙网皱，前半部光滑；中区短而宽；并胸腹节具相当明显的、短的、粗的侧瘤突。

翅：前翅长是宽的 3.4–3.6 倍；r 脉从翅痣中央之后发出；3-SR=2.8–3.2×r=0.5–0.6×SR1=1.1–1.2×2-SR；第 2 亚缘室长是宽的 2.2–2.4 倍，是第 1 亚盘室长的 1.1–1.3 倍；1-SR+M 脉稍“S”形弯曲；CU1a 脉从第 1 亚盘室的端部中央后端 1/4 伸出。后翅 M+CU=1.4–1.6×1-M；m-cu 脉稍弯曲，对叉或稍前叉，不骨化，但明显着色。

足：后足基节背方具半弧形刻条，侧方和腹方几乎光滑；后足腿节背半方具刻点和微弱皱，腹半方几乎光滑，长是宽的 5.0–5.3 倍；后足跗节长是后足胫节长的 0.85–0.90 倍，后足基跗节长是后足第 2–5 跗节长的 0.7–0.8 倍，后足第 2 跗节长是后足基跗节长的 0.4 倍，是后足第 5 跗节长的 1.3–1.5 倍。

腹：腹长是头胸总长的 1.2–1.3 倍；腹部第 1 背板在基部 0.3 具小气门瘤，背板基部向端部均匀且几乎成直线加宽；第 1 背板部分区域具密集的弯曲刻条，中央具网皱和刻条，刻条间广布刻纹；第 1 背板端宽是基宽的 1.7–2.0 倍，长是端宽的 1.4–1.7 倍；第 2 背板无基中区；第 2 背板长是其基宽的 0.9 倍，是第 3 背板长的 1.0–1.2 倍；第 2 背板缝直，非常浅，完整；第 3 背板无横沟；第 2 背板基部具刻条；剩余背板光滑；产卵管鞘长是腹长的 1.8–2.0 倍，是胸长的 2.8–3.2 倍，是前翅长的 1.2–1.4 倍。

体色：体黑色或深红棕色；腹部在第 1 背板后中央红棕色；触角黑色或红棕色，基部 2–6 节颜色稍浅；须浅红棕色；足红棕色或黄棕色，基部颜色深，所有转节和后足腿节基部黄色，所有胫节基部黄色；产卵管鞘黑色或深红棕色；翅微弱烟褐色，翅痣棕色，基部和端部颜色稍浅。

雄：未知。

生物学：未知。

研究标本（ZJUH）：1♀，浙江龙泉凤阳山，2007.VII.29–31，刘经贤，No.200804390；1♀，浙江庆元百山祖，1993.X.13，吴鸿，No.945613；1♀，福建二里坪，1979.XI，黄居昌，No.20003841；1♀，福建将乐龙栖山，1991.VII.16，刘长明，No.20007069；1♀，福建武夷山，1989.IX.7，汪家社，No.964392；1♀，广东始兴车八岭，2002.V.25，许再福，No.20051526。

分布：浙江（凤阳山、百山祖）、福建（二里坪、龙栖山、武夷山）、广东（车八岭）。

(115) 拟前陡盾茧蜂 *Ontsira neantica* Belokobylskij *et* Maeto, 2009（图版 XXVII: 1）

Ontsira neantica Belokobylskij *et* Maeto, 2009: 379; Belokobylskij *et al.*, 2013c: 87.

雌：体长 4.8–5.4 mm；前翅长 4.0–4.3 mm。

头：触角 30–33 节；柄节长是端宽的 1.6–1.7 倍；第 1 鞭节长是端宽的 3.5–4.0 倍，是第 2 鞭节长的 1.2–1.3 倍；倒数第 2 鞭节长是宽的 1.7–2.0 倍，是第 1 鞭节长的 0.45–0.50 倍，是最后 1 鞭节长的 0.7–0.8 倍；头宽是长的 1.5 倍；额无脊，具浅、宽的中沟；复眼横径是上颊长的 0.9 倍，单眼中等大小，后单眼间距是前后单眼间距的 1.1–1.2 倍，POL=1.3–1.4×OD=0.5×OOL。头顶光滑，全具稀疏的半直立短毛；额具明显刻条皱，但在后方 0.3–0.5 光滑；复眼具稀疏的短毛，复眼纵径是横径的 1.3 倍，颚眼距是复眼纵径的 0.3–0.4 倍，是上颚基部宽的 0.8–0.9 倍；脸具微弱刻条，近侧方具狭窄光滑区域；上颊光滑；脸宽是复眼纵径的 1.1–1.3 倍，是脸和唇基总长的 1.3–1.4 倍；颚眼沟不明显；后头脊和口后脊在上颚基部处愈合。

胸：胸长是高的 1.7–1.8 倍；前胸背板背方不凸，近中央具微弱的前胸背板脊；中胸盾片中叶明显向前凸出，无中沟；中胸盾片全具密集的半直立短毛；中胸盾片具微弱的稀疏刻点，几乎全具微弱颗粒，广布粗糙皱，后半部中央具 2 条向后会合的刻条；盾纵沟前深后浅，宽，具粗糙的短刻条和皱；小盾片前凹深、宽，具明显中脊，前凹长是小盾片长的 0.4–0.5 倍；小盾片稍凸，无侧脊，光滑；中胸侧板大部分光滑；翅下区深、宽，具粗糙网皱；基节前沟深，宽，几乎直，具明显短刻条，基节前沟长达中胸侧板长的 0.6–0.7 倍；并胸腹节具明显分区，全具粗糙网皱；基侧区大，前部 0.3–0.4 光滑，后部 0.6–

0.7 具皱刻条；中区短而宽，具皱；基脊长是叉脊长的 1.8–2.0 倍；并胸腹节无侧瘤突。

翅：前翅长是宽的 3.1–3.3 倍；r 脉从翅痣中央发出；3-SR=3.2–3.5×r=0.5–0.7×SR1=1.1–1.6×2-SR；第 2 亚缘室长是宽的 2.1–2.3 倍，是第 1 亚盘室长的 1.5–1.6 倍；1-SR+M 脉稍“S”形弯曲；CU1a 脉从第 1 亚盘室的端部下方 1/4 伸出。后翅 M+CU=1.4–1.5×1-M；m-cu 脉稍弯曲，几乎对叉，不骨化。

足：后足基节背方全具皱刻条，腹方具微弱皱至光滑；后足腿节背半方具密集皱刻条，腹半方具微弱皱至光滑，长是宽的 3.3–3.6 倍；后足胫节背方具密集的半直立短毛，长是后足胫节宽的 0.6 倍；后足跗节长是后足胫节长的 0.80–0.85 倍，后足基跗节长是后足第 2–5 跗节长的 0.7–0.8 倍，后足第 2 跗节长是后足基跗节长的 0.45–0.50 倍，是后足第 5 跗节长的 1.5–1.6 倍。

腹：腹长是头胸总长的 0.9 倍；腹部第 1 背板在基部 0.3 具小气门瘤，背板基部向端部明显成直线加宽；第 1 背板具密集纵刻条，刻条间具微弱刻纹，端宽是其最小宽的 1.8–1.9 倍，长是其端宽的 1.0 倍；第 2 背板无基中区，基部 0.2–0.3 具刻条，长是其基宽的 0.4 倍，是第 3 背板长的 0.8–0.9 倍；第 2 背板缝浅；第 3 背板无横沟；剩余背板光滑；产卵管鞘长是腹长的 0.9–1.0 倍，是胸长的 1.2–1.3 倍，是前翅长的 0.45–0.50 倍。

体色：体深红棕色至黑色，腹部中央红棕色；触角黄棕色；须黄色，基部稍深；足黄棕色，基部颜色深，所有转节和后足腿节基部黄色，后足基节和后足腿节基部深红棕色；产卵管鞘基部棕色，端部黑色；前翅几乎透明；翅痣棕色。

雄：体长 3.2–3.8 mm；前翅长 3.0–3.4 mm。复眼横径是上颊长的 0.9–1.0 倍；额大部分光滑；触角相当粗，33 节；触角第 1 鞭节长是其端宽的 3.2–3.4 倍，是第 2 鞭节长的 1.1–1.3 倍。小盾片前凹几乎光滑，具 3 条脊。前翅 3-SR=2.4–2.6×r=0.4–0.5×SR1；第 2 亚缘室长是宽的 2.2–2.4 倍，是第 1 盘室长的 1.2–1.4 倍。后翅 M+CU=1.2–1.4×1-M。后足腿节长是宽的 3.3–3.6 倍。腹部长是头胸总长的 1.1–1.2 倍。其余特征与雌虫相似。

生物学：未知。

研究标本：13♀5♂，黑龙江伊春带岭，1956.V.29，施振华，No.5710.1（18）（ZJUH）。

分布：黑龙江（伊春）；日本。

(116) 皱陡盾茧蜂 *Ontsira robusta* Belokobylskij, Tang *et* Chen, 2013（图版 XXVII: 2）

Ontsira robusta Belokobylskij, Tang *et* Chen, 2013c: 87.

雌：体长 6.0–7.2 mm；前翅长 4.8–5.4 mm。

头：触角 36–37 节；柄节长是端宽的 1.7–1.9 倍；第 1 鞭节长是端宽的 2.7–3.0 倍，是第 2 鞭节长的 1.15–1.30 倍；倒数第 2 鞭节长是宽的 1.7–1.9 倍，是第 1 鞭节长的 0.4 倍，是最后 1 鞭节长的 0.7–0.8 倍；头宽是长的 1.2–1.3 倍；头顶全部或大部分具粗糙或相当微弱的弯曲刻条，具相当稀疏的半直立短毛；额全部具粗糙的波浪形皱刻条，刻条间具颗粒，无脊，具十分浅的中沟；上颊具相当粗糙或微弱的垂直刻条，复眼附近狭窄区域光滑；背面观头在复眼后方前部稍凸，后部弧形收缩；复眼横径是上颊长的 1.0 倍；

单眼位于头中央之前，前单眼与复眼中央水平，后单眼间距是前后单眼间距的 1.2–1.3 倍；POL=1.0–1.3×OD=0.4–0.5×OOL；复眼具相当密集的短毛，纵径是横径的 1.3–1.4 倍；颚眼距是复眼纵径的 0.40–0.45 倍，是上颚基部宽的 1.0 倍；脸具明显的、密集的横向刻条皱和密集的微弱颗粒；脸宽是复眼纵径的 1.15–1.20 倍，是脸和唇基总长的 1.3–1.4 倍；触角窝直径是触角窝间距的 1.1–1.4 倍，是触角窝与复眼之间距离的 1.4–1.6 倍；颚眼沟不明显；唇基下陷宽是唇基下陷边缘至复眼间距离的 1.1–1.2 倍，是脸宽的 0.45–0.50 倍；后头脊背方存在，与口后脊在上颚基部处愈合。

胸：胸长是高的 2.0 倍；前胸背板背方稍凸，前部 2/5 具微弱的前胸背板脊；中胸盾片中叶明显向前凸出，具浅而宽的中沟；中胸盾片全部具密集的相当微弱的刻点和皱，皱间具密集的相当微弱的颗粒，中后半部大部分区域具粗糙皱；中胸盾片全部具密集的半直立短毛；盾纵沟前深后浅，宽，具密集的、粗糙的短刻条皱，部分具皱；小盾片前凹相当深，长，具 1–3 条脊，具相当粗糙的皱；小盾片前凹长是小盾片长的 0.5 倍；小盾片稍凸，无侧脊，大部分光滑；中胸侧板具相当粗糙的或者微弱的皱，具 2 或 3 个光滑区域；翅下区浅，宽，具粗糙网皱；基节前沟深，稍弯曲或直，具密集的粗糙短刻条和微弱颗粒，长是中胸侧板下缘长的 0.6–0.7 倍。并胸腹节具明显分区，具短且粗的侧突，基侧区大，全部具粗糙网皱，至少前半部密集颗粒；中区相当长，窄，长是宽的 1.6–1.8 倍；基脊是叉脊的 1.1–1.7 倍。

翅：前翅长是宽的 3.5–3.6 倍；r 脉稍从翅痣中央之后伸出；3-SR=3.6–4.0×r=0.6×SR1=1.3–1.5×2-SR；第 2 亚缘室长是宽的 2.3–2.5 倍，是第 1 亚盘室长的 1.1 倍；1-SR+M 脉几乎直或稍弯曲；m-cu 脉明显前叉；CU1a 脉从第 1 亚盘室端部后方 1/4 伸出。后翅长是宽的 4.7–5.2 倍；M+CU=1.5–1.8×1-M；m-cu 脉直或稍弯曲，明显后叉，不骨化但明显着色。

足：后足基节背方无瘤突，几乎全部具密集网皱，皱间具密集的微弱颗粒；后足腿节背方和侧方具小室状皱和密集的微弱颗粒，腹方几乎光滑，长是宽的 3.5–3.6 倍；后足胫节背方具密集的半直立或直立短毛，毛长是后足胫节宽的 0.5 倍；后足跗节长是后足胫节长的 0.85–0.90 倍；后足基跗节长是后足第 2–5 跗节长的 0.80–0.85 倍；后足第 2 跗节长是基跗节长的 0.40–0.45 倍，是第 5 跗节长的 1.20–1.25 倍。

腹：腹长是头胸总长的 1.1–1.2 倍；第 1 背板具大的背凹，基部 1/3 具小气门瘤，从基部到端部稍线性加宽；第 1 背板具密集的、粗糙的线形或弯曲刻条，基部中央 1/3–2/3 具网皱；第 1 背板端宽是其基宽的 1.7 倍，长是其端宽的 0.9–1.1 倍；第 2 背板无基区，长是其基宽的 0.5–0.6 倍，是第 3 背板长的 0.85–0.90 倍；第 2 背板缝直，浅，完整；第 3 背板无横沟；第 2 背板基部 0.2–0.3 具稀疏刻条，剩余部分光滑；剩余背板光滑；产卵管鞘长是腹长的 1.5–2.2 倍，是胸长的 2.4–3.3 倍，是前翅长的 1.1–1.4 倍。

体色：体黑色，腹部第 1 背板之后背板深红棕色，腹方黄棕色或棕黄色，有时腹部中央浅红棕色；触角深红棕色至黑色；须红棕色至深红棕色；足红棕色，部分黄色，所有胫节基部黄色；产卵管鞘黑色；前翅明显烟褐色；翅痣棕色，有时基部和端部黄色。

雄：未知。

生物学：未知。

研究标本：♀（正模，ZISP），“Korea，Kyonggi-do，Suwon-shi，Sodun-dong，Mt. Yogi，1994.VI.23–29，Malaise trap”；1♀（副模，ZISP），“Korea，Kyonggi-do，Suwon-shi，Sodun，Mt. Yogi，1994.VI.16–23，Malaise trap”；1♀（副模，ZJUH），东北，195（7?），沈农，No.5703.10。

分布：东北（具体地点不详）；俄罗斯，韩国。

(117) 皱顶陡盾茧蜂 *Ontsira rugivertex* Belokobylskij, Tang *et* Chen, 2013（图版 XXVII: 3）

Ontsira rugivertex Belokobylskij, Tang *et* Chen, 2013c: 91.

雌：体长 5.5–7.0 mm；前翅长 5.0–6.2 mm。

头：触角 37–43 节；柄节长是端宽的 1.8–2.0 倍；第 1 鞭节长是端宽的 3.6–3.8 倍，是第 2 鞭节长的 1.2–1.3 倍；倒数第 2 鞭节长是宽的 2.0–2.2 倍，是第 1 鞭节长的 0.4 倍，是最后 1 鞭节长的 0.7 倍；头宽是长的 1.2–1.3 倍；头顶全部或大部分具粗糙波浪形刻条，单眼附近几乎光滑，具相当稀疏的半直立短毛；额全部具粗糙网皱，无脊，具浅的中沟；上颊上部 0.20–0.25 具粗糙皱，剩余部分光滑；背面观头在复眼后方前部稍凸，后部弧形收缩；复眼横径是上颊长的 1.0–1.1 倍；单眼明显位于头中央之后，前单眼位于复眼中央水平之后，后单眼间距是前后单眼间距的 1.15–1.30 倍；POL=1.0–1.2×OD=0.35–0.4×OOL；复眼具相当密集的短毛，纵径是横径的 1.3 倍；颚眼距是复眼纵径的 0.45–0.50 倍，是上颚基部宽的 0.8–0.9 倍；脸具明显的、相当密集的横向刻条，中央具皱，下方几乎光滑；脸宽是复眼纵径的 1.2 倍，是脸和唇基总长的 1.20–1.25 倍；触角窝直径是触角窝间距的 1.0–1.3 倍，是触角窝与复眼之间距离的 1.5–1.7 倍；颚眼沟不明显；唇基下陷宽是唇基下陷边缘至复眼间距离的 1.0 倍，是脸宽的 0.45 倍；后头脊背方存在，与口后脊在上颚基部处愈合。

胸：胸长是高的 1.8–1.9 倍；前胸背板背方不凸，后部 2/5 具微弱的前胸背板脊；中胸盾片中叶明显向前凸出；中胸盾片具明显的密集皱，皱间具密集的微弱颗粒，中后半部具粗糙的稀疏皱；中胸盾片全部具密集的半直立短毛；盾纵沟深、宽，具密集的、粗糙的短刻条皱，部分具皱；小盾片前凹相当深，具粗糙皱；小盾片前凹长是小盾片长的 0.5 倍；小盾片凸，无侧脊，具相当密集的刻点，有时刻点间具微弱的颗粒；中胸侧板具粗糙的皱刻条，中央相当狭窄的区域光滑；翅下区浅，宽，具粗糙网皱；基节前沟深，几乎直，具密集的粗糙短刻条，长是中胸侧板下缘长的 0.60–0.65 倍。并胸腹节具明显分区，具短且粗的侧突；基侧区大，全部具粗糙小室状皱；中区短，相当窄，长是宽的 1.4–1.5 倍；基脊是叉脊的 2.0 倍。

翅：前翅长是宽的 3.4 倍；r 脉稍从翅痣中央或之后伸出；3-SR=3.7×r=0.5–0.6×SR1=1.3–1.5×2-SR；第 2 亚缘室长是宽的 2.2 倍，是第 1 亚盘室长的 1.1–1.2 倍；1-SR+M 脉几乎直；m-cu 脉明显前叉；CU1a 脉从第 1 亚盘室端部后方 1/6–1/4 伸出。后翅长是宽的 4.7–5.2 倍；M+CU=1.2–1.5×1-M；m-cu 脉稍弯曲，对叉，不骨化。

足：后足基节背方无瘤突，几乎全部具皱刻条，部分具微弱颗粒，下方具微弱刻纹；

后足腿节背方和侧方具皱和微弱颗粒，腹方几乎光滑，长是宽的 4.5 倍；后足胫节背方具密集的半直立或直立短毛，毛长是后足胫节宽的 0.5 倍；后足跗节长是后足胫节长的 1.0 倍；后足基跗节长是后足第 2–5 跗节长的 0.70–0.75 倍；后足第 2 跗节长是基跗节长的 0.5 倍，是第 5 跗节长的 1.6–1.8 倍。

腹：腹长是头胸总长的 1.1 倍；第 1 背板具大的背凹，基部 1/4 具小气门瘤，从基部到端部稍线性加宽；第 1 背板具密集的、粗糙的线形刻条，刻条间广布微弱刻纹；第 1 背板端宽是其基宽的 2.0 倍，长是其端宽的 1.3–1.4 倍；第 2 背板无基区，长是其基宽的 0.75–0.80 倍，是第 3 背板长的 1.2 倍；第 2 背板缝直，浅，中央几乎缺；第 3 背板无横沟；第 2 背板基部 0.3 具密集刻条；剩余背板光滑；产卵管鞘长是腹长的 2.1–2.4 倍，是胸长的 3.1–3.4 倍，是前翅长的 1.2–1.4 倍。

体色：体黑色，腹部中央或第 1 背板之后背板红棕色；触角黑色，基部深红棕色；须浅黄色；足浅红棕色，所有基节、转节和胫节基部黄色，胫节剩余部分和跗节红棕色至深红棕色；产卵管鞘黑色；前翅稍烟褐色；翅痣棕色，基部和端部色浅。

雄：未知。

生物学：未知。

研究标本：♀（正模，ZJUH），河南内乡，1998.VII.14，陈学新，No.988629；1♀（副模，ZJUH），陕西周至厚畛子，1998.VI.13，马云，No.981419。

分布：河南（内乡）、陕西（周至）。

25. 拟奇异茧蜂属 *Parallorhogas* Marsh, 1993

Parallorhogas Marsh, 1993: 27; Belokobylskij, 1996: 171; 1998b: 72; Belokobylskij *et* Maeto, 2006: 720; 2009: 382. **Type species:** *Allorhogas pyralophagus* Marsh, 1984; by monotype.

形态特征：额不凹陷，无中脊；复眼光滑；后头脊背方完整，与口后脊在上颚基部处常不愈合；颚眼沟缺；须长，上颚须 6 节，下唇须 4 节；下唇须第 3 节不变短；触角柄节无端叶，背方比腹方长；第 1 鞭节近圆柱形，常几乎直，长于第 2 鞭节。中胸背板几乎垂直于前胸背板升起；盾纵沟完整，后部浅；小盾片前凹常长；基节前沟深，短，直；胸腹侧脊明显，完整；并胸腹节具明显分区，中区存在；侧突短，粗。前翅 r 脉常从翅痣中央前方伸出；2-SR 脉和 r-m 脉存在；m-cu 脉前叉；第 1 亚盘室末端开放；CU1b 脉缺；后翅 cu-a 脉存在。前足胫节具成列钉状刺；后足基节腹方具转角和瘤突；后足腿节宽，背方无肿突。腹部第 1 背板不呈柄状，宽，短，具明显背凹；第 2 背板无沟或脊组成的图形；第 2 背板缝明显，稍弯曲；第 3 背板近基部有时具短刻条的横沟；产卵管常短于腹部。

生物学：据记载，寄主有鞘翅目的天牛科 Cerambycidae；鳞翅目的草螟科 Crambidae、螟蛾科 Pyralidae、卷蛾科 Tortricidae（Belokobylskij & Maeto，2009）。

分布：古北区、东洋区、新北区、非洲区、新热带区。本属全世界已知 13 种，中国已知 1 种，本志报道 6 新种：短鞘拟奇异茧蜂，新种 *P. brevicauda* Tang *et* Chen, sp. nov.、光基拟奇异茧蜂，新种 *P. glabricoxa* Tang *et* Chen, sp. nov.、光盾拟奇异茧蜂，新种 *P. leviuscula* Tang *et* Chen, sp. nov.、黑胸拟奇异茧蜂，新种 *P. nigrothorax* Tang *et* Chen, sp. nov.、帕普拟奇异茧蜂，新种 *P. pappi* Tang *et* Chen, sp. nov.和曾氏拟奇异茧蜂，新种 *P. zengae* Tang *et* Chen, sp. nov.。

种检索表

1. 头顶全具或至少部分具密集的横向针刮状刻条……2
   头顶完全光滑……4
2. 后足腿节长是宽的 3.6 倍；产卵管鞘长，约与腹部等长，是前翅长的 0.45 倍……**曾氏拟奇异茧蜂，新种 *P. zengae* sp. nov.**
   后足腿节长是宽的 3.0–3.2 倍；产卵管鞘短，约是腹长的 0.5 倍，是前翅长的 0.3 倍……3
3. 腹部第 1 背板长与其端宽等长；第 2 背板无光滑基区；脸侧方具微弱刻条……**短鞘拟奇异茧蜂，新种 *P. brevicauda* sp. nov.**
   腹部第 1 背板长是其端宽的 0.65 倍；第 2 背板具 1 狭窄的光滑基区；脸光滑……**帕普拟奇异茧蜂，新种 *P. pappi* sp. nov.**
4. 腹部第 4 背板基部中央具短刻条……**光盾拟奇异茧蜂，新种 *P. leviuscula* sp. nov.**
   腹部第 4 背板光滑……5
5. 中胸背板全被稀疏长毛；产卵管鞘长，不短于腹长……**白头拟奇异茧蜂 *P. pallidiceps***
   中胸背板沿盾纵沟被稀疏长毛，中叶和侧叶大部分无毛；产卵管鞘短，明显短于腹长……6
6. 中胸背板中叶无明显中纵沟；盾纵沟浅，窄；第 2 亚缘室长是宽的 3.3 倍；头红褐色，胸部黑色……**黑胸拟奇异茧蜂，新种 *P. nigrothorax* sp. nov.**
   中胸背板中叶具明显中纵沟；盾纵沟深、宽；第 2 亚缘室长是宽的 2.1 倍；头和胸部黄色……**光基拟奇异茧蜂，新种 *P. glabricoxa* sp. nov.**

(118) 短鞘拟奇异茧蜂，新种 *Parallorhogas brevicauda* Tang *et* Chen, sp. nov.（图版 XXVII: 4）

雌：体长 3.10 mm；前翅长 2.55 mm。

头：触角已断，余 17 节；柄节长是宽的 1.2 倍，第 1 鞭节长是其端宽的 4.2 倍，与第 2 鞭节几乎等长；背面观头宽是其中长的 1.4 倍，头部自复眼后明显弧形收缩；复眼横径是上颊长的 2.3 倍，单眼区底边长为侧边的 1.3 倍；POL=1.3×OD=0.6×OOL；头顶大部分具极其微弱的针刮状刻纹，仅后方很窄区域内光滑；额前半部具横向刻条，后半部光滑；复眼光滑，其纵径是横径的 1.25 倍；颚眼距是复眼纵径的 0.2 倍，是上颚基部宽的 0.4 倍；脸宽是复眼纵径的 0.85 倍，是脸和唇基总长的 1.1 倍；脸侧方具微弱刻条，中央光滑；无颚眼沟；后头脊与口后脊在上颚基部处不愈合。

胸：胸长是高的 1.9 倍；中胸盾片大部分光滑，仅侧叶具微弱细纹，沿盾纵沟被稀疏长毛，中胸盾片中叶具浅的中纵沟，中叶后部微皱；盾纵沟浅，窄，前半部具明显的稀疏刻条，后半部光滑；小盾片光滑；小盾片前凹深而宽，内具 5 条纵脊，小盾片前凹宽为小盾片长的 0.3 倍；中胸侧板翅下区具横刻条；基节前沟深，横贯中胸侧板下缘的 2/3。并胸腹节分区明显；并胸腹节表面大部分具粗糙皱刻条；基侧区几乎光滑，仅背区四周有短刻条；中区具皱刻条。

翅：前翅长是宽的 3.2 倍，r 脉明显从翅痣中央前方伸出；3-SR=1.5×r=0.3×SR1；第 2 亚缘室长是宽的 2.3 倍，是第 1 亚盘室长的 1.2 倍；1-SR+M 脉明显弧线弯曲；m-cu 脉前叉。后翅基室狭窄，其长是宽的 12 倍；M+CU=0.7×1-M；m-cu 脉末端稍向翅尖弯曲，后叉。

足：后足基节背面具刻条；后足腿节光滑，长是宽的 3.2 倍；后足跗节长是后足胫节长的 0.9 倍，后足基跗节长是后足第 2–5 跗节长的 0.6 倍，后足第 2 跗节长是后足基跗节长的 0.6 倍，是后足第 5 跗节长的 1.5 倍。

腹：腹长约等于头胸总长；第 1 背板全具纵刻条，其间具微皱，端宽是其基宽的 1.9 倍，长约等于其端宽；第 2 背板具明显的纵刻条，长是其基宽的 0.5 倍；其余背板光滑；第 2 背板缝稍向腹端部弧形弯曲；第 3 背板基部 0.25 具浅的横沟；产卵管鞘长约为腹长的 0.45 倍，是前翅长的 0.3 倍。

体色：头和胸部褐色；第 3 背板具黑色条带，第 4 背板基部黑色，其余部分褐色；触角基部褐色，渐变为黑色；须浅黄色；足棕黄色；产卵管鞘深褐色，基部颜色稍浅；翅微弱烟褐色，翅痣浅褐色。

雄：未知。

生物学：未知。

研究标本：♀（正模，ZJUH），海南五指山水满乡，2007.V.15–20，翁丽琼，No.200803906。

分布：海南（五指山）。

词源：拉丁语“*brev* 短”+“*cauda* 尾”，意指产卵管鞘短。

鉴别特征：本新种与 *P. boninus* Belokobylskij *et* Maeto 最为近似，但通过以下特征可以区别：① 额前部具横向刻条；② 第 2 背板全具明显的纵刻条；③ 产卵管鞘短，约为腹长的 0.45 倍，是前翅长的 0.3 倍。

(119) 光基拟奇异茧蜂，新种 *Parallorhogas glabricoxa* Tang *et* Chen, sp. nov.（图版 XXVIII: 1）

雌：体长 3.3 mm；前翅长 2.5 mm。

头：触角已断，余 25 节；柄节长是宽的 1.3 倍，第 1 鞭节长是其端宽的 3.7 倍，是第 2 鞭节长的 1.1 倍；背面观头宽是其中长的 1.5 倍，头部自复眼后明显弧形收缩；复眼横径是上颊长的 2.4 倍，单眼区底边长为侧边的 1.2 倍；POL=0.9×OD=0.5×OOL；头顶和额光滑；复眼光滑，其纵径是横径的 1.4 倍；颚眼距是复眼纵径的 0.2 倍，是上颚基部宽的 0.5 倍；脸宽是复眼纵径的 0.8 倍，是脸和唇基总长的 1.1 倍；脸光滑；无颚眼沟；后头脊与口后脊在上颚基部处不愈合。

胸：胸长是高的 1.7 倍；中胸盾片光滑，沿盾纵沟被稀疏长毛，中胸盾片中叶后方具浅但明显的中纵沟；盾纵沟深、宽，前半部具明显的稀疏刻条，后半部光滑；小盾片

光滑；小盾片前凹深而宽，内具 6 条纵脊，小盾片前凹宽为小盾片长的 0.4 倍；中胸侧板翅下区具横刻条；基节前沟深，横贯中胸侧板下缘的 2/3。并胸腹节分区明显；并胸腹节表面大部分具粗糙皱刻条；基侧区几乎光滑，仅背区四周有短刻条；中区具皱刻条。

翅：前翅长是宽的 3.2 倍，r 脉明显从翅痣中部前方伸出；3-SR=1.5×r=0.3×SR1；第 2 亚缘室长是宽的 2.1 倍，是第 1 亚盘室长的 1.2 倍；1-SR+M 脉明显弧线弯曲；m-cu 脉前叉。后翅基室狭窄，其长是宽的 12 倍；M+CU=0.7×1-M；m-cu 脉末端稍向翅尖弯曲，后叉。

足：后足基节背面光滑；后足腿节光滑，长是宽的 2.9 倍；后足跗节长是后足胫节长的 0.9 倍，后足基跗节长是后足第 2–5 跗节长的 0.7 倍，后足第 2 跗节长是后足基跗节长的 0.5 倍，是后足第 5 跗节长的 1.1 倍。

腹：腹长是头胸总长 1.1 倍；第 1 背板全具纵刻条，其间具微皱，端宽是其基宽的 2.1 倍，长是其端宽的 0.8 倍；第 2 背板有 1 明显的、分离的光滑基区，其余区域具明显的纵刻条，第 2 背板长是其基宽的 0.3 倍；第 2 背板缝浅，直；第 3 背板基部中央 0.2 具浅但明显的横沟；其余背板光滑；产卵管鞘长约为腹长的 0.7 倍，是前翅长的 0.5 倍。

体色：头和胸部黄色；第 2 背板大部分、第 3 背板基部和端部、第 4 背板基部黑色，其余部分黄色；触角基部黄色，渐变为黑色；须浅黄色；足黄色；产卵管鞘深褐色，基部颜色稍浅；翅微弱烟褐色，翅痣深褐色。

雄：未知。

生物学：未知。

研究标本：♀（正模，ZJUH），海南吊罗山，2007.V.28–VI.6，刘经贤，No.200806798。

分布：海南（吊罗山）。

词源：拉丁语"*glabr* 光滑"+"*coxa* 基节"，意指后足基节背方光滑。

鉴别特征：本新种与 *P. icarus* Belokobylskij *et* Maeto 最为近似，但通过以下特征可以区别：① 头部自复眼后明显弧形收缩；② 中胸盾片光滑；③ 后足基节背面光滑；④ 腹部第 3 背板光滑。

(120) 光盾拟奇异茧蜂，新种 *Parallorhogas leviuscula* Tang *et* Chen, sp. nov.（图版 XXVIII: 2）

雌：体长 4.6 mm；前翅长 3.5 mm。

头：触角已断，余 25 节；柄节长是宽的 1.8 倍，第 1 鞭节长是其端宽的 5.0 倍，是第 2 鞭节长的 1.25 倍；背面观头宽是其中长的 1.55 倍，头部自复眼后明显弧形收缩；复眼横径是上颊长的 1.8 倍，单眼区底边长为侧边的 1.1 倍；POL=0.8×OD=0.4×OOL；头顶和额光滑；复眼光滑，其纵径是横径的 1.4 倍；颚眼距是复眼纵径的 0.3 倍，是上颚基部宽的 0.8 倍；脸宽是复眼纵径的 0.9 倍，是脸和唇基总长的 1.2 倍；脸中央和下方光滑，侧方具微弱刻条；无颚眼沟；后头脊与口后脊在上颚基部处不愈合。

胸：胸长是高的 1.6 倍；前胸背板短，前胸背板后横脊位于前胸背板中央；中胸盾片光滑，沿盾纵沟被稀疏长毛；中胸盾片中叶后方具浅但明显的中纵沟；盾纵沟宽，深，前半部具明显的稀疏刻条，后半部光滑；小盾片光滑；小盾片前凹深而宽，内具 5 条纵脊，小盾片前凹宽为小盾片长的 0.5 倍；中胸侧板翅下区具横刻条；基节前沟深，横贯中胸侧板下缘 2/3，其内刻条短。并胸腹节分区明显；并胸腹节表面大部分具粗糙皱刻条，基侧区几乎光滑，仅基侧区周围具短刻条，中区具粗糙皱刻条。

翅：前翅长是宽的 3.0 倍，r 脉明显从翅痣中部前方伸出；3-SR=1.4×r=0.3×SR1；第 2 亚缘室长是宽的 2.2 倍，是第 1 亚盘室长的 1.1 倍；1-SR+M 脉明显弧线弯曲；m-cu 脉前叉。后翅基室狭窄，其长是宽的 10.0 倍；M+CU=0.7×1-M；m-cu 脉末端稍向翅尖弯曲，后叉。

足：后足基节背面具明显刻条；后足腿节光滑，长是宽的 3.6 倍；后足跗节长是后足胫节长的 0.9 倍，后足基跗节长约等于后足第 2–5 跗节长，后足第 2 跗节长是后足基跗节长的 0.5 倍，是后足第 5 跗节长的 1.5 倍。

腹：腹长是头胸总长 1.2 倍；第 1 背板全具皱刻条，端宽是其基宽的 2.25 倍，长是其端宽的 0.7 倍；第 2 背板具 1 明显分离的光滑基区，其余区域具明显的纵刻条，第 2 背板长是其基宽的 0.5 倍；第 2 背板缝浅，几乎直；第 3 背板基部中央 0.2 具浅的横沟，横沟附近具短刻条；第 4 背板基部中央具短刻条；其余背板光滑；产卵管鞘长约等于腹长，是前翅长的 0.7 倍。

体色：头棕黄色；胸部的前胸背板、中胸背板、中胸侧板和小盾片黄褐色，其余部分黑色；腹部第 1 背板全部和第 2 背板大部分、第 3–5 背板基部和端部黑色，其余部分黄褐色；触角基部黄褐色，渐变为黑色；须浅黄色；足黄色；产卵管鞘深褐色，基部颜色稍浅；翅微弱烟褐色；翅痣深棕色。

雄：未知。

生物学：未知。

研究标本：♀（正模，ZJUH），海南尖峰岭，2007.VI.6，刘经贤，No.200703705。

分布：海南（尖峰岭）。

词源：拉丁语“*levius* 光滑”+“*scut* 小盾片”，意指小盾片光滑。

鉴别特征：本新种与 *P. icarus* Belokobylskij *et* Maeto 最为近似，但通过以下特征可以区别：①头部自复眼后明显弧形收缩；②中胸盾片光滑；③产卵管鞘长，约等于腹长，是前翅长的 0.7 倍；④基侧区几乎光滑，仅基侧区周围具短刻条。

(121) 黑胸拟奇异茧蜂，新种 *Parallorhogas nigrothorax* Tang *et* Chen, sp. nov.（图版 XXVIII: 3）

雌：体长 3.1 mm；前翅长 2.3 mm。

头：触角已断，余 23 节；柄节长是宽的 1.2 倍，第 1 鞭节长是其端宽的 5.0 倍，是第 2 鞭节长的 1.1 倍；背面观头宽是其中长的 1.4 倍，头部自复眼后明显弧形收缩；复眼横径是上颊长的 2.0 倍，单眼区底边长等于侧边长；POL=1.3×OD=0.45×OOL；头顶和额光滑；复眼光滑，其纵径是横径的 1.5 倍；颚眼距是复眼纵径的 0.3 倍，是上颚基部宽的 0.7 倍；脸宽是复眼纵径的 0.9 倍，是脸和唇基总长的 1.3 倍；脸光滑；无颚眼沟；后头脊与口后脊在上颚基部处不愈合。

胸：胸长是高的 1.8 倍；中胸盾片光滑，沿盾纵沟被稀疏长毛；盾纵沟浅，其内具明显的稀疏刻条；中胸盾片中叶后方具 2 条向后会合的脊；小盾片光滑；小盾片前凹深而宽，内具 5 条纵脊，小盾片前凹宽为小盾片长的 0.4 倍；中胸侧板翅下区具横刻条；基节前沟深，横贯中胸侧板下缘的 2/3。并胸腹节分区明显；并胸腹节大部分具粗糙皱刻条；基侧区几乎光滑，仅背区四周有短刻条；中区具粗糙皱刻条。

翅：前翅长是宽的 3.7 倍，r 脉明显从翅痣中部前方伸出；3-SR=1.3×r=0.3×SR1；第 2 亚缘室长是宽的 3.3 倍，是第 1 亚盘室长的 1.2 倍；1-SR+M 脉明显弧线弯曲；m-cu 脉前叉。后翅基室狭窄，其长是宽的 9.6 倍；M+CU=0.9×1-M；m-cu 脉末端稍向翅尖弯曲，后叉。

足：后足基节背方具刻条；后足腿节光滑，长是宽的 3.1 倍；后足跗节长是后足胫节长的 0.9 倍，后足基跗节长是后足第 2–5 跗节长的 0.5 倍，后足第 2 跗节长是后足基跗节长的 0.6 倍，是后足第 5 跗节长的 1.2 倍。

腹：腹长是头胸总长的 1.1 倍；第 1 背板全具皱刻条，端宽是其基宽的 2.2 倍，长是其端宽的 0.9 倍；第 2 背板具明显的纵刻条，刻条间具皱，长是其基宽的 0.5 倍；第 3 背板基部中央 0.2 具浅的横沟，横沟附近具短刻条；其余背板光滑；第 2 背板缝稍向腹端部弯曲；产卵管鞘长约为腹长的 0.7 倍，是前翅长的 0.5 倍。

体色：头红褐色；胸部黑色；腹部第 1 背板和第 2 背板黑色，剩余背板仅端部红褐色，其余部分为黑色；触角基部红褐色，渐变为黑色；须黑色；足大部分棕黄色，仅中足和后足基节棕色，所有跗节端部黑色；产卵管鞘黑色，基部颜色稍浅；翅透明，翅痣深褐色。

雄：未知。

生物学：未知。

研究标本：♀（正模，ZJUH），海南尖峰岭天池，2007.X.22–23，刘经贤，No.200710753。

分布：海南（尖峰岭）。

词源：拉丁语“*nigr* 黑”+“*thorax* 胸”，意指胸部黑色。

鉴别特征：本新种与 *P. ambiguus* Belokobylskij *et* Maeto 最为近似，但通过以下特征可以区别：①第 2 亚缘室长是宽的 3.3 倍；②第 2 背板长是其基宽的 0.5 倍；③ 胸腹部几乎黑色。

(122) 白头拟奇异茧蜂 *Parallorhogas pallidiceps* (Perkins, 1910)（图版 XXVIII: 4）

Ischiogonus pallidiceps Perkins, 1910: 684; Fullaway, 1957: 270; Shenefelt *et* Marsh, 1976: 1266.

Doryctes pallidiceps: Beardsley, 1961: 364; Shenefelt *et* Marsh, 1976: 1266.

Allorhogas pallidiceps: Marsh, 1973: 92; Shenefelt *et* Marsh, 1976: 1266.

Parallorhogas pallidiceps: Marsh, 1993: 28; Belokobylskij, 1996: 171; Belokobylskij *et* Maeto, 2009: 485.

Monolexis brugirouxi Cheesman, 1928: 185; Shenefelt *et* Marsh, 1976: 1266. Synonymized by Marsh, 1973: 92.

Doryctes strioliger Kieffer, 1921: 134; Shenefelt *et* Marsh, 1976: 1266. Synonymized by Marsh, 1973: 92.

雌：体长 3.1 mm；前翅长 2.3 mm。

头：触角已断，余 5 节；柄节长是宽的 1.2 倍；第 1 鞭节长是端宽的 4.3 倍，是第 2 鞭节长的 1.4 倍；背面观头宽是中长的 1.35 倍，头部自复眼后明显弧形收缩；复眼横径是上颊长的 2.2 倍，单眼区底边长是侧边长的 1.3 倍；POL=1.3×OD=0.5×OOL；头顶和额光滑；复眼光滑，其纵径是横径的 1.4 倍；颚眼距是复眼纵径的 0.5 倍，是上颚基部宽的 1.25 倍；脸宽是复眼纵径的 1.0 倍，是脸和唇基总长的 1.1 倍；脸光滑；无颚眼沟；后头脊与口后脊在上颚基部处不愈合。

胸：胸长是高的 1.9 倍；中胸盾片光滑，全被稀疏长毛；盾纵沟浅，其内具明显的稀疏刻条；中胸盾片中叶后方具微弱中纵沟；小盾片光滑；小盾片前凹深而宽，内具 7 条纵脊，小盾片前凹宽为小盾片长的 0.4 倍；中胸侧板翅下区具横刻条；基节前沟深，横贯中胸侧板下缘的 2/3；并胸腹节分区明显；并胸腹节表面大部分具粗糙皱纹和刻条；基侧区几乎光滑，侧方具皱，四周有短刻条；中区具粗糙皱刻条。

翅：前翅长是宽的 2.8 倍，r 脉明显从翅痣中部前方伸出；3-SR=1.5×r=0.4×SR1；第 2 亚缘室长是宽的 2.2 倍，是第 1 亚盘室长的 1.1 倍；1-SR+R 脉强烈弧线弯曲；m-cu 脉前叉。后翅基室狭窄，其长是宽的 9.6 倍；M+CU=0.9×1-M；m-cu 脉末端稍向翅尖弯曲，后叉。

足：后足基节背方具刻条；后足腿节光滑，长是宽的 3.0 倍；后足跗节长是胫节的 0.8 倍，基跗节长是第 2–5 跗节总长的 0.7 倍，第 2 跗节长是基跗节的 0.45 倍，是第 5 跗节的 1.1 倍。

腹：腹长是头胸总长的 1.1 倍；第 1 背板全具纵刻条，刻条间具皱，端宽是基宽的 2.2 倍，长是端宽的 0.7 倍；第 2 背板具明显的纵刻条，长是基宽的 0.5 倍；第 2 背板缝浅，直；第 3 背板基部 0.2 具微弱横沟，横沟附近具短刻条；其余背板光滑；产卵管鞘长约与腹长等长，是前翅长的 0.7 倍。

体色：头浅红棕色；胸部深红棕色或黑色，仅中胸背板颜色稍浅；腹部深红棕色或黑色，腹部第 1 背板和第 2 背板颜色稍浅；触角基部红褐色；须棕黄色；足棕黄色；产卵管鞘黑色，基部颜色稍浅；翅透明，翅痣深褐色，有时端部颜色稍浅。

雄：未知。

生物学：未知。

研究标本（ZJUH）：1♀，广西龙州弄岗，1982.V.22，何俊华，No.824427；1♀，海南尖峰岭，2007.VI.5–7，刘经贤，No.200703624。

分布：台湾（甲仙）、海南（尖峰岭）、广西（弄岗）；印度，缅甸，越南，印度尼西亚，美国（关岛，夏威夷），澳大利亚，斐济，新西兰，社会群岛，马拉维，多哥。

(123) 帕普拟奇异茧蜂，新种 *Parallorhogas pappi* Tang *et* Chen, sp. nov.（图版 XXIX: 1）

雌：体长 3.6 mm；前翅长 2.8 mm。

头：触角已断，余 24 节；柄节长是宽的 1.5 倍，第 1 鞭节长是其端宽的 4.0 倍，是第 2 鞭节长的 1.1 倍；背面观头宽是其中长的 1.5 倍，头部自复眼后明显弧形收缩；复眼横径是上颊长的 2.0 倍，单眼区底边长为侧边的 1.1 倍；POL=0.8×OD=0.4×OOL；头顶几乎光滑，仅侧方具极其微弱的细纹；额几乎光滑，仅前部具微弱刻条；复眼光滑，其纵径是横径的 1.4 倍；颚眼距是复眼纵径的 0.3 倍，是上颚基部宽的 0.7 倍；脸宽是复眼纵径的 0.9 倍，是脸和唇基总长的 1.1 倍；脸光滑；无颚眼沟；后头脊与口后脊在上颚基部处不愈合。

胸：胸长是高的 1.7 倍；中胸盾片光滑，沿盾纵沟被稀疏长毛；中胸盾片中叶后方具浅但明显的中纵沟；盾纵沟深、宽，前半部具明显的稀疏刻条，后半部光滑；小盾片光滑；小盾片前凹深而宽，内具 5 条纵脊，小盾片前凹宽为小盾片长的 0.45 倍；中胸侧板翅下区具横刻条；基节前沟深，横贯中胸侧板下缘的 2/3。并胸腹节分区明显；并胸腹节表面大部分具粗糙皱刻条；基侧区几乎光滑，仅基侧区四周有短刻条；中区具粗糙横向刻条。

翅：前翅长是宽的 3.1 倍，r 脉明显从翅痣中部前方伸出；3-SR=1.4×r=0.3×SR1；第 2 亚缘室长是宽的 2.2 倍，是第 1 亚盘室长的 1.2 倍；1-SR+M 脉明显弧线弯曲；m-cu 脉前叉。后翅基室狭窄，其长是宽的 13 倍；M+CU=0.8×1-M；m-cu 脉末端稍向翅尖弯曲，后叉。

足：后足基节背面具微弱刻条；后足腿节光滑，长是宽的 3.0 倍；后足跗节长是后足胫节长的 0.9 倍，后足基跗节长是后足第 2–5 跗节长的 0.65 倍，后足第 2 跗节长是后足基跗节长的 0.5 倍，是后足第 5 跗节长的 1.1 倍。

腹：腹长约等于头胸总长；第 1 背板全具纵刻条，其间具微皱，端宽是其基宽的 2.2 倍，长是其端宽的 0.65 倍；第 2 背板有 1 狭窄的光滑基区，其余区域具明显的纵刻条，第 2 背板长是其基宽的 0.3 倍；第 2 背板缝向腹端部弧形弯曲；第 3 背板基部中央 0.2 具浅的横沟，横沟附近具短刻条；其余背板光滑；产卵管鞘长约为腹长的 0.5 倍，是前翅长的 0.3 倍。

体色：头和胸部棕黄色；并胸腹节端部黑色；腹部第 1 背板全部和第 2 背板大部分、第 3 及第 4 背板基部和端部黑色，其余部分黄色；触角基部黄褐色，渐变为黑色；须浅黄色；足黄色；产卵管鞘深褐色，基部颜色稍浅；翅浅烟褐色，翅痣深褐色。

雄：未知。

生物学：未知。

研究标本：♀（正模，ZJUH），海南尖峰岭，2007.VI.6，刘经贤，No.200703704。

分布：海南（尖峰岭）。

词源：学名以匈牙利著名膜翅目专家 Papp J.命名，感谢他为茧蜂科分类研究做出的杰出贡献。

鉴别特征：本新种与 *P. icarus* Belokobylskij *et* Maeto 最为近似，但通过以下特征可以区别：①头部自复眼后明显弧形收缩；②中胸盾片光滑；③第 4 背板光滑；④基侧区几乎光滑，仅基侧区周围具短刻条。

(124) 曾氏拟奇异茧蜂，新种 *Parallorhogas zengae* Tang *et* Chen, sp. nov.（图版 XXIX: 2）

雌：体长 2.4 mm；前翅长 2.3 mm。

头：触角 23 节；柄节长是宽的 1.0 倍，第 1 鞭节长是其端宽的 5.0 倍，是第 2 鞭节长的 1.1 倍；倒数第 2 鞭节长是宽的 3.5 倍，是第 1 鞭节长的 0.7 倍，是最后 1 鞭节长的 0.9 倍；背面观头宽是其中长的 1.4 倍，头部自复眼后明显弧形收缩；复眼横径是上颊长的 2.3 倍，单眼区底边长等于侧边长；POL=1.0×OD=0.4×OOL；头顶几乎光滑，仅侧方具极微弱的针刮状刻纹；额前半部具刻条，后半部光滑；复眼光滑，其纵径是横径的 1.3 倍；颚眼距是复眼纵径的 0.3 倍，是上颚基部宽的 0.7 倍；脸宽是复眼纵径的 0.9 倍，是脸和唇基总长的 1.4 倍；脸中部有细微刻条，侧方和下方光滑；无颚眼沟；后头脊与口后脊在上颚基部处不愈合。

胸：胸长是高的 2.5 倍；中胸盾片光滑，沿盾纵沟被稀疏长毛，中胸盾片中叶具浅但明显的中纵沟；盾纵沟浅，窄，前半部具明显的稀疏刻条，后半部光滑；小盾片光滑；小盾片前凹深而宽，内具 5 条纵脊，小盾片前凹宽为小盾片长的 0.5 倍；中胸侧板翅下区具横刻条；基节前沟深，横贯中胸侧板下缘的 2/3；并胸腹节分区明显；并胸腹节表面大部分具粗糙皱刻条；基侧区几乎光滑，仅背区四周有短刻条；中区具横刻条。

翅：前翅长是宽的 3.2 倍，r 脉明显从翅痣中部前方伸出；3-SR=1.8×r=0.4×SR1；第 2 亚缘室长是宽的 2.8 倍，是第 1 亚盘室长的 1.2 倍；1-SR+M 脉明显弧线弯曲；m-cu 脉前叉。后翅基室狭窄，其长是宽的 10.3 倍；M+CU=0.7×1-M；m-cu 脉末端稍向翅尖弯曲，后叉。

足：后足基节背方具刻条；后足腿节背方和腹方具刻条，长是宽的 3.6 倍；后足跗节长是后足胫节长的 0.9 倍，后足基跗节长是后足第 2–5 跗节长的 0.7 倍，后足第 2 跗节长是后足基跗节长的 0.5 倍，是后足第 5 跗节长的 1.4 倍。

腹：腹长是头胸总长的 0.8 倍；第 1 背板全具纵刻条，刻条间具皱，端宽是其基宽的 2.3 倍，长是其端宽的 0.7 倍；第 2 背板具明显的纵刻条，刻条间具皱，长是其基宽的 0.5 倍；第 3 背板基部中央 0.25 具浅的横沟，横沟附近具短刻条；其余背板光滑；第 2 背板缝几乎直，稍弯曲；产卵管鞘长约为腹长的 0.95 倍，是前翅长的 0.45 倍。

体色：头褐色；胸部仅前胸背板、中胸背板、中胸侧板和小盾片褐色，其余部分深褐色；腹部大部分褐色，仅第 1 背板基部深褐色；触角基部褐色，渐变为黑色；须浅黄色；足棕黄色；产卵管鞘深褐色，基部颜色稍浅；翅微弱烟褐色，翅痣深褐色。

雄：未知。

生物学：未知。

研究标本：♀（正模，ZJUH），海南五指山水满乡，2007.V.16–18，曾洁，No.200807575。

分布：海南（五指山）。

词源：新种种名源于采集人姓氏。

鉴别特征：本新种与 *P. boninus* Belokobylskij *et* Maeto 最为近似，但通过以下特征可以区别：①前翅 r 脉明显从翅痣中部前方伸出；②第 2 背板全具刻条；③第 3 背板近基部具短刻条。

26. 近柄腹茧蜂属 *Paraspathius* Nixon, 1943

Paraspathius Nixon, 1943b: 410; Wang *et al*., 2010: 51. **Type species:** *Paraspathius periparetus* Nixon, 1943; by monotype.

形态特征：身体细长，触角柄节长圆柱形，其长至少为最宽处的 2.0 倍，除 *P. rabirius* 外触角柄节端缘明显反折。胸部长而窄，前胸背板后横脊凸起十分明显，游离于前胸背板后缘；中胸盾片比前胸背板略高，几乎处于同一平面，盾纵沟仅在前端可见；中胸盾片表面被稀疏长毛。后足基节至少为腿节的 2/3 长；后足腿节粗短，基部上侧急剧缢缩。翅狭窄，m-cu 脉几乎对叉。腹柄细长，柄后腹也较长，第 2+3 背板表面总是具刻纹，其侧缘脊至少延伸至第 2 气门，第 2 背板和第 3 背板侧板间有 1 明显的分界线。体大型，5.0–10.0 mm，常更接近 10.0 mm。

生物学：未知。

分布：东洋区、澳洲区。本属全世界已知 6 种，中国已知 1 种。

(125) 红头近柄腹茧蜂 *Paraspathius periparetus* Nixon, 1943（图版 XXIX: 3）

Paraspathius periparetus Nixon, 1943b: 411; Wang *et al*., 2010: 51.

雌：体长 6–8 mm；前翅长 3.5–5.5 mm。

头：触角 44 节，第 1 鞭节长为柄节+梗节的 0.65 倍，为第 2 鞭节长的 0.8 倍，第 1、2 鞭节和端前节分别为各自宽的 4.3 倍、4.0 倍和 5.0 倍。背面观宽为中长的 1.7 倍；下颚须长为头高的 1.5 倍；OOL∶OD∶POL=3∶1∶1；背面观复眼长为上颊的 1.2 倍；上颊在复眼后稍窄，圆弧状收窄；脸宽为高的 1.2 倍；唇基宽为高的 1.7 倍；颚眼距为上颚基部宽的 2.0 倍；脸具较强的不规则刻皱，额具较平坦的网状颗粒皱，头顶中央光滑，两侧具浅而弱的横刻纹，上颊前半部分为浅而弱的横刻纹，后半部分光滑。

胸：胸长是高的 2.8 倍；前胸背板后横脊远离前胸背板后缘，明显凸起，前胸背板槽无明显界限，内具短刻条，刻条间光滑；中胸侧板盘区具不规则刻皱，翅基下区较平；基节前沟窄，长为中胸侧板下缘的 2/3；侧面观中胸盾片与前胸背板几乎在同一平面；中胸盾片中央具较粗而弯曲的横纹，边缘为颗粒皱，被稀疏长毛，后部中央纵脊存在；盾纵沟存在，但界限不明显，其内刻条伸入侧叶甚远，侧叶仅中央 1/3 具弱颗粒皱；小盾片前凹浅，内具“Y”形中脊，脊间具不规则皱；小盾片不隆起，几乎光滑，仅具微弱刻纹；并胸腹节分区存在，但由于表面刻皱很多基本隆脊不甚明显，基脊是叉脊的 2.0 倍。

翅：前翅长是宽的 4.7 倍，翅痣长是宽的 5.0 倍，1-R1 脉为翅痣长的 1.0 倍，r 脉从翅痣的中央稍后伸出；r∶2-SR∶SR1∶3-SR∶r-m=4∶15∶34∶18∶7；cu-a 脉几乎对叉；m-cu 脉后叉，比 2-SR 脉短。后翅长是宽的 7.5 倍，M+CU∶1-M=3∶5，m-cu 脉仅存在很弱的痕迹。

足：前足胫节具明显而稀疏的钉状刺、4 个端刺，跗节长为胫节长的 1.4 倍，第 1 跗节长是第 2–5 跗节的 0.89 倍，第 1 跗节长是第 2 跗节的 1.5 倍，第 3 跗节长是第 5 跗节的 1.0 倍；后足基节腹面无瘤突，背面具凸起的横向皱，长为中间宽的 2.5 倍；后足腿节较短，与基节等长，基部急剧缢缩；后足腿节、胫节和基跗节长分别为各自宽的 5 倍、11 倍和 10 倍；后足胫节的毛长为胫节中间宽的 1.8–2.0 倍，后足胫节外缘无端刺；后足跗节长为胫节长的 7.1 倍；后足第 1 跗节长是第 2–5 跗节的 0.94 倍，第 1 跗节长是第 2 跗节的 2.1 倍，第 3 跗节长是第 5 跗节的 0.78 倍。

腹：腹柄直，气门位于基部 3/11 处，腹柄长为其端宽的 6.5 倍、为并胸腹节的 2.2 倍，腹柄端宽为其基部宽的 1.7 倍、为气门处宽的 1.7 倍；腹柄表面刻纹较弱，大部分区域光滑可反光；第 2+3 背板长为端宽的 1.6 倍，有明显的侧缘脊，具网状纹，基部网格细长，往端部逐渐变短，最端部为针刮状横刻纹；第 4 背板刻纹与第 2+3 背板相同，第 4 背板侧缘脊仅到达气门处；第 5 背板刻纹同前，无侧缘脊；产卵管鞘长为腹部长的 1.2 倍，为胸部长的 2.6 倍，为前翅长的 1.3 倍。

体色：体黑色；头红褐色；中胸盾片、小盾片、中胸侧板、中胸腹板、并胸腹节及腹柄节全为黑色；腹部其他背板黑褐色，腹板暗褐色；触角基部黄褐色，端部黑褐色；单眼区黑色；须浅黄色；前足基节和转节浅黄色，胫节、腿节和跗节黄褐色；中足基节和转节浅黄色，腿节两侧有黄褐色斑，胫节和跗节浅黄色；后足基节、腿节及胫节基部 1/6 黑色，转节暗褐色，胫节剩余部分及跗节黄褐色；翅半透明，颜色均一无斑纹，翅痣黑色。

雄：体型略小，后翅无假痣。其他特征与雌虫相似。

生物学：未知。

研究标本（ZJUH）：1♀，海南尖峰岭，2007.VI.6，刘经贤，No.200703824；1♀1♂，海南尖峰岭，2007.VI.7，刘经贤，Nos.200702374，200702497；1♀，海南尖峰岭天池，2008.V.7–9，刘经贤，No.200805386；1♂，海南尖峰岭天池，2006.VII.12–15，张文勇，No.200803476；1♂，海南五指山，2007.V.16–20，刘经贤，No.200703390。

分布：海南（尖峰岭、五指山）；菲律宾，马来西亚，新加坡。

27. 秀矛茧蜂属 *Pareucorystes* Tobias, 1961

Pareucorystes Tobias, 1961: 533. **Type species:** *Pareucorystes varinervis* Tobias, 1961; by monotype.

形态特征：复眼光滑；无颚眼沟；后头脊背方存在。胸部强烈扁平，长是高的 2.7–3.5 倍；盾纵沟完整，内具刻纹；小盾片前沟长；基节前沟明显，长，几乎直。前翅翅痣宽；r 脉从翅痣中央前方伸出；m-cu 脉前叉；2-SR 脉存在且明显骨化；cu-a 脉后叉；第 1 亚盘室末端开放。后翅 cu-a 脉存在；M+CU 脉不短于 1-M；雄虫后翅具似翅痣样的膨大。前足和中足胫节外侧具成列的钉状刺；后足基节腹方无瘤突；腹部第 1 背板宽，常短，具明显背凹；第 2 背板缝明显，完整，侧方不弯曲；第 3 背板基部具明显横沟。

生物学：据记载，寄主有鞘翅目的吉丁虫科和天牛科。

分布：古北区。本属全世界已知 1 种，中国已知 1 种。

(126) 弯脉秀矛茧蜂 *Pareucorystes varinervis* Tobias, 1961（图版 XXIX: 4）

Pareucorystes varinervis Tobias, 1961: 533; Yu *et al*., 2016.

Hecabolus depressus Fischer, 1966a: 336. Synonymized by Papp, 1984: 182.

Leluthia chinensis Li *et* van Achterberg, in: Li *et al*., 2015b: 595. Synonymized by Belokobylskij, 2019: 37.

雌：体长 3.0 mm；前翅长 2.0 mm。

头：触角 24–25 节；柄节长是宽的 1.8 倍；第 1 鞭节长是宽的 4.0 倍，是第 2 鞭节长的 1.0 倍；倒数第 2 鞭节长是宽的 3.0 倍，是最末端长的 1.0 倍；背面观头宽是其中间长的 1.4 倍，是中胸盾片宽的 1.0 倍；头闪亮，背方微弱革质；额近触角窝附近稍凹陷；POL=2.7×OD=0.7×OOL；复眼光滑无毛，其纵径是横径的 1.3 倍，复眼长是上颊长的 1.8 倍；颚眼距是复眼纵径的 0.4 倍，是上颚基部宽的 1.0 倍；颚眼沟缺；脸侧方光滑，具白色长毛，中央凸出，具微弱横皱；脸宽是复眼纵径的 1.2 倍，是脸和唇基总长的 1.7 倍；后头脊背方完整，与口后脊在上颚基部处不愈合。

胸：胸长是高的 2.7 倍；前胸背板短；前胸背板侧方凸出，具不规则皱；中胸盾片稍凸出，无毛，微弱革质，中央具明显刻条，刻条间具不规则刻纹；盾纵沟不明显；小盾片前凹宽，具 7 条隆脊，光滑，小盾片前凹长为小盾片长的 0.3 倍；小盾片平坦，微弱革质；后胸背板凹陷，基半部具显著皱，端半部光滑；中胸侧板上部具斜皱，其余部分光滑；基节前沟深，直，具微弱刻条，横贯整个中胸侧板；并胸腹节凸出，具粗糙网纹，中脊长是并胸腹节长的 0.2 倍。

翅：前翅长是宽的 3.2 倍；翅痣长是其最大宽的 3.8 倍；M+CU1 脉直；1-SR+M 脉稍弯曲；r-m 脉缺；r 脉从翅痣基部 0.4 伸出，其长是翅痣最大宽的 0.7 倍；2-SR=1.6×r=1.5×m-cu=0.7×1-SR+M；1-CU1=0.3×2-CU1。后翅 1-M=0.4×M+CU=3.0×1r-m；3-M 脉存在。

足：后足基节长是宽的 1.6 倍，基腹方无明显转角和瘤突，光滑，具白色长毛；后足腿节长是宽的 3.3 倍；后足胫节毛长、直立，其长是后足胫节最大宽的 0.7–0.9 倍；后足跗节长是后足胫节长的 1.1 倍，后足基跗节长是后足第 2–5 跗节长的 0.7 倍，后足第 2 跗节长是后足基跗节长的 0.6 倍，是后足第 5 跗节长的 2.1 倍。

腹：腹长是头胸总长的 1.2 倍；第 1 背板具明显的不规则纵刻条，其间具横刻纹；背凹中等大小；基部背脊明显；第 1 背板端宽是其基宽的 2.5 倍，长是其端宽的 0.8 倍；第 2 背板长是其基宽的 1.0 倍，是第 3 背板长的 2.1 倍；第 2 背板侧方无沟和环形图案，但第 3 背板基部具闪亮的椭圆形凸起区域；第 2 背板缝明显；第 2 背板近端部具网纹，中央和端部 1/5 光滑；第 3 背板基部 0.7、第 4 背板基部 0.6、第 5 背板基半部具微弱颗粒和网纹；剩余背板光滑；产卵管鞘长是腹长的 0.3 倍，是前翅长的 0.3 倍。

体色：体深褐色；触角基部 6 节、须、足（端跗节和跗爪深褐色）、翅基片黄褐色；

脸、额侧方、上颚（端部深黄褐色）、颊、前胸背板、腹部（腹部第 1 节深褐色至黑褐色）深褐色，间具红褐色；额中央、单眼区、头顶、中胸盾片（侧叶前部、盾纵沟后方区域间具红色）、小盾片、小盾片前沟、中胸侧板（上部和后部区域深褐色，间具红色）、并胸腹节深褐色至黑褐色；翅透明；翅痣和翅脉褐色。

雄：体长 2.2 mm，前翅长 1.5 mm。触角 17 节；胸长是高的 2.7 倍；腹部第 1 背板长是其端宽的 1.2 倍，端宽是其基宽的 2.2 倍；第 2 背板长是其基宽的 1.5 倍，是第 3 背板长的 2.4 倍；前翅 r-m 脉存在；翅痣较雌虫更窄；r 脉与翅痣宽等长；后翅具大的褐色翅痣。体深褐色，并胸腹节深褐色，其间具红色；腹部黄褐色。其余特征与雌虫相似。

生物学：据记载，寄主有鞘翅目的苹果小吉丁虫 *Agrilus mali*、*A. angustulus*、*A. auricollis*、*A. convexicollis*、*A. laticornis*、*A. sulcicollis*、山毛榉吉丁 *A. viridis*、*Tetrops praeustus*。

分布：内蒙古（杭锦旗）、青海（化隆）；俄罗斯，韩国，哈萨克斯坦，阿塞拜疆，欧洲。

附注：研究中未见此种标本，据 Li 等（2015b）描述翻译整理。

28. 泡腿柄腹茧蜂属 *Platyspathius* Viereck, 1911

Platyspathius Viereck, 1911: 185; Nixon, 1943b: 424; Shenefelt *et* Marsh, 1976: 1384; van Achterberg, 2003: 284; Belokobylskij *et al.*, 2004: 81; Belokobylskij *et* Maeto, 2006: 735; 2009: 402. **Type species:** *Platyspathius pictipennis* Viereck, 1911; by monotype.

Spathiohormius Enderlein, 1912: 21. **Type species:** *Spathiohormius ornatulus* Enderlein, 1912; by monotype. Synonymized by Shenefelt *et* Marsh, 1976: 1384.

形态特征：额几乎平坦，无中脊；复眼无毛；后头脊背方存在，与口后脊在上颚基部处不愈合；颚眼沟缺；唇基沟完整；触角柄节宽，短，无端叶，基部缢缩；第 1 鞭节近圆柱状，稍弯曲，常长于第 2 鞭节。前胸背板脊常弱；中胸背板明显从前胸背板弧形升起；中胸盾片具密集颗粒或密集革质刻纹；盾纵沟浅，宽，完整或有时后方缺；基节前沟浅，宽，长是中胸侧板下缘的 0.6–0.7 倍；胸腹侧脊明显，完整；并胸腹节无侧突，常无分区，极少具基侧区。前翅翅痣短，宽；2-SR 脉和 r-m 脉存在；m-cu 脉明显后叉；CU1a 脉与 2-CU1 脉在同一水平面上；第 1 亚盘室细长，末端闭合。后翅 M+CU 脉明显短于 1-M 脉；cu-a 脉存在。前足胫节具成列钉状列；后足基节腹方具明显转角、无瘤突；后足腿节背方具肿突。腹部第 1 背板几乎呈柄状；端腹片短，长是第 1 背板长的 0.3–0.4 倍；第 2 背板无沟和特殊区域。

生物学：据记载，寄主主要有长蠹科 Bostrichidae。

分布：古北区、东洋区、非洲区、澳洲区。本属全世界已知 16 种，中国已知 2 种。本志提出的 1 新异名：瑞丽泡腿柄腹茧蜂 *Platyspathius ruiliensis* Chao, 1978 是丽泡腿柄腹茧蜂 *Platyspathius ornatulus* (Enderlein, 1912)的次异名。

种检索表

腹部第 2 背板缝具明显且宽的短刻条；第 2 背板基部中央常具密集短刻条；腹部第 1 背板长是其端宽的 2.6–2.7 倍 …………………………………………………… **双纹泡腿柄腹茧蜂 *P. bisignatus***

腹部第 2 背板缝无短刻条或具微弱的短刻条；第 2 背板基部中央无短刻条或具十分微弱的短刻条；腹部第 1 背板长是其端宽的 2.1–2.2 倍 ………………………………… **丽泡腿柄腹茧蜂 *P. ornatulus***

(127) 双纹泡腿柄腹茧蜂 *Platyspathius bisignatus* (Walker, 1860)（图版 XXX: 1）

Spathius bisignatus Walker, 1860: 304.

Platyspathius bisignatus: Viereck, 1914: 118; Brues, 1926: 306; Nixon, 1943b: 427; Shenefelt *et* Marsh, 1976: 1384; Chao, 1978: 182; Belokobylskij, 1996: 178; van Achterberg, 2003: 286.

雌：体长 3.2–4.2 mm；前翅长 2.2–2.6 mm。

头：触角 26–28 节；柄节长是宽的 1.6–1.7 倍；第 1 鞭节长是其端宽的 4.4–4.8 倍，与第 2 鞭节几乎等长；倒数第 2 鞭节长是宽的 2.2–2.5 倍，是第 1 鞭节长的 0.4–0.5 倍，是最后 1 鞭节长的 0.8 倍；头顶密布极其微弱的针刮状刻纹或革质和针刮状刻纹，有时部分区域具网纹；额革质或网纹和革质，有时前方具弱刻条；上颊具密集的微弱革质刻纹；背面观头宽是中长的 1.3–1.5 倍；头在复眼后方稍弧形收缩；背面观复眼横径是上颊长的 1.3–1.4 倍；单眼小，后单眼间距是前后单眼间距的 1.2 倍，POL=1.8–2.0×OD=0.4–0.5×OOL；复眼光滑无毛，纵径是横径的 1.2–1.3 倍；颚眼距是复眼纵径的 0.5–0.6 倍，是上颚基部宽的 1.2–1.3 倍；脸至少在下部具密集颗粒和针刮状刻纹；脸宽是复眼纵径的 1.0 倍，是脸和唇基总长的 1.1–1.2 倍；唇基沟明显，但浅；无颚眼沟；后头脊背方存在，与口后脊在上颚基部处不愈合。

胸：胸长是高的 2.0–2.2 倍；前胸背板脊弱，位于前胸背板中央；中胸盾片从前胸背板水平面明显圆弧形升起；中胸盾片具密集的微弱颗粒和革质，近盾纵沟处无皱，中后部区域光滑，无刻条；中胸盾片沿盾纵沟及边缘具稀疏的半直立短毛；盾纵沟窄，前部 0.5–0.6 明显，后部 0.4–0.5 几乎缺；小盾片具密集的微弱革质刻纹；小盾片前凹具 3 或 4 脊，脊间具颗粒和革质，前凹长是小盾片长的 0.3 倍；中胸侧板具微弱的网纹和革质，基节前沟下方具明显革质刻纹；翅下区浅，窄，具微弱革质，几乎无皱；基节前沟浅，直，微弱革质，无短刻条，其长达中胸侧板下部全长的 0.6–0.7 倍；并胸腹节具密集的粗糙颗粒和网纹，后部具皱，后侧方具刻条，无分区，但具 2 侧脊和 1 中脊，有时脊在后方会合形成 1 个大的基侧区。

翅：前翅长是宽的 3.8–4.1 倍；r 脉几乎从翅痣中央伸出；3-SR 脉与 r 脉成钝角；3-SR=2.8–3.0×r=0.7–0.8×SR1=1.4–1.5×2-SR；第 2 亚缘室长是宽的 3.2–3.4 倍，是第 1 亚盘室长的 1.5–1.6 倍；1-SR+M 脉“S”形弯曲；CU1a 脉对叉。后翅 M+CU=0.5×1-M；m-cu 脉强烈斜向翅基部，前叉，不骨化。

足：后足基节具微弱颗粒和革质，侧方具微弱刻纹，基腹方具瘤突；后足腿节具微弱革质刻纹，有时背方具微弱的针刮状刻纹，长是宽的 3.2–3.4 倍；后足跗节长是后足胫节长的 1.0 倍；后足基跗节长是后足第 2–5 跗节长的 0.7 倍，后足第 2 跗节长是后足基跗节长的 0.4 倍，是后足第 5 跗节长的 1.3–1.4 倍。

腹：腹柄背面基部 1/3 明显弯曲，气门瘤位于基部 1/4 处；端腹片短，长是腹柄长的 0.3 倍；腹柄长为其端宽的 2.6–2.7 倍，为并胸腹节的 1.4–1.5 倍；腹柄最宽处是最窄处的 2.0 倍；第 2 背板无沟；第 2 背板中长是其基宽的 0.8–0.9 倍，是第 3 背板长的 1.5–1.7 倍；第 2 背板缝明显，相当宽，整个具明显短刻条；腹柄和第 2 背板具密集网纹和小室状刻纹和颗粒；第 2 背板基部具微弱的密集短刻条；第 3 背板基部 0.5–0.7 具微弱的密集网纹和革质，端部 0.2 几乎光滑；第 4、5 背板基部 0.5–0.7 具微弱网纹和革质，端部几乎光滑；产卵管鞘长为腹部长的 0.8–1.0 倍，为腹柄长的 2.6–2.8 倍，为胸部长的 1.3–1.4 倍，为前翅长的 0.7 倍。

体色：体黑色，头红棕色或至少较其他部位颜色浅；触角黄棕色，近端部颜色稍深，端部 0.2–0.4 深棕色或黑色；须深棕色，端部色浅；足深红色；前中足基节颜色浅，黄棕色或深红棕色；所有胫节基部颜色深；所有跗节棕黄色或浅红棕色或至少较足剩余部分颜色稍浅；所有胫节近基部无浅色环带；产卵管鞘红棕色，基部黄色或色浅，端部几乎黑色；前翅明显具强烈斑块和透明条带；翅痣深棕色，基部 0.4–0.5 黄色或颜色浅。

雄：体长 3.4–3.8 mm，前翅长 2.4 mm；其他特征与雌虫相似。

生物学：寄主有竹长蠹 *Dinoderus minutus*。

研究标本（ZJUH）：1♀，广西百色，1982.V，何俊华，No.822086；1♀，海南白沙鹦哥岭，2008.XI.18，谭江丽，No.200805257；1♂，云南瑞丽，1981.V.6，何俊华，No.813023；1♀1♂，云南瑞丽，1981.V.2–6，何俊华，Nos.813154，813155；1♀，云南保山市芒宽，2006.VII.18，曾洁，No.200801850。

分布：台湾、海南（鹦哥岭）、广西（百色）、云南（瑞丽、保山）；印度，斯里兰卡，菲律宾，马来西亚，毛里求斯。

附注：本种的中名最早由赵修复（1978）命名为双纹柄腹茧蜂，随后陈家骅和石全秀（2004）将此种命名为双纹泡腿柄腹茧蜂。作者认为后者更妥，因此本志采用双纹泡腿柄腹茧蜂为此种中名。

(128) 丽泡腿柄腹茧蜂 *Platyspathius ornatulus* (Enderlein, 1912)（图版 XXX: 2）

Spathiohormius ornatulus Enderlein, 1912: 21; Watanabe, 1937: 42.

Platyspathius ornatulus: Shenefelt *et* Marsh, 1976: 1385; van Achterberg, 2003: 286; Belokobylskij *et* Maeto, 2006: 735; 2009: 404.

Platyspathius dinoderi Nixon, 1943b: 427; Shenefelt *et* Marsh, 1976: 1385; Chao, 1978: 182; Belokobylskij, 1996: 178. Synonymized by Belokobylskij *et* Maeto, 2006: 735.

Platyspathius ruiliensis Chao, 1978: 182; Chen *et* Shi, 2004: 86. **Syn. nov.**

雌：体长 3.1–4.1 mm；前翅长 2.3–2.7 mm。

头：触角 26–28 节；柄节长是宽的 1.6–1.7 倍；第 1 鞭节长是其端宽的 4.3–4.6 倍，

与第 2 鞭节几乎等长；倒数第 2 鞭节长是宽的 2.2–2.5 倍，是第 1 鞭节长的 0.4–0.5 倍，是最后 1 鞭节长的 0.75–0.80 倍；头顶密布极其微弱的针刮状刻纹或革质和针刮状刻纹，有时部分区域具网纹；额革质或网纹和革质，有时前方具弱刻条；上颊具密集的微弱革质刻纹；背面观头宽是中长的 1.3–1.5 倍；头在复眼后方稍弧形收缩；背面观复眼横径是上颊长的 1.3–1.4 倍；单眼小，后单眼间距是前后单眼间距的 1.15–1.20 倍，POL=1.6–2.2×OD=0.35–0.5×OOL；复眼无毛，纵径是横径的 1.20–1.25 倍；颚眼距是复眼纵径的 0.50–0.65 倍，是上颚基部宽的 1.2–1.3 倍；脸至少在下部具密集颗粒和针刮状刻纹；脸宽是复眼纵径的 1.0 倍，是脸和唇基总长的 1.05–1.15 倍；唇基沟明显，但浅；无颚眼沟；后头脊背方存在，与口后脊在上颚基部处不愈合。

胸：胸长是高的 2.00–2.25 倍；前胸背板脊弱，位于前胸背板中央；中胸盾片从前胸背板水平面明显圆弧形升起；中胸盾片具密集的微弱颗粒和革质，近盾纵沟处无皱，中后部区域具短而窄的刻条或仅仅具 2 刻条；中胸盾片沿盾纵沟及边缘具稀疏的半直立短毛；盾纵沟宽，前部 0.6–0.7 深，后部 0.3–0.4 浅，完整，其间具微弱的颗粒和革质，部分区域具微弱的短刻条；小盾片具密集的微弱革质刻纹；小盾片前凹具 3 或 4 脊，脊间具颗粒和革质或几乎光滑，前凹长是小盾片长的 0.25–0.30 倍；中胸侧板具微弱网纹和革质，基节前沟下方具明显革质刻纹；翅下区浅，窄，具微弱革质，几乎无皱；基节前沟浅，直，微弱革质，无短刻条，其长达中胸侧板下部全长的 0.6–0.7 倍；并胸腹节具密集的粗糙颗粒和网纹，后部具皱，后侧方具刻条，无分区，但具 2 侧脊和 1 中脊，有时脊在后方会合形成 1 个大的基侧区。

翅：前翅长是宽的 3.8–4.0 倍；r 脉几乎从翅痣中央伸出；3-SR 脉与 r 脉成钝角；3-SR=3.0×r=0.7–0.8×SR1=1.4–1.5×2-SR；第 2 亚缘室长是宽的 3.2–3.4 倍，是第 1 亚盘室长的 1.5–1.6 倍；1-SR+M 脉“S”形弯曲；CU1a 脉对叉。后翅 M+CU=0.5×1-M；m-cu 脉强烈斜向翅基部，前叉，不骨化。

足：后足基节具微弱颗粒和革质，侧方具微弱刻纹，基腹方具瘤突；后足腿节具微弱革质刻纹，有时背方具微弱的针刮状刻纹，长是宽的 3.2–3.5 倍；后足跗节长是后足胫节长的 1.0 倍；后足基跗节长是后足第 2–5 跗节长的 0.70–0.75 倍，后足第 2 跗节长是后足基跗节长的 0.40–0.45 倍，是后足第 5 跗节长的 1.3–1.4 倍。

腹：腹柄背面基部 1/3 明显弯曲，气门瘤位于基部 1/4 处；端腹片短，长是腹柄长的 0.3 倍；腹柄长为其端宽的 2.1–2.2 倍，为并胸腹节的 1.35–1.50 倍；腹柄最宽处是最窄处的 2.0 倍；第 2 背板无沟；第 2 背板中长是其基宽的 0.8–0.9 倍，是第 3 背板长的 1.5–1.7 倍；第 2 背板缝浅，宽，无短刻条或具微弱短刻条；腹柄和第 2 背板具密集的网纹和小室状刻纹和颗粒；第 3 背板基部 0.5–0.7 具微弱的密集网纹和革质，端部 0.2 几乎光滑；第 4、5 背板基部 0.5–0.7 具微弱网纹和革质，端部几乎光滑；产卵管鞘长为腹部长的 0.8–1.0 倍，为腹柄长的 2.5–2.8 倍，为胸部长的 1.25–1.40 倍，为前翅长的 0.70–0.75 倍。

体色：体红棕色或深红棕色，头和胸前部浅红棕色或至少较其他部位颜色浅；触角黄色或黄棕色，近端部颜色稍深，端部 0.2–0.4 深棕色或黑色；须深棕色，端部色浅；足红棕色或深红色；前中足基节颜色浅，黄棕色或深红棕色；所有胫节基部颜色深；所有跗节棕黄色或浅红棕色或至少较足剩余部分颜色稍浅；所有胫节近基部无浅色环带；产卵管鞘红棕色，基部黄色或色浅，端部几乎黑色；前翅明显具强烈斑块和透明条带；翅痣深棕色，基部 0.4–0.5 乳黄色、黄色或颜色浅。

雄：体长 2.6–3.2 mm，前翅长 1.9–2.3 mm；其他特征与雌虫相似。

生物学：寄主有竹长蠹 *Dinoderus minutus*。

研究标本：♀（选模，MIZW），“Formosa，Takao，H. Sauter S.，21.VII.07”，“Type”，“*Spathiohormius ornatulus* Enderl. X Type，Dr. Enderlein det. 1912”；♀（瑞丽泡腿柄腹茧蜂 *Platyspathius ruiliensis* Chao，正模，IZCAS），云南瑞丽，1400 m，1956.VI.8，黄天荣。ZJUH：1♀，浙江杭州，1957.III.19，胡萃，No.5779.4；1♀3♂，福建魁岐，1955.VI.9，赵修复，Nos.20003992，20003994，20003995，20003997；1♀，福建上杭步云，1988.VIII.19–21，马云，No.885057；2♀，江西沿山，2007.VII.18，张丽峰，Nos.780051（2）；1♀，湖南长沙，1979.VII.12，童新旺，No.20044248；1♀，广东佛冈观音山，2007.IX.15–16，许再福，No.200711471；1♀，广西田林，1982.V.31，何俊华，No.822074；1♀，海口东寨港红树林，2007.V.6–8，张魁艳，No.200807713；1♀，海南五指山水满乡，2007.V.16–18，曾洁，No.200807558。

分布：浙江（杭州）、江西（沿山）、湖南（长沙）、福建（上杭、魁岐、邵武、永泰、福州）、台湾、广东（佛冈）、海南（海口、五指山）、广西（田林）、云南（瑞丽）；日本，印度，菲律宾，印度尼西亚，斐济。

附注：作者检视了瑞丽泡腿柄腹茧蜂 *Platyspathius ruiliensis* Chao 和丽泡腿柄腹茧蜂 *Platyspathius ornatulus* (Enderlein)的模式标本，发现其特征相似，实为同种。之前的文章都没检视瑞丽泡腿柄腹茧蜂 *P. ruiliensis* 的模式标本，并且错误地将原始描述中的 POL 是 OOL 的 0.7 倍翻译成 OOL 是 POL 的 0.7 倍。因此，瑞丽泡腿柄腹茧蜂 *Platyspathius ruiliensis* Chao, 1978 是丽泡腿柄腹茧蜂 *Platyspathius ornatulus* (Enderlein, 1912)的次异名。

29. 多窄茧蜂属 *Polystenus* Förster, 1862

Polystenus Förster, 1862: 237; Shenefelt *et* Marsh, 1976: 1361; Papp, 1984: 182; Belokobylskij *et* Tobias, 1986: 34; Belokobylskij, 1996: 171; 1998b: 72; Belokobylskij *et* Maeto, 2006: 738; 2009: 407. **Type species:** *Polystenus rugosus* Förster, 1862; by monotype.

Corystes Reinhard, 1865: 258 (preoccupied, not *Corystes* Latreille, 1802).

Eucorystes Marshall, 1888: 204 (replacement name; preoccupied, not *Eucorystes* Bell, 1862).

Eucorystoides Ashmead, 1900b: 368; Shenefelt *et* Marsh, 1976: 1353; Chen *et* Shi, 2004: 62. **Type species:** *Corystes aciculatus* Reinhard, 1865; by monotype. Synonymized by Papp, 1984: 182.

形态特征：复眼光滑。胸扁平；并胸腹节无分区或无中区。前翅 r 脉明显从翅痣中央后方伸出；r-m 脉缺；第 1 亚盘室末端开放；CU1b 脉缺。后翅 cu-a 脉存在；m-cu 脉存在。后足基节短，腹方无瘤突；后足腿节相当细长，背方具肿突。腹部第 1 背板端腹片无明显伸长，是第 1 背板长的 0.20–0.25 倍；第 2–5 背板具由沟形成的“Y”形图案（在第 2 背板上形成“U”形区域）；产卵管鞘不长于腹部。

生物学：未知。据记载，寄主有鞘翅目的吉丁虫科 Buprestidae、天牛科 Cerambycidae、小蠹科 Scolytidae（Yu *et al.*，2016；Belokobylskij & Maeto，2009）。

分布：古北区、东洋区。本属全世界已知 7 种，中国已知 4 种。

种检索表

1. 中胸盾片全具密集的半直立短毛；产卵管鞘明显长于腹部；前翅 r 脉从翅痣中央伸出……………………………………………………………………………………………**台湾多窄茧蜂 *P. taiwanus***

   中胸盾片仅沿盾纵沟具稀疏的半直立短毛；产卵管鞘不长于腹部；前翅 r 脉明显从翅痣中央后方伸出……………………………………………………………………………………………2

2. 第 1 背板长几乎与其端宽等长；体色浅……………………………**短背多窄茧蜂 *P. brevitergum***

   第 1 背板长明显长于其端宽；体色深……………………………………………………………3

3. 单眼区底边与侧边相等；产卵管鞘长明显短于腹长……………………**短瘦多窄茧蜂 *P. anacolus***

   单眼区底边明显长于侧边；产卵管鞘长几乎等于腹长…………………………**皱多窄茧蜂 *P. rugosus***

(129) 短瘦多窄茧蜂 *Polystenus anacolus* (Chen *et* Shi, 2004)（图 11）

Eucorystoides anacolus Chen *et* Shi, 2004: 65.

Polystenus anacolus: Belokobylskij *et* Maeto, 2009: 408.

雌：体长 5.9 mm；前翅长 4.4 mm；触角长 5.4 mm。

头：触角 37 节，第 1 鞭节长是宽的 5.3 倍，约与第 2 鞭节、柄节及梗节之和等长；背面观头宽是中长的 1.5 倍，头部自复眼后弧形收缩；复眼横径是上颊长的 2.1 倍，单眼区底边长与侧边等长；POL=1.8×OD=0.6×OOL；头顶具横皱及极稀毛；额具横皱，微凹；颚眼距是复眼纵径的 0.3 倍；脸宽是脸长的 2.1 倍；唇基半圆形，宽为长的 1.7 倍；脸具皱，被中等程度毛；后头脊存在。

胸：中胸背板侧叶及中叶前端具颗粒状刻点；盾纵沟仅在肩角明显，在背面会合于宽大、具网状皱、密被毛的区域；小盾片扁平，具刻条；小盾片前凹浅，窄，具脊；中胸侧板翅下区具皱；基节前沟光滑，无刻痕；并胸腹节无中区，具网状皱。

翅：前翅长是宽的 4.0 倍；r 脉从翅痣后端伸出，与翅痣垂直，长为痣宽的 0.75 倍；SR1 脉平直伸至翅尖之前；m-cu 脉对叉；cu-a 脉后叉；第 1 亚盘室末端下方开放；CU1a 脉从第 1 亚盘室后半端伸出。后翅 M+CU=0.8×1-M。

足：前足胫节外缘具 1 列刺；后足基节光滑，后足腿节∶后足胫节∶后足基跗节∶2–5 跗节总长=6.0∶11.0∶4.2∶6.0。

腹：第 1 背板基部具背凹，具网状皱，侧缘着生稀长毛，端宽是基宽的 2 倍，长是端宽的 1.3 倍；第 2 背板具网状皱，具由 2 条后端会合的纵沟组成的三角形区域，长是端宽的 0.6 倍；第 3 背板两侧具网状皱，中央具纵刻条；第 4、5 背板具纵刻条；第 6 背板具网状刻条；产卵管鞘长明显短于腹长。

体色：头红褐色，头顶具褐色斑；上颚末端深褐色；前胸、中胸侧叶及中叶前端褐色，肩角红褐色，中央深褐色；中胸侧板下半部红褐色；后胸、并胸腹节黑褐色；第 1 背板黑褐色；第 2 背板三角形区域除末端红褐色外，其余深褐色，两侧褐色；第 3–6 背板两侧具褐色斑，其余红褐色；足红褐色，端跗节、爪深褐色；触角柄节红褐色，其余深褐色；须黄褐色；产卵管红褐色，末端黑色；产卵管鞘褐色；翅烟褐色，翅痣及翅脉褐色。

雄：未知。

生物学：未知。

分布：福建（武夷山）。

附注：根据陈家骅和石全秀（2004）的描述整理，本志研究未见此种标本。模式标本保存于 BIIC。

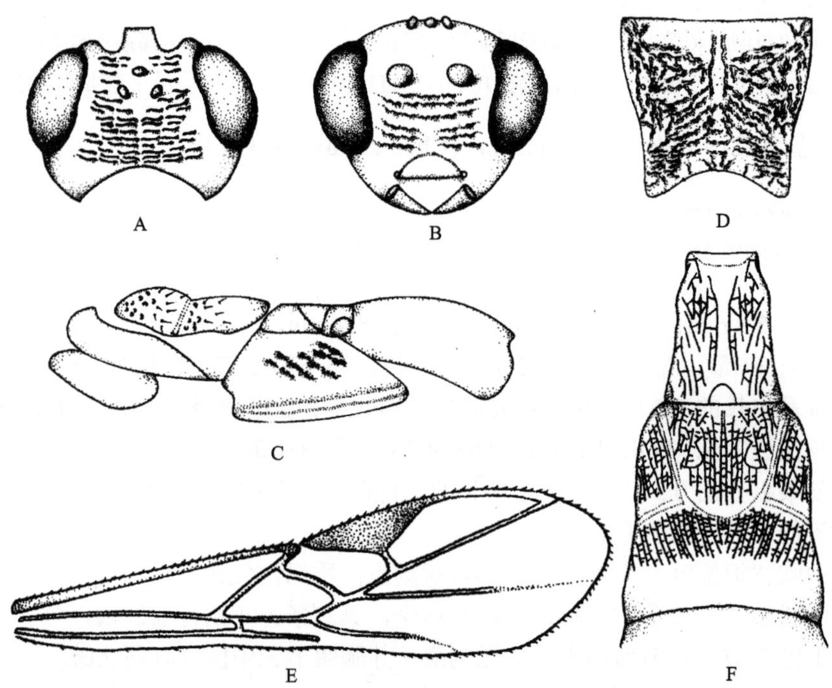

图 11 短瘦多窄茧蜂 *Polystenus anacolus* (Chen *et* Shi)（仿陈家骅和石全秀，2004）
A. 头，背面观；B. 头，前面观；C. 胸部，侧面观；D. 并胸腹节，背面观；E. 前翅；F. 腹部第 1–3 背板，背面观

(130) 短背多窄茧蜂 *Polystenus brevitergum* Tang, Belokobylskij *et* Chen, 2014（图版 XXX: 3）

Polystenus brevitergum Tang, Belokobylskij *et* Chen, 2014: 4.

雌：体长 4.95 mm；前翅长 3.60 mm。

头：触角已断，余 33 节；柄节长是宽的 1.6 倍；第 1 鞭节稍弯曲，近圆柱状，长是其端宽的 4.2 倍，是第 2 鞭节长的 1.0 倍；头稍扁平，背面观头宽是其中间长的 1.6 倍，是头高的 1.4 倍，是中胸盾片宽的 1.0 倍；头部自复眼后均匀地弧形收缩；复眼横径是上颊长的 2.2 倍；单眼区底边长是侧边长的 1.0 倍；POL=0.8×OD=0.3×OOL；头顶具微弱的、密集的半弧形刻条，后端几乎光滑，中央光滑无毛，仅侧方具稀疏的半直立短毛；额几乎全部具密集的微弱刻条；上颊光滑；复眼光滑无毛，纵径是其横径的 1.1 倍；颚眼距是复眼纵径的 0.2 倍，是上颚基部宽的 0.6 倍；脸具密集的相当规则的稍弯曲刻条和微弱刻纹；脸宽是复眼纵径的 0.95 倍，是脸和唇基总长的 1.3 倍；无颚眼沟；后头脊与口后脊在上颚基部处不愈合。

胸：明显扁平；胸长是高的 2.25 倍；前胸背板长，背方中叶强烈向前凸出；中胸盾片从前胸背板十分微弱地弧形升起；中胸盾片中叶向前凸出，具明显密集的颗粒，中后方 0.6 具粗糙皱和些许波浪形刻条；中胸盾片沿盾纵沟具稀疏的半直立短毛；盾纵沟相当宽，内具短刻条皱；小盾片平坦，具密集的微弱颗粒；小盾片前凹浅，相当宽，内具 9 条纵脊，脊间具皱，小盾片前凹宽为小盾片长的 0.4 倍；中胸侧板几乎全部光滑，中央光滑无毛，周围具密集的半直立长毛；翅下区浅，相当窄，具粗糙网皱；基节前沟明显，侧方相当浅，中央深，几乎直，光滑，横贯中胸侧板下缘，与胸腹侧脊不相接；并胸腹节无分区，基部 0.7 具微弱的中脊和侧脊；并胸腹节表面几乎全部具密集的小网皱。

翅：前翅长是宽的 3.6 倍，r 脉明显从翅痣中部之后伸出；3-SR=7.25×r=3.0×2-SR；1-SR+R 脉稍“S”形弯曲；m-cu 脉稍前叉。后翅 M+CU=0.7×1-M；m-cu 脉相当短，几乎缺，前叉。

足：后足基节几乎光滑；后足腿节背方具非常微弱的刻条，大部分光滑，长是宽的 4.1 倍；后足跗节长是后足胫节长的 0.9 倍，后足基跗节长是后足第 2–5 跗节长的 0.7 倍，后足第 2 跗节长是后足基跗节长的 0.5 倍，是后足第 5 跗节长的 1.6 倍。

腹：腹长是头胸总长的 1.1 倍；第 1 背板基部 0.2 具小气门瘤；第 1 背板背脊明显，分离，大部分几乎平行，后方会合；第 1 背板具密集的、粗糙的网皱和波浪形刻条，端宽是其基宽的 1.8 倍，长是其端宽的 1.0 倍，是并胸腹节长的 0.7 倍；第 2 背板全具粗糙的波浪形刻条，刻条间具密集的、粗糙的皱；第 2 背板长是其基宽的 0.6 倍，是第 3 背板长的 1.1 倍；第 2 背板具由完整的沟构成的“V”形区域（腹部“Y”形区域的一部分）；“V”形区域长与第 2 背板等长；第 2 背板缝深，完整，弧形弯曲位于第 2 背板中央；第 3–5 背板全具密集的稍会合的纵刻条，刻条间广布微弱皱；其余背板光滑；产卵管鞘长是腹长的 1.0 倍，是胸长的 1.4 倍，是前翅长的 0.7 倍。

体色：头棕黄色；胸部棕黄色，小盾片前凹、后胸背板和并胸腹节几乎黑色；腹部棕黄色，第 1 背板全部、第 3–5 背板端部几乎黑色；触角黑色，基部 2–4 节棕黄色；须黄色；足棕黄色；产卵管鞘黑色；翅稍烟褐色；翅痣深褐色。

雄：未知。

生物学：未知。

研究标本：♀（正模，ZJUH），河南内乡葛条爬，1998.VII.12，陈学新，No.986013。

分布：河南（内乡）。

(131) 皱多窄茧蜂 *Polystenus rugosus* Förster, 1862（图版 XXX: 4）

Polystenus rugosus Förster, 1862: 237; Shenefelt *et* Marsh, 1976: 1361; Papp, 1984: 182; Belokobylskij *et* Tobias, 1986: 34; Belokobylskij, 1996: 172; 1998b: 74; Konishi *et* Maeto, 2000: 308; Belokobylskij *et* Maeto, 2006: 738; 2009: 409; Tang *et al.*, 2014: 6.

Corystes aciculatus Reinhard, 1865: 259.

Eucorystes aciculatus: Marshall, 1888: 204, 206.

Eucorystoides aciculatus: Ashmead, 1900b: 368; Shenefelt *et* Marsh, 1976: 1354. Synonymized by Papp, 1984: 182.

雌：体长 5.2–6.1 mm；前翅长 3.8–4.3 mm。

头：触角 41 节；柄节长是宽的 1.8 倍；第 1 鞭节长是其端宽的 4.8–5.5 倍，是第 2 鞭节长的 1.1–1.2 倍；倒数第 2 鞭节长是宽的 3.5–4.0 倍，是第 1 鞭节长的 0.4 倍，是末端鞭节的 0.9–1.0 倍；背面观头宽是其中间长的 1.4–1.5 倍，头部自复眼后弧形收缩；复眼横径是上颊长的 2.0–2.1 倍，单眼区底边长是侧边长的 1.5 倍；POL=1.4×OD=0.7×OOL；头顶和额具明显密集的横向刻条；复眼纵径是横径的 1.1 倍；颚眼距是复眼纵径的 0.3 倍，是上颚基部宽的 0.5–0.7 倍；脸具皱和刻条，仅中部光滑；脸宽是复眼纵径的 0.9–1.0 倍，是脸和唇基总长的 1.2–1.4 倍；无颚眼沟；后头脊与口后脊在上颚基部处不愈合。

胸：胸长是高的 3.6–4.0 倍；中胸盾片中叶明显向前凸出；中胸盾片具颗粒状革质刻纹，仅中后方具皱纹；盾纵沟宽，前半部分深、内具明显的密集短刻条，后半部分浅宽、内具明显的稀疏皱刻条；小盾片具颗粒状刻纹或者革质状刻纹；小盾片前凹浅，窄，内具 5–9 条纵脊，小盾片前凹宽为小盾片长的 0.3 倍；中胸侧板翅下区浅，具粗糙的、皱的针刮状刻纹；基节前沟深，中间具微弱稀疏的短刻条，前方和后方光滑，横贯中胸侧板下缘，与胸腹侧脊不相接；无后胸背板突；并胸腹节分区不明显；并胸腹节表面大部分具粗糙网皱。

翅：前翅长是宽的 3.5–3.9 倍，r 脉明显从翅痣中部之后伸出；3-SR=6.4–6.8×r=2.7–3.0×2-SR；1-SR+R 脉直或微弱弧线弯曲；m-cu 脉后叉，少数对叉。后翅基室狭窄，其长是宽的 7.0–8.0 倍；M+CU=1.0×1-M；m-cu 脉直。

足：后足基节背面和后足腿节背面具密集刻条，后足腿节长是宽的 3.5–3.6 倍；后足跗节长是后足胫节长的 1.1 倍，后足基跗节长是后足第 2–5 跗节长的 0.7–0.8 倍，后足第 2 跗节长是后足基跗节长的 0.6 倍，是后足第 5 跗节长的 2.0–2.3 倍。

腹：腹长是头胸总长的 1.3–1.4 倍；第 1 背板基部 0.3 具小气门瘤；第 1 背板全具纵刻条，有时其间具微皱，端宽是其基宽的 1.7–1.8 倍，长是其端宽的 1.2–1.3 倍，与并胸腹节等长；第 2 背板具纵刻条，其间具微皱，第 2 背板长是其基宽的 0.8 倍，是第 3 背板长的 1.2 倍；第 2 背板缝中间浅、侧方深，完整，波浪形弯曲；第 3 背板亚基部具短刻条，有时完全光滑；其余背板光滑；产卵管鞘长是腹长的 0.9–1.0 倍，是前翅长的 0.8–0.9 倍。

体色：体红褐色，背面颜色经常较深；头黄褐色；触角基部黄褐色，渐变为黑色；

须黄色；足浅褐色；产卵管鞘红褐色，端部颜色稍深；翅透明，翅痣深褐色。

雄：未知。

生物学：据记载，寄主有鞘翅目的山毛榉吉丁 *Agrilus viridis*、苹果小吉丁虫 *Agrilus mali*、*Coraebus florentinus*、欧洲棍腿天牛 *Phymatodes testaceus*、松十二齿小蠹 *Ips sexdentatus*。

研究标本（ZJUH）：1♀，浙江杭州，1991.VI.28，高其康，No.911394；1♀，河南内乡宝天曼，1998.VII.15，马云，No.987176。

分布：河南（宝天曼）、陕西（宜君）、新疆（巩留）、浙江（杭州）、台湾（梅峰）；俄罗斯，韩国，日本，哈萨克斯坦，塔吉克斯坦，伊朗，欧洲。

(132) 台湾多窄茧蜂 *Polystenus taiwanus* Tang, Belokobylskij *et* Chen, 2014（图版 XXXI: 1）

Polystenus taiwanus Tang, Belokobylskij *et* Chen, 2014: 6.

雌：体长 6.00 mm；前翅长 3.85 mm。

头：触角已断，余 34 节；柄节长是宽的 1.6 倍；第 1 鞭节稍弯曲，近圆柱状，长是其端宽的 5.3 倍，是第 2 鞭节长的 0.9 倍；头稍扁平，背面观头宽是其中间长的 1.6 倍，是头高的 1.4 倍，是中胸盾片宽的 1.1 倍；头部自复眼后均匀且明显弧形收缩；复眼横径是上颊长的 2.0 倍；单眼区底边长是侧边长的 1.4 倍；POL=1.4×OD=0.5×OOL；头顶至少前方具微弱的、密集的半弧形刻条，后端几乎光滑，中央光滑无毛，仅侧方具稀疏的半直立短毛；额几乎全部具密集的微弱刻条；上颊光滑；复眼光滑无毛，纵径是其横径的 1.3 倍；颚眼距是复眼纵径的 0.3 倍，是上颚基部宽的 0.7 倍；脸具密集的相当规则的稍弯曲刻条和微弱刻纹；脸宽是复眼纵径的 0.9 倍，是脸和唇基总长的 1.2 倍；无颚眼沟；后头脊与口后脊在上颚基部处不愈合。

胸：明显扁平；胸长是高的 3.0 倍；前胸背板长，背方中叶强烈凸出，具相当明显的前胸背板脊；中胸盾片从前胸背板十分微弱地弧形升起；中胸盾片中叶向前凸出，具明显密集的颗粒，侧方具皱，中后方 0.7 具粗糙皱和些许波浪形刻条；中胸盾片全部具密集的半直立短毛；盾纵沟相当宽，内具短刻条皱；小盾片平坦，具密集的微弱颗粒；小盾片前凹浅，相当宽，内具 5 条纵脊，脊间具皱，小盾片前凹长为小盾片长的 0.5 倍；小盾片平坦，具稀疏刻点；中胸侧板几乎全部光滑，中央光滑无毛，周围具密集的半直立长毛；翅下区浅，相当窄，具粗糙网皱；基节前沟明显，侧方相当浅，中央深，几乎直，光滑，横贯中胸侧板下缘；并胸腹节无分区，基部 0.7 具微弱中脊；并胸腹节表面几乎全部具密集网皱。

翅：前翅长是宽的 4.4 倍，r 脉明显从翅痣中部伸出；3-SR=9.6×r=3.9×2-SR；1-SR+R 脉稍“S”形弯曲；m-cu 脉稍前叉。后翅 M+CU=0.5×1-M；m-cu 脉相当短，几乎缺，强烈骨化，前叉。

足：后足基节几乎光滑；后足腿节背方具非常微弱的刻条，大部分光滑，长是宽的 4.1 倍；后足跗节长是后足胫节长的 0.9 倍，后足基跗节长是后足第 2–5 跗节长的 0.7 倍，后足第 2 跗节长是后足基跗节长的 0.5 倍，是后足第 5 跗节长的 1.6 倍。

腹：腹长是头胸总长的 1.2 倍；第 1 背板基部 0.3 具小气门瘤；第 1 背板背脊明显，分离，大部分几乎平行，后方会合；第 1 背板具密集的粗糙网皱和波浪形刻条，端宽是其基宽的 1.9 倍，长是其端宽的 1.7 倍，是并胸腹节长的 1.0 倍；第 2 背板全具粗糙的波浪形刻条，刻条间具密集的粗糙皱；第 2 背板长是其基宽的 1.0 倍，是第 3 背板长的 1.05 倍；第 2 背板具由完整的沟构成的"V"形区域（腹部"Y"形区域的一部分）；"V"形区域长与第 2 背板等长；第 2 背板缝深，完整，弧形弯曲位于第 2 背板中央；第 3–5 背板全具密集的稍会合的纵刻条，刻条间广布微弱皱；第 6 背板具微弱的小颗粒和网纹，端部 0.3 光滑；其余背板光滑；产卵管鞘长是腹长的 1.4 倍，是胸长的 2.3 倍，是前翅长的 1.2 倍。

体色：头棕黄色，背方具红棕色印迹；胸部几乎黑色，中胸盾片具黑色和棕黄色斑块，中胸侧板下缘棕黄色；腹部棕黄色，第 1 背板全部、第 2 背板中央大部分、第 3–6 背板大部分区域几乎黑色；触角黑色，基部 2–4 节棕黄色；须黄色；足棕黄色，后足腿节和胫节烟褐色；产卵管鞘黑色；翅稍烟褐色；翅痣深褐色，端部稍浅。

雄：未知。

生物学：未知。

研究标本：♀（正模，ZJUH），台湾恒春热带实验中心，2010.XI.7，陈学新，No.201105605。

分布：台湾（恒春）。

30. 背纹茧蜂属 *Rhaconotinus* Hedqvist, 1965

Rhaconotinus Hedqvist, 1965: 8; Shenefelt *et* Marsh, 1976: 1330; Belokobylskij, 1992: 907 (as synonym of *Rhaconotus*); 2019: 36 (status resurrected); Belokobylskij *et* Zaldivar-Riverón, 2021: 107. **Type species:** *Rhaconotinus caboverdensis* Hedqvist, 1965.

形态特征：本属与甲矛茧蜂属很接近：腹部可见至少 6 节背板，腹部第 2 背板通常无横沟与第 2 背板缝组成的椭圆形区；前翅 CU1a 脉与 2-CU1 在同一水平上。

生物学：据记载，寄主有鞘翅目的象甲科 Curculionidae；鳞翅目的草螟科 Crambidae 和夜蛾科 Noctuidae。

分布：古北区、东洋区、非洲区。本属全世界已知 45 种，中国已知 27 种。本志提出了 1 中国新记录种：优雅背纹茧蜂 *Rhaconotinus elegans* (Belokobylskij, 2001)；4 新异名：阿内森条背茧蜂 *Rhaconotus arnesenae* Kittel, 2016（= 皱条背茧蜂 *Rhaconotus rugosus* Chen *et* Shi, 2004）是多毛背纹茧蜂 *Rhaconotinus heterotrichus* (Belokobylskij *et* Chen, 2004) 的次异名、皱背纹茧蜂 *Rhaconotinus rugosus* (Tang *et* Chen, 2011)是斑痣背纹茧蜂 *Rhaconotinus maculistigma* (Chen *et* Shi, 2004)的次异名、华南背纹茧蜂 *Rhaconotinus austrochinensis* Belokobylskij *et* Zaldivar-Riverón, 2021（= *Rhaconotus chinensis* Chen *et* Shi, 2004）是尼基塔背纹茧蜂 *Rhaconotinus nadezhdae* (Tobias *et* Belokobylskij, 1981)的次异名、

红腹甲矛茧蜂 *Ipodoryctes rufiventris* (Chen *et* Shi, 2004)是天目山背纹茧蜂 *Rhaconotinus tianmushanus* (Belokobylskij *et* Chen, 2004)的次异名。

种检索表

1. 前翅 CU1a 脉不对叉……2
   前翅 CU1a 脉对叉……10
2. 头顶完全光滑，极少数种类侧方具短刻条……3
   头顶常大部分具明显的条纹或是皱刻条……6
3. 前翅第 2 亚缘室长是宽的 3.7 倍……**武夷背纹茧蜂 *R. wuyiensis***
   前翅第 2 亚缘室长是宽的 2.6–3.5 倍……4
4. 腹部第 6 背板后缘中央具凹缘……**河北背纹茧蜂 *R. hebeiensis***
   腹部第 6 背板后缘中央无凹缘……5
5. 产卵管鞘长稍短于腹部长；后足基节光滑……**壮背纹茧蜂 *R. lacertosus***
   产卵管鞘长明显长于腹部长；后足基节背面具刻条……**优雅背纹茧蜂 *R. elegans***
6. 腹部第 2 背板无分离的端区……**刘氏背纹茧蜂 *R. liui***
   腹部第 2 背板具相当明显的分离的端区……7
7. 后足腿节长是宽的 2.6 倍；后足基跗节长是后足第 2–5 跗节长的 0.6 倍；腹部第 6 背板后缘中央具浅的凹缘……**长背纹茧蜂 *R. longi***
   后足腿节长是宽的 3.5–4.0 倍；后足基跗节长是后足第 2–5 跗节长的 0.9–1.1 倍；腹部第 6 背板后缘中央无凹缘……8
8. 触角第 1 鞭节长是端宽的 3.8–4.0 倍；后足腿节长是宽的 3.5 倍；腹部第 1 背板端宽是基宽的 2.7 倍；体红棕色……**红背纹茧蜂 *R. rutilans***
   触角第 1 鞭节长是端宽的 5.0 倍；后足腿节长是宽的 3.8–4.0 倍；腹部第 1 背板端宽是基宽的 2.1–2.2 倍；体黑色……9
9. 产卵管鞘长是腹长的 0.6 倍，是前翅长的 0.3 倍；中胸侧板翅下区具皱刻条；腹部第 1、2 背板具刻条，且刻条间具皱……**斑痣背纹茧蜂 *R. maculistigma***
   产卵管鞘长是腹长的 1.5 倍，是前翅长的 0.8 倍；中胸侧板翅下区具革质和皱刻条；腹部第 1、2 背板具粗糙刻条……**贵州背纹茧蜂 *R. guizhouensis***
10. 腹部第 2 背板端部无明显分离或光滑的椭圆形区……11
    腹部第 2 背板端部具椭圆形区，被 1 深的弯沟分开，如果沟不明显，则椭圆形区光滑，与余下有明显刻纹的背板形成对比……14
11. 产卵管鞘长与腹长相等……**缺沟背纹茧蜂 *R. asulcus***
    产卵管鞘长短于腹长……12
12. 腹部第 6 背板端部中央具凹缘；并胸腹节具明显中区；体大部分黑色……**福建背纹茧蜂 *R. fujianus***
    腹部第 6 背板后缘完整，无凹缘；并胸腹节无明显中区；体黄色……13
13. 头顶中央具短横皱；上颊长是复眼横径的 0.3 倍；足黄褐色……**黄背纹茧蜂 *R. icterus***
    头顶光滑；上颊长是复眼横径的 0.5 倍；足黑色……**六节背纹茧蜂 *R. hexatermus***

14. 头顶完全光滑或几乎光滑；中胸侧板大部分常光滑（中华背纹茧蜂 *R. chinensis* 除外）………… 15
头顶完全或大部分具刻纹；中胸侧板至少在近背板 2/3 常具刻纹（有时刻纹细小）……………… 19
15. 腹部第 6 背板全具刻条；前翅褐色，具透明斑；后足基节光滑………… **光滑背纹茧蜂 *R. glaphyrus***
腹部第 6 背板具明显光滑的区域；前翅无透明斑；后足基节多少具刻纹……………………………… 16
16. 中胸盾片和中胸侧板革质，中胸盾片沿盾纵沟及边缘着生直立且稀疏的毛；腹部第 6 背板大，后续各节隐藏于其下，几乎完全具条纹，约为第 5 背板长的 2.0 倍；前翅 CU1b 脉缺，亚盘室端部逐渐关闭；后足胫节背面着生稀疏且直立的毛……………………………… **中华背纹茧蜂 *R. chinensis***
中胸盾片明显颗粒状，中胸侧板大部分光滑，中胸盾片完全或大部分着生短且半直立的密毛；腹部第 6 背板不大，后续各节部分隐藏于其下，大部分光滑，是第 5 背板长的 0.8–1.1 倍；前翅 CU1b 脉存在，亚盘室端部急促地关闭；后足胫节背面着生有密且半直立的毛……………………………… 17
17. 腹部第 2 背板长是基部宽的 0.5 倍；腹部第 1 背板长是基部宽的 1.0–1.2 倍；胸长是高的 1.8 倍；上颊长是复眼横径的 0.5 倍；中胸盾片侧叶全部着生毛；产卵管鞘很短，是前翅长的 0.2–0.3 倍；翅痣棕色……………………………………………………………… **天目山背纹茧蜂 *R. tianmushanus***
腹部第 2 背板长是基部宽的 0.7–1.0 倍；腹部第 1 背板长是基部宽的 1.3–1.7 倍；胸长是高的 2.2–2.4 倍；上颊长是复眼横径的 0.6–0.7 倍；中胸盾片侧叶具明显的不着生毛的区域；产卵管鞘较长，是前翅长的 0.3–0.6 倍；翅痣棕黄色或黄色 ……………………………………………………… 18
18. 腹部第 1 背板长是端宽的 1.3–1.4 倍，腹部第 2 背板长是基宽的 0.7–0.8 倍；后足基节几乎光滑…………………………………………………………………………… **尼基塔背纹茧蜂 *R. nadezhdae***
腹部第 1 背板长是端宽的 1.6–1.7 倍，腹部第 2 背板长是基宽的 0.9–1.0 倍；后足基节背面部分具皱刻条……………………………………………………………………… **重复背纹茧蜂 *R. iterabilis***
19. 腹部第 2 背板的端部椭圆形区常光滑且窄，端部无明显的、相分离的沟；基节前沟达中胸侧板下部长的 2/3；中胸侧板大部分光滑 ……………………………………………………………… 20
腹部第 2 背板的端部椭圆形区具刻纹且宽，前面具明显的、相分离的沟；基节前沟达中胸侧板下部全长；中胸侧板大部分具刻纹………………………………………………………………… 21
20. 后单眼间距是前后单眼间距的 1.2–1.3 倍；后足腿节较宽短，长是宽的 3.5 倍；腹部第 1 背板较短，长是端宽的 1.1–1.2 倍；产卵管鞘较短，是胸长的 0.7–0.9 倍，是前翅长的 0.3–0.4 倍；头顶着生稀疏的毛；中胸侧板近中部具 1 光滑的、不着生毛的区域…………… **多毛背纹茧蜂 *R. heterotrichus***
后单眼间距约等于前后单眼间距；后足腿节较细长，长是宽的 4.2 倍；腹部第 1 背板较长，长是端宽的 1.5 倍；产卵管鞘较长，是胸长的 1.3 倍，是前翅长的 0.6 倍；头顶着生密毛；中胸侧板全部着生毛………………………………………………………… **甲矛背纹茧蜂 *R. ipodoryctoides***
21. 腹部第 2 背板端部椭圆形区相当窄，且被 1 宽且浅的沟分开；前翅具斑点；后足除跗节外大部分暗棕色……………………………………………………………… **黄毛背纹茧蜂 *R. luteosetosus***
腹部第 2 背板端部椭圆形区相当宽，被窄且深的沟分开；前翅均匀淡褐色或半透明；后足几乎完全黄色或浅棕色……………………………………………………………………………… 22
22. 腹部第 6 背板至少端部 1/2 光滑；头顶完全颗粒状，无皱纹或条纹 ………………………… 23
腹部第 6 背板在端部 1/2 具明显的半圆形条纹；头顶完全颗粒状，多少具明显的皱纹或条纹 … 25
23. 腹部第 2 背板组成椭圆形区中的近基部的沟几乎直，端部椭圆形区较短，其长是腹部第 2 背板余下部分长的 0.6–0.7 倍；上颊较长，复眼横径是上颊长的 1.7–1.8 倍……………………………………………………………………………………………………三化螟背纹茧蜂 *R. schoenobivorus*

腹部第 2 背板组成椭圆形区中的近基部的沟明显弯曲，端部椭圆形区较长，其长是腹部第 2 背板余下部分的 0.8–1.0 倍；上颊较短，复眼横径是上颊长的 2.0–2.5 倍……………………………… 24

24. 第 2 亚缘室长是宽的 2.7–2.8 倍；第 5 背板大，显著长于第 6 背板；第 2 背板长是其基宽的 0.9–1.0 倍，是第 3 背板长的 1.8–2.0 倍 …………………………………………… 齐背纹茧蜂 *R. concinnus*

第 2 亚缘室长是宽的 2.2 倍；第 5 背板正常，稍长于第 6 背板；第 2 背板长约是其基宽的 0.7 倍，是第 3 背板长的 1.6 倍…………………………………………………墨尼帕斯背纹茧蜂 *R. menippus*

25. 产卵管较短，产卵管鞘长是胸长的 0.8–1.1 倍，是前翅长的 0.4–0.5 倍；后足腿节长是宽的 3.6–4.0 倍；腹部第 2 背板椭圆形区长是第 2 背板余下部分长的 1.7–2.0 倍 ………… 联背纹茧蜂 *R. affinis*

产卵管较长，产卵管鞘长是胸长的 1.3–1.7 倍，是前翅长的 0.6–0.8 倍；后足腿节长是宽的 3.2–3.5 倍；腹部第 2 背板椭圆形区长是第 2 背板余下部分长的 1.1–1.6 倍 ……………………………… 26

26. 上颊自复眼后强烈，几乎成直线收缩；头顶至少部分具明显条纹皱且密布颗粒；第 2 亚缘室较短，长是最大宽的 2.3–2.5 倍 ………………………………………………………… 何氏背纹茧蜂 *R. hei*

上颊自复眼后圆弧形收缩；头顶至少部分具细微条纹且密布颗粒；第 2 亚缘室较长，长是最大宽的 2.6–3.0 倍 ………………………………………………………… 中介背纹茧蜂 *R. intermedius*

(133) 联背纹茧蜂 *Rhaconotinus affinis* (Belokobylskij *et* Chen, 2004)（图版 XXXI: 2）

Rhaconotus affinis Belokobylskij *et* Chen, 2004b: 320.
Rhaconotinus affinis: Belokobylskij *et* Zaldivar-Riverón, 2021: 108.

雌：体长 2.3–3.8 mm；前翅长 2.0–2.9 mm。

头：触角 28–37 节；柄节长是宽的 1.5–1.7 倍；第 1 鞭节长是端宽的 3.7–4.5 倍，是第 2 鞭节长的 0.9–1.1 倍；头顶密布颗粒，大部分或仅前面具刻条，有时刻条不明显；头宽是长的 1.6–1.8 倍；上颊自复眼后强烈地、几乎成直线地收缩；额具斜刻条，刻条间常具很密的颗粒；上颊前面几乎光滑，后面 1/3–1/2 具皱，皱纹间具颗粒；上颊长是复眼横径的 0.5 倍；单眼中等大小，后单眼间距约等于前后单眼间距；POL=0.8–1.1×OD=0.3–0.4×OOL；复眼几乎是光滑的，纵径是横径的 1.2–1.3 倍，颚眼距是复眼纵径的 0.4 倍，与上颚基部宽几乎相等；脸密布颗粒，中央或大部分具刻条；脸宽是复眼纵径的 1.0 倍，是脸和唇基总长的 1.1–1.2 倍；颚眼沟不存在；后头脊和口后脊在上颚基部处愈合。

胸：胸长是高的 1.8–1.9 倍；前胸背板中部具 1 明显的背脊；中胸盾片、小盾片密布颗粒；中胸盾片端部中央具 2 相汇聚的刻条，之间具细微皱；中胸盾片前缘平缓，与前胸背板水平面成钝角；盾纵沟很浅、完整且具短刻条；中胸盾片中叶无中沟；小盾片前凹明显、深，具中脊，具稀疏皱，其长是小盾片长的 0.3 倍；基节前沟很深、具粗糙短刻条，稍弯曲，长几乎达中胸侧板下部全长；中胸侧板上部具颗粒皱，剩余部分革质或光滑；胸腹侧脊明显，腹面稍变宽；翅下区浅，很宽，具颗粒和短刻条；并胸腹节具明显基侧区，基侧区具颗粒，沿脊具皱，有时基部几乎光滑，基部 1/5 具中脊；并胸腹节剩余部分具粗糙网皱。

翅：前翅长是宽的 3.3–3.4 倍；r 脉从翅痣中间稍后发出；3-SR=2.1–2.8×r=0.4–0.5×SR1=1.3–1.7×2-SR；第 2 亚缘室端部稍加宽，长是宽的 2.5–3.0 倍，是第 1 亚盘室长的 1.1–1.3 倍，1-SR+M 脉稍呈“S”形；m-cu 脉稍后叉，有时对叉或稍前叉；1-CU1=0.7–1.0×cu-a；第 1 亚盘室在 m-cu 脉或稍前几乎成直线关闭；CU1a 脉对叉。后翅 M+CU=0.6–0.7×1-M，m-cu 脉很长，基部骨化或全部不骨化，前叉。

足：后足基节全部具细微颗粒；后足腿节背面具刻条或刻条间具颗粒，其他部分光滑，背面泡状肿突不明显，后足腿节长是宽的 3.6–4.0 倍；后足跗节与后足胫节几乎等长；后足胫节端部外缘具 2 刺；后足基跗节长是后足第 2–5 跗节长的 0.7–0.8 倍；后足第 2 跗节长是后足基跗节长的 0.4–0.5 倍，是后足第 5 跗节长的 1.0–1.2 倍。

腹：腹长与头胸总长几乎相等，腹部可见 6 节背板；第 1 背板端宽是其基宽的 2.0–2.3 倍，长是其端宽的 1.2–1.3 倍；第 1 背板具完整的背脊，全部具粗糙刻条，刻条之间具细微网纹；第 2 背板无基区，近中部具 1 弯向基部的横沟与第 2 背板缝组成的宽的椭圆形端区，端区具刻条（刻条之间常具明显皱纹）；第 2 背板长约是其基宽的 0.7 倍，是第 3 背板长的 1.7–2.3 倍；第 2 背板缝深且宽；第 6 背板端缘几乎直，端部中央无凹缘与后腹叶；第 2 背板（除端区外）、第 3–5 背板具纵刻条，第 3–5 背板端部光滑；第 6 背板基部中央密布网纹和颗粒，其余部分具明显的半圆形刻条；产卵管鞘长是腹长的 0.5–0.7 倍，是第 1 背板长的 1.9–2.2 倍，是胸长的 0.8–1.1 倍，是前翅长的 0.4–0.5 倍。

体色：体黑色，前胸大部分及整个中胸背板或中胸上斑点为红棕色；触角浅红棕色或红棕色，至端部逐渐变暗，基部 2 节黄色；足黄色，有时部分是棕色；产卵管鞘黑色，基部较淡；翅浅烟褐色，翅痣黄色或浅棕色。

雄：未知。

生物学：未知。

研究标本：1♀（副模，ZJUH），云南勐遮，1981.IV.19，何俊华，No.812542；1♀（副模，ZJUH），云南景洪三岔河，1981.IV.12，何俊华，No.811937；1♀（副模，ZJUH），云南勐海，1981.IV.18，何俊华，No.811745；1♀（副模，ZJUH），云南瑞丽，1981.V.6，何俊华，No.813017；2♀（副模，ZJUH），云南勐仑，1981.IV.10，何俊华，Nos.811903，811694。ZJUH：1♀，广东梅州丰溪，2003.VII.29，陈驹坚，No.20048614；1♀，广东封开黑石顶，2003.VIII.15，陈驹坚，No.20048947；1♀，广东始兴车八岭，2002.VII.27，许再福，No.20051810；2♀，广东始兴车八岭，2002.IV.19，许再福，Nos.20050804，20050786；1♀，广东始兴车八岭，2003.VIII.21，许再福，No.20052007；1♀，广东阳山坪架，2002.VII.25，许再福，No.20029312；1♀，广东郁南同乐大山，2003.VIII.12–13，许再福，No.20054425；1♀，广西植物园，2002.X.30，林乃铨，No.20035013；3♀，海南五指山，2007.V.16–20，刘经贤，Nos.200703130，200703278，200703275；1♀，海南鹦哥岭，2007.V.24–25，刘经贤，No.200702792；1♀，海南吊罗山，2007.VI.1–2，刘经贤，No.200703957；1♀，云南勐仑，1981.IV.10，何俊华，No.811695。

分布：广东（丰溪、封开、车八岭、阳山、同乐大山）、海南（五指山、鹦哥岭、吊罗山）、广西（南宁）、云南（勐仑、勐海、景洪、瑞丽）；印度，越南，老挝，泰国，马来西亚。

(134) 缺沟背纹茧蜂，新组合 *Rhaconotinus asulcus* (Shi *et* Chen, 2004), comb. nov.（图 12）

Rhaconotus asulcus Shi *et* Chen, in: Chen *et* Shi, 2004: 38.

Troporhaconotus asulcus: Belokobylskij *et* Zaldivar-Riverón, 2021: 158.

雌：体长 5.1 mm；前翅长 4.3 mm。

头：触角 46 节；柄节短于梗节长；第 1 鞭节长是宽的 5.0 倍，与第 2 鞭节等长，略短于柄节和梗节总长；背面观头方形，头宽为头长的 1.3 倍；头顶具稀毛，密布颗粒状刻点；额微凹陷，具皱及颗粒状刻点；上颊在复眼后收敛，长为复眼横径的 0.7 倍；POL=0.6×OOL=1.8×OD；正面观复眼大；脸密生毛，皱，脸宽为脸长的 1.8 倍；颚眼距长为复眼纵径的 0.4 倍；具后头脊。

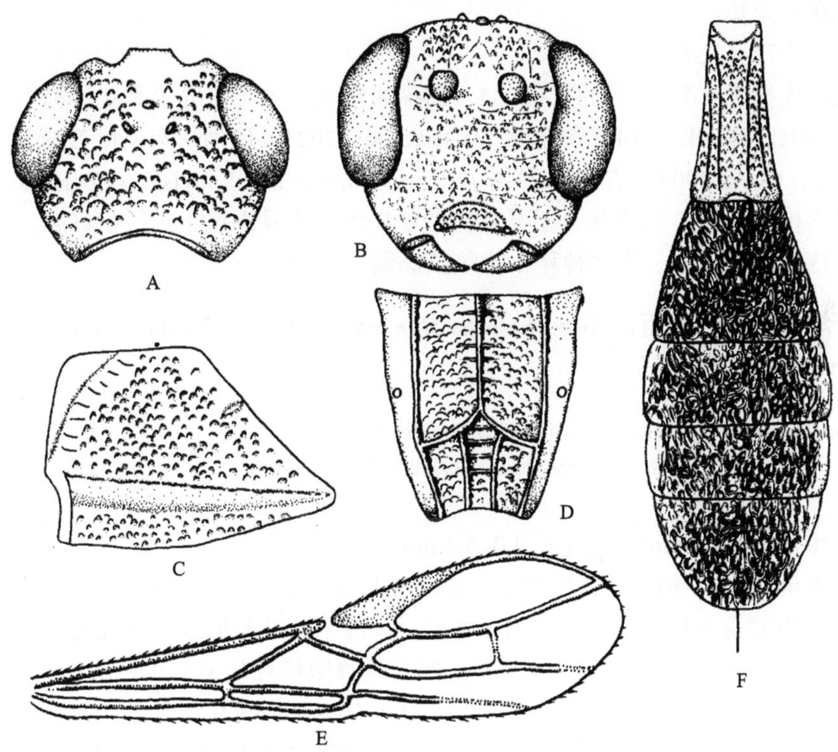

图 12　缺沟背纹茧蜂 *Rhaconotinus asulcus* (Shi *et* Chen)（仿陈家骅和石全秀，2004）

A. 头，背面观；B. 头，前面观；C. 中胸侧板；D. 并胸腹节，背面观；E. 前翅；F. 腹部，背面观

胸：胸长是高的 2.7 倍，密被细颗粒状刻点，毛极稀；前胸背板凹具短刻条；背面观中胸盾片略高于前胸背板；盾纵沟细窄，具短刻条，沿盾纵沟具稀长毛，后端会合于 1 稍宽、具纵脊的区域；小盾片前凹小而浅，仅具 1 纵脊；小盾片突出，具颗粒状刻点；

后小盾片末端成刺状突出；中胸侧板基节前沟完整，细而浅，光滑，无短刻条；并胸腹节具中区，中区内具横脊，密生毛，中纵脊长达并胸腹节长的 1/2。

翅：前翅翅痣三角形，长是宽的 5.8 倍；r 脉长为翅痣宽的 0.8 倍；3-SR=2.1×2-SR；SR1 脉伸至翅尖；r-m 脉弱骨化；2-M=3.7×r-m；m-cu 脉对叉；cu-a 脉后叉；CU1a 脉对叉。后翅 m-cu 脉和 cu-a 脉弱骨化；M+CU=0.4×1-M。

足：腿节背面具肿突；前足胫节外缘具 1 列刺；后足基节腹面具瘤突；后足腿节长∶后足胫节长∶后足基跗节长∶后足 2–5 跗节长=6.0∶9.0∶4.0∶6.0。

腹：第 1 背板长为端宽的 1.8 倍，端宽为基宽的 1.6 倍，基部具背凹，具颗粒状刻点，具 2 侧纵脊，末端具短纵脊；第 2–6 背板具网皱；第 2+3 背板无横沟分隔，长为端宽的 0.8 倍；第 6 背板具横刻条；产卵管鞘约等于腹长。

体色：体黑色；触角、唇基、口窝、上颚、前足基节、转节、腿节、跗节、第 3–6 背板端部、中后足跗节和产卵管红褐色；须深褐色；翅烟褐色。

雄：未知。

生物学：未知。

分布：云南（勐仑）。

附注：根据陈家骅和石全秀（2004）的描述整理，本志研究未见此种标本。模式标本保存于 BIIC。Belokobylskij 和 Zaldivar-Riverón（2021）认为缺沟条背茧蜂 *Rhaconotus asulcus* Shi *et* Chen, 2004 是热纹茧蜂属 *Troporhaconotus* Belokobylskij *et* Zaldivar-Riverón, 2021，但该种腹部第 1 背板长小于其端宽的 2.0 倍，明显不属于热纹茧蜂属，而符合背纹茧蜂属特征。因此本志将此种移入背纹茧蜂属。

(135) 中华背纹茧蜂，新组合 *Rhaconotinus chinensis* (Belokobylskij *et* Chen, 2004), comb. nov.（图版 XXXI: 3）

Rhaconotus chinensis Belokobylskij *et* Chen, 2004b: 322.

Troporhaconotus chinensis: Belokobylskij *et* Zaldivar-Riverón, 2021: 156.

雌：体长 5.9–8.4 mm；前翅长 4.0–5.4 mm。

头：触角 49 节；柄节长是宽的 1.8 倍，第 1 鞭节长是端宽的 5.0 倍，是第 2 鞭节长的 1.1 倍；头部及上颊光滑，有时部分革质；额前半部分具皱或者条纹皱；头宽是长的 1.4–1.5 倍；上颊自复眼后圆弧形收缩；上颊长是复眼横径的 0.5–0.6 倍；单眼小，后单眼间距是前后单眼间距的 1.1 倍；POL=0.7–0.9×OD=0.4×OOL；复眼光滑，纵径是横径的 1.2 倍；颚眼距是复眼纵径的 0.3 倍，是上颚基部宽的 0.8 倍；脸具细微颗粒皱；脸宽是复眼纵径的 0.8–0.9 倍，是脸和唇基总长的 1.3 倍；颚眼沟微弱；后头脊和口后脊在上颚基部处不愈合。

胸：胸长是高的 2.3–2.4 倍；前胸背板脊明显，高，基部中央具背脊；中胸盾片前缘平缓，与前胸背板水平面成钝角；盾纵沟深、完整，具短刻条；中胸盾片中叶无中沟，大部分革质，具 2 个相汇聚的刻条，端部 1/3 刻条间具皱；小盾片前凹明显、深，具 1–

3 脊，有稀疏皱，其长是小盾片长的 0.2–0.3 倍；中胸侧板革质，基节前沟下方几乎光滑；基节前沟深，具短刻条，稍“S”形弯曲，长达中胸侧板下部全长；胸腹侧脊明显，近腹面变宽；翅下区深、窄，具短刻条；并胸腹节无明显分区，基半部具中脊，基部 2/3 具 2 侧脊，基半部密布皮质颗粒，端半部具粗糙皱纹。

翅：前翅长是宽的 4.4–4.7 倍；r 脉从翅痣中间发出，与 3-SR 脉相接成明显的钝角；3-SR=2.3–2.5×r=0.4–0.5×SR1=1.4–1.5×2-SR；第 2 亚缘室端部不变宽，长是宽的 3.0–3.3 倍，是第 1 亚盘室长的 0.9–1.0 倍；1-SR+M 脉稍“S”形；m-cu 脉明显后叉；1-CU1=0.5–0.7×cu-a；第 1 亚盘室在 m-cu 脉稍前逐渐自然关闭；CU1a 脉对叉。后翅 M+CU=0.3–0.4×1-M；m-cu 脉很长，不骨化。

足：足革质；后足腿节长是宽的 3.0–3.3 倍，背面多少具明显的泡状肿突；后足跗节与后足胫节几乎等长；后足胫节端部外缘具 6 或 7 个刺；后足基跗节长是后足第 2–5 跗节长的 0.6 倍；后足第 2 跗节长是后足基跗节长的 0.4–0.5 倍，是后足第 5 跗节长的 0.9–1.0 倍。

腹：腹长是头胸总长的 1.1–1.2 倍，腹部可见 6 节背板；第 1 背板端宽是其基宽的 1.7–1.8 倍，长是其端宽的 1.6–1.8 倍；第 1 背板基部具明显且完整的背脊，刻条间密布革质皱；第 2 背板无基区，近中部具明显且深的弯向基部的横沟与第 2 背板缝组成的椭圆形端区；第 2 背板长是其基宽的 0.8 倍，是第 3 背板长的 1.5–1.7 倍；第 2 背板缝浅，宽；第 2–5 背板具粗糙的密刻条，刻条间具细微皱；第 6 背板基部 1/2–2/3 具纵刻条，端部具半圆形刻条，端部中央具光滑区域；第 6 背板端缘圆形，端部中央无或具很浅的凹缘，无后腹叶；产卵管鞘长是腹长的 0.7–0.9 倍，是前翅长的 0.6–0.7 倍。

体色：体黑色；柄节暗红棕色或红棕色，梗节与鞭节基部浅红棕色，鞭节至端部逐渐变暗；足浅红棕色，胫节基部和第 5 跗节变暗；产卵管鞘黑色；翅浅烟褐色，基脉附近和翅痣下部明显较暗；翅痣深棕色，基部黄白色。

雄：体长 4.4–4.7 mm，前翅长 3.0–3.2 mm。触角 35–38 节，鞭节第 1 节长约是宽的 4.7 倍，与第 2 鞭节几乎等长；胸长是高的 2.5–2.6 倍；前翅长为宽 4.2–4.4 倍；腹部细长，其长为头胸总长的 1.4–1.5 倍；第 2+3 背板无椭圆形端区，愈合处稍缢缩且光滑；第 6 背板端部收窄，尖细；后足腿节长是宽的 2.5 倍；后足胫节长是宽的 7.7 倍，为跗节长的 0.8–0.9 倍；后足基跗节长是第 2–5 跗节总长的 0.8–0.9 倍，是第 2 跗节长的 2.6–2.7 倍。其余特征与雌虫相似。

生物学：未知。

研究标本：♀（正模，ZJUH），云南景洪，1983.VII.6，郎贻昌，No.841258。ZJUH：1♂，广西南宁，1985.V.15，黄瑞清，No.860776；1♂，海南五指山，2007.V.16–20，刘经贤，No.200703273；1♀，贵州大沙河保护站，1360 m，2004.VIII.20，王志杰，No.200617462。

分布：台湾、海南（五指山）、广西（南宁）、贵州（大沙河）、云南（景洪）。

附注：Belokobylskij 和 Zaldivar-Riverón（2021）认为中华条背茧蜂 *Rhaconotus chinensis* Belokobylskij *et* Chen, 2004 是热纹茧蜂属 *Troporhaconotus* Belokobylskij *et* Zaldivar-Riverón, 2021，但该种腹部第 1 背板长小于其端宽的 2.0 倍，明显不属于热纹茧

蜂属，而符合背纹茧蜂属特征。因此本志将此种移入背纹茧蜂属。

(136) 齐背纹茧蜂 *Rhaconotinus concinnus* (Enderlein, 1912)（图版 XXXI: 4）

Chremylus concinnus Enderlein, 1912: 23; Watanabe, 1937: 43; Shenefelt, 1975: 1156.

Rhaconotus concinnus: Belokobylskij, 1994d: 341; 1996: 155; Chen *et* Shi, 2004: 44; Belokobylskij *et* Maeto, 2009: 419.

Rhaconotinus concinnus: Belokobylskij *et* Zaldivar-Riverón, 2021: 109.

雌：体长 2.5–3.2 mm；前翅长 2.2–2.5 mm。

头：触角 25 节；柄节长是宽的 1.5 倍，鞭节第 1 节长是其端宽的 4.8–5.0 倍，与第 2 鞭节长几乎相等；头和额密布颗粒，宽是长的 1.5–1.6 倍；上颊自复眼后圆弧形收缩，长是复眼横径的 0.4–0.5 倍；单眼小，后单眼间距等于前后单眼间距；POL=0.9–1.0×OD=0.3×OOL；复眼光滑，纵径是横径的 1.2 倍；颚眼距是复眼纵径的 0.3–0.4 倍，是上颚基部宽的 0.8–0.9 倍；脸密布颗粒，中部几乎光滑，脸宽约等于复眼纵径，是脸和唇基总长的 1.2–1.4 倍；颚眼沟缺；后头脊与口后脊在上颚基部处不愈合。

胸：胸长是高的 2.3 倍；前胸背板背脊明显且位于前胸背板中央；中胸盾片全部密布颗粒，沿盾纵沟无皱；中胸盾片前缘平缓，与前胸背板水平面成钝角；盾纵沟深且具短刻条；中胸盾片中叶具浅的中纵沟；小盾片前凹明显，长是小盾片长的 0.3 倍；小盾片密布颗粒；中胸侧板密布革质颗粒；基节前沟深，具短刻条和颗粒，长几乎达中胸侧板下部全长；并胸腹节密布细颗粒，端半部具稀疏的皱；基半部具明显中脊，具明显基侧区和窄的中区。

翅：前翅长是宽的 3.7–3.8 倍；r 脉从翅痣中间伸出；3-SR=3.7–3.8×r=0.5×SR1=1.8×3-SR；第 2 亚缘室端部不加宽，长是宽的 2.7–2.8 倍，是第 1 亚盘室长的 1.4–1.5 倍；1-SR+M 脉明显“S”形；m-cu 脉明显后叉；1-CU1=1.5×cu-a；第 1 亚盘室明显在 m-cu 脉之前关闭；CU1a 脉对叉。后翅 M+CU=0.3×1-M；m-cu 脉明显前叉，不骨化。

足：后足基节背部密布颗粒，腹半部具革质颗粒；后足腿节背半部具微弱革质颗粒，腹半部革质，长是宽的 3.8–4.0 倍，背面具小的泡状肿突；后足跗节长等于后足胫节长；后足基跗节长是后足第 2–5 跗节长的 0.5–0.6 倍；后足第 2 跗节长是后足基跗节长的 0.5 倍，是后足第 5 跗节长的 1.3 倍。

腹：腹长稍长于头胸总长的 1.1 倍，可见 5 节背板，但第 6 背板也有一小段伸出；第 1 背板端宽是基宽的 2.2–2.3 倍，长是端宽的 1.4–1.5 倍；第 2 背板无基区，端部具明显弯横沟组成的椭圆形端区；第 2 背板长是其基宽的 0.9–1.0 倍，是第 3 背板长的 1.8–2.0 倍；第 2 背板缝深、宽，均匀弯曲；第 5 背板很大，端缘几乎直，中央无缺刻，后腹面无侧叶。第 1 背板具明显粗糙刻条，其间具网纹，基部具明显背脊；第 2 背板全部，第 3、4 背板基部 0.7–0.8 具明显刻条，其间具网纹，端部 0.2–0.3 光滑；第 5 背板基部 0.2–0.3 具刻条，中间区域具网纹，端部 0.2–0.3 光滑；产卵管鞘长是腹长的 0.4–0.5 倍，是前翅长的 0.3 倍。

体色：体红棕色，头部棕黄色；触角深红棕色；足棕黄色；产卵管鞘深棕色；翅透明，翅痣黄色。

雄：未知。

生物学：未知。

研究标本（ZJUH）：1♀，福建福州，1985.VIII.22，刘长明，No.965920；3♀，广西乐业，1981.VIII.2，王斌，Nos.821310（3）；1♀，海南鹦哥岭，2007.X.18，刘经贤，No.200710004；1♀，云南个旧绿水河电厂，2003.VII.23，李廷景，No.20045530。

分布：福建（福州）、台湾、广东（广州）、海南（鹦哥岭）、广西（乐业）、云南（个旧）；日本，越南，佛得角。

(137) 优雅背纹茧蜂 *Rhaconotinus elegans* (Belokobylskij, 2001)（图版 XXXII: 1）

Ipodoryctes elegans Belokobylskij, 2001: 140; Belokobylskij *et* Maeto, 2009: 286.
Rhaconotinus elegans: Belokobylskij *et* Zaldivar-Riverón, 2021: 109.

雌：体长 3.8–4.2 mm；前翅长 3.0–3.4 mm。

头：触角细长，38–43 节；柄节长是宽的 1.6–1.7 倍，第 1 鞭节长是其端宽的 4.0–4.2 倍，是第 2 鞭节长的 1.0–1.1 倍；倒数第 2 鞭节长是宽的 3.5–4.0 倍，是第 1 鞭节长的 0.6–0.7 倍，是最后 1 鞭节长的 0.9 倍；头顶光滑；额具十分微弱的横向刻条；上颊光滑；复眼横径是上颊长的 1.8–2.0 倍；单眼中等大小，后单眼间距是前后单眼间距的 1.2–1.3 倍；POL=1.3–1.7×OD=0.6–0.8×OOL；复眼光滑，纵径是横径的 1.2–1.3 倍；颚眼距是复眼纵径的 0.3 倍，是上颚基部宽的 0.7–0.8 倍；脸具微弱的横向刻条或几乎光滑；脸宽为复眼纵径的 0.8–0.9 倍，是脸和唇基总长的 1.1–1.2 倍；唇基下陷圆形，宽是下陷边缘至复眼距离的 0.9–1.0 倍；无颚眼沟；后头脊背方完整，与口后脊在上颚基部处不愈合。

胸：胸长是高的 1.8–2.0 倍；前胸背板后横脊明显，后横脊位于前胸背板中央；中胸盾片具微弱的稀疏刻点，侧方前方具皱刻条；中叶无中凹，前半部具密集刻点和微弱颗粒；盾纵沟深、完整、具短刻条；小盾片光滑；小盾片前凹深、具弱皱、具 3 脊，是小盾片长的 0.3 倍；中胸侧板几乎光滑，翅下区浅，相当宽，具纵刻条；基节前沟深，后方 1/3 浅，光滑，几乎直，横贯中胸侧板下缘；并胸腹节基部 1/3 具基脊，基侧区明显、光滑，中区明显；并胸腹节剩余部分具粗糙皱。

翅：前翅长是宽的 3.6–3.8 倍；1-R1 脉是翅痣长的 1.3–1.4 倍，r 脉几乎从翅痣中间伸出；3-SR=2.6–2.9×r=0.5–0.6×SR1=1.2–1.3×2-SR，第 2 亚缘室长是宽的 3.0–3.4 倍，是第 1 亚盘室长的 1.3 倍；1-SR+M 脉"S"形弯曲；m-cu 脉稍后叉或几乎对叉；1-CU1=0.7–1.0×cu-a；CU1a 脉从第 1 亚盘室末端 1/3 处伸出。后翅 M+CU=0.7–0.8×1-M，m-cu 脉稍前叉，不骨化，着色。

足：后足基节背面具刻条；后足腿节光滑；后足腿节长是宽的 3.5–3.6 倍，背面端部具小的泡状肿突；后足跗节长是后足胫节长的 1.1–1.2 倍；后足基跗节长是后足第 2–5 跗节长的 0.9 倍；后足第 2 跗节长是后足基跗节长的 0.3–0.4 倍，是后足第 5 跗节长的 1.2–1.3 倍。

腹：腹长是头胸总长的 1.1–1.2 倍，可见 6 节背板；腹部第 1 背板全具刻条；第 1 背板端宽是其基宽的 2.2–2.3 倍，长是其端宽的 1.1–1.2 倍；第 2 背板无明显的基区，但具明显端区，大部分具明显的纵刻条；第 2 背板具 1 明显横沟；第 2 背板长是其基宽的 0.8–0.9 倍，是第 3 背板长的 2.0 倍；第 2 背板缝深，均匀弯曲；第 3–5 背板基部 2/3 具纵刻条，剩余部分光滑；第 6 背板具密的同心刻条，端部中央无凹缘；产卵管鞘长是腹长的 1.5–1.6 倍，是前翅长的 1.0–1.1 倍。

体色：头和胸部红褐色，头背方或胸部后半部常色深；腹部几乎黑色，端部和侧方红色，有时所有背板深红褐色；触角深红褐色至黑色，基部 2 节红褐色；须浅黄色；足浅褐色，基部色浅；后足基节红黄色；后足胫节基部红褐色或深红褐色；所有跗节浅红褐色；前翅几乎透明，翅痣褐色，基部和端部色浅。

雄：体长 2.2–3.6 mm，前翅长 1.8–2.7 mm。触角 27–38 节；鞭节第 1 节长是其端宽的 3.6–4.0 倍；后足腿节长是宽的 2.7–2.9 倍；腹部第 1 背板长是端宽的 1.6–1.7 倍；第 2 背板长是其基宽的 1.2 倍，是第 3 背板长的 1.5–1.6 倍。其余特征与雌虫相似。

生物学：未知。

研究标本：1♀（副模，ZISP），Japan：Ryukyus，Iriomote Is.，Mt. Sonai，1999.X.16–18，K. Konishi；1♀（副模，ZISP），Japan：Ryukyus，Ishigaki Is.，Mt. Maese-dake，1999.X.13–15，S. Belokobylskij。ZJUH：1♀，浙江安吉龙王山，1993.VIII.31，陈学新，No.939701；1♂，浙江开化古田山，1992.VII.20，陈学新，No.923728；1♂，浙江西天目山，1990.VI.2–4，何俊华，No.904223；1♀，西天目山进山门，1998.VII.21，赵明水，No.20002595。

分布：浙江（龙王山、古田山、西天目山）；日本。本种为我国首次记录。

(138) 福建背纹茧蜂 *Rhaconotinus fujianus* (Belokobylskij *et* Chen, 2004)（图版 XXXII: 2）

Rhaconotus fujianus Belokobylskij *et* Chen, 2004b: 325.

Rhaconotinus fujianus: Belokobylskij *et* Zaldivar-Riverón, 2021: 109.

雌：体长 5.0 mm；前翅长 3.1 mm。

头：触角已断，余 27 节；柄节长是宽的 1.6 倍，第 1 鞭节长是端宽的 4.0 倍，比第 2 鞭节稍长；头、额密布明显的横向刻条，具颗粒，额后面仅具颗粒；头宽是长的 1.4 倍；上颊具密集颗粒；上颊自复眼后圆弧形收缩，上颊长是复眼横径的 0.8 倍；单眼小，后单眼间距与前后单眼间距几乎相等；POL=1.3×OD=0.5×OOL；复眼光滑，纵径是横径的 1.1 倍；颚眼距是复眼纵径的 0.5 倍，是上颚基部宽的 0.8 倍；脸密布颗粒皱；脸宽与复眼纵径相等，是脸和唇基总长的 1.4 倍；颚眼沟缺；后头脊和口后脊在上颚基部处不愈合。

胸：胸长是高的 2.6 倍；前胸背板背脊高，远离前胸背板端部，脊至前胸背板端部距离是其至前胸背板基部距离的 0.8 倍；中胸背板沿盾纵沟宽的区域内密布毛；中胸盾片前缘平缓，与前胸背板水平面成钝角，密布很细的颗粒，端部 1/3 具 2 个相汇聚的脊，脊之间具稀疏皱；盾纵沟深、很宽、完整，具短刻条；中胸盾片中叶无中沟；小盾片上密布细颗粒；小盾片前凹深，具中脊，具稀疏皱，前凹长是小盾片长的 0.3 倍；中胸侧板密布革质颗粒；基节前沟很浅、几乎光滑、直、长几乎达中胸侧板下部全长；胸腹侧脊明显，腹面宽；并胸腹节全部具革质颗粒，有 2 完整侧脊，基部具明显中脊，中区端部具横刻条。

翅：前翅长是宽的 4.2 倍；r 脉从翅痣中间发出，与 3-SR 脉相接成明显的钝角；3-SR=3.8×r=0.6×SR1=1.6×2-SR；第 2 亚缘室端部几乎不加宽，长是宽的 3.6 倍，是第 1 亚盘室长的 1.2 倍；1-SR+M 脉稍"S"形；m-cu 脉明显后叉；1-CU1=0.5×cu-a；第 1 亚盘室在 m-cu 脉稍前急剧地关闭；CU1a 脉对叉。后翅 M+CU=0.4×1-M；m-cu 脉短、强度骨化、对叉。

足：后足基节全部具颗粒；后足腿节长约是宽的 3.0 倍，全部密布皮质颗粒，背面具泡状肿突；后足跗节与后足胫节几乎等长；后足胫节端部外缘具 4 刺；后足基跗节长是后足第 2–5 跗节长的 0.6 倍；后足第 2 跗节长是后足基跗节长的 0.6 倍，是后足第 5 跗节长的 1.3 倍。

腹：腹长是头胸总长的 1.3 倍，腹部可见 6 节背板；腹部第 1 背板具近平行且完整的背脊；第 1 背板端宽是其基宽的 1.8 倍，长是其端宽的 1.4 倍；第 2 背板无基区，无端区；第 2 背板长是其基宽的 0.6 倍，与第 3 背板等长；第 2 背板缝浅，宽；第 6 背板端缘规则圆形，端部中央具很深、窄的凹缘，具明显的后腹叶；第 1–5 背板全部具很密的刻条，刻条间具密且细的横皱；第 2–5 背板侧面具很密的、稍弯的纵刻条，刻条间具很密的皱纹；第 6 背板全部具半圆形的粗糙刻条，刻条间具皱；产卵管鞘长是腹长的 0.7 倍，是前翅长的 0.6 倍。

体色：体黑色；头部下部与第 6 背板端部红色；复眼以下头部窄的区域黄红色；触角浅红棕色，至端部变暗；前中足浅红棕色，基部红黄色；后足红棕色，后足基节深红棕色；所有胫节基部颜色较浅；所有跗节黄棕色或浅红棕色；前翅浅烟褐色，翅痣深棕色，基部黄色。

雄：未知。

生物学：未知。

研究标本：♀（正模，ZJUH），福建沙县，1979.VIII，林乃铨，No.20004042；1♀，广东佛冈观音山，2007.IX.15–16，许再福，No.200711682（ZJUH）。

分布：福建（沙县）、广东（观音山）。

(139) 光滑背纹茧蜂，新组合 *Rhaconotinus glaphyrus* (Chen *et* Shi, 2004), comb. nov.（图 13）

Rhaconotus glaphyrus Chen *et* Shi, 2004: 46.

Troporhaconotus glaphyrus: Belokobylskij *et* Zaldivar-Riverón, 2021: 156.

雌：体长 9.3 mm；前翅长 6.6 mm。

头：触角 55 节；第 1 鞭节长是宽的 4.6 倍，是第 2 鞭节长的 1.1 倍；背面观头方形，头宽是头长的 1.3 倍；头顶光滑，具稀长毛；额微凹陷，近触角窝处具少许刻条，其余光滑；上颊光滑，在复眼后圆钝地收敛，长为复眼横径的 0.5 倍；POL=0.5×OOL=1.3×OD；脸具较密毛，触角窝下方具颗粒状刻点，脸宽为脸长的 2.0 倍；颚眼距长为复眼纵径的 0.4 倍；具后头脊。

胸：胸长是高的 2.3 倍；前胸背板凹具纵脊；前胸侧板光滑；中胸盾片缓落向前胸背板；盾纵沟完整、较浅，沟内具短刻条，后端内缘具 2 纵脊，会合处微凹陷，沿沟缘具稀长毛；小盾片前凹具 5 纵脊；小盾片突出，光滑；中胸侧板光滑；基节前沟完整，内具短刻条；并胸腹节具中区，中区内具网状皱，密生毛，中纵脊长，为并胸腹节长的 1/2，基侧区光滑。

翅：前翅翅痣长是宽的 5.0 倍；r 脉从翅痣中间伸出，长等于痣宽，与 3-SR 脉成钝角；SR1 脉伸至翅尖；3-SR=1.3×2-SR；2-M=3.8×r-m；m-cu 脉伸入第 2 亚缘室；cu-a 脉后叉；第 1 亚盘室末端关闭于 m-cu 脉之后；CU1a 脉从基部伸出。后翅 M+CU=0.4×1-M。

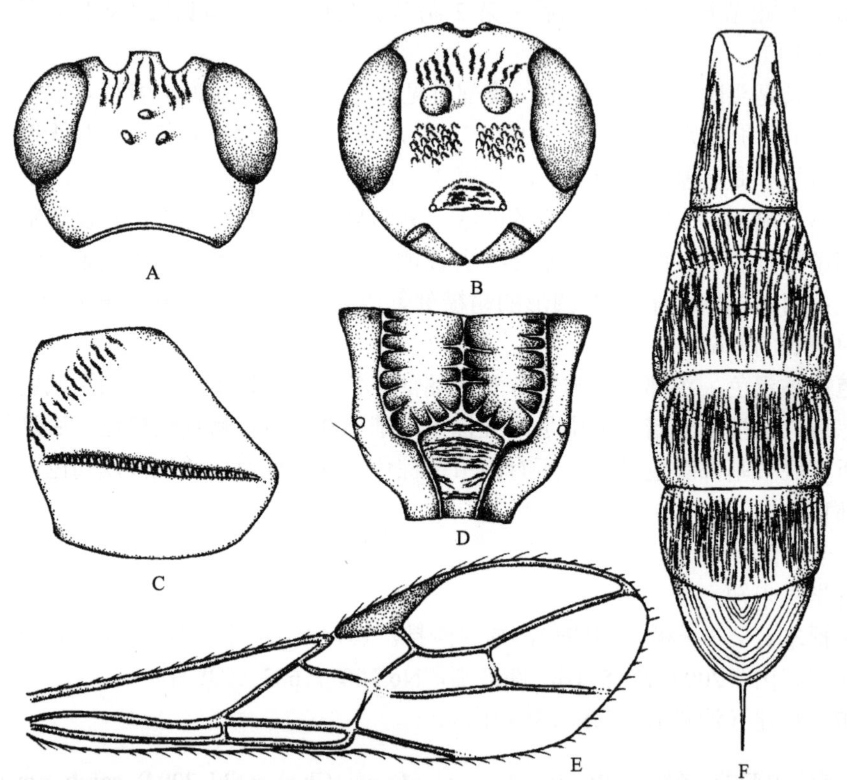

图 13 光滑背纹茧蜂 *Rhaconotinus glaphyrus* (Chen *et* Shi)（仿陈家骅和石全秀，2004）

A. 头，背面观；B. 头，前面观；C. 中胸侧板；D. 并胸腹节，背面观；E. 前翅；F. 腹部，背面观

足：腿节背面具肿突；前足胫节外缘具 1 列刺；后足基节光滑；胫节外缘毛略长于胫节宽；后足第 1 跗节长为后足第 2 跗节长的 2.5 倍。

腹：第 1 背板长为端宽的 1.9 倍，具纵脊；第 2+3 背板长为端宽的 0.9 倍，具纵脊，被 2 条弧形横沟分成 3 部分；第 4–6 背板基部各具 1 条横沟，具纵脊；产卵管鞘长是腹长的 0.8 倍。

体色：头胸黑色；触角褐色；须黑褐色；足胫节基部、跗爪黑褐色，其余栗褐色；翅褐色，具透明斑；腹部 3–6 背板末端栗褐色，其余背板黑色；产卵管栗褐色，产卵管鞘深褐色。

雄：未知。

生物学：未知。

分布：福建（龙栖山、武夷山）。

附注：根据陈家骅和石全秀（2004）的描述整理，本志研究未见此种标本。模式标本保存于 BIIC。Belokobylskij 和 Zaldivar-Riverón（2021）认为光滑条背茧蜂 *Rhaconotus glaphyrus* Chen *et* Shi, 2004 是热纹茧蜂属 *Troporhaconotus* Belokobylskij *et* Zaldivar-Riverón, 2021，但该种腹部第 1 背板长小于其端宽的 2.0 倍，明显不属于热纹茧蜂属，而符合背纹茧蜂属的特征。因此本志将此种移入背纹茧蜂属。

(140) 贵州背纹茧蜂 *Rhaconotinus guizhouensis* (Tang *et* Chen, 2011)（图版 XXXII: 3）

Ipodoryctes guizhouensis Tang *et* Chen, in: Tang *et al.*, 2011: 5.

Rhaconotinus guizhouensis: Belokobylskij *et al.*, 2021: 411.

雌：体长 3.3 mm；前翅长 3.0 mm。

头：触角 30 节，细长，几乎线形；柄节长是宽的 1.8 倍；第 1 鞭节长是端宽的 5.0 倍，是第 2 鞭节长的 1.0 倍；倒数第 2 鞭节长是宽的 4.0 倍，是第 1 鞭节长的 0.8 倍，是最后 1 鞭节长的 1.0 倍；头顶具横向刻条；额具粗糙的斜皱；头宽是长的 1.3 倍；复眼横径是上颊长的 2.3 倍；上颊自复眼后弧形收缩；单眼中等大小，后单眼间距是前后单眼间距的 1.0 倍，POL=1.0×OD=0.5×OOL；复眼光滑，纵径是横径的 1.5 倍；脸具明显皱刻条，部分区域具颗粒；脸宽为复眼纵径的 1.2 倍，是脸和唇基总长的 1.3 倍；颚眼距是复眼纵径的 0.2 倍，是上颚基部宽的 0.6 倍；无颚眼沟；后头脊背方完整，与口后脊在上颚基部处愈合。

胸：胸长是高的 2.1 倍；前胸背板后横脊微弱，位于前胸背板中央；中胸盾片密布颗粒和短毛；中胸盾片中叶无中凹；盾纵沟前部浅，完整，内具短刻条；小盾片密布颗粒；小盾片前凹深、具 3 纵脊，纵脊间光滑；小盾片前凹长是小盾片长的 0.4 倍；中胸侧板几乎光滑；翅下区具革质和皱刻条；基节前沟深，长，光滑，其长达中胸侧板下部全长的 2/3；胸腹侧脊明显，腹方宽；并胸腹节明显分区，具 2 个大且几乎光滑的基侧区和 1 个明显宽的中区。

翅：前翅长是宽的 3.5 倍；r 脉稍由翅痣中央后方伸出；3-RS 脉与 r 脉成钝角；3-SR=6.0×r=0.5×SR1；第 2 亚缘室长是宽的 3.6 倍，是第 1 亚盘室长的 1.5 倍；1-SR+M 脉稍微“S”形弯曲；m-cu 脉稍后叉；1-CU1=1.1×cu-a；CU1a 脉不与 2-CU1 脉处在同一水平，从第 1 亚盘室端部上方 1/3 处伸出。后翅 M+CU=0.7×1-M；m-cu 脉稍弯曲，明显前叉，着色。

足：后足基节背方具有明显颗粒的皱；后足腿节大部分光滑，背方具刻条；后足腿节背方具明显的肿突，长是宽的 4.0 倍；后足跗节长是后足胫节长的 1.0 倍，后足基跗节长是后足第 2–5 跗节长的 1.1 倍；后足第 2 跗节长是后足基跗节长的 0.3 倍，是后足第 5 跗节长的 1.0 倍。

腹：腹长是头胸总长的 1.0 倍，可见 6 节背板；第 1 腹板全部具粗糙刻条，端宽是其基宽的 2.1 倍，长是其端宽的 1.5 倍；第 2 背板具明显的光滑端区，无基区，大部分具粗糙的刻条；第 2 背板长是其基宽的 0.6 倍；第 2 背板缝深，均匀弯曲；第 3–5 背板基部 3/4 具粗糙刻条，剩余部分光滑；第 6 背板密布同心刻条，但基部光滑；第 6 背板端缘微弱的规则的圆形，端缘中央无凹缘；产卵管鞘断，产卵管长是腹长的 1.5 倍，是前翅长的 0.8 倍。

体色：体黑色；触角浅红棕色渐变为黑色；须浅黄色；足浅棕色到浅红棕色，后足基节黑色，后足胫节基部黑色，所有跗节红棕色；翅微弱烟褐色；翅痣深棕色，基部和端部颜色稍浅。

雄：未知。

生物学：未知。

研究标本：♀（正模，ZJUH），贵州麻阳河万家，2007.X.1–3，朱兰兰，No.200709295。

分布：贵州（麻阳河）。

(141) 河北背纹茧蜂 *Rhaconotinus hebeiensis* (Tang *et* Chen, 2011)（图版 XXXII: 4）

Ipodoryctes hebeiensis Tang *et* Chen, in: Tang *et al.*, 2011: 7.

Rhaconotinus hebeiensis: Belokobylskij *et al.*, 2021: 411.

雌：体长 4.5 mm；前翅长 3.5 mm。

头：触角细长，几乎线形，余 17 节；柄节长是宽的 1.3 倍；第 1 鞭节长是端宽的 4.3 倍，是第 2 鞭节长的 1.0 倍；头顶光滑；额具微弱的横向刻条；头宽是长的 1.4 倍；复眼横径是上颊长的 1.8 倍；上颊自复眼后弧形收缩；单眼中等大小，后单眼间距是前后单眼间距的 1.3 倍，POL=1.3×OD=0.7×OOL；复眼光滑，纵径是横径的 1.3 倍；脸中央具明显刻条，侧方具明显刻点；脸宽为复眼纵径的 0.9 倍，是脸和唇基总长的 1.2 倍；颚眼距是复眼纵径的 0.2 倍，是上颚基部宽的 0.6 倍；无颚眼沟；后头脊背方完整，与口后脊在上颚基部处愈合。

胸：胸长是高的 2.0 倍；前胸背板后横脊微弱，位于前胸背板中央；中胸盾片密布短毛、皱刻条，其间密布颗粒；中胸盾片中叶无中凹，在中后部 1/4 具 2 条近平行的脊；盾纵沟深、完整，内具短刻条；小盾片光滑；小盾片前凹深、具 3 条纵脊，纵脊间光滑；小盾片前凹长是小盾片长的 0.2 倍；中胸侧板几乎光滑；翅下区具刻条；基节前沟深，长，光滑，横贯于中胸侧板下部；胸腹侧脊明显，腹方宽；并胸腹节明显分区，具 2 个大且几乎光滑的基侧区和 1 个明显的中区。

翅：前翅长是宽的 3.5 倍；r 脉从翅痣中央伸出；3-RS 脉与 r 脉成钝角；

3-SR=3.0×r=0.6×SR1；第 2 亚缘室长是宽的 3.1 倍，是第 1 亚盘室长的 1.4 倍；1-SR+M 脉明显“S”形弯曲；m-cu 脉对叉；1-CU1=1.0×cu-a；CU1a 脉不与 2-CU1 脉处在同一水平，从第 1 亚盘室端部上方 1/3 处伸出。后翅 M+CU=0.7×1-M；m-cu 脉稍弯曲，稍前叉，着色。

足：后足基节背方端部具十分微弱的刻条，大部分光滑；后足腿节大部分光滑，背方具刻条；后足腿节背方具明显的肿突，长是宽的 3.3 倍；后足跗节长是后足胫节长的 1.2 倍，后足基跗节长是后足第 2–5 跗节长的 0.9 倍；后足第 2 跗节长是后足基跗节长的 0.4 倍，是后足第 5 跗节长的 1.4 倍。

腹：腹长是头胸总长的 1.3 倍，可见 6 节背板；第 1 腹板全部具粗糙刻条，刻条间具皱，端宽是其基宽的 1.8 倍，长是其端宽的 1.3 倍；第 2 背板具明显的端区，无基区，大部分具粗糙的刻条，刻条间具皱，端区端半部光滑；第 2 背板长是其基宽的 1.1 倍；第 2 背板缝深，均匀弯曲；第 3–5 背板基部 3/4 具粗糙刻条，端部大部分光滑；第 6 背板后半部具同心刻条，中央光滑；第 6 背板端缘中央具中等凹缘；产卵管鞘长是腹长的 1.5 倍，是前翅长的 1.1 倍。

体色：体黑色，胸部端部和侧方红色；触角浅红棕色渐变为黑色；须浅黄色；足浅棕色，后足基节红棕色，后足腿节棕色；翅微弱烟褐色；翅痣深棕色，基部和端部颜色稍浅。

雄：未知。

生物学：未知。

研究标本：♀（正模，ZJUH），河北小五台山杨家坪，2005.VIII.20，时敏，No.200607799。

分布：河北（小五台山）。

(142) 何氏背纹茧蜂 *Rhaconotinus hei* (Belokobylskij *et* Chen, 2004)（图版 XXXIII: 1）

Rhaconotus hei Belokobylskij *et* Chen, 2004b: 327.

Rhaconotinus hei: Belokobylskij *et* Zaldivar-Riverón, 2021: 109.

雌：体长 3.2–4.6 mm；前翅长 2.6–3.4 mm。

头：触角 35–41 节；柄节长是宽的 1.5–1.7 倍；第 1 鞭节长是端宽的 3.7–4.3 倍，是第 2 鞭节长的 1.0–1.1 倍；头顶密布颗粒；额常具粗糙、斜的波浪形刻条，刻条间具皱；头宽是长的 1.7–1.8 倍；上颊自复眼后强烈成直线收缩；上颊光滑，端半部具细微刻条，长是复眼横径的 0.4–0.5 倍；单眼小，后单眼间距约等于前后单眼间距；POL=0.9–1.2×OD=0.3–0.4×OOL；复眼纵径是横径的 1.2–1.3 倍；颚眼距是复眼纵径的 0.3–0.4 倍，是上颚基部宽的 0.8–0.9 倍；脸密布网皱，部分具颗粒；脸宽几乎与复眼纵径相等，是脸和唇基总长的 1.1–1.3 倍；颚眼沟缺；后头脊和口后脊在上颚基部愈合。

胸：胸长是高的 1.8–1.9 倍；前胸背板中央具明显背脊，位于前胸背板中央；中胸盾片前缘平缓，与前胸背板水平面成钝角；盾纵沟很浅、完整，具短刻条；中胸盾片中叶无中沟；中胸盾片、小盾片密布颗粒；小盾片前凹明显、深，具高的中脊，具稀疏且很细的皱纹，前凹长是小盾片长的 0.3 倍；基节前沟很浅、具明显短刻条，稍弯或几乎直，长几乎达中胸侧板下部全长；中胸侧板近背板处密布细微皱（之间具颗粒），近腹板处几乎光滑；胸腹侧脊明显，近腹板处宽；并胸腹节具明显的大基侧区，基部具中脊，基侧区大部分密布颗粒，并胸腹节剩余部分具粗糙网皱。

翅：前翅长是宽的 3.3–3.5 倍；r 脉从翅痣中间或稍后发出，与 3-SR 脉相接成明显的钝角；3-SR=1.8–2.5×r=0.4–0.5×SR1=1.3–1.4×2-SR；第 2 亚缘室端部稍加宽，长是宽的 2.3–2.5 倍，是第 1 亚盘室长的 1.0–1.2 倍；1-SR+M 脉稍“S”形；m-cu 脉稍后叉，有时几乎对叉；1-CU1=0.3–0.8×cu-a；第 1 亚盘室在 m-cu 脉处或稍前急剧地关闭；CU1a 脉对叉。后翅 M+CU=0.6–0.7×1-M；m-cu 脉短、大部分不骨化，后叉或对叉。

足：后足基节全部具细微颗粒；后足腿节光滑，长是宽的 3.3–3.6 倍，背面无明显的泡状肿突；后足跗节是后足胫节长的 1.1 倍；后足胫节端部外缘具 2 刺；后足基跗节长是后足第 2–5 跗节长的 0.7–0.8 倍；后足第 2 跗节长是后足基跗节长的 0.4 倍，是后足第 5 跗节长的 1.0–1.3 倍。

腹：腹长是头胸总长的 1.1–1.2 倍，腹部可见 6 节背板；第 1 背板端宽是其基宽的 2.0–2.2 倍，长是其端宽的 1.1–1.3 倍，基部具背脊，全部具纵刻条（之间具横皱）；第 2 背板无基区，近中部具弯向基部的横沟与第 2 背板缝组成的宽的椭圆形端区，端区具纵刻条（之间具横皱）；第 2 背板长是其基宽的 0.5–0.6 倍，是第 3 背板长的 1.5 倍；第 2 背板缝深且宽；第 3–5 背板基部具密的刻点；第 6 背板端缘规则圆形，端部中央无凹缘及后腹叶；第 6 背板基部 1/2–2/3 密布网纹（之间具颗粒），具半圆形刻条；产卵管鞘长是腹长的 0.8–1.0 倍，是前翅长的 0.6–0.8 倍。

体色：体红棕色；胸部有时颜色较浅；头部背面黑色，复眼周围黄棕色；触角棕色，基部较浅，柄节、梗节棕黄色；须黄色；足黄色（除了第 5 跗节较暗）；产卵管鞘几乎全部暗棕色；前翅浅烟褐色，翅痣黄色或深棕色。

雄：未知。

生物学：未知。

研究标本：♀（正模，ZJUH），云南勐仑，1981.IV.10，何俊华，No.811907；1♀（副模，ZJUH），云南景洪三岔河，1981.IV.12，何俊华，No.811931；2♀（副模，ZJUH），云南攸乐山，1981.IV.17，何俊华，Nos.811731，811733。ZJUH：1♀，广东龙门南昆山，2003.VII.14–15，许再福，No.20050152；1♀，广东封开千层峰，2003.VIII.14，许再福，No.20054843；6♀，海南五指山，2007.V.16–20，刘经贤，Nos.200703407，200703391，200703321，200703361，200703396，200703224；3♀，海南五指山水满乡，2007.V.15–20，翁丽琼，Nos.200803918，200804027，200803909；2♀，海南五指山水满乡，2007.V.16–18，曾洁，Nos.200807588，200807660；1♀，海南尖峰岭，2007.VI.6，刘经贤，No.200703759；1♀，海南尖峰岭，2007.VI.5–7，翁丽琼，No.200806595；1♀，海南吊罗山，2007.V.28–VI.1，曾洁，No.200806857；1♀，贵州麻阳河大河坝，2007.X.1–3，刘经贤，No.200709542；1♀，贵州麻阳河大河坝，2007.X.1–3，朱兰兰，No.200709463；1♀，云南河口南溪镇后山，2003.VII.21，李廷景，No.20045498。

分布：广东（南昆山、千层峰）、海南（五指山、尖峰岭、吊罗山）、贵州（麻阳河）、云南（勐仑、景洪、基诺山、河口）；印度，尼泊尔，越南。

(143) 多毛背纹茧蜂 *Rhaconotinus heterotrichus* (Belokobylskij *et* Chen, 2004)（图版 XXXIII: 2）

Rhaconotus heterotrichus Belokobylskij *et* Chen, 2004b: 330.

Rhaconotinus heterotrichus: Belokobylskij *et* Zaldivar-Riverón, 2021: 109.

Rhaconotus rugosus Chen *et* Shi, 2004: 54; Kittel, 2016: 162 (replacement name as *Rhaconotus arnesenae* Kittel, 2016, not *Rhaconotus rugosus* Marsh, 2002); Belokobylskij *et* Zaldivar-Riverón, 2021: 115 (as *Rhaconotinus rugosus*). **Syn. nov.**

雌：体长 2.5–4.1 mm；前翅长 2.3–3.1 mm。

头：触角 23–32 节；柄节长是宽的 1.4–1.6 倍；第 1 鞭节长是端宽的 4.0–4.5 倍，是第 2 鞭节长的 0.8–1.0 倍；头顶密布横刻条；额密布颗粒，前半部多少具细刻条；头宽是长的 1.5–1.7 倍；上颊自复眼后圆弧形收缩；上颊光滑或后半部具细微直刻条；上颊长是复眼横径的 0.4–0.5 倍；单眼小，后单眼间距是前后单眼间距的 1.2–1.3 倍；POL=1.0–1.3×OD=0.4–0.6×OOL；复眼光滑，纵径是横径的 1.2–1.3 倍；颚眼距是复眼纵径的 0.3–0.4 倍，是上颚基部宽的 0.8–1.0 倍；脸宽是复眼纵径的 0.9–1.0 倍，是脸和唇基总长的 1.0–1.2 倍；颚眼沟缺；后头脊和口后脊在上颚基部愈合。

胸：胸长是高的 1.9–2.0 倍；前胸背板中央具明显的背脊，位于前胸背板中央；中胸盾片密布颗粒，端部中央具窄的皱区，沿盾纵沟无皱纹，中胸盾片前缘平缓，与前胸背板水平面成钝角；盾纵沟很深、完整，具短刻条；中胸盾片中叶无中沟；小盾片具细微颗粒；小盾片前凹很深，具中脊，长是小盾片长的 0.3–0.4 倍；基节前沟很深、但基部多少浅，光滑，几乎直，长达中胸侧板下部长的 0.6–0.7 倍；中胸侧板近背板处具粗糙刻条皱，近腹板处几乎光滑；胸腹侧脊明显、近腹板处宽；并胸腹节细微革质或光滑，具明显分区，基侧区后部具细皱；并胸腹节剩余部分具稀疏且粗糙网皱。

翅：前翅长是宽的 3.1–3.4 倍；r 脉从翅痣中间稍后发出，与 3-SR 脉相接成明显钝角；3-SR=2.2–3.0×r=0.4–0.5×SR1=0.9–1.3×2-SR；第 2 亚缘室端部几乎不变宽或稍变宽，长是宽的 2.7–3.3 倍，是第 1 亚盘室长的 1.3–1.5 倍；1-SR+M 脉几乎直或稍弯；m-cu 脉稍前叉或对叉，少数稍后叉；1-CU1=0.7–1.0×cu-a；第 1 亚盘室在 m-cu 脉处急剧地、几乎成直线地关闭；CU1a 脉对叉或几乎对叉。后翅 M+CU=0.5–0.7×1-M；m-cu 脉短、不骨化，前叉。

足：后足基节背面全部或仅端半部密布环形刻条，剩余部分几乎光滑；后足腿节光滑，长是宽的 3.5 倍，背面具条纹，背面具泡状肿突；后足跗节与后足胫节长几乎相等；后足胫节端部外缘具 2 或 3 刺；后足基跗节长是后足第 2–5 跗节长的 0.8–0.9 倍；后足第 2 跗节长是后足基跗节长的 0.3–0.4 倍，是后足第 5 跗节长的 0.9–1.1 倍。

腹：腹长是头胸总长的 1.2 倍，腹部可见 6 节背板；第 1 背板端宽是其基宽的 2.0–2.3 倍，长是其端宽的 1.1–1.2 倍，具完整背脊，全部具刻条，至少基部刻条间具皱；第

2 背板无基区，端部具明显窄的、常光滑的椭圆形端区；第 2 背板长是其基宽的 0.5–0.7 倍，是第 3 背板长的 1.3–1.5 倍；第 2 背板缝深且宽；第 2 背板（除端部光滑的椭圆形区外）、第 3–5 背板大部分（除端部 1/4–2/5 光滑外）具明显的纵刻条；第 2–5 背板侧方具密集刻条；第 6 背板端缘几乎直或稍弯，端部中央无凹缘及后腹叶，全部具半圆形刻条；产卵管鞘长是腹长的 0.5–0.7 倍，是前翅长的 0.3–0.4 倍。

体色：体黑色或深红棕色，具红斑；触角浅红棕色或棕黄色，至端部变暗，有时基部 2 节背面或全部棕色；足棕黄色，后足基节红色，后足胫节基部棕色；产卵管鞘黑色；翅浅烟褐色；翅痣棕色，端部与基部黄色。

雄：体长 2.2–3.5 mm，前翅长 1.9–3.0 mm。鞭节第 1 节长是宽的 4.8–5.0 倍；胸长是高的 2.4–2.6 倍；前翅长为宽 3.8–4.2 倍；后足腿节长是宽的 3.8 倍；后足跗节长是后足胫节长的 1.1–1.2 倍；后足基跗节长为第 2–5 跗节总长的 0.9–1.0 倍；腹部第 6 背板端部收窄，尖细。其余特征与雌虫相似。

生物学：未知。

研究标本：1♀（副模，ZJUH），Vietnam，Ha Son Binh pr.，Ky Son，Cao Phong forest，1990.XI.26，Belokobylskij；1♀（副模，ZJUH），浙江古田山，1992.VII.20，陈学新，No.923732；4♀（副模，ZJUH），福建崇安桐木村，1981.IX.29，黄居易，Nos.20004164，20004165，20004166，20004168；1♀（副模，ZJUH），福建桂林大队，1980.VI.29，黄居昌，No.20004031；1♀（副模，ZJUH），福建南靖乐土，1991.V.23，刘长明，No.20006092；1♀（副模，ZJUH），福建崇安一里坪，1982.VI.20，黄居易，No.20004174；1♀（副模，ZJUH），福建邵武，1945.VI.5，赵修复，No.20003991；1♀（副模，ZJUH），云南勐仑，1981.IV.10，何俊华，No.811904。ZJUH：4♀，广东梅州丰溪，2003.VII.29，陈驹坚，Nos.20048870，20048410，20048517，20048871；1♀，广东始兴车八岭，2002.V.25，许再福，No.20051485；1♀，广东始兴车八岭，2002.IV.19，许再福，No.20050460；2♀，广东始兴车八岭，2002.VII.27，许再福，Nos.20051889，20051702；17♀5♂，广东始兴车八岭，2003.VIII.21，许再福，Nos.20052004，20052631，20052900，20052314，20051968，20052540，20052483，20052458，20052428，20052425，20052304，20052844，20052908，20052628，20052632，20052207，20052806，20052070，20052514，20051969，20052096，20051977；2♀，海南鹦哥岭，2007.V.24–26，刘经贤，Nos.200704189，200704039；3♀，海南五指山，2007.X.29，刘经贤，Nos.200710077，200710146，200710261；1♀，海南五指山，2007.V.16–20，刘经贤，No.200703376；1♀，海南吊罗山，2007.V.28–31，刘经贤，200702957；1♀，海南吊罗山，2007.VI.1–2，刘经贤，No.200703893；1♀，海南尖峰岭，2007.VI.7，刘经贤，No.200702435；1♀，贵州麻阳河万家，2007.IX.27–30，刘经贤，No.200708382；1♀，云南腾冲界头乡，2006.VII.11–12，曾洁，No.200801830。

分布：浙江（古田山）、福建（南靖、崇安、邵武）、广东（丰溪、车八岭）、海南（鹦哥岭、五指山、吊罗山、尖峰岭）、贵州（麻阳河）、云南（勐仑、腾冲、西双版纳）；越南，泰国，马来西亚，印度尼西亚。

附注：根据陈家骅和石全秀（2004）中阿内森条背茧蜂 *Rhaconotus arnesenae* Kittel,

2016（= 皱条背茧蜂 *Rhaconotus rugosus* Chen *et* Shi, 2004）的描述和图片，可知该种腹部可见 6 节背板；腹部第 2 背板基区不存在，端部椭圆形区光滑且窄，无明显的、相分离的沟；头顶完全具刻纹；基节前沟达中胸侧板下部长的 2/3；中胸侧板大部分光滑；后单眼间距是前后单眼间距的 1.2–1.3 倍；腹部第 1 背板较短等特征明显与多毛背纹茧蜂 *Rhaconotinus heterotrichus* 一致。因此提出阿内森条背茧蜂 *Rhaconotus arnesenae* Kittel, 2016（2004 年 12 月发表）是多毛背纹茧蜂 *Rhaconotinus heterotrichus* (Belokobylskij *et* Chen, 2004)（2004 年 6 月发表）的次异名。

(144) 六节背纹茧蜂 *Rhaconotinus hexatermus* (Belokobylskij, 1988)（图版 XXXIII: 3）

Rhaconotus hexatermus Belokobylskij, 1988b: 98; Belokobylskij *et* Chen, 2004b: 354.
Rhaconotinus hexatermus: Belokobylskij *et* Zaldivar-Riverón, 2021: 115.

雌：体长 2.6 mm；前翅长 2.2 mm。

头：触角 25 节；第 1 鞭节长是端宽的 5.0 倍，是第 2 鞭节长的 1.0 倍；头顶光滑；额稍具皱，前半部多少具细刻条；头宽是长的 1.6 倍；上颊自复眼后强烈地弧形收缩；上颊光滑；上颊长是复眼横径的 0.5 倍；单眼小，后单眼间距是前后单眼间距的 1.0 倍；POL=1.0×OD=0.4×OOL；复眼光滑，纵径是横径的 2.0 倍；颚眼距是上颚基部宽的 1.5 倍；脸具微弱皱和颗粒；脸宽是复眼纵径的 1.3 倍，是脸和唇基总长的 1.7 倍；颚眼沟缺；后头脊和口后脊在上颚基部愈合。

胸：胸长是高的 2.4 倍；中胸盾片密布颗粒；中胸盾片前缘平缓，与前胸背板水平面成钝角；盾纵沟浅；小盾片前凹浅，稍具皱，具中脊，长是小盾片长的 0.5 倍；中胸盾片和小盾片完全具密集短毛；基节前沟浅、光滑，长，几乎横贯达中胸侧板缘；中胸侧板光滑；并胸腹节分区不明显，基侧区稍具刻纹，基部光滑；并胸腹节剩余部分具密集的粗糙网皱。

翅：前翅长是宽的 3.3 倍；r 脉从翅痣中间发出，与 3-SR 脉相接成明显钝角；3-SR=2.4×r=0.4×SR1=1.3×2-SR；第 2 亚缘室端部几乎不变宽，长是宽的 3.0 倍；1-SR+M 脉稍“S”形弯曲；cu-a 脉明显后叉；m-cu 脉后叉；1-CU1=1.0×cu-a；第 1 亚盘室在 m-cu 脉前部急剧地、几乎成直线地关闭；CU1a 脉对叉。后翅 M+CU=0.5×1-M；m-cu 脉短、骨化，稍前叉。

足：后足腿节长是宽的 3.3 倍，背面具泡状肿突；后足胫节外侧背方毛长是胫节宽的 1.0 倍；后足跗节稍长于后足胫节长；后足第 2 跗节长是后足基跗节长的 0.5 倍，是后足第 5 跗节长的 1.0 倍。

腹：腹长明显长于头胸总长，腹部可见 6 节背板；第 1 背板端宽是其基宽的 1.7 倍，长是其端宽的 1.2 倍；第 2 背板无基区，端部无椭圆形端区；第 2 背板长是其基宽的 0.7 倍，是第 3 背板长的 1.5 倍；腹部具密集刻条，刻条间具皱，第 3–6 背板端缘光滑；第 6 背板明显大于第 4、5 背板，端部中央无凹缘，具针刮状刻纹；产卵管鞘长是腹长的 0.25 倍，与腹部第 1 背板等长。

体色：体黄色；触角浅红棕色，至端部变暗；足、产卵管鞘黑色；翅透明，翅痣黄色，翅脉褐色。

雄：未知。

生物学：未知。

研究标本：♀（正模，ZISP），Guangdong，Guangzhou，margin of forest，citrus plantation，1986. XI.10.，E. Sugonyaev。

分布：广东（广州）；越南。

(145) 黄背纹茧蜂 *Rhaconotinus icterus* (Shi *et* Chen, 2004)（图 14）

Rhaconotus icterus Shi *et* Chen, in: Chen *et* Shi, 2004: 48.

Rhaconotinus icterus: Belokobylskij *et* Zaldivar-Riverón, 2021: 115.

雌：体长 3.6 mm；前翅长 3.4 mm。

头：触角 35 节；第 1 鞭节长是宽的 3.0 倍，与第 2 鞭节等长，略短于柄节和梗节总长；背面观头方形，头宽为头长的 1.6 倍；头顶中央具短横皱，被极稀毛；额微凹陷，具横皱；上颊光滑，在复眼后收敛，长为复眼横径的 0.3 倍；POL=0.4×OOL=1.7×OD；正面观复眼中等大小；脸中央光滑，两侧具短横皱，脸宽为脸长的 2.1 倍；颚眼距长为复眼纵径的 0.5 倍；具后头脊。

胸：胸长是高的 2.0 倍；前胸背板凹具脊；前胸侧板光滑；中胸盾片几与前胸背板平；盾纵沟极弱，仅在肩角明显，中央区域粗糙，具网状皱，其余部分具颗粒状刻点；小盾片前凹仅具 1 纵脊；小盾片平坦，具皱；中胸侧板光滑；腹板侧沟完整，光滑，沟内无短刻条；并胸腹节具网状皱，无中区。

翅：前翅翅痣长是宽的 4.7 倍；r 脉长为痣端宽的 1.1 倍；3-SR=1.4×2-SR；SR1 脉伸至翅尖；r-m 脉弱骨化；2-M=2.6×r-m；cu-a 脉后叉；第 1 亚盘室末端关闭于 m-cu 脉之前。后翅 m-cu 脉、cu-a 脉和 2-M 脉存在；M+CU=0.6×1-M。

足：腿节背面具肿突；前足胫节外缘具 1 列刺；后足基节光滑，后缘具横脊；后足胫节外缘毛等于后足胫节宽；后足腿节长∶后足胫节长∶后足基跗节长∶后足其余跗节长=5.0∶7.6∶3.0∶4.0。

腹：第 1 背板长为端宽的 1.1 倍，端宽为基宽的 2.0 倍，基部具背凹，具纵刻条；第 2+3 背板长为端宽的 0.8 倍，具纵刻条，被 1 横沟分离；第 4–6 背板基部各具 1 条横沟，具纵刻条；产卵管鞘长明显短于腹长。

体色：体黄褐色；须白色；上颚末端黑色；翅透明；足黄褐色；腹部 5、6 背板末端黄褐色；产卵管鞘黑褐色。

雄：未知。

生物学：未知。

分布：福建（龙栖山）。

附注：根据陈家骅和石全秀（2004）的描述整理，本志研究未见此种标本。模式标本保存于 BIIC。

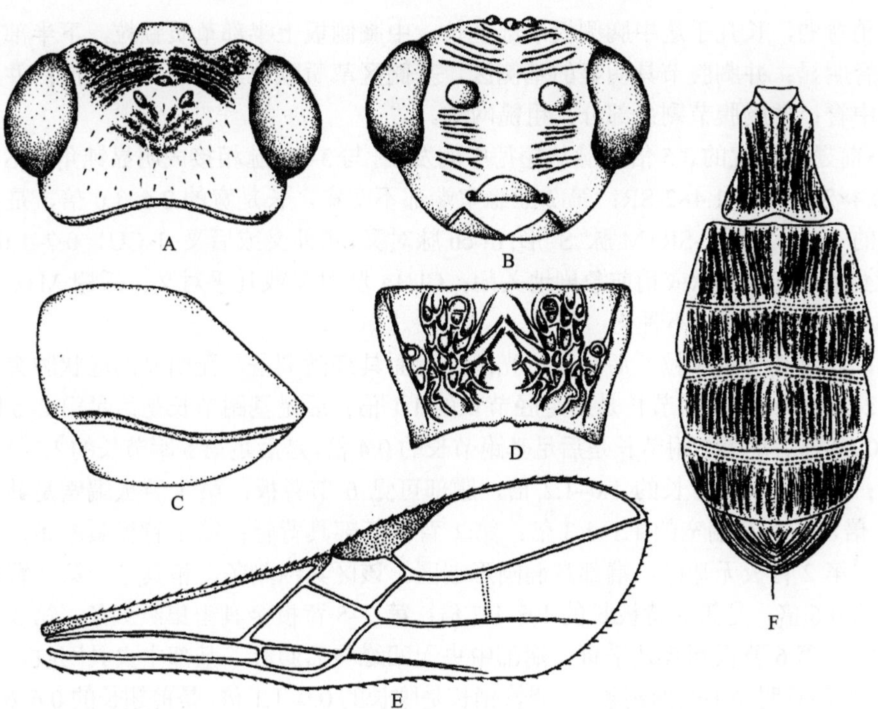

图 14　黄背纹茧蜂 *Rhaconotinus icterus* (Shi *et* Chen)（仿陈家骅和石全秀，2004）

A. 头，背面观；B. 头，前面观；C. 中胸侧板；D. 并胸腹节，背面观；E. 前翅；F. 腹部，背面观

(146) 中介背纹茧蜂 *Rhaconotinus intermedius* (Belokobylskij *et* Chen, 2004)（图版 XXXIII: 4）

Rhaconotus intermedius Belokobylskij *et* Chen, 2004b: 333.

Rhaconotinus intermedius: Belokobylskij *et* Zaldivar-Riverón, 2021: 109.

雌：体长 3.0–3.7 mm；前翅长 2.6–3.1 mm。

头：触角 33–37 节；柄节长是宽的 1.6–1.8 倍；第 1 鞭节长是端宽的 4.0–4.5 倍，是第 2 鞭节长的 0.9–1.0 倍；头顶具细刻条，之间具密颗粒；额具明显斜或纵刻条，刻条间具细网纹；头宽是长的 1.5–1.6 倍；上颊自复眼后圆弧形收缩；上颊光滑，长是复眼横径的 0.5–0.6 倍；单眼中等大小，后单眼间距是前后单眼间距的 1.1–1.2 倍；POL=0.8–1.2×OD=0.3–0.4×OOL；复眼纵径是横径的 1.1–1.2 倍；颚眼距是复眼纵径的 0.3–0.4 倍，是上颚基部宽的 0.8–0.9 倍；脸具刻条，刻条间具颗粒，中间光滑；脸宽与复眼纵径几乎相等，是脸和唇基总长的 1.1–1.2 倍；颚眼沟缺；后头脊和口后脊在上颚基部愈合。

胸：胸长是高的 1.9–2.1 倍；前胸背板中央具明显背脊，位于前胸背板中央；中胸盾片前缘平缓，与前胸背板水平面成钝角；盾纵沟很深、宽、完整，具短刻条；中胸盾片、小盾片密布颗粒，中胸盾片端部中央具 2 条相汇聚的刻条，刻条间具细皱；中胸盾片中叶无中沟；小盾片前凹很深，具中脊，长是小盾片长的 0.2–0.3 倍；基节前沟很浅、具短刻条、稍弯曲，长几乎达中胸侧板下部全长；中胸侧板上半部革质颗粒，下半部光滑；胸腹侧脊明显；并胸腹节具明显的基侧区，基侧区革质颗粒，基部几乎光滑；并胸腹节基部具中脊；并胸腹节剩余部分具粗糙网皱。

翅：前翅长是宽的 3.5 倍；r 脉从翅痣中间发出，与 3-SR 脉相接成明显钝角；3-SR=2.0–2.7×r=0.4×SR1=1.3–1.4×2-SR；第 2 亚缘室端部不变宽，长是宽的 2.6–3.0 倍，是第 1 亚盘室长的 1.1–1.2 倍；1-SR+M 脉"S"形；m-cu 脉对叉，稍前叉或后叉；1-CU1=0.7–1.0×cu-a；第 1 亚盘室在 m-cu 脉或稍前急剧地关闭；CU1a 脉对叉或几乎对叉。后翅 M+CU=0.6–0.7×1-M；m-cu 脉短，不骨化，前叉。

足：后足基节具颗粒；后足腿节光滑，背面具细微刻条，无明显的泡状肿突，长是宽的 3.2–3.5 倍；后足跗节长是后足胫节长的 1.1 倍；后足基跗节长是后足第 2–5 跗节长的 0.7–0.8 倍；后足第 2 跗节长是后足基跗节长的 0.4 倍，是后足第 5 跗节长的 1.2–1.3 倍。

腹：腹长是头胸总长的 1.0–1.2 倍，腹部可见 6 节背板；第 1 背板端宽是其基宽的 2.0–2.2 倍，长是其端宽的 1.1–1.3 倍；第 1 背板基部具背脊；第 1 背板具刻条，刻条间具细皱；第 2 背板无基区，端部具椭圆形端区，该区具纵刻条，稍具皱；第 2 背板长是其基宽的 0.6 倍，是第 3 背板长的 1.6–1.7 倍；第 2–5 背板全具密集纵刻条；第 3–5 背板端部光滑；第 6 背板端缘几乎直，端部中央无凹缘与后腹叶，基部中央具网纹，网纹间有刻点，端部具明显半圆形刻条；产卵管鞘长是腹长的 0.9–1.1 倍，是前翅长的 0.6–0.8 倍。

体色：体浅红棕色，背面较暗；触角大部分棕色至暗棕色，基部 2 节或基部 1/4 黄棕色；足黄色，端部较暗；产卵管鞘端部或大部分黑色，基部或亚基部浅红棕色；翅浅烟褐色，翅痣黄色或浅棕色。

雄：体长 3.5–3.6 mm，前翅长 2.6–2.8 mm；头顶具明显刻条；腹部第 1 背板长是其端宽的 1.3–1.5 倍；第 2 背板长是其基宽的 0.7–0.8 倍，是第 3 背板长的 1.9–2.0 倍；第 6 背板全部具纵刻条；并胸腹节基侧区后半部具皱纹。其他特征与雌虫相似。

生物学：未知。

研究标本：1♀（副模，ZJUH），云南勐仑，1981.IV.10，何俊华，No.811903；1♀（副模，ZJUH），云南勐仑，1981.IV.9，何俊华，No.811672。ZJUH：1♀，广东郁南同乐大山，2003.VIII.12–13，许再福，No.20054407；1♂，云南景洪三岔河，1981.IV.12，何俊华，No.811938；1♂，云南景洪，1981.IV.13，何俊华，No.811718，1♂，云南瑞丽，1981.V.6，何俊华，No.814100。

分布：广东（同乐大山）、云南（勐仑、景洪、瑞丽）；越南。

(147) 甲矛背纹茧蜂 *Rhaconotinus ipodoryctoides* (Belokobylskij *et* Chen, 2004)（图版 XXXIV: 1）

Rhaconotus ipodoryctoides Belokobylskij *et* Chen, 2004b: 335.

Rhaconotinus ipodoryctoides: Belokobylskij *et* Zaldivar-Riverón, 2021: 109.

雌：体长 3.3 mm；前翅长 3.0 mm。

头：触角 30 节；柄节长是宽的 1.7 倍；第 1 鞭节长是端宽的 5.0 倍，与第 2 鞭节长几乎相等；头顶密布横且规则的刻条；额密布皱；头宽是长的 1.5 倍；上颊自复眼后强烈圆弧形收缩；上颊大部分光滑，长是复眼横径的 0.5 倍；单眼小，后单眼间距约等于前后单眼间距；POL=1.0×OD=0.4×OOL；复眼光滑，纵径是横径的 1.2 倍；颚眼距是复眼纵径的 0.4 倍，是上颚基部宽的 0.8 倍；脸侧面密布刻条，刻条间具皱，中央密布皱；脸宽与复眼纵径几乎相等，是脸和唇基总长的 1.1 倍；颚眼沟缺；后头脊和口后脊在上颚基部处愈合。

胸：胸长是高的 2.1 倍；前胸背板中央具高的背脊，位于前胸背板中央；中胸盾片前缘平缓，与前胸背板水平面成钝角，密布颗粒，端部中央具皱，沿盾纵沟无皱；盾纵沟很深、完整，具短刻条；中胸盾片中叶无中沟；小盾片密布颗粒，前凹很深，具 3 脊，具颗粒皱，其长是小盾片长的 0.4 倍；小盾片稍突起，具侧脊；基节前沟很浅、具细颗粒、直，长达中胸侧板下部的 2/3；中胸侧板下部 2/3 光滑，上部具细微颗粒；胸腹侧脊明显、腹面宽；并胸腹节具明显分区，基侧区细微革质，中区宽；并胸腹节基半部具中脊，剩余部分密布网皱。

翅：前翅长是宽的 3.5 倍；r 脉明显从翅痣中间稍后发出，与 3-SR 脉相接成钝角；3-SR=3.0×r=0.6×SR1=1.2×2-SR；第 2 亚缘室端部不变宽，长是宽的 3.1 倍，是第 1 亚盘室长的 1.4 倍；1-SR+M 脉稍“S”形；m-cu 脉几乎对叉；1-CU1=0.8×cu-a；第 1 亚盘室在 m-cu 脉稍后急剧地、几乎成直线地关闭；CU1a 脉几乎对叉。后翅 M+CU=0.4×1-M；m-cu 脉很短，不骨化，明显前叉。

足：后足基节基部 2/3 密布具颗粒的皱，背面端部 1/3 具横刻条，侧面几乎光滑；后足腿节长是宽的 4.2 倍，基半部具刻条，端半部光滑，背面具泡状肿突；后足跗节与后足胫节长几乎相等；后足胫节大部分具刻条，背面光滑，端部外缘具 2 或 3 刺；后足基跗节长是后足第 2–5 跗节长的 0.8 倍；后足第 2 跗节长是后足基跗节长的 0.4 倍，是后足第 5 跗节长的 1.0 倍。

腹：腹长是头胸总长的 1.2 倍，腹部可见 6 节背板；第 1 背板具明显且完整的背脊，密布刻条，第 1 背板端宽是其基宽的 2.5 倍，长是其端宽的 1.5 倍；第 2 背板无基区，端部具明显窄的、光滑的椭圆形端区；第 2 背板长是其基宽的 0.6 倍，是第 3 背板长的 1.2 倍；第 2 背板缝深，相当窄；第 2 背板大部分（除光滑的椭圆形端区外）、第 3–5 背板基部 2/3（除端部 1/3 光滑外）具纵刻条；第 6 背板全部密布半圆形刻条，端缘几乎直，端部中央无凹缘及后腹叶；产卵管鞘长是腹长的 0.9 倍，是前翅长的 0.6 倍。

体色：头部红棕色，背面黑色；胸红棕色，并胸腹节及后胸侧板深红棕色；腹深红棕色，第 6 背板端半部红黄色；足棕黄色，后足基节浅红棕色，所有跗节的基跗节及第 5 跗节深红棕色；产卵管鞘黑色至暗红棕色，基部浅红棕色；前翅浅烟褐色，翅痣棕色，基部黄色。

雄：未知。

生物学：未知。

研究标本：♀（正模，ZJUH），福建武夷山桐木村，1982.IX.10，许道飞，No.20004169。

分布：福建（武夷山）。

(148) 重复背纹茧蜂 *Rhaconotinus iterabilis* (Belokobylskij *et* Chen, 2004)（图版 XXXIV: 2）

Rhaconotus iterabilis Belokobylskij *et* Chen, 2004b: 337; Belokobylskij *et* Maeto, 2009: 427.
Rhaconotinus iterabilis: Belokobylskij, 2019: 36; Belokobylskij *et* Zaldivar-Riverón, 2021: 109.

雌：体长 2.8–3.8 mm；前翅长 2.0–2.9 mm。

头：触角 33–37 节；柄节长是宽的 1.4–1.5 倍；第 1 鞭节长是端宽的 4.5–5.0 倍，是第 2 鞭节长的 0.9–1.0 倍；头顶光滑；额前端具皱刻条，有时具颗粒，剩余部分光滑；头宽是长的 1.3–1.5 倍；上颊自复眼后圆弧形收缩；上颊长是复眼横径的 0.6–0.7 倍；单眼小，后单眼间距约等于前后单眼间距；POL=1.2–1.3×OD=0.3–0.4×OOL；复眼光滑，纵径是横径的 1.2–1.3 倍；颚眼距是复眼纵径的 0.3–0.4 倍，是上颚基部宽的 0.8–0.9 倍；脸具很密的皱刻条，中间光滑；脸宽与复眼纵径几乎相等，是脸和唇基总长的 1.2 倍；颚眼沟缺；后头脊和口后脊在上颚基部处愈合。

胸：胸长是高的 2.2–2.4 倍；前胸背板中央具明显背脊，位于前胸背板中央；中胸盾片前缘平缓，与前胸背板水平面成钝角；盾纵沟很浅、窄、完整，具短刻条；中胸盾片、小盾片密布颗粒；中胸盾片端部中央具 2 条相汇聚的刻条，刻条间具皱；中胸盾片中叶无中沟；小盾片前凹明显、浅，具 3 脊，前凹长是小盾片长的 0.2–0.3 倍；基节前沟很浅、窄、几乎光滑，后面具 2 或 3 纵纹、直，长几乎达中胸侧板下部全长；中胸侧板光滑；胸腹侧脊明显、腹面窄；并胸腹节基部具中脊，具大的基侧区；基侧区具网皱，基部几乎光滑，剩余部分具粗糙网皱。

翅：前翅长是宽的 3.6–4.0 倍；r 脉从翅痣中间发出，与 3-SR 脉相接成明显的钝角；3-SR=2.5–4.0×r=0.5–0.6×SR1=1.4–1.8×2RS；第 2 亚缘室端部不变宽，长是宽的 3.0–3.6 倍，是第 1 亚盘室长的 1.3–1.6 倍；1-SR+M 脉稍“S”形；m-cu 脉对叉或几乎前叉；1-CU1=0.2–0.7×cu-a；第 1 亚盘室在 m-cu 脉前急剧地、成直线关闭；CU1a 脉几乎对叉。后翅 M+CU=0.5–0.6×1-M；m-cu 脉很短，大部分不骨化。

足：后足基节背面部分具细微皱刻条；后足腿节光滑，长是宽的 3.0–3.3 倍，背面稍具泡状肿突，具细微刻条；后足跗节是后足胫节长的 0.9–1.0 倍；后足胫节端部外缘具 2 刺；后足基跗节长是后足第 2–5 跗节长的 0.7–0.8 倍；后足第 2 跗节长是后足基跗节长的 0.4 倍，是后足第 5 跗节长的 1.0 倍。

腹：腹长是头胸总长的 1.1–1.2 倍，腹部可见 6 节背板；第 1 背板具几乎完整的背脊、密布刻条；第 1 背板端宽是其基宽的 2.0–2.2 倍，长是其端宽的 1.6–1.7 倍；第 2 背板无基区，具很深的凹弯横沟组成的明显宽的椭圆形端区；第 2 背板长是其基宽的 0.9–1.0 倍，是第 3 背板长的 1.6–1.8 倍；第 2 背板缝深且宽；第 2 背板（除椭圆形端区及端半部外）、第 3–5 背板基部 1/2–2/3（除端部光滑外）具明显的纵刻条；第 2–5 背板侧面几乎全部具明显的纵刻条；第 6 背板端缘近中部几乎直，端部中央无凹缘及后腹叶；第 6 背板基部具细微弯刻条或纵刻条，剩余部分光滑；产卵管鞘长是腹长的 0.5–0.7 倍，是前翅长的 0.4–0.5 倍。

体色：体黑色，头部腹面、前胸端部、中胸腹板、第 2–6 背板几乎红色；前胸棕黄色；触角深红棕色或黑色，基部颜色较浅，或浅红棕色且向端部逐渐变暗，柄节、梗节棕黄色；须黄色；足棕黄色；产卵管鞘黑色，基部较浅；前翅浅烟褐色；翅痣棕黄色。

雄：未知。

生物学：未知。

研究标本：♀（正模，ZJUH），河南鸡公山，1997.VII.12，陈学新，No.974897；1♀（副模，ZJUH），贵州独山，1980.V.6，周声霞，No.860589；1♀，广东始兴车八岭，2002.IV.19，许再福，No.20050489（ZJUH）。

分布：河南（鸡公山）、广东（车八岭）、贵州（独山）；俄罗斯，日本。

(149) 壮背纹茧蜂 *Rhaconotinus lacertosus* (Chen *et* Shi, 2004)（图 15）

Rhaconotus lacertosus Chen *et* Shi, 2004: 49.

Rhaconotinus lacertosus: Belokobylskij *et* Zaldivar-Riverón, 2021: 109.

雌：体长 6.1–6.7 mm；前翅长 4.4–5.1 mm。

头：触角 49 节；第 1 鞭节长是宽的 4.7 倍，为第 2 鞭节长的 1.4 倍；背面观头方形，头宽为头长的 1.4 倍；后头微凹陷；头顶光滑，具稀疏毛；额微凹陷，脊呈涡状；上颊光滑，在复眼后圆钝地收敛，长为复眼横径的 0.4 倍；POL=0.5×OOL=2.3×OD；正面观复眼大，微向唇基收敛；脸具横皱，脸宽为脸长的 1.7 倍；颚眼距长为复眼纵径的 0.5 倍；具后头脊。

胸：胸长是高的 1.9 倍；前胸背板凹具纵脊；前胸侧板光滑；中胸盾片缓落向前胸背板，密被毛，具颗粒状刻点；盾纵沟完整，沟内具短刻条，后端内缘具 2 纵脊，会合处微凹陷；小盾片前凹具 1 纵脊；小盾片突出，光滑，密被毛；中胸侧板仅翅下区具短横脊，其余光滑；基节前沟为中胸侧板全长的 3/5，沟内光滑；并胸腹节具中区，中区内具网状皱，中纵脊长为并胸腹节长的 1/3。

翅：前翅翅痣长是宽的 4.0 倍；r 脉从翅痣中间伸出，长为痣端宽的 0.8 倍，与 3-SR 脉近成直线；SR1 脉伸至翅尖；3-SR=1.2×2-SR；2-M=3.0×r-m；m-cu 脉伸入第 2 亚缘室基部，近对叉；cu-a 脉后叉；第 1 亚盘室末端关闭，与 m-cu 脉对叉。后翅 M+CU=0.6×1-M。

足：腿节背面具肿突；前足胫节外缘具 1 列刺；后足基节光滑；后足胫节外缘毛略短于胫节宽；后足第 1 跗节长为后足第 2 跗节长的 3.0 倍。

腹：第 1 背板长为端宽的 1.3 倍，具纵脊；第 2+3 背板长为端宽的 0.8 倍，具纵脊，具 2 条弧形圆沟围成的 1 横椭圆形端区；第 4、5 背板基部各具 1 条弧形横沟，具纵脊；第 6 背板具纵刻条；产卵管鞘长是腹长的 0.8 倍。

体色：体黑色；触角红棕色；须黄色；翅褐色；足红褐色，跗爪黑褐色，其余栗褐色；腹部第 3–6 背板端部红棕色；产卵管红褐色，产卵管鞘黑褐色。

雄：体长 3.2–5.3 mm，前翅长 3.0–4.0 mm。触角 32–46 节；第 2+3 背板长为端宽的

1.4 倍，第 2+3 背板由 1 横沟分离。体红褐色，有时头、前中胸红褐色，并胸腹节及腹背板褐色。其余特征与雌虫相似。

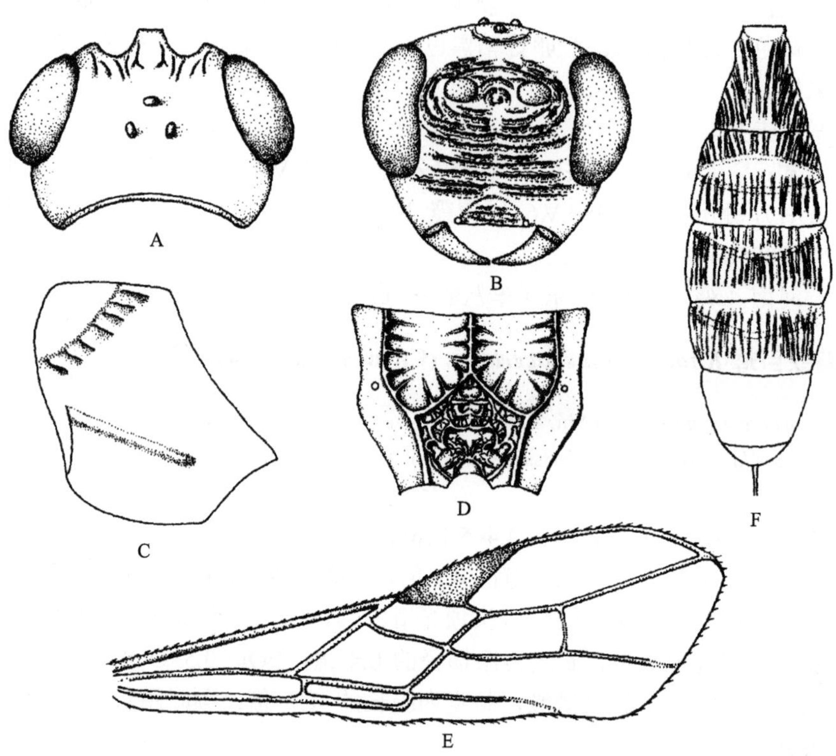

图 15 壮背纹茧蜂 *Rhaconotinus lacertosus* (Chen *et* Shi)（仿陈家骅和石全秀，2004）
A. 头，背面观；B. 头，前面观；C. 中胸侧板；D. 并胸腹节，背面观；E. 前翅；F. 腹部，背面观

生物学：未知。

分布：福建（龙栖山）。

附注：本志研究未见 *Rhaconotus lacertosus* Chen *et* Shi 的模式标本（存放于 BIIC）。

(150) 刘氏背纹茧蜂 *Rhaconotinus liui* (Tang *et* Chen, 2011)（图版 XXXIV: 3）

Ipodoryctes liui Tang *et* Chen, in: Tang *et al.*, 2011: 9.
Rhaconotinus liui: Belokobylskij *et al.*, 2021: 411.

雌：体长 3.0 mm；前翅长 2.7 mm。

头：触角 27 节，细长，几乎线形；柄节长是宽的 1.5 倍；第 1 鞭节长是端宽的 5.0 倍，是第 2 鞭节长的 1.0 倍；倒数第 2 鞭节长是宽的 4.0 倍，是第 1 鞭节长的 0.8 倍，是最后 1 鞭节长的 1.0 倍；头顶密布明显但微弱的波浪形刻条，其间广布刻纹；额具皱；头宽是长的 1.4 倍；复眼横径是上颊长的 3.0 倍；上颊腹方具皱刻条，自复眼后线性收缩；单眼中等大小，后单眼间距是前后单眼间距的 1.0 倍，POL=1.5×OD=0.5×OOL；复眼光滑，纵径是横径的 1.3 倍；脸具皱刻条，部分区域具颗粒；脸宽为复眼纵径的 1.0 倍，是脸和唇基总长的 1.3 倍；颚眼距是复眼纵径的 0.2 倍，是上颚基部宽的 0.8 倍；无颚眼沟；后头脊背方完整，与口后脊在上颚基部处愈合。

胸：胸长是高的 1.8 倍；前胸背板后横脊微弱，后横脊离前胸背板后缘距离是其离前胸背板前缘距离的 0.7 倍；中胸盾片密布短毛、皱刻条，其间密布微弱颗粒；中胸盾片中叶无中凹；盾纵沟浅，完整，内具短刻条；小盾片密布颗粒；小盾片前凹深，具 3 纵脊，纵脊间光滑；小盾片前凹长是小盾片长的 0.5 倍；中胸侧板几乎光滑；翅下区具纵刻条；基节前沟深，长，光滑，横贯中胸侧板下部；胸腹侧脊明显，腹方宽；并胸腹节明显分区，具 2 个大的基侧区和 1 个明显宽的中区，基侧区前半部光滑、后半部密布针刮状刻纹。

翅：前翅长是宽的 3.5 倍；r 脉从翅痣中央伸出；3-RS 脉与 r 脉成钝角；3-SR=2.1×r=0.4×SR1；第 2 亚缘室长是宽的 2.3 倍，是第 1 亚盘室长的 1.1 倍；1-SR+M 脉明显“S”形弯曲；m-cu 脉几乎对叉；1-CU1=1.1×cu-a；CU1a 脉不与 2-CU1 脉处在同一水平，从第 1 亚盘室端部上方 1/3 处伸出。后翅 M+CU=0.7×1-M；m-cu 脉稍弯曲，前叉，着色。

足：后足基节背方具皱刻条，腹方具微弱刻点；后足腿节背方具微弱刻条；后足腿节背方具明显的肿突，长是宽的 3.9 倍；后足跗节长是后足胫节长的 0.9 倍，后足基跗节长是后足第 2–5 跗节长的 0.9 倍；后足第 2 跗节长是后足基跗节长的 0.3 倍，是后足第 5 跗节长的 1.1 倍。

腹：腹长是头胸总长的 1.0 倍，可见 6 节背板；第 1 腹板全部具纵刻条，端宽是其基宽的 1.7 倍，长是其端宽的 1.0 倍；第 2 背板无基区和端区，全部具纵刻条；第 2 背板长是其基宽的 0.7 倍；第 2 背板缝深、宽；第 3–5 背板基部 2/3–3/4 具粗糙刻条，剩余部分光滑；第 6 背板密布同心刻条；第 6 背板端缘几乎直，端缘中央无凹缘；产卵管鞘长是腹长的 0.6 倍，是前翅长的 0.4 倍。

体色：体黑色；触角浅红棕色渐变为黑色；须浅黄色；足黄色，后足基节红棕色；翅微弱烟褐色；翅痣黄色。

雄：未知。

生物学：未知。

研究标本：♀（正模，ZJUH），海南尖峰岭，2007.VI.7，刘经贤，No.200702365。

分布：海南（尖峰岭）。

(151) 长背纹茧蜂 *Rhaconotinus longi* (Belokobylskij, 1994)（图版 XXXIV: 4）

Ipodoryctes longi Belokobylskij, 1994c: 134; Tang *et al.*, 2011: 11.

Rhaconotinus longi: Belokobylskij *et* Zaldivar-Riverón, 2021: 115.

雌：体长 5.0–5.2 mm；前翅长 3.5–3.8 mm。

头：触角 35–46 节；柄节长是宽的 1.5–1.6 倍；第 1 鞭节长是端宽的 4.3–4.5 倍，是

第 2 鞭节长的 1.1 倍；头顶具明显的横刻条，额上具弯曲的皱，头宽是长的 1.4–1.5 倍；复眼横径是上颊长的 2.4–2.6 倍；上颊光滑；上颊前部稍平行，后方自复眼后稍弧形收缩；单眼小，后单眼间距为前后单眼间距的 1.0–1.2 倍，POL=1.1–1.3×OD=0.4×OOL，复眼纵径是横径的 1.0–1.2 倍；颚眼距为复眼纵径的 0.3 倍；为上颚基部宽的 0.5–0.6 倍；脸密布具颗粒的皱；脸宽是复眼纵径的 0.9 倍，是脸和唇基总长的 1.3 倍；唇基下陷圆形，宽短于下陷边缘至复眼距离的 0.8 倍。

胸：胸长是高的 2.0–2.3 倍；中胸盾片和小盾片具颗粒，无皱；盾纵沟深、完整、具短刻条；小盾片前凹深、具皱、具中脊；中胸侧板光滑，翅下区具有颗粒的皱，基节前沟深，长，光滑，横贯中胸侧板下缘；并胸腹节端部具有刻点的皱，具 2 个大的、有粗糙刻点的基侧区。

翅：前翅长是宽的 2.9–3.3 倍；1-R1 脉为翅痣长的 1.1–1.4 倍，r 脉从翅痣中间稍前伸出；3-SR=4.1–4.2×r=0.7–0.8×SR1=2.1–2.4×2-SR，第 2 亚缘室长是宽的 2.8–3.1 倍；1-SR+M 脉稍“S”形弯曲；m-cu 脉明显后叉；1-CU1=1.0–1.2×cu-a；CU1a 脉不与 2-CU1 脉处在同一水平，从第 1 亚盘室端部上方 1/3 处伸出。后翅 M+CU=0.6×1-M，m-cu 脉明显对叉。

足：腿节背面端部具明显的泡状肿突；后足基节背面具颗粒及稀疏皱，腿节具纵刻条，长是宽的 2.6 倍，跗节约与胫节等长；后足第 2 跗节长是后足基跗节长的 0.6 倍，是后足第 5 跗节长的 1.2 倍；后足基跗节长是后足第 2–5 跗节长的 0.6 倍。

腹：腹长是头胸总长的 1.2–1.4 倍，可见 6 节背板；腹部第 1、2 背板具皱，其他背板全部具刻条；第 1 节端宽是其基宽的 2.0–2.2 倍，为其长的 0.8–0.9 倍；第 2 背板无基区，具光滑端区；第 2 背板长是其基宽的 0.6 倍，是第 3 背板长的 1.5 倍；第 2 背板缝深，均匀弯曲；第 6 背板具密的同心刻条，端部弧形，中央具小的凹缘；产卵管鞘长是腹长的 1.2 倍，是前翅长的 0.8 倍。

体色：头部红棕色，背方黑色；胸部和腹部黑色；触角红棕色，端部较暗；足棕黄色，后足基节几乎黑色；后足胫节基部黑色；所有跗节几乎棕色；翅浅烟褐色；翅痣棕色，基部和端部棕色。

雄：未知。

生物学：未知。

研究标本（ZJUH）：2♀，海南鹦哥岭，2007.V.24–25，刘经贤，Nos.200702658，200702750；1♀，海南鹦哥岭，2007.V.23–25，肖斌，No.200807492；2♀，海南鹦哥岭，2007.X.18，刘经贤，Nos.200709845，200710006。

分布：海南（鹦哥岭）；越南。

(152) 黄毛背纹茧蜂 *Rhaconotinus luteosetosus* (Belokobylskij *et* Chen, 2004)（图版 XXXV: 1）

Rhaconotus luteosetosus Belokobylskij *et* Chen, 2004b: 340.

Rhaconotinus luteosetosus: Belokobylskij *et* Zaldivar-Riverón, 2021: 109.

雌：体长 7.0 mm；前翅长 4.7 mm。

头：触角已断，余 19 节；柄节长是宽的 1.7 倍；第 1 鞭节长是端宽的 4.8 倍，与第 2 鞭节等长；头密布明显颗粒，无明显皱；头宽是长的 1.5 倍；上颊自复眼后圆弧形收缩；上颊长是复眼横径的 0.6 倍；单眼小，后单眼间距等于前后单眼间距；POL=1.0×OD=0.5×OOL；复眼光滑，纵径是横径的 1.2 倍；颚眼距是复眼纵径的 0.4 倍，是上颚基部宽的 0.8 倍；脸密布颗粒，仅中间光滑；脸宽与复眼纵径几乎相等，是脸和唇基总长的 1.4 倍；颚眼沟不明显；后头脊和口后脊在上颚基部处不愈合。

胸：胸长是高的 2.4 倍；前胸背板背脊明显、不高，位于前胸背板中央；中胸盾片前缘平缓，与前胸背板水平面成钝角；盾纵沟深、完整、很宽，具短刻条；中胸盾片密布颗粒，沿着盾纵沟具明显的长皱纹，端部中央具 2 条相汇聚的刻条；中胸盾片中叶无中沟；小盾片前凹明显、很浅，具中脊、半圆形条纹，前凹长是小盾片长的 0.3 倍；基节前沟深，明显短刻条，稍“S”形，长几乎达中胸侧板下部全长；中胸侧板革质，上半部具皱刻条；胸腹侧脊明显；并胸腹节大部分密布皱，基部具颗粒，具大且长的基侧区，基半部具中脊。

翅：前翅长是宽的 4.0 倍；r 脉从翅痣中间稍后发出，与 3-SR 脉相接成明显的钝角；3-SR=4.2×r=0.6×SR1=1.8×2-SR；第 2 亚缘室端部稍变宽，长是宽的 2.7 倍，是第 1 亚盘室长的 0.9 倍；1-SR+M 脉稍“S”形；m-cu 脉明显后叉；1-CU1=0.6×cu-a；第 1 亚盘室在 m-cu 脉前逐渐自然关闭；CU1a 脉几乎对叉。后翅 M+CU=0.45×1-M；m-cu 脉长，不骨化。

足：足革质；前足基节和后足腿节腹半部光滑；后足腿节长是宽的 3.3 倍，背面具稍明显的泡状肿突；后足跗节是后足胫节长的 0.9 倍；后足胫节端部外缘具 3 刺；后足基跗节长是后足第 2–5 跗节长的 0.6 倍；后足第 2 跗节长是后足基跗节长的 0.5 倍，是后足第 5 跗节长的 1.2 倍。

腹：腹长是头胸总长的 1.3 倍，腹部可见 6 节背板；第 1 背板具刻条，基半部具背脊，端宽是其基宽的 2.0 倍，长是其端宽的 1.4 倍；第 2 背板无基区，端部具深、宽且几乎直的横沟与第 2 背板缝组成的明显的具纵刻条的椭圆形端区；第 2 背板长是其基宽的 0.7 倍，是第 3 背板长的 1.6 倍；第 2 背板缝深且宽；第 6 背板端缘几乎直，端部中央无凹缘及后腹叶；第 1–5 背板具明显刻条，刻条间具细网纹；第 6 背板具明显的半圆形刻条。

体色：体黑色，具深红色斑；触角浅棕色，至端部稍变暗；足红棕色，有时较暗，前中足的腿节浅红棕色；所有基跗节基部及端部、第 2–4 跗节黄色或浅棕色；产卵管鞘黄色，端部黑色；前翅明显浅烟褐色，且具几个浅色斑；翅端部暗色；翅痣深棕色，基部黄色。

雄：未知。

生物学：未知。

研究标本：♀（正模，ZJUH），福建将乐龙栖山，1991.VII.8，刘长明，No.969686。

分布：福建（龙栖山）。

(153) 斑痣背纹茧蜂，新组合 *Rhaconotinus maculistigma* (Chen *et* Shi, 2004), comb. nov.（图版 XXXV: 2）

Rhaconotus maculistigma Chen *et* Shi, 2004: 52.

Ipodoryctes maculistigma: Belokobylskij *et* Zaldivar-Riverón, 2021: 44.

Ipodoryctes rugosus Tang *et* Chen, in: Tang *et al.*, 2011: 12. **Syn. nov.**

Rhaconotinus rugosus: Belokobylskij *et al.*, 2021: 411.

雌：体长 5.3–6.0 mm；前翅长 3.7–4.0 mm。

头：触角 29 节，细长，几乎线形；柄节长是宽的 1.8 倍；第 1 鞭节长是端宽的 5.0 倍，是第 2 鞭节长的 1.0 倍；倒数第 2 鞭节长是宽的 4.0 倍，是第 1 鞭节长的 0.8 倍，是最后 1 鞭节长的 0.9 倍；头顶具微弱的横向波浪形刻条；额有具颗粒的皱；头宽是长的 1.3 倍；复眼横径是上颊长的 1.8–2.0 倍；上颊腹方光滑，自复眼后线性收缩；单眼中等大小，后单眼间距是前后单眼间距的 1.0 倍，POL=2.0×OD=0.8×OOL；复眼光滑，纵径是横径的 1.3 倍；脸皱，部分区域具颗粒；脸宽为复眼纵径的 1.1–1.2 倍，是脸和唇基总长的 1.2 倍；颚眼距是复眼纵径的 0.2–0.3 倍，是上颚基部宽的 0.8 倍；无颚眼沟；后头脊背方完整，与口后脊在上颚基部处愈合。

胸：胸长是高的 1.8–1.9 倍；前胸背板后横脊微弱，后横脊位于前胸背板中央；中胸盾片密布短毛和颗粒；中胸盾片中叶无中凹；盾纵沟浅，完整，内具短刻条；小盾片密布颗粒；小盾片前凹深、具 3 纵脊，纵脊间光滑；小盾片前凹长是小盾片长的 0.5 倍；中胸侧板几乎光滑；翅下区具皱刻条；基节前沟深，长，光滑，其长达中胸侧板下部全长的 2/3；胸腹侧脊明显，腹方宽；并胸腹节明显分区，具 2 个大的基侧区和 1 个明显宽的中区，基侧区前半部光滑，后半部密布针刮状刻纹。

翅：前翅长是宽的 3.5 倍；r 脉从翅痣中央伸出；3-RS 脉与 r 脉成钝角；3-SR=2.6×r=0.5×SR1；第 2 亚缘室大，长是宽的 3.4–3.5 倍，是第 1 亚盘室长的 1.2–1.4 倍；1-SR+M 脉明显"S"形弯曲；m-cu 脉几乎对叉；1-CU1=1.1×cu-a；CU1a 脉从第 1 亚盘室末端 1/3 处伸出。后翅 M+CU=0.7–0.8×1-M；m-cu 脉稍弯曲，稍前叉，着色。

足：后足基节背方具皱；后足腿节大部分光滑，背方具刻条；后足腿节背方具明显肿突，长是宽的 3.8 倍；后足跗节长是后足胫节长的 1.0 倍，后足基跗节长是后足第 2–5 跗节长的 1.0 倍；后足第 2 跗节长是后足基跗节长的 0.3 倍，是后足第 5 跗节长的 1.0 倍。

腹：腹长是头胸总长的 1.0–1.2 倍，可见 6 节背板；第 1 腹板全部具纵刻条，其间具皱，端宽是基宽的 2.2 倍，长是端宽的 1.0–1.2 倍；第 2 背板具明显的端区，无基区，大部分具纵刻条，其间具皱；第 2 背板长是基宽的 0.6 倍；第 2 背板缝深，均匀弯曲；第 3–5 背板基部 3/4 具粗糙刻条，剩余部分光滑；第 6 背板密布粗糙的同心刻条；第 6 背板端缘微弱弧形，端缘中央无凹缘；产卵管鞘长是腹长的 0.6 倍，是前翅长的 0.3 倍。

体色：体黑色；触角浅红棕色渐变为黑色；须浅黄色；足黄色，后足基节黄棕色到浅红棕色，前足和中足基部红棕色，后足基节几乎黑色，后足胫节基部黑色，所有跗节红棕色；翅微弱烟褐色；翅痣深棕色，基部和端部颜色浅。

雄：未知。

生物学：未知。

研究标本：♀（正模，*Ipodoryctes rugosus*，ZJUH），广东始兴车八岭，2008.VII.26，洪纯丹，No.200809159；（副模，*Ipodoryctes rugosus*，ZJUH）：2♀，湖南石门壶瓶山象鼻子沟，2009.VII.8，曾洁，Nos.200902003，200901992；1♀，湖南石门壶瓶山象鼻子沟，2009.VII.8，唐璞，No.200901721；1♀，广东龙门南昆山，2003.VII.20，许再福，No.20053850；1♀，广东郁南同乐大山，2003.VIII.12–13，许再福，No.20054659；1♀，广东始兴车八岭，2008.VII.26，洪纯丹，No.200809162；1♀，广东始兴车八岭，2003.VIII.21，许再福，No.20052041；1♀，海南鹦哥岭，2007.V.23–25，肖斌，No.200807493；1♀，海南五指山，2007.X.29，刘经贤，No.200710178；1♀，云南绿水河电站，2003.VII.23，许再福，No.20055340。

分布：湖南（壶瓶山）、福建（武夷山、龙栖山、光泽）、广东（南昆山、车八岭、同乐大山）、海南（鹦哥岭、五指山）、云南（绿水河、西双版纳、勐仑）。

附注：Belokobylskij 和 Zaldivar-Riverón（2021）将斑痣条背茧蜂 *Rhaconotus maculistigma* Chen *et* Shi, 2004 移入甲矛茧蜂属 *Ipodoryctes*，但根据陈家骅和石全秀（2004）中红腹条背茧蜂 *Raconotus rufiventris* 的描述和图片（该种腹部可见 6 节背板；第 2 背板基区不存在，具端区等）给出的特征，表明其应该属于背纹茧蜂属。

(154) 墨尼帕斯背纹茧蜂 *Rhaconotinus menippus* (Nixon, 1939)（图版 XXXV: 3）

Rhaconotus menippus Nixon, 1939b: 123; Watanabe, 1967: 197; Shenefelt *et* Marsh, 1976: 1339; Belokobylskij *et* Chen, 2004b: 355.

Rhaconotinus menippus: Belokobylskij *et* Zaldivar-Riverón, 2021: 109.

Rhaconotus decaryi Granger, 1949: 131; Belokobylskij *et* Zaldivar-Riverón, 2021: 109 (as *Rhaconotinus decaryi*). Synonymized by Belokobylskij *et* van Achterberg, 2021: 102.

雌：体长 3.4–4.1 mm；前翅长 2.6–3.1 mm。

头：触角 32 节；柄节长是宽的 1.3 倍；第 1 鞭节长是端宽的 5.0 倍，是第 2 鞭节长的 1.0 倍；头顶和额密布颗粒皱，单眼周围具环形皱；头宽是长的 1.5 倍；上颊自复眼后强烈地弧形收缩；上颊长是复眼横径的 0.5 倍；单眼中等大小，后单眼间距约等于前后单眼间距；POL=1.0×OD=0.3×OOL；复眼几乎是光滑的，纵径是横径的 1.2 倍，颚眼距是复眼纵径的 0.3 倍，与上颚基部宽几乎相等；脸密布颗粒皱，中央光滑；脸宽是复眼纵径的 1.0 倍，是脸和唇基总长的 1.0 倍；颚眼沟不存在；后头脊和口后脊在上颚基部处不愈合。

胸：胸长是高的 2.1 倍；前胸背板中部具 1 明显背脊；中胸盾片、小盾片密布颗粒；中胸盾片端部中央具 2 相汇聚的刻条，之间具细微皱；中胸盾片前缘平缓，与前胸背板水平面成钝角；盾纵沟很浅、完整且具短刻条；中胸盾片中叶具浅中纵沟；小盾片前凹明显、深，具中脊，具稀疏皱，其长是小盾片长的 0.4 倍；基节前沟很深、具粗糙短刻条，稍弯曲，长几乎达中胸侧板下部全长；中胸侧板上部具颗粒皱，剩余部分光滑；胸腹侧脊明显，腹面稍变宽；翅下区浅，很宽，具颗粒和短刻条；并胸腹节具明显基侧区，基侧区具颗粒，沿脊具皱；并胸腹节剩余部分具粗糙网皱。

翅：前翅长是宽的 3.6 倍；r 脉从翅痣中间稍后发出；3-SR=2.4×r=0.4×SR1=1.4×2-SR；第 2 亚缘室端部稍加宽，长是宽的 2.2 倍，是第 1 亚盘室长的 1.0 倍；1-SR+M 脉稍“S”形；m-cu 脉稍后叉；1-CU1=0.8×cu-a；第 1 亚盘室在 m-cu 脉或稍前几乎成直线关闭；CU1a 脉对叉。后翅 M+CU=0.6×1-M；m-cu 脉很长，基部骨化，前叉。

足：后足基节全部具细微颗粒；后足腿节背面具细微刻条和颗粒，其他部分光滑，背面泡状肿突不明显，后足腿节长是宽的 3.4 倍；后足跗节与后足胫节几乎等长；后足基跗节长是后足第 2–5 跗节长的 0.7 倍；后足第 2 跗节长是后足基跗节长的 0.4 倍，是后足第 5 跗节长的 1.1 倍。

腹：腹长是头胸总长的 1.1 倍，腹部可见 6 节背板；第 1 背板端宽是其基宽的 2.0 倍，长是其端宽的 1.3 倍；第 1 背板全部具粗糙纵刻条，刻条之间具细微网纹；第 2 背板无基区，近中部具 1 明显弯向基部的横沟与第 2 背板缝组成的宽的椭圆形端区，端区是第 2 背板剩余长的 1.0 倍；第 2 背板长约是其基宽的 0.7 倍，是第 3 背板长的 1.6 倍；第 2 背板缝深且宽；第 6 背板端缘几乎直，端部中央无凹缘，后腹面无侧叶；第 2 背板全部具粗糙纵刻条，刻条之间具细微网纹；第 3–5 背板基部 0.8–0.9 具纵刻条，第 3–5 背板端部 0.1–0.2 光滑；第 6 背板基部微弱革质，其余部分光滑；产卵管鞘长是腹长的 0.6 倍，是第 1 背板长的 2.4 倍，是胸长的 0.8 倍，是前翅长的 0.4 倍。

体色：体红棕色，头几乎黑色，仅眼眶周围红棕色；触角红棕色，至端部逐渐变暗；足黄棕色，所有跗节深棕色；产卵管鞘黑色，基部较淡；翅浅烟褐色，翅痣浅棕色。

雄：体长 3.8 mm；前翅长 2.7 mm，为宽的 3.2 倍。触角 33 节；胸长是高的 1.9 倍，腹长是头胸总长的 1.3 倍；头顶中部环纹相当明显；前胸背板棕黄色，且几乎光滑；第 7 背板部分外露。其他特征与雌虫相似。

生物学：据记载，寄主有鞘翅目的 *Cylas puncticollis*、*Hypolixus truncatulus*、*Peloropus batatae*、*Pempheres affinis* 等。

研究标本（ZJUH）：1♀，广东郁南同乐大山，2003.VIII.12–13，许再福，No.20054783；1♀，贵州独山，1980.VI.27，周声霞，No.860183；1♂，云南勐海，1981.IV.18，何俊华，No.811746。

分布：广东（同乐大山）、贵州（独山）、云南（勐海）；印度，泰国，马来西亚，也门，南非，乌干达，马达加斯加。

(155) 尼基塔背纹茧蜂 *Rhaconotinus nadezhdae* (Tobias *et* Belokobylskij, 1981)（图版 XXXV: 4）

Ipodoryctes nadezhdae Tobias *et* Belokobylskij, 1981: 354; Belokobylskij *et* Tobias, 1986: 37.

Rhaconotus nadezhdae: Belokobylskij, 1994d: 342; 1998b: 69; Belokobylskij *et* Chen, 2004a: 355.

Rhaconotinus nadezhdae: Belokobylskij, 2019: 37; Belokobylskij *et* Zaldivar-Riverón, 2021: 108.

Rhaconotinus austrochinensis Belokobylskij *et* Zaldivar-Riverón, 2021: 108 (= *Rhaconotus chinensis* Chen *et* Shi, 2004: 43). **Syn. nov.**

雌：体长 3.6–4.2 mm；前翅长 2.6–2.8 mm。

头：触角细长，32–34 节；柄节长是宽的 1.4–1.6 倍；第 1 鞭节长是端宽的 4.5–5.0 倍，与第 2 鞭节等长或稍长；头宽为长的 1.4–1.5 倍；头部光滑，头顶有时微弱革质，额前方 0.5–0.8 具皱刻条或网皱；上颊自复眼后圆弧形收缩；上颊长为复眼横径的 0.5 倍；单眼小，后单眼间距是前后单眼间距的 1.0 倍；POL=1.3×OD=0.5×OOL；复眼光滑，纵径为横径的 1.2–1.3 倍；颚眼距是复眼纵径的 0.3–0.4 倍，是上颚基部宽的 0.7–0.9 倍；脸具密集斜刻条，中间光滑；脸宽是复眼纵径的 0.9–1.0 倍，是脸和唇基总长的 1.1–1.2 倍；后头脊和口后脊在上颚基部处愈合。

胸：胸长是高的 2.0–2.2 倍；前胸背板脊明显，位于前胸背板中央；中胸盾片具密集颗粒，中后方具 2 条强烈会合的刻条，刻条间具微弱皱；中胸盾片前缘平缓，与前胸背板水平面成钝角；盾纵沟深、完整，具短刻条；中胸盾片中叶无中沟；小盾片前沟明显，内具 1–3 脊，长为小盾片的 0.3–0.4 倍；小盾片具密集颗粒；中胸侧板大部分光滑，基节前沟下方具微弱刻条；基节前沟浅，窄，具微弱短刻条，直，长达中胸侧板下部全长；胸腹侧脊明显，近腹面变宽；翅下区浅，窄，具短皱刻条；并胸腹节具 2 个大的基侧区，该区端部 0.3–0.5 具网皱，基部 0.5–0.7 具刻点，微弱革质或光滑；并胸腹节其余部分具不规则的粗糙网皱。

翅：前翅长是宽的 3.3–3.8 倍；r 脉从翅痣中央伸出，与 3-SR 脉相接成明显的钝角；3-SR=2.4–3.4×r=0.4–0.5×SR1=1.3–1.6×2-SR；第 2 亚缘室长是宽的 2.7–3.2 倍，是第 1 亚盘室长的 1.2–1.5 倍；1-SR+M 脉稍“S”形；m-cu 脉稍后叉；1-CU1=0.5–0.9×cu-a；第 1 亚盘室在 m-cu 脉稍前直线关闭；CU1a 脉对叉。后翅 M+CU=0.5–0.7×1-M；m-cu 脉短，不骨化，几乎对叉。

足：后足腿节长是宽的 3.0–3.5 倍，背面多少具明显的泡状肿突；后足胫节端部外缘具 2 刺；后足跗节长是后足胫节长的 1.0–1.1 倍；后足基跗节长是后足第 2–5 跗节长的 0.7 倍；后足第 2 跗节长是后足基跗节长的 0.5 倍，是后足第 5 跗节长的 1.2–1.3 倍。

腹：腹长是头胸总长的 1.1 倍，腹部可见 6 节背板；第 1 背板端宽是其基宽的 2.0–2.3 倍，长是其端宽的 1.3–1.4 倍；第 1 背板基部具明显且完整的背脊，刻条间密布网皱；第 2 背板无基区，具明显且深的弯向基部的横沟与第 2 背板缝组成的椭圆形端区，端区长是第 2 背板剩余部分长的 1.2–1.3 倍；第 2 背板长是其基宽的 0.7–0.8 倍，是第 3 背板长的 1.7–1.8 倍；第 2 背板缝深、宽；第 2 背板具皱刻条，端区基部有时几乎光滑；第 3–5 背板基部 0.5–0.7 具明显的纵刻条，端部光滑；第 2–5 背板侧方几乎完全具明显的纵刻条；第 6 背板端缘平直，端部中央无浅的凹缘，无后腹叶；第 6 背板大部分光滑，基部具半圆形针刮状刻纹；产卵管鞘长是腹长的 0.5–0.8 倍，是前翅长的 0.4–0.6 倍。

体色：体黑色；胸侧方和腹方红棕色；腹部第 3–6 背板端部黄棕色或浅红棕色；触角深红棕色至黑色，基部 1/4 浅红棕色；须黄白色；足黄色或黄棕色，所有第 5 跗节颜色暗；产卵管鞘黑色；前翅透明或微弱烟褐色，翅痣黄色或黄褐色。

雄：体长 3.2–3.8 mm，前翅长 2.4–2.6 mm。腹长是头胸总长的 1.2 倍；第 1 背板长是其端宽的 1.5–1.6 倍；第 2 背板端区长是第 2 背板剩余部分长的 0.6 倍；第 2 背板长是其基宽的 1.3 倍。其他特征与雌虫相似。

生物学：未知。

研究标本（ZJUH）：1♂，黑龙江镜泊湖，1995.VIII.26，娄巨贤，No.962323；1♀，浙江奉昌，1985.VIII.11，陈学新，No.852284；1♀，浙江杭州植物园，1983.VI.18，何俊华，No.934759；1♀，福建将乐龙栖山，1991.VII.2，刘长明，No.20006719；6♀4♂，福建福州，1985.VIII.22，刘长明，Nos.968359，965902，965886，965871，965868，965919，965863，965880，965945，965935；1♀，福建武夷山，1985.VII.29，林乃铨，No.968359；1♀，福建，1993.VIII，赵怀玲，No.20003760；1♀，福建崇安桐木村，1980.VI，赵修复，No.20003872；1♀，福建武夷山，2007.VIII.22–25，曾洁，No.200806352；1♂，福建邵武，1945.IX.17，赵修复；1♀，山东泰安泰山，1996.VII.18，许维岸，No.971920；1♀，湖南壶瓶山主峰，2009.VII.12，曾洁，No.200900760；1♀，湖南石门壶瓶山石碾子沟，2009.VII.9，曾洁，No.200901330；1♀，湖南石门壶瓶山三河村，2009.VII.11，马丽，No.200901942；1♂，广东始兴车八岭，2002.VII.27，许再福，No.20051941；1♀，广东郁南同乐大山，2003.VIII.12–13，许再福，No.20054493；1♀1♂，广东封开，1992.V.18，陈学新，Nos.921704，921705；1♀，贵州习水长嵌沟，2000.IX.29，马云，No.200102768；1♀，云南景洪三岔河，1981.IV.12，何俊华，No.811930；1♀，云南保山市芒宽乡，2006.VII.18，曾洁，No.200801852。

分布：黑龙江（镜泊湖）、吉林（长白山）、山东（泰山）、浙江（奉昌、杭州）、湖南（壶瓶山）、福建（龙栖山、福州、武夷山、邵武、宁化、光泽、崇安）、台湾、湖北（神农架）、广东（车八岭、同乐大山、封开）、海南（尖峰岭）、广西（南宁）、贵州（习水）、云南（景洪、保山、西双版纳、勐仑）；俄罗斯，韩国，日本。

附注：*Rhaconotus chinensis* Chen *et* Shi, 2004（2004 年 12 月发表）和 *Rhaconotus chinensis* Belokobylskij *et* Chen, 2004（2004 年 6 月发表）是异物同名，因此，Belokobylskij 和 Zaldivar-Riverón（2021）将 *Rhaconotus chinensis* Chen *et* Shi, 2004 作为华南背纹茧蜂 *Rhaconotinus austrochinensis* Belokobylskij *et* Zaldivar-Riverón, 2021 的新名。此外，根据陈家骅和石全秀（2004）的描述和图片可知，该种腹部可见 6 节背板；第 2 背板无基区，端部具椭圆形端区；头顶光滑；中胸侧板大部分光滑；后足基节几乎光滑等特征明显与尼基塔背纹茧蜂 *Rhaconotinus nadezhdae* 一致。因此，提出华南背纹茧蜂 *Rhaconotinus austrochinensis* Belokobylskij *et* Zaldivar-Riverón, 2021 是尼基塔背纹茧蜂 *Rhaconotinus nadezhdae* (Tobias *et* Belokobylskij, 1981)的次异名。

(156) 红背纹茧蜂 *Rhaconotinus rutilans* (Tang *et* Chen, 2011)（图版 XXXVI: 1）

Ipodoryctes rutilans Tang *et* Chen, in: Tang *et al.*, 2011: 14.
Rhaconotinus rutilans: Belokobylskij *et al.*, 2021: 411.

雌：体长 4.4–4.8 mm；前翅长 3.5–3.8 mm。

头：触角 36 节，细长，几乎线形；柄节长是宽的 1.5 倍；第 1 鞭节长是端宽的 3.8–4.0 倍，是第 2 鞭节长的 1.0–1.1 倍；倒数第 2 鞭节长是宽的 4.0 倍，是第 1 鞭节长的 0.7–0.8 倍，是最后 1 鞭节长的 0.9 倍；头顶具明显粗糙的横向刻条；额具粗糙斜刻条；头宽是长的 1.3 倍；复眼纵径是上颊长的 2.2 倍；上颊腹方光滑，自复眼后线性收缩；单眼中等大小，后单眼间距是前后单眼间距的 1.3 倍，POL=1.3×OD=0.6×OOL；复眼光滑，纵径是横径的 1.1–1.2 倍；脸几乎整个具粗糙皱；脸宽为复眼纵径的 1.0–1.1 倍，是脸和唇基总长的 1.4 倍；颚眼距是复眼纵径的 0.3 倍，是上颚基部宽的 1.0 倍；无颚眼沟；后头脊背方完整，与口后脊在上颚基部处愈合。

胸：胸长是高的 1.9–2.0 倍；前胸背板后横脊微弱，后横脊位于前胸背板中央；中胸盾片密布短毛和颗粒；中胸盾片中叶无中凹；盾纵沟深、完整，内具短刻条；小盾片密布明显刻条；小盾片前凹深、具 3 条纵脊，纵脊间光滑；小盾片前凹长是小盾片长的 0.3 倍；中胸侧板几乎光滑；翅下区具横向网皱；基节前沟深，长，光滑，其长达中胸侧板下部全长的 2/3；胸腹侧脊明显，腹方宽；并胸腹节明显分区，具 2 个大的基侧区和 1 个短、宽的中区，基侧区基部光滑，后半部密布针刮状刻纹。

翅：前翅长是宽的 3.3–3.6 倍；r 脉稍由翅痣中央后方伸出；3-RS 脉与 r 脉成钝角；3-SR=2.4×r=0.5×SR1；第 2 亚缘室长，长是宽的 2.8 倍，是第 1 亚盘室长的 1.2 倍；1-SR+M 脉明显“S”形弯曲；m-cu 脉稍后叉；1-CU1=1.0×cu-a；CU1a 脉从第 1 亚盘室末端 1/3 处伸出。后翅 M+CU=0.7–0.8×1-M；m-cu 脉稍弯曲，稍前叉，着色。

足：后足基节端部具刻条，背方具网纹；后足腿节背方具刻条和明显的肿突，长是宽的 3.5 倍；后足跗节长是后足胫节长的 0.9 倍，后足基跗节长是后足第 2–5 跗节长的 0.9 倍；后足第 2 跗节长是后足基跗节长的 0.3 倍，是后足第 5 跗节长的 0.8 倍。

腹：腹长是头胸总长的 1.3 倍，可见 6 节背板；第 1 腹板全部具纵刻条，端宽是基宽的 2.7 倍，长是端宽的 1.0 倍；第 2 背板具明显的、窄的、光滑的端区，无基区，大部分具粗糙的刻条；第 2 背板长是基宽的 0.5 倍；第 2 背板缝深、宽；第 3–5 背板基部 4/5–5/6 具粗糙刻条，剩余部分光滑；第 6 背板密布粗糙的同心刻条；第 6 背板端缘微弱弧形，端缘中央无凹缘；产卵管鞘长是腹长的 0.6 倍，是前翅长的 0.4 倍。

体色：体红棕色；触角红棕色渐变为黑色；须浅黄色；足浅棕色，后足基节红棕色，所有跗节红棕色；翅微弱烟褐色；翅痣深棕色，基部和端部颜色浅。

雄：未知。

生物学：未知。

研究标本：♀（正模，ZJUH），海南霸王岭，2007.VI.9–10，曾洁，No.200804540；1♀（副模，ZJUH），海南尖峰岭天池，2007.VII.12–15，翁丽琼，No.200803385；1♀（副模，ZJUH），海南吊罗山，2007.V.29–VI.2，肖斌，No.200804586。

分布：海南（霸王岭、尖峰岭、吊罗山）。

(157) 三化螟背纹茧蜂 *Rhaconotinus schoenobivorus* (Rohwer, 1919)（图版 XXXVI: 2）

Hormiopterus schoenobivorus Rohwer, 1919: 570; Watanabe, 1943: 461.

Rhaconotus menippus: Watanabe, 1961b: 364. Misidentified.

Rhaconotus schoenobivorus: Watanabe, 1967: 197; Shenefelt *et* Marsh, 1976: 1341; He 1984: 199; Belokobylskij *et* Chen, 2004b: 355; Chen *et* Shi, 2004: 56.

Rhaconotinus schoenobivorus: Belokobylskij *et* Zaldivar-Riverón, 2021: 109 (misspell as *Rhaconotinus choenobivorus*).

雌：体长 3.2–4.6 mm；前翅长 2.4–2.8 mm。

头：触角 34–36 节；柄节长是宽的 1.3–1.5 倍；第 1 鞭节长是端宽的 3.3–4.5 倍，是第 2 鞭节长的 1.0–1.1 倍；头顶密布颗粒；额密布颗粒皱；头宽是长的 1.3–1.5 倍；上颊自复眼后强烈地弧形收缩；复眼横径是上颊长的 1.7–1.8 倍；单眼中等大小，后单眼间距是前后单眼间距的 1.3–1.6 倍；POL=1.3–1.6×OD=0.6–0.7×OOL；复眼几乎是光滑的，纵径是横径的 1.2–1.3 倍，颚眼距是复眼纵径的 0.3–0.4 倍，与上颚基部宽几乎相等；脸几乎光滑，中央具微皱；脸宽是复眼纵径的 1.0–1.2 倍，是脸和唇基总长的 0.9–1.1 倍；颚眼沟不存在；后头脊和口后脊在上颚基部处不愈合。

胸：胸长是高的 1.9–2.1 倍；前胸背板具 1 明显背脊，脊至前胸背板端部距离是其至前胸背板基部距离的 1.2–1.5 倍；中胸盾片、小盾片密布颗粒；中胸盾片前缘平缓，与前胸背板水平面成钝角；盾纵沟很浅、完整且具短刻条；中胸盾片中叶具浅中纵沟；小盾片前凹明显、深，具 1–3 脊，具稀疏皱，其长是小盾片长的 0.4 倍；基节前沟很深、具粗糙短刻条，明显弯曲，长几乎达中胸侧板下部全长；中胸侧板上部具颗粒，剩余部分光滑；胸腹侧脊明显，腹面稍变宽；翅下区浅，窄，具颗粒和短刻条；并胸腹节具明显基侧区，基侧区具革质颗粒，基部有时光滑；并胸腹节剩余部分具粗糙网皱。

翅：前翅长是宽的 3.4–3.8 倍；r 脉从翅痣中间或稍后发出；3-SR=1.7–2.2×r=0.4×SR1=1.2–1.4×2-SR；第 2 亚缘室端部稍加宽，长是宽的 2.1–2.3 倍，是第 1 亚盘室长的 1.0–1.1 倍，1-SR+M 脉稍“S”形；m-cu 脉稍后叉；1-CU1=0.8×cu-a；第 1 亚盘室在 m-cu 脉或稍前几乎成直线关闭；CU1a 脉对叉。后翅 M+CU=0.6–0.7×1-M，m-cu 脉很长，基部骨化，前叉。

足：后足基节全部具细微颗粒；后足腿节背面具细微刻条和颗粒，其他部分光滑，背面泡状肿突不明显，后足腿节长是宽的 3.4–3.6 倍；后足跗节与后足胫节几乎等长；后足基跗节长是后足第 2–5 跗节长的 0.7 倍；后足第 2 跗节长是后足基跗节长的 0.4–0.5 倍，是后足第 5 跗节长的 1.1–1.3 倍。

腹：腹长是头胸总长的 1.1 倍，腹部可见 6 节背板；第 1 背板端宽是其基宽的 1.9–2.2 倍，长是其端宽的 0.9–1.2 倍；第 1 背板全部具粗糙纵刻条；第 2 背板无基区，近中部具 1 明显直的横沟与第 2 背板缝组成的宽的椭圆形端区，端区是第 2 背板剩余长的 0.6–0.7 倍；第 2 背板长是其基宽的 0.7–0.8 倍，是第 3 背板长的 1.8–2.1 倍；第 2 背板缝深且宽；第 6 背板端缘几乎直，端部中央无凹缘，后腹面无侧叶；第 2 背板全部、第 3–5 背板基部 0.3–0.7 具纵刻条，第 3–5 背板端部 0.3–0.7 光滑；第 6 背板几乎完全光滑，有时基部微弱革质；产卵管鞘长是腹长的 0.5–0.6 倍，是第 1 背板长的 2.0–2.2 倍，是胸长的 0.8–0.9 倍，是前翅长的 0.4 倍。

体色：体红棕色；触角红棕色，至端部逐渐变暗；足黄棕色，所有第 5 跗节深棕色；产卵管鞘黑色，基部较淡；翅浅烟褐色，翅痣浅棕色。

雄：体长 3.5 mm，前翅长 2.5 mm。触角 33 节；胸长是高的 1.9 倍；腹长是头胸总长的 1.3 倍；第 7 背板部分外露；第 2 背板长是第 3 背板长的 1.7 倍；第 2 背板端区是第 2 背板剩余长的 0.5 倍。其他特征与雌虫相似。

生物学：据记载，寄主有鳞翅目的二化螟 *Chilo suppressalis*、*Schoenobius bipunctifer*、三化螟 *Scirpophaga incertulas*、甘蔗白螟 *Scirpophaga nivella*、大螟 *Sesamia inferens* 等。

研究标本（ZJUH）：8♀1♂，广东定安（海南定安），1981.IX，农科院植保组，Nos.820710（9）；9♀，云南元江，1980.VI.24，张北元，Nos.814934（9）；1♀，云南元江，1980.VII.12，张北元，No.814942；7♀，云南元江，1980.VI.12，张北元，Nos.814941（7）；2♀，云南元江，1981.I.22，张北元，Nos.814938（2）；1♀，云南元江，1979.VI.19，郑伟军，No.803012；1♀，云南芒市，1981.V.9–11，何俊华，No.814235。

分布：福建（武夷山）、台湾、广东、海南（定安）、云南（元江、西双版纳、芒市）；印度，泰国，越南，马来西亚，印度尼西亚。

(158) 天目山背纹茧蜂 *Rhaconotinus tianmushanus* (Belokobylskij *et* Chen, 2004)（图版 XXXVI: 3）

Rhaconotus tianmushanus Belokobylskij *et* Chen, 2004b: 349.
Rhaconotinus tianmushanus: Belokobylskij *et* Zaldivar-Riverón, 2021: 109.
Rhaconotus rufiventris Chen *et* Shi, 2004: 53. **Syn. nov.**
Ipodoryctes rufiventris: Belokobylskij *et* Zaldivar-Riverón, 2021: 44.

雌：体长 2.9–3.6 mm；前翅长 2.5–2.8 mm。

头：触角 33 节；柄节长是宽的 1.8 倍；第 1 鞭节长是端宽的 3.8–4.3 倍，是第 2 鞭节长的 1.1 倍；头顶和上颊光滑；额光滑，前端具细微皱或刻条；头宽是长的 1.6 倍；上颊自复眼后圆弧形收缩；上颊长是复眼横径的 0.5 倍；单眼小，后单眼间距几乎等于前后单眼间距；POL=1.3×OD=0.4×OOL；复眼着生稀疏且短的刚毛或几乎光滑，纵径是横径的 1.3 倍；颚眼距是复眼纵径的 0.3–0.4 倍，是上颚基部宽的 0.8–0.9 倍；脸具皱刻条，中间光滑；脸宽几乎等于复眼纵径，是脸和唇基总长的 1.2–1.3 倍；颚眼沟缺；后头脊完整，与口后脊在上颚基部附近愈合。

胸：胸长是高的 1.8 倍；前胸背板背脊很细或明显，脊至前胸背板端部距离是其至前胸背板基部距离的 1.4–1.7 倍；中胸盾片前缘平缓，与前胸背板水平面成钝角；中胸盾片和小盾片密布颗粒，中胸盾片端部中央具窄的皱区；盾纵沟很浅、窄、完整、具短刻条；中胸盾片中叶无中沟；小盾片前凹很浅、窄、光滑或具细微刻条、稍突起或直，具 1–3 脊，前凹长是小盾片长的 0.3 倍；基节前沟很浅、窄、光滑或具细微刻条，稍突起或直，长达中胸侧板下部长的 0.7 倍；中胸侧板光滑；胸腹侧脊明显、腹面很窄；并胸腹节具革质且端半部几乎光滑、后半部具皱或颗粒的基侧区，基部 1/3 具中脊，剩余部分具粗糙网皱。

翅：前翅长是宽的 3.5 倍；r 脉从翅痣中间发出，与 3-SR 脉相接成钝角；3-SR=2.5×r=0.4×SR1=1.2–1.5×2-SR；第 2 亚缘室端部不变宽，长是宽的 2.8–3.3 倍，是第 1 亚盘室长的 1.2–1.3 倍；1-SR+M 脉稍“S”形；m-cu 后叉；1-CU1=0.5×cu-a；第 1 亚盘室在 m-cu 之前急剧、成直线关闭；CU1a 脉几乎对叉。后翅 M+CU=0.6×1-M；m-cu 短、不骨化，稍前叉。

足：后足基节侧面光滑，背面具颗粒和刻条；后足腿节背面具弱的泡状肿突，具细刻条，大部分光滑，长是宽的 3.0 倍；后足跗节是胫节长的 0.9–1.0 倍；后足胫节变厚、端部外缘具 3 刺；后足基跗节长是后足第 2–5 跗节长的 0.7–0.8 倍；后足第 2 跗节长是后足基跗节长的 0.4 倍，是后足第 5 跗节长的 0.9–1.0 倍。

腹：腹长是头胸总长的 1.1–1.2 倍，腹部可见 6 节背板；第 1 背板具完整背脊，全部密布刻条；第 1 背板端宽是其基宽的 1.8–2.2 倍，长是宽的 1.0–1.2；第 2 背板无基区，具宽的椭圆形端区；第 2 背板长是其基宽的 0.5 倍，是第 3 背板长的 1.3–1.4 倍；第 2 背板缝深；第 6 背板端缘稍圆滑或直，中部无凹缘与后腹叶；第 2 背板具粗糙刻条，其端区具刻条，有时中央光滑；第 3 背板基部 1/3–2/3、第 4 背板和第 5 背板基部 1/2–2/3 具纵刻条；第 6 背板基部 1/4 具细微革质刻条；第 3–6 背板剩余部分光滑；产卵管鞘长是腹长的 0.3–0.4 倍，是前翅长的 0.2–0.3 倍。

体色：头胸黑色，前胸大部分黄棕色或红棕色；中胸侧板与腹部有时红棕色至浅红棕色；第 1 背板较暗；触角红棕色至深红棕色，端半部几乎黑色；足棕黄色，基部较浅；产卵管鞘黑色，基部棕色；翅浅烟褐色；翅痣棕色，基部较浅。

雄：未知。

生物学：未知。

研究标本：♀（正模，ZJUH），西天目山科技馆（灯诱），1999.VII.29，赵明水，No.20003339。

分布：浙江（西天目山）、湖北（神农架）、福建（光泽）。

附注：Belokobylskij 和 Zaldivar-Riverón（2021）将红腹条背茧蜂 *Raconotus rufiventris* Chen *et* Shi, 2004 移入甲矛茧蜂属 *Ipodoryctes*，但根据陈家骅和石全秀（2004）中红腹条背茧蜂 *Raconotus rufiventris* 的描述和图片（该种腹部可见 6 节背板；第 2 背板基区不存在，具端区等）给出的特征，表明其应该属于背纹茧蜂属。此外，其产卵管鞘短于腹部；头顶光滑；中胸侧板光滑；腹部第 1 背板较短等特征明显与天目山背纹茧蜂 *Rhaconotinus tianmushanus* 一致。因此，提出红腹甲矛茧蜂 *Ipodoryctes rufiventris* (Chen *et* Shi, 2004)（2004 年 12 月发表）是天目山背纹茧蜂 *Rhaconotinus tianmushanus* (Belokobylskij *et* Chen, 2004)（2004 年 6 月发表）的次异名。

(159) 武夷背纹茧蜂 *Rhaconotinus wuyiensis* (Tang *et* Chen, 2011)（图版 XXXVI: 4）

Ipodoryctes wuyiensis Tang *et* Chen, in: Tang *et al.*, 2011: 16.

Rhaconotinus wuyiensis: Belokobylskij *et al.*, 2021: 411.

雌：体长 4.1 mm；前翅长 3.5 mm。

头：触角 38 节，细长，几乎线形；柄节长是宽的 1.4 倍；第 1 鞭节长是端宽的 4.0 倍，是第 2 鞭节长的 1.0 倍；倒数第 2 鞭节长是宽的 4.0 倍，是第 1 鞭节长的 0.7 倍，是最后 1 鞭节长的 0.9 倍；头顶光滑；额具微弱的横向刻条；头宽是长的 1.4 倍；复眼横径是上颊长的 2.1 倍；上颊光滑，自复眼后线性收缩；单眼中等大小，后单眼间距是前后单眼间距的 1.6 倍，POL=1.6×OD=0.8×OOL；复眼光滑，纵径是横径的 1.3 倍；脸具皱刻条；脸宽为复眼纵径的 1.0 倍，是脸和唇基总长的 1.3 倍；颚眼距是复眼纵径的 0.3 倍，是上颚基部宽的 0.6 倍；无颚眼沟；后头脊背方完整，与口后脊在上颚基部处愈合。

胸：胸长是高的 1.9 倍；前胸背板后横脊微弱，后横脊离前胸背板后缘距离是其离前胸背板前缘距离的 0.7 倍；中胸盾片密布短毛和皱刻条，其间密布微弱颗粒；中胸盾片中叶无中凹，中后方具 3 条近平行的脊；盾纵沟深、完整，内具短刻条；小盾片光滑；小盾片前凹深、具 3 纵脊，纵脊间光滑；小盾片前凹长是小盾片长的 0.5 倍；中胸侧板几乎光滑；翅下区具刻条；基节前沟深，长，光滑，横贯中胸侧板整个下部；胸腹侧脊明显，腹方宽；并胸腹节明显分区，具 2 个大的、光滑的基侧区和 1 个明显的中区。

翅：前翅长是宽的 4.0 倍；r 脉从翅痣中央伸出；3-RS 脉与 r 脉成钝角；3-SR=3.0×r=0.6×SR1；第 2 亚缘室长，长是宽的 3.7 倍，是第 1 亚盘室长的 2.3 倍；1-SR+M 脉明显“S”形弯曲；m-cu 脉对叉；1-CU1=1.5×cu-a；CU1a 脉从第 1 亚盘室末端 1/3 处伸出。后翅 M+CU=0.8×1-M；m-cu 脉稍弯曲，对叉，着色。

足：后足基节背方具刻条；后足腿节背方具刻条和明显的肿突，长是宽的 3.1 倍；后足跗节长是后足胫节长的 1.0 倍，后足基跗节长是后足第 2–5 跗节长的 0.8 倍；后足第 2 跗节长是后足基跗节长的 0.4 倍，是后足第 5 跗节长的 1.5 倍。

腹：腹长是头胸总长的 1.4 倍，可见 6 节背板；第 1 腹板全部具纵刻条，端宽是其基宽的 2.0 倍，长是端宽的 1.0 倍；第 2 背板具明显的端区，无基区，大部分具粗糙的刻条，端区前半部光滑；第 2 背板长是基宽的 0.7 倍；第 2 背板缝深，均匀弯曲；第 3–5 背板具纵刻条，端部光滑；第 6 背板密布粗糙的同心刻条；第 6 背板端缘弧形，端缘中央无凹缘；产卵管鞘长是腹长的 1.5 倍，是前翅长的 1.1 倍。

体色：体黑色，腹部端部和侧方红色；触角红棕色渐变为黑色；须浅黄色；足浅棕色，后足腿节棕色；翅微弱烟褐色；翅痣深棕色，基部和端部颜色浅。

雄：未知。

生物学：未知。

研究标本：♀（正模，ZJUH），福建武夷山，2007.VIII.22–25，谢翠红，No.200807234。

分布：福建（武夷山）。

31. 条背茧蜂属 *Rhaconotus* Ruthe, 1854

Rhaconotus Ruthe, 1854: 349; Förster, 1862: 282; Marshall, 1888: 250; Kokujev, 1900: 544; Szépligeti, 1902a: 63; Fahringer, 1930: 124; Nixon, 1939b: 122; 1941: 473; Granger, 1949: 126; Marsh, 1971:

844; 1973: 72; Shenefelt *et* Marsh, 1976: 1334; Belokobylskij, 1990c: 145; 1996: 154; 2001: 102; Belokobylskij *et* Chen, 2004b: 319; Belokobylskij *et al.*, 2004: 88; Chen *et* Shi, 2004: 35; Belokobylskij *et* Maeto, 2009: 413; Belokobylskij *et* Zaldivar-Riverón, 2021: 119. **Type species:** *Rhaconotus aciculatus* Ruthe, 1854; by monotype.

Hedysomus Förster, 1862: 238; Ashmead, 1900a: 144; Shenefelt *et* Marsh, 1976: 1335. **Type species:** *Hedysomus elegans* Förster, 1862; by monotype. Synonymized by Szépligeti, 1904: 69.

Hormiopterus Giraud, 1869: 478; Reinhard, 1885: 133; Marshall, 1888: 256; Ashmead, 1900a: 148; Fahringer, 1932: 180; Watanabe, 1937: 44; Shenefelt *et* Marsh, 1976: 1335. **Type species:** *Hormiopterus ollivieri* Giraud, 1869; by monotype. Synonymized by Nixon, 1940: 493.

Rhadinogaster Szépligeti, 1908: 223; Viereck, 1914: 127; Shenefelt *et* Marsh, 1976: 1335. **Type species:** *Rhadinogaster testacea* Szépligeti, 1908; by monotype. Synonymized by Marsh, 1973: 72.

Aptenobracon Marsh, 1965: 675. **Type species:** *Aptenobracon formicoides* Marsh, 1965, by monotype and original designation. Synonymized by Belokobylskij *et* Zaldivar-Riverón, 2021: 119.

形态特征：腹部可见 5 背板；第 5 背板通常扩大，至少基部有刻纹；第 1、2 背板不愈合；第 4 及第 5 背板基部多少具明显的细横沟；所有足的腿节背面常具 1 泡状肿突；前翅 CU1a 脉通常与 2-CU1 处在同一水平上，m-cu 后叉；并胸腹节通常无中区，但通常具基区。

生物学：有关该属的生物学研究还比较少，据记载，寄主有鞘翅目的豆象科 Bruchidae、吉丁虫科 Buprestidae、象甲科 Curculionidae、花蚤科 Mordellidae；鳞翅目的草螟科 Crambidae、麦蛾科 Gelechiidae、夜蛾科 Noctuidae、螟蛾科 Pyralidae。

分布：全世界分布。本属全世界已知 80 余种，中国已知 8 种。台湾的物种 *R. scirpophagae*，未在本志中记述。本志提出了 1 新异名：双沟条背茧蜂 *Rhaconotus bisulcus* Chen *et* Shi, 2004 是背甲条背茧蜂 *Rhaconotus tergalis* Belokobylskij *et* Chen, 2004 的次异名。

附注：古北区、东洋区、新北区和非洲区已记录了条背茧蜂属 80 余种，该属大部分种类分布在热带区，澳洲区也有分布。Shenefelt 和 Marsh（1976）、Belokobylskij（2001）认为该属可能起源于热带或亚热带地区。

种检索表

1. 腹部第 2 背板端半部无深弯沟组成的椭圆形端区，极少数种类腹部背板具 1 额外的浅横沟（并胸腹节无具缘区的基侧区）…………………………………………………………………………2
   腹部第 2 背板端半部有深弯沟组成的椭圆形端区…………………………………………………5
2. 中胸盾片少毛，仅沿着盾纵沟及边缘着生；翅痣暗棕色，基部和端部灰白色……………………3
   中胸盾片大部分着生密布的毛或是沿盾纵沟及其边缘大部分有毛；翅痣淡棕色或完全黄色………4
3. 腹部第 5 背板后腹面具明显的侧叶；第 1–4 背板在气门之上具明显的侧脊，腹部背板边缘与背面表面多少成直角…………………………………………………………**绍氏条背茧蜂 *R. sauteri***
   腹部第 5 背板后腹面无侧叶；第 1–4 背板在气门之上无侧脊，腹部背板边缘弧形……………………
   ……………………………………………………………………………**针刺条背茧蜂 *R. aciculatus***

4. 后足腿节长是宽的 3.5–3.7 倍；第 2 背板缝强烈凹陷弯曲；产卵管鞘长，是腹部第 1 背板长的 2.7–3.3 倍，是前翅长的 0.5–0.7 倍；后足胫节背面上的毛较长，是胫节最大宽的 0.8–0.9 倍；体型大 ·……………………………………………………………………………… **大条背茧蜂 *R. magnus***

后足腿节长是宽的 3.0–3.2 倍；第 2 背板缝稍凹陷弯曲；产卵管鞘较短，是腹部第 1 背板长的 1.4–1.7 倍，是前翅长的 0.3–0.5 倍；后足胫节背面上的毛较短，是胫节最大宽的 0.4–0.6 倍 …………………………………………………………………………… **有壳条背茧蜂 *R. testaceus***

5. 前翅烟褐色，其上具数个小的透明区域；腹部向第 5 背板明显变宽；腹部第 2 背板在端部明显收缩，在中部稍缢缩；腹部第 1 背板长是端宽的 1.6 倍；产卵管鞘长，是腹长的 1.3 倍，是前翅长的 0.9 倍；前翅第 2 亚缘室长，3-SR=0.8×SR1 ……………………………………… **姚氏条背茧蜂 *R. yaoae***

前翅完全呈均匀的淡烟色或透明；腹部向第 3 背板稍稍变宽；腹部第 2 背板端部宽，在中部不收缩；腹部第 1 背板长是端宽的 1.2–1.5 倍；产卵管鞘较短，是腹长的 0.4–0.7 倍，是前翅长的 0.3–0.5 倍；前翅第 2 亚缘室短，3-SR=0.4–0.6×SR1 …………………………………………………… 6

6. 翅痣棕色，基部和端部黄色，前翅完全浅烟褐色；腹部第 5 背板在端部 1/2–2/3 有具颗粒状的网皱，其上密布刻点；体常深红棕色 ……………………………………………… **背甲条背茧蜂 *R. tergalis***

翅痣完全棕黄色或黄色，前翅完全透明；腹部第 5 背板在端部 1/2 光滑或具微弱的网状皱，有时具明显条纹；体常淡红棕色或棕黄色，罕有种类（*R. oriens*）黑色 ……………………………… 7

7. 触角 49 节，第 1 鞭节长是端宽的 3.5 倍，是第 2 鞭节长的 1.3 倍；侧面观前胸背板背面明显突起；前翅 r 脉与 3-SR 脉几乎成直线；第 2 亚缘室长是宽的 2.0 倍；腹部第 5 背板端部 1/2 具条纹，后 1/4 具半圆形条纹；头顶密布波状横条纹，条纹间具刻点；体大型（颚眼距长，是复眼高的 0.7 倍，是上颚基部宽的 1.3–1.6 倍）……………………………………… **泽迪条背茧蜂 *R. zarudnyi***

触角 27–33 节，第 1 鞭节长是端宽的 4.5–5.0 倍，几乎与第 2 鞭节等长；侧面观前胸背板背面几乎直；前翅 r 脉与 3-SR 脉相接成明显的钝角；第 2 亚缘室长是宽的 2.5–2.9 倍；腹部第 5 背板端部 1/2 光滑；头顶完全具颗粒状皱褶；体小型 ……………………………… **东洋条背茧蜂 *R. oriens***

(160) 针刺条背茧蜂 *Rhaconotus aciculatus* Ruthe, 1854（图版 XXXVII: 1）

Rhaconotus aciculatus Ruthe, 1854: 349; Marshall, 1888: 252; Kokujev, 1900: 544; Wilkinson, 1927: 37; Fahringer, 1930: 124; Nixon, 1941: 473; Telenga, 1941: 69; Tobias, 1971: 198; Shenefelt *et* Marsh, 1976: 1335; Belokobylskij, 1990c: 145; 1994d: 350; 1998b: 69; Belokobylskij *et* Chen, 2004b: 354.

雌：体长 3.2–3.9 mm；前翅长 2.3–2.5 mm。

头：触角 27 节；柄节长是宽的 1.2 倍；鞭节第 1 节长是其端宽的 5.0 倍，是第 2 鞭节长的 0.9–1.0 倍；头部全部密布颗粒，无明显的皱；头宽是长的 1.4 倍；上颊自复眼后明显圆弧形收缩，长是复眼横径的 0.5 倍；单眼小，后单眼间距等于前后单眼间距；POL=1.2×OD=0.4–0.5×OOL；复眼纵径是横径的 1.3–1.4 倍；颊长约是复眼纵径的 0.4 倍，是上颚基部宽的 1.4 倍；脸宽是复眼纵径的 1.1–1.2 倍，是脸和唇基总长的 1.6 倍；颚眼沟缺；后头脊与口后脊在上颚处不愈合。

胸：胸长是高的 2.3–2.4 倍；前胸背板脊明显且中部不与前胸背板端部愈合；中胸盾

片前缘平缓，与前胸背板水平面成钝角；中胸盾片密布细颗粒，近盾纵沟处无皱；盾纵沟深且具颗粒；中胸盾片中叶无中纵沟；中胸盾片少毛，仅沿着盾纵沟及边缘着生；小盾片前凹明显具中脊，具颗粒及细刻纹，前凹长是小盾片长的 0.3–0.4 倍；基节前沟浅，具颗粒和稀疏短刻条皱，长几乎达中胸侧板下部全长；中胸侧板上部具革质颗粒；胸腹侧脊明显，腹面稍变宽；翅下区浅，窄，具颗粒和短刻条；并胸腹节密布颗粒，无明显分区；基部 2/3 具明显纵脊。

翅：前翅长是宽的 4.4–4.8 倍；r 脉从翅痣中间稍后伸出；3-SR=3.8–4.3×r=0.4–0.5×SR1=1.3–1.4×3-SR；第 2 亚缘室端部稍加宽，长是宽的 2.8–3.2 倍，是第 1 亚盘室长的 1.4–1.5 倍；1-SR+M 脉明显"S"形；1-CU1=0.6–0.8×cu-a；第 1 亚盘室在 m-cu 脉稍前关闭；CU1a 脉对叉。后翅 M+CU=0.6×1-M；m-cu 脉不骨化，不明显。

足：后足基节革质；后足腿节长是宽的 2.7–3.0 倍，背面具小的泡状肿突；后足跗节长是后足胫节长的 1.1 倍；后足基跗节长是后足第 2–5 跗节长的 0.6–0.7 倍；后足第 2 跗节长是后足基跗节长的 0.5–0.6 倍，是后足第 5 跗节长的 1.3–1.5 倍。

腹：腹长是头胸总长的 1.1–1.2 倍，可见 5 节背板；腹部第 1 背板端宽是其基宽的 2.2–2.4 倍，长是其端宽的 1.4–1.5 倍；第 2 背板无基区和由弯沟组成的椭圆形端区；第 2 背板长约等于其基宽，是第 3 背板长的 1.5–1.7 倍；第 5 背板端部中央稍圆滑或端部几乎直，中央无凹缘，后腹面无侧叶；第 1、2 背板和第 3–5 背板基部具纵皱刻条，其间布满革质颗粒；第 1–4 背板在气门之上无侧脊，腹部背板边缘弧形；产卵管鞘长是腹长的 0.5–0.6 倍，是前翅长的 0.4–0.5 倍。

体色：体黑色；头部、前胸背板和第 3–5 背板端部浅红棕色；须棕黄色；足棕黄色，后足基节红棕色，所有腿节肿突附近颜色深；触角基部浅棕色，至端部变暗；翅烟褐色，具透明带；翅痣深棕色，基部及端部较浅。

雄：未知。

生物学：据记载，寄主有鞘翅目的山毛榉吉丁 *Agrilus viridis*、*Anthaxia lgockii*、花生豆象 *Caryedon serratus*、*Lixus lukjanovitschi*。

研究标本（ZJUH）：1♀，河北张家口小五台山杨家坪，2005.VIII.20，张红英，No.200611723；1♀，辽宁沈阳东陵，1992.VII.9，林乃铨，No.20004541；1♀，吉林磐石宝山，1998.VII.25，林乃铨，No.20035827；1♀，黑龙江镜泊湖，1995.VIII.26，娄巨贤，No.962224；1♀，浙江衢州，1986.VIII.9，钱英，No.862141；1♀，福建崇安三港，1985.VII.5，黄东宏，No.20004256；1♀，湖南石门壶瓶山要武村，2009.VII.10，唐璞，No.200901257。

分布：黑龙江（镜泊湖）、吉林（宝山）、辽宁（沈阳）、河北（小五台山）、浙江（衢州）、湖南（壶瓶山）、福建（崇安）；俄罗斯，蒙古国，哈萨克斯坦，塔吉克斯坦，土库曼斯坦，乌兹别克斯坦，伊朗，以色列，欧洲，美国。

(161) 大条背茧蜂 *Rhaconotus magnus* Belokobylskij *et* Chen, 2004（图版 XXXVII: 2）

Rhaconotus magnus Belokobylskij *et* Chen, 2004b: 342.

雌：体长 6.0–6.9 mm；前翅长 4.5–4.9 mm。

头：触角 45–48 节；柄节长是宽的 1.5 倍；第 1 鞭节长是端宽的 4.5–4.7 倍，是第 2 鞭节长的 1.0–1.2 倍；头部几乎全部具颗粒，无皱；额密布皱，其间具颗粒；头宽是长的 1.4–1.5 倍；上颊自复眼后圆弧形收缩；上颊长是复眼横径的 0.5–0.6 倍；单眼小，后单眼间距是前后单眼间距的 1.1–1.2 倍；POL=0.9–1.1×OD=0.3–0.4×OOL；复眼纵径是横径的 1.1–1.2 倍；颚眼距是复眼纵径的 0.7–0.8 倍，是上颚基宽的 1.2–1.3 倍；脸宽是复眼纵径的 1.4–1.6 倍，是脸和唇基总长的 1.3–1.5 倍；颚眼沟不明显；后头脊和口后脊在上颚基部处不愈合。

胸：胸长是高的 2.1–2.3 倍；前胸背板密布细网皱，网皱间具颗粒，无背脊；中胸盾片前缘平缓，与前胸背板水平面成钝角；中胸盾片大部分着生密毛或是沿盾纵沟及其边缘大部分有毛；盾纵沟深、完整，具短刻条；中胸盾片密布颗粒，近盾纵沟处及侧面无刻条，端部中央具窄而长的网皱区，基半部具明显的长、纵刻条；中胸盾片中叶具浅的中纵沟；小盾片前凹明显，浅，密布短刻条，前凹长是小盾片长的 0.3 倍；基节前沟浅、具短刻条、稍“S”形，长几乎达中胸侧板下部全长；中胸侧板密布颗粒；胸腹侧脊腹方明显；并胸腹节无明显分区，基部 1/4–1/2 具中脊，密布网皱，部分具刻条及颗粒。

翅：前翅长是宽的 4.0–4.5 倍；r 脉从翅痣中间或稍后发出，与 3-SR 脉相接成大的钝角；3-SR=3.4–5.1×r=0.5–0.7×SR1=1.7–2.1×2-SR；第 2 亚缘室端部不变宽，长是宽的 2.2–2.9 倍，与第 1 亚盘室等长；1-SR+M 脉明显“S”形；m-cu 脉明显后叉；1-CU1=0.4–1.1×cu-a；第 1 亚盘室在 m-cu 脉前逐渐自然关闭；CU1a 脉几乎对叉。后翅 M+CU=0.4–0.5×1-M；m-cu 脉长、不骨化。

足：足密布细微颗粒；后足腿节背面具明显泡状肿突，长是宽的 3.5–3.7 倍；后足跗节比后足胫节稍短；后足胫节端部外缘具 4 或 5 刺；后足胫节背面上的毛较长，是胫节最大宽的 0.8–0.9 倍；后足基跗节长是后足第 2–5 跗节长的 0.6–0.7 倍；后足第 2 跗节长是后足基跗节长的 0.6 倍，是后足第 5 跗节长的 1.3–1.6 倍。

腹：腹长是头胸总长的 1.2–1.4 倍，腹部可见 5 节背板；第 1 背板至少基部具背脊，密布刻条，刻条间具皱；第 1 背板端宽是其基宽的 2.3–2.6 倍，长是其端宽的 1.3 倍；第 2–4 背板具粗糙刻条，第 2、3 背板上刻条多少波浪形；第 2 背板无基区，端部具很浅的横沟与第 2 背板缝组成的不明显的椭圆形区域；第 2 背板长是其基宽的 0.6–0.7 倍，是第 3 背板长的 1.2–1.5 倍；第 2 背板缝强烈凹陷且弯曲；第 3、4 背板端部具窄的光滑区；第 5 背板端部稍圆滑或几乎直，中央无凹缘，后腹面无侧叶；第 5 背板基部大部分密布网纹；产卵管鞘长是腹长的 0.6–0.9 倍，是腹部第 1 背板长的 2.7–3.3 倍，是前翅长的 0.5–0.7 倍。

体色：体浅红棕色，头部黄色；触角浅红棕色，至端部变暗；足黄色，第 5 跗节端半部颜色深；产卵管鞘黑色；翅透明；翅痣全部浅黄色。

雄：未知。

生物学：未知。

研究标本：1♀（副模，ZJUH），福建尤溪，1988.X.15，郑琪，No.20005159；1♀（副

模，ZJUH），云南新平，1977，县农技站，No.771274。ZJUH：1♀，福建武夷山三港，1980.IX.17，陈彤，No.200012031；1♀，福建沙县洋坊，1980.VII.6，林乃铨；1♀，广东始兴车八岭，2002.V.25，许再福，No.20051538。

分布：福建（尤溪、沙县、武夷山）、广东（车八岭）、云南（新平）；越南。

(162) 东洋条背茧蜂 *Rhaconotus oriens* Belokobylskij *et* Chen, 2004（图版 XXXVII: 3）

Rhaconotus oriens Belokobylskij *et* Chen, 2004b: 344; Belokobylskij *et* Maeto, 2009: 433.

雌：体长 2.9–3.4 mm；前翅长 2.4–2.9 mm。

头：触角 27–33 节；柄节长是宽的 1.5–1.7 倍；第 1 鞭节长是端宽的 4.5–5.0 倍，是第 2 鞭节长的 0.8–1.0 倍；头顶密布颗粒；额密布颗粒，前端具皱；头宽是长的 1.4–1.6 倍；上颊自复眼后强烈弧形收缩；上颊密布革质颗粒，长是复眼横径的 0.5–0.6 倍；单眼小，后单眼间距约等于前后眼间距；POL=0.7–1.2×OD=0.3–0.4×OOL；复眼光滑，纵径是横径的 1.2 倍；颚眼距是复眼纵径的 0.5–0.6 倍，是上颚基部宽的 0.8–1.2 倍；脸大部分密布颗粒，中央光滑，宽是复眼纵径的 1.2–1.4 倍，是脸和唇基总长的 1.4–1.6 倍；颚眼沟不明显；后头脊和口后脊在上颚基部处不愈合。

胸：胸长是高的 2.1–2.2 倍；前胸背板具明显背脊，脊至前胸背板端部距离是其至前胸背板基部距离的 1.2–1.5 倍；中胸盾片不高，基部与前胸背板水平面成钝角；盾纵沟宽、很浅、完整，具短刻条；中胸盾片密布颗粒，端部中央具窄的皱区；中胸盾片中叶无中沟；小盾片前凹很深，具中脊，具皱，前凹长是小盾片长的 0.3–0.4 倍；中胸侧板密布颗粒；基节前沟很深、具短刻条、“S”形，长几乎达中胸侧板下部全长；胸腹侧脊明显，腹面很宽；翅下区浅，宽；并胸腹节具密布颗粒的基侧区，无中区，基半部具中脊，剩余部分具颗粒皱。

翅：前翅长是宽的 3.7–4.0 倍；r 脉从翅痣中间发出，与 3-SR 脉相接成明显的钝角；3-SR=2.8–3.0×r=0.5–0.6×SR1=1.8–2.2×2-SR；第 2 亚缘室端部稍变宽，长是宽的 2.5–2.9 倍，是第 1 亚盘室长的 1.2–1.4 倍；1-SR+M 脉明显“S”形；m-cu 脉明显后叉；1-CU1=0.5–1.0×cu-a；第 1 亚盘室在 m-cu 脉前逐渐自然关闭；CU1a 脉几乎对叉。后翅 M+CU=0.4–0.5×1-M；m-cu 脉不明显。

足：后足基节全部密布颗粒；后足腿节背面具明显泡状肿突，长是宽的 3.4–3.6 倍；后足跗节几乎与后足胫节等长；后足胫节密布颗粒，端部外缘具 2 或 3 刺；后足基跗节长是后足第 2–5 跗节长的 0.6–0.7 倍；后足第 2 跗节长是后足基跗节长的 0.5 倍，是后足第 5 跗节长的 1.0–1.2 倍。

腹：腹长稍长于头胸总长，腹部可见 5 节背板；第 1 背板具完整背脊，大部分具刻条，基部密布颗粒；第 1 背板端宽是其基宽的 2.2–2.4 倍，长是其端宽的 1.4–1.5 倍；第 2 背板无基区，端部具深的弯向基部的横沟与第 2 背板缝组成的明显宽的椭圆形端区；第 2 背板长是其基宽的 0.7–0.8 倍，是第 3 背板长的 1.4–1.6 倍；第 2 背板缝深，明显弯曲；第 2 背板全部和第 3、4 背板基部 1/2–2/3 及第 5 背板基部具纵刻条，刻条间具网纹；

第 5 背板大部分具颗粒和网纹；第 3、4 背板端部光滑；第 2–4 背板几乎密布颗粒皱；第 5 背板端缘几乎直，端部中央无凹缘与后腹叶；产卵管鞘长是腹长的 0.6–0.7 倍，是前翅长的 0.4–0.5 倍。

体色：头部浅红棕色，额、头顶及上颊后面明显烟褐色；胸深红棕色或大部分黑色，中胸、前胸侧板红棕色或浅红棕色；腹深红棕色至红棕色；第 5 背板有时大部分黄红色；触角黄棕色，端部明显烟褐色；足黄色或浅红黄色；后足基节较暗；有时后足胫节端部浅烟褐色；所有第 5 跗节明显烟褐色；产卵管鞘几乎黑色，基部颜色较浅；产卵管鞘浅烟褐色；翅痣浅棕色或黄色。

雄：未知。

生物学：未知。

研究标本：1♀（副模，ZJUH），福建崇安，1988.IX.8，林长福，No.20007473。ZJUH：2♀，广东新丰云髻山，2003.VII.20，李萍，Nos.20054021，20054026；1♀，广东南昆山，2003.VII.23，许再福，No.20053884；2♀，广东河源桂山，2002.V.18，许再福，Nos.20028591，20028697；2♀，海南黎母山，2002.VII.14，许再福，Nos.20029760，20029768。

分布：福建（崇安）、广东（云髻山、南昆山、桂山）、海南（黎母山）；日本，韩国。

(163) 绍氏条背茧蜂 *Rhaconotus sauteri* (Watanabe, 1934)（图版 XXXVII: 4）

Spathiohormius sauteri Watanabe, 1934b: 189; 1937: 43.

Platyspathius sauteri: Shenefelt *et* Marsh, 1976: 1385.

Rhaconotus sauteri: Belokobylskij, 1996: 157; Belokobylskij *et* Chen, 2004b: 355; Chen *et* Shi, 2004: 55.

Rhaconotus cleanthes Nixon, 1939a: 125. Synonymized by Belokobylskij, 1996: 157.

雌：体长 2.8–3.7 mm；前翅长 2.3–2.5 mm。

头：触角 31–37 节；柄节长是宽的 1.2–1.4 倍；鞭节第 1 节长是其端宽的 4.0–4.5 倍，是第 2 鞭节长的 1.0–1.2 倍；头部全部密布颗粒，无明显皱；头宽是长的 1.4–1.7 倍；上颊自复眼后明显圆弧形收缩，长是复眼横径的 0.5–0.6 倍；单眼小，后单眼间距等于前后单眼间距；POL=0.8–1.2×OD=0.2–0.4×OOL；复眼纵径是横径的 1.3–1.4 倍；颊长是复眼纵径的 0.5–0.6 倍，是上颚基部宽的 0.9–1.4 倍；脸宽是复眼纵径的 1.1–1.2 倍，是脸和唇基总长的 1.3–1.5 倍；颚眼沟很细或缺；后头脊与口后脊在上颚处不愈合。

胸：胸长是高的 2.3–2.4 倍；前胸背板脊明显且中部不与前胸背板端部愈合；中胸盾片前缘平缓，与前胸背板水平面成钝角；中胸盾片密布细颗粒，近盾纵沟处无皱；盾纵沟深且具颗粒；中胸盾片中叶无中纵沟；中胸盾片少毛，仅沿着盾纵沟及边缘着生；小盾片前凹明显具中脊，具颗粒及细刻纹，前凹长是小盾片长的 0.2–0.4 倍；基节前沟浅，具颗粒和稀疏短刻条皱，长几乎达中胸侧板下部全长；中胸侧板上部具革质颗粒；胸腹侧脊明显，腹面稍变宽；翅下区浅，窄，具有颗粒的短刻条；并胸腹节密布颗粒，无明显分区；基部 2/3 具明显纵脊。

翅：前翅长是宽的 4.5–5.1 倍；r 脉从翅痣中间稍后伸出；3-SR=3.0–3.8×r=0.4–

0.5×SR1=1.3–1.4×3-SR；第 2 亚缘室端部稍加宽，长是宽的 2.8–3.5 倍，是第 1 亚盘室长的 1.3–1.5 倍；1-SR+M 脉明显“S”形；1-CU1=0.5–1.1×cu-a；第 1 亚盘室常在 m-cu 脉稍前关闭；CU1a 脉对叉。后翅 M+CU=0.4–0.6×1-M；m-cu 脉不骨化，不明显。

足：后足基节革质；后足腿节长是宽的 3.3–3.7 倍，背面具小的泡状肿突；后足跗节与后足胫节等长；后足基跗节长是后足第 2–5 跗节长的 0.7–0.8 倍；后足第 2 跗节长是后足基跗节长的 0.4–0.5 倍，是后足第 5 跗节长的 1.2–1.5 倍。

腹：腹长是头胸总长的 1.2–1.3 倍，可见 5 节背板；腹部第 1 背板端宽是其基宽的 2.2–2.5 倍，长是其端宽的 1.3–1.5 倍；第 2 背板无基区，具由弯沟组成的椭圆形端区；第 2 背板长约等于其基宽，是第 3 背板长的 1.3–1.8 倍；第 5 背板端部中央稍圆滑或端部几乎直，中央稍具凹缘，后腹面具明显的侧叶；第 1–4 背板和第 5 背板基部具纵皱刻条，其间布满革质颗粒；第 1–3 背板全部、第 4 背板部分具侧脊；整个腹部背板边缘与背面表面多少成直角；产卵管鞘长是腹长的 0.5–0.6 倍，是前翅长的 0.3–0.5 倍。

体色：体红棕色；头部、足浅红棕色；触角基部浅棕色，至端部变暗；翅烟褐色，具透明带；翅痣暗棕色，基部及端部较浅。

雄：未知。

生物学：据记载，寄主为鞘翅目的 *Pempheres affinis*。

研究标本（ZJUH）：1♀，福建永安天宝岩，2001.VII.15–18，许再福，20020304；1♀，广东封开千层峰，2003.VIII.14，许再福，No.20054841；1♀，海南五指山，2007.V.16–20，刘经贤，No.200703187；2♀，海南鹦哥岭，2007.X.18，刘经贤，Nos.200709751，200709853；1♀，海南鹦哥岭红茂村，2007.V.23–26，曾洁，No.200804472。

分布：湖北（神农架）、福建（永安、宁化、光泽）、台湾、广东（封开）、海南（五指山、鹦哥岭）、广西（大青山）、云南（西双版纳）；印度，越南。

(164) 背甲条背茧蜂 *Rhaconotus tergalis* Belokobylskij *et* Chen, 2004（图版 XXXVIII: 1）

Rhaconotus tergalis Belokobylskij *et* Chen, 2004b: 347.
Rhaconotus bisulcus Chen *et* Shi, 2004: 40. **Syn. nov.**

雌：体长 3.2–4.5 mm；前翅长 2.6–3.4 mm。

头：触角 31–35 节；柄节长是宽的 1.3–1.5 倍；第 1 鞭节长是端宽的 3.7–4.3 倍，是第 2 鞭节长的 0.9–1.0 倍；头顶、上颊密布颗粒，无皱或刻条；额具颗粒，有时端部具细的横向刻条；头宽是长的 1.5–1.6 倍；上颊自复眼后面圆弧形收缩；上颊长是复眼横径的 0.5–0.7 倍；单眼小，后单眼间距几乎等于前后单眼间距；POL=1.0×OD=0.3–0.5×OOL；复眼光滑，纵径是横径的 1.2 倍；颚眼距是复眼纵径的 0.5–0.6 倍，是上颚基部宽的 1.1 倍；脸密布颗粒，中部具窄的皱区；脸宽是复眼纵径的 1.1–1.3 倍，是脸和唇基总长的 1.3–1.5 倍；颚眼沟缺；后头脊和口后脊在上颚基部附近不愈合。

胸：胸长是高的 2.1–2.2 倍；前胸背板具明显背脊，脊至端部距离是其至基部距离的 1.0–1.5 倍；中胸盾片前缘平缓，与前胸背板水平面成钝角，密布颗粒，近盾纵沟处及侧面无皱，中后部具窄的皱区；中胸盾片仅沿盾纵沟及其边缘大部分有毛；盾纵沟很深、完整、具短刻条；中胸盾片中叶无中沟；小盾片、中胸侧板密布颗粒；小盾片前凹明显、很深，具 3–5 脊，具细微刻条或几乎光滑，前凹长是小盾片长的 0.3 倍；中胸侧板几乎全具颗粒；翅下区浅，窄，具短刻条，其间具颗粒；基节前沟很浅、窄、具短刻条，长几乎达中胸侧板下部全长；胸腹侧脊明显，腹面很宽；并胸腹节明显具基侧区，基部具中脊。

翅：前翅长是宽的 3.6–4.0 倍；r 脉从翅痣中央后方发出，与 3-SR 脉相接成明显的钝角；3-SR=3.3–4.0×r=0.5–0.6×SR1=1.8–2.2×2-SR；第 2 亚缘室端部稍变宽，长是宽的 2.4–2.7 倍，是很窄的第 1 亚盘室长的 1.1 倍；1-SR+M 脉稍“S”形；m-cu 明显后叉；1-CU1=0.7–0.8×cu-a；第 1 亚盘室在 m-cu 之前急剧关闭；CU1a 脉几乎对叉。后翅 M+CU=0.4–0.5×1-M；m-cu 存在，但骨化不明显，前叉。

足：足密布颗粒；后足腿节长是宽的 3.3–3.6 倍，背面具明显泡状肿突；后足跗节几乎与后足胫节等长；后足胫节端部外缘具 2 或 3 刺；后足基跗节长是后足第 2–5 跗节长的 0.6–0.7 倍；后足第 2 跗节长是后足基跗节长的 0.5–0.6 倍，是后足第 5 跗节长的 1.1–1.3 倍。

腹：腹长是头胸总长的 1.1–1.3 倍，腹部可见 5 节背板；第 1 背板多少具明显背脊，几乎全部具刻条，基部常具颗粒；第 1 背板端宽是其基宽的 2.0–2.3 倍，长是其端宽的 1.2–1.4 倍；第 2 背板无基区，端部具明显、深且几乎直的横沟组成的椭圆形端区；第 2 背板长是其基宽的 0.7–0.9 倍，是第 3 背板长的 1.4–1.6 倍；第 2 背板缝深且宽；第 2 背板全部和第 3、4 背板基部 5/6 及第 5 背板基部 1/3–1/2 具明显的纵刻条，第 2 背板刻条部分波浪形；第 3、4 背板端部光滑；第 5 背板端部 1/2–2/3 具颗粒网纹和密集刻点；第 2–4 背板侧方具颗粒皱；第 5 背板端部稍圆滑，端部中央无凹缘，后腹面无侧叶；产卵管鞘长是腹长的 0.5–0.6 倍，是前翅长的 0.4–0.5 倍。

体色：体深红棕色，部分几乎黑色；中胸盾片或胸端部、头大部分、第 5 背板端半部或腹部大部分红色；触角大部分或有时只基部 2 节浅红棕色，至端部变暗，少数基部 2 节背面较暗，腹面较浅；足红黄色；产卵管鞘黑色，常基部较浅；翅浅烟褐色；翅痣棕色，基部和端部黄色。

雄：未知。

生物学：未知。

研究标本：1♀（副模，ZJUH），广西龙胜花坪，1982.VI.25–26，何俊华，No.824540；1♀（副模，ZJUH），云南瑞丽，1981.V.3，何俊华，No.812428。ZJUH：1♀，福建武夷山，2007.VIII.22–25，谢翠红，No.200807262；1♀，福建武夷山，2007.VIII.22–25，曾洁，No.200806341；8♀，广东始兴车八岭，2002.V.25，许再福，Nos.20051088，20051386，20051541，20051550，20051372，20051508，20051610，20051529；1♀，广东阳春花滩，2002.V.3–4，许再福，No.20027801；1♀，广东阳春百涌，2002.V.5–6，许再福，No.20027989；1♀，广东龙门南昆山，2004.V.12，许再福，No.20053167；1♀，广东新丰云髻山，2003.VII.20，李萍，No.20053990；2♀，海南尖峰岭天池，2008.V.7–9，刘经贤，Nos.201500002，201500003；

1♀，海南鹦哥岭，2007.V.28–VI.3，翁丽琼，No.200804096；1♀，云南西双版纳，2003.VII.30，许再福，No.20055452。

分布：湖北（神农架）、福建（武夷山、光泽）、广东（阳春、车八岭、云髻山、南昆山）、海南（鹦哥岭、尖峰岭、儋州）、广西（龙胜、大青山）、云南（瑞丽、西双版纳、勐仑）；韩国，印度。

附注：根据陈家骅和石全秀（2004）对双沟条背茧蜂 *R. bisulcus* 的描述和图片可知，该种腹部可见 5 节背板，第 2 背板端半部有深弯沟组成的椭圆形端区，第 1 背板长是端宽的 1.2–1.4 倍，前翅完全浅烟褐色，产卵管鞘明显短于腹部和第 5 背板在端部 1/2–2/3 具颗粒状网皱，其上密布刻点等特征明显与背甲条背茧蜂 *R. tergalis* 一致。因此提出 *R. bisulcus* Chen *et* Shi, 2004（2004 年 12 月发表）是背甲条背茧蜂 *R. tergalis* Belokobylskij *et* Chen, 2004（2004 年 6 月发表）的次异名。

(165) 有壳条背茧蜂 *Rhaconotus testaceus* (Szépligeti, 1908)（图版 XXXVIII: 2）

Rhadinogaster testacea Szépligeti, 1908: 224.

Rhaconotus testacea: Shenefelt *et* Marsh, 1976: 1347; Belokobylskij, 2001: 133; Belokobylskij *et* Chen, 2004b: 355.

Hormiopterus sulcativentris Enderlein, 1912: 24.

Rhaconotus sulcativentris: Shenefelt *et* Marsh, 1976: 1342; Belokobylskij, 1996: 158; Chen *et* Shi, 2004: 58. Synonymized by Belokobylskij, 1998b: 69.

Rhaconotus oryzae Wilkinson, 1929: 205; Shenefelt *et* Marsh, 1976: 1340; Belokobylskij, 1990c: 159. Synonymized by Belokobylskij, 1996: 159.

Rhaconotus flavistigma Telenga, 1941: 68; Shenefelt *et* Marsh, 1976: 1337; Belokobylskij, 1990c: 159; 1996: 159. Synonymized by Belokobylskij, 2001: 133.

雌：体长 3.5–4.5 mm；前翅长 2.8–3.3 mm。

头：触角 33–38 节；柄节长是宽的 1.4–1.5 倍；鞭节第 1 节长是其端宽的 4.3–4.7 倍，是第 2 鞭节长的 1.0–1.1 倍；头顶和额全部密布颗粒，宽是长的 1.5–1.6 倍；上颊自复眼后圆弧形收缩，长是复眼横径的 0.5–0.6 倍；单眼小，后单眼间距等于前后单眼间距；POL=0.7–1.0×OD=0.2–0.4×OOL；复眼纵径是横径的 1.0–1.2 倍；颊长是复眼纵径的 0.5–0.6 倍，是上颚基部宽的 0.8–1.2 倍；脸宽是复眼纵径的 1.2–1.4 倍，是脸和唇基总长的 1.4–1.6 倍；颚眼沟很细或缺；后头脊与口后脊在上颚基部处不愈合。

胸：胸长是高的 2.1–2.3 倍；前胸背板脊很细且中部不与前胸背板端部愈合；中胸盾片密布颗粒，近盾纵沟处无皱纹，端部中央具稀疏皱纹；中胸盾片大部分着生密毛或是沿盾纵沟及其边缘大部分有毛；中胸盾片前缘平缓，与前胸背板水平面成钝角；盾纵沟深且具短刻条，端部浅，具短刻条；中胸盾片具浅中纵沟；小盾片前凹明显，具细刻纹，前凹长是小盾片长的 0.2–0.4 倍；基节前沟很深，具稀疏短刻条（之间具颗粒），长几乎达中胸侧板下部全长；并胸腹节密布颗粒，基半部具明显中纵脊，无明显分区。

翅：前翅长是宽的 3.9–4.3 倍；r 脉从翅痣中间或中间稍后伸出；3-SR=3.3–4.2×r=0.4–

0.5×SR1=1.5–1.8×3-SR；第 2 亚缘室端部不变宽，长是宽的 2.6–3.0 倍，是第 1 亚盘室长的 1.0–1.3 倍；1-SR+M 脉明显“S”形；m-cu 脉明显后叉；1-CU1=0.3–0.7×cu-a；第 1 亚盘室明显在 m-cu 脉稍前关闭；CU1a 脉几乎对叉。后翅 M+CU=0.4–0.5×1-M，m-cu 脉不骨化，不明显。

足：足密布细微革质颗粒；后足腿节背面具明显泡状肿突，长是宽的 3.0–3.2 倍；后足胫节背面上的毛较长，是胫节最大宽的 0.4–0.6 倍；后足跗节长约等于后足胫节长，后足基跗节长是后足第 2–5 跗节长的 0.5–0.6 倍，后足第 2 跗节长是后足基跗节长的 0.5–0.7 倍，是后足第 5 跗节长的 1.2–1.5 倍。

腹：腹稍长于头胸总长，可见 5 节背板；腹部第 1–4 背板端部具细刻纹，第 5 背板基部具条纹，剩余部分密布细网纹；第 1 背板端宽是其基宽的 2.2–2.6 倍，长是其端宽的 1.2–1.4 倍；第 2 背板无基区，端部具很浅的横沟与第 2 背板缝组成的不明显的椭圆形区域；第 2 背板长是基宽的 0.6–0.8 倍，是第 3 背板长的 1.2–1.4 倍；第 2 背板缝稍凹陷弯曲；第 5 背板端部稍圆形或几乎直，中央无缺刻，后腹面无侧叶；第 6 背板在第 5 背板后稍伸展；背板侧面无脊，边缘圆形；产卵管鞘长是腹长的 0.4–0.5 倍，是腹部第 1 背板长的 1.4–1.7 倍，是前翅长的 0.3–0.5 倍。

体色：体浅红棕色；头部较浅；触角基部浅棕色，至端部变暗；足浅或黄棕色；翅透明；翅痣浅黄色。

雄：触角 29–36 节；体长 2.8–3.6 mm；前翅长 2.0–2.5 mm，翅长是宽的 3.8–4.0 倍；胸长是高的 2.2–2.4 倍；腹长为头胸总长的 1.3–1.5 倍；腹部可见 6 节背板，第 2 背板较长，端部不加宽；第 6 背板不扩大。其他特征与雌虫相似。

生物学：据记载，寄主有鳞翅目的二化螟 *Chilo suppressalis* 和三化螟 *Scirpophaga incertulas* 等。

研究标本（ZJUH）：10♀14♂，浙江建德，1985.VIII.6，陈学新，Nos.852710，852716，852711，852729，852746，852722，852757，852756，852755，852754，852752，852709，852761，852766，852720，852723，852725，852727，852730，852734，852737，852739，852740，852718；1♀，浙江古田山，2005.VII.2，张红英，No.200616025；1♀，福建挂墩，1985.VII.2，黄东宏，No.20003935；1♀，福建先锋岭，1980.X.2，黄居昌，No.20004085；1♀，福建黄冈山，1980.IX.28，黄居昌，No.20004090；1♂，福建建阳，1985.VIII.9，林乃铨，No.9610525；1♀，福建武夷山桐木村，1979.X，黄居昌，880796；1♀，河南伏牛山，1997.VII.11，陈学新，973869；1♀，湖南石门壶瓶山要武村，2009.VII.10，唐璞，No.200901257；2♀，湖南石门壶瓶山三河村，2009.VII.11，马丽，Nos.200901946，200901954；1♀，湖南石门壶瓶山三河村，2009.VII.12，曾洁，No.200900808；1♀，湖南石门壶瓶山三河村，2009.VII.13，曾洁，No.200901617；1♀，湖南石门壶瓶山三河村，2009.VII.13，马丽，No.200901024；1♀，湖南石门壶瓶山三河村，2009.VII.13，唐璞，No.200901197；2♀，湖南石门壶瓶山东山峰，2009.VII.14，曾洁，Nos.200901549，200901559；1♀，湖南石门壶瓶山东山峰，2009.VII.14，马丽，No.200902050；1♀，广东郁南同乐大山，2003.VIII.12–13，许再福，No.20054362；1♀，海南霸王岭，2007.VI.9–10，刘经贤，

No.200703538；1♀，海南霸王岭，2007.VI.9–10，肖斌，No.200807075；2♀，海南霸王岭，2006.VII.7–11，许再福，Nos.200907301，200907324；1♀，云南河口，2003.VII.20，姜茜，No.20045464；1♀，云南瑞丽，1981.V.1，郑伟军，No.814230。

分布：河南（伏牛山）、浙江（建德、古田山）、湖北（神农架）、湖南（壶瓶山）、福建（挂墩、先锋岭、黄冈山、建阳、武夷山）、台湾、广东（同乐大山）、海南（霸王岭）、云南（河口、瑞丽、西双版纳）；韩国，日本，塔吉克斯坦，印度，越南，印度尼西亚，伊朗，以色列。

(166) 姚氏条背茧蜂 *Rhaconotus yaoae* Belokobylskij *et* Chen, 2004（图版 XXXVIII: 3）

Rhaconotus yaoae Belokobylskij *et* Chen, 2004b: 352.

雌：体长 3.6 mm；前翅长 3.0 mm。

头：触角 36 节；柄节长是宽的 1.6 倍；第 1 鞭节长是端宽的 4.3 倍，是第 2 鞭节长的 0.9 倍；头部密布颗粒，宽是长的 1.7 倍；上颊自复眼后圆弧形收缩；上颊长是复眼横径的 0.6 倍；单眼小，后单眼间距几乎等于前后单眼间距；POL=1.3×OD=0.4×OOL；复眼光滑，纵径是横径的 1.2 倍；颚眼距是复眼纵径的 0.6 倍，与上颚基部宽等长；脸密布颗粒，中部具细的皱；脸宽是复眼纵径的 1.1 倍，是脸和唇基总长的 1.3 倍；颚眼沟很细；后头脊与口后脊在上颚基部附近不愈合。

胸：胸长是高的 2.0 倍；前胸背板中央具明显且细的背脊，位于前胸背板中央；中胸盾片前缘平缓，与前胸背板水平面成钝角；盾纵沟很深、完整、具短刻条；中胸盾片和小盾片密布颗粒，中胸盾片中后部具 2 相汇聚的刻条，刻条间具细皱；中胸盾片少毛，仅沿着盾纵沟着生；中胸盾片中叶无中沟；小盾片前凹明显、深、具中脊，具稀疏皱纹，前凹长是小盾片长的 0.4 倍；基节前沟很浅、具短刻条、稍弯，长几乎达中胸侧板下部全长；中胸侧板基节前沟以下革质具颗粒；胸腹侧脊明显、腹面宽；并胸腹节具明显分区，基部 1/3 具中脊，密布网皱，端部具颗粒。

翅：前翅长是宽的 4.0 倍；r 脉从翅痣中间发出，与 3-SR 脉相接成明显的钝角；3-SR=5.0×r=0.8×SR1=1.8×2-SR；第 2 亚缘室端部稍加宽，长是宽的 3.5 倍，是第 1 亚盘室长的 1.5 倍；1-SR+M 脉稍"S"形，m-cu 明显后叉；1-CU1=0.8×cu-a；第 1 亚盘室在 m-cu 处急剧关闭；CU1a 脉几乎对叉。后翅 M+CU=0.4×1-M；m-cu 脉长且不骨化。

足：足密布革质颗粒；后足腿节长是宽的 3.4 倍，背面具弱的泡状肿突；后足跗节与后足胫节几乎等长；后足胫节端部外缘具 2 刺；后足基跗节长是后足第 2–5 跗节长的 0.7 倍；后足第 2 跗节长是后足基跗节长的 0.5 倍，是后足第 5 跗节长的 1.6 倍。

腹：腹长比头胸总长稍长，腹部可见 5 节背板；第 1 背板无背脊，全具刻条，刻条间具皱；第 1 背板端宽是其基宽的 2.0 倍，长是其端宽的 1.6 倍；第 2 背板无基区，具明显浅的、稍弯横沟与第 2 背板缝组成的明显分离的、窄的椭圆形端区；第 2 背板长是其基宽的 0.7 倍，是第 3 背板长的 1.4 倍；第 2 背板全部及第 3、4 背板大部分具刻条，刻条间具细皱；第 3、4 背板端部光滑；第 5 背板端缘规则圆滑，中部无凹缘，后腹面无侧叶；第 5 背板基部具刻条，端部大部分具同心刻条，基部中央革质；产卵管鞘长是腹长的 1.3 倍，是前翅长的 0.9 倍。

体色：体黑色；头红棕色；胸端半部红色；触角端部浅红棕色，至端部变暗；足红棕色，部分变暗；中后足胫节基部及所有跗节浅或黄棕色；产卵管鞘黑色；翅明显烟褐色，基部具透明部分，近翅痣处具刻条，缘室具透明圆斑；翅痣深棕色，基部黄白色。

雄：未知。

生物学：未知。

研究标本：♀（正模，ZJUH），浙江古田山，1992.VII.18，陈学新，No.923493。

分布：浙江（古田山）。

(167) 泽迪条背茧蜂 *Rhaconotus zarudnyi* Belokobylskij, 1990（图版 XXXVIII: 4）

Rhaconotus zarudnyi Belokobylskij, 1990c: 160; Belokobylskij *et* Chen, 2004b: 356.

雌：体长 6.5 mm；前翅长 4.3 mm。

头：触角 49 节；第 1 鞭节长是端宽的 3.5 倍，是第 2 鞭节长的 1.3 倍；头顶具密集横刻条，刻条间具颗粒；额具颗粒；头宽是长的 1.5 倍；上颊自复眼后弧形收缩；上颊光滑；上颊长是复眼横径的 0.8 倍；POL=1.5×OD=0.3×OOL；复眼具毛，纵径是横径的 1.2 倍；颚眼距是上颚基部宽的 1.3–1.6 倍；无颚眼沟；脸具微弱皱和颗粒；唇基沟明显；后头脊和口后脊在上颚基部愈合。

胸：胸长是高的 2.0 倍；中胸盾片密布颗粒，后端具明显皱；盾纵沟宽、浅；小盾片前凹浅，具 1–3 脊，长是小盾片长的 0.3 倍；小盾片稍凸，无侧脊；基节前沟浅，稍短，与胸腹侧脊不相连；并胸腹节后部均匀弧形收窄；中胸盾片和小盾片完全具密集短毛；基节前沟浅、光滑，稍短，前端不与胸腹侧脊相连；中胸侧板具密集横刻条，刻条间具颗粒；并胸腹节分区明显，具密集的粗糙网皱和颗粒。

翅：前翅长是宽的 3.8–3.9 倍；r 脉稍从翅痣中间之前发出，与 3-SR 脉相连几乎成直线；3-SR=3.8×r=0.5×SR1=1.6×2-SR；第 2 亚缘室长是宽的 2.0 倍；1-SR+M 脉明显“S”形弯曲；cu-a 脉明显后叉；m-cu 脉后叉；第 1 亚盘室在 m-cu 脉处急剧地、几乎成直线地关闭；CU1a 脉对叉。后翅 M+CU=0.5×1-M。

足：足具微弱网皱；后足腿节长是宽的 3.0 倍；后足胫节外侧背方毛长是胫节宽的 0.6–0.8 倍；后足跗节与后足胫节等长；后足第 2 跗节长是后足基跗节长的 0.5 倍，是后足第 5 跗节长的 1.3 倍。

腹：腹长明显短于头胸总长，腹部可见 5 节背板；第 1 背板线性向后变宽；第 1 背板端宽是其基宽的 1.7 倍，长是其端宽的 1.2 倍；第 2 背板无基区，端部具椭圆形端区；第 2 背板长是其基宽的 0.7 倍，是第 3 背板长的 1.4 倍；腹部具皱刻条，后端具颗粒；第 5 背板大，具微弱皱刻条，后部具网皱，端部中央具凹缘；第 5 背板长是第 4 背板长的 1.9 倍；产卵管鞘长是腹长的 0.4 倍，是第 1 背板长的 1.4 倍。

体色：体黄褐色；前翅完全透明；翅痣完全黄色。

雄：未知。

生物学：未知。

研究标本：♀（正模，ZISP），Iran，Persia，Taftan，Kerman，1898.VIII.23–24；1♀，福建沙县，1980.X.1，何俊华，No.803784（腹部缺）（ZJUH）。

分布：福建（沙县）；越南，伊朗。

32. 长鞘茧蜂属 *Rhoptrocentrus* Marshall, 1897

Rhoptrocentrus Marshall, 1897: 99; Shenefelt *et* Marsh, 1976: 1330; Belokobylskij *et* Tobias, 1986: 37; Belokobylskij, 1998b: 68; Belokobylskij *et* Maeto, 2008: 133; 2009: 467. **Type species:** *Rhoptrocentrus piceus* Marshall, 1897; by monotype.

形态特征：复眼光滑。并胸腹节明显分区。前翅 m-cu 脉后叉；前翅 2-SR 脉和 r-m 脉存在；CU1a 脉在 2-CU1 脉水平线下方。后足基节腹方基部无瘤突。腹部第 2 背板无沟，仅仅基半部具刻纹；第 3 背板无横向凹陷；产卵管长于体长。

生物学：据记载，寄主有鞘翅目的天牛科 Cerambycidae、小蠹科 Scolytidae；膜翅目的长颈树蜂科 Xiphydriidae；鳞翅目的鞘蛾科 Coleophoridae、卷蛾科 Tortricidae（Yu *et al.*，2016；Belokobylskij & Maeto，2009）。

分布：古北区、东洋区、新北区、澳洲区。本属全世界已知 3 种，中国已知 1 种。

(168) 暗长鞘茧蜂 *Rhoptrocentrus piceus* Marshall, 1897（图版 XXXIX: 1）

Rhoptrocentrus piceus Marshall, 1897: 99; Shenefelt *et* Marsh, 1976: 1330; Belokobylskij *et* Tobias, 1986: 37; Belokobylskij, 1998b: 68; Konishi *et* Maeto, 2000: 308; Belokobylskij *et* Maeto, 2009: 468.

Rhoptrocentrus syrmiensis Szépligeti, 1906: 602. Synonymized by Shenefelt *et* Marsh, 1976: 1331.

Doryctes imperator var. *reinhardi* Fahringer, 1930: 159. Synonymized by Belokobylskij, 1994b: 20.

Doryctes chlorophori Watanabe, 1951b: 47. Synonymized by Belokobylskij, 1987: 82.

Rhoptrocentrus quercusi Yang *et* Cao: in Cao *et al.*, 2015: 470. Synonymized by Belokobylskij, 2019: 36.

雌：体长 2.4–4.7 mm；前翅长 2.1–3.5 mm。

头：触角 22–31 节；柄节长是宽的 1.6–2.0 倍，第 1 鞭节长是其端宽的 3.5–4.0 倍，是第 2 鞭节长的 1.2–1.5 倍；倒数第 2 鞭节长是第 1 鞭节长的 0.5 倍，是最后 1 鞭节长的 0.9 倍；头顶密布微弱的横向刻条，中央光滑；背面观头宽是中长的 1.2–1.3 倍；额顶密布微弱的横向刻条；背面观复眼长是上颊长的 0.9–1.1 倍，单眼小，后单眼间距是前后单眼间距的 1.0–1.1 倍，POL=1.2–1.8×OD=0.3–0.5×OOL；复眼光滑，纵径是横径的 1.3–1.5 倍；颚眼距是复眼纵径的 0.5–0.6 倍，是上颚基部宽的 1.0–1.3 倍；脸具刻条皱，其间具微弱网纹；脸宽是复眼纵径的 0.9–1.2 倍，是脸和唇基总长的 1.0–1.2 倍；无颚眼沟；后头脊背方存在，与口后脊在上颚基部处不愈合。

胸：胸长是高的 2.0 倍；中胸盾片密布短毛和颗粒皱；中胸盾片中叶具微弱中沟；盾纵沟前方宽，深，后方浅，其间具短刻条；小盾片光滑；小盾片前凹浅，中央短，侧方长，具微弱中脊，其间具密集但微弱的皱；小盾前凹长是小盾片长的 0.3 倍；翅下区相当浅，宽，具刻条皱，其间具密集但微弱的颗粒；基节前沟浅，后方常深，稍“S”形弯曲，具短刻条，其横贯整个胸侧板下部；并胸腹节具明显分区，中区小且窄；并胸腹节其余部分具网皱。

翅：前翅长是宽的 3.5–4.4 倍；r 脉从翅痣中央前方伸出；3-SR=4.0–5.0×r=0.6–0.8×SR1=1.9–2.3×2-SR；第 2 亚缘室大，其长是宽的 3.0–3.7 倍，是第 1 亚盘室长的 1.2–1.5 倍，是第 1 盘室长的 1.0 倍；m-cu=2.3–3.7×2-SR+R。后翅 M+CU=0.6–0.8×1-M；m-cu 脉明显弯向翅基部，微弱前叉，着色。

足：后足基节背方具刻点皱，侧方光滑；后足腿节长是宽的 2.9–3.4 倍；后足跗节长是后足胫节长的 1.0–1.1 倍；后足基跗节长是后足第 2–5 跗节长的 0.8–0.9 倍，后足第 2 跗节长是后足基跗节长的 0.4 倍，是后足第 5 跗节长的 1.6–1.8 倍。

腹：腹长是头胸总长的 1.0–1.3 倍；第 1 背板具明显背凹和密集刻条，刻条间具密集网纹和颗粒，第 1 背板端宽是其基宽的 1.8–2.0 倍，长是其端宽的 1.0–1.2 倍；第 2 背板基部 0.3–0.5 具刻条皱，剩余背板光滑；第 2 背板长是其基宽的 0.6–0.8 倍，是第 3 背板长的 0.8–1.0 倍；第 2 背板缝浅，几乎直，有时不明显；产卵管鞘长是腹长的 2.2 倍，是前翅长的 1.4–1.8 倍。

体色：体黑色，腹部背方颜色稍浅；触角深棕色至黑色；须红棕色；足所有基节、转节和腿节基部黄色；所有腿节大部分、前足胫节大部分、后足胫节端部 0.3–0.4 红棕色；前足胫节基部、中足和后足胫节基部 0.4–0.7 黄色，中足端半部红棕色；所有跗节浅红棕色；产卵管鞘浅棕色，端部颜色深；前翅明显烟褐色；翅痣棕色。

雄：未知。

生物学：据记载，寄主有栗山天牛 *Massicus raddei*、*Phloeotribus scarabaeoides*、北美家天牛 *Hylotrupes bajulus*、竹虎天牛 *Chlorophorus annularis*、*Xiphydria camelus*、*Eupoecilia ambiguella* 和 *Coleophora tadzhikiella*。

研究标本（ZJUH）：1♀，河北邯郸，1978.VI.19，马仲实，灯诱，No.790593；1♀，内蒙伊盟达拉特旗，1978.VII.4，杨集昆，No.200012503；2♀，江苏扬州，1980.VII，杨联民，Nos.820150，820151；1♀，浙江杭州，1981.VI.26，何俊华，No.814680；1♀，浙江杭州，1989.VI.24，陈学新，No.893360；1♀，浙江杭州，1982.IX，胡萃，No.825046；1♀，浙江天华，1983.VII.25，符明龙，No.831922；1♀，浙江德清，1995.V.27，何俊华，No.965036；6♀，安徽霍山，1994.IX，邓余良，Nos.955277（6），寄主，红椿吉丁虫；1♀，安徽歙县，1980.VI.20，果虫天敌组，No.801530；1♀，安徽舒城，1984，杜国庆，No.852969；1♀，安徽黄埔，1987.V.27，王常禄，No.801530，寄主，双齿多刺蚁巢内；2♀，山东博兴，1984.VII.6，曲耀训，Nos.841678，841679；1♀，山东泰安，1983.V，墨铁路，No.840806；5♀，湖北仙桃（沔阳），1982.IV，詹仲才，Nos.824487（5）；6♀，湖北仙桃（沔阳），1980.V，詹仲才，Nos.824305（6），寄主，天牛科幼虫；2♀，湖北武昌，1982.VIII.13–

18，何俊华，No.826989（2）。

分布：辽宁（宽甸）、内蒙古（伊盟达拉特旗）、河北（邯郸）、山东（泰安、博兴）、江苏（扬州）、安徽（霍山、歙县、舒城、黄埔）、浙江（杭州、天华、德清）、湖北（仙桃、武昌）；俄罗斯，韩国，日本，土库曼斯坦，伊朗，亚美尼亚，西欧，北美洲，阿根廷。

33. 楚南茧蜂属 *Sonanus* Belokobylskij *et* Konishi, 2001

Sonanus Belokobylskij *et* Konishi, 2001: 132; Belokobylskij *et al.*, 2004: 94; Belokobylskij *et* Chen, 2005: 395; Belokobylskij *et* Maeto, 2009: 476. **Type species:** *Sonanus senzuensis* Belokobylskij *et* Konishi, 2001; by monotype.

形态特征：触角第 1 鞭节弯，外缘平坦、光滑，内缘具粗糙横皱（部分具颗粒）。中胸盾片前缘陡，与前胸背板水平面几乎垂直；并胸腹节无分区。前翅 CU1a 脉不与 2-CU1 脉处在同一水平上。后足基节腹方基部无瘤突；后足腿节背方具肿突。腹部第 2 背板具“U”形沟或宽沟组成的近圆形区。雄虫后翅无似翅痣的肿大。

生物学：未知。

分布：古北区、东洋区、澳洲区。本属全世界已知 6 种，中国已知 2 种。

种检索表

中胸盾片中叶具明显的中沟；前翅 m-cu 脉对叉；后足基节背面密布刻纹；第 2 背板中部具窄沟组成的“U”形区域，具细侧脊，侧脊长等于第 2 背板基宽……………… **千头楚南茧蜂 *S. senzuensis***

中胸盾片中叶无中沟；前翅 m-cu 脉后叉；后足基节大部分光滑，仅背面具刻纹；第 2 背板中部具宽沟组成的近圆形的区域，具明显的侧脊，侧脊长是第 2 背板基宽的 0.7–0.8 倍 ………………………………………………………………………………………… **中华楚南茧蜂 *S. chinensis***

(169) 中华楚南茧蜂 *Sonanus chinensis* Belokobylskij *et* Chen, 2005（图版 XXXIX: 2）

Sonanus chinensis Belokobylskij *et* Chen, 2005: 396.

雌：体长 3.7 mm；前翅长 3.0 mm。

头：触角细长，大于 19 节（端部缺）；柄节短而宽，长是宽的 1.3 倍；第 1 鞭节扁平，明显弯曲，腹方光滑、微凹，背方基部 0.7 具粗糙的皱刻条，端部 0.3 具颗粒，长是宽的 3.0 倍，与第 2 鞭节等长；第 2 鞭节近圆柱形，长是宽的 5.0 倍；近中部鞭节长是宽的 3.3 倍；头顶具明显的、密而细的颗粒；额密布颗粒，端半部中央具刻条；头宽是长的 1.4 倍；背面观上颊前半部稍突起，自复眼圆弧形收缩；背面观复眼纵径是上颊长的 1.6 倍；上颊革质具颗粒，中部细微皮质，下部几乎光滑；后单眼间距是前后单眼间距的 1.3 倍；POL=2.5×OD=OOL；触角窝之间下部具脊；复眼光滑，纵径是横径的 1.2 倍，是上颚基部宽的 0.7 倍；脸上密布明显的横纹；脸宽是复眼纵径的 0.8 倍，是脸和唇基总长的 1.3 倍；唇基具窄的下凸缘，唇基沟完整且明显；唇基下陷半圆形，宽是下陷边缘到复眼距离的 0.7 倍，是脸宽的 0.4 倍。

胸：胸长是高的 2.0 倍，前胸背板后横脊很明显，与前胸背板后缘相接；前胸背板具明显的、向上弯曲的前凸缘；前胸背板大部分具短刻条；盾纵沟基部深、端部浅，宽，完整，具短刻条（之间具皱）；小盾片前凹很长且浅，具 5 个脊，脊之间几乎光滑，前凹长是小盾片长的 0.3 倍；小盾片几乎平，明显密布颗粒；后胸盾片中部无齿；基节前沟很深，但基部浅，直，几乎光滑，长达中胸侧板全长的 0.8 倍；中胸侧板上半部和近中部具条纹，下半部光滑；并胸腹节侧面观基部向端部明显倾斜，无侧突；并胸腹节具皱区，基侧、端侧光滑，端部 1/4 具 2 个近平行的中脊。

翅：前翅长是宽的 3.1 倍，翅痣很窄，长是宽的 4.5 倍，是 1-R1 脉长的 0.8 倍；r 脉明显从翅痣中部之前发出，3-SR=2.3×r=0.5×SR1=1.4×2-SR；第 2 亚缘室很短，长是宽的 2.8 倍，是第 1 亚盘室长的 1.1 倍；1-SR+M 脉明显“S”形，1-M=3.5×1-SR=2.0×m-cu；m-cu 脉后叉；1-CU1=0.9×cu-a；前翅 CU1a 脉从第 1 亚盘室端部前 1/4 伸出。后翅 M+CU=0.5×1-M；m-cu 脉前叉、直、斜。

足：前足胫节外侧具 1 列刺；后足基节背面具明显的短条纹，大部分光滑；后足腿节长是宽的 3.7 倍，后足胫节具粗刺；后足跗节与后足胫节几乎等长，后足基跗节长是后足第 2–5 跗节长的 0.6 倍；后足第 2 跗节长是后足基跗节长的 0.6 倍。

腹：腹长几乎与头胸总长相等；腹部第 1 背板基部向端部明显均匀地加宽，具大背凹，无气门瘤，具浅且强度倾斜的端侧沟；第 1 背板长是其端宽的 1.5 倍，端宽是其最小宽的 1.7 倍，基部具高且明显的相汇聚的背脊；第 1、2 背板全部具密而粗糙的皱纹，第 3 背板基侧具密而小的皱区，剩余背板光滑；第 2 背板具稍发散的、明显且完整的纵脊，中部具 2 弯曲的、很浅且宽的侧沟组成的近圆形区域；第 2 背板长是其基宽的 0.8 倍，是第 3 背板长的 1.1 倍；侧面观第 2 背板的侧部（侧脊和腹面折痕之间）近平行且窄；产卵管鞘长是腹长的 1.4 倍，是胸长的 1.9 倍，是体长的 0.7 倍，是前翅长的 0.9 倍。

体色：体红黄色；头与腹侧、端部黄色；触角暗红棕色至黑色，基部 3 节浅红棕色；足黄色，部分红黄色；产卵管鞘黑色；前翅浅烟褐色；翅痣暗棕色，端部灰白色。

雄：未知。

生物学：未知。

研究标本：♀（正模，ZJUH），河南栾川龙裕湾，1996.VII.11–12，蔡平，No.972552。

分布：河南（栾川）。

(170) 千头楚南茧蜂 *Sonanus senzuensis* Belokobylskij *et* Konishi, 2001（图版 XXXIX: 3）

Sonanus senzuensis Belokobylskij *et* Konishi, 2001: 133; Belokobylskij *et* Chen, 2005: 400; Belokobylskij *et* Maeto, 2009: 478.

雌：体长 6.6 mm；前翅长 4.3 mm。

头：触角细长，大于 32 节（端部缺）；柄节长是宽的 1.3 倍；第 1 鞭节扁平，长是宽的 3.6 倍，比第 2 节稍长；第 2 鞭节长是端宽的 5.0 倍；头部密布细颗粒，额具皱；上颊前半部稍突起，自复眼后圆弧形收缩；背面观复眼横径是上颊长的 1.4 倍；单眼小，POL=3.1×OD=1.6×OOL；复眼纵径是横径的 1.2 倍；颚眼距是复眼纵径的 0.3 倍，是上颚基部宽的 0.6 倍；脸密布横纹，脸宽与复眼纵径近似等长，是脸与唇基总长的 1.3 倍；唇基下陷宽是下陷至复眼距离的 0.8 倍，是脸宽的 0.4 倍。

胸：胸长是高的 2 倍，前胸背板侧边具粗糙的短刻条；翅下区浅，宽，密布刻条皱；中胸盾片密布颗粒，沿着盾纵沟具皱，端部中央具大的皱区；小盾片密布颗粒；中胸侧板上部 2/3 具条纹皱，下部 1/3 光滑；后胸侧板与并胸腹节密布网皱，并胸腹节端部具 2 短脊。

翅：前翅长是宽的 3.4 倍，翅痣长是宽的 3.8 倍，是 1-R1 脉长的 0.8 倍；3-SR=1.2×r=0.3×SR1=0.8×2-SR；第 2 亚缘室很短，长是宽的 2.5 倍，是第 1 亚盘室长的 0.7 倍；1-SR+M 脉明显“S”形，第 1 亚盘室窄；1-CU1=0.3×cu-a。后翅长是宽的 4.8 倍，M+CU=0.5×1-M。

足：前足胫节背方具 1 列刺，下缘具刺；后足基节背面密布条纹皱，侧面具皱，腹面光滑；后足腿节长是宽的 3.2 倍；后足跗节长等于后足胫节长，后足第 2 跗节长是后足基跗节长的 0.6 倍，是后足第 5 跗节长的 1.5 倍。

腹：腹部第 1、2 背板密布粗糙网皱；第 1 背板长是其端宽的 1.4 倍；第 2 背板长等于其基宽，是第 3 背板长的 1.3 倍；腹部第 2 背板具“U”形沟；第 3 背板基部 4/5 具很细的网皱；产卵管鞘长是腹长的 1.3 倍，是体长的 0.7 倍，是前翅长的 1.2 倍。

体色：头部棕黄色，胸及第 1 腹部背板暗红棕色，腹部剩余部分浅红棕色；触角暗棕色，基部 3 节浅红棕色；足棕黄色；后足基节和腿节较暗；产卵管鞘全部黑色；翅烟褐色；翅痣全部暗棕色。

雄：未知。

生物学：未知。

研究标本：♀（正模，ZJUH），北京香山樱桃沟，1992.VII.6，林乃铨，No.20004375。

分布：北京（香山）；韩国，日本。

34. 拟柄腹茧蜂属 *Spathiomorpha* Tobias, 1976

Spathiomorpha Tobias, 1976a: 216; Belokobylskij, 1985: 389; 1996: 176; 1998b: 80; Belokobylskij *et al*., 2004: 96; Belokobylskij *et* Maeto, 2006: 747; 2009: 480. **Type species:** *Spathiomorpha varinervis* Tobias, 1976; by monotype.

形态特征：头部方形，具后头脊，与口后脊在上颚基部处愈合；颚眼沟缺；触角第 1 鞭节长于第 2 鞭节。前胸背板脊明显；中胸背板几乎垂直从前胸背板升起，大部分光滑；盾纵沟深、完整；基节前沟深，宽，长是前胸侧板下缘的 0.5–0.6 倍；并胸腹节分区明显，具侧突。前翅 2-SR 脉和 r-m 脉存在；m-cu 脉明显前叉；cu-a 脉后叉；CU1a 脉从第 1 亚盘室端缘的下部伸出；第 1 亚盘室端缘闭合。后翅具 3 翅钩；M+CU 脉与 1-M 脉几乎等长；m-cu 脉存在。前足胫节具成列钉状刺；后足基节基腹方具明显转角和瘤突；后足腿节背方无肿突。腹部第 1 节柄状，具小的背凹；第 2 背板无沟和特殊区域；第 2 背板缝缺。

生物学：未知。

分布：古北区、东洋区、澳洲区。本属全世界已知 57 种，中国已知 1 种。

(171) 安氏拟柄腹茧蜂 *Spathiomorpha enderleini* Belokobylskij, 1996（图 16）

Spathiomorpha enderleini Belokobylskij, 1996: 176; Chen *et* Shi, 2004: 87.

雌：体长 3.9 mm；前翅长 3.5 mm。

头：触角丝状，32 节，是体长的 1.2 倍；第 1 鞭节长是其端宽的 4.5 倍，稍长于第 2 鞭节；倒数第 2 鞭节长是宽的 3.0 倍，是最后 1 鞭节长的 0.8 倍；背面观头宽是中间长的 1.6 倍，头部自复眼后强烈弧形收缩；头光滑；复眼横径是上颊长的 1.4 倍；单眼小，POL=1.0×OD=0.45×OOL；复眼纵径是横径的 1.1 倍；颊长是复眼纵径的 0.3 倍，是上颚基部宽的 0.8 倍；脸光滑，其宽稍长于复眼纵径，是脸和唇基总长的 1.3 倍；唇基下陷宽是下陷边缘至复眼距离的 1.4 倍；后头脊与口后脊在上颚基部处愈合。

胸：胸长是高的 1.6 倍；中胸盾片光滑，密被短毛；盾纵沟深而完整，内具短刻条；小盾片前凹深，光滑，具明显中纵脊，前凹长是小盾片长的 0.5 倍；小盾片光滑；中胸侧板翅下区浅，具弱皱；基节前沟深，斜，内具短刻条，长为中胸侧板下缘的 0.5 倍；并胸腹节分区明显，基脊长于叉脊，除基本隆脊上伸出端脊外，其余部分光滑，无明显柄区，具明显的侧突。

翅：前翅 r 脉从翅痣中央伸出；3-SR=2.5×r=1.2×2-SR=0.45×SR1；第 2 亚缘室长是宽的 2.5 倍；m-cu 脉前叉；CU1a 脉从第 1 亚盘室端缘的下半部伸出。后翅 M+CU=1.0×1-M。

足：后足腿节长是宽的 4.0 倍；后足跗节与后足胫节等长；后足基跗节长是后足第 2–5 跗节长的 0.7 倍；后足第 2 跗节长是后足基跗节长的 0.4 倍，是后足第 5 跗节长的 1.2 倍。

腹：腹稍长于头胸总长；第 1 背板柄状，基部 2/3 处稍增宽，后部 1/3 明显增宽，基部 1/3 具明显的气门瘤；腹柄最大宽是气门处宽的 1.6 倍，是最小宽的 2.2 倍；腹柄长是端宽的 1.4 倍，稍长于并胸腹节，表面具纵刻条，中央具皱；第 2 和第 3 背板完全合并，第 2+3 背板中长是第 2 背板长的 1.25 倍；第 2 背板缝不明显；剩余背板完全光滑；产卵管鞘长为腹长的 0.7 倍，为腹柄长的 2.2 倍，为前翅长的 0.4 倍。

体色：体红棕色；中胸背板和腹部部分区域色略浅；触角基部红棕色，渐变为黑棕色；须浅黄色；翅基片和足浅褐色；跗节颜色略深；翅痣黑褐色。

雄：未知。

生物学：未知。

研究标本：♀（正模，AEI），Taiwan，Meifeng，2150 m，1983.IV.3，H. Townes。

分布：吉林（长白山）、台湾（梅峰）。

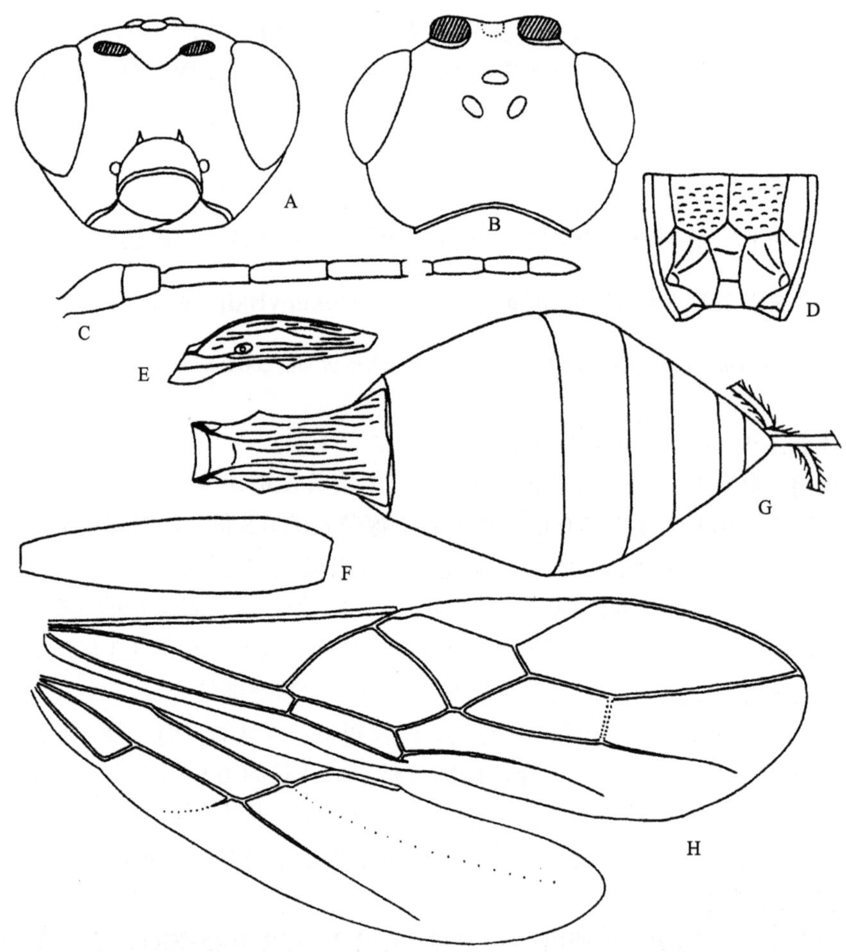

图 16 安氏拟柄腹茧蜂 *Spathiomorpha enderleini* Belokobylskij（仿 Belokobylskij，1996）

A. 头，前面观；B. 头，背面观；C. 触角；D. 并胸腹节，背面观；E. 腹柄，侧面观；F. 后足腿节，侧面观；G. 腹部，背面观；H. 翅

35. 狭腹茧蜂属 *Spathiostenus* Belokobylskij, 1992

Spathiostenus Belokobylskij, 1992: 922; 1996: 177; 2007: 434; Belokobylskij *et* Maeto, 2009: 485.

Type species: *Eucorystes formosanus* Watanabe, 1934; by monotype.

形态特征：头扁平；复眼光滑。胸扁平；并胸腹节无分区。前翅 r 脉从翅痣中央或其前方伸出；r-m 脉缺；第 1 亚盘室末端开放；CU1b 脉缺。后翅 cu-a 脉存在；m-cu 脉存在。后足基节长，腹方无瘤突；后足腿节宽，背方具肿突。腹部第 1 背板端腹片明显狭长，是第 1 腹板长的 0.4–0.6 倍；第 2–5 背板具由沟形成的“Y”形图案，在第 2 背板上形成三角形区域；产卵管鞘长于腹部。

生物学：未知。

分布：古北区、东洋区、澳洲区。本属全世界已知 4 种，中国已知 1 种。

(172) 台湾狭腹茧蜂 *Spathiostenus formosanus* (Watanabe, 1934)（图版 XXXIX: 4）

Eucorystes formosanus Watanabe, 1934b: 191; 1937: 41.

Eucorystoides formosanus: Shenefelt *et* Marsh, 1976: 1354; Chen *et* Shi, 2004: 63.

Spathiostenus formosanus: Belokobylskij, 1992: 922; 1996: 178; 2007: 438; Belokobylskij *et* Maeto, 2009: 487.

Eucorystes tenuis Nixon, 1943a: 265. Synonymized by Belokobylskij, 2007: 438.

Eucorystoides tenuis: Shenefelt *et* Marsh, 1976: 1354.

雌：体长 5.5–8.4 mm；前翅长 3.0–4.7 mm。

头：触角 40 节；柄节短而粗，其长是宽的 1.5–1.6 倍，第 1 鞭节长是其端宽的 5.5–6.0 倍，是第 2 鞭节长的 0.95–1.00 倍；头扁平，背面观头宽是其长的 1.40–1.55 倍，头部自复眼后前端稍凸，后端 0.7 明显弧形收缩；复眼横径是上颊长的 2.0 倍，单眼区底边长为侧边的 1.10–1.25 倍；POL=0.8–1.0×OD=0.4–0.5×OOL；头顶具明显密集的半弧形刻条；额具密集的不规则横刻条；复眼光滑无毛，其纵径是横径的 1.15–1.20 倍；颚眼距是复眼纵径的 0.3–0.4 倍，是上颚基部宽的 0.6–0.8 倍；脸宽是复眼纵径的 0.85–0.90 倍，是脸和唇基总长的 1.15–1.25 倍；脸具密集的规则横刻条，且刻条间具微弱或者密集的皱；后头脊背方存在，与口后脊在上颚基部处不愈合。

胸：胸长是高的 3.1–3.3 倍；前胸背板粗糙；中胸盾片几与前胸背板水平，具颗粒状刻点；盾纵沟宽，其内具小室状皱；小盾片光滑；小盾片前凹浅，内具 5 条纵脊，小盾片前凹长为小盾片长的 0.4–0.5 倍；中胸侧板翅下区具横皱；基节前沟直，光滑，横贯中胸侧板下缘；并胸腹节无分区；并胸腹节表面大部分具粗糙网状皱。

翅：前翅长是宽的 4.5–4.7 倍；翅痣宽且短，其长是宽的 4.4 倍；r 脉稍微从翅痣中部之前伸出；1-SR+M 脉明显“S”形弯曲；m-cu 脉对叉或稍后叉；第 1 亚盘室端部开放；CU1b 脉缺。后翅有 3 个翅钩；后翅基室狭窄，M+CU=0.7–0.9×1-M。

足：后足基节背面具皱刻条；后足腿节背面具微弱刻条，腹面光滑，长是宽的 4.0–4.4 倍；后足跗节与后足胫节等长，后足基跗节长是后足第 2–5 跗节长的 0.6–0.7 倍，后足第 2 跗节长是后足基跗节长的 0.5–0.6 倍，是后足第 5 跗节长的 1.5–2.0 倍。

腹：腹长是头胸总长的 1.6–1.7 倍；第 1 背板具网状皱，端宽是其基宽的 1.7–1.8 倍，长是其端宽的 2.1–2.5 倍；第 2 背板具粗糙纵刻条，其间具密集的粗糙皱，第 2 背板长是其基宽的 1.2–1.4 倍，是第 3 背板长的 1.2–1.4 倍；第 2 背板和第 3 背板直接具 2 会合沟组成的三角形区域；第 3–5 背板在其基部 0.9 具纵刻条，其间具皱，在这些背板端部狭窄区域光滑；第 6 背板具网状革质刻纹；第 7 背板微弱革质；产卵管鞘长是腹长的 1.0–1.3 倍，是前翅长的 1.1–1.4 倍。

体色：头浅红褐色，腹面黄褐色；胸部几乎黑色，仅中胸背板和前胸侧板有红棕色区域；腹部红褐色，有黑色斑；第 1 背板全部、第 2 背板大部分、第 3–6 背板端部和中间狭窄区域红褐色；触角红褐色，柄节和梗节至少部分烟褐色；须浅黄色；足黄色，后足腿节中后方褐色，所有跗节稍烟褐色，第 5 跗节褐色；翅浅褐色半透明；翅痣褐色，端部颜色稍浅。

雄：体长 7.2–8.0 mm，前翅长 3.8–4.1 mm；触角 38 节，几乎与体长相等；第 1 鞭节长是其端宽的 7.0–7.3 倍；背面观头宽是其长的 1.35–1.40 倍；复眼纵径是横径的 1.7–1.8 倍；胸长是高的 3.4–3.5 倍；前翅 m-cu 脉前叉；后足腿节长是宽的 4.5–4.7 倍；腹长是头胸总长的 2.3–2.7 倍，是并胸腹节长的 1.5–1.7 倍；第 2 背板长是其基宽的 1.5–1.8 倍；头顶广布刻条；后足基节背方大部分光滑；后足腿节背半方具微弱的密集网皱；腹部第 1–5 背板大部分具粗糙网皱和弯曲刻条；胸部和腹部大部分黑色。其余特征与雌虫相似。

生物学：未知。

研究标本：♀（正模，*Eucorystes formosanus*，SDEI），“Kankau（Koshun），Formosa，H. Sauter，1912.IV”，“*Eucorystes formosanus* Watanabe X，Type”；♀（正模，*Eucorystes tenuis*，BMNH），“Dchra Dun. U.P.，G.C.M. Gardner.，1930.V.12”，“*Eucorystes tenuis* Nixon，Type?，1943”（handwriting by Nixon），“B.M. Type Hym. 3c 1385”；1♀（BMNH），Indonesia，Sulawesi Utara，Dumoga-Bone N.P.，July 1985；1♀1♂（ZISP），Vietnam，Mai Chau，Prov. Ha Son Binh，forest，2.11.1990，Belokobylskij；1♂（ZISP），“Mt. Maruyama，Sapporo，Hokkaido，Japan，2000.VIII.5，EM，2001.VIII.3，Y. Nagano leg.”，“Emerged from Celtis jessoensis [Ulmaceae]”。

分布：福建（武夷山）、台湾（南投、恒春）；日本，印度，越南，印度尼西亚。

36. 柄腹茧蜂属 *Spathius* Nees, 1818

Spathius Nees, 1818: 301; Nixon, 1943b: 190; Shenefelt *et* Marsh, 1976: 1386; Belokobylskij, 2003b: 348; Chen *et* Shi, 2004: 88; Belokobylskij *et* Maeto, 2009: 492. **Type species:** *Cryptus clavatus* Panzer, 1809 (= *Ichneumon exarator* Linnaeus, 1758); by monotype.

Euspathius Förster, 1862: 236 (emendation); Shenefelt *et* Marsh, 1976: 1387.

Rhacospathius Cameron, 1905c: 86; Shenefelt *et* Marsh, 1976: 1387. **Type species:** *Rhacospathius striolatus* Cameron, 1905; by monotype. Synonymized by Wilkinson, 1931a: 525.

Stenophasmus Smith, 1858: 169; Shenefelt *et* Marsh, 1976: 1387; van Achterberg, 2002: 8 (as valid genus). **Type species:** *Stenophasmus ruficeps* Smith, 1858; by monotype. Synonymized by Szépligeti, 1904: 54.

Ambispathius Belokobylskij, 1995b: 45 (subgenus of *Spathius*). **Type species:** *Spathius* (*Ambispathius*) *anervis* Belokobylskij, 1995; by monotype.

形态特征：触角细长，柄节和梗节正常，触角第 3 节一般比第 4 节长，偶尔等长；后头脊完整。中胸盾片和小盾片表面常具颗粒皱；盾纵沟一般存在，内具短刻条。腹部第 1 节柄状，端部突然增宽，与第 2+3 节分界明显；腹部第 2 和第 3 节背板合并较强。前翅 CU1a 脉从第 1 亚盘室端缘的上半部伸出。中足胫节外侧具 1 列钉状刺。

生物学：据记载，寄主有鞘翅目的窃蠹科 Anobiidae、长角象甲科 Anthribidae、长蠹科 Bostrichidae、吉丁虫科 Buprestidae、天牛科 Cerambycidae、叶甲科 Chrysomelidae、郭公虫科 Cleridae、坚甲科 Colydiidae、象甲科 Curculionidae、隐唇叩甲科 Eucnemidae、小蠹科 Scolytidae 等；鳞翅目的夜蛾科 Noctuidae、螟蛾科 Pyralidae、透翅蛾科 Sesiidae、卷蛾科 Tortricidae 等；膜翅目的长颈树蜂科 Xiphydriidae、长节锯蜂科 Xyelidae 等 300 多种昆虫。

分布：全世界分布。本属全世界已知 429 种，中国已知 133 种。

附注：柄腹茧蜂属是矛茧蜂亚科中最大的属，其中东洋区和澳洲区分布最多。Tang 等（2015）认为埃氏柄腹茧蜂 *S. esakii* Watanabe、平胸柄腹茧蜂 *S. labdacus* Nixon 和红柄腹茧蜂 *S. ruficeps* (Smith) 为误鉴种，此外 Cao 等（2019）记录了新疆巩留有短尾柄腹茧蜂 *S. brevicaudis* Ratzeburg 的分布，但该种与 *S. rubidus* 十分近似，疑似误鉴。因此暂将这 4 种记录于“误鉴和疑似误鉴种”中。

种检索表

1. 脸具密集的横向针刮状刻纹（如唱片或 CD 纹路）；唇基沟常大部分缺……2
   脸刻纹不同于上述；唇基沟完全存在或仅背方微弱……10
2. 前翅 2-SR 脉几乎完全缺；cu-a 脉对叉；并胸腹节有由细脊组成的分区；头顶革质；中胸侧板广布革质网纹；体长 3.8 mm……**许氏柄腹茧蜂 *S. xui***
   前翅 2-SR 脉完全或大部分存在……3
3. 后足基节腹方具瘤突……4
   后足基节腹方无瘤突……6
4. 产卵管鞘长与腹长相等，是前翅长的 0.8 倍；前翅 CU1a 对叉；头顶完全具密集针刮状刻纹；体长 4.5 mm……**细纹柄腹茧蜂 *S. aciculatus***
   产卵管鞘长是腹长的 0.6–0.7 倍，是前翅长的 0.4 倍；前翅 CU1a 脉从第 1 亚盘室端部上方 1/3 伸出……5
5. 腹部第 2、3 背板具密集纵刻条，刻条间具密集网纹；第 4 背板基部 2/3 具密集纵刻条，刻条间具密集网纹；复眼横径长为上颊的 2.0 倍；体长 3.4–3.8 mm……**假白须柄腹茧蜂 *S. pseudocritolaus***
   腹部第 2、3 背板基部具微弱的密集颗粒和微弱网纹；第 4 背板基部具微弱的密集颗粒和微弱的针刮状刻纹；复眼横径长为上颊的 1.7 倍；体长 4.2 mm……**白须柄腹茧蜂 *S. paracritolaus***
6. 胸长是高的 1.7–1.8 倍……7
   胸长是高的 2.0–2.2 倍……9
7. 中胸盾片稍缓和地升起，侧面观中胸盾片与前胸背板成钝角；中胸盾片中叶前方凸出，前侧方无肩角；头顶均匀凸出，后部具向下的斜面；体长 2.5–3.3 mm……**近柄腹茧蜂 *S. mimeticus***
   中胸盾片垂直地升起，侧面观中胸盾片与前胸背板成直角；中胸盾片中叶前部几乎直，前侧方具肩角；头顶后部具陡峭的向下的斜面……8
8. 产卵管鞘长为腹部长的 0.8 倍，为前翅长的 0.7 倍；盾纵沟后部 0.3 存在；后足基节具转角；体长 4.0 mm……**吴氏柄腹茧蜂 *S. wuae***

产卵管鞘长为腹部长的 0.4–0.5 倍，为前翅长的 0.3–0.4 倍；盾纵沟后部几乎缺；后足基节无转角；体长 2.1–3.1 mm …… **窄角柄腹茧蜂 *S. araeceri***

9\. 腹部第 2 背板全部和第 3 背板大部分具弧形针刮状刻纹；头顶几乎光滑，具弱横刻条；前翅 cu-a 脉明显后叉；体长 2.7–3.5 mm …… **网脊柄腹茧蜂 *S. reticulatus***

腹部第 2、3 背板具密集的微弱颗粒；头顶具微弱颗粒和刻条；前翅 cu-a 脉对叉；体长 3.9 mm …… **环腹柄腹茧蜂 *S. annuliventris***

10\. 腹部第 2、3 背板至少基部大部分区域具刻纹 …… 11

腹部第 2、3 背板光滑，极少数情况基部具短的微弱刻纹 …… 76

11\. 腹部第 4 背板明显扩大，常大于第 5 背板，几乎完全具明显的刻条皱；头顶几乎完全光滑；第 4 背板具明显的侧缘 …… 12

腹部第 4 背板不扩大，不大于第 5 背板；如果第 4 背板扩大，则常无刻条 …… 17

12\. 腹部第 2+3 背板中长为第 2 背板基宽的 2.0–2.5 倍，是第 2+3 背板最宽处的 1.5–1.8 倍；腹柄长为其端宽的 3.6–4.4 倍，为并胸腹节的 2.5–2.7 倍；体长 8.2–9.2 mm …… **密柄腹茧蜂 *S. miletus***

腹部第 2+3 背板中长为第 2 背板基宽的 1.3–1.6 倍，是第 2+3 背板最宽处的 0.9–1.2 倍；腹柄长为其端宽的 2.1–3.0 倍，为并胸腹节的 1.8–2.2 倍 …… 13

13\. 复眼横径长为上颊的 2.0–2.2 倍；中胸盾片从前胸背板陡峭升起，几乎垂直于前胸背板；腹柄强烈向端部加宽；体长 3.4–5.6 mm …… **平行柄腹茧蜂 *S. parallelus***

复眼横径长为上颊的 1.4–1.5 倍；中胸盾片从前胸背板缓和升起，与前胸背板成钝角 …… 14

14\. 腹柄长为其端宽的 2.1–2.2 倍；后足腿节长是宽的 2.8–2.9 倍；体长 5.2–6.0 mm …… **近落羽杉柄腹茧蜂 *S. subcyparissus***

腹柄长为其端宽的 2.4–3.0 倍；后足腿节长是宽的 3.0–3.4 倍 …… 15

15\. 头顶前半部具相当明显的刻条；中胸侧板完全具粗糙皱刻条和颗粒；中胸盾片侧叶具长皱，中央狭窄区域仅具颗粒；体长 4.4 mm …… **落羽杉柄腹茧蜂 *S. cyparissus***

头顶光滑；中胸侧板具微弱刻纹或中央几乎光滑；中胸盾片侧叶具短皱，中央大部分区域仅具颗粒 …… 16

16\. 头浅黄色，复眼后和单眼区后具较弱的褐色斑；胸部深红褐色至几乎黑色，大部分区域黄色或浅黄色；腹部第 2、3 背板大部分深红褐色，但后部具黄色区域；第 4 背板基部深红褐色，侧方大部分黄色；腹部端部黄色；腹柄长为其端宽的 2.4–2.8 倍；体长 2.4–6.0 mm …… **扼柄腹茧蜂 *S. aspersus***

头黑褐色；胸部大部分区域红褐色；腹部黑色；腹柄长为其端宽的 2.8 倍；体长 6.1 mm …… **假扼柄腹茧蜂 *S. pseudaspersus***

17\. 腹部腹柄长为并胸腹节长的 2.8–3.5 倍；第 2+3 背板中长为第 2+3 背板最宽处的 1.3–1.5 倍 …… 18

腹部腹柄不长于并胸腹节长的 2.5 倍；第 2+3 背板中长常不长于第 2+3 背板最宽处 …… 22

18\. 复眼横径长为上颊的 1.1 倍；中胸盾片具密集颗粒，盾纵沟周围和侧方无皱；并胸腹节基脊长是叉脊的 1.3 倍；体长 4.1 mm …… **峨眉柄腹茧蜂 *S. omiensis***

复眼横径长为上颊的 1.6–1.8 倍；中胸盾片具密集颗粒，盾纵沟周围和侧方具皱；并胸腹节基脊长是叉脊的 2.0–2.6 倍 …… 19

19. 腹部第 4–6 背板具针刮状刻纹或革质网纹……………………………………………………………… 20
腹部第 4–6 背板完全光滑……………………………………………………………………………… 21
20. 腹部第 3–6 背板具密集的半弧形横向针刮状刻纹；小盾片几乎光滑；中胸侧板几乎完全光滑；体长 6.8–8.8 mm…………………………………………………………… **琼柄腹茧蜂 *S. hainanicola***
第 3 背板具密集刻条，刻条间具密集网纹；第 5、6 背板具微弱的革质网纹；小盾片完全具微弱颗粒皱；中胸侧板几乎全部具刻点皱和刻条；体长 2.3–5.5 mm…………… **小西柄腹茧蜂 *S. konishii***
21. 头顶前部具微弱刻条；中胸侧板大部分具明显粗糙的皱刻条，基节前沟下方革质，具微弱皱；中胸盾片具密集颗粒，侧叶具长皱；体长 3.8–7.0 mm………………… **狭翅柄腹茧蜂 *S. angustalatus***
头顶完全光滑；中胸侧板几乎完全光滑；中胸盾片具密集颗粒，侧叶具短皱；体长 4.2–7.3 mm……………………………………………………………………… **近细长柄腹茧蜂 *S. parimbecillus***
22. 后足基跗节长是第 2 跗节长的 3.0 倍……………………………………………………………… 23
后足基跗节不长于第 2 跗节长的 2.5 倍…………………………………………………………… 24
23. 前翅 m-cu 脉明显后叉；后足胫节的毛长为胫节中间宽的 2.0 倍；前中足基节浅黄色；体长 4.3 mm……………………………………………………………… **长跗柄腹茧蜂 *S. testaceitarsis***
前翅 m-cu 脉对叉；后足胫节的毛长为胫节中间宽的 1.0–1.3 倍；前中足基节红褐色；体长 9.1–11.5 mm…………………………………………………………………… **大柄腹茧蜂 *S. magnus***
24. 胸部和头部常明显或强烈扁平；中胸盾片稍从前胸背板升起……………………………………… 25
胸部和头部不或稍扁平；中胸盾片明显从前胸背板升起…………………………………………… 31
25. 前翅 M+CU1 脉端半部明显弯向 1-1A 脉；CU1a 脉对叉；后足基节基腹方无转角和瘤突……… 26
前翅 M+CU1 脉端半部不或稍弯向 1-1A 脉；CU1a 脉不对叉；后足基节基腹方具转角和瘤突… 29
26. 胸部十分扁平，胸长是高的 4.0–5.0 倍；后足腿节长是宽的 2.7–2.9 倍；腹柄长为其端宽的 3.4–3.6 倍，为并胸腹节的 1.6–1.8 倍；产卵管鞘长为胸部长的 0.5–0.6 倍，为前翅长的 0.3–0.4 倍；体长 2.5–3.7 mm…………………………………………………………… **低柄腹茧蜂 *S. deplanatus***
胸部扁平，胸长是高的 2.5–3.6 倍 ……………………………………………………………… 27
27. 第 2、3 背板具半弧形针刮状刻纹，第 4–6 背板全部或大部分具微弱的针刮状刻纹；并胸腹节分区不甚明显；复眼横径长为上颊的 1.1 倍；体长 3.8 mm……………………… **谭氏柄腹茧蜂 *S. tanae***
第 2–6 背板完全具密集颗粒；并胸腹节分区明显；复眼横径长为上颊的 1.5–1.8 倍 …………… 28
28. 产卵管鞘长为腹部长的 0.6–0.7 倍；前胸背板脊不明显；腹柄长为并胸腹节的 1.5–1.7 倍；体长 2.4–4.3 mm…………………………………………………………… **爆皮虫柄腹茧蜂 *S. ochus***
产卵管鞘长为腹部长的 1.0 倍；前胸背板脊细，但明显；腹柄长为并胸腹节的 1.9 倍；体长 3.7 mm……………………………………………………………… **拟爆皮虫柄腹茧蜂 *S. parochus***
29. 头部不扁平；产卵管鞘明显长于腹部；胸长是高的 2.2–2.5 倍；体长 2.9–5.2 mm（同见检索表 73 条）…………………………………………………………… **扁胸柄腹茧蜂 *S. depressithorax***
头部明显扁平；产卵管鞘不长于腹部；胸长是高的 2.5–3.5 倍 ………………………………… 30
30. 产卵管鞘长为腹部长的 0.5–0.7 倍，为胸部长的 0.7–1.0 倍，为前翅长的 0.3–0.5 倍；第 2 背板基部具微弱刻条皱，刻条间革质；剩余背板通常光滑；体长 2.2–3.5 mm…… **瘤柄腹茧蜂 *S. phymatodis***
产卵管鞘长为腹部长的 0.7–0.9 倍，为胸部长的 0.9–1.3 倍，为前翅长的 0.45–0.60 倍；第 2 背板几乎全具密集的网纹和刻条；第 3、4 背板基半部具刻纹；体长 2.0–4.0 mm · **扁体柄腹茧蜂 *S. planus***

31\. 前翅 r 脉明显从翅痣后部伸出 ······ 32

前翅 r 脉不从翅痣后部伸出 ······ 35

32\. 头顶光滑；产卵管鞘长是腹长的 1.3 倍；第 2、3 背板具十分密集的微弱半弧形针刮状刻纹和小的微弱网纹；体长 4.4 mm ······ **细柄腹茧蜂 *S. sedulus***

头顶具明显刻条；产卵管鞘不长于腹部；第 2、3 背板无半弧形针刮状刻纹 ······ 33

33\. 颊上半部具明显刻条；复眼横径长为上颊的 1.3 倍；第 3 背板光滑；体长 5.2 mm ······ **大围柄腹茧蜂 *S. daweiensis***

颊光滑；复眼横径长为上颊的 1.7–1.8 倍；第 3 背板具刻纹 ······ 34

34\. 头顶大部分光滑；中胸侧板稍具革质颗粒；腹部第 4 背板光滑；体浅黄色；体长 5.0–5.4 mm ······ **白胸柄腹茧蜂 *S. albithorax***

头顶具横刻条；中胸侧板几乎光滑；腹部第 4 背板基半部具纵向刻条皱，端半部光滑；体色深；体长 4.7–5.0 mm ······ **古田山柄腹茧蜂 *S. gutianensis***

35\. 腹部第 4、5 背板大部分具刻纹 ······ 36

腹部第 4、5 背板光滑或仅基部具刻纹 ······ 50

36\. 头顶完全或大部分具明显刻纹 ······ 37

头顶常大部分光滑，有时仅部分具微弱刻纹 ······ 46

37\. 腹柄长为并胸腹节的 2.5 倍；后足腿节长是宽的 3.7 倍；体长 12.2 mm ······ **间色柄腹茧蜂 *S. alternecoloratus***

腹柄长为并胸腹节的 1.4–2.0 倍；后足腿节长是宽的 2.6–3.3 倍 ······ 38

38\. 复眼横径长为上颊的 2.0–3.2 倍 ······ 39

复眼横径长为上颊的 1.15–1.80 倍 ······ 42

39\. 中胸盾片陡峭地升起，侧面观中胸盾片与前胸背板成直角；产卵管鞘明显长于腹部（1.2–1.3 倍）；复眼横径长为上颊的 2.0–2.1 倍；体长 5.2–6.4 mm ······ **陡盾柄腹茧蜂 *S. rectangulus***

中胸盾片弧形地升起，侧面观中胸盾片与前胸背板成钝角；产卵管鞘明显短于腹部；复眼横径长为上颊的 2.4–3.2 倍 ······ 40

40\. 中胸盾片具颗粒，沿盾纵沟及侧方具明显皱；背面观复眼长为上颊的 3.2 倍；基节前沟横贯于中胸侧板下缘；体长 3.8–4.5 mm ······ **窄柄腹茧蜂 *S. angustus***

中胸盾片仅具颗粒，沿盾纵沟及侧方无皱；背面观复眼长为上颊的 2.4–2.6 倍；基节前沟长是中胸侧板下缘的 0.5–0.7 倍 ······ 41

41\. 腹部第 2–5 背板具网纹；后足腿节长是宽的 3.0 倍；体长 3.2–4.8 mm ······ **甲柄腹茧蜂 *S. alutacius***

腹部第 2–5 背板具颗粒；后足腿节长是宽的 2.3 倍；体长 3.1–4.1 mm ······ **皱柄腹茧蜂 *S. aspratilis***

42\. 后足基节腹方无转角和瘤突 ······ 43

后足基节腹方具转角和瘤突 ······ 45

43\. 腹部第 2、3 背板具密集颗粒；第 4、5 背板具革质网纹；前翅 CU1a 脉对叉；体长 3.8–4.6 mm ······ **近皱柄腹茧蜂 *S. aspratiloides***

腹部第 2、3 背板具密集的半弧形或横向针刮状刻纹，无颗粒；第 4、5 背板具密集的半弧形或横

向针刮状刻纹；前翅 CU1a 脉不对叉 ……………………………………………………………… 44

44. 须深红褐色；后足胫节基部黑色；腹柄长为并胸腹节的 1.9–2.0 倍；复眼横径长为上颊的 1.2–1.3 倍；体长 3.9–6.9 mm ……………………………………………………………… **广柄腹茧蜂 *S. apicalis***

须浅黄色；后足胫节基部色浅；腹柄长为并胸腹节的 1.5–1.6 倍；复眼横径长为上颊的 1.6–1.8 倍；体长 5.1–6.5 mm ……………………………………………………………… **红腿柄腹茧蜂 *S. femoralis***

45. 中胸盾片陡峭地升起，侧面观中胸盾片与前胸背板成直角；腹部第 4、5 背板具侧缘；产卵管鞘与体长相等；第 4 背板具密集的均匀刻条，基部刻条间无短皱，端部光滑；第 5 背板具密集的均匀刻条，基部刻条间具短皱，端部具向上弯曲的同心弧形刻条；体长 6.5 mm ……………………………………………………………… **赫菲柄腹茧蜂 *S. hephaestus***

中胸盾片从前胸背板缓和地升起，侧面观中胸盾片与前胸背板成钝角；腹部第 4、5 背板无侧缘；产卵管鞘明显短于体长；第 4、5 背板具革质网纹，端缘光滑；体长 2.9–4.0 mm ……………………………………………………………… **齿基柄腹茧蜂 *S. basalis***

46. 后足基节无转角和瘤突 ……………………………………………………………… 47

后足基节具转角和瘤突 ……………………………………………………………… 48

47. 第 2、3 背板具小且密集的小室状网纹，无刻条；中胸盾片具颗粒，沿盾纵沟及侧方具明显长皱；后足腿节长是宽的 2.6 倍；腹柄长为并胸腹节的 1.5 倍；并胸腹节基脊是叉脊的 0.4 倍；体长 4.0 mm ……………………………………………………………… **石垣柄腹茧蜂 *S. ishigakus***

第 2、3 背板具密集的半弧形或横向针刮状刻纹，无颗粒；中胸盾片具网纹-颗粒，沿盾纵沟及侧方无皱；后足腿节长是宽的 3.0–3.2 倍；腹柄长为并胸腹节的 2.0–2.3 倍；并胸腹节基脊是叉脊的 2.0–2.5 倍；体长 2.5–5.7 mm ……………………………………………………………… **台湾柄腹茧蜂 *S. taiwanicus***

48. 中胸盾片陡峭地升起，侧面观中胸盾片与前胸背板成直角；腹部第 4、5 背板具侧缘；头顶大部分光滑，前部具皱刻条；复眼横径长为上颊的 1.6 倍；体长 4.8–5.6 mm ……………………………………………………………… **拟多缘柄腹茧蜂 *S. striolatiformis***

中胸盾片缓和地升起，侧面观中胸盾片与前胸背板成钝角；腹部第 4、5 背板无侧缘；头顶完全光滑或大部分具革质颗粒；复眼横径长为上颊的 2.1–2.8 倍 ……………………………………………………………… 49

49. 中胸盾片从前胸背板陡峭地升起，侧面观中胸盾片与前胸背板成直角；中胸侧板几乎光滑；并胸腹节基脊是叉脊的 0.6 倍；腹柄长为并胸腹节的 2.3 倍；腹部第 4 背板具微弱刻点，仅中部具极细的微弱的纵刻条；体长 5.2–7.0 mm ……………………………………………………………… **多刺柄腹茧蜂 *S. spinosus***

中胸盾片较缓和地升起，侧面观中胸盾片与前胸背板成钝角；中胸侧板密布颗粒；并胸腹节基脊是叉脊的 1.4 倍；腹柄长为其端宽的 1.6–1.8 倍，为并胸腹节的 1.4–1.5 倍；腹部第 4 背板具密集刻条，刻条间具皱；体长 2.8–4.0 mm ……………………………………………………………… **条腹柄腹茧蜂 *S. virgulatus***

50. 前翅烟褐色，翅端具 4–6 个透明斑 ……………………………………………………………… 51

前翅透明或烟褐色，无透明斑 ……………………………………………………………… 53

51. 产卵管鞘不长于腹部；腹柄短，仅稍长于并胸腹节；前中足胫节色浅；体长 2.7–4.0 mm ……………………………………………………………… **斑翅柄腹茧蜂 *S. poecilopterus***

产卵管鞘长于腹部；腹柄长是并胸腹节的 1.7–2.1 倍；前中足胫节大部分色深 ……………………………………………………………… 52

52. 中胸盾片较陡峭地升起，侧面观中胸盾片与前胸背板近直角；头顶大部分光滑，前部具微弱的针刮状刻纹或刻条皱；头部在复眼后前半部稍凸，后半部收缩；后足基节具稀疏毛；腹柄长为并胸腹节的 1.7–2.0 倍；产卵管鞘明显长于腹部；体长 2.7–5.6 mm…………**加琳娜柄腹茧蜂 *S. galinae***

中胸盾片缓落向前胸背板，侧面观中胸盾片与前胸背板成钝角；头顶仅在近单眼处具横脊；头部在复眼后明显弧形收缩；后足基节具密集毛；产卵管鞘稍长于腹部；体长 4.8 mm……………………………………………………………………………………………**白斑柄腹茧蜂 *S. albuginosus***

53. 头顶完全或大部分具明显刻纹……………………………………………………………54

头顶常大部分光滑，有时仅部分具微弱刻纹……………………………………………61

54. 并胸腹节无明显分区；腹柄端部不变宽，几乎平行；中胸盾片陡峭地升起，侧面观中胸盾片与前胸背板近直角；基节前沟长是中胸侧板下缘的 0.5 倍；第 2+3 背板具颗粒；产卵管鞘与腹部等长；体长 3.3 mm……………………………………………………………**拱柄腹茧蜂 *S. arcuatus***

并胸腹节具明显分区；腹柄端部明显变宽……………………………………………55

55. 腹部第 4 背板基半部具刻条；第 2、3 背板长与其端宽等长；并胸腹节基脊明显长于叉脊（中胸盾片完全具颗粒，沿盾纵沟及侧方附近无皱；产卵管鞘明显短于腹长；体长 6.1 mm）……………………………………………………………………………**光滑柄腹茧蜂 *S. blandus***

腹部第 4 背板基部具颗粒或完全光滑；第 2、3 背板长是其端宽的 0.7–0.9 倍；并胸腹节基脊不长于叉脊……………………………………………………………………………56

56. 腹部第 4、5 背板基部或多或少具刻条或刻点；基节前沟长是中胸侧板下缘的 0.5–0.6 倍………57

腹部第 4、5 背板完全光滑；基节前沟横贯中胸侧板下缘……………………………58

57. 中胸盾片沿盾纵沟及侧方附近具明显长皱；腹部第 2–4 背板具刻条；复眼横径长为上颊的 3.0 倍；体长 3.6 mm……………………………………………………………**胡椒象柄腹茧蜂 *S. piperis***

中胸盾片沿盾纵沟及侧方附近无皱；腹部第 2–4 背板具小室状网纹和刻点，无刻条；复眼横径长为上颊的 1.5–1.6 倍；体长 3.2–3.9 mm……………………………**茨城柄腹茧蜂 *S. ibarakius***

58. 中胸盾片从前胸背板陡峭地升起，侧面观中胸盾片与前胸背板成直角；鞭节近端部色深，与附近鞭节颜色一致……………………………………………………………………………59

中胸盾片从前胸背板缓和地升起，侧面观中胸盾片与前胸背板成钝角；鞭节近端部色浅，明显浅于附近鞭节……………………………………………………………………………60

59. 背面观复眼长为上颊的 1.5 倍；腹柄长为并胸腹节长的 1.15 倍；产卵管鞘明显长于腹长；体长 6.1 mm……………………………………………………………………**强柄腹茧蜂 *S. carterus***

背面观复眼长为上颊的 2.0 倍；腹柄长为并胸腹节长的 1.7 倍；产卵管鞘几乎与腹部等长；体长 3.9 mm………………………………………………………………**红花柄腹茧蜂 *S. honghuaensis***

60. 腹部第 2 背板具明显斜向的纵刻条，刻条间具微弱皱；第 3 背板基部 0.3–0.7 具明显或微弱的纵刻条；后足腿节长是宽的 2.8–3.0 倍；腹柄长为其端宽的 2.0–2.3 倍；中胸侧板中央大部分几乎光滑；触角近端部 11–13 节浅黄色；体长 3.6–4.8 mm…………………………**妙柄腹茧蜂 *S. amoenus***

腹部第 2 背板仅具刻条；第 3 背板完全光滑；后足腿节长是宽的 3.2–3.6 倍；腹柄长为其端宽的 2.4–2.6 倍；中胸侧板大部分具皱刻条；触角近端部 3–4 节浅黄色；体长 3.4–4.3 mm……………………………………………………………………………**副妙柄腹茧蜂 *S. paramoenus***

61. 中胸盾片完全具密集的毛；基节前沟横贯中胸侧板下缘；第 2+3 背板长为端宽的 1.1 倍；后足腿节

长是宽的 2.5 倍；腹柄节长为并胸腹节长的 1.9 倍；体长 3.3 mm（雄）…… **脊柄腹茧蜂 *S. carina***
中胸盾片仅沿盾纵沟及侧方附近具稀疏的毛；基节前沟长是中胸侧板下缘的 0.5–0.7 倍 ………… 62

62. 中胸盾片陡峭或较陡峭地升起，侧面观中胸盾片与前胸背板近直角；产卵管鞘不短于体长…… 63
中胸盾片缓落向前胸背板，侧面观中胸盾片与前胸背板成钝角；产卵管鞘明显短于体长；如果中胸盾片陡峭或较陡峭地升起，侧面观中胸盾片与前胸背板近直角，则产卵管鞘短于体长……… 65

63. 腹部第 2、3 背板具颗粒，无刻条；第 4、5 背板基部具颗粒；后足腿节长是宽的 2.7 倍；背面观复眼长为上颊的 1.7–2.0 倍；体长 4.2–5.6 mm ………………………………… **峻柄腹茧蜂 *S. acclivis***
腹部第 2、3 背板具明显刻条，无颗粒；第 4、5 背板完全光滑；后足腿节长是宽的 3.2–3.6 倍；背面观复眼长为上颊的 1.0–1.4 倍 ………………………………………………………………… 64

64. 腹柄中央相当明显地弯曲，长为并胸腹节的 1.8–2.0 倍；复眼横径长为上颊的 1.0 倍；并胸腹节中区明显；体长 2.5–6.5 mm……………………………………………… **东方柄腹茧蜂 *S. oriens***
腹柄中央稍弯曲或几乎不弯曲，长为并胸腹节的 2.3–2.5 倍；复眼横径长为上颊的 1.1–1.4 倍；并胸腹节中区不明显；体长 3.5–7.4 mm……………………………………… **纹腹柄腹茧蜂 *S. exarator***

65. 产卵管鞘长短于腹部，是体长的 0.30–0.45 倍 ………………………………………………… 66
产卵管鞘长不短于腹部，是体长的 0.5–0.8 倍 ……………………………………………………… 71

66. 腹部第 2、3 背板具颗粒，无刻条；复眼横径长为上颊的 1.9–2.2 倍；中胸侧板大部分具密集颗粒；体长 2.7–3.9 mm……………………………………………………… **刻点柄腹茧蜂 *S. punctatus***
腹部第 2、3 背板具明显刻条，有时刻条间具颗粒；复眼横径长为上颊的 1.0–1.7 倍；中胸侧板大部分光滑或小的区域具刻条…………………………………………………………………… 67

67. 中胸盾片陡峭地升起，侧面观中胸盾片与前胸背板成直角；腹部第 2、3 背板仅具短刻条，无颗粒；前翅完全透明，沿翅脉无深色带；体长 2.8 mm……………………… **条柄腹茧蜂 *S. strigatus***
中胸盾片缓落向前胸背板，侧面观中胸盾片与前胸背板成钝角；腹部第 2、3 背板具长刻条和明显颗粒；前翅几乎透明或稍烟褐色，沿翅脉具深色带…………………………………………… 68

68. 须褐色；后足胫节近基部具短的浅色区域；体长 2.6–5.5 mm（同见检索表 74 条） ……………………………………………………………………………………… **中华柄腹茧蜂 *S. sinicus***
须浅红褐色或黄色；后足胫节近基部具长的浅色区域……………………………………………… 69

69. 产卵管鞘长为腹部长的 0.8–1.4 倍，为胸部长的 1.1–1.7 倍，为前翅长的 0.5–0.8 倍；腹柄长为其端宽的 2.0–2.2 倍；体长 2.7–5.6 mm（同见检索表 75 条） ……………… **普柄腹茧蜂 *S. generosus***
产卵管鞘长为腹部长的 0.5–0.8 倍，为胸部长的 0.7–1.0 倍，为前翅长的 0.3–0.5 倍；腹柄长为其端宽的 1.6–1.9 倍 ……………………………………………………………………………… 70

70. 头在复眼后稍弧形收缩；复眼横径长为上颊的 1.3–1.7 倍；单眼区底边长为侧边的 1.0 倍；中胸侧板下半部常具刻纹；体长 2.4–3.7 mm……………………………… **北方柄腹茧蜂 *S. rubidus***
头在复眼后前部稍凸，后部均匀弧形收缩；复眼横径长为上颊的 1.1–1.3 倍；单眼区底边长为侧边的 1.2–1.3 倍；中胸侧板下半部常光滑；体长 2.8–5.0 mm ………………… **妍柄腹茧蜂 *S. verustus***

71. 腹柄长为并胸腹节长的 2.25 倍；第 2、3 背板基部具颗粒，中央具横刻条，侧方具密集的斜刻条，端部光滑；基节前沟光滑；胸长是高的 2.35 倍；体长 5.1 mm ………………… **稀柄腹茧蜂 *S. aethis***
腹柄长为并胸腹节长的 1.6–2.1 倍；第 2、3 背板无上述的刻纹；基节前沟具明显刻条………… 72

72. 腹部第 3、4 背板光滑；所有腿节基部黄褐色，剩余部分红褐色；体长 4.6 mm ……………………………… **武夷柄腹茧蜂 *S. wuyiensis***
腹部第 3、4 背板具明显刻纹；所有腿节红褐色或浅红褐色，无浅色区域 …………………… 73
73. 胸部明显扁平，胸长是高的 2.2–2.5 倍；中胸盾片相当缓和地从前胸背板升起；产卵管鞘长是腹部长的 1.4–1.6 倍；体长 2.9–5.2 mm（同见检索表 29 条）………… **扁胸柄腹茧蜂 *S. depressithorax***
胸部不扁平，胸长是高的 1.8–2.1 倍；中胸盾片稍缓和或陡峭地从前胸背板升起；产卵管鞘长是腹部长的 0.8–1.4 倍 …………………………………………………… 74
74. 须褐色；后足胫节近基部具短的浅色区域；前胸背板近前部无横刻条；体长 2.6–5.5 mm（同见检索表 68 条）…………………………………… **中华柄腹茧蜂 *S. sinicus***
须大部分浅褐色或黄色；后足胫节近基部具长的浅色区域；前胸背板近前部具明显横刻条…… 75
75. 中胸盾片中后半部明显凹陷，凹陷处或多或少具横向刻条；复眼横径长为上颊的 1.0 倍；头颜色常浅于胸部；中胸盾片缓和地升起，侧面观中胸盾片与前胸背板成钝角；体长 4.8–6.1 mm……………………………………… **腔柄腹茧蜂 *S. cavus***
中胸盾片中后半部稍凹陷，凹陷处具不规则刻条；复眼横径长于上颊长；头和胸部颜色常一致；中胸盾片陡峭地升起，侧面观中胸盾片与前胸背板几乎成直角；体长 2.7–5.6 mm（同见检索表 69 条）…………………………………… **普柄腹茧蜂 *S. generosus***
76. 前翅 CU1a 脉对叉；第 1 亚盘室明显在 m-cu 脉前部闭合…………………………… 77
前翅 CU1a 脉不对叉；CU1b 脉明显在 m-cu 脉后部闭合；如果 CU1a 脉几乎对叉，则第 1 亚盘室在 m-cu 脉处闭合 …………………………………………………… 78
77. 头在复眼后前半部稍加宽，后半部弧形收缩；复眼横径长为上颊的 1.6 倍；触角 20 节；胸长是高的 1.9 倍；前翅 3-SR 脉是 SR1 脉的 0.8 倍，是 2-SR 脉的 1.45 倍；体长 2.2 mm……………………………………… **土生柄腹茧蜂 *S. habui***
头在复眼后明显弧形收缩；复眼横径长为上颊的 1.7–2.0 倍；触角 13–18 节；胸长是高的 1.5–1.7 倍；前翅 3-SR 脉是 SR1 脉的 0.5–0.6 倍，是 2-SR 脉的 1.1 倍；体长 1.1–2.2 mm……………………………………… **小柄腹茧蜂 *S. pumilio***
78. 中足跗节十分短，基跗节长是宽的 2.0 倍……………………………………… 79
中足跗节长，基跗节长于其宽的 3.0 倍……………………………………… 80
79. 前翅 M+CU 脉端半部明显弯向 1-1A 脉；CU1a 脉对叉；3-SR 脉短于 SR1 脉；触角 17–18 节；后足胫节背方毛长明显短于胫节宽；体长 1.8–3.2 mm………………… **雾社柄腹茧蜂 *S. wusheensis***
前翅 M+CU 脉端半部稍弯向 1-1A 脉；CU1a 脉后叉；3-SR 脉长于 SR1 脉；触角 26 节；后足胫节背方毛长明显长于胫节宽；体长 4.0–4.7 mm………………………… **短跗柄腹茧蜂 *S. capys***
80. 唇基下陷大，明显横行，其宽是下陷边缘至复眼距离的 2.0 倍；前翅 r 和 3-SR 脉常成直线或几乎成直线…………………………………………………… 81
唇基下陷相当小，圆形或近圆形，其宽不长于下陷边缘至复眼的距离；前翅 r 和 3-SR 脉常不成直线 …………………………………………………… 93
81. 中胸盾片和额光滑；头顶完全光滑；体长 3.3 mm…………………… **长尾柄腹茧蜂 *S. eunyce***
中胸盾片和额或多或少具明显刻条或颗粒…………………………………… 82

82. 后足胫节背方仅具长毛；前翅 r 脉和 3-SR 脉常不成直线；触角端半部均匀褐色；腹柄长为其端宽的 2.6–2.9 倍，为并胸腹节的 1.8–2.0 倍；头顶完全光滑；体长 2.4–3.4 mm……………………………………尼氏柄腹茧蜂 *S. nixoni*

后足胫节背方具短毛和长毛……………………………………83

83. 头顶完全光滑……………………………………84

头顶具明显刻条……………………………………88

84. 复眼横径长为上颊的 1.1 倍；前翅 r 脉和 3-SR 脉不成直线；体长 5.4 mm……………………………………长角柄腹茧蜂 *S. longicornis*

复眼横径长为上颊的 1.5–1.7 倍；前翅 r 脉和 3-SR 脉成直线或几乎成直线……………………………………85

85. 产卵管鞘短于体长；腹柄长为并胸腹节长的 1.8 倍；第 2+3 背板长为端宽的 0.8 倍；触角 25–26 节；体长 2.1–2.7 mm……………………………………短角柄腹茧蜂 *S. brevicornis*

产卵管鞘长于体长；腹柄长为并胸腹节长的 2.0–2.2 倍；第 2+3 背板长为端宽的 0.9–1.0 倍；触角 36–47 节……………………………………86

86. 前胸背板侧凹光滑；小盾片具粗糙横皱；基节前沟几乎光滑；触角近端部 9–11 鞭节浅黄色；体长 3.8–4.2 mm……………………………………蛛形柄腹茧蜂 *S. melpomene*

前胸背板侧凹具稀疏的粗糙短刻条；小盾片无皱；基节前沟具密集的短刻条；触角近端部鞭节深色……………………………………87

87. 中胸盾片广布皱，仅侧叶中央狭窄区域具颗粒；后胸侧脊无；并胸腹节具短的侧突；并胸腹节基脊是叉脊的 0.35 倍；后足基节光滑；后足腿节中央黄褐色；体长 5.6 mm……………………………………直径柄腹茧蜂 *S. euthyradius*

中胸盾片中叶与侧叶具短皱，中央广布颗粒；后胸侧脊中央稍存在；并胸腹节无侧突；并胸腹节基脊是叉脊的 0.85 倍；后足基节背方具密集横刻条；后足腿节完全黄褐色；体长 2.9–4.0 mm……………………………………纯鎏柄腹茧蜂 *S. chunliuae*

88. 腹柄稍长于并胸腹节，腹方明显弯曲；头顶大部分光滑，但部分区域具微弱的放射性刻条；产卵管鞘与体长相等；体长 2.0 mm……………………………………阿柄腹茧蜂 *S. amabilis*

腹柄明显长于并胸腹节，腹方稍弯曲或几乎直……………………………………89

89. 柄后腹侧扁；腹部第 2+3 背板明显长于其最大宽……………………………………90

柄后腹不侧扁；腹部第 2+3 背板不长于其最大宽……………………………………91

90. 腹柄红褐色；腹部第 2+3 背板长是其最大宽的 1.5–1.8 倍；头顶具粗糙的密集皱刻条；体长 2.5–3.9 mm……………………………………玲柄腹茧蜂 *S. evideus*

腹柄黑色；腹部第 2+3 背板长是其最大宽的 1.2 倍；头顶具微弱的横刻条；体长 3.3 mm……………………………………黑柄柄腹茧蜂 *S. nigripetiolus*

91. 触角近端部鞭节深色；胸部完全黑色；并胸腹节基脊长是叉脊的 1.0 倍；体长 4.0–4.4 mm……………………………………黑胸柄腹茧蜂 *S. pseudido*

触角近端部鞭节浅黄色；胸部完全或部分具浅红褐色或红褐色区域；并胸腹节基脊长是叉脊的 0.5–0.6 倍……………………………………92

92. 中胸侧板与中胸腹板完全红褐色，与中胸背板颜色一致；体长 3.2–4.8 mm…间柄腹茧蜂 *S. medon*

中胸侧板与中胸腹板至少部分深色，与中胸背板颜色不一致；体长 2.9–5.2 mm……………………………………………………………………………………………… **日本柄腹茧蜂 *S. japonicus***

93. 头部和并胸腹节背区具小的均匀的革质颗粒；后足基节基腹方无瘤突；体长 3.1 mm……………………………………………………………………………………… **全黑柄腹茧蜂 *S. pammelas***

头部和并胸腹节背区具不同于上述的刻纹；后足基节基腹方具明显瘤突（*S. convexitemporalis* 除外）…………………………………………………………………………………………… 94

94. 中胸盾片完全被密集短毛……………………………………………………………… 95

中胸盾片沿盾纵沟及侧方附近常具长毛，中央区域大部分光滑无毛……………………… 96

95. 头顶完全光滑；中胸盾片缓和地从前胸背板升起，与前胸背板成钝角；腹柄长是并胸腹节长的 1.85 倍；体长 3.4 mm…………………………………………… **茸毛柄腹茧蜂 *S. capillaris***

头顶前部具横向刻条，后部光滑；中胸盾片陡峭地从前胸背板升起，与前胸背板成直角；腹柄长是并胸腹节长的 1.5 倍；体长 4.5 mm…………………………… **赵氏柄腹茧蜂 *S. chaoi***

96. 腹柄长是其端宽的 3.9–4.5 倍，是并胸腹节的 2.2–2.5 倍……………………………… 97

腹柄不长于其端宽的 3.5 倍，不长于并胸腹节的 2.0 倍 ……………………………… 98

97. 头顶光滑，具少数弱浅刻痕；POL 是 OD 的 1.5 倍；颚眼距长为复眼高的 0.5 倍；中胸盾片沿盾纵沟具短皱；基节前沟浅，横贯中胸侧板下缘；产卵管鞘长于体长；体长 3.7–6.9 mm……………………………………………………………………………… **长柄腹茧蜂 *S. longus***

头顶前部光滑，后部中央具明显的横向刻条或具微弱的针刮状刻条；POL 是 OD 的 1.0 倍；颚眼距长为复眼纵径的 0.35–0.45 倍；中胸盾片沿盾纵沟具长皱；基节前沟深，长为中胸侧板下缘的 0.6 倍；产卵管鞘不长于体长；体长 4.5–5.6 mm…………………… **尖柄腹茧蜂 *S. longulator***

98. 头在复眼后明显弧形收缩，最宽处在上颊水平线上；复眼横径长为上颊的 1.0 倍；后足基节基腹方无瘤突；前翅 CU1a 脉对叉；体长 3.5 mm ……………… **凸颊柄腹茧蜂 *S. convexitemporalis***

头在复眼后明显凸出或弧形收缩，最宽处在复眼水平线上；复眼横径长于上颊；后足基节基腹方具小的瘤突；前翅 CU1a 脉不对叉 …………………………………………………… 99

99. 头顶完全或几乎完全光滑，有时仅部分具微弱至十分微弱的刻条……………………… 100

头顶完全或大部分具粗糙或微弱但明显的横刻条，有时具皱…………………………… 119

100. 后足腿节长是其最大宽的 3.7–4.8 倍 ………………………………………………… 101

后足腿节长是其最大宽的 2.8–3.5 倍 ………………………………………………… 102

101. 后足腿节长是宽的 4.3–4.8 倍；触角近端部鞭节色浅；复眼横径长为上颊的 1.1–1.4 倍；第 1 鞭节长为宽的 5.0–5.7 倍；中胸盾片沿盾纵沟附近无皱；中胸侧板大部分光滑；前翅 r 脉从翅痣的中央后方伸出；体长 3.0–4.6 mm…………………………………… **英彦柄腹茧蜂 *S. hikoensis***

后足腿节长是宽的 3.7 倍；触角近端部鞭节色深；复眼横径长为上颊的 1.6 倍；第 1 鞭节长为宽的 6.7 倍；中胸盾片沿盾纵沟附近具长皱；中胸侧板完全具密集的颗粒和刻条；前翅 r 脉从翅痣的中央伸出；体长 5.3 mm…………………………………………… **棒柄腹茧蜂 *S. clavator***

102. 产卵管鞘明显短于腹部，长是前翅长的 0.3–0.6 倍 ……………………………………… 103

产卵管鞘不短于或稍短于腹部，长是前翅长的 0.9–1.2 倍 ……………………………… 110

103. 小盾片完全具明显颗粒；中胸盾片无或盾纵沟附近几乎无皱……………………… 104

小盾片中央大部分光滑或几乎光滑，有时微弱革质，但边缘常具明显刻纹……………………………108

104. 前胸背板脊后横脊中央与前胸背板后缘明显分离；腹柄长为其端宽的 2.9–3.2 倍；体长 2.8–3.5 mm ……………………………………………………………………………… **拟辟柄腹茧蜂 *S. beatoides***

前胸背板脊后横脊中央与前胸背板后缘愈合或稍不愈合；腹柄长为其端宽的 2.0–2.6 倍 ………105

105. 基节前沟长是中胸侧板下缘的 0.5 倍；后足胫节背方毛长短于胫节最大宽；体长 2.6 mm………… ……………………………………………………………………… **南平柄腹茧蜂 *S. nanpingensis***

基节前沟横贯中胸侧板下缘；后足胫节背方毛长不短于胫节最大宽……………………………………106

106. 体大部分黄色至褐黄色；前胸背板后横脊中央与前胸背板后缘稍分离；头顶具十分微弱的断续网皱；体长 2.7–4.3 mm（同见检索表 122 条）………………………… **黄体柄腹茧蜂 *S. flavicorpus***

体大部分浅红褐色至深红褐色；前胸背板后横脊中央与前胸背板后缘愈合…………………………107

107. 触角近端部鞭节浅色，明显浅于前面鞭节；第 1 鞭节长明显长于第 2 鞭节；前翅明显烟褐色；体长 1.9–3.8 mm…………………………………………………………… **莱氏柄腹茧蜂 *S. leschii***

触角所有鞭节深色；第 1 鞭节与第 2 鞭节等长；前翅稍烟褐色；体长 2.9 mm………………………… ……………………………………………………………………… **拟莫柄腹茧蜂 *S. proximoscus***

108. 前胸背板后横脊与前胸背板后缘不愈合；1-R1 脉是翅痣长的 1.1–1.2 倍；中胸盾片相当缓和地从前胸背板升起；体长 2.9–3.9 mm……………………………………………… **辟柄腹茧蜂 *S. beatus***

前胸背板后横脊与前胸背板后缘愈合；1-R1 脉是翅痣长的 1.3–1.4 倍；中胸盾片几乎垂直地从前胸背板升起……………………………………………………………………………………………109

109. 前胸背板后横脊与前胸背板后缘明显愈合；胸部和头部几乎完全深红褐色至黑色；后足胫节背方毛长是胫节宽的 0.7–1.3 倍；后足胫节外侧无端刺；触角端部 9–13 节黄色；体长 2.8–3.9 mm…… ……………………………………………………………………… **国后柄腹茧蜂 *S. kunashiri***

前胸背板后横脊与前胸背板后缘稍愈合；胸部至少腹方和头部黄色或浅褐色；后足胫节背方毛长是胫节宽的 1.3–1.5 倍；后足胫节外侧具 2 或 3 个端刺；触角端部 5–8 节黄色；有时头部部分具微弱断续刻条；体长 3.4 mm…………………………………………………… **黄头柄腹茧蜂 *S. helle***

110. 产卵管鞘稍短于体长；第 2+3 背板长为其端宽的 0.9 倍；基节前沟横贯中胸侧板下缘；中胸盾片具短皱；体长 6.0 mm…………………………………………………… **皱额柄腹茧蜂 *S. anomalosis***

产卵管鞘明显短于体长；第 2+3 背板长为其端宽的 0.5–0.8 倍 ……………………………………111

111. 腹柄长是其端宽的 1.7–2.5 倍；中胸盾片近盾纵沟及侧方具短皱；触角近端部无浅色鞭节 ……112

腹柄长是其端宽的 2.7–3.3 倍；中胸盾片近盾纵沟及侧方具长皱 ……………………………………113

112. 头在复眼后前部稍凸，后部弧形收缩；复眼横径长为上颊的 1.3–1.6 倍；触角第 1 鞭节长为宽的 4.0–4.6 倍；腹部第 2 背板光滑，无侧缘；并胸腹节基脊是叉脊的 0.7–1.2 倍；体长 2.4–4.1 mm……… ……………………………………………………………………… **圆口柄腹茧蜂 *S. fasciatus***

头在复眼后明显弧形收缩；复眼横径长为上颊的 1.8–2.0 倍；触角第 1 鞭节长为宽的 5.0–5.3 倍；腹部第 2 背板基部具微弱网纹或刻条，具侧缘；并胸腹节基脊是叉脊的 0.35–0.50 倍；体长 4.7–5.0 mm…………………………………………………………… **无情柄腹茧蜂 *S. neleiformis***

113. 前胸背板后横脊中央与前胸背板后缘愈合……………………………………………………………114

前胸背板后横脊中央与前胸背板后缘分离……………………………………………………………115

114. 颚眼距是复眼纵径的 0.4 倍；复眼横径长为上颊的 1.7–1.9 倍；胸长是高的 2.0–2.1 倍；中胸盾片从前胸背板弧形升起；触角第 1 鞭节长与第 2 鞭节长相等；体长 3.0–3.9 mm……………………………………………………………………………………………德森柄腹茧蜂 *S. quasiasander*

颚眼距是复眼纵径的 0.6 倍；复眼横径长为上颊的 1.3 倍；胸长是高的 2.4 倍；中胸盾片从前胸背板斜向升起；体长 5.8 mm……………………………………………黑斑柄腹茧蜂 *S. maculosus*

115. 后足基节大部分红褐色或褐色……………………………………………………116

后足基节大部分浅黄色、黄色或褐黄色………………………………………………117

116. 触角近端部鞭节完全深色，与相邻鞭节颜色一致；复眼横径长为上颊的 1.4–1.7 倍；中胸盾片沿盾纵沟附近具短皱；基节前沟横贯中胸侧板下缘；体长 2.9–4.8 mm…· 长足柄腹茧蜂 *S. longipetiolus*

触角近端部鞭节白色，与相邻鞭节颜色不一致；复眼横径长为上颊的 2.0 倍；中胸盾片沿盾纵沟附近具相当明显的长皱；基节前沟长是中胸侧板下缘的一半；体长 4.0 mm……………………………………………………………………………………………锈红柄腹茧蜂 *S. ferrugineus*

117. 复眼无毛；脸宽是复眼纵径的 1.25 倍；前翅第 2 亚缘室长是宽的 4.0 倍；CU1a 脉几乎从第 1 亚盘室后缘中央伸出；后足基节基腹方具明显转角和瘤突；后足基跗节长是后足第 2–5 跗节长的 0.6 倍；触角近端部鞭节完全深色，与邻近鞭节颜色一致；体长 4.5 mm……………………………………………………………………………………………近埃柄腹茧蜂 *S. suberymanthus*

复眼具稀疏短毛；脸宽是复眼纵径的 1.0–1.1 倍；前翅第 2 亚缘室长是宽的 3.3–3.5 倍；CU1a 脉从第 1 亚盘室后缘前部 1/5 或 1/3 伸出；后足基节基腹方几乎无瘤突；后足基跗节长是后足第 2–5 跗节长的 0.75–0.80 倍……………………………………………………………………118

118. 触角近端部鞭节白黄色，明显与邻近鞭节颜色不一致；第 1 鞭节长为宽的 5.8–6.3 倍，为第 2 鞭节长的 1.25–1.40 倍；复眼横径长为上颊的 1.3–1.6 倍；中胸侧板大部分具微弱革质颗粒；后足腿节长是宽的 3.1–3.6 倍；腹柄长为其端宽的 2.7–3.1 倍；第 2+3 背板中长为第 2 背板基宽的 1.10–1.35 倍；体色对比明显（白黄色和黑色）；体长 5.1–7.3 mm…………………近莫柄腹茧蜂 *S. moscoides*

触角近端部鞭节完全褐色，与邻近鞭节颜色一致；第 1 鞭节长为宽的 4.5–5.0 倍，为第 2 鞭节长的 1.1 倍；复眼横径长为上颊的 1.8–2.0 倍；中胸侧板大部分光滑；后足腿节长是宽的 3.0–3.1 倍；腹柄长为其端宽的 3.4–4.0 倍；第 2+3 背板中长为第 2 背板基宽的 1.5–1.7 倍；体色对比不明显；体长 3.7–5.7 mm…………………………………………………………疑天琴柄腹茧蜂 *S. nehebrus*

119. 上颊皱，具颗粒和横脊；中胸侧板完全具皱；体长 4.4 mm（雄）……浅色柄腹茧蜂 *S. parachromus*

上颊大部分光滑，有时仅近后头脊处具刻纹………………………………………………120

120. 产卵管鞘长明显短于胸长，是前翅长的 0.35–0.60 倍 ……………………………………121

产卵管鞘不短于胸长，是前翅长的 0.8–1.1 倍 ………………………………………………126

121. 中胸盾片沿盾纵沟及侧方具短皱，广布颗粒；前胸背板后横脊与前胸背板后缘稍愈合…………122

中胸盾片沿盾纵沟及侧方具长皱，仅狭窄区域具颗粒………………………………………124

122. 头顶具十分微弱的断续网皱，部分光滑，有时几乎完全光滑；腹柄长为并胸腹节的 1.5–1.7 倍；前翅 r 脉常从翅痣中央伸出；体长 2.7–4.3 mm（同见检索表 106 条）… 黄体柄腹茧蜂 *S. flavicorpus*

头顶常至少前半部具明显刻条或刻条皱；腹柄长是并胸腹节的 1.3–1.4 倍 ……………………123

123. 触角第 1 鞭节长为第 2 鞭节长的 1.2 倍；后足胫节背方毛长为胫节中间宽的 2.0–2.3 倍；体长 3.8–

4.3 mm……………………………………………………………………………………飒柄腹茧蜂 *S. subtilis*

触角第 1 鞭节长为第 2 鞭节长的 1.0 倍；后足胫节背方毛长为胫节中间宽的 1.2–1.5 倍；体长 3.6–4.0 mm……………………………………………………………………………海南柄腹茧蜂 *S. hainanensis*

124. 前胸背板后横脊中央与前胸背板后缘愈合；腹柄长是并胸腹节的 1.6–1.8 倍；体长 3.3–4.3 mm……………………………………………………………………………………弗氏柄腹茧蜂 *S. vladimiri*

前胸背板后横脊中央与前胸背板后缘明显分离；腹柄长是并胸腹节的 1.45–1.50 倍……………125

125. 头顶具横刻条；中胸侧板中央部分光滑；中胸盾片从前胸背板明显相当缓和升起；体长 3.8 mm…………………………………………………………………………崇山柄腹茧蜂 *S. montivagans*

头顶完全具明显密集的横刻条，刻条间具密集颗粒；中胸侧板中央具密集颗粒和皱；中胸盾片近垂直地从前胸背板升起；体长 3.7–4.4 mm………………………………………头柄腹茧蜂 *S. cephalus*

126. 产卵管鞘不短于或稍短于体长；触角端部完全深色………………………………………………127

产卵管鞘明显短于体长；复眼横径不长于上颊的 2.0 倍…………………………………………128

127. 头在复眼后明显弧形收缩；复眼长为上颊的 2.5 倍；颚眼距是复眼纵径的 0.6 倍；胸长是高的 1.8 倍；前翅 2-SR 脉与 3-SR 脉等长；中胸侧板具皱；腹部第 2 背板光滑；体长 4.5 mm……………………………………………………………………………………龙渡柄腹茧蜂 *S. longduensis*

头在复眼后凸，弧形收缩；复眼横径长为上颊的 1.4 倍；颚眼距是复眼纵径的 0.4 倍；胸长是高的 2.1 倍；前翅 3-SR 脉是 2-SR 脉的 1.3 倍；中胸侧板微弱革质至光滑；腹部第 2 背板基侧部 1/3 具微弱刻条，近中央具断续微弱革质；体长 5.1 mm…………………………长鞘柄腹茧蜂 *S. macrurus*

128. 前胸背板后横脊中央与前胸背板后缘明显分离；中胸盾片沿盾纵沟及侧方具明显长皱…………129

前胸背板后横脊中央与前胸背板后缘愈合…………………………………………………………131

129. 头顶具粗糙网皱，后半部具弯曲的横刻条；腹柄长是并胸腹节的 1.7 倍；体长 4.5 mm…………………………………………………………………………………皱顶柄腹茧蜂 *S. rugosivertex*

头顶具均匀横刻条；腹柄长是并胸腹节的 2.0 倍…………………………………………………130

130. 中胸盾片几乎垂直地从前胸背板升起；腹部第 2 背板光滑；体大部分黑色；体长 2.5–5.8 mm……………………………………………………………………………………柯柄腹茧蜂 *S. colophon*

中胸盾片缓和地从前胸背板升起；腹部第 2 背板具密集针刮状刻纹；体大部分赤褐色；体长 5.5 mm……………………………………………………………………………营根柄腹茧蜂 *S. yinggenensis*

131. 头顶在侧后方具刻条，明显弯向头后缘；腹柄长为并胸腹节的 1.8 倍；体长 4.2 mm…………………………………………………………………………………云南柄腹茧蜂 *S. yunnanensis*

头顶在侧后方具稍弯曲的近横向刻条或具明显的斜向的近纵向刻条；腹柄长为并胸腹节的 1.4–1.5 倍……………………………………………………………………………………………………132

132. 头顶后半部具细的横向刻条；触角 33 节；体长 3.2 mm ………………双斑柄腹茧蜂 *S. crossospila*

头顶后半部具粗糙弯曲刻条，侧方具明显斜刻条；触角 42 节；体长 5.0 mm…………………………………………………………………………………拟裸柄腹茧蜂 *S. pseudaphareus*

(173) 峻柄腹茧蜂 *Spathius acclivis* Shi *et* Chen, 2004（图 17）

Spathius acclivis Shi *et* Chen, in: Chen *et* Shi, 2004: 93.

雌：体长 4.2–5.6 mm；前翅长 3.5–4.2 mm；触角长 6.9–8.6 mm。

头：触角 44–52 节；第 1 鞭节长是宽的 5.0 倍，为第 2 鞭节长的 1.1 倍；背面观头方形，头宽为头长的 1.5–1.7 倍；具完整后头脊；背面观复眼长为上颊的 1.7–2.0 倍，头部在复眼后弧形收窄；OOL∶OD∶POL=12∶4∶5；脸宽为高的 1.2–1.4 倍；唇基半圆形，具细横脊，着生稀疏毛，宽为高的 2.0 倍；口窝圆形；颚眼距长为复眼高的 0.4 倍；脸密生短毛，具细横脊；额微凹陷，具细横脊；头顶光滑；颊光滑。

胸：胸长为高的 2.0 倍；前胸背板具横脊，侧方下部密生短毛；前胸侧板具脊，密生短毛；中胸侧板翅下区密生短毛，具横脊，近中足基节处密生短毛；基节前沟达中胸侧板的 2/3，沟内具弱脊；中胸侧板凹细长；中胸陡峭地升起，侧面观与前胸背板成直角；中胸盾片具颗粒状刻点，沿盾纵沟具稀长毛；盾纵沟全程完整，具刻痕，后端会合处微凹陷，粗糙，具粗脊；小盾片前凹具 5 或 6 条纵脊；小盾片平坦，光滑；后胸侧板具细脊，近后足基节处密生短毛；并胸腹节分区明显，基脊短于叉脊长，后端瘤突不明显。

翅：前翅翅痣长是宽的 4.5 倍；r 脉从翅痣中间略前伸出，与 3-SR 脉成钝角，r 脉长为痣宽的 0.91 倍；2-SR∶3-SR=2.9∶3.6；SR1 脉伸至翅尖；2-M∶r-m=5.8∶1.8；m-cu 脉伸入第 2 亚缘室；cu-a 脉后叉；第 1 亚盘室末端于 m-cu 脉略后关闭，近对叉式。后翅 M+CU 脉略短于 1-M 脉。

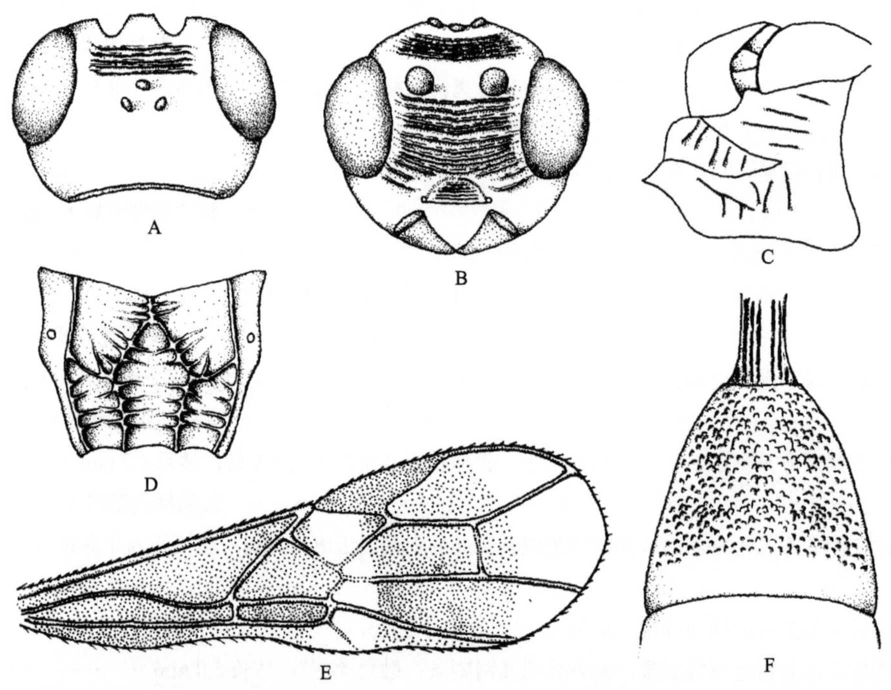

图 17 峻柄腹茧蜂 *Spathius acclivis* Shi *et* Chen（仿陈家骅和石全秀，2004）

A. 头，背面观；B. 头，前面观；C. 中胸盾片，侧面观；D. 并胸腹节，背面观；E. 前翅；F. 腹部第 1–3 背板，背面观

足：腿节、胫节着生稀长毛；后足基节具颗粒状刻点及细脊，前缘密生短毛，后缘

着生稀长毛；后足腿节长是宽的 2.7 倍；第 1 跗节长为第 2 跗节长的 2.0 倍。

腹：腹柄长为并胸腹节长的 1.7 倍，短于柄后腹长，两侧平行，后端不扩大，具纵脊，侧缘着生稀长毛；第 2+3 背板长为端宽的 1.0 倍，具颗粒状刻点和稀短毛，末端光滑；第 4、5 背板基部具颗粒状刻点，中间具横毛列，后端光滑；产卵管长约等于体长。

体色：红褐色；须黄白色；触角端半部褐色；翅具褐色斑；跗爪褐色；前中足基节黄褐色；第 2+3 背板端半部、第 4 背板基半部、第 5 背板褐色；腹末黄褐色；产卵管鞘褐色。

雄：未知。

生物学：未知。

分布：福建（将乐、武夷山）。

附注：根据陈家骅和石全秀（2004）的描述整理，本志研究未见此种标本。模式标本保存于 BIIC。

(174) 细纹柄腹茧蜂 *Spathius aciculatus* Tang, Belokobylskij *et* Chen, 2015（图版 XL: 1）

Spathius aciculatus Tang, Belokobylskij *et* Chen, 2015: 15.

雌：体长 4.5 mm；前翅长 3.3 mm。

头：触角已断，余 25 节；柄节长是宽的 1.4 倍；第 1 鞭节长为宽的 5.5 倍，为第 2 鞭节长的 1.0 倍；头顶和额密布针刮状刻纹；颊几乎光滑，具微弱刻条；头部背面观宽为中长的 1.7 倍；头在复眼后弧形收缩；复眼横径长为上颊的 1.9 倍；单眼区底边长为侧边的 1.3 倍，POL=1.2×OD=0.5×OOL；复眼光滑，纵径为横径的 1.4 倍；颚眼距是复眼纵径的 0.4 倍，是上颚基部宽的 1.0 倍；脸球面状隆起，整个表面具细密的针刮状刻纹，犹如唱片表面的纹理；脸宽是复眼纵径的 1.1 倍，是脸和唇基总长的 1.1 倍；唇基沟缺；后头脊背方存在，与口后脊在上颚基部处不愈合。

胸：胸长是高的 2.0 倍；前胸背板脊细，后横脊中央与前胸背板后缘愈合，前横脊位于前胸背板中央；前胸背板具微弱的横刻条；中胸盾片相当缓和地升起，侧面观中胸盾片与前胸背板成钝角；中胸盾片中叶前方凸出，前侧方无肩角；中胸盾片具密集的小室状网纹和微弱颗粒，侧叶仅具颗粒，仅沿盾纵沟被稀疏长毛，后部中央具 2 条纵隆脊；盾纵沟前半部深，宽，具短刻条，后半部弱；小盾片前凹浅，宽，内具 5 条弱纵脊，前凹长是小盾片长的 0.4 倍；小盾片明显隆起，具密集颗粒；中胸侧板具微弱皱；翅下区浅，宽，具微弱网皱和颗粒；基节前沟深，稍弯曲，具短刻条，横贯中胸侧板下缘；并胸腹节分区明显，基区颗粒，剩余部分具粗糙横刻条皱，中区窄，短，基脊长是叉脊长的 3.0 倍。

翅：前翅长是宽的 3.7 倍，r 脉明显从翅痣的中央后部伸出；3-SR=4.0×r=0.7×SR1=1.25×2-SR；第 2 亚缘室长是宽的 3.5 倍，是第 1 亚盘室长的 1.45 倍；m-cu 脉后叉；CU1a 脉对叉。后翅 M+CU=0.5×1-M；m-cu 脉明显前叉，稍弯曲，强烈斜向翅基部。

足：后足基节背方具微弱的横刻条，剩余部分广布密集颗粒；后足基节无转角和瘤突；后足腿节背方密集革质颗粒，腹方光滑；后足腿节长是宽的 3.1 倍；后足胫节外侧无端刺；后足胫节具半直立的毛，毛长为胫节中间宽的 0.9–1.0 倍；后足跗节长是后足胫节长的 0.9 倍；后足基跗节长是第 2–5 跗节总长的 0.7 倍；后足第 2 跗节长是后足基跗节长的 0.5 倍，是后足第 5 跗节长的 1.0 倍。

腹：腹柄侧面观腹面稍弯曲，背面基部 1/3 较强弯曲，端部 2/3 直；气门瘤位于腹柄基部 1/3 处；腹柄长为其端宽的 3.0 倍，为并胸腹节的 1.9 倍；腹柄基部 0.7 具明显网皱和稀疏刻条，端部具细纵脊；第 2+3 背板中长为第 2 背板基宽的 1.25 倍，是第 2+3 背板最宽处的 0.7 倍；无第 2 背板缝；第 2 背板仅基部具侧缘；第 2、3 背板具密集网纹和颗粒，端部几乎光滑；第 4 背板刻纹同第 2、3 背板；剩余背板光滑；产卵管鞘长为腹长的 1.0 倍，为腹柄长的 2.3 倍，为胸部长的 1.5 倍，为前翅长的 0.8 倍。

体色：体黄褐色；触角黄褐色；须浅黄色；基节前沟红褐色；足浅黄褐色，前中足基节和所有转节白色；后足基节白色，稍具烟褐色；所有胫节基部白色；后足黄褐色；产卵管鞘基半部黄褐色，端半部黑色；前翅稍烟褐色，近 1-SR、1-M 脉和翅痣处具褐色斑；翅痣褐色，基部 1/3 色浅。

雄：未知。

生物学：未知。

研究标本：♀（正模，ZJUH），海南尖峰岭，2007.VI.7，刘经贤，No.200702556。

分布：海南（尖峰岭）。

(175) 稀柄腹茧蜂 *Spathius aethis* Chen *et* Shi, 2004（图 18）

Spathius aethis Chen *et* Shi, 2004: 95.

雌：体长 5.1 mm；前翅长 3.6 mm。

头：触角 39 节；第 1 鞭节长是宽的 6.0 倍，为第 2 鞭节长的 1.2 倍；背面观头方形，头宽为头长的 1.55 倍；具完整后头脊；背面观复眼长为上颊的 1.3 倍，头部在复眼后弧形收窄；OOL∶OD∶POL=12∶4∶7；脸宽为高的 1.7 倍；唇基半圆形，具细横脊，宽为高的 2.5 倍；脸粗糙，具皱及稀短毛；额微凹陷，具横皱；头顶光滑；上颊光滑。

胸：胸长是高的 2.35 倍；前胸背板粗糙；中胸盾片缓和地升起，侧面观与前胸背板成钝角；中胸侧板具颗粒状刻点，翅下区具横脊，中胸侧缝下半部具刻痕，凹陷宽；基节前沟达侧板长的 2/3，沟内光滑无刻痕；中胸盾片具颗粒状刻点，沿盾纵沟具稀长毛，后部中央具 2 条纵隆脊；盾纵沟全程完整，内具短脊；小盾片前凹具 3 条纵脊；小盾片具颗粒状刻点和稀疏中等长度毛，突出；并胸腹节分区明显；基脊长，达并胸腹节全长的 1/2，明显长于叉脊，端部具粗脊，背区基部具颗粒状刻点，在基脊和叉脊处着生短脊。

翅：前翅翅痣长是宽的 4.6 倍；r 脉从翅痣中间伸出，长为痣宽的 0.8 倍，与 3-SR 成钝角；2-SR∶3-SR=3.4∶3.9；SR1 脉伸至翅尖；2-M∶r-m =7.0∶1.8；m-cu 脉伸入第 2 亚缘室；cu-a 脉略后叉式；第 1 亚盘室末端关闭于 m-cu 脉之后；CU1a 骨化弱，从基部伸出。

足：后足基节、腿节具颗粒状刻点，后足腿节长是宽的 2.8 倍，具极稀短毛；胫节毛略长于胫节宽；后足第 1 跗节长为第 2 跗节长的 2.5 倍。

腹：腹柄长为并胸腹节长的 2.25 倍，略短于柄后腹长，末端扩大，气门着生基部近 1/4 处，具颗粒状刻点及长纵脊，后端脊较细、密，侧缘脊着生稀长毛；第 2+3 背板长为端宽的 0.6 倍，基部中央具颗粒状刻点，其后具细横脊，两侧具细纵脊，末端 1/5 光滑；其余背板光滑；产卵管长于腹部长。

体色：头褐色；须黄白色；翅痣基部、缘室中央、第 2 盘室基部及其下方透明，其余浅褐色；前中足基节、转节及后足转节黄白色，胫节两端黄褐色；小盾片、后胸背板、并胸腹节褐色；腹柄暗褐色；第 2+3 背板末端 1/5 黄褐色；产卵管鞘基部黄褐色。

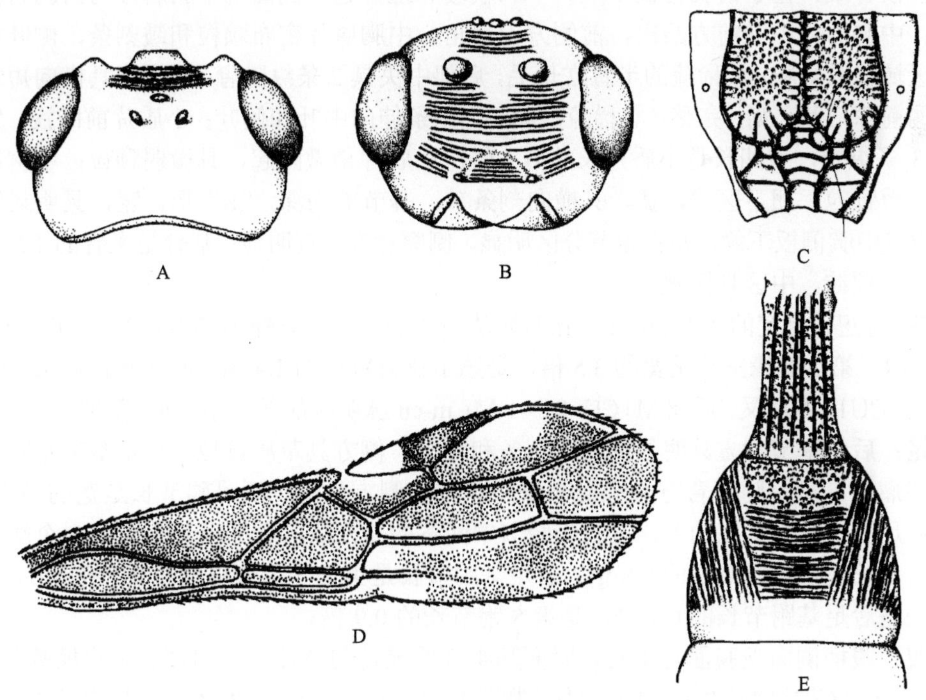

图 18 稀柄腹茧蜂 *Spathius aethis* Chen *et* Shi（仿陈家骅和石全秀，2004）

A. 头，背面观；B. 头，前面观；C. 并胸腹节，背面观；D. 前翅；E. 腹部第 1–3 背板，背面观

雄：未知。

生物学：未知。

分布：福建（武夷山）。

附注：根据陈家骅和石全秀（2004）的描述整理，本志研究未见此种标本。模式标本保存于 BIIC。

(176) 白胸柄腹茧蜂 *Spathius albithorax* Tang, Belokobylskij *et* Chen, 2015（图版 XL: 2）

Spathius albithorax Tang, Belokobylskij *et* Chen, 2015: 17.

雌：体长 5.0–5.4 mm；前翅长 3.8–3.9 mm。

头：触角 36 节；柄节长是宽的 1.5 倍；第 1 鞭节长为宽的 5.8–6.0 倍，为第 2 鞭节长的 1.2 倍；头顶大部分光滑，仅中央侧方具微弱刻条；额具明显横刻条；颊光滑；头部背面观宽为中长的 1.3 倍；头在复眼后弧形收缩；复眼横径长为上颊的 1.7–1.8 倍；单眼区底边长为侧边的 1.2 倍，POL=1.0×OD=0.3×OOL；复眼光滑，纵径为横径的 1.2 倍；颚眼距是复眼纵径的 0.5 倍，是上颚基部宽的 1.0 倍；脸具十分微弱的横皱，皱间具微弱颗粒，中央狭窄区域光滑；脸宽是复眼纵径的 1.2 倍，是脸和唇基总长的 1.4 倍；唇基沟明显，完整；后头脊背方存在，与口后脊在上颚基部处不愈合。

胸：胸长是高的 2.2–2.3 倍；前胸背板后横脊明显，中央与前胸背板后缘接近但不合并，前横脊细，位于前胸背板中央；中胸较缓和地升起，侧面观中胸盾片与前胸背板成钝角；中胸盾片中叶前方凸出，前侧方无肩角；中胸盾片密布颗粒和皱刻条，侧叶中央狭窄区域仅具颗粒，被稀疏的半直立长毛，后部中央具 2 条纵隆脊，隆脊间具横向短皱；盾纵沟前深后浅，宽，完整，具稀疏短刻条，刻条伸向中叶和侧叶；小盾片前凹浅，宽，内具 3 条纵脊，前凹长是小盾片长的 0.3 倍；小盾片稍微隆起，具微弱颗粒；中胸侧板稍具革质颗粒；翅下区浅，宽，具横向刻条皱；基节前沟深，“S”形，宽，具明显短刻条，横贯中胸侧板下缘。并胸腹节分区明显，侧突存在，较明显；基脊是叉脊的 1.5 倍；基侧区具颗粒，中区具横皱。

翅：前翅长是宽的 3.9–4.0 倍，r 脉明显从翅痣的中央后方伸出；3-SR=3.6×r=0.6×SR1=1.0×2-SR；第 2 亚缘室长是宽的 3.5 倍，是第 1 亚盘室长的 1.4 倍；cu-a 脉稍后叉；m-cu 脉后叉；CU1a 脉后叉。后翅 M+CU=0.5×1-M；m-cu 脉明显前叉，稍弯向翅基部，不骨化。

足：后足基节背方具明显的横向刻条和颗粒，侧方具革质颗粒；后足基节基腹方具转角和瘤突；后足腿节背方具微弱刻条，腹方和侧方光滑；后足腿节长是宽的 3.1–3.2 倍；后足胫节具半直立的毛，毛长为胫节中间宽的 2.5 倍；后足胫节外缘具 2 个端刺；后足跗节长是后足胫节长的 0.8 倍；后足基跗节长是第 2–5 跗节总长的 0.7 倍；后足第 2 跗节长是后足基跗节长的 0.4 倍，是第 5 跗节长的 0.9 倍。

腹：腹柄侧面观腹面几乎直，背面基半部明显均匀弯曲；气门瘤位于腹柄基部 0.3 处；腹柄长为其端宽的 2.3–2.4 倍，为并胸腹节的 1.5 倍；腹柄端宽为气门处宽的 1.9 倍；腹柄基部 0.7 具稀疏纵刻条，端部 0.3 刻条密集，刻条间具颗粒；第 2+3 背板中长为第 2 背板基宽的 1.4 倍，是第 2+3 背板最宽处的 0.7 倍；第 2 背板缝不明显；第 2+3 背板无侧缘；第 2 背板具稍密集的微弱细刻条，侧方光滑；第 3 背板基半部具微弱的密集斜向细刻条，端半部和侧方光滑；剩余背板光滑；产卵管鞘长为腹部长的 0.7 倍，为腹柄长的 1.8 倍，为胸部长的 1.0 倍，为前翅长的 0.5 倍。

体色：头大部分浅黄色，唇基和上颚褐色，上颊在复眼下方有 1 褐色斑。前胸背板背面、中胸盾片和小盾片浅黄白色；中胸侧板以基节前沟为界上部为浅黄白色，下部（含基节前沟）为黑色，中胸腹板黑色；并胸腹节浅黄色。腹柄浅黄褐色；第 2+3 背板基部 2/3 黑褐色，端部 1/3 浅黄色，其余各节背板基部中央黑褐色，边缘和端部浅黄色。触角大部分褐色，亚端部一段约 5 节浅褐色；单眼区深褐色；须浅黄色。中足腿节亚端部具

1 褐色环；后足腿节端部 1/2 黑褐色；足其他部分为浅黄色。翅半透明；翅痣边缘苍白色，中间褐色；翅脉褐色。

雄：未知。

生物学：未知。

研究标本：♀（正模，ZJUH），海南尖峰岭，2007.VI.6，刘经贤，No.200703850；1♀（副模，ZJUH），海南尖峰岭，2007.VI.4–7，曾洁，No.200711138。

分布：海南（尖峰岭）。

(177) 白斑柄腹茧蜂 *Spathius albuginosus* Chen *et* Shi, 2004（图 19）

Spathius albuginosus Chen *et* Shi, 2004: 96.

雌：体长 4.8 mm；前翅长 3.9 mm。

头：触角 30 节；第 1 鞭节长是宽的 5.5 倍，为第 2 鞭节长的 1.2 倍；背面观头方形，头宽为头长的 1.7 倍；具完整后头脊；复眼长为上颊的 1.3 倍，头部在复眼后弧形收窄；OOL∶OD∶POL=13∶4∶6；脸宽为高的 1.6 倍；唇基半圆形，具稀疏长毛和横脊，宽为高的 2.1 倍；口窝圆形；颚眼距长为复眼高的 0.4 倍；脸密生毛，中间微突，具横脊；额微凹陷，具横脊；头顶具稀疏毛，仅在近单眼处具横脊，下方光滑；上颊光滑。

胸：胸长是高的 2.0 倍；前胸背板密生毛；前胸背板槽内具短纵脊；前胸侧板基部具脊，端部光滑；中胸盾片缓落向前胸背板，具颗粒状刻点，沿盾纵沟具稀长毛；盾纵沟全程完整，沟内具横脊；小盾片突出，具颗粒状刻点；中胸侧板翅下区密生毛，具横脊；基节前沟达侧板长的 1/2，沟内具纵脊；中胸侧板凹至中足基节间密生毛，具横脊；后胸侧板密生毛，具网状脊；并胸腹节具中室，基脊长略长于叉脊长，中室内具横脊，背区基部具皱，后端瘤突不明显。

翅：前翅翅痣长是宽的 5.0 倍；r 脉从翅痣中间伸出，长为痣宽的 0.8 倍；2-SR∶3-SR=3.8∶3.8；SR1 脉伸至翅尖；2-M∶r-m =6.6∶1.7；m-cu 脉伸入第 2 亚缘室；cu-a 脉后叉式；第 1 亚盘室末端关闭于 m-cu 脉之后；CU1a 脉从基部伸出。后翅 M+CU∶1-M=3.5∶6.0。

足：后足基节密生毛，具颗粒状刻点；后足腿节毛稀，具颗粒状刻点，长是宽的 3.0 倍；后足第 1 跗节长为第 2 跗节长的 2.0 倍。

腹：腹柄长为并胸腹节长的 2.1 倍，短于柄后腹长，具纵脊和横脊，末端扩大，脊密；第 2+3 背板长为端宽的 0.7 倍；第 2 背板除侧缘脊外，具细密纵脊；第 3 背板基部具细密纵脊和细横脊；第 4 背板中部具颗粒状刻点；产卵管长略长于腹部长。

体色：头褐色；须黄色；触角基部红褐色，末端褐色；中胸盾片红褐色；中胸侧板下方红褐色，其余褐色；翅痣端部褐色，前翅具褐色斑；前中足基节、转节黄色，胫节基部黄白色，跗爪、胫节中段、后足腿节褐色，其余红褐色；腹柄节、其余背板基部深褐色至褐色，端部栗褐色；产卵管栗褐色，产卵管鞘褐色。

雄：未知。

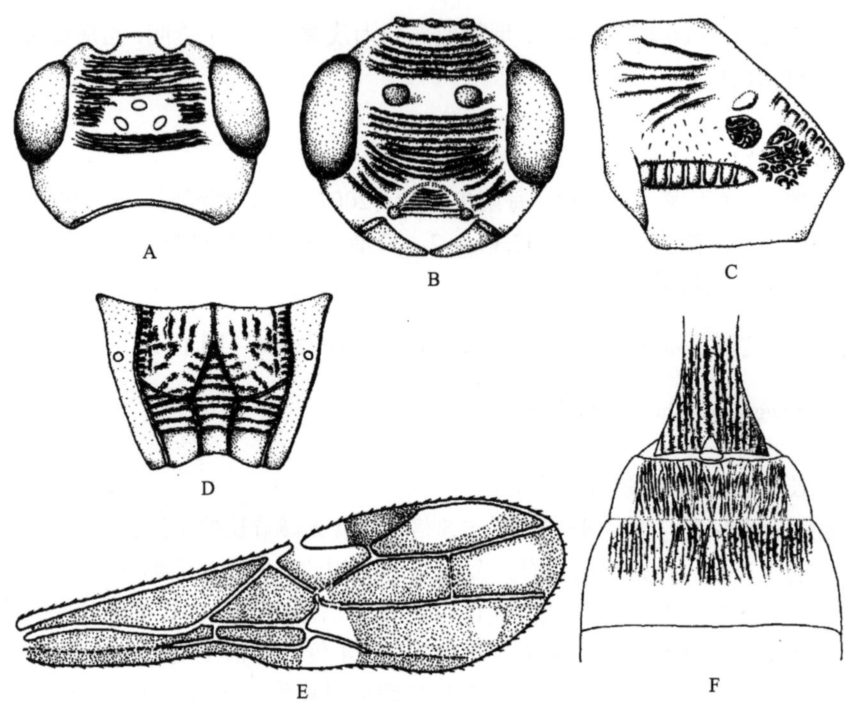

图 19 白斑柄腹茧蜂 *Spathius albuginosus* Chen *et* Shi（仿陈家骅和石全秀，2004）

A. 头，背面观；B. 头，前面观；C. 中胸侧板；D. 并胸腹节，背面观；E. 前翅；F. 腹部第 1–3 背板，背面观

生物学：未知。

分布：福建（将乐）。

附注：根据陈家骅和石全秀（2004）的描述整理，本志研究未见此种标本。模式标本保存于 BIIC。

(178) 间色柄腹茧蜂 *Spathius alternecoloratus* Chao, 1978（图版 XL: 3）

Spathius alternecoloratus Chao, 1978: 180; Belokobylskij, 2003b: 484; Chen *et* Shi, 2004: 98; Tang *et al*., 2015: 21.

雌：体长 12.2 mm；前翅长 7.3 mm。

头：触角已断，余 17 节；第 1 鞭节长为宽的 5.5 倍，为第 2 鞭节长的 1.4 倍；头顶全具粗糙的弯曲刻条；额稍凹，全具相当粗糙的、密集的皱；头在复眼后前方凸，后方弧形收缩；上颊全具明显的、密集的横向弯曲刻条；复眼横径长为上颊的 1.2 倍；颚眼距是复眼纵径的 0.45 倍，是上颚基部宽的 0.75 倍；脸几乎全具密集的波浪形刻条和微弱皱；脸宽是脸和唇基总长的 1.2 倍；唇基沟明显，完整；唇基下陷宽是下陷边缘至复眼间距离的 0.8 倍，是脸宽的 0.45 倍；后头脊背方存在，与口后脊在上颚基部处不愈合。

胸：胸长是高的 2.2 倍；前胸背板脊粗壮，后横脊明显与前胸背板后缘接近，但不愈合；中胸盾片明显地从前胸背板弧形升起；中胸盾片宽是其长的 0.85 倍；中胸盾片几乎全具粗糙的弯曲波浪形横向刻条，部分具皱，侧叶中央狭窄区域具颗粒和刻条，基部中央具 2 条长的几乎平行的横向隆脊；中胸盾片沿盾纵沟大部分区域和侧叶狭窄区域具稀疏的、直立的长毛；盾纵沟前深后浅，宽，具粗糙短刻条；小盾片前凹长是小盾片长的 0.4 倍；小盾片明显凸起，具相当明显的侧脊、密集的微弱颗粒和刻条；中胸侧板广布明显的半弧形刻条和皱，基节前沟上部中央区域具微弱刻条至光滑；中胸侧板广布相当密集的直立长毛，仅相当小的区域光滑无毛；基节前沟深，几乎直，具微弱短刻条，刻条间光滑，长为中胸侧板下缘的 0.6 倍。并胸腹节无明显侧突，分区明显，基侧区几乎全具微弱的革质颗粒，沿脊具长皱；基脊是叉脊的 1.6 倍；中区短、宽，长是宽的 1.7 倍；柄区四边形，明显与中区分离。

翅：前翅长是宽的 4.8 倍，r 脉几乎从翅痣的中央伸出；3-SR=3.9×r=0.7×SR1=1.3×2-SR；第 2 亚缘室长是宽的 3.3 倍，是第 1 亚盘室长的 0.85 倍；CU1a 脉从第 1 亚盘室端缘前部 0.1 伸出。后翅长是宽的 6.5 倍；M+CU=0.5×1-M。

足：前足胫节外侧十分宽的区域具粗且短的钉状刺；后足基节基腹方无转角和瘤突；后足腿节长是宽的 3.7 倍；后足胫节背方具相当密集的几乎直立的长毛，其长是胫节最大宽的 0.7–1.0 倍。

腹：腹柄长，侧面观腹方几乎直，背面基部明显弯曲，基部 0.5 变粗，近端部窄；腹柄长为其端宽的 5.0 倍，为并胸腹节的 2.5 倍；第 2 背板大部分具侧缘，但不完整；剩余背板无侧缘；第 2 背板缝十分弱，几乎不明显；第 2+3 背板长是其最宽处的 1.0 倍，是第 2 背板基宽的 2.6 倍；腹柄全具明显的、密集的半弧形弯曲刻条皱，无纵向刻条；剩余背板密布小的、规则的颗粒；第 4–6 背板几乎全具相当稀疏的半直立长毛；第 2、3 背板侧方具相当明显的毛；产卵管鞘长是体长的 0.75 倍，是腹部长的 1.3 倍，是腹柄长的 3.1 倍，是胸部长的 2.5 倍，是前翅长的 1.2 倍。

体色：头、前胸下部 0.6、前胸边缘、中胸侧方和腹部腹柄之后背板黑色或深红棕色，胸部剩余部分和腹柄黄棕色，并具红色斑块；触角黄色或棕黄色；须深红棕色，端部色浅；所有基节和腿节（前足腿节端部 0.25 浅红棕色）几乎黑色或深红棕色，所有胫节浅红棕色，后足胫节基部稍烟褐色，所有跗节黄色或浅棕色，第 5 背板大部分烟褐色；前翅具大的深色斑块，基部 0.2 黄色；翅痣深棕色，基部 0.25 黄色。

雄：未知。

生物学：未知。

研究标本：♀（正模，IZCAS），云南西双版纳勐腊，620–650 m，1958.VIII.17，王书永。

分布：云南（西双版纳）。

(179) 甲柄腹茧蜂 *Spathius alutacius* Shi *et* Chen, 2004（图 20）

Spathius alutacius Shi *et* Chen, in: Chen *et* Shi, 2004: 98.

雌：体长 4.8 mm；前翅长 3.7 mm。

头：触角 38 节；第 1 鞭节长是宽的 5.0 倍，与第 2 鞭节等长；背面观头方形，头宽为头长的 1.42 倍；具完整后头脊；背面观复眼长为上颊的 2.56 倍，在复眼后圆钝地收敛；OOL∶OD∶POL=12∶4∶5；正面观复眼大，眼间线长为脸宽的 1.08 倍；脸宽为高的 1.95 倍；唇基半圆形，具颗粒状刻点和稀长毛，宽为高的 2.8 倍；口窝圆形；颚眼距长为复眼高的 0.47 倍；脸具中等程度柔毛，具皱状刻点，中间微突；额微凹陷，具横脊；头顶具横脊，在近复眼和后头脊处具颗粒状刻点；上颊光滑。

胸：胸长是高的 1.88 倍；前胸背板槽具粗脊，前方具较密但稍弱的脊；前胸侧板具脊和颗粒状刻点；中胸盾片斜落向前胸背板，具颗粒状刻点，沿盾纵沟具稀长毛；盾纵沟全程完整，沟内具横脊，后端内缘具 2 条长纵脊，其间具短纵脊和横脊；小盾片前凹具 3 条明显的纵脊；小盾片平坦，具颗粒状刻点；中胸侧板密被颗粒状刻点，上半段颗粒状刻点粗，下半段稍细；翅下区具横脊；基节前沟仅达全长的 1/2，沟内具短脊；中胸侧板凹细长；后胸侧板具稀长毛、颗粒状刻点及明显脊；并胸腹节具中室，中室内具横脊，基脊长约等于叉脊长，基侧区基部具颗粒状刻点和网状短脊，下侧区脊呈网状，后端瘤突微突出。

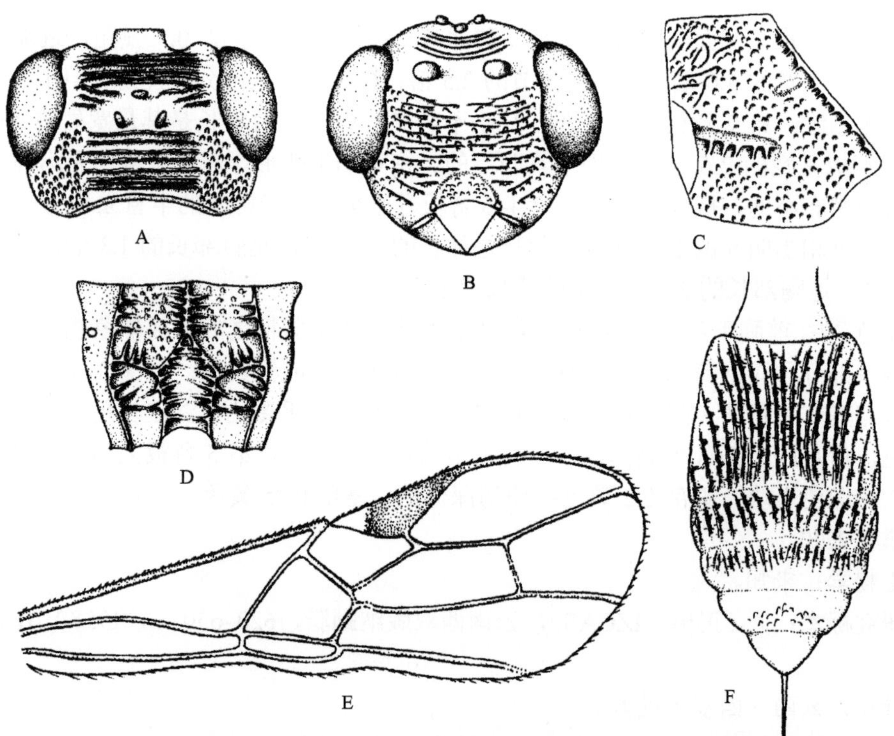

图 20 甲柄腹茧蜂 *Spathius alutacius* Shi *et* Chen（仿陈家骅和石全秀，2004）

A. 头，背面观；B. 头，前面观；C. 中胸侧板；D. 并胸腹节，背面观；E. 前翅；F. 腹部，背面观

翅：前翅翅痣长是宽的 4.1 倍；r 脉从翅痣中间伸出，长为痣宽的 0.57 倍，与 3-SR 脉成钝角；2-SR∶3-SR=3.3∶3.9；SR1 脉伸至翅尖；m-cu 脉伸入第 2 亚缘室；cu-a 脉略

后叉式；第 1 亚盘室末端于 m-cu 脉后关闭；CU1a 脉从基半部伸出。后翅 M+CU∶1-M=4.0∶5.8。

足：腿节、胫节具稀长毛；后足基节具颗粒状刻点，后缘具横脊；后足腿节具颗粒状刻点，长是宽的 3.0 倍；后足第 1 跗节长为第 2 跗节长的 1.9 倍。

腹：腹柄长为并胸腹节长的 1.4 倍，短于柄后腹长，末端扩大，具颗粒状刻点及强纵脊；第 2+3 背板长为端宽的 0.7 倍，具细纵脊及细横脊；第 4、5 背板具细纵脊和细横脊，末端光滑；第 6 背板中段具颗粒状刻点；产卵管长明显短于腹部长。

体色：头浅红褐色；须黄白色；触角基部浅红褐色，后端稍深，端部浅黄褐色；前胸、中胸盾片、中胸侧板栗褐色；小盾片、后胸、并胸腹节、腹柄节黑褐色；前翅浅褐色，后翅透明；前中足黄白色至黄褐色，后足腿节具褐色斑，跗节红褐色，其余黄褐色；第 2+3 背板基部 5/6 除两侧暗褐色外，为栗褐色，末端 1/6 黄褐色；其余背板基部暗褐色，端部黄褐色；产卵管红褐色，产卵管鞘基部黄褐色，末端暗褐色。

雄：体长 3.2–3.3 mm；前翅长 2.4 mm；触角长 5.2 mm；触角 33 节；并胸腹节基脊长略长于叉脊；腹柄长为并胸腹节长的 1.67 倍；第 2+3 背板长为端宽的 1.14 倍。

生物学：未知。

分布：云南（勐仑）。

附注：根据陈家骅和石全秀（2004）的描述整理，本志研究未见此种标本。模式标本保存于 BIIC。

(180) 阿柄腹茧蜂 *Spathius amabilis* Chao, 1957

Spathius amabilis Chao, 1957: 13; Chen *et* Shi, 2004: 100.

形态特征：体长 2.0 mm。头顶基本上光滑，具有由单眼区向后方及侧方辐射的极微弱的纵脊。前胸背板后横脊中央与前胸背板后缘合并；中胸中叶与前胸垂直；中胸背板及小盾片具颗粒皱，后部基脊明显；中胸侧板光滑；并胸腹节具弱皱，基本光滑，基脊与叉脊约等长，中区与柄区分界明显。腹柄较并胸腹节稍长，侧面观较弯曲；产卵管与身体等长。头黄褐色，脸黄色。胸部及并胸腹节赤褐色；中胸侧板及腹板深赤褐色，与周围色泽差异显著；腹柄节黄褐色，柄后腹背面及上侧片的一部分深赤褐色，第 2+3 节背板基部色稍浅，柄后腹末端黄色。触角基部数节黄色，向末端颜色渐深，大约由鞭节第 6 节起即呈黑褐色，第 9 节以后几呈黑色。足黄色，基端色尤其浅，后足腿节近末端内侧微呈烟褐色。

生物学：未知。

分布：福建（邵武）。

附注：根据赵修复（1957）的描述整理，本志研究未见此种标本。模式标本原记录保存于 IZCAS，但已丢失。

(181) 妙柄腹茧蜂 *Spathius amoenus* Belokobylskij, 1998（图版 XL: 4）

Spathius amoenus Belokobylskij, 1998b: 102; 2003b: 377; Belokobylskij *et* Maeto, 2009: 520; Tang *et al*., 2015: 21.

雌：体长 3.6–4.8 mm；前翅长 2.9–3.3 mm。

头：触角 38–40 节；柄节长是宽的 1.5–1.7 倍；第 1 鞭节长为宽的 4.2–4.5 倍，为第 2 鞭节长的 1.1–1.2 倍；头顶具横向刻条；额具粗糙的波浪形横刻条；颊光滑；头部背面观宽为中长的 1.5 倍；头在复眼后明显弧形收缩；复眼横径长为上颊的 1.6–1.7 倍；单眼区底边长为侧边的 1.2 倍，POL=0.9×OD=0.3–0.4×OOL；复眼光滑，纵径为横径的 1.2 倍；颚眼距是复眼纵径的 0.4 倍，是上颚基部宽的 0.8–0.9 倍；脸几乎全具密的刻条皱；脸宽是复眼纵径的 1.1 倍，是脸和唇基总长的 1.1–1.2 倍；唇基沟明显，完整；后头脊背方存在，与口后脊在上颚基部处不愈合。

胸：胸长是高的 2.0 倍；前胸背板脊明显，后横脊中央与前胸背板后缘明显愈合，前横脊细，位于前胸背板中央附近；中胸盾片较陡峭升起，侧面观中胸盾片与前胸背板成直角；中胸盾片具明显的密集颗粒，盾纵沟附近及侧方具长的粗糙皱，被稀疏，半直立长毛，侧叶中央狭窄区域具颗粒；盾纵沟完整，前深后浅，宽，具密集短刻条；小盾片前凹深，长，内具 3 条纵脊，前凹长是小盾片长的 0.3 倍；小盾片具明显的密集颗粒；中胸侧板中央大部分几乎光滑，基节前沟下方革质；翅下区浅，宽，具皱刻条；基节前沟深，后方 0.3 浅，宽，稍波浪形弯曲，具明显短刻条，横贯中胸侧板下缘。并胸腹节分区明显，具短侧突，基脊是叉脊的 0.6 倍；基侧区基部具颗粒，基侧区端部和中区具不规则皱；中区与柄区分界明显。

翅：前翅长是宽的 3.5–3.7 倍，r 脉从翅痣的中央稍后伸出；3-SR=4.7–4.8×r=0.5×SR1=0.9–1.1×2-SR；第 2 亚缘室长是宽的 2.7–3.0 倍，是第 1 亚盘室长的 1.3–1.4 倍；cu-a 脉对叉或稍后叉；m-cu 脉明显后叉；CU1a 脉后叉。后翅 M+CU=0.6–0.7×1-M；m-cu 脉明显前叉，不骨化，直，强烈斜向翅基部。

足：后足基节背方具粗糙同心刻条，侧方具粗糙颗粒；后足基节基腹方具转角和瘤突；后足腿节背方具微弱的革质网纹，腹方几乎光滑；后足腿节长是宽的 2.8–3.0 倍；后足胫节外缘具 1 或 2 个端刺；后足胫节的毛长为胫节中间宽的 0.9–1.2 倍；后足跗节长是后足胫节长的 0.9 倍；后足基跗节长是后足第 2–5 跗节长的 0.7 倍；后足第 2 跗节长是后足基跗节长的 0.5 倍，是后足第 5 跗节长的 1.0 倍。

腹：腹柄侧面观腹面稍弯曲，背面明显规则弯曲，气门瘤位于基部 1/3 处；腹柄长为其端宽的 2.0–2.3 倍，为并胸腹节的 1.7–1.9 倍；腹柄端宽为气门处宽的 1.9–2.0 倍；腹柄具粗糙刻条，其间具明显皱，基半部具粗糙皱刻条；第 2+3 背板中长为第 2 背板基宽的 1.1–1.3 倍，是第 2+3 背板最宽处的 0.7–0.8 倍；第 2 背板缝微弱；第 2 背板无侧缘；第 2 背板具明显斜向纵刻条，刻条间具微弱皱，中央具少许半弧形刻条，侧方光滑；第 3 背板基部 0.3–0.7 具明显或微弱的纵刻条，侧方或端部光滑；其余背板光滑；产卵管直；

产卵管鞘长为体长的 0.4–0.5 倍，为腹部长的 0.8–0.9 倍，为胸部长的 1.3 倍，为前翅长的 0.6–0.7 倍。

体色：头褐色，复眼下方常具深色斑；胸部大部分黑褐色，小盾片和盾纵沟颜色略浅；腹柄黑色；第 2+3 背板基部 3/4 黑色，端部 1/4 黄褐色；其他背板基部黑色、端部黄褐色；触角基部黄褐色渐变为黑褐色，近端部 11–13 节浅黄色；单眼区黑褐色；须浅黄色；各足腿节端半部两侧具深色斑，后足胫节基半部浅色，足其余部分黄褐色；翅褐色半透明，无斑纹；翅痣基部 1/4 黄褐色，端部 3/4 深褐色。

雄：未知。

生物学：未知。

研究标本（ZJUH）：1♀，浙江开化古田山，1990.VII–VIII，马云，No.905982；1♀，浙江古田山，1992.VII.18，马云，No.923885；1♀，浙江庆元百山祖，1994.VII.20，吴鸿，No.946944；1♀，浙江遂昌九龙山，1994.VIII.18，何俊华，No.944072；1♀，福建挂墩，1991.X.7，陈学新，No.920401。

分布：浙江（古田山、百山祖、九龙山）、福建（武夷山）；韩国，日本。

(182) 狭翅柄腹茧蜂 *Spathius angustalatus* Tang, Belokobylskij *et* Chen, 2015（图版 XLI: 1）

Spathius angustalatus Tang, Belokobylskij *et* Chen, 2015: 21.

雌：体长 3.8–7.0 mm；前翅长 2.7–4.5 mm。

头：触角 43 节；柄节长是宽的 1.4 倍；第 1 鞭节长为宽的 5.0–5.5 倍，为第 2 鞭节长的 1.1–1.2 倍；头顶几乎光滑，仅前部稍具微弱刻条；额具密集横皱；颊光滑；头部背面观宽为中长的 1.4 倍；头在复眼后弧形收缩；复眼横径长为上颊的 1.7–1.8 倍；单眼区底边长为侧边的 1.2–1.3 倍，POL=1.2×OD=0.4×OOL；复眼光滑，纵径为横径的 1.3 倍；颚眼距是复眼纵径的 0.4 倍，是上颚基部宽的 0.9 倍；脸具密集横皱；脸宽是复眼纵径的 1.0 倍，是脸和唇基总长的 1.1 倍；唇基沟明显，完整；后头脊背方存在，与口后脊在上颚基部处不愈合。

胸：胸长是高的 2.2–2.4 倍；前胸背板后横脊与前胸背板后缘明显分离，不愈合，前横脊细，位于前胸背板中央；前胸背板近前部具少许横脊；中胸盾片从前胸背板稍陡峭地升起，侧面观中胸盾片与前胸背板成钝角；中胸盾片具密集颗粒和微弱横皱，被稀疏长毛，半直立，后部中央 2 条纵隆脊明显；脊间具皱；盾纵沟完整，浅，其内刻条伸入中叶和侧叶；小盾片前凹相当浅，内具 3 条纵脊，前凹长是小盾片长的 0.4 倍；小盾片稍隆起，具革质颗粒；中胸侧板大部分具明显粗糙的皱刻条，基节前沟下方革质，具微弱皱；翅下区浅，宽，具粗糙皱刻条；基节前沟较浅而界限不明显，其内刻条与侧板上的刻皱相连，稍弯曲，横贯中胸侧板下缘；并胸腹节分区存在，但隆脊较弱，基脊是叉脊的 2.6 倍，整个表面具网皱，中区不明显。

翅：前翅长是宽的 4.5–4.8 倍，r 脉明显从翅痣的中央稍前伸出；3-SR=4.0×r=0.6×SR1=1.2×2-SR；第 2 亚缘室长是宽的 3.0–3.2 倍，是第 1 亚盘室长的 1.2–1.3 倍；m-cu 脉明显后叉；CU1a 脉后叉。后翅 M+CU=0.5×1-M；m-cu 脉明显前叉，骨化，强烈弯向翅基部。

足：后足基节背方具明显半弧形刻条，腹方和侧方具革质颗粒；后足基节腹方具明显转角，无明显瘤突；后足腿节几乎光滑，腹方和侧方光滑；后足腿节长是宽的 3.5 倍；后足胫节外缘具 4 个端刺；后足胫节的毛长为胫节中间宽的 0.8 倍；后足跗节长是后足胫节长的 0.8 倍；后足基跗节长是后足第 2–5 跗节长的 0.8 倍；后足第 2 跗节长是后足基跗节长的 0.5 倍，是后足第 5 跗节长的 0.9 倍。

腹：腹柄侧面观腹面直，背面几乎直，仅基部稍弯曲，气门瘤位于基部 1/3 处；腹柄长为其端宽的 8.6 倍，为并胸腹节的 3.1 倍；腹柄端宽为气门处宽的 0.9 倍；腹柄基部和端部 1/3 具纵脊或纵刻条，脊间具颗粒和弱横皱，中间 1/3 具颗粒，侧方具微弱的斜向刻条；第 2+3 背板中长为第 2 背板基宽的 2.9 倍，是第 2+3 背板最宽处的 1.4 倍；无第 2 背板缝；仅第 2 背板具较弱侧缘；第 2、3 背板具相当弱的纵向针刮状刻纹，端部光滑；剩余背板光滑，无侧缘；产卵管鞘长为腹部长的 1.5 倍，为腹柄长的 3.1 倍，为胸部长的 3.5 倍，为前翅长的 1.6 倍。

体色：头大部分浅黄褐色，脸浅褐色，两侧颊与头顶分界处各具 1 褐色斑。胸部大部分黑色；中胸盾片常黄褐色，或至少比中胸侧板颜色略浅；中胸侧板凹上方具 1 黄色斑。腹柄黑色；第 2+3 背板大部分黑褐色，仅端部中央半圆形浅黄褐色，但因其透明，第 4 节基部呈现黑褐色；其他背板基部黑褐色，仅靠中央两侧和端部浅黄褐色，两侧缘为黑褐色。触角柄节暗褐色，梗节浅黄色，鞭节基部浅红褐色，渐变为黑褐色。单眼区黑褐色。须浅黄色。前足和中足腿节亚端部两侧具暗褐色斑，后足腿节大部分黑褐色，各足胫节亚中部和后足胫节基部暗褐色，足其余部分浅黄褐色。体色有时较浅，胸部无深色区域；翅浅褐色半透明，无明显斑纹；翅痣褐色，基部和端部黄色。

雄：体长 3.8–4.2 mm；前翅长 2.5–2.7 mm。后足腿节长是宽的 3.8 倍；腹柄长是其端宽的 7.8–8.8 倍，是并胸腹节长的 3.0–3.2 倍；第 2+3 背板长是第 2 背板基宽的 2.8–3.0 倍，是其最大宽的 1.3–1.4 倍。其余特征与雌虫相似。

生物学：未知。

研究标本：♀（正模，ZJUH），海南尖峰岭，2007.VI.6，刘经贤，No.200703766；1♀（副模，ZJUH），广东始兴车八岭，2003.VIII.21，许再福，No.20052432；1♀（副模，ZJUH），广东始兴车八岭，2003.VII.15，许再福，No.20058750；1♀（副模，ZJUH），海南吊罗山，2007.V.29–VI.2，肖斌，No.200804562；1♀（副模，ZJUH），海南霸王岭，2007.VI.9–10，刘经贤，No.200703548；1♀（副模，ZJUH），海南尖峰岭天池，2006.VII.12–15，陈天飞，No.200803208；1♀（副模，ZJUH），海南尖峰岭天池，2008.XI.22–23，王漫漫，No.200805934；1♂（副模，ZJUH），海南尖峰岭天池，2008.XI.25，谭江丽，No.200805087；1♂（副模，ZJUH），海南尖峰岭天池，2008.XI.25，王漫漫，No.200806096；1♂（副模，ZJUH），海南鹦哥岭，2007.V.24–25，刘经贤，No.200702624；1♀（副模，ZISP），海南尖峰岭天池，2006.VII.12–15，刘经贤，No.200803659。

分布：广东（车八岭）、海南（吊罗山、霸王岭、尖峰岭、鹦哥岭）。

(183) 窄柄腹茧蜂 *Spathius angustus* Shi *et* Chen, 2004（图 21）

Spathius angustus Shi *et* Chen, in: Chen *et* Shi, 2004: 100.

雌：体长 4.5 mm；前翅长 3.2 mm；触角长 6.5 mm。

头：触角 36 节；第 1 鞭节长是宽的 4.4 倍，为第 2 鞭节长的 1.2 倍；背面观头方形，头宽为头长的 1.67 倍；具完整后头脊；背面观复眼长为上颊的 3.2 倍，在复眼后陡收敛；OOL∶OD∶POL=12∶5∶4；正面观复眼大，眼间线长为脸宽的 1.14 倍；脸宽为高的 1.5 倍；唇基半圆形，光滑，具稀长毛，宽为高的 2.3 倍；口窝圆形；颚眼距长为复眼高的 0.42 倍；脸具较密柔毛，具横脊，中间微突；额微凹陷，具横脊；头具强横脊；上颊光滑。

胸：胸长是高的 1.8 倍；前胸背板槽存在，前方具短脊；前胸侧板具短脊；中胸盾片缓落向前胸背板，中叶、侧叶中间具颗粒状刻点，两侧具明显脊，成鲨鱼皮状皱，沿盾纵沟具较密的中等长度毛；盾纵沟浅，沟内脊伸至侧叶，后端内缘具纵脊，其间具短横脊；小盾片前凹浅，内具 1 条明显基脊；小盾片平坦，具颗粒状刻点和短脊；中胸侧板翅下区具横脊；基节前沟极浅，全程完整，沟内具短脊；中胸侧板凹至中足基节间具横脊和稀毛；后胸侧板具横脊；并胸腹节具皱和脊，中室完整，基脊长等于叉脊，中室内具横脊，后端无突出瘤突。

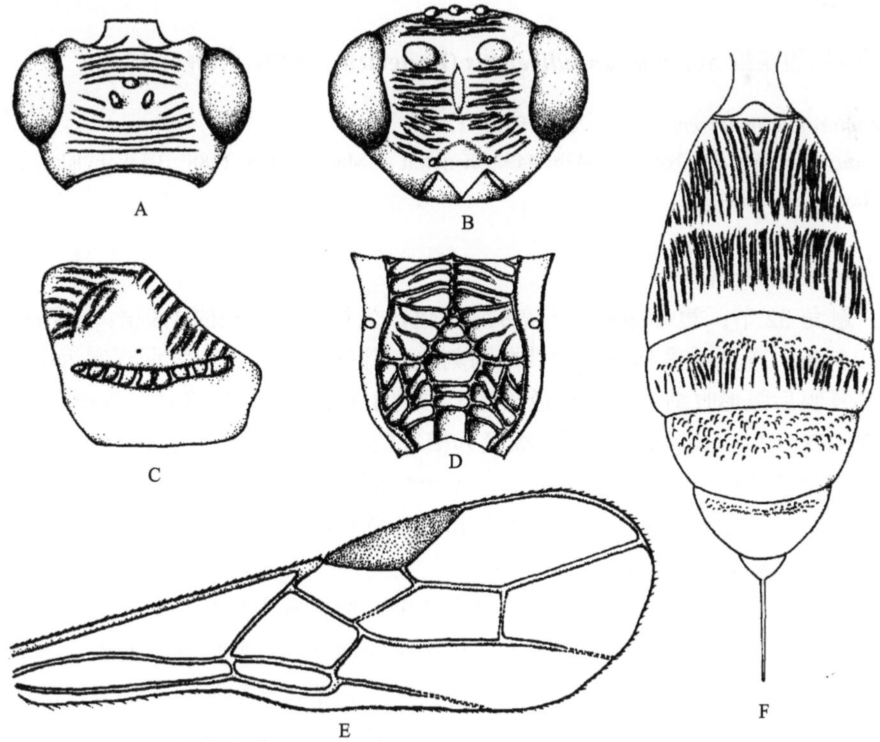

图 21　窄柄腹茧蜂 *Spathius angustus* Shi *et* Chen（仿陈家骅和石全秀，2004）

A. 头，背面观；B. 头，前面观；C. 中胸侧板；D. 并胸腹节，背面观；E. 前翅；F. 腹部，背面观

翅：前翅翅痣长是宽的 4.17 倍；r 脉从翅痣中间伸出，与 3-SR 脉成钝角，长为痣宽的 0.67 倍；2-SR：3-SR=2.60：3.00；SR1 脉伸至翅尖；2-M：r-m=5.00：1.80；m-cu 脉略后叉，近对叉；cu-a 脉对叉式；第 1 亚盘室末端关闭于 m-cu 脉之后；CU1a 脉从基部伸出。后翅 M+CU：1-M=3.5：5.0。

足：腿节、胫节具中等长度毛；后足基节具颗粒状刻点，后缘具横脊；后足腿节长为宽 2.95 倍；后足第 1 跗节长为第 2 跗节长的 1.9 倍。

腹：腹柄长为并胸腹节长的 1.6 倍，短于柄后腹长，末端扩大，具纵脊；第 2+3 背板长为端宽的 0.97 倍，具纵刻条至近末端处；第 4 背板基部具颗粒状刻点，中间具纵刻条，末端光滑；第 5、6 背板基部具颗粒状刻点，末端光滑；产卵管长明显短于腹部长。

体色：头黄褐色；须黄白色；触角红褐色，末端黄褐色；胸部红褐色；翅透明；足黄褐色至浅红褐色；腹柄节、第 2+3 背板、4–6 背板基部暗褐色，末端红褐色；产卵管红褐色；产卵管鞘基部黄褐色，后端褐色。

雄：体长 3.8–3.9 mm；前翅长 2.8–3.0 mrn；触角长 5.1–6.4 mm。触角 32–35 节；第 2+3 背板长为端宽的 1.06 倍。

生物学：未知。

分布：云南（西双版纳）。

附注：根据陈家骅和石全秀（2004）的描述整理，本志研究未见此种标本。模式标本保存于 BIIC。

(184) 环腹柄腹茧蜂 *Spathius annuliventris* (Enderlein, 1912)（图版 XLI: 2）

Stenophasmus annuliventris Enderlein, 1912: 11.

Spathius annuliventris: Nixon, 1943b: 449; Shenefelt *et* Marsh, 1976: 1388; Belokobylskij, 1996: 181; Chen *et* Shi, 2004: 102.

雌：体长 3.9 mm。

头：触角 32 节；第 1 鞭节长为宽的 4.5 倍，为第 2 鞭节长的 1.3 倍；头顶和颊具微弱颗粒和刻条；额具明显刻条；颊具微弱刻纹，几乎光滑；头部背面观宽为中长的 1.6 倍；头在复眼后弧形收缩；复眼横径长为上颊的 1.8 倍；单眼区底边长为侧边的 1.0 倍，POL=1.0×OD=0.3×OOL；复眼光滑，纵径为横径的 1.3 倍；颚眼距是复眼纵径的 0.5 倍，是上颚基部宽的 1.0 倍；脸球面状隆起，整个表面具细密的针刮状刻纹，犹如唱片表面的纹理；脸宽稍长于复眼纵径，稍短于脸和唇基总长；唇基沟缺；后头脊背方存在，与口后脊在上颚基部处不愈合。

胸：胸长是高的 2.0 倍；前胸背板脊非常细，后横脊中央几乎与前胸背板后缘不愈合，前横脊位于前胸背板中央；中胸盾片相当缓和地升起，侧面观中胸盾片与前胸背板成钝角；中胸盾片具密集的微弱颗粒；盾纵沟深、完整，具短刻条；小盾片前凹具皱，前凹长是小盾片长的 0.3 倍；小盾片稍微隆起，具密集的微弱颗粒；中胸侧板光滑；翅下区浅，具密集颗粒和刻条；基节前沟深，直，具微弱短刻条，长为中胸侧板下缘的 0.7

倍；并胸腹节分区不明显，基部 1/3 具微弱基脊；并胸腹节具密集的微弱颗粒，后方具皱。

翅：r 脉从翅痣的中央伸出，几乎与 3-SR 脉垂直；3-SR=4.7×r=0.7×SR1=1.3×2-SR；第 2 亚缘室长是宽的 4.2 倍，是第 1 亚盘室长的 1.5–1.6 倍；m-cu 脉后叉；CU1a 脉对叉。后翅 M+CU=0.5×1-M；m-cu 脉明显前叉，几乎直，不骨化，强烈斜向翅基部。

足：后足基节具密集的微弱颗粒；后足基节无转角和瘤突；后足腿节长是宽的 2.5 倍；后足胫节具几乎直立的毛，毛长为胫节中间宽的 0.7–1.0 倍；后足跗节长是后足胫节长的 1.0 倍；后足基跗节长是第 2–5 跗节总长的 0.5 倍；后足第 2 跗节长是后足基跗节长的 1.0 倍，是后足第 5 跗节长的 1.0 倍。

腹：腹柄侧面观腹面稍弯曲，背面基部 1/3 弯曲；气门瘤位于腹柄基部 1/3 处；腹柄长为其端宽的 2.5 倍，为并胸腹节的 1.2 倍；腹柄端宽为气门处宽的 1.3 倍；腹柄具皱刻条；第 2+3 背板中长为第 2 背板基宽的 1.8 倍；无第 2 背板缝；第 2+3 背板无明显的侧缘；第 2、3 背板具密集的微弱颗粒；剩余背板光滑，仅基部具微弱颗粒；产卵管鞘长为腹部长的 0.4 倍，稍长于腹柄长。

体色：头黄棕色，腹部第 3–6 背板后缘具深色条纹；触角黄色，端部颜色稍深；须黄白色；足黄色；产卵管鞘前半部浅棕色，后半部黑色；翅透明，具明显斑纹；翅痣棕色，基半部黄白色。

雄：未知。

生物学：未知。

研究标本：♀（正模，MIZW），“Formosa，Takao，H. Sauter，11.08.[19]07”，“Type”（red），“*Stenophasmus annuliventris* Enderl.”。

分布：台湾（高雄）。

(185) 皱额柄腹茧蜂 *Spathius anomalosis* Chen *et* Shi, 2004（图 22）

Spathius anomalosis Chen *et* Shi, 2004: 102.

雌：体长 6.0 mm；前翅长 4.2 mm；触角长 8.3 mm。

头：触角 41 节；第 1 鞭节长是宽的 7.5 倍，为第 2 鞭节长的 1.5 倍；背面观头方形，头宽为头长的 1.45 倍；具完整后头脊；背面观复眼长为上颊的 1.7 倍，上颊在复眼后圆钝地收敛；OOL∶OD∶POL=19∶6∶6；正面观复眼中等大小，微向唇基收敛，眼间线长为脸宽的 1.1 倍；脸宽为高的 1.6 倍；唇基半圆形，具横脊和稀疏长毛，宽为高的 2.3 倍；口窝圆形；颚眼距长为复眼高的 0.44 倍；脸着生较密毛，具横脊，中间微突出；额凹陷，具不规则皱脊；上颊光滑；头顶光滑，具稀疏长毛。

胸：胸长是高的 1.8 倍；前胸背板槽存在，前方具脊；前胸侧板具脊，中间具稀毛；中胸盾片几乎垂直落向前胸背板，具颗粒状刻点，中叶和侧叶两侧具短皱脊，沿盾纵沟具稀长毛；盾纵沟全程完整，沟内具横脊，后端内缘具明显 2 条弯曲纵脊，其间具横脊；小盾片前凹具 3 条纵脊；小盾片几乎平坦，具颗粒状刻点；中胸侧板翅下区具横脊；基节前沟全程完整，沟内具纵脊；后胸侧板具皱脊和较密长毛；并胸腹节具中室，基脊短，略短于 1/2 叉脊，中室内具横脊，背区基部具短皱脊，后端瘤突突出。

翅：前翅翅痣长是宽的 5.0 倍；r 脉从翅痣中间伸出，长为痣宽的 0.83 倍；2-SR：3-SR=3.2：3.6；SR1 伸至翅尖；2-M：r-m=6.8：1.2；m-cu 脉伸入第 2 亚缘室；cu-a 脉略后叉式；第 1 亚盘室末端关闭于 m-cu 脉之后；CU1a 脉从基部伸出。后翅 M+CU：1-M=4：7。

足：后足基节前缘近光滑，后缘具细颗粒状刻点和横脊；后足腿节长是宽的 3.57 倍，具稀疏毛；后足第 1 跗节长为第 2 跗节长的 2.0 倍。

腹：腹柄长为并胸腹节长的 2.0 倍，短于柄后腹长，末端扩大，具纵脊，基部具横脊；其余背板光滑；第 2+3 背板长为端宽的 0.9 倍；产卵管长略短于体长。

体色：头褐色，头顶具黄色斑；须黄白色；触角红褐色，末端 6 节黄色；中胸盾片中叶、小盾片褐色；其余胸部黑色；翅痣基部小段浅褐色，后端褐色，翅浅褐色；腿节基部、胫节基部、转节、前中足基节黄白色，腿节端部褐色，其余部分浅红褐色；腹柄节黑色；第 2+3 背板基部 5/7 中间及末端 2/7、其余背板端部栗褐色，其余褐色；产卵管红褐色，产卵管鞘基部红褐色，末端褐色。

雄：未知。

生物学：未知。

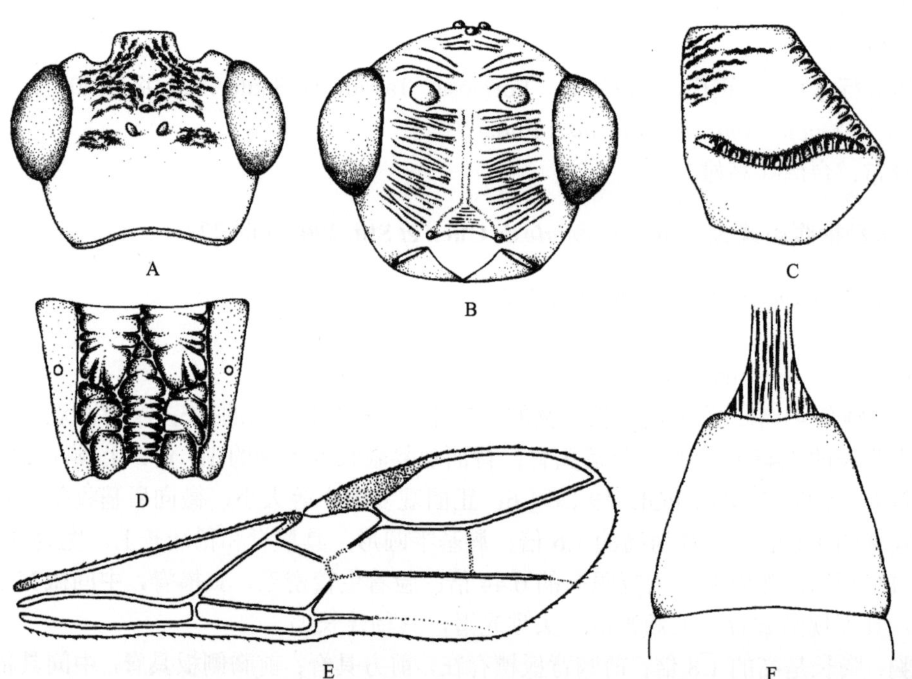

图 22　皱额柄腹茧蜂 *Spathius anomalosis* Chen *et* Shi（仿陈家骅和石全秀，2004）

A. 头，背面观；B. 头，前面观；C. 中胸侧板；D. 并胸腹节，背面观；E. 前翅；F. 腹部第 1–3 背板，背面观

分布：云南（西双版纳）。

附注：根据陈家骅和石全秀（2004）的描述整理，本志研究未见此种标本。模式标

本保存于 BIIC。

(186) 广柄腹茧蜂 *Spathius apicalis* (Westwood, 1882)（图版 XLI: 3）

Stenophasmus apicalis Westwood, 1882: 43.

Spathius apicalis: Nixon, 1943b: 378; Shenefelt *et* Marsh, 1976: 1388; Belokobylskij, 1996: 188; Belokobylskij *et al*., 2004: 100; Chen *et* Shi, 2004: 103; Belokobylskij *et* Maeto, 2009: 527; Tang *et al*., 2015: 22.

Stenophasmus enderleini Strand, 1913: 212. Synonymized by Belokobylskij, 1996: 188.

雌：体长 3.9–6.9 mm；前翅长 2.7–4.6 mm。

头：触角已断，余 36 节；柄节长是宽的 1.3 倍；第 1 鞭节长为宽的 6.3–6.8 倍，为第 2 鞭节长的 1.2–1.3 倍；头顶全部具粗糙的密集螺纹刻条，侧方具密集颗粒；额全具明显密集的横刻条，侧方具颗粒；颊具粗糙的密集弯曲纵刻条，下部几乎光滑；头部背面观宽为中长的 1.3–1.5 倍；头在复眼后弧形收缩；复眼横径长为上颊的 1.2–1.3 倍；单眼区底边长为侧边的 1.2–1.3 倍，POL=1.3–1.4×OD=0.4–0.5×OOL；复眼光滑，纵径为横径的 1.3 倍；颚眼距是复眼纵径的 0.3–0.4 倍，是上颚基部宽的 0.7–0.8 倍；脸具密集的横向刻条，其间具网纹；脸宽是复眼纵径的 0.9–1.0 倍，是脸和唇基总长的 1.0 倍；唇基沟明显，完整；后头脊背方存在，与口后脊在上颚基部处不愈合。

胸：胸长是高的 2.3–2.4 倍；前胸背板脊明显，后横脊与前胸背板后缘明显不分离，前横脊细，位于前胸背板中央附近；中胸盾片较平缓地升起，侧面观中胸盾片与前胸背板成钝角；中胸盾片具密集颗粒；中胸盾片被稀疏的半直立长毛，后部中央 2 条纵隆脊明显，脊间和两侧有短横刻条；盾纵沟完整，深，前宽后窄，具粗糙的稀疏短刻条；小盾片前凹浅，内具 3–5 条纵脊，前凹长是小盾片长的 0.3 倍；小盾片具明显密集的颗粒；中胸侧板具密集颗粒，广布皱；翅下区浅，窄，具粗糙皱刻条；基节前沟浅，窄，几乎直，具短刻条和颗粒，长为中胸侧板的 0.6 倍；并胸腹节分区明显，有时不甚明显，基脊是叉脊的 1.7–2.0 倍，整个表面具不规则网皱和颗粒。

翅：前翅长是宽的 4.2–4.5 倍，r 脉从翅痣的中央稍后伸出；3-SR=3.3–4.0×r=0.7–0.8×SR1=1.2–1.4×2-SR；第 2 亚缘室长是宽的 3.6–3.8 倍，是第 1 亚盘室长的 1.2–1.3 倍；cu-a 脉后叉；m-cu 脉明显后叉；CU1a 脉后叉。后翅 M+CU=0.5–0.6×1-M；m-cu 脉明显前叉，不骨化。

足：后足基节具密集颗粒，背方具明显的短刻条；后足基节基腹方无转角和瘤突；后足腿节背方具微弱颗粒和刻条，其他部分具微弱的革质颗粒；后足腿节长是宽的 3.0–3.3 倍；后足胫节外缘具 6 个端刺；后足胫节的毛长为胫节中间宽的 0.8–1.3 倍；后足跗节长是后足胫节长的 1.0–1.1 倍；后足基跗节长是后足第 2–5 跗节长的 0.5–0.6 倍；后足第 2 跗节长是后足基跗节长的 1.0 倍，是后足第 5 跗节长的 1.8 倍。

腹：腹柄侧面观腹面稍弯曲，背面 0.3 明显弯曲，气门瘤位于基部 1/3 处；腹柄长为其端宽的 3.0–3.3 倍，为并胸腹节的 1.9–2.0 倍；腹柄端宽为气门处宽的 1.7–2.0 倍；腹柄具纵刻条，刻条间具密集网纹；第 2+3 背板中长为第 2 背板基宽的 1.1–1.3 倍，是第 2+3

背板最宽处的 0.6–0.7 倍；无第 2 背板缝；第 2 背板无侧缘；第 2、3 背板具微弱的半弧形针刮状刻纹；第 4–6 背板全部或大部分具微弱的针刮状刻纹；产卵管鞘长为腹部长的 0.9–1.0 倍，为腹柄长的 2.0–2.3 倍，为胸部长的 1.3–1.4 倍，为前翅长的 0.7 倍。

体色：体黑色。头大部分黑色，颊略带红褐色。胸部黑色。腹柄黑色；其他背板大部分黑色，端缘略带褐色。触角柄节和梗节浅黄色，鞭节基部黄褐色，渐变为黑褐色。单眼区黑色。须除下唇须端部 1 节浅黄色，其余各节深红褐色。前足和中足基节、各足第 1 转节和各足基跗节基部浅黄褐色；后足基节、各足腿节和各足胫节黑色；各足跗节第 1 节端部和第 2 节黑褐色，第 3–5 节红褐色。翅黑褐色半透明，具明显斑纹，M+CU 脉弯曲处、翅痣基部及端缘具浅黄褐色纵带；翅痣基部 1/6 浅黄色，端部 5/6 黑褐色。

雄：未知。

生物学：未知。

研究标本（ZJUH）：1♀，广东封开，1992.V.16，陈学新，No.921587；1♀，海南霸王岭，2008.XI.26，王漫漫，No.200805631；1♀，海南尖峰岭，2007.VI.6，刘经贤，No.200703731；1♀，海南五指山，2007.V.16–20，刘经贤，No.200703284；2♀，海南鹦哥岭，2007.V.28–VI.3，翁丽琼，Nos.200804067，200804196；1♀，云南西双版纳森林公园，2003.VII.31，姜茜，No.20045892。

分布：台湾（恒春）、广东（封开）、海南（霸王岭、尖峰岭、五指山、鹦哥岭）、云南（西双版纳）；日本，印度，越南，泰国，菲律宾，马来西亚，新几内亚岛。

(187) 窄角柄腹茧蜂 *Spathius araeceri* Nixon, 1943（图版 XLI: 4）

Spathius araeceri Nixon, 1943b: 355; Shenefelt *et* Marsh, 1976: 1389; Belokobylskij *et* Maeto, 2009: 530; Tang *et al.*, 2015: 25.

Spathius crebristriatus Chao, 1978: 178; Chen *et* Shi, 2004: 147 (as synonym of *S. mimeticus*). Synonymized by Tang *et al.*, 2015: 25.

Spathius mundus Chao, 1978: 179; Chen *et* Shi, 2004: 147 (as synonym of *S. mimeticus*). Synonymized by Tang *et al.*, 2015: 25.

雌：体长 2.1–3.1 mm；前翅长 1.4–2.0 mm。

头：触角 19–26 节；柄节长是宽的 1.3–1.4 倍；第 1 鞭节长为宽的 4.8–5.3 倍，为第 2 鞭节长的 1.1–1.2 倍；头顶全部具密集的横向弯曲刻条；额具密集的、微弱的横向刻条；颊几乎全具纵刻条；头部背面观宽为中长的 1.4–1.5 倍；头在复眼后弧形收缩；复眼横径长为上颊的 1.8–2.3 倍；单眼区底边长为侧边的 1.1–1.2 倍，POL=1.3×OD=0.4×OOL；复眼光滑，纵径为横径的 1.3 倍；颚眼距是复眼纵径的 0.4–0.5 倍，是上颚基部宽的 1.0 倍；脸球面状隆起，整个表面具细密的针刮状刻纹，犹如唱片表面的纹理；脸宽是复眼纵径的 1.0 倍，是脸和唇基总长的 1.0 倍；唇基沟缺；后头脊背方存在，与口后脊在上颚基部处不愈合。

胸：胸长是高的 1.7–1.8 倍；前胸背板后横脊较弱，中央很长一段与前胸背板后横脊相当接近，但并未合并，前横脊位于前胸背板中央；中胸盾片相当陡峭地升起，侧面观中胸盾片与前胸背板成直角；中胸盾片中叶前方稍凸出；中胸盾片具颗粒，后部中央无皱，仅沿盾纵沟和侧叶被稀疏长毛；盾纵沟前半部深，宽，具短刻条，后半部浅或几乎缺；小盾片前凹深，短，内具 3 条弱纵脊，前凹长是小盾片长的 0.3 倍；小盾片稍微隆起，具微弱颗粒；中胸侧板大部分具微弱的革质网纹和小的光滑区域；翅下区浅，宽，具微弱的小室状网纹；基节前沟明显，窄，弯曲，具短刻条，长为中胸侧板下缘的 0.5 倍；并胸腹节基侧区密布颗粒，中区缺，并胸腹节剩余部分具横向皱刻条。

翅：前翅长是宽的 3.4–3.6 倍，r 脉从翅痣的中央稍前伸出，几乎与 3-SR 脉垂直；3-SR=4.4–5.0×r=1.0–1.2×SR1=1.5–1.7×2-SR；第 2 亚缘室长是宽的 3.5–3.8 倍，是第 1 亚盘室长的 1.5–1.7 倍；m-cu 脉后叉；CU1a 脉对叉。后翅 M+CU=0.5×1-M；m-cu 脉明显前叉，稍弯曲，强烈斜向翅基部。

足：后足基节背方具明显的横向刻条，剩余部分广布密集颗粒；后足基节无转角和瘤突；后足腿节具明显的网纹和颗粒，背方具微弱刻条；后足腿节长是宽的 3.2–3.4 倍；后足胫节具几乎直立的毛，毛长为胫节中间宽的 0.7–1.0 倍；后足跗节长是后足胫节长的 0.8 倍；后足基跗节长是第 2–5 跗节总长的 0.6 倍；后足第 2 跗节长是后足基跗节长的 0.4–0.5 倍，是后足第 5 跗节长的 1.0 倍。

腹：腹柄侧面观腹面稍弯曲，背面基半部较强弯曲，端半部直；气门瘤位于腹柄基部 1/3 处；腹柄长为其端宽的 2.5–2.9 倍，为并胸腹节的 1.5–1.8 倍；腹柄端宽为气门处宽的 1.2–1.4 倍；腹柄基部 0.6 具明显密集的刻条，刻条间具皱，端部 0.4 具微弱皱；第 2+3 背板中长为第 2 背板基宽的 1.7–1.8 倍，是第 2+3 背板最宽处的 0.9–1.0 倍；无第 2 背板缝，无明显的侧缘；第 2、3 背板具密集的微弱颗粒，基部具微弱的短刻条，端缘几乎光滑；第 4–6 背板基半部具密集的微弱颗粒，端半部几乎光滑；产卵管鞘长为腹部长的 0.4–0.5 倍，为腹柄长的 1.1–1.3 倍，为胸部长的 0.7–0.8 倍，为前翅长的 0.3–0.4 倍。

体色：头黄褐色。前胸背板黄褐色；中胸盾片前半部黄褐色，后半部和小盾片及并胸腹节前半部黑褐色，并胸腹节后半部黄褐色；中胸侧板浅红褐色。腹柄基部 1/3 红褐色，端部 2/3 黄褐色；柄后腹大部分黑褐色，基部及亚中部黄褐色。触角柄节和梗节黄褐色，鞭节除端部 5 节外暗褐色，其余各节基部黄褐色、端部暗褐色。单眼区黄褐色。须大部分黑褐色，仅下唇须端部 2 节浅黄色。足大部分黄褐色，后足基节、后足腿节基部和胫节略带红褐色。翅具明显斑纹；翅痣基部浅黄色，端部暗褐色。

雄：未知。

生物学：未知。

研究标本：♀（正模，密纹柄腹茧蜂 *Spathius crebristriatus* Chao，IZCAS），福建黄坑公社坳头，1965.VII.20，余日键；♀（正模，均纹柄腹茧蜂 *Spathius mundus* Chao，IZCAS），福建梅峰，1966.V.7。ZJUH：1♀，海南霸王岭，2008.XI.26，王漫漫，No.200805636；2♀，海南鹦哥岭红茂村，2007.V.23–25，曾洁，Nos.200804510，200804471。

分布：福建（黄坑、梅峰）、台湾（垦丁）、海南（霸王岭、鹦哥岭）；日本，马来西亚，印度尼西亚。

(188) 拱柄腹茧蜂 *Spathius arcuatus* Shi *et* Chen, 2004（图 23）

Spathius arcuatus Shi *et* Chen, in: Chen *et* Shi, 2004: 106.

雌：体长 3.3 mm；前翅长 2.7 mm。

头：触角 27 节；第 1 鞭节长是宽的 6.0 倍，与第 2 鞭节等长；背面观头方形，头宽为头长的 1.3 倍；具完整后头脊；背面观复眼长为上颊的 2.1 倍，上颊在复眼后弧形收敛；OOL∶OD∶POL=9∶2∶4；正面观复眼中等大小，眼间线长为脸宽的 1.0 倍；脸宽为高的 1.5 倍；唇基半圆形，光滑，宽为高的 2.5 倍；口窝圆形；颚眼距长为复眼高的 0.6 倍。脸着生稀疏短毛，具横脊，中间微突；额微凹陷，具横脊；头顶具稀疏毛和细横脊；上颊光滑。

胸：胸长是高的 1.86 倍；前胸背板具颗粒状刻点和细脊；前胸侧板具细脊；中胸盾片垂直落向前胸背板，具颗粒状刻点，沿盾纵沟及其痕迹具稀疏毛；盾纵沟仅在肩角明显，内具横脊；中胸盾片后端具 1 纵脊；小盾片前凹具 3 条纵脊；小盾片略突出，具颗粒状刻点；中胸侧板具颗粒状刻点；基节前沟达侧板的 1/2，沟内具弱短脊；后胸侧板具颗粒状刻点和细脊；并胸腹节无完整中室，基半部具颗粒状刻点和基脊及短细横脊，端半部具细横脊，微皱。

翅：前翅翅痣长是宽的 3.8 倍；r 脉从翅痣中间伸出，长为痣宽的 4/5；2-SR∶3-SR=2.1∶2.8；SR1 脉伸至翅尖；2-M∶r-m=5.0∶1.3；m-cu 脉伸入第 2 亚缘室；cu-a 脉略后叉式；第 1 亚盘室末端关闭，m-cu 脉对叉式。

足：腿节具极稀毛；胫节后缘具稀长毛，前缘具短毛；后足基节具颗粒状刻点；后足腿节具颗粒状刻点和细脊，长是宽的 3.0 倍；后足第 1 跗节长为第 2 跗节长的 2.5 倍。

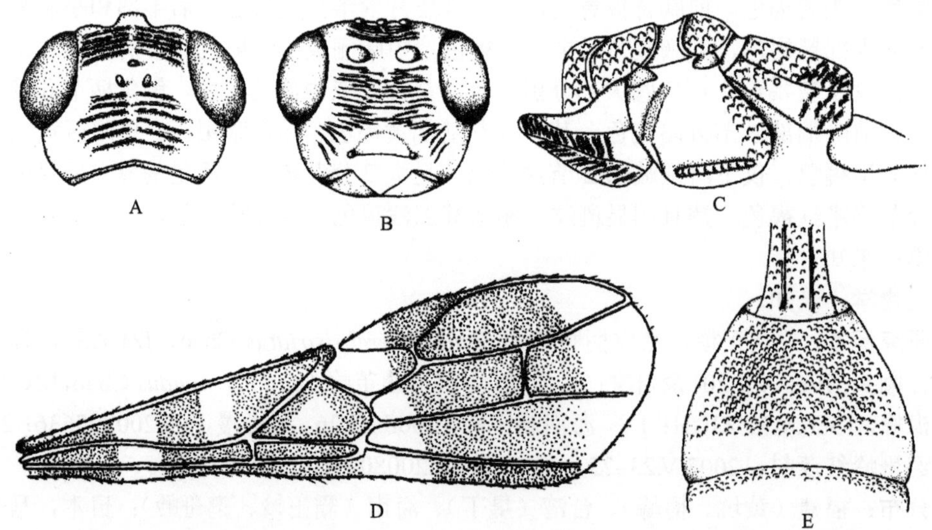

图 23 拱柄腹茧蜂 *Spathius arcuatus* Shi *et* Chen（仿陈家骅和石全秀，2004）
A. 头，背面观；B. 头，前面观；C. 中胸侧板；D. 前翅；E. 腹部第 1–3 背板，背面观

腹：腹柄长为并胸腹节长的 1.8 倍，短于柄后腹长，两侧平行，具 2 条明显的长基脊、短纵脊和颗粒状刻点，侧缘具稀中等长度毛；第 2+3 背板具颗粒状刻点至毛列处，长为端宽的 0.7 倍；第 4 背板基部具颗粒状刻点；产卵管长约等于腹部长。

体色：体红褐色；须黄褐色；触角黄褐色；前胸背板黄褐色；前翅具褐色斑；后翅透明；基节、转节黄白色，跗节黄褐色，后足基节末端褐色，后足胫节除基部小段黄白色外，其余褐色；产卵管鞘基部黄白色，端部红褐色。

生物学：未知。

分布：云南（西双版纳）。

附注：根据陈家骅和石全秀（2004）的描述整理，本志研究未见此种标本。模式标本保存于 BIIC。

(189) 扼柄腹茧蜂 *Spathius aspersus* Chao, 1978（图版 XLII: 1）

Spathius aspersus Chao, 1978: 177; Belokobylskij, 1989: 54; 1998b: 96; 2003b: 485; Chen *et* Shi, 2004: 108; Belokobylskij *et* Maeto, 2009: 541; Tang *et al*., 2015: 25.

雌：体长 2.4–6.0 mm；前翅长 1.8–4.2 mm。

头：触角 44 节；柄节长是宽的 1.5–1.6 倍；第 1 鞭节长为宽的 4.8–5.5 倍，为第 2 鞭节长的 1.3 倍；头顶光滑；额密布微弱弯曲的横刻条；颊光滑；头部背面观宽为中长的 1.4–1.5 倍；头在复眼后弧形收缩；复眼横径长为上颊的 1.5–1.8 倍；单眼区底边长为侧边的 1.3–1.4 倍，POL=1.0–1.3×OD=0.3–0.4×OOL；复眼光滑，纵径为横径的 1.2 倍；颚眼距是复眼纵径的 0.4 倍，是上颚基部宽的 0.7–0.9 倍；脸具密集的波浪形刻条和皱，中央稍光滑；脸宽是复眼纵径的 1.0–1.1 倍，是脸和唇基总长的 1.1–1.2 倍；唇基沟明显，完整；后头脊背方存在，与口后脊在上颚基部处不愈合。

胸：胸长是高的 2.2–2.4 倍；前胸背板脊明显，后横脊与前胸背板后缘十分接近，但不愈合，前横脊细，位于前胸背板近前方；中胸盾片从前胸背板稍陡峭地升起，侧面观中胸盾片与前胸背板成钝角；中胸盾片密布颗粒，盾纵沟附近具粗糙短皱，被稀疏的半直立长毛；盾纵沟宽，前深后浅，具粗糙短刻条；小盾片前凹相当深，内具 3 或 4 条纵脊，前凹长是小盾片长的 0.3 倍；小盾片整个密布微弱颗粒，仅侧方和后方具微弱短皱；中胸侧板大部分具粗糙的弯曲刻条，基节前沟上方狭窄区域几乎光滑，下方密布微弱颗粒；翅下区浅，窄，具粗糙皱刻条；基节前沟深，宽，稍斜，具微弱短刻条，长为中胸侧板的 0.6 倍；并胸腹节分区明显，基脊是叉脊的 1.0 倍，基侧区基部具密集颗粒、端部具皱，中区具明显横皱。

翅：前翅长是宽的 4.0–4.2 倍，r 脉从翅痣的中央伸出；3-SR=3.3–3.8×r=0.6–0.7×SR1=1.2–1.4×2-SR；第 2 亚缘室长是宽的 3.4–3.7 倍，是第 1 亚盘室长的 1.3–1.4 倍；m-cu 脉明显后叉；CU1a 脉后叉。后翅 M+CU=0.5–0.6×1-M；m-cu 脉稍前叉，稍骨化，强烈斜向翅基部。

足：后足基节背方具弯曲刻条和微弱颗粒，侧方具微弱网纹和颗粒；后足基节基腹方具明显转角和瘤突；后足腿节光滑，背方具不规则刻条；后足腿节长是宽的 3.0–3.2 倍；后足胫节外缘具 5 或 6 个端刺；后足胫节的毛长为胫节中间宽的 1.0–1.5 倍；后足跗节长是后足胫节长的 0.9 倍；后足基跗节长是后足第 2–5 跗节长的 0.7 倍；后足第 2 跗节长是后足基跗节长的 0.5 倍，是后足第 5 跗节长的 1.2–1.3 倍。

腹：腹柄侧面观腹面直，背面基部明显弯曲，气门瘤位于基部 1/3 处；腹柄长为其端宽的 2.4–2.8 倍，为并胸腹节的 2.0–2.2 倍；腹柄端宽为气门处宽的 1.6–1.9 倍；腹柄全具刻条，刻条间具密集皱；第 2+3 背板中长为第 2 背板基宽的 1.3–1.4 倍，是第 2+3 背板最宽处的 0.9 倍；第 2 背板缝不明显；第 2–4 背板具明显的侧缘；第 2、3 背板具纵皱刻条，刻条间具密集皱，端缘光滑；第 4 背板基半部具明显密集的刻条，端半部具微弱的小室状皱；剩余背板光滑；产卵管鞘长为腹部长的 1.3–1.5 倍，为腹柄长的 3.0–3.6 倍，为胸部长的 2.0–2.4 倍，为前翅长的 0.9–1.2 倍。

体色：头浅黄色，复眼后和单眼区后具较弱的褐色斑。中胸盾片中叶和盾纵沟黄褐色，侧叶暗褐色；小盾片暗褐色；中胸侧板黄褐色；并胸腹节褐色。腹柄褐色；其他背板侧缘和端缘黄褐色，中间褐色。触角基部黄褐色，渐变为褐色。单眼区黑褐色。须浅黄色。足黄褐色，中足和后足腿节中央、胫节中部颜色略深。翅烟褐色半透明，无明显斑纹；翅痣基部 1/3 浅黄褐色，端部 2/3 褐色。

雄：体长 2.4–4.1 mm；前翅长 1.8–2.9 mm。触角 31–42 节；后足腿节长是宽的 2.7–2.9 倍；后足胫节的毛长为胫节中间宽的 1.0–1.7 倍；腹柄长为其端宽的 3.0–3.3 倍；第 2–5 背板具侧缘；第 2+3 背板中长为第 2 背板基宽的 1.9–2.1 倍，是第 2+3 背板最宽处的 1.2–1.3 倍。其他特征与雌虫相似。

生物学：未知。

研究标本：♂（正模，IZCAS），福建德化县水口，1974.XI.3–4，陈家骅。ZJUH：1♀，广东龙门南昆山，2003.VII.14–15，许再福，No.20053752；1♀1♂，广东梅州丰溪，2003.VII.29，陈驹坚，Nos.20048697，20048847；1♀，广东始兴车八岭，2008.VII.26，文敏，No.200809154；2♀，海南吊罗山，2006.VII.16–17，刘经贤，Nos.200802158，200802268；1♀，海南吊罗山，2007.V.28–31，刘经贤，No.200702958；1♂，海南吊罗山，2006.VII.16–17，翁丽琼，No.200802468；1♀2♂，海南尖峰岭，2007.VI.6，刘经贤，Nos.200703765，200703788，200703797；1♀3♂，海南尖峰岭，2007.VI.7，刘经贤，Nos.200702430，200702447，200702475，200702561；1♀，海南尖峰岭，2007.VI.5–7，肖斌，No.200806894；2♀2♂，海南尖峰岭，2007.VI.4–7，曾洁，Nos.200711023，200711112，200710909，200710925；1♂，海南尖峰岭天池，2006.VII.12–15，陈天飞，No.200803222；1♀，海南尖峰岭天池，2007.X.22–23，刘经贤，No.200710713；1♂，海南尖峰岭天池，2007.VII.12–15，刘经贤，No.200803587；1♀1♂，海南尖峰岭天池，2008.XI.24，谭江丽，Nos.200806012，200806045；1♀，海南尖峰岭天池，2008.XI.25，王漫漫，No.200806074；1♀，海南尖峰岭天池，2006.VII.12–15，翁丽琼，No.200803404；2♀1♂，海南尖峰岭天池，2006.VII.12–15，张文勇，Nos.200803416，200803421，200803479；1♀，海南五指山水满乡，2007.V.16–18，曾洁，No.200807543；1♀，海南鹦哥岭，2008.XI.17，王漫漫，No.200805405；2♂，云

南西双版纳森林公园，2003.VII.31，许再福，Nos.20053527，20053546；1♂，云南保山市高黎贡山，2006.VII.16–17，许再福，No.200802050。

分布：福建（德化）、广东（南昆山、丰溪、车八岭）、海南（吊罗山、尖峰岭、五指山、鹦哥岭）、云南（西双版纳、高黎贡山）。

(190) 皱柄腹茧蜂 *Spathius aspratilis* Chen *et* Shi, 2004（图 24）

Spathius aspratilis Chen *et* Shi, 2004: 109.

雌：体长 4.1 mm；前翅长 2.5–2.9 mm。

头：触角 33 节；第 1 鞭节长是宽的 7.0 倍，是第 2 鞭节长的 1.2 倍；背面观头方形，头宽为头长的 1.4–1.7 倍；具完整后头脊；背面观复眼长为上颊的 2.0–2.4 倍，上颊在复眼后弧形收窄；OOL∶OD∶POL=13∶6∶4；正面观复眼中等大小，眼间线长为脸宽的 1.25–1.30 倍；脸宽为高的 1.6–1.7 倍；唇基具横脊和稀疏长毛，宽为高的 2.6 倍；口窝圆形；颚眼距长为复眼高的 0.5 倍；脸具中等程度毛，具颗粒状刻点和横脊；额凹陷，具细横脊；头顶具颗粒状刻点和细横脊；上颊具颗粒状刻点和横脊。

胸：胸长是高的 2.1 倍；前胸背板后横脊游离，前方具弱脊和颗粒状刻点，近前足基节处密生短毛；前胸背板槽细且弱；中胸盾片缓落向前胸背板，具颗粒状刻点；盾纵沟前端明显，浅，沟内具横脊，后端会合处宽，微凹，具弯曲纵脊和横脊；小盾片前凹宽，具 3 条纵脊；小盾片稍突出，具颗粒状刻点；中胸侧板密布颗粒状刻点，前端密生短毛，翅下区具细横脊；基节前沟达前胸侧板下缘长的 2/3，窄且浅，内具短纵脊；后胸侧板上端具稀疏长毛，下端具较密短毛，具颗粒状刻点和短细横脊；并胸腹节具不明显侧突，脊弱，具中区，基脊稍长于叉脊，具颗粒状刻点，中区内及后端具细横脊。

翅：前翅长是宽的 3.5 倍，r 脉从翅痣的中央伸出，与 3-SR 脉成钝角；r 脉长是翅痣宽的 0.8 倍；2-SR∶3-SR=4∶5；SR1 脉伸至翅尖；2-M∶r-m=15∶4；m-cu 脉伸入第 2 亚缘室；cu-a 脉后叉；第 1 亚盘室末端闭合，与 m-cu 脉对叉。后翅 M+CU∶1-M=11∶20。

足：腿节具稀疏中等程度毛；后足基节具颗粒状刻点；腿节具细脊，长是宽的 2.3 倍；后足胫节背方毛长为胫节中间宽的 1.0 倍；后足第 1 跗节是后足第 2 跗节长的 2.0 倍。

腹：腹柄长是并胸腹节长的 1.5–1.6 倍，短于柄后腹长，两侧近平行，末端稍加宽，具颗粒状刻点及细脊，后端脊较密；第 2+3 背板长是其端宽的 1.0–1.1 倍，具颗粒状刻点；第 4、5 背板基部具颗粒状刻点；产卵管鞘长短于腹长。

体色：红褐色；须黄白色；触角黄褐色；翅痣基部透明，后端褐色，前翅具浅褐色斑；后翅透明；前中足基节、转节、胫节基部、跗节、后足转节和胫节基部，以及第 3、4 跗节黄褐色，跗爪褐色；产卵管红褐色，产卵管鞘基部黄褐色，后端褐色。

雄：体长 3.1 mm；前翅长 2.4 mm。触角 3.4 mm；触角 35 节；第 2+3 背板长是其端宽的 1.2 倍。

生物学：未知。

分布：福建（武夷山）、广西（大青山）。

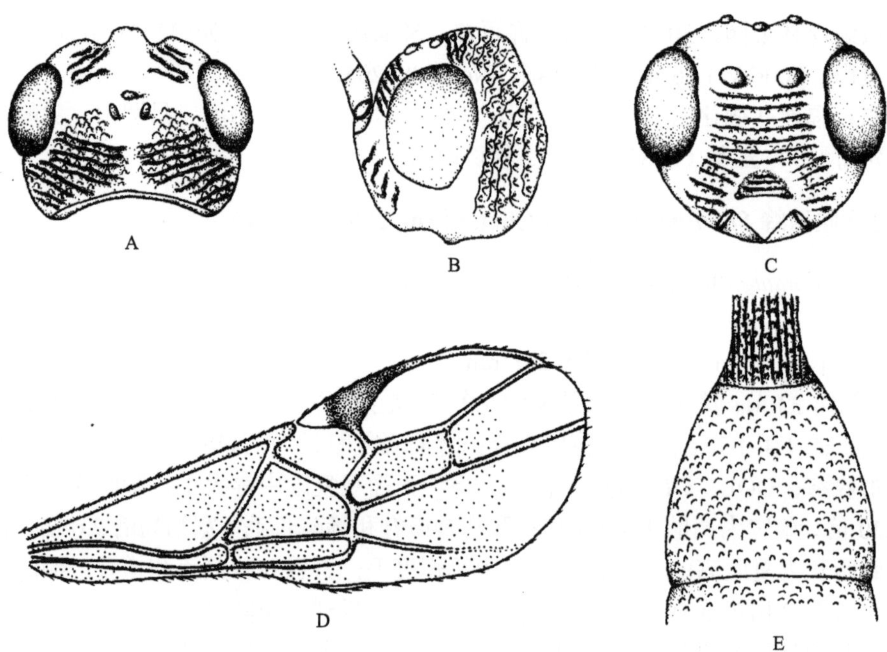

图 24 皱柄腹茧蜂 *Spathius aspratilis* Chen *et* Shi（仿陈家骅和石全秀，2004）
A. 头，背面观；B. 头，侧面观；C. 头，前面观；D. 前翅；E. 腹部第 1–3 背板，背面观

附注：根据陈家骅和石全秀（2004）的描述整理，本志研究未见此种标本。模式标本保存于 BIIC。

(191) 近皱柄腹茧蜂 *Spathius aspratiloides* Tang, Belokobylskij *et* Chen, 2015（图版 XLII: 2）

Spathius aspratiloides Tang, Belokobylskij *et* Chen, 2015: 26.

雌：体长 3.8–4.6 mm；前翅长 3.0–3.4 mm。

头：触角已断，余 31 节；柄节长是宽的 1.5–1.8 倍；第 1 鞭节长为宽的 5.6–6.0 倍，为第 2 鞭节长的 1.3–1.5 倍；头顶具密集的横向刻条，刻条间具皱条和颗粒；额具较强的横刻条，刻条间具稍许颗粒；颊的刻纹与头顶相同；头部背面观宽为中长的 1.3 倍；头在复眼后弧形收缩；复眼横径长为上颊的 1.8 倍；单眼区底边长为侧边的 1.3 倍，POL=1.5×OD=0.3×OOL；复眼光滑，纵径为横径的 1.3–1.5 倍；颚眼距是复眼纵径的 0.3 倍，是上颚基部宽的 0.8 倍；脸具密集的粗糙网皱；脸宽是复眼纵径的 1.0 倍，是脸和唇基总长的 1.2 倍；唇基沟明显，完整；后头脊背方存在，与口后脊在上颚基部处不愈合。

胸：胸长是高的 2.2–2.4 倍；前胸背板后横脊与前胸背板后缘合并较长，前横脊明显位于前胸背板后方 1/3；中胸盾片从前胸背板缓和地升起，侧面观中胸盾片与前胸背板成钝角；中胸盾片具不规则横皱和颗粒，被稀疏的半直立长毛；盾纵沟浅，其内刻条伸入中叶及侧叶甚长，侧叶仅中间 1 条带区域为颗粒皱；小盾片前凹浅而窄，内具 5 条纵脊，前凹长是小盾片长的 0.3 倍；小盾片不隆起，密布颗粒；中胸侧板整个表面具颗粒和不规则刻条皱；翅下区浅，宽，具粗糙皱刻条和颗粒；基节前沟相当浅，窄，直，具短刻条和颗粒，长为中胸侧板下缘的 0.6 倍；并胸腹节分区不明显，基脊是叉脊的 1.0–1.3 倍，中区狭长，与柄区分界不明显；背区基半部具颗粒，端半部具不规则网状皱，中区具横皱。

翅：前翅长是宽的 3.8 倍，r 脉从翅痣的中央或稍前伸出；3-SR=3.6×r=0.7×SR1=1.3×2-SR；第 2 亚缘室长是宽的 3.0 倍，是第 1 亚盘室长的 1.2 倍；m-cu 脉明显后叉；CU1a 脉对叉。后翅 M+CU=0.5×1-M；m-cu 脉明显前叉，不骨化，直，斜向翅基部。

足：后足基节密布颗粒，背方稍具刻条；后足基节基腹方无转角和瘤突；后足腿节革质；后足腿节长是宽的 2.6–2.8 倍；后足胫节外缘具 5 个端刺；后足胫节的毛长为胫节中间宽的 0.8–1.2 倍；后足跗节长是后足胫节长的 0.9 倍；后足基跗节长是后足第 2–5 跗节长的 0.6 倍；后足第 2 跗节长是后足基跗节长的 0.5 倍，是后足第 5 跗节长的 0.9 倍。

腹：腹柄侧面观腹面直，背面基部 1/3 明显弯曲，气门瘤位于基部 1/3 处；腹柄长为其端宽的 3.2 倍，为并胸腹节的 1.5 倍；腹柄端宽为气门处宽的 3.0 倍；腹柄具皱刻条，刻条间具皱和颗粒；第 2+3 背板中长为第 2 背板基宽的 1.8–1.9 倍，是第 2+3 背板最宽处的 0.7–0.8 倍；无第 2 背板缝；第 2、3 背板具明显的侧缘；第 2、3 背板具密集颗粒；剩余背板具革质网纹，端缘光滑，无侧缘；产卵管鞘长为腹部长的 1.2 倍，为腹柄长的 3.1 倍，为胸部长的 1.7 倍，为前翅长的 0.8 倍。

体色：头黄褐色；胸部红褐色；腹部黄褐色；触角基部黄褐色，渐变为褐色；单眼区黄褐色；须浅黄色；前足和中足基节、各足转节、各足胫节基部、中足 1–4 跗节、后足基跗节基部黄褐色，后足基节、各足腿节、各足胫节、后足 1–4 跗节红褐色，前足跗节、中足和后足端跗节暗褐色；翅褐色半透明，具明显色斑，在第 1 亚盘室最窄处、翅痣基部下方和翅缘具浅黄色斑；翅痣基部 1/3 浅黄色，端部 2/3 褐色。

雄：体长 4.0 mm；前翅长 3.2 mm；触角柄节长是宽的 1.7 倍；第 1 鞭节长是其端宽的 6.0 倍，是第 2 鞭节长的 1.5 倍；复眼横径长为上颊的 1.4 倍；小盾片前凹内具 3 条纵脊；前翅长是宽的 3.6 倍；后足腿节长是宽的 3.0 倍；腹柄长为其端宽的 3.5 倍，为并胸腹节的 2.0 倍。其余特征与雌虫相似。

生物学：未知。

研究标本：♀（正模，ZJUH），海南尖峰岭，2008.XI.22，谭江丽，No.200805315；1♀（副模，ZJUH），广东紫金七目嶂，2003.VII.31，宋艳霞，No.20059059；1♀（副模，ZJUH），海南尖峰岭，2007.VI.5–7，翁丽琼，No.200806451；1♂（副模，ZJUH），海南五指山，2007.V.16–20，刘经贤，No.200703196。

分布：广东（七目嶂）、海南（尖峰岭、五指山）。

(192) 齿基柄腹茧蜂 *Spathius basalis* Tang, Belokobylskij *et* Chen, 2015（图版 XLII: 3）

Spathius basalis Tang, Belokobylskij *et* Chen, 2015: 27.

雌：体长 2.9–4.0 mm；前翅长 2.4–3.0 mm。

头：触角 23 节；柄节长是宽的 1.3 倍；第 1 鞭节长为宽的 4.6–5.0 倍，为第 2 鞭节长的 1.2–1.5 倍；头顶和颊具微弱的横向皱刻条；额具横刻条；头靠近复眼处具颗粒；头部背面观宽为中长的 1.4 倍；头在复眼后弧形收缩；复眼横径长为上颊的 1.7–1.8 倍；单眼区底边长为侧边的 1.3 倍，POL=1.6×OD=0.4×OOL；复眼光滑，纵径为横径的 1.3 倍；颚眼距是复眼纵径的 0.4 倍，是上颚基部宽的 0.8 倍；脸具微弱横皱，皱间具颗粒；脸宽是复眼纵径的 1.0 倍，是脸和唇基总长的 1.2 倍；唇基沟明显，完整；后头脊背方存在，与口后脊在上颚基部处不愈合。

胸：胸长是高的 1.8–2.0 倍；前胸背板后横脊与前胸背板后缘合并较长，前横脊明显位于前胸背板中央；中胸盾片从前胸背板缓和地升起，侧面观中胸盾片与前胸背板成钝角；中胸盾片密布颗粒，被稀疏的半直立长毛，后部中央 2 条纵脊明显，脊间具不规则皱；盾纵沟完整，浅，宽，其内短刻条不伸入中叶和侧叶；小盾片前凹浅而窄，内具 5 或 6 条纵脊，前凹长是小盾片长的 0.3 倍；小盾片不隆起，密布颗粒；中胸侧板整个表面具颗粒皱，翅下区仅有几条刻条皱；基节前沟前窄后宽，长为中胸侧板的 0.55 倍；中胸侧板整个表面具颗粒；翅下区浅，宽，具粗糙皱刻条和颗粒；基节前沟相当浅，宽，直，具刻条和颗粒，长为中胸侧板下缘的 0.6 倍；并胸腹节分区明显，基脊是叉脊的 0.7–0.8 倍，背区具不规则网状皱，端部网皱较基部粗糙，中区具横皱。

翅：前翅长是宽的 3.8 倍，r 脉从翅痣的中央或稍前伸出；3-SR=3.3×r=0.7×SR1=1.1×2-SR；第 2 亚缘室长是宽的 3.5 倍，是第 1 亚盘室长的 1.5 倍；m-cu 脉明显后叉；CU1a 脉后叉。后翅 M+CU=0.5×1-M；m-cu 脉明显前叉，不骨化，稍弯向翅基部。

足：后足基节密布颗粒，背方具微弱刻条；后足基节基腹方具明显转角和瘤突；后足腿节革质；后足腿节长是宽的 3.0 倍；后足胫节外缘具 5 个端刺；后足胫节的毛长为胫节中间宽的 0.8–0.9 倍；后足跗节长是后足胫节长的 0.9 倍；后足基跗节长是后足第 2–5 跗节长的 0.7 倍；后足第 2 跗节长是后足基跗节长的 0.5 倍，是后足第 5 跗节长的 0.8 倍。

腹：腹柄侧面观腹面直，背面基部 1/3 明显弯曲，气门瘤位于基部 1/3 处；腹柄长为其端宽的 1.9 倍，为并胸腹节的 1.6 倍；腹柄端宽为气门处宽的 1.7 倍；腹柄基半部具 2 条纵脊，脊具网皱，端半部具纵刻条，刻条间具网皱；第 2+3 背板中长为第 2 背板基宽的 1.3 倍，是第 2+3 背板最宽处的 0.8 倍；无第 2 背板缝；第 2、3 背板侧缘明显，达第 3 背板气门处；第 2、3 背板具小的、密集的小室状网纹；剩余背板具革质网纹，无侧缘；产卵管鞘长为腹部长的 0.6 倍，为腹柄长的 1.8 倍，为胸部长的 1.0 倍，为前翅长的 0.4 倍。

体色：头黄褐色；中胸盾片黄褐色，小盾片暗褐色，中胸侧板红褐色；并胸腹节红褐色；腹柄暗红褐色；腹部其他背板暗褐色；触角基部黄褐色渐变为褐色；单眼区黄褐色；须乳白色；后足腿节端部 2/3 暗褐色，后足胫节端部 1/3 浅褐色，各足端跗节褐色，其余部分浅黄白色；前翅半透明具斑纹，基部 1/3、翅痣基部下方条带及端部为浅色；翅痣基部 1/3 浅黄色、端部 2/3 黑褐色。

雄：未知。

生物学：未知。

研究标本：♀（正模，ZJUH），海南尖峰岭，2007.VI.7，刘经贤，No.200702543；1♀

（副模，ZJUH），广东郁南同乐大山，2003.VIII.12–13，许再福，No.20054691；1♀（副模，ZJUH），海南尖峰岭，2007.VI.7，刘经贤，No.200702566；1♀（副模，ZJUH），海南尖峰岭，2006.VII.12–15，刘经贤，No.200803262；1♀（副模，ZJUH），海南吊罗山，VII.16–17，刘经贤，No.200802192。

分布：广东（同乐大山）、海南（尖峰岭、吊罗山）。

(193) 拟辟柄腹茧蜂 *Spathius beatoides* Tang, Belokobylskij *et* Chen, 2015（图版 XLII: 4）

Spathius beatoides Tang, Belokobylskij *et* Chen, 2015: 29.

雌：体长 2.8–3.5 mm；前翅长 2.0–2.4 mm。

头：触角 30 节；柄节长是宽的 1.7 倍；第 1 鞭节长为宽的 5.0 倍，为第 2 鞭节长的 1.2 倍；头顶几乎完全光滑；额完全具粗糙的、密集的弯曲横刻条；颊完全光滑；头部背面观宽为中长的 1.5 倍；头在复眼后明显弧形收缩；复眼横径长为上颊的 1.8 倍；单眼区底边长为侧边的 1.2 倍，POL=1.5×OD=0.5×OOL；复眼光滑，纵径为横径的 1.2 倍；颚眼距是复眼纵径的 0.4 倍，是上颚基部宽的 0.9 倍；脸具密集的、微弱的弯曲横刻条，刻条间具微弱网纹；脸宽是复眼纵径的 1.1 倍，是脸和唇基总长的 1.1 倍；唇基沟明显，完整；后头脊背方存在，与口后脊在上颚基部处不愈合。

胸：胸长是高的 2.0 倍；前胸背板脊明显，后横脊中央与前胸背板后缘明显不愈合，前横脊位于前胸背板近中央；中胸盾片从前胸背板弧形升起，侧面观中胸盾片与前胸背板成钝角；中胸盾片具明显的密集颗粒，沿盾纵沟及侧方无皱或稍具短皱，被相当稀疏的半直立长毛，中叶后方具 2 条向后会合的纵脊；盾纵沟明显，宽，前深后浅，具粗糙的密集短刻条；小盾片前凹相当深，长，内具 3 条纵脊，前凹长是小盾片长的 0.4 倍；小盾片完全具密集的颗粒，无皱；中胸侧板具微弱刻条或部分具明显刻条，窄或宽的区域光滑；翅下区浅，宽，具密集的粗糙刻条，部分具皱；基节前沟深，前半部宽、斜，后半部浅、直，具明显的稀疏短刻条，部分具颗粒，横贯中胸侧板下缘。并胸腹节具宽的侧突，分区明显；基脊是叉脊的 0.8 倍；基侧区具密集颗粒和粗糙的长皱，并胸腹节剩余部分具密集刻条；中区与柄区分界明显。

翅：前翅长是宽的 3.8 倍，r 脉从翅痣的中央后方伸出；3-SR=3.5×r=0.4×SR1=1.0×2-SR；第 2 亚缘室长是宽的 3.0 倍，是第 1 亚盘室长的 1.5 倍；CU1a 脉后叉。后翅 M+CU=0.7×1-M；m-cu 脉稍前叉，几乎透明，强烈斜向翅基部。

足：后足基节背方具横刻条和密集颗粒，侧方具明显密集的颗粒，下方具微弱颗粒；后足基节基腹方具明显转角和瘤突；后足腿节背方具密集的微弱颗粒和微弱刻条，剩余部分几乎光滑；后足腿节长是宽的 3.3 倍；后足胫节外缘具 2 个端刺；后足胫节的毛长为胫节中间宽的 0.8–1.3 倍；后足跗节长是后足胫节长的 1.0 倍；后足基跗节长是后足第 2–5 跗节长的 0.5 倍；后足第 2 跗节长是后足基跗节长的 0.6 倍，是后足第 5 跗节长的 1.2 倍。

腹：腹柄侧面观腹面弯曲，背面基半部明显弯曲、端半部几乎直，气门瘤位于基部

1/3 处；腹柄长为其端宽的 2.9–3.2 倍，为并胸腹节的 1.6 倍；腹柄具明显的相当密集的纵刻条，刻条间具密集的网纹；第 2+3 背板中长为第 2 背板基宽的 1.8 倍，是第 2+3 背板最宽处的 0.8 倍；第 2 背板缝无；第 2 背板无侧缘；剩余背板光滑；产卵管鞘长为腹部长的 0.6 倍，为腹柄长的 1.3 倍，为胸部长的 0.9 倍，为前翅长的 0.45 倍。

体色：头浅红褐色，脸红褐色；胸部和腹部红褐色，具浅色斑块和条纹；头和胸有时色浅；触角褐色至红褐色，基部黄色，近端部白黄色，端部褐色；须白色；足褐黄色，前中足基节和转节浅黄色，后足基节红褐色，端部色浅；后足腿节褐色至红褐色，基部 1/4 和端部色浅；后足胫节黄色至褐黄色，近基部短区域浅黄色；产卵管鞘基部 0.3 黄色至褐黄色，端部 0.7 深褐色；前翅均匀烟褐色；翅痣褐色，基部 1/4 浅黄色。

雄：未知。

生物学：未知。

研究标本：♀（正模，ZJUH），福建永泰葛岭，2002.IX.17，王义平，No.20023760；1♀（副模，ZJUH），广西植物园，2002.X.30，林乃铨，No.20034969。

分布：福建（永泰）、广西（南宁）。

(194) 辟柄腹茧蜂 *Spathius beatus* Chao, 1957（图 25）

Spathius beatus Chao, 1957: 7; Chen *et* Shi, 2004: 110; Belokobylskij *et* Maeto, 2009: 545.

雌：体长 2.9–3.9 mm；前翅长 2.0–2.7 mm。

头：触角 26–31 节；柄节长是宽的 1.5–1.6 倍；第 1 鞭节长为宽的 5.0–5.5 倍，为第 2 鞭节长的 1.1 倍；头顶光滑，极少数情况部分区域具微弱的不完整刻条；额几乎完全具明显的弯曲横刻条；颊光滑；头部背面观宽为中长的 1.5–1.6 倍；头在复眼后弧形收缩；复眼横径长为上颊的 1.7–1.9 倍；单眼小，单眼区底边长为侧边的 1.2–1.3 倍，POL=0.8–1.0×OD=0.25×OOL；复眼光滑无毛，纵径为横径的 1.2 倍；颚眼距是复眼纵径的 0.5 倍，是上颚基部宽的 1.0 倍；脸几乎完全具明显的横刻条，刻条间具微弱网纹，中央下方具狭长的光滑区域；脸宽是复眼纵径的 1.1–1.2 倍，是脸和唇基总长的 1.2 倍；唇基沟明显，完整；唇基下陷宽是下陷边缘至复眼距离的 0.7–0.8 倍，是脸宽的 0.4 倍；后头脊背方存在，与口后脊在上颚基部处不愈合。

胸：胸长是高的 2.0–2.1 倍；前胸背板脊明显，后横脊与前胸背板后缘接近但不愈合，前横脊微弱，位于前胸背板近中央；中胸盾片从前胸背板明显地弧形升起；中胸盾片完全具明显的密集颗粒，盾纵沟附近和侧方具明显短皱，被相当密集的半直立长毛，中后部 0.4 具 2 条向后会合的纵脊，脊间具微弱的横刻条；盾纵沟前深后浅，宽，完整，具明显稀疏的短刻条；小盾片前凹相当深，内具 3 条纵脊，前凹长是小盾片长的 0.40–0.45 倍；小盾片稍隆起，具明显的侧脊和十分微弱的革质网纹，部分区域几乎光滑；中胸侧板中央大部分区域光滑，后部和上部具微弱皱或网纹；翅下区浅，宽，具明显皱刻条；基节前沟深，稍斜，具明显稀疏的短刻条，长为中胸侧板下缘的 0.5–0.6 倍，后缘具浅的内具刻条皱的凹陷并与后足基节相连。并胸腹节具短而粗的侧突，分区明显，基脊是叉脊的 0.7–1.2 倍；基侧区广布粗糙皱，基部中央 0.3–0.5 具颗粒；中区短，相当宽；柄区与中区明显分离；并胸腹节具密集网皱。

翅：前翅长是宽的 3.5–3.7 倍，r 脉稍从翅痣的中央之后伸出；3-SR=5.7–8.0×r=0.55–0.60×SR1=1.1–1.3×2-SR；第 2 亚缘室长是宽的 2.6–2.8 倍，是第 1 亚盘室长的 1.5–1.7 倍；1-SR+M 脉稍"S"形弯曲；CU1a 脉后叉。后翅 M+CU=0.5×1-M；m-cu 脉前叉，不骨化，稍着色，强烈斜向翅基部。

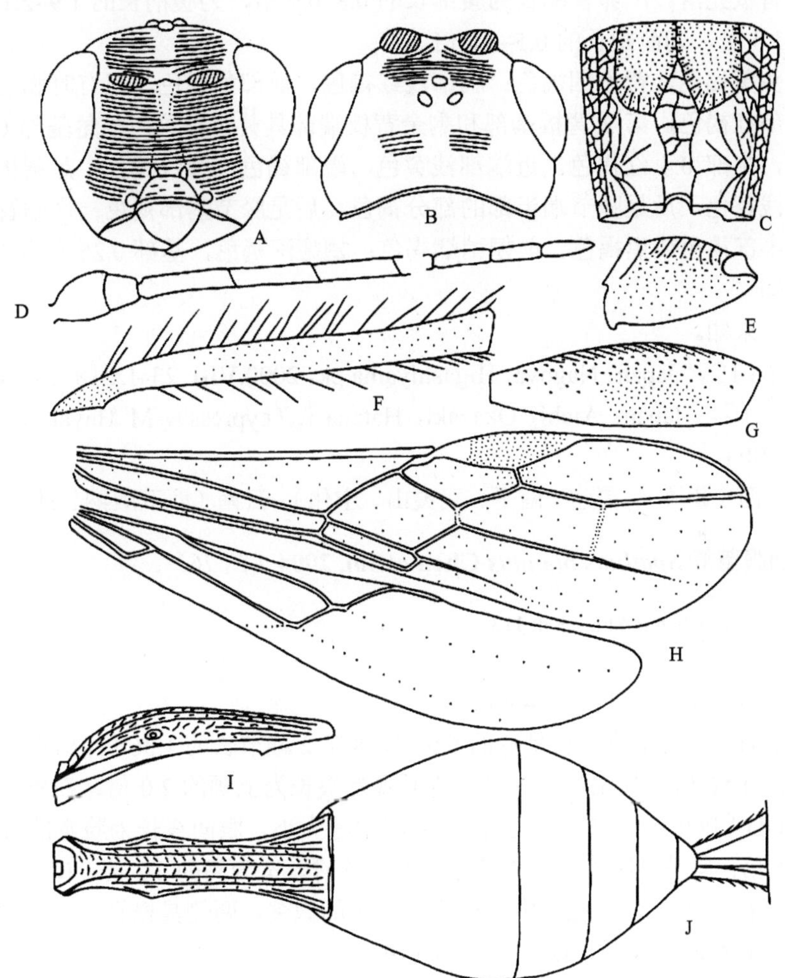

图 25　辟柄腹茧蜂 *Spathius beatus* Chao（仿 Belokobylskij & Maeto，2009）

A. 头，前面观；B. 头，背面观；C. 并胸腹节，背面观；D. 触角；E. 后足基节，侧面观；F. 后足胫节，侧面观；G. 后足腿节，侧面观；H. 翅；I. 腹柄，侧面观；J. 腹部，背面观

足：后足基节完全具密集颗粒，背方具明显密集的横刻条；后足基节基腹方具转角和瘤突；后足腿节具微弱颗粒，背方具微弱短刻纹；后足腿节长是宽的 3.1–3.4 倍；后足胫节背方具密集的半直立长毛，毛长是胫节宽的 0.8–1.5 倍；后足跗节长是后足胫节长的

0.9 倍；后足基跗节长是第 2–5 跗节总长的 0.6 倍；后足第 2 跗节长是后足基跗节长的 0.5–0.6 倍，是第 5 跗节长的 1.1–1.2 倍。

腹：腹柄侧面观腹面几乎直，背面明显均匀弯曲；腹柄基部 1/3 处加宽，具气门瘤；腹柄长为其端宽的 2.5–2.8 倍，为并胸腹节的 1.7–1.9 倍；腹柄端宽为气门处宽的 1.6–1.7 倍；腹柄具明显的相当密集的刻条，刻条间具微弱网皱；第 2+3 背板中长为第 2 背板基宽的 1.5–1.7 倍，是第 2+3 背板最宽处的 0.7–0.8 倍；无第 2 背板缝；第 2 背板无明显的侧缘；剩余背板光滑；产卵管鞘长为腹部长的 0.8–0.9 倍，为腹柄长的 1.9–2.1 倍，为胸部长的 1.1–1.3 倍，为前翅长的 0.5–0.6 倍。

体色：头黄褐色，背方烟褐色；胸部浅红褐色，前部黄褐色，但有时胸红褐色，前部稍浅；腹部红褐色，第 2 背板基部和剩余背板端部具黄色条纹；触角基部 0.3 黄褐色至浅红褐色，中部 0.4 红褐色，近端部浅黄色，端部褐色；须浅黄色；足黄褐色，所有基节和转节浅黄色，后足腿节端半部的部分褐色，后足胫节基部褐色；产卵管鞘基半部浅褐色，端半部褐色或黑褐色；前翅稍烟褐色；翅痣深褐色，基部 0.25 和端部黄色。

雄：未知。

生物学：未知。

研究标本：1♀，“Japan：Nagoya，Higashiyama pk，2000.VIII. 23–IX.18，M. Watanabe；MT”（ZISP）；1♀，“Japan：Aichi，Okazaki，Hatanasi，（cypress），M. Hayakawa；YPT”，2000.X.5（ZISP）。

分布：江西（紫溪）、福建（南平、武夷山、宁化）、云南（西双版纳、勐仑）；日本。

(195) 光滑柄腹茧蜂 *Spathius blandus* Chen *et* Shi, 2004（图 26）

Spathius blandus Chen *et* Shi, 2004: 113.

雌：体长 6.1 mm；前翅长 4.4 mm。

头：触角 41 节；第 1 鞭节长是宽的 6.0 倍，为第 2 鞭节长的 1.36 倍；背面观头方形，头宽为头长的 1.56 倍；具完整后头脊；背面观复眼长为上颊的 2.0 倍，在复眼后弧形收敛；OOL∶OD∶POL=16∶5∶6；正面观复眼中等大小，眼间线长为脸宽的 1.1 倍；脸宽为高的 1.6 倍；唇基半圆形，具稀长毛和明显横脊，宽为高的 2.2 倍；口窝圆形；颚眼距长为复眼纵径的 0.54 倍；脸具中等程度毛，中间微突，两侧具横脊；额微凹陷，具明显横脊；头顶具稀疏毛和明显横脊；上颊光滑。

胸：胸长是高的 1.8 倍；前胸背板槽具明显纵脊，前方脊细；前胸侧板具细脊；中胸盾片斜落向前胸背板，沿盾纵沟具稀长毛，呈鲨鱼皮状皱，中叶、侧叶中间具颗粒状刻点；盾纵沟浅，内具短横脊；小盾片前凹具 3 条明显纵脊；小盾片平坦，具颗粒状刻点；中胸侧板翅下区具明显横脊，其余具短细脊或浅刻痕；基节前沟明显，全程完整，沟内具明显短纵脊；后胸侧板粗糙，上半部具稀长毛和脊，近基节处具密短毛；并胸腹节具中室，基脊长于叉脊，中室内具强横脊，背区基部具颗粒状刻点和短细脊，中侧区具明显脊，着生长毛，后端瘤突明显突出。

翅：前翅翅痣长是宽的 4.0 倍；r 脉从翅痣中间伸出，与 3-SR 脉成钝角，长为痣宽的 0.67 倍；2-SR∶3-SR=3.2∶3.8；SR1 脉伸至翅尖；2-M∶r-m=6.6∶2.0；m-cu 脉伸入第 2 亚缘室；cu-a 脉略后叉式；第 1 亚盘室末端关闭于 m-cu 脉之后。后翅 M+CU∶1-M=2∶3。

足：腿节具稀的中等长度毛；后足前缘密生短毛，后缘具稀长毛，具颗粒状刻点，后缘具横脊；后足腿节长是宽的 3.29 倍；后足第 1 跗节长为第 2 跗节长的 2.0 倍。

腹：腹柄长为并胸腹节长的 1.8 倍，短于柄后腹长，末端扩大，具明显纵脊和短细横脊；第 2+3 背板长为端宽的 1.0 倍，具密纵脊至近末端，末端小段光滑，第 2 与第 3 背板可分；第 4 背板纵脊延伸至毛列处，其余光滑；产卵管长明显短于腹部长。

体色：头栗褐色；须白色；触角红褐色，末端黄白色；胸部深褐色；翅痣两端黄色，中间褐色，前后翅浅褐色；前中足基节、转节及后足转节、腿节基部、胫节基部黄白色，其余红褐色，后足腿节具褐色斑；腹柄节、第 2+3 背板大部分、第 4 背板基部暗褐色，其余栗褐色；产卵管红褐色；产卵管鞘基部黄褐色，端部褐色。

雄：未知。

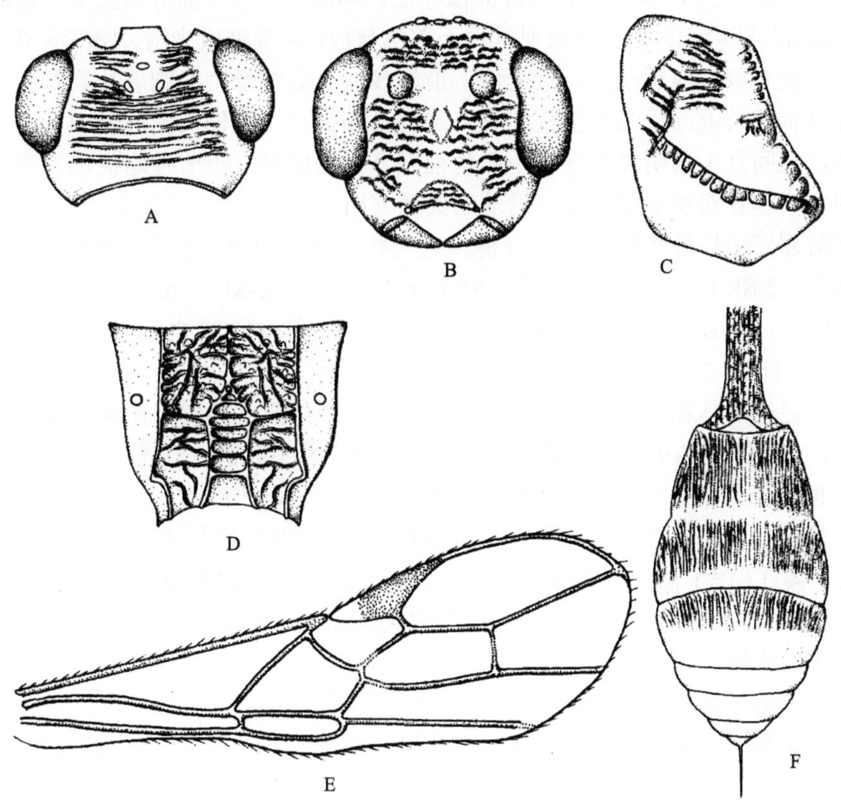

图 26　光滑柄腹茧蜂 *Spathius blandus* Chen *et* Shi（仿陈家骅和石全秀，2004）

A. 头，背面观；B. 头，前面观；C. 中胸侧板；D. 并胸腹节，背面观；E. 前翅；F. 腹部，背面观

生物学：未知。

分布：福建（武夷山）。

附注：根据陈家骅和石全秀（2004）的描述整理，本志研究未见此种标本。模式标本保存于 BIIC。

(196) 短角柄腹茧蜂 *Spathius brevicornis* Shi *et* Chen, 2004（图版 XLIII: 1）

Spathius brevicornis Shi *et* Chen, in: Chen *et* Shi, 2004: 115.

雌：体长 2.7 mm；前翅长 2.2 mm；触角长 2.9 mm。

头：触角 26 节，第 1 鞭节长是宽的 6.0 倍，为第 2 鞭节长的 1.36 倍；背面观头方形，宽为长的 1.7 倍；具完整后头脊；背面观复眼长为上颊的 1.56 倍，在复眼后稍收窄；OOL∶OD∶POL=11∶2∶4；正面观复眼小，微向唇基收敛，眼间线长为脸宽的 1.1 倍；脸宽为高的 1.85 倍；唇基具稀毛，宽为高的 4.33 倍；口窝椭圆形；颚眼距长为复眼高的 0.53 倍；脸着生较密毛，具细横脊，中间微突；额光滑；头顶光滑，颊光滑。

胸：胸长是高的 1.75 倍；前胸背板槽存在，两侧近光滑，前方具细皱；前胸侧板具弱脊；中胸盾片陡峭地升起，侧面观垂直于前胸背板；中胸侧板光滑，翅下区具短横脊；基节前沟全程完整，但后端浅、近光滑，前端浅、具弱细脊；中胸盾片具颗粒状刻点，沿盾纵沟具稀疏长毛；盾纵沟全程完整，沟内具细横脊，不伸入侧叶及中叶，后部中央纵脊明显，之间具 1 条明显横脊；小盾片前凹具 3 条纵脊；小盾片略突出，光滑；并胸腹节具中室，基脊略短于叉脊长，后端瘤突微突出。

翅：前翅翅痣长是宽的 3.3 倍；r 脉从翅痣中间略后伸出，长为痣宽的 2/5，与 3-SR 脉连成直线；2-SR 脉与 3-SR 脉等长；SR1 脉伸至翅尖；2-M∶r-m=3.5∶1.1；m-cu 脉伸入第 2 亚缘室；cu-a 脉后叉式；第 1 亚盘室末端关闭于 m-cu 脉之后；CU1a 脉从基半部伸出。后翅 M+CU∶1-M=2.0∶3.0。

足：后足基节具颗粒状刻点，前缘密生短毛，后缘具细横脊，具稀长毛；后足腿节具稀长毛，长是宽的 3.9 倍；后足第 1 跗节长为第 2 跗节长的 1.86 倍。

腹：腹柄长为并胸腹节长的 1.8 倍，短于柄后腹长，末端扩大，具细纵脊，中间微皱；柄后腹光滑；第 2+3 背板长为端宽的 0.8 倍；产卵管长略短于体长（8.2∶8.8）。

体色：体红褐色；触角基部 3 节黄褐色，其余褐色；前后翅浅褐色；产卵管鞘褐色。

雄：体长 2.1 mm；前翅长 1.6 mm；触角长 2.7 mm；触角 25 节。

生物学：未知。

分布：云南（西双版纳）。

附注：根据陈家骅和石全秀（2004）的描述整理，本志研究未见此种标本。模式标本保存于 BIIC。

(197) 茸毛柄腹茧蜂 *Spathius capillaris* Shi *et* Chen, 2004（图版 XLIII: 2）

Spathius capillaris Shi *et* Chen, in: Chen *et* Shi, 2004: 116; Tang *et al.*, 2015: 32.

雌：体长 3.4 mm；前翅长 2.6 mm。

头：触角已断，余 10 节；柄节长是宽的 1.6 倍；第 1 鞭节长为宽的 5.5 倍，为第 2 鞭节长的 1.2 倍；头顶光滑；额几乎光滑；颊光滑；头部背面观宽为中长的 1.4 倍；头在复眼后弧形收缩；复眼横径长为上颊的 1.6 倍；单眼区底边长为侧边的 1.1 倍，POL=1.0×OD=0.35×OOL；复眼光滑，纵径为横径的 1.2 倍；颚眼距是复眼纵径的 0.4 倍，是上颚基部宽的 0.8 倍；脸具微弱皱；脸宽是复眼纵径的 1.1 倍，是脸和唇基总长的 1.0 倍；唇基沟明显，完整；后头脊背方存在，与口后脊在上颚基部处愈合。

胸：胸长是高的 2.0 倍；前胸背板脊明显，后横脊中央与前胸背板后缘明显分离，前横脊位于前胸背板中央后方；中胸盾片从前胸背板缓和升起，侧面观中胸盾片与前胸背板成钝角；中胸盾片具颗粒，沿盾纵沟及侧方具密集的短皱，被相当密集且直立的短毛，中叶后方具 2 条纵脊，脊间具短皱；盾纵沟宽，前深后浅，具短刻条，伸入中叶和侧叶；小盾片前凹相当深，内具 5 条纵脊，前凹长是小盾片长的 0.3 倍；小盾片光滑；中胸侧板大部分光滑，仅基节前沟上方和后方具微弱皱；翅下区浅，窄，具稀疏刻条；基节前沟深，直，稍斜，具粗糙短刻条，长为中胸侧板的 1.0 倍。并胸腹节具短的侧突，分区明显；基脊是叉脊的 0.6 倍；基侧区具颗粒和皱，中区具横皱；中区与柄区分界明显。

翅：前翅长是宽的 4.0 倍，r 脉稍从翅痣的中央后方伸出；3-SR=3.4×r=0.6×SR1=1.3×2-SR；第 2 亚缘室长是宽的 3.0 倍，是第 1 亚盘室长的 1.4 倍；cu-a 脉后叉；m-cu 脉明显后叉；CU1a 脉后叉。后翅 M+CU=0.55×1-M；m-cu 脉明显对叉，稍着色，明显弯向翅基部。

足：后足基节背方具横向刻条，其余部分较光滑；后足基节基腹方具明显转角和瘤突；后足腿节光滑；后足腿节长是宽的 3.0 倍；后足胫节外缘无端刺；后足胫节的毛长为胫节中间宽的 1.8 倍；后足跗节长是后足胫节长的 1.0 倍；后足基跗节长是后足第 2–5 跗节长的 0.6 倍；后足第 2 跗节长是后足基跗节长的 0.5 倍，是后足第 5 跗节长的 1.2 倍。

腹：腹柄侧面观腹面稍弯曲，背面基部 0.3 明显弯曲，端部 0.7 几乎直，气门瘤位于基部 1/3 处；腹柄长为其端宽的 2.3 倍，为并胸腹节的 1.85 倍；腹柄具明显的纵刻条，端部具密集刻条，基半部中央具密集的微弱网纹；第 2+3 背板中长为第 2 背板基宽的 1.5 倍，是第 2+3 背板最宽处的 0.8 倍；第 2 背板缝无；第 2 背板无侧缘；剩余背板光滑；产卵管鞘长为腹部长的 1.0 倍，为腹柄长的 2.7 倍，为胸部长的 1.5 倍，为前翅长的 0.6 倍。

体色：体红褐色；头和柄后腹黄褐色，柄后腹具黄色条纹；触角基部浅褐色；须浅黄色；前中足浅褐色至黄褐色，基部白色；后足褐色至浅褐色，转节和腿节基部白色；后足胫节浅褐色，基部浅色；产卵管鞘基部黄褐色，端部色深；前翅近透明；翅痣褐色，基部 1/3 色浅。

雄：未知。

生物学：未知。

研究标本：1♀，广东郁南同乐大山，2003.VIII.12–13，许再福，No.20054294（ZJUH）。

分布：福建（武夷山）、广东（同乐大山）。

(198) 短跗柄腹茧蜂 *Spathius capys* Nixon, 1943（图版 XLIII: 3）

Spathius capys Nixon, 1943b: 270; Shenefelt *et* Marsh, 1976: 1394; Tang *et al*., 2015: 32.

雌：体长 4.0–4.7 mm；前翅长 3.3–3.5 mm。

头：触角 26 节；柄节长是宽的 1.6–1.7 倍；第 1 鞭节长为宽的 3.8–4.0 倍，为第 2 鞭节长的 1.2 倍；头顶光滑；额大部分光滑，仅前半部具微弱的横刻条；颊大部分光滑；头部背面观宽为中长的 1.3–1.4 倍；头在复眼后前方平行，后方稍弧形收缩；复眼横径长为上颊的 1.3–1.4 倍；单眼区底边长为侧边的 1.0–1.1 倍，POL=1.3×OD=0.3–0.4×OOL；复眼光滑，纵径为横径的 1.4 倍；颚眼距是复眼纵径的 0.4–0.5 倍，是上颚基部宽的 1.0 倍；脸具密集的粗糙网皱；脸宽是复眼纵径的 1.1–1.2 倍，是脸和唇基总长的 1.2 倍；唇基沟明显，完整；后头脊背方存在，与口后脊在上颚基部处不愈合。

胸：胸长是高的 2.4 倍；前胸背板后横脊与前胸背板后缘明显分离，不愈合；中胸盾片从前胸背板缓和地升起，侧面观中胸盾片与前胸背板成钝角；中胸盾片具微弱颗粒，后部革质，后半部具 1 条高的中脊，沿盾纵沟被稀疏、半直立的长毛；盾纵沟几乎完整，前深后浅，具短刻条；小盾片前凹相当浅，内具 3 条纵脊，前凹长是小盾片长的 0.4 倍；小盾片具微弱的颗粒；中胸侧板具微弱的网皱，近中央几乎光滑；翅下区浅，宽，具粗糙皱刻条；基节前沟相当浅，窄，稍“S”形弯曲，具短刻条，横贯中胸侧板下缘；并胸腹节具网皱，分区不明显。

翅：前翅长是宽的 4.3 倍，r 脉从翅痣的中央或稍后伸出；3-SR=5.3×r=1.1×SR1=1.6×2-SR；第 2 亚缘室长是宽的 3.3 倍，是第 1 亚盘室长的 1.5 倍；m-cu 脉明显后叉；CU1a 脉后叉。后翅 M+CU=0.4–0.5×1-M；m-cu 脉明显前叉，不骨化，强烈弯向翅基部。

足：后足基节几乎光滑，背方具极其微弱的刻纹；后足基节基腹方无转角和瘤突；后足腿节大部分光滑，背方具微弱刻条；后足腿节长是宽的 2.8 倍；后足胫节外缘具 2 个端刺；后足胫节的毛长为胫节中间宽的 1.2–1.4 倍；后足跗节长是后足胫节长的 0.8 倍；后足基跗节长是后足第 2–5 跗节长的 0.7–0.8 倍；后足第 2 跗节长是后足基跗节长的 0.4 倍，是后足第 5 跗节长的 0.7–0.8 倍。

腹：腹柄侧面观腹面直，背面基部 1/3 明显弯曲，气门瘤位于基部 1/3 处；腹柄长为其端宽的 2.7–2.8 倍，为并胸腹节的 1.8 倍；腹柄端宽为气门处宽的 2.2 倍；腹柄基半部具网皱，端半部具皱刻条至刻条；第 2+3 背板中长为第 2 背板基宽的 1.5 倍，是第 2+3 背板最宽处的 0.7–0.8 倍；无第 2 背板缝；第 2、3 背板无侧缘；剩余背板光滑；产卵管鞘长为腹部长的 2.3 倍，为腹柄长的 5.1 倍，为胸部长的 3.0 倍，为前翅长的 1.4 倍。

体色：头褐色；中胸盾片前部浅褐色渐变为红褐色，小盾片黑褐色，中胸侧板黑色，中胸腹板黑褐色；并胸腹节和腹柄黑色；其他背板深褐色；触角褐色；单眼区褐色；须乳白色；后足基节、各足腿节、各足胫节端半部和各足端跗节红褐色，其余部分浅黄色；前翅暗褐色半透明，具斑纹，翅痣基部下方条带区和翅缘色浅；翅痣基部 1/3 浅黄色，端部 2/3 褐色，翅脉褐色。

雄：未知。

生物学：未知。

研究标本（ZJUH）：1♀，海南霸王岭，2007.VI.9–10，刘经贤，No.200703565；1♀，海南鹦哥岭，2007.V.24–25，刘经贤，No.200702696。

分布：海南（霸王岭、鹦哥岭）；菲律宾。

(199) 脊柄腹茧蜂 *Spathius carina* Shi *et* Chen, 2004（图 27）

Spathius carina Shi *et* Chen, in: Chen *et* Shi, 2004: 118.

雄：体长 3.3 mm；前翅长 2.8 mm。

头：背面观头方形，头宽为头长的 1.4 倍；具完整后头脊；触角 31 节；第 1 鞭节长是宽的 7.0 倍，为第 2 鞭节长的 1.2 倍；OOL∶OD∶POL=9∶2∶4；背面观复眼长为上颊的 1.8 倍，头部在复眼后圆钝地收敛；正面观复眼大，微向唇基收敛，眼间线长为脸宽的 1.15 倍；脸宽为高的 1.73 倍；唇基半圆形，宽为高的 2.5 倍；口窝圆形；颚眼距长为复眼高的 1/3；脸具中等程度毛，具细横脊，中间微突；额凹陷，具细横脊；头顶光滑；上颊光滑。

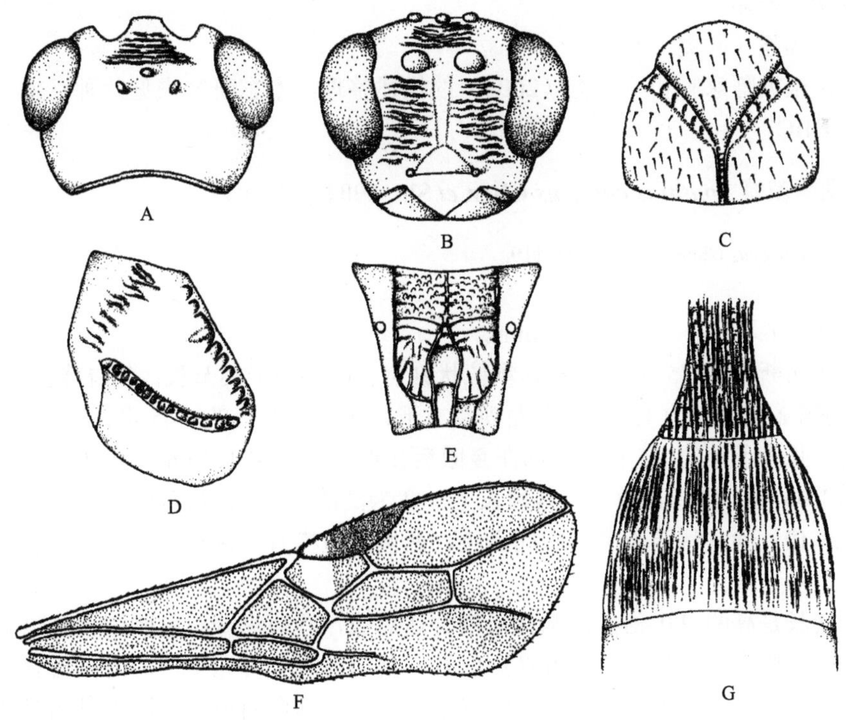

图 27　脊柄腹茧蜂 *Spathius carina* Shi *et* Chen（仿陈家骅和石全秀，2004）

A. 头，背面观；B. 头，前面观；C. 中胸盾片，背面观；D. 中胸侧板；E. 并胸腹节，背面观；F. 前翅；G. 腹部第 1–3 背板，背面观

胸：胸长是高的 2.1 倍；前胸背板槽具短纵脊，前方具较密细脊；前胸侧板具细脊，末端光滑；中胸侧板翅下区具横脊；基节前沟全程完整，内具短纵脊；中胸缓和地升起，侧面观与前胸背板成钝角；中胸盾片具颗粒状刻点和细脊，后部中央具 2 条纵隆脊；盾纵沟全程完整，沟内脊伸入侧叶和中叶；小盾片前凹具 5 条纵脊；小盾片略突出，具颗粒状刻点；并胸腹节分区明显，基脊略短于叉脊，后端瘤突明显。

翅：前翅翅痣长是宽的 3.3 倍；r 脉从翅痣中间伸出，长为痣宽的 3/4，与 3-SR 脉成钝角；2-SR∶3-SR=2.2∶2.8；SR1 脉伸至翅尖；2-M∶r-m=4.0∶1.0；m-cu 脉伸入第 2 亚缘室；cu-a 脉略后叉式；第 1 亚盘室末端关闭于 m-cu 脉之后；CU1a 脉从基半部伸出。后翅 M+CU∶1-M=2.5∶4.0。

足：后足基节前缘光滑，密生短毛，后缘具细横脊，毛稀；后足腿节长是宽的 2.5 倍，光滑；后足胫节外缘毛约等于胫节宽；后足第 1 跗节长为第 2 跗节长的 2.55 倍。

腹：腹柄节长为并胸腹节长的 1.9 倍，短于柄后腹长，末端扩大，具明显纵脊和细横脊；第 2+3 背板长为端宽的 1.1 倍，具纵脊至近端，末端小段光滑；其余背板光滑。

体色：头红褐色；须白色；触角黄褐色；胸部、腹柄节褐色；中胸盾片沿盾纵沟红褐色；翅浅褐色；前中足基节、转节和后足转节黄褐色，其余浅红褐色；其余背板红褐色。

雌：未知。

生物学：未知。

分布：福建（武夷山）。

附注：根据陈家骅和石全秀（2004）的描述整理，本志研究未见此种标本。模式标本保存于 BIIC。

(200) 强柄腹茧蜂 *Spathius carterus* Chen *et* Shi, 2004（图 28）

Spathius carterus Chen *et* Shi, 2004: 119.

雌：体长 6.1 mm；前翅长 4.7 mm。

头：触角断，余 25 节；柄节具颗粒状刻点，明显长于梗节长；第 1 鞭节长是宽的 6.0 倍，为第 2 鞭节长的 1.5 倍；背面观头方形，头宽为头长的 1.45 倍；具完整后头脊。背面观复眼长为上颊的 1.5 倍，头部在复眼后弧形收窄；OOL∶OD∶POL=2∶6∶7；脸宽为高的 1.66 倍；唇基具横脊，具稀长毛，宽为高的 2.3 倍；口窝圆形；颚眼距长为复眼高的 0.6 倍；脸具稀疏长毛，中间微突，两侧具短横脊；额微凹陷，具横脊；头顶具粗横脊；上颊光滑。

胸：胸长是高的 2.0 倍；前胸背板横脊达后缘，具短纵脊；前胸侧板具纵脊；中胸侧板翅下区具横脊，中足基节上方具短横脊；基节前沟全程完整，沟内具短脊；中胸盾片陡峭地升起，中叶及侧叶中间具颗粒状刻点，两侧具弯曲短脊，沿盾纵沟具稀长毛，后部中央具 2 条纵脊；盾纵沟全程明显，内具横脊；小盾片前凹具 6 条纵脊；小盾片平坦，具颗粒状刻点及短脊；并胸腹节具中区，中区内皱，背区基部具颗粒状刻点、脊，后端瘤突明显。

翅：前翅翅痣长是宽的 3.7 倍；r 脉从翅痣中间伸出，与 3-SR 脉近成直线，r 脉长为痣宽的 0.5 倍；2-SR∶3-SR=4.1∶4.0；SR1 脉伸至翅尖；2-M∶r-m=7.6∶2.7；m-cu 脉伸入第 2 亚缘室；cu-a 脉略后叉式；第 1 亚盘室末端关闭于 m-cu 脉之后；CU1a 脉从第 1 亚盘室上半部伸出。后翅 M+CU∶1-M=5.0∶8.0。

足：腿节、胫节着生较密毛；后足基节前缘密生短毛，后缘着生稀疏长毛，前缘具颗粒状刻点和弯曲短脊，后缘具横脊；后足腿节长是宽的 3.1 倍，具纵脊；后足第 1 跗节长为第 2 跗节长的 2.4 倍。

腹：腹柄长为并胸腹节长的 1.15 倍，短于柄后腹长，末端扩大，侧缘具稀长毛，具纵脊，之间具横脊，末端光滑；第 2+3 背板长为端宽的 0.7 倍，基部具 1 方形的具刻条区域；其余背板光滑；产卵管长于腹部长，短于体长。

体色：头褐色；脸具暗褐色斑；须黄白色；触角红褐色；胸部暗褐色；翅痣褐色，翅浅褐色；中后足基节、转节黄褐色，其余红褐色，后足基节褐色，转节、腿节基部、胫节基部黄褐色；腿节端部深红褐色，胫节端部、跗节红褐色；腹柄节黑褐色，第 2+3 背板基部褐色，其余深红褐色；产卵管红褐色；产卵管鞘基部红褐色，端部暗褐色。

雄：未知。

生物学：未知。

分布：福建（将乐）。

附注：根据陈家骅和石全秀（2004）的描述整理，本志研究未见此种标本。模式标本保存于 BIIC。

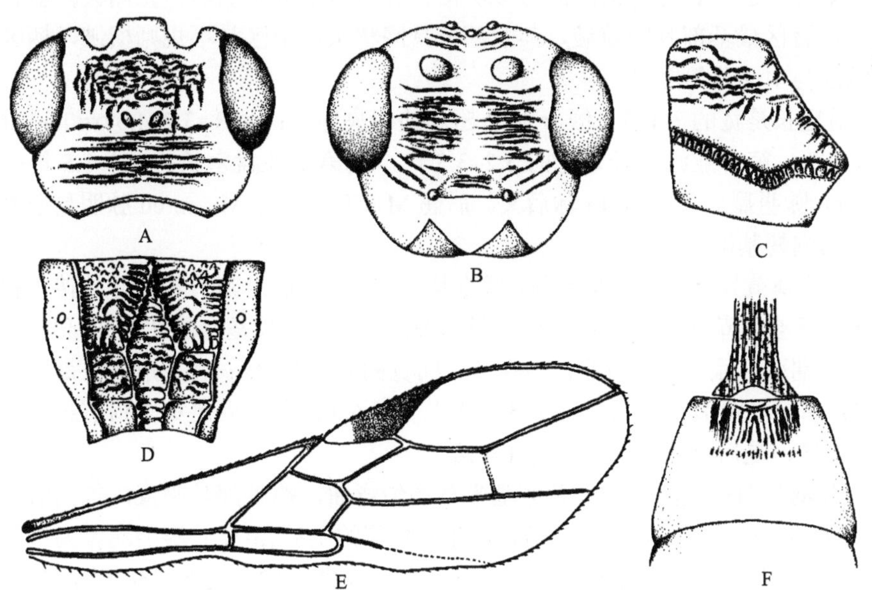

图 28　强柄腹茧蜂 *Spathius carterus* Chen *et* Shi（仿陈家骅和石全秀，2004）

A. 头，背面观；B. 头，前面观；C. 中胸侧板；D. 并胸腹节，背面观；E. 前翅；F. 腹部第 1–3 背板，背面观

(201) 腔柄腹茧蜂 *Spathius cavus* Belokobylskij, 1998（图版 XLIII: 4）

Spathius cavus Belokobylskij, 1998b: 106; 2003b: 381; Belokobylskij *et* Maeto, 2009: 551; Tang *et al.*, 2015: 32.

雌：体长 4.8–6.1 mm；前翅长 3.2–4.0 mm。

头：触角 38–45 节；柄节长是宽的 1.5–1.8 倍；第 1 鞭节长为宽的 4.5–5.0 倍，为第 2 鞭节长的 1.1–1.2 倍；头顶光滑；额具明显密集的横刻条；颊光滑；头部背面观宽为中长的 1.4–1.6 倍；头在复眼后前部稍凸出，后部弧形收缩；复眼横径长为上颊的 1.0 倍；单眼区底边长为侧边的 1.1–1.2 倍，POL=1.2–1.4×OD=0.3×OOL；复眼光滑，纵径为横径的 1.2–1.3 倍；颚眼距是复眼纵径的 0.4–0.5 倍，是上颚基部宽的 0.7–0.8 倍；脸具密集的横刻条，其间具颗粒；脸宽是复眼纵径的 1.2 倍，是脸和唇基总长的 1.1–1.2 倍；唇基沟明显，完整；后头脊背方存在，与口后脊在上颚基部处不愈合。

胸：胸长是高的 1.8–2.0 倍；前胸背板脊明显，后横脊中央与前胸背板后缘愈合，前横脊位于前胸背板中央附近；中胸盾片缓和地升起，侧面观中胸盾片与前胸背板成钝角；中胸盾片具密集的颗粒；中胸盾片沿盾纵沟及侧方被稀疏、半直立的短毛，后部中央具 2 条会合的纵隆脊，纵脊间具皱刻条；盾纵沟完整，深，宽，具粗糙的密集短刻条皱；小盾片前凹深，宽，内具 3 条纵脊，前凹长是小盾片长的 0.4 倍；小盾片具密集颗粒；中胸侧板下半部光滑；翅下区相当深，宽，具密集的皱刻条；基节前沟深，宽，直，具粗糙的密集短刻条，长为中胸侧板的 0.6 倍。并胸腹节分区明显，无侧突；基脊是叉脊的 0.6 倍，背区最基部具颗粒皱，其余部分具网状皱；中区具不规则横皱，柄区具平行横皱，柄区与中区分界明显。

翅：前翅长是宽的 3.4–3.6 倍，r 脉从翅痣的中央伸出；3-SR=3.2–4.0×r=0.5–0.6×SR1=0.9–1.0×2-SR；第 2 亚缘室长是宽的 3.2–3.5 倍，是第 1 亚盘室长的 1.4–1.5 倍；cu-a 脉后叉；m-cu 脉明显后叉；CU1a 脉后叉。后翅 M+CU=0.6×1-M；m-cu 脉明显前叉，不骨化，强烈弯向翅基部。

足：后足基节具微弱的密集颗粒，背方具横向刻条；后足基节基腹方具转角和瘤突；后足腿节几乎全具革质颗粒，背方具微弱刻条；后足腿节长是宽的 2.7–3.0 倍；后足胫节外缘具 5 个端刺；后足胫节的毛长为胫节中间宽的 0.5–0.7 倍；后足跗节长是后足胫节长的 0.8 倍；后足基跗节长是后足第 2–5 跗节长的 0.6–0.7 倍；后足第 2 跗节长是后足基跗节长的 0.5 倍，是后足第 5 跗节长的 1.4 倍。

腹：腹柄侧面观腹面弯曲，背面基半部均匀弯曲，端半部几乎直，气门瘤位于基部 1/3 处；腹柄长为其端宽的 2.0–2.2 倍，为并胸腹节的 1.8–2.0 倍；腹柄端宽为气门处宽的 1.5–1.6 倍；腹柄具刻条，刻条间具粗糙皱；第 2+3 背板中长为第 2 背板基宽的 1.0–1.2 倍，是第 2+3 背板最宽处的 0.7 倍；第 2 背板缝浅；第 2 背板仅基半部具侧缘；第 2 背板具不规则刻条和密集的小室状皱；第 3、4 背板基半部具密集的小室状皱；其余背板基部具明显但细微的刻点；产卵管直；产卵管鞘长为体长的 0.5 倍，为腹部长的 0.8–1.1 倍，为胸部长的 1.2–1.3 倍，为前翅长的 0.6–0.7 倍。

体色：头暗红褐色；中胸盾片中叶中央和侧叶黑褐色，盾纵沟红褐色，小盾片黑褐色，中胸侧板和中胸腹板红褐色；并胸腹节和腹柄红褐色；其他背板黑褐色；触角基部黄褐色渐变为黑褐色；单眼区与头顶同色；须浅褐色；前足和中足基节、转节，以及各足胫节基部黄褐色，足的其余部分红褐色，后足胫节基部的浅色带为胫节长的 0.4 倍；翅褐色半透明，翅痣基部下方和翅端部具浅色斑；翅痣基部 1/3 浅褐色，端部 2/3 深褐色。

雄：未知。

生物学：未知。

研究标本（ZJUH）：1♀，西天目山大横路，1998.X.9，马氏网诱，赵明水，No.999860；1♀，山东文登，1988.IX–X，侯绍晋，No.888962；1♀，云南下关，1981.VII.31，李强，No.200012433；1♀，云南澜沧，1981.IV.20，何俊华，No.812250；1♀，陕西秦岭天台山，1999.IX.3，何俊华，No.990338。

分布：山东（文登）、陕西（秦岭）、浙江（西天目山）、云南（下关、澜沧）；俄罗斯，韩国，日本。

(202) 头柄腹茧蜂 *Spathius cephalus* Tang, Belokobylskij *et* Chen, 2015（图版 XLIV: 1）

Spathius cephalus Tang, Belokobylskij *et* Chen, 2015: 32.

雌：体长 3.7–4.4 mm；前翅长 2.7–3.2 mm。

头：触角 30 节；柄节长是宽的 1.6 倍；第 1 鞭节长为宽的 4.8–5.5 倍，为第 2 鞭节长的 1.2 倍；头顶完全具明显密集的横刻条，刻条间具密集颗粒；额完全具粗糙的密集横刻条；颊大部分具微弱的革质网纹，后部 0.3 具微弱的纵刻条；头部背面观宽为中长的 1.5 倍；头在复眼后稍均匀弧形收缩；复眼横径长为上颊的 1.5–1.8 倍；单眼区底边长为侧边的 1.15 倍，POL=1.3×OD=0.4×OOL；复眼具稀疏短毛，纵径为横径的 1.1 倍；颚眼距是复眼纵径的 0.5 倍，是上颚基部宽的 1.0 倍；脸具密集的粗糙横刻条，其间具密集颗粒；脸宽是复眼纵径的 1.25 倍，是脸和唇基总长的 1.1 倍；唇基沟明显，完整；后头脊背方存在，与口后脊在上颚基部处愈合。

胸：胸长是高的 2.0 倍；前胸背板脊明显，后横脊中央与前胸背板后缘明显分离，前横脊相当细，位于前胸背板近中央；中胸盾片弧形升起，侧面观中胸盾片与前胸背板成钝角；中胸盾片具密集的颗粒，沿盾纵沟及侧方具密集的长皱，被稀疏、半直立长毛，后部中央具 2 条会合的纵隆脊，纵脊间具皱刻条；盾纵沟明显，前深后浅，宽，具粗糙的密集短刻条；小盾片前凹相当深，长，内具 3 条纵脊，前凹长是小盾片长的 0.4 倍；小盾片完全具密集的颗粒，稍隆起，具明显侧脊；中胸侧板具明显密集的颗粒，边缘具刻条；翅下区浅，宽，具密集的粗糙刻条和颗粒；基节前沟具明显密集的短刻条和颗粒，横贯中胸侧板下缘。并胸腹节分区明显，具明显侧突；基脊是叉脊的 0.6–1.0 倍，基侧区具密集颗粒，沿脊具短皱；柄区与中区分界明显。

翅：前翅长是宽的 3.6 倍，r 脉从翅痣的中央之后伸出；3-SR=5.25×r=0.55×SR1=

1.2×2-SR；第 2 亚缘室长是宽的 2.9 倍，是第 1 亚盘室长的 1.4 倍；CU1a 脉后叉。后翅 M+CU=0.7×1-M；m-cu 脉前叉，稍烟褐色，强烈斜向翅基部。

足：后足基节背方具密集横刻条和微弱颗粒，侧方具明显密集的颗粒；后足基节基腹方具转角和瘤突；后足腿节上半部具密集颗粒，下半部革质至几乎光滑；后足腿节长是宽的 3.4 倍；后足胫节外缘具 2 个端刺；后足胫节的毛长为胫节中间宽的 1.0–1.4 倍；后足跗节长是后足胫节长的 0.9 倍；后足基跗节长是后足第 2–5 跗节长的 0.6 倍；后足第 2 跗节长是后足基跗节长的 0.5 倍，是后足第 5 跗节长的 0.9 倍。

腹：腹柄侧面观腹面稍弯曲，背面基半部明显弯曲，端半部几乎直，气门瘤位于基部 1/3 处；腹柄长为其端宽的 2.5–2.7 倍，为并胸腹节的 1.5–1.6 倍；腹柄具明显稀疏的纵刻条，刻条间具密集网纹；第 2+3 背板中长为第 2 背板基宽的 1.6 倍，是第 2+3 背板最宽处的 0.8 倍；第 2 背板缝无；第 2 背板无侧缘；剩余背板光滑；产卵管直；产卵管鞘长为腹柄长的 1.4–2.0 倍，为腹部长的 0.6–0.9 倍，为胸部长的 0.9–1.2 倍，为前翅长的 0.4–0.6 倍。

体色：头黄褐色；胸部和腹部红褐色，腹板端部黄色；触角基半部黄色至褐黄色，中央褐色，近端部黄色，端部褐色；须白黄色；足黄色至褐黄色，后足腿节端半部褐色，后足胫节近基部大部分黄色；产卵管鞘基部黄色至褐黄色，端部深褐色；前翅明显均匀烟褐色；翅痣褐色，基部和端部浅黄色。

雄：未知。

生物学：未知。

研究标本：♀（正模，ZJUH），广东始兴车八岭，2003.VIII.21，许再福，No.20052618；1♀（副模，ZJUH），福建武夷山先锋岭，1989.IX.13，No.20005838；1♀（副模，ZJUH），广东乳源南岭，2004.V.8，许再福，No.20049601；1♀（副模，ZJUH），广东鼎湖山，1983.VI.18–19，张雅林，No.200011402。

分布：福建（武夷山）、广东（车八岭、南岭、鼎湖山）。

(203) 赵氏柄腹茧蜂 *Spathius chaoi* Shi, 2004

Spathius brunneus Chao, 1957: 6 (preoccupied by *Spathius brunneus* Ashmead, 1893).
Spathius chaoi Shi, in: Chen *et* Shi, 2004: 122.

形态特征：体长 4.5 mm。触角至少 32 节（末节断）。脸具甚多横纵脊；额具不规则纵脊，一般是围绕着触角基部。头顶前方具 1 对短纵脊及若干粗横纵脊，后方光滑。前胸横脊中央与背板后缘愈合；侧区显著，约具 10 条横脊。中胸背板粗糙而不反光，密生黄色细毛；中叶几与前胸垂直；盾纵沟显著，内有甚多横脊，弯曲分叉，向中叶及侧叶伸入甚长；后脊后端几相遇，2 脊间有几条横脊。中胸侧板中央光滑，但非完全平坦，杂生若干粗大刻点，由翅的下方至基节前沟前方有 1 甚阔浅沟，内有 7 或 8 条弯曲横脊；基节前沟后方有数条纵脊。并胸腹节光滑，能反光，但非平坦；基脊甚短，仅为叉脊的 1/5；侧突颇大；中区与柄区分隔，前者具 3 条横脊，后者具 1 条横脊。腹柄甚弯曲，其长度为并胸腹节的 1.5 倍，背面大约具 8 条明显纵脊，另有甚多横脊，基端的横脊较显著，互相联络如网；柄后腹光滑；第 2+3 背板侧脊甚短；产卵管鞘较腹部稍短（25∶27）。头部赤褐色。触角基端浅赤褐色，向末端颜色渐深，呈黑色。须蜜黄色。前胸深赤褐色，但背面后方及侧区黑褐色。中胸背板黑色，盾纵沟及其附近深赤褐色。中胸侧板深赤褐色，其后方及下方渐呈黑色。并胸腹节及腹柄黑色，后者末端扩大部分赤褐色。翅浅烟褐色，翅痣深褐色，其基端浅黄色。后足基节赤褐色；转节蜜黄色；转节与腿节之间具赤褐色环纹；腿节及胫节赤褐色，各节基端 1/3 蜜黄色；跗节赤褐色；前中足色泽相似而浅。腹柄黑色，其末端略带赤褐色；柄后腹赤褐色，第 5 节末端以后黄褐色。

雄：未知。

生物学：未知。

分布：浙江（舟山）、福建（武夷山）、广东（始兴）、海南（五指山）。

附注：根据赵修复（1957）的描述整理，本志研究未见此种标本。模式标本原记录保存于 IZCAS，但已丢失。

(204) 纯鎏柄腹茧蜂 *Spathius chunliuae* Chao, 1957（图版 XLIV: 2）

Spathius chunliuae Chao, 1957: 9; 1978: 174; Belokobylskij, 2003b: 352; Chen *et* Shi, 2004: 123; Tang *et al*., 2015: 35.

雌：体长 2.9–4.0 mm；前翅长 2.3–3.0 mm。

头：触角已断，余 27 节；柄节长是宽的 1.5–1.6 倍；第 1 鞭节长为宽的 6.8–7.2 倍，为第 2 鞭节长的 1.3–1.4 倍；头顶光滑；额具横向刻条；颊光滑；头部背面观宽为中长的 1.6–1.7 倍；头在复眼后明显弧形收缩；复眼横径长为上颊的 1.5–1.6 倍；单眼区底边长为侧边的 1.15–1.20 倍，POL=0.8–1.0×OD=0.3–0.4×OOL；复眼光滑，纵径为横径的 1.2–1.3 倍；颚眼距是复眼纵径的 0.3–0.4 倍，是上颚基部宽的 0.7–0.8 倍；脸具横向刻条，中间狭窄区域光滑；脸宽是复眼纵径的 1.1 倍，是脸和唇基总长的 1.15–1.20 倍；唇基沟明显，完整；后头脊背方存在，与口后脊在上颚基部处不愈合。

胸：胸长是高的 1.8 倍；前胸背板后横脊与前胸背板后缘稍愈合，前横脊稍位于前胸背板中央；中胸盾片从前胸背板陡峭地升起，侧面观中胸盾片与前胸背板成直角；中胸盾片具密集颗粒；中胸盾片仅盾纵沟和侧方被稀疏、半直立长毛，后部中央具 2 条明显纵脊，脊间具皱；盾纵沟完整，深，宽，具密集的短刻条；小盾片前凹深，宽，内具 3 条纵脊，前凹长是小盾片长的 0.4 倍；小盾片微弱革质；中胸侧板大部分光滑；翅下区浅，宽，具微弱的稀疏皱刻条；基节前沟深，“S”形弯曲，具明显的稀疏短刻条，几乎横贯中胸侧板下缘。并胸腹节无侧突，分区明显；基脊是叉脊的 0.85 倍；并胸腹节表面大部分光滑，基侧区光滑，中区仅具 1 或 2 条横皱，大部分光滑；中区和柄区分界明显。

翅：前翅长是宽的 3.7–3.8 倍，r 脉从翅痣的中央稍后伸出；3-SR=4.0×r=0.5×SR1=1.0×2-SR；3-SR 脉与 r 脉几乎成直线；第 2 亚缘室长是宽的 3.2 倍，是第 1 亚盘室长的 1.4 倍；cu-a 脉几乎对叉或稍后叉；m-cu 脉明显后叉；CU1a 脉后叉。后翅 M+CU=0.6×1-M；

m-cu 脉稍前叉，不骨化，斜向翅基部。

足：后足基节背方具密集的半弧形刻条，侧方光滑；后足基节基腹方具明显转角和瘤突；后足腿节光滑；后足腿节长是宽的 4.0 倍；后足胫节外缘无端刺；后足胫节具短毛和长毛，毛长为胫节中间宽的 0.5–1.0 倍；后足跗节长是后足胫节长的 1.0 倍；后足基跗节长是后足第 2–5 跗节长的 0.7 倍；后足第 2 跗节长是后足基跗节长的 0.6 倍，是后足第 5 跗节长的 1.4 倍。

腹：腹柄侧面观腹面直，背面稍弯曲，气门瘤位于基部 1/3 处；腹柄长为其端宽的 3.8 倍，为并胸腹节的 2.0 倍；腹柄端宽为气门处宽的 1.6 倍；腹柄基部 2/3 具微弱皱刻条，端部 1/3 具明显刻条；第 2+3 背板中长为第 2 背板基宽的 2.0 倍，是第 2+3 背板最宽处的 1.0 倍；第 2 背板缝不明显；第 2+3 背板无侧缘；柄后腹光滑；产卵管鞘长为腹部长的 2.0–2.2 倍，为腹柄长的 5.0–5.2 倍，为胸部长的 3.1–3.3 倍，为前翅长的 1.5 倍。

体色：头黄褐色。中胸盾片、小盾片、中胸侧板和中胸腹板黄褐色；并胸腹节颜色稍深，浅红褐色。腹柄红褐色；其他背板基部棕褐色，端缘黄褐色。触角基部黄褐色，渐变为暗褐色。单眼区黑褐色。须浅黄色。各足跗节 1–4 节红褐色，端跗节黑褐色；足其他部分黄褐色。翅浅褐色半透明，无斑纹。翅痣褐色。

雄：体长 2.5 mm，前翅长 2.0 mm。复眼横径长为上颊的 1.8 倍；单眼区底边长为侧边的 1.3 倍；前翅长是宽的 4.0 倍；第 2 亚缘室长是宽的 3.5 倍，是第 1 亚盘室长的 1.5 倍；后翅无假痣；第 2+3 背板中长为第 2 背板基宽的 2.2 倍，是第 2+3 背板最宽处的 1.1 倍。其他特征与雌虫相似。

生物学：未知。

研究标本：1♀（副模，HNHM），福建邵武，1944.IV.3，赵修复。ZJUH：1♀，广东英德石门台，2003.III.29，王义平，No.20032531；2♀，广东佛冈观音山，2007.IX.15–16，许再福，Nos.200711436，200711690；2♀，贵州麻阳河万家，2007.IX.27–30，朱兰兰，Nos.200708089，200708118；1♂，贵州麻阳河万家，2007.IX.27–30，刘经贤，No.200808798；1♀，云南西双版纳森林公园，2003.VII.31，许再福，No.20053595。

分布：福建（宁化、邵武）、广东（石门台、观音山）、贵州（麻阳河）、云南（西双版纳）。

附注：正模标本记录保存于 IZCAS，但已丢失。

(205) 棒柄腹茧蜂 *Spathius clavator* Tang, Belokobylskij *et* Chen, 2015（图版 XLIV: 3）

Spathius clavator Tang, Belokobylskij *et* Chen, 2015: 35.

雌：体长 5.3 mm；前翅长 4.0 mm。

头：触角已断，余 26 节；柄节长是宽的 1.6 倍；第 1 鞭节长为宽的 6.7 倍，为第 2 鞭节长的 1.2 倍；头顶几乎完全光滑；额完全具粗糙的、相当稀疏的横刻条；颊大部分光滑；头部背面观宽为中长的 1.45 倍；头在复眼后稍弧形收缩；复眼横径长为上颊的 1.6 倍；单眼区底边长为侧边的 1.1 倍，POL=1.0×OD=0.3×OOL；复眼光滑，纵径为横径的

1.2 倍；颚眼距是复眼纵径的 0.4 倍，是上颚基部宽的 0.7 倍；脸具稀疏的密集横刻条，刻条间具网纹，中央仅具微弱颗粒；脸宽是复眼纵径的 1.1 倍，是脸和唇基总长的 1.2 倍；唇基沟明显，完整；后头脊背方存在，与口后脊在上颚基部处不愈合。

胸：胸长是高的 1.9 倍；前胸背板脊明显，后横脊中央与前胸背板后缘大部分愈合，前横脊位于前胸背板近中央；中胸盾片从前胸背板弧形升起，侧面观中胸盾片与前胸背板成钝角；中胸盾片具明显的密集颗粒，沿盾纵沟及侧方具密集的长皱，被相当密集的半直立长毛，中叶后方具 2 条向后会合的纵脊；盾纵沟明显，宽，前深后浅，具粗糙的密集短刻条，伸入中叶和侧叶；小盾片前凹相当深，长，内具 4 条纵脊，前凹长是小盾片长的 0.3 倍；小盾片完全具密集颗粒，无皱；中胸侧板完全具密集颗粒，部分具微弱刻条；翅下区浅，相当窄，具粗糙的皱刻条和颗粒；基节前沟深，宽，弯曲，后部 0.4 具稀疏短刻条，横贯中胸侧板下缘。并胸腹节具宽的侧突，分区明显；基脊是叉脊的 0.5 倍；基侧区具密集颗粒，沿脊具明显皱，中区具横皱；中区与柄区分界明显。

翅：前翅长是宽的 4.0 倍，r 脉从翅痣的中央伸出；3-SR=3.4×r=0.6×SR1=1.1×2-SR；第 2 亚缘室长是宽的 3.2 倍，是第 1 亚盘室长的 1.5 倍；CU1a 脉后叉。后翅 M+CU=0.7×1-M；m-cu 脉前叉，稍着色，强烈斜向翅基部。

足：后足基节背方具横刻条和密集颗粒，侧方具明显密集颗粒，下方具微弱颗粒；后足基节基腹方具明显转角和瘤突；后足腿节背方具密集的微弱颗粒和微弱刻条，剩余部分光滑；后足腿节长是宽的 3.7 倍；后足胫节外缘具 3 个端刺；后足胫节的毛长为胫节中间宽的 0.9–1.3 倍；后足跗节长是后足胫节长的 0.9 倍；后足基跗节长是后足第 2–5 跗节长的 0.55 倍；后足第 2 跗节长是后足基跗节长的 0.6 倍，是后足第 5 跗节长的 1.2 倍。

腹：腹柄侧面观腹面稍弯曲，背面基半部明显弯曲，端半部几乎直，气门瘤位于基部 1/3 处；腹柄长为其端宽的 2.7 倍，为并胸腹节的 1.7 倍；腹柄具明显的相当密集的纵刻条，刻条间具密集的微弱网纹；第 2+3 背板中长为第 2 背板基宽的 1.6 倍，是第 2+3 背板最宽处的 0.8 倍；第 2 背板缝无；第 2 背板仅基半部具侧缘；第 2 背板基部具微弱针刮状刻纹；剩余背板光滑；产卵管鞘长为腹部长的 1.2 倍，为腹柄长的 2.6 倍，为胸部长的 1.8 倍，为前翅长的 0.8 倍。

体色：头和中胸盾片黄色至褐黄色，脸红褐色；剩余胸部和腹部红褐色至深红褐色，柄后腹端部褐黄色；触角黄色至褐色，端部 1/3 褐色；须白色；足黄色至白黄色，所有腿节端部 1/3 褐色，后足基节完全黄色，后足胫节黄色，基部小部分区域褐色；产卵管鞘基半部黄色至褐黄色，端半部褐色至深褐色；前翅十分微弱的烟褐色，近 1-SR、1-M 脉附近和翅痣下方具褐色斑块；翅痣褐色，基部 1/4 浅黄色。

雄：未知。

生物学：未知。

研究标本：♀（正模，ZJUH），海南尖峰岭鸣凤谷，2007.X.25，刘经贤，No.200709690。

分布：海南（尖峰岭）。

(206) 柯柄腹茧蜂 *Spathius colophon* Nixon, 1943（图版 XLIV: 4）

Spathius colophon Nixon, 1943b: 251; Chao, 1977: 213; Chen *et* Shi, 2004: 125; Tang *et al*., 2015: 37.

雌：体长 3.6–5.8 mm；前翅长 2.5–4.3 mm。

头：触角 39–43 节；柄节长是宽的 1.6–1.7 倍；第 1 鞭节长为宽的 4.5–6.0 倍，为第 2 鞭节长的 1.0–1.3 倍；头顶和额具强烈的、粗糙的不规则皱；颊大部分具弯曲纵皱，复眼边缘具微弱颗粒，上颚与复眼间刻皱十分微弱；头部背面观宽为中长的 1.5 倍；头在复眼后明显弧形收缩；复眼横径长为上颊的 1.8 倍；单眼区底边长为侧边的 1.3 倍，POL=1.2×OD=0.4×OOL；复眼光滑，纵径为横径的 1.3 倍；颚眼距是复眼纵径的 0.3 倍，是上颚基部宽的 0.8 倍；脸具强烈粗糙的不规则皱；脸宽是复眼纵径的 1.1 倍，是脸和唇基总长的 1.1 倍；唇基沟明显，完整；后头脊背方存在，与口后脊在上颚基部处愈合。

胸：胸长是高的 2.1 倍；前胸背板后横脊明显，与前胸背板后缘平行，相距较远，前胸背板槽内具 5 或 6 条短刻条，刻条间光滑；中胸缓和地升起，侧面观中胸盾片与前胸背板成钝角；中胸侧板翅下区具长条皱，盘区几乎光滑；基节前沟“S”形，横贯中胸侧板下缘，其内刻条强，突破沟的边缘；中胸盾片具颗粒皱，沿盾纵沟被稀疏的直立长毛，后部中央 2 条纵隆脊明显；盾纵沟深，其内刻条强，伸入中叶和侧叶甚长，侧叶仅中央 1 条带区为颗粒皱；小盾片前凹较深，中央 1 条纵脊强，将其分成 2 部分，分别具 1 和 2 条弱纵脊；小盾片不隆起，具颗粒皱。并胸腹节分区明显；基脊是叉脊的 0.7 倍；背区基部 1/3 具颗粒皱，端部 2/3 具不规则皱，皱间相当光滑；中区仅具几条短横皱，皱间光滑；中区与柄区分界明显。

翅：前翅长是宽的 4.3 倍，翅痣长是宽的 3.6 倍，1-R1 脉为翅痣长的 1.3 倍，r 脉从翅痣的中央偏后伸出；r∶2-SR∶3-SR∶SR1=5∶19∶18∶31；cu-a 脉对叉；m-cu 脉后叉式，与第 1 亚缘室的距离为其长度的 0.4 倍。后翅长是宽的 5.6 倍，M+CU∶1-M=10∶17，m-cu 脉仅存在痕迹。

足：前足胫节钉状刺明显，约排成 2 列，具 7 个端刺；后足基节具明显转角和瘤突；后足腿节、胫节和基跗节长分别为各自宽的 3.4 倍、10.0 倍和 8.7 倍；后足胫节的毛长为胫节中间宽的 1.6 倍，几乎直立，后足胫节外缘 2 个端刺；后足跗节长为胫节长的 0.86 倍；后足第 1 跗节长是第 2–5 跗节的 0.76 倍，第 1 跗节长是第 2 跗节的 2.2 倍，第 3 跗节长是第 5 跗节的 0.7 倍。

腹：腹柄侧面观腹面直，背面均匀弯曲；气门位于基部 0.3 处，腹柄长为其端宽的 2.6 倍，为并胸腹节的 2.0 倍，腹柄端宽为其基部宽的 2.0 倍，为气门处宽的 1.7 倍；腹柄背面 5 条强脊纵贯整个表面，纵脊间横刻条很弱，几乎光滑；第 2+3 背板中长为端宽的 0.7 倍，无侧缘，光滑；其余背板光滑无侧缘；产卵管鞘长为腹部长的 1.2 倍，为腹柄长的 2.7 倍，为胸部长的 1.7 倍，为前翅长的 0.9 倍。

体色：头黑褐色到黑色。胸部黑色，有时盾纵沟处色稍浅。腹柄黑色，其他背板黑褐色到黑色，有时端缘黄褐色。触角基部黄褐色，渐变为褐色。单眼区与头顶同色。须浅黄色。前足和中足第 2 转节、腿节亚端部两侧、胫节中部及跗节黑褐色；基节、第 1 转节、腿节基部和端部、胫节基部和端部浅黄白色；后足基节中间、腿节端部 2/3、胫节最基部和中间 1/2、后足跗节黑褐色到黑色，基节端部和基部、转节、腿节基部、胫节亚基部和端部浅黄白色。翅浅褐色半透明，具明显斑纹；翅痣基部 1/3 黄褐色，端部 2/3 黑褐色。

雄：体长 2.5 mm，前翅长 2.0 mm。复眼横径长为上颊的 1.8 倍；单眼区底边长为侧边的 1.3 倍；前翅长是宽的 4.0 倍；第 2 亚缘室长是宽的 3.5 倍，是第 1 亚盘室长的 1.5 倍；后翅无假痣；第 2+3 背板中长为第 2 背板基宽的 2.2 倍，是第 2+3 背板最宽处的 1.1 倍。其他特征与雌虫相似。

生物学：未知。

研究标本：♀（正模，*Spathius colophon euro*，IZCAS），云南西双版纳勐混，1200–1400 m，1958.V.21，孟绪武。ZJUH：1♀，浙江临安清凉峰，2005.VIII.12，时敏，No.200607649；1♀，海南吊罗山，2006.VII.16–17，刘经贤，No.200802204；1♀，海南尖峰岭天池，2008.IX.24，No.200806013；1♀，云南西双版纳森林公园，2003.VII.31，许再福，No.20053528。

分布：浙江（清凉峰）、海南（吊罗山、尖峰岭）、云南（西双版纳）。

(207) 凸颊柄腹茧蜂 *Spathius convexitemporalis* Belokobylskij, 1996（图版 XLV: 1）

Spathius convexitemporalis Belokobylskij, 1996: 186; 2003b: 403.

雌：体长 3.5 mm；前翅长 3.0 mm。

头：触角 23 节；第 1 鞭节长为宽的 3.5 倍，为第 2 鞭节长的 1.2 倍；头顶中央具微弱刻条，侧方几乎光滑；额具网皱；颊光滑；头部背面观宽为中长的 1.4 倍；头在复眼后明显弧形收缩；复眼横径长为上颊的 1.0 倍；单眼区底边长为侧边的 1.2 倍，POL=1.0×OD=0.35×OOL；复眼光滑，纵径为横径的 1.3 倍；颚眼距是复眼纵径的 0.6 倍，是上颚基部宽的 1.0 倍；脸全具皱刻条；脸宽稍大于复眼纵径，稍大于脸和唇基总长；唇基沟明显，完整；后头脊背方存在，与口后脊在上颚基部处愈合。

胸：胸长是高的 1.8 倍；前胸背板脊明显，后横脊中央与前胸背板后缘明显愈合，前横脊细，位于前胸背板中央附近；中胸盾片弧形升起，侧面观中胸盾片与前胸背板成钝角；中胸盾片具微弱颗粒和稀疏皱，中后部具波浪形刻条；盾纵沟附近及侧方具短皱，被直立长毛；盾纵沟完整，相当深，后部 1/3 浅，具短刻条；小盾片前凹具密集皱，前凹长是小盾片长的 0.4 倍；小盾片几乎光滑，后部具微弱网皱；中胸侧板光滑，后部具微弱刻纹；翅下区浅，具皱刻条；基节前沟相当浅，弯曲，具短刻条，长为中胸侧板的 0.5 倍；并胸腹节分区明显，基脊是叉脊的 1.5 倍，中区与柄区分界明显。

翅：前翅长是宽的 3.8 倍，r 脉从翅痣的中央后方伸出；3-SR=3.5×r=0.5×SR1=1.0×2-SR；第 2 亚缘室长是宽的 3.0 倍，是第 1 亚盘室长的 1.4 倍；cu-a 脉稍对叉；m-cu 脉后叉；CU1a 脉对叉。后翅 M+CU=0.7×1-M；m-cu 脉对叉，不骨化，斜向翅基部。

足：后足基节具微弱刻纹；后足基节基腹方具转角，无瘤突；后足腿节长是宽的 3.3

倍；后足胫节外缘具 1 或 2 个端刺；后足胫节的毛长为胫节中间宽的 1.0–1.2 倍；后足跗节长是后足胫节长的 0.8 倍；后足基跗节长是后足第 2–5 跗节长的 0.7 倍；后足第 2 跗节长是后足基跗节长的 0.4 倍，是后足第 5 跗节长的 1.0 倍。

腹：腹柄侧面观背面基部 0.3 弯曲，端部 0.7 几乎直，气门瘤位于基部 1/3 处；腹柄长为其端宽的 2.0 倍，为并胸腹节的 1.8 倍；腹柄端宽为气门处宽的 1.3 倍；腹柄基半部具网皱，端半部具刻条；第 2+3 背板中长为第 2 背板基宽的 1.2 倍，是第 2+3 背板最宽处的 0.7 倍；第 2 背板缝微弱，几乎无；第 2 背板无侧缘；其余背板光滑；产卵管鞘长为腹柄长的 2.8 倍，为腹部长的 1.0 倍，为前翅长的 0.6 倍。

体色：体深红褐色，柄后腹色浅，头浅红褐色；触角浅褐色，近端部色深；须浅黄色；足红褐色，所有胫节基部色浅；产卵管鞘基半部黄色，端半部深褐色；翅稍烟褐色；翅痣褐色，基部 1/3 色浅。

雄：未知。

生物学：未知。

研究标本：♀（正模，AEI），Taiwan，Wushe，1150 m，1983.IV.13，H. Townes.

分布：台湾（雾社）。

(208) 双斑柄腹茧蜂 *Spathius crossospila* Chao, 1977

Spathius crossospila Chao, 1977: 214; Chen *et* Shi, 2004: 127.

形态特征：体长 3.2 mm。触角 33 节，几与身体及产卵管之和等长。头顶大约有 15 条横脊，较细弱。前胸背板横脊与背板后缘接触。中胸背板中叶向前胸背板倾斜的角度甚小。中胸侧板中央和腹板呈鱼鳞状纹，前者隐约可见甚多微细纵脊。并胸腹节基脊长度约为叉脊的 0.7 倍，背区仅外侧有短横脊，后方有较长纵脊，侧突呈颇长的明显齿状突。腹柄节长度约为并胸腹节的 1.5 倍，比柄后腹稍短，表面具 5 条纵脊。产卵管鞘几与腹部等长。头黄褐色。胸部和柄后腹赤褐色，前胸背板沿侧沟、中胸侧板沿基节前沟、后胸侧板腹缘黑赤褐色。足黄褐色，前足和中足基节及各足转节蜜黄色，后足腿节亚端部两侧黑赤褐色。腹柄节黑赤褐色；腹部第 2+3 背板有 1 对甚大的黑褐色斑。

雄：未知。

生物学：未知。

分布：福建（南平、建阳）。

附注：根据赵修复（1977）的描述整理，本志研究未见此种标本。模式标本原记录保存于 IZCAS，但已丢失。

(209) 落羽杉柄腹茧蜂 *Spathius cyparissus* Nixon, 1943（图版 XLV: 2）

Spathius cyparissus Nixon, 1943b: 318; Shenefelt *et* Marsh, 1976: 1397; Tang *et al*., 2015: 37.

雌：体长 4.4 mm；前翅长 3.6 mm。

头：触角已断，余 28 节；柄节长是宽的 1.4 倍；第 1 鞭节长为宽的 4.8 倍，为第 2 鞭节长的 1.0 倍；头顶前半部具相当明显的刻条，后半部光滑；额密布横刻条；颊光滑；头部背面观宽为中长的 1.3 倍；头在复眼后弧形收缩；复眼横径长为上颊的 1.7 倍；单眼区底边长为侧边的 1.3 倍，POL=1.0×OD=0.5×OOL；复眼光滑，纵径为横径的 1.3 倍；颚眼距是复眼纵径的 0.5 倍，是上颚基部宽的 1.0 倍；脸几乎密布皱刻条，中央稍具刻纹；脸宽是复眼纵径的 1.0 倍，是脸和唇基总长的 1.1 倍；唇基沟明显，完整；后头脊背方存在，与口后脊在上颚基部处不愈合。

胸：胸长是高的 2.4 倍；前胸背板脊明显，后横脊与前胸背板后缘明显分离，前横脊明显，位于前胸背板中央；中胸盾片从前胸背板稍陡峭地升起，侧面观中胸盾片与前胸背板成钝角；中胸盾片具粗糙横皱刻条和颗粒，中叶和侧叶中央小部分仅具颗粒，被稀疏长毛，半直立，中叶后方具 2 条纵脊，脊间具横向短刻条；盾纵沟宽，前深后浅，具粗糙短刻条，伸入中叶和侧叶；小盾片前凹深，内具 3 条纵脊，前凹长是小盾片长的 0.3 倍；小盾片稍凸，具侧脊，密布颗粒；中胸侧板完全具粗糙皱刻条和颗粒；翅下区浅，宽，具粗糙皱刻条；基节前沟宽，深，稍斜，具短刻条，横贯中胸侧板下缘。并胸腹节分区明显，基脊是叉脊的 2.2 倍；背侧区基部具颗粒，脊附近具短刻条，中区具皱；中区与柄区分界明显。

翅：前翅长是宽的 4.2 倍，r 脉明显从翅痣的中央前方伸出；3-SR=4.0×r=0.6×SR1=1.5×2-SR；第 2 亚缘室长是宽的 3.1 倍，是第 1 亚盘室长的 1.3 倍；cu-a 脉稍后叉；m-cu 脉明显后叉；CU1a 脉后叉。后翅 M+CU=0.5×1-M；m-cu 脉前叉，稍骨化，强烈斜向翅基部。

足：后足基节背方具明显的横向刻条，剩余部分广布密集颗粒；后足基节基腹方具明显转角和瘤突；后足腿节背方具微弱不规则刻条，剩余部分光滑；后足腿节长是宽的 3.1 倍；后足胫节外缘无端刺；后足胫节的毛长为胫节中间宽的 1.0–1.5 倍；后足跗节长是后足胫节长的 0.8 倍；后足基跗节长是后足第 2–5 跗节长的 0.7 倍；后足第 2 跗节长是后足基跗节长的 0.5 倍，是后足第 5 跗节长的 1.1 倍。

腹：腹柄侧面观腹面直，背面基部稍弯曲，气门瘤位于基部 1/3 处；腹柄长为其端宽的 2.5 倍，为并胸腹节的 1.9 倍；腹柄全具刻条，刻条间具密集皱；第 2+3 背板中长为第 2 背板基宽的 1.5 倍，是第 2+3 背板最宽处的 1.0 倍；第 2 背板缝不明显；第 2–4 背板具明显的侧缘；第 2、3 背板密布刻条，刻条间具密集皱，端缘光滑；第 4 背板刻纹基本同第 2+3 背板，但后部 0.3 具半弧形刻条和皱；第 5 背板具半弧形刻条；剩余背板光滑；产卵管鞘长为腹部长的 1.6 倍，为腹柄长的 3.5 倍，为胸部长的 2.4 倍，为前翅长的 1.3 倍。

体色：头浅黄色，脸（至少中央）、额、头顶中央部分和上颊前半部褐色或至少烟褐色。胸部红褐色，前部色浅，前胸背板侧方、小盾片、后胸背板、翅下区、基节前沟、后胸侧板端缘和并胸腹节（中央大部分）黄褐色或几乎黑色。腹部黑色，第 3–5 背板后缘和第 6 背板完全黄色。触角柄节和梗节黄色，边缘烟褐色；鞭节基部棕黄色，渐变为深褐色。须浅黄色。前中足基节白色；前中足腿节黄色，腹方前部烟褐色；所有胫节黄色，基部和中央褐色；后足腿节近后部 0.6 和所有跗节褐色；后足基节黄色。产卵管鞘浅褐色，端部几乎黑色。前翅稍烟褐色；翅痣褐色或深褐色，基部 0.25 和端部黄色。

雄：未知。

生物学：未知。

研究标本：1♀，海南霸王岭，2008.XI.26，王漫漫，No.200805630（ZJUH）。

分布：海南（霸王岭）；印度尼西亚。

(210) 大围柄腹茧蜂 *Spathius daweiensis* Tang, Belokobylskij *et* Chen, 2015（图版 XLV: 3）

Spathius daweiensis Tang, Belokobylskij *et* Chen, 2015: 38.

雌：体长 5.2 mm；前翅长 4.7 mm。

头：触角已断，余 20 节；柄节长是宽的 1.8 倍；第 1 鞭节长为宽的 5.0 倍，为第 2 鞭节长的 1.4 倍；头顶具明显粗糙的横向皱刻条；额具明显粗糙的不规则皱；颊上半部具明显刻条，下半部光滑；头部背面观宽为中长的 1.3 倍；头在复眼后弧形收缩；复眼横径长为上颊的 1.3 倍；单眼区底边长为侧边的 1.0 倍，POL=1.0×OD=0.3×OOL；复眼光滑，纵径为横径的 1.3 倍；颚眼距是复眼纵径的 0.4 倍，是上颚基部宽的 0.9 倍；脸几乎具明显粗糙的横向皱刻条，中央狭窄区域光滑；脸宽是复眼纵径的 1.4 倍，是脸和唇基总长的 1.1 倍；唇基沟明显，完整；后头脊背方存在，与口后脊在上颚基部处不愈合。

胸：胸长是高的 2.0 倍；前胸背板后横脊明显与前胸背板后缘分离；中胸较缓和地升起，侧面观中胸盾片与前胸背板成钝角；中胸盾片中叶前方凸出，前侧方无肩角；中胸盾片密布颗粒和皱刻条，侧叶中央狭窄区域仅具颗粒，被稀疏的半直立长毛，后部中央具 2 条纵隆脊，隆脊间具横向短皱；盾纵沟前深后浅，宽，完整，具稀疏短刻条，刻条伸向中叶和侧叶；小盾片前凹浅，宽，内具 5 条纵脊，前凹长是小盾片长的 0.3 倍；小盾片稍微隆起，具微弱颗粒；中胸侧板几乎全具颗粒和皱；翅下区浅，宽，具横向刻条皱和颗粒；基节前沟深，“S”形，宽，具明显短刻条，横贯中胸侧板下缘。并胸腹节分区明显，侧突存在，较明显；基脊是叉脊的 2.3 倍；基侧区具颗粒皱，中区具横皱。

翅：前翅长是宽的 4.1 倍，r 脉明显从翅痣的中央后方伸出；3-SR=4.6×r=0.8×SR1=1.2×2-SR；第 2 亚缘室长是宽的 2.8 倍，是第 1 亚盘室长的 1.4 倍；cu-a 脉稍后叉；m-cu 脉后叉；CU1a 脉后叉。后翅 M+CU=0.5×1-M；m-cu 脉明显前叉，稍弯向翅基部，不骨化。

足：后足基节背方具明显的横向刻条和颗粒，侧方具颗粒；后足基节基腹方具转角和瘤突；后足腿节背半方具微弱的刻条和颗粒，腹半方具微弱的革质颗粒；后足腿节长是宽的 3.5 倍；后足胫节具半直立的毛，毛长为胫节中间宽的 1.6 倍；后足胫节外缘具 2 个端刺；后足跗节长是后足胫节长的 0.9 倍；后足基跗节长是第 2–5 跗节总长的 0.6 倍；后足第 2 跗节长是后足基跗节长的 0.5 倍，是第 5 跗节长的 1.0 倍。

腹：腹柄侧面观腹面几乎直，背面基半部明显均匀弯曲；气门瘤位于腹柄基部 0.3 处；腹柄长为其端宽的 2.6 倍，为并胸腹节的 1.9 倍；腹柄端宽为气门处宽的 1.7 倍；腹柄基部 0.7 具稀疏纵刻条，端部 0.3 刻条密集，刻条间具皱；第 2+3 背板中长为第 2 背板基宽的 1.4 倍，是第 2+3 背板最宽处的 0.7 倍；第 2 背板缝不明显；第 2+3 背板无侧缘；第 2 背板具密集的、微弱的细刻条，侧方光滑；剩余背板光滑；产卵管鞘长为腹部长的 1.0 倍，为腹柄长的 2.1 倍，为胸部长的 1.5 倍，为前翅长的 0.7 倍。

体色：头褐色；胸和腹柄黑色，小盾片稍棕黄色；第 2+3 背板基部 2/3 黑褐色，端部 1/3 棕黄色；第 4、5 背板基部和端部黑褐色，中央棕黄色；第 6 背板棕黄色。触角大部分褐色；须浅黄色；足大部分为浅棕黄色；前足和中足基节，所有转节浅黄色；后足基节棕黄色；后足腿节端部色深；翅不透明，深烟褐色；翅痣边缘苍白色，中间褐色，翅脉褐色。

雄：未知。

生物学：未知。

研究标本：♀（正模，ZJUH），云南屏边大围山，2003.VII.18，许再福，No.20055034。

分布：云南（大围山）。

(211) 低柄腹茧蜂 *Spathius deplanatus* Chao, 1978（图版 XLV: 4）

Spathius deplanatus Chao, 1978: 180; Belokobylskij, 2003b: 485; Chen *et* Shi, 2004: 128; Belokobylskij *et* Maeto, 2009: 558; Tang *et al*., 2015: 40.

雌：体长 2.5–3.7 mm；前翅长 1.7–2.7 mm。

头：触角 31 节；柄节长是宽的 1.5 倍；第 1 鞭节长为宽的 4.5–5.8 倍，为第 2 鞭节长的 1.1–1.2 倍；头顶具革质颗粒；额具明显密集或微弱的刻条和革质颗粒；颊具网纹和微弱刻条；头部十分扁平，头部背面观宽为中长的 1.1–1.3 倍；头在复眼后强烈弧形收缩；复眼横径长为上颊的 1.2–1.5 倍；单眼区底边长为侧边的 1.0–1.2 倍，POL=1.3–1.5×OD=0.4–0.5×OOL；复眼光滑，纵径为横径的 1.3–1.4 倍；颚眼距是复眼纵径的 0.2–0.3 倍，是上颚基部宽的 0.4–0.5 倍；脸具密集的粗糙横刻条；脸宽是复眼纵径的 1.0 倍，是脸和唇基总长的 1.7–2.1 倍；唇基沟明显，完整；后头脊背方存在，与口后脊在上颚基部处不愈合。

胸：胸部十分扁平，胸长是高的 4.0–5.0 倍；前胸背板脊微弱，后横脊中央与前胸背板后缘愈合，前横脊缺；中胸盾片中叶前方凸出，前侧方无肩角；中胸盾片密布革质颗粒，后部中央狭窄区域具明显皱，仅沿盾纵沟被稀疏长毛；盾纵沟浅，具短刻条和颗粒；小盾片前凹短，浅，内具 5 条纵脊，前凹长是小盾片长的 0.2–0.3 倍；小盾片密布颗粒；中胸侧板全部密布明显密集的网纹；翅下区深，窄，具密集网纹和微弱刻条；基节前沟深，窄，稍弯曲，具微弱网纹和颗粒，长为中胸侧板下缘的 0.5–0.6 倍；并胸腹节分区存在但不明显，基脊是叉脊的 1.5 倍，整个表面具网状皱。

翅：前翅长是宽的 3.9–4.5 倍，r 脉从翅痣的中央或稍后伸出；3-SR=4.4–4.8×r=0.7–0.9×SR1=1.5–1.7×2-SR；第 2 亚缘室长是宽的 3.8–4.0 倍，是第 1 亚盘室长的 1.5–1.6 倍；m-cu 脉明显后叉；CU1a 脉对叉。后翅 M+CU=0.4–0.5×1-M；m-cu 脉前叉，不骨化，几乎直，强烈斜向翅基部。

足：后足基节具革质颗粒；后足基节基腹方无转角和瘤突；后足腿节背方具革质网纹，腹方几乎光滑；后足腿节长是宽的 2.7–2.9 倍；后足胫节外缘具 4 个端刺；后足胫节具几乎直立的毛，毛长为胫节中间宽的 1.0–1.5 倍；后足跗节长是后足胫节长的 1.0 倍；后足基跗节长是第 2–5 跗节总长的 0.6 倍；后足第 2 跗节长是后足基跗节长的 0.4–0.5 倍，是第 5 跗节长的 1.0–1.2 倍。

腹：腹柄侧面观腹面直，背面基部 1/4 稍弯曲，端部 3/4 几乎直，气门瘤不明显；腹柄长为其端宽的 3.4–3.6 倍，为并胸腹节的 1.6–1.8 倍；腹柄端宽为气门处宽的 1.3–1.5 倍；腹柄具稀疏刻条，刻条间具网纹；第 2+3 背板中长为第 2 背板基宽的 2.4–2.6 倍，是第 2+3 背板最宽处的 1.0–1.3 倍；无第 2 背板缝；第 2、3 背板有明显折痕；第 2–4 背板具密集颗粒，第 3、4 背板端部具革质网纹或光滑；第 5 背板基半部具微弱革质网纹，端半部光滑；剩余背板光滑；产卵管鞘长为腹部长的 0.4 倍，为腹柄长的 1.2–1.3 倍，为胸部长的 0.5–0.6 倍，为前翅长的 0.3–0.4 倍。

体色：头部黄褐色；中胸盾片后部和小盾片黑褐色，胸部其他部分黄褐色；腹柄黄褐色，柄后腹黑褐色；触角基部黄褐色，往端部渐变为黑褐色；单眼区黑褐色；除下颚须端部 1 节浅褐色外，其余部分黑褐色；各足基节、转节和各足腿节内侧黄褐色，各足腿节外侧和各足胫节黑褐色，各足跗节 1–4 节黄褐色，各足端跗节黑褐色；翅具明显斑纹；翅痣基部 1/3 白色，端部 2/3 黑褐色。

雄：未知。

生物学：未知。

研究标本：♀（正模，IZCAS），福建建阳县黄坑公社大竹岚，1975.IX.18，陈家骅。ZJUH：1♀，浙江凤阳山，2007.VII.27，刘经贤，No.200809062；1♀，浙江龙泉凤阳山大田坪，2007.VII.28，刘经贤，No.200802750；1♀，浙江古田山，2005.VII.3，吴琼，No.200616480；1♀，浙江安吉龙王山，1995.VII.18，吴鸿，No.970092；1♀，西天目山仙人顶，1990.VI.2–4，娄永根，No.900156；1♀，广东梅州丰溪，2003.VII.29，陈驹坚，No.20048488；1♀，广东佛冈观音山，2007.IX.15–16，许再福，No.200711650；1♀，海南霸王岭，2008.XI.26，王漫漫，No.200805638；1♀，海南尖峰岭，2007.VI.7，刘经贤，No.200702461；1♀，海南尖峰岭，2008.IX.22–23，王漫漫，No.200805935；1♀，海南五指山，2007.IX.29，刘经贤，No.200710315；1♀，四川平武白马寨，2006.VII.25，张红英，No.200809973；1♀，贵州贵阳，1983.X.7–12，何俊华，No.833696。

分布：浙江（凤阳山、古田山、龙王山、西天目山）、福建（武夷山、建阳）、广东（丰溪、观音山）、海南（霸王岭、尖峰岭、五指山）、四川（平武）、贵州（贵阳）；日本。

(212) 扁胸柄腹茧蜂 *Spathius depressithorax* Belokobylskij, 1998（图版 XLVI: 1）

Spathius depressithorax Belokobylskij, 1998b: 98; 2003b: 384; Belokobylskij *et* Maeto, 2009: 561; Tang *et al*., 2015: 40.

雌：体长 2.9–5.2 mm；前翅长 2.3–3.6 mm。

头：触角 27–41 节；柄节长是宽的 1.5–1.6 倍；第 1 鞭节长为宽的 4.0–5.0 倍，为第 2 鞭节长的 1.1–1.2 倍；头顶侧方稍具刻条或光滑；额具粗糙的密集横刻条；颊光滑；头部背面观宽为中长的 1.4–1.6 倍；头在复眼后前部稍凸出，后部弧形收缩；复眼横径长为上颊的 1.0 倍；单眼区底边长为侧边的 1.3–1.4 倍，POL=1.3–1.7×OD=0.5–0.6×OOL；复眼光滑，纵径为横径的 1.3–1.4 倍；颚眼距是复眼纵径的 0.4–0.5 倍，是上颚基部宽的 0.7–0.8 倍；脸全具皱刻条；脸宽是复眼纵径的 1.0 倍，是脸和唇基总长的 1.2–1.3 倍；唇基沟明显，完整；后头脊背方存在，与口后脊在上颚基部处不愈合。

胸：胸部明显扁平，胸长是高的 2.2–2.5 倍；前胸背板脊明显，后横脊中央稍与前胸背板后缘愈合，前横脊位于前胸背板中央附近；中胸盾片缓和地升起，侧面观中胸盾片与前胸背板成钝角；中胸盾片具密集颗粒，前方有时具短刻条，中后方具宽的粗糙皱区；中胸盾片沿盾纵沟及侧方被稀疏的半直立短毛；盾纵沟浅，宽，具粗糙的短刻条，刻条间具颗粒；小盾片前凹深，短，内具 3 条纵脊，前凹长是小盾片长的 0.3 倍；小盾片具微弱的密集颗粒；中胸侧板下部 0.6–0.7 光滑，有时稍具皱刻条；翅下区浅，宽，具皱刻条；基节前沟深，宽，直，具粗糙的短刻条，长为中胸侧板的 0.6 倍；并胸腹节分区不甚明显，基脊是叉脊的 0.6–1.2 倍，具网皱，柄区与中区分界明显。

翅：前翅长是宽的 3.6–4.0 倍，r 脉从翅痣的中央伸出；3-SR=3.8–4.0×r=0.5–0.6×SR1=0.9–1.1×2-SR；第 2 亚缘室长是宽的 3.2–3.5 倍，是第 1 亚盘室长的 1.4–1.7 倍；cu-a 脉后叉；m-cu 脉明显后叉；CU1a 脉后叉。后翅 M+CU=0.6×1-M；m-cu 脉前叉，不骨化，强烈弯向翅基部。

足：后足基节具微弱的密集颗粒，背方具皱刻条；后足基节基腹方具转角和瘤突；后足腿节具微弱的密集的革质颗粒；后足腿节长是宽的 2.7–3.2 倍；后足胫节外缘具 2–4 个端刺；后足胫节的毛长为胫节中间宽的 0.6–0.7 倍；后足跗节长是后足胫节长的 0.9–1.0 倍；后足基跗节长是后足第 2–5 跗节长的 0.8–0.9 倍；后足第 2 跗节长是后足基跗节长的 0.5 倍，是后足第 5 跗节长的 1.5–1.7 倍。

腹：腹柄侧面观腹面直，背面明显均匀弯曲，气门瘤位于基部 1/3 处；腹柄长为其端宽的 2.3–2.7 倍，为并胸腹节的 1.6–2.0 倍；腹柄端宽为气门处宽的 1.3–1.5 倍；腹柄具刻条，刻条间具皱，尤其是基部 0.7；第 2+3 背板中长为第 2 背板基宽的 1.3–1.6 倍，是第 2+3 背板最宽处的 0.8–0.9 倍；第 2 背板缝微弱；第 2 背板具侧缘；第 2 背板具刻条和网纹；第 3 背板基部 0.5–0.7 具密集的微弱小室状网纹；第 4、5 背板基部具微弱网纹和刻点；产卵管直；产卵管鞘长为体长的 0.6–0.8 倍，为腹部长的 1.4–1.6 倍，为前翅长的 0.8–1.3 倍。

体色：体红褐色。头浅红褐色；整个胸部红褐色；腹柄浅红褐色，柄后腹各背板基部浅红褐色，端部黄褐色；前足和中足基节、各足转节及各足胫节基部黄褐色，后足胫节基部的浅色带为胫节长的 0.4 倍；触角基部黄褐色渐变为黑褐色；单眼区浅红褐色；须浅黄褐色；翅黄褐色半透明，斑纹不明显；翅痣基部 0.3 黄褐色，端部 0.7 褐色。

雄：体长 3.3 mm；前翅长 2.4 mm。胸长是高的 2.2 倍；腹柄长是其端宽的 3.0 倍。其他特征与雌虫相似。

生物学：未知。

研究标本（ZJUH）：1♂，河北小五台山东灵山，2005.VIII.21，张红英，No.200802652；1♀，浙江松阳安岱后，1989.VII.15–17，何俊华，No.894467；1♀，浙江松阳，1989.VIII.21，何俊华，No.895243；2♀，浙江龙泉凤阳山，2007.VII.27，刘经贤，Nos.200801386，200801383。

分布：河北（小五台山）、浙江（松阳、凤阳山）；俄罗斯，韩国。

(213) 长尾柄腹茧蜂 *Spathius eunyce* Nixon, 1943（图版 XLVI: 2）

Spathius eunyce Nixon, 1943b: 284; Shenefelt *et* Marsh, 1976: 1399; Chao, 1978: 174; Belokobylskij, 1996: 184; Chen *et* Shi, 2004: 130; Tang *et al.*, 2015: 40.

雌：体长 3.3 mm；前翅长 2.7 mm。

头：触角 35 节；柄节长是宽的 1.7 倍；第 1 鞭节长为宽的 6.4 倍，为第 2 鞭节长的 1.5 倍；头顶和额光滑；颊光滑；头部背面观宽为中长的 1.6 倍；头在复眼后明显弧形收缩；复眼横径长为上颊的 1.6 倍；单眼区底边长为侧边的 1.2 倍，POL=1.0×OD=0.4×OOL；复眼光滑，纵径为横径的 1.3 倍；颚眼距是复眼纵径的 0.4 倍，是上颚基部宽的 0.9 倍；脸光滑；脸宽是复眼纵径的 1.2 倍，是脸和唇基总长的 1.0 倍；唇基沟明显，完整；后头脊背方存在，与口后脊在上颚基部处愈合。

胸：胸长是高的 1.8 倍；前胸背板后横脊弱，与前胸背板后缘接近，但不愈合；中胸盾片从前胸背板陡峭地升起，侧面观中胸盾片与前胸背板成直角；中胸盾片光滑；中胸盾片仅盾纵沟和侧方被稀疏的半直立长毛，后部中央具 2 条明显的纵脊，脊间光滑；盾纵沟完整，浅，窄，前半部具粗糙短刻条，后半部光滑；小盾片前凹浅，内具 5 条纵脊，前凹长是小盾片长的 0.4 倍；小盾片光滑；中胸侧板光滑；翅下区浅，窄，具粗糙皱刻条；基节前沟前深后浅，宽，“S”形弯曲，具明显的稀疏短刻条，几乎横贯中胸侧板下缘。并胸腹节具小的侧突，分区明显；基脊短，是叉脊的 0.4 倍；基侧区光滑，中区具 1 条横皱；中区与柄区分界明显。

翅：前翅长是宽的 3.8 倍，r 脉从翅痣的中央稍后伸出；3-SR=5.5×r=0.5×SR1=0.9×2-SR；3-SR 脉与 r 脉几乎成直线；第 2 亚缘室长是宽的 2.8 倍，是第 1 亚盘室长的 1.1 倍；cu-a 脉对叉；m-cu 脉明显后叉；CU1a 脉后叉。后翅 M+CU=0.6×1-M；m-cu 脉对叉，不骨化，斜向翅基部。

足：后足基节背方具密集的半弧形刻条，侧方光滑；后足基节基腹方具明显的转角和瘤突；后足腿节几乎光滑；后足腿节长是宽的 3.5–4.0 倍；后足胫节外缘无端刺；后足胫节具短毛和长毛，毛长为胫节中间宽的 1.3 倍；后足跗节长是后足胫节长的 0.9 倍；后足基跗节长是后足第 2–5 跗节长的 0.6 倍；后足第 2 跗节长是后足基跗节长的 0.6 倍，是后足第 5 跗节长的 1.3 倍。

腹：腹柄侧面观腹面均匀弯曲，背面明显弯曲，气门瘤位于基部 1/3 处；腹柄长为其端宽的 3.6 倍，为并胸腹节的 1.8 倍；腹柄端宽为气门处宽的 1.5 倍；腹柄基部 0.5–0.7 具刻条，刻条间具皱，端部光滑；第 2+3 背板中长为第 2 背板基宽的 2.3 倍，是第 2+3

背板最宽处的 1.3 倍；无第 2 背板缝；第 2+3 背板无侧缘；柄后腹光滑；产卵管鞘长为腹部长的 3.1 倍，为腹柄长的 6.3 倍，为胸部长的 4.2 倍，为前翅长的 1.9 倍。

体色：头黄褐色；中胸盾片、小盾片、中胸侧板和并胸腹节浅红褐色；腹柄浅红褐色，其他背板基部黑褐色、端部黄褐色；触角基部浅红褐色，渐变为暗褐色；单眼区黑色；须浅黄褐色；足大部分黄褐色，各足跗节暗红褐色；翅浅褐色半透明，无明显斑纹；翅痣褐色。

雄：未知。

生物学：未知。

研究标本：1♀，福建清流，1986.VI.24，齐石成，No.865254（ZJUH）。

分布：福建（清流）、台湾（台南）、广西（桂林）；菲律宾。

(214) 直径柄腹茧蜂 *Spathius euthyradius* Chao, 1978（图版 XLVI: 3）

Spathius euthyradius Chao, 1978: 174; Belokobylskij, 2003b: 354; Chen *et* Shi, 2004: 130; Tang *et al.*, 2015: 42.

雌：体长 5.6 mm；前翅长 3.5 mm。

头：触角已断，余 26 节；柄节长是宽的 1.6 倍；第 1 鞭节长为宽的 6.5 倍，为第 2 鞭节长的 1.5 倍；头顶光滑；额具横向刻条；颊光滑；头部背面观宽为中长的 1.8 倍；头在复眼后明显弧形收缩；复眼横径长为上颊的 1.7 倍；单眼区底边长为侧边的 1.0 倍，POL=1.0×OD=0.3×OOL；复眼光滑，纵径为横径的 1.3 倍；颚眼距是复眼纵径的 0.4 倍，是上颚基部宽的 0.9 倍；脸具横向刻条，中央狭窄区域光滑；脸宽是复眼纵径的 1.1 倍，是脸和唇基总长的 1.2 倍；唇基沟明显，完整；后头脊背方存在，与口后脊在上颚基部处愈合。

胸：胸长是高的 1.8 倍；前胸背板后横脊明显，与前胸背板后缘不愈合；前胸背板侧凹宽，相当深，具稀疏短刻条；中胸盾片从前胸背板陡峭地升起，侧面观中胸盾片与前胸背板成直角；中胸盾片具密集的颗粒和横向皱刻条，侧叶中央狭窄区域仅具密集颗粒；中胸盾片仅盾纵沟和侧方被稀疏的半直立长毛，后部中央具 2 条明显纵脊，脊间光滑；盾纵沟完整，深，具粗糙短刻条，其内刻条伸入中叶和侧叶甚长；小盾片前凹深，相当宽，内具 3 条纵脊，前凹长是小盾片长的 0.4 倍；小盾片具微弱颗粒；中胸侧板光滑；翅下区浅，窄，具皱刻条；基节前沟深，宽，“S”形弯曲，具明显的稀疏短刻条，几乎横贯中胸侧板下缘。并胸腹节分区明显；基脊是叉脊的 0.35 倍；背区光滑，中区中央具 1 条完整横皱，其他部分具短而弱的横皱；中区与柄区分界明显。

翅：前翅长是宽的 4.2 倍，r 脉几乎从翅痣的中央伸出；3-SR=3.0–4.0×r=0.5×SR1=0.9×2-SR；3-SR 脉与 r 脉几乎成直线；第 2 亚缘室长是宽的 3.0 倍，是第 1 亚盘室长的 1.1 倍；cu-a 脉对叉；m-cu 脉明显后叉；CU1a 脉后叉。后翅 M+CU=0.5×1-M；m-cu 脉稍前叉，不骨化，斜向翅基部。

足：后足基节几乎光滑；后足基节基腹方具明显转角和瘤突；后足腿节几乎光滑；

后足腿节长是宽的 4.0 倍；后足胫节外缘无端刺；后足胫节具密集短毛，毛长为胫节中间宽的 0.5–0.7 倍；后足跗节长是后足胫节长的 1.0 倍；后足基跗节长是后足第 2–5 跗节长的 0.6 倍；后足第 2 跗节长是后足基跗节长的 0.6 倍，是后足第 5 跗节长的 1.6 倍。

腹：腹柄侧面观腹面稍弯曲，背面明显均匀弯曲，气门瘤位于基部 1/3 处；腹柄长为其端宽的 4.0 倍，为并胸腹节的 2.2 倍；腹柄端宽为气门处宽的 1.5 倍；腹柄大部分具皱刻条，端部中央 1/4 光滑；第 2+3 背板中长为第 2 背板基宽的 2.3 倍，是第 2+3 背板最宽处的 1.0 倍；无第 2 背板缝；第 2+3 背板无侧缘；柄后腹光滑；产卵管鞘长为腹部长的 2.1 倍，为腹柄长的 4.5 倍，为胸部长的 3.5 倍，为前翅长的 1.7 倍。

体色：头黄褐色。中胸盾片和小盾片黄褐色；中胸侧板红褐色到黑褐色；并胸腹节黑褐色。腹柄红褐色；第 2+3 背板最基部中央略带红褐色，大部分黑褐色，端缘黄褐色；其他背板基部黑褐色，端缘黄褐色。触角基部黄褐色，渐变为黑褐色。单眼区黑褐色。须浅黄色。后足腿节亚端部两侧各具 1 褐色斑，各足跗节红褐色，足其他部分黄褐色。翅烟褐色半透明，无斑纹。翅痣褐色，基部 1/3 色浅。

雄：未知。

生物学：未知。

研究标本：♀（正模，IZCAS），四川峨眉山，1955.VI.24，冷怀璠。

分布：四川（峨眉山）。

(215) 玲柄腹茧蜂 *Spathius evideus* Chao, 1957（图版 XLVI: 4）

Spathius evideus Chao, 1957: 10; Chen *et* Shi, 2004: 131; Tang *et al*., 2015: 42.

雌：体长 2.9–3.9 mm；前翅长 2.3–2.6 mm。

头：触角 33–40 节；柄节长是宽的 1.5–1.6 倍；第 1 鞭节长为宽的 6.5–7.0 倍，为第 2 鞭节长的 1.3–1.4 倍；头顶和额密布粗糙的不甚规则的横刻条；颊光滑，后方 0.2–0.5 具微弱或明显的皱刻条；头部背面观宽为中长的 1.5–1.7 倍；头在复眼后明显弧形收缩；复眼横径长为上颊的 2.2–2.5 倍；单眼区底边长为侧边的 1.0–1.2 倍，POL=0.8–1.0×OD=0.3–0.4×OOL；复眼光滑，纵径为横径的 1.2–1.4 倍；颚眼距是复眼纵径的 0.3 倍，是上颚基部宽的 0.7–0.8 倍；脸具横向刻条，中央纵隆上部光滑；脸宽是复眼纵径的 1.0–1.1 倍，是脸和唇基总长的 1.0 倍；唇基沟明显，完整；后头脊背方存在，与口后脊在上颚基部处愈合。

胸：胸长是高的 1.7–1.8 倍；前胸背板后横脊与前胸背板后缘大部分愈合；中胸盾片从前胸背板陡峭地升起，侧面观中胸盾片与前胸背板成直角；中胸盾片具密集颗粒；中胸盾片仅盾纵沟和侧方被稀疏的半直立长毛，后部中央具 2 条明显纵脊，脊间具稀疏刻条；盾纵沟完整，前深后浅，宽，具粗糙短刻条；小盾片前凹深，内具 3 条纵脊，前凹长是小盾片长的 0.4–0.5 倍；小盾片具密集颗粒；中胸侧板大部分光滑，仅基节前沟上方和下方具弱皱；翅下区浅，窄，具粗糙皱刻条；基节前沟浅，宽，“S”形弯曲，具明显的稀疏短刻条，横贯中胸侧板下缘。并胸腹节分区明显；基脊是叉脊的 0.8–1.0 倍；基侧区具颗粒和基本隆脊上伸出的皱，中区具横皱；中区与柄区分界明显。

翅：前翅长是宽的 3.5–3.9 倍，r 脉从翅痣的中央稍后伸出；3-SR=3.3–3.8×r=0.5×SR1=0.8–0.9×2-SR；3-SR 脉与 r 脉稍成钝角；第 2 亚缘室长是宽的 2.9–3.2 倍，是第 1 亚盘室长的 1.2–1.4 倍；cu-a 脉稍后叉或对叉；m-cu 脉明显后叉；CU1a 脉后叉。后翅 M+CU=0.5–0.6×1-M；m-cu 脉稍前叉，不骨化，斜向翅基部。

足：后足基节背方具微弱且密集的半弧形刻条，侧方具密集的微弱颗粒；后足基节基腹方具明显转角和瘤突；后足腿节几乎光滑；后足腿节长是宽的 3.1–3.3 倍；后足胫节外缘无端刺；后足胫节背面长毛和短毛混杂，长毛为胫节中间宽的 1.2–1.4 倍，短毛为胫节中间宽的 0.4–0.6 倍；后足跗节长是后足胫节长的 0.9–1.0 倍；后足基跗节长是后足第 2–5 跗节长的 0.7–0.8 倍；后足第 2 跗节长是后足基跗节长的 0.4–0.5 倍，是后足第 5 跗节长的 1.0–1.2 倍。

腹：腹柄侧面观腹面均匀弯曲，背面明显弯曲，气门瘤位于基部 1/3 处；腹柄长为其端宽的 6.5–7.0 倍，为并胸腹节的 2.2–2.4 倍；腹柄端宽为气门处宽的 0.9–1.0 倍；腹柄基半部具刻条，端半部光滑；柄后腹侧扁，第 2+3 背板中长为第 2 背板基宽的 4.0–4.4 倍，是第 2+3 背板最宽处的 1.5–1.8 倍；无第 2 背板缝；第 2+3 背板无侧缘；柄后腹光滑；产卵管鞘长为腹部长的 0.9–1.1 倍，为腹柄长的 1.4–1.6 倍，为胸部长的 1.6–1.8 倍，为前翅长的 0.8–0.9 倍。

体色：色浅者头黄褐色。中胸大部分红褐色，中胸侧板略带黑褐色，并胸腹节颜色略深。腹柄红褐色，基部略带黑褐色；第 2+3 背板基部中间和中部两侧暗褐色，基部两侧、中部中间及端缘黄褐色；其他背板中间黄褐色，两侧暗褐色。触角基部黄褐色，渐变为暗褐色，亚端部一段约 8 节浅黄色，端部 5–8 节黑褐色。单眼区黑褐色。须浅黄色。前足和中足基节和转节浅黄色；后足腿节亚端部具红褐色大斑；足其他部分黄褐色。翅浅褐色半透明，无斑纹；翅痣褐色。

雄：体长 2.5–3.3 mm；前翅长 2.1–2.3 mm。触角 38–40 节；前翅 3-SR=1.0–1.1×2-SR；后翅 2-SC+R 脉稍膨大。其余特征与雌虫相似。

生物学：未知。

研究标本（ZJUH）：5♀，浙江古田山，2005.VII.3，陈学新，Nos.200601614，200601656，200617193，200617196，200617200；19♀，浙江古田山，2005.VII.1–3，时敏，Nos.200616540，200616548，200616552，200616556，200615905，200615932，200615935，200616337，200616358，200616361，200616370，200616373，200616375，200616387，200616397，200616406，200616411，200616412，200616414；24♀，浙江古田山，2005.VII.1–3，吴琼，Nos.200615780，200615784，200615787，200615793，200615794，200615941，200615968，200616438，200616444，200616450，200616453，200616455，200616467，200616468，200616469，200616479，200616481，200616484，200616485，200616490，200616491，200616495，200616498，200616503；12♀，浙江古田山，2005.VII.1–3，张红英，Nos.200616603，200616609，200616028，200616098，200616099，200616103，200616110，200616112，200616118，200616122，200616125，200616130；12♀3♂，浙江古田山，

1992.VII.17–20，陈学新，Nos.923269，923312，923315，923319，923605，923615，923645，963652，963653，923998，923703，923715，923717，923718，923727；5♀，浙江古田山，1992.VII.17–19，马云，Nos.923773，923844，923870，923875，924076；2♀1♂，浙江古田山，1990.VIII.1，马云，Nos.906174，906221，906230；3♀，浙江开化古田山，1990.VII–VIII，徐志宏，Nos.905377，905577，905578；1♀，浙江开化古田山，1990.VII–VIII，马云，No.905928；9♀，浙江开化古田山，1992.VII.21–27，吴鸿，Nos.948989，948991，949002，949068，949136，949137，949141，949152，949198；1♀，浙江龙泉凤阳山，2003.VIII.7，刘经贤，No.20055661；1♀，浙江凤阳山，2007.VII.27，刘经贤，No.200809015；1♀，浙江龙泉凤阳山大田坪，2007.VII.28，刘经贤，No.200802753；1♀，福建武夷山，1989.IX.15，汪家社，No.964498；2♀，广东乳源南岭，2003.VII.23，许再福，Nos.20049009，20049045；1♀，广东梅州丰溪，2003.VII.29，陈驹坚，No.20048514；1♀，广东始兴车八岭，2002.VII.27，许再福，No.20051882；4♀，云南屏边大围山，2003.VII.18，许再福，Nos.20054935，20055139，20055158，20055188；3♀，海南吊罗山，2006.VII.16–17，刘经贤，Nos.200802180，200802322，200802394；2♀，海南尖峰岭天池，2006.VII.12–15，刘经贤，Nos.200803605，200803630。

分布：浙江（古田山、凤阳山）、福建（梅花山、南平、宁化、清流、武夷山）、广东（南岭、丰溪、车八岭）、海南（吊罗山、尖峰岭）、云南（大围山）。

附注：浙江凤阳山和云南屏边大围山的标本的胸部和腹部颜色深，其余特征与本种相似。正模标本记录保存于 IZCAS，但已丢失。

(216) 纹腹柄腹茧蜂 *Spathius exarator* (Linnaeus, 1758)（图版 XLVII: 1）

Ichneumon exarator Linnaeus, 1758: 564.

Spathius exarator: Marshall, 1885: 61; Watanabe, 1937: 35; Telenga, 1941: 33; Nixon, 1943b: 198; Shenefelt *et* Marsh, 1976: 1400（main synonyms); Belokobylskij *et* Tobias, 1986: 28; Chen *et* Shi, 2004: 132; Belokobylskij *et* Maeto, 2009: 571; Tang *et al.*, 2015: 42.

Ichneumon mutillator Thunberg, 1822: 261; Horstmann, 1999: 70. Synonymized by Belokobylskij *et al.*, 2003: 376.

Spathius strandi Fahringer, 1930: 82; Belokobylskij *et* Tobias, 1986: 28. Synonymized by Hedqvist, 1976: 52.

Spathius tanycoleosus Shi *et* Chen, in: Chen *et* Shi, 2004: 165. Synonymized by Tang *et al.*, 2015: 42.

雌：体长 3.5–7.4 mm；前翅长 2.7–5.3 mm。

头：触角 31–41 节；柄节长是宽的 1.5–1.7 倍；第 1 鞭节长为宽的 4.7–5.5 倍，为第 2 鞭节长的 1.1–1.2 倍；头顶光滑；额具粗糙的密集横刻条；颊光滑；头部背面观宽为中长的 1.4–1.6 倍；头在复眼后前部稍凸出，后部弧形收缩；复眼横径长为上颊的 1.1–1.4 倍；单眼区底边长为侧边的 1.1–1.2 倍，POL=1.0–1.5×OD=0.3×OOL；复眼光滑，纵径为横径的 1.3 倍；颚眼距是复眼纵径的 0.4–0.5 倍，是上颚基部宽的 0.8–1.0 倍；脸具明显密集的刻条，刻条间具皱；脸宽是复眼纵径的 1.0–1.2 倍，是脸和唇基总长的 1.1–1.2 倍；

唇基沟明显，完整；后头脊背方存在，与口后脊在上颚基部处不愈合。

胸：胸长是高的 1.9–2.1 倍；前胸背板脊明显，后横脊中央稍与前胸背板后缘愈合，前横脊位于前胸背板中央附近；中胸盾片陡峭地升起，侧面观中胸盾片与前胸背板成直角；中胸盾片具密集的颗粒，盾纵沟附近无皱，中后方具窄而长的粗糙皱区；中胸盾片沿盾纵沟及侧方被稀疏的半直立短毛；盾纵沟前深后浅，完整，具明显的稀疏短刻条；小盾片前凹深，长，内具 1–3 条纵脊，前凹长是小盾片长的 0.4–0.5 倍；小盾片具微弱的密集颗粒；中胸侧板下部 0.6–0.7 光滑，有时稍具皱刻条；翅下区浅，宽，具皱刻条；基节前沟深，宽，稍弯曲，具明显的短刻条，长为中胸侧板的 0.6–0.7 倍。并胸腹节整个表面具较强的网皱，基本隆脊弱，分区不明显；基脊是叉脊的 0.5–1.2 倍；中区与柄区分界明显。

翅：前翅长是宽的 3.8–4.3 倍，r 脉从翅痣的中央伸出；3-SR=2.6–4.0×r=0.6×SR1=0.9–1.3×2-SR；第 2 亚缘室长是宽的 3.2–3.7 倍，是第 1 亚盘室长的 1.3–1.5 倍；cu-a 脉后叉；m-cu 脉明显后叉；CU1a 脉后叉。后翅 M+CU=0.5–0.6×1-M；m-cu 脉前叉，不骨化，强烈弯向翅基部。

足：后足基节具密集颗粒，背方具密集的半弧形刻条；后足基节基腹方具转角和瘤突；后足腿节具密集网纹和颗粒，背方具微弱的斜向刻条；后足腿节长是宽的 3.2–3.6 倍；后足胫节外缘具 2 或 3 个端刺；后足胫节的毛长为胫节中间宽的 0.6–1.0 倍；后足跗节长是后足胫节长的 0.9–1.0 倍；后足基跗节长是后足第 2–5 跗节长的 0.7–0.8 倍；后足第 2 跗节长是后足基跗节长的 0.5 倍，是后足第 5 跗节长的 1.5–1.7 倍。

腹：腹柄侧面观腹面稍弯曲，背面基半部明显均匀弯曲，端半部几乎直，气门瘤位于基部 1/3 处；腹柄长为其端宽的 3.0–3.4 倍，为并胸腹节的 2.3–2.5 倍；腹柄端宽为气门处宽的 1.6–1.8 倍；腹柄具粗糙刻条，刻条间具皱；第 2+3 背板中长为第 2 背板基宽的 1.6–1.8 倍，是第 2+3 背板最宽处的 0.9–1.1 倍；第 2 背板缝几乎缺；第 2 背板具侧缘；第 2 背板具密集的微弱的纵刻条，有时具密集的刻点和网纹；第 3 背板中部具微弱的革质网纹，侧方有时具针刮状刻纹，端部 0.3 几乎光滑；剩余背板光滑；产卵管直；产卵管鞘长为体长的 1.0–1.2 倍，为腹部长的 1.8–2.0 倍，为胸部长的 2.7–3.5 倍，为前翅长的 1.2–1.5 倍。

体色：头红褐色；中胸盾片中叶深红褐色，侧叶几乎黑色，小盾片几乎黑色，中胸侧板上部黑褐色，下部红褐色，中胸腹板红褐色；并胸腹节与腹柄深红褐色；第 2+3 背板基部 2/3 黑褐色，端部及其他各背板黄褐色，腹板黄褐色；触角基部黄褐色渐变为黑褐色；单眼区红褐色；须褐色；足大部分红褐色，各足转节、胫节基部、基跗节基部浅黄色，后足胫节基部 0.28 为浅黄色；翅褐色半透明，1-SR、1-M 附近和翅痣下方具 2 个相当大褐色斑块；翅痣基部 1/3 浅黄色，端部 2/3 深褐色。

雄：未知。

生物学：已记录的寄主有：鞘翅目吉丁虫科的 *Agrilus ater*、*Anthaxia godeti*、*Anthaxia quadripunctata*、*Melanophila cyanea*、*Melanophila guttulata*；窃蠹科的 *Anobium fagi*、*Anobium inexspectatum*、*Anobium pertinax*、家具窃蠹 *Anobium punctatum*、*Dorcatoma* *dresdensis*、*Dorcatoma setosella*、松窃蠹 *Ernobius mollis*、*Ernobius nigrinus*、*Grynobius planus*、*Ochina ptinoides*、梳角细脉窃蠹 *Ptilinus pectinicornis*、药材甲 *Stegobium paniceum*、红毛窃蠹 *Xestobium rufovillosum*；蛛甲科白斑蛛甲 *Ptinus fur*；天牛科的大灰长角天牛 *Acanthocinus aedilis*、*Callidium abdominale*、*Callidium aeneum*、*Callidium violaceum*、*Clytus tropicus*、*Exocentrus lusitanus*、冷杉短鞘天牛 *Molorchus minor*、樟子松墨天牛 *Monochamus galloprovincialis*、*Phymatodes pusillus*、欧洲棍腿天牛 *Phymatodes testaceus*、*Pogonocherus hispidus*、松皮花天牛 *Rhagium inquisitor*、曲纹杉天牛 *Semanotus undatus*、*Stenostola ferrea*、光胸断眼天牛 *Tetropium castaneum*、暗褐断眼天牛 *Tetropium fuscum*、落叶松断眼天牛 *Tetropium gabrieli*、云杉断眼天牛 *Tetropium gracilicorne*；叶甲科的杨毛臀萤叶甲 *Agelastica alni*；小蠹科的松纵坑切梢小蠹 *Tomicus piniperda*、*Cryphalus tiliae*、*Cryptoplus tibialis*、*Ernoporus fagi*、水曲柳花小蠹 *Hylesinus fraxini*、北欧八齿小蠹 *Ips cembrae*、松十二齿小蠹 *Ips sexdentatus*、落叶松八齿小蠹 *Ips subelongatus*、云杉八齿小蠹 *Ips typographus*、*Phloeosinus serrifer*、二齿星坑小蠹 *Pityogenes bidentatus*、*Pityophthorus micrographus*、小四眼小蠹 *Polygraphus subopacus*、欧洲榆小蠹 *Scolytus multistriatus*、皱小蠹 *Scolytus rugulosus*、*Scolytus scotylus*；象甲科的紫大盾象 *Magdalis violacea*、*Pentarthrum huttoni*、*Pissodes harcyniae*、松黄星象 *Pissodes nitidus*、*Pissodes notatus*、*Rhyncolus culinaris*、*Rynchaenus fagi*、*Rynchaenus pilosus*、*Rynchaenus quercus*、*Rynchaenus salicis*、*Rynchaenus testaceus*；鳞翅目卷蛾科的李小食心虫 *Cydia funebrana*、云杉球果小卷蛾 *Cydia strobilella*；双翅目实蝇科的春黄菊星斑实蝇 *Trupanea stellata*；膜翅目金小蜂科的 *Cerocephala rufa*；长颈树蜂科的 *Xiphydria camelus*、*Xiphydria prolongata*；长节蜂科的 *Xyela julii*。

研究标本（ZJUH）：1♀，福建崇安三港，1989.X.27，汪家社，No.20007573；2♀，广东乳源南岭，2004.VIII.4，许再福，Nos.20049746，20049825；1♀，广东乳源南岭，2003.VII.23，许再福，No.20049139；1♀，云南屏边大围山，2003.VII.18，许再福，No.20054966；1♀，贵州宽阔水香树湾，2010.VI.2，谭江丽，No.201002144。

分布：福建（崇安）、广东（南岭）、贵州（宽阔水）、云南（大围山）；俄罗斯，蒙古国，韩国，日本，伊朗，欧洲，新西兰。

(217) 圆口柄腹茧蜂 *Spathius fasciatus* Walker, 1874（图版 XLVII: 2）

Spathius fasciatus Walker, 1874: 307; Nixon, 1943b: 237; Shenefelt *et* Marsh, 1976: 1403; Belokobylskij, 1998b: 95; Belokobylskij *et* Maeto, 2009: 575; Tang *et al.*, 2015: 43.

雌：体长 2.4–4.1 mm；前翅长 2.0–3.3 mm。

头：触角 24–33 节；柄节长是宽的 1.4–1.6 倍；第 1 鞭节长为宽的 4.0–4.6 倍，为第 2 鞭节长的 1.1–1.2 倍；头顶光滑；额几乎完全具明显横刻条；头部背面观宽为中长的 1.4–1.6 倍；头在复眼后前部稍凸，后部弧形收缩；复眼横径长为上颊的 1.3–1.6 倍；单眼中等大小，单眼区底边长为侧边的 1.1–1.2 倍，POL=1.0×OD=0.35–0.40×OOL；复眼光滑无毛，纵径为横径的 1.2–1.3 倍；颚眼距是复眼纵径的 0.4–0.5 倍，是上颚基部宽的 0.7–0.9 倍；脸具明显横刻条，中央几乎光滑；脸宽是复眼纵径的 1.0–1.1 倍，是脸和唇基总长的 1.1–1.2 倍；唇基沟明显，完整；唇基下陷宽是下陷边缘至复眼距离的 1.0–1.2 倍，是脸宽的 0.5 倍；后头脊背方存在，与口后脊在上颚基部处不愈合。

胸：胸长是高的 2.0–2.1 倍；前胸背板脊明显，后横脊与前胸背板后缘明显愈合，前横脊位于前胸背板近中央；中胸盾片从前胸背板弧形升起；中胸盾片具密集颗粒，盾纵沟附近和侧方具短皱，被相当密集的半直立长毛；盾纵沟相当浅，窄，完整，具明显短刻条；小盾片前凹相当深，内具 4 或 5 条纵脊，前凹长是小盾片长的 0.3–0.4 倍；小盾片稍隆起，具相当微弱的侧脊，具微弱的革质颗粒；中胸侧板中央大部分光滑，有时部分区域具微弱的针刮状刻纹；翅下区浅，宽，具粗糙的弯曲刻条；基节前沟前深后浅，稍弯曲，具明显密集的短刻条，横贯中胸侧板下缘。并胸腹节具短而粗的侧突，分区明显，基脊是叉脊的 0.7–1.2 倍；基侧区具微弱的革质颗粒，部分区域光滑，沿脊具明显皱；柄区与中区明显分离。

翅：前翅长是宽的 3.2–3.4 倍，r 脉从翅痣的中央之后或稍从中央伸出；3-SR=3.8–4.6×r=0.45–0.50×SR1=1.0–1.2×2-SR；第 2 亚缘室长是宽的 2.6–3.0 倍，是第 1 亚盘室长的 1.5–1.6 倍；1-SR+M 脉稍“S”形弯曲；CU1a 脉后叉。后翅 M+CU=0.55–0.60×1-M；m-cu 脉前叉，明显斜，不骨化。

足：后足基节背方具明显密集的半弧形刻条，侧方和下部广布密集颗粒；后足基节基腹方具转角和瘤突；后足腿节背方具十分微弱的刻条，下半部光滑；后足腿节长是宽的 3.0–3.3 倍；后足胫节背方具密集的半直立短毛，毛长是胫节宽的 0.6–1.0 倍；后足跗节长是后足胫节长的 0.9–1.0 倍；后足基跗节长是第 2–5 跗节总长的 0.6–0.7 倍；后足第 2 跗节长是后足基跗节长的 0.45–0.50 倍，是第 5 跗节长的 1.1–1.3 倍。

腹：腹柄侧面观腹面稍弯曲，背面明显均匀弯曲；腹柄基部 1/3 处加宽，具气门瘤；腹柄长为其端宽的 2.2–2.5 倍，为并胸腹节的 1.6–2.0 倍；腹柄端宽为气门处宽的 1.7–1.9 倍；腹柄具明显密集的刻条，基部中央 0.6 具网皱，刻条间具网纹；第 2+3 背板中长为第 2 背板基宽的 1.3–1.6 倍，是第 2+3 背板最宽处的 0.7–0.8 倍；无第 2 背板缝；第 2 背板无侧缘；剩余背板光滑；产卵管鞘长为体长的 0.5–0.6 倍，为腹部长的 1.0–1.1 倍，为胸部长的 1.3–1.6 倍，为前翅长的 0.7–0.8 倍。

体色：体深红褐色至几乎黑色，具红色斑块，常头部下方和复眼周围色浅，柄后腹色浅，第 2–5 背板后缘常具褐黄色条纹；有时体几乎完全浅红褐色；触角基部浅褐色或浅红褐色，剩余部分褐色至几乎黑色；须黄色或浅黄色；前中足褐黄色，腿节中央烟褐色；后足腿节黄褐色，腿节中央大部分褐色，后足胫节有时中央明显烟褐色，基部短的区域褐色；前翅几乎均匀烟褐色；翅痣褐色，基部 1/4 和端部黄色。

雄：未知。

生物学：未知。

研究标本（ZJUH）：1♀，广东南岭，2004.V.8，许再福，No.20049441；1♀，广西宁明，1984.V.16，杨定，No.200012472；1♀，海南尖峰岭，2007.VI.7，刘经贤，No.200702479；

1♀，海南五指山，2007.V.16–20，刘经贤，No.200703371；1♀，海南尖峰岭天池，2006.VII.12–15，陈天飞，No.200803207。

分布：广东（南岭）、海南（尖峰岭、五指山）、广西（宁明）；俄罗斯，韩国，日本。

(218) 红腿柄腹茧蜂 *Spathius femoralis* (Westwood, 1882)（图版 XLVII: 3）

Stenophasmus femoralis Westwood, 1882: 43.

Spathius femoralis: Szépligeti, 1904: 53; Nixon, 1943b: 380; Shenefelt *et* Marsh, 1976: 1403; Tang *et al*., 2015: 43.

雌：体长 5.1–6.5 mm；前翅长 3.6–4.6 mm。

头：触角 41 节；柄节长是宽的 1.3 倍；第 1 鞭节长为宽的 5.5 倍，为第 2 鞭节长的 1.2–1.3 倍；头顶和额全具明显密集的横刻条；颊几乎光滑或稍具微弱刻条；头部背面观宽为中长的 1.3–1.4 倍；头在复眼后弧形收缩；复眼横径长为上颊的 1.6–1.8 倍；单眼区底边长为侧边的 1.2–1.3 倍，POL=1.3–1.4×OD=0.4–0.5×OOL；复眼光滑，纵径为横径的 1.3 倍；颚眼距是复眼纵径的 0.4 倍，是上颚基部宽的 1.0–1.1 倍；脸具密集的粗糙网皱；脸宽是复眼纵径的 0.9–1.0 倍，是脸和唇基总长的 1.2 倍；唇基沟明显，完整；后头脊背方存在，与口后脊在上颚基部处不愈合。

胸：胸长是高的 2.1–2.3 倍；前胸背板脊后横脊与前胸背板后缘接近但不接触，前横脊细或几乎缺，位于前胸背板中央附近；中胸盾片较陡峭地升起，侧面观中胸盾片与前胸背板成钝角；中胸盾片具密集颗粒和明显的弱横皱，被稀疏的半直立长毛，后部中央 2 条纵隆脊明显，脊间具短横刻条；盾纵沟完整，宽，前深后浅，具粗糙的稀疏短刻条；小盾片前凹浅，内具 5 条纵脊，前凹长是小盾片长的 0.3 倍；小盾片具明显密集的颗粒；中胸侧板具密集颗粒，广布弱皱；翅下区浅，窄，具粗糙皱刻条和颗粒；基节前沟浅，窄，几乎直，具短刻条，长为中胸侧板的 0.7 倍。并胸腹节分区不甚明显，有时基本隆脊不完整；基脊是叉脊的 1.6 倍；背区具不规则网皱和颗粒皱，中区具横皱和颗粒皱；中区和柄区分界不明显。

翅：前翅长是宽的 4.1–4.5 倍，r 脉从翅痣的中央稍前伸出；3-SR=3.4–3.8×r=0.7–0.8×SR1=1.2–1.4×2-SR；第 2 亚缘室长是宽的 3.6–3.8 倍，是第 1 亚盘室长的 1.2–1.3 倍；cu-a 脉后叉；m-cu 脉明显后叉；CU1a 脉后叉。后翅 M+CU=0.5–0.6×1-M；m-cu 脉明显前叉，不骨化。

足：后足基节具密集颗粒，背方具微弱短刻条；后足基节基腹方无转角和瘤突；后足腿节背方具微弱的革质颗粒和刻条，其他部分具微弱的革质颗粒；后足腿节长是宽的 3.0–3.2 倍；后足胫节外缘具 7 个端刺；后足胫节的毛长为胫节中间宽的 0.8–1.1 倍；后足跗节长是后足胫节长的 0.9 倍；后足基跗节长是后足第 2–5 跗节长的 0.7–0.8 倍；后足第 2 跗节长是后足基跗节长的 0.4 倍，是后足第 5 跗节长的 1.2 倍。

腹：腹柄侧面观腹面稍弯曲，背面 0.3 明显弯曲，气门瘤位于基部 1/3 处；腹柄长为其端宽的 2.4–2.6 倍，为并胸腹节的 1.5–1.6 倍；腹柄端宽为气门处宽的 1.7–1.8 倍；腹柄具纵刻条，刻条间具密集网皱；第 2+3 背板中长为第 2 背板基宽的 1.2–1.4 倍，是第 2+3 背板最宽处的 0.7 倍；第 2 背板缝存在痕迹；第 2 背板无侧缘；第 2 背板具密集小室状网皱；第 3 背板具微弱的半弧形针刮状刻纹；第 4、5 背板全部或大部分具微弱的针刮状刻纹；剩余背板光滑；产卵管鞘长为腹部长的 0.9–1.1 倍，为腹柄长的 2.7–2.9 倍，为胸部长的 1.5–1.6 倍，为前翅长的 0.8–0.9 倍。

体色：体红褐色。头暗红褐色。胸部红褐色。腹柄红褐色；其他背板黑褐色（No.200704091 标本的体几乎全为浅红褐色）。触角柄节和梗节浅黄色，鞭节红褐色。单眼区暗红褐色。须浅黄色。前中足基节和第 1 转节、后足转节、后足胫节基部 3/8 和各足第 1 跗节基部浅黄色；各足腿节暗红褐色；前足和中足胫节全部及后足胫节端部黑色；各足端跗节暗红褐色；各足跗节剩余部分红褐色。翅烟褐色半透明，具明显斑纹，M 脉中间 1/3、翅痣基部及端缘具浅黄褐色纵带；翅痣基部 1/7 浅黄色，端部 6/7 黑褐色。

雄：未知。

生物学：未知。

研究标本：1♀（ZJUH），广东始兴车八岭，2002.VII.27，许再福，No.20051840；1♀（ZJUH），海南尖峰岭，2007.VI.6，刘经贤，No.200703831；1♀（ZJUH），海南尖峰岭，2008.XI.22，谭江丽，No.200805313；1♀（ZJUH），海南五指山，2007.V.16–20，刘经贤，No.200703173；1♀（ZJUH），海南五指山水满乡，2007.V.15–20，翁丽琼，No.200804014；2♀（ZJUH），海南鹦哥岭，2007.V.24–25，刘经贤，Nos.200702609，200702662；1♀（ZJUH），海南鹦哥岭，2007.V.24–26，刘经贤，No.200704091；1♀（ZJUH），海南鹦哥岭，2007.V.23–25，肖斌，No.200707380；1♀（ZISP），海南尖峰岭天池，2006.VII.12–15，张文勇，No.200803490。

分布：广东（车八岭）、海南（尖峰岭、五指山、鹦哥岭）；菲律宾，印度尼西亚。

(219) 锈红柄腹茧蜂 *Spathius ferrugineus* Tang, Belokobylskij *et* Chen, 2015（图版 XLVII: 4）

Spathius ferrugineus Tang, Belokobylskij *et* Chen, 2015: 43.

雌：体长 4.0 mm；前翅长 2.8 mm。

头：触角 44 节；柄节长是宽的 1.7 倍；第 1 鞭节长为宽的 4.8 倍，为第 2 鞭节长的 1.2 倍；头顶完全光滑；额完全具稀疏的横向弯曲刻条；颊大部分光滑，后部近后头脊具微弱的垂直刻条；头部背面观宽为中长的 1.7 倍；头在复眼后明显弧形收缩；复眼横径长为上颊的 2.0 倍；单眼区底边长为侧边的 1.2 倍，POL=0.8×OD=0.4×OOL；复眼光滑，纵径为横径的 1.25 倍；颚眼距是复眼纵径的 0.3 倍，是上颚基部宽的 0.8 倍；脸具明显密集的波浪形横刻条；脸宽是复眼纵径的 1.0 倍，是脸和唇基总长的 1.1 倍；唇基沟明显，完整；后头脊背方存在，与口后脊在上颚基部处愈合。

胸：胸长是高的 1.9 倍；前胸背板脊明显，后横脊中央与前胸背板后缘稍分离，前横脊相当细，位于前胸背板近中央；中胸盾片从前胸背板弧形升起，侧面观中胸盾片与前胸背板成钝角；中胸盾片具密集颗粒，沿盾纵沟及侧方具密集的粗糙长皱，被稀疏的半直立长毛，中叶后方具 2 条纵脊，脊间具稍弯曲的刻条；盾纵沟宽，前深后浅，具粗糙短刻条；小盾片前凹相当深，长，内具 3 条纵脊，前凹长是小盾片长的 0.3 倍；小盾片稍隆起，具微弱侧脊，完全具革质颗粒；中胸侧板大部分光滑；翅下区浅，相当宽，具明显粗糙的刻条；基节前沟浅，直，具粗糙短刻条，但后部光滑，基节前沟长是中胸侧板下缘的一半。并胸腹节具短而宽的侧突，分区明显；基脊是叉脊的 0.6 倍；基侧区基半部微弱革质，剩余部分具明显的纵刻条，中区窄，长；中区与柄区分界明显。

翅：前翅长是宽的 4.5 倍，r 脉从翅痣的中央伸出；3-SR=3.7×r=0.6×SR1=1.7×2-SR；第 2 亚缘室长是宽的 3.5 倍，是第 1 亚盘室长的 1.2 倍；cu-a 脉后叉；m-cu 脉明显后叉；CU1a 脉后叉。后翅 M+CU=0.6×1-M；m-cu 脉稍前叉，烟褐色，稍直，明显斜向翅基部。

足：后足基节背方具横向弯曲刻条，其余部分具密集至微弱的颗粒；后足基节基腹方具明显转角和瘤突；后足腿节大部分光滑，背半方具皱；后足腿节长是宽的 3.0 倍；后足胫节外缘无端刺；后足胫节的毛长为胫节中间宽的 1.1–1.3 倍；后足跗节长是后足胫节长的 0.9 倍；后足基跗节长是后足第 2–5 跗节长的 0.55 倍；后足第 2 跗节长是后足基跗节长的 0.6 倍，是后足第 5 跗节长的 0.9 倍。

腹：腹柄侧面观腹面稍弯曲，背面弯曲，气门瘤位于基部 1/3 处；腹柄长为其端宽的 3.4 倍，为并胸腹节的 1.75 倍；腹柄具粗糙的稀疏纵刻条，刻条间具密集网纹；第 2+3 背板中长为第 2 背板基宽的 1.6 倍，是第 2+3 背板最宽处的 0.8 倍；第 2 背板缝无；剩余背板光滑，但第 2 背板大部分具十分微弱的断续网纹-刻条；产卵管鞘长为腹部长的 1.3 倍，为腹柄长的 2.8 倍，为胸部长的 2.0 倍，为前翅长的 1.0 倍。

体色：体红褐色，头背方和侧方色浅；触角浅红褐色，中央稍色深，近端部触角白色，端部触角烟褐色；须白色。前中足褐黄色至浅褐色，基节和转节浅黄色；后足浅红褐色，后足胫节近中央稍烟褐色，近基部短的区域黄色，基部褐色。产卵管鞘褐色，基部色浅。前翅稍烟褐色；翅痣深褐色，基部和端部稍黄色。

雄：未知。

生物学：未知。

研究标本：♀（正模，ZJUH），海南鹦哥岭，2007.V.28–VI.3，翁丽琼，No.200804061。

分布：海南（鹦哥岭）。

(220) 黄体柄腹茧蜂 *Spathius flavicorpus* Tang, Belokobylskij *et* Chen, 2015（图版 XLVIII: 1）

Spathius flavicorpus Tang, Belokobylskij *et* Chen, 2015: 47.

雌：体长 2.7–4.3 mm；前翅长 2.1–3.1 mm。

头：触角 25–31 节；柄节长是宽的 1.6 倍；第 1 鞭节长为宽的 4.5–5.2 倍，为第 2 鞭节长的 1.10–1.15 倍；头顶具十分微弱的断续网皱，部分光滑，有时几乎完全光滑；额完全具密集的弯曲横刻条；颊光滑；头部背面观宽为中长的 1.6 倍；头在复眼后前部稍凸，后部弧形收缩；复眼横径长为上颊的 1.6–2.0 倍；单眼区底边长为侧边的 1.2 倍，POL=1.2×OD=0.4×OOL；复眼光滑，纵径为横径的 1.2 倍；颚眼距是复眼纵径的 0.50–0.55

倍，是上颚基部宽的 0.85 倍；脸大部分具密集的稍弯曲横刻条；脸宽是复眼纵径的 1.1 倍，是脸和唇基总长的 1.0 倍；唇基沟明显，完整；后头脊背方存在，与口后脊在上颚基部处愈合。

胸：胸长是高的 2.1 倍；前胸背板脊明显，后横脊粗糙，中央与前胸背板后缘稍分离，仅与 2 侧脊相连，前横脊明显，位于前胸背板近中央；中胸盾片从前胸背板弧形升起，与前胸背板成钝角；中胸盾片具密集颗粒，中叶前端具微弱的横刻条，沿盾纵沟及侧方具稀疏的不明显短皱，被稀疏的半直立长毛，中叶后方具 2 条纵脊；盾纵沟宽，前深后浅，具粗糙短刻条，稍伸入中叶和侧叶；小盾片前凹相当深，内具 4 条纵脊，前凹长是小盾片长的 0.4 倍；小盾片具密集的相当微弱的颗粒；中胸侧板具微弱的革质网纹，部分区域具微弱刻条，小区域光滑；翅下区浅，宽，具密集刻条；基节前沟前深后浅，弯曲，具稀疏短刻条和微弱颗粒，横贯中胸侧板下缘。并胸腹节具明显宽的侧脊，分区明显；基脊是叉脊的 1.4 倍；基侧区具皱刻条和颗粒，中区具横皱；中区与柄区分界明显。

翅：前翅长是宽的 3.7 倍，r 脉从翅痣的中央伸出；3-SR=4.4×r=0.55×SR1=1.15×2-SR；第 2 亚缘室长是宽的 3.1 倍，是第 1 亚盘室长的 1.4 倍；CU1a 脉后叉。后翅 M+CU=0.6×1-M；m-cu 脉稍前叉，稍着色，稍弯向翅基部。

足：后足基节背方具横刻条，基部具网纹，剩余部分具颗粒；后足基节基腹方具明显转角和瘤突；后足腿节上半部具网纹和颗粒，下半部几乎光滑；后足腿节长是宽的 3.2–3.6 倍；后足胫节外缘具 4 个端刺；后足胫节的毛长为胫节中间宽的 1.0–1.6 倍；后足跗节长是后足胫节长的 0.85 倍；后足基跗节长是后足第 2–5 跗节长的 0.6 倍；后足第 2 跗节长是后足基跗节长的 0.5 倍，是后足第 5 跗节长的 1.1 倍。

腹：腹柄侧面观腹面稍弯曲，背面基部 3/5 明显弯曲，端部 2/5 几乎直，气门瘤位于基部 1/3 处；腹柄长为其端宽的 2.5–3.1 倍，为并胸腹节的 1.5–1.7 倍；腹柄端宽为气门处宽的 1.8 倍；腹柄具明显密集的纵刻条，基部 0.7 刻条间具密集网纹；第 2+3 背板中长为第 2 背板基宽的 1.5 倍，是第 2+3 背板最宽处的 0.8 倍；第 2 背板缝无；第 2 背板无侧缘；剩余背板光滑，有时第 2 背板基部具微弱的针刮状刻纹；产卵管鞘长为腹部长的 0.6–0.7 倍，为腹柄长的 1.5–1.6 倍，为胸部长的 0.8–1.0 倍，为前翅长的 0.4–0.5 倍。

体色：体黄色至褐黄色，并胸腹节、腹柄和柄后腹具烟褐色斑块；触角基半部黄色至褐黄色，端半部大部分浅褐色至浅红褐色，端部白色；须白黄色。足黄色，基部白色。产卵管鞘褐色，基半部浅黄色；前翅稍烟褐色，1-SR 和 1-M 脉附近稍具深褐色斑块；翅痣褐色，基部 1/4 和端部浅黄色。

雄：未知。

生物学：未知。

研究标本：♀（正模，ZJUH），海南吊罗山，2006.VII.16–17，刘经贤，No.200802392；1♀（副模，ZISP），海南吊罗山，2006.VII.16–17，刘经贤，No.200802154；1♀（副模，ZJUH），海南鹦哥岭，2007.V.28–VI.3，翁丽琼，No.200804331；1♀（副模，ZJUH），海南霸王岭，2008.XI.26，谭江丽，No.200805700；1♀（副模，ZJUH），海南鹦哥岭，2007.X.18，刘经贤，No.200709777；1♀（副模，ZJUH），海南鹦哥岭，2008.XI.16，谭江丽，No.200805797；

1♀（副模，ZJUH），海南吊罗山，2006.VI.16–17，刘经贤，No.200802259；1♀（副模，ZJUH），海南吊罗山，2007.V.28–31，刘经贤，No.200702860；2♀（副模，ZJUH），云南西双版纳森林公园，2003.VII.31，许再福，Nos.20053556，20053574。

分布：海南（吊罗山、霸王岭、鹦哥岭）、云南（西双版纳）。

(221) 加琳娜柄腹茧蜂 *Spathius galinae* Belokobylskij *et* Strazanac, 2012（图版 XLVIII: 2）

Spathius galinae Belokobylskij *et* Strazanac, in: Belokobylskij *et al*., 2012b: 167; Tang *et al*., 2015: 48.

雌：体长 2.7–5.6 mm；前翅长 2.4–4.3 mm。

头：触角 27–38 节；柄节长是宽的 1.8 倍；第 1 鞭节长为宽的 4.0–4.5 倍，为第 2 鞭节长的 1.2–1.3 倍；头顶大部分光滑，前部具微弱的针刮状刻纹或刻条皱，有时完全光滑；额具横向刻条，刻条间具微弱皱；颊光滑；头部背面观宽为中长的 1.3–1.4 倍；头在复眼后前半部稍凸，后半部收缩；复眼横径长为上颊的 1.1–1.3 倍；单眼区底边长为侧边的 1.2–1.4 倍，POL=1.3–1.8×OD=0.5–0.7×OOL；复眼具稀疏短毛，纵径为横径的 1.2–1.3 倍；颚眼距是复眼纵径的 0.4–0.5 倍，是上颚基部宽的 0.6–0.8 倍；脸大部分具刻条，刻条间具微弱皱，中央狭窄区域光滑；脸宽是复眼纵径的 1.0–1.1 倍，是脸和唇基总长的 1.1–1.3 倍；唇基沟明显，完整；后头脊背方存在，与口后脊在上颚基部处不愈合。

胸：胸长是高的 2.0–2.3 倍；前胸背板脊微弱或明显，后横脊中央与前胸背板后缘明显愈合，前横脊细，位于前胸背板中央附近；中胸盾片较陡峭地升起，侧面观中胸盾片与前胸背板近直角；中胸盾片具密集颗粒，盾纵沟附近无短皱，被稀疏的直立长毛；盾纵沟完整，前深后浅，宽，具密集的短刻条皱；小盾片前凹浅，长，内具 1–3 条纵脊，前凹长是小盾片长的 0.3 倍；小盾片完全具颗粒或前半部具微弱的革质颗粒，后半部具颗粒和横刻条；中胸侧板大部分光滑；翅下区浅，宽，具密集皱刻条；基节前沟浅，窄，直，具微弱短刻条，长是中胸侧板长的 0.5–0.6 倍。并胸腹节分区明显，具短侧突，基脊是叉脊的 0.45–1.00 倍；基侧区基部具颗粒，基侧区端部和中区具不规则皱；中区与柄区分界明显。

翅：前翅长是宽的 3.5–3.8 倍，r 脉从翅痣的中央伸出；3-SR=4.0–5.2×r=0.6–0.7×SR1=1.1–1.3×2-SR；第 2 亚缘室长是宽的 3.3–3.8 倍，是第 1 亚盘室长的 1.3–1.6 倍；cu-a 脉稍后叉；m-cu 脉明显后叉；CU1a 脉后叉。后翅 M+CU=0.6×1-M；m-cu 脉明显前叉，骨化，强烈斜向翅基部。

足：后足基节背方具弯曲刻条，侧方具革质颗粒；后足基节基腹方具转角和瘤突；后足腿节背方具密集的针刮状刻纹，侧方革质，腹方几乎光滑；后足腿节长是宽的 3.1–3.5 倍；后足胫节外缘具 4–6 个端刺；后足胫节的毛长为胫节中间宽的 0.5–0.9 倍；后足跗节长是后足胫节长的 0.9–1.0 倍；后足基跗节长是后足第 2–5 跗节长的 0.65–0.70 倍；后足第 2 跗节长是后足基跗节长的 0.5 倍，是后足第 5 跗节长的 1.5–1.8 倍。

腹：腹柄侧面观腹面稍弯曲，背面前半部明显弯曲，后半部几乎直，气门瘤位于基部 1/3 处；腹柄长为其端宽的 1.6–2.2 倍，为并胸腹节的 1.7–2.0 倍；腹柄端宽为气门处宽的 1.5–1.7 倍；腹柄具密集刻条，其间具网皱；第 2+3 背板中长为第 2 背板基宽的 1.1–1.3 倍，是第 2+3 背板最宽处的 0.7–0.8 倍；第 2 背板缝微弱；第 2 背板具侧缘；第 2 背板、第 3 背板基部 3/4 具网纹和刻条，端部光滑；第 4 背板基半部具微弱网纹和刻点；第 5 背板基半部具微弱的密集刻点；其余背板光滑；产卵管直或稍向上；产卵管鞘长为腹部长的 1.2–1.6 倍，为胸部长的 1.4–2.1 倍，为前翅长的 0.7–1.0 倍。

体色：头和胸红褐色至深红褐色，常背方和后部区域色深，有时整个个体红褐色，后部稍烟褐色；触角基部黄褐色至褐色，近端部开始色深；须色深，褐色；前中足基节黄褐色，后足基节深红褐色；所有转节浅黄色；腿节红褐色至深红褐色，前足腿节基部、端部 1/3、中后足腿节基部黄色；胫节深红褐色，前中足胫节基部和端部狭窄区域浅褐色至浅黄色，后足胫节基部 2/3 浅黄色至浅褐色；所有跗节浅红褐色至黄褐色；产卵管鞘褐色至深褐色；腹部有时基半部黄褐色，端半部红褐色，极少数情况下完全深红褐色；前翅具明显透明斑块；翅痣深褐色，基部 1/3 黄色。

雄：未知。

生物学：寄主白蜡窄吉丁 *Agrilus planipennis*。

研究标本（ZJUH）：1♀，河南西峡黄石庵，1998.VII.17，陈学新，No.989229；1♀，河南内乡宝天曼，1998.VII.15，马云，No.987063。

分布：河南（黄石庵、宝天曼）；俄罗斯，日本。

(222) 普柄腹茧蜂 *Spathius generosus* Wilkinson, 1931（图版 XLVIII: 3）

Spathius generosus Wilkinson, 1931b: 263; Nixon, 1943b: 199; Shenefelt *et* Marsh, 1976: 1404; Belokobylskij, 1998b: 104; Yang *et al*., 2005: 640; Belokobylskij *et* Maeto, 2009: 585; Tang *et al*., 2015: 49.

Spathius jilinensis Chao, 1977: 208. Synonymized by Belokobylskij, 1998b: 104.

Spathius nungdaensis Chao, 1977: 211. Synonymized by Belokobylskij, 1998b: 104.

Spathius brevicaudis auct.: Urano *et* Hijii, 1991: 183; Belokobylskij, 1998b: 104; Belokobylskij *et* Maeto, 2009: 585.

雌：体长 2.7–5.6 mm；前翅长 2.2–4.3 mm。

头：触角 25–35 节；柄节长是宽的 1.5–1.7 倍；第 1 鞭节长为宽的 4.2–4.5 倍，为第 2 鞭节长的 1.2–1.3 倍；头顶光滑，极少数中央或侧方具微弱刻条；额全具密集的粗糙横刻条，有时侧方光滑；颊大部分光滑，沿后头脊具微弱的垂直刻条或网纹；头部背面观宽为中长的 1.4–1.6 倍；头在复眼后前部稍凸出，后部弧形收缩；复眼横径长为上颊的 1.1–1.4 倍；单眼区底边长为侧边的 1.2–1.3 倍，POL=1.1–1.3×OD=0.4–0.5×OOL；复眼光滑或具稀疏的短刚毛，纵径为横径的 1.3 倍；颚眼距是复眼纵径的 0.4 倍，是上颚基部宽的 0.7–0.8 倍；脸具密集的波浪形横刻条，其间具皱；脸宽是复眼纵径的 1.1–1.3 倍，是脸和唇基总长的 1.1–1.2 倍；唇基沟明显，完整；后头脊背方存在，与口后脊在上颚基部处不愈合。

胸：胸长是高的 1.9–2.0 倍；前胸背板脊明显，后横脊中央稍与前胸背板后缘愈合，前横脊位于前胸背板中央附近；中胸盾片陡峭地升起，侧面观中胸盾片与前胸背板几乎成直角；中胸盾片具密集的颗粒，中后方具粗糙皱区，中叶部分区域具横向弯曲刻条和 2 条向后会合的近平行的脊，侧叶在盾纵沟附近无或具短皱；中胸盾片沿盾纵沟及侧方广被稀疏的半直立短毛；盾纵沟深、宽、完整，具明显的稀疏短刻条；小盾片前凹深，长，内具 4–7 条纵脊，前凹长是小盾片长的 0.3–0.4 倍；小盾片具微弱的革质网纹；中胸侧板下部具微弱刻条，有时光滑；翅下区浅，宽，具密集粗糙的皱刻条；基节前沟浅，宽，直，具短刻条，长为中胸侧板的 0.5–0.6 倍。并胸腹节整个表面具较强的网皱，分区明显；基侧区具网纹和颗粒，脊周围广布皱；中区长，窄；中区与柄区分界明显；基脊是叉脊的 0.4–0.5 倍，有时约和叉脊等长。

翅：前翅长是宽的 3.5–3.8 倍，r 脉从翅痣的中央或稍从中央前方伸出；3-SR=3.6–4.6×r=0.6–0.7×SR1=0.9–1.1×2-SR；第 2 亚缘室长是宽的 3.0–3.3 倍，是第 1 亚盘室长的 1.3–1.6 倍；cu-a 脉后叉；m-cu 脉明显后叉；CU1a 脉后叉。后翅 M+CU=0.5–0.7×1-M；m-cu 脉前叉，不骨化，强烈弯向翅基部。

足：后足基节具密集颗粒，背方具密集的半弧形刻条，侧方具革质网纹；后足基节基腹方具转角和瘤突；后足腿节背方具明显密集的斜向刻条，腹方和侧方几乎光滑；后足腿节长是宽的 3.0–3.2 倍；后足胫节外缘具 3–5 个端刺；后足胫节的毛长为胫节中间宽的 0.4–0.7 倍；后足跗节长是后足胫节长的 0.9–1.0 倍；后足基跗节长是后足第 2–5 跗节长的 0.7 倍；后足第 2 跗节长是后足基跗节长的 0.5 倍，是后足第 5 跗节长的 1.5–1.7 倍。

腹：腹柄侧面观腹面稍弯曲，背面基半部明显均匀弯曲，端半部几乎直，气门瘤位于基部 1/3 处；腹柄长为其端宽的 2.0–2.2 倍，为并胸腹节的 1.6–1.8 倍；腹柄端宽为气门处宽的 1.6–1.8 倍；腹柄具粗糙刻条，刻条间具皱；第 2+3 背板中长为第 2 背板基宽的 1.0–1.2 倍，是第 2+3 背板最宽处的 0.7 倍；第 2 背板缝十分微弱；第 2 背板基部具侧缘；第 2 背板具密集的微弱刻条和网纹，侧方光滑；第 3 背板基半部具微弱的稀疏刻点，侧方和端半部几乎光滑；第 4 和第 5 背板光滑，有时基部具十分稀疏的刻点；剩余背板光滑；产卵管直；产卵管鞘长为体长的 0.4–0.6 倍，为腹部长的 0.8–1.4 倍，为胸部长的 1.1–1.7 倍，为前翅长的 0.5–0.8 倍。

体色：体红褐色。头红褐色，复眼周围颜色略浅；中胸盾片侧叶略带黑褐色，小盾片红褐色，中胸侧板和中胸腹板红褐色；并胸腹节红褐色；腹柄红褐色边缘略带黑褐色；其他背板黑褐色；触角基部黄褐色渐变为黑褐色；单眼区与头顶同色；须暗褐色；足除各足转节及胫节基部黄褐色外，其余部分均为红褐色，后足胫节基部浅色部分为胫节长的 0.4 倍；前翅褐色半透明，翅痣基部下方纵条带和端缘浅黄色；翅痣基部 1/3 黄褐色，端部 2/3 褐色。

雄：未知。

生物学：据记载，寄主有小蠹科的落叶松毛小蠹 *Dryocoetes baicalicus*、落叶松八齿小蠹 *Ips subelongatus*、雪松小蠹 *Scolytus major*、*Orthotomicus angulatus*、松纵坑切梢小蠹 *Tomicus piniperda*；天牛科的葡萄棍腿天牛 *Phymatodes maaki*、中带棍腿天牛 *Phymatodes mediofasciatus*、小灰长角天牛 *Acanthocinus griseus*、朝鲜梗天牛 *Arhopalus* *coreanus*；象甲科的 *Pissodes obscurus*、*Shirahoshizo* sp.、*Niphades variegatus*。

研究标本：♀（正模，*Spathius jilinensis* Chao，IZCAS），吉林漫江，1955.VIII.8，李植银；♀（正模，*Spathius nungdaensis* Chao，IZCAS），北京农业大学校内桃树上，1973.V.19，杨集昆。ZJUH：1♀，黑龙江镜泊湖，1995.VIII.26，娄巨贤，No.962063；1♀，河南鸡公山，1997.VII.11，陈学新，No.973873；1♀，河南鸡公山，1997.VII.12，陈学新，No.975014；2♀，江苏扬州，1981，杨连民，Nos.820098（2）；2♀，浙江松阳安岱后，1989.VII.15–17，何俊华，Nos.894327，893924；1♀，浙江松阳，1989.VII.18–31，何俊华，No.895218；1♀，浙江西天目山大横路，1998.X.9，马氏网诱，赵明水，No.999861；1♀，浙江西天目山仙人顶，1998.IX.14，赵明水，No.995051；1♀，浙江西天目山进山门，1998.XII.12，赵明水，No.20002809；1♀，浙江西天目山后山门，1998.VII.3，赵明水，No.20000146；1♀，浙江西天目山三亩坪，1998.VII.14，赵明水，No.999146；1♀，浙江西天目山，1988.V.17–18，徐伟良，No.885804；1♀，浙江龙泉凤阳山，2003.VIII.10，刘经贤，No.20048265；1♀，浙江古田山，1992.VII.18，陈学新，No.923486；1♀，江西宜春，1984.VI，No.841670；2♀，福建武夷山桐木村，1994.VII.14，陈学新，Nos.942330，942460；1♀，福建武夷山桐木村，1979.X，黄居昌，No.20003856；2♀，福建武夷山，1989.X.1，汪家社，Nos.964341，964353；1♀，福建挂敦，1980.VI.22，林乃铨，No.20003915；1♀，福建尤溪七里，1987.VIII.15，富朝荣，No.20005206；1♀，福建将乐龙栖山，1991.VII.8，刘长明，No.969915；2♀，河南内乡宝天曼，1998.VII.15，陈学新，Nos.988902，988972；1♀，河南内乡宝天曼，1998.VII.13–15，陈学新，No.991816；1♀，河南伏牛山，1996.VII.11，蔡平，No.973884；1♀，河南栾川龙峪湾，1996.VII.11–12，蔡平，No.972607；2♀，广东始兴车八岭，2002.V.25，许再福，Nos.20051673，20051631；2♀，广东乳源南岭，2004.VIII.4，许再福，Nos.20049720，20049195。

分布：黑龙江（镜泊湖）、吉林（漫江）、北京（中国农大校园）、河南（鸡公山、宝天曼、伏牛山、龙峪湾）、江苏（扬州）、浙江（松阳、西天目山、凤阳山、古田山）、江西（宜春）、福建（武夷山、尤溪、龙栖山）、台湾（雾社）、广东（车八岭、南岭）；俄罗斯，韩国，日本，印度。

(223) 古田山柄腹茧蜂 *Spathius gutianensis* Tang, Belokobylskij *et* Chen, 2015（图版 XLVIII: 4）

Spathius gutianensis Tang, Belokobylskij *et* Chen, 2015: 49.

雌：体长 4.7–5.0 mm；前翅长 3.2–3.4 mm。

头：触角 37 节；柄节长是宽的 1.6 倍；第 1 鞭节长为宽的 6.0 倍，为第 2 鞭节长的 1.2 倍；头顶具横刻条；额具明显横刻条；颊光滑；头部背面观宽为中长的 1.4 倍；头在复眼后弧形收缩；复眼横径长为上颊的 1.8 倍；单眼区底边长为侧边的 1.0 倍，POL=1.2×OD=0.3×OOL；复眼光滑，纵径为横径的 1.2 倍；颚眼距是复眼纵径的 0.4 倍，是上颚基部宽的 1.0 倍；脸具横向皱刻条，中央狭窄纵隆区域光滑；脸宽是复眼纵径的

1.2 倍，是脸和唇基总长的 1.1 倍；唇基沟明显，完整；后头脊背方存在，与口后脊在上颚基部处稍不愈合。

胸：胸长是高的 2.2 倍；前胸背板后横脊明显，中央与前胸背板后缘接近但不合并，前横脊细，位于前胸背板中央；中胸较缓和地升起，侧面观中胸盾片与前胸背板成钝角；中胸盾片中叶前方凸出，前侧方无肩角；中胸盾片密布颗粒和皱刻条，侧叶中央狭窄区域仅具颗粒，被稀疏的半直立长毛，后部中央具 2 条纵隆脊，隆脊间具横向短皱；盾纵沟前深后浅，宽，完整，具稀疏短刻条，刻条伸向中叶和侧叶；小盾片前凹浅，宽，内具 3 条纵脊，前凹长是小盾片长的 0.3 倍；小盾片稍微隆起，具密集的革质颗粒；中胸侧板几乎光滑；翅下区浅，窄，具稀疏刻条皱；基节前沟前深后浅，"S"形，具明显短刻条，横贯中胸侧板下缘。并胸腹节分区明显，侧突存在，十分明显；基脊是叉脊的 1.2 倍；基侧区具弱的革质颗粒，中区具几条横皱；中区与柄区分界明显。

翅：前翅长是宽的 4.0–4.2 倍，r 脉明显从翅痣的中央后方伸出；3-SR=3.3×r=0.5×SR1=1.0×2-SR；第 2 亚缘室长是宽的 3.1–3.2 倍，是第 1 亚盘室长的 1.4 倍；cu-a 脉后叉；m-cu 脉后叉；CU1a 脉后叉。后翅 M+CU=0.6×1-M；m-cu 脉明显前叉，稍弯向翅基部，不骨化。

足：后足基节背方具明显的横向刻条和颗粒，侧方具革质颗粒；后足基节基腹方具转角和瘤突；后足腿节背方具微弱刻条和革质颗粒，腹方和侧方具微弱的革质颗粒；后足腿节长是宽的 2.9–3.5 倍；后足胫节具半直立的毛，毛长为胫节中间宽的 1.1–1.4 倍；后足胫节外缘具 2 个端刺；后足跗节长是后足胫节长的 0.8 倍；后足基跗节长是第 2–5 跗节总长的 0.6 倍；后足第 2 跗节长是后足基跗节长的 0.5 倍，是第 5 跗节长的 1.0 倍。

腹：腹柄侧面观腹面几乎直，背面基半部明显均匀弯曲；气门瘤位于腹柄基部 0.3 处；腹柄长为其端宽的 2.2–2.3 倍，为并胸腹节的 1.7–1.8 倍；腹柄端宽为气门处宽的 1.8 倍；腹柄具稀疏纵刻条，刻条间具皱；第 2+3 背板中长为第 2 背板基宽的 1.6 倍，是第 2+3 背板最宽处的 0.7 倍；第 2 背板缝不明显；第 2+3 背板无明显的侧缘；第 2、3 背板具纵向刻条皱，端缘光滑；第 4 背板具与第 2、3 背板相同的刻纹，但微弱，端半部光滑，无侧缘；剩余背板光滑；产卵管鞘长为腹部长的 0.5 倍，为腹柄长的 1.6 倍，为胸部长的 0.9 倍，为前翅长的 0.5 倍。

体色：头褐色。中胸盾片和小盾片深褐色；中胸侧板、中胸腹板和并胸腹节褐色。腹柄红褐色；其他背板基部黑褐色，端部黄褐色。触角基部黄褐色，渐变为褐色，亚端部一段约 12 节浅黄色，端部 2 节为浅褐色。单眼区深褐色。须乳白色。前足和中足的基节、转节，以及后足转节浅黄色，其余部分黄褐色。翅浅褐色半透明，无明显斑纹。翅痣灰色，边缘颜色略浅。

雄：未知。

生物学：未知。

研究标本：♀（正模，ZJUH），浙江古田山，2005.VII.3，时敏，No.200616383；1♀（副模，ZJUH），浙江古田山，2005.VII.2，吴琼，No.200615915。

分布：浙江（古田山）。

(224) 土生柄腹茧蜂 *Spathius habui* Belokobylskij *et* Maeto, 2009（图版 XLIX: 1）

Spathius habui Belokobylskij *et* Maeto, 2009: 592; Tang *et al*., 2015: 51.

雌：体长 2.2 mm；前翅长 1.7 mm。

头：触角 20 节；柄节长是宽的 1.5 倍；第 1 鞭节长为宽的 5.3 倍，几乎与第 2 鞭节等长。头顶和额光滑；头顶后半部和侧方具稀疏的半直立短毛，前半部中央光滑无毛；头部背面观宽为中长的 1.5 倍；头在复眼后前半部稍加宽，后半部弧形收缩；复眼横径长为上颊的 1.6 倍；单眼小，单眼区底边长为侧边的 1.0 倍，POL=1.3×OD=0.4×OOL；复眼光滑无毛，纵径为横径的 1.3 倍；颚眼距是复眼纵径的 0.5 倍，是上颚基部宽的 1.0 倍；脸光滑，近中央具微弱刻纹；脸宽是复眼纵径的 1.0 倍，稍长于脸和唇基总长；唇基沟明显，完整；唇基下陷宽是下陷边缘至复眼距离的 0.9 倍，是脸宽的 0.35 倍；后头脊背方存在，与口后脊在上颚基部处不愈合。

胸：胸长是高的 1.9 倍；前胸背板脊相当弱，后横脊明显与前胸背板后缘分离，近前方具微弱横脊；中胸盾片从前胸背板明显地弧形升起；中胸盾片中叶前方凸出，前侧方具肩角；中胸盾片具密集颗粒，中后方小的区域具皱，盾纵沟附近和侧方无皱；中胸盾片沿盾纵沟和侧方被稀疏的半直立短毛；盾纵沟前深后浅，完整，具短刻条；小盾片前凹浅，短，内具 3 条纵脊和微弱皱，前凹长是小盾片长的 0.35 倍；小盾片隆起，具微弱侧脊，具密集颗粒；中胸侧板广布密集的、明显的革质颗粒；翅下区浅，宽，具刻条-颗粒；基节前沟浅，直，具密集的微弱短刻条，长为中胸侧板下缘的 0.5 倍；并胸腹节具小的侧突，分区明显，基脊是叉脊的 1.3 倍；基侧区广布颗粒；中区短，相当宽；柄区与中区明显分离；并胸腹节具密集网皱。

翅：前翅长是宽的 3.0 倍，r 脉从翅痣的中央伸出；3-SR=5.0×r=0.8×SR1=1.45×2-SR；第 2 亚缘室长是宽的 3.3 倍，是第 1 亚盘室长的 1.7 倍；1-SR+M 脉直；m-cu 脉对叉；CU1a 脉对叉。后翅 M+CU=0.55×1-M；m-cu 脉明显前叉，几乎直，不骨化。

足：后足基节具密集的微弱颗粒，部分革质；后足基节基腹方具转角和瘤突；后足腿节具密集的微弱颗粒，部分革质；后足腿节长是宽的 3.0 倍；后足胫节背方具密集的半直立短毛，毛长明显短于胫节宽；后足跗节长是后足胫节长的 0.9 倍；后足基跗节长是第 2–5 跗节总长的 0.65 倍；后足第 2 跗节长是后足基跗节长的 0.45 倍，是第 5 跗节长的 0.9 倍。

腹：腹柄侧面观腹面稍弯曲，背面基半部明显均匀弯曲，端半部直；腹柄基部 1/3 处加宽，具气门瘤；腹柄长为其端宽的 1.7 倍，为并胸腹节的 1.5 倍；腹柄端宽为气门处宽的 1.5 倍；腹柄具刻条，基部中央广布密集且小的网皱；第 2+3 背板中长为第 2 背板基宽的 1.25 倍，是第 2+3 背板最宽处的 0.75 倍；无第 2 背板缝；第 2 背板无明显的侧缘；剩余背板光滑；产卵管鞘长为腹部长的 0.3 倍，为腹柄长的 0.8 倍，为胸部长的 0.4 倍，为前翅长的 0.2 倍。

体色：体浅黄褐色；触角基部黄色，端部深棕色至几乎黑色；须黄色；足浅红棕色，部分黄棕色，所有胫节基部浅黄色；产卵管鞘黑色，基部 0.25 浅棕色；前翅稍均匀烟褐色；翅痣棕色，基部 1/3 浅色。

雄：未知。

生物学：未知。

研究标本：1♀，浙江天目山三里亭，1998.VI.13，陈学新，No.980834（ZJUH）。

分布：浙江（西天目山）；日本。

(225) 海南柄腹茧蜂 *Spathius hainanensis* Chao, 1977（图版 XLIX: 2）

Spathius hainanensis Chao, 1977: 216; Chen *et* Shi, 2004: 137; Tang *et al.*, 2015: 53.

雌：体长 3.6–4.0 mm；前翅长 2.6–2.7 mm。

头：触角 27 节；第 1 鞭节长为其端宽的 4.0–4.5 倍，为第 2 鞭节长的 1.0 倍；头顶和额具横向刻条，单眼两侧和近后头脊处刻条微弱；颊光滑；头在复眼后明显弧形收缩；复眼横径长为上颊的 1.8–2.0 倍；颚眼距是复眼纵径的 0.4 倍，是上颚基部宽的 0.8 倍；脸具密集刻条，刻条间具皱；脸宽是脸和唇基总长的 1.1 倍；唇基沟明显，完整；唇基下陷宽是下陷边缘至复眼距离的 1.0 倍，是脸宽的 0.35–0.40 倍；后头脊背方存在，与口后脊在上颚基部处愈合。

胸：胸长是高的 1.9–2.0 倍；前胸背板脊明显，后横脊中央与前胸背板后缘稍愈合，前横脊位于前胸背板近中央；中胸盾片缓和地从前胸背板升起，与前胸背板成钝角；中胸盾片具密集颗粒，盾纵沟附近和侧方具非常短的皱，被稀疏的直立短毛；盾纵沟完整，宽，具稀疏的短刻条；小盾片前凹长是小盾片长的 0.3 倍；小盾片稍隆起，具明显侧脊和密集颗粒；中胸侧板中央具革质皱，部分区域几乎光滑，具微弱皱；基节前沟深，弯曲，具稀疏的短刻条，横贯中胸侧板下缘。并胸腹节具侧突，分区明显；基脊是叉脊的 1.0 倍；基侧区具皱，基部中央具颗粒；中区长，窄；柄区明显与中区分离。

翅：r 脉稍从翅痣的中央后方伸出；3-SR=4.5×r=0.5×SR1=1.0×2-SR；第 2 亚缘室长是宽的 2.5 倍，是第 1 亚盘室长的 1.3 倍；cu-a 脉对叉；CU1a 脉从第 1 亚盘室端缘前部 0.4 伸出。后翅 M+CU=0.6×1-M。

足：后足基节基腹方具明显转角和瘤突；后足腿节长是宽的 3.0 倍；后足胫节背方具相当稀疏的半直立长毛，毛长为胫节中间宽的 1.2–1.5 倍；后足基跗节长是第 2–5 跗节总长的 0.6 倍；后足第 2 跗节长是后足基跗节长的 0.5 倍，是第 5 跗节长的 0.8 倍。

腹：腹柄侧面观腹面稍弯曲，背面稍均匀弯曲；腹柄长为其端宽的 3.1–3.2 倍，为并胸腹节的 1.5–1.6 倍；腹柄具稀疏刻条，刻条间具密集网皱；第 2+3 背板中长为第 2 背板基宽的 1.4–1.5 倍，是第 2+3 背板最宽处的 0.7 倍；第 2 背板缝缺；第 2+3 背板无侧缘；剩余背板光滑；产卵管鞘长为腹部长的 0.6 倍，为腹柄长的 1.4 倍，为胸部长的 0.9 倍，为前翅长的 0.4 倍。

体色：头、中胸盾片和前胸浅红褐色；胸部剩余部分红褐色，腹方色深；柄节深红褐色，柄后腹深红褐色，腹末和各节端部色浅；触角黄色至褐黄色，端部褐色；须浅黄色；足黄色，后足中央大部分褐色，后足胫节完全黄色；前翅相当明显烟褐色；翅痣褐色，基部 0.2 和端部黄色。

雄：未知。

生物学：未知。

研究标本：♀（正模，IZCAS），海南水满，1960.V.26，李锁富；1♀，广东龙门南昆山，2004.VIII.7，许再福，No.20053276（ZJUH）。

分布：广东（南昆山）、海南（水满）。

(226) 琼柄腹茧蜂 *Spathius hainanicola* Tang, Belokobylskij *et* Chen, 2015（图版 XLIX: 3）

Spathius hainanicola Tang, Belokobylskij *et* Chen, 2015: 53.

雌：体长 8.8 mm；前翅长 5.5 mm。

头：触角已断，余 19 节；柄节长是宽的 1.8 倍；第 1 鞭节长为宽的 5.5 倍，为第 2 鞭节长的 1.0 倍；头顶光滑；额具规则的横刻条；颊光滑；头部背面观宽为中长的 1.4 倍；头在复眼后弧形收缩；复眼横径长为上颊的 1.7 倍；单眼区底边长为侧边的 1.2 倍，POL=1.0×OD=0.4×OOL；复眼光滑，纵径为横径的 1.3 倍；颚眼距是复眼纵径的 0.4 倍，是上颚基部宽的 0.8 倍；脸具密集的横向皱刻条；脸宽是复眼纵径的 1.2 倍，是脸和唇基总长的 1.2 倍；唇基沟明显，完整；后头脊背方存在，与口后脊在上颚基部处不愈合。

胸：胸长是高的 2.5 倍；前胸背板后横脊与前胸背板后缘明显分离，不愈合，前横脊细，位于前胸背板前部；前胸背板近前部具少许横脊；中胸盾片从前胸背板缓和地升起，侧面观中胸盾片与前胸背板成钝角；中胸盾片具颗粒和横皱，被稀疏的半直立长毛，后部中央 2 条纵隆脊明显，脊间具皱；盾纵沟完整，浅，其内刻条伸入中叶和侧叶甚长，侧叶仅中央 1 条窄带具颗粒；小盾片前凹相当浅，内具 3 条纵脊，前凹长是小盾片长的 0.4 倍；小盾片稍隆起，几乎光滑，稍具弱皱；中胸侧板光滑；翅下区浅，窄，具粗糙皱刻条；基节前沟浅，窄，稍弯曲，具短刻条，横贯中胸侧板下缘；并胸腹节分区不甚明显，整个表面具较强不规则网皱，基脊长是叉脊长的 2.3 倍，中区宽但短，柄区存在。

翅：前翅长是宽的 4.3 倍，r 脉明显从翅痣的中央后方伸出；3-SR=3.0×r=0.4×SR1=0.8×2-SR；第 2 亚缘室长是宽的 3.4 倍，是第 1 亚盘室长的 0.9 倍；m-cu 脉明显后叉；CU1a 脉后叉。后翅 M+CU=0.4×1-M；m-cu 脉明显前叉，不骨化，强烈弯向翅基部。

足：后足基节背方具明显的半弧形刻条，腹方几乎完全光滑；后足基节基腹方无转角和瘤突；后足腿节几乎光滑；后足腿节长是宽的 3.2 倍；后足胫节外缘具无端刺；后足胫节的毛长为胫节中间宽的 1.5–1.6 倍；后足跗节长是后足胫节长的 0.9 倍；后足基跗节长是后足第 2–5 跗节长的 0.6 倍；后足第 2 跗节长是后足基跗节长的 0.6 倍，是后足第 5 跗节长的 1.9 倍。

腹：腹柄侧面观几乎直，仅基部稍弯曲，气门瘤位于基部 1/3 处；腹柄长为其端宽的 7.3 倍，为并胸腹节的 2.8 倍；腹柄端宽为气门处宽的 1.2 倍；腹柄基部 1/3 具纵脊，脊间具颗粒，中间 1/3 密布颗粒，端部 1/3 具纵刻条，刻条间具颗粒，侧方具明显的斜向刻条；第 2+3 背板中长为第 2 背板基宽的 3.4 倍，是第 2+3 背板最宽处的 1.7 倍；第 2 背板缝不明显；侧缘不达第 2 气门；第 2 背板具细密的纵向针刮状刻纹；剩余背板具细密的弧形针刮状刻纹，端部光滑，无侧缘；产卵管鞘长为腹部长的 1.9 倍，为腹柄长的 3.9 倍，为胸部长的 4.2 倍，为前翅长的 1.9 倍。

体色：头黄褐色。胸部红褐色，中胸盾片和小盾片黄褐色。腹柄深褐色，略带红褐色；其他背板中央黄褐色，两侧黑褐色。触角基部黄褐色，渐变为黑褐色。须乳白色。足黄色至浅黄色，腿节中央大部分烟褐色，但前中足腿节稍具烟褐色。产卵管鞘褐色或浅褐色，端部几乎黑色。翅浅褐色半透明，无明显斑纹。翅痣褐色，基部稍具黄色。

雄：体长 6.8–7.4 mm；前翅长 5.1–5.3 mm。触角 38 节；腹柄长是其端宽的 9.2–9.6 倍；第 2+3 背板中长为第 2 背板基宽的 3.5–3.7 倍；足颜色常大部分浅。其他特征与雌虫相似。

生物学：未知。

研究标本：♀（正模，ZJUH），海南五指山，2007.X.29，刘经贤，No.200710290；1♀（副模，ZJUH），海南五指山水满乡，2007.V.16–18，曾洁，No.200807551；3♂（副模，ZJUH），海南吊罗山，2006.VII.16–17，刘经贤，Nos.200802148，200802345，200802386；1♂（副模，ZISP），海南吊罗山，2006.VII.16–17，刘经贤，No.200802481；1♂（副模，ZJUH），海南霸王岭，2008.XI.26，王漫漫，No.200805633。

分布：海南（五指山、吊罗山、霸王岭）。

(227) 黄头柄腹茧蜂 *Spathius helle* Nixon, 1943（图版 XLIX: 4）

Spathius helle Nixon, 1943b: 225; Shenefelt *et* Marsh, 1976: 1405; Tang *et al.*, 2015: 54.

Spathius xanthocephalus Chao, 1977: 212; Chen *et* Shi, 2004: 169. Synonymized by Belokobylskij, 2003b: 449.

雌：体长 3.4 mm；前翅长 3.0 mm。

头：触角已断，余 16 节；第 1 鞭节长是宽的 5.2 倍，为第 2 鞭节长的 1.1 倍；头顶光滑；额具微弱的横刻条；颊光滑；头部背面观宽为中长的 1.5 倍；头在复眼后弧形收缩；复眼横径长为上颊的 1.7 倍；单眼区底边长为侧边的 1.25 倍，POL=1.3×OD=0.35×OOL；复眼光滑，纵径为横径的 1.2 倍；颚眼距是复眼纵径的 0.5 倍，是上颚基部宽的 1.2 倍；脸大部分具刻条和微弱皱；脸宽是复眼纵径的 1.2 倍，是脸和唇基总长的 1.2 倍；唇基沟明显，完整；后头脊背方存在，与口后脊在上颚基部处常不愈合。

胸：胸长是高的 1.85 倍；前胸背板脊明显，后横脊与前胸背板后缘稍愈合；前横脊位于前胸背板近中央；中胸盾片缓落向前胸背板；中胸盾片密布颗粒，沿盾纵沟及侧方无皱，具稀疏的半直立长毛，中后部具 2 条向后会合的纵脊；盾纵沟深，内具短刻条；小盾片前凹深，具 5 条纵脊，前凹长是小盾片长的 0.5 倍；小盾片略突出，几乎光滑；中胸侧板大部分具十分微弱的刻纹；基节前沟深，相当窄，稍弯曲，具短刻条，横贯中胸侧板下缘。并胸腹节具小的侧突，分区明显，基侧区前部具微弱颗粒，基脊长是叉脊长的 0.8 倍；中区相当长，窄，柄区相当短，与中区明显分离。

翅：前翅长是宽的 3.3 倍，r 脉从翅痣的中央稍后方伸出；3-SR=3.2×r=0.45×SR1=1.0×2-SR；第 2 亚缘室长是宽的 2.5 倍，是第 1 亚盘室长的 1.4 倍；m-cu 脉明显后叉；CU1a 脉后叉。后翅 M+CU=0.6×1-M；m-cu 脉明显前叉，稍着色，稍弯曲。

足：后足基节密布颗粒；后足基节基腹方具相当明显的转角和瘤突；后足腿节光滑；后足腿节长是宽的 3.3 倍；后足胫节的毛长为胫节中间宽的 1.3–1.5 倍；后足跗节长是后足胫节长的 1.0 倍；后足基跗节长是后足第 2–5 跗节长的 0.6 倍；后足第 2 跗节长是后足基跗节长的 0.45 倍，是后足第 5 跗节长的 1.0 倍。

腹：腹柄侧面观腹面稍弯曲，背面明显弯曲，气门瘤位于基部 1/3 处；腹柄长为其端宽的 2.2 倍，为并胸腹节的 1.5 倍；腹柄基部 3/4 具稀疏的纵刻条，刻条间具皱，端部 1/4 具密集刻条；第 2+3 背板中长为第 2 背板基宽的 1.7 倍，是第 2+3 背板最宽处的 0.9 倍；第 2 背板缝无；第 2 背板无侧缘；剩余背板光滑；产卵管鞘长为腹柄长的 1.3 倍，为腹部长的 0.55 倍，为胸部长的 0.85 倍，为前翅长的 0.3 倍。

体色：体深红褐色，部分区域黑色；头完全、腹部腹面黄褐色；触角基部浅红褐色，端部色深；须浅黄色；足黄褐色，后足腿节中央色深；产卵管鞘深褐色，基部浅褐色；前翅稍烟褐色；翅痣褐色，基部 1/3 和端部浅黄色。

雄：未知。

生物学：未知。

研究标本：♀（正模，*Spathius xanthocephalus* Chao，IZCAS），福建建阳坳头玉兴厂，1965.VII.21，庄兴发，余日健；1♀（副模，*Spathius xanthocephalus* Chao，IZCAS），福建建阳坳头玉兴厂，1965.VII.21，庄兴发，余日健。

分布：福建（建阳、梅花山、步云、武夷山、宁化、清远、龙栖山）、海南（尖峰岭）、云南（西双版纳、勐仑）；越南，菲律宾。

(228) 赫菲柄腹茧蜂 *Spathius hephaestus* Nixon, 1943（图版 L: 1）

Spathius hephaestus Nixon, 1943b: 328; Shenefelt *et* Marsh, 1976: 1405; Tang *et al*., 2015: 54.

雌：体长 6.5 mm；前翅长 4.5 mm。

头：触角已断，余 49 节；柄节长是宽的 1.4 倍；第 1 鞭节长为宽的 3.6 倍，为第 2 鞭节长的 1.2 倍；头顶和额大部分具粗糙的规则横皱，单眼周围区域具粗糙的不规则皱；颊具较粗糙纵皱；头部背面观宽为中长的 1.6 倍；头在复眼后前半部几乎不收缩，后半部弧线收缩；复眼横径长为上颊的 1.8 倍；单眼区底边长为侧边的 1.3 倍，POL=1.0×OD=0.4×OOL；复眼光滑，纵径为横径的 1.3 倍；颚眼距是复眼纵径的 0.5 倍，是上颚基部宽的 1.0 倍；脸密布不规则皱；脸宽是复眼纵径的 1.2 倍，是脸和唇基总长的 1.1 倍；唇基沟明显，完整；后头脊背方存在，与口后脊在上颚基部处不愈合。

胸：胸长是高的 1.9 倍；前胸背板后横脊与前胸背板后缘合并较长；中胸盾片陡峭地升起，侧面观中胸盾片与前胸背板成直角；中胸盾片中叶前方凸出，前侧方无肩角；

中胸盾片密布颗粒和不规则粗糙的皱刻条，仅中叶和侧叶中央相当窄的纵条带具颗粒，被稀疏的半直立长毛，后部中央具 2 条纵隆脊，隆脊间具横向短皱；盾纵沟前深后浅，宽，完整，具稀疏的短刻条，刻条强烈伸向中叶和侧叶；小盾片前凹浅，宽，内具 5 条纵脊，前凹长是小盾片长的 0.3 倍；小盾片平坦，几乎光滑，具微弱革质颗粒；中胸侧板具明显的弱皱；翅下区浅，宽，具横向刻条皱；基节前沟直，窄，光滑，长为中胸侧板下缘的 0.6 倍。并胸腹节分区明显，基脊是叉脊的 1.0 倍；基侧区基部具微弱颗粒，几乎光滑，端部从侧脊上伸出弱皱，中区具横皱；中区与柄区分界明显。

翅：前翅长是宽的 4.2 倍，r 脉明显从翅痣的中央稍前方伸出；3-SR=3.0×r=0.6×SR1=1.0×2-SR；第 2 亚缘室长是宽的 3.9 倍，是第 1 亚盘室长的 1.4 倍；cu-a 脉明显后叉；m-cu 脉后叉；CU1a 脉后叉。后翅 M+CU=0.6×1-M；m-cu 脉明显前叉，稍弯向翅基部，不骨化。

足：后足基节背方具明显的横向刻条和颗粒，侧方具革质颗粒；后足基节基腹方具明显转角，无瘤突；后足腿节背方具微弱刻条，腹方和侧方具革质颗粒；后足腿节长是宽的 2.9 倍；后足胫节具半直立的毛，毛长为胫节中间宽的 1.5 倍；后足胫节外缘具 5 个端刺；后足跗节长是后足胫节长的 0.8 倍；后足基跗节长是第 2–5 跗节总长的 0.6 倍；后足第 2 跗节长是后足基跗节长的 0.4 倍，是第 5 跗节长的 1.0 倍。

腹：腹柄侧面观腹面稍弯曲，背面基半部明显均匀弯曲；气门瘤位于腹柄基部 0.3 处；腹柄长为其端宽的 4.3 倍，为并胸腹节的 2.0 倍；腹柄端宽为气门处宽的 0.9 倍；腹柄基部密布弱皱，仅侧方具稀疏纵刻条；第 2+3 背板中长为第 2 背板基宽的 2.3 倍，是第 2+3 背板最宽处的 0.9 倍；无第 2 背板缝；第 2+3 背板具明显的侧缘；第 2、3 背板具规则纵刻条，刻条间具短横皱，端缘光滑；第 4 背板刻纹同第 2+3 背板，具侧缘；第 5 背板基部具较密刻点皱，端部具向上弯曲的同心弧形刻条，刻条间具短刻条，具侧缘；剩余背板光滑；产卵管鞘长为腹部长的 1.7 倍，为腹柄长的 4.3 倍，为胸部长的 3.1 倍，为前翅长的 1.5 倍。

体色：头部红褐色。胸部深红褐色。腹部红褐色。须浅黄色。前足和中足基节、各足转节浅红褐色；后足基节、各足腿节和各足胫节端部红褐色；各足胫节基部略带黑褐色。翅烟褐色半透明，无明显斑纹；翅痣黑褐色。

雄：未知。

生物学：未知。

研究标本：1♀，云南西双版纳森林公园，2003.VII.31，许再福，No.20053499（ZJUH）。

分布：云南（西双版纳）；菲律宾。

(229) 英彦柄腹茧蜂 *Spathius hikoensis* Belokobylskij, 1998（图版 L: 2）

Spathius hikoensis Belokobylskij, 1998b: 89; 2003b: 410; Belokobylskij *et* Maeto, 2009: 595; Tang *et al*., 2015: 54.

雌：体长 3.0–4.6 mm；前翅长 2.3–2.6 mm。

头：触角 27–37 节；柄节长是宽的 1.5–1.7 倍；第 1 鞭节长为宽的 5.0–5.7 倍，为第 2 鞭节长的 1.2–1.4 倍；头顶光滑，有时具十分微弱的刻纹；额具微弱的横刻条；颊光滑，有时后部 0.3–0.5 具微弱皱刻条；头部背面观宽为中长的 1.5–1.6 倍；头在复眼后明显弧形收缩；复眼横径长为上颊的 1.1–1.4 倍；单眼区底边长为侧边的 1.1–1.2 倍，POL=1.1–1.3×OD=0.3–0.4×OOL；复眼光滑，纵径为横径的 1.20–1.25 倍；颚眼距是复眼纵径的 0.5–0.6 倍，是上颚基部宽的 1.0 倍；脸具明显横刻条；脸宽是复眼纵径的 1.3 倍，是脸和唇基总长的 1.1–1.3 倍；唇基沟明显，完整；后头脊背方存在，与口后脊在上颚基部处常不愈合，有时愈合。

胸：胸部明显扁平，胸长是高的 1.7–1.9 倍；前胸背板脊明显，后横脊中央稍与前胸背板后缘愈合，前横脊位于前胸背板中央附近；中胸盾片缓和地升起，侧面观中胸盾片与前胸背板成钝角；中胸盾片具密集颗粒，后部中央具 2 条向后会合的脊，脊间具皱；中胸盾片沿盾纵沟及侧方被稀疏的直立长毛；盾纵沟深、完整、宽，具稀疏的短刻条；小盾片前凹深，长，内具纵脊，前凹长是小盾片长的 0.3–0.4 倍；小盾片具微弱或明显的颗粒；中胸侧板具十分微弱的刻纹，大部分几乎光滑或至少中央光滑；翅下区相当浅，宽，具皱刻条；基节前沟深，宽，直，具明显稀疏的短刻条，长为中胸侧板的 0.5–0.6 倍；并胸腹节具侧脊，分区明显，基脊是叉脊的 0.7–1.3 倍，具网皱，柄区与中区分界明显。

翅：前翅长是宽的 3.5–3.6 倍，r 脉从翅痣的中央后方伸出；3-SR=2.5–3.0×r=0.5–0.6×SR1=1.0–1.1×2-SR；第 2 亚缘室长是宽的 2.5–3.3 倍，是第 1 亚盘室长的 1.3–1.7 倍；cu-a 脉后叉，有时对叉；m-cu 脉明显后叉；CU1a 脉几乎对叉。后翅 M+CU=0.5–0.6×1-M；m-cu 脉前叉或对叉，不骨化，斜向翅基部。

足：后足基节具颗粒，背方具粗糙的同心刻条；后足基节基腹方具转角和瘤突；后足腿节大部分光滑，背方具微弱刻条；后足腿节长是宽的 4.3–4.8 倍；后足胫节外缘常无端刺，有时具 1 个端刺；后足胫节的毛长为胫节中间宽的 1.2–1.5 倍；后足跗节长是后足胫节长的 0.9–1.0 倍；后足基跗节长是后足第 2–5 跗节长的 0.6–0.7 倍；后足第 2 跗节长是后足基跗节长的 0.4–0.5 倍，是后足第 5 跗节长的 1.2–1.3 倍。

腹：腹柄侧面观腹面稍均匀弯曲，背面明显均匀弯曲，气门瘤位于基部 1/3 处；腹柄长为其端宽的 2.6–2.9 倍，为并胸腹节的 1.8–2.0 倍；腹柄端宽为气门处宽的 1.4–1.6 倍；腹柄具刻条皱，端部 1/4 具密集刻条；第 2+3 背板中长为第 2 背板基宽的 1.4–1.6 倍，是第 2+3 背板最宽处的 0.75–0.85 倍；第 2 背板缝无；第 2 背板无侧缘；剩余背板光滑；产卵管鞘长为体长的 0.6–0.8 倍，为腹部长的 1.1–1.2 倍，为胸部长的 1.7–2.2 倍，为前翅长的 0.7–1.0 倍。

体色：体红褐色，头常色深；柄后腹浅红褐色，具黄色条纹或深红褐色；有时体深红褐色，胸部浅红褐色；触角深褐色，基部褐黄色，亚端部白黄色；须浅黄色；足浅褐色，后足端半部、有时后足胫节部分色深，前中足基节黄色；有时足浅红褐色，基节黄褐色；产卵管鞘浅红褐色或基部 0.3–0.7 红褐色，端部色深；前翅稍烟褐色；翅痣褐色或深褐色，基部 0.25–0.30 色浅。

雄：未知。

生物学：未知。

研究标本：1♀，浙江松阳箬寮岘，1994.VIII.17，蔡平，No.944207（ZJUH）。

分布：浙江（松阳）；日本。

(230) 红花柄腹茧蜂 *Spathius honghuaensis* Chen *et* Shi, 2004（图 29）

Spathius honghuaensis Chen *et* Shi, 2004: 137.

雌：体长 3.9 mm；前翅长 3.3 mm；触角长 5.9 mm。

头：触角 34 节；第 1 鞭节长是宽的 6.0 倍，为第 2 鞭节长的 1.2 倍；背面观头方形，头宽为头长的 1.7 倍；具完整后头脊；背面观复眼长为上颊的 2.0 倍，上颊在复眼后弧形收敛；OOL∶OD∶POL=13∶4∶5；正面观复眼中等大小，眼间线长为脸宽的 1.3 倍；脸宽为高的 1.55 倍；唇基具稀长毛，宽为高的 2.5 倍；脸具较密长毛，具颗粒状刻点和短脊，中间微突；额微凹陷，具横脊；上颊光滑；头顶具横脊和稀疏长毛。

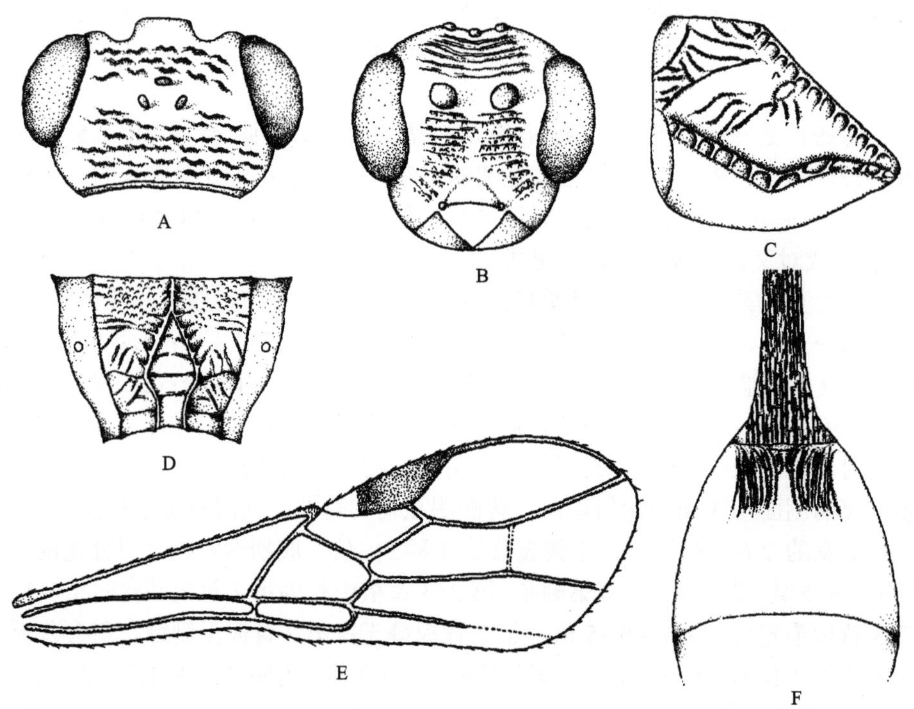

图 29 红花柄腹茧蜂 *Spathius honghuaensis* Chen *et* Shi（仿陈家骅和石全秀，2004）

A. 头，背面观；B. 头，前面观；C. 中胸侧板；D. 并胸腹节，背面观；E. 前翅；F. 腹部第 1–3 背板，背面观

胸：胸长是高的 2.2 倍；前胸背板槽存在，前方具短脊；前胸侧板具纵脊；中胸盾片陡峭地升起，具颗粒状刻点和短脊，沿盾纵沟具稀长毛；盾纵沟全程完整，内具横脊，后端内缘具纵脊，其间具短横脊；小盾片前凹内具 5 条纵脊；小盾片略突出，具颗粒状

刻点；中胸侧板具颗粒状刻点，翅下区具横脊；基节前沟全程完整，沟内具短脊；后胸侧板上半部具稀长毛，下部被较密集短毛，具颗粒状刻点和脊；并胸腹节具中区，中区内具脊和颗粒状刻点，呈网状，基脊短于叉脊，背区基部具颗粒状刻点，四周具脊，后端瘤突突出。

腹：腹柄长为并胸腹节长的 1.7 倍，短于柄后腹长，末端扩大，具纵脊，纵脊间具较细横脊；第 2+3 背板长为端宽的 4/5，基部具方形具刻条区域，其后刻条极弱，近光滑；其余背板光滑；产卵管长约等于腹部长。

体色：头栗褐色；上颊处具暗褐色斑；须黄白色；触角基部栗褐色，向末端色渐深；前胸、中胸背板深褐色，其余黑褐色；翅浅褐色；前中足基节、转节和后足转节黄白色，后足腿节具暗褐色斑，其余红褐色；腹部黑褐色；产卵管红褐色；产卵管鞘基部黄褐色，端部暗褐色。

雄：未知。

生物学：未知。

分布：湖北（神农架）。

附注：根据陈家骅和石全秀（2004）的描述整理，本志研究未见此种标本。模式标本保存于 BIIC。

(231) 茨城柄腹茧蜂 *Spathius ibarakius* Belokobylskij *et* Maeto, 2009（图版 L: 3）

Spathius ibarakius Belokobylskij *et* Maeto, 2009: 612; Tang *et al.*, 2015: 56.

雌：体长 3.2–3.9 mm；前翅长 2.6–2.9 mm。

头：触角 30–34 节；柄节长是宽的 1.4–1.6 倍；第 1 鞭节长为宽的 4.5–4.7 倍，为第 2 鞭节长的 1.1 倍；头顶广布密集的微弱针刮状刻条，刻条间具微弱刻纹；额具明显的密集刻条，侧方和中后方光滑；颊前部 0.6 光滑，后部 0.3–0.4 具微弱的刻条；头部背面观宽为中长的 1.4–1.5 倍；头在复眼后明显弧形收缩；复眼横径长为上颊的 1.5–1.6 倍；单眼区底边长为侧边的 1.3 倍，POL=1.2–1.3×OD=0.45–0.50×OOL；复眼光滑，纵径为横径的 1.3 倍；颚眼距是复眼纵径的 0.40–0.45 倍，是上颚基部宽的 0.7–0.8 倍；脸具明显的、密集的横向刻条；脸宽是复眼纵径的 1.0 倍，是脸和唇基总长的 1.10–1.15 倍；唇基沟明显，完整；后头脊背方存在，与口后脊在上颚基部处不愈合。

胸：胸长是高的 1.8–1.9 倍；前胸背板脊明显，后横脊与前胸背板后缘大部分愈合；中胸盾片从前胸背板稍陡峭地升起，侧面观中胸盾片与前胸背板成钝角；中胸盾片密布明显颗粒，盾纵沟附近无皱；中胸盾片沿盾纵沟和侧叶纵列被稀疏的半直立或几乎直立的短毛，后部中央具 2 条明显纵脊，脊间具皱；盾纵沟完整，前深后浅，具粗糙的密集短刻条；小盾片前凹深，相当长，内具 3 条纵脊，前凹长是小盾片长的 0.3–0.4 倍；小盾片光滑；中胸侧板大部分光滑，后缘具微弱革质和颗粒；翅下区深，宽，具粗糙皱刻条，部分具颗粒；基节前沟深，宽，直，广布明显短刻条，长为中胸侧板的 0.5–0.6 倍；并胸腹节具短而粗的侧突，分区明显，基脊是叉脊的 0.6–1.0 倍，基侧区具密集颗粒，脊周围具明显的长刻条，中区和柄区分界明显。

翅：前翅长是宽的 3.2–3.4 倍，r 脉从翅痣的中央前方伸出；3-SR=4.2–4.8×r=0.6–0.7×SR1=1.1–1.4×2-SR；第 2 亚缘室长是宽的 3.0–3.4 倍，是第 1 亚盘室长的 1.4–1.6 倍；m-cu 脉明显后叉；CU1a 脉后叉。后翅 M+CU=0.6–0.7×1-M；m-cu 脉前叉，稍着色，弯向翅基部。

足：后足基节密布颗粒，背方和前部具刻条；后足基节基腹方具相当明显的转角和瘤突；后足腿节密布微弱的革质网纹，背方具刻条；后足腿节长是宽的 2.7–3.0 倍；后足胫节外缘具 5 个端刺；后足胫节的毛长为胫节中间宽的 0.5–0.8 倍；后足跗节长是后足胫节长的 0.9 倍；后足基跗节长是后足第 2–5 跗节长的 0.55–0.60 倍；后足第 2 跗节长是后足基跗节长的 0.55–0.60 倍，是后足第 5 跗节长的 1.4 倍。

腹：腹柄侧面观腹面稍弯曲，背面基半部明显弯曲，后半部几乎直，气门瘤位于基部 1/3 处；腹柄长为其端宽的 1.7–1.8 倍，为并胸腹节的 1.4–1.7 倍；腹柄端宽为气门处宽的 1.7–2.0 倍；腹柄具粗糙的弯曲刻条，刻条间具密集的、粗糙的皱；第 2 背板中长是其基宽的 0.5–0.6 倍，是第 3 背板长的 0.7–0.9 倍；第 2+3 背板中长为第 2 背板基宽的 1.2–1.3 倍，是第 2+3 背板最宽处的 0.7–0.8 倍；第 2 背板缝相当微弱；第 2 背板具侧缘；第 2 背板完全、第 3 背板基部 0.7–0.8 具密集的小室状网纹和刻点；第 4 背板基部 0.2–0.5、第 5 背板近基部 0.2 具密集的、微弱的小室状网纹和刻点；剩余背板光滑；产卵管鞘长为体长的 0.3–0.4 倍，为腹部长的 0.6–0.8 倍，为胸部长的 0.8–0.9 倍，为前翅长的 0.3–0.5 倍。

体色：头部褐黄色，下部黄色，有时浅红褐色；胸部浅红褐色，背方深红褐色，或后胸、并胸腹节和中胸盾片中叶前部褐黄色；有时胸部前部 0.5–0.7 红褐色，后部 0.3–0.5 深红褐色；腹部红褐色，但腹柄深红褐色，或深红褐色，但第 2 背板浅红褐色；触角基部黄色或褐黄色，此后至近端部 0.3 黄褐色至浅褐色，端部明显烟褐色；须黄色；基节和转节黄色或褐黄色；前中足腿节褐黄色，背方明显烟褐色，后足腿节几乎完全红褐色，但背方深，前端浅；前中足胫节褐色，基部和端部狭窄区域黄色；后足胫节基部 0.5–0.7 浅黄色，端部 0.3–0.5 褐色；所有跗节褐黄色；产卵管鞘基部 0.4 褐色，端部 0.6 黑色；翅在 1-SR 和 1-M 脉周围及翅痣下方明显烟褐色；翅痣深褐色，基部 0.3 和端部黄色。

雄：未知。

生物学：未知。

研究标本（ZJUH）：1♀，吉林通化，1994.VIII.1，娄巨贤，No.976611；1♀，黑龙江伊春，1985，金丽元，No.850203；1♀，浙江安吉龙王山，1996.VI.25，李强，No.963464；1♀，浙江安吉龙王山，1996.VII.22，吴鸿，No.971617；2♀，浙江松阳，1989.VII.18–31，何俊华，Nos.895382，895396；4♀，浙江松阳，1989.VIII.1–6，何俊华，Nos.895459，895452，895473，895454；1♀，浙江松阳，1989.VIII.21，何俊华，No.895250；1♀，浙江西天目山，1998.IX.30，赵明水，No.20002746；1♀，浙江庆元，1985.VIII.1–2，吴全聪，No.851946；1♀，浙江凤阳山凤阳庙，2007.VII.26，刘经贤，No.200809152；1♀，浙江凤阳山黄茅尖，2007.VII.30，刘经贤，No.200801494；1♀，福建武夷山，1989.IX.7–

XII.1，汪家社，No.964676；1♀，福建武夷山二里坪，1979.IX，许建飞，No.20003845；16♀，湖南新宁，1981.IV.25，童新旺，Nos.20044966–20044981；2♀，湖南新宁，1981.IV.28，童新旺，Nos.20044984，20044987；1♀，贵州宽阔水，2010.VI.9，谭江丽，No.201004508；1♀，四川西充，1938.V.24，祝汝佐，No.6501615。

分布：黑龙江（伊春）、吉林（通化）、浙江（龙王山、松阳、西天目山、庆元、凤阳山）、湖南（新宁）、福建（武夷山）、四川（西充）、贵州（宽阔水）；韩国，日本。

(232) 石垣柄腹茧蜂 *Spathius ishigakus* Belokobylskij, 2009（图版 L: 4）

Spathius ishigakus Belokobylskij, 2009b: 442; Belokobylskij *et* Maeto, 2009: 612; Tang *et al*., 2015: 56.

雌：体长 4.0 mm；前翅长 3.0 mm。

头：触角已断，余 29 节；柄节长是宽的 1.6 倍；第 1 鞭节长为宽的 3.4 倍，为第 2 鞭节长的 1.2 倍；头顶光滑；额密布横刻条；颊几乎光滑；头部背面观宽为中长的 1.5 倍；头在复眼后明显弧形收缩；复眼横径长为上颊的 2.3 倍；单眼区底边长为侧边的 1.3 倍，POL=1.0×OD=0.3×OOL；复眼光滑，纵径为横径的 1.4 倍；颚眼距是复眼纵径的 0.3 倍，是上颚基部宽的 0.8 倍；脸具密集的粗糙网皱；脸宽是复眼纵径的 0.9 倍，是脸和唇基总长的 1.1 倍；唇基沟明显，完整；后头脊背方存在，与口后脊在上颚基部处不愈合。

胸：胸长是高的 1.9 倍；前胸背板脊微弱，后横脊与前胸背板后缘大部分愈合；中胸盾片从前胸背板陡峭地升起，侧面观中胸盾片与前胸背板成直角；中胸盾片中叶密布皱刻条，部分区域具微弱颗粒，侧叶广布微弱颗粒和少许横向皱刻条；中胸盾片被稀疏的半直立长毛，后部中央具 2 条明显纵脊，脊间具横向短刻条；盾纵沟完整，前深后浅，具粗糙短刻条；小盾片前凹相当深，内具 3 条纵脊，前凹长是小盾片长的 0.4 倍；小盾片光滑；中胸侧板具皱刻条，仅基节前沟上方和下方狭窄区域光滑；翅下区浅，宽，具粗糙皱刻条；基节前沟深，窄，直，前半部光滑，后半部具微弱短刻条，长为中胸侧板的 0.5 倍；并胸腹节分区明显，基脊是叉脊的 0.4 倍，背区和中区具弱横皱，中区和柄区分界不明显。

翅：前翅长是宽的 3.4 倍，r 脉从翅痣的中央或稍前伸出；3-SR=4.2×r=0.7×SR1=1.4×2-SR；第 2 亚缘室长是宽的 3.7 倍，是第 1 亚盘室长的 1.4 倍；m-cu 脉明显后叉；CU1a 脉后叉。后翅 M+CU=0.7×1-M；m-cu 脉稍前叉，稍骨化，强烈弯向翅基部。

足：后足基节背方具密集的半弧形刻条，侧方和腹方具微弱网皱；后足基节基腹方具转角，无瘤突；后足腿节背方具密集纵刻条，其他部分具微弱网皱或光滑；后足腿节长是宽的 2.6 倍；后足胫节外缘具 6 个端刺；后足胫节的毛长为胫节中间宽的 1.3 倍；后足跗节长是后足胫节长的 0.8 倍；后足基跗节长是后足第 2–5 跗节长的 0.6 倍；后足第 2 跗节长是后足基跗节长的 0.5 倍，是后足第 5 跗节长的 0.9 倍。

腹：腹柄侧面观腹面稍弯曲，背面基半部明显弯曲，气门瘤位于基部 1/3 处；腹柄长为其端宽的 2.7 倍，为并胸腹节的 1.5 倍；腹柄端宽为气门处宽的 2.9 倍；腹柄具网皱；第 2+3 背板中长为第 2 背板基宽的 2.2 倍，是第 2+3 背板最宽处的 0.9 倍；无第 2 背板缝；第 2–4 背板具侧缘；第 2、3 背板具小且密集的小室状网纹，端部网纹弱；第 4–6 背板几乎微弱革质，端部光滑；产卵管鞘长为腹部长的 1.4 倍，为腹柄长的 4.0 倍，为胸部长的 2.3 倍，为前翅长的 1.0 倍。

体色：头部褐色；胸部和腹柄浅红褐色；第 2+3 背板基部褐色，端部黑褐色，其余背板黑褐色；触角褐色；单眼区褐色；须基部褐色，端部 2 节浅黄褐色；足浅红褐色；翅浅褐色半透明，翅痣褐色。

雄：未知。

生物学：未知。

研究标本：1♀，福建将乐龙栖山，1991.IX.30，刘长明，No.20007229（ZJUH）。

分布：福建（将乐）；日本。

附注：本志研究标本产卵管鞘稍短；后足基节全为浅红褐色；腹部第 2+3 背板端部和第 4–6 背板黑褐色。

(233) 日本柄腹茧蜂 *Spathius japonicus* Watanabe, 1937（图版 LI: 1）

Spathius japonicus Watanabe, 1937: 36; Nixon, 1943b: 279; Shenefelt *et* Marsh, 1976: 1406; Belokobylskij, 1998b: 84; Belokobylskij *et* Maeto, 2009: 615; Tang *et al*., 2015: 56.

Spathius fukienensis Chao, 1957: 11; 1978: 174; Chen *et* Shi, 2004: 134. Synonymized by Tang *et al*., 2015: 56.

雌：体长 2.9–5.2 mm；前翅长 2.2–3.5 mm。

头：触角 32–40 节；柄节长是宽的 1.5–1.6 倍；第 1 鞭节长为宽的 6.0–6.7 倍，为第 2 鞭节长的 1.3 倍；头顶和额密布粗糙的稍波浪形刻条；颊光滑，后方 0.2–0.5 具微弱或明显的皱刻条；头部背面观宽为中长的 1.5–1.7 倍；头在复眼后明显弧形收缩；复眼横径长为上颊的 1.5–1.8 倍；单眼区底边长为侧边的 1.2–1.3 倍，POL=1.0–1.3×OD=0.4–0.5×OOL；复眼光滑，纵径为横径的 1.2–1.3 倍；颚眼距是复眼纵径的 0.3–0.4 倍，是上颚基部宽的 0.8–1.0 倍；脸具横向刻条；脸宽是复眼纵径的 1.1 倍，是脸和唇基总长的 1.0 倍；唇基沟明显，完整；后头脊背方存在，与口后脊在上颚基部处愈合。

胸：胸长是高的 1.7–1.8 倍；前胸背板后横脊与前胸背板后缘大部分愈合；中胸盾片从前胸背板陡峭地升起，侧面观中胸盾片与前胸背板成直角；中胸盾片具密集颗粒和横向皱刻条，侧叶中央狭窄区域仅具颗粒；中胸盾片仅盾纵沟和侧方被密集的半直立长毛，后部中央具 2 条明显纵脊，脊间具稀疏皱；盾纵沟完整，深，宽，具粗糙短刻条；小盾片前凹深，内具 1–3 条纵脊，前凹长是小盾片长的 0.4–0.5 倍；小盾片具密集颗粒和稀疏横向刻条；中胸侧板中央光滑或具微弱网纹；翅下区浅，窄，具粗糙皱刻条；基节前沟前深后浅，宽，“S”形弯曲，具明显稀疏的短刻条，几乎横贯中胸侧板下缘。并胸腹节分区明显；基脊是叉脊的 0.5–0.7 倍；基侧区仅基本隆脊上伸出短皱，大部分区域光滑，中区具稀疏横皱；中区与柄区分界明显，分界处明显缢缩。

翅：前翅长是宽的 3.5–3.7 倍，r 脉从翅痣的中央伸出；3-SR=3.3–4.0×r=0.5×SR1=0.8–0.9×2-SR；3-SR 脉与 r 脉几乎成直线；第 2 亚缘室长是宽的 2.9–3.1 倍，是第 1 亚盘室长的 1.2–1.4 倍；cu-a 脉稍后叉或对叉；m-cu 脉明显后叉；CU1a 脉后叉。后翅 M+CU=0.5–0.6×1-M；m-cu 脉稍前叉或对叉，不骨化，斜向翅基部。

足：后足基节背方具密集的半弧形刻条，侧方具密集的微弱颗粒和刻条；后足基节基腹方具明显转角和瘤突；后足腿节几乎光滑；后足腿节长是宽的 3.5–4.0 倍；后足胫节外缘无端刺；后足胫节具短毛和长毛，毛长为胫节中间宽的 0.9–1.0 倍；后足跗节长是后足胫节长的 0.9–1.0 倍；后足基跗节长是后足第 2–5 跗节长的 0.6–0.7 倍；后足第 2 跗节长是后足基跗节长的 0.5–0.6 倍，是后足第 5 跗节长的 1.2–1.4 倍。

腹：腹柄侧面观腹面稍或均匀弯曲，背面明显弯曲，气门瘤位于基部 1/3 处；腹柄长为其端宽的 4.1–4.6 倍，为并胸腹节的 2.0–2.3 倍；腹柄端宽为气门处宽的 1.5–1.7 倍；腹柄基部 0.5–0.7 具刻条，刻条间具皱，端部光滑；第 2+3 背板中长为第 2 背板基宽的 2.1–2.4 倍，是第 2+3 背板最宽处的 1.0 倍；无第 2 背板缝；第 2+3 背板无侧缘；柄后腹光滑；产卵管鞘长为腹部长的 1.8–2.3 倍，为腹柄长的 4.2–4.5 倍，为胸部长的 3.3–3.5 倍，为前翅长的 1.2–1.6 倍。

体色：头黄褐色。中胸盾片和小盾片黄褐色；前胸背板、中胸侧板和后胸侧板黑色；并胸腹节红褐色。腹柄基部和端部黑褐色，中间红褐色；其他背板黑褐色到黑色。触角基部黄褐色，渐变为暗褐色，亚端部有一段黄色，端部基节黑褐色。单眼区黑褐色。须浅黄色。各足腿节亚端部两侧各具 1 褐色斑，后足腿节尤为明显；各足端跗节黑褐色，后足 1–4 跗节红褐色；足其余部分黄褐色。翅烟褐色半透明，无明显斑纹；翅痣褐色。

雄：体长 1.9–3.3 mm；前翅长 1.3–2.5 mm。触角 29–39 节，端部 0.5–0.8 黑色；前翅 3-SR=1.0–1.1×2-SR；后翅 2-SC+R 脉具椭圆形或圆形膨大；中胸盾片刻条稍弱。其余特征与雌虫相似。

生物学：未知。

研究标本（ZJUH）：2♀，浙江开化古田山，2005.VII.2–3，时敏，Nos.200615928，200616395；1♀，浙江开化古田山，2005.VII.3，吴琼，No.200616456；1♀，浙江遂昌九龙山，1994.VII.18，陈学新，No.944740；1♀，浙江西天目山，1996.VI.20，陈学新，No.972199；3♀，福建永泰赤壁，2002.IX.17，刘经贤，Nos.20023552，20023533，20023637；2♀，福建永泰青云山，2002.IX.18，李芳芳，Nos.20023183，20023190；1♀，福建永泰戴云山，2002.IX.13，刘经贤，No.20025057；1♀，福建永安天宝岩，2002.IX.19，朴美花，No.200107044；2♀1♂，福建德化九仙山，2002.IX.12，许再福，Nos.20024082，20024081，20024775；1♀，湖南石门壶瓶山，2009.VII.13，马丽，No.200900931；2♀，湖南石门壶瓶山，2009.VII.8–10，唐璞，Nos.200901276，200902021；1♀，湖南浏阳，1984.IX.30，童新旺，No.20044611；5♀，广东始兴车八岭，2005.VII.27，许再福，Nos.20051711，20051738，200501844，200501866，200501875；3♀，广东乳源南岭，2004.VI.8，许再福，Nos.20049529，20049546，20049628；4♀，广东南岭，2008.VII.16–21，许再福，Nos.200807902，200809163，200809166，200809167；1♀，广东郁南同乐大山，2003.VIII.12–13，许再福，No.20054533；2♀，广东佛冈观音山，2004.V.12，许再福，Nos.20053329，20053330；2♀，广东封开黑石顶，2003.VIII.15，陈驹坚，Nos.20048912，20048920；1♀，广东紫金七目嶂，2003.VII.31，

宋艳霞，No.20059034；1♀，广东梅州丰溪，2003.VII.29，陈驹坚，No.20048370；2♀，广东鼎湖山，2002.IV.6–7，许再福，Nos.20026431，20026630；1♂，广东阳春百涌，2002.V.5–6，许再福，No.20028089；1♂，广东南昆山，2002.VI.8，许再福，No.20028867；3♂，广东阳山秤架，2002.VII.25，许再福，Nos.20029311，20029290，20029310；1♀，广西植物园，2002.X.30，林乃铨，No.20034964；2♀，广西南宁，2002.X.30，林乃铨，Nos.20035876，20035902；1♀，海南霸王岭，2008.XI.26，谭江丽，No.200805705；1♀，海南霸王岭，2007.VI.9–10，刘经贤，No.200703581；1♀，海南鹦哥岭，2007.V.28–VI.3，翁丽琼，No.200804069；2♀，海南尖峰岭天池，2007.X.22–23，刘经贤，Nos.2007010729，2007010814；4♀，海南尖峰岭，2007.VI.5–7，翁丽琼，Nos.200806449，200806452，200806454，200806455；5♀，海南吊罗山，2006.VII.16–17，刘经贤，Nos.200802141，200802144，200802329，200802334，200802409；1♀，海南五指山，2008.V.15–16，刘经贤，No.200905328；4♀，云南腾冲界头乡，2006.VII.11–12，曾洁，Nos.200801835，200801808，200801643，200801841；2♀，云南盈江铜壁关，2009.V.20，曾洁，Nos.200905282，20095288；1♀，云南腾冲大田坡，2009.V.22，曾洁，No.200904499；4♀，云南西双版纳森林公园，2003.VII.31，许再福，Nos.20053536，20053545，20053585，20053576；1♀，贵州麻阳河，2007.X.1，刘经贤，No.200709079；1♀，贵州麻阳河万家，2007.IX.27–30，刘经贤，No.200708540；1♀，贵州雷公山小丹江，2005.VI.5，张红英，No.200606222；1♀，贵州惠水九龙山，2010.VI.11，曾洁，No.201003830。

分布：浙江（古田山、九龙山、西天目山）、湖北（神农架）、湖南（壶瓶山、浏阳）、福建（永安、九仙山、南平、邵武、武夷山、梅花山、古田、上杭、宁化、清流、龙栖山、永泰）、广东（车八岭、南岭、同乐大山、观音山、黑石顶、七目嶂、丰溪、鼎湖山、百涌、南昆山、阳山）、海南（霸王岭、鹦哥岭、尖峰岭、吊罗山、五指山）、广西（南宁、阳朔、大青山、光泽）、贵州（麻阳河、雷公山、九龙山）、云南（腾冲、西双版纳、盈江、勐仑）；韩国，日本。

(234) 小西柄腹茧蜂 *Spathius konishii* Belokobylskij, 2009（图版 LI: 2）

Spathius konishii Belokobylskij, 2009b: 445; Belokobylskij *et* Maeto, 2009: 620; Tang *et al.*, 2015: 58.

雌：体长 2.3–5.5 mm；前翅长 3.8 mm。

头：触角 47 节；柄节长是宽的 1.4 倍；第 1 鞭节长为宽的 5.0 倍，为第 2 鞭节长的 1.0 倍；头顶光滑或稍具弱皱；额密布规则的横刻条；颊光滑；头部背面观宽为中长的 1.5 倍；头在复眼后明显弧形收缩；复眼横径长为上颊的 1.7 倍；单眼区底边长为侧边的 1.2 倍，POL=1.3×OD=0.4×OOL；复眼光滑，纵径为横径的 1.2 倍；颚眼距是复眼纵径的 0.4 倍，是上颚基部宽的 0.8 倍；脸具密集的横向刻条，其间具皱；脸宽是复眼纵径的 1.0 倍，是脸和唇基总长的 1.2 倍；唇基沟明显，完整；后头脊背方存在，与口后脊在上颚基部处不愈合。

胸：胸长是高的 2.5 倍；前胸背板后横脊与前胸背板后缘稍分离，不愈合，前横脊细，位于前胸背板中央；前胸背板近前部无横脊；中胸盾片从前胸背板缓和地升起，侧面观中胸盾片与前胸背板成钝角；中胸盾片全部密布颗粒和微弱但明显的横皱，全部密布半直立的短毛，中后方 0.6–0.7 具狭窄的皱区；盾纵沟完整，浅，内具短刻条；小盾片前凹深，内具 1 条纵脊，前凹长是小盾片长的 0.4 倍；小盾片稍具颗粒皱；中胸侧板几乎全部具刻点皱和刻条；翅下区浅，宽，具粗糙皱刻条；基节前沟浅，窄，稍弯曲，具短刻条，横贯中胸侧板下缘。并胸腹节分区明显；基脊是叉脊的 2.0–2.4 倍；背区基半部具颗粒和刻点，端半部具粗糙皱；剩余部分具粗糙网皱；中区与柄区分界明显。

翅：前翅长是宽的 4.3 倍，r 脉从翅痣的中央稍后伸出；3-SR=5.3×r=0.7×SR1=1.2×2-SR；第 2 亚缘室长是宽的 3.3 倍，是第 1 亚盘室长的 1.3 倍；m-cu 脉明显后叉；CU1a 脉后叉。后翅 M+CU=0.5×1-M；m-cu 脉明显前叉，不骨化，强烈弯向翅基部。

足：后足基节全部密布颗粒，背方具十分微弱的横刻条和半弧形刻条；后足基节基腹方无转角和瘤突；后足腿节大部分光滑，仅背方具十分微弱的刻条；后足腿节长是宽的 3.2 倍；后足胫节外缘具 2 个端刺；后足胫节的毛长为胫节中间宽的 1.5 倍；后足跗节长是后足胫节长的 0.9 倍；后足基跗节长是后足第 2–5 跗节长的 0.7 倍；后足第 2 跗节长是后足基跗节长的 0.6 倍，是后足第 5 跗节长的 1.5 倍。

腹：腹柄侧面观腹面直，背面基部稍弯曲，气门瘤位于基部 1/3 处；腹柄长为其端宽的 4.5 倍，为并胸腹节的 2.5 倍；腹柄端宽为气门处宽的 1.0 倍；腹柄具皱刻条及密集网纹；第 2+3 背板中长为第 2 背板基宽的 2.1–2.5 倍，是第 2+3 背板最宽处的 1.4–1.5 倍；第 2 背板缝不明显；第 2、3 背板具明显的侧缘；第 2、3 背板几乎全具密集刻条，刻条间具密集网纹，端缘光滑；第 4 背板广布半弧形皱刻条和密集皱；第 5、6 背板具微弱的革质网纹；产卵管鞘长为腹部长的 1.5–1.6 倍，为腹柄长的 3.5–3.8 倍，为胸部长的 3.0–3.2 倍，为前翅长的 1.4–1.5 倍。

体色：头浅黄褐色。中胸盾片红褐色，小盾片暗红褐色；中胸侧板前缘和基节前沟黑褐色，盘区中央褐色；并胸腹节暗红褐色或黑色。腹柄暗红褐色或黑色；其他背板中央黑褐色，两侧黄褐色。触角基部黄褐色，渐变为黑褐色。单眼区黑褐色。须乳白色。前足和中足基节、转节、腿节基部浅黄色；前足和中足腿节大部分、后足基节和转节、后足腿节基部和端部浅黄色；后足腿节大部分黑褐色；各足跗节浅红褐色。翅浅褐色半透明，无明显斑纹；翅痣褐色。

雄：未知。

生物学：未知。

研究标本（ZJUH）：1♀，浙江古田山，2005.VII.3，吴琼，No.200616432；1♀，广东南岭，2008.VII.16–21，许再福，No.200809165；1♀，海南霸王岭，2007.VI.9–10，刘经贤，No.200703501；1♀，海南尖峰岭，2007.VI.4–7，曾洁，No.200711142；1♀，海南尖峰岭天池，2008.XI.25，王漫漫，No.200806076；1♀，海南鹦哥岭，2007.V.24–25，刘经贤，No.200702723。

分布：浙江（古田山）、广东（南岭）、海南（霸王岭、尖峰岭、鹦哥岭）；日本。

(235) 国后柄腹茧蜂 *Spathius kunashiri* Belokobylskij, 1998（图版 LI: 3）

Spathius kunashiri Belokobylskij, 1998b: 90; Belokobylskij *et* Maeto, 2009: 624; Tang *et al.*, 2015: 58.

雌：体长 2.8–3.9 mm；前翅长 2.3–3.3 mm。

头：触角 26–32 节；柄节长是宽的 1.6–1.8 倍；第 1 鞭节长为宽的 4.5–5.0 倍，为第 2 鞭节长的 1.1–1.2 倍；头顶光滑，有时前部中央具十分微弱的横刻条；额具密集的粗糙横刻条；颊光滑；头部背面观宽为中长的 1.5–1.6 倍；头在复眼后弧形收缩；复眼横径长为上颊的 1.5–1.8 倍；单眼小，单眼区底边长为侧边的 1.2–1.3 倍，POL=1.0–1.3×OD=0.3–0.4×OOL；复眼光滑无毛，纵径为横径的 1.2–1.3 倍；颚眼距是复眼纵径的 0.5 倍，是上颚基部宽的 1.0–1.2 倍；脸具明显的细皱刻条，中央狭窄区域光滑；脸宽是复眼纵径的 1.20–1.25 倍，是脸和唇基总长的 1.20–1.25 倍；唇基沟明显，完整；唇基下陷宽是下陷边缘至复眼距离的 0.9–1.0 倍，是脸宽的 0.4 倍；后头脊背方存在，与口后脊在上颚基部处不愈合。

胸：胸长是高的 1.7–1.8 倍；前胸背板脊相当明显，后横脊与前胸背板后缘明显愈合，前横脊位于前胸背板近中央或前部 0.4；中胸盾片从前胸背板几乎垂直升起；中胸盾片具明显的密集颗粒，盾纵沟附近具微弱短皱，被相当密集的半直立长毛，中后半部具 2 条向后会合的纵脊，脊间具皱；盾纵沟深、窄、完整，具稀疏的短刻条；小盾片前凹深，宽，内具 3–5 条纵脊，前凹长是小盾片长的 0.3 倍；小盾片稍隆起，无或稍具侧脊，几乎光滑，后部稍具颗粒；中胸侧板大部分区域光滑，但有时后部具微弱的革质网纹；翅下区浅，宽，具皱刻条；基节前沟前深后浅，窄，明显弯曲，具密集的短刻条，横贯中胸侧板下缘；并胸腹节具短而宽的侧突，分区明显，基脊是叉脊的 1.0–1.7 倍；基侧区具密集的皱刻条和颗粒；中区相当小，宽，短；柄区与中区明显分离。

翅：前翅长是宽的 3.3–3.5 倍，r 脉几乎从翅痣的中央伸出；3-SR=3.0–3.7×r=0.4–0.5×SR1=0.9–1.2×2-SR；第 2 亚缘室长是宽的 2.5–3.0 倍，是第 1 亚盘室长的 1.2–1.3 倍；CU1a 脉后叉。后翅 M+CU=0.6–0.7×1-M；m-cu 脉相当长，斜，弯曲，前叉，不骨化。

足：后足基节具密集的颗粒，背方具微弱但密集的半弧形刻条；后足基节基腹方具转角和瘤突；后足腿节上部 0.3–0.4 具明显的细刻条，侧方中央狭窄区域革质，腹方几乎光滑；后足腿节长是宽的 3.5–3.8 倍；后足胫节背方具密集的半直立长毛，毛长是胫节宽的 0.7–1.3 倍；后足跗节长是后足胫节长的 0.85–0.90 倍；后足基跗节长是第 2–5 跗节总长的 0.6 倍；后足第 2 跗节长是后足基跗节长的 0.5 倍，是第 5 跗节长的 1.0 倍。

腹：腹柄侧面观腹面稍弯曲，背面明显弯曲；腹柄基部 1/3 处加宽，具气门瘤；腹柄长为其端宽的 2.0–2.3 倍，为并胸腹节的 1.5–1.6 倍；腹柄端宽为气门处宽的 1.5–1.8 倍；腹柄具基部 0.7 具稀疏刻条，刻条间具密集皱，端部 0.3 具密集刻条；第 2+3 背板中长为第 2 背板基宽的 1.4–1.6 倍，是第 2+3 背板最宽处的 0.8–0.9 倍；第 2 背板缝不明显；第 2 背板无侧缘；剩余背板光滑；产卵管鞘长为腹部长的 0.5–0.6 倍，为腹柄长的 1.4–1.5 倍，为胸部长的 0.8–0.9 倍，为前翅长的 0.35–0.40 倍。

体色：头、胸部和腹柄深红褐色至黑色，有时头下部浅色，腹部剩余部分红褐色或浅红褐色，第 5、6 背板端缘常褐黄色；触角基部黄色或褐黄色，中部明显色深，近端部浅黄色，端部深褐色；须黄色；足黄色至褐黄色，后足腿节端半部有时具大的褐色斑块；后足胫节黄色，近基部浅黄色，基部稍具烟褐色；产卵管鞘端部深褐色，基部浅褐色或褐黄色；前翅稍烟褐色；翅痣褐色，基部 0.3 和端部色浅。

雄：未知。

生物学：未知。

研究标本（ZJUH）：1♀，浙江临安清凉峰，2005.VIII.10，张红英，No.200607443；1♀，福建南靖，1991.VII.8，刘长明，No.20006248；1♀，福建大竹岚，1980.VI.15，林乃铨，No.20004027；1♀，河南内乡宝天曼，1998.VII.14，陈学新，No.988297；1♀，河南内乡宝天曼，1998.VII.13–15，马云，No.987395；1♀，广东乳源南岭，2004.VIII.4，许再福，No.20049860；1♀，海南鹦哥岭，2007.V.18，肖斌，No.200807381；1♀，云南大围山，2003.VII.18，许再福，No.20055114；1♀，云南屏边大围山，1970–2107 m，2003.VII.18，李廷景，No.20045292。

分布：河南（宝天曼）、浙江（清凉峰）、福建（南靖、武夷山）、广东（南岭）、海南（鹦哥岭）、云南（大围山）；俄罗斯，日本。

(236) 莱氏柄腹茧蜂 *Spathius leschii* Belokobylskij, 1998（图版 LI: 4）

Spathius leschii Belokobylskij, 1998b: 92; 2003b: 418; Belokobylskij *et* Maeto, 2009: 628; Tang *et al.*, 2015: 60.

Spathius lesovik Belokobylskij, 1998b: 92; 2003b: 420. Synonymized by Belokobylskij *et* Maeto, 2009: 628.

雌：体长 1.9–3.8 mm；前翅长 1.8–2.8 mm。

头：触角 21–28 节；柄节长是宽的 1.5–1.8 倍；第 1 鞭节长为宽的 4.0–5.0 倍，为第 2 鞭节长的 1.10–1.15 倍；头顶光滑，后部 0.25 具十分微弱的横向刻条，有时部分区域具微弱颗粒；额至少中央具微弱的横向刻条或颗粒，有时大部分光滑；颊光滑；头部背面观宽为中长的 1.4–1.6 倍；头在复眼后明显弧形收缩；复眼横径长为上颊的 1.3–1.6 倍；单眼小，单眼区底边长为侧边的 1.1–1.2 倍，POL=1.1–1.4×OD=0.3–0.5×OOL；复眼无毛，纵径为横径的 1.2–1.3 倍；颚眼距是复眼纵径的 0.4–0.5 倍，是上颚基部宽的 0.8–1.0 倍；脸具明显密集的横向刻条，中央狭窄区域光滑或有时具网皱；脸宽是复眼纵径的 1.2–1.4 倍，是脸和唇基总长的 1.1–1.3 倍；唇基沟明显，完整；唇基下陷宽是下陷边缘至复眼距离的 0.8–1.0 倍，是脸宽的 0.35–0.40 倍；后头脊背方存在，与口后脊在上颚基部处愈合，有时稍不愈合。

胸：胸长是高的 1.9–2.0 倍；前胸背板脊明显，后横脊明显与前胸背板后缘稍愈合，前横脊位于近中央；中胸盾片从前胸背板几乎垂直升起；中胸盾片具明显密集的颗粒，中后方具 2 条向后会合的脊，脊间具粗糙皱，沿盾纵沟和侧方具非常短的微弱皱，被相当密集的半直立长毛；盾纵沟相当深，完整，宽，具粗糙的稀疏短刻条；小盾片前凹相当浅，宽，内具 1–5 条纵脊和微弱皱，前凹长是小盾片长的 0.4–0.5 倍；小盾片稍隆起，具侧脊，具密集颗粒；中胸侧板大部分具皱刻条，中央区域光滑；翅下区相当浅，宽，具皱-刻条或皱-颗粒；基节前沟前深后浅，宽，稍“S”形弯曲，具稀疏短刻条，横贯中胸侧板下缘。并胸腹节具相当明显的侧突，基脊是叉脊的 0.8–2.0 倍；基侧区广布颗粒，沿脊具皱；柄区与中区明显分离。

翅：前翅长是宽的 3.0–3.5 倍，r 脉从翅痣的中央或稍后伸出；3-SR=2.7–3.8×r=0.4–0.5×SR1=0.8–1.1×2-SR；第 2 亚缘室长是宽的 2.5–3.1 倍，是第 1 亚盘室长的 1.4–1.8 倍；m-cu 脉后叉；CU1a 脉后叉。后翅 M+CU=0.5–0.6×1-M；m-cu 脉前叉，斜，不骨化。

足：后足基节几乎全具颗粒，背方具明显横刻条；后足基节基腹方具转角和瘤突；后足腿节具颗粒；后足腿节长是宽的 3.2–3.7 倍；后足胫节外侧无端刺；后足胫节背方具密集的半直立长毛，毛长是后足胫节宽的 0.7–1.3 倍；后足跗节长是后足胫节长的 0.9–1.0 倍；后足基跗节长是第 2–5 跗节总长的 0.55–0.60 倍；后足第 2 跗节长是后足基跗节长的 0.5–0.6 倍，是第 5 跗节长的 1.0–1.2 倍。

腹：腹柄侧面观腹面几乎直，背面明显均匀弯曲；腹柄基部 1/3 具气门瘤；腹柄长为其端宽的 2.0–2.6 倍，为并胸腹节的 1.5–1.8 倍；腹柄端宽为气门处宽的 1.3–1.7 倍；腹柄具明显密集的皱刻条，刻条间具颗粒或网纹，端部光滑；第 2+3 背板中长为第 2 背板基宽的 1.4–1.7 倍，是第 2+3 背板最宽处的 0.8–1.0 倍；无第 2 背板缝；第 2 背板无侧缘；剩余背板光滑；产卵管鞘长为腹部长的 0.4–0.8 倍，为腹柄长的 0.8–1.7 倍，为胸部长的 0.5–1.0 倍，为前翅长的 0.20–0.45 倍。

体色：体深红褐色或黑色，有时浅红褐色，具红色或至少浅色斑块，腹部大部分浅红褐色或红褐色，中央常广布浅褐色；触角基部褐黄色，中央红褐色至黑色，近端部黄色或浅黄色，端部褐色或深褐色；须浅黄色或黄色；足褐黄色，后足腿节中央烟褐色；后足胫节褐黄色，基部烟褐色，端部浅色；产卵管鞘基半部浅褐色，端半部几乎黑色；前翅稍烟褐色；翅痣褐色，基部 0.20–0.25 和端部黄色。

雄：未知。

生物学：未知。

研究标本（ZJUH）：1♀，广东始兴车八岭，2002.VII.27，许再福，No.20051750；1♀，海南鹦哥岭，2007.V.24–26，刘经贤，No.200704046。

分布：广东（车八岭）、海南（鹦哥岭）；俄罗斯，韩国，日本。

(237) 龙渡柄腹茧蜂 *Spathius longduensis* Chen *et* Shi, 2004（图 30）

Spathius longduensis Chen *et* Shi, 2004: 140.

雌：体长 4.5 mm；前翅长 3.6 mm；触角长 5.4 mm。

头：触角 34 节；第 1 鞭节长是宽的 6.5 倍，为第 2 鞭节长的 1.3 倍；背面观头方形，头宽为头长的 1.6 倍；具完整后头脊；背面观复眼长为上颊的 2.5 倍，上颊在复眼后微收敛；OOL∶OD∶POL=16∶4∶7；正面观复眼中等大小，向唇基微收敛，眼间线长为脸宽的 1.2 倍；脸宽为高的 1.54 倍；唇基半圆形，具横脊和稀长毛，宽为高的 1.9 倍；脸具中等程度毛，具细横脊和细颗粒状刻点，中间微突出；额微凹陷，具平行细横脊；头顶具细横脊和稀长毛；上颊光滑。

胸：胸长是高的 1.8 倍；前胸背板槽存在；前方和前胸侧板具细密脊；中胸盾片垂直落向前胸背板，具颗粒状刻点和细脊，沿盾纵沟具稀长毛；盾纵沟全程完整，沟内具横脊，后端内缘具纵脊，其间具横脊；小盾片前凹具 5 条纵脊；小盾片几乎平坦，具颗粒状刻点；中胸侧板具皱，翅下区具横脊，下方具皱脊；基节前沟全程完整，沟内具纵脊；后胸侧板具颗粒状刻点和皱脊；并胸腹节具中室，中室内具横脊，基脊略短于叉脊长，背区基部具颗粒状刻点和细皱脊，后端瘤突微突出。

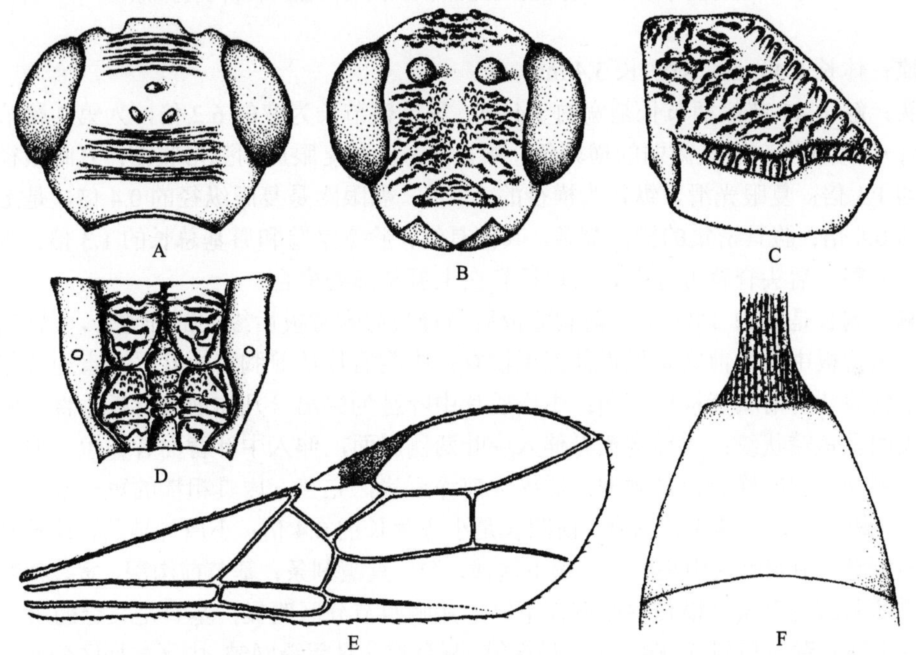

图 30　龙渡柄腹茧蜂 *Spathius longduensis* Chen *et* Shi（仿陈家骅和石全秀，2004）

A. 头，背面观；B. 头，前面观；C. 中胸侧板；D. 并胸腹节，背面观；E. 前翅；F. 腹部第 1–3 背板，背面观

翅：前翅翅痣长是宽的 4.0 倍；r 脉从翅痣中间伸出，r 脉长等于痣宽，与 3-SR 脉成钝角；2-SR 脉与 3-SR 脉等长；SR1 脉伸至翅尖；2-M∶r-m=6.0∶2.0；m-cu 脉伸入第 2 亚缘室；cu-a 脉略后叉式；第 1 亚盘室末端关闭于 m-cu 脉之后；CU1a 脉从基半部伸出。后翅 M+cu∶1-M=4∶5。

足：后足基节具颗粒状刻点，前缘密生短毛，后缘具横脊和稀长毛；腿节具稀长毛，长是宽的 4.1 倍；后足第 1 跗节长为第 2 跗节长的 2.5 倍。

腹：腹柄长为并胸腹节长的 2.0 倍，短于柄后腹长，末端扩大，具纵脊和细横脊；其余背板光滑；第 2+3 背板长为端宽的 0.73 倍，产卵管长略短于体长。

体色：头红褐色；须白色；触角浅红褐色；胸褐色；翅痣基部黄色，端部褐色；前翅浅褐色；后翅透明；前中足基节、转节和后足转节黄白色，其余浅红褐色；第 2+3、4 背板末端及腹末端黄色，其余背板褐色；产卵管红褐色，产卵管鞘褐色。

雄：未知。

生物学：未知。

分布：福建（武夷山）。

附注：根据陈家骅和石全秀（2004）的描述整理，本志研究未见此种标本。模式标本保存于 BIIC。

(238) 长角柄腹茧蜂 *Spathius longicornis* Chao, 1978（图版 LII: 1）

Spathius longicornis Chao, 1978: 176; Chen *et* Shi, 2004: 142; Tang *et al.*, 2015: 60.

雌：体长 5.4 mm；前翅长 3.4 mm。

头：触角 41 节；柄节长是宽的 1.4 倍；第 1 鞭节长为宽的 6.2 倍，为第 2 鞭节长的 1.3 倍；头顶光滑；额具微弱的横刻条；颊光滑；头在复眼后稍弧形收缩；复眼横径长为上颊的 1.1 倍；复眼光滑，纵径为横径的 1.2 倍；颚眼距是复眼纵径的 0.4 倍，是上颚基部宽的 0.8 倍；脸具密集的横向刻条，其间具皱；脸宽是脸和唇基总长的 1.3 倍；唇基沟明显，完整；后头脊背方存在，与口后脊在上颚基部处愈合。

胸：胸长是高的 1.85 倍；前胸背板后横脊与前胸背板后缘大部分愈合，前横脊细，位于前胸背板中央；前胸背板近前部无横脊；中胸盾片从前胸背板几乎垂直地升起，侧面观中胸盾片与前胸背板成直角；中胸盾片中叶甚为突出，几与前胸背板垂直；中叶和侧叶表面呈鱼鳞状纹；盾纵沟横脊伸入中叶两侧斜面，伸入中叶背面者甚短，但不伸入侧叶，侧叶外侧的横脊也甚微弱；盾纵沟前深后浅，完整，内具粗糙的短刻条；小盾片前凹深，相当长，内具 3 条纵脊，前凹长是小盾片长的 0.4 倍；小盾片稍凸，几乎光滑，具明显侧脊；中胸侧板中央光滑；翅下区浅，窄，具皱刻条；基节前沟深，宽，稍弯曲，具粗糙的稀疏短刻条，横贯中胸侧板下缘。并胸腹节分区明显；基脊是叉脊的 0.6 倍；背区基半部具颗粒和刻点，端半部具粗糙皱；剩余部分具粗糙网皱；中区与柄区分界明显。

翅：前翅 r 脉从翅痣中央后方伸出，与 3-SR 脉不连成直线；3-SR∶r∶SR1∶2-SR=26∶3∶30∶14；第 2 亚缘室长是宽的 3.2 倍，是第 1 亚盘室长的 1.4 倍；CU1a 脉从第 1 亚盘室端部前方 0.3 伸出。后翅 2-SC+R 脉变粗；M+CU∶1-M=0.5。

足：后足基节背方具明显密集的横刻条，刻条间具密集颗粒；后足基节基腹方具转角和瘤突；后足腿节光滑，上部 0.2–0.3 具微弱的斜刻条；后足腿节长是宽的 3.9 倍；后足胫节具半直立的毛，毛长为胫节中间宽的 1.0–1.2 倍；后足基跗节长是第 2–5 跗节总长的 0.7 倍；后足第 2 跗节长是后足基跗节长的 0.5 倍，是第 5 跗节长的 1.2 倍。

腹：腹柄侧面观腹面稍均匀弯曲，背面基部 0.3 弯曲；气门瘤位于腹柄基部 1/3 处；腹柄长为其端宽的 4.2 倍，为并胸腹节的 2.0 倍；腹柄基部 0.7 具刻条，刻条间具皱，端部光滑；第 2+3 背板中长为第 2 背板基宽的 2.2 倍，是第 2+3 背板最宽处的 1.0 倍；无第 2 背板缝；第 2 背板无侧缘；剩余背板光滑；产卵管鞘长为腹部长的 1.9 倍，为体长的 1.0 倍，为前翅长的 1.3 倍。

体色：体红褐色；头黄褐色；中胸侧板下半部、并胸腹节和腹柄深褐色；腹部几乎黑色，端部红褐色；足褐黄色，后足腿节中央烟褐色；触角褐黄色至褐色；须黄色；前翅稍烟褐色；翅痣浅褐色。

雄：未知。

生物学：未知。

研究标本：♀（正模，IZCAS），云南芒市西南 30 km 三台山，1200 m，1955.V.18，吴乐。

分布：云南（芒市）。

(239) 长足柄腹茧蜂 *Spathius longipetiolus* Belokobylskij *et* Maeto, 2009（图版 LII: 2）

Spathius longipetiolus Belokobylskij *et* Maeto, 2009: 631; Tang *et al*., 2015: 60.

雌：体长 2.9–4.8 mm；前翅长 2.2–3.6 mm。

头：触角 33–41 节；柄节长是宽的 1.6–1.7 倍；第 1 鞭节长为宽的 5.0–5.5 倍，为第 2 鞭节长的 1.2–1.3 倍；头顶光滑，有时稍具针刮状刻纹；额几乎完全具明显刻条和微弱网纹；颊光滑；头部背面观宽为中长的 1.5–1.6 倍；头在复眼后稍弧形收缩；复眼横径长为上颊的 1.4–1.7 倍；单眼区底边长为侧边的 1.2–1.3 倍，POL=1.0–1.3×OD=0.4–0.5×OOL；复眼光滑，纵径为横径的 1.3 倍；颚眼距是复眼纵径的 0.45 倍，是上颚基部宽的 0.9–1.0 倍；脸具明显密集的横刻条，部分区域刻条间具颗粒，中部下方具密集颗粒，中央上方狭窄区域光滑；脸宽是复眼纵径的 1.0–1.1 倍，是脸和唇基总长的 1.1 倍；唇基沟完整；后头脊背方存在，与口后脊在上颚基部处不愈合。

胸：胸长是高的 2.0–2.1 倍；前胸背板脊明显，后横脊明显与前胸背板后缘接近，但不愈合，前横脊明显，位于前胸背板近中央；中胸盾片弧形地升起，侧面观中胸盾片与前胸背板成钝角；中胸盾片密布明显颗粒，无皱，有时沿盾纵沟具微弱短皱；沿盾纵沟及侧方被相当密集的直立长毛，后部中央具 2 条纵隆脊，中后半部脊间具稀疏皱；盾纵沟相当深，宽，完整，具粗糙的密集短刻条；小盾片前凹深，宽，内具 5 条纵脊，前凹长是小盾片长的 0.35–0.40 倍；小盾片稍微隆起，具明显侧脊和明显密集的颗粒；中胸侧板中央大部分区域光滑，后部具微弱刻条；翅下区浅，宽，上部具刻条，下方具皱；基节前沟相当宽，中央深，前部和后部浅，“S”形弯曲，具粗糙的密集短刻条，横贯中胸侧板下缘。并胸腹节具小而宽的侧脊，分区明显，基脊是叉脊的 1.0–1.5 倍；基侧区具密集颗粒，沿脊具弯曲刻条；中区中等大小；柄区与中区明显分离。

翅：前翅长是宽的 3.6–3.8 倍，r 脉从翅痣的中央之后伸出；3-SR=4.6–4.8×r=0.60–0.65×SR1=1.2–1.3×2-SR；第 2 亚缘室长是宽的 3.0–3.3 倍，是第 1 亚盘室长的 1.4 倍；m-cu 脉后叉；CU1a 脉后叉。后翅 M+CU=0.6–0.7×1-M；m-cu 脉前叉，相当长，弯曲，不骨化。

足：后足基节具明显密集的横刻条，刻条间具密集颗粒，下半部仅具颗粒；后足基节基腹方具转角和瘤突；后足腿节光滑，上部 0.2–0.3 具微弱的斜刻条；后足腿节长是宽的 3.4–3.7 倍；后足胫节外侧具 4 个端刺；后足胫节具半直立的毛，毛长为胫节中间宽的 0.7–1.3 倍；后足跗节长是后足胫节长的 0.85–0.90 倍；后足基跗节长是第 2–5 跗节总长的 0.75–0.80 倍；后足第 2 跗节长是后足基跗节长的 0.40–0.45 倍，是第 5 跗节长的 1.2 倍。

腹：腹柄侧面观腹面几乎直，背面稍均匀弯曲；气门瘤位于腹柄基部 1/3 处；腹柄长为其端宽的 2.8–3.3 倍，为并胸腹节的 1.9–2.2 倍；腹柄端宽为气门处宽的 1.6–2.0 倍；腹柄具明显刻条，前部 0.7–0.9 刻条间具密集皱，端部狭窄区域光滑；第 2+3 背板中长为第 2 背板基宽的 1.1–1.3 倍，是第 2+3 背板最宽处的 0.7 倍；第 2 背板缝不明显；第 2 背板无侧缘；剩余背板光滑；产卵管鞘长为腹部长的 1.3–1.5 倍，为腹柄长的 2.6–3.1 倍，为胸部长的 1.8–2.2 倍，为前翅长的 0.9–1.1 倍。

体色：体深红褐色，头部下方色浅，有时体大部分浅红褐色，至少部分黄褐色；触角基部 0.25 褐黄色或黄褐色，剩余部分褐黑色至黑色；须浅黄色；前足基部黄色，端部黄褐色；中足浅红褐色，基节、转节、腿节基部、胫节近基部 0.2 黄色；后足红褐色或深红褐色，转节、腿节基部、胫节近基部 0.3 黄色；产卵管鞘基部 0.4 黄褐色，端部 0.6 褐色至黑色；前翅稍烟褐色；翅痣褐色，基部 0.3 黄色。

雄：未知。

生物学：未知。

研究标本（ZJUH）：2♀，浙江古田山，2005.VII.3，吴琼，Nos.200616465，200616096；1♀，浙江古田山，2003.VIII.18，余晓霞，No.20043905；1♀，广东乳源南岭，2004.VIII.4，许再福，No.20049715；1♀，贵州梵净山，1993.VII.11，姚松林，No.93706。

分布：浙江（古田山）、广东（南岭）、贵州（梵净山）；日本。

(240) 尖柄腹茧蜂 *Spathius longulator* Tang, Belokobylskij *et* Chen, 2015（图版 LII: 3）

Spathius longulator Tang, Belokobylskij *et* Chen, 2015: 60.

雌：体长 4.5–5.6 mm；前翅长 3.4–4.1 mm。

头：触角 35 节；柄节长是宽的 1.6 倍；第 1 鞭节长为宽的 5.0–5.6 倍，为第 2 鞭节长的 1.1–1.2 倍；头顶前部光滑，后部中央具明显的横向刻条或具微弱的针刮状刻条；额完全具横向刻条；颊大部分光滑，后部近后头脊具微弱垂直的刻条；头部背面观宽为中长的 1.6 倍；头在复眼后弧形收缩；复眼横径长为上颊的 1.6–1.8 倍；单眼区底边长为侧边的 1.1 倍，POL=1.0×OD=0.35×OOL；复眼光滑，纵径为横径的 1.2 倍；颚眼距是复眼纵径的 0.35–0.45 倍，是上颚基部宽的 0.8 倍；脸具密集的波浪形刻条；脸宽是复眼纵径的 1.1 倍，是脸和唇基总长的 1.0 倍；唇基沟明显，完整；后头脊背方存在，与口后脊在上颚基部处愈合。

胸：胸长是高的 2.0 倍；前胸背板脊明显，后横脊中央与前胸背板后缘明显分离，前横脊位于前胸背板中央后方；中胸盾片从前胸背板稍陡峭地升起，侧面观中胸盾片与前胸背板成钝角；中胸盾片具颗粒，沿盾纵沟及侧方具密集长皱，被相当密集的长毛，直立，中叶后方具 2 条纵脊，脊间具短皱；盾纵沟宽，前深后浅，具短刻条，伸入中叶和侧叶；小盾片前凹相当深，内具 3 条纵脊，前凹长是小盾片长的 0.3 倍；小盾片完全具密集颗粒；中胸侧板大部分光滑，仅基节前沟上方和后方具微弱皱；翅下区浅，窄，具稀疏刻条；基节前沟深，直，稍斜，具粗糙短刻条，长为中胸侧板的 0.6 倍。并胸腹节具短的侧突，分区明显；基脊是叉脊的 1.0 倍；基侧区具颗粒和皱，中区具横皱；中区与柄区分界明显。

翅：前翅长是宽的 4.2 倍，r 脉从翅痣的中央后方伸出；3-SR=4.3×r=0.6×SR1=1.1×2-SR；第 2 亚缘室长是宽的 3.0 倍，是第 1 亚盘室长的 1.4 倍；cu-a 脉后叉；m-cu 脉明显后叉；CU1a 脉后叉。后翅 M+CU=0.55×1-M；m-cu 脉明显对叉，稍着色，明显弯向翅基部。

足：后足基节背方具粗糙的横向刻条，其余部分具密集颗粒；后足基节基腹方具明显转角和瘤突；后足腿节大部分光滑，背方具微弱的纵向刻条；后足腿节长是宽的 3.5 倍；后足胫节外缘无端刺；后足胫节的毛长为胫节中间宽的 1.0–1.5 倍；后足跗节长是后足胫节长的 1.0 倍；后足基跗节长是后足第 2–5 跗节长的 0.65 倍；后足第 2 跗节长是后足基跗节长的 0.5 倍，是后足第 5 跗节长的 1.3 倍。

腹：腹柄侧面观腹面稍弯曲，背面基部 0.3 明显弯曲，端部 0.7 几乎直，气门瘤位于基部 1/3 处；腹柄长为其端宽的 3.9–4.5 倍，为并胸腹节的 2.2–2.6 倍；腹柄具明显的、相当稀疏的纵刻条，端部具密集刻条，基半部中央具密集的微弱网纹；第 2+3 背板中长为第 2 背板基宽的 1.5 倍，是第 2+3 背板最宽处的 0.7 倍；第 2 背板缝无；第 2 背板无侧缘；剩余背板光滑；产卵管鞘长为腹部长的 1.3–1.5 倍，为腹柄长的 2.5 倍，为胸部长的 2.1–2.3 倍，为前翅长的 1.0 倍。

体色：体红褐色，头和胸具浅色斑块；柄后腹浅红褐色，具黄色条纹；触角基部 1/3 浅褐色，中部 1/3 褐色，端部 1/3 黄白色；须浅黄色；前中足浅褐色至黄褐色，基部白色；后足褐色至浅褐色，转节和腿节基部白色；后足胫节浅褐色；产卵管鞘基部 1/3 褐黄色，剩余部分褐色至深褐色；前翅稍烟褐色，近 1-M 脉和翅痣下方具褐色斑块；翅痣褐色，基部 1/3 色浅。

雄：未知。

生物学：未知。

研究标本：♀（正模，ZJUH），海南吊罗山，2006.VII.16–17，刘经贤，No.200802451；1♀（副模，ZJUH），海南鹦哥岭，2007.V.28–VI.3，翁丽琼，No.200804197；2♀（副模，ZJUH），海南尖峰岭天池，2006.VII.12–15，翁丽琼，Nos.200803321，200803426。

分布：海南（吊罗山、鹦哥岭、尖峰岭）。

(241) 长柄腹茧蜂 *Spathius longus* Chen *et* Shi, 2004（图 31）

Spathius longus Chen *et* Shi, 2004: 142.

雌：体长 6.9 mm；前翅长 4.6 mm。

头：触角断，余 35 节；第 1 鞭节长是宽的 7.5 倍，为第 2 鞭节长的 1.3 倍；背面观头方形，头宽为头长的 1.45 倍；具完整后头脊；背面观复眼长为上颊的 1.8 倍，上颊在复眼后圆钝地收敛；OOL∶OD∶POL=6∶2∶3；正面观复眼大，眼间线长为脸宽的 1.2 倍；脸宽为高的 1.4 倍；唇基半圆形，具稀疏毛，具横脊和皱状刻点，宽为高的 2.0 倍；口窝圆形；颚眼距长为复眼高的 1/2；脸着生中等程度毛，中间微突出，具横脊和皱状刻点；额微凹陷，具横脊；头顶光滑，具少数弱浅刻痕；上颊光滑。

胸：胸长是高的 1.9 倍；前胸背板槽具粗纵脊，前方具脊；前胸侧板具脊，末端光滑；中胸盾片陡峭地升起，具颗粒状刻点，两侧具短脊，沿盾纵沟及侧叶侧缘具稀长毛；盾纵沟全程完整，具短横脊，后端内缘具 2 条纵脊，其间具横脊；小盾片前凹具 4 条纵脊；小盾片微突出，具颗粒状刻点；中胸侧板翅下区具粗横脊；基节前沟完整，宽，后端浅，沟内具粗纵脊；中胸侧板凹明显；后胸侧板具网状皱、脊和稀长毛；并胸腹节具中室，基脊长短于叉脊长，中室内具横脊，背区基部具颗粒状刻点，后端瘤突不明显。

翅：前翅翅痣长是宽的 3.9 倍；r 脉从翅痣中间伸出，r 脉长为痣宽的 0.7 倍，与 3-SR 脉成钝角；2-SR∶3-SR=4.1∶5.0；SR1 脉伸至翅尖；2-M∶r-m=8.8∶2.1；m-cu 脉伸入第 2 亚缘室；cu-a 脉略后叉式；第 1 亚盘室末端关闭于 m-cu 脉之后；CU1a 脉从第 1 亚盘室末端基部伸出。后翅 M+CU∶1-M=4.0∶7.8。

足：后足基节具颗粒状刻点，前缘具细纵脊，后缘具横脊；后足腿节长是宽的 3.1 倍，具稀毛和纵脊；后足胫节毛长等于胫节宽；后足第 1 跗节长为第 2 跗节长的 2.0 倍。

腹：腹柄长为并胸腹节长的 2.5 倍，略短于柄后腹长，末端略扩大。腹柄具明显纵脊，中间脊网状；柄后腹光滑；第 2+3 背板长为端宽的 1.3 倍；产卵管长于体长。

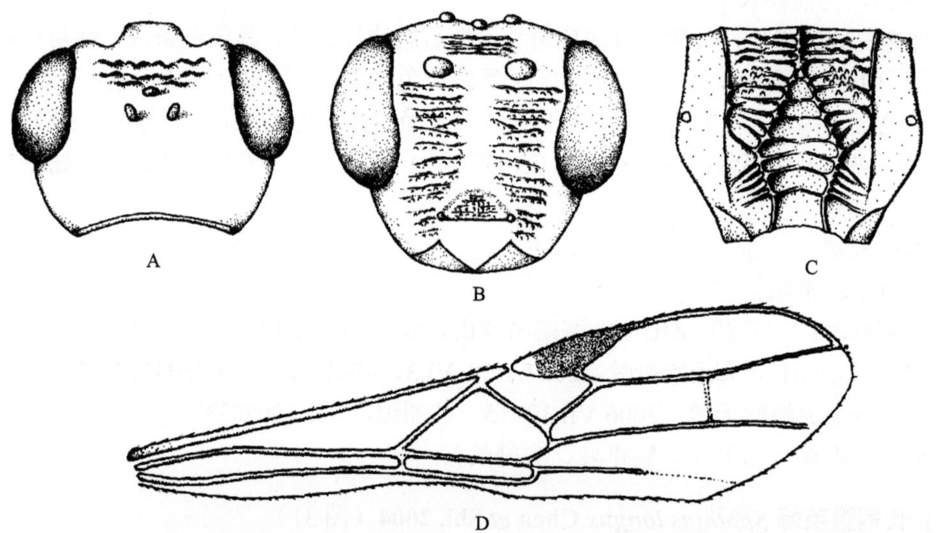

图 31　长柄腹茧蜂 *Spathius longus* Chen *et* Shi（仿陈家骅和石全秀，2004）

A. 头，背面观；B. 头，前面观；C. 并胸腹节，背面观；D. 前翅

体色：头红褐色；须黄白色；触角红褐色；胸部褐色；翅浅褐色；前中足基节、转

节，以及后足转节、胫节基部黄褐色，其余红褐色；后足腿节后缘具褐色斑；背板红褐色；第 2+3 以后背板末端黄褐色；产卵管栗褐色，产卵管鞘红褐色。

雄：体长 3.7–4.4 mm；前翅长 2.9–3.0 mm；触角长 5.1–5.3 mm；触角 33–35 节；第 1 鞭节长是宽的 6.0 倍，为第 2 鞭节长的 1.13 倍；小盾片前凹具 1 条明显基脊；腹柄长为并胸腹节长的 2.5 倍；第 2+3 背板长为端宽的 1.5 倍。头红褐色；胸部褐色或红褐色；翅痣褐色；前后翅透明；前中足黄褐色；后足红褐色；腹柄节褐色；其余腹节红褐色。

生物学：未知。

分布：中国（福建）。

附注：根据陈家骅和石全秀（2004）的描述整理，本志研究未见此种标本。模式标本保存于 BIIC。

(242) 长鞘柄腹茧蜂 *Spathius macrurus* Tang, Belokobylskij *et* Chen, 2015（图版 LII: 4）

Spathius macrurus Tang, Belokobylskij *et* Chen, 2015: 62.

雌：体长 5.1 mm；前翅长 3.8 mm。

头：触角已断，余 29 节；柄节长是宽的 1.7 倍；第 1 鞭节长为宽的 5.5 倍，为第 2 鞭节长的 1.25 倍；头顶具明显均匀的粗糙横刻条，侧方光滑；额完全具横向刻条；颊完全光滑；头部背面观宽为中长的 1.7 倍；头在复眼后凸，弧形收缩；复眼横径长为上颊的 1.4 倍；单眼区底边长为侧边的 1.2 倍，POL=0.75×OD=0.3×OOL；复眼光滑，纵径为横径的 1.25 倍；颚眼距是复眼纵径的 0.4 倍，是上颚基部宽的 0.6 倍；脸具密集的稍弯曲横刻条，刻条间具微弱网纹；脸宽是复眼纵径的 1.0 倍，是脸和唇基总长的 1.0 倍；唇基沟明显，完整；后头脊背方存在，与口后脊在上颚基部处不愈合。

胸：胸长是高的 2.1 倍；前胸背板脊明显，后横脊中央与前胸背板后缘稍愈合，前横脊位于前胸背板近中央；中胸盾片从前胸背板弧形升起，侧面观中胸盾片与前胸背板成钝角；中胸盾片具密集颗粒，沿盾纵沟及侧方具密集的长皱，被相当稀疏的半直立长毛，中叶后方具 2 条纵脊；盾纵沟相当宽，前深后浅，具短刻条；小盾片前凹相当浅，内具 4 条纵脊，前凹长是小盾片长的 0.3 倍；小盾片完全具密集的微弱革质，稍隆起，具明显侧脊；中胸侧板几乎完全革质，前部几乎光滑；翅下区浅，窄，具密集的弯曲刻条和皱；基节前沟前深后浅，明显弯曲，相当宽，具粗糙短刻条，横贯中胸侧板下缘。并胸腹节具短的侧突，分区明显；基脊是叉脊的 1.0 倍；基侧区大部分具皱刻条；中区与柄区分界明显。

翅：前翅长是宽的 3.8 倍，r 脉从翅痣的中央伸出；3-SR=4.8×r=0.5×SR1=1.3×2-SR；第 2 亚缘室长是宽的 3.0 倍，是第 1 亚盘室长的 1.4 倍；CU1a 脉后叉。后翅 M+CU=0.6×1-M；m-cu 脉稍前叉，稍弯曲，斜向翅基部。

足：后足基节背方具密集的横刻条和微弱颗粒，其余部分具密集颗粒；后足基节基腹方具明显转角和瘤突；后足腿节大部分光滑，背方具微弱的纵刻条；后足腿节长是宽的 3.2 倍；后足胫节外缘无端刺；后足胫节的毛长为胫节中间宽的 0.7–1.0 倍；后足跗节长是后足胫节长的 0.9 倍；后足基跗节长是后足第 2–5 跗节长的 0.8 倍；后足第 2 跗节长是后足基跗节长的 0.4 倍，是后足第 5 跗节长的 1.0 倍。

腹：腹柄侧面观腹面稍弯曲，背面稍均匀弯曲，气门瘤位于基部 1/3 处；腹柄长为其端宽的 3.0 倍，为并胸腹节的 2.0 倍；腹柄具明显的相当密集的纵刻条，刻条间具密集的微弱网纹；第 2+3 背板中长为第 2 背板基宽的 1.4 倍，是第 2+3 背板最宽处的 0.85 倍；第 2 背板缝无；第 2 背板无侧缘；第 2 背板基侧部 1/3 具微弱刻条，近中央具断续微弱革质；剩余背板光滑；产卵管鞘长为腹部长的 1.8 倍，为腹柄长的 3.6 倍，为胸部长的 2.5 倍，为前翅长的 1.0 倍。

体色：体深红褐色至几乎黑色，头黄褐色，后部色深；触角基部浅褐色，随后褐色至深褐色；须黄色；足黄色至褐黄色，后足基节浅红褐色，后足腿节中央褐色，基部黄色，后足胫节基部色深；产卵管鞘几乎完全褐色；前翅稍均匀烟褐色；翅痣褐色，基部和端部黄色。

雄：未知。

生物学：未知。

研究标本：♀（正模，ZJUH），浙江开化古田山，1990.VIII.1，马云，No.906119。

分布：浙江（古田山）。

(243) 黑斑柄腹茧蜂 *Spathius maculosus* Chen *et* Shi, 2004（图 32）

Spathius maculosus Chen *et* Shi, 2004: 144.

雌：体长 5.8 mm；前翅长 4.3 mm；触角长 8.1 mm。

头：触角 37 节；第 1 鞭节长是宽的 7.0 倍，为第 2 鞭节长的 1.4 倍；背面观头方形，头宽为头长的 1.6 倍；具完整后头脊；背面观复眼横径长为上颊的 1.3 倍，上颊在复眼后几不收敛；OOL∶OD∶POL=14∶4∶5；正面观复眼中等大小，微向唇基收敛，眼间线长为脸宽的 1.1 倍；脸宽为高的 1.6 倍；唇基半圆形，光滑，具稀长毛，宽为高的 3.0 倍；口窝圆形；颚眼距长为复眼高的 3/5；脸密生柔毛，中间微突，光滑，两侧具横脊；额微凹陷，具细横脊；头顶光滑，具稀长毛；上颊光滑。

胸：胸长是高的 2.4 倍；前胸背板槽存在；前方及前胸侧板具细脊；中胸盾片缓落向前胸背板，具颗粒状刻点和短纵脊，沿盾纵沟及侧缘具稀长毛；盾纵沟全程完整，具横脊，后端浅，横脊伸入侧叶，内缘具 2 条纵脊，其间具弱脊；小盾片前凹具 3 条纵脊；小盾片平坦，具颗粒状刻点；中胸侧板翅下区具横脊；基节前沟宽，浅，全程完整，沟内具短纵脊；后胸侧板具皱脊，具细颗粒状刻点；并胸腹节具中室，中室内具横脊，基脊略长于叉脊，背区基部具颗粒状刻点，在叉脊和横脊处着生纵脊，后端瘤突突出。

翅：前翅翅痣长是宽的 5.0 倍；r 脉从翅痣后端伸出，r 脉长为痣宽的 0.85 倍；2-SR 脉与 3-SR 脉等长；SR1 脉伸至翅尖；2-M∶r-m=7.2∶2.0；m-cu 脉伸入第 2 亚缘室；cu-a 脉略后叉式；第 1 亚盘室末端于 m-cu 脉后关闭；CU1a 脉从第 1 亚盘室末端基半部伸出。后翅 M+CU∶1-M=3.8∶6.4。

足： 后足基节前缘具颗粒状刻点，具稀中等长毛，后缘具环状横皱，具稀长毛；后足腿节长是宽的 2.9 倍，具稀长毛；后足第 1 跗节长为第 2 跗节长的 2.0 倍。

腹： 腹柄长为并胸腹节长的 2.0 倍，短于柄后腹长，末端扩大，具细颗粒状刻点及长纵脊；柄后腹光滑；第 2+3 背板长为端宽的 2/3；产卵管长为腹部长的 1.1 倍。

体色： 头黄褐色；颊、脸具褐色斑；触角红褐色，末端黄白色；须白色；前胸侧板、沿前胸背板槽、沿基节前沟、翅下方、后方侧板缘黑褐色，其余胸部栗褐色；翅痣基部黄色，后端褐色；翅浅褐色；足基节、转节、腿节基部、胫节两端黄褐色，前中足腿节末端浅褐色，后足腿节末端褐色，其余浅红褐色；腹柄节深褐色，其余背板基部褐色，末端黄褐色；产卵管栗褐色；产卵管鞘基部黄褐色，末端褐色。

雄： 未知。

生物学： 未知。

分布： 福建（武夷山）。

附注： 根据陈家骅和石全秀（2004）的描述整理，本志研究未见此种标本。模式标本保存于 BIIC。

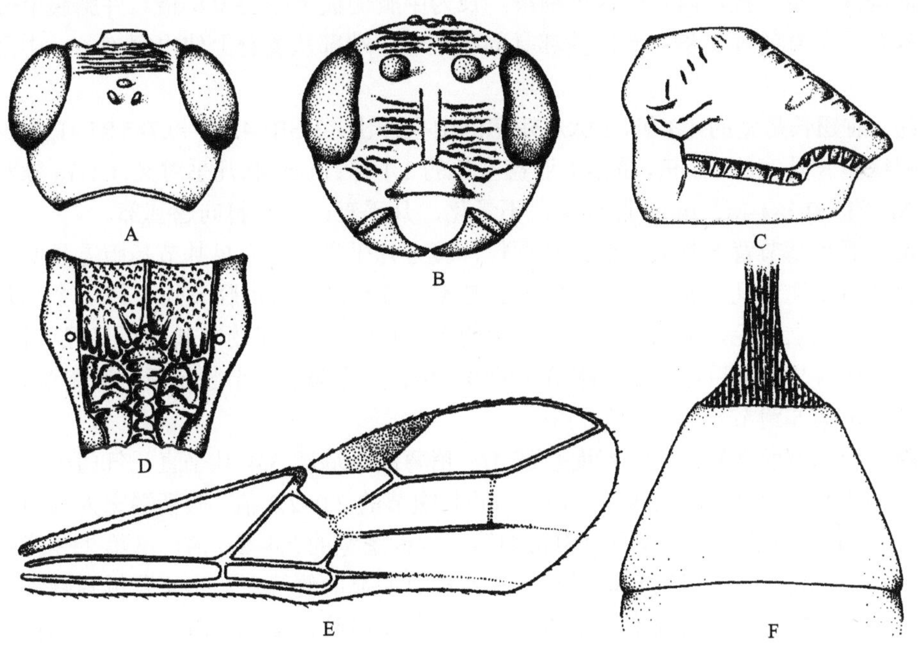

图 32　黑斑柄腹茧蜂 *Spathius maculosus* Chen *et* Shi（仿陈家骅和石全秀，2004）

A. 头，背面观；B. 头，前面观；C. 中胸侧板；D. 并胸腹节，背面观；E. 前翅；F. 腹部第 1–3 背板，背面观

(244) 大柄腹茧蜂 *Spathius magnus* Chao, 1978（图版 LIII: 1）

Spathius magnus Chao, 1978: 178; Chen *et* Shi, 2004: 145; Tang *et al*., 2015: 66.

雌：体长 9.1–11.5 mm；前翅长 6.5–7.6 mm。

头：触角 66 节；柄节长是宽的 1.5 倍；第 1 鞭节长为宽的 4.8–5.2 倍，为第 2 鞭节长的 1.2 倍；头顶光滑；额具明显横刻条；颊光滑；头部背面观宽为中长的 1.3 倍；头在复眼后前半部平行，后半部弧形收缩；复眼横径长为上颊的 1.0–1.1 倍；单眼区底边长为侧边的 1.3 倍，POL=1.5×OD=0.4×OOL；复眼光滑，纵径为横径的 1.4 倍；颚眼距是复眼纵径的 0.3 倍，是上颚基部宽的 0.8 倍；脸具密集的粗糙横刻条和皱；脸宽是复眼纵径的 1.0–1.1 倍，是脸和唇基总长的 1.3–1.5 倍；唇基沟明显，完整；后头脊背方存在，与口后脊在上颚基部处不愈合。

胸：胸长是高的 2.2–2.4 倍；前胸背板后横脊中央与前胸背板后缘明显不愈合，前横脊位于前胸背板中央；中胸盾片缓和地升起，侧面观中胸盾片与前胸背板成钝角；中胸盾片中叶前方凸出，前侧方无肩角；中胸盾片密布颗粒，后部中央具 2 条隆脊，脊间具明显短刻条，被稀疏长毛；盾纵沟浅而宽，具明显短刻条，短刻条仅前部稍伸入中叶，不伸入侧叶；小盾片前凹深，内具 1 条纵脊，前凹长是小盾片长的 0.4 倍；小盾片具密集颗粒或几乎光滑；中胸侧板几乎光滑，后部具些许皱刻条；翅下区浅，窄，具横皱；基节前沟深，窄，直，内具微弱短刻条，长为中胸侧板下缘的 0.8 倍。并胸腹节分区明显；基脊是叉脊的 1.4 倍；基区基部具弱颗粒皱，端部从侧脊上伸出短刻条，中区具弱横皱。

翅：前翅长是宽的 4.3 倍，r 脉从翅痣的中央伸出；3-SR=4.3×r=0.7×SR1=1.4×2-SR；第 2 亚缘室长是宽的 3.5 倍，是第 1 亚盘室长的 1.1 倍；m-cu 脉几乎对叉；CU1a 脉对叉。后翅 M+CU=0.5×1-M；m-cu 脉前叉，不骨化，几乎直，强烈斜向翅基部。

足：后足基节背方具皱，侧方具颗粒，腹方几乎光滑；后足基节基腹方具明显转角和瘤突；后足腿节几乎光滑；后足腿节长是宽的 3.5 倍；后足胫节外缘具 7 个端刺；后足胫节具半直立的毛，毛长为胫节中间宽的 1.0–1.3 倍；后足跗节长是后足胫节长的 0.9 倍；后足基跗节长是后足第 2–5 跗节长的 0.9 倍；后足第 2 跗节长是后足基跗节长的 0.3 倍，是后足第 5 跗节长的 1.2 倍。

腹：腹柄侧面观腹面直，背面基部 1/3 稍弯曲，端部 3/4 几乎直，气门瘤位于基部 0.3 处；腹柄长为其端宽的 3.9–4.1 倍，为并胸腹节的 2.0–2.3 倍；腹柄端宽为气门处宽的 1.4 倍；腹柄具网皱；第 2+3 背板中长为第 2 背板基宽的 2.4–2.6 倍，是第 2+3 背板最宽处的 1.3–1.4 倍；无第 2 背板缝；第 2、3 背板具明显的侧缘；第 2–4 背板具网皱，基部较粗糙，端部较细，端缘光滑；第 5–7 背板具革质网纹，端缘光滑；产卵管鞘长为腹部长的 1.6 倍，为腹柄长的 3.6 倍，为胸部长的 3.0 倍，为前翅长的 1.3 倍。

体色：头黑色；前胸背板、中胸盾片和小盾片黑色；中胸侧板和并胸腹节红褐色；腹柄红褐色；其他背板黑色。触角基部浅褐色，渐变为黑褐色。单眼区黑色。须乳白色。前足基节和各足第 1 转节暗红褐色；中足和后足基节红褐色；第 2 转节、腿节和胫节黑色；各足跗节浅红褐色。翅烟褐色半透明，无明显斑纹；翅痣黑褐色。

雄：未知。

生物学：未知。

研究标本：♀（正模，IZCAS），云南西双版纳小勐养，850 m，1957.VI.27，臧令超；1♀，云南景洪森林公园，2003.VII.31，陆佳，No.20045948（ZJUH）。

分布：湖北（神农架）、云南（西双版纳、景洪）。

(245) 间柄腹茧蜂 *Spathius medon* Nixon, 1943（图版 LIII: 2）

Spathius medon Nixon, 1943b: 286; Shenefelt *et* Marsh, 1976: 1408; Belokobylskij, 1996: 184; Chen *et* Shi, 2004: 147; Tang *et al*., 2015: 66.

雌：体长 3.2–4.8 mm；前翅长 2.4–3.3 mm。

头：触角 34–38 节；柄节长是宽的 1.5–1.6 倍；第 1 鞭节长为宽的 6.2–6.7 倍，为第 2 鞭节长的 1.3–1.4 倍；头顶和额密布粗糙的稍波浪形刻条；颊光滑，后方 0.2–0.5 具微弱或明显的皱刻条；头部背面观宽为中长的 1.5–1.7 倍；头在复眼后明显弧形收缩；复眼横径长为上颊的 1.5–1.9 倍；单眼区底边长为侧边的 1.1–1.3 倍，POL=1.0–1.3×OD=0.4–0.5×OOL；复眼光滑，纵径为横径的 1.2–1.3 倍；颚眼距是复眼纵径的 0.3–0.4 倍，是上颚基部宽的 0.8–1.0 倍；脸具横向刻条，中央纵隆稍光滑；脸宽是复眼纵径的 1.1 倍，是脸和唇基总长的 1.0 倍；唇基沟明显，完整；后头脊背方存在，与口后脊在上颚基部处愈合。

胸：胸长是高的 1.8–2.0 倍；前胸背板后横脊与前胸背板后缘大部分愈合；中胸盾片从前胸背板陡峭地升起，侧面观中胸盾片与前胸背板成直角；中胸盾片具密集颗粒和横向皱刻条，侧叶中央狭窄区域仅具颗粒；中胸盾片仅盾纵沟和侧方被密集的半直立长毛，后部中央具 2 条明显纵脊，脊间具稀疏皱；盾纵沟完整，深，宽，具粗糙短刻条；小盾片前凹深，内具 1–3 条纵脊，前凹长是小盾片长的 0.4–0.5 倍；小盾片具密集颗粒和稀疏横向刻条；中胸侧板中央光滑或具微弱网纹；翅下区浅，窄，具粗糙皱刻条；基节前沟前深后浅，宽，“S”形弯曲，具明显的稀疏短刻条，几乎横贯中胸侧板下缘。并胸腹节分区明显；基脊是叉脊的 0.5–0.8 倍；基侧区仅基本隆脊上伸出短皱，大部分区域光滑，中区具稀疏横皱；中区与柄区分界明显，分界处明显缢缩。

翅：前翅长是宽的 3.6–3.8 倍，r 脉从翅痣的中央或稍后伸出；3-SR=3.4–4.0×r=0.5×SR1=0.8–0.9×2-SR；3-SR 脉与 r 脉几乎成直线；第 2 亚缘室长是宽的 2.9–3.2 倍，是第 1 亚盘室长的 1.2–1.4 倍；cu-a 脉稍后叉或对叉；m-cu 脉明显后叉；CU1a 脉后叉。后翅 M+CU=0.5–0.6×1-M；m-cu 脉稍前叉或对叉，不骨化，斜向翅基部。

足：后足基节背方具密集的半弧形刻条，侧方具密集的微弱颗粒和刻条；后足基节基腹方具明显转角和瘤突；后足腿节几乎光滑；后足腿节长是宽的 3.6–4.0 倍；后足胫节外缘无端刺；后足胫节具短毛和长毛，毛长为胫节中间宽的 0.9–1.0 倍；后足跗节长是后足胫节长的 0.9–1.0 倍；后足基跗节长是后足第 2–5 跗节长的 0.6–0.7 倍；后足第 2 跗节长是后足基跗节长的 0.5–0.6 倍，是后足第 5 跗节长的 1.2–1.4 倍。

腹：腹柄侧面观腹面稍或均匀弯曲，背面明显弯曲，气门瘤位于基部 1/3 处；腹柄长为其端宽的 4.2–4.6 倍，为并胸腹节的 2.0–2.3 倍；腹柄端宽为气门处宽的 1.5–1.7 倍；

腹柄基部 0.5–0.7 具刻条，刻条间具皱，端部光滑；第 2+3 背板中长为第 2 背板基宽的 2.2–2.4 倍，是第 2+3 背板最宽处的 1.0 倍；无第 2 背板缝；第 2+3 背板无侧缘；柄后腹光滑；产卵管鞘长为腹部长的 1.8–2.4 倍，为腹柄长的 4.2–4.5 倍，为胸部长的 3.3–3.5 倍，为前翅长的 1.2–1.6 倍。

体色：头黄褐色。胸部颜色均一，红褐色，无黑色。腹柄红褐色，其他背板红褐色或棕褐色，端缘黄褐色。触角基部黄褐色，渐变为暗褐色，亚端部一段浅黄色，端部 3、4 节暗褐色。单眼区黑褐色。须浅黄色。各足端跗节深褐色，前足和中足基节及转节浅黄色，足其他部分黄褐色。翅浅褐色半透明，无明显斑纹；翅痣褐色。

雄：未知。

生物学：未知。

研究标本（ZJUH）：8♀，浙江开化古田山，1990.VII–VIII，徐志宏，Nos.905339，905402，905634，905573，905443，905664，905575，905396；4♀，浙江开化古田山，1990.VII–VIII，马云，Nos.905742，905896，905770，905809；4♀，浙江古田山，1990.VIII.1，马云，Nos.906159，906179，906181，906213；1♀，浙江古田山，2005.VII.1，张红英，No.200616605；1♀，广东始兴车八岭，2002.VIII.21，许再福，No.20052647；1♀，海南尖峰岭天池，2006.VII.12–15，刘经贤，No.200803618。

分布：浙江（古田山）、台湾（南投）、广东（车八岭）、海南（尖峰岭）；印度，斯里兰卡。

(246) 蛛形柄腹茧蜂 *Spathius melpomene* Nixon, 1943（图版 LIII: 3）

Spathius melpomene Nixon, 1943b: 280; Shenefelt *et* Marsh, 1976: 1408; Tang *et al*., 2015: 68.

雌：体长 3.8–4.2 mm；前翅长 2.6–2.9 mm。

头：触角 36–47 节；柄节长是宽的 1.5–1.6 倍；第 1 鞭节长为宽的 5.0–5.5 倍，为第 2 鞭节长的 1.2 倍；头顶光滑；额具横向刻条；颊光滑；头部背面观宽为中长的 1.8 倍；头在复眼后明显弧形收缩；复眼横径长为上颊的 1.5–1.7 倍；单眼区底边长为侧边的 1.0 倍，POL=1.0×OD=0.3×OOL；复眼光滑，纵径为横径的 1.3 倍；颚眼距是复眼纵径的 0.4 倍，是上颚基部宽的 0.8 倍；脸具横向刻条，中央狭窄区域光滑；脸宽是复眼纵径的 1.1 倍，是脸和唇基总长的 1.2 倍；唇基沟明显，完整；后头脊背方存在，与口后脊在上颚基部处不愈合。

胸：胸长是高的 1.8 倍；前胸背板后横脊明显，与前胸背板后缘不愈合；前胸背板侧凹宽，相当深，光滑；中胸盾片从前胸背板陡峭地升起，侧面观中胸盾片与前胸背板成直角；中胸盾片具密集颗粒和横向皱刻条，侧叶中央狭窄区域仅具微弱颗粒；中胸盾片仅盾纵沟和侧方被稀疏的半直立长毛，后部中央具 2 条明显纵脊，脊间光滑；盾纵沟完整，深，具粗糙短刻条，其内刻条伸入中叶和侧叶甚长；小盾片前凹深，相当宽，内具 3 条纵脊，前凹长是小盾片长的 0.4 倍；小盾片具颗粒和粗糙横皱；中胸侧板光滑；翅下区浅，窄，具皱刻条；基节前沟深，宽，“S”形弯曲，几乎光滑，几乎横贯中胸侧板下缘。并胸腹节分区明显；基脊是叉脊的 0.35 倍；背区光滑，中区中央具 1 条完整横皱，其他部分具短而弱的横皱；中区与柄区分界明显。

翅：前翅长是宽的 4.0–4.2 倍，r 脉几乎从翅痣的中央伸出；3-SR=3.0–4.0×r=0.5×SR1=0.9×2-SR；3-SR 脉与 r 脉几乎成一直线；第 2 亚缘室长是宽的 3.0 倍，是第 1 亚盘室长的 1.1 倍；cu-a 脉对叉；m-cu 脉明显后叉；CU1a 脉后叉。后翅 M+CU=0.5×1-M；m-cu 脉稍前叉，不骨化，斜向翅基部。

足：后足基节几乎光滑；后足基节基腹方具明显转角和瘤突；后足腿节几乎光滑；后足腿节长是宽的 3.8–4.0 倍；后足胫节外缘无端刺；后足胫节具密集长短毛，毛长为胫节中间宽的 0.5–0.8 倍；后足跗节长是后足胫节长的 1.0 倍；后足基跗节长是后足第 2–5 跗节长的 0.6 倍；后足第 2 跗节长是后足基跗节长的 0.6 倍，是后足第 5 跗节长的 1.5 倍。

腹：腹柄侧面观腹面稍弯曲，背面明显均匀弯曲，气门瘤位于基部 1/3 处；腹柄长为其端宽的 4.0 倍，为并胸腹节的 2.0–2.2 倍；腹柄端宽为气门处宽的 1.5 倍；腹柄大部分具皱刻条，端部光滑；第 2+3 背板中长为第 2 背板基宽的 2.2–2.3 倍，是第 2+3 背板最宽处的 0.9–1.0 倍；无第 2 背板缝；第 2+3 背板无侧缘；柄后腹光滑；产卵管鞘长为腹部长的 2.0–2.1 倍，为腹柄长的 4.5 倍，为胸部长的 3.5 倍，为前翅长的 1.6 倍。

体色：头和胸黄褐色；前胸侧板、中胸侧板和并胸腹节深红褐色；腹部红褐色，端缘黄褐色。触角基部黄褐色，渐变为暗褐色，亚端部一段浅黄色，端部 3、4 节暗褐色。单眼区黑褐色。须浅黄色。足黄褐色，后足腿节中央稍烟褐色。翅浅褐色半透明，无明显斑纹；翅痣浅褐色。

雄：未知。

生物学：未知。

研究标本：1♀，广东信宜大雾岭，2002.V.1–6，许再福，No.20025944；1♀，海南鹦哥岭，2007.X.18，刘经贤，No.200709887（ZJUH）。

分布：广东（大雾岭）、海南（鹦哥岭）；印度，菲律宾。

(247) 密柄腹茧蜂 *Spathius miletus* Nixon, 1943（图版 LIII: 4）

Spathius miletus Nixon, 1943b: 317; Shenefelt *et* Marsh, 1976: 1408; Chen *et* Shi, 2004: 147; Belokobylskij *et* Maeto, 2009: 638.

雌：体长 8.2–9.2 mm；前翅长 5.7 mm。

头：触角已断，余 43 节；柄节长是宽的 1.7 倍；第 1 鞭节长为宽的 5.0 倍，为第 2 鞭节长的 1.1–1.3 倍；头顶几乎光滑，有时前部 0.3 具微弱弯曲的横向刻条；额完全或几乎完全具粗糙的横刻条；颊光滑；头部背面观宽为中长的 1.40–1.45 倍；头在复眼后前部稍凸，后部弧形收缩；复眼横径长为上颊的 1.4–1.5 倍；单眼区底边长为侧边的 1.3–1.4 倍，POL=1.0–1.2×OD=0.4×OOL；复眼具非常短的稀疏毛，纵径为横径的 1.2–1.3 倍；颚眼距是复眼纵径的 0.5 倍，是上颚基部宽的 0.8–0.9 倍；脸几乎完全具刻条或皱刻条，中央稍具刻纹；脸宽是复眼纵径的 1.1 倍，是脸和唇基总长的 1.15–1.20 倍；唇基沟明显，完整；后头脊背方存在，与口后脊在上颚基部处不愈合。

胸：胸长是高的 2.2–2.3 倍；前胸背板脊明显，后横脊与前胸背板后缘十分接近，但不愈合，前横脊明显，位于前胸背板近中央；中胸盾片从前胸背板稍陡峭地升起，侧面观中胸盾片与前胸背板成钝角；中胸盾片密布颗粒，盾纵沟附近具粗糙短皱，被稀疏的半直立长毛；盾纵沟宽，前深后浅，具粗糙短刻条；小盾片前凹深，内具明显中纵脊，前凹长是小盾片长的 0.3–0.4 倍；小盾片稍凸起，具微弱侧脊，整个密布微弱颗粒，仅侧方和后方具微弱短皱；中胸侧板大部分具粗糙的弯曲刻条，基节前沟上方狭窄区域几乎光滑，下方密布微弱颗粒；翅下区浅，相当宽，具粗糙皱刻条；基节前沟浅，中央深，窄，稍斜，具粗糙短刻条，横贯中胸侧板；并胸腹节分区明显，基脊是叉脊的 1.0 倍，基侧区基部具密集颗粒，端部具皱，中区具明显横皱。

翅：前翅长是宽的 4.3–4.5 倍，r 脉从翅痣的中央或稍后方伸出；3-SR=3.2–3.8×r=0.5–0.6×SR1=1.2×2-SR；第 2 亚缘室长是宽的 3.5–3.7 倍，是第 1 亚盘室长的 1.1 倍；m-cu 脉稍后叉；CU1a 脉后叉。后翅 M+CU=0.55–0.60×1-M；m-cu 脉短，前叉，明显斜向翅基部。

足：后足基节背方具弯曲刻条和微弱颗粒，侧方密布微弱颗粒；后足基节基腹方具明显转角和瘤突；后足腿节光滑，背方具刻条；后足腿节长是宽的 3.7–3.8 倍；后足胫节外缘具 4 个端刺；后足胫节的毛长为胫节中间宽的 1.0–1.5 倍；后足跗节长是后足胫节长的 0.85–0.90 倍；后足基跗节长是后足第 2–5 跗节长的 0.85–0.90 倍；后足第 2 跗节长是后足基跗节长的 0.40–0.45 倍，是后足第 5 跗节长的 1.4–1.5 倍。

腹：腹柄侧面观腹面和背面几乎直，基部稍弯曲，背面观端部 1/4 明显变宽，气门瘤位于基部 1/3 处；腹柄长为其端宽的 3.6–4.4 倍，为并胸腹节的 2.5–2.7 倍；腹柄端宽为气门处宽的 1.4–1.6 倍；腹柄几乎全具明显刻条，刻条间具皱；第 2+3 背板中长为第 2 背板基宽的 2.0–2.5 倍，是第 2+3 背板最宽处的 1.5–1.8 倍；第 2 背板缝不明显；第 2–4 背板具明显的侧缘；第 2、3 背板密布粗糙刻条，刻条间具密集皱；第 4 背板具明显刻条或皱刻条，端部 0.4–0.5 具半弧形刻条；剩余背板具微弱的颗粒和刻条，但第 5、6 背板基部 0.3 具密集网纹和颗粒，端部 0.7 具半弧形刻条；第 4 背板扩大，有时几乎覆盖剩余背板；产卵管鞘长为体长的 1.0–1.3 倍，为腹部长的 1.6 倍，为腹柄长的 4.0–4.5 倍，为胸部长的 3.3 倍，为前翅长的 1.6–1.8 倍。

体色：头黄色或浅黄色，脸（至少中央）、额和头顶中部褐色或至少烟褐色。胸部红棕色，前部色浅，或前胸背板侧方、小盾片、后胸背板、翅下区、基节前沟、后胸侧板端缘和并胸腹节（中央大部分）黄褐色；腹部红棕色或黑色，第 3–5 背板侧边大部分和端部及第 6 背板全部黄色；触角柄节和梗节浅红褐色或黄色，边缘烟褐色，鞭节基部深红褐色或红褐色，鞭节由基部至端部逐渐变深；须浅黄色；前中足基节和腿节、中足跗节黄色；前中足胫节黄色，基部和中部褐色；产卵管鞘黄褐色或浅褐色，端部几乎黑色。前翅稍烟褐色；翅痣褐色或深褐色，基部 1/4 和端部黄色。

雄：未知。

生物学：未知。

研究标本：♀（正模，BMNH），“Formosa，Hoozan，XI.10，Sauter S. G.”，“*Spathius miletus* Nixon ♀，Type”；1♀（ZISP），Japan：Ryukyus，Iriomote Is.，Mt. Sonai，1999.X. 16–18，S. Belokobylskij.

分布：台湾（凤山）；日本。

(248) 近柄腹茧蜂 *Spathius mimeticus* (Enderlein, 1912)（图版 LIV: 1）

Stenophasmus mimeticus Enderlein, 1912: 12.

Spathius mimeticus: Nixon, 1943b: 449; Shenefelt *et* Marsh, 1976: 1408; Belokobylskij, 1996: 183; Belokobylskij, 2003b: 478; Chen *et* Shi, 2004: 147; Tang *et al*., 2015: 68.

雌：体长 2.5–3.3 mm；前翅长 2.2 mm。

头：触角 23–24 节；柄节长是宽的 1.3–1.4 倍；第 1 鞭节长为宽的 5.0–6.0 倍，为第 2 鞭节长的 1.1–1.3 倍；头顶和额具密集的微弱针刮状刻纹；颊具微弱的颗粒和刻条；头部背面观宽为中长的 1.3–1.5 倍；头在复眼后弧形收缩；复眼横径长为上颊的 1.8–2.0 倍；单眼区底边长为侧边的 1.0–1.3 倍，POL=1.0×OD=0.3×OOL；复眼光滑，纵径为横径的 1.3 倍；颚眼距是复眼纵径的 0.5 倍，是上颚基部宽的 1.0 倍；脸球面状隆起，整个表面具细密的针刮状刻纹，犹如唱片表面的纹理；脸宽是复眼纵径的 1.0 倍，是脸和唇基总长的 1.1 倍；唇基沟缺；后头脊背方存在，与口后脊在上颚基部处不愈合。

胸：胸长是高的 1.7–1.8 倍；前胸背板后横脊较弱，中央很长一段与前胸背板后横脊相当接近，但并未合并，前横脊位于前胸背板中央；中胸盾片稍缓和地升起，侧面观中胸盾片与前胸背板成钝角；中胸盾片中叶前方凸出，前侧方无肩角；中胸盾片具颗粒，仅沿盾纵沟被稀疏长毛，后部中央具 2 条纵隆脊；盾纵沟前半部深，后半部弱，具短刻条；小盾片前凹浅，宽，内具 6 条弱纵脊，前凹长是小盾片长的 0.3–0.4 倍；小盾片稍微隆起，具颗粒；中胸侧板密布微弱颗粒；翅下区浅，宽，具微弱网纹；基节前沟窄，直，具微弱网纹，长为中胸侧板下缘的 0.5 倍；并胸腹节分区明显，基部 1/3 具基脊，基脊是叉脊的 2.0 倍；基侧区密布颗粒；中区长，窄，具皱；并胸腹节剩余部分具网皱。

翅：前翅长是宽的 3.4–3.6 倍，r 脉从翅痣的中央稍前伸出，几乎与 3-SR 脉垂直；3-SR=4.0–4.6×r=0.9–1.0×SR1=1.5–1.6×2-SR；第 2 亚缘室长是宽的 3.8–4.2 倍，是第 1 亚盘室长的 1.5–1.7 倍；m-cu 脉后叉；CU1a 脉对叉。后翅 M+CU=0.5×1-M；m-cu 脉明显前叉，稍弯曲，强烈斜向翅基部。

足：后足基节具微弱的密集颗粒；后足基节无转角和瘤突；后足腿节具明显的网纹和颗粒，背方具微弱刻条；后足腿节长是宽的 3.0–3.2 倍；后足胫节具几乎直立的毛，毛长为胫节中间宽的 0.7–1.0 倍；后足跗节长是后足胫节长的 0.8 倍；后足基跗节长是第 2–5 跗节总长的 0.5–0.6 倍；后足第 2 跗节长是后足基跗节长的 0.4–0.5 倍，是后足第 5 跗节长的 1.0 倍。

腹：腹柄侧面观几乎直，基部 1/3 粗，背面观端部 1/4 明显变宽；气门瘤位于基部 1/3；腹柄长为其端宽的 3.0 倍，为并胸腹节的 1.7 倍；腹柄端宽为气门处宽的 1.3 倍；腹柄具不规则网皱；腹柄基部 0.6 具明显密集的刻条，刻条间具皱，端部 0.4 具微弱皱；第 2+3 背板中长为第 2 背板基宽的 1.5–1.7 倍，是第 2+3 背板最宽处的 0.8–0.9 倍；无第 2 背板缝；第 2+3 背板无明显的侧缘；第 2、3 背板具密集的微弱颗粒，基部具微弱的短刻条，端缘几乎光滑；第 4–6 背板基半部具密集的微弱颗粒，端半部几乎光滑；产卵管鞘长为腹部长的 0.5–0.6 倍，为腹柄长的 1.4–1.5 倍，为胸部长的 0.8 倍，为前翅长的 0.4 倍。

体色：头黄褐色。前胸背板黄褐色；中胸盾片前半部黄褐色，后半部和小盾片及并胸腹节前半部黑褐色，并胸腹节后半部黄褐色；中胸侧板浅红褐色。腹柄黄褐色；柄后腹大部分黑褐色。触角柄节和梗节黄褐色，鞭节除了端部 5 节暗褐色，其余各节基部黄褐色、端部暗褐色。单眼区黄褐色。须大部分黑褐色，仅下唇须端部 2 节浅黄色。足大部分黄褐色，后足基节、后足腿节基部和胫节略带红褐色。翅具明显斑纹；翅痣基部浅黄色，端部暗褐色。

雄：未知。

生物学：未知。

研究标本（ZJUH）：1♀，海南尖峰岭，2007.VI.7，刘经贤，No.200702518；1♀，海南尖峰岭，2007.VI.4–7，曾洁，No.200711346。

分布：福建（建阳、福州、清流、将乐、武夷山）、台湾（高雄）、海南（尖峰岭）、云南（西双版纳）。

(249) 崇山柄腹茧蜂 *Spathius montivagans* Chao, 1977（图版 LIV: 2）

Spathius montivagans Chao, 1977: 215; Chen *et* Shi, 2004: 148; Tang *et al.*, 2015: 68.

雌：体长 3.8 mm；前翅长 2.6 mm。

头：触角已断，余 23 节；第 1 鞭节长为其端宽的 4.8 倍，为第 2 鞭节长的 1.1 倍；头顶和额完全具明显的弯曲横刻条；颊光滑；头在复眼后明显弧形收缩；复眼横径长为上颊的 2.0 倍；颚眼距是复眼纵径的 0.5 倍，是上颚基部宽的 1.1 倍；脸具密集横刻条，部分区域具微弱皱，中央光滑；脸宽是脸和唇基总长的 1.0 倍；唇基沟明显，完整；唇基下陷宽是下陷边缘至复眼距离的 0.8 倍，是脸宽的 0.4 倍；后头脊背方存在，与口后脊在上颚基部处愈合。

胸：胸长是高的 2.3 倍；前胸背板脊明显，后横脊中央与前胸背板后缘明显愈合，前横脊位于前胸背板近中央；中胸盾片明显相当缓和地从前胸背板升起，与前胸背板成钝角；中胸盾片具密集颗粒，盾纵沟附近和侧方几乎无皱，被稀疏的直立长毛；盾纵沟完整，前深后浅，宽，具粗糙的稀疏短刻条；小盾片前凹长是小盾片长的 0.4 倍；小盾片稍隆起，具明显侧脊和密集的颗粒；中胸侧板中央具断续的密集革质颗粒，部分区域具皱，中央小的区域光滑；基节前沟相当浅，稍斜，具短刻条，长为中胸侧板下缘的 0.5 倍，端缘具浅的凹陷，内具刻条皱，与后足基节相连。并胸腹节具侧突，分区明显；基脊是叉脊的 1.4 倍；基侧区具颗粒，沿脊具皱；中区短，窄；柄区明显与中区分离。

翅：前翅长是宽的 4.0 倍；r 脉明显从翅痣的中央后方伸出；3-SR=3.6×r=0.6×SR1=

1.0×2-SR；第 2 亚缘室长是宽的 3.4 倍，是第 1 亚盘室长的 1.5 倍；cu-a 脉几乎对叉；CU1a 脉从第 1 亚盘室端缘前部 0.25 伸出。后翅 M+CU=0.5×1-M。

足：后足基节基腹方具明显转角和瘤突；后足腿节长是宽的 3.0 倍；后足胫节背方具相当密集的半直立长毛，毛长为胫节中间宽的 0.9–1.8 倍；后足基跗节长是第 2–5 跗节总长的 0.6 倍；后足第 2 跗节长是后足基跗节长的 0.5 倍，是第 5 跗节长的 1.0 倍。

腹：腹柄侧面观腹面几乎直，背面基半部明显均匀弯曲，端半部几乎直；腹柄长为其端宽的 2.8 倍，为并胸腹节的 1.3 倍；腹柄具相当稀疏的粗糙刻条，刻条间具皱；第 2+3 背板中长为第 2 背板基宽的 0.5 倍，是第 2+3 背板最宽处的 1.1 倍；第 2 背板缝缺；第 2+3 背板无侧缘；剩余背板光滑；产卵管鞘长为腹部长的 0.35 倍，为腹柄长的 1.1 倍，为胸部长的 0.55 倍，为前翅长的 0.3 倍。

体色：头黄色，背方和后部烟褐色；胸浅红褐色，中胸盾片黄红色；并胸腹节红褐色；腹部后部浅红褐色至黄色，腹柄深红褐色；触角黄色至浅褐色，中央褐色，近端部浅黄色；须浅黄色；足黄色至褐黄色，后足端半部褐色；后足胫节黄色，基部稍烟褐色；前翅几乎完全透明；翅痣褐色，基部 0.2 黄色。

雄：未知。

生物学：未知。

研究标本：♀（正模，IZCAS），福建建阳，1975.IX.25，陈家骅。

分布：福建（建阳）。

(250) 近莫柄腹茧蜂 *Spathius moscoides* Tang, Belokobylskij *et* Chen, 2015（图版 LIV: 3）

Spathius moscoides Tang, Belokobylskij *et* Chen, 2015: 68.

雌：体长 5.1–7.3 mm；前翅长 3.7–5.0 mm。

头：触角 50 节；柄节长是宽的 2.0 倍；第 1 鞭节长为宽的 5.8–6.3 倍，为第 2 鞭节长的 1.25–1.40 倍；头顶光滑；额完全具明显密集的弯曲横刻条；颊光滑；头部背面观宽为中长的 1.5 倍；头在复眼后稍弧形收缩；复眼横径长为上颊的 1.3–1.6 倍；单眼区底边长为侧边的 1.2 倍，POL=0.85×OD=0.3×OOL；复眼光滑，纵径为横径的 1.15 倍；颚眼距是复眼纵径的 0.5 倍，是上颚基部宽的 0.9 倍；脸具相当密集的稍弯曲横刻条，刻条间具密集颗粒；脸宽是复眼纵径的 1.0 倍，是脸和唇基总长的 1.1 倍；唇基沟明显，完整；后头脊背方存在，与口后脊在上颚基部处不愈合。

胸：胸长是高的 2.2–2.3 倍；前胸背板脊明显，后横脊粗糙，中央与前胸背板后缘分离，但侧方与侧脊相连，前横脊位于前胸背板近中央；中胸盾片从前胸背板缓和升起，侧面观中胸盾片与前胸背板成钝角；中胸盾片具密集颗粒，沿盾纵沟及侧方具密集长皱，被相当密集的半直立长毛，中叶后方具 2 条纵脊；盾纵沟宽，前深后浅，具短刻条；小盾片前凹相当浅，内具 5 条纵脊，前凹长是小盾片长的 0.35 倍；小盾片完全具密集颗粒，几乎平坦，具明显侧脊；中胸侧板大部分具微弱网纹-颗粒；翅下区浅，相当窄，具稀疏刻条；基节前沟深，明显弯曲，具密集的粗糙短刻条，横贯中胸侧板的下缘。并胸腹节具侧突，分区明显；基脊是叉脊的 0.3 倍；基侧区具颗粒，沿脊具皱；中区与柄区分界明显。

翅：前翅长是宽的 3.8 倍，r 脉从翅痣的中央后方伸出；3-SR=3.6×r=0.6×SR1=1.05×2-SR；第 2 亚缘室长是宽的 3.3 倍，是第 1 亚盘室长的 1.3 倍；CU1a 脉后叉。后翅 M+CU=0.5×1-M；m-cu 脉稍对叉，明显烟褐色，明显弯向翅基部。

足：后足基节背方具横刻条和颗粒，剩余部分具密集颗粒；后足基节基腹方具明显转角，但几乎无瘤突；后足腿节大部分光滑，背方具纵向刻条；后足腿节长是宽的 3.1–3.6 倍；后足胫节外缘具 1 或 2 个端刺；后足胫节的毛长为胫节中间宽的 1.2–1.8 倍；后足跗节长是后足胫节长的 0.9 倍；后足基跗节长是后足第 2–5 跗节长的 0.75 倍；后足第 2 跗节长是后足基跗节长的 0.45 倍，是后足第 5 跗节长的 1.3 倍。

腹：腹柄侧面观腹面几乎直，背面基半部稍弯曲，端半部直，气门瘤位于基部 1/3 处；腹柄长为其端宽的 2.7–3.1 倍，为并胸腹节的 1.9–2.0 倍；腹柄具明显密集的纵刻条，刻条间具密集的微弱网纹；第 2+3 背板中长为第 2 背板基宽的 1.10–1.35 倍，是第 2+3 背板最宽处的 0.65–0.80 倍；第 2 背板缝无；第 2 背板无侧缘；剩余背板光滑；产卵管鞘长为腹部长的 1.0–1.5 倍，为腹柄长的 2.5–3.5 倍，为胸部长的 1.8–2.4 倍，为前翅长的 0.8–1.2 倍。

体色：头浅黄色，脸褐色，复眼后具褐色大斑块，颚眼距区域几乎白色；胸黄色，背方和侧方具褐色至深褐色条纹和斑块，下部深褐色至黑色；腹柄深红褐色至黑色，柄后腹浅黄色，第 2 背板几乎完全和其他背板狭窄横区域褐色至深褐色；触角基半部黄色，但柄节和梗节黄褐色，近中央烟褐色，近端部白色；须浅黄色；足白黄色至黄色，前中足腿节近中央、后足腿节端半部褐色至深褐色，后足胫节几乎完全白黄色；产卵管鞘褐黄色至黄色，端部褐色；前翅稍烟褐色，沿翅脉色深；翅痣褐色，基部和端部色浅。

雄：未知。

生物学：未知。

研究标本：♀（正模，ZJUH），海南尖峰岭，2007.VI.6，刘经贤，No.200703707；1♀（副模，ZJUH），福建武夷山先锋岭，1989.IX.13，No.20005834；1♀（副模，ZJUH），海南尖峰岭天池，2006.VII.12–15，张文勇，No.200803529。

分布：福建（武夷山）、海南（尖峰岭）。

(251) 南平柄腹茧蜂 *Spathius nanpingensis* Chao, 1977（图版 LIV: 4）

Spathius nanpingensis Chao, 1977: 212; Chen *et* Shi, 2004: 148; Tang *et al.*, 2015: 71.

雌：体长 2.6 mm；前翅长 1.9 mm。

头：触角 21 节；第 1 鞭节长为其端宽的 5.5 倍，为第 2 鞭节长的 1.0 倍；头顶前部和中央光滑，后部 0.3 具微弱刻条；额完全具微弱的横向刻条；颊光滑；头在复眼后弧形收缩；复眼横径长为上颊的 2.2 倍；颚眼距是复眼纵径的 0.45 倍，是上颚基部宽的 1.0 倍；脸具明显的横向刻条，刻条间具皱，中央具微弱刻条；脸宽是脸和唇基总长的 1.1

倍；唇基沟明显，完整；唇基下陷宽是下陷边缘至复眼距离的 0.6 倍，是脸宽的 0.35 倍；后头脊背方存在，与口后脊在上颚基部处不愈合。

胸：胸长是高的 2.0 倍；前胸背板后横脊微弱，与前胸背板后缘靠近但不愈合；中胸盾片较陡峭地从前胸背板升起；中胸盾片完全具密集颗粒，盾纵沟附近和侧方无皱；中胸盾片沿盾纵沟和侧方被稀疏的半直立短毛；盾纵沟完整，前深后浅，具密集的短刻条；小盾片前凹长是小盾片长的 0.45 倍；小盾片稍微隆起，具明显侧脊和密集颗粒；中胸侧板完全具密集的革质颗粒，无毛；基节前沟浅，斜，具微弱短刻条，长为中胸侧板下缘的 0.5 倍，后端具浅的凹陷并与后足基节相连，凹陷内具颗粒。并胸腹节无侧突，分区明显；基脊是叉脊的 1.4 倍；基侧区具皱和颗粒；中区短，相当宽；柄区明显与中区分离。

翅：r 脉几乎从翅痣的中央后方伸出；3-SR=3.8×r=0.65×SR1=1.0×2-SR；第 2 亚缘室长是宽的 3.1 倍，是第 1 亚盘室长的 1.6 倍；CU1a 脉从第 1 亚盘室端缘前部 0.3 伸出。后翅 M+CU=0.4×1-M；m-cu 脉不骨化，着色，前叉，斜向翅基部。

足：后足基节基腹方具明显转角和瘤突；后足腿节长是宽的 3.1 倍；后足胫节背方具稀疏的半直立长毛，毛长为胫节中间宽的 0.6–0.8 倍；后足基跗节长是第 2–5 跗节总长的 0.65 倍；后足第 2 跗节长是后足基跗节长的 0.45 倍，是第 5 跗节长的 1.2 倍。

腹：腹柄侧面观腹面稍弯曲，背面明显均匀弯曲；腹柄长为其端宽的 3.2 倍，为并胸腹节的 1.6 倍；腹柄具明显的相当密集的刻条，刻条间具网皱；第 2+3 背板中长为第 2 背板基宽的 1.5 倍，是第 2+3 背板最宽处的 0.8 倍；第 2 背板缝缺；第 2+3 背板无侧缘；剩余背板光滑；产卵管鞘长为腹部长的 0.65 倍，为腹柄长的 1.4 倍，为胸部长的 1.0 倍，为前翅长的 0.45 倍。

体色：体褐黄色，胸部和腹部后半部具红色斑块；触角基半部黄色至黄褐色，端半部褐色至深褐色；须浅黄色；足黄色或褐黄色，后足腿节端部褐色，后足胫节基部色浅；前翅透明，1-SR、1-M 脉、第 1 亚盘室附近和翅痣下方具烟褐色区域；翅痣深褐色，基部 0.3 和端部黄色。

雄：未知。

生物学：未知。

研究标本：♀（正模，IZCAS），福建南平西芹院口，1965.VII.25。

分布：福建（南平）。

(252) 疑天琴柄腹茧蜂 *Spathius nehebrus* Tang, Belokobylskij *et* Chen, 2015（图版 LV: 1）

Spathius nehebrus Tang, Belokobylskij *et* Chen, 2015: 71.

雌：体长 3.7–5.7 mm；前翅长 2.6–3.9 mm。

头：触角 35–40 节；柄节长是宽的 1.8 倍；第 1 鞭节长为宽的 4.5–5.0 倍，为第 2 鞭节长的 1.1 倍；头顶几乎光滑，前部中央具十分微弱的网纹-针刮状刻纹；额完全具明显密集的弯曲横刻条；颊光滑；头部背面观宽为中长的 1.7 倍；头在复眼后明显弧形收缩；

复眼横径长为上颊的1.8–2.0倍；单眼区底边长为侧边的1.1倍，POL=0.75×OD=0.3×OOL；复眼具稀疏的短毛，纵径为横径的1.2倍；颚眼距是复眼纵径的0.4倍，是上颚基部宽的0.8倍；脸具相当密集的稍弯曲横刻条，刻条间具密集颗粒；脸宽是复眼纵径的1.1倍，是脸和唇基总长的1.15倍；唇基沟明显，完整；后头脊背方存在，与口后脊在上颚基部处愈合。

胸：胸长是高的2.2–2.4倍；前胸背板脊明显，后横脊粗糙，中央与前胸背板后缘明显分离，但侧方与侧脊相连，前横脊位于前胸背板近中央；中胸盾片从前胸背板缓和升起，侧面观中胸盾片与前胸背板成钝角；中胸盾片具密集颗粒，沿盾纵沟及侧方具密集长皱，被相当密集的半直立长毛，中叶后方具2条纵脊；盾纵沟具短刻条；小盾片前凹相当深，内具3条纵脊，前凹长是小盾片长的0.4倍；小盾片完全具明显密集的颗粒，稍隆起，具明显侧脊；中胸侧板大部分光滑；翅下区相当浅，宽，具稀疏刻条，但下半部几乎光滑；基节前沟前部0.7深、斜，后部0.3浅、弯曲，具密集的粗糙短刻条，横贯中胸侧板的下缘。并胸腹节具侧突，分区明显；基脊是叉脊的0.4倍；基侧区具微弱颗粒，后部具皱；中区与柄区分界明显。

翅：前翅长是宽的3.9倍，r脉从翅痣的中央伸出；3-SR=5.6×r=0.65×SR1=1.3×2-SR；第2亚缘室长是宽的3.5倍，是第1亚盘室长的1.4倍；CU1a脉后叉。后翅M+CU=0.6×1-M；m-cu脉前叉，直，烟褐色，明显斜向翅基部。

足：后足基节背方具弯曲的横刻条和密集颗粒，剩余部分具密集颗粒和网纹；后足基节基腹方稍具转角，但无瘤突；后足腿节背方具纵向皱刻条，侧方具网皱；后足腿节长是宽的3.0–3.1倍；后足胫节外缘无端刺；后足胫节的毛长为胫节中间宽的1.0–1.4倍；后足跗节长是后足胫节长的0.85倍；后足基跗节长是后足第2–5跗节长的0.8倍；后足第2跗节长是后足基跗节长的0.5倍，是后足第5跗节长的1.4倍。

腹：腹柄侧面观腹面稍弯曲，背面基半部稍弯曲，端半部直，气门瘤位于基部1/3处；腹柄长为其端宽的3.4–4.0倍，为并胸腹节的2.0–2.1倍；腹柄具明显稀疏的纵刻条，刻条间具密集的微弱网纹，端部刻条密集；第2+3背板中长为第2背板基宽的1.5–1.7倍，是第2+3背板最宽处的0.7–0.9倍；第2背板缝无；第2背板基半部具侧缘；剩余背板光滑；产卵管鞘长为腹部长的1.10–1.35倍，为腹柄长的2.4–2.8倍，为胸部长的1.9–2.0倍，为前翅长的0.9–1.0倍。

体色：体浅红褐色，头黄褐色；触角基半部黄褐色，端半部褐色至深褐色；须白色；足黄色至黄褐色或浅褐色，前中足基节和所有转节白色至白黄色，后足腿节红褐色至深红褐色，后足胫节基部褐色，近基半部浅黄色；产卵管鞘褐黄色至浅褐色，端部褐色；前翅明显烟褐色，沿翅脉和翅痣下方色深；翅痣褐色，基部浅黄色，前部浅褐色。

雄：未知。

生物学：未知。

研究标本：♀（正模，ZJUH），海南吊罗山，2007.V.28–VI.1，曾洁，No.200806716；3♀（副模，ZJUH），海南尖峰岭天池，2008.XI.25，王漫漫，Nos.200806093，200806088，200806104。

分布：海南（吊罗山、尖峰岭）。

(253) 无情柄腹茧蜂 *Spathius neleiformis* Tang, Belokobylskij *et* Chen, 2015（图版 LV: 2）

Spathius neleiformis Tang, Belokobylskij *et* Chen, 2015: 74.

雌：体长 4.7–5.0 mm；前翅长 3.1–3.3 mm。

头：触角已断，余 37 节；柄节长是宽的 1.6 倍；第 1 鞭节长为宽的 5.0–5.3 倍，为第 2 鞭节长的 1.25 倍；头顶完全光滑；额具密集的、弯曲的横刻条，侧方光滑；颊大部分光滑；头部背面观宽为中长的 1.6 倍；头在复眼后明显弧形收缩；复眼横径长为上颊的 1.8–2.0 倍；单眼区底边长为侧边的 1.1 倍，POL=0.9×OD=0.4×OOL；复眼光滑，纵径为横径的 1.25 倍；颚眼距是复眼纵径的 0.35 倍，是上颚基部宽的 0.9 倍；脸具密集的横刻条，刻条间具网纹；脸宽是复眼纵径的 1.1 倍，是脸和唇基总长的 1.2 倍；唇基沟明显，完整；后头脊背方存在，与口后脊在上颚基部处稍愈合。

胸：胸长是高的 1.85–2.00 倍；前胸背板脊明显，后横脊粗、中央与前胸背板后缘明显愈合，前横脊明显、位于前胸背板近中央；中胸盾片从前胸背板弧形升起，与前胸背板成钝角；中胸盾片具密集颗粒，沿盾纵沟及侧方具密集短皱，被密集的半直立短毛，中叶后方具 2 条纵脊；盾纵沟宽，前深后浅，具粗糙短刻条；小盾片前凹相当深，短，内具 4 条纵脊，前凹长是小盾片长的 0.3 倍；小盾片稍隆起，具微弱侧脊，大部分光滑，部分区域具十分微弱的网纹；中胸侧板大部分光滑；翅下区浅，窄，具明显刻条和皱；基节前沟前部 0.7 斜、深，后部 0.3 浅、向上弯曲，具密集的粗糙短刻条，横贯中胸侧板下缘。并胸腹节具短而宽的侧突，分区明显；基脊是叉脊的 0.35–0.50 倍；基侧区中央具微弱网纹，沿脊具刻条；中区与柄区分界明显。

翅：前翅长是宽的 4.4 倍，r 脉从翅痣的中央伸出；3-SR=6.0×r=0.6×SR1=1.4×2-SR；第 2 亚缘室长是宽的 3.2 倍，是第 1 亚盘室长的 1.3 倍；CU1a 脉后叉。后翅 M+CU=0.6×1-M；m-cu 脉稍前叉，直，稍烟褐色，明显斜向翅基部。

足：后足基节背方具横刻条，剩余部分几乎光滑；后足基节基腹方具明显转角和瘤突；后足腿节完全光滑；后足腿节长是宽的 3.0–3.3 倍；后足胫节外缘具 4 个端刺；后足胫节的毛长为胫节中间宽的 0.5–1.1 倍；后足跗节长是后足胫节长的 0.9 倍；后足基跗节长是后足第 2–5 跗节长的 0.7 倍；后足第 2 跗节长是后足基跗节长的 0.5 倍，是后足第 5 跗节长的 1.15 倍。

腹：腹柄侧面观腹面稍弯曲，背面明显均匀弯曲，气门瘤位于基部 1/3 处；腹柄长为其端宽的 2.2–2.5 倍，为并胸腹节的 1.70–1.75 倍；腹柄具粗糙的、稀疏的纵刻条，刻条间具明显密集的网纹；第 2+3 背板中长为第 2 背板基宽的 1.5–1.7 倍，是第 2+3 背板最宽处的 0.9–1.0 倍；第 2 背板缝无；第 2 背板具侧缘；第 2 背板基部具微弱的网纹或刻条，剩余背板光滑；产卵管鞘长为腹部长的 1.3–1.6 倍，为腹柄长的 3.2–3.5 倍，为胸部长的 1.9–2.1 倍，为前翅长的 0.9–1.1 倍。

体色：头红褐色至深红褐色，复眼周围色浅，背侧方黄色；胸和腹柄黑色，柄后腹深红褐色；触角红褐色至深褐色，基部黄色至褐黄色；须白黄色；足黄褐色至浅褐色，所有转节白黄色，后足腿节浅红褐色；后足胫节基部褐色，近基部 1/3 浅黄色，剩余部分浅褐色；后足跗节深红褐色；产卵管鞘褐色，基部色浅；前翅稍烟褐色；翅痣褐色，基部 1/4 黄色。

雄：未知。

生物学：未知。

研究标本：♀（正模，ZJUH），云南河口，2003.VII.20–21，许再福，No.20055254；1♀（副模，ZISP），云南河口，2003.VII.20–21，许再福，No.20055256；1♀（副模，ZJUH），云南河口，107 m，2003.VII.20，姜茜，No.20045469。

分布：云南（河口）。

(254) 黑柄柄腹茧蜂 *Spathius nigripetiolus* Chao, 1978（图版 LV: 3）

Spathius nigripetiolus Chao, 1978: 176; Chen *et* Shi, 2004: 149; Tang *et al.*, 2015: 76.

雌：体长 3.3 mm；前翅长 2.5 mm。

头：触角已断，余 23 节；第 1 鞭节长为其端宽的 6.4 倍，为第 2 鞭节长的 1.2 倍；头顶和额具微弱的横向刻条；颊光滑；头在复眼后强烈弧形收缩；复眼横径长为上颊的 2.25 倍；颚眼距是复眼纵径的 0.4 倍，是上颚基部宽的 1.0 倍；脸具密集的横向刻条，刻条间具皱；脸宽是脸和唇基总长的 1.1 倍；唇基沟明显，完整；唇基下陷宽是下陷边缘至复眼距离的 1.4 倍，是脸宽的 0.55 倍；后头脊背方存在，与口后脊在上颚基部处愈合。

胸：胸长是高的 1.6 倍；前胸背板后横脊明显，与前胸背板后缘靠近但不愈合；中胸盾片较缓和地从前胸背板升起；中胸盾片宽与其中长相等；中胸盾片密布颗粒，盾纵沟附近和侧方无皱；中胸盾片沿盾纵沟和侧方广布稀疏的直立长毛；盾纵沟前深后浅，相当宽，具密集的短刻条；小盾片前凹长是小盾片长的 0.3 倍；小盾片稍微隆起，具明显侧脊和密集颗粒；中胸侧板大部分光滑，无毛；基节前沟深，宽，稍斜，具稀疏的、粗糙的短刻条，横贯中胸侧板下缘。并胸腹节具明显侧突，分区明显；基脊是叉脊的 1.0 倍；基侧区几乎光滑，脊周围具皱和刻条；中区长，相当宽；柄区明显与中区分离。

翅：r 脉几乎从翅痣的中央伸出；3-SR=4.25×r=0.5×SR1=1.0×2-SR；第 2 亚缘室长是宽的 3.3 倍，是第 1 亚盘室长的 1.5 倍；CU1a 脉从第 1 亚盘室端缘前部 0.25 伸出。后翅 M+CU=0.5×1-M；m-cu 脉不骨化，着色，前叉，斜向翅基部。

足：后足基节背方具明显的横向刻条和颗粒，侧方具颗粒；后足基节基腹方具明显转角和瘤突；后足腿节背半方具微弱刻条和颗粒，腹半方几乎光滑；后足腿节长是宽的 3.8 倍；后足胫节背方具稀疏的半直立长毛，毛长为胫节中间宽的 1.0–1.2 倍；后足跗节长是后足胫节长的 0.9 倍；后足基跗节长是第 2–5 跗节总长的 0.6 倍；后足第 2 跗节长是后足基跗节长的 0.5 倍，是第 5 跗节长的 1.2 倍。

腹：腹柄侧面观腹面稍弯曲，背面基部 1/3 明显均匀弯曲；腹柄长为其端宽的 7.7 倍，为并胸腹节的 2.3 倍；腹柄具纵刻条，基部 0.5–0.7 刻条间具皱，端部光滑；第 2 背板长是其基宽的 0.55 倍，为第 3 背板长的 1.0 倍；第 2+3 背板中长为第 2 背板基宽的 3.1 倍，是第 2+3 背板最宽处的 1.2 倍；第 2 背板缝缺；第 2+3 背板无侧缘；剩余背板光滑；产卵管鞘长为腹部长的 1.1 倍，为腹柄长的 2.1 倍，为胸部长的 2.1 倍，为前翅长的 0.8 倍。

体色：体红褐色；前胸背板大部分、中胸侧板大部分、并胸腹节深褐色至黑色；腹柄黑色；腹部剩余部分大部分红褐色，具深褐色和褐色条纹；触角基部浅红褐色，至端部逐渐变暗，第 22 节以后有一段白色（末端断）；须黄色；足褐黄色，后足腿节亚端部内侧面和外侧面具烟褐色斑，跗节末节端半部黑褐色；前翅稍烟褐色；翅痣深褐色。

雄：未知。

生物学：未知。

研究标本：♀（正模，IZCAS），福建建阳黄坑公社，1967.VII.19，陈家骅。

分布：福建（建阳、武夷山、龙栖山）、云南（西双版纳、勐仑）。

(255) 尼氏柄腹茧蜂 *Spathius nixoni* Belokobylskij *et* Maeto, 2009（图版 LV: 4）

Spathius nixoni Belokobylskij *et* Maeto, 2009: 654; Tang *et al*., 2015: 76.

雌：体长 2.4–3.4 mm；前翅长 2.0–2.4 mm。

头：触角 28–38 节；柄节长是宽的 1.5–1.7 倍；第 1 鞭节长为宽的 5.0–5.5 倍，为第 2 鞭节长的 1.25–1.40 倍；头顶光滑；额具微弱但明显的横刻条；颊光滑；头部背面观宽为中长的 1.6–1.8 倍；头在复眼后明显弧形收缩；复眼横径长为上颊的 1.3–1.4 倍；单眼区底边长为侧边的 1.0–1.2 倍，POL=1.1–1.3×OD=0.3–0.4×OOL；复眼光滑，纵径为横径的 1.3 倍；颚眼距是复眼纵径的 0.50–0.55 倍，是上颚基部宽的 1.0 倍；脸具横向皱刻条，刻条间具颗粒，中央纵隆光滑；脸宽是复眼纵径的 1.2–1.3 倍，是脸和唇基总长的 1.3 倍；唇基沟明显，完整；后头脊背方存在，与口后脊在上颚基部处愈合。

胸：胸长是高的 1.7 倍；前胸背板后横脊明显但细，与前胸背板后缘明显不愈合；中胸盾片从前胸背板陡峭地升起，侧面观中胸盾片与前胸背板几乎成直角；中胸盾片具密集颗粒，盾纵沟附近无皱；中胸盾片仅盾纵沟和侧方被稀疏的半直立长毛，后部中央具 2 条明显纵脊，脊间具稀疏皱刻条；盾纵沟完整，前深后浅，宽，具粗糙短刻条；小盾片前凹深，长，内具 3 条纵脊，前凹长是小盾片长的 0.35–0.40 倍；小盾片具微弱颗粒或革质；中胸侧板大部分光滑；翅下区浅，窄，具粗糙皱刻条；基节前沟深，稍斜，具粗糙的皱短刻条，长为中胸侧板下缘的 0.6 倍，基节前沟和中足之间具 1 条内具短刻条的浅沟。并胸腹节具小的侧突，分区明显；基脊短，是叉脊的 0.2–0.5 倍；基侧区具密集颗粒，中区具横皱；中区和柄区分界明显。

翅：前翅长是宽的 3.4–4.7 倍，r 脉从翅痣的中央稍后伸出；3-SR=3.5–4.0×r=0.45–0.50×SR1=0.8–0.9×2-SR；3-SR 脉与 r 脉不成直线；第 2 亚缘室长是宽的 2.5–3.0 倍，是第 1 亚盘室长的 1.3–1.5 倍；cu-a 脉明显后叉；m-cu 脉明显后叉；CU1a 脉后叉。后翅 M+CU=0.6–0.7×1-M；m-cu 脉稍前叉或对叉，不骨化，强烈弯向翅基部。

足：后足基节背方具横向刻条，侧方具密集颗粒，腹方光滑；后足基节基腹方具明显转角和瘤突；后足腿节光滑；后足腿节长是宽的 3.8–4.0 倍；后足胫节外缘无端刺；后足胫节背面仅具长毛，长毛为胫节中间宽的 1.3–1.7 倍；后足跗节长是后足胫节长的 0.9 倍；后足基跗节长是后足第 2–5 跗节长的 0.6 倍；后足第 2 跗节长是后足基跗节长的 0.5–0.6 倍，是后足第 5 跗节长的 1.3–1.5 倍。

腹：腹柄侧面观腹面稍弯曲，背面明显弯曲，气门瘤位于基部 1/3 处；腹柄长为其端宽的 2.6–2.9 倍，为并胸腹节的 1.8–2.0 倍；腹柄端宽为气门处宽的 1.3–1.6 倍；腹柄具相当稀疏的刻条，刻条间具皱；柄后腹侧扁，光滑；第 2+3 背板中长为第 2 背板基宽的 1.4–1.6 倍，是第 2+3 背板最宽处的 0.8–0.9 倍；无第 2 背板缝；第 2+3 背板无侧缘；产卵管鞘长为体长的 0.7–0.8 倍，为腹部长的 1.3–1.6 倍，为胸部长的 2.0–2.3 倍，为前翅长的 1.0–1.1 倍。

体色：体浅红褐色或深红褐色，中胸盾片侧方和前部、腹部第 2 背板色深或几乎黑色；头、有时第 2 背板浅红褐色，常较胸部色浅；触角深褐色至黑色，基部 3 或 4 节浅红褐色，但有时柄节和梗节色深；须浅红褐色，基部色深；足浅红色，所有腿节完全或端部 0.5–0.8 色深；所有胫节稍色深，但基部浅黄色；产卵管鞘几乎黑色，基部色浅；前翅稍烟褐色半透明，无斑纹。翅痣深褐色，基部 0.3 和端部黄色。

雄：未知。

生物学：未知。

研究标本（ZJUH）：1♀，浙江东阳，1986.VIII.10，徐伟良，No.862433；1♀，浙江兰溪，1985.VIII.4–5，陈学新，No.852133；1♀，浙江古田山，1986.VII.22，楼晓明，No.863405；1♀，浙江杭州横河公园，2003.VII.15，万志伟，No.20056770；1♀，浙江杭州西溪公园，2003.VIII.5，余晓霞，No.20056723；1♀，福建沙县洋坊，1981.V.1，林乃铨，No.20003930；1♀，福建沙县洋坊，1981.VII.1，林乃铨，No.20003936；2♀，广东乳源南岭，2003.VII.23，许再福，Nos.20049251，20049262；1♀，广西防城板八，550 m，2000.VI.8，吴鸿，No.200100266；3♀，广西防城华侨村，2300 m，2000.VI.8，吴鸿，Nos.200100226，200100227，200100230；1♀，广西南宁，2002.X.30，林乃铨，No.20035904；2♀，广西植物园，2002.X.30，林乃铨，Nos.20035005，20034943；1♀，云南西双版纳森林公园，2003.VII.31，许再福，No.20053464。

分布：浙江（东阳、兰溪、古田山、杭州）、福建（沙县）、广东（南岭）、广西（防城、南宁）、云南（西双版纳）；日本，也门，阿拉伯联合酋长国。

(256) 爆皮虫柄腹茧蜂 *Spathius ochus* Nixon, 1943（图版 LVI: 1）

Spathius ochus Nixon, 1943b: 372; Chao, 1957: 13; Shenefelt *et* Marsh, 1976: 1410; Chao, 1978: 180; 1981: 305; Chen *et* Shi, 2004: 150; Tang *et al.*, 2015: 79.

雌：体长 3.6–4.3 mm；前翅长 1.8–2.8 mm。

头：触角 35 节；柄节长是宽的 1.4–1.5 倍；第 1 鞭节长为宽的 5.3–5.8 倍，为第 2

鞭节长的 1.2–1.3 倍；头顶具颗粒；额具颗粒和弱横皱；颊具网状皱；头扁平，背面观宽为中长的 1.4–1.5 倍；头在复眼后强烈弧形收缩；复眼横径长为上颊的 1.6–1.8 倍；单眼区底边长为侧边的 1.2–1.3 倍，POL=1.2×OD=0.4×OOL；复眼光滑，纵径为横径的 1.2–1.3 倍；颚眼距是复眼纵径的 0.3–0.4 倍，是上颚基部宽的 0.8–1.0 倍；脸具横皱和颗粒；脸宽是复眼纵径的 0.9–1.1 倍，是脸和唇基总长的 1.4–1.6 倍；唇基沟明显，完整；后头脊背方存在，与口后脊在上颚基部处不愈合。

胸：胸部扁平，胸长是高的 3.1–3.2 倍；前胸背板脊不明显；中胸盾片中叶前方凸出，前侧方无肩角；中胸盾片密布革质颗粒，后部中央狭窄区域具明显皱，仅沿盾纵沟被稀疏长毛；盾纵沟浅，具短刻条和颗粒；小盾片前凹短，浅，内具 5 条纵脊，前凹长是小盾片长的 0.3 倍，密布颗粒；中胸侧板具颗粒，中央稍革质，有时光滑；基节前沟深，窄，稍弯曲，具微弱网纹和颗粒，长为中胸侧板下缘的 0.6–0.7 倍；并胸腹节分区不明显，整个表面具不规则网状皱。

翅：前翅长是宽的 3.5–4.2 倍，r 脉从翅痣的中央或稍前伸出；3-SR=4.4–4.6×r=0.7–0.9×SR1=1.4–1.6×2-SR；第 2 亚缘室长是宽的 3.6–3.8 倍，是第 1 亚盘室长的 1.1–1.4 倍；m-cu 脉明显后叉；CU1a 脉对叉。后翅 M+CU=0.5–0.7×1-M；m-cu 脉前叉，不骨化，几乎直，强烈斜向翅基部。

足：后足基节具颗粒；后足基节基腹方无转角和瘤突；后足腿节背方具革质网纹，腹方几乎光滑；后足腿节长是宽的 2.5–2.8 倍；后足胫节外缘具 4 个端刺；后足胫节具几乎直立的毛，毛长为胫节中间宽的 1.2–1.5 倍；后足跗节长是后足胫节长的 0.9–1.0 倍；后足基跗节长是第 2–5 跗节总长的 0.6–0.7 倍；后足第 2 跗节长是后足基跗节长的 0.4–0.5 倍，是第 5 跗节长的 1.0–1.2 倍。

腹：腹柄侧面观腹面直，背面基部 1/4 稍弯曲，端部 3/4 几乎直，气门瘤位于基部 1/3 处；腹柄长为其端宽的 3.2–3.4 倍，为并胸腹节的 1.5–1.7 倍；腹柄端宽为气门处宽的 1.3–1.4 倍；腹柄具颗粒皱；第 2+3 背板中长为第 2 背板基宽的 2.2–2.4 倍，是第 2+3 背板最宽处的 0.9–1.2 倍；无第 2 背板缝；第 2、3 背板无侧缘脊；第 2–4 背板具密集颗粒，第 3、4 背板端部具革质网纹或光滑；第 5–7 背板基半部具微弱的革质网纹，端半部光滑；产卵管鞘长为腹部长的 0.6–0.7 倍，为腹柄长的 1.4–1.6 倍，为胸部长的 0.8–0.9 倍，为前翅长的 0.4 倍。

体色：头部浅红褐色；胸部红褐色；腹柄红褐色，柄后腹黑褐色；触角基部黄褐色渐变为黑褐色；单眼区浅红褐色；须黑褐色；足黄褐色或浅红褐色；翅具明显斑纹，翅痣基部 1/3 白色，端部 2/3 黑褐色。

雄：体长 2.4–3.2 mm；前翅长 1.4–2.0 mm。第 2+3 背板中长为第 2 背板基宽的 2.6–2.8 倍。其余特征与雌虫相似。

生物学：寄主有柑橘爆皮虫 *Agrilus citri* 和蓝色纹吉丁 *Coraebus cavifrons*。

研究标本（ZJUH）：8♀4♂，宁波象山，2004.X.15，羽化，魏书军，Nos.20059149–20059160；3♀，宁波象山柑橘园，2004.IX.13，羽化，魏书军，Nos.20053605–20053607；1♀，河南鸡公山，1997.VII.12，陈学新，No.973907；1♀，云南安宁温泉，1988.VII.18–

20，陈学新，No.881721。

分布：河南（鸡公山）、浙江（象山）、福建（福州）、贵州（遵义）、云南（安宁）；越南，菲律宾，马来西亚，印度尼西亚。

(257) 峨眉柄腹茧蜂 *Spathius omiensis* Chao, 1978（图版 LVI: 2）

Spathius omiensis Chao, 1978: 181; Chen *et* Shi, 2004: 150; Tang *et al.*, 2015: 79.

雌：体长 4.1 mm；前翅长 3.1 mm。

头：触角 30 节；第 1 鞭节长为宽的 5.0 倍，稍长于第 2 鞭节；倒数第 2 鞭节长是宽的 3.2 倍；头顶光滑；额广布明显的横向刻条；颊光滑；头在复眼后前部稍凸，后部稍弧形收缩；复眼横径长为上颊的 1.1 倍；颚眼距是复眼纵径的 0.4 倍，是上颚基部宽的 0.6 倍；脸具密集的微弱刻条和皱，中央和下方光滑；脸宽是脸和唇基总长的 1.25 倍；唇基下陷宽是下陷边缘至复眼距离的 0.9 倍，是脸宽的 0.45 倍；后头脊背方存在，与口后脊在上颚基部处不愈合。

胸：胸长是高的 2.2 倍；前胸背板后横脊与前胸背板后缘明显分离，不愈合；中胸盾片从前胸背板明显弧形升起；中胸盾片宽与其中长相等；中胸盾片具密集颗粒，盾纵沟周围和侧方无皱；沿盾纵沟和侧叶具稀疏的半直立长毛；盾纵沟完整，后部浅；小盾片前凹长是小盾片长的 0.5 倍；小盾片稍隆起，光滑；中胸侧板中央具微弱不规则的皱和针刮状刻纹，部分区域几乎光滑；中胸侧板大部分区域光滑无毛；基节前沟深，斜，具微弱短刻条，长是中胸侧板下缘的 0.5 倍。并胸腹节具短且粗的侧突，分区明显，基侧区全具颗粒，端部具皱；中区长且宽，长是其宽的 1.7 倍；基脊相当长，长是叉脊的 1.3 倍；柄区明显，具稀疏刻条，基部 0.7 具粗糙皱。

翅：前翅长是宽的 3.8 倍，r 脉稍从翅痣的中央之后伸出；3-SR=6.8×r=0.6×SR1=1.1×2-SR；第 2 亚缘室长是宽的 3.6 倍，是第 1 亚盘室长的 1.4 倍；m-cu 脉明显后叉；CU1a 脉从第 1 亚盘室端缘前部 0.3 伸出。后翅 M+CU=0.45×1-M。

足：后足基节基腹方无转角和瘤突；后足腿节长是宽的 3.3 倍；后足胫节背方毛半直立，毛长为胫节中间宽的 0.5–1.0 倍；后足基跗节长是后足第 2–5 跗节长的 0.8 倍；后足第 2 跗节长是后足基跗节长的 0.45 倍，是后足第 5 跗节长的 1.4 倍。

腹：腹柄侧面观腹面直，背面几乎直，近基部稍加宽；腹柄长为其端宽的 4.3 倍，为并胸腹节的 2.8 倍；腹柄具明显的稀疏刻条，基部 0.7 具粗糙皱；第 2 背板长是其基宽的 1.0 倍，与第 3 背板等长；第 2 背板缝浅，微弱；第 2 背板无侧缘；第 2 背板具微弱的、密集的、稍波浪形的纵刻条，刻条间具皱；第 3 背板具相当密集的皱，侧方具半弧形刻条，端部光滑；剩余背板光滑；产卵管鞘长为腹部长的 2.1 倍，为腹柄长的 4.8 倍，为胸部长的 4.0 倍，为前翅长的 1.6 倍，是体长的 1.2 倍。

体色：头黄棕色，背方深；胸部和腹部红棕色；触角基半部黄色至黄棕色，端半部棕色至深棕色；须浅黄色；足黄色至黄棕色，中后足腿节背方大部分烟褐色，后足胫节基部深，之后大部分区域黄色，继而烟褐色，端部黄色；前翅几乎均匀的微弱烟褐色；

翅痣棕色，基部 0.3 黄色。

雄：未知。

生物学：未知。

研究标本：♀（正模，IZCAS），四川峨眉山洗象池，1800–2000 m，1957.VIII.17，朱复兴。

分布：四川（峨眉山）。

(258) 东方柄腹茧蜂 *Spathius oriens* Belokobylskij, 1998（图版 LVI: 3）

Spathius exarator ssp. *oriens* Belokobylskij, 1998b: 99.

Spathius changbaishanensis Chen *et* Shi, 2004: 121. Synonymized by Tang *et al*., 2015: 79.

雌：体长 2.5–6.5 mm；前翅长 1.9–4.8 mm。

头：触角 32–38 节；柄节长是宽的 1.5–1.7 倍；第 1 鞭节长为宽的 4.7–5.5 倍，为第 2 鞭节长的 1.1–1.2 倍；头顶光滑；额具粗糙的密集横刻条；颊光滑；头部背面观宽为中长的 1.4–1.6 倍；头在复眼后前部稍凸出，后部弧形收缩；复眼横径长为上颊的 1.0 倍；单眼区底边长为侧边的 1.1–1.2 倍，POL=1.0–1.5×OD=0.3×OOL；复眼光滑，纵径为横径的 1.3 倍；颚眼距是复眼纵径的 0.4–0.5 倍，是上颚基部宽的 0.8–1.0 倍；脸具明显密集的刻条，刻条间具皱；脸宽是复眼纵径的 1.0–1.2 倍，是脸和唇基总长的 1.1–1.2 倍；唇基沟明显，完整；后头脊背方存在，与口后脊在上颚基部处不愈合。

胸：胸长是高的 1.9–2.1 倍；前胸背板脊明显，后横脊中央稍与前胸背板后缘愈合，前横脊位于前胸背板中央附近；中胸盾片陡峭地升起，侧面观中胸盾片与前胸背板成直角；中胸盾片具密集的颗粒，盾纵沟附近无皱，中后方具窄而长的粗糙皱区；中胸盾片沿盾纵沟及侧方被稀疏的半直立短毛；盾纵沟前深后浅，完整，具明显的、稀疏的短刻条；小盾片前凹深，长，内具 1–3 条纵脊，前凹长是小盾片长的 0.4–0.5 倍；小盾片具微弱的密集颗粒；中胸侧板下部 0.6–0.7 光滑，有时稍具皱刻条；翅下区浅，宽，具皱刻条；基节前沟深，宽，稍弯曲，具明显的短刻条，长为中胸侧板的 0.6–0.7 倍。并胸腹节整个表面具较强的网皱，基本隆脊明显，分区明显；基脊是叉脊的 0.5–1.2 倍；中区与柄区分界明显。

翅：前翅长是宽的 3.8–4.3 倍，r 脉从翅痣的中央伸出；3-SR=2.6–4.0×r=0.6×SR1=0.9–1.3×2-SR；第 2 亚缘室长是宽的 3.2–3.7 倍，是第 1 亚盘室长的 1.3–1.5 倍；cu-a 脉后叉；m-cu 脉明显后叉；CU1a 脉后叉。后翅 M+CU=0.5–0.6×1-M；m-cu 脉前叉，不骨化，强烈弯向翅基部。

足：后足基节具密集颗粒，背方具密集的半弧形刻条；后足基节基腹方具转角和瘤突；后足腿节具密集网纹和颗粒，背方具微弱的斜向刻条；后足腿节长是宽的 3.2–3.6 倍；后足胫节外缘具 2 或 3 个端刺；后足胫节的毛长为胫节中间宽的 0.6–1.0 倍；后足跗节长是后足胫节长的 0.9–1.0 倍；后足基跗节长是后足第 2–5 跗节长的 0.7–0.8 倍；后足第 2 跗节长是后足基跗节长的 0.5 倍，是后足第 5 跗节长的 1.5–1.7 倍。

腹：腹柄侧面观腹面稍弯曲，背面基半部明显均匀弯曲，端半部几乎直，气门瘤位于基部 1/3 处；腹柄长为其端宽的 3.0–3.4 倍，为并胸腹节的 1.8–2.0 倍；腹柄端宽为气门处宽的 1.6–1.8 倍；腹柄具粗糙刻条，刻条间具皱；第 2+3 背板中长为第 2 背板基宽的 1.6–1.8 倍，是第 2+3 背板最宽处的 0.9–1.1 倍；第 2 背板缝几乎缺；第 2 背板具侧缘；第 2 背板具密集的微弱的纵刻条，有时具密集的刻点和网纹；第 3 背板中部具微弱的革质网纹，侧方有时具针刮状刻纹，端部 0.3 几乎光滑；剩余背板光滑；产卵管直；产卵管鞘长为体长的 1.0–1.2 倍，为腹部长的 1.8–2.0 倍，为胸部长的 2.7–3.5 倍，为前翅长的 1.2–1.5 倍。

体色：头红褐色；中胸盾片中叶深红褐色，侧叶几乎黑色，小盾片几乎黑色，中胸侧板上部黑褐色、下部红褐色，中胸腹板红褐色；并胸腹节与腹柄深红褐色；第 2+3 背板基部 2/3 黑褐色，端部及其他各背板黄褐色，腹板黄褐色；触角基部黄褐色渐变为黑褐色；单眼区红褐色；须褐色；足大部分红褐色，各足转节、胫节基部、基跗节基部浅黄色，后足胫节基部 0.28 浅黄色；翅半透明，1-SR、1-M 附近和翅痣下方具褐色斑块；翅痣基部 1/3 浅黄色，端部 2/3 深褐色。

雄：未知。

生物学：未知。

研究标本：♀（正模，ZISP），Russia，Primorski Krai，15 km St. Partizanska forest，1979.VII.15；3♀（副模，ZISP），Russia，Primorski Krai，1979.VII.22。

分布：吉林（长白山）；俄罗斯，韩国，日本。

(259) 全黑柄腹茧蜂 *Spathius pammelas* Chao, 1978

Spathius pammelas Chao, 1978: 173; Chen *et* Shi, 2004: 151.

雌：体长 3.1 mm。

头：触角比身体与产卵管之和长，27 节，柄节与梗节之和的长度∶鞭节第 1 节∶鞭节第 2 节长度之比为 1.1∶1.4∶1.2；脸具明显鱼鳞状纹；额具细横脊；头顶的前半部表面具细横刻线，后半部表面呈极为细微的鱼鳞状纹，还有几条明显短纵脊，与后头脊垂直；眼大，几呈圆形，长径与短径之比为 1∶0.83；眼颚距甚短，约为眼的长径的 0.25 倍。

胸：整个胸部表面呈鱼鳞状纹；前胸背板横脊与背板后缘接触甚短；侧沟隆脊明显，下端封闭，距背板边缘比侧沟宽度稍大；中胸背板中叶向前胸背板倾斜角度中等；侧板沟甚长，伸达中足基部；并胸腹节基脊与叉脊约等长，中区与柄区之间分界的横脊隆起甚高，2 个区域表面光滑。

足：后足基节表面呈鱼鳞状纹；后足胫节背方毛的长度超过该节中部横径的 2 倍。

腹：腹柄节长度为并胸腹节的 2 倍，具 5 条纵脊，表面呈极微弱鱼鳞状纹；腹柄节、柄后腹和产卵管鞘三者几乎等长。

体色：体黑色；须浅黄色；触角褐色，向末端呈黑褐色，距末端 2 节以前有 5 节黄色；足浅蜜黄色，跗节末节褐色；腹部第 6 节背板端部及第 7 节褐色。

雄：未知。

生物学：未知。

分布：云南（小勐养）。

附注：根据赵修复（1978）的描述整理。模式标本原记录保存于 IZCAS，但未见标本，可能遗失。

(260) 浅色柄腹茧蜂 *Spathius parachromus* Chen *et* Shi, 2004（图 33）

Spathius parachromus Chen *et* Shi, 2004: 151.

雄：体长 4.4 mm；前翅长 3.4 mm。

头：触角 34 节；第 1 鞭节长是宽的 5.0 倍，为第 2 鞭节长的 1.1 倍；背面观头方形，头宽为头长的 1.5 倍；具完整后头脊；背面观复眼长为上颊的 2.0 倍；头部在复眼后收敛；OOL∶OD∶POL=11∶4∶4；正面观复眼中等大小，微向唇基收敛，眼间线长为脸宽的 1.1 倍；脸宽为长的 1.65 倍；唇基半圆形，具稀毛，弱皱，宽为高的 1.4 倍；脸具稀长毛，中间微突，两侧具横脊和细颗粒；颚眼距为复眼高的 0.4 倍；额微凹陷，具粗脊；上颊皱，具颗粒和横脊；头顶具粗脊，在复眼后方具横脊，近后头脊处具纵脊。

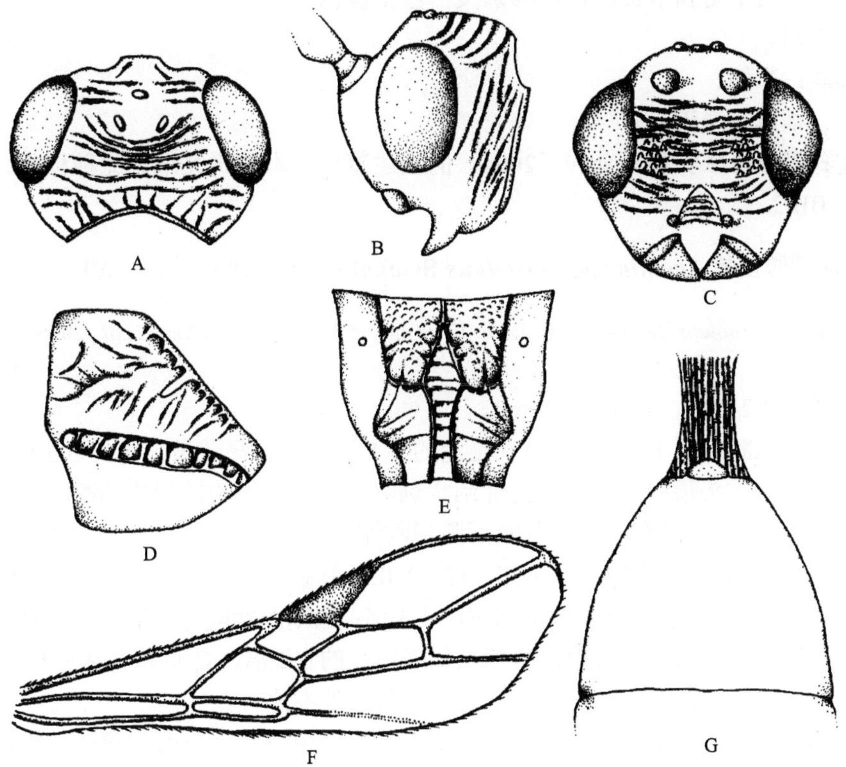

图 33　浅色柄腹茧蜂 *Spathius parachromus* Chen *et* Shi（仿陈家骅和石全秀，2004）

A. 头，背面观；B. 头，侧面观；C. 头，前面观；D. 中胸侧板；E. 并胸腹节，背面观；F. 前翅；G. 腹部基部，背面观

胸：胸长是高的 1.9 倍；前胸背板槽具短纵脊，前方具细脊；前胸侧板具脊；中胸盾片缓落向前胸背板，具颗粒状刻点，两侧具横脊，沿盾纵沟具稀长毛；盾纵沟全程完整，浅，沟内具横脊，后端内缘具 2 条纵脊，其间具 2 条横脊；小盾片前凹具 3 条纵脊；小盾片平坦，具颗粒状刻点；中胸侧板具皱；翅下区具横脊，下方具短纵脊；基节前沟全程完整，浅，沟内具纵脊；后胸侧板具脊；并胸腹节微皱，具中室，基脊短于叉脊，中室内具横脊，基侧区具颗粒。

翅：前翅长是宽的 4.0 倍；r 脉从翅痣的中央伸出，与 3-SR 脉近成一直线，r 脉长为痣宽的 0.6 倍；2-SR∶3-SR=2.7∶3.0；SR1 脉伸至翅尖；2-M∶r-m=5.0∶1.5；m-cu 脉伸入第 2 亚缘室；cu-a 脉后叉；第 1 亚盘室末端关闭于 m-cu 脉之后；CU1a 脉后叉。后翅 M+CU∶1-M=2.5∶4.5。

足：后足基节具颗粒状刻点，后缘具横脊；后足腿节长是宽的 3.0 倍，外缘具细脊；后足第 1 跗节长为第 2 跗节长的 2.0 倍。

腹：腹柄长为并胸腹节长的 1.8 倍，短于柄后腹长，末端略扩大，具粗纵脊，其间具细颗粒；柄后腹光滑；第 2+3 背板长是其端宽的 0.9 倍。

体色：头黄色；须黄色；触角浅红褐色，亚末端 2 节黄色；中胸背板黄色，侧叶浅红褐色；并胸腹节、腹柄褐色，其余红褐色；前翅透明；后足腿节末端红褐色，基节、转节黄白色，前中足腿节黄褐色，其余黄白色至黄色。

雌：未知。

生物学：未知。

分布：福建（清流）。

附注：根据陈家骅和石全秀（2004）的描述整理，本志研究未见此种标本。模式标本保存于 BIIC。

(261) 白须柄腹茧蜂 *Spathius paracritolaus* Belokobylskij, 1996（图版 LVI: 4）

Spathius paracritolaus Belokobylskij, 1996: 179; Chen *et* Shi, 2004: 153; Tang *et al.*, 2015: 79.

雌：体长 4.2 mm；前翅长 3.2 mm。

头：触角已断，余 19 节；柄节长是宽的 1.4 倍；第 1 鞭节长为宽的 5.5 倍，为第 2 鞭节长的 1.2 倍；头顶中央具微弱的针刮状刻纹；额具密集的针刮状刻纹；颊光滑；头部背面观宽为中长的 1.4 倍；头在复眼后弧形收缩；复眼横径长为上颊的 1.7 倍；单眼区底边长为侧边的 1.2 倍，POL=1.0×OD=0.3×OOL；复眼光滑，纵径为横径的 1.2 倍；颚眼距是复眼纵径的 0.6 倍，是上颚基部宽的 1.3 倍；脸球面状隆起，整个表面具细密的针刮状刻纹，犹如唱片表面的纹理；脸宽是复眼纵径的 1.2 倍，是脸和唇基总长的 1.1 倍；唇基沟缺；后头脊背方存在，与口后脊在上颚基部处不愈合。

胸：胸长是高的 2.0 倍；前胸背板脊细，后横脊中央几乎与前胸背板后缘愈合；中胸盾片相当缓和地升起，侧面观中胸盾片与前胸背板成钝角；中胸盾片中叶前方凸出，前侧方无肩角；中胸盾片具颗粒，后部中央具 2 条纵隆脊，仅沿盾纵沟被稀疏长毛；盾纵沟前半部深，后半部弱，具短刻条；小盾片前凹浅，宽，内具 6 条弱纵脊，前凹长是小盾片长的 0.4 倍；小盾片稍微隆起，具颗粒；中胸侧板密布微弱颗粒；翅下区浅，宽，具微弱网纹、颗粒和稀疏刻条；基节前沟窄，直，具微弱网纹，长为中胸侧板下缘的 0.5 倍。并胸腹节分区明显，基部 1/3 具基脊，基脊是叉脊的 2.0 倍；基侧区密布颗粒；中区长，窄，具皱；并胸腹节剩余部分具网皱。

翅：前翅长是宽的 4.2 倍，r 脉从翅痣的中央稍后伸出，几乎与 3-SR 脉垂直；3-SR=4.6×r=0.6×SR1=1.1×2-SR；第 2 亚缘室长是宽的 3.5 倍，是第 1 亚盘室长的 1.5 倍；m-cu 脉后叉；CU1a 脉后叉。后翅 M+CU=0.6×1-M；m-cu 脉几乎对叉，几乎直，强烈斜向翅基部。

足：后足基节背方具微弱颗粒，腹方光滑；后足基节基腹方具瘤突；后足腿节具革质颗粒；后足腿节长是宽的 3.1 倍；后足胫节具几乎直立的毛，毛长为胫节中间宽的 0.9–1.0 倍；后足跗节长是后足胫节长的 1.0 倍；后足基跗节长是第 2–5 跗节总长的 0.6 倍；后足第 2 跗节长是后足基跗节长的 0.5 倍，是第 5 跗节长的 1.3 倍。

腹：腹柄侧面观腹面稍弯曲，背面较强弯曲；气门瘤位于腹柄基部 2/3 处；腹柄长为其端宽的 2.0 倍，为并胸腹节的 1.5 倍；腹柄端宽为气门处宽的 1.5 倍；腹柄具皱刻条；第 2+3 背板中长为第 2 背板基宽的 1.3 倍，是第 2+3 背板最宽处的 0.7 倍；无第 2 背板缝；第 2+3 背板无明显的侧缘；第 2 背板全部、第 3 背板基部 2/3、第 4 和第 5 背板基部 1/3 具微弱的密集颗粒；背板剩余部分光滑；产卵管鞘长为腹部长的 0.6 倍，为腹柄长的 1.5 倍，为胸部长的 0.8 倍，为前翅长的 0.4 倍。

体色：体黄棕色；触角基部浅黄棕色，渐变为黑褐色；须黄白色；足浅黄棕色，所有基节和转节黄白色；产卵管鞘深棕色，基部色浅；翅稍烟褐色，基脉和翅痣附近具棕色斑块；翅痣棕色，基部 1/3 浅黄色。

雄：未知。

生物学：未知。

研究标本：1♀，广东郁南同乐大山，2003.VIII.12–13，许再福，No.20054410（ZJUH）。

分布：台湾（雾峰）、广东（同乐大山）、云南（西双版纳）。

(262) 平行柄腹茧蜂 *Spathius parallelus* Tang, Belokobylskij *et* Chen, 2015（图版 LVII: 1）

Spathius parallelus Tang, Belokobylskij *et* Chen, 2015: 79.

雌：体长 4.6–5.6 mm；前翅长 3.4–3.9 mm。

头：触角已断，余 37 节；柄节长是宽的 1.5 倍；第 1 鞭节长为宽的 4.3–4.6 倍，为第 2 鞭节长的 1.0–1.1 倍；头顶光滑；额密布规则横刻条；颊光滑；头部背面观宽为中长的 1.4 倍；头在复眼后弧形收缩；复眼横径长为上颊的 2.0–2.2 倍；单眼区底边长为侧边的 1.2 倍，POL=1.0×OD=0.4×OOL；复眼光滑，纵径为横径的 1.2–1.3 倍；颚眼距是复眼纵径的 0.4 倍，是上颚基部宽的 0.8 倍；脸具密集的波浪形刻条，其间具密集短皱；脸宽是复眼纵径的 1.1 倍，是脸和唇基总长的 1.2 倍；唇基沟明显，完整；后头脊背方存在，与口后脊在上颚基部处不愈合。

胸：胸长是高的 2.4 倍；前胸背板脊明显，后横脊中央与前胸背板后缘稍接触，前横脊十分微弱，位于前胸背板中央；中胸盾片从前胸背板陡峭升起，几乎垂直于前胸背板；中胸盾片具颗粒，被稀疏的半直立长毛，中叶后方具 2 条纵脊，脊间具短皱；盾纵沟宽，前深后浅，具粗糙短刻条，稍伸入中叶和侧叶；小盾片前凹相当深，内具 3 条纵脊，前凹长是小盾片长的 0.3 倍；小盾片具革质颗粒；中胸侧板几乎光滑，仅基节前沟上方和后方具微弱皱；翅下区浅，宽，具粗糙皱刻条；基节前沟浅，稍弯曲，具短刻条，长为中胸侧板的 0.6 倍。并胸腹节分区明显；基脊是叉脊的 1.3–1.6 倍；基侧区具微弱颗粒和不规则皱，中区具横皱；中区与柄区分界明显。

翅：前翅长是宽的 3.6–3.9 倍，r 脉从翅痣的中央伸出；3-SR=3.4×r=0.5×SR1=1.1×2-SR；第 2 亚缘室长是宽的 3.2 倍，是第 1 亚盘室长的 1.2 倍；cu-a 脉几乎对叉；m-cu 脉明显后叉；CU1a 脉后叉。后翅 M+CU=0.5×1-M；m-cu 脉对叉，稍骨化，强烈斜向翅基部。

足：后足基节具微弱皱和颗粒；后足基节基腹方具明显转角和瘤突；后足腿节几乎光滑；后足腿节长是宽的 2.9–3.2 倍；后足胫节外缘具 4 个端刺；后足胫节的毛长为胫节中间宽的 1.7–2.0 倍；后足跗节长是后足胫节长的 0.9 倍；后足基跗节长是后足第 2–5 跗节长的 0.8 倍；后足第 2 跗节长是后足基跗节长的 0.4 倍，是后足第 5 跗节长的 1.1 倍。

腹：腹柄侧面观腹面直，背面基部明显弯曲，气门瘤位于基部 1/3 处；腹柄长为其端宽的 2.0–2.2 倍，为并胸腹节的 1.6–1.8 倍；腹柄端宽为气门处宽的 1.8 倍；腹柄全具刻条，刻条间具密集皱；第 2+3 背板中长为第 2 背板基宽的 1.5 倍，是第 2+3 背板最宽处的 1.1 倍；第 2 背板缝不明显；第 2–4 背板具明显的侧缘；第 2、3 背板具纵皱刻条，刻条间具密集皱，端缘光滑；第 4 背板刻纹基本同第 2+3 背板；第 5 背板基部具革质网纹，无侧缘；剩余背板光滑；产卵管鞘长为腹部长的 1.0–1.2 倍，为腹柄长的 3.2–3.3 倍，为胸部长的 2.0 倍，为前翅长的 0.8 倍。

体色：头黄褐色。中胸盾片和小盾片黄褐色到红褐色；前胸背板和中胸侧板黑褐色；并胸腹节深红褐色到黑色。腹柄黑褐色，有时略带红褐色；其他背板基部黑褐色，端缘黄褐色。触角柄节和梗节黄褐色，或至少比第 1 鞭节颜色稍浅，鞭节均一黑褐色。单眼区黑褐色。须乳白色或浅黄色。前足和中足基节、转节与须同色；后足基节背面、各足腿节中部两侧具红褐色斑，各足胫节基部和亚中部红褐色；各足跗节浅红褐色，足其余部分黄褐色。翅半透明，无斑纹；翅痣褐色。

雄：体长 3.4–4.8 mm；前翅长 2.8–3.3 mm。后足腿节长是宽的 2.8–3.0 倍；腹柄长是其端宽的 2.6–2.8 倍；第 2+3 背板中长为第 2 背板基宽的 1.9–2.1 倍，是第 2+3 背板最宽处的 1.3–1.4 倍；腹板黑色区域有时更大；有时胸部或整个虫体颜色浅。其他特征与雌虫相似。

生物学：未知。

研究标本：♀（正模，ZJUH），浙江古田山，1990.VIII.1，马云，No.906224；1♂（副模，ZJUH），浙江西天目山，1990.VI.2–4，何俊华，No.905038；1♀1♂（副模，ZJUH），广东始兴车八岭，2003.VIII.21，许再福，Nos.20052313，20052345；1♀（副模，ZJUH），

广东郁南同乐大山，2003.VIII.12–13，许再福，No.20054591；1♀（副模，ZJUH），海南霸王岭，2007.VI.9–10，刘经贤，No.200703451；1♀（副模，ZJUH），海南吊罗山，2006.VI.16–17，刘经贤，No.200802142；1♀（副模，ZJUH），海南尖峰岭，2007.VI.7，刘经贤，No.200702482；1♂（副模，ZISP），广东始兴车八岭，2003.VIII.21，许再福，No.20051980。

分布：浙江（古田山、西天目山）、广东（车八岭、同乐大山）、海南（吊罗山、尖峰岭、五指山、霸王岭）。

(263) 副妙柄腹茧蜂 *Spathius paramoenus* Belokobylskij *et* Maeto, 2009（图版 LVII: 2）

Spathius paramoenus Belokobylskij *et* Maeto, 2009: 678; Tang *et al*., 2015: 83.

雌：体长 3.4–4.3 mm；前翅长 2.7–3.1 mm。

头：触角 31–36 节；柄节长是宽的 1.6–1.7 倍；第 1 鞭节长为宽的 4.5–5.0 倍，为第 2 鞭节长的 1.1–1.2 倍；头顶具粗糙或微弱的横向刻条；额具粗糙的波浪形横刻条；颊光滑；头部背面观宽为中长的 1.5–1.6 倍；头在复眼后强烈弧形收缩；复眼横径长为上颊的 1.6–1.8 倍；单眼区底边长为侧边的 1.1–1.2 倍，POL=1.0×OD=0.3–0.4×OOL；复眼光滑，纵径为横径的 1.2 倍；颚眼距是复眼纵径的 0.4 倍，是上颚基部宽的 0.9–1.0 倍；脸几乎全具横向刻条，刻条间具皱，中央稍光滑；脸宽是复眼纵径的 1.0–1.1 倍，是脸和唇基总长的 1.0 倍；唇基沟明显，完整；后头脊背方存在，与口后脊在上颚基部处不愈合。

胸：胸长是高的 2.0 倍；前胸背板脊明显，后横脊中央与前胸背板后缘明显愈合，前横脊细，位于前胸背板中央附近；中胸盾片较陡峭升起，侧面观中胸盾片与前胸背板成直角；中胸盾片具密集的明显的颗粒，盾纵沟附近及侧方具长的粗糙皱，被稀疏的半直立长毛，侧叶中央狭窄区域具颗粒；盾纵沟完整，前深后浅，宽，具密集短刻条；小盾片前凹深，长，内具 3 条纵脊，前凹长是小盾片长的 0.3–0.4 倍；小盾片具明显的密集颗粒；中胸侧板具粗糙皱刻条，中央具革质网纹，基节前沟下方革质；翅下区浅，宽，具皱刻条，刻条间具网纹；基节前沟深，后方 0.3 浅，宽，稍“S”形弯曲，具粗糙短刻条，横贯中胸侧板下缘。并胸腹节分区明显，具短侧突，基脊是叉脊的 0.7–1.0 倍；基侧区具网皱，中区具不规则皱；中区与柄区分界明显。

翅：前翅长是宽的 3.5–3.9 倍，r 脉从翅痣的中央稍后伸出；3-SR=3.5–5.2×r=0.5×SR1=0.9–1.0×2-SR；第 2 亚缘室长是宽的 2.5–3.0 倍，是第 1 亚盘室长的 1.4–1.6 倍；cu-a 脉稍后叉；m-cu 脉明显后叉；CU1a 脉后叉。后翅 M+CU=0.6–0.7×1-M；m-cu 脉前叉，不骨化，强烈斜向翅基部。

足：后足基节背方具粗糙的同心皱刻条，侧方和腹方具密集颗粒；后足基节基腹方具转角和瘤突；后足腿节几乎光滑；后足腿节长是宽的 3.2–3.6 倍；后足胫节外缘具 1 或 2 个端刺；后足胫节的毛长为胫节中间宽的 1.0–1.6 倍；后足跗节长是后足胫节长的 0.9 倍；后足基跗节长是后足第 2–5 跗节长的 0.7 倍；后足第 2 跗节长是后足基跗节长的 0.4–0.5 倍，是后足第 5 跗节长的 1.1–1.2 倍。

腹：腹柄侧面观腹面几乎直，背面基部 0.3 稍规则弯曲，端部 0.7 几乎直，气门瘤位于基部 1/3 处；腹柄长为其端宽的 2.4–2.6 倍，为并胸腹节的 1.8–2.0 倍；腹柄端宽为气门处宽的 2.0–2.2 倍；腹柄具粗糙刻条，其间具明显皱，端部光滑；第 2+3 背板中长为第 2 背板基宽的 1.2–1.3 倍，是第 2+3 背板最宽处的 0.7–0.8 倍；第 2 背板缝微弱，几乎无；第 2 背板无侧缘；第 2 背板具明显或微弱的斜向纵刻条，基中部有时几乎光滑，侧方光滑；其余背板光滑；产卵管直；产卵管鞘长为体长的 0.5–0.6 倍，为腹部长的 0.9–1.2 倍，为胸部长的 1.6–1.7 倍，为前翅长的 0.7–0.8 倍。

体色：头褐色，复眼下方常具深色斑；胸部大部分黑褐色，小盾片和盾纵沟颜色略浅；腹柄黑色；第 2+3 背板基部 3/4 黑色，端部 1/4 黄褐色；其他背板基部黑色、端部黄褐色；触角基部黄褐色渐变为黑褐色，近端部 3–4 节浅黄色；单眼区黑褐色；须浅黄色；各足腿节端半部两侧具深色斑，后足胫节基半部浅色，足其余部分黄褐色；翅褐色半透明，无斑纹；翅痣基部 1/4 黄褐色，端部 3/4 深褐色。

雄：未知。

生物学：未知。

研究标本（ZJUH）：2♀，浙江古田山，1992.VII.20，陈学新，Nos.923719，923710；2♀，浙江开化古田山，1990.VII–VIII，徐志宏，Nos.905539，905540；1♀，浙江古田山，1990.VIII.1，马云，No.906116；1♀，浙江古田山古田庙，2005.VII.2，No.200616010；1♀，浙江庆元百山祖，1994.VII.18，吴鸿，No.946766；1♀，浙江庆元百山祖，1994.VII.20，吴鸿，No.946942；1♀，浙江天目山开山老殿，1998.VII.28，赵明水，No.20001041；2♀，广东始兴车八岭，2002.VII.27，许再福，Nos.20051868，20051732；1♀，广东始兴车八岭，2003.VII.21，许再福，No.20052294；2♀，广东梅州丰溪，2003.VII.29，陈驹坚，Nos.20048562，20048601；1♀，海南吊罗山，2006.VII.16–17，刘经贤，No.200802326；1♀，海南吊罗山，2006.VII.16–17，翁丽琼，No.200802475。

分布：浙江（古田山、百山祖、天目山）、广东（车八岭、丰溪）、海南（吊罗山）；日本。

(264) 近细长柄腹茧蜂 *Spathius parimbecillus* Tang, Belokobylskij *et* Chen, 2015（图版 LVII: 3）

Spathius parimbecillus Tang, Belokobylskij *et* Chen, 2015: 83.

雌：体长 4.2–7.3 mm；前翅长 2.9–5.0 mm。

头：触角 41 节；柄节长是宽的 1.5 倍；第 1 鞭节长为宽的 5.0–6.3 倍，为第 2 鞭节长的 1.0–1.1 倍；头顶光滑；额具微弱的横刻条；颊光滑；头部背面观宽为中长的 1.4 倍；头在复眼后弧形收缩；复眼横径长为上颊的 1.6 倍；单眼区底边长为侧边的 1.3 倍，POL=1.2×OD=0.3×OOL；复眼光滑，纵径为横径的 1.3 倍；颚眼距是复眼纵径的 0.4 倍，是上颚基部宽的 0.8 倍；脸具密集的强烈横向刻条和微弱皱；脸宽是复眼纵径的 1.0–1.1 倍，是脸和唇基总长的 1.1–1.2 倍；唇基沟明显，完整；后头脊背方存在，与口后脊在上颚基部处不愈合。

胸：胸长是高的 2.6 倍；前胸背板后横脊与前胸背板后缘明显分离，不愈合，前横脊细，位于前胸背板中央；前胸背板近前部具少许横脊；前胸背板侧方具明显刻条；中胸盾片从前胸背板缓和地升起，侧面观中胸盾片与前胸背板成钝角；中胸盾片具颗粒，被稀疏的几乎直立的长毛，后部中央 2 条纵隆脊明显，脊间具短刻条，侧叶具短皱；盾纵沟完整，前深后浅，宽，内具短刻条；小盾片前凹浅，内具 3 条纵脊，具微弱皱，前凹长是小盾片长的 0.4 倍；小盾片不隆起，具革质或革质颗粒，具侧脊；中胸侧板光滑；翅下区浅，窄，具相当微弱的皱刻条，几乎光滑；基节前沟浅，窄，稍弯曲，具粗糙的短刻条，横贯中胸侧板下缘；后胸侧板全具小室状网纹和皱；并胸腹节分区不甚明显，基脊较长，是叉脊长的 2.4 倍，整个表面具不规则网皱刻条。

翅：前翅长是宽的4.3–4.6倍，r脉从翅痣的中央伸出；3-SR=4.6×r=0.6×SR1=1.2×2-SR；第 2 亚缘室长是宽的 3.4–3.9 倍，是第 1 亚盘室长的 0.9–1.1 倍；m-cu 脉明显后叉；CU1a 脉后叉。后翅 M+CU=0.5×1-M；m-cu 脉明显前叉，不骨化，强烈弯向翅基部。

足：后足基节背方具明显的半弧形刻条，腹方和侧方革质；后足基节基腹方无转角和瘤突；后足腿节光滑；后足腿节长是宽的 3.2–3.5 倍；后足胫节外缘具 2 个端刺；后足胫节的毛长为胫节中间宽的 1.8–2.3 倍；后足跗节长是后足胫节长的 1.0 倍；后足基跗节长是后足第 2–5 跗节长的 0.7 倍；后足第 2 跗节长是后足基跗节长的 0.6 倍，是后足第 5 跗节长的 1.6 倍。

腹：腹柄侧面观腹面直，背面几乎直，仅基部稍弯曲，气门瘤位于基部 1/3 处；腹柄长为其端宽的 7.8–8.6 倍，为并胸腹节的 2.8–3.0 倍；腹柄端宽为气门处宽的 1.2 倍；腹柄基部 1/3 和端部 1/3 具弱纵刻条，刻条间具微弱颗粒，中部 1/3 仅具弱颗粒；第 2+3 背板中长为第 2 背板基宽的 2.9–3.2 倍，是第 2+3 背板最宽处的 1.3–1.4 倍；第 2 背板缝不明显；仅第 2 背板具侧缘痕迹；第 2 背板具细密的纵向针刮状刻纹；第 3 背板具细密的弧形针刮状刻纹，端缘光滑；剩余背板光滑；产卵管鞘长为腹部长的 1.6–1.7 倍，为腹柄长的 3.3–3.9 倍，为胸部长的 3.3–3.7 倍，为前翅长的 1.5–1.7 倍。

体色：头黄褐色或深褐色或黑色。胸部红褐色，并胸腹节有时黑色。腹柄红褐色或深褐色；其他背板黑褐色。触角基部黄褐色，渐变为黑褐色。单眼区黑褐色。须乳白色。前足和中足基节及转节乳白色，后足基节和腿节红褐色，其余部分黄褐色或浅红褐色。翅浅褐色半透明，无明显斑纹；翅痣深褐色，基部稍具黄色。

雄：特征与雌虫相似，体稍小。

生物学：未知。

研究标本：♀（正模，ZJUH），广东佛冈观音山，2007.IX.15–16，许再福，No.200711666；1♀（副模，ZJUH），广东南岭，2008.VII.16–21，许再福，No.200809164；1♀（副模，ZJUH），西天目山进山门，1998.VIII.4，赵明水，No.20062616；1♀（副模，ZJUH），海南鹦哥岭，2007.V.24–26，刘经贤，No.200704131；1♀（副模，ZJUH），海南鹦哥岭，2007.V.28–VI.3，翁丽琼，No.200804060（ZJUH）；1♀（副模，ZJUH），海南五指山，2007.X.29，刘经贤，No.200710027；1♀（副模，ZISP），海南鹦哥岭，2008.XI.16，谭江丽，No.200805780；1♀（副模，ZISP），广东梅州丰溪，2003.VII.29，陈驹坚，No.2008680。

分布：浙江（西天目山）、广东（观音山、丰溪、南岭）、海南（五指山、鹦哥岭）。

(265) 拟爆皮虫柄腹茧蜂 *Spathius parochus* Belokobylskij *et* Maeto, 2009（图版 LVII: 4）

Spathius parochus Belokobylskij *et* Maeto, 2009: 681; Tang *et al*., 2015: 86.

雌：体长 3.7 mm；前翅长 2.4 mm。

头：触角已断，余 33 节；柄节长是宽的 1.4 倍；第 1 鞭节长为宽的 5.5 倍，为第 2 鞭节长的 1.5 倍；头顶和额具微弱刻条，刻条间具皱，侧方具颗粒；颊具网纹、颗粒和微弱刻条；头部扁平，头部背面观宽为中长的 1.4 倍；头在复眼后强烈弧形收缩；复眼横径长为上颊的 1.4 倍；单眼区底边长为侧边的 1.25 倍，POL=1.2×OD=0.5×OOL；复眼光滑，纵径为横径的 1.3 倍；颚眼距是复眼纵径的 0.4 倍，是上颚基部宽的 0.8 倍；脸具密集的粗糙横向皱刻条，中央光滑；脸宽是复眼纵径的 0.9 倍，是脸和唇基总长的 1.2 倍；唇基沟明显，完整；后头脊背方存在，与口后脊在上颚基部处不愈合。

胸：胸部扁平，胸长是高的 2.9 倍；前胸背板脊细，与前胸背板后缘明显分离；中胸盾片中叶前方凸出，前侧方无肩角；中胸盾片密布颗粒，仅沿盾纵沟被稀疏长毛，后部中央具 2 条纵隆脊；盾纵沟浅，具短刻条和颗粒；小盾片前凹短，浅，内具 5 条纵脊，前凹长是小盾片长的 0.4 倍；小盾片密布颗粒；中胸侧板中央具微弱的革质网纹；翅下区浅，窄，具网皱；基节前沟深，窄，稍弯曲，具短刻条和颗粒，长为中胸侧板下缘的 0.6 倍。并胸腹节具明显分区，基侧方具颗粒，中区长，窄；基脊是叉脊的 1.2 倍；并胸腹节剩余部分具不规则网状皱。

翅：前翅长是宽的 4.2 倍，r 脉稍从翅痣的中央之前伸出；3-SR=4.0×r=0.8×SR1=1.4×2-SR；第 2 亚缘室长是宽的 3.0 倍，是第 1 亚盘室长的 1.2 倍；m-cu 脉后叉；CU1a 脉对叉。后翅 M+CU=0.6×1-M；m-cu 脉前叉，不骨化，几乎直，强烈斜向翅基部。

足：后足基节具颗粒；后足基节无明显转角和瘤突；后足腿节背方具革质网纹，腹方几乎光滑；后足腿节长是宽的 2.7 倍；后足胫节具几乎直立的毛，毛长为胫节中间宽的 0.8–1.2 倍；后足跗节长是后足胫节长的 0.9 倍；后足基跗节长是第 2–5 跗节总长的 0.7 倍；后足第 2 跗节长是后足基跗节长的 0.5 倍，是第 5 跗节长的 1.5 倍。

腹：腹柄侧面观腹面直，背面基部 0.5 弯曲，气门瘤位于基部 1/3；腹柄长为其端宽的 3.0 倍，为并胸腹节的 1.9 倍，腹柄端宽为气门处宽的 1.5 倍；腹柄具皱和密集颗粒；第 2+3 背板中长为第 2 背板基宽的 2.2 倍，是第 2+3 背板最宽处的 1.1 倍；无第 2 背板缝；第 2、3 背板无侧缘脊；第 2–6 背板具革质颗粒；产卵管鞘长为腹部长的 1.0 倍，为腹柄长的 2.6 倍，为胸部长的 1.5 倍，为前翅长的 0.9 倍。

体色：脸黄褐色，颊前半部黄褐色、后半部暗红褐色，额和头顶暗红褐色；胸部黑色；腹部黑色，柄后腹略带黑褐色；触角基部黄褐色，往端部渐变为黑褐色；单眼区暗红褐色；须黑褐色；各足跗节 1–4 节、前足和中足基节及各足胫节端部黄褐色，足其余部分黑褐色。翅具明显斑纹；翅痣基部 1/3 白色，端部 2/3 黑色。

雄：未知。

生物学：未知。

研究标本：1♀，海南鹦哥岭，2008.XI.16，谭江丽，No.200805215（ZJUH）。

分布：海南（鹦哥岭）；日本。

附注：本志所研究标本较正模颜色更深，胸部和腹部为黑色。

(266) 瘤柄腹茧蜂 *Spathius phymatodis* Fischer, 1966（图版 LVIII: 1）

Spathius phymatodis Fischer, 1966b: 219; Tobias, 1971: 197; Shenefelt *et* Marsh, 1976: 1413; Belokobylskij *et* Tobias, 1986: 29; Belokobylskij, 1998b: 100; 2003b: 393; Belokobylskij *et* Maeto, 2009: 685; Tang *et al.*, 2015: 86.

Spathius applanatus Chen *et* Shi, 2004: 105. Synonymized by Tang *et al.*, 2015: 86.

雌：体长 2.2–3.5 mm；前翅长 1.7–2.8 mm。

头：触角 22–29 节；柄节长是宽的 1.3–1.6 倍；第 1 鞭节长为宽的 4.0–4.7 倍，为第 2 鞭节长的 1.0 倍。头明显扁平；头顶几乎光滑，有时部分具微弱的革质网纹或中央具微弱的横向刻条；额至少在前部具明显横刻条；颊光滑；头部背面观宽为中长的 1.3–1.4 倍；头在复眼后前半部近平行，后半部弧形收缩；复眼横径长为上颊的 1.0–1.1 倍；单眼区底边长为侧边的 1.0–1.2 倍，POL=1.3–1.7×OD=0.4×OOL；复眼光滑，纵径为横径的 1.2 倍；颚眼距是复眼纵径的 0.3–0.4 倍，是上颚基部宽的 0.5–0.6 倍；脸几乎全具横向刻条，刻条间具明显颗粒，中央稍光滑；脸宽是复眼纵径的 1.2 倍，是脸和唇基总长的 1.4–1.7 倍；唇基沟明显，完整；后头脊背方存在，与口后脊在上颚基部处不愈合。

胸：胸明显扁平；胸长是高的 2.5–3.1 倍；前胸背板脊明显，后横脊中央与前胸背板后缘稍愈合，前横脊细，位于前胸背板中央附近；中胸盾片稍圆弧升起，侧面观中胸盾片与前胸背板成钝角；中胸盾片具密集颗粒，盾纵沟附近及侧方无皱，被稀疏的半直立长毛，中叶前方有时具微弱皱，具 2 条微弱的向后会合的脊，脊间具皱或网纹；盾纵沟完整，前深后浅，宽，具密集的短刻条皱；小盾片前凹浅，宽，内具 3 条纵脊，前凹长是小盾片长的 0.3–0.4 倍；小盾片平坦，具明显的、密集的革质颗粒；中胸侧板上半部具粗糙的皱刻条，下半部大部分光滑；翅下区浅，窄，具密集的皱刻条；基节前沟浅，窄，稍弯曲，具微弱革质皱，长为中胸侧板下缘的 0.6–0.8 倍；并胸腹节分区明显，无侧突，基脊是叉脊的 1.1–1.6 倍；基侧区具密集颗粒，沿脊具短皱；中区与柄区分界明显。

翅：前翅长是宽的 3.4–3.6 倍，r 脉从翅痣的中央伸出；3-SR=3.8–5.3×r=0.6–0.7×SR1=1.0–1.2×2-SR；第 2 亚缘室长是宽的 3.2–3.6 倍，是第 1 亚盘室长的 1.9–2.0 倍；cu-a 脉稍后叉；m-cu 脉明显后叉；CU1a 脉后叉。后翅 M+CU=0.6–0.7×1-M；m-cu 脉前叉，不骨化，稍斜向翅基部。

足：后足基节背方具革质颗粒，腹方光滑；后足基节基腹方具转角和瘤突；后足腿节背方具密集的微弱的斜向刻条，刻条间具网纹或颗粒，腹方几乎光滑；后足腿节长是宽的 2.4–3.0 倍；后足胫节外缘具 3 个端刺；后足胫节的毛长为胫节中间宽的 0.4–1.0 倍；后足跗节长是后足胫节长的 0.9–1.0 倍；后足基跗节长是后足第 2–5 跗节长的 0.7 倍；后足第 2 跗节长是后足基跗节长的 0.5–0.6 倍，是后足第 5 跗节长的 1.3 倍。

腹：腹柄侧面观腹面稍弯曲，背面基半部明显规则弯曲，端半部几乎直，气门瘤位于基部 1/3 处；腹柄长为其端宽的 1.8–2.0 倍，为并胸腹节的 1.6–1.8 倍；腹柄端宽为气门处宽的 1.5–1.6 倍；腹柄基半部具密集网皱，后半部具刻条皱；第 2+3 背板中长为第 2 背板基宽的 1.1–1.4 倍，是第 2+3 背板最宽处的 0.7 倍；第 2 背板缝微弱，几乎无；第 2 背板基半部具侧缘；第 2 背板基部具微弱的刻条皱，刻条间革质，剩余部分具稀疏的刻点或光滑；极少数情况下第 2 背板基半部微弱革质；个体较大的标本第 2 背板端部和第 3 背板基半部具明显的网纹和刻点，其间具刻条；其余背板光滑；产卵管直；产卵管鞘长为体长的 0.5–0.7 倍，为胸部长的 0.7–1.0 倍，为前翅长的 0.3–0.5 倍。

体色：头褐色，复眼下方常具深色斑；胸部大部分黑褐色，小盾片和盾纵沟颜色略浅；腹柄黑色；第 2+3 背板基部 3/4 黑色，端部 1/4 黄褐色；其他背板基部黑色、端部黄褐色；触角基部黄褐色渐变为黑褐色；单眼区黑褐色；须浅黄色；各足腿节端半部两侧具深色斑，后足胫节基半部浅色，足其余部分黄褐色；翅褐色半透明，无斑纹；翅痣基部 1/4 黄褐色，端部 3/4 深褐色。

雄：未知。

生物学：寄主有天牛科的 *Phymatodes fasciatus*、吉丁虫科的 *Agrilus roberti* 和山毛榉吉丁 *Agrilus viridis*。

研究标本（ZJUH）：1♀，浙江西天目山开山老殿，1998.VII.14，马氏网诱，赵明水，No.20000852；1♀，福建武夷山桐木村，1979.X，黄居昌，No.20003851；1♀，云南西双版纳，2003.VII.31，许再福，No.20053526。

分布：吉林（长白山）、浙江（西天目山）、福建（武夷山）、云南（西双版纳）；俄罗斯，蒙古国，韩国，日本，欧洲。

(267) 胡椒象柄腹茧蜂 *Spathius piperis* Wilkinson, 1931（图版 LVIII: 2）

Spathius piperis Wilkinson, 1931b: 264; Nixon, 1943b: 397; Shenefelt *et* Marsh, 1976: 1413; Tang *et al*., 2015: 86.

雌：体长 3.6 mm；前翅长 2.8 mm。

头：触角 36 节；柄节长是宽的 1.4 倍；第 1 鞭节长为宽的 4.3 倍，为第 2 鞭节长的 1.1 倍；头顶和额具明显的粗糙横皱；颊具稀疏刻条；头部背面观宽为中长的 1.5 倍；头在复眼后稍直线收缩；复眼横径长为上颊的 3.0 倍；单眼区底边长为侧边的 1.2 倍，POL=1.0×OD=0.3×OOL；复眼光滑，纵径为横径的 1.3 倍；颚眼距是复眼纵径的 0.3 倍，是上颚基部宽的 1.2 倍；脸具粗糙横皱；脸宽是复眼纵径的 1.2 倍，是脸和唇基总长的 1.1 倍；唇基沟明显，完整；后头脊背方存在，与口后脊在上颚基部处愈合。

胸：胸长是高的 2.0 倍；前胸背板后横脊完整，与前胸背板后缘愈合，前横脊细；中胸较缓和地升起，侧面观中胸盾片与前胸背板成钝角；中胸盾片中叶前方凸出，前侧方无肩角；中胸盾片密布颗粒皱，仅沿盾纵沟被稀疏的半直立长毛，后部中央具 2 条纵隆脊，隆脊周围密布粗糙皱；盾纵沟浅，其内刻条弯曲，并稍伸入中叶和伸入侧叶甚长，侧叶仅中央 1 条带区为颗粒皱；小盾片前凹浅，内具 3 条纵脊，前凹长是小盾片长的 0.4 倍；小盾片稍微隆起，具颗粒皱；中胸侧板具不规则皱，基节前沟周围具皱刻条，中央大部分光滑；翅下区浅，宽，具横向刻条皱；基节前沟浅，直，宽，具明显短刻条，长为中胸侧板下缘的 0.6 倍。并胸腹节分区不甚明显，基脊是叉脊的 1.0 倍；基区和中区具横皱，皱间不光滑；中区狭长，最宽处为端部的 1.8 倍，与柄区分界不明显。

翅：前翅长是宽的 3.6 倍，r 脉从翅痣的中央伸出；3-SR=3.6×r=0.5×SR1=1.1×2-SR；第 2 亚缘室长是宽的 2.7 倍，是第 1 亚盘室长的 1.3 倍；m-cu 脉后叉；CU1a 脉后叉。后翅 M+CU=0.5×1-M；m-cu 脉前叉，稍弯向翅基部，不骨化。

足：后足基节背方具明显的横向刻条，侧方具革质颗粒；后足基节基腹方具转角和小的瘤突；后足腿节背方具明显的纵刻条，腹方和侧方光滑；后足腿节长是宽的 3.1 倍；后足胫节具半直立的毛，毛长为胫节中间宽的 1.2 倍；后足胫节外缘具无端刺；后足跗节长是后足胫节长的 1.0 倍；后足基跗节长是第 2–5 跗节总长的 0.6 倍；后足第 2 跗节长是后足基跗节长的 0.5 倍，是第 5 跗节长的 0.9 倍。

腹：腹柄侧面观腹面稍弯曲，背面基半部明显均匀弯曲；气门瘤位于腹柄基部 0.3 处；腹柄长为其端宽的 3.3 倍，为并胸腹节的 1.5 倍；腹柄端宽为气门处宽的 1.5 倍；腹柄纵脊较强，脊间刻条稀少，几乎光滑；第 2+3 背板中长为第 2 背板基宽的 2.0 倍，是第 2+3 背板最宽处的 0.9 倍；无第 2 背板缝；第 2+3 背板具较明显的侧缘；第 2、3 背板具较弱的纵刻纹，仅端部 0.1–0.2 光滑；第 4 背板基部具刻点和微弱的纵刻条，端部光滑；其余背板刻纹更弱；产卵管鞘长为腹部长的 0.5 倍，为腹柄长的 1.3 倍，为胸部长的 0.8 倍，为前翅长的 0.4 倍。

体色：头褐色；胸部褐色；腹柄黑褐色；其他背板基部黑褐色，端部褐色；触角褐色，亚端部有一段浅色；单眼区褐色；须乳白色；足浅褐色；翅浅褐色半透明，无斑纹；翅痣褐色。

雄：未知。

生物学：寄主为胡椒上的胡椒果象甲 *Lophobaris piperis*。

研究标本：1♀，云南西双版纳森林公园，2003.VII.31，许再福，No.20053554（ZJUH）。

分布：云南（西双版纳）；印度尼西亚。

附注：本志所研究标本较正模产卵管鞘稍长，其余特征相似。

(268) 扁体柄腹茧蜂 *Spathius planus* Belokobylskij, 1998（图版 LVIII: 3）

Spathius planus Belokobylskij, 1998b: 100; 2003b: 396; Belokobylskij *et* Maeto, 2009: 688; Tang *et al.*, 2015: 86.

雌：体长 2.0–4.0 mm；前翅长 1.6–2.8 mm。

头：触角 27–31 节；柄节长是宽的 1.5–1.8 倍；第 1 鞭节长为宽的 4.0–4.5 倍，为第 2 鞭节长的 1.1–1.2 倍；头明显扁平；头顶具微弱的横向刻条，部分具皱，极少数情况下光滑；额几乎整个具微弱的横刻条；颊在上方 0.5–0.7 具垂直刻条或皱刻条，剩余部分几乎光滑；头部背面观宽为中长的 1.4–1.5 倍；头在复眼后前半部近平行，后半部弧形收缩；复眼横径长为上颊的 1.1–1.2 倍；单眼区底边长为侧边的 1.2–1.3 倍，POL=1.3–1.6×OD=0.4×OOL；复眼光滑，纵径为横径的 1.3–1.4 倍；颚眼距是复眼纵径的 0.3–0.4 倍，是上颚基部宽的 0.6–0.7 倍；脸具粗糙皱刻条，中央稍光滑；脸宽是复眼纵径的 1.1–1.2 倍，是脸和唇基总长的 1.4–1.5 倍；唇基沟明显，完整；后头脊背方存在，与口后脊在上颚基部处不愈合。

胸：胸扁平；胸长是高的 2.8–3.3 倍；前胸背板脊明显，后横脊中央与前胸背板后缘稍愈合或稍分离，前横脊细，位于前胸背板中央附近；中胸盾片稍圆弧升起，侧面观中胸盾片与前胸背板成钝角；中胸盾片具密集颗粒，盾纵沟附近及侧方无皱，被稀疏的半直立长毛，中叶后方 0.6–0.7 具波浪形刻条；盾纵沟完整，前深后浅，宽，具粗糙的短刻条皱；小盾片前凹浅，短，内具 1 条纵脊，前凹长是小盾片长的 0.3–0.4 倍；小盾片平坦，具密集颗粒，有时部分具微弱的半弧形刻条；中胸侧板中部常具微弱的革质皱，基节前沟附近几乎光滑；翅下区浅，宽，具明显密集的皱刻条；基节前沟浅，窄，直或稍弯曲，具短刻条和微弱颗粒，长为中胸侧板下缘的 0.5–0.7 倍。并胸腹节分区明显，无侧突，基脊是叉脊的 1.0–1.7 倍；基侧区具密集颗粒皱；中区与柄区分界明显。

翅：前翅长是宽的 3.3–3.6 倍，r 脉几乎从翅痣的中央伸出；3-SR=3.0–3.6×r=0.6–0.7×SR1=1.1–1.3×2-SR；第 2 亚缘室长是宽的 3.3–3.5 倍，是第 1 亚盘室长的 1.7–1.8 倍；cu-a 脉稍后叉；m-cu 脉明显后叉；CU1a 脉后叉。后翅 M+CU=0.5–0.6×1-M；m-cu 脉明显前叉，不骨化，斜向翅基部。

足：后足基节具密集颗粒，背方具皱；后足基节基腹方具转角和瘤突；后足腿节背方具密集的针刮状刻纹和颗粒，腹方具革质颗粒；后足腿节长是宽的 2.7–3.0 倍；后足胫节外缘具 3–5 个端刺；后足胫节的毛长为胫节中间宽的 0.4–0.7 倍；后足跗节长是后足胫节长的 0.9 倍；后足基跗节长是后足第 2–5 跗节长的 0.7 倍；后足第 2 跗节长是后足基跗节长的 0.5 倍，是后足第 5 跗节长的 1.4–1.5 倍。

腹：腹柄侧面观腹面稍弯曲，背面基半部明显规则弯曲，端半部几乎直，气门瘤位于基部 1/3 处；腹柄长为其端宽的 1.8–2.3 倍，为并胸腹节的 1.8–2.0 倍；腹柄端宽为气门处宽的 1.3–1.6 倍；腹柄具密集的粗糙皱刻条，基半部具波浪形刻条，有时候明显具皱；第 2+3 背板中长为第 2 背板基宽的 1.1–1.2 倍，是第 2+3 背板最宽处的 0.7 倍；第 2 背板缝微弱，几乎无；第 2 背板基部 0.5–0.7 具侧缘；第 2 背板几乎全具密集的网纹和刻条，有时具相当微弱的网纹和刻点；第 3 背板基半部具微弱的革质网纹；第 4 背板基半部具微弱的革质网纹；其余背板光滑；产卵管直；产卵管鞘长为腹部长的 0.7–0.9 倍，为腹柄长的 2.0–2.8 倍，为胸部长的 0.9–1.3 倍，为前翅长的 0.45–0.60 倍。

体色：头浅红褐色；胸部红褐色；腹柄红褐色，柄后腹深红褐色；触角基部黄褐色渐变为深红褐色；单眼区颜色比头顶深；须基部 2 节褐色，其余浅黄色；足大部分红褐色，各足端跗节黑褐色，各足胫节基部浅黄色，后足胫节浅色部分为胫节长的 1/6–1/3；前翅褐色半透明，翅痣基部下方条带和翅端浅色具斑；翅痣基部 1/5 浅色，其余褐色。

雄：未知。

生物学：已记录的寄主有日本小蠹 *Scolytus japonicus*。

研究标本（ZJUH）：1♀，内蒙古四子王旗，2000.VIII.18，陈学新，No.20032020；1♀，浙江西天目山科技馆，1998.VIII.1，赵明水，No.20002957。

分布：内蒙古（四子王旗）、浙江（西天目山）；俄罗斯，日本。

(269) 斑翅柄腹茧蜂 *Spathius poecilopterus* Chao, 1977

Spathius poecilopterus Chao, 1977: 208; 1981: 305; Chen *et* Shi, 2004: 154.

形态特征：体长 2.7–4.0 mm。额的横脊不整齐，平行，脊的中央不间断；触角 33 节。前胸背板横脊甚短的一段与背板后缘合并。并胸腹节背脊长约为叉脊长的一半，或等长，或更长。后足胫节背方毛长约与胫节中央横径相等。腹柄长比并胸腹节稍长；腹部第 2+3 背板密布刻点区域直抵毛列处；第 4、5 背板基部密布微弱刻点；产卵管鞘比腹长稍短，甚少约等长。体赤褐色，中胸背板侧叶色稍深，略带烟褐色（1 个副模例外）；后足胫节基部 0.3 浅色，中部背方有一段烟褐色，前中足胫节色浅；前翅淡烟褐色，除翅基有 1 条白色横带外，翅端 4 个翅室中央透明斑；腹部第 2、3 背板有刻点的区域与腹部其他地方同色，或稍较浅，呈黄褐色。

雄：未知。

分布：福建（魁岐、邵武、建阳、武夷山、梅花山）。

附注：根据赵修复（1977）的描述整理，本志研究未见此种标本。模式标本原记录保存于 IZCAS，但已丢失。

(270) 拟莫柄腹茧蜂 *Spathius proximoscus* Tang, Belokobylskij *et* Chen, 2015（图版 LVIII: 4）

Spathius proximoscus Tang, Belokobylskij *et* Chen, 2015: 87.

雌：体长 2.9 mm；前翅长 2.3 mm。

头：触角 27 节；柄节长是宽的 1.6 倍；第 1 鞭节长是宽的 4.6 倍，为第 2 鞭节长的 1.0 倍；头顶完全光滑；额具密集的针刮状刻纹，侧方和后方光滑；颊光滑；头部背面观宽为中长的 1.5 倍；头在复眼后均匀弧形收缩；复眼横径长为上颊的 1.6 倍；单眼区底边长为侧边的 1.0 倍，POL=0.6×OD=0.2×OOL；复眼光滑，纵径为横径的 1.15 倍；颚眼距是复眼纵径的 0.4 倍，是上颚基部宽的 0.85 倍；脸大部分具密集的相当微弱的横刻条，中央光滑；脸宽是复眼纵径的 1.3 倍，是脸和唇基总长的 1.3 倍；唇基沟明显，完整；后头脊背方存在，与口后脊在上颚基部处不愈合。

胸：胸长是高的 1.9 倍；前胸背板脊明显，后横脊中央与前胸背板后缘稍愈合，前横脊明显，位于前胸背板近中央；中胸盾片从前胸背板弧形升起，与前胸背板成钝角；中胸盾片具密集颗粒，沿盾纵沟及侧方无皱，被稀疏的半直立长毛，中叶后方具 2 条纵脊；盾纵沟宽，前深后浅，具粗糙的密集短刻条；小盾片前凹相当深，长，内具 4 条纵脊，前凹长是小盾片长的 0.35 倍；小盾片具密集的微弱革质颗粒；中胸侧板具网纹和颗粒，部分区域具刻条，前部具小的光滑区域；翅下区浅，宽，广布密集刻条，部分区域具颗粒；基节前沟前深后浅，稍弯曲，具稀疏的短刻条和微弱颗粒，横贯中胸侧板下缘。并胸腹节具十分短的侧突，分区明显；基脊是叉脊的 1.4 倍；基侧区具密集颗粒，侧方具微弱刻条；中区与柄区分界明显。

翅：前翅长是宽的 3.4 倍，r 脉稍从翅痣的中央后方伸出；3-SR=5.7×r=0.5×SR1=1.1×2-SR；第 2 亚缘室长是宽的 3.1 倍，是第 1 亚盘室长的 1.5 倍；CU1a 脉后叉。后翅 M+CU=0.6×1-M；m-cu 脉稍前叉，稍着色，强烈弯向翅基部。

足：后足基节背方具横刻条和密集颗粒，侧方颗粒稍微弱；后足基节基腹方具明显转角和瘤突；后足腿节上部 1/3 具微弱刻条和网纹，剩余部分光滑；后足腿节长是宽的 3.3 倍；后足胫节外缘具 1 个端刺；后足胫节的毛长为胫节中间宽的 1.0–1.5 倍；后足跗节长是后足胫节长的 0.9 倍；后足基跗节长是后足第 2–5 跗节长的 0.7 倍。

腹：腹柄侧面观腹面稍弯曲，背面基半部明显弯曲，端半部几乎直，气门瘤位于基部 1/3 处；腹柄长为其端宽的 2.2 倍，为并胸腹节的 1.4 倍；腹柄具明显密集的纵刻条，刻条间具明显网纹；第 2+3 背板中长为第 2 背板基宽的 1.2 倍，是第 2+3 背板最宽处的 0.7 倍；第 2 背板缝无；第 2 背板无侧缘；剩余背板光滑，有时第 2 背板基部具微弱的针刮状刻纹；产卵管鞘长为腹部长的 0.6 倍，为腹柄长的 1.7 倍，为胸部长的 0.9 倍，为前翅长的 0.4 倍。

体色：头黄色；胸部和腹部浅红褐色，并胸腹节和腹柄红褐色；触角基半部黄色至褐黄色，端半部褐色至深褐色；须白黄色；足黄色至褐黄色，后足胫节近基部白色；产卵管鞘基半部浅褐色，端半部褐色；前翅稍烟褐色；翅痣褐色，基部 1/4 浅黄色。

雄：未知。

生物学：未知。

研究标本：♀（正模，ZJUH），浙江德清伐头，1995.V.27，何俊华，No.959008。

分布：浙江（德清）；韩国。

(271) 拟裸柄腹茧蜂 *Spathius pseudaphareus* Tang, Belokobylskij *et* Chen, 2015（图版 LIX: 1）

Spathius pseudaphareus Tang, Belokobylskij *et* Chen, 2015: 88.

雌：体长 5.0 mm；前翅长 3.5 mm。

头：触角 42 节；柄节长是宽的 1.8 倍；第 1 鞭节长为宽的 5.5 倍，为第 2 鞭节长的 1.3 倍；头顶具粗糙的微弱弯曲刻条，侧方具明显斜刻条，刻条间具微弱网纹；额完全具明显密集的微弱弯曲的横刻条；颊前半部光滑，后半部具明显近垂直的刻条；头部背面观宽为中长的 1.5 倍；头在复眼均匀稍弧形收缩；复眼横径长为上颊的 1.6 倍；单眼区底边长为侧边的 1.15 倍，POL=0.9×OD=0.3×OOL；复眼光滑，纵径为横径的 1.2 倍；颚眼距是复眼纵径的 0.45 倍，是上颚基部宽的 1.0 倍；脸具密集的横刻条，中央下部周围光滑；脸宽是复眼纵径的 1.15 倍，是脸和唇基总长的 1.0 倍；唇基沟明显，完整；后头脊背方存在，与口后脊在上颚基部处愈合。

胸：胸长是高的 1.9 倍；前胸背板脊明显，后横脊中央与前胸背板后缘明显愈合，前横脊位于前胸背板中央之后；中胸盾片从前胸背板弧形升起，侧面观中胸盾片与前胸背板成钝角；中胸盾片中央狭窄区域具明显的密集颗粒，中叶前部无颗粒，具横刻条，沿盾纵沟及侧方具密集长皱，被相当密集的半直立长毛，中叶后方具 2 条纵脊；盾纵沟前深后浅，宽，具粗糙的密集短刻条；小盾片前凹浅，长，内具 3 条纵脊，前凹长是小盾片长的 0.25 倍；小盾片前半部具微弱颗粒，后半部具明显密集的颗粒，无皱，稍隆起，具微弱侧脊；中胸侧板大部分具密集的弯曲刻条，部分区域微弱颗粒，具 2 个小的光滑区域；翅下区相当深，宽，具粗糙的皱刻条；基节前沟相当宽，直，斜，前深后浅，长是中胸侧板下缘的 0.6 倍，后缘具十分浅的弯曲凹陷，内具密集皱。并胸腹节具明显侧突，分区明显；基脊是叉脊的 0.4 倍；基侧区具密集颗粒，沿脊具皱；中区与柄区分界明显。

翅：前翅长是宽的 3.4 倍，r 脉稍从翅痣的中央后方伸出；3-SR=2.7×r=0.4×SR1=0.9×2-SR；第 2 亚缘室长是宽的 2.5 倍，是第 1 亚盘室长的 1.2 倍；CU1a 脉后叉。后翅 M+CU=0.7×1-M；m-cu 脉稍后叉，稍烟褐色，稍斜向翅基部。

足：后足基节背方具密集的弯曲横刻条和网纹，侧方具微弱的密集颗粒-网纹，下方几乎光滑；后足基节基腹方具明显转角和瘤突；后足腿节背方具微弱的密集刻条；后足腿节长是宽的 3.4 倍；后足胫节外缘无端刺；后足胫节的毛长为胫节中间宽的 0.8–1.2 倍；后足跗节长是后足胫节长的 1.0 倍；后足基跗节长是后足第 2–5 跗节长的 0.7 倍；后足第 2 跗节长是后足基跗节长的 0.5 倍，是后足第 5 跗节长的 1.2 倍。

腹：腹柄侧面观腹面稍弯曲，背面基半部明显弯曲，端半部几乎直，气门瘤位于基部 1/3 处；腹柄长为其端宽的 2.5 倍，为并胸腹节的 1.4 倍；腹柄具明显的相当稀疏的纵刻条，刻条间具密集网纹；第 2+3 背板中长为第 2 背板基宽的 1.6 倍，是第 2+3 背板最宽处的 0.75 倍；第 2 背板缝无；第 2 背板无侧缘；剩余背板光滑；产卵管鞘长为腹部长的 1.0 倍，为腹柄长的 2.8 倍，为胸部长的 1.55 倍，为前翅长的 0.8 倍。

体色：头黄色，脸褐色；胸部和腹部浅红褐色至黄褐色，中胸盾片褐黄色，腹柄红褐色；触角基半部黄色至褐色，近中央褐色，近端部浅色，端部深色；须白色；足黄色至褐黄色，基部白色至白黄色；后足腿节端部 2/3 褐色；后足胫节几乎完全浅黄色，基部稍深色；产卵管鞘褐色至浅褐色，基部黄褐色；前翅稍均匀烟褐色；翅痣褐色，基部 1/4 和端部浅黄色。

雄：未知。

生物学：未知。

研究标本：♀（正模，ZJUH），广东郁南同乐大山，2003.VIII.12–13，许再福，No.20054574。

分布：广东（同乐大山）。

(272) 假扼柄腹茧蜂 *Spathius pseudaspersus* Belokobylskij, 2009（图版 LIX: 2）

Spathius aspersus auct.: Belokobylskij, 1989: 54; 1998b: 96.

Spathius pseudaspersus Belokobylskij, 2009b: 455; Belokobylskij *et* Maeto, 2009: 691; Tang *et al.*, 2015: 91.

雌：体长 6.1 mm；前翅长 4.5 mm。

头：触角已断，余 45 节；柄节长是宽的 1.3 倍；第 1 鞭节长为宽的 5.0 倍，为第 2 鞭节长的 1.3 倍；头顶光滑；额密布微弱弯曲的横刻条；颊光滑；头部背面观宽为中长的 1.4 倍；头在复眼后弧形收缩；复眼横径长为上颊的 1.4 倍；单眼区底边长为侧边的 1.4 倍，POL=1.3×OD=0.5×OOL；复眼光滑，纵径为横径的 1.4 倍；颚眼距是复眼纵径的 0.3 倍，是上颚基部宽的 0.8 倍；脸具密集的波浪形刻条，其间具密集短皱；脸宽是复眼纵径的 1.1 倍，是脸和唇基总长的 1.2 倍；唇基沟明显，完整；后头脊背方存在，与口后脊在上颚基部处不愈合。

胸：胸长是高的 2.4 倍；前胸背板脊明显，前胸背板后横脊中央与前胸背板后缘合并，前横脊细，位于前胸背板中央；中胸盾片陡峭地升起，侧面观中胸盾片与前胸背板几乎成直角；中胸盾片密布颗粒，盾纵沟附近具粗糙短皱，被稀疏的半直立长毛，中叶后方具 2 条纵脊，脊间具皱；盾纵沟宽，前深后浅，具粗糙短刻条，稍伸入中叶和侧叶；小盾片前凹相当深，内具 1 条纵脊，前凹长是小盾片长的 0.3 倍；小盾片几乎光滑，稍具微弱颗粒；中胸侧板大部分光滑，仅后方具微弱网皱；翅下区浅，宽，具粗糙皱刻条；基节前沟深，宽，稍弯曲，具微弱短刻条，横贯中胸侧板下缘。并胸腹节分区明显；基脊是叉脊的 0.8 倍；基侧区具颗粒，中区具粗糙网皱；中区与柄区分界明显。

翅：破损。

足：后足基节背方具弯曲刻条，侧方具微弱网纹和颗粒；后足基节基腹方具明显转角和瘤突；后足腿节光滑，背方稍具不规则刻条；后足腿节长是宽的 3.1 倍；后足胫节外缘具 5 个端刺；后足胫节的毛长为胫节中间宽的 1.8 倍；后足跗节长是后足胫节长的 0.8 倍；后足基跗节长是后足第 2–5 跗节长的 0.8 倍；后足第 2 跗节长是后足基跗节长的 0.4 倍，是后足第 5 跗节长的 1.2 倍。

腹：腹柄侧面观腹面几乎直，背面基部明显弯曲，气门瘤位于基部 1/3 处；腹柄长为其端宽的 2.8 倍，为并胸腹节的 1.8 倍；腹柄端宽为气门处宽的 1.5 倍；腹柄全具刻条，刻条间具密集皱；第 2+3 背板中长为第 2 背板基宽的 1.4 倍，是第 2+3 背板最宽处的 1.0 倍；第 2 背板缝不明显；第 2–4 背板具明显的侧缘；第 2、3 背板具纵皱刻条，刻条间具密集皱，端缘光滑；第 4 背板基半部具明显密集的刻条，刻条间具皱，端半部具微弱小室状皱；第 5 背板具较弱网状皱，无侧缘；产卵管鞘长为腹部长的 1.7 倍，为腹柄长的 3.8 倍，为胸部长的 2.5 倍，为前翅长的 1.2 倍。

体色：头黑褐色。中胸盾片红褐色，小盾片深褐色，中胸侧板红褐色，并胸腹节红褐色。腹柄黑色；柄后腹黑色。触角基部深红褐色，渐变为黑褐色。单眼区黑褐色。须褐色。足红褐色，后足颜色尤为深。翅烟褐色半透明，无明显斑纹。翅痣基部 1/4 黄褐色，其余部分深褐色。

雄：未知。

生物学：未知。

研究标本：1♀，江苏无锡，1987.VIII.18，李强，No.200012142（ZJUH）。

分布：江苏（无锡）。

(273) 黑胸柄腹茧蜂 *Spathius pseudido* Tang, Belokobylskij *et* Chen, 2015（图版 LIX: 3）

Spathius pseudido Tang, Belokobylskij *et* Chen, 2015: 92.

雌：体长 4.0–4.4 mm；前翅长 3.3–3.4 mm。

头：触角 40 节；柄节长是宽的 1.4–1.5 倍；第 1 鞭节长为宽的 6.3–6.5 倍，为第 2 鞭节长的 1.3 倍；头顶和额具不甚规则的横向刻条；颊光滑；头部背面观宽为中长的 1.4 倍；头在复眼后明显弧形收缩；复眼横径长为上颊的 1.8 倍；单眼区底边长为侧边的 1.2 倍，POL=1.0×OD=0.4×OOL；复眼光滑，纵径为横径的 1.3 倍；颚眼距是复眼纵径的 0.4 倍，是上颚基部宽的 0.8 倍；脸具横向刻条，中间狭窄区域光滑；脸宽是复眼纵径的 1.2 倍，是脸和唇基总长的 1.1 倍；唇基沟明显，完整；后头脊背方存在，与口后脊在上颚基部处愈合。

胸：胸长是高的 1.8 倍；前胸背板后横脊中央与前胸背板后缘愈合，前横脊稍位于前胸背板近中央；中胸盾片从前胸背板陡峭地升起，侧面观中胸盾片与前胸背板成直角；中胸盾片具密集颗粒和明显横皱，侧叶中央狭窄区域仅具颗粒；中胸盾片仅盾纵沟和侧方被稀疏的半直立长毛，后部中央具 2 条明显纵脊，脊间具皱；盾纵沟完整，前深后浅，窄，具稀疏的短刻条，伸入侧叶甚长；小盾片前凹浅，宽，内具 3 条纵脊，前凹长是小盾片长的 0.4 倍；小盾片具颗粒；中胸侧板光滑；翅下区浅，窄，具稀疏皱刻条；基节前沟深，“S”形弯曲，具明显的稀疏短刻条，几乎横贯中胸侧板下缘。并胸腹节无侧突，分区明显；基脊是叉脊的 1.0 倍；基侧区光滑，中区具 2 条横皱；中区和柄区分界明显。

翅：前翅长是宽的 3.7 倍，r 脉从翅痣的中央伸出；3-SR=3.5×r=0.5×SR1=0.9×2-SR；3-SR 脉与 r 脉几乎成直线；第 2 亚缘室长是宽的 3.2 倍，是第 1 亚盘室长的 1.4 倍；cu-a 脉几乎对叉；m-cu 脉明显后叉；CU1a 脉后叉。后翅 M+CU=0.6×1-M；m-cu 脉稍前叉，不骨化，斜向翅基部。

足：后足基节背方具密集的半弧形刻条，侧方光滑；后足基节基腹方具明显转角和瘤突；后足腿节光滑；后足腿节长是宽的 3.9–4.0 倍；后足胫节外缘具 2 个端刺；后足胫节具短毛和长毛，毛长为胫节中间宽的 0.5–1.3 倍；后足跗节长是后足胫节长的 0.9 倍；后足基跗节长是后足第 2–5 跗节长的 0.6 倍；后足第 2 跗节长是后足基跗节长的 0.6 倍，是后足第 5 跗节长的 1.4 倍。

腹：腹柄侧面观腹面几乎直，背面稍弯曲，气门瘤位于基部 1/3 处；腹柄长为其端宽的 3.7–3.8 倍，为并胸腹节的 2.0 倍；腹柄端宽为气门处宽的 1.4 倍；腹柄基部 2/3 具微弱皱刻条，端部 1/3 具明显刻条；第 2+3 背板中长为第 2 背板基宽的 2.4 倍，是第 2+3 背板最宽处的 1.0 倍；第 2 背板缝不明显；第 2+3 背板无侧缘；柄后腹光滑；产卵管鞘长为腹部长的 2.4 倍，为腹柄长的 4.9 倍，为胸部长的 3.4 倍，为前翅长的 1.6 倍。

体色：体黑色；头红褐色；触角基部红棕色，渐变为黑色；须褐色。足深褐色，中后足腿节黑褐色；产卵管鞘褐色；前翅稍烟褐色，翅痣深褐色。

雄：未知。

生物学：未知。

研究标本：♀（正模，ZJUH），云南安宁温泉，1988.VII.18–20，陈学新，No.881719；1♀（副模，ZJUH），云南云龙天池，2003.VIII.21，姜茜，No.20046309。

分布：云南（安宁、云龙）。

(274) 假白须柄腹茧蜂 *Spathius pseudocritolaus* Tang, Belokobylskij *et* Chen, 2015（图版 LIX: 4）

Spathius pseudocritolaus Tang, Belokobylskij *et* Chen, 2015: 93.

雌：体长 3.4–3.8 mm；前翅长 2.9–3.2 mm。

头：触角已断，余 19 节；柄节长是宽的 1.8 倍；第 1 鞭节长为宽的 5.5 倍，为第 2 鞭节长的 1.0 倍；头顶完全具针刮状刻纹；额光滑；颊光滑；头部背面观宽为中长的 1.7 倍；头在复眼后弧形收缩；复眼横径长为上颊的 2.0 倍；单眼区底边长为侧边的 1.3 倍，POL=1.2×OD=0.5×OOL；复眼光滑，纵径为横径的 1.3 倍；颚眼距是复眼纵径的 0.4 倍，是上颚基部宽的 1.0 倍；脸球面状隆起，整个表面具细密的针刮状刻纹，犹如唱片表面的纹理；脸宽是复眼纵径的 1.1 倍，是脸和唇基总长的 1.0 倍；唇基沟缺；后头脊背方存在，与口后脊在上颚基部处不愈合。

胸：胸长是高的 1.9–2.0 倍；前胸背板脊粗糙，后横脊中央与前胸背板后缘愈合，前横脊位于前胸背板中央；前胸背板具微弱的横刻条；中胸盾片缓和地升起，侧面观中胸盾片与前胸背板成钝角；中胸盾片中叶前方凸出，前侧方无肩角；中胸盾片完全具颗粒，仅沿盾纵沟被稀疏长毛，后部中央具 2 条纵隆脊；盾纵沟前半部深，宽，具短刻条，后半部浅；小盾片前凹深，相当短，内具 6 条弱纵脊，前凹长是小盾片长的 0.3 倍；小盾片明显隆起，具密集颗粒；中胸侧板具革质颗粒；翅下区浅，宽，具微弱网纹、颗粒和稀疏刻条；基节前沟深，直，具短刻条，长是中胸侧板下缘的 0.5 倍。并胸腹节分区明显；基区颗粒，剩余部分具粗糙横刻条皱；中区窄，长，基脊长是叉脊长的 1.8–2.0 倍。

翅：前翅长是宽的 3.7–3.9 倍，r 脉明显从翅痣的中央后部伸出；3-SR=5.6×r=0.9×SR1=1.2×2-SR；第 2 亚缘室长是宽的 3.0–3.2 倍，是第 1 亚盘室长的 1.6 倍；CU1a 脉从第 1 亚盘室端缘前部 1/3 伸出。后翅 M+CU=0.5×1-M；m-cu 脉明显前叉，强烈斜向翅基部。

足：后足基节背方具明显横刻条，剩余部分广布密集颗粒；后足基节具转角和瘤突；后足腿节具明显密集的革质颗粒；后足腿节长是宽的 2.9–3.0 倍；后足胫节外侧无端刺；后足胫节具半直立的毛，毛长为胫节中间宽的 0.9–1.0 倍；后足跗节长是后足胫节长的

0.9 倍；后足基跗节长是第 2–5 跗节总长的 0.8 倍；后足第 2 跗节长是后足基跗节长的 0.45 倍，是后足第 5 跗节长的 1.1 倍。

腹：腹柄侧面观腹面几乎直，背面基部 1/3 较强弯曲，端部 2/3 直；气门瘤位于腹柄基部 1/3 处；腹柄长为其端宽的 2.3 倍，为并胸腹节的 1.9 倍；腹柄具皱刻条，基部 0.4 刻条间具密集皱，端部具细纵脊；第 2+3 背板中长为第 2 背板基宽的 1.6 倍，是第 2+3 背板最宽处的 0.7 倍；无第 2 背板缝；第 2 背板具侧缘；第 2、3 背板具密集的纵刻条，刻条间具密集皱，端部几乎光滑；第 4 背板基部 2/3 具密集纵刻条，刻条间具密集皱，端部 1/3 光滑；第 5 背板几乎光滑；剩余背板光滑；产卵管鞘长为腹部长的 0.7 倍，为腹柄长的 1.4 倍，为胸部长的 0.8 倍，为前翅长的 0.4 倍。

体色：体浅黄褐色至红褐色。触角黄褐色。须浅黄色。足浅黄褐色，有时具褐色斑块。产卵管鞘基部 0.6 黄褐色，端部 0.4 黑色。前翅稍烟褐色，近 1-SR、1-M 脉和翅痣处具褐色斑；翅痣褐色，基部 1/3 色浅。

雄：未知。

生物学：未知。

研究标本：♀（正模，ZJUH），海南五指山水满乡，2007.V.16–18，曾洁，No.200807548；1♀（副模，ZJUH），海南五指山，2007.X.29，刘经贤，No.200710309；1♀（副模，ZJUH），海南吊罗山，2007.VI.1–2，刘经贤，No.200703955。

分布：海南（五指山、吊罗山）。

(275) 小柄腹茧蜂 *Spathius pumilio* Belokobylskij, 2009（图版 LX: 1）

Spathius pumilio Belokobylskij, 2009b: 458; Belokobylskij *et* Maeto, 2009: 695; Tang *et al*., 2015: 97.

雌：体长 1.1–2.2 mm；前翅长 0.9–1.4 mm。

头：触角 13–18 节；柄节长是宽的 1.2–1.3 倍；第 1 鞭节长为宽的 5.4–5.7 倍，为第 2 鞭节长的 0.8–0.9 倍；头顶和额光滑；头部背面观宽为中长的 1.5–1.7 倍；头在复眼后明显弧形收缩；复眼横径长为上颊的 1.7–2.2 倍；单眼区底边长为侧边的 1.1–1.2 倍，POL=1.0×OD=0.3–0.4×OOL；复眼光滑，纵径为横径的 1.2–1.3 倍；颚眼距是复眼纵径的 0.5–0.6 倍，是上颚基部宽的 1.0–1.1 倍；脸几乎光滑；脸宽是复眼纵径的 1.2–1.3 倍，是脸和唇基总长的 1.2–1.3 倍；唇基沟完整；后头脊背方存在，与口后脊在上颚基部处不愈合。

胸：胸长是高的 1.5–1.7 倍；前胸背板脊弱，后横脊明显与前胸背板后缘不愈合，近前方具微弱横脊；中胸盾片陡峭地升起，侧面观中胸盾片与前胸背板几成直角；中胸盾片中叶前方凸出，前侧方无肩角；中胸盾片密布颗粒，仅沿盾纵沟被稀疏长毛，后部中央具 2 条纵隆脊；盾纵沟前深后浅，完整，具短刻条；小盾片前凹浅，窄，内具 3 条弱纵脊，前凹长是小盾片长的 0.3–0.4 倍；小盾片稍微隆起，具颗粒；中胸侧板密布微弱颗粒；翅下区浅，窄，具颗粒；基节前沟浅，直，宽，具短刻条和颗粒，长为中胸侧板下缘的 0.5 倍。并胸腹节分区明显，基脊是叉脊的 1.0 倍；中区长，宽；柄区与中区明显分离；并胸腹节具明显颗粒，后半部具明显的稀疏皱。

翅：前翅长是宽的 2.8–3.2 倍，r 脉从翅痣的中央稍后伸出，几乎与 3-SR 脉垂直；3-SR=3.5–4.5×r=0.5–0.6×SR1=1.1×2-SR；第 2 亚缘室长是宽的 2.5–2.8 倍，是第 1 亚盘室长的 2.0 倍；m-cu 脉后叉；CU1a 脉前叉。后翅 M+CU=0.5×1-M；m-cu 脉前叉，明显弯曲，不骨化。

足：后足基节具微弱的革质颗粒，背方几乎光滑；后足基节基腹方具转角和瘤突；后足腿节背方具微弱刻条，腹方光滑；后足腿节长是宽的 2.8–3.1 倍；后足胫节具半直立的毛，毛长为胫节中间宽的 0.4–0.5 倍；后足跗节长是后足胫节长的 0.9 倍；后足基跗节长是第 2–5 跗节总长的 0.5–0.6 倍；后足第 2 跗节长是后足基跗节长的 0.5–0.6 倍，是第 5 跗节长的 0.9–1.0 倍。

腹：腹柄侧面观腹面略弯曲，背面基半部明显均匀弯曲，端半部直；气门瘤位于腹柄基部 1/3 处；腹柄长为其端宽的 1.9–2.1 倍，为并胸腹节的 1.4–1.6 倍；腹柄端宽为气门处宽的 1.4–1.8 倍；腹柄具刻条，大部分具小室状网纹，基部 0.7 刻条间具横皱；第 2+3 背板中长为第 2 背板基宽的 1.1–1.2 倍，是第 2+3 背板最宽处的 0.6–0.7 倍；无第 2 背板缝；第 2+3 背板无明显的侧缘；剩余背板光滑；产卵管鞘长为腹部长的 0.4–0.5 倍，为腹柄长的 1.0–1.1 倍，为胸部长的 0.5–0.6 倍，为前翅长的 0.2–0.3 倍。

体色：体浅黄褐色；触角柄节和梗节黄褐色；鞭节第 1 节到倒数第 5 节黄褐色，触角端部带有 1 褐色的端环，端部 4 节褐色；须浅黄色；足浅黄褐色；翅具斑纹，基部、端缘和翅痣基部下方条带区浅色；翅痣基部 1/3 浅色，端部 2/3 褐色。

雄：未知。

生物学：未知。

研究标本（ZJUH）：1♀，广东始兴车八岭，2002.IV.19，许再福，No.20050566；1♀，云南西双版纳森林公园，2003.VII.31，许再福，No.20053438。

分布：广东（车八岭）、云南（西双版纳）；日本。

(276) 刻点柄腹茧蜂 *Spathius punctatus* Chen *et* Shi, 2004（图 34）

Spathius punctatus Chen *et* Shi, 2004: 155.

雌：体长 2.7–3.9 mm；前翅长 2.3–3.1 mm。

头：触角 30 节；第 1 鞭节长是宽的 6.0 倍，为第 2 鞭节长的 1.2 倍；背面观头方形，头宽为头长的 1.3–1.5 倍；具完整后头脊；背面观复眼横径长为上颊的 1.9–2.2 倍；头部在复眼后圆钝收敛；OOL∶OD∶POL=20∶5∶8；正面观复眼中等大小，眼间线长为脸宽的 1.2–1.3 倍；脸宽为长的 2.0 倍；唇基半圆形，具稀毛，宽为高的 3.0 倍；脸具中等程度柔毛，具弱脊，中间微突；额微凹陷，具弱细脊；上颊光滑；头顶具稀疏长毛和弱细脊。

胸：胸长是高的 2.25 倍；前胸背板侧方具短脊；中胸盾片斜落向前胸背板，具颗粒状刻点，沿盾纵沟具稀长毛；盾纵沟基半部明显，内具脊，后端微凹陷，具末端会合的

2 条纵脊，脊间具弱横脊；小盾片前凹具 3 条纵脊；小盾片略突出，具颗粒状刻点；中胸侧板密被颗粒状刻点，翅下区具 3 或 4 条横脊；基节前沟达侧板的 1/2，沟内脊极弱，似光滑；后胸侧板具颗粒状刻点和一些弱脊；并胸腹节具中室，基脊长略短于或长于并胸腹节长的 1/3，约与叉脊等长或稍长，室内具横脊，背区基部具颗粒状刻点。

翅：前翅翅痣长是宽的 4.0 倍；r 脉从翅痣中间伸出，与 3-SR 脉成钝角，长为痣宽的 0.9 倍；2-SR∶3-SR=2.5∶2.6；SR1 脉伸至翅尖；2-M∶r-m=4.2∶1.4；m-cu 脉伸入第 2 亚缘室；cu-a 脉后叉式；第 1 亚盘室末端关闭，与 m-cu 脉对叉。后翅 M+CU∶1-M=2.5∶4.0。

足：腿节、胫节具稀长毛；后足基节具颗粒状刻点，后缘具脊；腿节具颗粒状刻点，长是宽的 2.9 倍；后足第 1 跗节长为第 2 跗节长的 1.7 倍。

腹：腹柄长为并胸腹节长的 1.6–1.7 倍，短于柄后腹长，末端扩大，侧缘具稀长毛，具纵脊和颗粒状刻点，后端脊较密；第 2+3 背板具颗粒状刻点至毛列处，长为端宽的 0.77 倍；第 4 背板基部具颗粒状刻点；产卵管长略短于腹部长。

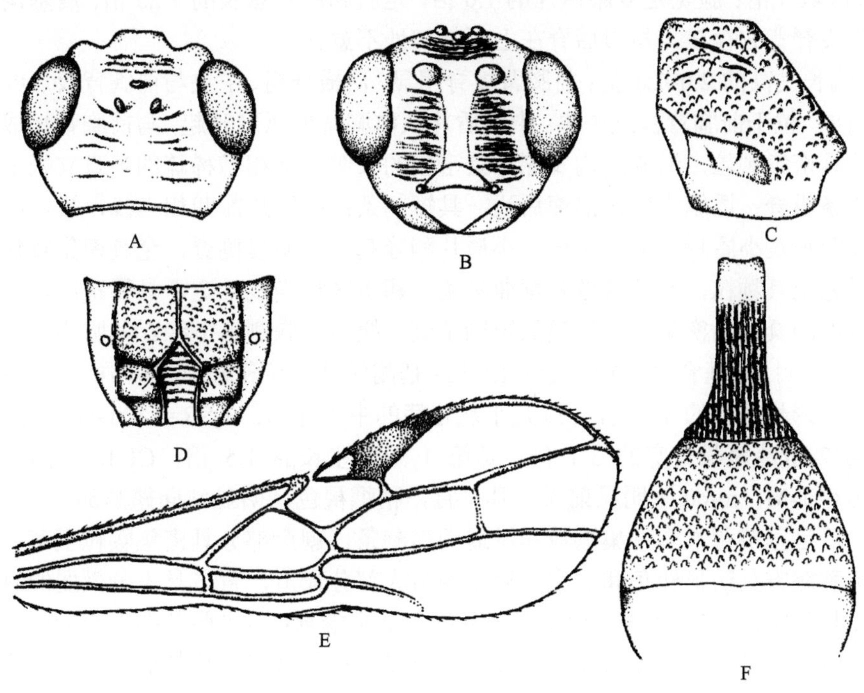

图 34　刻点柄腹茧蜂 *Spathius punctatus* Chen *et* Shi（仿陈家骅和石全秀，2004）

A. 头，背面观；B. 头，前面观；C. 中胸侧板；D. 并胸腹节，背面观；E. 前翅；F. 腹部，背面观

体色：头黄褐色；须黄白色；触角基部黄褐色，端部浅红褐色；胸部浅红褐色；翅透明，足黄褐色；腹柄节浅褐色；其余背板黄褐色；产卵管浅红褐色，产卵管鞘褐色。

雄：未知。

生物学：未知。

分布：云南（西双版纳）。

附注：根据陈家骅和石全秀（2004）的描述整理，本志研究未见此种标本。模式标本保存于 BIIC。

(277) 德森柄腹茧蜂 *Spathius quasiasander* Tang, Belokobylskij *et* Chen, 2015（图版 LX: 2）

Spathius quasiasander Tang, Belokobylskij *et* Chen, 2015: 97.

雌：体长 3.0–3.9 mm；前翅长 2.4–3.0 mm。

头：触角已断，余 27 节；柄节长是宽的 1.8 倍；第 1 鞭节长为宽的 5.0–5.5 倍，为第 2 鞭节长的 1.0 倍；头顶完全光滑；额具明显密集的横刻条；颊光滑；头部背面观宽为中长的 1.5 倍；头在复眼后弧形收缩；复眼横径长为上颊的 1.7–1.9 倍；单眼区底边长为侧边的 1.0 倍，POL=1.0×OD=0.4×OOL；复眼光滑，纵径为横径的 1.25 倍；颚眼距是复眼纵径的 0.4 倍，是上颚基部宽的 0.7 倍；脸具明显密集的横向刻条，刻条间具微弱网纹，中央区域光滑；脸宽是复眼纵径的 1.0 倍，是脸和唇基总长的 1.25 倍；唇基沟明显，完整；后头脊背方存在，与口后脊在上颚基部处不愈合。

胸：胸长是高的 2.0–2.1 倍；前胸背板脊明显，后横脊粗、中央与前胸背板后缘愈合，前横脊明显、位于前胸背板近中央；中胸盾片从前胸背板弧形升起，与前胸背板成钝角；中胸盾片具密集颗粒，沿盾纵沟及侧方具密集的长皱，被相当稀疏的半直立长毛，中叶后方具 2 条纵脊；盾纵沟宽，前深后浅，具短刻条；小盾片前凹相当浅，短，内具 3 条纵脊，前凹长是小盾片长的 0.3 倍；小盾片稍隆起，具明显侧脊，全具密集颗粒；中胸侧板几乎完全具颗粒，部分区域具弯曲刻条；翅下区相当浅，宽，具稀疏的弯曲的皱刻条；基节前沟具明显密集的、粗糙的短刻条皱，横贯中胸侧板下缘。并胸腹节具短而宽的侧突，分区明显；基脊是叉脊的 0.6–1.0 倍；基侧区具颗粒和皱；中区与柄区分界明显。

翅：前翅长是宽的 3.5 倍，r 脉几乎从翅痣的中央伸出；3-SR=5.4×r=0.7×SR1=1.35×2-SR；第 2 亚缘室长是宽的 3.1 倍，是第 1 亚盘室长的 1.5 倍；CU1a 脉后叉。后翅 M+CU=0.6×1-M；m-cu 脉明显前叉，几乎直，稍烟褐色，明显斜向翅基部。

足：后足基节背方具密集颗粒和微弱的横刻条，剩余部分具密集颗粒至革质网纹；后足基节基腹方具明显转角和瘤突；后足腿节大部分光滑，背方具十分微弱的纵刻条；后足腿节长是宽的 3.3–3.6 倍；后足胫节外缘具 2 个端刺；后足胫节的毛长为胫节中间宽的 0.8–1.2 倍；后足跗节长是后足胫节长的 1.0 倍；后足基跗节长是后足第 2–5 跗节长的 0.7 倍；后足第 2 跗节长是后足基跗节长的 0.45 倍，是后足第 5 跗节长的 1.3 倍。

腹：腹柄侧面观腹面稍弯曲，背面稍均匀弯曲，气门瘤位于基部 1/3 处；腹柄长为其端宽的 2.9–3.2 倍，为并胸腹节的 1.80–1.85 倍；腹柄具明显的相当密集的纵刻条，刻条间具密集的细网纹；第 2+3 背板中长为第 2 背板基宽的 1.6 倍，是第 2+3 背板最宽处的 0.8 倍；第 2 背板缝无；第 2 背板无侧缘；剩余背板光滑，有时第 2 背板基部侧方具短刻条；产卵管鞘长为腹部长的 1.2–1.3 倍，为腹柄长的 2.5–3.1 倍，为胸部长的 1.8–1.9 倍，为前翅长的 0.8–0.9 倍。

体色：体深红褐色至红褐色，复眼上部、沿盾纵沟具浅色斑；触角基部黄褐色，剩余部分褐色至深褐色；须浅黄色；足浅黄色至白黄色，中后足腿节端半部、后足胫节近中央具小的褐色斑块，后足跗节褐色；产卵管鞘基半部褐黄色，端半部褐色至深褐色；前翅稍烟褐色，近 1-M 脉和翅痣下方具褐色斑块；翅痣褐色，基部 1/3 和端部色浅。

雄：未知。

生物学：未知。

研究标本：♀（正模，ZJUH），海南吊罗山，2006.VII.16–17，刘经贤，No.200802260；1♀（副模，ZJUH），海南尖峰岭天池，2007.X.22–23，刘经贤，No.200710731；1♀（副模，ZJUH），海南吊罗山，2006.VII.16–17，刘经贤，No.200802279；1♀（副模，ZISP），海南尖峰岭，2007.VI.5–7，翁丽琼，No.200806464。

分布：海南（吊罗山、尖峰岭）。

(278) 陡盾柄腹茧蜂 *Spathius rectangulus* Tang, Belokobylskij *et* Chen, 2015（图版 LX: 3）

Spathius rectangulus Tang, Belokobylskij *et* Chen, 2015: 99.

雌：体长 5.2–6.4 mm；前翅长 4.1–4.6 mm。

头：触角已断，余 47 节；柄节长是宽的 1.5 倍；第 1 鞭节长为宽的 3.8 倍，为第 2 鞭节长的 1.2 倍；头顶大部分具粗糙的半弧形皱，额大部分具粗糙的横皱，单眼周围区域具粗糙的不规则皱；颊具较粗糙纵皱；头部背面观宽为中长的 1.4 倍；头在复眼后前半部几乎不收缩，后半部弧线收缩；复眼横径长为上颊的 2.0–2.1 倍；单眼区底边长为侧边的 1.3 倍，POL=1.0×OD=0.3×OOL；复眼光滑，纵径为横径的 1.3 倍；颚眼距是复眼纵径的 0.4 倍，是上颚基部宽的 0.8 倍；脸密布不规则皱；脸宽是复眼纵径的 1.1 倍，是脸和唇基总长的 1.2 倍；唇基沟明显，完整；后头脊背方存在，与口后脊在上颚基部处不愈合。

胸：胸长是高的 2.0 倍；前胸背板后横脊与前胸背板后缘合并较长；中胸盾片陡峭地升起，侧面观中胸盾片与前胸背板成直角；中胸盾片中叶前方凸出，前侧方无肩角；中胸盾片密布颗粒和不规则粗糙的皱刻条，仅中叶和侧叶中央相当窄的纵条带具颗粒，被稀疏的半直立长毛，后部中央具 2 条纵隆脊，隆脊间具横向短皱；盾纵沟前深后浅，宽，完整，具稀疏短刻条，刻条强烈伸向中叶和侧叶；小盾片前凹浅，宽，内具 5 条纵脊，前凹长是小盾片长的 0.3 倍；小盾片平坦，具明显密集颗粒；中胸侧板具明显的弱皱和颗粒，基节前沟下方具革质颗粒；翅下区浅，宽，具横向刻条皱和颗粒；基节前沟直，窄，具微弱革质颗粒，长为中胸侧板下缘的 0.6 倍。并胸腹节分区明显；基脊是叉脊的 1.0 倍；基侧区具弯曲纵皱和颗粒，中区具较强横皱；中区与柄区分界不明显。

翅：前翅长是宽的 3.5 倍，r 脉明显从翅痣的中央稍前方伸出；3-SR=2.9×r=0.5×SR1=1.1×2-SR；第 2 亚缘室长是宽的 3.0–3.2 倍，是第 1 亚盘室长的 1.2 倍；cu-a 脉明显后叉；m-cu 脉后叉；CU1a 脉后叉。后翅 M+CU=0.6–0.7×1-M；m-cu 脉明显前叉，稍弯向翅基部，不骨化。

足：后足基节背方具明显的横向刻条和颗粒，侧方具颗粒；后足基节基腹方具明显转角和小的瘤突；后足腿节背方具微弱刻条和革质颗粒，腹方和侧方具革质颗粒或光滑；后足腿节长是宽的 2.8 倍；后足胫节具半直立的毛，毛长为胫节中间宽的 1.8 倍；后足胫节外缘具 6 个端刺；后足跗节长是后足胫节长的 0.8 倍；后足基跗节长是第 2–5 跗节总长的 0.7 倍；后足第 2 跗节长是后足基跗节长的 0.4 倍，是第 5 跗节长的 1.0 倍。

腹：腹柄侧面观腹面稍弯曲，背面基半部明显均匀弯曲；气门瘤位于腹柄基部 0.3 处；腹柄长为其端宽的 3.1–3.2 倍，为并胸腹节的 1.7–1.8 倍；腹柄端宽为气门处宽的 1.2 倍；腹柄基部密布弱皱，仅侧方具稀疏纵刻条；第 2+3 背板中长为第 2 背板基宽的 1.4–1.6 倍，是第 2+3 背板最宽处的 0.7–0.8 倍；无第 2 背板缝；第 2+3 背板具明显的侧缘；第 2、3 背板具规则纵刻条，刻条间具短横皱，端缘光滑；第 4 背板刻纹同第 2+3 背板，具侧缘；第 5 背板基部具刻纹同第 2+3 背板，端部具同心弧形刻条，刻条间具短刻条，具侧缘；产卵管鞘长为腹部长的 1.2–1.3 倍，为腹柄长的 3.1–3.3 倍，为胸部长的 1.8–2.0 倍，为前翅长的 1.0–1.1 倍。

体色：头黄褐色。中胸盾片中叶黄褐色，两侧叶红褐色；小盾片红褐色；中胸侧板红褐色；并胸腹节红褐色。腹柄红褐色；其他背板红褐色。触角褐色。单眼区黄褐色。须乳白色。前足和中足基节、各足转节浅黄色；前足和中足腿节、胫节及跗节黄褐色；后足基节和腿节红褐色；后足胫节和跗节浅红褐色。翅烟褐色半透明，无明显斑纹。翅痣基部 1/3 黄褐色，端部 2/3 深褐色。

雄：未知。

生物学：未知。

研究标本：♀（正模，ZJUH），海南尖峰岭，2007.VI.6，刘经贤，No.200703783；1♀（副模，ZJUH），海南尖峰岭，2007.VI.5–7，肖斌，No.200806908；1♀（副模，ZJUH），海南白沙鹦哥岭，2008.XI.18，谭江丽，No.200805253；1♀（副模，ZJUH），广东始兴车八岭，2008.VII.22–28，洪纯丹，No.200807857；1♀（副模，ZISP），海南尖峰岭，2007.VI.6，刘经贤，No.200703845。

分布：广东（车八岭）、海南（鹦哥岭、尖峰岭）。

(279) 网脊柄腹茧蜂 *Spathius reticulatus* Chao *et* Chen, 1965（图版 LX: 4）

Spathius reticulatus Chao *et* Chen, 1965: 106; Shenefelt *et* Marsh, 1976: 1415; Chao, 1978: 178; 1981: 305; Belokobylskij, 1989: 51; 1998b: 80; 2003b: 485; Chen *et* Shi, 2004: 158; Belokobylskij *et* Maeto, 2009: 701; Tang *et al*., 2015: 101.

雌：体长 2.7–3.5 mm；前翅长 1.6–2.3 mm。

头：触角 25–30 节；柄节长是宽的 1.5–1.7 倍；第 1 鞭节长为宽的 4.2–5.0 倍，为第 2 鞭节长的 1.2–1.3 倍；头顶几乎光滑，具弱横刻条；额具弱横刻条；颊具微弱刻纹，几乎光滑；头部背面观宽为中长的 1.3–1.5 倍；头在复眼后弧形收缩；复眼横径长为上颊的 1.2–1.4 倍；单眼区底边长为侧边的 1.1–1.2 倍，POL=1.0–1.3×OD=0.3–0.4×OOL；复眼光滑，纵径为横径的 1.3 倍；颚眼距是复眼纵径的 0.6–0.8 倍，是上颚基部宽的 1.2–1.5 倍；脸球面状隆起，整个表面具细密的针刮状刻纹，犹如唱片表面的纹理；脸宽是复眼纵径的 1.2–1.3 倍，是脸和唇基总长的 1.0 倍；唇基沟缺；后头脊背方存在，与口后脊在上颚基部处不愈合。

胸：胸长是高的 2.0–2.1 倍；前胸背板脊细，后横脊中央几乎与前胸背板后缘愈合，前横脊位于前胸背板中央；前胸背板具微弱的横刻条；中胸盾片相当缓和地升起，侧面观中胸盾片与前胸背板成钝角；中胸盾片中叶前方凸出，前侧方无肩角；中胸盾片具颗粒皱，仅沿盾纵沟被稀疏长毛，后部中央具 2 条纵隆脊；盾纵沟前半部深，后半部弱；小盾片前凹浅，宽，内具 5 条弱纵脊，前凹长是小盾片长的 0.3–0.4 倍；小盾片稍微隆起，具颗粒；中胸侧板大部分光滑；翅下区浅，宽，具微弱网皱；基节前沟窄，直，具微弱刻条，长为中胸侧板下缘的 0.5 倍；并胸腹节分区不明显，整个表面具不规则网皱。

翅：前翅长是宽的 3.8–4.5 倍，r 脉从翅痣的中央稍后伸出，几乎与 3-SR 脉垂直；3-SR=4.6–6.2×r=0.8–0.9×SR1=1.1–1.2×2-SR；第 2 亚缘室长是宽的 3.0–3.4 倍，是第 1 亚盘室长的 1.5–1.6 倍；m-cu 脉后叉；CU1a 脉对叉。后翅 M+CU=0.5–0.6×1-M；m-cu 脉明显前叉，几乎直，强烈斜向翅基部。

足：后足基节背方具微弱颗粒，腹方光滑；后足基节无转角和瘤突；后足腿节背方密布针刮状刻纹，腹方具网纹；后足腿节长是宽的 2.8–3.1 倍；后足胫节具几乎直立的毛，毛长为胫节中间宽的 0.7–1.0 倍；后足跗节长是后足胫节长的 0.9 倍；后足基跗节长是第 2–5 跗节总长的 0.5–0.6 倍；后足第 2 跗节长是后足基跗节长的 0.5 倍，是后足第 5 跗节长的 1.0 倍。

腹：腹柄侧面观腹面稍弯曲，背面较强弯曲；气门瘤位于腹柄基部 1/4 处；腹柄长为其端宽的 2.0–2.5 倍，为并胸腹节的 1.3–1.6 倍；腹柄端宽为气门处宽的 1.3–1.5 倍；腹柄基部 2/3 具网皱，端部 1/3 具细纵脊；第 2+3 背板中长为第 2 背板基宽的 1.4–1.5 倍，是第 2+3 背板最宽处的 0.7–0.8 倍；无第 2 背板缝；第 2+3 背板无明显的侧缘；第 2 背板全部和第 3 背板大部分具弧形针刮状刻纹，第 3 背板端部光滑；剩余背板光滑；产卵管鞘长为腹部长的 0.7–0.8 倍，为腹柄长的 1.7–2.2 倍，为胸部长的 0.9 倍，为前翅长的 0.5–0.6 倍。

体色：头浅红褐色；胸部红褐色；腹柄基部黑褐色，端部浅红褐色；柄后腹基部和端部浅红褐色，中间大部分黑褐色；触角基部浅红褐色，渐变为黑褐色；单眼区浅红褐色；须黑褐色；足大部分红褐色，各足胫节端部浅红褐色、基部黑褐色；各足基节基部黄褐色、端部深红褐色；翅具明显斑纹；翅痣基半部浅黄色，端半部暗褐色。

雄：未知。

生物学：未知。

研究标本（ZJUH）：1♀，浙江松阳，1992.VII，陈汉林，No.924450；1♀，浙江九龙山，1978.VIII，周文豹，No.930120；1♀，浙江古田山，1986.VII.20，徐伟良，No.862805；1♀，福建武夷山大竹岚，1994.VII.15，陈学新，No.942007；1♀，福建将乐白莲，1997.VII.10，刘长明，No.20006278；1♀，福建龙栖山，1991.X.10，陈学新，No.920227；1♀，福建

上杭步云，1988.VII.22–24，马云，No.885219；1♀，广东封开千层峰，2003.VIII.14，许再福，No.20054837；1♀，广东梅州丰溪，2003.VII.29，陈驹坚，No.20048705；1♀，广东乳源南岭，2004.V.8，许再福，No.20049501；1♀，广东始兴车八岭，2002.IV.19，许再福，No.20050818；1♀，广东始兴车八岭，2003.VII.15，许再福，No.20058758；1♀，广东郁南同乐大山，2003.VIII.12–13，许再福，No.20054743；1♀，海南尖峰岭，2007.VI.4–7，曾洁，No.200711238；2♀，海南吊罗山，2007.V.29–VI.2，肖斌，Nos.200804570，200804571；1♀，海南鹦哥岭，2007.VI.9–10，曾洁，No.200804539；1♀，海南鹦哥岭，2007.X.18，刘经贤，No.200709783；1♀，海南吊罗山，2007.V.28–VI.1，曾洁，No.200806722；1♀，贵州宽阔水保护区白哨，2010.VI.7，唐璞，No.201004353；1♀，贵州宽阔水保护区青杠塘镇，2010.VI.9，曾洁，No.201003746。

分布：吉林（集安）、浙江（古田山、九龙山、松阳）、福建（武夷山、龙栖山、将乐、上杭、梅花山）、广东（封开、丰溪、南岭、车八岭、同乐大山）、海南（吊罗山、尖峰岭、鹦哥岭、天池）、贵州（宽阔水）；俄罗斯，韩国，日本。

(280) 北方柄腹茧蜂 *Spathius rubidus* (Rossi, 1794)（图版 LXI: 1）

Ichneumon rubidus Rossi, 1794: 110.

Spathius rubidus: Nixon, 1943b: 200; Shenefelt *et* Marsh, 1976: 1415 (main synonyms); Belokobylskij *et* Tobias, 1986: 31; Belokobylskij, 1998b: 107; Marsh *et* Strazanac, 2009: 103; Belokobylskij *et* Maeto, 2009: 705; Tang *et al.*, 2015: 101.

Spathius depressus Hedqvist, 1976: 52. Synonymized by Belokobylskij, 2003b: 349.

Spathius aphenges Matthews, 1970: 51. Synonymized by Marsh *et* Strazanac, 2009: 103.

雌：体长 2.4–3.7 mm；前翅长 1.6–2.8 mm。

头：触角 23–30 节；柄节长是宽的 1.4–1.7 倍；第 1 鞭节长为宽的 4.0–4.5 倍，为第 2 鞭节长的 1.1 倍；头顶光滑，极少数情况下具微弱断续刻条；额具明显横刻条；颊光滑；头部背面观宽为中长的 1.5–1.6 倍；头在复眼后稍弧形收缩；复眼横径长为上颊的 1.3–1.7 倍；单眼区底边长为侧边的 1.0 倍，POL=1.0–1.5×OD=0.4–0.5×OOL；复眼光滑，纵径为横径的 1.3–1.4 倍；颚眼距是复眼纵径的 0.3–0.4 倍，是上颚基部宽的 0.7–0.8 倍；脸具明显密集的刻条，有时刻条间具皱；脸宽是复眼纵径的 1.0 倍，是脸和唇基总长的 1.1–1.3 倍；唇基沟明显，完整；后头脊背方存在，与口后脊在上颚基部处不愈合。

胸：胸长是高的 1.9–2.0 倍；前胸背板脊明显，后横脊中央与前胸背板后缘愈合，前横脊不明显；中胸盾片稍陡峭升起，侧面观中胸盾片与前胸背板几乎成直角；中胸盾片具明显密集的颗粒，盾纵沟附近及侧方无皱，被稀疏的半直立长毛，中叶后方具皱区且具 2 条向后会合的脊；盾纵沟完整，前深后浅，宽，具粗糙的短刻条皱；小盾片前凹深，长，内具 3–5 条纵脊，前凹长是小盾片长的 0.3 倍；小盾片稍凸起，具明显密集的革质颗粒；中胸侧板广布皱刻条，下方 0.3–0.5 经常具明显皱刻条或网纹和刻点，基节前沟上方有时具 1 小块光滑区域；翅下区浅，宽，具微弱但明显的皱刻条；基节前沟相当深，宽，直，具明显短刻条，长为中胸侧板下缘的 0.5 倍。并胸腹节具明显密集的网皱，分区明显，具短且粗的侧突，基脊是叉脊的 0.4–2.0 倍；基侧区具密集的革质网纹，沿脊具短皱；中区与柄区分界明显。

翅：前翅长是宽的 3.2–3.5 倍，r 脉几乎从翅痣的中央之前伸出；3-SR=3.5–4.0×r=0.6–0.7×SR1=1.1–1.3×2-SR；第 2 亚缘室长是宽的 3.0–3.2 倍，是第 1 亚盘室长的 1.5–1.7 倍；cu-a 脉稍后叉；m-cu 脉明显后叉；CU1a 脉后叉。后翅 M+CU=0.6–0.7×1-M；m-cu 脉前叉，不骨化，微弱着色，弯向翅基部。

足：后足基节背方具明显密集的半弧形刻条，侧方具密集的微弱颗粒；后足基节基腹方具转角和瘤突；后足腿节背方具明显密集的革质网纹，腹方几乎光滑；后足腿节长是宽的 2.8–3.0 倍；后足胫节外缘具 1–3 个端刺；后足胫节的毛长为胫节中间宽的 0.4–0.7 倍；后足跗节长是后足胫节长的 0.9 倍；后足基跗节长是后足第 2–5 跗节长的 0.6 倍；后足第 2 跗节长是后足基跗节长的 0.5 倍，是后足第 5 跗节长的 1.2–1.4 倍。

腹：腹柄侧面观腹面稍弯曲，背面明显规则弯曲，气门瘤位于基部 1/3 处；腹柄长为其端宽的 1.6–1.8 倍，为并胸腹节的 1.4–1.6 倍；腹柄端宽为气门处宽的 1.5–1.7 倍；腹柄具粗糙直刻条，刻条间具密集皱；第 2+3 背板中长为第 2 背板基宽的 1.0–1.1 倍，是第 2+3 背板最宽处的 0.6–0.7 倍；无第 2 背板缝；第 2 背板无侧缘；第 2 背板具明显密集的网纹和刻点，部分具微弱刻条；第 3 背板基半部具微弱的革质网纹，端半部光滑，极少数情况下第 3 背板全部光滑；其余背板光滑；产卵管直；产卵管鞘长为体长的 0.3–0.4 倍，为腹部长的 0.5–0.9 倍，为胸部长的 0.7–1.1 倍，为前翅长的 0.3–0.5 倍。

体色：体浅红褐色到暗红褐色；一般头部和腹柄颜色稍浅，足颜色更浅，后足胫节基部几乎无浅色区；触角基部黄褐色，渐变为黑褐色；须颜色随体色改变，浅黄色到浅褐色不等；前翅无斑纹；翅痣颜色均一，浅褐色到褐色。

雄：与雌虫特征基本相同，体型略小。

生物学：据记载寄主包括鞘翅目窃蠹科的家具窃蠹 *Anobium punctatum*、*Anobium rufipes*、*Ernobius longicornis*、*Hedobia imperialis*、*Ochina ptinoides*、*Scobicia chevrieri*；长蠹科的六齿双棘长蠹 *Sinoxylon sexdentatum*、*Xylonites praeustus*；吉丁虫科的 *Agrilus angustulus*、*Agrilus auricollis*、栎双点吉丁虫 *Agrilus biguttatus*、*Agrilus convexicollis*、*Agrilus laticornis*、山毛榉吉丁 *Agrilus viridis*、杨十斑吉丁 *Melanophila picta*；天牛科的 *Leiopus nebulosus*、欧洲棍腿天牛 *Phymatodes testaceus*、毛束芒天牛 *Pogonocherus fasciculatus*、栎红天牛 *Pyrrhidium sanguineum*、青杨天牛 *Saperda populnea*、*Tetrops praeustus*、*Tetrops starki*；叶甲科的杨毛臀萤叶甲 *Agelastica alni*；坚甲科的 *Synchita mediolanensis*；象甲科的油菜茎象甲 *Ceutorhynchus quadridens*、*Pissodes castaneus*、松黄星象 *Pissodes nitidus*；小蠹科的云杉微小蠹 *Crypturgus cinereus*、松六齿小蠹 *Ips acuminatus*；膜翅目长颈树蜂科的 *Xiphydria longicollis*、*Xiphydria prolongata*。

研究标本（ZJUH）：1♀，黑龙江伊春，1985.VII，寄主松梢象甲，金丽元，No.851843；22♀4♂，黑龙江伊春，1981，寄主黄斑木蠹象，金丽元，Nos.850203，864757（7），864758（2），864360（11），864361，864362（4）；1♀，黑龙江伊春带岭，1977.VII.24，何俊华，No.770452；1♀，浙江古田山，1986.VII.22，楼晓明，No.863395。

分布：黑龙江（伊春）、浙江（古田山）；俄罗斯，韩国，日本，哈萨克斯坦，伊朗，亚美尼亚，欧洲。

(281) 皱顶柄腹茧蜂 *Spathius rugosivertex* Tang, Belokobylskij *et* Chen, 2015（图版 LXI: 2）

Spathius rugosivertex Tang, Belokobylskij *et* Chen, 2015: 102.

雌：体长 4.5 mm；前翅长 3.1 mm。

头：触角 32 节；柄节长是宽的 1.7 倍；第 1 鞭节长为宽的 5.4 倍，为第 2 鞭节长的 1.35 倍；头顶具粗糙网皱，后半部具弯曲的横刻条；额完全具弯曲横向刻条；颊大部分光滑，后部 1/3 具微弱垂直刻条；头部背面观宽为中长的 1.5 倍；头在复眼均匀弧形收缩；复眼横径长为上颊的 1.6 倍；单眼区底边长为侧边的 1.2 倍，POL=1.0×OD=0.4×OOL；复眼光滑，纵径为横径的 1.2 倍；颚眼距是复眼纵径的 0.35 倍，是上颚基部宽的 0.7 倍；脸大部分具相当密集的粗糙横刻条；脸宽是复眼纵径的 1.1 倍，是脸和唇基总长的 1.2 倍；唇基沟明显，完整；后头脊背方存在，与口后脊在上颚基部处愈合。

胸：胸长是高的 1.9 倍；前胸背板脊明显，后横脊中央与前胸背板后缘稍分离，前横脊位于前胸背板近中央；中胸盾片从前胸背板弧形升起，侧面观中胸盾片与前胸背板成钝角；中胸盾片具微弱的密集颗粒，中叶前部具微弱的横刻条，沿盾纵沟及侧方具密集长皱，被稀疏的半直立长毛，中叶后方具 2 条纵脊；盾纵沟深，十分宽，具稀疏的粗糙短刻条；小盾片前凹深，长，内具 3 条纵脊，前凹长是小盾片长的 0.3 倍；小盾片完全具密集颗粒，几乎平坦，具明显侧脊；中胸侧板中央光滑，周围具微弱刻条或皱；翅下区浅，宽，具稀疏的、粗糙的刻条和皱；基节前沟前深后浅，具稀疏的粗糙短刻条，横贯中胸侧板下缘。并胸腹节具明显侧突，分区明显；基脊是叉脊的 0.4 倍；基侧区具密集网皱；中区与柄区分界明显。

翅：前翅长是宽的 3.8 倍，r 脉稍从翅痣的中央后方伸出；3-SR=3.3×r=0.5×SR1=0.9×2-SR；第 2 亚缘室长是宽的 2.7 倍，是第 1 亚盘室长的 1.4 倍；CU1a 脉后叉。后翅 M+CU=0.7×1-M；m-cu 脉对叉，烟褐色，稍弯向翅基部。

足：后足基节背方具横刻条和颗粒，其余部分具颗粒至革质；后足基节基腹方具明显转角和瘤突；后足腿节上半部具微弱刻条和网纹，下半部光滑；后足腿节长是宽的 3.6 倍；后足胫节外缘具 2 个端刺；后足胫节的毛长为胫节中间宽的 0.8–1.4 倍；后足跗节长是后足胫节长的 0.85 倍；后足基跗节长是后足第 2–5 跗节长的 0.6 倍；后足第 2 跗节长是后足基跗节长的 0.5 倍，是后足第 5 跗节长的 1.1 倍。

腹：腹柄侧面观腹面弯曲，背面基部 0.6 明显弯曲，端部 0.4 几乎直，气门瘤位于基部 1/3 处；腹柄长为其端宽的 2.8 倍，为并胸腹节的 1.7 倍；腹柄具明显的相当密集的纵刻条，刻条间具密集网纹，端部光滑；第 2+3 背板中长为第 2 背板基宽的 1.6 倍，是第 2+3 背板最宽处的 0.75 倍；第 2 背板缝无；第 2 背板无侧缘；剩余背板光滑；产卵管鞘长为腹部长的 1.2 倍，为腹柄长的 2.8 倍，为胸部长的 1.8 倍，为前翅长的 0.9 倍。

体色：头黄色，背方和前部褐黄色，后部深褐色；胸红褐色，腹方色深，中胸盾片黄褐色；腹深红褐色，背板后部黄色；触角基半部黄色，近中央和端部褐色，近端部白黄色；须白黄色；足白黄色，基部白色，中后足腿节后半部侧方具深色斑块；产卵管鞘端部 0.7 褐色，基部 0.3 浅褐色；前翅稍烟褐色，翅脉附近具狭窄的褐色斑块；翅痣褐色，基部 1/4 和端部浅黄色。

雄：未知。

生物学：未知。

研究标本：♀（正模，ZJUH），海南五指山，2007.V.16–20，刘经贤，No.200703380。

分布：海南（五指山）。

(282) 细柄腹茧蜂 *Spathius sedulus* Chao, 1977（图版 LXI: 3）

Spathius sedulus Chao, 1977: 207; Chen *et* Shi, 2004: 161; Tang *et al*., 2015: 104.

雌：体长 4.4 mm；前翅长 3.3 mm。

头：触角 25 节；柄节长是宽的 1.8 倍；第 1 鞭节长为宽的 4.5 倍，为第 2 鞭节长的 1.1 倍；头顶光滑；额具明显密集的横向刻条，侧方具网纹和断续刻条；颊光滑；头在复眼后前半部几乎平行，后半部弧形收缩；复眼横径长为上颊的 1.3 倍；颚眼距是复眼纵径的 0.4 倍，是上颚基部宽的 0.8 倍；脸全具皱刻条；脸宽是脸和唇基总长的 1.3 倍；唇基沟明显，完整；唇基下陷宽是下陷边缘至复眼距离的 0.8 倍，是脸宽的 0.4 倍；后头脊背方存在，与口后脊在上颚基部处不愈合。

胸：胸长是高的 2.3 倍；前胸背板后横脊明显与前胸背板后缘分离；中胸盾片较缓和地从前胸背板升起；中胸盾片宽与其中长相等；中胸盾片密布颗粒，盾纵沟附近和侧方无皱，中后部 0.3 狭窄区域具皱；中胸盾片沿盾纵沟和侧方广布稀疏的直立长毛；盾纵沟前深后浅，完整，具密集的微弱短刻条；小盾片前凹长是小盾片长的 0.3 倍；小盾片稍微隆起，具明显侧脊和明显密集的颗粒；中胸侧板全具颗粒，大部分光滑无毛；基节前沟浅，稍斜，具微弱的短刻条皱，后部具颗粒，长是中胸侧板下缘的 0.6 倍。并胸腹节具明显侧突，分区明显；基脊是叉脊的 1.5 倍；基侧区具密集颗粒，脊周围具皱和刻条；中区不完整闭合；柄区相当长，窄，明显与中区分离。

翅：前翅长是宽的 4.1 倍，r 脉明显从翅痣的中央后方伸出；3-SR=3.7×r=0.8×SR1=1.0×2-SR；第 2 亚缘室长是宽的 3.8 倍，是第 1 亚盘室长的 1.6 倍；CU1a 脉从第 1 亚盘室端缘前部 0.3 伸出。后翅 M+CU=0.55×1-M。

足：后足基节背方具明显的横向刻条和颗粒，侧方具颗粒；后足基节基腹方具明显转角和瘤突；后足腿节背半方具微弱刻条和颗粒，腹半方具微弱革质颗粒；后足腿节长是宽的 3.0 倍；后足胫节背方具稀疏的半直立长毛，毛长为胫节中间宽的 0.7–1.0 倍；后足基跗节长是第 2–5 跗节总长的 0.8 倍；后足第 2 跗节长是后足基跗节长的 0.45 倍，是第 5 跗节长的 1.2 倍。

腹：腹柄侧面观腹面直，背面基部 0.4 稍均匀弯曲，端部 0.6 直，基部 0.3 变粗；腹柄长为其端宽的 4.0 倍，为并胸腹节的 2.1 倍；腹柄具纵刻条；第 2+3 背板中长为第 2

背板基宽的 1.5 倍，是第 2+3 背板最宽处的 0.8 倍；第 2 背板缝缺；第 2 背板具微弱且不完整的侧缘；第 2、3 背板具十分密集的微弱半弧形针刮状刻纹和小的微弱网纹；第 4、5 背板具密集的细的横向针刮状刻纹，端部稍减弱；剩余背板光滑；产卵管鞘长为腹部长的 1.3 倍，为腹柄长的 2.6 倍，为胸部长的 2.0 倍，为前翅长的 0.9 倍。

体色：头浅棕色，复眼周围黄棕色；胸部和腹部浅红棕色，腹部在腹柄之后背板烟褐色；触角黄色至棕黄色，从基部到端部逐渐变深；须浅黄色；足浅红棕色至红棕色，前中足基节、所有转节、所有腿节基部和跗节部分区域黄色或浅黄色；后足胫节基部 0.4 浅黄色，基部稍烟褐色；前翅几乎广布相当微弱的斑块；翅痣棕色，基部 0.4 黄色。

雄：未知。

生物学：未知。

研究标本：♀（正模，IZCAS），福建德化水口，1974.XI.3–9，陈家骅。

分布：福建（德化）。

(283) 中华柄腹茧蜂 *Spathius sinicus* Chao, 1957（图版 LXI: 4）

Spathius sinicus Chao, 1957: 3; 1977: 209; Chen *et* Shi, 2004: 162; Tang *et al*., 2015: 106.

Spathius bellus Chao, 1957: 5; Chen *et* Shi, 2004: 112. Synonymized by Tang *et al*., 2015: 106.

Spathius agrili Yang, in: Yang *et al*., 2005: 638; Belokobylskij *et* Maeto, 2009: 510. Synonymized by Tang *et al*., 2015: 106.

雌：体长 2.6–5.5 mm；前翅长 2.1–4.4 mm。

头：触角 32–38 节；柄节长是宽的 1.6–1.8 倍；第 1 鞭节长为宽的 4.6–5.2 倍，为第 2 鞭节长的 1.2–1.3 倍；头顶光滑；额具明显密集的横刻条，侧方和中央光滑；颊光滑；头部背面观宽为中长的 1.4–1.5 倍；头在复眼后前部稍凸出，后部弧形收缩；复眼横径长为上颊的 1.0–1.4 倍；单眼区底边长为侧边的 1.2–1.3 倍，POL=1.2–1.5×OD=0.5×OOL；复眼光滑，纵径为横径的 1.3 倍；颚眼距是复眼纵径的 0.4 倍，是上颚基部宽的 0.7–0.8 倍；脸具密集的稍弯曲刻条，其间具微弱皱；脸宽是复眼纵径的 1.0 倍，是脸和唇基总长的 1.1–1.2 倍；唇基沟明显，完整；后头脊背方存在，与口后脊在上颚基部处不愈合。

胸：胸长是高的 1.9–2.1 倍；前胸背板脊微弱，后横脊中央与前胸背板后缘稍接触，前横脊细，位于前胸背板中央附近；中胸盾片较陡峭升起，侧面观中胸盾片与前胸背板成直角；中胸盾片具密集的、明显的颗粒和网纹；中胸盾片沿盾纵沟及侧方被稀疏的半直立短毛，后部中央具 2 条粗糙的、稍波浪形会合的纵隆脊；盾纵沟完整，前深后浅，宽，具粗糙的密集短刻条；小盾片前凹深，相当长，内具 3 条纵脊，前凹长是小盾片长的 0.3 倍；小盾片具明显的微弱革质颗粒，后方具半弧形刻条或皱；中胸侧板大部分光滑；翅下区浅，宽，具皱刻条；基节前沟深，宽，几乎直，具明显短刻条，长为中胸侧板的 0.6 倍。并胸腹节分区明显，无侧突；基脊是叉脊的 0.5–1.2 倍；基侧区具不规则网皱，中区具不甚规则的横皱；中区与柄区分界明显。

翅：前翅长是宽的 2.8–3.8 倍，r 脉从翅痣的中央稍前或中央伸出；3-SR=2.9–3.2×r=0.5–0.6×SR1=0.9–1.0×2-SR；第 2 亚缘室长是宽的 2.8–3.0 倍，是第 1 亚盘室长的 1.2–1.3 倍；

cu-a 脉后叉；m-cu 脉明显后叉；CU1a 脉后叉。后翅 M+CU=0.6×1-M；m-cu 脉明显前叉，不骨化，强烈斜向翅基部。

足：后足基节具微弱革质网纹，背方具微弱刻条；后足基节基腹方具转角和瘤突；后足腿节背方具微弱的革质网纹，腹方几乎光滑；后足腿节长是宽的 3.1–3.3 倍；后足胫节外缘具 3 或 4 个端刺；后足胫节的毛长为胫节中间宽的 0.5–1.2 倍；后足跗节长是后足胫节长的 0.9–1.0 倍；后足基跗节长是后足第 2–5 跗节长的 0.7 倍；后足第 2 跗节长是后足基跗节长的 0.5 倍，是后足第 5 跗节长的 1.5–1.8 倍。

腹：腹柄侧面观腹面明显弯曲，背面基半部明显弯曲，端半部几乎直，气门瘤位于基部 1/3 处；腹柄长为其端宽的 2.0–2.2 倍，为并胸腹节的 1.7–1.9 倍；腹柄端宽为气门处宽的 1.8–2.0 倍；腹柄基半部具粗糙的、密集的小室状网纹和稀疏的细刻纹，端半部具明显密集的纵刻条，部分具微弱皱；第 2+3 背板中长为第 2 背板基宽的 1.2–1.3 倍，是第 2+3 背板最宽处的 0.7–0.8 倍；第 2 背板缝非常微弱且浅；第 2 背板具短的侧缘；第 2 背板具密集的纵刻条，刻条间具网纹，侧方光滑；第 3 背板基半部具小且密集的小室状网纹；第 4 背板基半部具明显的刻点；产卵管直或稍向背方弯曲；产卵管鞘长为体长的 0.5 倍，为腹部长的 0.8–1.1 倍，为胸部长的 1.2–1.3 倍，为前翅长的 0.6–0.7 倍。

体色：体红褐色；触角 1–17 节黄褐色；各足转节和跗节黄褐色；须和产卵管鞘褐色；柄后腹黑褐色；后足和中足胫节基部 0.1 处白色；翅脉褐色；前翅具斑纹，翅基基部下方和端部各具 1 条浅色带；前翅和后翅的 r-m 脉透明。

雄：体长 3.6 mm；前翅长 2.3 mm。触角 33 节；后翅 2-SC+R 脉变粗，后翅长是宽的 2.7 倍。其余特征与雌虫相似。

生物学：寄主有白蜡窄吉丁 *Agrilus planipennis*、 苹果小吉丁虫 *Agrilus mali*、桃黄斑吉丁 *Ptosima chinensis*。

研究标本（ZJUH）：2♀1♂，天津官港，2008.V，王小艺，Nos.200908487，200908488，200908489；1♀，黑龙江伊春带岭，1977.VII.24，何俊华，No.770452；8♀8♂，黑龙江伊春，1985，金丽元，Nos.850135（16）；1♀5♂，黑龙江伊春，1985.VII，金丽元，Nos.851838（6）；1♀，浙江龙泉凤阳山，2003.X.10，刘经贤，No.20048285；2♀3♂，福建连江琯头，1965.VI.28，Nos.20004004–20004008；1♀，湖南长沙，1979.IX.29，童新旺，No.20044824；1♀，湖南长沙，1979.X.6，童新旺，No.20044825。

分布：黑龙江（伊春）、吉林（长春）、天津（官港）、新疆（巩留）、浙江（凤阳山）、湖南（长沙）、福建（连江、鼓山、武夷山）；日本。

附注：感谢王小艺惠赠 3 个标本，其中标本 No.200908488 腹部第 2、3 背板刻纹十分微弱，第 4 背板光滑。

(284) 多刺柄腹茧蜂 *Spathius spinosus* Tang, Belokobylskij *et* Chen, 2015（图版 LXII: 1）

Spathius spinosus Tang, Belokobylskij *et* Chen, 2015: 106.

雌：体长 5.2–7.0 mm；前翅长 3.8–4.9 mm。

头：触角 55 节；柄节长是宽的 1.5 倍；第 1 鞭节长为宽的 3.8 倍，为第 2 鞭节长的 1.2 倍；头顶光滑；额密布横刻条；颊几乎光滑；头部背面观宽为中长的 1.4–1.5 倍；头在复眼后明显弧形收缩；复眼横径长为上颊的 2.1 倍；单眼区底边长为侧边的 1.3 倍，POL=1.3×OD=0.4×OOL；复眼光滑，纵径为横径的 1.3–1.4 倍；颚眼距是复眼纵径的 0.4–0.5 倍，是上颚基部宽的 0.9–1.0 倍；脸具密集的粗糙皱刻条；脸宽是复眼纵径的 1.0–1.1 倍，是脸和唇基总长的 1.1–1.2 倍；唇基沟明显，完整；后头脊背方存在，与口后脊在上颚基部处不愈合。

胸：胸长是高的 1.8–1.9 倍；前胸背板后横脊与前胸背板后缘大部分愈合，前横脊位于前胸背板中央；中胸盾片从前胸背板陡峭地升起，侧面观中胸盾片与前胸背板成直角；中胸盾片中叶密布皱刻条，部分区域具微弱颗粒，侧叶广布微弱颗粒和少许横向皱刻条；中胸盾片被稀疏的半直立长毛，后部中央具 2 条明显纵脊，脊间具横向短刻条；盾纵沟完整，前深后浅，宽，具粗糙短刻条；小盾片前凹相当深，内具 3 条纵脊，前凹长是小盾片长的 0.4 倍；小盾片光滑；中胸侧板几乎光滑；翅下区浅，宽，具粗糙皱刻条；基节前沟深，窄，直，具明显短刻条或几乎光滑，具微弱短刻条，长为中胸侧板的 0.7 倍；并胸腹节分区明显，基脊是叉脊的 0.6 倍，背区具微弱革质颗粒，中区具横皱。

翅：前翅长是宽的 4.6 倍，r 脉从翅痣的中央伸出；3-SR=3.3×r=0.5×SR1=1.0×2-SR；第 2 亚缘室长是宽的 3.0–3.2 倍，是第 1 亚盘室长的 1.0 倍；m-cu 脉明显后叉；CU1a 脉后叉。后翅 M+CU=0.8–0.9×1-M；m-cu 脉对叉，不骨化，强烈弯向翅基部。

足：后足基节背方具密集的半弧形刻条，侧方和腹方具微弱的革质颗粒；后足基节基腹方具转角和瘤突；后足腿节几乎光滑；后足腿节长是宽的 2.9–3.0 倍；后足胫节外缘具 8 个端刺；后足胫节的毛长为胫节中间宽的 1.5 倍；后足跗节长是后足胫节长的 0.8 倍；后足基跗节长是后足第 2–5 跗节长的 0.7 倍；后足第 2 跗节长是后足基跗节长的 0.7 倍，是后足第 5 跗节长的 1.1 倍。

腹：腹柄侧面观腹面稍弯曲，背面基部 1/3 明显弯曲，气门瘤位于基部 1/5 处；腹柄长为其端宽的 3.3 倍，为并胸腹节的 2.3 倍；腹柄端宽为气门处宽的 3.8 倍；腹柄具纵脊，脊间几乎光滑；第 2+3 背板中长为第 2 背板基宽的 2.0 倍，是第 2+3 背板最宽处的 0.8 倍；无第 2 背板缝；第 2、3 背板具侧缘；第 2、3 背板具纵刻条，刻条间具皱，基部具 1 小的近三角形的光滑区域，端部 1/8 光滑；第 4 背板具微弱刻点，仅中部具极细的微弱的纵刻条，端部光滑；第 5–7 背板具微弱刻点，端部光滑；第 4–7 背板无侧缘；产卵管鞘长为腹部长的 1.8 倍，为腹柄长的 3.8 倍，为胸部长的 2.8 倍，为前翅长的 1.4 倍。

体色：头黑色；胸部和腹柄红褐色；第 2+3 背板基部 1/5 红褐色，其余部分及其他背板黑褐色；触角褐色，往端部逐渐加深为黑褐色；单眼区黑色；须乳白色；各足基节红褐色，转节浅黑褐色，腿节黑色，胫节黑褐色，跗节褐色；翅浅褐色透明；翅痣下方具 1 深色斑，翅痣基部 1/4 浅黄色，端部 3/4 黑褐色。

雄：未知。

生物学：未知。

研究标本：♀（正模，ZJUH），广东龙门南昆山，2004.VIII.7，许再福，No.20053241；

1♀（副模，ZJUH），广东始兴车八岭，2008.VII.22–28，许再福，No.200807853；1♀（副模，ZJUH），四川雅安张家山公园，2006.VII.14，张红英，No.200613575。

分布：广东（南昆山、车八岭）、四川（雅安）。

(285) 条柄腹茧蜂 *Spathius strigatus* Chen *et* Shi, 2004（图 35）

Spathius strigatus Chen *et* Shi, 2004: 163.

雌：体长 2.8 mm；前翅长 2.6 mm。

头：触角 26 节；第 1 鞭节长是宽的 5.2 倍，为第 2 鞭节长的 1.2 倍；背面观头方形，头宽为头长的 1.4 倍；具完整后头脊；背面观复眼长为上颊的 1.25 倍，上颊在复眼后圆钝地收敛；OOL∶OD∶POL=12∶2∶5；正面观复眼中等大小，微向唇基收敛，眼间线长为脸宽的 1.25 倍；脸宽为高的 1.85 倍；唇基半圆形，具横脊，具稀疏长毛，宽为高的 2.2 倍；口窝圆形；颚眼距长为复眼高的 0.56 倍；脸着生较密短毛，中间微突，两侧弱皱；额微凹陷，近光滑，只在近触角窝处具细横脊；头顶光滑；上颊光滑。

胸：胸长是高的 1.9 倍；前胸背板槽存在，内具短纵脊；中胸盾片陡峭地升起，侧面观几乎与前胸背板成直角，具颗粒状刻点，沿盾纵沟具稀短毛；盾纵沟全程完整，沟内细横脊不伸入两侧，后端内缘具 2 条纵脊，其间具横脊；小盾片前凹具 3 条纵脊；小盾片微突出，具颗粒状刻点；中胸侧板翅下区具细密横脊；基节前沟达侧板的 3/5，宽，沟内具细横脊；后胸侧板弱皱；并胸腹节具颗粒状刻点，中室完整，基脊长明显长于叉脊，背区基部具颗粒状刻点。

翅：前翅翅痣长是宽的 4.0 倍；r 脉从翅痣中间垂直伸出，与 3-SR 脉成钝角，长为痣宽的 3/5；2-SR 脉与 3-SR 脉等长；SR1 脉伸至翅尖；2-M∶r-m=3.0∶1.0；m-cu 脉伸入第 2 亚缘室；cu-a 脉后叉式；第 1 亚盘室末端关闭于 m-cu 脉之后；CU1a 从第 1 亚盘室末端基半部伸出。后翅 M+CU∶1-M=2.0∶3.5。

足：后足基节具颗粒状刻点，后缘具细横脊；后足腿节外缘具颗粒状刻点。

腹：腹柄长为并胸腹节长的 1.6 倍，短于柄后腹长，末端微扩大，具纵脊和颗粒状刻点；第 2+3 背板长为端宽的 2/3，基部具方形细脊区域；其余背板光滑；产卵管长明显短于腹部长。

体色：头褐色；须黄褐色；触角基部黄褐色，向末端色渐深至红褐色；前胸红褐色；中胸背板深褐色；其余胸部褐色；前、后翅透明；足红褐色；腹部红褐色；产卵管红褐色；产卵管鞘基部红褐色，端部深褐色。

雄：未知。

生物学：未知。

分布：云南（勐仑）。

附注：根据陈家骅和石全秀（2004）的描述整理，本志研究未见此种标本。模式标本保存于 BIIC。

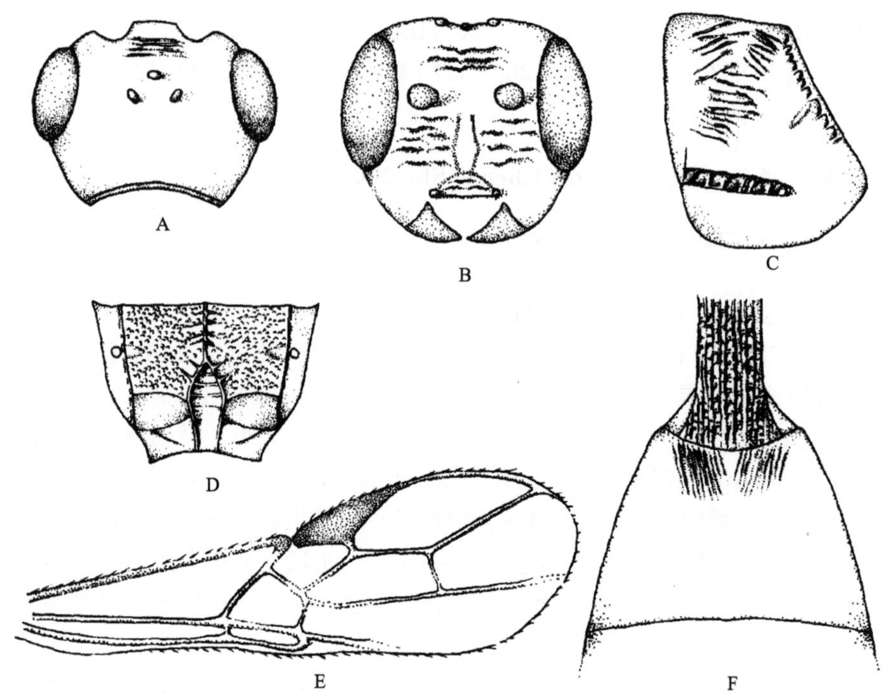

图 35 条柄腹茧蜂 *Spathius strigatus* Chen *et* Shi（仿陈家骅和石全秀，2004）

A. 头，背面观；B. 头，前面观；C. 中胸侧板；D. 并胸腹节，背面观；E. 前翅；F. 腹部基部，背面观

(286) 拟多缘柄腹茧蜂 *Spathius striolatiformis* Tang, Belokobylskij *et* Chen, 2015（图版 LXII: 2）

Spathius striolatiformis Tang, Belokobylskij *et* Chen, 2015: 108.

雌：体长 5.6 mm；前翅长 4.1 mm。

头：触角 52 节；柄节长是宽的 1.4 倍；第 1 鞭节长是宽的 4.0 倍，为第 2 鞭节长的 1.3 倍；头顶大部分光滑，前部具皱刻条；额大部分具粗糙横皱，单眼周围区域具粗糙的不规则皱；颊几乎光滑；头部背面观宽为中长的 1.4 倍；头在复眼后前半部几乎不收缩，后半部弧线收缩；复眼横径长为上颊的 1.6 倍；单眼区底边长为侧边的 1.3 倍，POL=1.3×OD=0.4×OOL；复眼光滑，纵径为横径的 1.4 倍；颚眼距是复眼纵径的 0.4 倍，是上颚基部宽的 0.9 倍；脸密布不规则皱；脸宽是复眼纵径的 1.2 倍，是脸和唇基总长的 1.2 倍；唇基沟明显，完整；后头脊背方存在，与口后脊在上颚基部处不愈合。

胸：胸长是高的 1.9 倍；前胸背板后横脊与前胸背板后缘合并较长；中胸盾片陡峭地升起，侧面观中胸盾片与前胸背板成直角；中胸盾片中叶前方凸出，前侧方无肩角；中胸盾片密布颗粒和不规则粗糙的皱刻条，仅中叶和侧叶中央相当窄的纵条带具颗粒，被稀疏的半直立长毛，后部中央具 2 条弯曲的纵隆脊，隆脊间具横向短皱；盾纵沟前深后浅，宽，完整，具稀疏短刻条，刻条强烈伸向中叶和侧叶；小盾片前凹浅，宽，内具 4 条纵脊，前凹长是小盾片长的 0.3 倍；小盾片平坦，几乎光滑，具微弱的革质颗粒；中胸侧板密布明显的、弱的刻条皱，基节前沟下方几乎光滑，具微弱的革质颗粒；翅下区浅，宽，具横向刻条皱；基节前沟直，窄，具微弱短刻条，长为中胸侧板下缘的 0.6 倍。并胸腹节分区存在；基脊是叉脊的 1.5 倍；基侧区基部具颗粒，端部具弯曲纵皱，中区具横皱，横皱间具颗粒；中区与柄区分界不明显。

翅：前翅长是宽的 3.5 倍，r 脉明显从翅痣的中央稍前方伸出；3-SR=3.3×r=0.6×SR1=1.1×2-SR；第 2 亚缘室长是宽的 2.9 倍，是第 1 亚盘室长的 1.0 倍；cu-a 脉明显后叉；m-cu 脉后叉；CU1a 脉从第 1 亚盘室端缘前部 0.3 伸出。后翅 M+CU=0.6×1-M；m-cu 脉对叉，稍弯向翅基部，不骨化。

足：后足基节背方具明显密集的横向刻条和颗粒，侧方具颗粒；后足基节基腹方具明显转角和小的瘤突；后足腿节背方具微弱刻条和革质颗粒，腹方和侧方几乎光滑；后足腿节长是宽的 2.6 倍；后足胫节具半直立的毛，毛长为胫节中间宽的 1.0–1.2 倍；后足胫节外缘具 5 个端刺；后足跗节长是后足胫节长的 0.9 倍；后足基跗节长是第 2–5 跗节总长的 0.7 倍；后足第 2 跗节长是后足基跗节长的 0.4 倍，是第 5 跗节长的 1.0 倍。

腹：腹柄侧面观腹面稍弯曲，背面基半部明显均匀弯曲；气门瘤位于腹柄基部 0.3 处；腹柄长为其端宽的 3.9 倍，为并胸腹节的 2.0 倍；腹柄端宽为气门处宽的 1.2 倍；腹柄基部具纵刻条，刻条间具弱皱；第 2+3 背板中长为第 2 背板基宽的 1.6 倍，是第 2+3 背板最宽处的 0.9 倍；无第 2 背板缝；第 2+3 背板具明显的侧缘；第 2、3 背板具规则纵刻条，刻条间具短横皱，端缘光滑；第 4 背板具网皱，端部 1/5 光滑，具侧缘；第 5 背板基部 2/3 具刻点，端部 1/3 光滑，具侧缘；产卵管鞘长为腹部长的 1.4 倍，为腹柄长的 3.9 倍，为胸部长的 2.1 倍，为前翅长的 0.7 倍。

体色：脸和颊红褐色，头顶和额黄褐色。前胸背板背面红褐色，侧面深红褐色；中胸盾片和小盾片红褐色；中胸侧板深红褐色；并胸腹节深红褐色。腹柄红褐色；其他背板浅红褐色。触角基部浅红褐色，渐变为黑褐色。单眼区黄褐色。须浅黄色。各足基节下侧和腿节基部略黑褐色，其余部分红褐色。翅烟褐色半透明，斑纹明显。翅痣深棕色，基部 0.3 色浅。

雄：体长 4.8 mm，前翅长 3.8 mm。触角柄节长是其端宽的 1.5 倍；第 1 鞭节长是其端宽的 4.8 倍；胸长为其高的 1.8 倍；腹柄长为其端宽的 4.0 倍；体色较雌虫浅。其余特征与雌虫相似。

生物学：未知。

研究标本：♀（正模，ZJUH），海南五指山，2008.V.15–16，刘经贤，No.200905336；1♂（副模，ZJUH），海南吊罗山，2007.V.28–31，刘经贤，No.200702855。

分布：海南（五指山、吊罗山）。

(287) 近落羽杉柄腹茧蜂 *Spathius subcyparissus* Tang, Belokobylskij *et* Chen, 2015（图版 LXII: 3）

Spathius subcyparissus Tang, Belokobylskij *et* Chen, 2015: 111.

雌：体长 5.2–6.0 mm；前翅长 4.0–4.5 mm。

头：触角 48–54 节；柄节长是宽的 1.6 倍；第 1 鞭节长为宽的 3.8 倍，为第 2 鞭节长的 1.2 倍；头顶光滑；额密布规则横刻条；颊光滑；头部背面观宽为中长的 1.4 倍；头在复眼后弧形收缩；复眼横径长为上颊的 1.7–1.8 倍；单眼区底边长为侧边的 1.3 倍，POL=1.2×OD=0.5×OOL；复眼光滑，纵径为横径的 1.3 倍；颚眼距是复眼纵径的 0.5 倍，是上颚基部宽的 0.8 倍；脸具密集的波浪形刻条，其间具密集短皱；脸宽是复眼纵径的 1.0 倍，是脸和唇基总长的 1.0 倍；唇基沟明显，完整；后头脊背方存在，与口后脊在上颚基部处不愈合。

胸：胸长是高的 2.1–2.2 倍；前胸背板脊明显，后横脊与前胸背板后缘稍愈合，前横脊细，位于前胸背板中央；中胸盾片从前胸背板稍陡峭地升起，侧面观中胸盾片与前胸背板成钝角；中胸盾片中叶具弱横皱和颗粒，侧叶中央大部分仅具颗粒，侧方具弱横皱，被稀疏的半直立长毛，中叶后方具 2 条纵脊，脊间具横向短刻条；盾纵沟宽，前深后浅，具粗糙短刻条，稍伸入中叶和侧叶；小盾片前凹相当深，内具 6 条纵脊，前凹长是小盾片长的 0.3 倍；小盾片稍具革质颗粒；中胸侧板几乎光滑；翅下区浅，宽，具粗糙皱刻条；基节前沟浅，稍弯曲，几乎光滑，具十分微弱的短刻条，横贯中胸侧板下缘。并胸腹节分区存在，叉脊不甚完整；基脊是叉脊的 1.3–1.5 倍；背侧区基部具颗粒，脊附近具短刻条，中区具皱；中区与柄区分界明显。

翅：前翅长是宽的 3.6–3.8 倍，r 脉从翅痣的中央前方伸出；3-SR=3.75×r=0.6×SR1=1.4×2-SR；第 2 亚缘室长是宽的 3.0–3.2 倍，是第 1 亚盘室长的 1.2 倍；cu-a 脉稍后叉；m-cu 脉明显后叉；CU1a 脉后叉。后翅 M+CU=0.6×1-M；m-cu 脉稍前叉，稍骨化，强烈斜向翅基部。

足：后足基节背方具横向刻条，侧方具密集颗粒；后足基节基腹方具明显转角和瘤突；后足腿节背方具微弱的纵刻条，剩余部分光滑；后足腿节长是宽的 2.8–2.9 倍；后足胫节外缘具 4 个端刺；后足胫节的毛长为胫节中间宽的 1.2–1.6 倍；后足跗节长是后足胫节长的 0.9 倍；后足基跗节长是后足第 2–5 跗节长的 0.8 倍；后足第 2 跗节长是后足基跗节长的 0.4 倍，是后足第 5 跗节长的 1.1 倍。

腹：腹柄侧面观腹面直，背面基部明显弯曲，气门瘤位于基部 1/3 处；腹柄长为其端宽的 2.1–2.2 倍，为并胸腹节的 1.8 倍；腹柄端宽为气门处宽的 1.9 倍；腹柄全具刻条，刻条间具密集皱；第 2+3 背板中长为第 2 背板基宽的 1.3–1.4 倍，是第 2+3 背板最宽处的 1.0 倍；第 2 背板缝不明显；第 2–4 背板具明显的侧缘；第 2、3 背板具纵皱刻条，刻条间具密集皱，端缘光滑；第 4 背板刻纹基本同第 2+3 背板，但整体呈“U”形；第 5 背板基部具刻点皱，端部具十分微弱的半弧形刻条，无侧缘；剩余背板光滑；产卵管鞘长为腹部长的 1.6–1.7 倍，为腹柄长的 4.2–4.5 倍，为胸部长的 2.6–2.8 倍，为前翅长的 1.2–1.3 倍。

体色：头浅黄色，脸中央 1/2 黑色，2 复眼及单眼区后各具 1 黑褐色大斑，单眼区黑色，头其余部分浅黄褐色。中胸盾片中叶和侧叶黑褐色，盾纵沟浅黄褐色；小盾片黑色；中胸侧板翅下区和基节前沟黑色，其余部分黄褐色；并胸腹节中部、后缘及后胸侧板下缘黑色，并胸腹节两侧及后胸侧板上部黄褐色。腹柄黑色；第 2+3 背板中部黑色，侧缘和端缘黄褐色，黑色部分 1/2 处两侧各具 1 黄褐色斑，侧缘黄褐色部分相连；其他背板中部黑色，侧缘和端缘黄褐色。触角基部黄褐色，渐变为暗褐色。须浅黄色。前足和中足腿节亚端部、后足基节背面端部、后足腿节端部 2/3、各足胫节亚中部、后足胫节基部、后足基跗节暗褐色；足其余部分浅黄褐色。翅烟褐色半透明，无明显斑纹。翅痣基部和端部相当小的部分黄褐色，大部分棕褐色。

雄：未知。

生物学：未知。

研究标本：♀（正模，ZJUH），浙江古田山，2005.VII.2，吴琼，No.200615961；1♀（副模，ZJUH），浙江古田山，2005.VII.2，吴琼，No.200615963；1♀（副模，ZJUH），广东始兴车八岭，2008.VII.22–28，洪纯丹，No.200807854；1♀（副模，ZJUH），广东始兴车八岭，2008.VII.22–28，文敏，No.200807885；1♀（副模，ZISP），浙江古田山，2005.VII.3，吴琼，No.200616494。

分布：浙江（古田山）、广东（车八岭）。

(288) 近埃柄腹茧蜂 *Spathius suberymanthus* Tang, Belokobylskij *et* Chen, 2015（图版 LXII: 4）

Spathius suberymanthus Tang, Belokobylskij *et* Chen, 2015: 112.

雌：体长 4.5 mm；前翅长 3.3 mm。

头：触角 35 节；柄节长是宽的 1.7 倍；第 1 鞭节长为宽的 6.0 倍，为第 2 鞭节长的 1.2 倍；头顶光滑，中央具微弱的针刮状横向刻条；额完全具明显的、密集的弯曲横刻条；颊光滑；头部背面观宽为中长的 1.45 倍；头在复眼后稍凸，弧形收缩；复眼横径长为上颊的 1.6 倍；单眼区底边长为侧边的 1.2 倍，POL=1.0×OD=0.3×OOL；复眼光滑，纵径为横径的 1.1 倍；颚眼距是复眼纵径的 0.55 倍，是上颚基部宽的 0.55 倍；脸近侧方具明显的密集刻条和微弱网纹，中央光滑，侧方具微弱皱至光滑；脸宽是复眼纵径的 1.25 倍，是脸和唇基总长的 1.25 倍；唇基沟明显，完整；后头脊背方存在，与口后脊在上颚基部处不愈合。

胸：胸长是高的 2.1 倍；前胸背板脊明显，后横脊粗糙，中央与前胸背板后缘稍分离，前横脊位于前胸背板近中央；中胸盾片从前胸背板缓和升起，侧面观中胸盾片与前胸背板成钝角；中胸盾片具明显密集的颗粒，中叶前部无颗粒，仅具微弱的横刻条，沿盾纵沟及侧方具密集长皱，被相当密集的直立或半直立长毛，中叶后方具纵脊；盾纵沟宽，前深后浅，具粗糙的密集短刻条；小盾片前凹相当深，内具 5 条纵脊，前凹长是小盾片长的 0.4 倍；小盾片完全具密集的革质颗粒，无皱，稍隆起，具侧脊；中胸侧板完全具密集的革质颗粒，下方和后部具明显刻条；翅下区浅，相当窄，具粗糙皱刻条和颗粒；基节前沟相当宽，弯曲，具密集的短刻条，横贯中胸侧板的下缘。并胸腹节具侧突，分区明显；基脊是叉脊的 0.7 倍；基侧区具颗粒，沿脊具皱；中区与柄区分界明显。

翅：前翅长是宽的 4.0 倍，r 脉稍从翅痣的中央后方伸出；3-SR=3.6×r=0.5×SR1=1.4×2-SR；第 2 亚缘室长是宽的 4.0 倍，是第 1 亚盘室长的 1.3 倍；CU1a 脉后叉。后翅 M+CU=0.55×1-M；m-cu 脉对叉，稍着色，斜向翅基部。

足：后足基节背方具皱刻条和微弱颗粒，侧方具微弱的密集颗粒；后足基节基腹方具明显转角和瘤突；后足腿节完全光滑；后足腿节长是宽的 3.5 倍；后足胫节外缘具 3 个端刺；后足胫节的毛长为胫节中间宽的 1.1–1.6 倍；后足跗节长是后足胫节长的 0.9 倍；后足基跗节长是后足第 2–5 跗节长的 0.6 倍；后足第 2 跗节长是后足基跗节长的 0.55 倍，是后足第 5 跗节长的 1.6 倍。

腹：腹柄侧面观腹面几乎直，背面基半部稍弯曲，端半部直，气门瘤位于基部 1/3 处；腹柄长为其端宽的 2.7 倍，为并胸腹节的 1.9 倍；腹柄具明显稀疏的纵刻条，刻条间具密集的明显网纹；第 2+3 背板中长为第 2 背板基宽的 1.4 倍，是第 2+3 背板最宽处的 0.55 倍；第 2 背板缝无；第 2 背板无侧缘；剩余背板光滑；产卵管鞘长为腹部长的 1.3 倍，为腹柄长的 3.2 倍，为胸部长的 2.2 倍，为前翅长的 1.0 倍。

体色：头黄色，脸和复眼后方具褐黄色斑块；胸黄褐色，侧方具深色条纹；腹柄深红褐色至黑色，柄后腹黄褐色，具褐色斑块；触角基部黄色至褐黄色，端部褐色；须白色；足黄色至褐黄色，所有腿节端部浅褐色至褐色，后足基节完全褐黄色，后足胫节大部分黄色，基部和中叶稍褐色；产卵管鞘基半部黄色，端半部褐色；前翅稍烟褐色；翅痣褐色，基部 1/3 浅黄色。

雄：未知。

生物学：未知。

研究标本：♀（正模，ZJUH），广东始兴车八岭，2003.VIII.21，许再福，No.20052613。

分布：广东（车八岭）。

(289) 飒柄腹茧蜂 *Spathius subtilis* Chao, 1977（图版 LXIII: 1）

Spathius subtilis Chao, 1977: 216; Chen *et* Shi, 2004: 164; Tang *et al.*, 2015: 117.

雌：体长 3.8–4.3 mm；前翅长 2.9–3.1 mm。

头：触角已断，余 26 节；第 1 鞭节长为其端宽的 4.7–5.5 倍，为第 2 鞭节长的 1.2 倍；头顶前部和中央光滑，后部 0.3 具微弱刻条；额完全具微弱的横向刻条；颊光滑；头在复眼后前部几乎平行，后部弧形收缩；复眼横径长为上颊的 1.8–2.0 倍；颚眼距是复眼纵径的 0.40–0.45 倍，是上颚基部宽的 1.0 倍；脸具密集刻条，刻条间具皱；脸宽是脸和唇基总长的 1.1 倍；唇基沟明显，完整；唇基下陷宽是下陷边缘至复眼距离的 0.9 倍，是脸宽的 0.4 倍；后头脊背方存在，与口后脊在上颚基部处愈合。

胸：胸长是高的 1.8–2.0 倍；前胸背板脊明显，后横脊中央与前胸背板后缘愈合，前横脊位于前胸背板近中央；中胸盾片缓和地从前胸背板升起，与前胸背板成钝角；中胸盾片完全具密集颗粒，盾纵沟附近和侧方具非常短的皱，被稀疏的半直立短毛；盾纵沟完整，宽，具稀疏的短刻条；小盾片前凹长是小盾片长的 0.3 倍；小盾片稍隆起，具明显侧脊和密集的颗粒；中胸侧板中央具革质皱，部分区域几乎光滑，具微弱皱；基节前沟深，弯曲，具稀疏的短刻条，横贯中胸侧板下缘。并胸腹节具侧突，分区明显；基脊是叉脊的 0.4 倍；基侧区具皱和颗粒；中区长，窄；柄区明显与中区分离。

翅：r 脉几乎从翅痣的中央伸出；3-SR=4.50–4.75×r=0.60–0.65×SR1=1.0–1.1×2-SR；第 2 亚缘室长是宽的 2.75–2.80 倍，是第 1 亚盘室长的 1.4 倍；CU1a 脉从第 1 亚盘室端缘前部 0.25–0.30 伸出。后翅 M+CU=0.6×1-M；m-cu 脉不骨化，着色，前叉，斜向翅基部。

足：后足基节基腹方具明显转角和瘤突；后足腿节长是宽的 3.2 倍；后足胫节背方具密集的半直立长毛，毛长为胫节中间宽的 2.0–2.3 倍；后足基跗节长是第 2–5 跗节总长的 0.8 倍；后足第 2 跗节长是后足基跗节长的 0.5 倍，是第 5 跗节长的 1.0 倍。

腹：腹柄侧面观腹面稍弯曲，背面明显均匀弯曲；腹柄长为其端宽的 1.9–2.0 倍，为并胸腹节的 1.5–1.6 倍；腹柄具明显的密集刻条，刻条间具网皱；第 2+3 背板中长为第 2 背板基宽的 1.5 倍，是第 2+3 背板最宽处的 0.8–0.9 倍；第 2 背板缝缺；第 2+3 背板无侧缘；剩余背板光滑；产卵管鞘长为腹部长的 0.4 倍，为腹柄长的 1.2 倍，为胸部长的 0.6 倍，为前翅长的 0.3 倍。

体色：头、胸大部分红褐色，头顶后部、前胸大部分、中胸背板侧叶和并胸腹节几乎色深；腹柄黑色，柄后腹红褐色，部分区域色深；触角黄色至褐黄色，端部白色；须浅黄色；足黄色，后足腿节中央大部分褐色，后足胫节完全黄色；前翅十分明显的烟褐色；翅痣褐色，基部 0.2 和端部黄色。

雄：未知。

生物学：未知。

研究标本：♀（正模，IZCAS），福建建阳挂墩，1965.IX.25，陈家骅。ZJUH：1♀，海南尖峰岭天池，2006.VII.12–15，翁丽琼，No.200803320；1♀，云南盈江铜壁关，2009.V.17，曾洁，No.200904269。

分布：福建（建阳）、海南（尖峰岭）、云南（盈江）。

(290) 台湾柄腹茧蜂 *Spathius taiwanicus* Belokobylskij, 1996（图版 LXIII: 2）

Spathius taiwanicus Belokobylskij, 1996: 188; 2003b: 476; Chen *et* Shi, 2004: 164; Tang *et al.*, 2015: 117.

雌：体长 3.0–5.7 mm；前翅长 2.2–4.0 mm。

头：触角 28–40 节；柄节长是宽的 1.8–2.0 倍；第 1 鞭节长为宽的 4.7–5.0 倍，为第 2 鞭节长的 1.0–1.1 倍；头顶光滑，有时具十分微弱的革质颗粒；额全具明显密集的横刻条，侧方具颗粒；颊光滑；头部背面观宽为中长的 1.3–1.5 倍；头在复眼后弧形收缩；复眼横径长为上颊的 1.5–1.6 倍；单眼区底边长为侧边的 1.3–1.4 倍，POL=1.0–1.2×OD=0.4–0.5×OOL；复眼光滑，纵径为横径的 1.3 倍；颚眼距是复眼纵径的 0.3–0.4 倍，是上颚基部宽的 0.7–0.8 倍；脸具密集的横向刻条，其间具密集颗粒；脸宽是复眼纵径的 1.0 倍，是脸和唇基总长的 1.2 倍；唇基沟明显，完整；后头脊背方存在，与口后脊在上颚基部处不愈合。

胸：胸长是高的 2.1–2.2 倍；前胸背板后横脊与前胸背板后缘分离，前横脊几乎缺；中胸盾片较平缓地升起，侧面观中胸盾片与前胸背板成钝角；中胸盾片具密集网纹-颗粒，被稀疏的半直立长毛，后部中央 2 条纵隆脊明显，脊间和两侧具弱的短横刻条；盾纵沟完整，深，具粗糙的稀疏短刻条，完全不伸入中叶和侧叶；小盾片前凹浅，内具 3 条纵脊，前凹长是小盾片长的 0.3 倍；小盾片稍隆起，具明显密集的颗粒；中胸侧板具微弱革质；翅下区浅，窄，具粗糙皱刻条和密集颗粒；基节前沟浅，窄，几乎直，光滑，长为中胸侧板的 0.5–0.7 倍。并胸腹节分区不甚明显，隆脊较弱；基脊是叉脊的 2.0–2.5 倍；基侧区具网皱，中区具横皱和网皱；中区与柄区分界明显，柄区几乎呈三角形。

翅：前翅长是宽的 4.0–4.2 倍，r 脉从翅痣的中央或稍后伸出；3-SR=3.1–3.2×r=0.5–0.6×SR1=0.9×2-SR；第 2 亚缘室长是宽的 3.4–3.6 倍，是第 1 亚盘室长的 1.3–1.5 倍；cu-a 脉后叉；m-cu 脉明显后叉；CU1a 脉后叉。后翅 M+CU=0.5–0.6×1-M；m-cu 脉明显前叉，不骨化。

足：后足基节具密集颗粒；后足基节基腹方具转角但无瘤突；后足腿节背方具微弱刻条，其他部分微弱革质；后足腿节长是宽的 3.0–3.2 倍；后足胫节外缘具 2 或 3 个端刺；后足胫节的毛长为胫节中间宽的 0.8–1.3 倍；后足跗节长是后足胫节长的 0.8–0.9 倍；后足基跗节长是后足第 2–5 跗节长的 0.8 倍；后足第 2 跗节长是后足基跗节长的 0.4 倍，是后足第 5 跗节长的 1.2 倍。

腹：腹柄侧面观腹面直，背面 0.3 稍弯曲，气门瘤位于基部 1/3 处；腹柄长为其端宽的 4.0–4.3 倍，为并胸腹节的 2.0–2.3 倍；腹柄端宽为气门处宽的 1.3–1.4 倍；腹柄具纵刻条，刻条间具密集网纹；第 2+3 背板中长为第 2 背板基宽的 1.4–1.5 倍，是第 2+3 背板最宽处的 0.7 倍；第 2 背板缝不明显；第 2 背板无侧缘；第 2 背板大部分具密集网皱，侧方具微弱的针刮状刻纹；第 3 背板具微弱的半弧形针刮状刻纹；第 4–6 背板全部或大部分具微弱的针刮状刻纹；产卵管鞘长为腹部长的 1.2 倍，为腹柄长的 2.7 倍，为胸部长的 1.8 倍，为前翅长的 0.9 倍。

体色：颊黄褐色，头顶、额和脸暗褐色。中胸盾片红褐色，侧叶颜色略深，小盾片暗红褐色或黑褐色；中胸侧板红褐色；并胸腹节暗红褐色或黑褐色。腹柄黑褐色；其余背板基部黑褐色或红褐色，端缘红褐色或黄褐色。触角基部黄褐色，渐变为黑褐色。单眼区黑褐色。须浅黄色。前足和中足腿节中部及亚端部浅红褐色，后足基节端半部红褐色，后足腿节大部分暗红褐色，各足胫节端部浅红褐色，各足跗节红褐色，足其余部分浅黄色。翅半透明，具明显斑纹，翅脉及其两侧常烟褐色，翅室中央浅色。翅痣基半部浅黄褐色，端半部暗褐色。

雄：体长 2.5–3.0 mm。第 2+3 背板中间长度大于端部宽度；足色泽较浅，仅后足腿节黄褐色，足其余部位乳白色或浅黄色。其余特征与雌虫相似。

生物学：未知。

研究标本（ZJUH）：1♀，浙江古田山，2005.VII.3，张红英，No.200616085；2♀，

海南吊罗山，2006.VII.16–17，刘经贤，Nos.200802170，200802312；1♀，海南尖峰岭，2007.VI.6，刘经贤，No.200703717；3♀，海南尖峰岭，2007.VI.7，刘经贤，Nos.200702359，200702483，200702521；2♀，海南尖峰岭，2007.VI.5–7，翁丽琼，Nos.200806458，200806487；2♀1♂，海南尖峰岭，2007.VI.4–7，曾洁，Nos.200710867，200711335，200711343；1♂，海南尖峰岭天池，2006.VII.12–15，陈天飞，No.200803175；1♀1♂，海南尖峰岭天池，2006.VII.12–15，刘杰明，Nos.200803039，200803056；1♀，海南尖峰岭天池，2007.X.22–23，刘经贤，No.200710768；1♀，海南尖峰岭天池，2008.XI.25，谭江丽，No.200805088；1♀1♂，海南尖峰岭天池，2006.VII.12–15，翁丽琼，Nos.200803331，2007803344。

分布：浙江（古田山）、台湾（雾社）、海南（吊罗山、尖峰岭）。

(291) 谭氏柄腹茧蜂 *Spathius tanae* Tang, Belokobylskij *et* Chen, 2015（图版 LXIII: 3）

Spathius tanae Tang, Belokobylskij *et* Chen, 2015: 117.

雌：体长 3.8 mm；前翅长 2.6 mm。

头：触角已断，余 30 节；柄节长是宽的 1.2 倍；第 1 鞭节长为宽的 5.6 倍，为第 2 鞭节长的 1.3 倍；头稍扁平；头顶全部具粗糙的密集螺纹刻条；额全具明显密集的横刻条；颊具粗糙的密集弯曲纵刻条，下部几乎光滑；头部背面观宽为中长的 1.2 倍；头在复眼后弧形收缩；复眼横径长为上颊的 1.1 倍；单眼区底边长为侧边的 1.4 倍，POL=1.8×OD=0.7×OOL；复眼光滑，纵径为横径的 1.3 倍；颚眼距是复眼纵径的 0.4 倍，是上颚基部宽的 0.9 倍；脸具密集的横向皱刻条；脸宽是复眼纵径的 1.1 倍，是脸和唇基总长的 1.3 倍；唇基沟明显，完整；后头脊背方存在，与口后脊在上颚基部处不愈合。

胸：胸长是高的 2.7 倍；前胸背板脊与前胸背板后缘明显分离；中胸盾片较平缓地升起，侧面观中胸盾片与前胸背板成钝角；中胸盾片具密集颗粒，被稀疏的半直立长毛，后部中央 2 条纵隆脊明显，脊间具短横刻条；盾纵沟完整，浅，具粗糙的稀疏短刻条；小盾片前凹浅，内具 3 条纵脊，前凹长是小盾片长的 0.3 倍；小盾片具明显密集的颗粒；中胸侧板具密集颗粒，广布皱；翅下区浅，窄，具粗糙皱刻条和颗粒；基节前沟浅，窄，几乎直，具短刻条和颗粒，长为中胸侧板的 0.7 倍；并胸腹节分区不甚明显，基脊是叉脊的 1.7–2.0 倍，整个表面具不规则网皱和颗粒。

翅：前翅长是宽的 4.2 倍，r 脉稍从翅痣的中央前方伸出；3-SR=4.3×r=0.8×SR1=1.3×2-SR；第 2 亚缘室长是宽的 3.7 倍，是第 1 亚盘室长的 1.2 倍；cu-a 脉稍后叉；m-cu 脉明显后叉；CU1a 脉稍后叉。后翅 M+CU=0.5×1-M；m-cu 脉明显前叉，不骨化。

足：后足基节具密集颗粒，背方具明显短刻条；后足基节基腹方无转角和瘤突；后足腿节背方具微弱的革质颗粒；后足腿节长是宽的 2.1 倍；后足胫节外缘具 5 个端刺；后足胫节的毛长为胫节中间宽的 1.4–1.6 倍；后足跗节长是后足胫节长的 0.9 倍；后足基跗节长是后足第 2–5 跗节长的 0.4 倍；后足第 2 跗节长是后足基跗节长的 0.6 倍，是后足第 5 跗节长的 1.5 倍。

腹：腹柄侧面观腹面稍弯曲，背面 0.3 明显弯曲，气门瘤位于基部 1/3 处；腹柄长为其端宽的 2.9 倍，为并胸腹节的 1.7 倍；腹柄端宽为气门处宽的 1.5 倍；腹柄纵脊弱，具不规则网皱；第 2+3 背板中长为第 2 背板基宽的 1.3 倍，是第 2+3 背板最宽处的 0.7 倍；无第 2 背板缝；第 2 背板无侧缘；第 2、3 背板具微弱的半弧形针刮状刻纹，基部稍微粗糙；第 4–6 背板全部或大部分具微弱的针刮状刻纹，无侧缘；产卵管鞘长为腹部长的 0.8 倍，为腹柄长的 2.0 倍，为胸部长的 1.1 倍，为前翅长的 0.6 倍。

体色：头大部分暗红褐色，颊黄褐色。胸部背面和侧面黑色，腹面略带红褐色。腹柄黑色；其他背板黑色，略带黄褐色。触角基部黄褐色，渐变为黑褐色。单眼区黑褐色。须大部分黑色，仅下唇须端部 1 节浅黄色。前足和中足基节、各足第 1 转节和各足第 1 跗节基部浅黄色；后足基节、各足腿节和各足胫节黑色；各足第 2–4 跗节浅红褐色，端跗节暗红褐色。翅黑褐色半透明，具明显斑纹，M+CU 脉弯曲处、翅痣基部及端缘具浅黄褐色纵带。翅痣基部 1/6 浅黄色，端部 5/6 黑褐色。

雄：未知。

生物学：未知。

研究标本：♀（正模，ZJUH），海南霸王岭，2008.XI.26，谭江丽，No.200805701。

分布：海南（霸王岭）。

(292) 长跗柄腹茧蜂 *Spathius testaceitarsis* (Cameron, 1908)（图版 LXIII: 4）

Stenophasmus testaceitarsis Cameron, 1908: 690.

Spathius testaceitarsis: Wilkinson, 1931a: 525; Nixon, 1943b: 333; Shenefelt *et* Marsh, 1976: 1420; Tang *et al*., 2015: 119.

Spathius solox Enderlein, 1912: 5; Nixon, 1943b: 445; Shenefelt *et* Marsh, 1976: 1419. Synonymized by Belokobylskij, 2003b: 478.

雌：体长 4.3 mm；前翅长 3.1 mm。

头：触角 46 节；柄节长是宽的 1.3 倍；第 1 鞭节长为宽的 4.7 倍，为第 2 鞭节长的 1.2 倍；头顶光滑；额具明显横刻条；颊光滑；头部背面观宽为中长的 1.3 倍；头在复眼后稍弧形收缩；复眼横径长为上颊的 1.1 倍；单眼区底边长为侧边的 1.5 倍，POL=1.7×OD=0.6×OOL；复眼光滑，纵径为横径的 1.4 倍；颚眼距是复眼纵径的 0.5 倍，是上颚基部宽的 1.0 倍；脸具密集的粗糙横刻条；脸宽是复眼纵径的 1.0 倍，是脸和唇基总长的 1.2 倍；唇基沟明显，完整；后头脊背方存在，与口后脊在上颚基部处不愈合。

胸：胸长是高的 2.5 倍；前胸背板后横脊中央与前胸背板后缘分离，前横脊位于前胸背板中央；中胸盾片缓和地升起，侧面观中胸盾片与前胸背板成钝角；中胸盾片中叶前方凸出，前侧方无肩角；中胸盾片密布颗粒，后部中央具 2 条隆脊，脊间具明显短刻条，沿盾纵沟被稀疏长毛；盾纵沟浅而宽，具明显短刻条；小盾片前凹深，内具 1 条纵脊，前凹长是小盾片长的 0.4 倍；小盾片光滑；中胸侧板几乎光滑；翅下区浅，窄，具横皱；基节前沟深，窄，直，光滑，长为中胸侧板下缘的 0.7 倍。并胸腹节分区明显；基脊是叉脊的 1.6 倍；基区基部几乎光滑，端部从侧脊上伸出短刻条；中区具弱横皱。

翅：前翅长是宽的 4.0 倍，r 脉从翅痣的中央稍前伸出；3-SR=4.8×r=0.7×SR1=1.6×2-SR；

第 2 亚缘室长是宽的 3.4 倍，是第 1 亚盘室长的 1.2 倍；m-cu 脉明显后叉；CU1a 脉稍后叉。后翅 M+CU=0.5×1-M；m-cu 脉前叉，不骨化，几乎直，强烈斜向翅基部。

足：后足基节背方具皱，侧方颗粒，腹方几乎光滑；后足基节基腹方具明显转角和瘤突；后足腿节几乎光滑；后足腿节长是宽的 3.3 倍；后足胫节外缘具 4 个端刺；后足胫节具半直立的毛，毛长为胫节中间宽的 2.0 倍；后足跗节长是后足胫节长的 0.8 倍；后足基跗节长是后足第 2–5 跗节长的 1.0 倍；后足第 2 跗节长是后足基跗节长的 0.3 倍，是后足第 5 跗节长的 1.1 倍。

腹：腹柄侧面观腹面直，背面几乎直，气门瘤位于基部 0.4 处；腹柄长为其端宽的 3.6 倍，为并胸腹节的 2.1 倍；腹柄端宽为其基部宽的 2.2 倍，腹柄端宽为气门处宽的 1.3 倍；腹柄具纵脊，脊间具弱皱；第 2+3 背板中长为第 2 背板基宽的 2.5 倍，是第 2+3 背板最宽处的 1.3 倍；无第 2 背板缝；第 2、3 背板具明显的侧缘；第 2、3 背板具网皱，端缘光滑；第 4、5 背板具革质网纹，端缘光滑；产卵管鞘长为腹部长的 1.5 倍，为腹柄长的 3.7 倍，为胸部长的 3.0 倍，为前翅长的 1.3 倍。

体色：头黑褐色。中胸盾片和小盾片黑色；中胸侧板黑褐色略带红褐色；并胸腹节红褐色。腹柄红褐色；其他背板黑色。触角基部褐色，渐变为黑褐色。单眼区黑褐色。须乳白色。前足和中足基节和转节浅黄色；后足基节和各足腿节红褐色；后足转节、各足胫节和各足跗节浅红褐色。翅烟褐色半透明，无明显斑纹。翅痣黑褐色。

雄：未知。

生物学：未知。

研究标本：1♀，海南鹦哥岭，2007.V.24–25，刘经贤，No.200702738（ZJUH）。

分布：海南（鹦哥岭）；马来西亚，新加坡，印度尼西亚。

(293) 妍柄腹茧蜂 *Spathius verustus* Chao, 1977（图版 LXIV: 1）

Spathius verustus Chao, 1977: 208; Chen *et* Shi, 2004: 166; Tang *et al*., 2015: 119.

Spathius lunganjiding Chao, 1977: 210; Chen *et* Shi, 2004: 143. Synonymized by Tang *et al*., 2015: 119.

Spathius shennongensis Chen *et* Shi, 2004: 161. Synonymized by Tang *et al*., 2015: 119.

Spathius radzayanus auct.: Chen *et* Shi, 2004: 157; Belokobylskij *et* Maeto, 2009: 698.

雌：体长 2.8–5.0 mm；前翅长 2.4–4.0 mm。

头：触角 29–38 节；柄节长是宽的 1.4–1.6 倍；第 1 鞭节长为宽的 4.0–4.5 倍，为第 2 鞭节长的 1.15–1.30 倍；头顶光滑；额几乎完全或前部具明显刻条；颊光滑；头部背面观宽为中长的 1.5–1.6 倍；头在复眼后前部稍凸，后部均匀弧形收缩；复眼横径长为上颊的 1.1–1.3 倍；单眼区底边长为侧边的 1.2–1.3 倍，POL=1.3–1.6×OD=0.4–0.5×OOL；复眼光滑，纵径为横径的 1.3 倍；颚眼距是复眼纵径的 0.40–0.45 倍，是上颚基部宽的 0.7–0.8 倍；脸完全具密集的刻条，刻条间具微弱皱；脸宽是复眼纵径的 1.10–1.15 倍，是脸和唇基总长的 1.3–1.4 倍；唇基沟明显，完整；后头脊背方存在，与口后脊在上颚基部处不愈合。

胸：胸长是高的 1.9–2.0 倍；前胸背板脊明显，后横脊中央稍与前胸背板后缘愈合，前横脊细，位于前胸背板近中央；中胸盾片稍缓和地升起，侧面观中胸盾片与前胸背板成钝角；中胸盾片具密集的颗粒，盾纵沟附近无皱，中后方具窄而短的皱区；中胸盾片沿盾纵沟及侧方被稀疏的半直立长毛；盾纵沟前深后浅，相当宽，完整，具密集的、粗糙的短刻条；小盾片前凹相当深，长，内具 3–5 条纵脊，前凹长是小盾片长的 0.40–0.45 倍；小盾片具明显的密集颗粒或部分革质；中胸侧板上半部广布弯曲刻条，下半部光滑；翅下区浅，相当宽，具明显弯曲的刻条；基节前沟深，宽，直，具明显的密集短刻条，长为中胸侧板的 0.5–0.6 倍。并胸腹节具短而粗的侧突，分区明显；基脊是叉脊的 0.5–1.0 倍；基侧区具密集颗粒，沿脊具相当长的皱；中区与柄区分界明显。

翅：前翅长是宽的 3.3–3.5 倍，r 脉稍从翅痣的中央之前或之后伸出；3-SR=3.3–4.2×r=0.6×SR1=0.9–1.1×2-SR；第 2 亚缘室长是宽的 2.9–3.4 倍，是第 1 亚盘室长的 1.4–1.7 倍；cu-a 脉后叉；m-cu 脉后叉；CU1a 脉后叉。后翅 M+CU=0.6–0.7×1-M；m-cu 脉稍前叉，稍着色，斜向翅基部。

足：后足基节广布密集颗粒和刻条，腹方具微弱颗粒；后足基节基腹方具转角和瘤突；后足腿节背方具密集的针刮状刻纹，侧方常具针刮状刻纹和颗粒，腹方几乎光滑；后足腿节长是宽的 2.8–3.1 倍；后足胫节外缘具 3–5 个端刺；后足胫节背方毛半直立、密集、相当短，毛长为胫节中间宽的 0.4–0.8 倍；后足跗节长是后足胫节长的 0.85–0.90 倍；后足基跗节长是后足第 2–5 跗节长的 0.6 倍；后足第 2 跗节长是后足基跗节长的 0.5 倍，是后足第 5 跗节长的 1.1 倍。

腹：腹柄侧面观腹面稍弯曲，背面基半部明显均匀弯曲，端半部几乎直，气门瘤位于基部 1/3 处；腹柄长为其端宽的 1.7–2.0 倍，为并胸腹节的 1.5–1.7 倍；腹柄端宽为气门处宽的 1.5–1.8 倍；腹柄具粗糙的刻条，刻条间具皱；第 2 背板长是其基宽的 0.5–0.6 倍，为第 3 背板长的 1.0 倍；第 2+3 背板中长为第 2 背板基宽的 1.0–1.2 倍，是第 2+3 背板最宽处的 0.6–0.8 倍；第 2 背板缝非常微弱或几乎缺；第 2 背板具侧缘；第 2 背板具密集的、微弱的纵刻条，有时具密集的刻点和网纹；第 3 背板中部具微弱的革质网纹，侧方有时具针刮状刻纹，端部 0.3 几乎光滑；剩余背板光滑；产卵管直；产卵管鞘长为腹柄长的 1.7–1.9 倍，为腹部长的 0.5–0.8 倍，为胸部长的 0.8–1.0 倍，为前翅长的 0.4–0.5 倍。

体色：体红褐色，有时前胸褐黄色或并胸腹节和腹柄浅红褐色；触角基部 0.2–0.5 黄褐色，至端部逐渐变暗；须黄色；足黄褐色或浅褐色，有时腿节和胫节红褐色，所有胫节近基部相当长的距离浅黄色；产卵管鞘基半部褐色，端半部黑色；前翅明显烟褐色，沿翅脉具深色斑块；翅痣深褐色，基部 1/4 黄色。

雄：体色较雌虫稍深；基脊是叉脊的 1.8 倍；腹部第 2–4 背板刻纹较雌虫更粗糙。其余特征与雌虫相似。

生物学：未知。

研究标本：♀（正模，*Spathius verustus* Chao，IZCAS），福建崇安三港，1975.IX.23，陈家骅；♀（正模，*Spathius lunganjiding* Chao，IZCAS），福建福州魁岐，1955.IV；1♂（副模，*Spathius lunganjiding* Chao，IZCAS），福建福州魁岐，1955.IV。ZJUH：1♀，吉林长春，1992.VIII.23，娄巨贤，No.951060；1♀，山西中条山，1981.VIII.14，李法圣，

No.200012320；1♀，浙江天目山开山老殿，1999.VIII.19，马云，No.20001744；1♀，浙江天目山，1998.V.31，陈学新，No.980388；1♀，浙江松阳安岱后，1989.VII.15–17，何俊华，No.894342；1♀，河南内乡宝天曼，1998.VII.12，陈学新，No.986043。

分布：吉林（长春）、山西（中条山）、河南（宝天曼）、宁夏（贺兰山）、浙江（天目山、安岱后）、湖北（神农架）、福建（魁岐、三港、武夷山、龙栖山）、海南（琼山）、云南（勐仑）；俄罗斯，韩国，日本。

(294) 条腹柄腹茧蜂 *Spathius virgulatus* Tang, Belokobylskij *et* Chen, 2015（图版 LXIV: 2）

Spathius virgulatus Tang, Belokobylskij *et* Chen, 2015: 121.

雌：体长 2.8–4.0 mm；前翅长 3.0 mm。

头：触角 33 节；柄节长是宽的 1.4–1.5 倍；第 1 鞭节长为宽的 4.0 倍，为第 2 鞭节长的 1.0 倍；头顶大部分具革质颗粒，仅在单眼区后具较弱的横刻纹；额具横刻条；颊具较弱的革质颗粒；头部背面观宽为中长的 1.5 倍；头在复眼后弧形收缩；复眼横径长为上颊的 2.5–2.8 倍；单眼区底边长为侧边的 1.2 倍，POL=1.0×OD=0.4×OOL；复眼光滑，纵径为横径的 1.3 倍；颚眼距是复眼纵径的 0.3–0.4 倍，是上颚基部宽的 1.0–1.1 倍；脸具弱横皱，皱间不光滑、具颗粒皱；脸宽是复眼纵径的 1.0 倍，是脸和唇基总长的 1.2 倍；唇基沟明显，完整；后头脊背方存在，与口后脊在上颚基部处不愈合。

胸：胸长是高的 2.1–2.2 倍；前胸背板后横脊完整，前胸背板后横脊与后缘合并较长，前横脊明显；中胸盾片较缓和地升起，侧面观中胸盾片与前胸背板成钝角；中胸盾片中叶前方凸出，前侧方无肩角；中胸盾片密布颗粒，仅沿盾纵沟被稀疏的半直立长毛，后部中央 2 条纵隆脊明显，隆脊间具横向短刻条；盾纵沟完整，窄而浅，但其内刻条不伸入中叶和侧叶；小盾片前凹浅，宽，内具 5 条纵脊，前凹长是小盾片长的 0.4 倍；小盾片稍微隆起，密布颗粒；中胸侧板密布颗粒；翅下区浅，宽，具刻条皱；基节前沟深，直，宽，具明显刻条，长为中胸侧板下缘的 0.6 倍。并胸腹节分区明显，中区狭长；基脊是叉脊的 1.4 倍；基区密布颗粒，脊周围具刻条；中区具不规则皱；中区与柄区分界明显。

翅：前翅长是宽的 2.8–3.0 倍，r 脉从翅痣的中央稍后伸出；3-SR=4.2×r=0.6×SR1=1.2×2-SR；第 2 亚缘室长是宽的 3.0–3.2 倍，是第 1 亚盘室长的 1.6 倍；m-cu 脉后叉；CU1a 脉后叉。后翅 M+CU=0.6×1-M；m-cu 脉前叉，稍弯向翅基部，不骨化。

足：后足基节背方具革质颗粒和刻条，侧方具革质颗粒；后足基节基腹方具转角和瘤突；后足腿节革质；后足腿节长是宽的 3.0–3.2 倍；后足胫节具半直立的毛，毛长为胫节中间宽的 0.8 倍；后足胫节外缘具 4 个端刺；后足跗节长是后足胫节长的 0.8 倍；后足基跗节长是第 2–5 跗节总长的 0.6 倍；后足第 2 跗节长是后足基跗节长的 0.5–0.6 倍，是第 5 跗节长的 0.9 倍。

腹：腹柄侧面观腹面稍弯曲，背面基半部明显均匀弯曲；气门瘤位于腹柄基部 0.3 处；腹柄长为其端宽的 1.6–1.8 倍，为并胸腹节的 1.4–1.5 倍；腹柄端宽为气门处宽的 2.0

倍；腹柄具纵脊，脊间具网皱；第 2+3 背板中长为第 2 背板基宽的 1.0–1.2 倍，是第 2+3 背板最宽处的 0.7–0.8 倍；无第 2 背板缝；第 2+3 背板具较明显的侧缘；第 2–4 背板几乎全具纵向密集刻条，刻条间具皱，仅端缘光滑；第 5 背板基半部刻纹较弱；背板剩余部分几乎光滑；产卵管鞘长为腹部长的 0.4 倍，为腹柄长的 1.2 倍，为胸部长的 0.6 倍，为前翅长的 0.3 倍。

体色：头黄褐色；中胸盾片黄褐色，小盾片红褐色，中胸侧板褐色；并胸腹节红褐色；腹柄黑褐色；第 2+3 背板基部 3/4 暗褐色，端部 1/4 黄褐色；其他背板基半部暗褐色，端半部黄褐色；触角基部黄褐色渐变为褐色，最端部有几节浅黄色；单眼区黑褐色；须乳白色；各足端跗节褐色，其余全为浅黄色；前翅浅褐色半透明，无斑纹；翅痣基部 1/3 浅黄色，端部 2/3 浅褐色。

雄：未知。

生物学：未知。

研究标本：♀（正模，ZJUH），海南吊罗山，2006.VII.16–17，刘经贤，No.200802143；1♀（副模，ZJUH），海南吊罗山，2006.VII.16–17，刘经贤，No.200802175；2♀（副模，ZJUH），海南尖峰岭天池，2006.VII.12–15，陈天飞，Nos.200803138，200803196；1♀（副模，ZJUH），海南尖峰岭天池，2006.VII.12–15，刘经贤，No.200803623；1♀（副模，ZJUH），海南尖峰岭天池，2008.XI.24，谭江丽，No.200806056；2♀（副模，ZJUH），海南尖峰岭天池，2006.VII.12–15，张文勇，Nos.200803427，200803532；1♀（副模，ZJUH），海南尖峰岭，2007.VI.4–7，曾洁，No.200710938。

分布：海南（吊罗山、尖峰岭）。

(295) 弗氏柄腹茧蜂 *Spathius vladimiri* Belokobylskij, 1998（图版 LXIV: 3）

Spathius vladimiri Belokobylskij, 1998b: 95; Belokobylskij *et* Maeto, 2009: 743; Tang *et al.*, 2015: 123.

雌：体长 3.3–4.3 mm；前翅长 2.5–2.9 mm。

头：触角 29–35 节；柄节长是宽的 1.5–1.6 倍；第 1 鞭节长为宽的 3.8–4.7 倍，为第 2 鞭节长的 1.15–1.25 倍；头顶和额具粗糙的横向刻条，有时刻条间具皱，后部近后头脊处常具短的纵刻条；颊前半部光滑，后部 0.2–0.5 具皱刻条；头部背面观宽为中长的 1.5–1.7 倍；头在复眼后明显稍弧形收缩；复眼横径长为上颊的 1.8–2.3 倍；单眼区底边长为侧边的 1.1–1.2 倍，POL=1.10–1.25×OD=0.45–0.60×OOL；复眼光滑，纵径为横径的 1.20–1.25 倍；颚眼距是复眼纵径的 0.40–0.45 倍，是上颚基部宽的 0.8–0.9 倍；脸具横向皱刻条；脸宽是复眼纵径的 1.0–1.1 倍，是脸和唇基总长的 1.0 倍；唇基沟明显，完整；后头脊背方存在，与口后脊在上颚基部处愈合。

胸：胸长是高的 1.8–2.0 倍；前胸背板后横脊与前胸背板后缘稍愈合，前横脊位于前胸背板近中央；中胸盾片从前胸背板弧形升起，侧面观中胸盾片与前胸背板几乎成直角；中胸盾片广布粗糙皱刻条，皱间具密集颗粒，侧叶仅狭窄的中央纵条区域具密集颗粒，沿盾纵沟和侧方被相当密集的直立或半直立长毛，后部中央具 2 条明显纵脊，脊间具粗糙皱；盾纵沟深、宽、完整，具粗糙短刻条；小盾片前凹深，长，内具 1–3 条纵脊，前凹长是小盾片长的 0.3 倍；小盾片具密集颗粒，部分区域具微弱皱，稍隆起，具明显完整的侧脊；中胸侧板具粗糙皱刻条，部分区域具密集颗粒，中后部具光滑区域；翅下区浅，宽，具粗糙皱刻条；基节前沟前深后浅，稍“S”形弯曲，具粗糙的短刻条，横贯中胸侧板下缘。并胸腹节具小而粗的侧突，分区明显；基脊是叉脊的 1.0–1.5 倍；基侧区具密集的皱-颗粒，仅前半部具颗粒或革质颗粒；中区和柄区分界明显。

翅：前翅长是宽的 3.4–3.6 倍，r 脉从翅痣的中央后方伸出；3-SR=2.8–3.7×r=0.5–0.6×SR1=0.9–1.1×2-SR；第 2 亚缘室长是宽的 2.8–3.2 倍，是第 1 亚盘室长的 1.4–1.5 倍；cu-a 脉明显后叉；m-cu 脉明显后叉；CU1a 脉后叉。后翅 M+CU=0.6–0.7×1-M；m-cu 脉长，前叉，着色，强烈斜向翅基部。

足：后足基节具密集的皱-颗粒，背方具横刻条；后足基节基腹方具明显转角和瘤突；后足腿节背方具刻条，其余部分微弱革质或光滑；后足腿节长是宽的 3.1–3.4 倍；后足胫节外缘无端刺；后足胫节背面毛长为胫节中间宽的 0.9–1.3 倍；后足跗节长是后足胫节长的 0.9–1.0 倍；后足基跗节长是后足第 2–5 跗节长的 0.6 倍；后足第 2 跗节长是后足基跗节长的 0.5–0.6 倍，是后足第 5 跗节长的 1.1–1.3 倍。

腹：腹柄侧面观腹面稍弯曲，背面基半部明显弯曲，端半部几乎直，气门瘤位于基部 1/3 处；腹柄长为其端宽的 3.0–3.5 倍，为并胸腹节的 1.6–1.8 倍；腹柄端宽为气门处宽的 1.3–1.6 倍；腹柄具刻条，刻条间具密集皱或网纹，端部光滑；第 2+3 背板中长为第 2 背板基宽的 1.8–2.0 倍，是第 2+3 背板最宽处的 0.90–1.15 倍；无第 2 背板缝；第 2+3 背板无侧缘；柄后腹光滑；产卵管鞘长为体长的 0.6–0.8 倍，为腹部长的 1.4–1.6 倍，为胸部长的 0.9–1.2 倍，为前翅长的 0.5–0.6 倍。

体色：头红褐色，额至少前部、颚眼距区域和复眼周围黄褐色或浅红褐色；胸部和腹柄几乎黑色，中胸背板大部分或完全红褐色或浅红褐色；柄后腹深红褐色或浅红褐色，腹方和端部黄褐色；触角基部浅红褐色，中央深红褐色或黑色，近端部黄色或浅黄色，端部色深；须浅黄色；足浅褐色或褐黄色，基部色浅，后足基节浅红褐色或黄褐色，有时稍烟褐色，后足腿节近端部深褐色，后足胫节基部烟褐色，近基部色浅，后足跗节烟褐色；产卵管鞘红褐色或浅褐色，端部几乎黑色；前翅稍烟褐色；翅痣褐色，基部和端部黄色。

雄：未知。

生物学：未知。

研究标本（ZJUH）：1♀，浙江安吉龙王山，2004.IX.22，马云，No.20050040；1♀，浙江开化古田山，1992.VII.21，吴鸿，No.948985；1♀，贵州宽阔水，2010.VI.4，曾洁，No.201000587。

分布：浙江（龙王山、古田山）、贵州（宽阔水）；日本。

(296) 吴氏柄腹茧蜂 *Spathius wuae* Tang, Belokobylskij *et* Chen, 2015（图版 LXIV: 4）

Spathius wuae Tang, Belokobylskij *et* Chen, 2015: 123.

雌：体长 4.0 mm；前翅长 2.5 mm。

头：触角已断，余 14 节；柄节长是宽的 1.8 倍；第 1 鞭节长为宽的 5.8 倍，为第 2 鞭节长的 1.2 倍；头顶全具粗糙的微弱波浪形弯曲刻条；额全具粗糙的弯曲刻条；颊上半部具微弱的刻条-网纹，下半部光滑；头部背面观宽为中长的 1.4 倍；头在复眼后弧形收缩；复眼横径长为上颊的 1.5 倍；单眼区底边长为侧边的 1.2 倍，POL=1.2×OD=0.5×OOL；复眼光滑，纵径为横径的 1.2 倍；颚眼距是复眼纵径的 0.6 倍，是上颚基部宽的 1.2 倍；脸球面状隆起，整个表面具细密的针刮状刻纹，犹如唱片表面的纹理；脸宽是复眼纵径的 1.3 倍，是脸和唇基总长的 1.1 倍；唇基沟大部分缺；后头脊背方存在，与口后脊在上颚基部处不愈合。

胸：胸长是高的 1.8 倍；前胸背板脊细，几乎缺，位于前胸背板中央，前胸背板近前端具微弱的横刻条；中胸盾片垂直地升起，侧面观中胸盾片与前胸背板成直角；中胸盾片中叶稍向前方凸出，前侧方具短、宽、钝的肩角；中胸盾片具颗粒，仅沿盾纵沟被稀疏长毛，后部中央具 2 条脊；盾纵沟前部明显、宽、具短刻条，后半部 0.3 非常浅；小盾片前凹深，相当短，内具 3 条弱纵脊，前凹长是小盾片长的 0.3 倍；小盾片明显凸出，具密集的相当微弱的颗粒，具明显侧脊；中胸侧板大部分具微弱的革质网纹，小部分光滑；翅下区非常浅，宽，具微弱网皱；基节前沟明显，窄，弯曲，具短刻条，长为中胸侧板下缘的 0.5 倍；并胸腹节具短且宽的侧突，分区明显，基区具颗粒，剩余部分具粗糙的横刻条皱。

翅：前翅长是宽的 3.9 倍，r 脉几乎从翅痣的中央伸出；3-SR=5.25×r=1.0×SR1=1.5×2-SR；第 2 亚缘室长是宽的 3.8 倍，是第 1 亚盘室长的 1.5 倍；m-cu 脉后叉；CU1a 脉几乎对叉。后翅 M+CU=0.5×1-M；m-cu 脉明显前叉，稍弯曲，强烈斜向翅基部。

足：后足基节背方具明显的横向刻条，剩余部分广布密集颗粒；后足基节具转角，无瘤突；后足腿节具明显的密集革质颗粒；后足腿节长是宽的 3.2 倍；后足胫节具几乎直立的毛，毛长为胫节中间宽的 0.7–1.0 倍；后足跗节长是后足胫节长的 0.8 倍；后足基跗节长是第 2–5 跗节总长的 0.6 倍；后足第 2 跗节长是后足基跗节长的 0.5 倍，是后足第 5 跗节长的 1.0 倍。

腹：腹柄侧面观腹面几乎直，背面基部 1/3 强烈弯曲、端部 2/3 直；气门瘤位于腹柄基部 1/3 处；腹柄长为其端宽的 3.0 倍，为并胸腹节的 1.5 倍；腹柄端宽为气门处宽的 1.3–1.5 倍；腹柄基部 2/5 具明显的密集刻条，刻条间具密集皱，端部刻条微弱；第 2+3 背板中长为第 2 背板基宽的 1.7 倍，是第 2+3 背板最宽处的 1.0 倍；无第 2 背板缝；第 2+3 背板无明显的侧缘；第 2+3 背板具密集的微弱颗粒，仅端部光滑；剩余各背板基半部具非常微弱的颗粒，端半部几乎光滑；产卵管直；产卵管鞘长为腹部长的 0.8 倍，为腹柄长的 2.1 倍，为胸部长的 1.4 倍，为前翅长的 0.7 倍。

体色：体红棕色；触角基部黄色，渐变为黑褐色；须黑褐色；足红褐色，中足基部几乎黄色；产卵管鞘基部 0.6 棕黄色，端部 0.4 黑色；前翅具明显的宽的斑纹；翅痣深棕色，基部 0.4 浅黄色。

雄：未知。

生物学：未知。

研究标本：♀（正模，ZJUH），海南尖峰岭，2008.XI.22，谭江丽，No.200805314。

分布：海南（尖峰岭）。

(297) 雾社柄腹茧蜂 *Spathius wusheensis* Belokobylskij, 1996（图版 LXV: 1）

Spathius wusheensis Belokobylskij, 1996: 184; Chen *et* Shi, 2004: 167; Belokobylskij *et* Maeto, 2009: 747; Tang *et al*., 2015: 126.

雌：体长 1.8–3.2 mm；前翅长 1.4–2.2 mm。

头：触角 17–18 节；柄节长是宽的 2.0 倍；第 1 鞭节长为宽的 2.8–3.0 倍，为第 2 鞭节长的 0.9–1.0 倍；头顶光滑；额前半部具密集横刻条；颊光滑；头部背面观宽为中长的 1.3–1.4 倍；头在复眼后前方稍凸，后方弧形收缩；复眼横径长为上颊的 1.1–1.2 倍；单眼区底边长为侧边的 1.1–1.2 倍，POL=1.3–1.5×OD=0.4–0.5×OOL；复眼光滑，纵径为横径的 1.3–1.4 倍；颚眼距是复眼纵径的 0.5 倍，是上颚基部宽的 0.9–1.0 倍；脸具密集的皱刻条；脸宽是复眼纵径的 1.1–1.3 倍，是脸和唇基总长的 1.2–1.3 倍；唇基沟明显，完整；后头脊背方存在，与口后脊在上颚基部处不愈合。

胸：胸长是高的 2.4 倍；前胸背板后横脊中央与前胸背板后缘愈合，前横脊位于前胸背板中央；中胸盾片从前胸背板强烈升起；中胸盾片具微弱颗粒、后部革质，中叶具微弱的横向波浪形刻条，后半部具 1 条高的中脊，侧方具短皱，沿盾纵沟被稀疏的半直立长毛；盾纵沟几乎完整，前深后浅，具短刻条；小盾片前凹相当浅，内具 3 条纵脊，前凹长是小盾片长的 0.4 倍；小盾片具微弱颗粒或中央光滑，侧方革质；中胸侧板具微弱或粗糙的网皱，近中央几乎光滑；翅下区浅，宽，具粗糙皱刻条；基节前沟相当浅，窄，稍“S”形弯曲，具短刻条，横贯中胸侧板下缘；并胸腹节具网皱，分区不明显。

翅：前翅长是宽的 3.5 倍，r 脉从翅痣的中央或稍前伸出；3-SR=3.8–4.5×r=0.8×SR1=1.4–1.7×2-SR；第 2 亚缘室长是宽的 3.0–3.5 倍，是第 1 亚盘室长的 1.5–1.6 倍；m-cu 脉明显后叉；CU1a 脉对叉。后翅 M+CU=0.4–0.5×1-M；m-cu 脉明显前叉，不骨化，强烈弯向翅基部。

足：后足基节背方具弯的刻条，侧方具革质颗粒；后足基节基腹方无转角和瘤突；后足腿节光滑；后足腿节长是宽的 2.5 倍；后足胫节外缘具 3 个端刺；后足胫节的毛长为胫节中间宽的 0.5–0.6 倍；后足跗节长是后足胫节长的 0.8 倍；后足基跗节长是后足第 2–5 跗节长的 0.6–0.7 倍；后足第 2 跗节长是后足基跗节长的 0.4–0.5 倍，是后足第 5 跗节长的 0.8 倍。

腹：腹柄侧面观腹面几乎直，背面基半部明显弯曲，气门瘤位于基部 1/3 处；腹柄长为其端宽的 2.8–3.0 倍，为并胸腹节的 1.7 倍；腹柄端宽为气门处宽的 1.5–1.6 倍；腹柄基半部具网皱，端半部具皱刻条至刻条；第 2+3 背板中长为第 2 背板基宽的 1.8 倍，是第 2+3 背板最宽处的 0.8–0.9 倍；无第 2 背板缝；第 2、3 背板无侧缘；剩余背板光滑；产卵管鞘长为腹部长的 2.0 倍，为胸部长的 2.5–2.6 倍，为前翅长的 1.1–1.4 倍。

体色：体红褐色，柄后腹后半部颜色较深。触角浅褐色，端部 1/4 颜色较深。须黄色。足大部分黄色，各足胫节基部颜色较浅。产卵管鞘大部分黄色，端部深色。翅具斑纹。翅痣基部 1/4 浅黄色，端部 3/4 黑褐色。

雄：未知。

生物学：未知。

研究标本（ZJUH）：2♀，海南尖峰岭，2007.VI.7，刘经贤，Nos.200702421，200702601；1♀，海南尖峰岭，2007.VI.4–7，曾洁，No.200711098。

分布：海南（尖峰岭）、台湾（雾社）。

(298) 武夷柄腹茧蜂 *Spathius wuyiensis* Chen *et* Shi, 2004（图 36）

Spathius wuyiensis Chen *et* Shi, 2004: 168.

雌：体长 4.6 mm；前翅长 4.5 mm。

头：触角断，余 20 节；第 1 鞭节长是宽的 5.0 倍，为第 2 鞭节长的 1.2 倍；背面观头方形，头宽为头长的 1.43 倍；具完整后头脊；背面观复眼长为上颊的 1.25 倍，上颊在复眼后弧形收敛；OOL∶OD∶POL=14∶3∶7；正面观复眼中等大小，微向唇基收敛，眼间线长为脸宽的 1.14 倍；脸宽为高的 1.85 倍；唇基半圆形，光滑，宽为高的 2.4 倍；口窝圆形；颚眼距长为复眼高的 0.7 倍。脸微皱，中间微突；额微凹陷，具横脊；上颊光滑；头顶光滑。

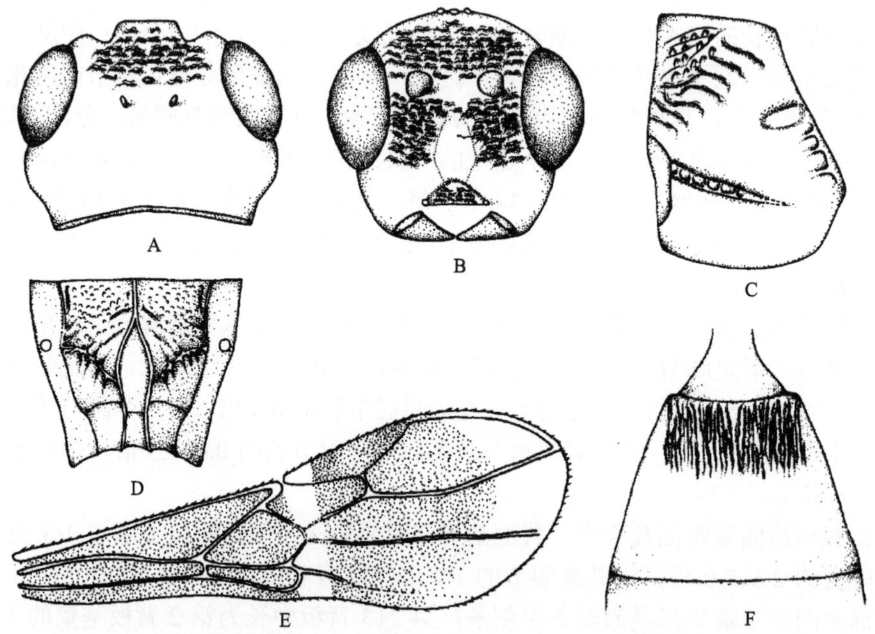

图 36　武夷柄腹茧蜂 *Spathius wuyiensis* Chen *et* Shi（仿陈家骅和石全秀，2004）

A. 头，背面观；B. 头，前面观；C. 中胸侧板；D. 并胸腹节，背面观；E. 前翅；F. 腹部基部，背面观

胸：胸长是高的 2.1 倍；前胸背板槽具短脊，前方具皱脊；前胸侧板末端光滑，其余具脊；中胸盾片缓落向前胸背板，具颗粒状刻点，沿盾纵沟具稀毛；盾纵沟全程完整，内具短横脊，后端会合处凹陷，具皱；小盾片前凹具 5 条明显纵脊；小盾片略突出，具颗粒状刻点；中胸侧板翅下区具横脊；基节前沟达中胸侧板全长的 1/2，沟内具短脊；并胸腹节具中室，基脊短于叉脊长，背区基部具皱状刻点和脊。

翅：前翅翅痣长是宽的 5.0 倍；r 脉从翅痣中间略伸出，与 3-SR 脉成钝角，r 脉长为痣宽的 0.83 倍；2-SR∶3-SR=4.0∶3.5；SR1 脉伸至翅尖；2-M∶r-m=7.0∶2.0；m-cu 脉伸入第 2 亚缘室；cu-a 脉略后叉式；第 1 亚盘室末端关闭于 m-cu 脉之后；CU1a 脉从基半部伸出。后翅 M+CU∶1-M=1.0∶2.0。

足：后足基节皱。后足跗节第 1 节不及第 2 节的 3.0 倍。

腹：腹柄长为并胸腹节长的 1.9 倍，短于柄后腹长，末端扩大，具皱；第 2+3 背板长为端宽的 0.83 倍，基部具细纵脊；其余背板光滑；产卵管长于腹部长。

体色：体红褐色；须黄白色；前中足基节、所有转节、腿节基部黄褐色；第 2+3 背板末端、腹末端黄褐色；产卵管鞘基部黄褐色，端部褐色。

雄：未知。

生物学：未知。

分布：福建（武夷山）。

附注：根据陈家骅和石全秀（2004）的描述整理，本志研究未见此种标本。模式标本保存于 BIIC。

(299) 许氏柄腹茧蜂 *Spathius xui* Tang, Belokobylskij *et* Chen, 2015（图版 LXV: 2）

Spathius xui Tang, Belokobylskij *et* Chen, 2015: 126.

雌：体长 3.8 mm；前翅长 2.1 mm。

头：触角 26 节；柄节长是宽的 1.8 倍；第 1 鞭节长为宽的 5.5 倍，为第 2 鞭节长的 1.25 倍；头顶几乎完全具革质刻纹；额完全具革质刻纹和粗糙的弯曲刻条；颊几乎光滑；头部背面观宽为中长的 1.5 倍；头在复眼后弧形收缩；复眼横径长为上颊的 1.1 倍；单眼区底边长为侧边的 1.1 倍，POL=1.1×OD=0.4×OOL；复眼光滑，纵径为横径的 1.5 倍；颚眼距是复眼纵径的 0.4 倍，是上颚基部宽的 1.0 倍；脸球面状隆起，整个表面具细密的针刮状刻纹，犹如唱片表面的纹理；脸宽是复眼纵径的 1.1 倍，是脸和唇基总长的 1.1 倍；唇基沟缺；后头脊背方存在，与口后脊在上颚基部处不愈合。

胸：胸长是高的 2.2 倍；前胸背板脊细，后横脊中央与前胸背板后缘几乎愈合，前横脊位于前胸背板中央；前胸背板具微弱的横刻条；中胸盾片相当缓和地升起，侧面观中胸盾片与前胸背板成钝角；中胸盾片中叶前方凸出，前侧方无肩角；中胸盾片具密集的网纹和颗粒，无刻条和皱，仅沿盾纵沟被稀疏长毛，后部中央具 2 条纵隆脊；盾纵沟前半部深，宽，具短刻条，后半部几乎完全缺；小盾片前凹浅，短，内具 3 条弱纵脊，前凹长是小盾片长的 0.4 倍；小盾片隆起，具密集颗粒；中胸侧板广布革质网纹；翅下区浅，宽，具微弱网皱和刻条；基节前沟窄，直，具微弱短刻条，长是中胸侧板下缘的0.5倍；并胸腹节分区明显，具皱和颗粒，前半部尤甚，中区窄、长，基脊长是叉脊长的1.0倍。

翅：前翅长是宽的4.5倍，r脉从翅痣的中央伸出；3-SR=6.0×r=0.85×SR1；2-SR脉几乎完全缺；第2亚缘室长是宽的3.3倍，是第1亚盘室长的1.5倍；m-cu脉对叉；cu-a脉对叉；CU1a脉几乎对叉。后翅M+CU=0.5×1-M；m-cu脉对叉，稍弯向翅基部。

足：后足基节具密集颗粒；后足基节无转角和瘤突；后足腿节背方具革质颗粒，腹方几乎光滑；后足腿节长是宽的3.3倍；后足胫节外侧无端刺；后足胫节具半直立的毛，毛长为胫节中间宽的0.7–1.0倍；后足跗节长是后足胫节长的0.9倍；后足基跗节长是第2–5跗节总长的0.6倍；后足第2跗节长是后足基跗节长的0.45倍，是后足第5跗节长的1.0倍。

腹：腹柄侧面观腹面稍弯曲，背面基部1/3较强弯曲，端部2/3直；气门瘤位于腹柄基部1/3处；腹柄长为其端宽的2.6倍，为并胸腹节的1.6倍；腹柄基具明显刻条，前部0.7刻条间明显具皱；第2+3背板中长为第2背板基宽的1.9倍，是第2+3背板最宽处的0.9倍；无第2背板缝；第2背板仅基部具侧缘；第2、3背板具密集且微弱的半弧形针刮状刻纹；第4、5背板基半部具微弱的革质刻纹，端半部几乎光滑；剩余背板光滑；产卵管鞘长为腹部长的0.8倍，为腹柄长的1.8倍，为胸部长的1.0倍，为前翅长的0.55倍。

体色：体浅红褐色，部分仅具黄色，腹部端半部深红褐色。触角黄色至褐色，端部明显烟褐色。须褐色，端部稍浅。足褐黄色，部分黄色。产卵管鞘基部0.7褐黄色，端部0.3黑色。前翅广布斑纹，亚基室最窄处前部具纵贯的深色带。翅痣深褐色，基部0.4浅黄色。

雄：未知。

生物学：未知。

研究标本：♀（正模，ZJUH），广东同乐大山，2003.VIII.12–13，许再福，No.20054357。

分布：广东（同乐大山）。

(300) 营根柄腹茧蜂 *Spathius yinggenensis* Chao, 1977

Spathius yinggenensis Chao, 1977: 214; Chen *et* Shi, 2004: 171.

形态特征：体长5.5 mm。脸具横皱脊；额和头顶都有横脊，额的脊较为紊乱，头顶的脊较整齐而粗；颊基本上光滑，仅在靠近后头脊处具不明显隆脊。前胸背板横脊与背板后缘接近，但不接触；背板侧沟前缘隆脊不明显，因而侧沟界限不分明，这个区域具甚多强横脊；中胸背板中叶向前胸背板倾斜的角度中等；中胸侧板基本上光滑；基节前沟长度约为侧板的0.7倍，具甚多横脊伸出沟外；并胸腹节基脊长度为叉脊的0.7倍，侧突呈短齿状突。后足胫节背方毛的长度约为胫节中部横径的1.5倍。腹柄节长度约为并胸腹节的2倍，为柄后腹的0.67倍，具若干纵脊，纵脊的中央部分皱而弱；第2+3背板基部具少许微弱隆脊；产卵管鞘长为腹部的1.33倍。体赤褐色；中胸背板中叶中央黄褐色，整个前胸及中胸侧板黑赤褐色；腹部末节背板及前足和中足基节蜜黄色；须及转节几呈白色；前足和中足胫节基部背面具黄白色短纵纹；柄后腹第 2+3、4、5 背板端缘呈深赤褐色宽横带。

雄：未知。

生物学：未知。

分布：海南（营根）。

附注：根据赵修复（1977）的描述整理，本志研究未见此种标本。模式标本原记录保存于 IZCAS，但已丢失。

(301) 云南柄腹茧蜂 *Spathius yunnanensis* Chao, 1977（图版 LXV: 3）

Spathius yunnanensis Chao, 1977: 215; Chen *et* Shi, 2004: 171; Belokobylskij, 2003b: 449; Tang *et al.*, 2015: 129.

雌：体长 4.2 mm；前翅长 3.4 mm。

头：触角已断，余 29 节；柄节长是宽的 1.6 倍；第 1 鞭节长为宽的 5.0 倍，为第 2 鞭节长的 1.1 倍；头顶、额和脸大部分具明显的横刻条，脸中央光滑；颊光滑；头部背面观宽为中长的 1.7 倍；头在复眼后明显弧形收缩；复眼横径长为上颊的 2.2 倍；单眼小，单眼区底边长为侧边的 1.0 倍，POL=0.9×OD=0.35×OOL；复眼光滑无毛，纵径为横径的 1.2 倍；颚眼距是复眼纵径的 0.4 倍，是上颚基部宽的 1.0 倍；脸宽是复眼纵径的 1.0 倍，是脸和唇基总长的 1.0 倍；唇基沟明显，完整；唇基下陷宽是下陷边缘至复眼距离的 1.0 倍，是脸宽的 0.5 倍；后头脊背方存在，与口后脊在上颚基部处愈合。

胸：胸长是高的 2.0 倍；前胸背板脊明显，后横脊与前胸背板后缘愈合，前横脊位于前胸背板近中央；中胸盾片从前胸背板明显弧形升起；中胸盾片具明显的密集颗粒，盾纵沟附近和侧方具微弱短皱，被相当稀疏的半直立长毛，中后部具 2 条向后会合的纵脊；盾纵沟相当浅，完整，具短刻条；小盾片前凹相当深，宽，内具 5 条纵脊，前凹长是小盾片长的 0.35 倍；小盾片具密集颗粒，稍隆起，具明显侧脊；中胸侧板具十分微弱的刻条，中央大部分几乎光滑；翅下区浅，宽，具皱刻条；基节前沟前深后浅，明显弯曲，具稀疏的短刻条，横贯中胸侧板下缘；并胸腹节无侧突，分区明显，基脊是叉脊的 1.5 倍；基侧区具微弱的密集颗粒；中区短，相当小；柄区与中区明显分离。

翅：前翅长是宽的 3.7 倍，r 脉明显从翅痣的中央之后伸出；3-SR=5.0×r=0.6×SR1=1.0×2-SR；第 2 亚缘室长是宽的 3.0 倍，是第 1 亚盘室长的 1.35 倍；CU1a 脉后叉。后翅 M+CU=0.5×1-M；m-cu 脉明显前叉，不骨化，明显斜向翅基部。

足：后足基节背方具颗粒和刻条；后足基节基腹方具转角和瘤突；后足腿节光滑；后足腿节长是宽的 3.5 倍；后足胫节背方具相当密集的半直立长毛，毛长是胫节宽的 0.9–1.3 倍；后足跗节长是后足胫节长的 0.9 倍；后足基跗节长是第 2–5 跗节总长的 0.6 倍；后足第 2 跗节长是后足基跗节长的 0.55 倍，是第 5 跗节长的 1.1 倍。

腹：腹柄侧面观腹面稍弯曲，背面明显均匀弯曲；腹柄基半部处加宽，1/3 具气门瘤；

腹柄长为其端宽的 3.3 倍，为并胸腹节的 1.8 倍；腹柄端宽为气门处宽的 1.5 倍；腹柄具皱刻条，端部 1/4 仅具刻条；第 2+3 背板中长为第 2 背板基宽的 2.0 倍，是第 2+3 背板最宽处的 0.8 倍；第 2 背板缝不明显；第 2 背板无明显的侧缘；剩余背板光滑；产卵管鞘长为腹部长的 0.6 倍，为腹柄长的 1.3 倍，为胸部长的 0.9 倍，为前翅长的 0.4 倍。

体色：体深红褐色，头和中胸盾片浅红褐色，腹部第 2、3 背板红褐色；触角近端部黄白色；须黄色；足黄色，后足基节基部、中足胫节中央和后足胫节端部褐色；产卵管鞘褐色，基部黄色；前翅烟褐色；翅痣褐色，基部色浅。

雄：未知。

生物学：未知。

研究标本：♀（正模，IZCAS），云南西双版纳勐混，1200–1400 m，1958.V.14，洪淳培。

分布：云南（西双版纳）。

37. 萨克特步茧蜂属 *Sycosoter* Picard *et* Lichtenstein, 1917

Sycosoter Picard *et* Lichtenstein, 1917: 285; Shenefelt *et* Marsh, 1976: 1345. **Type species:** *Sycosoter lavagnei* Picard *et* Lichtenstein, 1917; by monotype.

形态特征：复眼无毛；无颚眼沟；头后头脊存在，与口后脊在上颚基部处不愈合；触角柄节宽，短，无端叶；第 1 鞭节明显短于第 2 鞭节。中胸背板几乎垂直地从前胸背板升起；盾纵沟通常缺；基节前沟浅、长、直；胸腹侧脊明显完整。前翅缘室常短；r-m 脉缺；m-cu 脉前叉；cu-a 脉缺；愈合的亚基室和第 1 亚盘室末端闭合；CU1a 脉对叉。后翅 M+CU 脉不短于 1-M 脉；1-SC+R 脉缺；无基室和亚基室；m-cu 脉缺。前足胫节外侧具成列钉状刺；后足基节腹方无转角和瘤突；腿节背方无肿突；雄虫后足腿节粗壮；后足基跗节为后足第 2–5 跗节的 0.8–1.0 倍。雄虫腹部扁平，长，端部不向下弯曲；雄虫腹部背板从第 3 节开始往后无明显斜向内侧的侧脊；腹部第 1 背板不呈柄状，宽，具明显背凹；端腹片长为腹部第 1 背板长的 0.2 倍；第 2 背板缝浅或缺；腹部第 2 背板无沟或刻纹组成的图案，光滑；产卵管常短于腹部。

生物学：据记载，寄主有鞘翅目的窃蠹科 Anobiidae、长蠹科 Bostrichidae、天牛科 Cerambycidae、粉蠹科 Lyctidae、小蠹科 Scolytidae（Yu *et al.*, 2016; Belokobylskij & Maeto, 2009）。

分布：全世界分布。本属全世界已知 8 种，中国已知 1 种。

(302) 服部萨克特步茧蜂 *Sycosoter hattori* (Kono *et* Watanabe, 1935)（图版 LXV: 4）

Ecphylus hattori Kono *et* Watanabe, 1935: 68; Watanabe, 1937: 41; Hedqvist, 1967: 68 (as synonym of *E. caudatus* Ruschka); Shenefelt *et* Marsh, 1976: 1346; Belokobylskij, 1987: 83; 2009a: 89; Belokobylskij *et* Maeto, 2009: 144.

Sycosoter hattori: Belokobylskij *et* Lin, 2020: 31.

雌：体长 1.4–1.7 mm；前翅长 1.4–1.7 mm。

头：触角 13–16 节，是体长的 1.1–1.2 倍；柄节长是宽的 1.1–1.3 倍；鞭节第 1 节长是其端宽的 4.8–5.5 倍，是第 2 鞭节长的 0.8–0.9 倍；倒数第 2 鞭节长是宽的 3.5–4.5 倍，是第 1 鞭节长的 0.8–0.9 倍，是最后 1 鞭节长的 0.9–1.0 倍；头顶光滑，头宽是长的 1.3–1.5 倍；额光滑；背面观上颊自复眼后前部 0.3–0.5 近平行，后部 0.5–0.7 弧形收缩；背面观复眼横径是上颊长的 1.2–1.4 倍；后单眼间距是前后单眼间距的 1.1–1.3 倍；POL=1.4–1.7×OD=0.4–0.5×OOL；复眼无毛，纵径是横径的 1.2–1.3 倍；颚眼距是复眼纵径的 0.4–0.5 倍，是上颚基部宽的 0.8–1.0 倍；脸中央具微弱皱纹，其余部分基本光滑；脸宽是复眼纵径的 1.1–1.2 倍，是脸和唇基总长的 1.4–1.5 倍；后头脊背面完整，与口后脊在上颚基部处不愈合，极少数情况下愈合。

胸：胸长是高的 1.6–1.8 倍；中胸盾片与前胸背板水平面成直角；中胸盾片前方密布明显颗粒，后方颗粒较弱甚至消失；盾纵沟前部深，宽，其间具短刻条或光滑；小盾片前凹深，长，是小盾片长的 0.3 倍；小盾片光滑；中胸侧板光滑，翅下区深、宽、光滑；基节前沟宽，光滑，其长达中胸侧板下部全长的 0.5–0.6 倍；后胸背板具短且钝的背突；并胸腹节微弱革质颗粒至光滑；基侧区光滑或具微弱颗粒；中区明显。

翅：前翅长是宽的 3.0–3.4 倍，r 脉从翅痣中央稍前方几乎垂直伸出，3-SR=6.0–6.7×r=4.0–5.2×2-SR；2-SR=1.8–3.0×r=4.0–5.2×2-SR+M=1.2–1.7×m-cu；第 1 盘室长是宽的 1.9–2.4 倍；1-SR=1.5–2.0×1-M；M+CU1 脉明显弯曲；m-cu 脉前叉；第 1 亚盘室末端明显在 m-cu 脉前方闭合。后翅 1-SC+R 脉缺。

足：后足基节和后足腿节光滑；后足腿节背方无肿突，长是宽的 3.3–3.9 倍；后足跗节长是后足胫节长的 0.8–0.9 倍；后足基跗节长是第 2–5 跗节总长的 0.7–0.8 倍，第 2 跗节长是基跗节长的 0.4–0.5 倍，是第 5 跗节长的 1.0 倍。

腹：腹长是头胸总长的 0.8–0.9 倍；第 1 背板无明显的气门瘤；第 1 背板端宽是基宽的 1.7–1.8 倍，长是端宽的 0.8–0.9 倍，是并胸腹节长的 1.1–1.3 倍；第 1 背板具明显的强烈向端部会合的背脊和明显的纵刻条，基部中央或整个中央具皱；第 2 背板长是基宽的 0.5–0.6 倍，是第 3 背板长的 1.0–1.3 倍；第 2 背板缝浅，直；剩余背板光滑；产卵管鞘长是腹长的 1.0–1.4 倍，是胸长的 1.3–1.5 倍，是前翅长的 0.5–0.6 倍。

体色：体红棕色至深红棕色；头腹方、前胸下半部大部分、并胸腹节、后胸侧板和腹部第 1 背板或整个腹部颜色稍浅，有时棕黄色；触角深红棕色至黑色，基部 4、5 节黄色；须黄色或浅黄色；产卵管鞘黑色；前翅几乎透明，沿 1-SR 脉、1-M 脉和 r 脉颜色稍深；翅痣黄棕色或黄色，基部 0.4 颜色稍浅。

雄：体长 2.3 mm；前翅长 1.5 mm。背面观复眼横径是上颊长的 1.2 倍；触角是体长的 0.7 倍；胸长是高的 1.9 倍；后足腿节长是宽的 2.4 倍；腹部明显狭长，后半部明显变窄，是头胸总长的 1.7 倍；第 1 背板长是端宽的 1.1 倍，是并胸腹节长的 1.4 倍；无第 2 背板缝；其他特征与雌虫相似。

生物学：据记载，寄主有红皮臭梢小蠹 *Cryphalus piceus*、黄色梢小蠹 *Cryphalus fulvus*。

研究标本：1♀，Primorskiy kray，30 km SE Ussuriysk，Ussuriysk Nature Reserve，forest，

1993.VI.10–11，S. Belokobylskij（ZISP）。

分布：台湾（南投）；俄罗斯，韩国，日本。

附注：Belokobylskij 和 Maeto（2009）通过研究大量的标本后认为东古北区和我国台湾过去被鉴定为短尾异腹茧蜂 *Ecphylus caudatus* Rucshka 的种应该是服部异腹茧蜂 *E. hattori*。

38. 热纹茧蜂属 *Troporhaconotus* Belokobylskij *et* Zaldivar-Riverón, 2021

Troporhaconotus Belokobylskij *et* Zaldivar-Riverón, 2021: 156. **Type species:** *Pseudospathius jacobsoni* Szépligeti, 1908.

形态特征：本属特征与条背茧蜂属相似，但腹部可见 6 背板，第 6 背板明显扩大，至少基部有刻纹；腹部第 1 背板长，长至少是其端宽的 2.0–2.7 倍；第 2 背板无基区。

生物学：未知。

分布：东洋区、非洲区。本属全世界已知 9 种，中国已知 1 种。

附注：本属是 Belokobylskij 和 Zaldivar-Riverón（2021）提出的一个有效属，所有种类都是从条背茧蜂属移进来的。Belokobylskij 和 Zaldivar-Riverón（2021）认为缺沟背纹茧蜂 *Rhaconotinus asulcus* (Shi *et* Chen, 2004)、中华背纹茧蜂 *Rhaconotinus chinensis* (Belokobylskij *et* Chen, 2004)和光滑背纹茧蜂 *Rhaconotinus glaphyrus* (Chen *et* Shi, 2004)隶属于本属，但这三种腹部第 1 背板长小于其端宽的 2.0 倍，明显不属于热纹茧蜂属，而符合背纹茧蜂属特征。因此本志将这 3 种移入背纹茧蜂属。

(303) 泰热纹茧蜂 *Troporhaconotus thayi* (Belokobylskij, 2001)（图版 LXVI: 1）

Rhaconotus thayi Belokobylskij, 2001: 130; Belokobylskij *et* Chen, 2004b: 356.
Troporhaconotus thayi: Belokobylskij *et* Zaldivar-Riverón, 2021: 156.

雌：体长 5.5–6.4 mm；前翅长 5.0–5.6 mm。

头：触角 46–47 节；柄节长是宽的 1.5 倍；鞭节第 1 节长是其端宽的 5.0–5.5 倍，是第 2 鞭节长的 1.1 倍；头顶和上颊全部具细微革质；额具粗糙皱；头宽是长的 1.3 倍；上颊自复眼后圆弧形收缩，长是复眼横径的 0.6 倍；单眼小，后单眼间距是前后单眼间距的 1.2 倍；POL=1.0×OD=0.6×OOL；复眼光滑，纵径是横径的 1.1 倍；颚眼距是复眼纵径的 0.4 倍，是上颚基部宽的 0.8–0.9 倍；脸密布革质，宽是复眼纵径的 0.9 倍，是脸和唇基总长的 1.2 倍；后头脊与口后脊在上颚处不愈合。

胸：胸长是高的 2.8 倍；前胸背板脊明显且很高，中部与前胸背板后缘显著分离，脊到前胸背板前部和到端部的距离相等；中胸背板沿盾纵沟及附近具稀疏毛；中胸背板、中胸侧板和后胸侧板细微革质；中胸盾片端部 1/4 具 2 相汇聚的脊，脊之间具细皱纹；中胸盾片前缘平缓，与前胸背板水平面成钝角；盾纵沟深、很窄、完整，稍具短刻条；中胸盾片无中纵沟；小盾片前凹明显、很深，具明显的 5 脊，脊间光滑，前凹长是小盾片长的 0.3 倍；基节前沟深，直，具细微短刻条，长几乎达中胸侧板下部全长；翅下区深，窄，具明显短刻条，刻条间具网纹；并胸腹节无分区，基半部具 2 侧脊与 1 中脊；并胸腹节前部 1/2 革质，后部 1/2 具皱。

翅：前翅长是宽的 4.4–4.5 倍；r 脉从翅痣中间伸出，与 3-SR 脉相接成明显的钝角；3-SR=4.2–4.6×r=0.7×SR1=1.6–1.8×3-SR；第 2 亚缘室末梢不变宽或稍变宽，长是宽的 3.2–3.4 倍，是第 1 亚盘室长的 1.0 倍；1-SR+M 脉明显“S”形，m-cu 脉后叉；1-CU1=0.8×cu-a；第 1 亚盘室在 m-cu 脉处逐渐自然关闭；CU1a 脉几乎对叉。后翅 M+CU=0.4×1-M；m-cu 脉长、不骨化。

足：后足腿节长是宽的 3.2–3.4 倍，背面具明显的泡状肿突；后足细微皮质，腹面几乎光滑；后足跗节长是后足胫节长的 0.9 倍；后足胫节端部外缘具 2 或 3 个刺；后足基跗节长是后足第 2–5 跗节长的 0.7 倍，后足第 2 跗节长是后足基跗节长的 0.5 倍，是后足第 5 跗节长的 1.2 倍。

腹：腹长是头胸总长的 1.3 倍，可见 6 节背板；腹部第 1 背板基部具 1/3 明显背脊，全部具粗糙刻条；第 1 背板最大宽是基宽的 1.5–1.7 倍；第 2 背板长是端宽的 2.5–2.7 倍；第 2 背板无基区，端部具很深的凹弯横沟和明显的椭圆形端区，该端区长是第 2 背板剩余部分长的 0.5–0.6 倍；第 2 背板长是基宽的 1.1 倍，是第 3 背板长的 1.6–1.7 倍；第 6 背板端部中央规则圆形，无缺刻，后腹面无侧叶；第 2–5 背板具粗糙刻条，刻条间具细网纹；第 3–5 背板端部光滑；第 6 背板具粗糙的半圆形刻条；第 2–5 背板侧面具明显刻条，刻条间具细网纹；产卵管鞘长是腹长的 0.7 倍，是前翅长的 0.5–0.6 倍。

体色：体黑色；触角基半部浅红棕色，端半部较暗；下唇须和下颚须深棕色；第 6 背板黄色；前中足红棕色具暗斑，或几乎黑色，基部红棕色；跗节红棕色；后足黑色；转节和跗节红棕色；产卵管鞘基部和端部黑色，中间棕色或浅棕色；翅烟褐色，具透明斑，端部较浅；翅痣深棕色，基部浅黄色。

雄：未知。

生物学：未知。

研究标本（ZJUH）：1♀，广东鼎湖山保护区，2002.IV.6–7，许再福，No.20026453；1♀，海南霸王岭，2006.VII.7–11，许再福，No.200907379；1♀，海南尖峰岭，2007.VI.6，刘经贤，No.200703684。

分布：台湾（嘉义）、广东（鼎湖山）、海南（霸王岭、尖峰岭）；越南。

39. 刺足茧蜂属 *Zombrus* Marshall, 1897

Zombrus Marshall, 1897: 10; Shenefelt *et* Marsh, 1976: 1366; Fischer, 1980: 552; 1983: 312; Belokobylskij, 1998b: 71; Chen *et* Shi, 2004: 82; Belokobylskij *et* Maeto, 2009: 753. **Type species:** *Zombrus anisopus* Marshall, 1897; designated by Viereck, 1914.

Acanthobracon Szépligeti, 1902a: 47; Shenefelt *et* Marsh, 1976: 1366. **Type species:** *Acanthobracon fuscipennis* Szépligeti, 1902; designated by Viereck, 1914. Synonymized by Szépligeti, 1904: 63.

Neotrimorus de Dalla Torre, 1898: 100 (replacement name for *Trimorus* Kriechbaumer); Shenefelt *et*

Marsh, 1976: 1366. **Type species:** *Trimorus nigripennis* Kriechbaumer, 1894; by monotype. Synonymized by Szépligeti, 1906: 600.

Trichiobracon Cameron, 1905a: 104; Shenefelt *et* Marsh, 1976: 1367. **Type species:** *Trichiobracon pilosus* Cameron, 1905; by monotype. Synonymized by Szépligeti, 1906: 600.

Trichodoryctes Szépligeti, 1906: 599; Shenefelt *et* Marsh, 1976: 1367. **Type species:** *Acanthobracon striolatus* Szépligeti, 1902; by monotype. Synonymized by Turner, 1917: 245.

Trimorus Kriechbaumer, 1894: 60 (preoccupied name, not *Trimorus* Förster, 1856); Shenefelt *et* Marsh, 1976: 1367. **Type species:** *Trimorus nigripennis* Kriechbaumer, 1894; by monotype. Synonymized by Szépligeti, 1906: 600.

形态特征：复眼无毛；后头脊常存在，不与口后脊在上颚基部处愈合；触角第 1 鞭节长于第 2 鞭节。胸部不扁平；前胸背板背方具明显凸叶和完整的前胸背板脊；中胸背板平缓地从前胸背板升起，光滑；中胸背板中叶向前凸出；盾纵沟深，常完整；后胸背板背方具小的齿突；基节前沟深，内常具刻纹；胸腹侧脊明显；并胸腹节具明显侧突，分区不明显。前翅 r 脉从翅痣前部伸出；2-SR 脉和 r-m 脉存在；m-cu 脉前叉；cu-a 脉后叉；CU1a 脉从第 1 亚盘室端缘下部伸出；第 1 亚缘室末端闭合。后翅 M+CU 脉不短于 1-M 脉；m-cu 脉强烈弯向翅尖。前足胫节具成列钉状刺；后足基节背面具一长一短的 2 个刺状突起。腹方无转角和瘤突；腹部第 1 背板不呈柄状，宽，具短的端腹片和明显背凹；第 2 背板具 1 稍隆起的椭圆形中区；第 2 背板缝深，具有 2 条明显的侧边带；第 3 背板无凹陷。

生物学：据记载，寄主有鞘翅目的天牛科 Cerambycidae（Yu *et al.*，2016；Belokobylskij & Maeto，2009）。

分布：古北区、东洋区、非洲区。本属全世界已知 45 种，中国已知 1 种。

(304) 双色刺足茧蜂 *Zombrus bicolor* (Enderlein, 1912)（图版 LXVI: 2）

Neotrimorus bicolor Enderlein, 1912: 29.

Zombrus bicolor: Shenefelt *et* Marsh, 1976: 1367; He *et al.*, 1992: 1250; Chen *et al.*, 1997: 1665; 1998: 392; Belokobylskij, 1998b: 71; Chen *et* Shi, 2004: 83; He *et al.*, 2004: 558; Belokobylskij *et* Maeto, 2009: 755.

Odontobracon sjostedti Fahringer, 1929: 83.

Zombrus sjostedti: Shenefelt *et* Marsh, 1976: 1371; Dang *et* Jin, 1982: 140; He *et al.*, 1992: 1250; 2004: 558; Chen *et* Shi, 2004: 84. Synonymized by Belokobylskij, 1994b: 22.

雌：体长 6.5–14.0 mm；前翅长 5.5–9.5 mm。

头：触角 45–54 节；柄节长是宽的 1.5–1.7 倍，第 1 鞭节长是端宽的 3.0–3.4 倍，是第 2 鞭节长的 1.2–1.3 倍；背面观头宽是中长的 1.5–1.7 倍，头部自复眼后弧形收缩；头顶和额光滑；复眼横径是上颊长的 1.3 倍，后单眼间距是前后单眼间距的 1.0–1.1 倍；POL∶OD∶OOL=5∶7∶17；复眼光滑，其纵径是横径的 1.2 倍；颊长是复眼纵径的 0.7 倍，是上颚基部宽的 1.1–1.3 倍；脸具明显网状刻点，其宽是复眼纵径的 1.2–1.4 倍，是脸和唇基总长的 1.1–1.2 倍；颚眼沟相当浅；口上沟浅，不明显；唇基下陷圆形，宽是下陷边缘至复眼距离的 0.7 倍；后头脊与口后脊在上颚基部处不愈合。

胸：胸长是高的 2.0–2.2 倍；中胸盾片中叶突起；盾纵沟深，散布稀疏的短刻条；小盾片前凹深并且相当长，光滑，具 1–3 个明显的纵隆脊，前凹长是小盾片长的 0.4 倍；基节前沟深，内具短刻条，基节前沟长占中胸侧板下部全长的 0.8–0.9 倍；并胸腹节有粗的侧突。

翅：前翅长是宽的 2.8–3.3 倍，r 脉明显从翅痣中央之前伸出；3-SR∶r∶SR1=15∶8∶38；第 2 亚缘室长是宽的 1.4 倍，是第 1 亚盘室长的 0.5 倍。后翅 M+CU∶1-M=14∶11；m-cu 脉明显弯向翅尖。

足：后足基节背面具刻皱，有一长一短 2 个尖锐的刺状突起，近基部的细而长，近端部的短而呈三角形；后足腿节长是宽的 2.5–2.8 倍；后足跗节长是胫节的 0.9 倍，基跗节长是第 2–5 跗节总长的 0.5 倍；第 2 跗节长是基跗节长的 0.7 倍，是第 5 跗节长的 1.3–1.4 倍。

腹：第 1 背板端宽是基宽的 1.2–1.4 倍，其长是端宽的 0.8–1.0 倍；第 1 背板具明显刻纹，末端侧方具深、斜的凹陷；第 2 背板基区具刻纹，基侧方具明显的凹陷，具 1 稍隆起的椭圆形中区，长是基宽的 0.5 倍，是第 3 背板长的 1.0–1.2 倍；第 2 背板缝深，具有 2 条明显的侧边带；第 3 背板基半部具明显刻纹；其余背板光滑；产卵管鞘长是腹部长的 0.6–0.7 倍，是胸部长的 0.9–1.2 倍，是前翅长的 0.5–0.6 倍。

体色：头和胸部浅红棕色；触角、须、上颚端部、足和腹部黑色；翅深烟褐色，末端颜色稍浅；翅痣黑色。

雄：体长 5.1–6.5 mm，前翅长 3.5–4.2 mm。头宽是长的 1.0 倍；触角 36–55 节。第 1 背板长是端宽的 1.0–1.1 倍；第 2 背板长为基宽的 0.5 倍；第 2 背板缝侧边带不如雌虫明显；第 3 背板基部 0.5–0.8、第 4 背板基部 0.3–0.5 具刻纹；第 5 背板基部 0.2–0.5 和第 6 背板基部常具刻纹。其他特征与雌虫相似。

变异：腹部第 3 背板基部和近中部光滑；头黄棕色；并胸腹节和后胸侧板深红棕色；须、足和腹部深红棕色。

生物学：据记载，寄主有栗山天牛 *Massicus raddei*、*Allotraeus sphaerioninus*、竹虎天牛 *Chlorophorus annularis*、*Chlorophorus japonicus*、栎蓝红胸天牛 *Dere thoracica*、家茸天牛 *Trichoferus campestris*、纳曼干脊虎天牛 *Xylotrechus namanganensis*、葡萄虎天牛 *Xylotrechus pyrrhoderus*。

研究标本（ZJUH）：1♀，北京市西山农场，1980.VI.4；1♀，内蒙古大青山，1978.VII.22，杨集昆，No.200012188；1♀，江苏，1981，江苏农科院，No.815841；9♀，浙江天台，1987.VII，徐太方，No.879192（9）；1♀，浙江遂昌，1974.VIII，何俊华，No.740443；1♀，浙江松阳，1993.VII.31，陈汉林，No.940035；1♀，浙江松阳，1986.VI.23，陈汉林，No.870514；1♀，浙江遂昌九龙山，1994.VII.18，陈学新，No.944696；1♀，浙江鄞县，1985.VII.23，张剑荣，No.852085；1♀，浙江潘板，1982.VI.21，周彩娥，No.823697；1♀，浙江四明山，1981.VII.22，张来，No.840328；1♀，浙江安吉龙王山，1993.VIII.31，何俊华，No.9310771；

1♀，浙江杭州，1985.VII.10，陈学新，No.851328；1♀，浙江天目山，1988.VII.17，俞萍，No.887884；1♀，安徽宣城，1979，No.800930；1♀，福建武夷山，1986.VII.9，汪家社，No.820640；1♀，福建上杭步云，1988.VII.22–24，马云，No.885253；1♀，福建建阳，1985.VIII.9，林乃铨，No.9610512；1♀，福建漳平，1981.VIII.25；1♀，湖南，采集时间不详，王问学，No.841727；1♀，湖南长沙，1980，童新旺，No.20044868；1♀，湖南长沙，1985.V.9，童新旺，No.20044915；1♀，湖南石门壶瓶山三河村，2009.VII.13，唐璞，No.200901244；1♀，湖南石门壶瓶山三河村，2009.VII.11，马丽，No.200901782；1♀，湖南石门衡东，1980.VII，童新旺，No.846490；1♀，广东林科所，1978；1♀，广东南昆山，2005.VIII.29–IX.2，许再福，No.200907496；3♀，广东佛冈观音山，2007.IX.15–16，许再福，Nos.200711637，200711638，200711639；1♀，广东曲江，1979.IX，张连芹，No.815805；2♀，广东曲江，1979.VII，张连芹，No.815805；1♀，广西田林，1982.V.31，何俊华，No.822071；1♀，广西金湾大岷山，1982.VI.15，何俊华，No.822845；1♀，广西龙胜花坪，1982.VI.25–26，何俊华，No.823619；2♀，重庆市，1974.IX，张格成，No.740521；1♀，四川简阳，1981，李琼芳，No.815998；1♀，四川南充，1940.V.31，祝汝佐，No.6501619；1♀，云南开远，1983.VII.12，廖贻昌，No.841270；1♀，陕西佛坪 890 m，1999.VI.26，章有为。

分布：辽宁（宽甸）、内蒙古（大青山）、北京（西山）、山西、河南、陕西（佛坪）、新疆、江苏、安徽（宣城）、浙江（天台、松阳、遂昌、鄞州、潘板、四明山、龙王山、杭州、天目山）、湖北、湖南（长沙、石门）、福建（武夷山、建阳、漳平、上杭）、台湾、广东（南昆山、观音山、曲江）、广西（田林、大岷山、龙胜）、重庆、四川（简阳、南充）、贵州、云南（开远）；俄罗斯，蒙古国，韩国，日本，哈萨克斯坦，吉尔吉斯斯坦，意大利。

附注：酱色刺足茧蜂 *Z. sjostedti* 与本种在形态上无区别，仅仅腹部颜色有差异。双色刺足茧蜂 *Z. bicolor* 腹部常为黑色，*Z. sjostedti* 腹部为浅红棕色，前者腹部颜色也常出现深红棕色，因此 Belokobylskij（1994b）认为 *Z. sjostedti* 为 *Z. bicolor* 的次异名。

40. 抚顺茧蜂属 *Fushunobracon* Hong, 2002

Fushunobracon Hong, 2002: 424. **Type species:** *Fushunobracon orientalis* Hong, 2002; by monotype.

形态特征：虫体小，体长 2.80 mm，黑褐色；头横宽，颈部细长；中盾片、小盾片发达；并胸腹节长，明显呈柄状；产卵管发达，与腹部等长或稍短；触角 24 节；前翅翅痣前方缢缩，使翅痣前部小于后部；Rs 基部在翅痣前部靠前处 R 发出；sm（亚中室）明显短于 1rm（基室）。

生物学：未知。

分布：古北区。

附注：该属为化石属，全世界已知 1 种，中国已知 1 种。

(305) 东方抚顺小茧蜂 *Fushunobracon orientalis* Hong, 2002（图 37）

Fushunobracon orientalis Hong, 2002: 424.

雌：体长 2.80 mm；前翅长 1.73 mm，宽 0.65 mm；后翅长 1.15 mm，宽 0.30 mm。

头：触角 24 节，长 2.03 mm，丝状，细长，向前，然后向后弯曲；柄节近圆形，梗节卵形，长于柄节；第 1 鞭节突然变细，自第 2 鞭节以后，各节为圆柱形，基部略宽，外突，向上微微收缩。头横宽，宽约为长的 2 倍；眼不大，近圆形，位于头的两侧，3 个单眼未见；侧面观上颚发达，向外伸长，约有 2 齿；下颚须约可见 4 节，唇基长条状。

胸：胸长 1.03 mm；前胸窄，前胸背板清晰；中盾片发达，最宽；小盾片向上斜伸，半月形；后胸大，隆起，随之向下倾斜。并胸腹节长 0.25 mm，明显细长，形成柄状，向上弯曲，使腹部扬起。

翅：前翅宽短；前缘向上斜伸，至翅痣开始向后呈弓形弯曲；R 脉与 C 脉紧靠，不形成前缘室；翅痣发达，显著，靠中间收缩，形成前小后大；Rs 脉在前部发出，垂直下伸，与 M 脉连接合并为 Rs+M 脉继续向后斜伸，经一段合并脉之后，迅速分离，Rs 脉向上斜伸，与 r-rs 脉连接，之后平缓微微向上伸至翅缘；M 脉也平缓伸至翅缘；CuA 脉与 M 脉分离，3 次曲折后呈弓形伸至翅缘；A 脉 1 支，斜伸；横脉有 3 支，分别是 r-rs、cu-a 和 m-cua；翅室 lmcu 五角形，稍大于 1+2r 室；2+3rm、2+3mcu、1cua 和 2cua 室均封闭。后翅有完整的 4 支脉，分别是：R、Rs+M、CuA 和 A，以及 1 支横脉 cu-a。

足：3 对足细长，中后足更长；基节很长，尤其后足基节长越过并胸腹节；转节仅见 1 节，明显；腿节宽扁，中间较宽；胫节扁棒状，略长于腿节，有 2 个距；跗节 5 节，明显长于胫节，正常排列，1 对爪细长。足各节长度如下：前足基节 0.30 mm，前足转节 0.08 mm，前足腿节 0.66 mm，前足胫节 0.60 mm，前足第 1–5 跗节依次为 0.19 mm、0.15 mm、0.09 mm、0.08 mm 和 0.09 mm；中足基节 0.44 mm，中足转节 0.05 mm，中足腿节 0.64 mm，中足胫节 0.58 mm，中足第 1–5 跗节依次为 0.29 mm、0.17 mm、0.08 mm、0.09 mm 和 0.08 mm；后足基节 0.48 mm，后足转节 0.05 mm，后足腿节 0.63 mm，后足胫节 0.67 mm，后足第 1–5 跗节依次为 0.32 mm、0.19 mm、0.10 mm、0.09 mm 和 0.19 mm。

腹：腹长 1.18 mm；腹部 7 节，第 1 节小，第 2、3 节愈合，明显长于其他节，以后各节较短，正常排列，向腹末变小。产卵管锐利，从腹末腹面伸出，产卵管鞘（Val_3）长 1.10 mm，僵直，Val_1、Val_2 长都为 0.70 mm，向外伸出。

体色：体褐黑色；触角自第 2 鞭节后各节色暗，在 16 节之后各节基部稍宽处颜色变淡。

雄：未知。

附注：该种为化石种。根据 Hong（2002）的描述整理，本志研究未见此种标本。

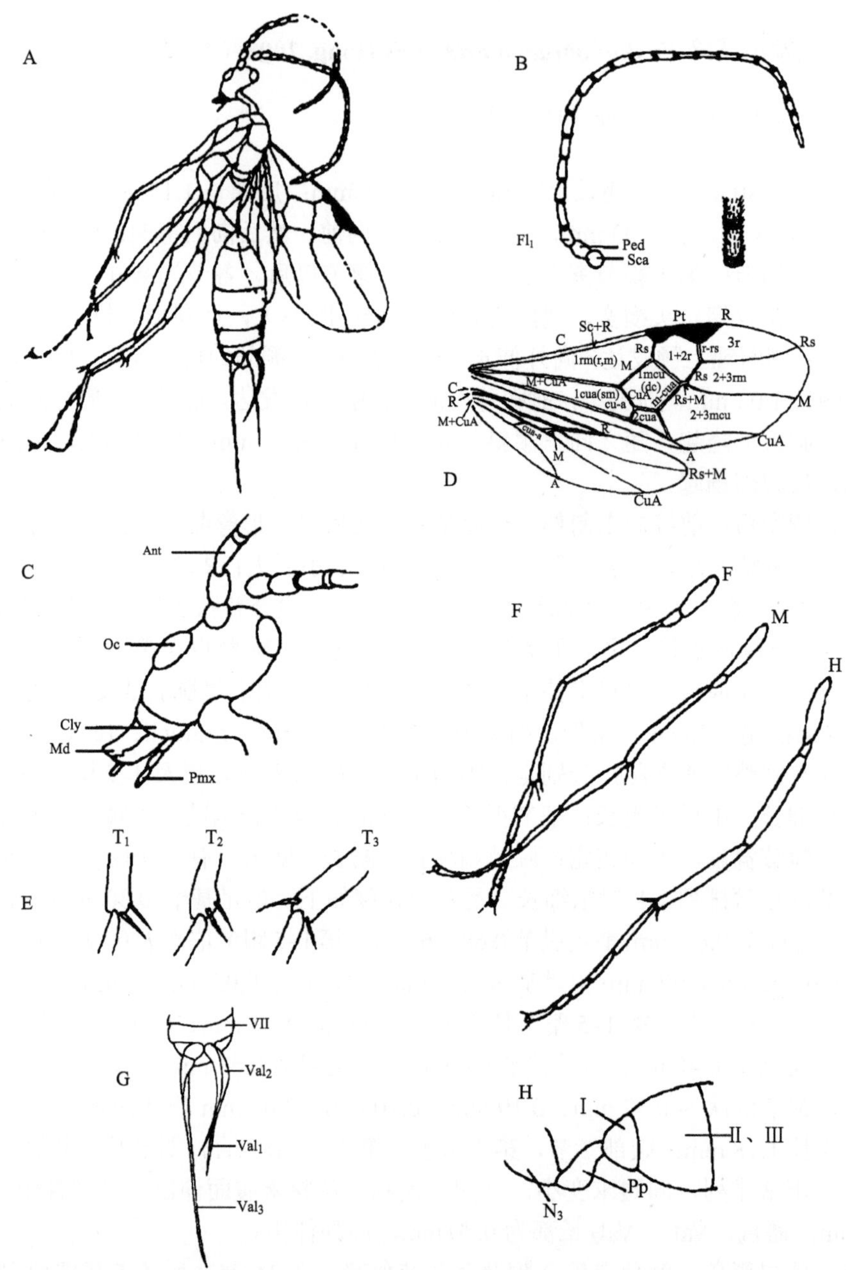

图 37　东方抚顺小茧蜂 *Fushunobracon orientalis* Hong（仿 Hong，2002）

A. 整体，侧面观；B. 触角：柄节（Sca），梗节（Ped），第 1 鞭节（Fl_1）；C. 头，侧面观：触角（Ant），复眼（Oc），唇基（Cly），上颚（Md），下颚须（Pmx）；D. 翅：前缘脉（C），径脉（R），径分脉（Rs），中脉（M），前肘脉（CuA），臀脉（A），径分脉与中脉合并脉（Rs+M），径横脉（r-rs），中肘横脉（m-cua），肘臀脉（cu-a），第 1 径室[1rm(r,m)]，第 1–3 径室（1+2r，3r），第 2+3 径中室（2+3rm），第 1–3 中肘室（1mcu，2+3mcu），第 1、2 肘臀室（1cua，2cua），中脉与前臀脉合并脉（M+CuA），翅痣（Pt）；E. 前（T_1）、中（T_2）、后（T_3）足胫端；F. 前（F）、中（M）、后（H）足；G. 产卵管：第 7 腹节（VII），第 1–3 产卵管鞘（Val_1–Val_3）；H. 并胸腹节：后胸背板（N_3），并胸腹节（Pp），第 1 腹节（I），第 2、3 腹节愈合（II，III）

二、优茧蜂亚科 Euphorinae Förster, 1863

巨轭茧蜂族 Ecnomiini van Achterberg, 1985

Ecnomiinae van Achterberg, 1985: 345.

Ecnomiini Quicke, 2015: 303; Chen *et* van Achterberg, 2019: 338.

形态特征：触角鞭节无端刺；下颚须 5 节；下唇须 3 节；口后脊和后头脊明显相连；后头脊完整；复眼无毛，不内凹；唇基端缘直。前胸背板背凹大，深，横形；中胸盾片侧脊在翅基片前方缺；胸腹侧脊完整；后胸侧脊缺；盾纵沟和基节前沟完整；小盾片前凹深，宽；小盾片中后部光滑；并胸腹节具宽的中区；并胸腹节气门小。前翅 M+CU1 脉骨化；1-SR 脉近垂直；缘室短，闭合；m-cu 脉前叉；CU1b 脉缺；r 脉长，垂直；r-m 脉缺；1-CU1 脉斜。后翅轭叶大，后缘有 1 明显切口将轭叶与其余部分分开；SC+R1 脉长，直。后足跗节腹面具成列毛。腹部第 1 背板无背凹，纵脊缺如；侧凹深，中等大小；第 1 背板气门位于背板上，其余背板气门位于缘褶上；产卵管末端无结节；产卵管鞘短，几乎不伸出腹部。

生物学：未知。

分布：仅澳洲区、东洋区和东古北区有分布；全世界现记载 2 属 9 种。

附注：van Achterberg（1985）建立了巨轭茧蜂亚科 Ecnomiinae，随后 Quicke（2015）将其降为优茧蜂亚科中的一个族。关于中国优茧蜂亚科的相关信息，详见《中国动物志 昆虫纲 第三十七卷 膜翅目 茧蜂科（二）》。

41. 巨轭茧蜂属 *Ecnomios* Mason, 1979

Ecnomios Mason, 1979: 640; van Achterberg, 1985: 347.

形态特征：上颊自复眼后方弧形收窄；单眼中等大小；额光滑，稍凹；头顶凸出，光滑；脸相当平坦；前幕骨陷深；唇基凸出；颚眼沟缺。胸侧板沟具明显短刻条；后胸侧板具网纹；中胸背板具密集刻点；后胸背板无中脊。前翅 2-R1 和 2A 缺。后翅 cu-a 脉长；M+CU 脉长于 1-M 脉；2r-m 脉缺；2-M 脉弯曲；缘室端部窄。跗爪简单。产卵管末端无结节；产卵管鞘短，几乎不伸出腹部。

生物学：未知。

分布：东洋区、澳洲区、非洲区；本属全世界已知 9 种，中国已知 1 种。

(306) 黄巨轭茧蜂 *Ecnomios flavus* Chen *et* Whitfield, 2003（图 38）

Ecnomios flavus Chen *et* Whitfield, 2003: 349.

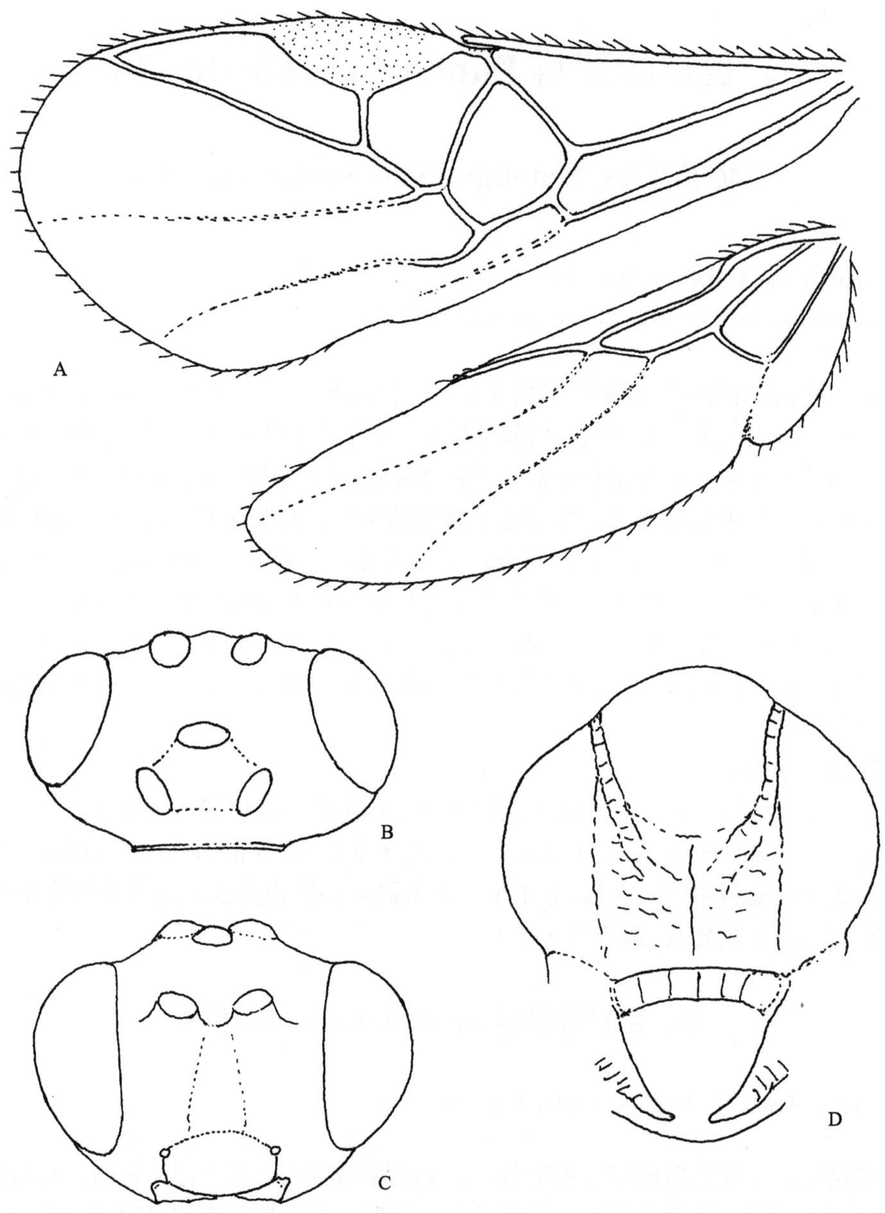

图 38　黄巨轭茧蜂 *Ecnomios flavus* Chen *et* Whitfield（仿 Chen & Whitfield，2003）

A. 翅；B. 头，背面观；C. 头，前面观；D. 中胸盾片，背面观

雌：体长 2.7 mm；前翅长 2.4 mm。

头：触角 24 节；鞭节第 1 节长是第 2 鞭节长的 1.5 倍；第 1 鞭节、第 2 鞭节和倒数第 2 鞭节长分别是其宽的 2.3 倍、1.7 倍和 1.6 倍；末鞭节具 1 端刺。后头脊完整；下颚须长是头长的 0.7 倍；背面观复眼横径是上颊长的 1.7 倍；上颊强烈向复眼后方收缩；POL∶OD∶OOL=11∶10∶10；额光滑，中央稍凹陷；脸具宽的中纵脊，几乎光滑，具长毛；

脸宽是其高的 1.7 倍，与复眼纵径等长；唇基明显凸出，光滑，宽是其高的 2.0 倍；颚眼距是上颚基部宽的 1.7 倍。

胸：胸长是高的 2.0 倍；前胸背板侧方前部和后部具粗糙的短刻条，剩余部分光滑；基节前沟窄，具短刻条皱，前部缺，中胸侧板剩余部分光滑，无毛；后胸侧板具粗糙皱；盾纵沟浅但明显，具皱；中胸盾片除盾纵沟外大部分光滑具毛；小盾片前凹具 5 个脊；小盾片平坦，光滑，无毛，无侧脊；并胸腹节完全具皱，后半部具明显横脊，具侧后突。

翅：前翅翅痣长是 1-R1 脉长的 1.2 倍，是其宽的 2.5 倍；r∶3-SR+SR1∶2-SR∶m-cu=14∶73∶18∶17；2-CU1 脉低于 M+CU1 脉；SR1 脉稍弯曲；1-CU1∶2-CU1=13∶20；1-CU1∶cu-a=13∶6。后翅 M+CU∶1-M∶1r-m=36∶18∶15；SR 脉基部不骨化；2-SC+R 脉远短于 1r-m 脉。

足：后足基节前部具些许明显的脊，剩余部分光滑；所有跗爪简单，相当细长；后足腿节和后足基跗节长分别是其宽的 4.3 倍和 5.6 倍；后足胫节长是后足跗节长的 1.25 倍；后足胫节 2 距，距长分别是后足基跗节长的 0.57 倍和 0.39 倍；基跗节和第 2 跗节腹面具明显脊。

腹：腹部第 1 背板长是其端宽的 0.8 倍，端部明显线性变宽；第 1 背板背脊缺，具粗糙皱，端缘皱弱，几乎光滑；第 2 背板和剩余背板光滑；腹部第 2 背板缝缺；产卵管鞘长是前翅长的 0.08 倍，是后足基跗节长的 0.8 倍。

体色：体棕黄色；腹部在第 1 背板后浅褐色；须浅黄色；触角棕黄色，端半部色深；足黄色；翅痣褐色，基部色浅；翅脉不着色。

雄：未知。

生物学：未知。

研究标本：♀（正模，SEMCAS），云南河口小纳西，1956.VI.7，黄克仁。

分布：云南（河口）。

三、塬腹茧蜂亚科 Gnamptodontinae Fischer, 1970

Gnaptodonina Fischer, 1970: 85.
Gnaptodontini Fischer, 1972: 55.
Gnaptogastrini Tobias, 1976b: 319.
Gnaptodontinae van Achterberg, 1983: 26.

形态特征：下颚须 5 或 6 节；下唇须 3 节；触角柄节端部缢缩，粗壮；口后脊、后头脊和胸腹侧脊常缺；复眼无毛，稍具或不具凹缘；触角窝离复眼距离稍近于触角窝间距；前幕骨陷相当小，深；唇基大部分光滑，相当凸出；唇基端缘稍凹陷；唇基下陷存在，横形；颚眼沟缺。前胸背板背凹、盾前凹、中胸盾片侧脊和基节前沟缺；盾纵沟后端弱；小盾片完全光滑；胸腹侧脊缺；并胸腹节光滑，无中区和脊；并胸腹节侧突缺。前翅 M+CU1 脉完全骨化；cu-a 脉存在，短；CU1b 脉和 2-1A 脉一定程度退化；第 1 亚盘室端部部分开放；m-cu 脉前叉，与 1-M 脉平行；2A 和 2-R1 脉缺。后翅 SR 脉端部大部分缺；M+CU 脉短于 1-M 脉。跗爪细，简单，无叶突或分叉；前足胫节无钉状刺。腹部第 1 背板气门位于中央或之后；侧凹缺或小；第 2 背板基部具弯曲的凸起区域；第 2 背板缝明显；第 2、3 背板气门位于各自背板上；产卵管鞘几乎直。

生物学：寄生于鳞翅目小蛾类微蛾科 Nepticulidae 和细蛾科 Gracillariidae 幼虫。

分布：全世界各动物区系均有分布；仅有 5 属 88 种。

附注：Fischer（1970）以 *Gnaptodon* 为模式属建立塬腹茧蜂亚科。动物命名法公报于 1987 年将 *Gnaptodon* 更名为 *Gnamptodon*。因此塬腹茧蜂亚科的有效名应为 Gnamptodontinae。

42. 塬腹茧蜂属 *Gnamptodon* Haliday, 1833

Gnamptodon Haliday, 1833: 260; Opinion 1424, 1987: 55–56; van Achterberg, 1988: 159. **Type species:** *Bracon pumilio* Nees, 1834; designated by Opinion 1424, 1987.

Gnaptodon Haliday, 1837: 220; Fischer, 1972: 569; Shenefelt, 1975: 1123; Tobias, 1976a: 22; 1976b: 315; Marsh, 1979: 173; van Achterberg, 1983: 27; Chen *et* Weng, 2005: 41. **Type species:** *Bracon pumilio* Nees, 1834; by monotype. Incorrect spelling of *Gnamptodon* Haliday, 1833, and rejected by Opinion 1424, 1987.

Diraphus Wesmael, 1838: 39; Fischer, 1972: 569; Shenefelt, 1975: 1123; Marsh, 1979: 173. **Type species:** *Diraphus pygmaeus* Wesmael, 1838 (= *Bracon pumilio* Nees, 1834); by monotype.

Mesotages Förster, 1862: 258. **Type species:** *Mesotages decoris* Förster, 1863; by monotype. Synonymized by van Achterberg, 1983: 27.

形态特征：前翅和体长 1.0–1.9 mm；触角 14–26 节；触角端部具短的刺；下颚须 6 节；下唇须 3 节；唇基端缘与唇基稍分离；中胸侧板完全光滑，基节前沟可能稍存在；胸侧沟光滑；盾纵沟常光滑，后端几乎缺；腹部第 1 背板背脊基部存在；产卵管鞘短，常为前翅的 0.03–0.12 倍。

生物学：寄生于鳞翅目小蛾类微蛾科 Nepticulidae 和细蛾科 Gracillariidae 幼虫。

分布：全世界各动物区系均有分布。本属全世界已知 53 种，中国已知 7 种。本志提出 1 新异名：长脉塬腹茧蜂 *G. prolixnervius* (Chen *et* Weng, 2005)是乔治娜塬腹茧蜂 *G. georginae* (van Achterberg, 1983)的次异名。

附注：陈家骅和翁瑞泉（2005）记录了中国塬腹茧蜂属 6 种（全为新种）：牙塬腹茧蜂 *Gnaptodon crista*、具沟塬腹茧蜂 *Gnaptodon diffusus*、光塬腹茧蜂 *Gnaptodon gladius*、长脉塬腹茧蜂 *Gnaptodon prolixnervius*、具脊塬腹茧蜂 *Gnaptodon scutella* 和长鞘塬腹茧蜂 *Gnaptodon tanycoleosus*。他们遗漏了 Chen 等（2002）记录的 2 种：中华塬腹茧蜂 *Gnamptodon chinensis* 和乔治娜塬腹茧蜂 *Gnamptodon georginae*。此外，他们仍沿用早已废弃的拉丁名 *Gnaptodon*，并仍将其放入蝇茧蜂亚科中。显然他们忽视了早在 1987 年，动物命名法公报就将 *Gnaptodon* 更名为 *Gnamptodon*，因此陈家骅和翁瑞泉（2005）提出的 6 新种应该全部移入 *Gnamptodon*。此外由于具沟塬腹茧蜂、光塬腹茧蜂、具脊塬腹茧蜂和长鞘塬腹茧蜂存在明显问题，因此将以上 4 种记录于“误鉴和疑似误鉴种”中。

种检索表

1. 前翅 SR1 脉长至少是 3-SR 脉的 6.6 倍；腹部第 3 背板光滑或稍革质，无沟 ……………………………… **乔治娜塬腹茧蜂 *G. georginae***
   前翅 SR1 脉长至多是 3-SR 脉的 4.3 倍；腹部第 3 背板具刻纹或横沟 …………………………………… 2
2. 额光滑；后足腿节长是宽的 5.0 倍 …………………………………… **月牙塬腹茧蜂 *G. crista***
   额具颗粒；后足腿节长是宽的 3.6 倍 …………………………………… **中华塬腹茧蜂 *G. chinensis***

(307) 中华塬腹茧蜂 *Gnamptodon chinensis* Chen *et* Whitfield, 2002（图 39）

Gnamptodon chinensis Chen *et* Whitfield, in: Chen *et al*., 2002: 185.

雌：体长 1.5 mm；前翅长 1.5 mm。

头：触角 19 节；鞭节第 1 节长是第 2 鞭节长的 1.2 倍；第 1 鞭节、第 2 鞭节和倒数第 2 鞭节长分别是其宽的 3.3 倍、2.8 倍和 2.6 倍；背面观复眼横径是上颊长的 2.3 倍；POL∶OD∶OOL=4∶2∶9；额平坦，具明显颗粒；头顶凹陷，光滑，具长毛；颚眼距是上颚基部宽的 1.6 倍。

胸：胸长是高的 1.6 倍；胸部光滑；中胸背板几乎光滑无毛，无中央凹陷；小盾片前凹窄，具微弱短刻条。

翅：前翅 r∶3-SR∶SR1=4∶12∶48；1-CU1∶2-CU1=2∶16；2-SR∶3-SR∶r-m=16∶12∶10；翅痣长是 1-R1 脉长的 0.7 倍；前翅顶端到缘室之间的距离是 1-R1 脉长的 0.2 倍；翅痣粗壮；SR1 脉几乎直。

足：后足腿节、后足胫节和后足基跗节长分别是其宽的 3.6 倍、7.0 倍和 4.0 倍。

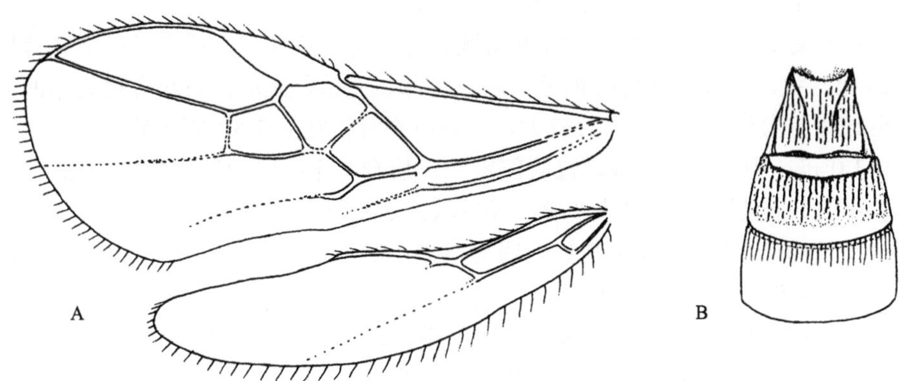

图 39　中华塬腹茧蜂 *Gnamptodon chinensis* Chen *et* Whitfield（仿 Chen *et al.*，2002）

A. 翅；B. 腹部第 1–3 背板，背面观

腹：腹部第 1 背板长是其端宽的 1.0 倍；第 1 背板具背脊和明显纵向皱；第 2 背板在弯曲的横向隆起后方具明显纵皱，端缘光滑；第 2 背板隆起区域中长是剩余部分中长

的 0.36 倍；腹部第 2 背板缝明显，具短刻条，无其他沟；第 3 背板基部具纵刻条，剩余部分和剩余背板光滑；产卵管鞘稍向下弯曲，近端部无结节；产卵管鞘长是前翅长的 0.08 倍，是后足基跗节长的 0.8 倍。

体色：头黄棕色，头顶色深；触角棕色，基部 4 节黄色；须黄色；胸部红褐色，中胸盾片、小盾片和并胸腹节深红褐色；足棕黄色，跗节和后足胫节黄色；腹部深红褐色，腹方、第 2–4 背板侧方和第 5 背板及之后背板棕黄色；翅透明，翅痣和翅脉棕色。

雄：未知。

生物学：未知。

研究标本：♀（正模，ZJUH），浙江古田山，1990.VII–VIII，马云，No.905760。

分布：浙江（古田山）。

(308) 月牙塬腹茧蜂 *Gnamptodon crista* (Weng *et* Chen, 2005)

Gnaptodon crista Weng *et* Chen, in: Chen *et* Weng, 2005: 41.

Gnamptodon crista: Yu *et al*., 2016.

雌：体长 1.5–1.9 mm；前翅长 1.5–1.8 mm。

头：触角线状，等长于体长，19 节，鞭节第 1 节长是宽的 3.5 倍，往后渐短窄，鞭节亚端节长为端宽的 2.0 倍；鞭节被长为鞭节宽 1/2 的毛；背面观头宽分别为头长、脸宽、中胸背板宽和第 1 腹节背板宽的 1.7 倍、1.8 倍、1.2 倍和 1.1 倍；头顶至后头被刻点毛；后头稍凹陷，后头脊缺如；复眼稍凸出，长为上颊的 2.0 倍，头于复眼后方窄；上颊腹背缘几乎平行；复眼眶两侧平行；单眼区光滑，OOL∶OD=1.5；额微凹，两侧被毛；脸宽为高的 1.6 倍，均匀被毛，细粒皱褶；唇基宽为高的 2.3 倍，稍隆、月牙形，下缘中间稍凹；前幕骨陷小，其间距为复眼间距的 1/2；口腔开放，上颚基部增大但不扩大，颚眼距长为上颚基部宽的 1.2 倍，下颚须等长于头高。

胸：胸长是高的 1.4 倍；前胸背板两域光滑，前沟具细齿，后沟平；中胸背板宽为长的 1.25 倍，仅沿盾纵沟和边缘被毛；盾纵沟深、完整、光滑，后端合拢处稍凹；背凹缺如；小盾片前沟具小扇，小盾片较大，宽为前胸背板宽的 2/5，侧缘被毛，后缘宽为前缘的 0.8–1.0 倍；中胸侧板光滑，仅腹侧被毛，后脊沟平；腹板侧沟缺如；翅下区光滑；后胸侧板不平，被毛；并胸腹节光滑，仅后域具 2 条纵脊，前域被毛。

翅：前翅翅痣半卵圆形，r 脉长为翅痣宽的 1/2，3-SR∶2-SR=0.9，SR1 脉直，不达翅尖，SR1∶3-SR=4.3；m-cu 脉稍前叉；第 2 亚缘室上下两边平行，2-M 脉仅前端存在；1-CU1 脉和 2-CU1 脉总长是 m-cu 脉长的 1.9 倍；cu-a 脉后叉；第 1 亚盘室不完全闭合，外缘下方缺，长是宽的 3.4 倍，CU1a 脉始自第 1 亚盘室的下缘 2/5 处。后翅 2-M 脉缺如。

足：腿基节纵皱褶；胫节较扁平，被毛；第 1 跗节长等于第 2–4 跗节长之和；后足腿节长是宽的 5.0 倍。

腹：腹部第 1 背板长为端宽的 1.1 倍，隆起，背凹明显，具纵条纹，侧缘稍渐窄，基脊前 1/3 汇聚、后 2/3 平行；第 2 背板前侧角往前延伸，具 1 条横沟，横沟前光滑，横沟后至后缘 1/4 具不规则纵条纹带；第 3 背板中域前端具不规则纵条纹；第 2、3 背板沟深，具齿；第 2–5 背板具 1 或 2 列刻点毛；第 2、4 背板腹方具 2 簇刻点毛，侧缘均匀被刻点毛；产卵管鞘长为第 1 背板长的 0.4 倍。

体色：红褐色；足、触角前 5 节、口器为白色；腹部、腹面（侧缘具 6 个淡褐色圆斑）为黄色；翅膜透明至淡褐色。

雄：未知。

生物学：未知。

分布：福建（武夷山）。

附注：根据陈家骅和翁瑞泉（2005）的描述整理，本志研究未见此种标本。模式标本保存于 BIIC。

(309) 乔治娜塬腹茧蜂 *Gnamptodon georginae* (van Achterberg, 1983)（图 40）

Gnaptodon georginae van Achterberg, 1983: 33; Chen *et al*., 2002: 186.

Gnamptodon georginae: Yu *et al*., 2016.

Gnamptodon prolixnervius Chen *et* Weng, 2005: 45. **Syn. nov.**

雌：体长 1.3 mm；前翅长 1.2 mm。

头：触角 19 节；鞭节第 1 节长是第 2 鞭节长的 1.1 倍；第 1 鞭节、第 2 鞭节和倒数第 2 鞭节长分别是其宽的 3.0 倍、2.7 倍和 2.0 倍；背面观复眼横径是上颊长的 2.0 倍；POL∶OD∶OOL=7∶5∶10；额平坦，大部分革质；头顶明显革质；脸稍革质；颚眼距是上颚基部宽的 1.3 倍。

胸：胸长是高的 1.3 倍；中胸背板中纵沟模糊；小盾片前凹窄，相当浅；基节前沟不明显。

翅：前翅 r∶3-SR∶SR1=5∶9∶60；1-CU∶2-CU1=3∶23；2-SR∶3-SR∶r-m=24∶9∶15；翅痣长是 1-R1 脉长的 1.6 倍；前翅顶端到缘室之间的距离是 1-R1 脉长的 1.6 倍；SR1 脉稍弯曲。

足：后足腿节、后足胫节和后足基跗节长分别是其宽的 3.4 倍、7.7 倍和 5.0 倍。

腹：腹部第 1 背板长是其端宽的 0.8 倍；第 1 背板光滑，基部 0.7 具背脊；第 2 背板基部隆起侧方明显窄，中央后部明显弯曲；第 2 背板隆起区域中长是剩余部分中长的 0.8 倍；第 2 背板光滑；腹部第 2 背板缝相当深，光滑；剩余背板基部稍革质；第 3 背板基部侧方无沟；产卵管鞘稍向下弯曲，近端部无结节；产卵管鞘长是前翅长的 0.04 倍。

体色：黑色；触角基部 4 节黄色；翅基片大部分、翅痣、第 1 背板中央和触角深褐色；须、第 1 背板剩余部分、第 3 背板前侧方转角和足（后足胫节和后足跗节顶端色深）棕黄色；第 2、3 背板黄色。

雄：未知。

生物学：据记载，寄主有鳞翅目细蛾科的 *Parornix anguliferella*；微蛾科的 *Stigmella hybnerella*、*Stigmella incognitella*、*Stigmella lemniscella*、*Stigmella magica*、*Stigmella malella*、

Stigmella ruficapitella 和 *Stigmella tityrella*。

研究标本：1♀，辽宁大连，1991.IX.4，娄巨贤，No.975981（ZJUH）。

分布：辽宁（大连）、湖北（神农架）、福建（武夷山）、云南（西双版纳）；俄罗斯，蒙古国，阿尔及利亚，保加利亚，瑞士，匈牙利，德国，意大利，摩尔多瓦，波兰，乌克兰。

附注：本志研究未见长脉塬腹茧蜂 *G. prolixnervius* (Chen *et* Weng, 2005)的模式标本（存放于 BIIC），但依据陈家骅和翁瑞泉（2005）的原始描述和图片，该种前翅 SR1 脉长；腹部第 3 背板光滑，无沟；腹部第 2 背板隆起区域宽，中间宽，两侧窄；体深色，触角基部、腹末黄色等重要特征表明该种和乔治娜塬腹茧蜂 *G. georginae* (van Achterberg, 1983)一致。因此认为长脉塬腹茧蜂 *G. prolixnervius* (Chen *et* Weng, 2005)是乔治娜塬腹茧蜂 *G. georginae* (van Achterberg, 1983)的次异名。

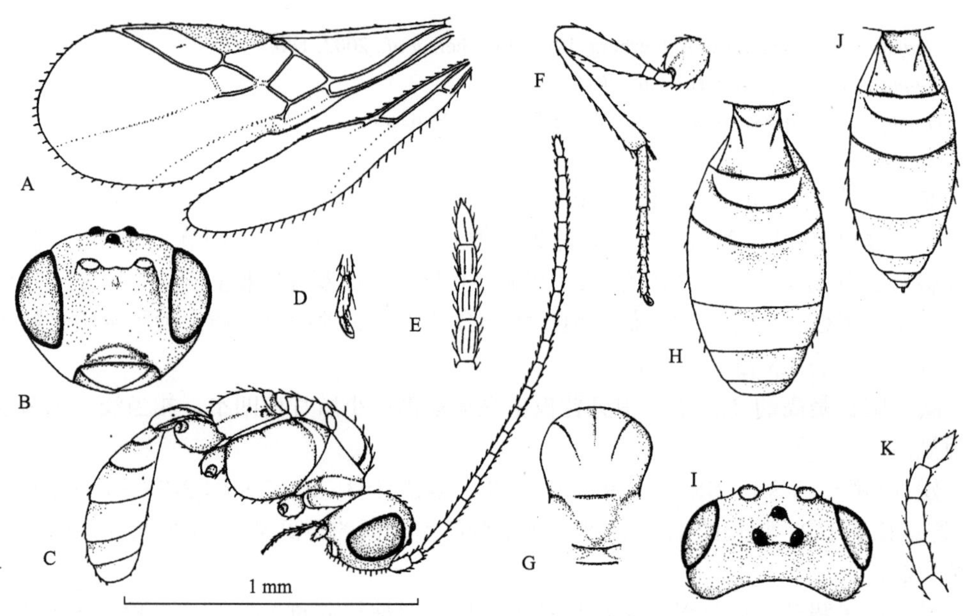

图 40　乔治娜塬腹茧蜂 *Gnamptodon georginae* (van Achterberg)（仿 van Achterberg，1983）

A. 翅；B. 头，前面观；C. 整体，侧面观；D. 后足跗爪；E. 触角端部；F. 后足，侧面观；G. 中胸盾片，背面观；H. 腹部，背面观；I. 头，背面观；J. 腹部，背面观；K. 触角端部（♂：A–I；♀：J、K）

四、误鉴和疑似误鉴种

(310) 武夷树矛茧蜂 *Dendrosotinus wuyiensis* Shi, 2006

Dendrosotinus wuyiensis Shi, 2006: 8.

雌：体长 3.25 mm；前翅长 3.55 mm；触角长 3.95 mm。

头：背面观头方形，头宽为头长的 1.5 倍；具后头脊；上颊光滑，在复眼后微收敛，其长为复眼长的 0.6 倍；头顶光滑，具密且长的毛；OOL∶POL∶OD=13∶6∶3；额凹陷，光滑；正面观复眼中等大小，脸具横皱，着生中等程度长毛，脸宽为脸长的 1.9 倍；唇基半圆形，光滑；口窝圆形；颚眼距长为复眼高的 0.5 倍。触角 27 节，第 1 鞭节长是宽的 4.75 倍，为第 2 鞭节长的 1.2 倍，柄节及梗节之和的长约等于第 1 鞭节长；触角窝与复眼之间的距离为触角窝间距的 0.4 倍。

胸：前胸背板具刻痕；中胸盾片约以 70°落于前胸背板；中胸盾片具刻点，中叶密生中等长度毛；盾纵沟明显，沟内具刻痕；小盾片前凹具 2 条纵脊；中胸侧板翅下区横皱，腹板侧沟内光滑，无刻痕，中足基节前方具皱，中间具凹；并胸腹节中区小，具刻点，前叉脊侧具横皱。

翅：前翅翅痣三角形，痣长为痣宽的 5.5 倍；r 脉长为痣宽的 0.75 倍；2-SR 脉长约为 3-SR 脉长的 0.75 倍；SR1 脉伸至翅尖；r-m 脉弱骨化，2-M 脉长为 r-m 脉长的 3.7 倍；m-cu 脉对叉式；cu-a 脉后叉式；第 1 亚盘室末端闭合；CU1a 脉从第 1 亚盘室末端中间稍前伸出。后翅 M+CU 脉长为 1-M 脉长的 0.4 倍。

足：腿节具泡；前足胫节外缘基部 1/3 后具 1 列刺；后足基节无瘤状突。

腹：第 1 背板长为端宽的 1.2 倍，端宽为基宽的 2.0 倍，具纵刻条和前凹；第 2 背板长为端宽的 0.4 倍，变宽，背板的大部分区域具刻点，两侧光滑；第 3、4 背板具横沟，但光滑，具极稀的短毛；产卵管长略短于腹部长。

体色：头褐色；头顶、上颊、颊红褐色；须黄白色；胸部盾纵沟处红褐色，其余黑褐色；足腿节泡处褐色，其余黄褐色；翅烟褐色；腹部黑褐色；产卵管红褐色，产卵管鞘深褐色。

雄：未知。

生物学：未知。

分布：福建（武夷山）。

附注：根据石全秀（2006）的描述整理，本志研究未见此种标本。模式标本保存于 BIIC。Belokobylskij（2010）认为武夷树矛茧蜂 *Dendrosotinus wuyiensis* Shi, 2006 为误鉴种，根据该种的特征图和描述来看此种属于陡盾茧蜂属 *Ontsira*，但具体为何种，需进一步研究。

(311) 淡矛茧蜂 *Doryctes leucogaster* (Nees, 1834)

Bracon leucogaster Nees, 1834: 98; Ratzeburg, 1848: 37.

Doryctes leucogaster: Förster, 1862: 239; Kokujev, 1900: 563; Shenefelt *et* Marsh, 1976: 1284; Belokobylskij, 1998b: 59; Chen *et* Shi, 2004: 18.

Doryctes caucasicus: Szépligeti, 1906: 603; Enderlein, 1920: 142. Synonymized by Fischer, 1965: 9.

Doryctes disputabilis: Enderlein, 1920: 142. Synonymized by Telenga, 1941: 96.

Ischiogonus erythrogaster Wesmael, 1838: 128. Synonymized by Reinhard, 1865: 252.

Doryctes liogaster Marshall, 1899: 372. Synonymized by Fischer, 1965: 9.

Doryctes marothiensis Szépligeti, 1902b: 134; 1906: 603. Synonymized by Fischer, 1965: 9.
Doryctes pulchripes Szépligeti, 1905: 62. Synonymized by Fischer, 1965: 9.

雄：体长 3.8 mm；前翅长 2.8 mm；触角长 4.7 mm。

头：背面观头方形，头宽为头长的 1.6 倍；具后头脊；头顶具稀毛，光滑；上颊光滑，在复眼后弧形收敛，长为复眼长的 0.55 倍；后单眼间距等于前后单眼间距，OOL∶POL∶OD=0.90∶0.50∶0.30；额微凹陷，光滑；正面观复眼大，脸光滑，被稀毛，脸宽为脸长的 1.7 倍；唇基半圆形，光滑；唇基下陷圆形；颚眼距长为复眼高的 0.3 倍。触角 32 节；第 1 鞭节长是宽的 6.3 倍，约等于第 2 鞭节、柄节和梗节之和长。

胸：中胸盾片缓落向前胸背板，具稀长毛，光滑；盾纵沟明显，无刻痕，后端会合于 1 较窄区域；小盾片前凹仅具 1 条纵脊；小盾片光滑；中胸侧板光滑；基节前沟完整，光滑，无刻痕；并胸腹节具小中区，中纵脊长达并胸腹节长的 1/2。

翅：前翅翅痣三角形，痣长为痣宽的 4.0 倍；r 脉长等于痣宽的 4/5，从翅痣中间伸出；2-SR∶3-SR=2.9∶2.0；SR1 脉伸至翅尖；r-m 脉弱骨化，2-M∶r-m=3.8∶1.1；m-cu 脉伸入第 1 亚缘室端部；cu-a 脉略后叉；第 1 亚盘室末端关闭，CU1a 脉从第 1 亚盘室末端的中间略后伸出。后翅 M+CU∶1-M=3.0∶4.0。

足：腿节及胫节被稀长毛，前足胫节外缘具 1 列刺；后足基节腹面具齿状突；后足腿节长是宽的 2.8 倍，腿节∶胫节∶基跗节∶其余跗节=5.0∶7.0∶3.0∶4.0。

腹：第 1–5 背板具纵刻条，其余背板光滑；第 1 背板长为端宽的 1.8 倍，基部具背凹；第 2 背板长为端宽的 0.8 倍；第 4、5 背板具横沟。

体色：黄褐色，第 1 背板、端跗节、爪褐色，上颚末端深褐色。

雌：未知。

生物学：据记载，寄主有：大灰长角天牛 *Acanthocinus aedilis*、*Acanthoderes cinereus*、*Anobium pertinax*、家具窃蠹 *Anobium punctatum*、*Anobium striatum*、槲红腹长蠹 *Bostrichus capucinus*、扁胸天牛 *Callidium* sp.、六星铜吉丁 *Chrysobothris affinis*、*Clythantus pilosus*、*Harpium inquisitor*、*Harpium mordax*、*Hesperophanes griseus*、北美家天牛 *Hylotrupes bajulus*、云杉八齿小蠹 *Ips typographus*、*Isotomus speciosus*、*Lampra mirifica*、草地螟 *Loxostege sticticalis*、舞毒蛾 *Lymantria dispar*、*Oligomerus ptilinoides*、欧洲棍腿天牛 *Phymatodes testaceus*、*Phymatodes variabilis*、*Pissodes notatus*、*Plagionotus arcuatus*、白斑蛛甲 *Ptinus fur*、*Rhagium bifasciatus*、*Rhagium indagator* 和光胸断眼天牛 *Tetropium castaneum*。

分布：湖北（神农架）、福建（武夷山）；俄罗斯，哈萨克斯坦，乌兹别克斯坦，伊朗，以色列，突尼斯，欧洲。

附注：根据陈家骅和石全秀（2004）的描述整理，本志研究未见此种标本。Belokobylskij 和 Maeto（2009）认为陈家骅和石全秀（2004）中记录的此种明显为误鉴，该标本可能是马来矛茧蜂 *D. malayensis* 的雄虫。

(312) 褐断脉茧蜂 *Heterospilus fuscexilis* Shaw, 1997

Heterospilus fuscexilis Shaw, 1997: 37; Chen *et* Shi, 2004: 75.

雌：体长 2.5–3.9 mm；前翅长 2.2–3.1 mm；触角长 3.0–4.2 mm。

头：背面观头方形，头宽为头长的 1.3–1.5 倍；具明显后头脊；头顶具横皱，具极稀疏长毛；上颊光滑，在复眼后圆钝地收敛，长为复眼长的 0.5–0.7 倍；OOL∶POL∶OD=1.3∶0.5∶0.35；额具横皱；正面观复眼中等大小；脸具稀疏中等长柔毛，唇基上方具 2 条短平行浅纵沟，脸宽为脸长的 1.7–1.9 倍；唇基半圆形，宽为长的 2.4 倍；口窝圆形；颚眼距长为复眼高的 0.5–0.9 倍。触角 27–32 节；第 1 鞭节长是宽的 4.5 倍，为第 2 鞭节长的 1.4 倍；触角窝眼距与触角窝间距比为 4.0∶7.0。

胸：前胸背板槽具刻痕；中胸盾片具颗粒状刻点，垂直落向前胸背板；盾纵沟明显，沟内具明显刻痕，后端会合于 1 个较宽区域，该区域微凹陷，皱，沿盾纵沟具稀长毛；小盾片前凹具 3 条纵脊；小盾片略突出，具颗粒状刻点；中胸侧板翅下区具粗脊，侧板具横皱及颗粒状刻点；基节前沟深且宽，沟内具刻痕；并胸腹节具中区，具稀长毛，区内网状皱，基侧区具颗粒状皱。

翅：前翅翅痣三角形，长是宽的 4.2 倍；r 脉长为痣宽的 1.3 倍；r∶3-SR=1.6∶2.0；2-SR 脉部分消失，部分极弱骨化；2-SR∶3-SR=3.0∶2.0；SR1 脉直，伸至翅尖；2-M∶r-m=3.5∶1.5；r-m 脉弱骨化；m-cu 脉后叉；cu-a 脉后叉；第 1 亚盘室末端开放。后翅 SR 脉及 2-M 脉仅剩痕迹；m-cu 脉和 cu-a 脉可见；M+CU∶1-M=1.8∶2.5。

足：腿节肿大；后足基节具颗粒状刻点。

腹：第 1 背板长为端宽的 1.0 倍，端宽为基宽的 1.5 倍，具纵刻条，中间隆起，两侧平坦；第 2 背板长为端宽的 0.3 倍，具纵刻条；第 3、4 背板具横沟和短纵刻条；其后各背板光滑；产卵管鞘长等于腹长。

体色：头黄褐色，头顶、额褐色；上颚端部黑色；须黄白色；触角黄褐色；前胸及中胸侧板红褐色；中后胸背板及并胸腹节黑褐色；翅透明；足黄褐色；第 1 背板褐色；第 3、4 背板末端及腹末黄褐色；其余背板红褐色；产卵管红褐色，末端黑色；产卵管鞘基部黄褐色，其余褐色。

雄：触角 29 节；后翅具翅痣；第 1 背板端宽为基宽的 1.6 倍；第 2 背板长为端宽的 0.5 倍；第 3–5 背板均具横沟且沟后具短纵刻条；体色较浅，除后胸背板、并胸腹节、第 1 背板、头顶、额、触角红褐色外，其余为黄褐色。

生物学：未知。

分布：吉林（长白山）、湖北（神农架）；英国，瑞典。

附注：根据陈家骅和石全秀（2004）的描述整理，本志研究未见此种标本。Tang 等（2015）认为陈家骅和石全秀（2004）中记录的此种明显为误鉴：前翅 m-cu 脉后叉（正模：前叉），产卵管鞘与腹部等长（正模：明显短于腹部）。

(313) 短尾柄腹茧蜂 *Spathius brevicaudis* Ratzeburg, 1844

Spathius brevicaudis Ratzeburg, 1844: 49; Nixon, 1943b: 202; Cao *et al*., 2019: 111.

雌：体长 2.9 mm；前翅长 2.34 mm。

头：背面观头长为头宽的 0.7 倍；具完整后头脊；头顶具微弱刻纹，具极少的白毛；上颊长为复眼长的 0.9 倍；OOL∶POL∶OD=3∶1.8∶1；脸具明显的不规则刻条；颚眼距是复眼长的 0.6 倍；触角 28 节；柄节长是其最大宽的 2 倍，是第 1 鞭节长的 2 倍；第 1 鞭节长为其最大宽的 5.3 倍，为第 2 鞭节长的 1.0 倍；鞭节末节端部尖。

胸：胸长是宽的 1.9 倍，是其高的 1.6 倍；前胸背板槽具短脊；中胸盾片长是其最大宽的 0.9 倍，中叶和侧叶革质；盾纵沟和中胸盾片深，具强刻条，色浅；中胸侧板上部 1/3 具明显刻条，下部 2/3 革质；基节前沟长是宽的 1.67 倍，其内具 4 纵刻条；小盾片平坦，端部 1/3 革质；小盾片前沟长是小盾片的 1/3，具 7 纵刻条；并胸腹节革质，中纵脊基本 1/3 分叉，后半部具不规则脊。

翅：前翅基半部沿翅脉具微弱褐色，端半部大部分近透明，前翅长是宽的 3.2 倍；前翅翅痣长是宽的 4.0 倍；1-R1 脉是翅痣长的 1.3 倍，r 脉从翅痣中间伸出；SR1 脉直，是 r 脉的 8.5 倍；r 脉是 2-SR 脉的 1/4；cu-a 脉与 CU1 脉垂直；1-SR+M 脉直，1-SR 脉是 1-M 脉的 1/3；r-m 脉微弱骨化；2-M 和 CU1a 脉达翅缘；后翅长是宽的 5.0 倍。

足：前足腿节长是宽的 3.75 倍，是前足胫节长的 0.8 倍；前足胫节长是宽的 8.0 倍；前足跗节 1–5 节长度比例为 1.4∶0.7∶0.5∶0.3∶0.6；中足腿节长是中足胫节长的 0.8 倍；中足跗节 1–5 节长度比例为 7∶5∶4∶5∶7；后足腿节长是宽的 2.7 倍，是后足胫节长的 0.8 倍；后足胫节 1–5 节长度比例为 1.5∶0.8∶0.5∶0.4∶0.8。

腹：第 1 背板长是其最大宽的 1.55 倍，端部 2/3 具规则纵刻条，基部 1/3 具皱；第 1 背板侧面观粗，气门位于其基部 1/4；第 2 背板大部分具皱，具大的黄色圆形斑块；第 3 背板基部 2/3 具刻条-皱，端部 1/3 光滑；第 4 背板基部 1/4 具纵皱；第 5–6 背板光滑；产卵管鞘长是腹部长的 0.7 倍，是前翅长的 0.38 倍，是体长的 0.3 倍。

体色：头深褐色；触角基半部黄色，端半部褐色；中胸背版、小盾片深褐色；前胸背板褐色；腹部除第 1、2 背板外深褐色，第 3 背板基部黄色；前翅部分区域颜色深；足黄色。

雄：体长 2.8 mm；前翅长 2.25 mm；翅花纹和腹部刻纹较雌虫更加明显。其他特征与雌虫相似。

生物学：据记载，寄主有鞘翅目的吉丁虫科、天牛科、象甲科和膜翅目的长颈树峰科等。

分布：新疆（巩留）；俄罗斯，蒙古国，韩国，哈萨克斯坦，欧洲。

附注：根据 Cao 等（2019）的描述整理，本志研究未见此种标本。Belokobylskij 和 Maeto（2009）认为俄罗斯远东地区和日本记录的该种应为普柄腹茧蜂 *S. generosus*；Tang

等（2015）认为 Belokobylskij（1996）中记录我国台湾分布的此种为误鉴。由于短尾柄腹茧蜂和北方柄腹茧蜂 *S. rubidus*、普柄腹茧蜂极为相似，且 Cao 等（2019）也在文中阐述其差异极小，无法完全确定。因此，Cao 等（2019）记录的该种具体为何种，需进一步研究。

(314) 埃氏柄腹茧蜂 *Spathius esakii* Watanabe, 1945

Spathius esakii Watanabe, 1945: 47; Shenefelt *et* Marsh, 1976: 1399; Belokobylskij, 2003b: 404; Chen *et* Shi, 2004: 129.

雌：体长 3.6–5.0 mm；前翅长 3.0–3.7 mm；触角长 5.3–6.2 mm。

头：背面观头方形，头宽为头长的 1.3 倍；具完整后头脊；头顶光滑，具稀疏长毛；上颊光滑，在复眼后弧形收敛，长为复眼长的 0.6 倍；OOL∶POL∶OD=1.2∶0.7∶0.4；额凹陷，具平行横脊；正面观复眼中等大小，稍向唇基收敛；脸具中等程度毛，具横脊，中间稍突出，脸宽为脸长的 1.65 倍；唇基半圆形，具横脊和稀疏长毛，宽为长的 2.25 倍；口窝圆形；颚眼距长为复眼高的 0.5 倍。触角 33–39 节；第 1 鞭节长是宽的 6.3 倍，为第 2 鞭节长的 1.1 倍。

胸：胸长是高的 2.1 倍；前胸背板槽具纵脊；前方和前胸侧板具细脊；中胸盾片具颗粒状刻点，缓落向前胸背板；盾纵沟完整，沟内具横脊，后端内缘具 2 条纵脊，其间具 2 条横脊，沿盾纵沟具稀长毛；小盾片前凹具 3 条纵脊；小盾片平坦，具颗粒状刻点；中胸侧板翅下区具横脊，下方光滑；基节前沟全程完整，沟内具短纵脊；后胸侧板具皱脊和稀长毛；并胸腹节具中区，中区内具横脊，基脊长等于叉脊，基侧区具皱脊和颗粒状刻点，后端瘤突略突出。

翅：前翅翅痣长是宽的 3.2 倍；r 脉从翅痣中间伸出，r 脉长为痣宽的 0.6 倍；2-SR∶3-SR=2.7–3.1∶3.2–4.0；SR1 脉伸至翅尖；2-M∶r-m=7.0∶1.7；m-cu 脉伸入第 2 亚缘室；cu-a 脉后叉；第 1 亚盘室末端关闭于 m-cu 脉之后；CU1a 脉从第 1 亚盘室基半部伸出；后翅 M+CU∶1-M=3.0∶6.0。

足：后足基节具颗粒状刻点，前缘密生短毛，后缘具横脊和稀长毛；后足腿节长是宽的 3.5 倍，外缘具刻痕；后足第 1 跗节长为第 2 跗节长的 2.5 倍。

腹：腹柄长为并胸腹节长的 2.25 倍，短于柄后腹，末端扩大，具纵脊和细横脊；柄后腹背板光滑；第 2+3 背板长为端宽的 0.60–0.75 倍；产卵管鞘长略长于腹长（8.0∶7.0）。

体色：头褐色；须黄白色；触角红褐色；胸部黑褐色；翅痣基部透明，后端褐色；翅浅褐色；前中足基节、转节、胫节基部黄褐色，后足基节褐色，其余红褐色；腹柄黑褐色；其余背板基部褐色，端部红褐色；产卵管黄褐色，产卵管鞘基部黄褐色，末端褐色。

雄：体长 3.4–3.6 mm；前翅长 2.8–2.9 mm；触角长 4.7–4.8 mm。触角 32–33 节；第 2+3 背板长为端宽的 1.14–1.07 倍。

生物学：未知。

分布：福建（武夷山、龙栖山）；加罗林群岛。

附注：根据陈家骅和石全秀（2004）的描述整理，本志研究未见此种标本。Tang 等（2015）认为陈家骅和石全秀（2004）中记录的此种明显为误鉴：小盾片具颗粒状刻点（正模：光滑），基脊等于叉脊（正模：0.4 倍），后足基节具颗粒状刻点（正模：大部分光滑，背方前端具短刻条），中胸盾片具颗粒状刻点（正模：十分微弱的革质颗粒）。但具体为何种，需进一步研究。

(315) 平胸柄腹茧蜂 *Spathius labdacus* Nixon, 1939

Spathius labdacus Nixon, 1939b: 121; 1943b: 371; Shenefelt *et* Marsh, 1976: 1406; Chen *et* Shi, 2004: 139.

雄：体长 3.4–4.1 mm；前翅长 3.3 mm；触角长 6.4 mm。

头：触角 37 节；第 1 鞭节长是宽的 7.5 倍，为柄节与梗节之和长的 1.8 倍，为第 2 鞭节长的 1.25 倍；背面观头方形，头宽为头长的 1.4 倍；具完整后头脊；上颊具脊；背面观复眼长为上颊的 1.1 倍，上颊在复眼后不收敛；头顶具脊；OOL∶OD∶POL=1.0∶0.8∶0.3。额凹陷，具横脊；正面观复眼中等大小，微向唇基收敛，眼间线长为脸宽的 1.1 倍；脸具中等程度短柔毛，具横脊，中间微突，脸宽为高的 1.75 倍；唇基半圆形，具稀长毛，光滑，宽为高的 2.4 倍；口窝圆形；颚眼距长为复眼高的 0.4 倍。

胸：胸长是高的 2.5 倍；前胸背板槽具纵脊，前方具皱脊；前胸侧板具脊；中胸盾片缓落向前胸背板，略高于前胸背板，具颗粒状刻点，沿盾纵沟具稀长毛；盾纵沟全程完整，沟内具横脊，后端内缘具 2 纵脊，其间具 5 条横脊；小盾片前凹具 5 条纵脊；小盾片略突出，具颗粒状刻点；中胸侧板具颗粒状刻点和脊，翅下区具横脊；基节前沟全程完整，内具短纵脊；后胸侧板具颗粒状刻点和皱脊；并胸腹节皱，具颗粒状刻点和皱脊，具中区，中区内具皱脊，基脊长明显长于叉脊。

翅：前翅翅痣长是宽的 4.2 倍；r 脉从翅痣中间伸出，长为痣宽的 0.8 倍，与 3-SR 成钝角；2-SR∶3-SR=2.1∶3.0；SR1 脉伸至翅尖；2-M∶r-m=5.2∶1.1；m-cu 脉伸入第 2 亚缘室；cu-a 脉后叉式；第 1 亚盘室末端关闭于 m-cu 脉之后；CU1a 脉从第 1 亚盘室末端基半部伸出。后翅 M+CU∶1-M=1.0∶2.0。

足：后足基节具颗粒状刻点；腿节具稀长毛和颗粒状刻点，长是宽的 2.5 倍；后足胫节具脊，后足胫节具脊，外缘毛约等于胫节宽；后足第 1 跗节长为第 2 跗节长的 2.0 倍。

腹：腹柄长为并胸腹节长的 2.0 倍，短于柄后腹长，末端扩大，具颗粒状刻点和纵脊；第 2+3、4 背板具颗粒状刻点；第 2+3 背板长为端宽的 1.4 倍。

体色：颊、脸黑褐色；触角基部褐色，末端黑色；前中足基节、转节和后足转节浅黄色，跗节黄褐色，足其余部分黑褐色；翅具黑褐色斑；其余黑色。

雌：未知。

生物学：寄生鞘翅目象甲科的 *Pempheres affinis*。

分布：湖北（神农架）、云南（西双版纳）；印度。

附注：根据陈家骅和石全秀（2004）的描述整理，本志研究未见此种标本。Tang 等（2015）认为陈家骅和石全秀（2004）中记录的此种明显为误鉴：首先该研究所检视标本全为雄虫标本，但该种配图却明显为雌虫标本（腹部具明显产卵管）；其次该种背面观复眼长为上颊的 1.1 倍（正模：0.9 倍），第 2+3 背板长为端宽的 1.4 倍（正模：1.0 倍），后足胫节的外缘毛约等于胫节宽（正模：1.5 倍）。但具体为何种，需进一步研究。

(316) 红柄腹茧蜂 *Spathius ruficeps* (Smith, 1858)

Stenophasmus ruficeps Smith, 1858: 170. Synonymized by Szépligeti, 1904: 53.

Spathius ruficeps: Szépligeti, 1904: 53; Nixon, 1943b: 375; Shenefelt *et* Marsh, 1976: 1417; Chen *et* Shi, 2004: 159.

雌：体长 3.4–4.2 mm；前翅长 2.6–3.3 mm；触角长 3.5–4.6 mm。

头：触角 30 节；第 1 鞭节长是宽的 5.0 倍，为第 2 鞭节长的 1.4 倍；背面观头方形，头宽为头长的 1.30–1.55 倍；具完整后头脊；背面观复眼长为上颊的 1.85–1.90 倍，上颊在复眼后圆钝地收敛；OOL∶OD∶POL=12∶3∶8；正面观复眼中等大小，眼间线长为脸宽的 1.15–1.20 倍；脸宽为高的 1.6 倍；唇基半圆形，具横脊和稀疏毛，宽为高的 2.0 倍；口窝圆形；颚眼距长为复眼高的 0.4–0.5 倍。脸具较密长毛，中间微突，两侧具脊；额微凹陷，具横脊；头顶具稀疏毛和细横脊；上颊光滑。

胸：胸长是高的 1.95–2.20 倍；前胸背板侧前方具细脊；前胸侧板槽具粗纵脊；前胸侧板具脊；中胸盾片垂直向前胸背板，具颗粒状刻点，沿盾纵沟具稀长毛；盾纵沟全程完整，内具脊，后端会合处微凹陷，较宽，具弯曲脊；小盾片前凹具 5 条纵脊；小盾片平坦，具颗粒状刻点；中胸侧板翅下区脊多，有的伸至侧板凹处，侧板凹至中足基节处具短横脊；基节前沟较宽，长于侧板下缘的 1/2，沟内具 10 条脊；后胸侧板具细脊，呈网状，近基节处具密短毛；并胸腹节具中室，基脊等于叉脊，中室内具横脊，背区基部具颗粒状刻点和短细脊，细脊呈网状，横脊下方具脊，后端瘤突微突出。

翅：前翅翅痣长是宽的 4.55 倍；r 脉从翅痣中间伸出，长为痣宽的 0.8 倍；2-SR∶3-SR=1.0–3.3∶1.0–3.3；SR1 脉伸至翅尖；2-M∶r-m=4.0–6.0∶1.0–1.3；m-cu 脉伸入第 2 亚缘室；cu-a 脉后叉式；第 1 亚盘室末端关闭于 m-cu 脉之后；CU1a 脉从第 1 亚盘室末端基半部伸出。后翅 M+CU∶1-M=3.0∶5.0。

足：腿节具稀中等长度毛；胫节毛较密；后足基节具颗粒状刻点，长是宽的 3.2 倍；后足第 1 跗节长为第 2 跗节长的 1.85–2.00 倍。

腹：腹柄长为并胸腹节长的 1.5 倍，短于柄后腹长，末端扩大，侧缘毛中等长；第 2+3 背板长为端宽的 0.7 倍，具皱，皱延伸至毛列处，分 2 部分，基方近方形；第 4 背板中间区域具颗粒状刻点；产卵管鞘长约等于腹部长。

体色：头栗褐色；须黄白色；触角基部黄褐色；翅痣基部半透明，具斑纹；前中足基节、转节、跗节、胫节基部、后足胫节基部、跗节黄褐色，跗爪褐色；腹部 2–6 节背板末端、腹部末端黄褐色；产卵管鞘端部暗褐色。

雄：未知。

生物学：未知。

分布：江西（紫溪）、福建（武夷山）；菲律宾，马来西亚，印度尼西亚，巴布亚新几内亚。

附注：根据陈家骅和石全秀（2004）的描述整理，本志研究未见此种标本。Tang 等（2015）认为陈家骅和石全秀（2004）中记录的此种明显为误鉴：上颊光滑（正模：具明显刻条），第 1 亚盘室末端关闭于 m-cu 脉之后（正模：于 m-cu 脉处闭合），CU1a 脉后叉（正模：对叉），背面观复眼长为上颊的 1.85–1.90 倍（正模：1.1 倍），腹柄长为并胸腹节长的 1.5 倍（正模：2.5–3.0 倍），产卵管鞘长约等于腹部长（正模：明显长于腹部，稍短于胸腹总长）。但具体为何种，需进一步研究。

(317) 具沟塬腹茧蜂 *Gnamptodon diffusus* (Chen *et* Weng, 2005)

Gnaptodon diffusus Chen *et* Weng, 2005: 42.
Gnamptodon diffusus: Yu *et al*., 2016.

雌：体长 1.3–1.9 mm；前翅长 1.2–1.4 mm。

头：触角线状，等长于体长，17–19 节，鞭节第 1 节长是宽的 2.6 倍，往后渐短，鞭节亚端节长为端宽的 1.9 倍；鞭节密被长为鞭节宽的 1/2 的毛；背面观头宽分别为头长、脸宽、中胸背板宽和第 1 腹节背板宽的 1.6 倍、1.8 倍、1.15 倍和 1.7 倍；头顶光滑，仅侧域零星被毛；后头稍凹，中域皱褶，被 2 列横刻点毛，后头脊缺如；复眼凸出，长为上颊的 2.2 倍；上颊腹缘稍宽于背缘；复眼眶左右两侧几乎平行，仅腹缘稍分开；单眼内半环具黑色眶，OOL∶OD=1.4；额稍凹，两侧细皱褶；脸宽为高的 1.6 倍，中脊明显，细皱褶；唇基宽为高的 3.0 倍，隆起，半圆形，下缘波浪状，前幕骨陷中等大小，其间距为复眼间距的 2/5，口腔开放，上颚基部不扩大，颚眼距长为上颚基部宽的 2.0 倍，下颚须短于头高。

胸：胸长是高的 1.35 倍；前胸背板两域光滑，前沟平，后沟平；中胸背板宽为长的 1.3 倍，中轴线前 1/3 凹陷，沿盾纵沟和边缘被刻点毛；盾纵沟浅，完整，后端合拢处稍凹陷；背凹缺如；小盾片前沟具小扇，小盾片侧缘被 1 列毛，后缘宽为前缘的 1/2；中胸侧板光滑，仅腹侧被毛，后脊沟平；腹板侧沟缺如；翅下区光滑；后胸侧板光滑；并胸腹节仅后缘具短纵脊，其余光滑，零星被毛。

翅：翅均匀被毛，边缘毛较长。前翅翅痣楔形，r 脉始自中间偏前处，长为翅痣宽的 1/2，3-SR∶2-SR=0.8，SR1 脉直，不达翅尖，SR1∶3-SR=3.7；m-cu 脉前叉；第 2 亚缘室末端稍窄，2-M 脉仅为痕迹；1-CU1 脉和 2-CU1 脉总长是 m-cu 脉长的 1.7 倍；cu-a 脉稍后叉；第 1 亚盘室闭合，长是宽的 2.6 倍，CU1a 脉始自第 1 亚盘室的下缘 2/5 处。后翅 2-M 脉仅为痕迹。

足：足被细毛；后足腿节长是宽的 3.6 倍。

腹：腹长等长于头胸之和；第 1 背板长为端宽的 0.8 倍，具不规则纵条纹，侧缘渐窄，侧瘤可见，基脊伸至后缘；第 2、3 背板几丁质化；第 2 腹板前侧角往外、往前延伸，具 2 条横沟，前沟两端往前弯曲，后沟两端往后弯曲，横沟间具纵条纹，均匀被毛，横沟外光滑，光秃，第 2 背板沟深，具小扇；第 3 背板前半部具 1 条“W”状纵条纹带；第 3–5 背板各具 1 或 2 列刻点毛；产卵管鞘等长于第 1 背板。

体色：头淡黄褐色；眼褐色；足、触角前 5 节黄色；各鞭节中间具白色细条斑环；胸黄褐色（背板、腹板被暗色斑）；腹部背面暗褐色，腹面白色；翅膜淡褐色或透明。

生物学：未知。

分布：福建（武夷山）、云南（西双版纳）。

附注：根据陈家骅和翁瑞泉（2005）的描述整理，本志研究未见此种标本。模式标本保存于 BIIC。陈家骅和翁瑞泉（2005）的描述中，具沟塬腹茧蜂 *G. diffusus* 前翅第 1 亚盘室闭合，但从书中前翅的特征图却明显看出第 1 亚盘室开放。因此我们认为该种存疑，需进一步研究。

(318) 光塬腹茧蜂 *Gnamptodon gladius* (Weng *et* Chen, 2005)

Gnaptodon gladius Weng *et* Chen, 2005: 44.
Gnamptodon gladius: Yu *et al.*, 2016.

雌：体长 1.4 mm；前翅长 1.4 mm。

头：触角线状，等长于体长，19 节，鞭节第 1 节长是宽的 3.2 倍，往后渐短，鞭节亚端节长为端宽的 2.2 倍；鞭节几乎光秃；背面观头宽分别为头长、脸宽、中胸背板宽和第 1 腹节背板宽的 1.7 倍、1.9 倍、1.2 倍和 1.5 倍；头顶具细粒皱褶；后头稍凹陷，稀被毛，后头脊缺如；复眼稍凸出，长为上颊的 2.75 倍，头于复眼后宽；上颊腹缘稍宽于背缘，中间最宽；复眼眶左右两侧几乎平行；单眼区光滑，OOL∶OD=2.0；额稍凹，具细粒皱褶；脸宽为高的 1.6 倍，整个（除侧域外）隆起，被毛；唇基宽为高的 2.3 倍，稍隆起，半圆形，下缘直；前幕骨陷小，其间距为复眼间距的 1/2；口腔开放，上颚基部不扩大，颚眼距长为上颚基部宽的 2.0 倍；下颚须 4 节，长为头高的 0.6 倍。

胸：胸长是高的 1.3 倍；前胸背板无背凹，两域光滑，前沟具极细粒皱褶，后沟平；中胸背板宽为长的 1.3 倍，仅侧缘被毛；盾纵沟完整，前端直角状，后 4/5 几乎平行，光滑，后端合拢处稍凹陷，具极细皱褶；背凹缺如；小盾片前沟后缘“V”状，具齿，小盾片光滑，后缘宽为前缘的 1/2；中胸侧板光滑，后脊沟平；腹板侧沟缺如；翅下区具细皱褶；后胸侧板上半部细粒皱褶；并胸腹节光滑，仅后缘中间具 1 倒“U”状脊。

翅：前翅翅痣三角形，r 脉始自前 2/5 的下顶角处，除 1-M、r、3-SR 和 SR1 脉外，脉细弱至几乎为痕迹，r 脉长为翅痣宽的 1/3，3-SR∶2-SR=0.7，SR1 脉直，不达翅尖，SR1 脉几乎平行于翅痣，SR1∶3-SR=3.5；m-cu 脉稍前叉；第 2 亚缘室上下两边平行，2-M 脉缺如；1-CU1 脉和 2-CU1 脉总长是 m-cu 脉长的 1.3 倍；cu-a 脉后叉；第 1 亚盘室不完全闭合，右下角开放，长是宽的 4.5 倍，CU1a 脉始自第 1 亚盘室的中央。后翅 2-M 脉缺如。

足：足被细毛；后足腿节长是宽的 3.6 倍。

腹：第 1 背板长与端宽几乎等长，隆起，前 1/4–1/2 具横皱条纹，后 1/2 具不规律纵皱褶，侧缘往前稍窄，侧瘤可见，基脊位于侧缘；第 2 背板前 1/3 具 1 条两端弯曲伸至前角的横沟，横沟至后 1/4 处为 1 条纵皱褶横带，第 2 背板沟两端明显往前均匀弯曲，宽，具齿；第 3 背板的横沟“W”状，横沟中间与第 2 背板沟相连，沟后具短纵皱褶；第 4 背板沟具细齿；腹部最宽处位于第 3 背板端部，腹部几乎光滑；产卵管鞘长为第 1 背板长的 0.8 倍。

体色：红褐色；触角后 15 节、中胸侧板左上角、腹侧、腹末为橘黄色；翅基片、足、产卵管鞘为黄色；触角前 4 节、腹部腹面为白色；翅膜透明。

生物学：未知。

分布：福建（武夷山）。

附注：根据陈家骅和翁瑞泉（2005）的描述整理，本志研究未见此种标本。模式标本保存于 BIIC。塬腹茧蜂属 *Gnamptodon* Haliday 的所有种类下颚须为 6 节，但光塬腹茧蜂 *G. gladius* (Weng *et* Chen, 2005)的下颚须为 4 节。因此我们认为该种存疑，需进一步研究。

(319) 具脊塬腹茧蜂 *Gnamptodon scutella* (Weng *et* Chen, 2005)

Gnaptodon scutella Weng *et* Chen, 2005: 46.

Gnamptodon scutella: Yu *et al.*, 2016.

雌：体长 1.7–1.9 mm；前翅长 1.5–1.7 mm。

头：触角等长于体长，18 节，鞭节第 1 节长是宽的 3.5 倍，往后渐短，鞭节亚端节长为端宽的 2.25 倍；鞭节被长为鞭节 1/2 宽的毛；背面观头宽分别为头长、脸宽、中胸背板宽和第 1 腹节背板宽的 1.65 倍、1.8 倍、1.3 倍和 1.7 倍；头顶稀被刻点毛；后头微凹，后头脊缺如；复眼凸出，长为上颊的 3.2 倍，头于复眼后渐窄；上颊腹缘宽为背缘的 1.5 倍；复眼眶左右两侧几乎平行，仅腹缘稍分离；单眼区光滑，OOL∶OD=1.5；额微凹，光滑；脸宽为高的 1.8 倍，中脊较宽，全具细短皱褶，密被淡色长毛；唇基宽为高的 2.3 倍，隆起，半圆形，下缘微凹；前幕骨陷小，其间距为复眼间距的 1/2；口腔开放，上颚基部不扩大，颚眼距长为上颚基部宽的 1.6 倍，下颚须稍长于头高。

胸：胸长是高的 1.4 倍；前胸背板两域光滑，前沟不平，后沟平；中胸背板宽为长的 1.25 倍，沿盾纵沟和边缘被长毛；盾纵沟完整，具极细齿，后端合拢处微凹陷；背凹稍延长，呈水滴状；小盾片前沟后缘直，具稀齿，小盾片被毛，后缘宽为前缘的 3/5；中胸侧板光滑，后脊沟平；腹板侧沟浅短，光滑；翅下区光滑；后胸侧板下 1/3 处细粒皱褶；并胸腹节中纵脊伸至后 2/5 处后再分叉伸至后缘（似倒“Y”状），中域细皱褶，其余光滑。

翅：前翅翅痣半圆形，r 脉几乎垂直始于前 2/5 的下顶角处，r 脉长为翅痣宽的 1/2，r∶3-SR=1.0；3-SR∶2-SR=0.5，SR1 脉前端外弯，后端直，远不达翅尖，SR1∶3-SR=7.2；m-cu 脉明显前叉；第 2 亚缘室上下两边平行，2-M 脉极短；1-CU1 脉和 2-CU1 脉总长是 m-cu 脉长的 1.3 倍；cu-a 脉后叉；第 1 亚盘室闭合，长是宽的 3.9 倍，CU1a 脉始自第 1

亚盘室下缘的 2/5 处。后翅 2-M 脉缺如。

足：胫节被细刻点毛；后足腿节长是宽的 4.0 倍。

腹：第 1 背板长为端宽的 1.1 倍，全具纵条纹，侧缘往前稍渐窄，基脊于前 1/3 处合并，腹板几丁质化；第 2 背板前 1/4 具 1 条两端伸至侧角的横沟，横沟后至中域 1/4 处，两侧后缘为 1 条纵条纹皱横带，第 2 背板沟两端往前弯曲，具齿；第 3 背板的横沟“W”状（两端垂直弯向前侧角），其上具短纵皱褶，第 3 背板沟具齿；腹部第 2–5 背板中域间具 1 列横刻点毛；产卵管鞘长为第 1 背板长的 0.5 倍。

体色：深红褐色；触角柄节、梗节、足橘黄色；腹部腹面淡黄色；翅膜淡褐色。

生物学：未知。

分布：吉林（长白山）、福建（武夷山）。

附注：根据陈家骅和翁瑞泉（2005）的描述整理，本志研究未见此种标本。模式标本保存于 BIIC。具脊塬腹茧蜂 *G. scutella* 基节前沟存在；并胸腹节具明显脊；前翅第 1 亚盘室闭合等特征与塬腹茧蜂属的属征严重不符。因此我们认为该种存疑，需进一步研究。

(320) 长鞘塬腹茧蜂 *Gnamptodon tanycoleosus* (Chen *et* Weng, 2005)

Gnaptodon tanycoleosus Chen *et* Weng, 2005: 47.
Gnamptodon tanycoleosus: Yu *et al*., 2016.

雌：体长 2.4 mm；前翅长 2.0 mm。

头：触角线状，等长于体长，22 节，鞭节第 1 节长是宽的 5.2 倍，第 2 鞭节长是宽的 2.9 倍，往后稍渐短，鞭节亚端节长为端宽的 2.2 倍；鞭节被长为鞭节 2/3 宽的毛；背面观头宽分别为头长、脸宽、中胸背板宽和第 1 腹节背板宽的 1.5 倍、1.65 倍、1.25 倍和 1.6 倍；头顶零星被毛；后头凹陷，被刻点毛，后头脊缺如；复眼凸出，长为上颊的 2.4 倍，头于复眼后渐窄；上颊腹缘稍宽于背缘；复眼眶左右两侧平行；单眼区光滑，OOL∶OD=1.8；额微凹，中脊明显，仅沿复眼眶被毛；脸宽为高的 2.0 倍，被细刻点毛；唇基宽为高的 2.2 倍，隆起，半圆形，下缘直；前幕骨陷小，其间距为复眼间距的 3/10；口腔开放，上颚基部增大但不扩大，颚眼距长为上颚基部宽的 2.0 倍，下颚须等长于头高。

胸：胸长是高的 1.5 倍；前胸背板两域光滑，前沟平，后沟平；中胸背板宽为长的 1.2 倍，前缘和中域被刻点毛；盾纵沟完整（前 2/3 较深），光滑，后端合拢处稍凹陷；背凹小，水滴状；小盾片前沟具齿，小盾片被毛，侧缘后 2/3 几乎直，后缘宽为前缘的 1.6 倍；中胸侧板光滑，后脊沟平；腹板侧沟极短，具弱齿；翅下区光滑；后胸侧板光滑；并胸腹节中纵脊仅前 1/4 存在，后端中域具半圆形横脊，上着生辐射状短纵脊，其余光滑。

翅：前翅翅痣三角形，r 脉始自下顶角处，长为翅痣宽的 1/2，3-SR∶2-SR=0.6，SR1 脉直，伸至翅尖，SR1∶3-SR=5.0；m-cu 脉前叉；第 2 亚缘室上下两端平行，2-M 脉仅前端存在；1-CU1 脉和 2-CU1 脉总长是 m-cu 脉长的 1.3 倍；cu-a 脉对叉；第 1 亚盘室闭合，长是宽的 2.9 倍，CU1a 脉始自第 1 亚盘室的中央。后翅 2-M 脉缺如。

足：胫节被刻点毛；后足腿节长是宽的 4.0 倍。

腹：第 1 背板长为端宽的 1.95 倍，具细粒皱褶（革质纹），背凹深大，侧缘渐窄，基脊于前 1/4 合并后伸至 2/3 处，其外缘具短纵脊；第 2 背板前端有 1 条具细齿的“V”形横沟；第 2、3 背板具细粒皱褶，背板沟具齿。

体色：黄褐色；触角后 19 节、胸部背板、腹部前 4 节背板、产卵管鞘为红褐色；足、腹部腹面为黄色；翅膜淡黄褐色。

生物学：未知。

分布：湖北（神农架）。

附注：根据陈家骅和翁瑞泉（2005）的描述整理，本志研究未见此种标本。模式标本保存于 BIIC。长鞘塬腹茧蜂 *G. tanycoleosus* 产卵管鞘长；并胸腹节具明显脊；前翅第 1 亚盘室闭合等特征与塬腹茧蜂属的属征严重不符。因此我们认为该种存疑，需进一步研究。

参 考 文 献

Ashmead W H. 1900a. Classification of the Ichneumon flies, or the superfamily Ichneumonoidea. *Proceedings of the United States National Museum*, 23(1206): 1-220.

Ashmead W H. 1900b. Some changes in generic names in Hymenoptera. *Canadian Entomologist*, 32(12): 368.

Ashmead W H. 1901. Hymenoptera parasitica. *Fauna Hawaiiensis*, 1(3): 277-364.

Ashmead W H. 1904. Descriptions of new genera and species of Hymenoptera from the Philippine Islands. *Proceedings of the United States National Museum*, 28(1387): 127-158.

Ashmead W H. 1905. New Hymenoptera from the Philippine Islands. *Canadian Entomologist*, 37(1): 3-8.

Ashmead W H. 1906. Descriptions of new Hymenoptera from Japan. *Proceedings of the United States National Museum*, 30: 169-201.

Bai H-M, Zhang Y, Zhao R-X and Li T. 2017. A new Chinese record species of the genus *Hypodoryctes* Kokujev (Hymenoptera: Braconidae) parasitizing *Carcilia* sp. (Coleoptera: Curculionidae). *Journal of Liaoning Forestry Science & Technology*, 1: 1-2, 18. [白慧敏, 章英, 赵瑞兴, 李涛, 2017. 寄生辽东栎象的合沟茧蜂属(膜翅目: 茧蜂科)一中国新纪录种. 辽宁林业科技, 1: 1-2, 18.]

Baltazar C R. 1961. New generic synonyms in parasitic Hymenoptera. *Philippine Journal of Science*, 90: 391-395.

Baltazar C R. 1962. The genera of parasitic Hymenoptera in the Philippines, Part 1. *Pacific Insects*, 4(4): 737-771.

Baltazar C R. 1966. A catalog of Philippine Hymenoptera (with a bibliography, 1758-1963). *Pacific Insects Monograph*, 8: 1-488.

Beardsley J W. 1961. A review of the Hawaiian Braconidae (Hymenoptera). *Proceedings of the Hawaiian Entomological Society*, 17(3): 333-366.

Belokobylskij S A. 1982. Braconids of the genera *Exontsira* gen. n., *Ontsira* Cameron and *Hypodoryctes* Kokujev (Hymenoptera: Braconidae) of the Asiatic part of the USSR. *Entomologicheskoye Obozreniye*, 61: 600-613.

Belokobylskij S A. 1983. To the knowledge of the genera *Heterospilus* Hal. and *Dendrosotinus* Tel. (Hymenoptera, Braconidae) of the USSR fauna. *Trudy Vsesoiuznogo Entomologicheskogo Obschestva*, 65: 168-186.

Belokobylskij S A. 1984. Braconid wasps of the genus *Doryctes* Hal. (Hymenoptera, Braconidae) of the Asian part of USSR. 94-100. In: Ler P A. Insects of the Far East. Collected scientific papers. Akademiya Nauk SSSR, Vladivostok. 1-151.

Belokobylskij S A. 1985. New species of Braconidae (Hymenoptera) from the Asiatic part of USSR and Mongolia. *Entomologicheskoye Obozreniye*, 64(2): 388-394.

Belokobylskij S A. 1987. Palaearctic species of braconids of the subfamily Doryctinae (Hymenoptera,

Braconidae), described by Dr. C. Watanabe, from Japan. 79-87. In: Storozheva N A and O G Kusakin. A New Data on Taxonomy of Insects from the Far East. Acad. Sci. USSR, Far East Branch, Biology & Soil Institute, Vladivostok. 1-144.

Belokobylskij S A. 1988a. Three new species of braconid wasps of the subfamily Doryctinae (Hymenoptera, Braconidae) from Primorye Territory (USSR). *Zoologicheskii Zhurnal*, 67(4): 625-630.

Belokobylskij S A. 1988b. Two new species of *Rhaconotus* Ruthe (Hymenoptera, Braconidae) from southeast Asia. *Trudy Zoologicheskogo Instituta, Leningrad*, 178: 98-103.

Belokobylskij S A. 1989. Palearctic species of braconids of the genus *Spathius* Nees: of the group of species *S. labdacus*, *S. urios*, and *S. leucippus* (Hymenoptera, Braconidae, Doryctinae). *Trudy Zoologicheskogo Instituta, Leningrad*, 188: 39-57.

Belokobylskij S A. 1990a. Tribe Rhaconotini (Hymenoptera, Braconidae, Doryctinae): a new genus from Vietnam. *Proceedings of the Zoological Institute of the USSR Academy of Sciences*, 209: 141-144.

Belokobylskij S A. 1990b. A contribution to the braconid fauna (Hymenoptera) of the Far East (USSR). *Vestnik Zoologii*, 6: 32-39.

Belokobylskij S A. 1990c. Review of braconid wasps of the genus *Rhaconotus* Ruthe (Hymenoptera, Braconidae) of the Palearctic Region. *Entomologicheskoye Obozreniye*, 69(1): 144-163.

Belokobylskij S A. 1992. On the classification and phylogeny of the braconid wasps subfamilies Doryctinae and Exothecinae (Hymenoptera, Braconidae). Part I. On the classification, 1. *Entomologicheskoye Obozreniye*, 71(4): 900-928.

Belokobylskij S A. 1993a. Notes on the taxonomy of the Doryctinae with description of a new genus and three new species from the Oriental region (Hymenoptera: Braconidae). *Zoosystematica Rossica*, 1: 89-96.

Belokobylskij S A. 1993b. Contribution to the taxonomy of Braconidae (Hymenoptera) of the Russian Far East. *Russian Entomological Journal*, 2(3-4): 87-103.

Belokobylskij S A. 1993c. East Asiatic species of the genus *Neurocrassus* (Hymenoptera: Braconidae). *Zoosystematica Rossica*, 2(1): 161-172.

Belokobylskij S A. 1994a. The species of the genus *Heterospilus* Haliday 1836 (Hymenoptera Braconidae) from Vietnam. *Tropical Zoology*, 7(1): 11-23.

Belokobylskij S A. 1994b. A review of parasitic wasps of the subfamilies Doryctinae and Exothecinae (Hymenoptera, Braconidae) of the Far East (Eastern Siberia and neighbouring territories). 5-77. In: Kotenko A G. Hymenopteran insects of Siberia and Far East: Memoirs of the Daursky Nature Reserve. Schmalhausen Institute of Zoology, Kiev. 1-147.

Belokobylskij S A. 1994c. New Oriental species of the genus *Ipodoryctes* (Hymenoptera: Braconidae, Doryctinae). *Zoosystematica Rossica*, 3(1): 129-140.

Belokobylskij S A. 1994d. Addition to the revision of braconid genus *Rhaconotus* Ruthe (Hymenoptera, Braconidae, Doryctinae) of the Palaearctic. *Entomologicheskoe Obozrenie*, 73(2): 340-351.

Belokobylskij S A. 1995a. Principal evolutionary transformations of morphological structures in the subfamilies Doryctinae and Exothecinae (Hymenoptera, Braconidae). *Entomologicheskoe Obozrenie*, 74(1): 153-176.

Belokobylskij S A. 1995b. Two new genera and two new subgenera of the subfamilies Exothecinae and Dorcytinae from the Old World (Hymenoptera: Braconidae). *Zoologische Mededelingen*, 69(1-14): 37-52.

Belokobylskij S A. 1996. A contribution to the knowledge of the Doryctinae of Taiwan (Hymenoptera: Braconidae). *Zoosystematica Rossica*, 5(1): 153-191.

Belokobylskij S A. 1998a. On braconid wasps of the genus *Ontsira* Cameron (Hymenoptera, Braconidae) of East Asia. *Entomologicheskoe Obozrenie*, 77(2): 462-479.

Belokobylskij S A. 1998b. Subfam. Doryctinae. 50-109. In: Lehr P A. Key to Insects of the Russian Far East. Neuropteroidea, Mecoptera, Hymenoptera. Dal'nauka, Vladivostok. 4(3): 1-706.

Belokobylskij S A. 2000. Two new Oriental-Australian genera of Dorycinae (Hymenoptera: Braconidae) with immovably fused first three metasomal tergites. *Russian Entomological Journal*, 9(4): 345-351.

Belokobylskij S A. 2001. New species of the genera *Rhaconotus* Ruthe, *Ipodoryctes* Granger and *Arhaconotus* Blkb. from the Oriental Region (Hymenoptera: Braconidae, Doryctinae). *Zoosystem Atica Rossica*, 10(1): 101-162.

Belokobylskij S A. 2002. The genus *Halycaea* Cameron (Hymenoptera: Braconidae: Doryctinae) in the Oriental region. *Zoologische Mededelingen Leiden*, 76: 61-77.

Belokobylskij S A. 2003a. Two genera of subfamily Doryctinae (Hymenoptera, Braconidae) new for Poland. *Fragmenta Faunistica*, 46: 183-193.

Belokobylskij S A. 2003b. The species of the genus *Spathius* Nees, 1818 (Hymenoptera: Braconidae: Doryctinae) not included in the monograph by Nixon (1943). *Annales Zoologici*, 53(3): 347-488.

Belokobylskij S A. 2006. *Neoheterospilus* gen. n., a new genus of the tribe Heterospilini (Hymenoptera: Braconidae, Doryctinae) with highly modified ovipositor and a worldwide distribution. *Insect Systematics and Evolution*, 37: 149-178.

Belokobylskij S A. 2007. Revision of the genus *Spathiostenus* Belokobylskij 1993 (Hymenoptera, Braconidae: Doryctinae). *Insect Systematic and Evolution*, 38(4): 433-446.

Belokobylskij S A. 2008. A new genus of the tribe Doryctini (Hymenoptera, Braconidae, Doryctinae). *Zoosystematica Rossica*, 17(1): 123-130.

Belokobylskij S A. 2009a. The genus *Ecphylus* (Hymenoptera, Braconidae, Doryctinae) in Japan. *Zoosystematica Rossica*, 18(1): 83-98.

Belokobylskij S A. 2009b. New species of the braconid wasp genus *Spathius* Nees (Hymenoptera, Braconidae, Doryctinae) from Japan and neighbouring territories. *Entomologicheskoe Obozrenie*, 88(2): 438-465.

Belokobylskij S A. 2010. Two new species of subfamily Doryctinae (Hymenoptera: Braconidae) from China. *Zoosystematica Rossica*, 19(1): 77-85.

Belokobylskij S A. 2016. A new species of the genus *Asiaontsira* Belokobylskij, Tang et Chen, 2013 (Hymenoptera: Braconidae: Doryctinae) from Papua New Guinea. *Euroasian Entomological Journal*, 15(S1): 20-23.

Belokobylskij S A. 2018. Review of the braconid wasp genus *Bathycentor* Saussure, 1892 (Hymenoptera, Braconidae: Doryctinae) with description of a new species from Central Africa. *Entomological Review*, 98(6): 765-775.

Belokobylskij S A. 2019. Some taxonomical corrections and new faunistic records of the species from the family Braconidae (Hymenoptera) in the fauna of Russia. *Proceedings of the Russian Entomological Society. St Petersburg*, 90: 33-53.

Belokobylskij S A and A Zaldivar-Riverón. 2021. Reclassification of the doryctine tribe Rhaconotini (Hymenoptera, Braconidae). *European Journal of Taxonomy*, 741: 1-168.

Belokobylskij S A and C van Achterberg. 2021. Review of the braconid parasitoid subfamily Doryctinae (Hymenoptera, Braconidae) from the United Arab Emirates and Yemen. *European Journal of Taxonomy*, 765: 1-143.

Belokobylskij S A and Chen X-X. 2002. Two new species of *Aivalykus* (Hymenoptera: Braconidae: Doryctinae) from China and Indonesia, with a key to species. *European Journal of Entomology*, 99(1): 73-78.

Belokobylskij S A and Chen X-X. 2004a. Revision of the Asian species of the genus *Hypodoryctes* Kokujev, 1900 (Hymenoptera: Braconidae, Doryctinae). *Annales Zoologici*, 54(4): 697-720.

Belokobylskij S A and Chen X-X. 2004b. The species of the genus *Rhaconotus* Ruthe, 1854 (Hymenoptera: Braconidae: Doryctinae) from China with a key to species. *Annales Zoologici*, 54(2): 319-359.

Belokobylskij S A and Chen X-X. 2005. A review of the species of the Australo-Asian genus *Sonanus* Belokobylskij *et* Konishi (Hymenoptera: Braconidae: Doryctinae). *Annales Zoologici*, 55(3): 395-400.

Belokobylskij S A and Chen X-X. 2006. *Hecabolomorpha* n. gen., a new Asian genus from the tribe Hecabolini (Hymenoptera: Braconidae: Doryctinae). *Annales de la Société Entomologique de France (N. S.)*, 42(1): 107-111.

Belokobylskij S A and D S Ku. 2021. Review of species of the genus *Heterospilus* Haliday, 1836 (Hymenoptera, Braconidae, Doryctinae) from the Korean Peninsula. *ZooKeys*, 1079: 35-88.

Belokobylskij S A and K Konishi. 2001. New genera of Doryctinae (Hymenoptera, Braconidae) from Japan. *Entomological Science*, 4(2): 129-138.

Belokobylskij S A and K Maeto. 2006. Review of ten genera of the subfamily Doryctinae (Hymenoptera: Braconidae) new for Japan. *Annales Zoologici*, 56(4): 675-752.

Belokobylskij S A and K Maeto. 2008. Doryctinae (Hymenoptera: Braconidae) of Ogasawara Islands (Japan). *Annales Zoologici*, 58(1): 125-166.

Belokobylskij S A and K Maeto. 2009. Doryctinae (Hymenoptera, Braconidae) of Japan. (Fauna Mundi. Vol. 1). Warshawska Drukarnia Naukowa, Warszawa. 1-806.

Belokobylskij S A and Lin Ch-Sh. 2020. A new species of the genus *Ecphylus* (Hymenoptera: Braconidae: Doryctinae) from Taiwan, with a diagnostic character previously unknown in the genus. *Zoosystematica Rossica*, 29(1): 23-32.

Belokobylskij S A and V I Tobias. 1986. Subfam. Doryctinae. 21-72. In: Medvedev G S. Keys to Insects of the USSR European part. Hymenoptera. Nauka, Leningrad. 3(4): 1-500.

Belokobylskij S A, Chen X-X and Long K-D. 2005. Revision of the genus *Eodendrus* Belokobylskij (Hymenoptera: Braconidae, Doryctinae). *Journal of Natural History*, 39(29): 2715-2743.

Belokobylskij S A, Ku D S and G R Broad. 2021. The tribe Rhaconotini (Hymenoptera: Braconidae:

Doryctinae) of South Korea, with description of a new *Rhaconotus* Ruthe species. *Zootaxa*, 5040(3): 404-413.

Belokobylskij S A, Iqbal M and A D Austin. 2004. Systematics, distribution and diversity of the Australasian doryctine wasps (Hymenoptera, Braconidae, Doryctinae). *Records of the South Australian Museum*, Monograph Series, 8: 1-150.

Belokobylskij S A, Taeger A, van Achterberg C, Haeselbarth E and M Riedel. 2003. Checklist of the Braconidae of Germany. *Beiträge zür Entomologie*, 53(2): 341-435.

Belokobylskij S A, Tang P and Chen X-X. 2013a. *Asiaontsira* gen. nov., a new tropical genus of subfamily Doryctinae (Hymenoptera, Braconidae) from Vietnam and South-Eastern China. *Entomological Science*, 16: 309-315.

Belokobylskij S A, Tang P and Chen X-X. 2013b. Chinese species of the genus *Neurocrassus* Šnoflak, 1945 (Hymenoptera: Braconidae: Doryctinae), with a key to Asian species. *Annales Zoologici*, 63(2): 235-249.

Belokobylskij S A, Tang P and Chen X-X. 2013c. The Chinese species of the genus *Ontsira* Cameron (Hymenoptera, Braconidae, Doryctinae). *ZooKeys*, 345: 73-96.

Belokobylskij S A, Tang P, He J-H and Chen X-X. 2012a. The genus *Doryctes* Haliday, 1836 (Hymenoptera: Braconidae, Doryctinae) in China. *Zootaxa*, 3226: 46-60.

Belokobylskij S A, Yurchenko G I, Strazanac J S, Zaldívar-Riverón A and V Mastro. 2012b. A new emerald ash borer (Coleoptera: Buprestidae) parasitoid species of *Spathius* Nees (Hymenoptera: Braconidae: Doryctinae) from the Russian Far East and South Korea. *Annals of the Entomological Society of America*, 105: 165-178.

Beyarslan A. 2019. A new species, *Heterospilus magnastigmata* sp. nov. (Hymenoptera: Braconidae: Doryctinae) from Turkey. *Munis Entomology & Zoology*, 14(1): 36-41.

Bridwell J C. 1920. Miscellaneous notes on Hymenoptera, 2nd paper, with descriptions of new species. *Proceedings of the Hawaiian Entomological Society*, 4: 386-402.

Brues C T. 1926. Studies on Ethiopian Braconidae with a catalogue of the African species. *Proceedings of the American Academy of Arts and Sciences*, 61: 206-436.

Cameron P. 1881. Notes on Hymenoptera, with descriptions of new species. *Transactions of the Royal Entomological Society of London*, 1881: 555-578.

Cameron P. 1887. Family Braconidae. 312-419. In: Godman F D and O Salvin. Biologia Centrali-Americana. Insecta. Hymenoptera. Vol. 1. Nabu Press, London. 1-487.

Cameron P. 1900. Hymenoptera Orientalia, or Contributions to the knowledge of the Hymenoptera of the Oriental zoological region, Part IX. The Hymenoptera of the Khasia Hills. Part II. Section I. *Memoirs and Proceedings of the Manchester Literary and Philosophical Society*, 44(15): 1-114.

Cameron P. 1903. Descriptions of new genera and species of Hymenoptera taken by Mr. Robert Shelford at Sarawak, Borneo. *Journal of the Straits Branch of the Royal Asiatic Society*, 39: 89-181.

Cameron P. 1905a. A third contribution to the knowledge of the Hymenoptera of Sarawak. *Journal of the Straits Branch of the Royal Asiatic Society*, 44: 93-168.

Cameron P. 1905b. New Hymenoptera, mostly from Nicaragua. *Invertebrata Pacifica*, 1: 46-69.

Cameron P. 1905c. On the phytophagous and parasitic Hymenoptera collected by Mr. E. Green in Ceylon. *Spolia Zeylanica*, 3: 67-143.

Cameron P. 1908. Descriptions of new species of Braconidae from Borneo. *Deutsche Entomologische Zeitschrift*, 1908: 687-694.

Cameron P. 1909. On some new Bornean species of Braconidae. *Societas Entomologica*, 24: 114.

Cameron P. 1910a. On some Asiatic species of the subfamilies Exothecinae, Spathiinae, Hormioinae, Cheloninae and Macrocentrinae in the Royal Berlin Zoological Museum. *Tijdschrift voor Entomologie*, 53: 41-55.

Cameron P. 1910b. On some Asiatic species of the subfamilies Spathiinae, Doryctinae, Rhogadinae, Cardiochilinae and Macrocentrinae in the Royal Berlin Zoological Museum. *Wiener Entomologische Zeitschrift*, 29: 93-100.

Cao L-M, Yang Z-Q, Tang Y-L and Wang X-Y. 2015. Notes on three braconid wasps (Hymenoptera: Braconidae, Doryctinae) parasitizing oak long-horned beetle, *Massicus raddei* (Coleoptera: Cerambycidae), a severe pest of *Quercus* spp. in China, together with the description of a new species. *Zootaxa*, 4021(3): 467-474.

Cao L-M, Zhang Y-L, van Achterberg C, Wang Z-Y, Wang X-Y, Zhao W-X and Yang Z-Q. 2019. Notes on braconid wasps (Hymenoptera, Braconidae) parasitising on *Agrilus mali* Matsumura (Coleoptera, Buprestidae) in China. *ZooKeys*, 867: 97-121.

Capek M. 1992. New and interesting braconid species (Hymenoptera: Braconidae: Doryctinae) from east Mediterranean region. *Biologia (Bratislava)*, 47(2): 135-141.

Chao H-F. 1957. On South-Eastern Chinese braconid-flies of the subfamily Spathinae (Braconidae). *Transactions of the Fujian Agricultural College*, 4: 1-18. [赵修复, 1957. 华东柄腹小茧蜂记述. 福建农学院学报, 4: 1-18.]

Chao H-F. 1977. A study on Chinese braconid wasps of the tribe Spathiini (Hymenoptera: Braconidae, Doryctinae). *Acta Entomologica Sinica*, 20(2): 205-216. [赵修复, 1977. 中国柄腹茧蜂记述(膜翅目: 茧蜂科: 矛茧蜂亚科: 柄腹茧蜂族). 昆虫学报, 20(2): 205-216.]

Chao H-F. 1978. A study on Chinese braconid wasps of the tribe Spathiini (Hymenoptera, Braconidae, Doryctinae). *Acta Entomologica Sinica*, 21(2): 173-184. [赵修复, 1978. 中国柄腹茧蜂记述(续)(膜翅目: 茧蜂科: 矛茧蜂亚科: 柄腹茧蜂族). 昆虫学报, 21(2): 173-184.]

Chao H-F and Chen C-H. 1965. On a new species of *Spathius* from Fukien, China. *Acta Zootaxonomica Sinica*, 2: 106-108. [赵修复, 陈家骅, 1965. 福建柄腹茧蜂属的一新种. 动物分类学报, 2: 106-108.]

Cheesman L E. 1928. A contribution towards the insect fauna of French Oceania. Part 2. *Annals and Magazine of Natural History*, 10(1): 169-194.

Chen J-H and Shi Q-X. 2004. Systematic studies on Doryctinae of China (Hymenoptera: Braconidae). Fujian Science and Technology Publishing House, Fuzhou. 1-274. [陈家骅, 石全秀, 2004. 中国矛茧蜂(膜翅目: 茧蜂科). 福州: 福建科学技术出版社. 1-274.]

Chen J-H and Weng R-Q. 2005. Systematic studies on Opiinae of China (Hymenoptera: Braconidae). Fujian Science and Technology Publishing House, Fuzhou. 1-269. [陈家骅, 翁瑞泉, 2005. 中国潜蝇茧蜂(膜

翅目：茧蜂科). 福州：福建科学技术出版社. 1-269.]

Chen X-X and C van Achterberg. 2019. Systematics, phylogeny, and evolution of braconid wasps: 30 years of progress. *Annual Review of Entomology*, 64: 335-358.

Chen X-X and J B Whitfield. 2003. The discovery of the genus *Ecnomios* Mason (Hymenoptera: Braconidae) in China, with description of a new species. *Proceedings of the Entomological Society of Washington*, 105(2): 348-351.

Chen X-X, He J-H and Ma Y. 1997. Hymenoptera: Braconidae. 1647-1668. In: Yang X-K. Insects of the Three Gorge Reservoir area of Yangtze River. Chongqing Publishing Company, Chongqing. 1-1848. [陈学新, 何俊华, 马云, 1997. 膜翅目：茧蜂科. 1647-1668. 见：杨星科, 长江三峡库区昆虫. 重庆：重庆出版社. 1-1848.]

Chen X-X, He J-H and Ma Y. 1998. Hymenoptera: Braconidae. 392-394. In: Wu H. Insects of Longwangshan Nature Reserve. China Forestry Publishing House, Beijing. 1-404. [陈学新, 何俊华, 马云, 1998. 膜翅目：茧蜂科. 392-394. 见：吴鸿, 龙王山昆虫. 北京：中国林业出版社. 1-404.]

Chen X-X, Whitfield J B and He J-H. 2002. The discovery of the genus *Gnamptodon* Haliday (Hymenoptera: Braconidae) in China, with description of one new species. *Pan-Pacific Entomologist*, 78(3): 184-187.

Cushman R A. 1923. A new subfamily of Braconidae (Hymenoptera) from termite nests. *Proceedings of the Entomological Society of Washington*, 25(2): 54-55.

Dang X-D and Jin B-Y. 1982. Records of parasitic wasps of forest pests from Shaanxi province. *Entomotaxonomia*, 4(1-2): 139-142. [党心德, 金步云, 1982. 陕西省林虫寄生蜂记录. 昆虫分类学报, 4(1-2): 139-142.]

de Dalla Torre C G. 1898. Catalogus Hymenopterorum. Volumen IV. Braconidae. Guilelmi Engelmann, Lipsiae. 1-323.

Enderlein G. 1912. Zur Kenntnis der Spathiinen und einiger verwandter Gruppen. *Archiv für Naturgeschichte (A)*, 78(2): 1-37.

Enderlein G. 1914. *Leptospathius trianguifera*, eine neue Stepheniscine aus Formosa. *Supplementa Entomologica*, 3: 33-35.

Enderlein G. 1920. Zur Kenntnis aussereuropaischer Braconiden. *Archiv für Naturgeschichte (A)*, 84(11): 51-224.

Erichson W F. 1837. Bericht über die wissenschaftlichen Leistungen in der Entomologie während des Jahres 1836. *Archiv für Naturgeschichte*, 2: 281-339.

Fahringer J. 1929. Beiträge zur Kenntnis der Braconiden-Fauna aus Chinas. *Entomologisk Tidskrift*, 50: 82-88.

Fahringer J. 1930. Opuscula braconologica. Band 3. Palaearktischen Region. Lieferung 1-2. F. Wagner, Wien. 1-160.

Fahringer J. 1931. Opuscula braconologica. Band 2. Aethiopische Region. Lieferung 3. F. Wagner, Wien. 305-384.

Fahringer J. 1932. Opuscula braconologica. Band 3. Palaearktischen Region. Lieferung 3. F. Wagner, Wien. 161-240.

Fahringer J. 1934. Opuscula braconologica. Band 3. Palaearktischen Region. Lieferung 5-8. F. Wagner, Wien.

321-594.

Fahringer J. 1951. Zwei neue Braconinen aus der palaearktischen Region (Hymenoptera: Braconidae). *Beiträge zür Entomologie*, 1: 65-69.

Fischer M. 1960. Revision der palaarktischen Arten der Gattung *Heterospilus* Haliday (Hymenoptera, Braconidae). *Polskie Pismo Entomologiczne*, 30: 33-64.

Fischer M. 1965. Die Opiinae der Nearktischen Region (Hymenoptera, Braconidae). II. Teil. *Polskie Pismo Entomologiczne*, 35: 3-212.

Fischer M. 1966a. Über gezüchtete Braconiden aus Europa (Hymenoptera). *Zeitschrift für Angewandte Entomologie*, 58: 323-339.

Fischer M. 1966b. Studien über Braconiden (Hymenoptera). *Zeitschrift für Angewandte Zoologie*, 53: 215-235.

Fischer M. 1970. Probleme der Systematik bei den Opiinae (Hym., Braconidae). *Zeitschrift der Arbeitsgemeinschaft Osterreichischer Entomologen*, 22(3): 81-88.

Fischer M. 1971. Zwei gezogene Doryctes-Arten aus Kärnten (Hymenoptera, Braconidae). *Entomophaga*, 16(1): 101-109.

Fischer M. 1972. Hymenoptera Braconidae (Opiinae I). *(Palaarktische Region) Das Tierreich*, 91(1973): 1-620.

Fischer M. 1980. Taxonomische Untersuchungen über Doryctinae aus der *Odontobracon*-Verwandtschaft (Hymenoptera, Braconidae). *Annales Naturhistorische Museum Wien*, 83: 547-572.

Fischer M. 1981a. Versuch einer systematischen Gliederung der Doryctinae, insbesondere der Doryctini, und Redeskriptionen nach Material aus dem Naturwissenschaftlichen Museum in Budapest (Hymenoptera, Braconidae). *Polskie Pismo Entomologiczne*, 51: 41-99.

Fischer M. 1981b. Revisionen zur Taxonomie der Doryctinen-Gattungen Osmophila Szepligeti, Monarea Szepligeti und *Hypodoryctes* Kokujev (Hymenoptera, Braconidae). *Annales Historico Naturales Musei Nationalis Hungarici*, 73: 239-251.

Fischer M. 1983. Illustrierte Redeskriptionen von Arten aus den Gattungen *Zombrus* Marshall, *Nervellius* Roman und *Liodoryctes* Szepligeti (Hymenoptera, Braconidae, Doryctinae). *Polskie Pismo Entomologiczne*, 53(3): 311-361.

Förster A. 1862. Synopsis der Familien und Gattungen der Braconen. *Verhandlungen des naturhistorischen Vereines der preussischen Rheinlande und Westphalens*, 19: 225-288.

Fullaway D T. 1919. New Genera and species of Braconidae, mostly Malayan. *Journal of the Straits Branch of the Royal Asiatic Society*, (80): 39-61.

Fullaway D T. 1957. A checklist of Hymenoptera of Fiji. *Proceedings of the Hawaiian Entomological Society*, 16: 269-280.

Gautier C and G Russo. 1925. Sopra un *Ecphylus* parassita del Chaetoptelius vestitus (Muls.-Rey) Fuchs. *Bollettino del Laboratorio di Zoologia Generale e Agraria, Portici*, 18: 150-158.

Giraud J. 1869. Oberservations hyménoptèrologiques. III. Des galles d'un Lépidoptère sur le Limoniastrum guyonianum, et des parasites qui les habitant. *Annales de la SociétéEntomologique de France*, (4)9:

469-488.

Grandidier A. 1892. Histoire physique, naturelle et politique de Madagascar. Hyménoptères. Imprimérie nationale, Paris. 1-334.

Granger C. 1949. Braconides de Madagascar. *Memoires de l'Institut Scientifique de Madagascar, Seria A, Biologie Animale*, 2: 1-428.

Gupta A and C van Achterberg. 2022. Review of the Indian species of the genus *Eurymeros* Bhat (Braconidae: Alysiinae) with some nomenclatural changes. *Zootaxa*, 5162(5): 576-582.

Haliday A H. 1833. An essay on the classification of the parasitic Hymenoptera of Britain, which correspond with the Ichneumones minuti of Linnaeus. *Entomological Magazine*, 1(3): 259-276.

Haliday A H. 1836. Essay on parasitic Hymenoptera. *Entomological Magazine*, 4(1): 38-59.

Haliday A H. 1837. Essay on parasitic Hymenoptera. *Entomological Magazine*, 4(3): 203-221.

Haliday A H. 1838. Descriptions of new British insects, indicated in Mr. Curtis's guide. *Annals of Natural History*, 2: 112-121.

He J-H. 1984. Six new species records of the Braconidae (Hymenoptera) to China. *Acta Agriculturae Universitatis Zhejiangensis*, 10(2): 199-205. [何俊华, 1984. 中国六种茧蜂新记录(膜翅目: 茧蜂科). 浙江农业大学学报, 10(2): 199-205.]

He J-H, Chen X-X, Fan J-J, Li Q, Liu C-M, Lou X-M, Ma Y, Wang S-F, Wu Y-R, Xu Z-H, Xu Z-F and Yao J. 2004. Hymenopteran Insect Fauna of Zhejiang. Science Press, Beijing. 1-1373. [何俊华, 陈学新, 樊晋江, 李强, 刘长明, 楼晓明, 马云, 王淑芳, 吴燕如, 徐志宏, 许再福, 姚建, 2004. 浙江蜂类志. 北京: 科学出版社. 1-1373.]

He J-H, Chen X-X, Lou X-M and You L-S. 1992. Braconidae. 1250-1267. In: The Forestry Department of Hunan Province. Iconography of Forest Insects in Hunan, China. Hunan Science and Technology Press, Changsha. 1-1473. [何俊华, 陈学新, 楼晓明, 游兰韶, 1992. 茧蜂科. 1250-1267. 见: 湖南省林业厅, 湖南森林昆虫图鉴. 长沙: 湖南科学技术出版社. 1-1473.]

Hedqvist K J. 1965. Braconidae from the Cape Verde Islands. *Commentationes Biologicae (Helsinki)*, 28: 1-28.

Hedqvist K J. 1967. Notes on *Ecphylus* Foerster and description of two new species (Ichneumonoidea, Braconidae, Doryctinae). *Entomologisk Tidskrift*, 88(1-2): 66-71.

Hedqvist K J. 1976. New species of *Spathius* Nees, 1818 and a key to the species of Europe and Canary Islands (Hym. Ichneumonoidea, Braconidae). *Eos*, 51: 51-63.

Hedqvist K J. 1998. Bark beetle enemies in Sweden 2. Braconidae (Hymenoptera). *Entomologica Scandinavica Supplement*, 52: 1-87.

Hellén W. 1927. Zur Kenntnis der Braconiden (Hym.) Finnlands. I. Subfam. Braconinae (part.), Rhogadinae und Spathiinae. *Acta Societatis pro Fauna et Flora Fennica*, 56(12): 1-59.

Hellén W. 1940. Enumeratio insectorum Fenniae. II. Hymenoptera. 2. Terebrantia, Helsingfors. 1-32.

Hong Y-C. 2002. Amber insects of China. Beijing Science and Technology Press, Beijing. 1-653. [洪友崇, 2002. 中国琥珀昆虫志. 北京: 北京科学技术出版社. 1-653.]

Horstmann K. 1999. Zur Interpretation der von Thunberg in der Gattung Ichneumon Linnaeus beschriebenen oder benannten Arten (Hymenoptera). *Zeitschrift der Arbeitsgemeinschaft Örterreichischer Entomologen*, 51: 65-74.

Jakimavičius A B. 1968. A new genus and species of Braconidae (Hymenoptera) from Lithuania. *Entomologicheskoe Obozrenie*, 47(4): 904-905.

Kieffer J J. 1921. Sur divers Hyménoptères destructeurs des Cérambycides nuisibles au Caféier et au Bambou. *Bulletin Agricole de l'Institut Scientifique de Saigon*, 5: 129-140.

Kittel R N. 2016. Eighty-nine Replacement Names for Braconidae and Ichneumonidae (Insecta: Hymenoptera: Ichneumonoidea). *Japanese Journal of Systematic Entomology*, 22(2): 161-174.

Kokujev N R. 1900. Symbolae ad cognitionem Braconidarum Imperii Rossici et Asiae Centralis. III. *Trudy Russkago Entomologicheskago Obshchestva*, 34: 541-569.

Konishi K and K Maeto. 2000. Ichneumonoidea, Evanioidea, Trigonaloidea and Ibaliidae (Hymenoptera) from the Imperial Palace, Tokyo. *Memoirs of the National Science Museum*, 36: 307-323.

Kono H and Ch Watanabe. 1935. A new braconid parasite of the bark-boring beetle, *Cryphalus piceus* Eggers. *Insecta Matsumurana*, 10: 67-70.

Kriechbaumer J. 1894. Hymenoptera Ichneumonidea a medico nautico Dr. Joh. Brauns in itinere ad oras Africae occidentalis lecta. *Berliner Entomologische Zeitschrift*, 39: 43-68.

Kusigemati K and S Hashimoto. 1993. Description of a new Braconid (Hymenoptera) parasitic on the Cerambycid beetle Anoplophora malasiaca (Thomson) (Coleoptera) in Japan. *Japanese Journal of Entomology*, 61(2): 187-190.

Li T, van Achterberg C and Xu Z-C. 2015b. A new species of genus *Leluthia* Cameron (Hymenoptera: Braconidae) parasitizing *Agrilus* sp. (Coleoptera: Buprestidae) from China with a key to the East Palaearctic species. *Zootaxa*, 4048(4): 594-600.

Li T, Ying Z and C van Achterberg. 2015a. A new species of subgenus *Neodoryctes* Szépligeti (Hymenoptera, Braconidae) from China, with a key to Oriental and Palaearctic species. *Journal of Hymenoptera Research*, 46: 107-114.

Linnaeus C. 1758. Systema naturae per regna tria naturae, secundum classes, ordines, genera, species cum characteribus, differentiis, synonymis locis. Tomus I. Editio decima, reformata. Laurnetii Salvii, Holmiae. 1-824.

Long K D and S A Belokobylskij. 2003. A preliminary list of the Braconidae (Hymenoptera) of Vietnam. *Russian Entomological Journal*, 12(4): 385-398.

Mancini D, Priore R, Battaglia D and C van Achterberg. 2003. *Caenophachys hartigii* (Ratzeburg) confirmed for Italy, with notes on the status of the genus *Caenophachys* Foerster. *Zoologische Mededelingen*, 77: 459-470.

Mantero G. 1910. Res ligusticae. Materiali per un catalogo degli Imenotteri liguri. V. Supplemento de Formicidi, Trisidi, Mutillidi, Braconidi e Cinipidi. *Annali del Museo Civico di Storia Naturale di Giacomo Doria*, 4: 43-74.

Marsh P M. 1965. The Nearctic Doryctinae, I. A review of the subfamily with a taxonomic revision of the tribe Hecabolini (Hymenoptera: Braconidae). *Annals of the Entomological Society of America*, 58: 668-699.

Marsh P M. 1966. The Nearctic Doryctinae, II. The genus *Doryctodes* Hellen (Hymenoptera: Braconidae). *Transactions of the American Entomological Society*, 92: 503-517.

Marsh P M. 1967. The Nearctic Doryctinae, V. The genus *Leluthia* and comments on the status of the tribe Hecabolini (Hymenoptera: Braconidae). *Proceedings of the Entomological Society of Washington*, 69(4): 359-364.

Marsh P M. 1971. Keys to the Nearctic genera of the families Braconidae, Aphidiidae, and Hybrizontidae (Hymenoptera). *Annals of the Entomological Society of America*, 64(4): 841-850.

Marsh P M. 1973. New synonyms and new combinations in North American Doryctinae (Hymenoptera: Braconidae). *Journal of the Washington Academy of Sciences*, 63(2): 69-72.

Marsh P M. 1979. Braconidae. 144-295. In: Krombein K V, Hurd P D, Smith D R and B D Burks. Catalog of Hymenoptera in America north of Mexico. Smithsonian Institution Press, Washington. 1-2735.

Marsh P M. 1993. Descriptions of new Western Hemisphere genera of the subfamily Doryctinae (Hymenoptera: Braconidae). *Contributions of the American Entomological Institute*, 28(1): 1-58.

Marsh P M. 1997. Doryctinae. 207-233. In: Wharton R A, Marsh P M and M J Sharkey. Manual of the New World genera of the family Braconidae (Hymenoptera). International Society of Hymenopterists. Special Publication No. 1, Washington, DC. 1-439.

Marsh P M. 2002. The Doryctinae of Costa Rica (excluding the genus *Heterospilus*). *Memoirs of the American Entomological Institute*, 70: 1-319.

Marsh P M and G A R Melo. 1999. Biology and systematics of New World Heterospilus (Hymenoptera: Braconidae) attacking Pemphredoninae (Hymenoptera: Sphecidae). *Journal of Hymenoptera Research*, 8(1): 13-22.

Marsh P M and J S Strazanac. 2009. A taxonomic review of the genus *Spathius* Nees (Hymenoptera: Braconidae) in North America and comments on the biological control of the emerald ash borer (Coleoptera: Buprestidae). *Journal of Hymenoptera Research*, 18(1): 80-112.

Marshall T A. 1885. Monograph of British Braconidae. Part I. *Transactions of the Entomological Society of London*, 1885: 1-280.

Marshall T A. 1888. Les Braconides. In: André E. Species des Hyménoptères d'Europe et d'Algérie. Cote-d'Or, 4: 7-609.

Marshall T A. 1897. Les Braconides (supplement). In: Andre E. Species des Hyménoptères d'Europe et d'Algerie. Tome 5bis, Paris. 1-334.

Marshall T A. 1899. Descriptions de Braconides. Bulletin du Museum National d'Histoire Naturelle, Paris, 5: 372-373.

Mason W R M. 1979. A new genus and species of Orgilini (Hymenoptera: Braconidae) from New Guinea. *Proceedings of the Entomological Society of Washington*, 81(4): 640-644.

Matthews R W. 1970. A revision of the genus *Spathius* in America north of Mexico (Hymenoptera, Braconidae). *Contributions of the American Entomological Institute*, 4: 1-86.

Muesebeck C F W. 1931. Descriptions of a new genus and eight new species of ichneumon-flies, with taxonomic notes. *Proceedings of the United States National Museum*, 79(2882): 1-16.

Muesebeck C F W. 1935. Synonymical notes on *Ecphylus* Foerster, with descriptions of one new species (Hym., Braconidae). *Proceedings of the Entomological Society of Washington*, 37(1): 21-24.

Muesebeck C F W. 1941. Two new reared species of Doryctes (Hymenoptera: Braconidae). *Proceedings of the Entomological Society of Washington*, 43(7): 149-152.

Muesebeck C F W. 1950. Two genera and three new species of Braconidae (Hymenoptera). *Proceedings of the Entomological Society of Washington*, 52(2): 77-81.

Muesebeck C F W and L M Walkley. 1951. Family Braconidae. 90-184. In: Muesebeck C F W, Krombein K V and H K Townes. Hymenoptera of America North of Mexico. Synoptic catalog, Washington. 2: 1-420.

Nees ab Esenbeck C G. 1818. Appendix ad J. L. C. Gravenhorst conspectum generum et familiarum Ichneumonidum, genera et familias Ichneumonidum adscitorum exhibens. *Nova Acta Physicomedica Academiae Caesareae Leopoldino-Carolinae*, 9: 299-310.

Nees ab Esenbeck C G. 1834. Hymenopterorum Ichneumonibus affinium monographiae, genera Europaea et species illustrantes. 1. Stuttgartiae et Tubingae: sumptibus J. G. Cottae. 1-320.

Nixon G E J. 1938. A new genus of Hecabolinae and a note on the genus *Telebolus* Marshall (Hym., Braconidae). *Proceedings of the Royal Entomological Society of London*, (B)7(7): 152-156.

Nixon G E J. 1939a. The Indian and African species of *Doryctes* Haliday, with notes on related genera (Hym., Braconidae). *Annals and Magazine of Natural History*, (11)3: 481-506.

Nixon G E J. 1939b. New species of Braconidae (Hymenoptera). *Bulletin of Entomological Research*, 30: 119-128.

Nixon G E J. 1940. New genera and species of Hormiinae, with a note on Hormiopterus Giraud (Hymenoptera: Braconidae). *Annals and Magazine of Natural History*, (11)5: 473-493.

Nixon G E J. 1941. The Indian and African species of *Rhaconotus* Ruthe (Hym., Braconidae). *Annals and Magazine of Natural History*, (11)7: 473-503.

Nixon G E J. 1943a. New braconid parasites of Australian wood-boring beetles with notes on the subfamily Hecabolinae (Hym., Braconidae). *Bulletin of Entomological Research*, 34(4): 257-267.

Nixon G E J. 1943b. A revision of the Spathiinae of the Old World (Hymenoptera, Braconidae). *Transactions of the Royal Entomological Society of London*, 93: 173-456.

Opinion 1424. 1987. *Gnamptodon* Haliday, 1833 (Insecta, Hymenoptera): *Bracon pumilo* Nees, 1834 designated as type species. *Bulletin of Zoological Nomenclature*, 44: 55-56.

Papp J. 1984. Contributions to the braconid fauna of Hungary, V. Doryctinae. (Hymenoptera: Braconidae). *Folia Entomologica Hungarica*, 45: 173-185.

Papp J. 1987. Braconidae (Hymenoptera) from Korea. VIII. *Acta Zoologica Hungarica*, 33: 157-175.

Papp J. 1988. Redecription of *Doryctes hedini* (Fahringer) comb. n. (Hymenoptera: Braconidae, Doryctinae). *Entomologica Scandinavica*, 18: 445-447.

Papp J. 1992. Braconidae (Hymenoptera) from Korea. XIV. *Acta Zoologica Hungarica*, 38(1-2): 63-73.

Papp J. 2004. Type specimens of the braconid species by Gy. Szépligeti deposited in the Hungarian Natural History Museum (Hymenoptera: Braconidae). *Annales Historico-Naturales Musei Nationalis Hungarici*, 96: 153-223.

Perkins R C L. 1910. Supplement to Hymenoptera. *Fauna Hawaiiensis*, 2: 600-686.

Picard F. 1913. Sur un Braconide (Hym.) nouveau parasite de *Sinoxylon sexdentatum* Ol. dans les sarments de vigne. *Bulletin de la Société Entomologique de France*, 1913: 399-402.

Picard F. 1938. Description d'un nouvel Hymenoptere Braconide, *Doryctosoma paradoxum* n. g., n. sp., a caracteres sexuels secondaires aberrants. *Bulletin de la SociétéZoologique de France*, 63: 141-145.

Picard F and J L Lichtenstein. 1917. Un braconide nouveau, *Sycosoter lavagnei*, n. g., n. sp., parasite de l'Hypoborus ficus Er. (Col.). *Bulletin de la Société Zoologique de France*, 16: 284-287.

Provancher L. 1880. Faune Canadienne: Les Insectes Hymenopteres. *Le Naturaliste Canadien*, 12: 161-180.

Quicke D L J. 2015. The braconid and ichneumonid parasitoid wasps: biology, systematics, evolution and ecology. Wiley Blackwell, Hoboken. 1-681.

Ratzeburg J T C. 1844. Die Ichneumonen der Forstinsecten in forstlicher und entomologischer Beziehung. Nicolaischen Buchhandlung, Berlin. 1-224.

Ratzeburg J T C. 1848. Die Ichneumonen der Forstinsecten in forstlicher und entomologischer Beziehung. Ein Anhang zur Abbildung und Beschreibung der Forstinsecten. Nicolai, Berlin. 1-238.

Ratzeburg J T C. 1852. Die Ichneumonen der Forstinsecten in forstlicher und entomologischer Beziehung. Dritter Band, Berlin. 1-272.

Reinhard H. 1865. Beiträge Kenntnis einiger Braconiden-Gattungen. Drittes Stück. *Berliner Entomologische Zeitschrift*, 9: 241-267.

Reinhard H. 1885. Zwei seltene Giraud'sche Hymenopterengattungen. *Verhandlungen der Zoologisch-Botanischen Gesellschaft in Wien*, 34(1): 131-134.

Rohwer S A. 1919. Descriptions and notes on some Ichneumon-flies from Java. *Proceedings of the United States National Museum*, 54(2249): 563-570.

Rohwer S A. 1925. Five braconid parasites of the genus *Heterospilus*. *Journal of the Washington Academy of Sciences*, 15: 177-182.

Rossi P. 1794. Mantissa insectorum exhibens species nuper in Etruria collectas. *Adiectis faunae Etruscae illustrationinus, ac emendationibus*, Pisis: Polloni. T. 2, 1-148.

Russo G. 1938. Contributo alla conoscenza dei Coleotteri Scolitidi Fleotribo: Phloeotribus scarabacoides (Bern.) Fauv. Parte seconda. *Biografia, simbionti, danni e lotta. Bollettino del Laboratorio di Entomologia Agraria Portici*, 2: 1-420.

Ruthe J F. 1854. Beiträge zur Kenntnis der Braconiden. *Stettiner Entomologische Zeitung*, 15: 343-355.

Sharma V. 1983. On genus *Euremeros* Bhat with description of two new species (Hymenoptera, Braconidae, Alysiinae). *Reichenbachia*, 21(21): 127-130.

Sharma V and A H Naqvi. 1993. New record of braconid parasites on *Eublemma amabilis*, Moore a pest of *Kerria lacca* (Kerr). *Journal of Advanced Zoology*, 14: 64-66.

Shaw M R. 1997. The genus *Heterospilus* Haliday in Britain, with description of a new species and remarks on related taxa (Hymenoptera: Braconidae: Doryctinae). *Zoologische Mededelingen Leiden*, 71(5): 33-41.

Shaw S R and J S Edgerly. 1985. A new braconid genus (Hymenoptera) parasitizing webspinners (Embiidina) in Trinidad. *Psyche (Cambridge)*, 92(4): 505-512.

Shenefelt R D and P M Marsh. 1976. Braconidae 9. Doryctinae. Hymenopterorum Catalogus (nova editio). Pars 13. 1263-1424.

Shenefelt R D. 1975. Braconidae 8. Exothecinae, Rogadinae. Hymenopterorum Catalogus (nova editio). Pars 12. 1115-1262.

Shestakov A. 1940. Zur Kenntnis der Braconiden Ostsibiriens. *Arkiv foer Zoologi*, 32A(19): 1-21.

Shi Q-X. 2006. A new recorded of the genus *Dendrosotinus* Telenga (Hymenoptera: Braconidae: Doryctinae) in China, with description of a new species. *Entomological Journal of East China*, 15(1): 7-9. [石全秀, 2006. 中国新记录属: 树矛茧蜂属(*Dendrosotinus*)记述及一新种描述(膜翅目: 茧蜂科: 矛茧蜂亚科). 华东昆虫学报, 15(1): 7-9.]

Shi Q-X, Yang J-Q and Chen J-H. 2002a. A new species of *Heterospilus* Haliday (Hymenoptera: Braconidae) from China. *Entomological Journal of East China*, 11(2): 3-5. [石全秀, 杨建全, 陈家骅, 2002a. 断脉茧蜂属一新种(膜翅目: 茧蜂科). 华东昆虫学报, 11(2): 3-5.]

Shi Q-X, Yang J-Q and Chen J-H. 2002b. A new recorded genus and a new species of Doryctinae from China (Hymenoptera: Braconidae). *Journal of Fujian Agriculture and Forestry University* (*Natural Science Edition*), 31(3): 328-330. [石全秀, 杨建全, 陈家骅, 2002b. 中国矛茧蜂亚科一新记录属及一新种(膜翅目: 茧蜂科). 福建农林大学学报(自然科学版), 31(3): 328-330.]

Smith F. 1858. Catalogue of Hymenopterous insects collected by A. R. Wallace at the islands of Aru and Key. *Journal and Proceedings of the Linnean Society of London (Zoology)*, 4: 132-178.

Šnoflak J. 1945. *Neurocrassus* gen. nov. (Hym. Braconidae); nález nového rodu lumika z ech. *Entomologicny Listy*, 8: 25-27.

Strand E. 1913. H. Sauter's Formosa-Ausbeute. Zwei neue Gonatopus-Arten (Hym.). Scelionidae (Hym.). Eine neue Art der Spathiinae (Hym.). *Entomologische Mitteilungen*, 2: 209-215.

Szépligeti G. 1900. Neue Braconiden aus Ungarn. *Természetrajzi Füsetek*, 23: 213-219.

Szépligeti G. 1902a. Tropischen Cenocoeliden und Braconiden aus der Sammlung des Ungarischen National-Museums. *Természetrajzi Füsetek*, 25: 39-84.

Szépligeti G. 1902b. A palaeartikus Bracon-felek rendszere. 2 alcsalad: Exothecus-felek (Exothecinae). *Termeszet Tud Kozl: Allattani Kozlem*, 1: 126-137.

Szépligeti G. 1904. Hymenoptera. Fam. Braconidae. *Genera Insectorum*, 22: 1-253.

Szépligeti G. 1905. Ubersicht der Gattungen und Arten der palaarktischen Braconiden. *Mathemathische und Naturwissenschaftlichen Berichte aus Ungarn*, 20(1902): 55-64.

Szépligeti G. 1906. Braconiden aus der Sammlung des ungarischen National-Museums, 1. *Annales Historico-Naturales Musei Nationalis Hungarici*, 4: 547-618.

Szépligeti G. 1908. E. Jacobons'sche Hymenopteren aus Semarang (Java). Evaniden, Braconiden und Ichneumoniden. *Notes from the Leyden Museum*, 29: 209-260.

Szépligeti G. 1914. Afrikanische Braconiden des Konigl. Zoologischen Museums in Berlin. *Mitteilungen aus dem Zoologischen Museum in Berlin*, 7: 153-230.

Tang P, Belokobylskij S A and Chen X-X. 2013a. The discovery of the genus *Guaygata* Marsh (Hymenoptera, Braconidae, Doryctinae) from China, with description of a new species. *Zootaxa*, 3637(1): 84-88.

Tang P, Belokobylskij S A and Chen X-X. 2014. The genus *Polystenus* (Hymenoptera: Braconidae: Doryctinae) in China, with descriptions of two new species. *Journal of Insect Science*, 14(66): 66.

Tang P, Belokobylskij S A and Chen X-X. 2015. *Spathius* Nees, 1818 (Hymenoptera: Braconidae: Doryctinae) from China with a key to species. *Zootaxa*, 3960(1): 1-132.

Tang P, Belokobylskij S A, He J-H and Chen X-X. 2013b. *Heterospilus* Haliday, 1836 (Hymenoptera: Braconidae, Doryctinae) from China with a key to species. *Zootaxa*, 3683(3): 201-246.

Tang P, Belokobylskij S A, van Achterberg C and Chen X-X. 2012a. *Halycaea* Cameron, 1903 (Hymenoptera: Braconidae, Doryctinae) from China with a key to world species. *Zootaxa*, 3218: 18-30.

Tang P, He J-H and Chen X-X. 2010. The genus *Arhaconotus* Belokobylskij (Hymenoptera, Braconidae, Doryctinae) from China, with description of a new species. *ZooKeys*, 61: 63-68.

Tang P, Wu Q, Belokobylskij S A and Chen X-X. 2012b. The rare genus *Leptospathius* Szépligeti (Hymenoptera, Braconidae, Doryctinae) from China, with description of a new species. *Zootaxa*, 3219: 62-66.

Tang P, Zhu L-L, He J-H and Chen X-X. 2011. The genus *Ipodoryctes* Granger, 1949 (Hymenoptera: Braconidae, Doryctinae) from China. *Zootaxa*, 2784: 1-19.

Telenga N A. 1935. Neue und weniger bekannte palaearktische Braconiden (Hym.). *Arbeiten über Physiologische und Angewandte Entomologie*, 2: 271-275.

Telenga N A. 1941. Fauna USSR. Hymenoptera. Fam. Braconidae, subfam. Braconinae (continuation) and Sigalphinae. *AS USSR Publishing House, Moscow-Leningrad*, 5(3): 1-466.

Telenga N A. 1952. Origin and evolution of parasitism in the parasitic Hymenoptera and formation of their fauna in the USSR. Ukrainian Acad Sci Press, Kiev. 1-139.

Thunberg C P. 1822. Ichneumonidea, Insecta Hymenoptera illustrata. *Mémoires de l'Académie Impériale des Sciences de St. Pétersbourg*, 8: 249-281.

Tobias V I. 1961. A new genus of the tribe Doryctini (Hymenoptera: Braconidae) and its taxonomic importance. *Zoologicheskii Zhurnal*, 40(4): 529-535.

Tobias V I. 1962. New genera of parasitic Braconids (Hymenoptera, Braconidae) in the fauna USSR. *Zoologicheskii Zhurnal*, 41(8): 1190-1197.

Tobias V I. 1971. Review of the Braconidae (Hymenoptera) of the U. S. S. R. *Trudy Vsesoyuznogo Entomologicheskogo Obshchestva*, 54: 156-268.

Tobias V I. 1976a. Braconids of the Caucasus (Hymenoptera, Braconidae). Nauka Press, Leningrad. 1-286.

Tobias V I. 1976b. *Gnaptogaster mongolica* gen. et sp. n. from a new tribe of braconids (Hym., Braconidae, Opiinae) and some problems of the phylogeny and evolution of this family. *Nasekomye Mongolii*, 4: 315-321.

Tobias V I. 1980. New species of braconids (Hymenoptera, Braconidae)-parasites of bark beetles from Mongolia and the USSR. *Nasekomye Mongolii*, 7: 289-295.

Tobias V I and S A Belokobylskij. 1981. Braconid genera (Hymenoptera, Braconidae) new to science and to the fauna of the USSR from the Maritime territory. *Entomologicheskoye Obozreniye*, 60: 354-363. (in Russian)

Turner R E. 1917. Notes on the Braconidae in the British Museum. I. *Annals and Magazine of Natural History*, 20: 241-247.

Urano T and N Hijii. 1991. Biology of the two parasitoid wasps, *Atanycolus initiator* (Fabricius) and *Spathius brevicaudis* Ratzeburg (Hymenoptera: Braconidae), on subcortical beetles in Japanese pine trees. *Applied Entomology and Zoology*, 26(2): 183-193.

van Achterberg C. 1983. Revisionary notes on the subfamily Gnaptodontinae, with description of eleven new species (Hymenoptera, Braconidae). *Tijdschrift voor Entomologie*, 126: 25-57.

van Achterberg C. 1985. V. The systematic position of the genera *Ecnomios* Mason and *Pselaphanus* Szepligeti (Hymenoptera: Braconidae). *Zoologische Mededelingen*, 59(27): 341-348.

van Achterberg C. 1988. A new species of the genus *Gnamptodon* from Italy (Hymenoptera: Braconidae). *Entomologische Berichten, Amsterdam*, 48(10): 159-161.

van Achterberg C. 1995. New combinations of names for Palaearctic Braconidae (Hymenoptera). *Zoologische Mededelingen*, 69(12): 131-138.

van Achterberg C. 2002. A revision of the Old World species of *Megischus* Brulle, *Stephanus* Jurine and *Pseudomegischus* gen. nov., with a key to the genera of the family Stephanidae (Hymenoptera: Stephanoidea). *Zoologische Verhandelingen*, 339: 3-206.

van Achterberg C. 2003. The West Palaearctic species of the genera *Gildoria* Hedqvist and *Platyspathius* Viereck, with keys to the species (Hymenoptera: Braconidae: Doryctinae). *Zoologische Mededelingen Leiden*, 77(15): 267-290.

Viereck H L. 1911. Descriptions of six new genera and thirty-one new species of Ichneumon flies. *Proceedings of the United States National Museum*, 40(1812): 173-196.

Viereck H L. 1914. Type species of the genera of Ichneumon flies. *United States National Museum Bulletin*, 83: 1-186.

Walker F. 1860. Characters of some apparently undescribed Ceylon insects. *Annals and Magazine of Natural History*, (3)5: 304-311.

Walker F. 1874. Descriptions of some Japanese Hymenoptera. *Cistula Entomologica*, 1: 301-310.

Wang M-M, He J-H and Chen X-X. 2010. A newly recorded species and genus of Doryctinae (Hymenoptera: Braconidae) from China. *Entomotaxonomia*, 32(1): 51-54. [王漫漫, 何俊华, 陈学新, 2010. 中国矛茧蜂亚科一新记录属及一新记录种记述(膜翅目：茧蜂科). 昆虫分类学报, 32(1): 51-54.]

Wang M-M, Tan J-L, He J-H and Chen X-X. 2009. The genus *Eodendrus* Belokobylskij (Hymenoptera, Braconidae, Doryctinae) from China, with description of a new species. *ZooKeys*, 27: 43-50.

Watanabe Ch. 1934a. On some species of Braconidae from Formosa and the Philippines in the Deutsches entomologisches Museum. *Insecta Matsumurana*, 8(3): 119-123.

Watanabe Ch. 1934b. H. Sauter's Formosa-Collection: Braconidae. *Insecta Matsumurana*, 8(4): 182-205.

Watanabe Ch. 1937. A contribution to the knowledge of the Braconid fauna of the Empire of Japan. *Journal of the Faculty of Agriculture, Hokkaido (Imp.) University*, 42: 1-188.

Watanabe Ch. 1943. Braconid parasites of the rice stem borer and the paddy borer. *Transactions of the Natural History Society of Formosa, Taihoku*, 33: 457-466.

Watanabe Ch. 1945. Note on some Micronesian Braconidae (Hymenoptera). *Mushi*, 16(9): 47-58.

Watanabe Ch. 1951a. Descriptions of new or little known species of Braconidae, with notes on synonymy (Hymenoptera). *Insecta Matsumurana*, 17: 93-101.

Watanabe Ch. 1951b. A new species of the genus *Doryctomorpha* Ashmead from Japan (Hymenoptera: Braconidae). *Mushi*, 22: 47-49.

Watanabe Ch. 1952. Notes on hymenopterous parasites of longicorn beetles, with descriptions of two new species of Braconidae. *Insecta Matsumurana*, 18: 25-29.

Watanabe Ch. 1954. Hymenopterous parasites of the longicorn beetle, *Semanotus rufipennis* Motschulsky. *Insecta Matsumurana*, 18: 79-83.

Watanabe Ch. 1957. Notes on Ashmead's Japanese Braconidae (Hymenoptera). *Insecta Matsumurana*, 21: 1-5.

Watanabe Ch. 1961a. Notes on five Braconid parasites of some wood-boring beetles (Hymenoptera, Braconidae). *Publications of the Entomological Laboratory of the University of Osaka Prefecture*, 6: 111-114.

Watanabe Ch. 1961b. Notes on Braconidae (Hymenoptera) of Thailand. *Nat & Life Southeast Asia*, 1: 363-365.

Watanabe Ch. 1967. Notes on Braconidae caught in a sweep-net at paddy fields, Part I. *Mushi*, 40: 189-198.

Wesmael C. 1838. Monographie des Braconides de Belgiqie. *Nouveaux Mémoires de l'Academie Royale des Sciences et Belle-Lettres de Bruxelles*, 11: 1-166.

Westwood J O. 1882. Descriptions of new or imperfectly known species of Ichneumones Adsciti. *Tijdschrift voor Entomologie*, 25: 17-48.

Wharton R A. 1993. Review of the Hormiini (Hymenoptera: Braconidae) with a description of new taxa. *Journal of Natural History*, 27: 107-171.

Wharton R A and P E Hanson. 2005. Biology and evolution of braconid gall wasps (Hymenoptera). 495-505. In: Raman A, Schaefer C W and T M Withers. Biology, Ecology and Evolution of Gall Inducing Arthropods. Vol. 2. Science Publishers, Inc., Enfield. 431-817.

Whitfield J B. 1988. Taxonomic notes on Rhyssalini and Rhysipolini (Hymenoptera: Braconidae) with first Nearctic records of three genera. *Proceedings of the Entomological Society of Washington*, 90(4): 471-473.

Wilkinson D S. 1927. Eight new species of Braconidae. *Bulletin of Entomological Research*, 18: 33-46.

Wilkinson D S. 1929. New species and host records of Braconidae. *Bulletin of Entomological Research*, 19: 205-208.

Wilkinson D S. 1931a. On the Indo-Australian and Ethiopian species of the Braconid genus *Spathius* (Hymenoptera). *Transactions of the Royal Entomological Society of London*, 79: 505-530.

Wilkinson D S. 1931b. Five new species of Spathius (Hym. Bracon.). *Bulletin of Entomological Research*, 22: 259-265.

Wilkinson D S. 1934. On two new Braconid genera from India (Hymenoptera). *Stylops*, 3: 80-84.

Wollaston T V. 1858. Brief diagnostic characters of undescribed Madeiran insects. *Annals and Magazine of Natural History*, (3)1: 18-28.

Yang Z-Q, Strazanac J S, Marsh P M, van Achterberg C and W Y Choi. 2005. First recorded parasitoid from China of *Agrilus planipennis*: a new species of *Spathius* (Hymenoptera: Braconidae: Doryctinae). *Annals of the Entomological Society of America*, 98(5): 636-642.

You L-S, Chen L-C, Yang H-Q, Xiao Z-S, Luo Q-H and Tong X-W. 2000. Annotated list of Braconidae (Hymenoptera) in Hunan province. *Journal of Hunan Agricultural University (Natural Sciences)*, 26(5): 394-400. [游兰韶, 陈良昌, 杨红旗, 肖治术, 罗庆怀, 童新旺, 2000. 湖南省茧蜂记述. 湖南农业大学学报(自然科学版), 26(5): 394-400.]

You L-S, Xiong S-L, Dang X-D, Tong X-W, Yang Z-Q and Shi Z-Y. 1990. Braconidae. 25-73. In: Shaanxi Forestry Science Research Institute, Hunan Forestry Science Research Institute. A Parasitic Wasp Atlas of Forest Pests. Tianze Publishing House, Xi'an. 1-216. [游兰韶, 熊漱琳, 党心德, 童新旺, 杨忠歧, 时振亚, 1990. 茧蜂科. 25-73. 见: 陕西省林业科学研究所, 湖南省林业科学研究所, 林虫寄生蜂图志. 西安: 天则出版社. 1-216.]

Yu D-S, van Achterberg C and K Horstmann. 2016. Taxapad 2016: World Ichneumonoidea 2016, Taxonomy, biology, morphology and distribution. Vancouver, Canada: Database on flash-drive.

Zaldivar-Riverón A, Belokobylskij S A, León-Regagnon V, Briceño R and D L J Quicke. 2008. Molecular phylogeny and historical biogeography of the cosmopolitan parasitic wasp subfamily Doryctinae (Hymenoptera: Braconidae). *Invertebrate Systematics*, 22: 345-363.

Zaldivar-Riverón A, Belokobylskij S A, León-Regagnon V, Jose-Martinez J, Briceno R and D L J Quick. 2007. A single origin of gall association in a group of parasitic wasps with disparate morphologies. *Molecular Phylogenetics and Evolution*, 44(3): 981-992.

Zhang L-Q, Song S-H and Fan J-X. 1987. Studies on controlling *Semanotus sinoauster* (Gressiti) (Coleoptera: Cerambycidae) by release of *Ontsira palliatus* (Cameron) (Hymenoptera: Braconidae). *Scientia Silvae Sinicae*, 23(3): 306-313. [张连芹, 宋世涵, 范景祥, 1987. 斑头陡盾茧蜂防治粗鞘双条杉天牛的研究. 林业科学, 23(3): 306-313.]

英 文 摘 要

Abstract

I. GENERAL INTRODUCTION

The volume is the third monograph dealing with the Chinese fauna of the family Braconidae (Insecta: Hymenoptera). The general information on taxonomic status, morphology, biology, classification and phylogeny, biogeography, and key to subfamilies of the family Braconidae worldwide were already discussed in details in the first volume [He Junhua, Chen Xuexin & Ma Yun, 2001. Fauna Sinica: Insecta Hymenoptera Braconidae (I). Beijing: Science Press], only a brief introductory "general part" is, therefore, presented in this book. It focuses on the "Taxonomic part" that contains three chapters that correspond to three subfamilies of the family Braconidae from China, i.e. Doryctinae, Euphorinae (Ecnomiini), and Gnamptodontinae. In total 320 species of the braconid wasps of China are described in this book, which are grouped into 42 genera and 3 subfamilies. 8 species are described as new to science. Each species is fully described, and an account of its distribution and, where possible, biology and diagnostic remarks are included. Illustrations of critical characters of adults are given. Within each genus, the genus definition, main literature cited, historical notes, and key to species (if more than one species is included) are also provided in detail.

II. NEW TAXA

There are 8 new species described in this book, belonging to the genera *Doryctes*, *Hypodoryctes* and *Parallorhogas*.

(1) *Doryctes curticaudis* Tang *et* Chen, sp. nov. (Plate II: 2)

Material examined: ♀ (Holotype, ZJUH), Wuyun mountain, Hangzhou, Zhejiang, 2010.III.27, Tan Jiangli, No.201105606.

Female. Body length 3.20 mm; fore wing length 2.85 mm.

Head. Antennae weakly setiform, rather thick, 28-segmented. Scape 1.25 times as long as its maximum width. 1st flagellar segment 3.5 times as long as its apical width, equal to 2nd segment. Penultimate segment 2.5 times as long as its maximum width, 0.85 times as long as apical segment; the latter distinctly pointed apically and with small spine. Head width 1.35 times as long as its median length, almost equal to maximum width of mesoscutum. Head behind eyes (dorsal view) almost paralle-sided in basal half and roundly narrowed in apical half. Vertex smooth, entirely covered by rather dense setae directed from the middle to its lateral sides. Frons and temple entirely smooth. Eye 1.1 times as long as temple in dorsal view. Ocelli medium-sized, in triangle with base 1.3 times its sides. POL=1.3×OD=0.6×OOL. Eye very shortly and sparsely setose, very weakly concave near antennal sockets, 1.3 times as high as broad. Malar space 0.3 times height of eye, 0.7 times as long as basal width of mandible. Face rather distinctly and more or less densely punctate, without rugosity, width of face almost equal to height of eye, 1.2 times height of face and clypeus combined. Malar suture indistinct. Hypoclypeal depression about 0.5 times as wide as face. Occipital carina complete dorsally, not fused with hypostomal carina ventrally.

Mesosoma. Length 2.8 times as long as its height. Pronotum with distinctly convex lobe dorsally and with distinct pronotal carina in anterior 0.3. Median lobe of mesoscutum anteriorly weakly convex, with shallow median furrow. Mesoscutum densely and finely punctate, densely rugulose on wide area in medioposterior half. Mesoscutum mostly glabrous, with short, dense and semi-erect setae in wide anterolateral areas, and with long, sparse and almost erect setae situated in almost single line along notauli and marginally. Notauli deep and narrow anteriorly, shallow posteriorly, complete, distinctly crenulate. Scutellum finely and sparsely punctate. Prescutellar depression short, rather deep, densely rugulose, with three carina, 0.3 times as long as scutellum. Mesopleuron mostly smooth. Subalar depression rather shallow, narrow, rugose-striate at least in anterior half. Precoxal sulcus shallow, but deeper posteriorly, short, smooth, running along anterior 0.6 of lower part of mesopleuron. Propodeum without lateral tubercles, with basolateral areas finely granulate, areas delineated by rather distinct carinae; rest part of propodeum coarsely reticulate-rugose.

Wings. Fore wing about 3.2 times as long as maximum width. Vein r arising distinctly before middle of pterostigma. Vein 3-SR forming obtuse angle with r. 3-SR=3.5×r=0.6×SR1=1.6×2-SR. Second submarginal cell long and narrow, 3.0 times as long as maximum width, 1.5 times as long as first subdiscal cell. Vein 1-SR+M weakly sinuate. Vein m-cu distinctly antefurcal, distance between m-cu and 1-M 1.4 times m-cu. First subdiscal cell widened apically, 2.85 times as long as maximum width, CU1a arising from posterior 0.25 of distal margin of first subdiscal cell. Hind wing vein M+CU 1.4 times as long as vein 1-M. Vein m-cu entirely straight, weakly antefurcal.

Legs. Hind coxa dorsally rugose-striate, ventrally very finely coriaceous to smooth, without dorsal tooth. Hind femur densely obliquely striate in upper 0.4 and almost smooth in lower 0.6. Hind femur 3.25 times as long as maximum width. Dorsal side of hind tibia with very short, dense and semi-erect setae, their length 0.2–0.4 times maximum width of tibia. Hind tarsus 0.9 times as long as hind tibia. Hind basitarsus 0.7 times as long as 2nd–5th segments combined; 2nd segment of hind tarsus 0.5 times as long as basitarsus, 1.4 times as long as 5th segment (except pretarsus).

Metasoma. Metasoma equal to mesosoma and head combined. 1st tergite without basal lobes, with small spiracular tubercles on basal third, more strongly widened basally, then distinctly and almost linearly widened from dorsope to apex. Maximum width of 1st tergite 2.0 times its minimum width; its length almost equal to apical width. 2nd tergite with shallow lateral subparallel convergent depressions; median length of 2nd tergite 0.6 times its basal width, 1.2 times length of 3rd tergite. 2nd suture fine, with rather distinct but nor deep lateral bends, curved medially. 3rd tergite without subbasal transverse furrow. 1st and 2nd tergites longitudinally striate with rugosity. 3rd tergite with fine oblique striae basalaterally, smooth in medially, posteriorly. Remaining tergites smooth. Ovipositor sheath 0.3 times as long as metasoma, 0.4 times as long as mesosoma, 0.2 times as long as fore wing, ovipositor sheath in very dense, short and pale setae.

Colour. Body black, below of face and temple, propleuron and tegula brownish yellow. Antenna black. Palpi pale brown. Legs brown, hind tibia shortly yellow basally. Ovipositor sheath dark brown to black. Fore wing entirely faintly infuscate. Pterostigma brown.

Male. Unknown.

Diagnosis. This new species is very similar to *D. undulatus* (Ratzeburg), but differs in vertex entirely covered by rather dense setae directed from the middle to its lateral sides; second submarginal cell long, 3.0 times as long as maximum width; first subdiscal cell widened apically. Ovipositor sheath very short, 0.3 times as long as metasoma, 0.4 times as long as mesosoma, 0.2 times as long as fore wing.

Distribution. China (Zhejiang).

Etymology. From Latin "*curt*" for "short" and "*caud* " for "tail" because of the ovipositor sheath short.

(2) *Hypodoryctes yunnanensis* Tang *et* Chen, sp. nov. (Plate XVIII: 4)

Material examined: ♀ (Holotype, ZJUH), Shaba village, Tengchong, Yunnan, 2009.V.22, Zeng Jie, No.200904058; 1♀ (Paratype, ZJUH), Datianpo, Tengchong, Yunnan, 2009.V.22, Zeng Jie, No.200904506.

Female. Body length 5.0–5.4 mm; fore wing length 4.2–4.4 mm.

Head. Antennae weakly filiform, 46-segmented. Scapus 1.5 times as long as maximum width. 1st flagellar segment 3.0 times as long as its apical width, as long as 2nd segment. Subapical segments 1.8 times as long as wide, 0.7 times as long as apical segment; the latter with distinct pointed apical spine. Vertex distinctly punctate, with finely striate laterally; frons entirely rugose-striate. Width of head 1.2 times as long as its median length. Head behind eyes roundly narrowed in dorsal view. Transverse diameter of eye 1.8 times as long as temple in dorsal view. Ocelli medium-sized, in triangle with base 1.2 times its sides. POL∶OD∶OOL=5∶3∶8. Eye glabrous, 1.4 times as high as broad. Malar space 0.2 times height of eye, 0.5 times basal width of mandible. Face distinctly striate in median part, distinctly punctate laterally. Face width 0.9 times height of eye, 1.3 times height of face and clypeus combined. Malar suture absent. Hypoclypeal depression round, its width 1.6 times distance from edge of depression to eye, 0.5 times width of face. Occipital carina complete dorsally, fused below with hypostomal carina.

Mesosoma. Length 2.2–2.3 times its height. Mesoscutum densely rugulose, highly and almost perpendicularly raised above pronotum. Mesoscutum entirely densely and evenly pubescent. Median lobe of mesoscutum distinctly protruding forward, with distinct median longitudinal furrow in posterior 0.9, regularly and distinctly rounded anteriorly and without anterolateral shoulders (dorsal view). Notauli deep, complete, crenulate. Prescutellar depression deep, with 4 carinae, finely rugulose between carinae, 0.4 times as long as scutellum. Scutellum distinctly and densely punctate. Mesopleura smooth for the most part, transversely striate in anterior. Subalar depression almost smooth. Precoxal sulcus shallow, crenulate in anterior and smooth in posterior, weakly oblique, running along anterior 0.8 of lower part of mesopleuron. Metapleural flange wide, long, rounded apically. Propodeum with distinctly marginate areas, basolateral areas almost smooth; areola short and wide, 1.6 times as long as maximum width; basal carina 2.8 times as long as fork of areola.

Wings. Fore wing 3.8 times as long as maximum width. r vein arising from the middle of pterostigma. 1-R1 1.5–1.6 times as long as pterostigma. 3-SR=2.9–3.1×r=0.4–0.5×SR1. Second submarginal cell long, 2.7 times as long as maximum width, 1.2 times as long as the first subdiscal cell, 0.9 times as long as first discal cell. 1-CU1=0.4×cu-a. In hind wing, M+CU vein as long as 1-M vein. m-cu vein weakly curved, antefurcal.

Legs. Tarsal segments of middle legs slender; 1st segment 5 times as long as its width, 0.6 times as long as 2nd–4th segments combined; 2nd segment about 2.0 times as long as wide. Hind coxa with small and distinct tooth, 2.0 times as long as wide. Hind coxa with coarsely transversely striate dorsally. Hind femur 2.7–2.8 times as long as wide. Hind tarsus 0.9 times as long as hind tibia. Hind basitarsus as long as 2nd–5th segments combined; 2nd tarsal segment 0.4 times as long as basitarsus, 2.2 times as long as 5th segment (without pretarsus); 4th segment about twice as long as wide, 0.4 times as long as 3rd segment.

Metasoma. 1.1 times as long as mesosoma and head combined; 1st tergite with distinct dorsope, without small spiracular tubercles, linearly widened from base to apex. Maximum width of 1st tergite 1.4 times its minimum width; length of 1st tergite 2.5 times its maximum width, about 1.5 times length of propodeum. 2nd tergite with deep convergent furrows fusing in its posterior 0.6; length of tergite 1.2–1.3 times its basal width, 1.4 times length of 3rd tergite. 2nd suture deep, narrow, without lateral bends. 3rd tergite with a shallow and curved transverse furrow. 1st and 2nd tergites entirely rugose. 3rd tergite punctate-reticulate in basal 1/2 (but laterally entirely rugose-reticulate). 4th–6th tergites striate with finely punctate between them basally. Remaining parts of tergites smooth. 3rd–5th metasomal tergites rarely setose in apical halves, sparsely setose almost entirely laterally. Ovipositor sheath almost as long as body, 1.9 times as long as metasoma, 2.9 times as long as mesosoma, 1.2 times as long as fore wing.

Colour. Body black, propodeum and mesopleura black, with small brown spots partly. Antennae dark, scapus and pedicel brownish yellow. Palpi pale yellow. Tegula brownish yellow. Fore and middle coxae pale yellow, hind coxa reddish yellow; all trochanters pale yellow; fore femur and tibia brownish yellow; middle and hind femora and tibiae reddish brown, femora darker basally and apically, tibiae pale basally; all tarsi dark brown. Ovipositor sheath almost black. Wings faintly infuscate. Pterostigma dark brown.

Male. Unknown.

Diagnosis. This new species is similar to *H. tango* Belokobylskij *et* Chen, but differs in occipital carina fused below with hypostomal carina; the 3rd tergite with a shallow and curved transverse furrow and hind tibiae pale basally.

Distribution. China (Yunnan).

Etymology. From the name of Yunnan province, type locality of species.

(3) *Parallorhogas brevicauda* Tang *et* Chen, sp. nov. (Plate XXVII: 4)

Material examined: ♀ (Holotype, ZJUH), Shuiman, Wuzhi mountain, Hainan, 2007.V. 15–20, Weng Liqiong, No.200803906.

Female. Body length 3.10 mm; fore wing length 2.55 mm.

Head. Width 1.4 times its median length. Antennae slender, filiform, more than 17-segmented (apical segments missing). Scapus 1.2 times as long as maximum width. 1st flagellar segment 4.2 times as long as its apical width, almost equal to 2nd segment. Head behind eyes strongly roundly narrowed. Eye 2.3 times as long as temple in dorsal view. Ocelli arranged in triangle with base 1.3 times its sides. POL=1.3×OD=0.6×OOL. Vertex finely aciculate in anterior half, rest parts smooth, vertex with very sparse, short setose. Frons striate in anterior half, smooth in apical half. Eye glabrous, 1.25 times as high as broad. Face striate laterally, smooth medially, its width 0.85 times height of eye, 1.1 times height of face and clypeus combined. Malar space 0.2 times height of eye, 0.4 times as long as basal width of mandible. Malar suture absent. Occipital carina complete dorsally, not fused with hypostomal carina ventrally.

Mesosoma. Length 1.9 times as long as its height. Pronotum short, submedially with distinct pronotal carina. Mesoscutum with sparse setae arranged along notauli, almost smooth, highly and perpendicularly raised above pronotum; its median lobe with shallow median depression. Notauli shallow, narrowly, sparsely crenulate in anterior half, almost smooth in posterior half. Scutellum smooth. Prescutellar depression deep, rather long, smooth, with 5 distinct carinae, 0.3 times as long as scutellum. Mesopleura smooth. Subalar depression rather shallow, narrow, almost transversely striate. Precoxal sulcus deep, weakly crenulate, running along anterior 2/3 of mesopleuron. Propodeum with median carina in basal third; basolateral areas distinctly marginate, almost smooth, only crenulate along carinae; areola large, wide and pentagonal, rugose-striate, rest parts of propodeum coarsely rugose-striate.

Wings. Fore wing 3.2 times as long as maximum width. Vein r arising distinctly before middle of pterostigma. 3-RS forming very obtuse angle with r. 3-SR=1.5×r=0.3×SR1. Second submarginal cell 2.3 times as long as maximum width, almost 1.2 times as long as first subdiscal cell. 1-SR+M distinctly curved. m-cu antefurcal. In hind wing, basal cell narrow, 12 times as long as wide. M+CU 0.7 times as long as 1-M. m-cu weakly curved towards apex of wing, postfurcal, pigmented.

Legs. Hind coxa striate dorsally. Hind femur smooth, 3.2 times as long as wide. Hind tibia with rather long, sparse setose dorsally. Hind tarsus 0.9 times as long as hind tibia. Hind basitarsus 0.6 times as long as 2nd–5th segments combined; 2nd tarsal segment 0.6 times as long as basitarsus, 1.5 times as long as 5th segment (except pretarsus).

Metasoma. Almost equal to mesosoma and head combined. 1st tergite entirely striate, with two convergent dorsal carinae, apical width of 1st tergite 1.9 times as long as its minimum width; its length almost equal to its maximum width. 2nd tergite entirely distinctly longitudinally striate, median length of 2nd tergite 0.5 times as long as its basal width. Remaining parts of tergites smooth. Ovipositor sheath 0.45 times as long as metasoma and 0.3 times as long as fore wing.

Colour. Head and mesosoma brown. 3rd tergite with black band, 4th tergite black apically, rest of part of metasoma brown. Antennae brown to black, two basal segments brown. Palpi pale yellow. Legs brownish yellow. Ovipositor sheath dark brown. Wings faintly infuscate. Pterostigma light brown.

Male. Unknown.

Diagnosis. This new species is similar to *P. boninus* Belokobylskij *et* Maeto, but differs in frons striate in anterior half; 2nd tergite entirely distinctly longitudinally striate; ovipositor sheath about 0.45 times as long as metasoma and 0.3 times as long as fore wing.

Distribution. China (Hainan).

Etymology. From Latin "*brev*" meaning "short", and "*cauda*" meaning "tail", because of the ovipositor sheath short.

(4) *Parallorhogas glabricoxa* Tang *et* Chen, sp. nov. (Plate XXVIII: 1)

Material examined: ♀ (Holotype, ZJUH), Diaoluo mountain, Hainan, 2007.V.28–VI.6, Liu Jingxian, No.200806798.

Female. Body length 3.3 mm; fore wing length 2.5 mm.

Head. Width 1.5 times its median length. Antennae slender, filiform, more than 25-segmented (apical segments missing). Scapus 1.3 times as long as maximum width. 1st flagellar segment 3.7 times as long as its apical width, 1.1 times as long as 2nd segment. Head behind eyes more or less strongly and roundly narrowed. Eye 2.4 times as long as temple in dorsal view. Ocelli arranged in triangle with base 1.2 times its sides. POL=0.9×OD=0.5×OOL. Head smooth. Vertex with very sparse, short setose. Eye glabrous, 1.4 times as high as broad. Face smooth, its width 0.8 times height of eye, 1.1 times height of face and clypeus combined. Malar space 0.2 times height of eye, half of basal width of mandible. Malar suture absent. Occipital carina complete dorsally, not fused with hypostomal carina ventrally.

Mesosoma. Length 1.7 times as long as its height. Pronotum short, with distinct pronotal carina in posterior 0.3. Mesoscutum with sparse setae arranged along notauli, almost smooth, highly and perpendicularly raised above pronotum; its median lobe with median depression. Notauli deep, wide, sparsely and distinctly crenulate in anterior half, almost smooth in posterior half. Scutellum smooth. Prescutellar depression deep, rather long, smooth, with 6 distinct carinae, 0.4 times as long as scutellum. Mesopleura smooth. Subalar depression rather shallow, narrow, almost transversely striate. Precoxal sulcus deep, running along anterior 2/3 of mesopleuron. Propodeum with median carina in basal third; basolateral areas distinctly marginate, almost smooth, only crenulate along carinae; areola large, wide and pentagonal, rugose-striate, rest parts of propodeum coarsely rugose-striate.

Wings. Fore wing 3.2 times as long as maximum width. Vein r arising distinctly before middle of pterostigma. 3-RS forming very obtuse angle with r. 3-SR=1.5×r=0.3×SR1. Second submarginal cell 2.1 times as long as maximum width, almost 1.2 times as long as first subdiscal cell. 1-SR+M distinctly curved. m-cu antefurcal. In hind wing, basal cell narrow, 12 times as long as wide. M+CU 0.7 times as long as 1-M. m-cu weakly curved towards apex of wing, postfurcal, pigmented.

Legs. Hind coxa and hind femur smooth, hind femur 2.9 times as long as its width. Hind tibia with rather long, sparse setose dorsally. Hind tarsus 0.9 times as long as hind tibia. Hind basitarsus 0.7 times as long as 2nd–5th segments combined; 2nd tarsal segment 0.5 times as long as basitarsus, 1.1 times as long as 5th segment (except pretarsus).

Metasoma. Almost 1.1 times as long as mesosoma and head combined. 1st tergite entirely striate, with two convergent dorsal carinae and rugosity between them, apical width of 1st tergite 2.1 times as long as its minimum width; its length 0.8 times as long as its maximum width. 2nd tergite at most part (except smooth basal area) distinctly longitudinally striate, with distinctly separated, smooth basal area, median length of 2nd tergite 0.3 times as long as its basal width. Remaining parts of tergites smooth. Ovipositor sheath 0.7 times as long as metasoma and half of fore wing.

Colour. Head, mesosoma and legs yellow. 2nd tergite mostly, 3rd tergite basally and apically, 4th tergite basally black, rest of part of metasoma yellow. Antennae brown to black, two basal segments yellow. Palpi pale yellow. Ovipositor sheath dark brown, paler basally. Wings faintly infuscate. Pterostigma dark brown.

Male. Unknown.

Diagnosis. This new species is similar to *P. icarus* Belokobylskij *et* Maeto, but differs in head behind eyes more or less strongly and roundly narrowed; mesoscutum almost smooth; hind coxa smooth dorsally and 3rd tergite smooth.

Distribution. China (Hainan).

Etymology. From Latin "*glabr*" meaning "smooth", and "*coxa*" meaning "coxa", because of the hind coxa smooth dorsally.

(5) *Parallorhogas leviuscula* Tang *et* Chen, sp. nov. (Plate XXVIII: 2)

Material examined: ♀ (Holotype, ZJUH), Jianfengling, Hainan, 2007.VI.6, Liu Jingxian, No.200703705.

Female. Body length 4.6 mm; fore wing length 3.5 mm.

Head. Width 1.55 times its median length. Antennae slender, filiform, more than 25-segmented (apical segments missing). Scapus 1.8 times as long as maximum width. 1st flagellar segment 5.0 times as long as its apical width, 1.25 times as long as 2nd segment. Head behind eyes distinctly and roundly narrowed. Eye 1.8 times as long as temple in dorsal view. Ocelli arranged in triangle with base 1.1 times its sides. POL=0.8×OD=0.4×OOL. Head smooth. Vertex with sparse, short setose. Eye glabrous, 1.4 times as high as broad. Face finely striate laterally, smooth medially and below, its width 0.9 times height of eye, 1.2 times height of face and clypeus combined. Malar space 0.3 times height of eye, 0.8 times as long as basal width of mandible. Malar suture absent. Occipital carina complete dorsally, not fused with hypostomal carina ventrally.

Mesosoma. Length 1.6 times as long as its height. Pronotum short, submedially with distinct pronotal carina. Mesoscutum with sparse setae arranged along notauli and dense setae laterally, almost smooth, highly and perpendicularly raised above pronotum; its median lobe with median depression. Notauli deep, wide, sparsely crenulate in anterior half, almost smooth in posterior half. Scutellum smooth. Prescutellar depression deep, rather long, smooth, with 5 distinct carinae, 0.5 times as long as scutellum. Mesopleura smooth. Subalar depression shallow, narrow, almost transversely striate. Precoxal sulcus deep, weakly crenulate, running along anterior 2/3 of mesopleuron. Propodeum with median carina in basal half; basolateral areas distinctly marginate, almost smooth; rest parts of propodeum coarsely rugose-striate, areola large, wide and pentagonal, rugose-striate.

Wings. Fore wing 3.0 times as long as maximum width. Vein r arising distinctly before middle of pterostigma. 3-RS forming very obtuse angle with r. 3-SR=1.4×r=0.3×SR1. Second submarginal cell 2.2 times as long as maximum width, almost 1.1 times as long as first subdiscal cell. 1-SR+M distinctly curved. m-cu antefurcal. In hind wing, basal cell narrow, 10.0 times as long as wide. M+CU 0.7 times as long as 1-M. m-cu weakly curved towards apex of wing, postfurcal, pigmented.

Legs. Hind coxa distinct striate dorsally. Hind femur smooth, 3.6 times as long as wide. Hind tibia with rather long, sparse setose dorsally. Hind tarsus 0.9 times as long as hind tibia.

Hind basitarsus almost equal to 2nd–5th segments combined; 2nd tarsal segment 0.5 times as long as basitarsus, 1.5 times as long as 5th segment (except pretarsus).

Metasoma. Almost 1.2 times as long as mesosoma and head combined. 1st tergite entirely striate, partly medially with rugosity, with two convergent dorsal carinae and rugosity between them, apical width of 1st tergite 2.25 times its minimum width; its length 0.7 times as long as its maximum width. 2nd tergite at most part (except smooth area) distinctly longitudinally striate, with distinctly separated, smooth basal area, median length of 2nd tergite 0.5 times as long as its basal width. 3rd tergite mediobasally 0.2 very short striate. 4th tergite mediobasally very short striate. Remaining parts of tergites smooth. Ovipositor sheath almost equal to metasoma and 0.7 times as long as fore wing.

Colour. Head brownish yellow. Mesosoma brownish yellow to black, pronotum, mesonotum, mesopleura and scutellum brownish yellow, rest part of mesosoma black. 1st and 2nd tergites mostly, 3rd–5th tergites basally and apically black, rest of part of metasoma brownish yellow. Antennae dark brown to black, two basal segments brownish yellow. Palpi pale yellow. Legs yellow. Ovipositor sheath dark brown, paler basally. Wings faintly infuscate. Pterostigma dark brown.

Male. Unknown.

Diagnosis. This new species is similar to *P. icarus* Belokobylskij *et* Maeto, but differs in head behind eyes more or less strongly and roundly narrowed; mesoscutum almost smooth; ovipositor sheath almost as long as metasoma and 0.7 times as long as fore wing and basolateral areas almost smooth, only crenulate along carinae.

Distribution. China (Hainan).

Etymology. From Latin "*levius*" meaning "smooth", and "*scut*" meaning "scutellum", because of the scutellum smooth.

(6) *Parallorhogas nigrothorax* Tang *et* Chen, sp. nov. (Plate XXVIII: 3)

Material examined: ♀ (Holotype, ZJUH), Tianchi, Jianfengling, Hainan, 2007.X.22–23, Liu Jingxian, No.200710753.

Female. Body length 3.1 mm; fore wing length 2.3 mm.

Head. Width 1.4 times its median length. Antennae slender, filiform, more than 23-segmented (apical segments missing). Scapus almost 1.2 times as long as maximum width. 1st flagellar segment 5.0 times as long as its apical width, 1.1 times as long as 2nd segment. Head behind eyes more or less strongly and roundly narrowed. Eye twice as long as temple in dorsal view. Ocelli arranged in triangle with base equal to its sides. POL=1.3×OD=0.45×OOL. Vertex smooth, with very sparse, short setose. Frons smooth. Eye glabrous, 1.5 times as high as broad. Face smooth, its width 0.9 times height of eye, 1.3 times height of face and clypeus combined. Malar space 0.3 times height of eye, 0.7 times as long as basal width of mandible. Malar suture absent. Occipital carina complete dorsally, not fused with hypostomal carina ventrally.

Mesosoma. Length 1.8 times as long as its height. Pronotum short, submedially with distinct pronotal carina. Mesoscutum with sparse setae arranged along notauli, almost smooth, highly and perpendicularly raised above pronotum; its median lobe without median depression. Notauli shallow, sparsely crenulate. Scutellum smooth. Prescutellar depression deep, rather long, smooth, with 5 distinct carinae, 0.4 times as long as scutellum. Mesopleura smooth. Subalar depression rather shallow, narrow, almost transversely striate. Precoxal sulcus deep, weakly crenulate, running along anterior 2/3 of mesopleuron. Propodeum with median carina in basal third; basolateral areas distinctly marginate, almost smooth, only crenulate along carinae; areola large, wide and pentagonal, rugose-striate, rest parts of propodeum coarsely rugose-striate.

Wings. Fore wing 3.7 times as long as maximum width. Vein r arising distinctly before middle of pterostigma. 3-RS forming very obtuse angle with r. 3-SR=1.3×r=0.3×SR1. Second submarginal cell 3.3 times as long as maximum width, 1.2 times as long as first subdiscal cell. 1-SR+M distinctly curved. m-cu antefurcal. In hind wing, basal cell narrow, 9.6 times as long as wide. M+CU 0.9 times as long as 1-M. m-cu weakly curved towards apex of wing, postfurcal, pigmented.

Legs. Hind coxa striate dorsally. Hind femur smooth, 3.1 times as long as wide. Hind tibia with long, sparse setose dorsally. Hind tarsus 0.9 times as long as hind tibia. Hind basitarsus 0.5 times as long as 2nd–5th segments combined; 2nd tarsal segment 0.6 times as long as basitarsus, 1.2 times as long as 5th segment (except pretarsus).

Metasoma. Almost 1.1 times as long as mesosoma and head combined. 1st tergite entirely striate, with two convergent dorsal carinae, apical width of 1st tergite 2.2 times as long as its minimum width; its length 0.9 times as long as its maximum width. 2nd tergite entirely distinctly longitudinally striate, median length of 2nd tergite half of its basal width. 3rd tergite mediobasally 0.2 very short striate. Remaining parts of tergites smooth. Ovipositor sheath 0.7 times as long as metasoma and half of fore wing.

Colour. Head reddish brown. Mesosoma black. Metasoma almost black, 1st and 2nd tergites black, rest of tergites most black, reddish brown apically. Antennae reddish brown to black, two basal segments reddish brown. Palpi black. Legs brownish yellow, middle and hind coxae brown, all tarsi black apically. Ovipositor sheath black, paler basally. Wings hyaline. Pterostigma dark brown.

Male. Unknown.

Diagnosis. This species is similar to *P. ambiguus* Belokobylskij *et* Maeto, but differs in second submarginal cell of fore wing 3.3 times as long as maximum width; median length of 2nd tergite half of its basal width; mesosoma and metasoma almost black.

Distribution. China (Hainan).

Etymology. From Latin "*nigr*" meaning "black", and "*thorax*" meaning "thorax", because of the thorax black.

(7) *Parallorhogas pappi* Tang *et* Chen, sp. nov. (Plate XXIX: 1)

Material examined: ♀ (Holotype, ZJUH), Jianfengling, Hainan, 2007.VI.6, Liu Jingxian, No.200703704.

Female. Body length 3.6 mm; fore wing length 2.8 mm.

Head. Width 1.5 times its median length. Antennae slender, filiform, more than 24-segmented (apical segments missing). Scapus 1.5 times as long as maximum width. 1st flagellar segment 4.0 times as long as its apical width, 1.1 times as long as 2nd segment. Head behind eyes more or less strongly and roundly narrowed. Eye twice as long as temple in dorsal view. Ocelli arranged in triangle with base 1.1 times its sides. POL=0.8×OD=0.4×OOL. Head almost smooth, only rather finely striae laterally. Vertex with sparse, short setose. Eye glabrous, 1.4 times as high as broad. Face smooth, its width 0.9 times height of eye, 1.1 times height of face and clypeus combined. Malar space 0.3 times height of eye, 0.7 times as long as basal width of mandible. Malar suture absent. Occipital carina complete dorsally, not fused with hypostomal carina ventrally.

Mesosoma. Length 1.7 times as long as its height. Pronotum short, with distinct pronotal carina in posterior 0.3. Mesoscutum with sparse setae arranged along notauli, almost smooth, highly and perpendicularly raised above pronotum; its median lobe with shallow but distinct median depression. Notauli deep, wide, sparsely crenulate in anterior half, almost smooth in posterior half. Scutellum smooth. Prescutellar depression deep, rather long, smooth, with 5 distinct carinae, 0.45 times as long as scutellum. Mesopleura smooth. Subalar depression rather shallow, narrow, almost transversely striate. Precoxal sulcus deep, running along anterior 2/3 of mesopleuron. Propodeum with median carina in basal third; basolateral areas distinctly marginate, almost smooth, only crenulate along carinae; areola large, wide and pentagonal, coarsely transversely striate, rest parts of propodeum coarsely rugose-striate.

Wings. Fore wing 3.1 times as long as maximum width. Vein r arising distinctly before middle of pterostigma. 3-RS forming very obtuse angle with r. 3-SR=1.4×r=0.3×SR1. Second submarginal cell 2.2 times as long as maximum width, almost 1.2 times as long as first discal cell. 1-SR+M distinctly curved. m-cu antefurcal. In hind wing, basal cell narrow, 13 times as long as wide. M+CU 0.8 times as long as 1-M. m-cu weakly curved towards apex of wing, postfurcal, pigmented.

Legs. Hind coxa finely striate dorsally. Hind femur smooth, 3.0 times as long as wide. Hind tibia with rather long, sparse setose dorsally. Hind tarsus 0.9 times as long as hind tibia. Hind basitarsus 0.65 times as long as 2nd–5th segments combined; 2nd tarsal segment 0.5 times as long as basitarsus, 1.1 times as long as 5th segment (except pretarsus).

Metasoma. Almost equal to the length of mesosoma and head combined. 1st tergite entirely striate, partly medially with rugosity, with two convergent dorsal carinae and rugosity between them, apical width of 1st tergite 2.2 times its minimum width; its length 0.65 times as long as its maximum width. 2nd tergite at most part (except smooth basal area) distinctly longitudinally striate, with narrowly, smooth basal area, median length of 2nd tergite 0.3 times as long as its basal width. 3rd tergite mediobasally 0.2 very short striate. Remaining parts of tergites smooth. Ovipositor sheath half of metasoma and 0.3 times as long as fore wing.

Colour. Head and mesosoma brownish yellow, propodeum black apically. 1st entirely and 2nd tergites mostly, 3rd and 4th tergites basally and apically black, rest of part of metasoma yellow. Antennae yellow brown to black, two basal segments brownish yellow. Palpi pale yellow. Legs yellow. Ovipositor sheath dark brown, paler basally. Wings faintly infuscate. Pterostigma dark brown.

Male. Unknown.

Diagnosis. This new species is similar to *P. icarus* Belokobylskij *et* Maeto, but differs in head behind eyes more or less strongly and roundly narrowed; mesoscutum almost smooth; 4th tergite smooth and basolateral areas almost smooth, only crenulate along carinae.

Distribution. China (Hainan).

Etymology. The species is named in honour of prof. Papp J., who is a famous Hungarian Hymenoptera specialist. He is grateful for his outstanding contribution to the taxonomic study of Braconidae.

(8) *Parallorhogas zengae* Tang *et* Chen, sp. nov. (Plate XXIX: 2)

Material examined: ♀ (Holotype, ZJUH), Shuiman, Wuzhi mountain, Hainan, 2007.V. 16–18, Zeng Jie, No.200807575.

Female. Body length 2.4 mm; fore wing length 2.3 mm.

Head. Width 1.4 times its median length. Antennae slender, filiform, 23 segments. Scapus almost equal to maximum width. 1st flagellar segment 5.0 times as long as its apical width, 1.1 times as long as 2nd segment. Penultimate segment 3.5 times as long as wide, 0.7 times as long as 1st segment, 0.9 times as long as apical segment. Head behind eyes more or less strongly and roundly narrowed. Eye 2.3 times as long as temple in dorsal view. Ocelli arranged in triangle with base equal to its sides. POL=1.0×OD=0.4×OOL. Vertex almost smooth, only finely aciculate laterally with very sparse, short setose. Frons smooth. Eye glabrous, 1.3 times as high as broad. Face finely striate laterally, smooth medially, its width 0.9 times height of eye, 1.4 times height of face and clypeus combined. Malar space 0.3 times height of eye, 0.7 times as long as basal width of mandible. Malar suture absent. Occipital carina complete dorsally, not fused with hypostomal carina ventrally.

Mesosoma. Length 2.5 times as long as its height. Pronotum short, submedially with distinct pronotal carina. Mesoscutum with sparse setae arranged along notauli, almost smooth, highly and perpendicularly raised above pronotum; its median lobe with shallow median depression. Notauli shallow, narrowly, sparsely crenulate in anterior half, almost smooth in posterior half. Scutellum smooth. Prescutellar depression deep, rather long, smooth, with 5 distinct carinae, half of scutellum. Mesopleura smooth. Subalar depression rather shallow, narrow, almost transversely striate. Precoxal sulcus deep, running along anterior 2/3 of mesopleuron. Propodeum with median carina in basal half; basolateral areas distinctly marginate, almost smooth, only crenulate along carinae; areola large, wide and pentagonal, transversely striate, rest parts of propodeum coarsely rugose-striate.

Wings. Fore wing 3.2 times as long as maximum width. Vein r arising distinctly before middle of pterostigma. 3-RS forming very obtuse angle with r. 3-SR=1.8×r=0.4×SR1. Second submarginal cell 2.8 times as long as maximum width, almost 1.2 times as long as first subdiscal cell. 1-SR+M distinctly curved. m-cu antefurcal. In hind wing, basal cell narrow, 10.3 times as long as wide. M+CU 0.7 times as long as 1-M. m-cu weakly curved towards apex of wing, postfurcal, pigmented.

Legs. Hind coxa striate dorsally. Hind femur striate dorsally and ventrally, 3.6 times as long as wide. Hind tibia with rather long, sparse setose dorsally. Hind tarsus 0.9 times as long as hind tibia. Hind basitarsus 0.7 times as long as 2nd–5th segments combined; 2nd tarsal segment 0.5 times as long as basitarsus, 1.4 times as long as 5th segment (except pretarsus).

Metasoma. Almost 0.8 times as long as mesosoma and head combined. 1st tergite entirely striate, with two convergent dorsal carinae, apical width of 1st tergite 2.3 times as long as its minimum width; its length 0.7 times as long as its maximum width. 2nd tergite entirely distinctly longitudinally striate, median length of 2nd tergite 0.5 times as long as its basal width. 3rd tergite mediobasally 0.25 shortly striate. Remaining parts of tergites smooth. Ovipositor sheath 0.95 times as long as metasoma and 0.45 times as long as fore wing.

Colour. Head brown. Mesosoma brown to dark brown, pronotum, mesonotum, mesopleura and scutellum brown, rest part of mesosoma dark brown. Metasoma almost brown, 1st tergite darker basally. Antennae brown to black, two basal segments brown. Palpi pale yellow. Legs brownish yellow. Ovipositor sheath dark brown. Wings faintly infuscate. Pterostigma dark brown.

Male. Unknown. Vein r arising distinctly before middle of pterostigma.

Diagnosis. This species is similar to *P. boninus* Belokobylskij *et* Maeto, but differs in vein r of fore wing arising distinctly before middle of pterostigma; 2nd tergite entirely distinctly longitudinally striate and 3rd tergite mediobasally shortly striate.

Distribution. China (Hainan).

Etymology. The species is named in honour of Dr. Zeng Jie, the collector of the type specimen.

III. KEYS

A. Doryctinae Förster, 1862

Key to genera

1. 1st tergite distinctly petiolate. Its acrosternite very long, 0.7–0.8 times as long as tergite ··· 2
   1st tergite not petiolate or shortly petiolate. Its acrosternite short or weakly elongate, 0.15–0.40 (rarely almost 0.5) times as long as tergite ··· 5
2. Vein r-m absent. 2nd–5th tergites with Y-like figure. Body strongly depressed, length of mesosoma 3.0–5.0 times its height. Legs and metasoma of male with very long setae. [Hind coxa without basoventral tooth] (See also couplet 15) ··· ***Spathiostenus***
   Vein r-m present. 2nd–5th tergites without Y-like figure. Body not or (rarely) weakly depressed (except for a few species of *Spathius*), length of mesosoma usually 1.8–2.2 times its height. Legs and metasoma of male with common setae ··· 3
3. Vein m-cu distinctly antefurcal. Mesoscutum smooth. [Vein CU1a arising from posterior 0.3 of distal margin of first subdiscal cell] (See also couple 27) ··· ***Spathiomorpha***
   Vein m-cu distinctly postfurcal. Mesoscutum usually sculptured, mostly granulate ··· 4
4. Scape long, its length more that twice maximum width, with distinct apical lobe ··· ***Paraspathius***
   Scape more or less short, its length less that twice maximum width, without apical lobe ··· ***Spathius***
5. Hind wing without cu-a. Subbasal cell of hind wing absent or rarely widely open apically. Labial palpus 1–3-segmented. [Vein r-m absent. 1st flagellar segment distinctly shorter than 2nd segment] ··· 6
   Hind wing with cu-a. Subbasal cell of hind wing present and closed apically. Labial palpus 4-segmented ··· 8
6. Vein cu-a of fore wing present, first subdiscal and subbasal cells separated. 2nd tergite smooth or sculptured ··· ***Aivalykus***
   Vein cu-a of fore wing absent, first subdiscal and subbasal cells fused. 2nd tergite always smooth ··· 7
7. Hind coxa without corner and tubercle or tooth. Notauli always absent. 1-SC+R vein of hind wing absent ··· ***Sycosoter***
   Hind coxa with basoventral corner and distinct rounded tubercle. Notauli complete and developed in posterior half of mesoscutum. 1-SC+R vein of hind wing present ··· ***Ecphylus***
8. Vein m-cu of hind wing very long and strongly curved toward apex of wing. Hind coxa dorsally with two (long anterior and short posterior) processes ··· ***Zombrus***
   Vein m-cu of hind wing short and curvedly or obliquely directed toward base of wing, sometimes almost absent, rarely whole vein or its short distal part weakly curved toward apex of wing. Hind coxa dorsally without processes, rarely (*Doryctes*) with single obtuse short tooth ··· 9
9. Propodeal bridge (sclerite between hind coxal and metasomal cavities) present and more or less wide.

Dorsope of 1st tergite absent. Marginal cell of hind wing with additional submedian transverse vein. [1st flagellar segment of antenna shorter than 2nd segment. 2nd tergite with basal triangular area. Acrosternite of 1st tergite elongate, 0.35–0.50 times as long as tergite] ························ ***Leptospathius***

Propodeal bridge absent. Dorsope of 1st tergite present. Marginal cell of hind wing without additional transverse vein ························ 10

10. First subdiscal cell of fore wing open apico-posteriorly. Vein CU1b absent. Basal cell of hind wing narrow, usually not or weakly widened toward apex. Often r-m or 2-SR of fore wing absent ············ 11

First subdiscal cell of fore wing closed apico-posteriorly. Vein CU1b present. Basal cell of hind wing usually wide, more or less distinctly widened toward apex. Always r-m and usually 2-SR of fore wing present ························ 20

11. 2-SR of fore wing absent or strongly reduced at most part. Hind wing of male almost always with complex stigma-like enlargement ························ 12

2-SR of fore wing present. Hind wing of males often without stigma-like enlargement. [Vein r-m present or absent] ························ 13

12. Apex of ovipositor transformed, curved up, constricted subapically, then widened, and strongly narrowed towards apex. Apex of ovipositor sheath distinctly widened. 2nd metasomal tergite with basal area more or less distinctly delineated by furrow ························ ***Neoheterospilus***

Apex of ovipositor not transformed, not curved up, rather evenly narrowed towards apex. Apex of ovipositor sheath not or only weakly widened. 2nd metasomal tergite without basal area delineated by furrow························ ***Heterospilus***

13. Body distinctly depressed. Head usually distinctly depressed dorso-ventrally. 2nd and 3rd metasomal tergites with figure, longitudinal or transverse furrows ························ 14

Body (including head) not depressed dorso-ventrally. 2nd and 3rd metasomal tergites without figure and furrows, only sometimes (*Hecabolomorpha* and *Leluthia*) 2nd tergite with sublateral longitudinal depressions ························ 17

14. 2nd–5th tergites with Y-like figure. Hind wing of males without stigma-like sclerotisation. Vertex transversely striate or smooth, without granulate sculpture ························ 15

2nd–5th tergites without Y-like figure. Hind wing of males with stigma-like enlargement. Vertex densely granulate, sometimes with additional transversely and more or less undulate interrupted striation ······· 16

15. Acrosternite of 1st tergite distinctly elongated, 0.4–0.6 times as long as tergite (See also couplet 2)········ ························ ***Spathiostenus***

Acrosternite of 1st tergite not elongated, 0.20–0.25 times as long as tergite ························ ***Polystenus***

16. Hind coxa without basoventral tubercles. 2nd suture without lateral bends. 3rd tergite subbasally with distinct transverse furrow. Mesosoma strongly depressed, its length 2.7–3.5 times as long as maximum height ························ ***Pareucorystes***

Hind coxa with distinct basoventral tubercles. 2nd suture with distinct lateral bends. 3rd tergite usually without subbasal transverse furrow. Mesosoma less strongly depressed, its length 2.2–2.5 times as long as maximum height (See also couplet 17) ························ ***Leluthia***

17. Vertex granulate and usually with undulate transverse striae. Mesopleuron granulate on lower half. 2nd suture with distinct lateral bends. Hind wing of male with complex stigma-like enlargement (See also couplet 16) ·································· ***Leluthia***

Vertex smooth or with transversely striate, without granulation. Mesopleuron smooth in lower half. 2nd suture without or with fine lateral bends. Hind wing of male without stigma-like enlargement ·········· 18

18. Vertex coarsely transverse striate. Vein r-m always absent. Propodeum without areola ·········· ***Monolexis***

Vertex usually smooth, rarely with fine aciculation. Vein r-m always present. Propodeum with large areola ·································· 19

19. 2nd tergite with posteriorly divergent lateral furrows. Mesonotum densely granulate. Vein m-cu always postfurcal. 3rd–5th tergites mainly with distinct sculpture ·································· ***Hecabolomorpha***

2nd tergite without lateral furrows. Mesonotum without granulation, mainly smooth. Vein m-cu always antefurcal. 3rd–5th tergites mainly smooth ·································· ***Parallorhogas***

20. Vein CU1a arising distinctly behind middle of distal vein of first subdiscal cell. Vein m-cu of fore wing usually antefurcal (except for *Halycaea* and some *Neurocrassus*) ·································· 21

Vein CU1a interstitial to vein 2-CU1 or arising before or (rarely) from middle of distal vein of first subdiscal cell. Vein m-cu of fore wing usually postfurcal or interstitial, rarely (*Sonanus*) more or less antefurcal ·································· 28

21. Spines on inner surface of fore tibia absent or very strongly reduced. Outer spur of hind tibia very short, 0.25–0.30 times as long as inner spur. M+CU of hind wing much shorter than 1-M. [2nd tergite with V-shaped figure] ·································· ***Halycaea***

Spines on inner surface of fore tibia present and rather strong. Outer spur of hind tibia long, 0.5–0.7 times as long as inner spur. M+CU of hind wing usually longer than 1-M, if sometimes shorter, then less distinctly ·································· 22

22. 2nd tergite usually with deep furrows delineated large basal area, rarely with V-shaped pale figure only (very fine in *H. fuga*). 1st–3rd tergites entirely or mostly and usually 4th and 5th tergites basally sculptured ·································· 23

2nd tergite without furrows or figure and delineated basal area. Only 1st and 2nd tergites and rarely 3rd in basal half sculptured, remaining tergites usually entirely smooth (except for some males of *Doryctes*) · ·································· 24

23. 2nd+3rd tergites without deep furrows delineated lenticular apical area. 4th tergite without curved and crenulate basal furrow ·································· ***Hypodoryctes***

2nd+3rd tergites with deep furrows delineated lenticular apical area. 4th tergite with curved and crenulate basal furrow ·································· ***Bathycentor***

24. Hind coxa without basoventral tubercle. Eyes distinctly and densely setose. Notauli incomplete reduced in distal half of mesoscutum and usually here with median furrow. [Vein r arising distinctly before middle of pterostigma] ·································· ***Cryptontsira***

Hind coxa with basoventral tubercle. Eyes usually glabrous, rarely shortly and sparsely setose. Notauli complete, usually shallow in posterior half ·································· 25

25. Mesonotum weakly gently and roundly elevated above pronotum. Dorsal part of pronotum with rather distinctly convex lobe. 2nd suture of metasoma with more or less distinct lateral bends ·········· ***Doryctes***

Mesonotum highly and subvertically elevated above pronotum. Dorsal part of pronotum without convex lobe, usually more or less flat. 2nd suture of metasoma more or less straight laterally or sometimes absent ······························ 26

26. Upper tentorial pits (latero-posteriorly from antennal sockets) present, round or oval. Fore wing of male sometimes with more or less distinct sclerotised enlargement often of 1-SR, 1-M and 1-SR+M. [Vein m-cu of fore wing antefurcal, interstitial or postfurcal. Sometimes 2nd metasomal tergite with smooth basomedian area] ······························ ***Neurocrassus***

Upper tentorial pits completely absent. Fore wing of male always without sclerotised enlargement of veins ······························ 27

27. 1st tergite petiolate, its acrosternite distinctly elongate, 0.5–0.7 times as long as tergite (See also couple 3) ······························ ***Spathiomorpha***

1st tergite not petiolate, its acrosternite not or shortly elongate, 0.2–0.3 times as long as tergite ··· ***Ontsira***

28. Hind tibia on dorsal surface with row of sparse thick spines. 1st flagellar segment smooth and concave in outer side, convex and rugulose at least on basal half of inner side ······························ 29

Hind tibia on dorsal surface without row of spines. 1st flagellar segment smooth and more or less convex in both sides ······························ 30

29. Hind femur very wide, with several short and long subpointed teeth along its lower margin. Hind tibia distinctly curved in basal half. Postpectal carina medially present ······························ ***Euscelinus***

Hind femur much less wide, without teeth on its lower margin. Hind tibia more or less straight in basal half. Postpectal carina absent. [2nd tergite with U-shape figure] ······························ ***Sonanus***

30. Metasoma dorsally with only five visible tergites (following tergites hidden under 5th one). 5th tergite usually longer than previous tergite ······························ ***Rhaconotus***

Metasoma dorsally with more than five visible tergites. 6th or 7th tergites often not longer than previous tergite ······························ 31

31. 1st and 2nd tergites of female immoveable fused (see laterally) ······························ 32

1st and 2nd tergites of female not fused, mobile ······························ 33

32. Vein CU1a of fore wing interstitial to 2-CU1 vein. 1st and 2nd tergites of male immoveable fused. Vertex smooth or densely granulate, always without rugosity or striation ······························ ***Arhaconotus***

Vein CU1a of fore wing not interstitial, arising from anterior 0.2–0.3 of distal margin of first subdiscal cell. 1st and 2nd tergites of male not fused, moveable. Vertex rugose or striate, often also with additional granulation ······························ ***Mimipodoryctes***

33. Frons and anterior part of vertex with high lateral protuberances. Ocelli arranged in triangle with base distinctly less than its sides. Hind wing of male usually with simple stigma-like enlargement ······························ ***Dendrosoter***

Frons and vertex without lateral protuberances. Ocelli arranged in triangle with base not less than its sides. Hind wing of male without stigma-like enlargement ······························ 34

34. 1st tergite subpetiolate, weakly widened towards apex. Acrosternite of 1st segment more or less strongly or distinctly elongated ·· 35
    1st tergite never petiolate, distinctly widened towards apex. Acrosternite of 1st segment not elongated, short ·· 36
35. 2nd tergite without longitudinal furrows. 1st and 2nd tergite with very dense, small and almost regular reticulation with granulation. 1st tergite (lateral view) distinctly convex in basal half. M+CU1 vein of fore wing in distal half strongly curved toward 1-1A and 2-1A veins. Precoxal sulcus shorter, about 0.6–0.7 times as long as lower part of mesopleuron ···························· ***Platyspathius***
    2nd tergite with more or less distinct and curved longitudinal furrows. 1st and 2nd tergite striate and with fine rugulose microsculpture between striae. 1st tergite (lateral view) weakly convex in basal half. M+CU1vein of fore wing in distal half not or (sometimes) weakly curved toward 1-1A and 2-1A veins. Precoxal sulcus longer, about as long as lower part of mesopleuron ···························· ***Eodendrus***
36. 2nd tergite with smooth basal area ·· 37
    2nd tergite without smooth basal area ·· 38
37. Propodeum without delineated areola. All femora with more or less distinct dorsal protuberances. 3rd–5th tergites mainly striate ·· ***Ipodoryctes***
    Propodeum with delineated areola. All femora without dorsal protuberances. 3rd–5th tergites mainly smooth ·· ***Asiaontsira***
38. Metasoma behind 3rd tergite at least sculptured on the base of tergites ···························· 39
    Metasoma behind 3rd tergite usually entirely smooth ·· 40
39. 1st tergite very long, 2.0–2.7 times as long as its apical width. 6th tergite distinctly enlarged and covered following apical tergites. Mesosoma long, 2.5–2.7 times as long as maximum width ···· ***Troporhaconotus***
    1st tergite short, usually distinctly less than 2.0 times as long as its apical width. 6th tergite usually not enlarged and not covered following tergites. Mesosoma short, 1.8–2.2 times as long as maximum width ·· ·· ***Rhaconotinus***
40. Ovipositor sheath longer than body. [Hind coxa without basoventral tooth. Hind tibia with very short setae on its dorsal surface. Vein m-cu of fore wing postfurcal. Vertex more or less distinctly and usually completely transverse striate. 2nd tergite only basally sculptured, its laterotergite not separated, with spiracles situated on lateral part of tergite. 2nd metasomal suture almost absent] ·········· ***Rhoptrocentrus***
    Ovipositor sheath distinctly shorter than body ·· 41
41. 2nd suture with distinct lateral bends. Hind coxa with basoventral tooth. Vein CU1a of fore wing not interstitial ·· ***Guaygata***
    2nd suture without lateral bends. Hind coxa without basoventral tooth. Vein CU1a of fore wing usually interstitial ·· ***Dendrosotinus***

1. *Aivalykus* Nixon, 1938

Two species of this genus are known to China.

Key to species

Antenna 21-segmented. Scapus 1.2 times as long as maximum width. First subdiscal cell close apically distinctly before m-cu. 2nd tarsal segment 1.3 times as long as 5th segment (without pretarsus). Length of 1st tergite 1.1 times apical width. 2nd tergite entirely smooth. Ovipositor shorter, its sheath 0.7 times as long as fore wing ·········· ***A. nitidus***

Antenna 27-segmented. Scapus about as long as maximum width. First subdiscal cell close apically weakly before m-cu. 2nd tarsal segment twice as long as 5th segment (without pretarsus). Length of 1st tergite 1.4 times apical width. 2nd tergite striate in basal 2/3. Ovipositor longer, its sheath 1.2 times as long as fore wing ·········· ***A. bouceki***

2. *Arhaconotus* Belokobylskij, 2000

Only one species, *Arhaconotus hainanensis* Tang *et* Chen, 2010 is known to China.

3. *Asiaontsira* Belokobylskij, Tang *et* Chen, 2013

Only one species, *Asiaontsira cantonica* Belokobylskij, Tang *et* Chen, 2013 is known to China.

4. *Bathycentor* Saussure, 1892

Only one species, *Bathycentor aurus* (Chen *et* Shi, 2004) is known to China.

5. *Cryptontsira* Belokobylskij, 2008

Only one species, *Cryptontsira parva* (Muesebeck, 1941) is known to China.

6. *Dendrosoter* Wesmael, 1838

Only one species, *Dendrosoter hainanicus* Belokobylskij, 2010 is known to China.

7. *Dendrosotinus* Telenga, 1941

Only two species, *Dendrosotinus taiwanicus* Belokobylskij, 2010 and *Dendrosotinus wuyiensis* Shi, 2006 (doubtful species) are known to China.

8. *Doryctes* Haliday, 1836

Sixteen species of this genus are known to China, including one new species *D. curticaudis* sp. nov. and one doubtful species *D. leucogaster*. The doubtful species is not included in the key.

Key to species

1. Pterostigma pale brown or yellow apically, rarely entirely yellow. Fore wing vein CU1b distinctly slanted towards base of wing. Mesoscutum with sparse, long and semi-erect or erect setae along notauli and marginally, rather widely glabrous medially on its lobes. 3rd tergite often with wide crenulate subbasal transverse depression ………………………………………………………… 2

   Pterostigma brown apically, often entirely dark brown or black. Fore wing vein CU1b more or less perpendicular to 2-1A, rarely weakly slanted towards base of wing. Mesoscutum entirely with short, dense and semi-erect setae, usually without glabrous areas on its lobes. 3rd tergite without wide crenulate subbasal transverse depression. (Subgenus *Doryctes s. str.*) ………………………… 7

2. Hind wing vein M+CU distinctly shorter than vein 1-M. (Subgenus *Neodoryctes*) ……………… 3

   Hind wing vein M+CU equal to or longer than vein 1-M. (Subgenus *Plyctes*) ……………………… 5

3. Hind coxa dorsally with more or less distinct tooth. Mesoscutum mostly smooth. Precoxal sulcus running along anterior 0.5–0.7 of lower part of mesopleuron ……………………………… ***D. denticoxa***

   Hind coxa dorsally without tooth. Mesoscutum more or less sculptured. Precoxal sulcus running along almost entire lower part of mesopleuron ………………………………………………………… 4

4. Mesoscutum finely and densely granulate-reticulate. Fore wing vein CU1a arising from middle of distal margin of first subdiscal cell. 2nd suture without distinct sublateral bends. Ovipositor sheath 0.45 times as long as metasoma and 0.3 times as long as fore wing ……………………… ***D. yunnanicus***

   Mesoscutum largely covered with curved rugae, without granulate. Fore wing vein CU1a arising distinctly behind middle of distal margin of first subdiscal cell. 2nd suture with rather distinct sublateral bends. Ovipositor sheath 1.3 times as long as metasoma and 1.0 times as long as fore wing ……………………………………………………………………………………… ***D. henanensis***

5. Face almost smooth. Median length of 2nd tergite 0.3 times its basal width, 0.6 times length of 3rd tergite. Ovipositor sheath shorter, 0.8 times as long as metasoma and 0.5 times as long as fore wing. Hind tibia yellow basally …………………………………………………………… ***D. hainanensis***

   Face distinctly and densely transversely striate and with fine and dense rugulosity between striae. Median length of 2nd tergite 0.4–0.5 times its basal width, 0.8–0.9 times length of 3rd tergite. Ovipositor sheath longer, 0.9–1.2 times as long as metasoma and 0.6–0.9 times as long as fore wing. Hind tibia dark basally ……………………………………………………………………………… 6

6. Pterostigma medially widely brown, yellow basally and apically. Temple short, eye 1.4–1.6 times as long as temple in dorsal view. Setae on dorsal margin of hind tibia long, their length 1.4–1.8 times maximum

width of tibia. Hind tarsus almost as long as hind tibia. 2nd segment of hind tarsus 1.2 times as long as 5th segment (except pretarsus). 1st tergite short, its length 1.2–1.3 times maximum width ·················· ························ ***D. malayensis***

Pterostigma entirely yellow. Temple long, eye 1.3 times as long as temple in dorsal view. Setae on dorsal margin of hind tibia short, their length 0.8–1.0 times maximum width of tibia. Hind tarsus 1.2 times as long as hind tibia. 2nd segment of hind tarsus 1.6 times as long as 5th segment (except pretarsus). 1st tergite long, its length 1.4 times maximum width ························ ***D. flavistigma***

7. 1st tergite long, its length 1.4–1.9 times maximum width ························ 8

   1st tergite short, its length 0.9–1.3 times maximum width ························ 10

8. Head of both sexes brownish red. Fore wing almost entirely and distinctly darkened. 2nd tergite striate-rugose in basal semi-oval area. 3rd tergite entirely smooth ························ ***D. petiolatus***

   Head of both sexes black or dark reddish brown, sometimes pale ventrally. Fore wing hyaline or faintly darkened. 2nd tergite entirely striate or rugose-striate (its sides often almost smooth). 3rd tergite in basal 0.2–0.5 striate ························ 9

9. 1st tergite of metasoma shorter, its length 1.4 times as long as maximum width. Ovipositor sheath slightly longer than metasoma ························ ***D. hedini***

   1st tergite of metasoma longer, its length 1.6–1.9 times as long as maximum width. Ovipositor sheath much longer than metasoma ························ ***D. gyljak***

10. Ovipositor sheath 1.5 times as long as metasoma and 0.8 times as long as fore wing. Its sheath with very dense, rather long and dark setae. Ocelli in triangle with base 1.6 times its sides. Hind tarsus 1.2 times as long as hind tibia. 2nd segment of hind tarsus 2.5 times as long as 5th segment (except pretarsus) ························ ***D. mayunae***

    Ovipositor sheath 0.3–1.0 times as long as metasoma and 0.20–0.55 times as long as fore wing. Its sheath with less dense, rather short and more or less pale setae. Ocelli in triangle with base 1.1–1.3 times its sides. Hind tarsus 0.85–1.00 times as long as hind tibia. 2nd segment of hind tarsus 1.4–1.8 times as long as 5th segment (except pretarsus) ························ 11

11. 2nd tergite apically always striate. 3rd tergite with distinct semi-circular striation at least medially ····· 12

    2nd tergite apically usually smooth. 3rd tergite smooth or sometimes with more or less longitudinal striation ························ 14

12. Head just behind eyes distinctly narrowed. Temple short, transverse diameter of eye 1.3–1.5 times longer than temple. Ocelli large, POL 1.0–1.2 times OD. Second radiomedial cell rather short, 2.0–2.2 times as long as its maximum width ························ ***D. yogoi***

    Head just behind eyes subparallel or weakly convex, then weakly narrowed. Temple long, transverse diameter of eye 1.0–1.2 (rarely 1.3) times as long as temple. Ocelli small, POL 1.3–2.0 times OD. Second radiomedial cell long, 2.4–3.0 times as long as its maximum width ························ 13

13. Vertex entirely densely setose. Second radiomedial cell 3.0 times as long as its maximum width. First subdiscal cell widened apically. Ovipositor sheath 0.3 times as long as metasoma and 0.2 times as long as fore wing ························ ***D. curticaudis* sp. nov.**

Vertex densely setose posteriorly and laterally, medially glabrous. Second radiomedial cell 2.4–2.8 times as long as its maximum width. First subdiscal cell not widened apically. Ovipositor sheath 0.6–0.9 times as long as metasoma and 0.3–0.5 times as long as fore wing ······································ ***D. undulatus***

14. Vertex entirely densely setose. Head behind eyes weakly convex (dorsal view) ······················ ***D. henryi***

Vertex sparsely setose, often medially glabrous. Head behind eyes not convex (dorsal view) ··· ***D. striatellus***

9. *Ecphylus* Förster, 1862

Two species of this genus are known to China.

Key to species

2nd and 3rd metasomal tergites of female entirely smooth. Vertex usually mainly smooth, only sometimes with transverse submedian carina ·· ***E. silesiacus***

2nd metasomal tergite entirely and 3rd tergite baso-laterally distinctly striate in female. Vertex coarsely transversely striate in anterior half and finely striate to almost smooth in posterior half ··············· ***E. lini***

10. *Eodendrus* Belokobylskij, 1998

Three species of this genus are known to China.

Key to species

1. Length of 2nd tergite 1.6 times its basal width. Length of 1st tergite 2.3 times its apical width. Eyes sparsely, shortly setose ·· ***E. petiolatus***

Length of 2nd tergite 0.9–1.1 times its basal width. Length of 1st tergite 1.6–2.1 times its apical width. Eyes glabrous ·· 2

2. Length of 1st tergite 2.1 times its apical width, maximum width of 1st tergite 2.0 times minimum width. Spiracular tubercles of 1st tergite distinct and long, about 0.4 times basal width of 1st tergite. 2nd tergite irregularly reticulate. 3rd tergite reticulate in mediobasal 0.55 and the color of this area darker than the rest of 3rd tergite ··· ***E. reticulatus***

Length of 1st tergite 1.6 times its apical width, maximum width of 1st tergite 2.3 times minimum width. Spiracular tubercles of 1st tergite relatively shorter. 2nd tergite densely striate, with dense reticulation between striae. 3rd tergite finely striate in mediobasal 0.25 and with the same color as the rest of 3rd tergite ·· ***E. hoabinicus***

11. *Euscelinus* Westwood, 1882

Only one species, *Euscelinus sarawacus* Westwood, 1882 is known to China.

12. *Guaygata* Marsh, 1993

Two species of this genus are known to China.

Key to species

Ocelli in triangle with base 2.3 times its sides. Length of 2nd tergite 0.75 times as long as its basal width, 1.6 times length of 3rd tergite. 3rd tergite without transverse furrow. Mesoscutum highly and almost perpendicularly elevated above pronotum (lateral view). Mesopleuron and hind femur mainly smooth ···· ·········· ***G. fujianensis***

Ocelli in triangle with base 1.2–1.3 times its sides. Length of 2nd tergite 0.40–0.45 times as long as its basal width, 0.8–1.0 times length of 3rd tergite. 3rd tergite with transverse furrow. Mesoscutum not highly and roundly elevated above pronotum (lateral view). Mesopleuron and hind femur mainly granulate ·········· ***G. mariae***

13. *Halycaea* Cameron, 1903

Five species of this genus are known to China.

Key to species

1. 2nd tergite with semi-round short area only in its basal 0.2, area widely separated from 2nd suture. 2nd tergite very long, 1.7 times longer than its basal width, 2.1 times longer than 3rd tergite. 1st tergite 3.6 times as long as its maximum width (subgenus *Sinohalycaea*) ·········· ***H. longitergum***

   2nd tergite with long triangular area along all or almost all (0.8–0.9) its length, area fused with 2nd suture or separated from it at short distance. 2nd tergite much shorter, 0.9–1.2 times as long as its basal width, 0.8–1.5 times as long as 3rd tergite. 1st tergite 2.0–3.3 times as long as its maximum width (subgenus *Halycaea s. str.*) ·········· 2
2. Hind wing with 3–4 hamuli. Head mostly black or dark reddish brown (except for *H. liui* with black only on frons and vertex near ocelli) ·········· 3

   Hind wing with 6 hamuli. Head mostly red or yellowish red ·········· 4
3. Hind coxa almost smooth dorsally. Mediobasal 0.5 of 4th tergite rugose-reticulate. Mesopleuron entirely densely setose. 3rd metasomal tergite without basal triangular area. Head of female light reddish brown, frons and vertex around ocelli black ·········· ***H. liui***

   Hind coxa densely striate or rugose-striate dorsally. Mediobasal 0.70–0.75 of 4th tergite densely and fine regularly reticulate. Mesopleuron glabrous at rather wide and round median area. 3rd metasomal tergite with basal triangular area. Head of female entirely dark reddish brown (in male at least in lower half light reddish brown) ·········· ***H. rubata***
4. 1st tergite long and narrow, its length 2.4 times maximum width. Length of 2nd tergite 1.2 times its basal

width, 1.5 times as long as 3rd tergite. Fore and mid coxae black ································ ***H. nigricoxis***

1st tergite short and wide, its length 2.0 times maximum width. Length of 2nd tergite equal to its basal width, almost equal to 3rd tergite. Fore and mid coxae milky yellow ·························· ***H. wuzhiensis***

14. *Hecabolomorpha* Belokobylskij *et* Chen, 2006

Only one species, *Hecabolomorpha asiaticum* Belokobylskij *et* Chen, 2006 is known to China.

15. *Heterospilus* Haliday, 1836

Thirty-five species of this genus are known to China, including one doubtful species *H. fuscexilis*, which is not included in the key.

Key to species

1. Ventral margin of scape not shorter than its dorsal margin. 1-SC+R vein of hind wing absent. (Subgenus *Eoheterospilus* Belokobylskij *et* Maeto) ·· ***H. rubrocinctus***

   Ventral margin of scape shorter than its dorsal margin. 1-SC+R vein of hind wing always present (Subgenus *Heterospilus* Haliday) ·· 2

2. Mesoscutum entirely setose ·· 3

   Mesoscutum with more or less sparse setae arranged along notauli and laterally ····························· 9

3. Mesoscutum entirely smooth or sometimes finely to very finely coriaceous ································· 4

   Mesoscutum distinctly and densely granulate, rarely coarsely semi-circularly striate and with fine granulate microsculputure or punctate with some rugosity ·· 6

4. 1st tergite long, 1.5 times as long as its apical width. 2nd tergite long, 0.8 times as long as its basal width. Four and 5th tergites entirely smooth ·· ***H. setosus***

   1st tergite short, 1.1–1.2 times as long as its apical width. 2nd tergite short, 0.55–0.60 times as long as its basal width. Four or 5th tergites at least with short basal striation ·· 5

5. Apical segments of antennae white, contrasted with previous segments. 5th tergite in basal 0.4–0.5 distinctly and densely striate. Hind coxa distinct striate dorsally. Eye 3.4 times as long as temple in dorsal view ·· ***H. chui***

   Apical segments of antennae dark, not contrasted with previous segments. 5th tergite entirely smooth. Hind coxa almost smooth dorsally. Eye 2.2 times as long as temple in dorsal view ········ ***H. setosiscutum***

6. Mesosoma weakly depressed, 2.4 times as long as height. Mesopleuron rather widely granulate-rugulose, coriaceous around precoxal sulcus ·· ***H. semidepressus***

   Mesosoma not depressed, 1.8–2.0 times as long as height. Mesopleuron almost entirely smooth ········· 7

7. Mesoscutum punctate with some rugosity. Apical segments of antennae dark, not contrasted with previous segments ·· ***H. punctatus***

Mesoscutum densely granulate with fine transverse striation. Apical segments of antennae white, contrasted with previous segments (*H. alternicoloratus* only with single pale apical segment) ············8

8. Vertex striate with punctation. Hind coxa distinctly striate dorsally. 2nd tergite shorter, 0.7–0.8 times as long as 3rd tergite ··········· ***H. alternicoloratus***

Vertex usually mainly smooth. Hind coxa smooth dorsally. 2nd tergite longer, 0.9–1.1 times as long as 3rd tergite ··········· ***H. hemitestaceus***

9. Mesoscutum entirely smooth or finely to very finely coriaceous··········· 10

Mesoscutum distinctly and densely granulate, rarely coarsely semi-circularly striate and with finely granulate microsculputure or coarsely rugose-striate ··········· 19

10. 3rd tergite without striation··········· 11

3rd tergite with striation··········· 13

11. 2nd suture absent. 3rd tergite without transverse groove ··········· ***H. wuyiensis***

2nd suture more or less distinct. 3rd tergite with rather distinct transverse groove ··········· 12

12. Ovipositor sheath shorter, 0.5 times as long as metasoma, 0.4 times as long as fore wing ··· ***H. fujianensis***

Ovipositor sheath longer, 0.85–1.20 times as long as metasoma, 0.5–0.8 times as long as fore wing (See also couplet 15)··········· ***H. separatus***

13. 4th and 5th tergites always smooth (very rarely 4th tergite in *H. separatus* very shortly striate in subbasal transverse depression) ··········· 14

4th tergite basally more or less distinctly striate, 5th tergite also often basally striate ··········· 16

14. 2nd and 3rd tergites with slender and dense striation. 3rd tergite striate in basal half······· ***H. densistriatus***

2nd and 3rd tergites with thick and relatively sparse striation. 3rd tergite striate in subbasal depression striate on rather short area, rarely almost smooth··········· 15

15. Ovipositor sheath 0.8–1.2 times as long as metasoma, 0.5–0.8 times as long as fore wing. Body often mostly dark (See also couplet 12)··········· ***H. separatus***

Ovipositor sheath 0.4–0.6 times as long as metasoma, 0.3–0.4 times as long as fore wing. Body often mostly pale··········· ***H. chinensis***

16. Vertex and frons completely smooth ··········· ***H. qingliangensis***

Vertex more or less distinctly striate, frons usually transversely striate ··········· 17

17. Eye 3.3 times as long as temple in dorsal view. Ovipositor sheath 1.1 times as long as metasoma, 0.85 times as long as fore wing ··········· ***H. longiventrius***

Eye 2.6–2.8 times as long as temple in dorsal view. Ovipositor sheath 0.9 times as long as metasoma, 0.6 times as long as fore wing ··········· 18

18. Apical segments of antennae dark, not contrasted with previous segments. Length of 1st tergite 1.0 times its apical width. Face almost smooth. Hind femur smooth. 2nd suture deep and distinctly sinuate (See also couplet 35) ··········· ***H. curvisulcus***

Apical segments of antennae white, contrasted with previous segments. Length of 1st tergite 1.3 times its apical width. Face coarsely striate, with rugulosity between striae. Hind femur distinctly and longitudinally striate dorsally. 2nd suture shallow and almost straight··········· ***H. balicyba***

19. 4th and 5th tergites always smooth ··· 20
    4th tergite basally more or less widely striate, 5th tergite often basally striate ··· 24
20. Ovipositor sheath 1.7 times as long as metasoma, as long as fore wing ··· ***H. parvus***
    Ovipositor sheath not or sometimes only a little longer than metasoma, distinctly shorter than fore wing ··· 21
21. 3rd tergite entirely smooth, without transverse depression ··· ***H. brevicornalus***
    3rd tergite with more or less distinct striation, with transverse depression ··· 22
22. Mesoscutum almost entirely coarsely semi-circularly striate and with fine granulate microsculpture between striae. Vertex entirely transverse striate-rugose. 3rd metasomal tergite striate in basal half ··· ***H. cancellatus***
    Mesoscutum mostly densely granulate or granulate-coriaceous, without striation. Vertex smooth or only partly finely striate. 3rd tergite striate only narrowly medially ··· 23
23. 2nd tergite shorter, 0.3 times as long as its basal width. Ovipositor sheath almost as long as metasoma ··· ***H. extasus***
    2nd tergite longer, 0.45–0.55 times as long as its basal width. Ovipositor sheath 0.65–0.80 times as long as metasoma ··· ***H. austriacus***
24. Mesoscutum almost entirely coarsely striate-rugose and with fine granulation ··· 25
    Mesoscutum mostly densely granulate or granulate-coriaceous, without striation ··· 27
25. Vertex and frons almost entirely smooth. Pterostigma dark brown, pale basally and apically. Length of 1st tergite 0.7 times its apical width. 5th tergite with short striation basally ··· ***H. liui***
    Vertex and frons more or less distinctly striate. Pterostigma unicolored, dark brown or dark reddish brown. Length of 1st tergite almost equal to its apical width. 5th tergite entirely smooth ··· 26
26. 2nd suture almost straight. Precoxal sulcus more or less distinctly crenulate. Basolateral areas of propodeum granulate. Hind coxa smooth dorsally ··· ***H. breviatus***
    2nd suture distinctly sinuate. Precoxal sulcus smooth. Basolateral areas of propodeum almost smooth. Hind coxa striate dorsally ··· ***H. tenuitergum***
27. Mesosoma more or less distinctly depressed, its length 2.2–2.7 times maximum height. Median length of 2nd tergite 0.55–0.60 times its basal width, 1.20–1.35 times length of 3rd tergite ··· ***H. kerzhneri***
    Mesosoma not depressed, its length 1.8–2.0 times maximum height. Median length of 2nd tergite 0.3–0.5 times its basal width, 0.5–1.1 times length of 3rd tergite ··· 28
28. Eye 4.4 times as long as temple in dorsal view. Hind femur 2.9 times as long as wide. 1st flagellar segment 0.8 times as long as 2nd segment ··· ***H. prodigiosus***
    Eye 1.5–3.0 times as long as temple in dorsal view. Hind femur 3.1–4.2 times as long as wide. 1st flagellar segment equal to or longer than 2nd segment ··· 29
29. Eye 1.5–1.8 times as long as temple in dorsal view ··· 30
    Eye 2.3–3.0 times as long as temple in dorsal view ··· 33
30. Eye glabrous. 5th tergite basally always smooth. Length of 1st tergite 1.0–1.1 times its apical width ··· 31
    Eye with short and sparse setae. 5th tergite basally almost always striate. Length of 1st tergite 0.8–0.9

times its apical width ·· 32

31. Trace of vein m-cu antefurcal. Median length of 2nd tergite 0.30–0.35 times its basal width and 0.5–0.6 times length of 3rd tergite··· ***H. leptosoma***

Trace of vein m-cu distinctly postfurcal. Median length of 2nd tergite 0.6 times its basal width and 1.05 times length of 3rd tergite···***H. nanlingensis***

32. Ovipositor sheath (measured entire length in ventro-lateral or ventral view) 0.45–0.60 times as long as metasoma, shorter than mesosoma, 0.3–0.4 times as long as fore wing. Body often entirely yellow ······· ···***H. cephi***

Ovipositor sheath (measured entire length in ventro-lateral or ventral view) 0.75–1.00 times as long as metasoma, equal to or longer than mesosoma, 0.4–0.7 times as long as fore wing. Body dark reddish brown to black or light reddish brown with dark propodeum and 1st tergite ······················ ***H. tauricus***

33. Apical segments of antennae white, contrasted with previous segments ··································· 34

Apical segments of antennae dark, not contrasted with previous segments································ 35

34. Antennae thickened, length of 1st flagellar segments 4.7 times as long as its apical width. Length of mesosoma 1.7 times its height. 1st tergite wide, 0.8 times as long as its apical width ··········***H. tulyensis***

Antennae slender, length of 1st flagellar segments 5.0–5.5 times as long as its apical width. Length of mesosoma 2.0–2.1 times its height. 1st tergite narrow, 1.2 times as long as its apical width················ ··***H. alboapicalis***

35. 1st tergite wide, 0.8 times as long as its apical width. 2nd suture straight. Eye 2.8 times as long as temple in dorsal view. Pterostigma pale yellow·· ***H. jianfengensis***

1st tergite narrow, 1.0 times as long as its apical width. 2nd suture distinctly sinuate. Eye 2.3 times as long as temple in dorsal view. Pterostigma light brown (See also couplet 18) ··············· ***H. curvisulcus***

16. Hypodoryctes Kokujev, 1900

Nine species of this genus are known to China, including one new species *H. yunnanensis* sp. nov.

Key to species

1. 2nd metasomal tergite of female transverse, its median length 0.5–0.8 times basal width ·················· 2

2nd metasomal tergite of female subsquare, its median length 0.9–1.3 times basal width··················· 4

2. Occipital carina rather widely interrupted dorsally. Hind femur 2.5–2.6 times as long as wide. Transverse diameter of eye 1.1–1.3 times as long as temple. 1st flagellar segment of antenna 2.2–2.3 times as long as its apical width. Median lobe of mesoscutum weakly convex anteriorly························· ***H. cantata***

Occipital carina complete dorsally. Hind femur 2.8–3.5 times as long as wide. Transverse diameter of eye 1.3–2.0 times as long as temple. 1st flagellar segment of antenna 2.8–3.4 times as long as its apical width. Median lobe of mesoscutum distinctly convex anteriorly ··· 3

3. Mesosoma of female black for the most part. Middle tarsi rather thick and short, 1st segment 3.0–5.0

times and 2nd segment 2.2–3.0 times as long as wide. Temple longer, transverse diameter of eye 1.3–1.8 times as long as temple (dorsal view). Second radiomedial cell 2.0–2.8 times as long as wide, almost as long as subdiscal cell ········ ***H. bilobus***

Mesosoma of female light reddish brow for the most part. Middle tarsi slender and long, 1st segment 5.5–6.5 times and 2nd segment 3.0–4.0 times as long as wide. Temple shorter, transverse diameter of eye 1.7–2.0 times as long as temple (dorsal view). Second radiomedial cell 2.7–3.2 times as long as wide, 1.2–1.3 times as long as subdiscal cell ········ ***H. rondo***

4. 1st metasomal tergite very long, 2.5–2.8 times as long as its apical width ········ 5

1st metasomal tergite shorter, 1.6–2.2 times as long as its apical width ········ 6

5. Occipital carina complete dorsally, not fused below with hypostomal carina. 3rd tergite without transverse furrow. Hind tibiae dark basally ········ ***H. tango***

Occipital carina complete dorsally, fused below with hypostomal carina. 3rd tergite with transverse furrow. Hind tibiae pale basally ········ ***H. yunnanensis* sp. nov.**

6. Ovipositor sheath with long white subapical band. 3rd tergite of mesosoma with deep and complete transverse submedian furrow. 1st tergite longer, its length 2.1–2.2 times apical width. Hind coxa almost smooth dorsally ········ ***H. serenada***

Ovipositor sheath without white band. 3rd tergite of mesosoma with more or less shallow and incomplete transverse submedian furrow. 1st tergite shorter, its length 1.6–2.0 times apical width ········ 7

7. Median lobe of mesoscutum almost perpendicularly raised above pronotum, distinctly protruding forward, densely pubescent anterolaterally, weakly convex anteriorly (dorsal view). Hind basitarsus 0.6 times as long as 2nd–5th segments combined. Furrows of the 2nd tergite deep ········ ***H. torridus***

Median lobe of mesoscutum roundly raised above pronotum, weakly protruding forward, not densely pubescent anterolaterally, distinctly convex anteriorly (dorsal view). Hind basitarsus 0.7–0.9 times as long as 2nd–5th segments combined. Furrows of the 2nd tergite shallow, sometimes indistinct ········ 8

8. Head behind eyes less distinctly and less strongly narrowed. Transverse diameter of eye 1.2–1.5 times as long as temple. Second submarginal cell longer. 3-SR vein 0.4–0.6 times as long as SR1 vein. 2nd tergite with rather distinctly delineated triangular area. Hind tibia infuscate basally ········ ***H. sibiricus***

Head behind eyes distinctly and more strongly narrowed. Transverse diameter of eye 1.6–2.0 times as long as temple. Second submarginal cell shorter. 3-SR vein 0.3–0.5 times as long as SR1 vein. 2nd tergite without delineated triangular area. Hind tibia pale basally ········ ***H. fuga***

17. *Ipodoryctes* Granger, 1949

Ten species of this genus are known to China.

Key to species

1. Vertex entirely smooth ········ ***I. nitidus***

Vertex distinctly and usually at most part striate or rugose-striate or granulate ········ 2

2. Vertex distinctly and usually at most part striate or rugose-striate ············ 3
Vertex densely granulate ············ 6
3. Hind femur, all tibiae and tarsi almost entirely black. 6th tergite with rather shallow median emargination on posterior margin. Scutellum almost smooth ············ ***I. rugosiscutum***
Hind femur almost entirely, all tibiae (except often dark basal part) and tarsi at most part light reddish or brownish yellow. 6th tergite without emargination on posterior margin. Scutellum almost entirely granulate ············ 4
4. Fore wing vein 3-RS 1.5 times as long as vein r. Second submarginal cell of fore wing smaller, 2.6 times as long as maximum width ············ ***I. brevivenus***
Fore wing vein 3-RS 2.4–3.1 times as long as vein r. Second submarginal cell fore wing larger, 2.8–3.3 times as long as maximum width ············ 5
5. Antennae 48–51-segmented, unicolorous dark in apical half. 1st flagellar segment 3.3–3.5 times as long as its apical width. Vertex rugose and undulately striate. Body dark reddish brown. Head and hind coxa reddish brown ············ ***I. tamdaoensis***
Antennae 37–40-segmented, with 6–8 whitish yellow subapical segments. 1st flagellar segment 4.0–4.5 times as long as its apical width. Vertex transversely and rather regularly striate. Body almost entirely black. Hind coxa almost black ············ ***I. annulicornis***
6. Ovipositor sheath slightly shorter than body length, distinctly longer than metasoma. 2nd tergite with rather long basal area ············ ***I. longus***
Ovipositor sheath shorter than metasoma. 2nd tergite always with short basal area ············ 7
7. Pterostigma brown medially, yellow basally and apically ············ ***I. signatus***
Pterostigma entirely yellow or light brown ············ 8
8. 2nd tergite shorter, its length about 0.3 times its basal width ············ ***I. vagrans***
2nd metasomal tergite longer, its length about 0.4–0.5 times its basal width ············ 9
9. Ovipositor sheath long, 2.1–3.8 times as long as 1st tergite, 0.40–0.65 times as long as fore wing ············ ***I. formosanus***
Ovipositor sheath short, 1.6–1.8 times as long as 1st tergite, 0.23–0.32 times as long as fore wing ············ ***I. signipennis***

18. *Leluthia* Cameron, 1887

Only one species, *Leluthia transcaucasica* (Tobias, 1976) is known to China.

19. *Leptospathius* Szépligeti, 1902

Two species of this genus are known to China.

Key to species

Second submarginal cell 3.5 times as long as its maximum width. Hind femur 4.6 times as long as wide. Length of 1st tergite 3.0 times as long as its apical width. 1st tergite entirely rugulose····· ***L. triangulifera***

Second submarginal cell 2.6 times as long as its maximum width. Hind femur 5.1 times as long as wide. Length of 1st tergite 3.7 times as long as its apical width. 1st tergite rugulose, almost smooth mediobasally·· ***L. hunanensis***

20. *Mimipodoryctes* Belokobylskij, 2000

Three species of this genus are known to China.

Key to species

1. 2nd tergite with distinct and smooth basal area. Length of 1st tergite 0.80–0.85 times its apical width. Length of 2nd tergite 0.50–0.55 times its basal width. Ovipositor shorter, its sheath 0.60–0.65 times as long as fore wing·· ***M. rubriceps***

   2nd tergite without basal area. Length of 1st tergite 0.9–1.2 times its apical width. Length of 2nd tergite 0.65–1.00 times its basal width. Ovipositor longer, its sheath 0.7–1.1 times as long as fore wing ·········2
2. Apical area of 2nd tergite rugulose. 6th tergite with shallow and wide emargination at posterior margin. Vertex rather sparsely, coarsely and in part undulately striate. Middle tibia dark brown or black basally. Hind femur dark reddish brown at most part·· ***M. peregrinus***

   Apical area of 2nd tergite smooth at most part usually. 6th tergite with deep and narrow emargination at posterior margin. Vertex densely, finely and linearly striate. Middle tibia pale basally. Hind femur brownish yellow at most part, rather faintly infuscate ·· ***M. korotyaevi***

21. *Monolexis* Förster, 1862

Only one species, *Monolexis fuscicornis* Förster, 1862 is known to China.

22. *Neoheterospilus* Belokobylskij, 2006

Only one species, *Neoheterospilus subtropicalis* Belokobylskij, 2006 is known to China.

23. *Neurocrassus* Šnoflak, 1945

Eight species of this genus are known to China.

Key to species

1. 2nd tergite without basomedian area. Body usually without contrasted dark and pale colouration ········· 2
   2nd tergite with smooth basomedian area delineated by furrow or different types of sculpture. Body usually with contrasted dark and pale colouration ········· 4
2. Male: 1st metasomal tergite 1.5 times as long as its apical width. Length of 2nd tergite 1.05 times its basal width. Hind femur slender, 4.1 times as long as maximum width. m-cu vein of fore wing weakly antefurcal ········· ***N. elongatus***
   Female ········· 3
3. Dorsal tentorial pit near antennal sockets large and oval, its maximum diameter larger than half of maximum diameter of antennal socket ········· ***N. flaviceps***
   Dorsal tentorial pit near antennal sockets small (sometimes very small) and subround, its maximum diameter distinctly not larger than half of maximum diameter of antennal socket ········· ***N. ontsiroides***
4. Ovipositor sheath 0.4–0.8 times as long as metasoma, 0.3–0.5 times as long as fore wing. 1st metasomal tergite usually wide, weakly rounded laterally (except for *N. densipilosus*), not longer than its apical width. Hind femur 3.0–3.7 times as long as wide ········· 5
   Ovipositor sheath 1.0–1.5 times as long as metasoma, 0.7–1.1 times as long as fore wing. 1st metasomal tergite narrow, almost straight laterally, more or less longer than its apical width. Hind femur 3.7–4.5 times longer than wide. [2nd tergite rather long, 0.45–0.60 times as long as basal width, 0.8–1.0 times as long as 3rd tergite] ········· 7
5. 2nd tergite with basomedian smooth area distinctly delineated by furrow. Tergite short, 0.3–0.4 times as long as basal width, 0.6–0.7 times as long as 3rd tergite ········· ***N. palliatus***
   2nd tergite with basomedian smooth area not delineated by furrow. Tergite long, 0.45–0.55 times as long as basal width, 0.8–0.9 times as long as 3rd tergite ········· 6
6. Hind femur thick, 3.3–3.5 times as long as maximum width. 1st tergite wide and short, with distinctly curved lateral sides ········· ***N. pseudopalliatus***
   Hind femur slender, 3.7 times as long as maximum width. 1st tergite narrow and rather long, with almost straight lateral sides ········· ***N. densipilosus***
7. 2nd tergite with indistinct basomedian area delineated only by different type of sculpture. Penultimate segment of antenna 2.3–2.8 times as long as its width. Head mainly dark reddish brown or light reddish brown ········· ***N. hakonensis***
   2nd tergite with distinct basomedian area delineated by distinct furrow. Penultimate segment of antenna 3.0–3.4 times as long as its width. Head mainly yellow or pale yellow ········· ***N. opis***

24. *Ontsira* Cameron, 1900

Eleven species of this genus are known to China.

Key to species

1. 2nd metasomal tergite completely smooth ··· 2
   2nd metasomal tergite sculptured at least basally ··· 5
2. 1st metasomal tergite shorter, not longer than its apical width. Mesoscutum mostly smooth or finely granulate in anterior part ··· 3
   1st metasomal tergite longer, 1.15–1.30 times as long as its apical width. Mesoscutum entirely and distinctly granulate ··· 4
3. Ovipositor shorter, its sheath 0.5 times as long as metasoma, 0.7 times as long as mesosoma, 0.3 times as long as fore wing. Transverse diameter of eye 1.0 times as long as temple. Propodeum with distinct lateral tubercles. 1st metasomal tergite shorter, 0.9 times as long as its apical width ··· ***O. antica***
   Ovipositor longer, its sheath 0.9–1.0 times as long as metasoma, distinctly longer than mesosoma, about 0.45–0.50 times as long as fore wing. Transverse diameter of eye 0.9 times as long as temple. Propodeum almost without lateral tubercles. 1st metasomal tergite longer, its length equal to its apical width ··· ***O. neantica***
4. 3-SR vein 0.8 times as long as SR1 vein. Second submarginal cell 2.7 times as long as its maximum width. Basolateral areas of propodeum granulate. Median length of 2nd tergite 1.4 times as long as median length of 3rd tergite ··· ***O. gratia***
   3-SR vein 0.5 times as long as SR1 vein. Second submarginal cell 2.35 times as long as its maximum width. Basolateral areas of propodeum entirely or mainly smooth. Median length of 2nd tergite almost equal to median length of 3rd tergite ··· ***O. abbreviata***
5. Temple very short, transverse diameter of eye 3.3–3.8 times as long as temple. Acrosternite of 1st tergite rather distinctly elongate. Apical segments of antenna white ··· ***O. apposita***
   Temple longer, transverse diameter of eye 1.0–1.6 times as long as temple. Acrosternite of 1st tergite shorter. Apical segments of antenna dark ··· 6
6. Ovipositor sheath not longer than metasoma. Mesoscutum and scutellum distinctly and densely granulate. CU1a vein of fore wing arising slightly before middle of distal margin of subdiscal cell. M+CU vein of hind wing almost equal to 1-M ··· ***O. henana***
   Ovipositor sheath longer than metasoma, almost as long as body. Mesoscutum finely granulate. Scutellum almost smooth. CU1a vein of fore wing arising from posterior 0.25–0.30 of distal margin of subdiscal cell. M+CU vein of hind wing longer than 1-M ··· 7
7. 1st metasomal tergite shorter, 0.9–1.1 (rarely 1.2) times as long as its apical width. Hind femur wide, 3.4–4.0 times as long as wide. Penultimate segment 1.7–2.0 times as long as wide ··· 8
   1st metasomal tergite longer, 1.2–1.7 times as long as its apical width. Hind femur slender, 4.0–5.3 times as long as wide. Penultimate segment 2.1–2.4 times as long as wide ··· 9
8. Vertex entirely or mostly and temple almost entirely smooth. Mesoscutum (except rugose-striate in medioposterior area) mainly smooth, partly finely granulate ··· ***O. imperator***
   Vertex almost entirely or mostly and temple at most part distinctly striate. Mesoscutum (except

rugose-striate in mediposterior area) almost entirely, very densely and finely granulate with sparse punctation ········ ***O. robusta***

9. Hind femur 5.0–5.3 times as long as its maximum width. 1st metasomal tergite 1.4–1.7 times as long as its apical width. 2nd metasomal tergite longer, 0.9 times as long as its basal width. Hind tibia dorsally with sparse setae ········ ***O. macer***

   Hind femur 3.9–4.5 times as long as its maximum width. 1st metasomal tergite 1.2–1.3 (rarely 1.15 or 1.40) times as long as its apical width. 2nd metasomal tergite shorter, 0.5–0.8 times as long as its basal width. Hind tibia dorsally with very dense setae ········ 10

10. Vertex entirely smooth. Mesoscutum rather finely punctate-reticulate, partly with fine granulation. 2nd tarsal segment of hind leg shorter, 1.4–1.5 times as long as its 5th segment (without pretarsus) and about 0.4 times as long as basitarsus. 1st flagellar segment longer, 4.0–4.5 times as long as wide ········ ***O. ignea***

    Vertex entirely or almost entirely coarsely rugose-striate. Mesoscutum coarsely rugose-granulate. 2nd tarsal segment of hind leg longer, 1.6–1.8 times as long as its 5th segment (without pretarsus) and about 0.5 times as long as basitarsus. 1st flagellar segment shorter, 3.6–3.8 times as long as wide ···· ***O. rugivertex***

25. *Parallorhogas* Marsh, 1993

Seven species of this genus are known to China, including six new species, P. brevicauda sp. nov., P. glabricoxa sp. nov., P. leviuscula sp. nov., P. nigrothorax sp. nov., P. pappi sp. nov. and P. zengae sp. nov.

Key to species

1. Vertex entirely or more or less densely transversely aciculate ········ 2

   Vertex entirely smooth ········ 4

2. Hind femur 3.6 times as long as its wide. Ovipositor sheath almost as long as metasoma, and 0.45 times as long as fore wing ········ ***P. zengae* sp. nov.**

   Hind femur 3.0–3.2 times as long as its wide. Ovipositor sheath about 0.5 times as long as metasoma, and 0.3 times as long as fore wing ········ 3

3. Length of 1st tergite as long as its apical width. 2nd tergite without smooth basal area. Face with fine striation laterally ········ ***P. brevicauda* sp. nov.**

   Length of 1st tergite 0.65 times as long as its apical width. 2nd tergite with narrow smooth basal area. Face smooth ········ ***P. pappi* sp. nov.**

4. 4th tergite short striate mediobasally ········ ***P. leviuscula* sp. nov.**

   4th tergite smooth ········ 5

5. Mesoscutum almost entirely setose. Ovipositor sheath long, not shorter than metasoma ······ ***P. pallidiceps***

   Mesoscutum usually narrow or more or less widely setose along notauli and marginally, widely glabrous medially on median and lateral lobes. Ovipositor sheath short, distinctly shorter than metasoma ········ 6

6. Median lobe of mesoscutum without median depression. Notauli shallow and narrow. Second

submarginal cell 3.3 times as long as maximum width. Head reddish brown, mesosoma black ·· ***P. nigrothorax* sp. nov.**

Median lobe of mesoscutum with distinct median depression. Notauli deep and wide. Second submarginal cell 2.1 times as long as maximum width. Head and mesosoma yellow ·· ***P. glabricoxa* sp. nov.**

26. *Paraspathius* Nixon, 1943

Only one species, *Paraspathius periparetus* Nixon, 1943 is known to China.

27. *Pareucorystes* Tobias, 1961

Only one species, *Pareucorystes varinervis* Tobias, 1961 is known to China.

28. *Platyspathius* Viereck, 1911

Two species of this genus are known to China.

Key to species

2nd suture with distinct and wide crenulation. 2nd tergite medially often with undulate striation. Length of 1st tergite 2.6–2.7 times as long as its apical width ··· ***P. bisignatus***

2nd suture without or with fine and narrow crenulation. 2nd tergite medially without striation or with very fine striation. Length of 1st tergite 2.1–2.2 times as long as its apical width ··············· ***P. ornatulus***

29. *Polystenus* Förster, 1862

Four species of this genus are known to China.

Key to species

1. Mesoscutum entirely covered by dense, short and semi-erect pale setae. Ovipositor sheath longer than metasoma. r vein of forewing arising almost from middle of pterostigma ························· ***P. taiwanus***

   Mesoscutum covered by dense, short and semi-erect pale setae along notauli and laterally, with glabrous median areas on all lobes. Ovipositor sheath not longer than metasoma. r vein of forewing arising usually distinctly behind middle of pterostigma ·· 2

2. 1st tergite shorter, length almost equal to its apical width. Color of body paler··············· ***P. brevitergum***

   1st tergite distinctly longer than its apical width. Color of body darker ··· 3

3. Ocelli arranged in triangle with base equal to its sides. Ovipositor sheath distinctly shorter than metasoma ·· ***P. anacolus***

Ocelli arranged in triangle with base longer than its sides. Ovipositor sheath about as long as metasoma ······························ ***P. rugosus***

30. *Rhaconotinus* Hedqvist, 1965

Twenty-seventh species of this genus are known to China.

Key to species

1. Vein CU1a not interstitial ······························ 2
   Vein CU1a interstitial ······························ 10
2. Vertex entirely smooth, rarely with short lateral striation ······························ 3
   Vertex distinctly and usually at most part striate or rugose-striate ······························ 6
3. Second submarginal cell of fore wing larger, 3.7 times as long as maximum width ·············· ***R. wuyiensis***
   Second submarginal cell of fore wing smaller, 2.6–3.5 times as long as maximum width ·············· 4
4. 6th tergite with median emargination ······························ ***R. hebeiensis***
   6th tergite without median emargination ······························ 5
5. Ovipositor sheath slightly shorter than metasoma. Hind coxa smooth ·············· ***R. lacertosus***
   Ovipositor sheath distinctly long than metasoma. Hind coxa with striate dorsally ·············· ***R. elegans***
6. 2nd tergite without separated apical area ······························ ***R. liui***
   2nd tergite with rather distinctly separated apical area ······························ 7
7. Hind femur wider, 2.6 times as long as wide. Hind basitarsus 0.6 times as long as 2nd–5th segments combined. 6th tergite with shallow median emargination on posterior margin ·············· ***R. longi***
   Hind femur narrower, 3.5–4.0 times as long as wide. Hind basitarsus 0.9–1.1 times as long as 2nd–5th segments combined. 6th tergite without shallow median emargination on posterior margin ·············· 8
8. 1st flagellar segment short and thick, 3.8–4.0 times as long as its apical width. Hind femur wider, 3.5 times as long as wide. Apical width of 1st tergite 2.7 times its minimum width. Body reddish brown ······························ ***R. rutilans***
   1st flagellar segment long and slender, 5.0 times as long as its apical width. Hind femur narrower, 3.8–4.0 times as long as wide. Apical width of 1st tergite 2.1–2.2 times its minimum width. Body black·············· 9
9. Ovipositor sheath 0.6 times as long as metasoma and 0.3 times as long as fore wing. Mesopleuron rugose-striate in upper 3rd. 1st and 2nd tergites rugulose between striation ·············· ***R. maculistigma***
   Ovipositor sheath 1.5 times as long as metasoma and 0.8 times as long as fore wing. Mesopleuron coriaceous with some rugosity-striation in upper 3rd. 1st and 2nd tergites not rugulose between striation ······························ ***R. guizhouensis***
10. 2nd tergite without distinctly separated or smooth apical area ······························ 11
    2nd tergite with apical area, separated by deep curved furrow, if furrow indistinct, than apical area smooth and distinctly contrasting with strongly sculptured rest part of tergite ·············· 14
11. Ovipositor sheath as long as metasoma ······························ ***R. asulcus***

Ovipositor sheath shorter than metasoma ········ 12

12. 6th tergite with distinct median emargination on posterior margin. Propodeum with marginate areola. Body black for most part ········ ***R. fujianus***

 6th tergite without median emargination on posterior margin. Propodeum without marginate areola. Body entirely yellow ········ 13

13. Vertex transversely rugose medially. Temple 0.3 times as long as transverse diameter of eye. Leg yellow ········ ***R. icterus***

 Vertex smooth. Temple 0.5 times as long as transverse diameter of eye. Leg black ········ ***R. hexatermus***

14. Vertex entire smooth or almost smooth. Mesopleura usually smooth for most part (except *R. chinensis*) ········ 15

 Vertex entire or for most part sculptured. Mesopleura usually sculptured (sometimes finely) at least in upper 2/3 ········ 19

15. 6th tergite entirely striate. Fore wing with several small hyaline areas. Hind coxa smooth ··· ***R. glaphyrus***

 6th tergite with more or less smooth area. Fore wing without hyaline areas. Hind coxa with striation ··· 16

16. Mesoscutum and mesopleura coriaceous. Mesoscutum with long erect and rather sparse hairs along notauli and marginally. 6th tergite large, concealed succeeding segments, almost entirely striate, almost twice as long as 5th segment. Vein CU1b absent. Brachial cell gently closed apically. Hind tibia with erect sparse hairs dorsally ········ ***R. chinensis***

 Mesoscutum distinctly granulate, mesopleura smooth for most part. Mesoscutum entirely or for most part with short semi-erect dense hairs. 6th tergite not large, partly concealed succeeding segments, smooth for most part, 0.8–1.1 times as long as 5th tergite. Vein CU1b present. Brachial cell rather sharply closed apically. Hind tibia with semi-erect and rather dense hairs dorsally ········ 17

17. 2nd tergite 0.5 times as long as basal width. 1st tergite 1.0–1.2 times as long as apical width. Mesosoma 1.8 times as long as height. Temple 0.5 times as long as transverse diameter of eye. Lateral lobes of mesoscutum entirely setose. Ovipositor sheath shorter, 0.2–0.3 times as long as fore wing. Pterostigma brown ········ ***R. tianmushanus***

 2nd tergite 0.7–1.0 times as long as basal width. 1st tergite 1.3–1.7 times as long as apical width. Mesosoma 2.2–2.4 times as long as height. Temple 0.6–0.7 times as long as transverse diameter of eye. Lateral lobes of mesoscutum with distinct glabrous areas. Ovipositor sheath longer, 0.3–0.6 times as long as fore wing. Pterostigma brownish yellow or yellow ········ 18

18. 1st metasomal tergite 1.3–1.4 times as long as apical width. Length of 2nd tergite 0.7–0.8 times its basal width. Hind coxa almost entirely smooth ········ ***R. nadezhdae***

 1st metasomal tergite 1.6–1.7 times as long as apical width. Length of 2nd tergite 0.9–1.0 times its basal width. Hind coxa dorsally partly rugulose ········ ***R. iterabilis***

19. Apical area of 2nd tergite usually smooth, narrow, without distinctly separating furrow anteriorly. Sternauli short, running in anterior 2/3 of lower part of mesopleura. Mesopleura smooth for most part ···· 20

 Apical area of 2nd tergite sculpture, wide, with distinctly separating furrow anteriorly. Sternauli long, running along entire length of lower part of mesopleura. Mesopleura sculptured for most part ········ 21

20. Ocelli in triangle with base 1.2–1.3 times its sides. Hind femur wider, about 3.5 times as long as wide. 1st tergite shorter, 1.1–1.2 times as long as apical width. Ovipositor sheath shorter, 0.7–0.9 times as long as mesosoma, 0.3–0.4 times as long as fore wing. Vertex with sparse hairs. Mesopleura widely glabrous submedially ·· ***R. heterotrichus***

Ocelli in almost equilateral triangle. Hind femur slender, 4.2 times as long as wide. 1st tergite longer, 1.5 times as long as apical width. Ovipositor sheath longer, 1.3 times as long as mesosoma, 0.6 times as long as fore wing. Vertex with dense hairs. Mesopleura entirely setose ························ ***R. ipodoryctoides***

21. Apical area of 2nd tergite rather narrow, separated by wide and rather shallow furrow and suture. Fore wing maculate. Hind leg (except tarsus) dark brown for most part ···························· ***R. luteosetosus***

Apical area of 2nd tergite rather wide, separated by narrow and deep furrow and suture. Fore wing evenly faintly infuscate or subhyaline. Hind leg almost entirely yellow or light brown ···························· 22

22. 6th tergite smooth at least in apical half. Vertex densely granulate, without rugosity or striation ········ 23

6th tergite distinctly semi-circularly striate in apical half. Vertex densely granulate, with more or less distinct rugosity or striation·· 25

23. Additional furrow of 2nd tergite almost straight. Apical area of 2nd tergite shorter, about 0.6–0.7 times as long as rest part of tergite. Temple longer, transverse diameter of eye 1.7–1.8 times temple length ········ ·· ***R. schoenobivorus***

Additional furrow of 2nd tergite distinctly arcuately curved. Apical area of 2nd tergite longer, 0.8–1.0 times as long as rest part of tergite. Temple shorter, transverse diameter of eye 2.0–2.5 times temple length ·· 24

24. Second radiomedial cell longer, its length 2.7–2.8 times maximum width. 5th tergite large, distinctly larger than 6th tergite. 2nd tergite 0.9–1.0 times as long as its basal width, 1.8–2.0 times as long as 3rd tergite ·· ***R. concinnus***

Second radiomedial cell shorter, its length 2.2 times maximum width. 5th tergite normal, slightly larger than 6th tergite. 2nd tergite about 0.7 times as long as its basal width, 1.6 times as long as 3rd tergite ····· ·· ***R. menippus***

25. Ovipositor shorter, its sheath 0.8–1.1 times as long as mesosoma, 0.4–0.5 times as long as fore wing. Hind femur 3.6–4.0 times as long as width. Apical area of 2nd tergite 1.7–2.0 times as long as rest part of tergite ·· ***R. affinis***

Ovipositor longer, its sheath 1.3–1.7 times as long as mesosoma, 0.6–0.8 times as long as fore wing. Hind femur 3.2–3.5 times as long as width. Apical area of 2nd tergite 1.1–1.6 times as long as rest part of tergite ·· 26

26. Head strongly and almost linearly narrowed behind eyes. Vertex distinctly rugulose-striate at least partly, with dense granulation. Second radiomedial cell shorter, its length 2.3–2.5 times maximum width ····· ***R. hei***

Head less strongly and roundly narrowed behind eyes. Vertex finely striate with dense granulation, or rarely striae almost absent. Second radiomedial cell longer, its length usually 2.6–3.0 times maximum width ·· ***R. intermedius***

31. *Rhaconotus* Ruthe, 1854

Eight species of this genus are known to China.

Key to species

1. 2nd tergite in posterior half without lenticular area bordered by deep curved furrow, rarely with very shallow additional transverse furrow. [Propodeum without marginate basolateral areas]······2
   - 2nd tergite in posterior half with lenticular area distinctly bordered by deep curved furrow······5
2. Mesoscutum sparsely and narrowly setose along notauli and marginally only. Pterostigma dark brown, pale basally and apically······3
   - Mesoscutum densely setose for most part or widely along notauli and marginally. Pterostigma pale brown or yellow entirely······4
3. 5th tergite with distinct lateral posteroventral lobe. 1st–4th tergites distinctly carinate laterally above spiracles, sides of tergites forming more or less at right angles with dorsal surface of tergites··· ***R. sauteri***
   - 5th tergite without lateral posteroventral lobe. 1st–4th tergites not carinate laterally, roundly curved at sides······***R. aciculatus***
4. Mesoscutum rather highly and roundly raised above pronotum. Hind femur 3.5–3.7 times as long as wide. 2nd metasomal suture strongly concavely curved. Ovipositor longer, 2.7–3.3 times as long as 1st metasomal tergite, 0.5–0.7 times as long as fore wing. Hairs on dorsal side of hind tibia longer, its length 0.8–0.9 times maximum width of tibia. Body longer······***R. magnus***
   - Mesoscutum weakly and gently-roundly raised above pronotum. Hind femur 3.0–3.2 times as long as wide. 2nd metasomal suture weakly concavely curved. Ovipositor shorter, 1.4–1.7 times as long as 1st metasomal tergite, 0.3–0.5 times as long as fore wing. Hairs on dorsal side of hind tibia shorter, its length 0.4–0.6 times maximum width of tibia. Body shorter······***R. testaceus***
5. Fore wing distinctly infuscate, with several small hyaline areas. Metasoma distinctly widened toward 5th segment. Apical area of 2nd tergite narrow and weakly constricted medially. 1st metasomal tergite 1.6 times as long as apical width. Ovipositor long, 1.3 times as long as metasoma, 0.9 times as long as fore wing. Second radiomedial cell long. Second radial abscissa 0.8 times third abscissa······***R. yaoae***
   - Fore wing entirely and evenly faintly infuscate or hyaline. Metasoma weakly widened toward 3rd segment. Apical area of 2nd tergite wide and not constricted medially. 1st metasomal tergite 1.2–1.5 times as long as apical width. Ovipositor short, 0.4–0.7 times as long as metasoma, 0.3–0.5 times as long as fore wing. Second radio medial cell short. Second radial abscissa 0.4–0.6 times third abscissa······6
6. Pterostigma brown, yellow in basal and apically. Fore wing entirely faintly infuscate. 5th tergite in apical 1/2–2/3 granulate-reticulate with dense punctulation. Body usually dark reddish brown······***R. tergalis***
   - Pterostigma entirely brownish yellow or yellow. Fore wing entirely hyaline. 5th tergite in apical half smooth or finely reticulate, or sometimes distinctly striate. Body usually light reddish brown or brownish yellow, rarely (*R. oriens*) darkened······7

7. Antenna 49-segmented. 1st flagellar segment 3.5 times as long as apical width, 1.3 times as long as 2nd segment. Pronotum distinctly convex dorsally (lateral view). First radial abscissa forming almost one line with second abscissa. Second radiomedial cell about twice as long as wide. 5th tergite striate in apical half, striae semi-circular in posterior 1/4. Vertex densely transversely undulately striate, with granulation between striae. Body longe. [Malar space long, its height 0.7 times height of eye, 1.3–1.6 times basal width of mandible] ············ ***R. zarudnyi***

Antenna 27–33-segmented. 1st flagellar segment 4.5–5.0 times as long as apical width, almost as long as 2nd segment. Pronotum almost straight dorsally (lateral view). First radial abscissa forming distinct angle with second abscissa. Second radiomedial cell 2.5–2.9 times as long as wide. 5th tergite smooth in apical half. Vertex entirely granulate. Body shorter ············ ***R. oriens***

32. *Rhoptrocentrus* Marshall, 1897

Only one species, *Rhoptrocentrus piceus* Marshall, 1897 is known to China.

33. *Sonanus* Belokobylskij *et* Konishi, 2001

Two species of this genus are known to China.

Key to species

Median lobe of mesoscutum with distinct median depression. m-cu vein of fore wing interstitial. 2nd tergite with U-shaped median area delineated by narrow furrows. Hind coxa densely sculptured dorsally. 2nd tergite with fine lateral carinae, about as long as apical width ············ ***S. senzuensis***

Median lobe of mesoscutum without depression. m-cu vein of fore wing more or less distinctly postfurcal. 2nd tergite with subround median area delineated by wide furrows. Hind coxa mostly smooth, sculptured only dorsally. 2nd tergite with distinct lateral carinae, 0.7–0.8 times as long as apical width ············ ***S. chinensis***

34. *Spathiomorpha* Tobias, 1976

Only one species, *Spathiomorpha enderleini* Belokobylskij, 1996 is known to China.

35. *Spathiostenus* Belokobylskij, 1992

Only one species, *Spathiostenus formosanus* (Watanabe, 1934) is known to China.

36. *Spathius* Nees, 1818

One hundred and thirty-three species of this genus are known to China, including four doubtful species *S. brevicaudis*, *S. esakii*, *S. labdacus* and *S. ruficeps*, which are not included in the key.

Key to species

1. Face with very dense, fine and absolutely even transverse aciculation (like surface of gramophone record or CD). Clypeal suture usually mostly absent ·································· 2
   Face with sculpture not as above. Clypeal suture entirely present or dorsally fine ·························· 10
2. 2-SR vein almost entirely absent. Vein cu-a interstitial. Propodeum with areola delineated by rather fine carina. Vertex coriaceous. Mesopleuron rather widely reticulate-coriaceous. Body length 3.8 mm··· ***S. xui***
   2-SR vein entirely or mainly present ·································· 3
3. Hind coxa with basoventral tooth ·································· 4
   Hind coxa without basoventral tooth ·································· 6
4. Ovipositor longer, as long as metasoma, 0.8 times as long as fore wing. Vein CU1a interstitial. Vertex entirely densely aciculate. Body length 4.5 mm ·································· ***S. aciculatus***
   Ovipositor shorter, 0.6–0.7 times as long as metasoma, 0.4 times as long as fore wing. Vein CU1a arising form anterior third of distal margin of first subdiscal cell ·································· 5
5. 2nd and 3rd tergites densely longitudinally striate, with dense reticulation between striae. 4th tergite densely longitudinally striate in basal 2/3, dense reticulate between striae. Transverse diameter of eye 2.0 times length of temple. Body length 3.4–3.8 mm ·································· ***S. pseudocritolaus***
   2nd and 3rd tergites finely and densely granulate with fine aciculation basally. 4th tergite finely and densely granulate with fine aciculation basally. Transverse diameter of eye 1.7 times length of temple. Body length 4.2 mm ·································· ***S. paracritolaus***
6. Mesosoma short and high, its length 1.7–1.8 times maximum height ·································· 7
   Mesosoma long and less high, its length 2.0–2.2 times maximum height·································· 9
7. Mesoscutum less highly and roundly elevated above pronotum. Median lobe of mesoscutum (dorsal view) rounded anteriorly and without anterolateral corners. Vertex without posteriorly declivous surface, regularly convex. Body length 2.5–3.3 mm ·································· ***S. mimeticus***
   Mesoscutum highly and vertically elevated above pronotum. Median lobe of mesoscutum (dorsal view) almost straight anteriorly and with distinct anterolateral corners. Vertex with steep and posteriorly declivous surface ·································· 8
8. Ovipositor sheath 0.8 times as long as metasoma, 0.7 times as long as fore wing. Mesoscutum with notauli in posterior 0.3. Hind coxa with rather distinct basoventral corner. Body length 4.0 mm ···***S. wuae***
   Ovipositor sheath 0.4–0.5 times as long as metasoma, 0.3–0.4 times as long as fore wing. Mesoscutum without notauli in posterior 0.3. Hind coxa without basoventral corner. Body length 2.1–3.1 mm ·········

······ *S. araeceri*

9. 2nd entirely and basal part of 3rd tergites distinctly, densely and partly curvedly aciculate. Vertex smooth or partly finely aciculate. Vein cu-a distinctly postfurcal. Body length 2.7–3.5 mm ······ ***S. reticulatus***

2nd and 3rd tergites entirely densely granulate. Vertex granulate and with fine aciculation or entirely distinctly striate. Vein cu-a interstitial. Body length 3.9 mm······ ***S. annuliventris***

10. 2nd and 3rd tergites with some kind of sculpture at least in large basal area ······ 11

2nd and 3rd tergites smooth, very rarely basally with short, fine and sometimes interrupted aciculation ······ 76

11. 4th metasomal tergite strongly enlarged, usually distinctly larger than 5th tergite, almost entirely and strongly striate-rugose. Vertex almost entirely smooth. 4th metasomal tergite with distinctly separated laterotergites ······ 12

4th metasomal tergite not enlarged, not larger than 5th tergite. If sometimes more or less enlarged, then always without striation ······ 17

12. Median length of 2nd and 3rd tergites combined 2.0–2.5 times basal width of 2nd tergite, 1.5–1.8 times their maximum width. Length of petiole 3.6–4.4 times its apical width, 2.5–2.7 times length of propodeum. Body length 8.2–9.2 mm ······ ***S. miletus***

Median length of 2nd and 3rd tergites combined 1.3–1.6 times basal width of 2nd tergite, 0.9–1.2 times their maximum width. Length of petiole 2.1–3.0 times its apical width, 1.8–2.2 times length of propodeum ······ 13

13. Transverse diameter of eye 2.0–2.2 times length of temple. Mesoscutum perpendicularly elevated above pronotum. Petiole strongly widened towards apex. Body length 3.4–5.6 mm ······ ***S. parallelus***

Transverse diameter of eye 1.4–1.5 times length of temple. Mesoscutum oblique-roundly elevated above pronotum ······ 14

14. Petiole wider, 2.1–2.2 times as long as apical width. Hind femur wider, 2.8–2.9 times as long as maximum width. Body length 5.2–6.0 mm ······ ***S. subcyparissus***

Petiole narrower, 2.4–3.0 times as long as apical width. Hind femur narrower, 3.0–3.4 times as long as maximum width ······ 15

15. Vertex transverse striate in anterior 0.6. Mesopleuron entirely coarsely rugose-striate. Lateral lobes of mesoscutum with long rugae and with narrow only granulate area. Body length 4.4 mm ······ ***S. cyparissus***

Vertex smooth. Mesopleuron weakly sculptured or almost smooth medially. Lateral lobes of mesoscutum with short rugae and with wide only granulate median area ······ 16

16. Head pale yellow, with brown patches. Mesosoma dark reddish brown to almost black with large contrasted yellow or pale yellow parts. 2nd and 3rd metasomal tergites mostly dark reddish brown, but with wide yellow posterior part. 4th tergite basally dark reddish brown, widely yellow laterally. Apex of metasoma yellow. Length of petiole 2.4–2.8 times its apical width. Body length 2.4–6.0 mm ······ ***S. aspersus***

Body blackish brown. Mesosoma widely reddish brown. Metasoma black. Length of petiole 2.8 times its apical width. Body length 6.1 mm ······ ***S. pseudaspersus***

17. Petiole very long, 2.8–3.5 times as long as propodeum. Median length of 2nd and 3rd tergites combined

1.3–1.5 times their maximum width ··· 18

Petiole less long, not more than 2.5 times as long as propodeum. Median length of 2nd and 3rd tergites combined usually not larger than their maximum width ··· 22

18. Transverse diameter of eye 1.1 times length of temple. Mesoscutum densely granulate, without rugae near notauli and laterally. Basal carina of propodeum 1.3 times as long as anterior fork of areola. Body length 4.1 mm ··· ***S. omiensis***

Transverse diameter of eye 1.6–1.8 times length of temple. Mesoscutum densely granulate, with rugae near notauli and laterally. Basal carina of propodeum 2.0–2.6 times as long as anterior fork of areola ··· 19

19. 4th–6th tergites aciculate or reticulate-coriaceous ··· 20

4th–6th tergites entirely smooth ··· 21

20. 3rd–6th tergites densely semi-circularly transversely aciculate. Scutellum almost smooth. Mesopleuron almost entirely smooth. Body length 6.8–8.8 mm ··· ***S. hainanicola***

3rd tergite almost entirely and densely longitudinally striate, with dense reticulation between striae. 5th and 6th tergites finely or very finely reticulate-coriaceous. Scutellum entirely finely punctate-rugulose. Mesopleuron entirely or almost entirely punctate-rugose with striation. Body length 2.3–5.5 mm ··· ***S. konishii***

21. Vertex finely striate anteriorly. Mesopleuron entirely coarsely and curvedly rugose-striate. Mesoscutum granulate with additional long rugosity. Body length 3.8–7.0 mm ··· ***S. angustalatus***

Vertex entirely smooth. Mesopleuron almost entirely smooth. Mesoscutum granulate with additional short rugosity. Body length 4.2–7.3 mm ··· ***S. parimbecillus***

22. 1st segment of hind tarsus about 3.0 times as long as 2nd segment ··· 23

1st segment of hind tarsus not more than 2.5 times as long as 2nd segment ··· 24

23. Vein m-cu of fore wing distinctly postfurcal. Length of setae on dorsal surface of hind tibia 2.0 times maximum width of tibia. Fore and middle coxae yellow. Body length 4.3 mm ··· ***S. testaceitarsis***

Vein m-cu of fore wing interstitial. Length of setae on dorsal surface of hind tibia 1.0–1.3 times maximum width of tibia. Fore and middle coxae reddish brown. Body length 9.1–11.5 mm ··· ***S. magnus***

24. Mesosoma and usually head distinctly or strongly dorso-ventrally depressed. Mesoscutum weakly or very weakly elevated above pronotum ··· 25

Mesosoma and head not or rarely weakly dorso-ventrally depressed. Mesoscutum more or less highly elevated above pronotum ··· 31

25. M+CU1 vein of fore wing in its distal half deeply curved towards 1-1A vein. Vein CU1a interstitial. Hind coxa without basoventral tooth and corner ··· 26

M+CU1 vein of fore wing in its distal half not or weakly curved towards 1-1A vein. Vein CU1a not interstitial. Hind coxa with basoventral tooth and corner ··· 29

26. Mesosoma very strongly depressed, its length 4.0–5.0 times maximum height. Hind femur 2.7–2.9 times longer than wide. Length of petiole 3.4–3.6 times its apical width, 1.6–1.8 times length of propodeum. Ovipositor sheath 0.5–0.6 times as long as mesosoma, 0.3–0.4 times as long as fore wing. Body length 2.5–3.7 mm ··· ***S. deplanatus***

Mesosoma less strongly depressed, its length 2.5–3.6 times maximum height ································ 27

27. 2nd and 3rd tergites entirely semi-circularly and finely transversely aciculate. 4th–6th tergites completely or mainly finely transversely aciculate. Propodeum with areas indistinctly delineated by carinae. Transverse diameter of eye 1.1 times length of temple. Body length 3.8 mm ························· ***S. tanae***

2nd to 6th tergites entirely with very dense and distinct granulation. Propodeum with areas distinctly delineated by carinae. Transverse diameter of eye 1.5–1.8 times length of temple ························· 28

28. Ovipositor sheaths short, about 0.6–0.7 times as long as whole metasoma. Pronotal carina obsolescent. Petiole 1.5–1.7 times as long as propodeum. Body length 2.4–4.3 mm ································ ***S. ochus***

Ovipositor sheaths long, about as long as metasoma. Pronotal carina fine but distinct. Petiole 19 times as long as propodeum. Body length 3.7 mm ··· ***S. parochus***

29. Head not depressed dorso-ventrally. Ovipositor sheath distinctly longer than metasoma. Mesosoma less strongly depressed, its length 2.2–2.5 times maximum height. Body length 2.9–5.2 mm (See also couplet 73) ··· ***S. depressithorax***

Head distinctly depressed dorso-ventrally. Ovipositor sheath not longer than metasoma. Mesosoma strongly depressed, its length 2.5–3.5 times maximum height··· 30

30. Ovipositor sheath 0.5–0.7 times as long as metasoma, 0.7–1.0 times as long as mesosoma, 0.3–0.5 times as long as fore wing. 2nd tergite weakly sculptured and often only in basal half, remaining tergites usually smooth. Body length 2.5–3.5 mm ·· ***S. phymatodis***

Ovipositor sheath 0.7–0.9 times as long as metasoma, 0.9–1.3 times as long as mesosoma, 0.45–0.60 times as long as fore wing. 2nd tergite distinctly and entirely sculptured, often 3rd and 4th tergites sculptured in basal half. Body length 2.0–4.0 mm ·· ***S. planus***

31. Vein r of fore wing arising distinctly behind middle of pterostigma ··· 32

Vein r of fore wing not arising behind middle of pterostigma ·· 35

32. Vertex smooth. Ovipositor sheath longer, 1.3 times as long as metasoma. 2nd and 3rd tergites very densely, finely and semi-circularly aciculate with additional very small and fine reticulation. Body length 4.4 mm·· ***S. sedulus***

Vertex more or less distinctly striate. Ovipositor sheath shorter, not longer than metasoma. 2nd and 3rd tergites without semi-circular aciculation··· 33

33. Temple distinctly striate in anterior half. Transverse diameter of eye 1.3 times length of temple. 3rd tergite smooth. Body length 5.2 mm ··· ***S. daweiensis***

Temple mainly smooth. Transverse diameter of eye 1.7–1.8 times length of temple. 3rd tergite more or less sculptured ··· 34

34. Vertex mostly smooth. Mesopleuron weakly coriaceous-granulate. 4th tergite smooth. Body pale yellow. Body length 5.0–5.4 mm ·· ***S. albithorax***

Vertex entirely finely striate. Mesopleuron almost smooth. 4th tergite finely striate in basal half, smooth in apical half. Body dark coloration. Body length 4.7–5.0 mm ·································· ***S. gutianensis***

35. 4th and 5th tergites widely sculptured··· 36

4th and 5th tergites entirely smooth or only sculptured basally ·· 50

36. Vertex entirely or widely and distinctly sculptured ········ 37

Vertex usually mostly smooth, only sometimes partly with fine sculpture ········ 46

37. Petiole longer, 2.5 times as long as propodeum. Hind femur narrower, 3.7 times as long as wide. Body length 12.2 mm ········ ***S. alternecoloratus***

Petiole shorter, 1.4–2.0 times as long as propodeum. Hind femur wider, 2.6–3.3 times as long as wide ···· 38

38. Transverse diameter of eye 2.0–3.2 times length of temple ········ 39

Transverse diameter of eye 1.15–1.80 times length of temple ········ 42

39. Mesoscutum highly and perpendicularly elevated above pronotum. Ovipositor sheath distinctly (1.2–1.3 times) longer than metasoma. Transverse diameter of eye 2.0–2.1 times length of temple. Body length 5.2–6.4 mm ········ ***S. rectangulus***

Mesoscutum roundly or gently elevated above pronotum. Ovipositor sheath distinctly shorter than metasoma. Transverse diameter of eye 2.4–3.2 times length of temple ········ 40

40. Mesoscutum granulate, with more or less distinct rugae near notauli and laterally. Transverse diameter of eye 3.2 times length of temple. Precoxal sulcus running along entire length of lower part of mesopleuron. Body length 3.8–4.5 mm ········ ***S. angustus***

Mesoscutum only granulate, without rugae near notauli and laterally. Transverse diameter of eye 2.4–2.6 times length of temple. Precoxal sulcus running along anterior 0.5–0.7 of lower part of mesopleuron ··· 41

41. 2nd–5th tergites reticulate. Hind femur narrower, 3.0 times as long as wide. Body length 3.2–4.8 mm ········ ***S. alutacius***

2nd–5th tergites granulate. Hind femur wider, 2.3 times as long as wide. Body length 3.1–4.1 mm ········ ***S. aspratilis***

42. Hind coxa without basoventral tooth, rounded basoventrally ········ 43

Hind coxa with basoventral tooth, angulated basoventrally ········ 45

43. 2nd and 3rd tergites densely granulate, without striation. 4th and 5th tergites reticulate-coriaceous. CU1a of fore wing interstitial. Body length 3.8–4.6 mm ········ ***S. aspratiloides***

2nd and 3rd tergites densely semi-circularly or transverse aciculate, without granulation. 4th and 5th tergites densely semi-circularly or transversely aciculate. CU1a of fore wing not interstitial ········ 44

44. Palpi dark reddish brown. Hind tibia black basally. Petiole longer, 1.9–2.0 times as long as propodeum. Transverse diameter of eye 1.2–1.3 times length of temple. Body length 3.9–6.9 mm ········ ***S. apicalis***

Palpi pale yellow. Hind tibia pale basally. Petiole shorter, 1.5–1.6 times as long as propodeum. Transverse diameter of eye 1.6–1.8 times length of temple. Body length 5.1–6.5 mm ········ ***S. femoralis***

45. Mesoscutum perpendicularly elevated above pronotum. 4th and 5th tergites with separate laterotergites. Ovipositor sheath almost as long as body. 4th tergite densely regularly striate, with short rugulosity between striae, smooth apically. 5th tergite densely regularly striate, with short rugulosity between striae basally, finely semi-circularly transversely aciculate apically. Body length 6.5 mm ········ ***S. hephaestus***

Mesoscutum roundly or gently-roundly elevated above pronotum. 4th and 5th tergites without separate laterotergites. Ovipositor sheath distinctly shorter than body. 4th and 5th tergites reticulate-coriaceous, smooth apically on narrow areas. Body length 2.9–4.0 mm ········ ***S. basalis***

46. Hind coxa without basoventral tooth, rounded basoventrally ···························· 47
Hind coxa with basoventral tooth, angulated basoventrally ···························· 48
47. 2nd and 3rd tergites densely granulate, without striation. Mesoscutum granulate, with more or less distinct long rugae near notauli and laterally. Hind femur wider, 2.6 times as long as wide. Petiole shorter, 1.5 times as long as propodeum. Basal carina of propodeum 0.4 times as long as anterior fork of areola. Body length 4.0 mm ···························· ***S. ishigakus***
2nd and 3rd tergites densely semi-circularly or transverse aciculate, without granulation. Mesoscutum reticulate-granulate, without rugae near notauli and laterally. Hind femur narrower, 3.0–3.2 times as long as wide. Petiole longer, 2.0–2.3 times as long as propodeum. Basal carina of propodeum 2.0–2.5 times as long as anterior fork of areola. Body length 2.5–5.7 mm ···························· ***S. taiwanicus***
48. Mesoscutum perpendicularly elevated above pronotum. 4th and 5th tergites with separate laterotergites. Vertex mainly smooth, rugose-striate anteriorly. Transverse diameter of eye 1.6 times length of temple. Body length 4.8–5.6 mm ···························· ***S. striolatiformis***
Mesoscutum roundly or gently-roundly elevated above pronotum. 4th and 5th tergites without separate laterotergites. Vertex entirely smooth or mostly granulate-coriaceous. Transverse diameter of eye 2.1–2.8 times length of temple ···························· 49
49. Mesoscutum perpendicularly elevated above pronotum. Mesopleuron mainly smooth. Basal carina of propodeum 0.6 times as long as anterior fork of areola. Length of petiole 3.3 times its apical width, 2.3 times length of propodeum. 4th tergite finely punctate, with very fine striation medially. Body length 5.2–7.0 mm ···························· ***S. spinosus***
Mesoscutum roundly or gently-roundly elevated above pronotum. Mesopleuron entirely granulate. Basal carina of propodeum 1.4 times as long as anterior fork of areola. Length of petiole 1.6–1.8 times its apical width, 1.4–1.5 times length of propodeum. 4th tergite densely striate, with rugulosity between striae. Body length 2.8–4.0 mm ···························· ***S. virgulatus***
50. Fore wing distinctly maculation by 4–6 large infuscate spots ···························· 51
Fore wing hyaline or faintly or rather distinctly and more or less evenly infuscate ···························· 53
51. Ovipositor not longer than metasoma. Petiole shorter, only slightly longer than propodeum. Fore and middle tibiae pale. Body length 2.7–4.0 mm ···························· ***S. poecilopterus***
Ovipositor longer than metasoma. Petiole longer, 1.7–2.1 times as long as propodeum. Fore and middle tibiae mostly dark ···························· 52
52. Mesoscutum elevated subvertically-roundly above pronotum. Vertex almost smooth, sometimes finely or very finely aciculate at least medially. Head behind eye weakly convex in anterior half and roundly narrowed in posterior half. Hind coxa sparsely setose. Petiole 1.7–2.0 times as long as propodeum. Ovipositor distinctly longer than metasoma. Body length 2.7–5.6 mm ···························· ***S. galinae***
Mesoscutum elevated obliquely-roundly above pronotum. Vertex smooth, striate only anteriorly. Head behind eye evenly distinctly roundly narrowed. Hind coxa densely setose. Petiole 2.1 times as long as propodeum. Ovipositor weakly longer than metasoma. Body length 4.8 mm ···························· ***S. albuginosus***
53. Vertex entirely or widely and distinctly sculptured ···························· 54

Vertex usually mostly smooth, only sometimes partly with fine sculpture ··· 61

54. Propodeum without areas delineated by carinae. Petiole not widened apically, almost parallel-sided. Mesoscutum highly and perpendicularly elevated above pronotum. Precoxal sulcus running along anterior half of lower part of mesopleuron. 2nd and 3rd tergites granulate. Ovipositor sheath as long as metasoma. Body length 3.3 mm ··· ***S. arcuatus***

Propodeum with areas distinctly delineated by carinae. Petiole distinctly widened apically ··· 55

55. 4th tergite with striation in basal half. Median length of 2nd and 3rd tergites combined as long as their maximum width. Basal carina of propodeum distinctly longer than anterior fork of areola. [Mesoscutum entirely granulate, without rugae near notauli and laterally. Ovipositor sheath distinctly shorter than metasoma. Body length 6.1 mm] ··· ***S. blandus***

4th tergite punctate basally or entirely smooth. Median length of 2nd and 3rd tergites combined 0.7–0.9 times their maximum width. Basal carina of propodeum not longer than anterior fork of areola ··· 56

56. 4th and 5th tergites more or less striate and punctate basally. Precoxal sulcus running along anterior 0.5–0.6 of lower part of mesopleuron ··· 57

4th and 5th tergites entirely smooth. Precoxal sulcus running along entirely lower part of mesopleuron ··· 58

57. Mesoscutum with more or less distinct long rugae near notauli and laterally. 2nd–4th tergites striate. Transverse diameter of eye about 3.0 times length of temple. Body length 3.6 mm ··· ***S. piperis***

Mesoscutum without rugae near notauli and laterally. 2nd–4th tergites punctate-areolate, without striation. Transverse diameter of eye 1.5–1.6 times length of temple. Body length 3.2–3.9 mm ··· ***S. ibarakius***

58. Mesoscutum perpendicularly elevated above pronotum. Subapical segments of antenna dark, same colour as previous and apical segments ··· 59

Mesoscutum roundly or gently-roundly elevated above pronotum. Subapical segments of antenna pale, distinctly paler than previous and usually apical segments ··· 60

59. Transverse diameter of eye 1.5 times length of temple. Petiole 1.15 times as long as propodeum. Ovipositor sheath distinctly longer than metasoma. Body length 6.1 mm ··· ***S. carterus***

Transverse diameter of eye 2.0 times length of temple. Petiole 1.7 times as long as propodeum. Ovipositor sheath almost as long as metasoma. Body length 3.9 mm ··· ***S. honghuaensis***

60. 2nd tergite distinctly longitudinally striate and width fine rugulosity between striae. 3rd tergite distinctly or rarely finely striate in basal 0.3–0.7. Hind femur thicker, 2.8–3.0 times as long as wide. Petiole shorter, its length 2.0–2.3 times apical width. Mesopleuron medially almost smooth. Subapical 11–13 segments of antenna pale yellow. Body length 3.6–4.8 mm ··· ***S. amoenus***

2nd tergite only striate, 3rd tergite entirely smooth. Hind femur slender, 3.2–3.6 times as long as wide. Petiole longer, its length 2.4–2.6 times apical width. Mesopleuron mostly rugose-striate. Usually subapical 3–4 segments of antenna pale yellow. Body length 3.4–4.3 mm ··· ***S. paramoenus***

61. Mesoscutum entirely densely setose. Precoxal sulcus running along entire lower part of mesopleuron. Median length of 2nd and 3rd tergites combined 1.1 times their maximum width. Hind femur 2.5 times as long as wide. Length of petiole 1.9 times length of propodeum. (Male) ··· ***S. carina***

Mesoscutum with more or less sparse setae arranged along notauli and laterally. Precoxal sulcus running along anterior 0.5–0.7 of lower part of mesopleuron ························ 62

62. Mesoscutum perpendicularly or subperpendicularly elevated above pronotum. Ovipositor sheath not shorter than body ························ 63

Mesoscutum roundly elevated above pronotum. Ovipositor sheath distinctly shorter than body. If mesoscutum perpendicularly or subperpendicularly elevated above pronotum, then ovipositor sheath shorter than body ························ 65

63. 2nd and 3rd tergites granulate, without striation. 4th and 5th tergites granulate basally. Hind femur thick, 2.7 times as long as wide. Transverse diameter of eye 1.7–2.0 times length of temple. Body length 4.2–5.6 mm ························ ***S. acclivis***

2nd and 3rd tergites with more or less distinct striation, without granulation. 4th and 5th tergites entirely smooth. Hind femur slender, 3.2–3.6 times as long as wide. Transverse diameter of eye 1.0–1.4 times length of temple ························ 64

64. Petiole rather distinctly arched medially, 1.8–2.0 times as long as propodeum. Transverse diameter of eye almost equal to length of temple. Propodeum with areola delineated by carinae. Body length 2.5–6.5 mm ························ ***S. oriens***

Petiole weakly or almost indistinctly arched medially, 2.3–2.5 times as long as propodeum. Transverse diameter of eye 1.1–1.4 times length of temple. Propodeum with areola anteriorly not delineated by carinae. Body length 3.5–7.4 mm ························ ***S. exarator***

65. Ovipositor sheath shorter than metasoma, 0.30–0.45 times as long as body ························ 66

Ovipositor sheath not shorter than metasoma, 0.5–0.8 times as long as body ························ 71

66. 2nd and 3rd tergites granulate, without striation. Transverse diameter of eye 1.9–2.2 times length of temple. Mesopleuron widely densely granulate. Body length 2.7–3.9 mm ························ ***S. punctatus***

2nd and 3rd tergites with more or less distinct striation, sometimes with granulation between striae. Transverse diameter of eye 1.0–1.7 times length of temple. Mesopleuron widely smooth or striate at small areas ························ 67

67. Mesoscutum perpendicularly elevated above pronotum. 2nd and 3rd tergites only shortly striate, without granulation. Fore wing entirely hyaline, without darkenings along veins. Body length 2.8 mm ························ ***S. strigatus***

Mesoscutum roundly or gently-roundly elevated above pronotum. 2nd and 3rd tergites long striate and with more or less distinct granulation. Fore wing almost hyaline or faintly infuscate, with darkenings along veins ························ 68

68. Palpi mostly brown. Hind tibia with short pale subbasal area. Body length 2.6–5.5 mm (See also couplet 74) ························ ***S. sinicus***

Palpi light reddish brown or yellow. Hind tibia with long pale subbasal area ························ 69

69. Ovipositor sheath 0.8–1.4 times as long as metasoma, 1.1–1.7 times as long as mesosoma, 0.5–0.8 times as long as fore wing. Petiole longer, 2.0–2.2 times as long as its apical width. Body length 2.7–5.6 mm (See also couplet 75) ························ ***S. generosus***

Ovipositor sheath 0.5–0.8 times as long as metasoma, 0.7–1.0 times as long as mesosoma, 0.3–0.5 times as long as fore wing. Petiole shorter, 1.6–1.9 times as long as its apical width ······ 70

70. Head behind eyes rather distinctly narrowed. Transverse diameter of eye 1.3–1.7 times length of temple. Ocelli arranged in almost equilateral triangle. Mesopleuron usually more or less sculptured in lower half. Body length 2.4–3.7 mm ······ ***S. rubidus***

Head behind eyes weakly convex anteriorly and evenly narrowed posteriorly. Transverse diameter of eye 1.1–1.3 times length of temple. Ocelli arranged in triangle with base 1.2–1.3 times its sides. Mesopleuron always smooth in lower half. Body length 2.8–5.0 mm ······ ***S. verustus***

71. Length of petiole 2.25 times length of propodeum. 2nd and 3rd tergites granulate basally, transversely striate medially, densely obliquely striate laterally, smooth apically. Precoxal sulcus smooth. Length of mesosoma 2.35 times its height. Body length 5.1 mm ······ ***S. aethis***

Length of petiole 1.6–2.1 times length of propodeum. 2nd and 3rd tergites without such sculpture. Precoxal sulcus with more or less distinct striation ······ 72

72. 3rd and 4th tergites smooth. All femora yellowish brown basally, rest part reddish brown. Body length 4.6 mm ······ ***S. wuyiensis***

3rd and 4th tergites more or less distinctly sculptured. All femora reddish brown or light reddish brown, without pale areas ······ 73

73. Mesosoma more or less distinctly depressed, its length 2.2–2.5 times maximum height. Mesoscutum rather weakly and gently-roundly elevated above pronotum. Ovipositor sheaths long, usually 1.4–1.6 times as long as metasoma. Body length 2.9–5.2 mm (See also couplet 29) ······ ***S. depressithorax***

Mesosoma not depressed dorso-ventrally, its length 1.8–2.1 times maximum height. Mesoscutum highly and roundly or almost perpendicularly elevated above pronotum. Ovipositor sheaths shorter, 0.8–1.4 times as long as metasoma ······ 74

74. Palpi mostly brown. Hind tibia with short pale subbasal area. Pronotum subanteriorly almost without transverse carina. Body length 2.6–5.5 mm (See also couplet 68) ······ ***S. sinicus***

Palpi light brown or yellow. Hind tibia with long pale subbasal area. Pronotum subanteriorly with distinct transverse carina ······ 75

75. Mesoscutum in medioposterior half distinctly impressed and here with more or less transverse striation. Transverse diameter of eye almost equal to length of temple. Head usually paler than mesosoma. Mesoscutum roundly elevated above pronotum. Body length 4.8–6.1 mm ······ ***S. cavus***

Mesoscutum in medioposterior half weakly impressed and here with irregular striae. Transverse diameter of eye longer than temple. Head usually same colour as mesosoma. Mesoscutum almost perpendicularly elevated above pronotum. Body length 2.7–5.6 mm (See also couplet 69) ······ ***S. generosus***

76. Vein CU1a interstitial. CU1b vein closed distinctly before vein m-cu ······ 77

Vein CU1a not interstitial. CU1b vein closed behind vein m-cu. If rarely vein CU1a almost interstitial, then first subdiscal cell closed on level of vein m-cu ······ 78

77. Head behind eyes (dorsal view) weakly widened in anterior half and roundly narrowed in posterior half. Transverse diameter of eye 1.6 times length of temple. Antennae 20-segmented. Length of mesosoma 1.9

times its height. 3-SR vein 0.8 times as long as SR1 vein, 1.45 times longer than 2-SR vein. Body length 2.2 mm ············ ***S. habui***

Head behind eyes (dorsal view) distinctly roundly narrowed. Transverse diameter of eye 1.7–2.0 times length of temple. Antennae 13–18-segmented. Length of mesosoma 1.5–1.7 times its height. 3-SR vein 0.5–0.6 times as long as SR1 vein, 1.1 times longer than 2-SR vein. Body length 1.1–2.2 mm ············ ***S. pumilio***

78. Middle tarsus very short, its 1st segment about 2.0 times as long as wide ············ 79

Middle tarsus long, its 1st segment more than 3.0 times as long as wide ············ 80

79. M+CU vein in distal half distinctly curved to 1-1A vein. Vein CU1a interstitial. 3-SR vein shorter than SR1 vein. Antennae 17–18-segmented. Length of setae on dorsal surface of hind tibia distinctly shorter than maximum width of tibia. Body length 1.8–3.2 mm ············ ***S. wusheensis***

M+CU vein in distal half slightly curved to 1-1A vein. Vein CU1a postfurcal. 3-SR vein longer than SR1 vein. Antennae 26-segmented. Length of setae on dorsal surface of hind tibia distinctly longer than maximum width of tibia. Body length 4.0–4.7 mm ············ ***S. capys***

80. Hypoclypeal depression large and distinctly transverse, its width about twice distance from depression margin to eye. Veins r and 3-SR of fore wing usually forming straight or almost straight line ············ 81

Hypoclypeal depression rather small and round or almost round, its width more or less equal to or shorter than distance from depression margin to eye. Veins r and 3-SR of fore wing usually forming distinct obtuse angle ············ 93

81. Mesoscutum and frons smooth. Vertex entirely smooth. Body length 3.3 mm ············ ***S. eunyce***

Mesoscutum and frons more or less distinctly striate or granulate ············ 82

82. Dorsal side of hind tibia with only long setae (lateral view). Veins r and 3-SR of fore wing not in straight line, forming very obtuse angle. Antenna in apical half evenly brown. Length of petiole 2.6–2.9 times its apical width, 1.8–2.0 times length of propodeum. Vertex entirely smooth. Body length 2.4–3.4 mm ············ ***S. nixoni***

Dorsal side of hind tibia with mixed short and long setae (lateral view) ············ 83

83. Vertex entirely smooth ············ 84

Vertex with more or less distinct striation ············ 88

84. Transverse diameter of eye 1.1 times length of temple. Veins r and 3-SR of fore wing not in straight line, forming very obtuse angle. Body length 5.4 mm ············ ***S. longicornis***

Transverse diameter of eye 1.5–1.7 times length of temple. Veins r and 3-SR of fore wing usually forming straight or almost straight line ············ 85

85. Ovipositor sheath shorter than body length. Petiole 1.8 times as long as propodeum. Median length of 2nd and 3rd tergites combined 0.8 times as long as their apical width. Antennae 25–26-segmented. Body length 2.1–2.7 mm ············ ***S. brevicornis***

Ovipositor sheath longer than body length. Petiole 2.0–2.2 times as long as propodeum. Median length of 2nd and 3rd tergites combined 0.9–1.0 times as long as their maximum width. Antennae 36–47-segmented ············ 86

86. Lateral depression of pronotum smooth. Scutellum with coarse and more or less transverse rugae. Precoxal sulcus almost smooth. Subapical 9–11 segments of antenna pale yellow. Body length 3.8–4.2 mm ·········· ***S. melpomene***

Lateral depression of pronotum sparsely and coarsely crenulate. Scutellum without rugae. Precoxal sulcus densely crenulate. Subapical segments of antenna dark ·········· 87

87. Rugae of mesoscutum widely distributed on median and lateral lobes, with narrow only granulate submedian areas. Postpectal carina absent. Propodeum with short lateral tubercles. Basal carina of propodeum about 0.35 times as long as fork of areola. Hind coxa smooth. Hind femur yellowish brown medially. Body length 5.6 mm ·········· ***S. euthyradius***

Rugae of mesoscutum shortly distributed on median and lateral lobes, with wide only granulate submedian areas. Postpectal carina shortly present medially. Propodeum without lateral tubercles. Basal carina of propodeum 0.85 times as long as fork of areola. Hind coxa densely transversely striate dorsally, smooth laterally. Hind femur entirely yellowish brown. Body length 2.9–4.0 mm ·········· ***S. chunliuae***

88. Petiole short, weakly longer than propodeum, distinctly curved ventrally (lateral view). Vertex mainly smooth, but finely radiate striate partly. Ovipositor sheath as long as body length. Body length 2.0 mm ·········· ***S. amabilis***

Petiole distinctly longer than propodeum, slightly curved or almost straight ventrally (lateral view) ·········· 89

89. Metasoma behind petiole compressed (dorsal view). Median length of 2nd and 3rd tergites combined distinctly longer than their maximum width ·········· 90

Metasoma behind petiole not compressed (dorsal view). Median length of 2nd and 3rd tergites combined not longer than their maximum width ·········· 91

90. Petiole reddish brown. Median length of 2nd and 3rd tergites combined 1.5–1.8 times as long as their maximum width. Vertex coarsely densely rugose-striate. Body length 2.5–3.9 mm ·········· ***S. evideus***

Petiole black. Median length of 2nd and 3rd tergites combined 1.2 times as long as their maximum width. Vertex with fine transverse striation. Body length 3.3 mm ·········· ***S. nigripetiolus***

91. Subapical segments of antenna dark. Mesosoma entirely black. Basal carina of propodeum as long as anterior fork of areola. Body length 4.0–4.4 mm ·········· ***S. pseudido***

Subapical segments of antenna pale yellow. Mesosoma entirely or partly with light reddish brown or reddish brown areas. Basal carina of propodeum 0.5–0.6 times as long as anterior fork of areola ·········· 92

92. Mesopleuron and mesosternum entirely reddish brown, same colour as mesonotum. Body length 3.2–4.8 mm ·········· ***S. medon***

Mesopleuron and mesosternum darkened at least in part, different colour as mesonotum. Body length 2.9–5.2 mm ·········· ***S. japonicus***

93. Head and dorsal area of propodeum closely and evenly granulate-reticulate. Hind coxa without basoventral tooth. Body length 3.1 mm ·········· ***S. pammelas***

Head and dorsal area of propodeum with other types of sculpture. Hind coxa usually with distinct basoventral tooth (except *S. convexitemporalis*) ·········· 94

94. Mesoscutum entirely covered by short and dense setae ·········· 95

Mesoscutum with usually long setae arranged only along notauli and laterally, glabrous in median areas of mesoscutal lobes ········· 96

95. Vertex entirely smooth. Mesoscutum obliquely elevated above pronotum. Petiole 1.85 times as long as propodeum. Body length 3.4 mm ········· ***S. capillaris***

Vertex anteriorly with several transverse carinae, smooth posteriorly. Mesoscutum almost perpendicularly elevated above pronotum. Petiole 1.5 times as long as propodeum. Body length 4.5 mm ········· ***S. chaoi***

96. Petiole very long, 3.9–4.5 times as long as apical width, 2.2–2.5 times as long as propodeum ········· 97

Petiole shorter, not more than 3.5 times as long as apical width, not more than 2.0 times as long as propodeum ········· 98

97. Vertex mostly smooth, only with several fine striae. POL 1.5 times OD. Malar space 0.5 times eye height. Mesoscutum with short rugae along notauli. Precoxal sulcus shallow, running along entire lower part of mesopleuron. Ovipositor longer than body. Body length 3.7–6.9 mm ········· ***S. longus***

Vertex distinctly and densely striate in posterior half and almost smooth in anterior half or sometimes almost entirely aciculate. POL equal to OD. Malar space 0.35–0.45 times eye height. Mesoscutum with long rugae along notauli. Precoxal sulcus deep, running along anterior 0.6 of lower part of mesopleuron. Ovipositor not longer than body. Body length 4.5–5.6 mm ········· ***S. longulator***

98. Head behind eyes distinctly roundly convex, widest at level of temple. Transverse diameter of eye as long temple length. Hind coxa almost without basoventral tooth. Vein CU1a interstitial. Body length 3.5 mm ········· ***S. convexitemporalis***

Head behind eyes less distinctly convex or narrowed, widest at level of eye. Transverse diameter of eye larger than temple length. Hind coxa with at least small basoventral tooth. Vein CU1a not interstitial ··· 99

99. Vertex entirely or almost entirely smooth, rarely only partly with fine to very fine striation ········· 100

Vertex entirely or widely, coarsely or finely but distinctly transversely striate and sometimes with rugulosity ········· 119

100. Hind femur rather distinctly clavate, slender, its length 3.7–4.8 times maximum width ········· 101

Hind femur not clavate, elongate-oval, rather thick, its length 2.8–3.5 times maximum width ········· 102

101. Hind femur 4.3–4.8 times as long as maximum width. Subapical part of antenna with several pale segments. Transverse diameter of eye 1.1–1.4 times eye length. 1st flagellar segment 5.0–5.7 times as long as apical width. Mesoscutum near notauli without additional rugae. Mesopleuron mainly smooth. Vein r arising behind middle of pterostigma. Body length 3.0–4.6 mm ········· ***S. hikoensis***

Hind femur 3.7 times as long as maximum width. Subapical part of antenna only with dark segments. Transverse diameter of eye 1.6 times eye length. 1st flagellar segment 6.7 times as long as apical width. Mesoscutum near notauli with long additional rugae. Mesopleuron entirely densely granulate with striation. Vein r arising from middle of pterostigma. Body length 5.3 mm ········· ***S. clavator***

102. Ovipositor short, shorter than metasoma, 0.3–0.6 times as long as fore wing ········· 103

Ovipositor long, longer than metasoma or rarely almost equal to it, 0.9–1.2 times as long as fore wing ········· 110

103. Scutellum entirely distinctly granulate. Mesoscutum without or almost without additional rugae near

notauli ··· 104

Scutellum medially widely smooth or almost smooth, sometimes finely coriaceous, but often more or less distinctly sculptured marginally ··· 108

104. Posterior branch of pronotal carina distinctly separated from posterior margin of pronotum. Petiole slender, its length about 2.9–3.2 times apical width. Body length 2.8–3.5 mm ················ ***S. beatoides***

Posterior branch of pronotal carina fused or touched with posterior margin of pronotum. Petiole thick, its length 2.0–2.6 times apical width ··· 105

105. Precoxal sulcus short, about half length of lower part of mesopleuron. Dorsal setae of hind tibia short, shorter than its maximum width. Body length 2.6 mm ································ ***S. nanpingensis***

Precoxal sulcus long, about as long as lower part of mesopleuron. Dorsal setae of hind tibia long, not shorter than its maximum width ··· 106

106. Body mainly yellow to brownish yellow. Posterior branch of pronotal carina narrow touched with posterior margin of pronotum or weakly separated from it. Vertex sometimes with fine and interrupted striation. Body length 2.7–4.3 mm (See also couplet 122) ································ ***S. flavicorpus***

Body mainly light reddish brown to dark reddish brown. Posterior branch of pronotal carina fused with posterior margin of pronotum ··· 107

107. Several subapical segments of antenna pale, distinctly paler than previous ones. 1st flagellar segment distinctly longer than 2nd segment. Fore wing distinctly infuscate. Body length 1.9–3.8 mm····· ***S. leschii***

All subapical segments of antenna dark, not paler than previous ones. 1st flagellar segment about as long as 2nd segment. Fore wing faintly infuscate. Body length 2.9 mm ························ ***S. proximoscus***

108. Posterior branch of pronotal carina not fused with posterior margin of pronotum. 1-R1 vein 1.1–1.2 times as long as pterostigma. Mesoscutum rather gently elevated above pronotum. Body length 2.9–3.9 mm ··· ***S. beatus***

Posterior branch of pronotal carina fused with posterior margin of pronotum at least on short area. 1-R1 vein 1.3–1.4 times as long as pterostigma. Mesoscutum almost perpendicularly elevated above pronotum ··· 109

109. Posterior branch of pronotal carina fused with posterior margin of pronotum on wide area. Mesosoma and head almost entirely dark reddish brown to black. Dorsal setae of hind tibia 0.7–1.3 times its maximum width. Hind tibia apically without spines. Apical part of antenna with 9–13 yellow segments. Body length 2.8–3.9 mm ··· ***S. kunashiri***

Posterior branch of pronotal carina fused with posterior margin of pronotum on narrow area. Mesosoma at least ventrally and head brownish yellow or light brown. Dorsal setae of hind tibia 1.3–1.5 times its maximum width. Hind tibia apically with two or three spines. Apical part of antenna with five–eight yellow segments. Sometimes vertex partly finely and interruptedly aciculate. Body length 3.4 mm ··· ***S. helle***

110. Ovipositor very long, slightly shorter than body. Length of 2nd and 3rd tergites combined 0.9 times apical width of 3rd tergite. Precoxal sulcus running along entire lower part of mesopleuron. Mesoscutum with short rugae. Body length 6.0 mm ··· ***S. anomalosis***

Ovipositor less long, distinctly shorter than body. Length of 2nd and 3rd tergites combined 0.5–0.8 times apical width of 3rd tergite ··· 111

111. Petiole short and wide, its length 1.7–2.5 times apical width. Mesoscutum with short or very short rugae near notauli and laterally. Antenna without pale subapical segments ··· 112

Petiole long and rather narrow, its length 2.7–3.3 times apical width. Mesoscutum often with more or less long rugae near notauli and laterally ··· 113

112. Head (dorsal view) behind eyes weakly narrowed. Temple long, transverse diameter of eye (dorsal view) 1.3–1.6 times length of temple. 1st flagellar segment thick, 4.0–4.6 times as long as apical width. 2nd metasomal tergite without separate laterotergites, smooth. Basal carina of propodeum longer, 0.7–1.2 times as long as anterior fork of areola. Body length 2.4–4.1 mm ··· ***S. fasciatus***

Head (dorsal view) behind eyes distinctly narrowed. Temple short, transverse diameter of eye (dorsal view) 1.8–2.0 times length of temple. 1st flagellar segment slender, 5.0–5.3 times as long as apical width. 2nd metasomal tergite with separate laterotergites, finely aciculate on wide area. Basal carina of propodeum short, 0.35–0.50 times as long as anterior fork of areola. Body length 4.7–5.0 mm ··· ***S. neleiformis***

113. Posterior branch of pronotal carina medially fused with posterior margin of pronotum ··· 114

Posterior branch of pronotal carina medially not fused with posterior margin of pronotum··· 115

114. Malar space height 0.4 times eye height. Transverse diameter of eye 1.7–1.9 times length of temple. Length of mesosoma 2.0–2.1 times its height. Mesoscutum roundly elevated above pronotum. 1st flagellar segment as long as 2nd segment. Body length 3.0–3.9 mm ···***S. quasiasander***

Malar space height 0.6 times eye height. Transverse diameter of eye 1.3 times length of temple. Length of mesosoma 2.4 times its height. Mesoscutum obliquely elevated above pronotum. Body length 5.8 mm ··· ***S. maculosus***

115. Hind coxa mostly reddish brown or brown··· 116

Hind coxa mostly pale yellow, yellow or brownish yellow ··· 117

116. Subapical segments of antenna entirely dark, similar colour as neighboring segments. Temple longer, transverse diameter of eye 1.4–1.7 times length of temple. Mesoscutum with very short rugae near notauli. Precoxal sulcus running along entire lower length of mesopleuron. Body length 2.9–4.8 mm ··· ***S. longipetiolus***

Subapical segments of antenna almost white, contrasted with neighboring segments. Temple shorter, transverse diameter of eye 2.0 times length of temple. Mesoscutum with distinct and rather long rugae near notauli. Precoxal sulcus running along anterior half of lower length of mesopleuron. Body length 4.0 mm···***S. ferrugineus***

117. Eye glabrous. Face width 1.25 times eye height. Mesoscutum not highly and gently-roundly elevated above pronotum. Second submarginal cell about 4.0 times its maximum width. Vein CU1a arising almost from middle of posterior margin of first subdiscal cell. Hind coxa with distinct basoventral tooth. Hind basitarsus 0.6 times as long as 2nd–5th segments combined. Subapical segments of antenna entirely dark, similar colour as neighboring segments. Body length 4.5 mm ··· ***S. suberymanthus***

Eye with sparse and short setae. Face width 1.0–1.1 times eye height. Mesoscutum highly and roundly elevated above pronotum. Second submarginal cell 3.3–3.5 times its maximum width. Vein CU1a arising from anterior 5th or third of posterior margin of first subdiscal cell. Hind coxa almost without basoventral tooth. Hind basitarsus 0.75–0.80 times as long as 2nd–5th segments combined ························· 118

118. Several subapical segments of antenna whitish yellow, distinctly contrasted with neighboring segments. 1st flagellar segment 5.8–6.3 times as long as apical width, 1.25–1.40 times as long as 2nd segment. Transverse diameter of eye 1.3–1.6 times length of temple. Mesopleuron mostly finely reticulate-granulate. Hind femur 3.1–3.6 times as long as wide. Petiole thicker, its length 2.7–3.1 times apical width. Median length of 2nd and 3rd tergites combined 1.10–1.35 times basal width of 2nd tergite. Body with contrasted colour (whitish yellow and black). Body length 5.1–7.3 mm ·········· ***S. moscoides***

Subapical segments of antenna entirely brown, same colour as neighboring segments. 1st flagellar segment 4.5–5.0 times as long as apical width, 1.1 times as long as 2nd segment. Transverse diameter of eye 1.8–2.0 times length of temple. Mesopleuron mainly smooth. Hind femur 3.0–3.1 times as long as wide. Petiole slender, its length 3.4–4.0 times apical width. Median length of 2nd and 3rd tergites combined 1.5–1.7 times basal width of 2nd tergite. Body with not contrasted colour. Body length 3.7–5.7 mm··· ***S. nehebrus***

119. Temple mainly rugose, sculpture becoming vertically striate near occipital carina. Mesopleuron entirely rugose. Body length 4.4 mm (male) ·· ***S. parachromus***

Temple mainly smooth, sometimes only with sculpture near occipital carina ··························· 120

120. Ovipositor distinctly shorter than mesosoma, 0.35–0.60 times as long as fore wing ······················ 121

Ovipositor longer than mesosoma, rarely almost equal to it, 0.8–1.1 times as long as fore wing ········ 126

121. Mesoscutum with short or very short rugae near notauli and laterally, widely granulate on lobes. Posterior branch of pronotal carina narrowly touched medially with posterior margin of pronotum or almost fused with it ··· 122

Mesoscutum with long or very long rugae near notauli and laterally, narrowly granulate on lobes ····· 124

122. Vertex finely or very finely, sometimes interruptedly striate-rugulose, rarely almost smooth. Petiole 1.5–1.7 times as long as propodeum. Vein r arising usually from middle of pterostigma. Body length 2.7–4.3 mm (See also couplet 106) ·· ***S. flavicorpus***

Vertex always and at least in anterior half distinctly striate or striate-rugulose. Petiole 1.3–1.4 times as long as propodeum ·· 123

123. 1st flagellar segment of antenna 1.2 times as long as 2nd segment. Setae on dorsal surface of hind tibia about 2.0–2.3 times as long as median width of tibia. Body length 3.8–4.3 mm ··················· ***S. subtilis***

1st flagellar segment of antenna as long as 2nd segment. Setae on dorsal surface of hind tibia 1.2–1.5 times as long as median width of tibia. Body length 3.6–4.0 mm ···························· ***S. hainanensis***

124. Posterior branch of pronotal carina medially fused with posterior margin of pronotum. Petiole 1.6–1.8 times as long as propodeum. Body length 3.3–4.3 mm ·· ***S. vladimiri***

Posterior branch of pronotal carina medially distinctly separated from posterior margin of pronotum. Petiole 1.45–1.50 times as long as propodeum ·· 125

125. Vertex evenly transverse striate. Mesopleuron medially partly smooth. Mesoscutum gently elevated above pronotum. Body length 3.8 mm ························ ***S. montivagans***

Vertex densely and irregularly striate-granulate. Mesopleuron medially densely granulate with rugosity. Mesoscutum subvertically elevated above pronotum. Body length 3.7–4.4 mm ················· ***S. cephalus***

126. Ovipositor not or little shorter than body. Apical segments of antennae entirely dark ···················· 127

Ovipositor distinctly shorter than body. Transverse diameter of eye not more than 2.0 times length of temple ·· 128

127. Head behind eyes (dorsal view) distinctly narrowed. Transverse diameter of eye 2.5 times length of temple. Malar space 0.6 times eye height. Mesosoma 1.8 times as long as high. 2-SR equal to 3-SR. Mesopleuron rugose. 2nd metasomal tergite smooth. Body length 4.5 mm ·················· ***S. longduensis***

Head behind eyes (dorsal view) weakly narrowed. Transverse diameter of eye 1.4 times length of temple. Malar space 0.4 times eye height. Mesosoma 2.1 times as long as high. 3-SR 1.3 times as long as 2-SR. Mesopleuron finely coriaceous to smooth. 2nd metasomal tergite finely striate in basolateral third and interruptedly finely coriaceous submedially. Body length 5.1 mm ······························ ***S. macrurus***

128. Posterior branch of pronotal carina not fused medially with posterior margin of pronotum and more or less distinctly separated from it. Mesoscutum with long and distinct rugae along notauli and laterally ···· 129

Posterior branch of pronotal carina fused medially with posterior margin of pronotum ·················· 131

129. Vertex reticulate-rugose, partly with undulate subtransverse striation. Petiole 1.7 times as long as propodeum. Body length 4.5 mm ······························ ***S. rugosivertex***

Vertex more or less evenly transverse striate. Petiole almost 2.0 times as long as propodeum··········· 130

130. Mesosoma almost perpendicularly elevated above pronotum. 2nd metasomal tergite entirely smooth. Body mainly black. Body length 2.5–5.8 mm ······························ ***S. colophon***

Mesosoma obliquely elevated above pronotum. 2nd metasomal tergite with numerous dense aciculae. Body mainly reddish brown. Body length 5.5 mm ······························ ***S. yinggenensis***

131. Vertex in latero-posterior part with striae distinctly curved towards posterior margin of head. Petiole 1.8 times as long as propodeum. Body length 4.2 mm ······························ ***S. yunnanensis***

Vertex in latero-posterior part with weakly curved subtransverse striation or with distinctly oblique separate sublongitudinal striae. Petiole 1.4–1.5 times as long as propodeum······························ 132

132. Vertex in posterior half with slender and transverse striae. Antenna 33-segmented. Body length 3.2 mm ·· ······························ ***S. crossospila***

Vertex in posterior half with coarse, curved medially and strongly oblique laterally striae. Antenna 42-segmented. Body length 5.0 mm ······························ ***S. pseudaphareus***

37. *Sycosoter* Picard *et* Lichtenstein, 1917

Only one species, *Sycosoter hattori* (Kono *et* Watanabe, 1935) is known to China.

38. *Troporhaconotus* Belokobylskij *et* Zaldivar-Riverón, 2021

Only one species, *Troporhaconotus thayi* (Belokobylskij, 2001) is known to China.

39. *Zombrus* Marshall, 1897

Only one species, *Zombrus bicolor* (Enderlein, 1912) is known to China.

40. *Fushunobracon* Hong, 2002

Only one species, *Fushunobracon orientalis* Hong, 2002 is known to China.

B. Euphorinae Förster, 1863

Ecnomiini van Achterberg, 1985

41. *Ecnomios* Mason, 1979

Only one species, *Ecnomios flavus* Chen *et* Whitfield, 2003 is known to China.

C. Gnamptodontinae Fischer, 1970

42. *Gnamptodon* Haliday, 1833

Seven species of this genus are known to China, including four doubtful species *G. diffusus*, *G. gladius*, *G. scutella* and *G. tanycoleosus*, which are not included in the key.

Key to species

1. In fore wing, SR1 at least 6.6 times 3-SR. 3rd metasomal tergite smooth or coriaceous, without grooves ········ ***G. georginae***

   In fore wing, SR1 at most 4.3 times 3-SR. 3rd metasomal tergite with sculpture or grooves ················ 2

2. Frons smooth. Length of hind femur 5.0 times its width ················ ***G. crista***

   Frons granulate. Length of hind femur 3.6 times its width ················ ***G. chinensis***

中名索引

（按汉语拼音排序）

D

E

F

G

H

J

K

L

M

N

P

Q

R

S

T

W

X

Y

Z

学名索引

A

B

C

D

E

I

J

K

L

M

N

O

P

Q

R

S

T

U

V

W

X

Y

Z

寄主中名索引

（按汉语拼音排序）

L

M

N

O

P

Q

R

S

寄主学名索引

D

E

F

G

H

I

J

Q

R

S

T

U

V

X

《中国动物志》已出版书目

《中国动物志》

兽纲　第六卷　啮齿目 (下)　仓鼠科　罗泽珣等　2000，514 页，140 图，4 图版。

兽纲　第八卷　食肉目　高耀亭等　1987，377 页，66 图，10 图版。

兽纲　第九卷　鲸目　食肉目 海豹总科　海牛目　周开亚　2004，326 页，117 图，8 图版。

鸟纲　第一卷　第一部　中国鸟纲绪论　第二部　潜鸟目　鹳形目　郑作新等　1997，199 页，39 图，4 图版。

鸟纲　第二卷　雁形目　郑作新等　1979，143 页，65 图，10 图版。

鸟纲　第四卷　鸡形目　郑作新等　1978，203 页，53 图，10 图版。

鸟纲　第五卷　鹤形目　鸻形目　鸥形目　王岐山、马鸣、高育仁　2006，644 页，263 图，4 图版。

鸟纲　第六卷　鸽形目　鹦形目　鹃形目　鸮形目　郑作新、冼耀华、关贯勋　1991，240 页，64 图，5 图版。

鸟纲　第七卷　夜鹰目　雨燕目　咬鹃目　佛法僧目　鴷形目　谭耀匡、关贯勋　2003，241 页，36 图，4 图版。

鸟纲　第八卷　雀形目　阔嘴鸟科　和平鸟科　郑宝赉等　1985，333 页，103 图，8 图版。

鸟纲　第九卷　雀形目　太平鸟科　岩鹨科　陈服官等　1998，284 页，143 图，4 图版。

鸟纲　第十卷　雀形目　鹟科(一)　鸫亚科　郑作新、龙泽虞、卢汰春　1995，239 页，67 图，4 图版。

鸟纲　第十一卷　雀形目　鹟科(二)　画眉亚科　郑作新、龙泽虞、郑宝赉　1987，307 页，110 图，8 图版。

鸟纲　第十二卷　雀形目　鹟科(三)　莺亚科　鹟亚科　郑作新、卢汰春、杨岚、雷富民等　2010，439 页，121 图，4 图版。

鸟纲　第十三卷　雀形目　山雀科　绣眼鸟科　李桂垣、郑宝赉、刘光佐　1982，170 页，68 图，4 图版。

鸟纲　第十四卷　雀形目　文鸟科 雀科　傅桐生、宋榆钧、高玮等　1998，322 页，115 图，8 图版。

爬行纲　第一卷　总论　龟鳖目　鳄形目　张孟闻等　1998，208 页，44 图，4 图版。

爬行纲　第二卷　有鳞目　蜥蜴亚目　赵尔宓、赵肯堂、周开亚等　1999，394 页，54 图，8 图版。

爬行纲　第三卷　有鳞目　蛇亚目　赵尔宓等　1998，522 页，100 图，12 图版。

两栖纲　上卷　总论　蚓螈目　有尾目　费梁、胡淑琴、叶昌媛、黄永昭等　2006，471 页，120 图，16 图版。

两栖纲　中卷　无尾目　费梁、胡淑琴、叶昌媛、黄永昭等　2009，957 页，549 图，16 图版。

两栖纲 下卷 无尾目 蛙科 费梁、胡淑琴、叶昌媛、黄永昭等 2009，888页，337图，16图版。
硬骨鱼纲 鲽形目 李思忠、王惠民 1995，433页，170图。
硬骨鱼纲 鲇形目 褚新洛、郑葆珊、戴定远等 1999，230页，124图。
硬骨鱼纲 鲤形目(上) 曹文宣等 2024，382页，229图。
硬骨鱼纲 鲤形目(中) 陈宜瑜等 1998，531页，257图。
硬骨鱼纲 鲤形目(下) 乐佩绮等 2000，661页，340图。
硬骨鱼纲 鲟形目 海鲢目 鲱形目 鼠鱚目 张世义 2001，209页，88图。
硬骨鱼纲 灯笼鱼目 鲸口鱼目 骨舌鱼目 陈素芝 2002，349页，135图。
硬骨鱼纲 鲀形目 海蛾鱼目 喉盘鱼目 鮟鱇目 苏锦祥、李春生 2002，495页，194图。
硬骨鱼纲 鲉形目 金鑫波 2006，739页，287图。
硬骨鱼纲 鲈形目(四) 刘静等 2016，312页，142图，15图版。
硬骨鱼纲 鲈形目(五) 虾虎鱼亚目 伍汉霖、钟俊生等 2008，951页，575图，32图版。
硬骨鱼纲 鳗鲡目 背棘鱼目 张春光等 2010，453页，225图，3图版。
硬骨鱼纲 银汉鱼目 鳉形目 颌针鱼目 蛇鳚目 鳕形目 李思忠、张春光等 2011，946页，345图。
圆口纲 软骨鱼纲 朱元鼎、孟庆闻等 2001，552页，247图。
昆虫纲 第一卷 蚤目 柳支英等 1986，1334页，1948图。
昆虫纲 第二卷 鞘翅目 铁甲科 陈世骧等 1986，653页，327图，15图版。
昆虫纲 第三卷 鳞翅目 圆钩蛾科 钩蛾科 朱弘复、王林瑶 1991，269页，204图，10图版。
昆虫纲 第四卷 直翅目 蝗总科 癞蝗科 瘤锥蝗科 锥头蝗科 夏凯龄等 1994，340页，168图。
昆虫纲 第五卷 鳞翅目 蚕蛾科 大蚕蛾科 网蛾科 朱弘复、王林瑶 1996，302页，234图，18图版。
昆虫纲 第六卷 双翅目 丽蝇科 范滋德等 1997，707页，229图。
昆虫纲 第七卷 鳞翅目 祝蛾科 武春生 1997，306页，74图，38图版。
昆虫纲 第八卷 双翅目 蚊科(上) 陆宝麟等 1997，593页，285图。
昆虫纲 第九卷 双翅目 蚊科(下) 陆宝麟等 1997，126页，57图。
昆虫纲 第十卷 直翅目 蝗总科 斑翅蝗科 网翅蝗科 郑哲民、夏凯龄 1998，610页，323图。
昆虫纲 第十一卷 鳞翅目 天蛾科 朱弘复、王林瑶 1997，410页，325图，8图版。
昆虫纲 第十二卷 直翅目 蚱总科 梁络球、郑哲民 1998，278页，166图。
昆虫纲 第十三卷 半翅目 姬蝽科 任树芝 1998，251页，508图，12图版。
昆虫纲 第十四卷 同翅目 纩蚜科 瘿绵蚜科 张广学、乔格侠、钟铁森、张万玉 1999，380页，121图，17+8图版。
昆虫纲 第十五卷 鳞翅目 尺蛾科 花尺蛾亚科 薛大勇、朱弘复 1999，1090页，1197图，25图版。
昆虫纲 第十六卷 鳞翅目 夜蛾科 陈一心 1999，1596页，701图，68图版。
昆虫纲 第十七卷 等翅目 黄复生等 2000，961页，564图。
昆虫纲 第十八卷 膜翅目 茧蜂科(一) 何俊华、陈学新、马云 2000，757页，1783图。

昆虫纲 第十九卷 鳞翅目 灯蛾科 方承莱 2000，589 页，338 图，20 图版。
昆虫纲 第二十卷 膜翅目 准蜂科 蜜蜂科 吴燕如 2000，442 页，218 图，9 图版。
昆虫纲 第二十一卷 鞘翅目 天牛科 花天牛亚科 蒋书楠、陈力 2001，296 页，17 图，18 图版。
昆虫纲 第二十二卷 同翅目 蚧总科 粉蚧科 绒蚧科 蜡蚧科 链蚧科 盘蚧科 壶蚧科 仁蚧科 王子清 2001，611 页，188 图。
昆虫纲 第二十三卷 双翅目 寄蝇科(一) 赵建铭、梁恩义、史永善、周士秀 2001，305 页，183 图，11 图版。
昆虫纲 第二十四卷 半翅目 毛唇花蝽科 细角花蝽科 花蝽科 卜文俊、郑乐怡 2001，267 页，362 图。
昆虫纲 第二十五卷 鳞翅目 凤蝶科 凤蝶亚科 锯凤蝶亚科 绢蝶亚科 武春生 2001，367 页，163 图，8 图版。
昆虫纲 第二十六卷 双翅目 蝇科(二) 棘蝇亚科(一) 马忠余、薛万琦、冯炎 2002，421 页，614 图。
昆虫纲 第二十七卷 鳞翅目 卷蛾科 刘友樵、李广武 2002，601 页，16 图，136+2 图版。
昆虫纲 第二十八卷 同翅目 角蝉总科 犁胸蝉科 角蝉科 袁锋、周尧 2002，590 页，295 图，4 图版。
昆虫纲 第二十九卷 膜翅目 螯蜂科 何俊华、许再福 2002，464 页，397 图。
昆虫纲 第三十卷 鳞翅目 毒蛾科 赵仲苓 2003，484 页，270 图，10 图版。
昆虫纲 第三十一卷 鳞翅目 舟蛾科 武春生、方承莱 2003，952 页，530 图，8 图版。
昆虫纲 第三十二卷 直翅目 蝗总科 槌角蝗科 剑角蝗科 印象初、夏凯龄 2003，280 页，144 图。
昆虫纲 第三十三卷 半翅目 盲蝽科 盲蝽亚科 郑乐怡、吕楠、刘国卿、许兵红 2004，797 页，228 图，8 图版。
昆虫纲 第三十四卷 双翅目 舞虻总科 舞虻科 螳舞虻亚科 驼舞虻亚科 杨定、杨集昆 2004，334 页，474 图，1 图版。
昆虫纲 第三十五卷 革翅目 陈一心、马文珍 2004，420 页，199 图，8 图版。
昆虫纲 第三十六卷 鳞翅目 波纹蛾科 赵仲苓 2004，291 页，153 图，5 图版。
昆虫纲 第三十七卷 膜翅目 茧蜂科(二) 陈学新、何俊华、马云 2004，581 页，1183 图，103 图版。
昆虫纲 第三十八卷 鳞翅目 蝙蝠蛾科 蛱蛾科 朱弘复、王林瑶、韩红香 2004，291 页，179 图，8 图版。
昆虫纲 第三十九卷 脉翅目 草蛉科 杨星科、杨集昆、李文柱 2005，398 页，240 图，4 图版。
昆虫纲 第四十卷 鞘翅目 肖叶甲科 肖叶甲亚科 谭娟杰、王书永、周红章 2005，415 页，95 图，8 图版。
昆虫纲 第四十一卷 同翅目 斑蚜科 乔格侠、张广学、钟铁森 2005，476 页，226 图，8 图版。
昆虫纲 第四十二卷 膜翅目 金小蜂科 黄大卫、肖晖 2005，388 页，432 图，5 图版。
昆虫纲 第四十三卷 直翅目 蝗总科 斑腿蝗科 李鸿昌、夏凯龄 2006，736 页，325 图。

昆虫纲 第四十四卷 膜翅目 切叶蜂科 吴燕如 2006，474 页，180 图，4 图版。
昆虫纲 第四十五卷 同翅目 飞虱科 丁锦华 2006，776 页，351 图，20 图版。
昆虫纲 第四十六卷 膜翅目 茧蜂科 窄径茧蜂亚科 陈家骅、杨建全 2006，301 页，81 图，32 图版。
昆虫纲 第四十七卷 鳞翅目 枯叶蛾科 刘有樵、武春生 2006，385 页，248 图，8 图版。
昆虫纲 蚤目(第二版，上下卷) 吴厚永等 2007，2174 页，2475 图。
昆虫纲 第四十九卷 双翅目 蝇科(一) 范滋德、邓耀华 2008，1186 页，276 图，4 图版。
昆虫纲 第五十卷 双翅目 食蚜蝇科 黄春梅、成新月 2012，852 页，418 图，8 图版。
昆虫纲 第五十一卷 广翅目 杨定、刘星月 2010，457 页，176 图，14 图版。
昆虫纲 第五十二卷 鳞翅目 粉蝶科 武春生 2010，416 页，174 图，16 图版。
昆虫纲 第五十三卷 双翅目 长足虻科(上下卷) 杨定、张莉莉、王孟卿、朱雅君 2011，1912 页，1017 图，7 图版。
昆虫纲 第五十四卷 鳞翅目 尺蛾科 尺蛾亚科 韩红香、薛大勇 2011，787 页，929 图，20 图版。
昆虫纲 第五十五卷 鳞翅目 弄蝶科 袁锋、袁向群、薛国喜 2015，754 页，280 图，15 图版。
昆虫纲 第五十六卷 膜翅目 细蜂总科(一) 何俊华、许再福 2015，1078 页，485 图。
昆虫纲 第五十七卷 直翅目 螽斯科 露螽亚科 康乐、刘春香、刘宪伟 2013，574 页，291 图，31 图版。
昆虫纲 第五十八卷 襀翅目 叉襀总科 杨定、李卫海、祝芳 2014，518 页，294 图，12 图版。
昆虫纲 第五十九卷 双翅目 虻科 许荣满、孙毅 2013，870 页，495 图，17 图版。
昆虫纲 第六十卷 半翅目 扁蚜科 平翅绵蚜科 乔格侠、姜立云、陈静、张广学、钟铁森 2017，414 页，137 图，8 图版。
昆虫纲 第六十一卷 鞘翅目 叶甲科 叶甲亚科 杨星科、葛斯琴、王书永、李文柱、崔俊芝 2014，641 页，378 图，8 图版。
昆虫纲 第六十二卷 半翅目 盲蝽科(二) 合垫盲蝽亚科 刘国卿、郑乐怡 2014，297 页，134 图，13 图版。
昆虫纲 第六十三卷 鞘翅目 拟步甲科(一) 任国栋等 2016，534 页，248 图，49 图版。
昆虫纲 第六十四卷 膜翅目 金小蜂科(二) 金小蜂亚科 肖晖、黄大卫、矫天扬 2019，495 页，186 图，12 图版。
昆虫纲 第六十五卷 双翅目 鹬虻科、伪鹬虻科 杨定、董慧、张魁艳 2016，476 页，222 图，7 图版。
昆虫纲 第六十七卷 半翅目 叶蝉科(二) 大叶蝉亚科 杨茂发、孟泽洪、李子忠 2017，637 页，312 图，27 图版。
昆虫纲 第六十八卷 脉翅目 蚁蛉总科 王心丽、詹庆斌、王爱芹 2018，285 页，2 图，38 图版。
昆虫纲 第六十九卷 缨翅目(上下卷) 冯纪年等 2021，984 页，420 图。
昆虫纲 第七十卷 半翅目 杯瓢蜡蝉科、瓢蜡蝉科 张雅林、车艳丽、孟 瑞、王应伦 2020，655 页，224 图，43 图版。

昆虫纲 第七十一卷 半翅目 叶蝉科(三) 杆叶蝉亚科 秀头叶蝉亚科 缘脊叶蝉亚科 张雅林、魏琮、沈林、尚素琴 2022，309 页，147 图，7 图版。

昆虫纲 第七十二卷 半翅目 叶蝉科(四) 李子忠、李玉建、邢济春 2020，547 页，303 图，14 图版。

昆虫纲 第七十三卷 半翅目 盲蝽科(三) 单室盲蝽亚科 细爪盲蝽亚科 齿爪盲蝽亚科 树盲蝽亚科 撒盲蝽亚科 刘国卿、穆怡然、许静杨、刘琳 2022，606 页，217 图，17 图版。

昆虫纲 第七十四卷 膜翅目 赤眼蜂科 林乃铨、胡红英、田洪霞、林硕 2022，602 页，195 图。

昆虫纲 第七十五卷 鞘翅目 阎甲总科 扁圆甲科 长阎甲科 阎甲科 周红章、罗天宏、张叶军 2022，702 页，252 图，3 图版。

昆虫纲 第七十六卷 鳞翅目 刺蛾科 武春生、方承莱 2023，508 页，317 图，12 图版。

昆虫纲 第七十八卷 膜翅目 茧蜂科（三） 陈学新、唐璞、〔俄〕S. A. 别洛科比利斯基（S. A. Belokobylskij）、何俊华 2025，576 页，40 图，66 图版。

无脊椎动物 第一卷 甲壳纲 淡水枝角类 蒋燮治、堵南山 1979，297 页，192 图。

无脊椎动物 第二卷 甲壳纲 淡水桡足类 沈嘉瑞等 1979，450 页，255 图。

无脊椎动物 第三卷 吸虫纲 复殖目(一) 陈心陶等 1985，697 页，469 图，10 图版。

无脊椎动物 第四卷 头足纲 董正之 1988，201 页，124 图，4 图版。

无脊椎动物 第五卷 蛭纲 杨潼 1996，259 页，141 图。

无脊椎动物 第六卷 海参纲 廖玉麟 1997，334 页，170 图，2 图版。

无脊椎动物 第七卷 腹足纲 中腹足目 宝贝总科 马绣同 1997，283 页，96 图，12 图版。

无脊椎动物 第八卷 蛛形纲 蜘蛛目 蟹蛛科 逍遥蛛科 宋大祥、朱明生 1997，259 页，154 图。

无脊椎动物 第九卷 多毛纲(一) 叶须虫目 吴宝铃、吴启泉、丘建文、陆华 1997，323 页，180 图。

无脊椎动物 第十卷 蛛形纲 蜘蛛目 园蛛科 尹长民等 1997，460 页，292 图。

无脊椎动物 第十一卷 腹足纲 后鳃亚纲 头楯目 林光宇 1997，246 页，35 图，24 图版。

无脊椎动物 第十二卷 双壳纲 贻贝目 王祯瑞 1997，268 页，126 图，4 图版。

无脊椎动物 第十三卷 蛛形纲 蜘蛛目 球蛛科 朱明生 1998，436 页，233 图，1 图版。

无脊椎动物 第十四卷 肉足虫纲 等辐骨虫目 泡沫虫目 谭智源 1998，315 页，273 图，25 图版。

无脊椎动物 第十五卷 粘孢子纲 陈启鎏、马成伦 1998，805 页，30 图，180 图版。

无脊椎动物 第十六卷 珊瑚虫纲 海葵目 角海葵目 群体海葵目 裴祖南 1998，286 页，149 图，20 图版。

无脊椎动物 第十七卷 甲壳动物亚门 十足目 束腹蟹科 溪蟹科 戴爱云 1999，501 页，238 图，31 图版。

无脊椎动物 第十八卷 原尾纲 尹文英 1999，510 页，275 图，8 图版。

无脊椎动物 第十九卷 腹足纲 柄眼目 烟管螺科 陈德牛、张国庆 1999，210 页，128 图，5 图版。

无脊椎动物 第二十卷 双壳纲 原鳃亚纲 异韧带亚纲 徐凤山 1999，244 页，156 图。

无脊椎动物 第二十一卷 甲壳动物亚门 糠虾目 刘瑞玉、王绍武 2000，326 页，110 图。

无脊椎动物　第二十二卷　单殖吸虫纲　吴宝华、郎所、王伟俊等　2000，756 页，598 图，2 图版。
无脊椎动物　第二十三卷　珊瑚虫纲　石珊瑚目　造礁石珊瑚　邹仁林　2001，289 页，9 图，55 图版。
无脊椎动物　第二十四卷　双壳纲　帘蛤科　庄启谦　2001，278 页，145 图。
无脊椎动物　第二十五卷　线虫纲　杆形目　圆线亚目(一)　吴淑卿等　2001，489 页，201 图。
无脊椎动物　第二十六卷　有孔虫纲　胶结有孔虫　郑守仪、傅钊先　2001，788 页，130 图，122 图版。
无脊椎动物　第二十七卷　水螅虫纲　钵水母纲　高尚武、洪惠馨、张士美　2002，275 页，136 图。
无脊椎动物　第二十八卷　甲壳动物亚门　端足目　蛾亚目　陈清潮、石长泰　2002，249 页，178 图。
无脊椎动物　第二十九卷　腹足纲　原始腹足目　马蹄螺总科　董正之　2002，210 页，176 图，2 图版。
无脊椎动物　第三十卷　甲壳动物亚门　短尾次目　海洋低等蟹类　陈惠莲、孙海宝　2002，597 页，237 图，4 彩色图版，12 黑白图版。
无脊椎动物　第三十一卷　双壳纲　珍珠贝亚目　王祯瑞　2002，374 页，152 图，7 图版。
无脊椎动物　第三十二卷　多孔虫纲　罩笼虫目　稀孔虫纲　稀孔虫目　谭智源、宿星慧　2003，295 页，193 图，25 图版。
无脊椎动物　第三十三卷　多毛纲(二)　沙蚕目　孙瑞平、杨德渐　2004，520 页，267 图，1 图版。
无脊椎动物　第三十四卷　腹足纲　鹑螺总科　张素萍、马绣同　2004，243 页，123 图，5 图版。
无脊椎动物　第三十五卷　蛛形纲　蜘蛛目　肖蛸科　朱明生、宋大祥、张俊霞　2003，402 页，174 图，5 彩色图版，11 黑白图版。
无脊椎动物　第三十六卷　甲壳动物亚门　十足目　匙指虾科　梁象秋　2004，375 页，156 图。
无脊椎动物　第三十七卷　软体动物门　腹足纲　巴锅牛科　陈德牛、张国庆　2004，482 页，409 图，8 图版。
无脊椎动物　第三十八卷　毛颚动物门　箭虫纲　萧贻昌　2004，201 页，89 图。
无脊椎动物　第三十九卷　蛛形纲　蜘蛛目　平腹蛛科　宋大祥、朱明生、张锋　2004，362 页，175 图。
无脊椎动物　第四十卷　棘皮动物门　蛇尾纲　廖玉麟　2004，505 页，244 图，6 图版。
无脊椎动物　第四十一卷　甲壳动物亚门　端足目　钩虾亚目(一)　任先秋　2006，588 页，194 图。
无脊椎动物　第四十二卷　甲壳动物亚门　蔓足下纲　围胸总目　刘瑞玉、任先秋　2007，632 页，239 图。
无脊椎动物　第四十三卷　甲壳动物亚门　端足目　钩虾亚目(二)　任先秋　2012，651 页，197 图。
无脊椎动物　第四十四卷　甲壳动物亚门　十足目　长臂虾总科　李新正、刘瑞玉、梁象秋等　2007，381 页，157 图。
无脊椎动物　第四十五卷　纤毛门　寡毛纲　缘毛目　沈韫芬、顾曼如　2016，502 页，164 图，2 图版。
无脊椎动物　第四十六卷　星虫动物门　螠虫动物门　周红、李凤鲁、王玮　2007，206 页，95 图。
无脊椎动物　第四十七卷　蛛形纲　蜱螨亚纲　植绥螨科　吴伟南、欧剑峰、黄静玲　2009，511 页，287 图，9 图版。
无脊椎动物　第四十八卷　软体动物门　双壳纲　满月蛤总科　心蛤总科　厚壳蛤总科　鸟蛤总科

徐凤山 2012，239 页，133 图。

无脊椎动物 第四十九卷 甲壳动物亚门 十足目 梭子蟹科 杨思谅、陈惠莲、戴爱云 2012，417 页，138 图，14 图版。

无脊椎动物 第五十卷 缓步动物门 杨潼 2015，279 页，131 图，5 图版。

无脊椎动物 第五十一卷 线虫纲 杆形目 圆线亚目(二) 张路平、孔繁瑶 2014，316 页，97 图，19 图版。

无脊椎动物 第五十二卷 扁形动物门 吸虫纲 复殖目(三) 邱兆祉等 2018，746 页，401 图。

无脊椎动物 第五十三卷 蛛形纲 蜘蛛目 跳蛛科 彭贤锦 2020，612 页，392 图。

无脊椎动物 第五十四卷 环节动物门 多毛纲(三) 缨鳃虫目 孙瑞平、杨德渐 2014，493 页，239 图，2 图版。

无脊椎动物 第五十五卷 软体动物门 腹足纲 芋螺科 李凤兰、林民玉 2016，288 页，168 图，4 图版。

无脊椎动物 第五十六卷 软体动物门 腹足纲 凤螺总科、玉螺总科 张素萍 2016，318 页，138 图，10 图版。

无脊椎动物 第五十七卷 软体动物门 双壳纲 樱蛤科 双带蛤科 徐凤山、张均龙 2017，236 页，50 图，15 图版。

无脊椎动物 第五十八卷 软体动物门 腹足纲 艾纳螺总科 吴岷 2018，300 页，63 图，6 图版。

无脊椎动物 第五十九卷 蛛形纲 蜘蛛目 漏斗蛛科 暗蛛科 朱明生、王新平、张志升 2017，727 页，384 图，5 图版。

无脊椎动物 第六十卷 轮虫动物门 单巢纲 席贻龙、诸葛燕、黄祥飞 2025，646 页，549 图。

无脊椎动物 第六十二卷 软体动物门 腹足纲 骨螺科 张素萍 2022，428 页，250 图。

无脊椎动物 第六十三卷 甲壳动物亚门 端足目 钩虾亚目(三) 侯仲娥、李枢强、郑亚咪 2024，663 页，493 图。

《中国经济动物志》

兽类 寿振黄等 1962，554 页，153 图，72 图版。

鸟类 郑作新等 1963，694 页，10 图，64 图版。

鸟类(第二版) 郑作新等 1993，619 页，64 图版。

海产鱼类 成庆泰等 1962，174 页，25 图，32 图版。

淡水鱼类 伍献文等 1963，159 页，122 图，30 图版。

淡水鱼类寄生甲壳动物 匡溥人、钱金会 1991，203 页，110 图。

环节(多毛纲) 棘皮 原索动物 吴宝铃等 1963，141 页，65 图，16 图版。

海产软体动物 张玺、齐钟彦 1962，246 页，148 图。

淡水软体动物 刘月英等 1979，134 页，110 图。

陆生软体动物 陈德牛、高家祥 1987，186 页，224 图。

寄生蠕虫 吴淑卿、尹文真、沈守训 1960，368 页，158 图。

《中国经济昆虫志》

第一册 鞘翅目 天牛科 陈世骧等 1959，120 页，21 图，40 图版。
第二册 半翅目 蝽科 杨惟义 1962，138 页，11 图，10 图版。
第三册 鳞翅目 夜蛾科(一) 朱弘复、陈一心 1963，172 页，22 图，10 图版。
第四册 鞘翅目 拟步行虫科 赵养昌 1963，63 页，27 图，7 图版。
第五册 鞘翅目 瓢虫科 刘崇乐 1963，101 页，27 图，11 图版。
第六册 鳞翅目 夜蛾科(二) 朱弘复等 1964，183 页，11 图版。
第七册 鳞翅目 夜蛾科(三) 朱弘复、方承莱、王林瑶 1963，120 页，28 图，31 图版。
第八册 等翅目 白蚁 蔡邦华、陈宁生，1964，141 页，79 图，8 图版。
第九册 膜翅目 蜜蜂总科 吴燕如 1965，83 页，40 图，7 图版。
第十册 同翅目 叶蝉科 葛钟麟 1966，170 页，150 图。
第十一册 鳞翅目 卷蛾科(一) 刘友樵、白九维 1977，93 页，23 图，24 图版。
第十二册 鳞翅目 毒蛾科 赵仲苓 1978，121 页，45 图，18 图版。
第十三册 双翅目 蠓科 李铁生 1978，124 页，104 图。
第十四册 鞘翅目 瓢虫科(二) 庞雄飞、毛金龙 1979，170 页，164 图，16 图版。
第十五册 蜱螨目 蜱总科 邓国藩 1978，174 页，707 图。
第十六册 鳞翅目 舟蛾科 蔡荣权 1979，166 页，126 图，19 图版。
第十七册 蜱螨目 革螨股 潘綜文、邓国藩 1980，155 页，168 图。
第十八册 鞘翅目 叶甲总科(一) 谭娟杰、虞佩玉 1980，213 页，194 图，18 图版。
第十九册 鞘翅目 天牛科 蒲富基 1980，146 页，42 图，12 图版。
第二十册 鞘翅目 象虫科 赵养昌、陈元清 1980，184 页，73 图，14 图版。
第二十一册 鳞翅目 螟蛾科 王平远 1980，229 页，40 图，32 图版。
第二十二册 鳞翅目 天蛾科 朱弘复、王林瑶 1980，84 页，17 图，34 图版。
第二十三册 螨 目 叶螨总科 王慧芙 1981，150 页，121 图，4 图版。
第二十四册 同翅目 粉蚧科 王子清 1982，119 页，75 图。
第二十五册 同翅目 蚜虫类(一) 张广学、钟铁森 1983，387 页，207 图，32 图版。
第二十六册 双翅目 虻科 王遵明 1983，128 页，243 图，8 图版。
第二十七册 同翅目 飞虱科 葛钟麟等 1984，166 页，132 图，13 图版。
第二十八册 鞘翅目 金龟总科幼虫 张芝利 1984，107 页，17 图，21 图版。
第二十九册 鞘翅目 小蠹科 殷惠芬、黄复生、李兆麟 1984，205 页，132 图，19 图版。
第三十册 膜翅目 胡蜂总科 李铁生 1985，159 页，21 图，12 图版。
第三十一册 半翅目(一) 章士美等 1985，242 页，196 图，59 图版。
第三十二册 鳞翅目 夜蛾科(四) 陈一心 1985，167 页，61 图，15 图版。
第三十三册 鳞翅目 灯蛾科 方承莱 1985，100 页，69 图，10 图版。
第三十四册 膜翅目 小蜂总科(一) 廖定熹等 1987，241 页，113 图，24 图版。

第三十五册　鞘翅目　天牛科(三)　蒋书楠、蒲富基、华立中　1985，189 页，2 图，13 图版。
第三十六册　同翅目　蜡蝉总科　周尧等　1985，152 页，125 图，2 图版。
第三十七册　双翅目　花蝇科　范滋德等　1988，396 页，1215 图，10 图版。
第三十八册　双翅目　蠓科(二)　李铁生　1988，127 页，107 图。
第三十九册　蜱螨亚纲　硬蜱科　邓国藩、姜在阶　1991，359 页，354 图。
第四十册　蜱螨亚纲　皮刺螨总科　邓国藩等　1993，391 页，318 图。
第四十一册　膜翅目　金小蜂科　黄大卫　1993，196 页，252 图。
第四十二册　鳞翅目　毒蛾科(二)　赵仲苓　1994，165 页，103 图，10 图版。
第四十三册　同翅目　蚧总科　王子清　1994，302 页，107 图。
第四十四册　蜱螨亚纲　瘿螨总科(一)　匡海源　1995，198 页，163 图，7 图版。
第四十五册　双翅目　虻科(二)　王遵明　1994，196 页，182 图，8 图版。
第四十六册　鞘翅目　金花龟科　斑金龟科　弯腿金龟科　马文珍　1995，210 页，171 图，5 图版。
第四十七册　膜翅目　蚁科(一)　唐觉等　1995，134 页，135 图。
第四十八册　蜉蝣目　尤大寿等　1995，152 页，154 图。
第四十九册　毛翅目(一)　小石蛾科　角石蛾科　纹石蛾科　长角石蛾科　田立新等　1996，195 页，271 图，2 图版。
第五十册　半翅目(二)　章士美等　1995，169 页，46 图，24 图版。
第五十一册　膜翅目　姬蜂科　何俊华、陈学新、马云　1996，697 页，434 图。
第五十二册　膜翅目　泥蜂科　吴燕如、周勤　1996，197 页，167 图，14 图版。
第五十三册　蜱螨亚纲　植绥螨科　吴伟南等　1997，223 页，169 图，3 图版。
第五十四册　鞘翅目　叶甲总科(二)　虞佩玉等　1996，324 页，203 图，12 图版。
第五十五册　缨翅目　韩运发　1997，513 页，220 图，4 图版。

Serial Faunal Monographs Already Published

FAUNA SINICA

Mammalia vol. 6 Rodentia III: Cricetidae. Luo Zexun *et al.*, 2000. 514 pp., 140 figs., 4 pls.

Mammalia vol. 8 Carnivora. Gao Yaoting *et al.*, 1987. 377 pp., 44 figs., 10 pls.

Mammalia vol. 9 Cetacea, Carnivora: Phocoidea, Sirenia. Zhou Kaiya, 2004. 326 pp., 117 figs., 8 pls.

Aves vol. 1 part 1. Introductory Account of the Class Aves in China; part 2. Account of Orders listed in this Volume. Zheng Zuoxin (Cheng Tsohsin) *et al.*, 1997. 199 pp., 39 figs., 4 pls.

Aves vol. 2 Anseriformes. Zheng Zuoxin (Cheng Tsohsin) *et al.*, 1979. 143 pp., 65 figs., 10 pls.

Aves vol. 4 Galliformes. Zheng Zuoxin (Cheng Tsohsin) *et al.*, 1978. 203 pp., 53 figs., 10 pls.

Aves vol. 5 Gruiformes, Charadriiformes, Lariformes. Wang Qishan, Ma Ming and Gao Yuren, 2006. 644 pp., 263 figs., 4 pls.

Aves vol. 6 Columbiformes, Psittaciformes, Cuculiformes, Strigiformes. Zheng Zuoxin (Cheng Tsohsin), Xian Yaohua and Guan Guanxun, 1991. 240 pp., 64 figs., 5 pls.

Aves vol. 7 Caprimulgiformes, Apodiformes, Trogoniformes, Coraciiformes, Piciformes. Tan Yaokuang and Guan Guanxun, 2003. 241 pp., 36 figs., 4 pls.

Aves vol. 8 Passeriformes: Eurylaimidae-Irenidae. Zheng Baolai *et al.*, 1985. 333 pp., 103 figs., 8 pls.

Aves vol. 9 Passeriformes: Bombycillidae, Prunellidae. Chen Fuguan *et al.*, 1998. 284 pp., 143 figs., 4 pls.

Aves vol. 10 Passeriformes: Muscicapidae I: Turdinae. Zheng Zuoxin (Cheng Tsohsin), Long Zeyu and Lu Taichun, 1995. 239 pp., 67 figs., 4 pls.

Aves vol. 11 Passeriformes: Muscicapidae II: Timaliinae. Zheng Zuoxin (Cheng Tsohsin), Long Zeyu and Zheng Baolai, 1987. 307 pp., 110 figs., 8 pls.

Aves vol. 12 Passeriformes: Muscicapidae III: Sylviinae, Muscicapinae. Zheng Zuoxin, Lu Taichun, Yang Lan and Lei Fumin *et al.*, 2010. 439 pp., 121 figs., 4 pls.

Aves vol. 13 Passeriformes: Paridae, Zosteropidae. Li Guiyuan, Zheng Baolai and Liu Guangzuo, 1982. 170 pp., 68 figs., 4 pls.

Aves vol. 14 Passeriformes: Ploceidae, Fringillidae. Fu Tongsheng, Song Yujun and Gao Wei *et al.*, 1998. 322 pp., 115 figs., 8 pls.

Reptilia vol. 1 General Accounts of Reptilia. Testudoformes and Crocodiliformes. Zhang Mengwen *et al.*, 1998. 208 pp., 44 figs., 4 pls.

Reptilia vol. 2 Squamata: Lacertilia. Zhao Ermi, Zhao Kentang and Zhou Kaiya *et al.*, 1999. 394 pp., 54 figs., 8 pls.

Reptilia vol. 3 Squamata: Serpentes. Zhao Ermi *et al.*, 1998. 522 pp., 100 figs., 12 pls.

Amphibia vol. 1 General accounts of Amphibia, Gymnophiona, Urodela. Fei Liang, Hu Shuqin, Ye Changyuan and Huang Yongzhao *et al.*, 2006. 471 pp., 120 figs., 16 pls.

Amphibia vol. 2 Anura. Fei Liang, Hu Shuqin, Ye Changyuan and Huang Yongzhao *et al.*, 2009. 957 pp., 549 figs., 16 pls.

Amphibia vol. 3 Anura: Ranidae. Fei Liang, Hu Shuqin, Ye Changyuan and Huang Yongzhao *et al.*, 2009. 888 pp., 337 figs., 16 pls.

Osteichthyes: Pleuronectiformes. Li Sizhong and Wang Huimin, 1995. 433 pp., 170 figs.

Osteichthyes: Siluriformes. Chu Xinluo, Zheng Baoshan and Dai Dingyuan *et al.*, 1999. 230 pp., 124 figs.

Osteichthyes: Cypriniformes II. Chen Yiyu *et al.*, 1998. 531 pp., 257 figs.

Osteichthyes: Cypriniformes III. Yue Peiqi *et al.*, 2000. 661 pp., 340 figs.

Osteichthyes: Acipenseriformes, Elopiformes, Clupeiformes, Gonorhynchiformes. Zhang Shiyi, 2001. 209 pp., 88 figs.

Osteichthyes: Myctophiformes, Cetomimiformes, Osteoglossiformes. Chen Suzhi, 2002. 349 pp., 135 figs.

Osteichthyes: Tetraodontiformes, Pegasiformes, Gobiesociformes, Lophiiformes. Su Jinxiang and Li Chunsheng, 2002. 495 pp., 194 figs.

Ostichthyes: Scorpaeniformes. Jin Xinbo, 2006. 739 pp., 287 figs.

Ostichthyes: Perciformes IV. Liu Jing *et al.*, 2016. 312 pp., 143 figs., 15 pls.

Ostichthyes: Perciformes V: Gobioidei. Wu Hanlin and Zhong Junsheng *et al.*, 2008. 951 pp., 575 figs., 32 pls.

Ostichthyes: Anguilliformes Notacanthiformes. Zhang Chunguang *et al.*, 2010. 453 pp., 225 figs., 3 pls.

Ostichthyes: Atheriniformes, Cyprinodontiformes, Beloniformes, Ophidiiformes, Gadiformes. Li Sizhong and Zhang Chunguang *et al.*, 2011. 946 pp., 345 figs.

Cyclostomata and Chondrichthyes. Zhu Yuanding and Meng Qingwen *et al.*, 2001. 552 pp., 247 figs.

Insecta vol. 1 Siphonaptera. Liu Zhiying *et al.*, 1986. 1334 pp., 1948 figs.

Insecta vol. 2 Coleoptera: Hispidae. Chen Sicien *et al.*, 1986. 653 pp., 327 figs., 15 pls.

Insecta vol. 3 Lepidoptera: Cyclidiidae, Drepanidae. Chu Hungfu and Wang Linyao, 1991. 269 pp., 204 figs., 10 pls.

Insecta vol. 4 Orthoptera: Acrioidea: Pamphagidae, Chrotogonidae, Pyrgomorphidae. Xia Kailing *et al.*, 1994. 340 pp., 168 figs.

Insecta vol. 5 Lepidoptera: Bombycidae, Saturniidae, Thyrididae. Zhu Hongfu and Wang Linyao, 1996. 302 pp., 234 figs., 18 pls.

Insecta vol. 6 Diptera: Calliphoridae. Fan Zide *et al.*, 1997. 707 pp., 229 figs.

Insecta vol. 7 Lepidoptera: Lecithoceridae. Wu Chunsheng, 1997. 306 pp., 74 figs., 38 pls.

Insecta vol. 8 Diptera: Culicidae I. Lu Baolin *et al.*, 1997. 593 pp., 285 pls.

Insecta vol. 9 Diptera: Culicidae II. Lu Baolin *et al.*, 1997. 126 pp., 57 pls.

Insecta vol. 10 Orthoptera: Oedipodidae, Arcypteridae III. Zheng Zhemin and Xia Kailing, 1998. 610 pp.,

323 figs.

Insecta vol. 11 Lepidoptera: Sphingidae. Zhu Hongfu and Wang Linyao, 1997. 410 pp., 325 figs., 8 pls.

Insecta vol. 12 Orthoptera: Tetrigoidea. Liang Geqiu and Zheng Zhemin, 1998. 278 pp., 166 figs.

Insecta vol. 13 Hemiptera: Nabidae. Ren Shuzhi, 1998. 251 pp., 508 figs., 12 pls.

Insecta vol. 14 Homoptera: Mindaridae, Pemphigidae. Zhang Guangxue, Qiao Gexia, Zhong Tiesen and Zhang Wanfang, 1999. 380 pp., 121 figs., 17+8 pls.

Insecta vol. 15 Lepidoptera: Geometridae: Larentiinae. Xue Dayong and Zhu Hongfu (Chu Hungfu), 1999. 1090 pp., 1197 figs., 25 pls.

Insecta vol. 16 Lepidoptera: Noctuidae. Chen Yixin, 1999. 1596 pp., 701 figs., 68 pls.

Insecta vol. 17 Isoptera. Huang Fusheng *et al.*, 2000. 961 pp., 564 figs.

Insecta vol. 18 Hymenoptera: Braconidae I. He Junhua, Chen Xuexin and Ma Yun, 2000. 757 pp., 1783 figs.

Insecta vol. 19 Lepidoptera: Arctiidae. Fang Chenglai, 2000. 589 pp., 338 figs., 20 pls.

Insecta vol. 20 Hymenoptera: Melittidae, Apidae. Wu Yanru, 2000. 442 pp., 218 figs., 9 pls.

Insecta vol. 21 Coleoptera: Cerambycidae: Lepturinae. Jiang Shunan and Chen Li, 2001. 296 pp., 17 figs., 18 pls.

Insecta vol. 22 Homoptera: Coccoidea: Pseudococcidae, Eriococcidae, Asterolecaniidae, Coccidae, Lecanodiaspididae, Cerococcidae, Aclerdidae. Wang Tzeching, 2001. 611 pp., 188 figs.

Insecta vol. 23 Diptera: Tachinidae I. Chao Cheiming, Liang Enyi, Shi Yongshan and Zhou Shixiu, 2001. 305 pp., 183 figs., 11 pls.

Insecta vol. 24 Hemiptera: Lasiochilidae, Lyctocoridae, Anthocoridae. Bu Wenjun and Zheng Leyi (Cheng Loyi), 2001. 267 pp., 362 figs.

Insecta vol. 25 Lepidoptera: Papilionidae: Papilioninae, Zerynthiinae, Parnassiinae. Wu Chunsheng, 2001. 367 pp., 163 figs., 8 pls.

Insecta vol. 26 Diptera: Muscidae II: Phaoniinae I. Ma Zhongyu, Xue Wanqi and Feng Yan, 2002. 421 pp., 614 figs.

Insecta vol. 27 Lepidoptera: Tortricidae. Liu Youqiao and Li Guangwu, 2002. 601 pp., 16 figs., 2+136 pls.

Insecta vol. 28 Homoptera: Membracoidea: Aetalionidae, Membracidae. Yuan Feng and Chou Io, 2002. 590 pp., 295 figs., 4 pls.

Insecta vol. 29 Hymenoptera: Dyrinidae. He Junhua and Xu Zaifu, 2002. 464 pp., 397 figs.

Insecta vol. 30 Lepidoptera: Lymantriidae. Zhao Zhongling (Chao Chungling), 2003. 484 pp., 270 figs., 10 pls.

Insecta vol. 31 Lepidoptera: Notodontidae. Wu Chunsheng and Fang Chenglai, 2003. 952 pp., 530 figs., 8 pls.

Insecta vol. 32 Orthoptera: Acridoidea: Gomphoceridae, Acrididae. Yin Xiangchu, Xia Kailing *et al.*, 2003. 280 pp., 144 figs.

Insecta vol. 33 Hemiptera: Miridae, Mirinae. Zheng Leyi, Lü Nan, Liu Guoqing and Xu Binghong, 2004. 797 pp., 228 figs., 8 pls.

Insecta vol. 34 Diptera: Empididae: Hemerodromiinae and Hybotinae. Yang Ding and Yang Chikun, 2004.

334 pp., 474 figs., 1 pls.

Insecta vol. 35 Dermaptera. Chen Yixin and Ma Wenzhen, 2004. 420 pp., 199 figs., 8 pls.

Insecta vol. 36 Lepidoptera: Thyatiridae. Zhao Zhongling, 2004. 291 pp., 153 figs., 5 pls.

Insecta vol. 37 Hymenoptera: Braconidae II. Chen Xuexin, He Junhua and Ma Yun, 2004. 518 pp., 1183 figs., 103 pls.

Insecta vol. 38 Lepidoptera: Hepialidae, Epiplemidae. Zhu Hongfu, Wang Linyao and Han Hongxiang, 2004. 291 pp., 179 figs., 8 pls.

Insecta vol. 39 Neuroptera: Chrysopidae. Yang Xingke, Yang Jikun and Li Wenzhu, 2005. 398 pp., 240 figs., 4 pls.

Insecta vol. 40 Coleoptera: Eumolpidae: Eumolpinae. Tan Juanjie, Wang Shuyong and Zhou Hongzhang, 2005. 415 pp., 95 figs., 8 pls.

Insecta vol. 41 Diptera: Muscidae I. Fan Zide *et al.*, 2005. 476 pp., 226 figs., 8 pls.

Insecta vol. 42 Hymenoptera: Pteromalidae. Huang Dawei and Xiao Hui, 2005. 388 pp., 432 figs., 5 pls.

Insecta vol. 43 Orthoptera: Acridoidea: Catantopidae. Li Hongchang and Xia Kailing, 2006. 736pp., 325 figs.

Insecta vol. 44 Hymenoptera: Megachilidae. Wu Yanru, 2006. 474 pp., 180 figs., 4 pls.

Insecta vol. 45 Diptera: Homoptera: Delphacidae. Ding Jinhua, 2006. 776 pp., 351 figs., 20 pls.

Insecta vol. 46 Hymenoptera: Braconidae: Agathidinae. Chen Jiahua and Yang Jianquan, 2006. 301 pp., 81 figs., 32 pls.

Insecta vol. 47 Lepidoptera: Lasiocampidae. Liu Youqiao and Wu Chunsheng, 2006. 385 pp., 248 figs., 8 pls.

Insecta Saiphonaptera(2 volumes). Wu Houyong *et al.*, 2007. 2174 pp., 2475 figs.

Insecta vol. 49 Diptera: Muscidae. Fan Zide *et al.*, 2008. 1186 pp., 276 figs., 4 pls.

Insecta vol. 50 Diptera: Syrphidae. Huang Chunmei and Cheng Xinyue, 2012. 852 pp., 418 figs., 8 pls.

Insecta vol. 51 Megaloptera. Yang Ding and Liu Xingyue, 2010. 457 pp., 176 figs., 14 pls.

Insecta vol. 52 Lepidoptera: Pieridae. Wu Chunsheng, 2010. 416 pp., 174 figs., 16 pls.

Insecta vol. 53 Diptera Dolichopodidae(2 volumes). Yang Ding *et al.*, 2011. 1912 pp., 1017 figs., 7 pls.

Insecta vol. 54 Lepidoptera: Geometridae: Geometrinae. Han Hongxiang and Xue Dayong, 2011. 787 pp., 929 figs., 20 pls.

Insecta vol. 55 Lepidoptera: Hesperiidae. Yuan Feng, Yuan Xiangqun and Xue Guoxi, 2015. 754 pp., 280 figs., 15 pls.

Insecta vol. 56 Hymenoptera: Proctotrupoidea(I). He Junhua and Xu Zaifu, 2015. 1078 pp., 485 figs.

Insecta vol. 57 Orthoptera: Tettigoniidae: Phaneropterinae. Kang Le *et al.*, 2013. 574 pp., 291 figs., 31 pls.

Insecta vol. 58 Plecoptera: Nemouroides. Yang Ding, Li Weihai and Zhu Fang, 2014. 518 pp., 294 figs., 12 pls.

Insecta vol. 59 Diptera: Tabanidae. Xu Rongman and Sun Yi, 2013. 870 pp., 495 figs., 17 pls.

Insecta vol. 60 Hemiptera: Hormaphididae, Phloeomyzidae. Qiao Gexia, Jiang Liyun, Chen Jing, Zhang Guangxue and Zhong Tiesen, 2017. 414 pp., 137 figs., 8 pls.

Insecta vol. 61 Coleoptera: Chrysomelidae: Chrysomelinae. Yang Xingke, Ge Siqin, Wang Shuyong, Li Wenzhu and Cui Junzhi, 2014. 641 pp., 378 figs., 8 pls.

Insecta vol. 62 Hemiptera: Miridae(II): Orthotylinae. Liu Guoqing and Zheng Leyi, 2014. 297 pp., 134 figs., 13 pls.

Insecta vol. 63 Coleoptera: Tenebrionidae(I). Ren Guodong *et al.*, 2016. 534 pp., 248 figs., 49 pls.

Insecta vol. 64 Chalcidoidea : Pteromalidae(II): Pteromalinae. Xiao Hui *et al.*, 2019. 495 pp., 186 figs., 12 pls.

Insecta vol. 65 Diptera: Rhagionidae, Athericidae. Yang Ding, Dong Hui and Zhang Kuiyan. 2016. 476 pp., 222 figs., 7 pls.

Insecta vol. 67 Hemiptera: Cicadellidae (II): Cicadellinae. Yang Maofa, Meng Zehong and Li Zizhong. 2017. 637pp., 312 figs., 27 pls.

Insecta vol. 68 Neuroptera: Myrmeleontoidea. Wang Xinli, Zhan Qingbin and Wang Aiqin. 2018. 285 pp., 2 figs., 38 pls.

Insecta vol. 69 Thysanoptera (2 volumes). Feng Jinian *et al.,* 2021. 984 pp., 420 figs.

Insecta vol. 70 Hemiptera: Caliscelidae, Issidae. Zhang Yalin, Che Yanli, Meng Rui and Wang Yinglun. 2020. 655 pp., 224 figs., 43 pls.

Insecta vol. 71 Hemiptera: Cicadellidae (III): Hylicinae, Stegelytrinae and Selenocephalinae.Zhang Yalin, Wei Cong, Shen Lin and Shang Suqin. 2022. 309pp., 147 figs., 7 pls.

Insecta vol. 72 Hemiptera: Cicadellidae (IV): Evacanthinae. Li Zizhong, Li Yujian and Xing Jichun. 2020. 547 pp., 303 figs., 14 pls.

Insecta vol. 73 Hemiptera: Miridae (III): Bryocorinae, Cylapinae, Deraeocorinae, Isometopinae and Psallopinae. Liu Guoqing, Mu Yiran, Xu Jingyang and Liu Lin. 2022. 606pp., 217 figs., 17 pls.

Insecta vol. 74 Hymenoptera: Trichogrammatidae. Lin Naiquan, Hu Hongying, Tian Hongxia and Lin Shuo. 2022. 602 pp., 195 figs.

Insecta vol. 75 Coleoptera: Histeroidea: Sphaeritidae, Synteliidae and Histeridae. Zhou Hongzhang, Luo Tianhong and Zhang Yejun. 2022. 702pp., 252 figs., 3 pls.

Insecta vol. 76 Lepidoptera: Limacodidae. Wu Chunsheng and Fang Chenglai. 2023. 508pp., 317 figs., 12 pls.

Invertebrata vol. 1 Crustacea: Freshwater Cladocera. Chiang Siehchih and Du Nanshang, 1979. 297 pp.,192 figs.

Invertebrata vol. 2 Crustacea: Freshwater Copepoda. Shen Jiarui *et al.*, 1979. 450 pp., 255 figs.

Invertebrata vol. 3 Trematoda: Digenea I. Chen Xintao *et al.*, 1985. 697 pp., 469 figs., 12 pls.

Invertebrata vol. 4 Cephalopode. Dong Zhengzhi, 1988. 201 pp., 124 figs., 4 pls.

Invertebrata vol. 5 Hirudinea: Euhirudinea and Branchiobdellidea. Yang Tong, 1996. 259 pp., 141 figs.

Invertebrata vol. 6 Holothuroidea. Liao Yulin, 1997. 334 pp., 170 figs., 2 pls.

Invertebrata vol. 7 Gastropoda: Mesogastropoda: Cypraeacea. Ma Xiutong, 1997. 283 pp., 96 figs., 12 pls.

Invertebrata vol. 8 Arachnida: Araneae: Thomisidae and Philodromidae. Song Daxiang and Zhu Mingsheng,

1997. 259 pp., 154 figs.

Invertebrata vol. 9 Polychaeta: Phyllodocimorpha. Wu Baoling, Wu Qiquan, Qiu Jianwen and Lu Hua, 1997. 323pp., 180 figs.

Invertebrata vol. 10 Arachnida: Araneae: Araneidae. Yin Changmin *et al.*, 1997. 460 pp., 292 figs.

Invertebrata vol. 11 Gastropoda: Opisthobranchia: Cephalaspidea. Lin Guangyu, 1997. 246 pp., 35 figs., 28 pls.

Invertebrata vol. 12 Bivalvia: Mytiloida. Wang Zhenrui, 1997. 268 pp., 126 figs., 4 pls.

Invertebrata vol. 13 Arachnida: Araneae: Theridiidae. Zhu Mingsheng, 1998. 436 pp., 233 figs., 1 pl.

Invertebrata vol. 14 Sacodina: Acantharia and Spumellaria. Tan Zhiyuan, 1998. 315 pp., 273 figs., 25 pls.

Invertebrata vol. 15 Myxosporea. Chen Chihleu and Ma Chenglun, 1998. 805 pp., 30 figs., 180 pls.

Invertebrata vol. 16 Anthozoa: Actiniaria, Ceriantharis and Zoanthidea. Pei Zunan, 1998. 286 pp., 149 figs., 22 pls.

Invertebrata vol. 17 Crustacea: Decapoda: Parathelphusidae and Potamidae. Dai Aiyun, 1999. 501 pp., 238 figs., 31 pls.

Invertebrata vol. 18 Protura. Yin Wenying, 1999. 510 pp., 275 figs., 8 pls.

Invertebrata vol. 19 Gastropoda: Pulmonata: Stylommatophora: Clausiliidae. Chen Deniu and Zhang Guoqing, 1999. 210 pp., 128 figs., 5 pls.

Invertebrata vol. 20 Bivalvia: Protobranchia and Anomalodesmata. Xu Fengshan, 1999. 244 pp., 156 figs.

Invertebrata vol. 21 Crustacea: Mysidacea. Liu Ruiyu (J. Y. Liu) and Wang Shaowu, 2000. 326 pp., 110 figs.

Invertebrata vol. 22 Monogenea. Wu Baohua, Lang Suo and Wang Weijun, 2000. 756 pp., 598 figs., 2 pls.

Invertebrata vol. 23 Anthozoa: Scleractinia: Hermatypic coral. Zou Renlin, 2001. 289 pp., 9 figs., 47+8 pls.

Invertebrata vol. 24 Bivalvia: Veneridae. Zhuang Qiqian, 2001. 278 pp., 145 figs.

Invertebrata vol. 25 Nematoda: Rhabditida: Strongylata I. Wu Shuqing *et al.*, 2001. 489 pp., 201 figs.

Invertebrata vol. 26 Foraminiferea: Agglutinated Foraminifera. Zheng Shouyi and Fu Zhaoxian, 2001. 788 pp., 130 figs., 122 pls.

Invertebrata vol. 27 Hydrozoa and Scyphomedusae. Gao Shangwu, Hong Hueshin and Zhang Shimei, 2002. 275 pp., 136 figs.

Invertebrata vol. 28 Crustacea: Amphipoda: Hyperiidae. Chen Qingchao and Shi Changtai, 2002. 249 pp., 178 figs.

Invertebrata vol. 29 Gastropoda: Archaeogastropoda: Trochacea. Dong Zhengzhi, 2002. 210 pp., 176 figs., 2 pls.

Invertebrata vol. 30 Crustacea: Brachyura: Marine primitive crabs. Chen Huilian and Sun Haibao, 2002. 597 pp., 237 figs., 16 pls.

Invertebrata vol. 31 Bivalvia: Pteriina. Wang Zhenrui, 2002. 374 pp., 152 figs., 7 pls.

Invertebrata vol. 32 Polycystinea: Nasellaria; Phaeodarea: Phaeodaria. Tan Zhiyuan and Su Xinghui, 2003. 295 pp., 193 figs., 25 pls.

Invertebrata vol. 33 Annelida: Polychaeta II Nereidida. Sun Ruiping and Yang Derjian, 2004. 520 pp.,

267 figs., 193 pls.

Invertebrata vol. 34 Mollusca: Gastropoda Tonnacea. Zhang Suping and Ma Xiutong, 2004. 243 pp., 123 figs., 1 pl.

Invertebrata vol. 35 Arachnida: Araneae: Tetragnathidae. Zhu Mingsheng, Song Daxiang and Zhang Junxia, 2003. 402 pp., 174 figs., 5+11 pls.

Invertebrata vol. 36 Crustacea: Decapoda: Atyidae. Liang Xiangqiu, 2004. 375 pp., 156 figs.

Invertebrata vol. 37 Mollusca: Gastropoda: Stylommatophora: Bradybaenidae. Chen Deniu and Zhang Guoqing, 2004. 482 pp., 409 figs., 8 pls.

Invertebrata vol. 38 Chaetognatha: Sagittoidea. Xiao Yichang, 2004. 201 pp., 89 figs.

Invertebrata vol. 39 Arachnida: Araneae: Gnaphosidae. Song Daxiang, Zhu Mingsheng and Zhang Feng, 2004. 362 pp., 175 figs.

Invertebrata vol. 40 Echinodermata: Ophiuroidea. Liao Yulin, 2004. 505 pp., 244 figs., 6 pls.

Invertebrata vol. 41 Crustacea: Amphipoda: Gammaridea I. Ren Xianqiu, 2006. 588 pp., 194 figs.

Invertebrata vol. 42 Crustacea: Cirripedia: Thoracica. Liu Ruiyu and Ren Xianqiu, 2007. 632 pp., 239 figs.

Invertebrata vol. 43 Crustacea: Amphipoda: Gammaridea II. Ren Xianqiu, 2012. 651 pp., 197 figs.

Invertebrata vol. 44 Crustacea: Decapoda: Palaemonoidea. Li Xinzheng, Liu Ruiyu, Liang Xingqiu and Chen Guoxiao, 2007. 381 pp., 157 figs.

Invertebrata vol. 45 Ciliophora: Oligohymenophorea: Peritrichida. Shen Yunfen and Gu Manru, 2016. 502 pp., 164 figs., 2 pls.

Invertebrata vol. 46 Sipuncula, Echiura. Zhou Hong, Li Fenglu and Wang Wei, 2007. 206 pp., 95 figs.

Invertebrata vol. 47 Arachnida: Acari: Phytoseiidae. Wu weinan, Ou Jianfeng and Huang Jingling. 2009. 511 pp., 287 figs., 9 pls.

Invertebrata vol. 48 Mollusca: Bivalvia: Lucinacea, Carditacea, Crassatellacea and Cardiacea. Xu Fengshan. 2012. 239 pp., 133 figs.

Invertebrata vol. 49 Crustacea: Decapoda: Portunidae. Yang Siliang, Chen Huilian and Dai Aiyun. 2012. 417 pp., 138 figs., 14 pls.

Invertebrata vol. 50 Tardigrada. Yang Tong. 2015. 279 pp., 131 figs., 5 pls.

Invertebrata vol. 51 Nematoda: Rhabditida: Strongylata (II). Zhang Luping and Kong Fanyao. 2014. 316 pp., 97 figs., 19 pls.

Invertebrata vol. 52 Platyhelminthes: Trematoda: Dgenea (III). Qiu Zhaozhi *et al.* 2018. 746 pp., 401 figs.

Invertebrata vol. 53 Arachnida: Araneae: Salticidae. Peng Xianjin.2020. 612pp., 392 figs.

Invertebrata vol. 54 Annelida: Polychaeta (III): Sabellida. Sun Ruiping and Yang Dejian. 2014. 493 pp., 239 figs., 2 pls.

Invertebrata vol. 55 Mollusca: Gastropoda: Conidae. Li Fenglan and Lin Minyu. 2016. 288 pp., 168 figs., 4 pls.

Invertebrata vol. 56 Mollusca: Gastropoda: Strombacea and Naticacea. Zhang Suping. 2016. 318 pp., 138 figs., 10 pls.

Invertebrata vol. 57 Mollusca: Bivalvia: Tellinidae and Semelidae. Xu Fengshan and Zhang Junlong. 2017.

236 pp., 50 figs., 15 pls.

Invertebrata vol. 58 Mollusca: Gastropoda: Enoidea. Wu Min. 2018. 300 pp., 63 figs., 6 pls.

Invertebrata vol. 59 Arachnida: Araneae: Agelenidae and Amaurobiidae. Zhu Mingsheng, Wang Xinping and Zhang Zhisheng. 2017. 727 pp., 384 figs., 5 pls.

Invertebrata vol. 60 Rotifera: Monogononta. Xi Yilong, Zhuge Yan and Huang Xiangfei. 2025. 646 pp., 549 figs.

Invertebrata vol. 62 Mollusca: Gastropoda: Muricidae. Zhang Suping. 2022. 428 pp., 250 figs.

Invertebrata vol. 63 Crustacea: Amphipoda: Gammaridea (III). Hou Zhonge, Li Shuqiang and Zheng Yami. 2024. 663 pp., 493 figs.

ECONOMIC FAUNA OF CHINA

Mammals. Shou Zhenhuang *et al.*, 1962. 554 pp., 153 figs., 72 pls.

Aves. Cheng Tsohsin *et al.*, 1963. 694 pp., 10 figs., 64 pls.

Marine fishes. Chen Qingtai *et al.*, 1962. 174 pp., 25 figs., 32 pls.

Freshwater fishes. Wu Xianwen *et al.*, 1963. 159 pp., 122 figs., 30 pls.

Parasitic Crustacea of Freshwater Fishes. Kuang Puren and Qian Jinhui, 1991. 203 pp., 110 figs.

Annelida. Echinodermata. Prorochordata. Wu Baoling *et al.*, 1963. 141 pp., 65 figs., 16 pls.

Marine mollusca. Zhang Xi and Qi Zhougyan, 1962. 246 pp., 148 figs.

Freshwater molluscs. Liu Yueyin *et al.*, 1979.134 pp., 110 figs.

Terrestrial molluscs. Chen Deniu and Gao Jiaxiang, 1987. 186 pp., 224 figs.

Parasitic worms. Wu Shuqing, Yin Wenzhen and Shen Shouxun, 1960. 368 pp., 158 figs.

Economic birds of China (Second edition). Cheng Tsohsin, 1993. 619 pp., 64 pls.

ECONOMIC INSECT FAUNA OF CHINA

Fasc. 1 Coleoptera: Cerambycidae. Chen Sicien *et al.*, 1959. 120 pp., 21 figs., 40 pls.

Fasc. 2 Hemiptera: Pentatomidae. Yang Weiyi, 1962. 138 pp., 11 figs., 10 pls.

Fasc. 3 Lepidoptera: Noctuidae I. Chu Hongfu and Chen Yixin, 1963. 172 pp., 22 figs., 10 pls.

Fasc. 4 Coleoptera: Tenebrionidae. Zhao Yangchang, 1963. 63 pp., 27 figs., 7 pls.

Fasc. 5 Coleoptera: Coccinellidae. Liu Chongle, 1963. 101 pp., 27 figs., 11pls.

Fasc. 6 Lepidoptera: Noctuidae II. Chu Hongfu *et al.*, 1964. 183 pp., 11 pls.

Fasc. 7 Lepidoptera: Noctuidae III. Chu Hongfu, Fang Chenglai and Wang Lingyao, 1963. 120 pp., 28 figs., 31 pls.

Fasc. 8 Isoptera: Termitidae. Cai Bonghua and Chen Ningsheng, 1964. 141 pp., 79 figs., 8 pls.

Fasc. 9 Hymenoptera: Apoidea. Wu Yanru, 1965. 83 pp., 40 figs., 7 pls.

Fasc. 10 Homoptera: Cicadellidae. Ge Zhongling, 1966. 170 pp., 150 figs.

Fasc. 11 Lepidoptera: Tortricidae I. Liu Youqiao and Bai Jiuwei, 1977. 93 pp., 23 figs., 24 pls.

Fasc. 12 Lepidoptera: Lymantriidae I. Chao Chungling, 1978. 121 pp., 45 figs., 18 pls.

Fasc. 13 Diptera: Ceratopogonidae. Li Tiesheng, 1978. 124 pp., 104 figs.

Fasc. 14 Coleoptera: Coccinellidae II. Pang Xiongfei and Mao Jinlong, 1979. 170 pp., 164 figs., 16 pls.

Fasc. 15 Acarina: Lxodoidea. Teng Kuofan, 1978. 174 pp., 707 figs.

Fasc. 16 Lepidoptera: Notodontidae. Cai Rongquan, 1979. 166 pp., 126 figs., 19 pls.

Fasc. 17 Acarina: Camasina. Pan Zungwen and Teng Kuofan, 1980. 155 pp., 168 figs.

Fasc. 18 Coleoptera: Chrysomeloidea I. Tang Juanjie *et al.*, 1980. 213 pp., 194 figs., 18 pls.

Fasc. 19 Coleoptera: Cerambycidae II. Pu Fuji, 1980. 146 pp., 42 figs., 12 pls.

Fasc. 20 Coleoptera: Curculionidae I. Chao Yungchang and Chen Yuanqing, 1980. 184 pp., 73 figs., 14 pls.

Fasc. 21 Lepidoptera: Pyralidae. Wang Pingyuan, 1980. 229 pp., 40 figs., 32 pls.

Fasc. 22 Lepidoptera: Sphingidae. Zhu Hongfu and Wang Lingyao, 1980. 84 pp., 17 figs., 34 pls.

Fasc. 23 Acariformes: Tetranychoidea. Wang Huifu, 1981. 150 pp., 121 figs., 4 pls.

Fasc. 24 Homoptera: Pseudococcidae. Wang Tzeching, 1982. 119 pp., 75 figs.

Fasc. 25 Homoptera: Aphidinea I. Zhang Guangxue and Zhong Tiesen, 1983. 387 pp., 207 figs., 32 pls.

Fasc. 26 Diptera: Tabanidae. Wang Zunming, 1983. 128 pp., 243 figs., 8 pls.

Fasc. 27 Homoptera: Delphacidae. Kuoh Changlin *et al.*, 1983. 166 pp., 132 figs., 13 pls.

Fasc. 28 Coleoptera: Larvae of Scarabaeoidae. Zhang Zhili, 1984. 107 pp., 17. figs., 21 pls.

Fasc. 29 Coleoptera: Scolytidae. Yin Huifen, Huang Fusheng and Li Zhaoling, 1984. 205 pp., 132 figs., 19 pls.

Fasc. 30 Hymenoptera: Vespoidea. Li Tiesheng, 1985. 159pp., 21 figs., 12pls.

Fasc. 31 Hemiptera I. Zhang Shimei, 1985. 242 pp., 196 figs., 59 pls.

Fasc. 32 Lepidoptera: Noctuidae IV. Chen Yixin, 1985. 167 pp., 61 figs., 15 pls.

Fasc. 33 Lepidoptera: Arctiidae. Fang Chenglai, 1985. 100 pp., 69 figs., 10 pls.

Fasc. 34 Hymenoptera: Chalcidoidea I. Liao Dingxi *et al.*, 1987. 241 pp., 113 figs., 24 pls.

Fasc. 35 Coleoptera: Cerambycidae III. Chiang Shunan. Pu Fuji and Hua Lizhong, 1985. 189 pp., 2 figs., 13 pls.

Fasc. 36 Homoptera: Fulgoroidea. Chou Io *et al.*, 1985. 152 pp., 125 figs., 2 pls.

Fasc. 37 Diptera: Anthomyiidae. Fan Zide *et al.*, 1988. 396 pp., 1215 figs., 10 pls.

Fasc. 38 Diptera: Ceratopogonidae II. Lee Tiesheng, 1988. 127 pp., 107 figs.

Fasc. 39 Acari: Ixodidae. Teng Kuofan and Jiang Zaijie, 1991. 359 pp., 354 figs.

Fasc. 40 Acari: Dermanyssoideae. Teng Kuofan *et al.*, 1993. 391 pp., 318 figs.

Fasc. 41 Hymenoptera: Pteromalidae I. Huang Dawei, 1993. 196 pp., 252 figs.

Fasc. 42 Lepidoptera: Lymantriidae II. Chao Chungling, 1994. 165 pp., 103 figs., 10 pls.

Fasc. 43 Homoptera: Coccidea. Wang Tzeching, 1994. 302 pp., 107 figs.

Fasc. 44 Acari: Eriophyoidea I. Kuang Haiyuan, 1995. 198 pp., 163 figs., 7 pls.

Fasc. 45 Diptera: Tabanidae II. Wang Zunming, 1994. 196 pp., 182 figs., 8 pls.

Fasc. 46 Coleoptera: Cetoniidae, Trichiidae, Valgidae. Ma Wenzhen, 1995. 210 pp., 171 figs., 5 pls.

Fasc. 47 Hymenoptera: Formicidae I. Tang Jub, 1995. 134 pp., 135 figs.

Fasc. 48 Ephemeroptera. You Dashou *et al.*, 1995. 152 pp., 154 figs.

Fasc. 49 Trichoptera I: Hydroptilidae, Stenopsychidae, Hydropsychidae, Leptoceridae. Tian Lixin *et al.*, 1996. 195 pp., 271 figs., 2 pls.

Fasc. 50 Hemiptera II. Zhang Shimei *et al.*, 1995. 169 pp., 46 figs., 24 pls.

Fasc. 51 Hymenoptera: Ichneumonidae. He Junhua, Chen Xuexin and Ma Yun, 1996. 697 pp., 434 figs.

Fasc. 52 Hymenoptera: Sphecidae. Wu Yanru and Zhou Qin, 1996. 197 pp., 167 figs., 14 pls.

Fasc. 53 Acari: Phytoseiidae. Wu Weinan *et al.*, 1997. 223 pp., 169 figs., 3 pls.

Fasc. 54 Coleoptera: Chrysomeloidea II. Yu Peiyu *et al.*, 1996. 324 pp., 203 figs., 12 pls.

Fasc. 55 Thysanoptera. Han Yunfa, 1997. 513 pp., 220 figs., 4 pls.

1. 亮艾维茧蜂 *Aivalykus nitidus* Belokobylskij *et* Chen：A. 整体，侧面观；B. 头，背面观；C. 头，前面观；D. 前翅；E. 胸部，侧面观；F. 腹部，背面观；G. 胸部，背面观。标尺=0.5 mm

2. 海南拟条背茧蜂 *Arhaconotus hainanensis* Tang *et* Chen：A. 整体，侧面观；B. 腹部 1–4 节，背面观；C. 头，前面观；D. 头，背面观；E. 腹部 5–6 节，背面观；F. 翅；G. 腹部第 6 背板端缘；H. 腹部，侧面观；I. 胸部，侧面观；J. 腹部第 1–2 节，侧面观。标尺=0.5 mm

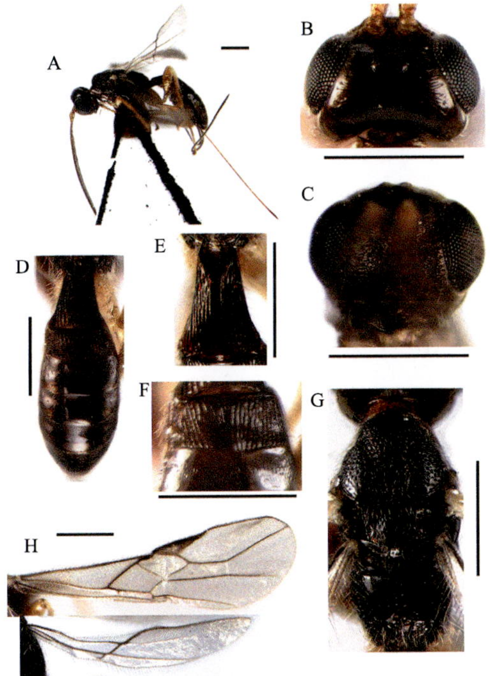

3. 广东亚洲陡盾茧蜂 *Asiaontsira cantonica* Belokobylskij, Tang *et* Chen：A. 整体，侧面观；B. 头，背面观；C. 头，前面观；D. 腹部，背面观；E. 腹部第 1 背板；F. 腹部第 2–3 节，背面观；G. 胸部，背面观；H. 翅。标尺=0.5 mm

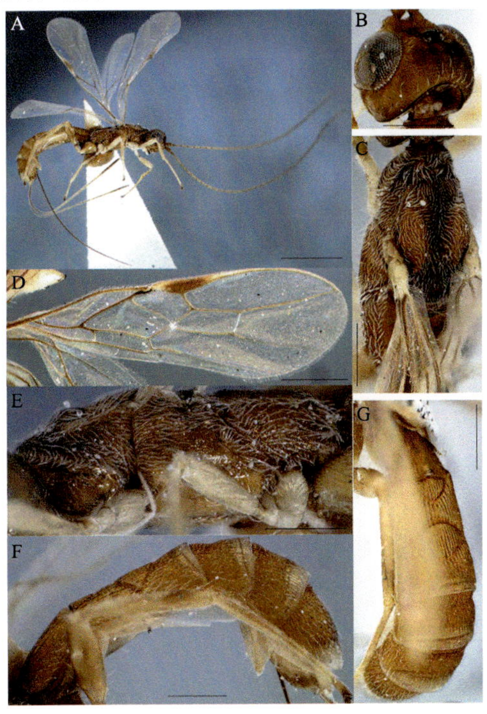

4. 金黄深居矛茧蜂 *Bathycentor aurus* (Chen *et* Shi)：A. 整体，侧面观；B. 头，背面观；C. 胸部，背面观；D. 前翅；E. 胸部，侧面观；F. 腹部，侧面观；G. 腹部，背面观。标尺=0.5 mm

图版 II

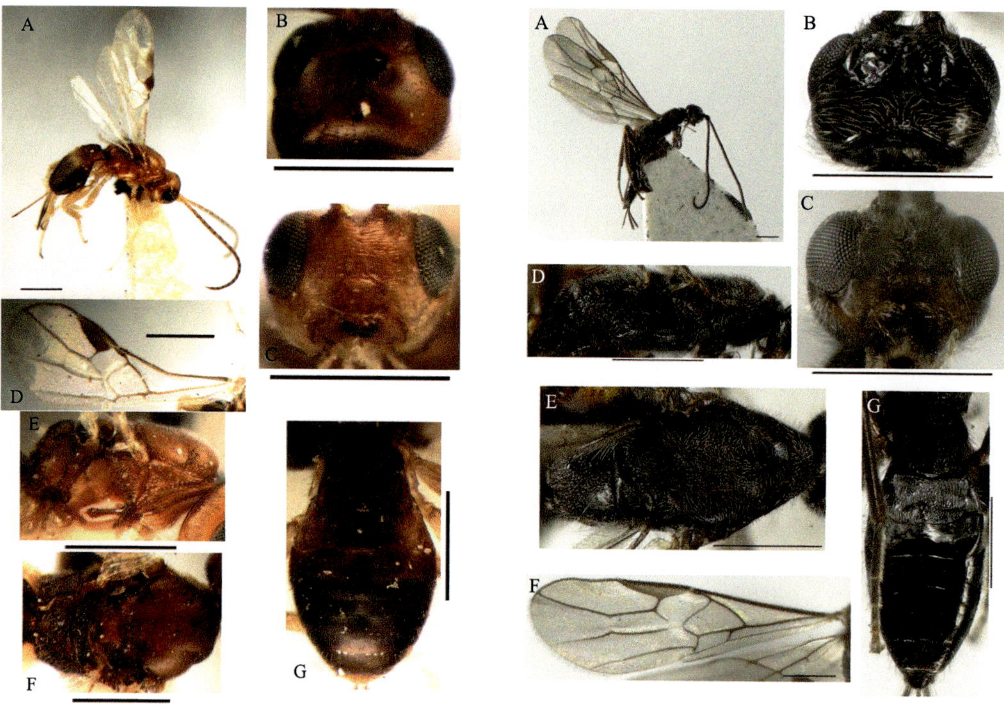

1. 小隐陡盾茧蜂 *Cryptontsira parva* (Muesebeck)：A. 整体，侧面观；B. 头，背面观；C. 头，前面观；D. 前翅；E. 胸部，侧面观；F. 胸部，背面观；G. 腹部，背面观。标尺=0.5 mm

2. 短尾矛茧蜂，新种 *Doryctes curticaudis* Tang *et* Chen, sp. nov.：A. 整体，侧面观；B. 头，背面观；C. 头，前面观；D. 胸部，侧面观；E. 胸部，背面观；F. 前翅；G. 腹部，背面观。标尺=0.5 mm

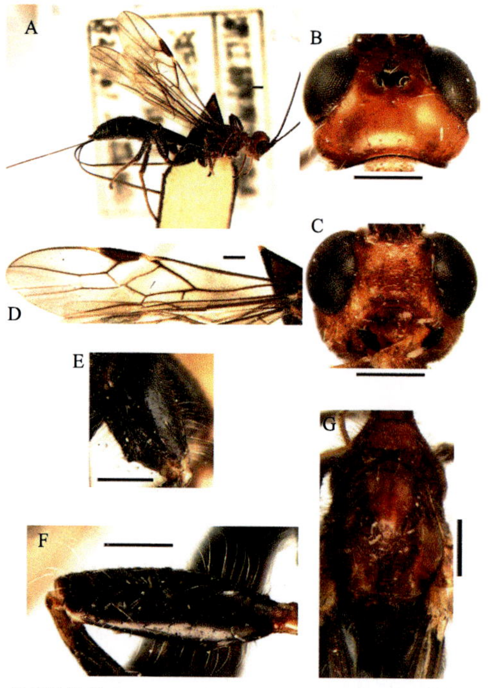

3. 齿基矛茧蜂 *Doryctes denticoxa* Belokobylskij：A. 整体，侧面观；B. 头，背面观；C. 头，前面观；D. 前翅；E. 后足基节，侧面观；F. 后足腿节，侧面观；G. 胸部，背面观。标尺=0.5 mm

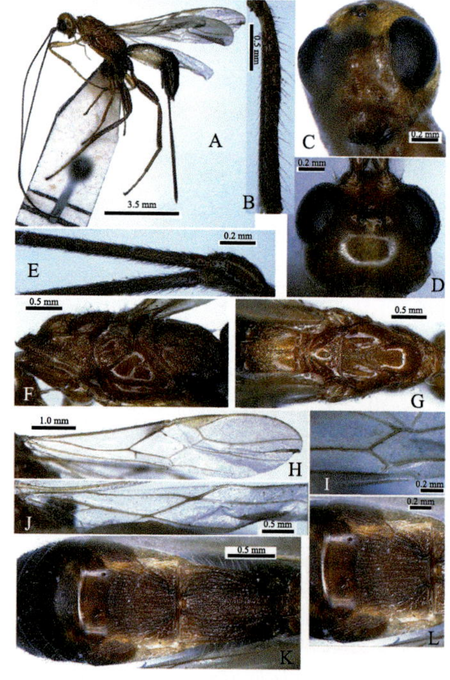

4. 黄痣矛茧蜂 *Doryctes flavistigma* Belokobylskij, Tang, He *et* Chen：A. 整体，侧面观；B. 后足胫节，侧面观；C. 头，前面观；D. 头，背面观；E. 触角，侧面观；F. 胸部，侧面观；G. 胸部，背面观；H. 前翅；I. 前翅第 1 亚盘室；J. 后翅；K. 腹部，背面观；L. 腹部第 2 节，背面观

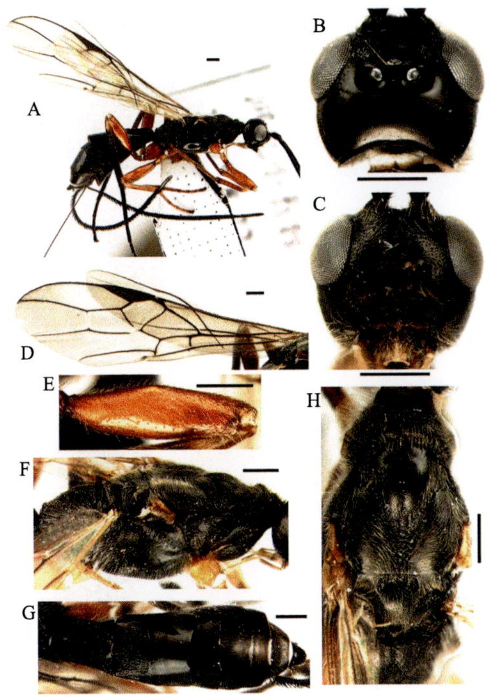

1. 俄罗斯矛茧蜂 *Doryctes gyljak* Shestakov：A. 整体，侧面观；B. 头，背面观；C. 头，前面观；D. 前翅；E. 后足腿节，侧面观；F. 胸部，侧面观；G. 腹部，背面观；H. 胸部，背面观。标尺=0.5 mm

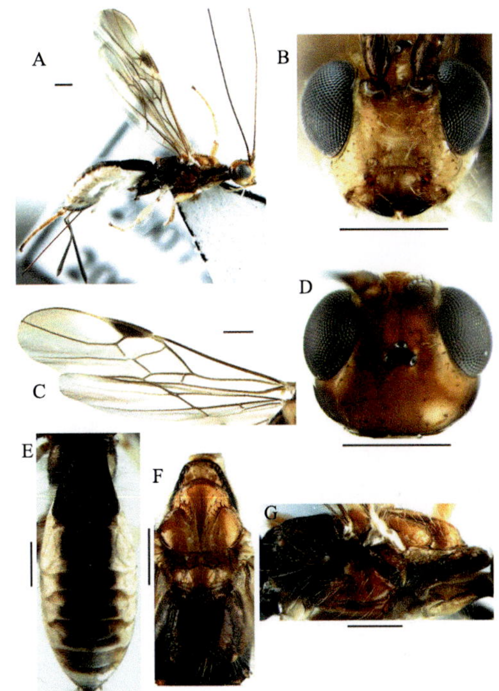

2. 海南矛茧蜂 *Doryctes hainanensis* Belokobylskij, Tang, He *et* Chen：A. 整体，侧面观；B. 头，前面观；C. 翅；D. 头，背面观；E. 腹部，背面观；F. 胸部，背面观；G. 胸部，侧面观。标尺=0.5 mm

3. 海丁矛茧蜂 *Doryctes hedini* (Fahringer)：A. 整体，侧面观；B. 头，背面观；C. 头，侧面观；D. 前翅；E. 胸部，侧面观；F. 胸部，背面观；G. 腹部，背面观。标尺=0.5 mm

4. 河南矛茧蜂 *Doryctes henanensis* Li *et* van Achterberg（仿 Li *et al.*，2015a）：A. 头，前面观；B. 头，背面观；C. 触角基部，侧面观；D. 胸部，背面观；E. 胸部，侧面观；F. 并胸腹节，背面观；G. 后足基节，侧面观；H. 后足腿节，侧面观；I. 后足胫节，侧面观；J. 后足跗节，侧面观；K. 翅；L. 腹部，背面观

图版 IV

1. 亨利矛茧蜂 *Doryctes henryi* Belokobylskij：A. 整体，侧面观；B. 头，背面观；C. 头，侧面观；D. 翅；E. 胸部，背面观；F. 胸部，侧面观；G. 腹部，背面观。标尺=0.5 mm

2. 马来矛茧蜂 *Doryctes malayensis* (Fullaway)：A. 整体，侧面观；B. 头，背面观；C. 头，前面观；D. 前翅；E. 胸部，背面观；F. 胸部，侧面观；G. 腹部，背面观。标尺=0.5 mm

3. 马云矛茧蜂 *Doryctes mayunae* Belokobylskij, Tang, He *et* Chen：A. 整体，侧面观；B. 后足胫节，侧面观；C. 头，前面观；D. 头，背面观；E. 触角，侧面观；F. 胸部，背面观；G. 胸部，侧面观；H. 翅；I. 前翅第 1 亚盘室；J. 腹部，背面观；K. 并胸腹节和腹部第 1 节，背面观

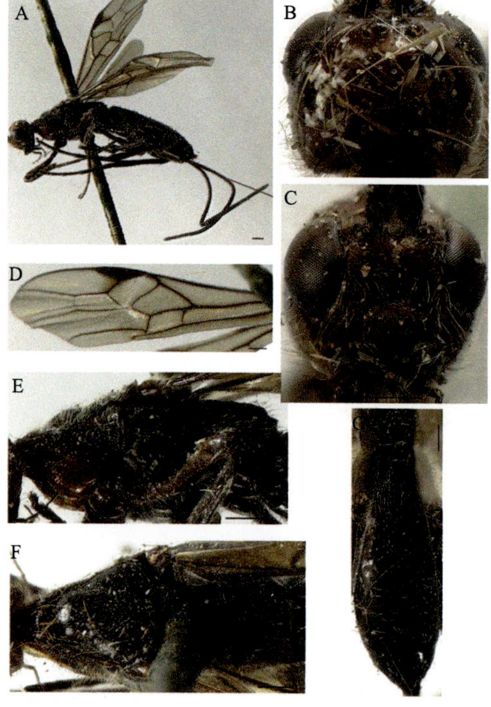

4. 具柄矛茧蜂 *Doryctes petiolatus* Shestakov：A. 整体，侧面观；B. 头，背面观；C. 头，前面观；D. 前翅；E. 胸部，侧面观；F. 胸部，背面观；G. 腹部，背面观。标尺=0.5 mm

1. 条纹矛茧蜂 *Doryctes striatellus* (Nees)：A. 整体，侧面观；B. 头，背面观；C. 头，前面观；D. 翅；E. 胸部，背面观；F. 胸部，侧面观；G. 腹部，背面观。标尺=0.5 mm

2. 波浪矛茧蜂 *Doryctes undulatus* (Ratzeburg)：A. 整体，侧面观；B. 头，背面观；C. 头，前面观；D. 翅；E. 胸部，背面观；F. 胸部，侧面观；G. 腹部，背面观。标尺=0.5 mm

3. 余吴矛茧蜂 *Doryctes yogoi* Watanabe：A. 整体，侧面观；B. 头，背面观；C. 头，前面观；D. 翅；E. 胸部，侧面观；F. 胸部，背面观；G. 腹部，背面观。标尺=0.5 mm

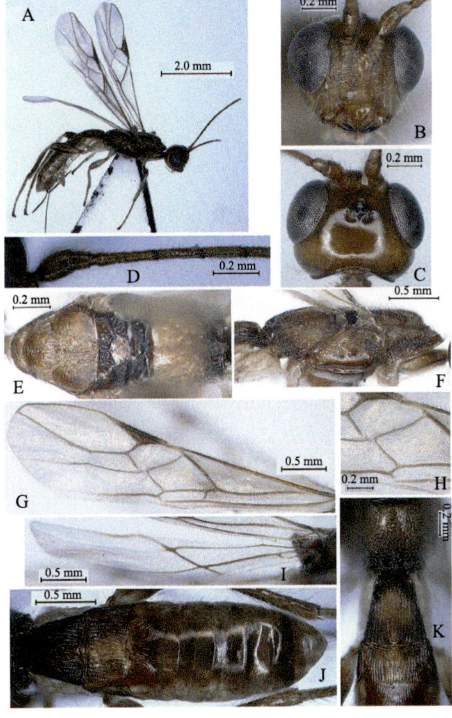

4. 云南矛茧蜂 *Doryctes yunnanicus* Belokobylskij, Tang, He *et* Chen：A. 整体，侧面观；B. 头，前面观；C. 头，背面观；D. 触角，侧面观；E. 胸部，背面观；F. 胸部，侧面观；G. 前翅；I. 后翅；H. 前翅第 1 亚盘室；J. 腹部，背面观；K. 并胸腹节和腹部第 1–2 节，背面观

图版 VI

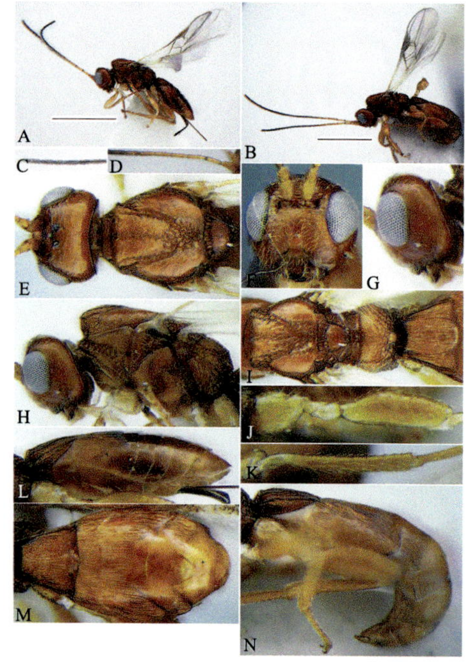

1. 林氏异腹茧蜂 *Ecphylus lini* Belokobylskij：雌(A, C–L)，雄(B, M, N). A, B. 整体，侧面观；C, D. 触角端部和基部；E. 头和中胸盾片；F, G. 头，前面观和侧面观；H. 头和胸部；I. 胸部和腹部第 1 背板；J. 后足基节和腿节；K. 后足胫节；L, N. 腹部，侧面观；M. 腹部，背面观。标尺=1.0 mm

2. 西里西亚异腹茧蜂 *Ecphylus silesiacus* (Ratzeburg)：A. 整体，侧面观；B. 头，背面观；C. 头，前面观；D. 前翅；E. 胸部，侧面观；F. 腹部，背面观；G. 胸部，背面观。标尺=0.5 mm

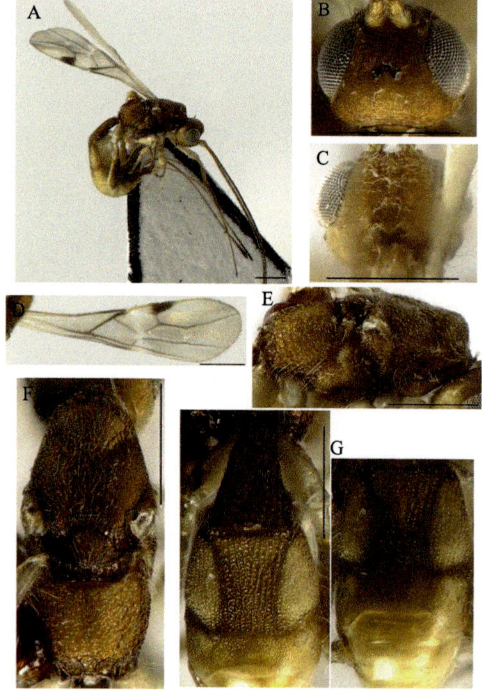

3. 和平拢沟茧蜂 *Eodendrus hoabinicus* Belokobylskij *et* Long：A. 整体，侧面观；B. 头，背面观；C. 头，前面观；D. 前翅；E. 胸部，侧面观；F. 胸部，背面观；G. 腹部，背面观。标尺=0.5 mm

4. 具柄拢沟茧蜂 *Eodendrus petiolatus* Belokobylskij *et* Chen：A. 整体，侧面观；B. 头，背面观；C. 头，前面观；D. 前翅；E. 胸部，侧面观；F. 胸部，背面观；G. 腹部，背面观。标尺=0.5 mm

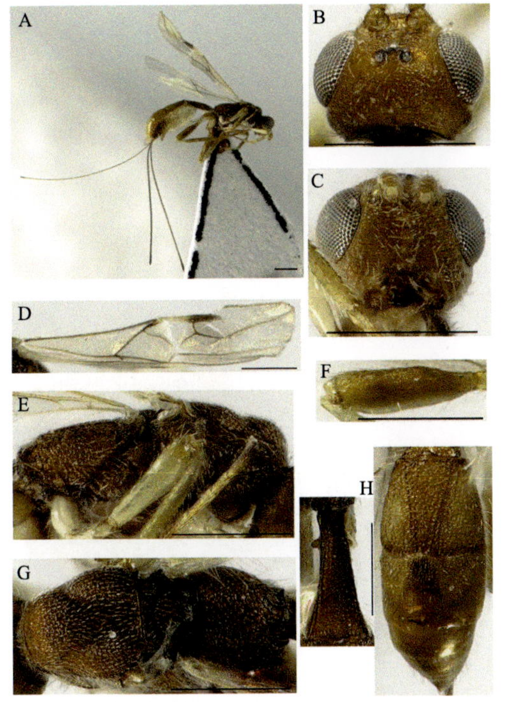

1. 网纹拢沟茧蜂 *Eodendrus reticulatus* Wang *et* Chen：A. 整体，侧面观；B. 头，背面观；C. 头，前面观；D. 前翅；E. 胸部，侧面观；F. 后足腿节，侧面观；G. 胸部，背面观；H. 腹部，背面观。标尺=0.5 mm

2. 沙捞越异足茧蜂 *Euscelinus sarawacus* Westwood：A. 整体，侧面观；B. 翅；C. 头，前面观；D. 头，背面观；E. 触角，侧面观；F. 胸部，背面观；G. 腹部，背面观；H. 后足腿节，侧面观。标尺=0.5 mm

3. 福建瓜娅茧蜂 *Guaygata fujianensis* Tang, Belokobylskij *et* Chen：A. 整体，侧面观；B. 腹部，背面观；C. 前翅；D. 胸部，侧面观；E. 胸部，背面观；F. 头，前面观；G. 头，背面观。标尺=0.5 mm

4. 海瓜娅茧蜂 *Guaygata mariae* (Belokobylskij)：A. 整体，侧面观；B. 头，背面观；C. 头，前面观；D. 前翅；E. 胸部，背面观；F. 胸部，侧面观；G. 腹部，背面观。标尺=0.5 mm

图版 VIII

1. 刘氏扁矛茧蜂 *Halycaea liui* Tang, Belokobylskij, van Achterberg *et* Chen：A. 整体，侧面观；B. 头，背面观；C. 胸部，背面观；D. 后足腿节，侧面观；E. 头，前面观；F. 前翅；G. 腹部，背面观。标尺=0.5 mm

2. 长背扁矛茧蜂 *Halycaea longitergum* Tang, Belokobylskij, van Achterberg *et* Chen：A. 整体，侧面观；B. 腹部，背面观；C. 前翅；D. 胸部，侧面观；E. 腹部第 3–4 节，侧面观；F. 后足腿节，侧面观。标尺=0.5 mm

3. 黑基扁矛茧蜂 *Halycaea nigricoxis* Tang, Belokobylskij, van Achterberg *et* Chen：A. 整体，侧面观；B. 头，前面观；C. 前翅；D. 头，背面观；E. 腹部，背面观；F. 胸部，背面观；G. 后足腿节，侧面观。标尺=0.5 mm

4. 红扁矛茧蜂 *Halycaea rubata* Belokobylskij：A. 整体，侧面观；B. 头，背面观；C. 头，前面观；D. 前翅；E. 后足基节，侧面观；F. 胸部，背面观；G. 腹部，背面观。标尺=0.5 mm

1. 五指扁矛茧蜂 *Halycaea wuzhiensis* Tang, Belokobylskij, van Achterberg *et* Chen：A. 整体，侧面观；B. 头，背面观；C. 后足腿节，侧面观；D. 腹部，背面观；E. 头，前面观；F. 前翅；G. 胸部，背面观。标尺=0.5 mm

2. 亚洲拟方头茧蜂 *Hecabolomorpha asiaticum* Belokobylskij *et* Chen：A. 整体，侧面观；B. 头，背面观；C. 头，前面观；D. 前翅；E. 胸部，侧面观；F. 胸部，背面观；G. 腹部，背面观。标尺=0.5 mm

3. 艳断脉茧蜂 *Heterospilus rubrocinctus* (Ashmead)：A. 整体，侧面观；B. 头，背面观；C. 头，前面观；D. 前翅；E. 胸部，侧面观；F. 胸部，背面观；G. 腹部，背面观。标尺=0.5 mm

4. 白端断脉茧蜂 *Heterospilus alboapicalis* Belokobylskij：A. 整体，侧面观；B. 头，背面观；C. 头，前面观；D. 前翅；E. 胸部，侧面观；F. 胸部，背面观；G. 腹部，背面观。标尺=0.5 mm

图版 X

1. 间色断脉茧蜂 *Heterospilus alternicoloratus* Tang, Belokobylskij, He *et* Chen：A. 整体，侧面观；B. 头，背面观；C. 头，前面观；D. 前翅；E. 触角，侧面观；F. 腹部，背面观；G. 胸部，侧面观；H. 并胸腹节，背面观；I. 中胸盾片，背面观。标尺=0.5 mm

2. 奥斯曼断脉茧蜂 *Heterospilus austriacus* (Szépligeti)：A. 整体，侧面观；B. 头，背面观；C. 头，前面观；D. 翅；E. 胸部，背面观；F. 胸部，侧面观；G. 腹部，背面观。标尺=0.5 mm

3. 斑头断脉茧蜂 *Heterospilus balicyba* Tang, Belokobylskij, He *et* Chen：A. 整体，侧面观；B. 头，前面观；C. 头，背面观；D. 前翅；E. 触角，侧面观；F. 腹部，背面观；G. 胸部，侧面观；H. 中胸盾片，背面观；I. 并胸腹节，背面观。标尺=0.5 mm

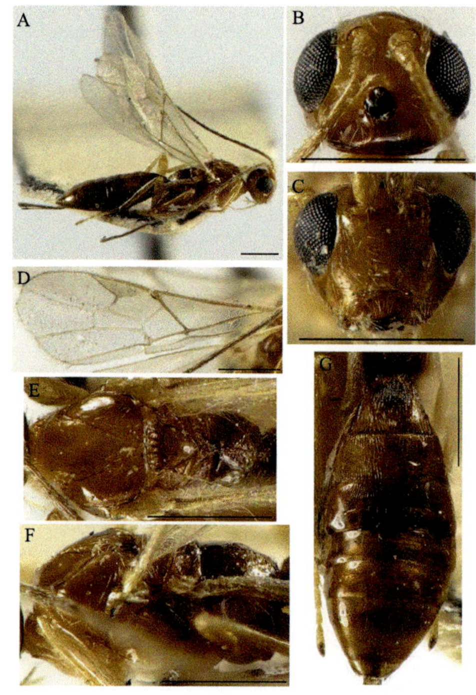

4. 冠断脉茧蜂 *Heterospilus cephi* Rohwer：A. 整体，侧面观；B. 头，背面观；C. 头，前面观；D. 前翅；E. 胸部，侧面观；F. 胸部，背面观；G. 腹部，背面观。标尺=0.5 mm

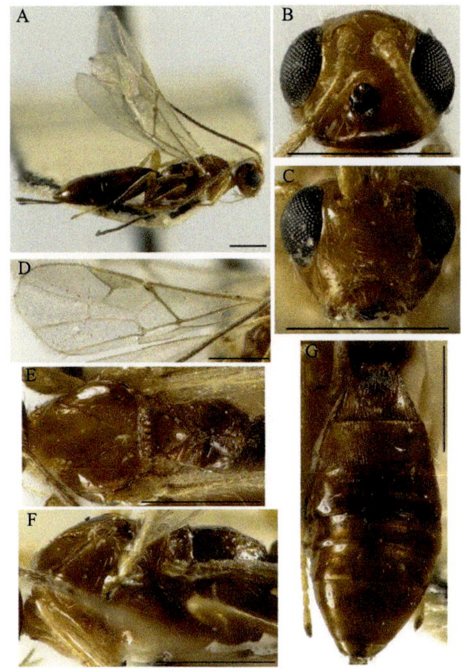

1. 中华断脉茧蜂 *Heterospilus chinensis* Chen *et* Shi：A. 整体，侧面观；B. 头，背面观；C. 头，前面观；D. 前翅；E. 胸部，背面观；F. 胸部，侧面观；G. 腹部，背面观。标尺=0.5 mm

2. 祝氏断脉茧蜂 *Heterospilus chui* Tang, Belokobylskij, He *et* Chen：A. 整体，侧面观；B. 头，背面观；C. 头，前面观；D. 前翅；E. 触角，侧面观；F. 胸部，侧面观；G. 腹部，背面观；H. 中胸盾片，背面观；I. 并胸腹节，背面观。标尺=0.5 mm

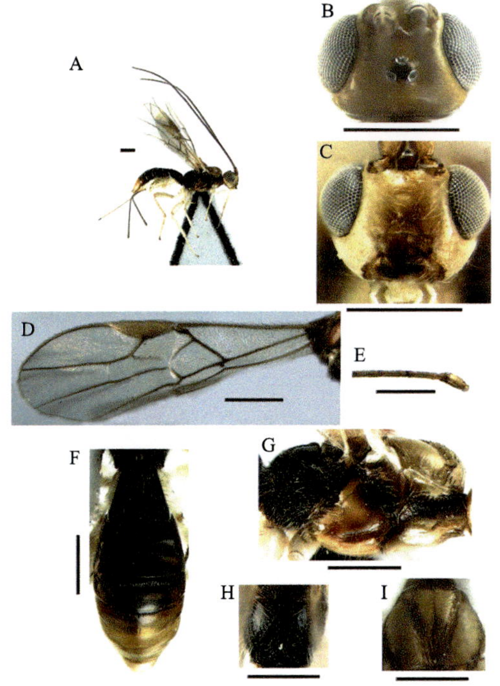

3. 弯沟断脉茧蜂 *Heterospilus curvisulcus* Tang, Belokobylskij, He *et* Chen：A. 整体，侧面观；B. 头，背面观；C. 头，前面观；D. 前翅；E. 触角，侧面观；F. 腹部，背面观；G. 胸部，侧面观；H. 并胸腹节，背面观；I. 中胸盾片，背面观。标尺=0.5 mm

4. 密纹断脉茧蜂 *Heterospilus densistriatus* Tang, Belokobylskij, He *et* Chen：A. 整体，侧面观；B. 头，背面观；C. 头，前面观；D. 翅；E. 触角，侧面观；F. 胸部，侧面观；G. 腹部，背面观；H. 并胸腹节，背面观；I. 中胸盾片，背面观。标尺=0.5 mm

图版 XII

1. 修断脉茧蜂 *Heterospilus extasus* Papp：A. 整体，侧面观；B. 头，背面观；C. 头，前面观；D. 前翅；E. 胸部，背面观；F. 胸部，侧面观；G. 腹部，背面观。标尺=0.5 mm

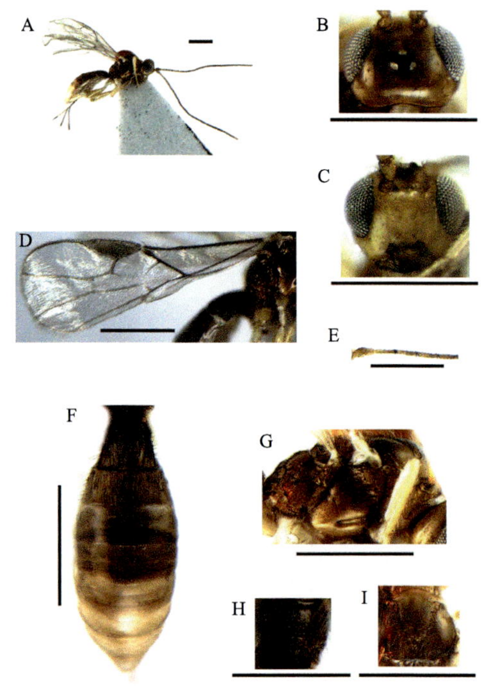

2. 福建断脉茧蜂 *Heterospilus fujianensis* Tang, Belokobylskij, He *et* Chen：A. 整体，侧面观；B. 头，背面观；C. 头，前面观；D. 前翅；E. 触角，侧面观；F. 腹部，背面观；G. 胸部，侧面观；H. 并胸腹节，背面观；I. 中胸盾片，背面观。标尺=0.5 mm

3. 半黄断脉茧蜂 *Heterospilus hemitestaceus* Belokobylskij：A. 整体，侧面观；B. 头，背面观；C. 头，前面观；D. 前翅；E. 胸部，背面观；F. 胸部，侧面观；G. 腹部，背面观。标尺=0.5 mm

4. 尖峰断脉茧蜂 *Heterospilus jianfengensis* Tang, Belokobylskij, He *et* Chen：A. 整体，侧面观；B. 头，背面观；C. 头，前面观；D. 前翅；E. 触角，侧面观；F. 腹部，背面观；G. 胸部，侧面观；H. 并胸腹节，背面观；I. 中胸盾片，背面观。标尺=0.5 mm

1. 肯氏断脉茧蜂 *Heterospilus kerzhneri* Belokobylskij *et* Maeto：A. 整体，侧面观；B. 头，背面观；C. 头，前面观；D. 前翅；E. 胸部，侧面观；F. 胸部，背面观；G. 腹部，背面观。标尺=0.5 mm

2. 小断脉茧蜂 *Heterospilus leptosoma* Fischer：A. 整体，侧面观；B. 头，背面观；C. 头，前面观；D. 前翅；E. 胸部，侧面观；F. 胸部，背面观；G. 腹部，背面观。标尺=0.5 mm

3. 刘氏断脉茧蜂 *Heterospilus liui* Tang, Belokobylskij, He *et* Chen：A. 整体，侧面观；B. 头，背面观；C. 头，前面观；D. 翅；E. 触角，侧面观；F. 腹部，背面观；G. 胸部，侧面观；H. 中胸盾片，背面观；I. 并胸腹节，背面观。标尺=0.5 mm

4. 长腹断脉茧蜂 *Heterospilus longiventrius* Tang, Belokobylskij, He *et* Chen：A. 整体，侧面观；B. 头，背面观；C. 头，前面观；D. 翅；E. 触角，侧面观；F. 腹部，背面观；G. 胸部，侧面观；H. 中胸盾片，背面观；I. 并胸腹节，背面观。标尺=0.5 mm

图版 XIV

1. 南岭断脉茧蜂 *Heterospilus nanlingensis* Tang, Belokobylskij, He *et* Chen：A. 整体，侧面观；B. 头，背面观；C. 头，前面观；D. 前翅；E. 胸部，侧面观；F. 胸部，背面观；G. 腹部，背面观。标尺=0.5 mm

2. 微断脉茧蜂 *Heterospilus parvus* Tang, Belokobylskij, He *et* Chen：A. 整体，侧面观；B. 头，背面观；C. 头，前面观；D. 前翅；E. 触角，侧面观；F. 腹部，背面观；G. 胸部，侧面观；H. 中胸盾片，背面观；I. 并胸腹节，背面观。标尺=0.5 mm

3. 奇怪断脉茧蜂 *Heterospilus prodigiosus* Tang, Belokobylskij, He *et* Chen：A. 整体，侧面观；B. 头，背面观；C. 头，前面观；D. 前翅；E. 触角，侧面观；F. 腹部，背面观；G. 胸部，侧面观；H. 并胸腹节，背面观；I. 中胸盾片，背面观。标尺=0.5 mm

4. 刻点断脉茧蜂 *Heterospilus punctatus* Tang, Belokobylskij, He *et* Chen：A. 整体，侧面观；B. 头，背面观；C. 头，前面观；D. 翅；E. 腹部，背面观；F. 胸部，侧面观；G. 中胸盾片，背面观；H. 并胸腹节，背面观。标尺=0.5 mm

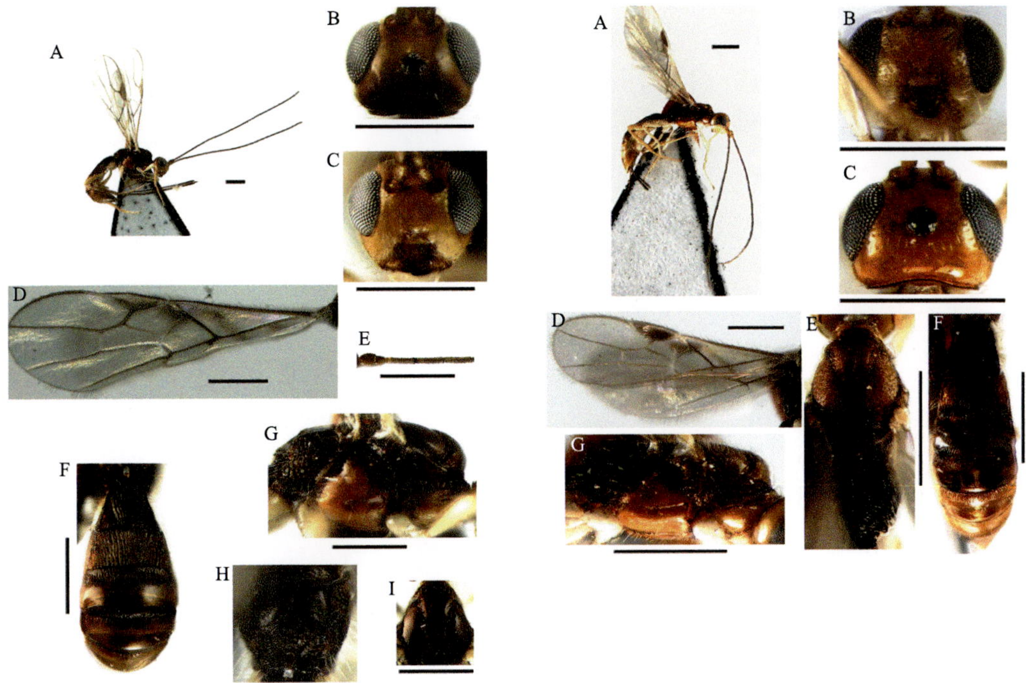

1. 清凉断脉茧蜂 *Heterospilus qingliangensis* Tang, Belokobylskij, He *et* Chen：A. 整体，侧面观；B. 头，背面观；C. 头，前面观；D. 前翅；E. 触角，侧面观；F. 腹部，背面观；G. 胸部，侧面观；H. 并胸腹节，背面观；I. 中胸盾片，背面观。标尺=0.5 mm

2. 半凹断脉茧蜂 *Heterospilus semidepressus* Tang, Belokobylskij, He *et* Chen：A. 整体，侧面观；B. 头，前面观；C. 头，背面观；D. 翅；E. 胸部，背面观；F. 腹部，背面观；G. 胸部，侧面观。标尺=0.5 mm

3. 离断脉茧蜂 *Heterospilus separatus* Fischer：A. 整体，侧面观；B. 头，背面观；C. 头，前面观；D. 前翅；E. 胸部，侧面观；F. 胸部，背面观；G. 腹部，背面观。标尺=0.5 mm

4. 毛盾断脉茧蜂 *Heterospilus setosiscutum* Tang, Belokobylskij, He *et* Chen：A. 整体，侧面观；B. 头，前面观；C. 头，背面观；D. 翅；E. 触角，侧面观；F. 胸部，侧面观；G. 胸部，背面观；H. 腹部，背面观。标尺=0.5 mm

图版 XVI

1. 多毛断脉茧蜂 *Heterospilus setosus* Tang, Belokobylskij, He *et* Chen：A. 整体，侧面观；B. 头，背面观；C. 头，前面观；D. 前翅；E. 中胸盾片，背面观；F. 胸部，侧面观；G. 腹部，背面观；H. 腹部第 3–6 背板。标尺=0.5 mm

2. 克里木断脉茧蜂 *Heterospilus tauricus* Telenga：A. 整体，侧面观；B. 头，背面观；C. 头，前面观；D. 前翅；E. 胸部，背面观；F. 胸部，侧面观；G. 腹部，背面观。标尺=0.5 mm

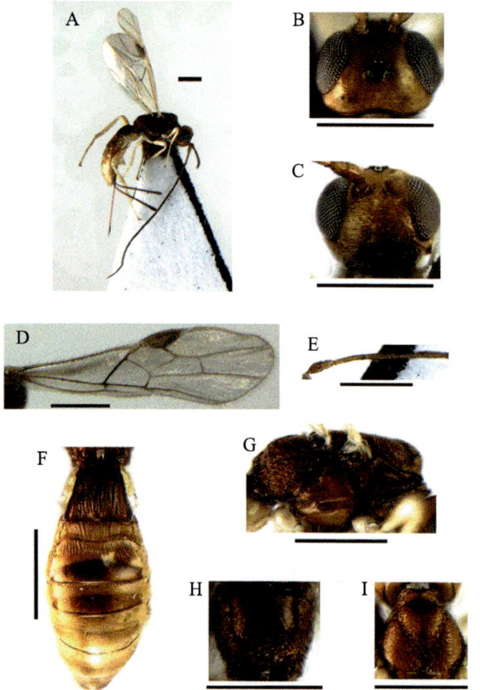

3. 窄腹断脉茧蜂 *Heterospilus tenuitergum* Tang, Belokobylskij, He *et* Chen：A. 整体，侧面观；B. 头，背面观；C. 头，前面观；D. 前翅；E. 触角，侧面观；F. 腹部，背面观；G. 胸部，侧面观；H. 并胸腹节，背面观；I. 中胸盾片，背面观。标尺=0.5 mm

4. 图丽断脉茧蜂 *Heterospilus tulyensis* Belokobylskij：A. 整体，侧面观；B. 头，背面观；C. 头，前面观；D. 前翅；E. 胸部，侧面观；F. 胸部，背面观；G. 腹部，背面观。标尺=0.5 mm

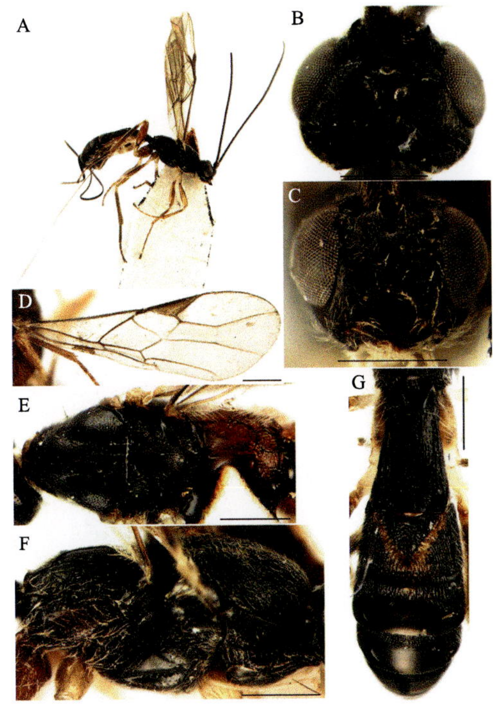

1. 二叶合沟茧蜂 *Hypodoryctes bilobus* (Shestakov)：A. 整体，侧面观；B. 头，背面观；C. 头，前面观；D. 前翅；E. 胸部，背面观；F. 胸部，侧面观；G. 腹部，背面观。标尺=0.5 mm

2. 风雅合沟茧蜂 *Hypodoryctes fuga* Belokobylskij *et* Chen：A. 整体，侧面观；B. 头，背面观；C. 头，前面观；D. 前翅；E. 胸部，侧面观；F. 胸部，背面观；G. 腹部，背面观。标尺=0.5 mm

3. 朗多合沟茧蜂 *Hypodoryctes rondo* Belokobylskij *et* Chen：A. 整体，侧面观；B. 头，背面观；C. 头，前面观；D. 翅；E. 胸部，背面观；F. 胸部，侧面观；G. 腹部，背面观。标尺=0.5 mm

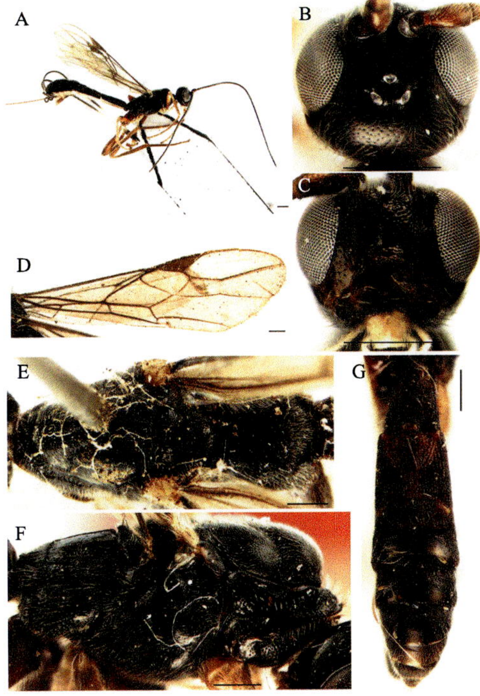

4. 圣利诺合沟茧蜂 *Hypodoryctes serenada* Belokobylskij *et* Chen：A. 整体，侧面观；B. 头，背面观；C. 头，前面观；D. 前翅；E. 胸部，背面观；F. 胸部，侧面观；G. 腹部，背面观。标尺=0.5 mm

图版 XVIII

1. 西伯利亚合沟茧蜂 *Hypodoryctes sibiricus* Kokujev：A. 整体，侧面观；B. 头，背面观；C. 头，前面观；D. 前翅；E. 胸部，侧面观；F. 胸部，背面观；G. 腹部，背面观。标尺=0.5 mm

2. 触合沟茧蜂 *Hypodoryctes tango* Belokobylskij *et* Chen：A. 整体，侧面观；B. 头，背面观；C. 头，前面观；D. 前翅；E. 胸部，背面观；F. 胸部，侧面观；G. 腹部，背面观。标尺=0.5 mm

3. 干合沟茧蜂 *Hypodoryctes torridus* Papp：A. 整体，侧面观；B. 头，背面观；C. 头，前面观；D. 前翅；E. 胸部，侧面观；F. 胸部，背面观；G. 腹部，背面观。标尺=0.5 mm

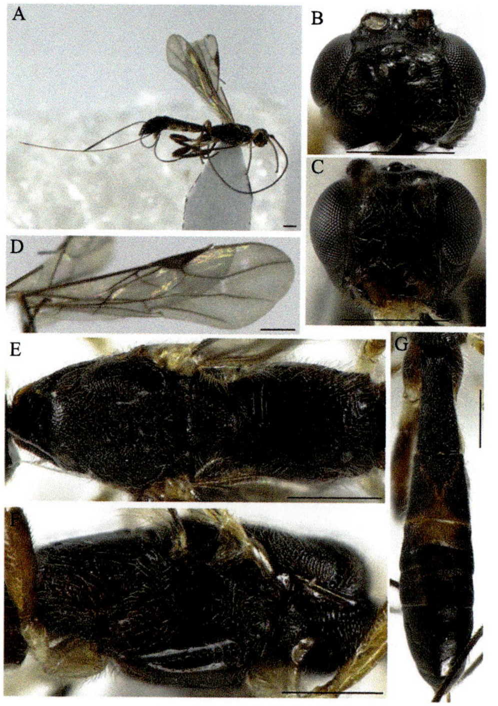

4. 云南合沟茧蜂，新种 *Hypodoryctes yunnanensis* Tang *et* Chen, sp. nov.：A. 整体，侧面观；B. 头，背面观；C. 头，前面观；D. 前翅；E. 胸部，背面观；F. 胸部，侧面观；G. 腹部，背面观。标尺=0.5 mm

1. 环角甲矛茧蜂 *Ipodoryctes annulicornis* Belokobylskij：A. 整体，侧面观；B. 头，背面观；C. 头，前面观；D. 后足腿节，侧面观；E. 前翅；F. 胸部，侧面观；G. 胸部，背面观；H. 腹部，背面观。标尺=0.5 mm

2. 短脉甲矛茧蜂 *Ipodoryctes brevivenus* Tang *et* Chen：A. 整体，侧面观；B. 头，背面观；C. 头，前面观；D. 腹部，侧面观；E. 腹部第 5–6 背板；F. 腹部第 1–4 背板；G. 前翅；H. 后翅；I. 胸部，侧面观。标尺=0.5 mm

3. 台湾甲矛茧蜂 *Ipodoryctes formosanus* (Watanabe)：A. 整体，侧面观；B. 头，背面观；C. 头，前面观；D. 翅；E. 胸部，侧面观；F. 胸部，背面观；G. 腹部第 4–6 节，背面观；H. 腹部第 1–5 节，背面观。标尺=0.5 mm

4. 亮甲矛茧蜂 *Ipodoryctes nitidus* Belokobylskij：A. 整体，侧面观；B. 头，背面观；C. 头，前面观；D. 前翅；E. 胸部，背面观；F. 胸部，侧面观；G. 腹部，背面观。标尺=0.5 mm

1. 皱盾甲矛茧蜂 *Ipodoryctes rugosiscutum* Belokobylskij：A. 整体，侧面观；B. 头，背面观；C. 头，前面观；D. 前翅；E. 胸部，背面观；F. 胸部，侧面观；G. 腹部，背面观。标尺=0.5 mm

2. 标记甲矛茧蜂 *Ipodoryctes signatus* (Belokobylskij)：A. 整体，侧面观；B. 头，背面观；C. 头，前面观；D. 前翅；E. 胸部，背面观；F. 胸部，侧面观；G. 腹部，背面观。标尺=0.5 mm

3. 具羽甲矛茧蜂 *Ipodoryctes signipennis* (Walker)：A. 整体，侧面观；B. 头，背面观；C. 头，前面观；D. 后足腿节，侧面观；E. 前翅；F. 胸部，背面观；G. 胸部，侧面观；H. 腹部，背面观。标尺=0.5 mm

4. 三岛甲矛茧蜂 *Ipodoryctes tamdaoensis* Belokobylskij：A. 整体，侧面观；B. 头，背面观；C. 头，前面观；D. 后足腿节，侧面观；E. 前翅；F. 胸部，背面观；G. 胸部，侧面观；H. 腹部，背面观。标尺=0.5 mm

1. 离甲矛茧蜂 *Ipodoryctes vagrans* (Bridwell)：A. 整体，侧面观；B. 头，背面观；C. 头，前面观；D. 后足腿节，侧面观；E. 前翅；F. 胸部，背面观；G. 胸部，侧面观；H. 腹部，背面观。标尺=0.5 mm

2. 高加索斜沟茧蜂 *Leluthia transcaucasica* (Tobias)：A. 整体，侧面观；B. 头，背面观；C. 头，前面观；D. 前翅；E. 胸部，背面观；F. 胸部，侧面观；G. 腹部，背面观。标尺=0.5 mm

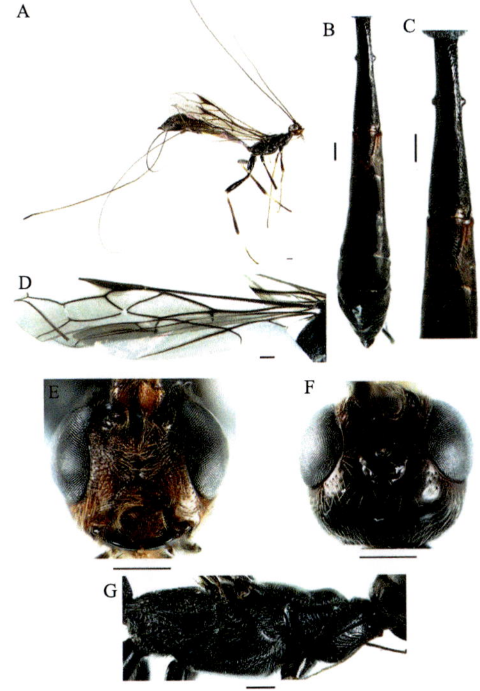

3. 湖南小柄腹茧蜂 *Leptospathius hunanensis* Tang, Wu, Belokobylskij *et* Chen：A. 整体，侧面观；B. 腹部，背面观；C. 腹部第 1–2 节，背面观；D. 翅；E. 头，前面观；F. 头，背面观；G. 胸部，侧面观。标尺=0.5 mm

4. 三角小柄腹茧蜂 *Leptospathius triangulifera* Enderlein：A. 整体，侧面观；B. 头，背面观；C. 头，前面观；D. 前翅；E. 胸部，侧面观；F. 胸部，背面观；G. 腹部，背面观。标尺=0.5 mm

图版 XXII

1. 克罗塔亚夫小甲矛茧蜂 *Mimipodoryctes korotyaevi* (Belokobylskij)：A. 整体，侧面观；B. 头，背面观；C. 前翅；D. 后足腿节，侧面观；E. 胸部，侧面观；F. 腹部第 1–4 节，背面观；G. 胸部，背面观；H. 腹部第 5–6 节，背面观；I. 腹部，侧面观。标尺=0.5 mm

2. 奇小甲矛茧蜂 *Mimipodoryctes peregrinus* (Belokobylskij)：A. 整体，侧面观；B. 头，背面观；C. 头，前面观；D. 前翅；E. 胸部，侧面观；F. 腹部第 1–2 节，侧面观；G. 胸部，背面观；H. 腹部，背面观；I. 腹部第 6 节，背面观。标尺=0.5 mm

3. 丹顶小甲矛茧蜂 *Mimipodoryctes rubriceps* (Cameron)：A. 整体，侧面观；B. 头，背面观；C. 头，前面观；D. 前翅；E. 胸部，背面观；F. 胸部，侧面观；G. 腹部，背面观。标尺=0.5 mm

4. 暗角单轴茧蜂 *Monolexis fuscicornis* Förster：A. 整体，侧面观；B. 头，背面观；C. 头，前面观；D. 前翅；E. 胸部，背面观；F. 胸部，侧面观；G. 后足腿节，侧面观；H. 腹部，背面观。标尺=0.5 mm

1. 亚热带新断脉茧蜂 *Neoheterospilus subtropicalis* Belokobylskij：A. 整体，侧面观；B. 头，前面观；C. 腹部第2–6节；背面观；D. 前翅；E. 胸部，背面观；F. 胸部，侧面观；G. 产卵管鞘，侧面观。标尺=0.5 mm

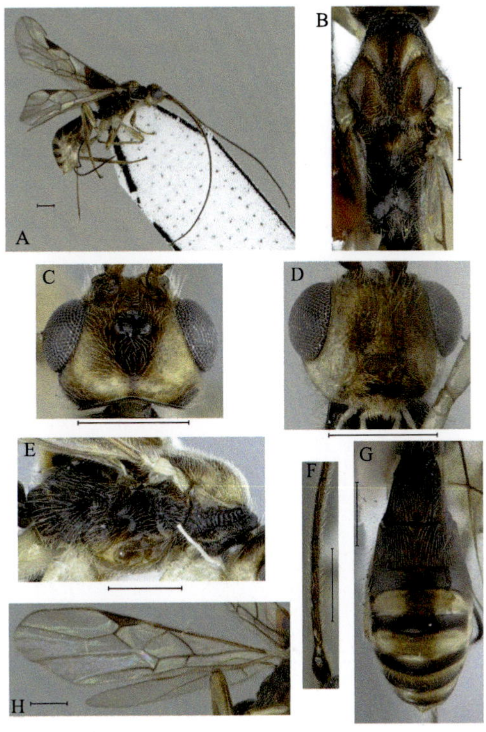

2. 密毛厚脉茧蜂 *Neurocrassus densipilosus* Belokobylskij, Tang *et* Chen：A. 整体，侧面观；B. 胸部，背面观；C. 头，背面观；D. 头，前面观；E. 胸部，侧面观；F. 触角，侧面观；G. 腹部，背面观；H. 翅。标尺=0.5 mm

3. 长体厚脉茧蜂 *Neurocrassus elongatus* Belokobylskij, Tang *et* Chen：A. 整体，侧面观；B. 胸部，背面观；C. 头，背面观；D. 胸部，侧面观；E. 头，前面观；F. 触角，侧面观；G. 翅；H. 腹部，背面观。标尺=0.5 mm

4. 黄头厚脉茧蜂 *Neurocrassus flaviceps* Belokobylskij, Tang *et* Chen：A. 整体，侧面观；B. 头，背面观；C. 头，前面观；D. 翅；E. 胸部，侧面观；F. 触角，侧面观；G. 腹部，背面观；H. 胸部，背面观。标尺=0.5 mm

图版 XXIV

1. 箱根厚脉茧蜂 *Neurocrassus hakonensis* (Ashmead)：A. 整体，侧面观；B. 头，背面观；C. 头，前面观；D. 前翅；E. 胸部，侧面观；F. 胸部，背面观；G. 腹部，背面观。标尺=0.5 mm

2. 拟陡盾厚脉茧蜂 *Neurocrassus ontsiroides* Belokobylskij, Tang *et* Chen：A. 整体，侧面观；B. 头，背面观；C. 头，前面观；D. 翅；E. 胸部，侧面观；F. 触角，侧面观；G. 腹部，背面观；H. 胸部，背面观。标尺=0.5 mm

3. 变红厚脉茧蜂 *Neurocrassus opis* (Belokobylskij)：A. 整体，侧面观；B. 头，背面观；C. 头，前面观；D. 前翅；E. 后足腿节，侧面观；F. 胸部，背面观；G. 胸部，侧面观；H. 腹部，背面观。标尺=0.5 mm

4. 斑头厚脉茧蜂 *Neurocrassus palliatus* (Cameron)：A. 整体，侧面观；B. 头，背面观；C. 头，前面观；D. 前翅；E. 胸部，侧面观；F. 后足腿节，侧面观；G. 胸部，背面观；H. 腹部，背面观。标尺=0.5 mm

1. 假斑头厚脉茧蜂 *Neurocrassus pseudopalliatus* Belokobylskij *et* Maeto：A. 整体，侧面观；B. 头，背面观；C. 头，前面观；D. 前翅；E. 胸部，背面观；F. 后足腿节，侧面观；G. 胸部，侧面观；H. 腹部，背面观。标尺=0.5 mm

2. 小室陡盾茧蜂 *Ontsira abbreviata* Belokobylskij, Tang *et* Chen：A. 整体，侧面观；B. 头，前面观；C. 头，背面观；D. 腹部，背面观；E. 胸部，侧面观；F. 触角，侧面观；G. 翅；H. 胸部，背面观。标尺=0.5 mm

3. 前陡盾茧蜂 *Ontsira antica* (Wollaston)：A. 整体，侧面观；B. 头，背面观；C. 头，前面观；D. 前翅；E. 后足腿节，侧面观；F. 胸部，背面观；G. 胸部，侧面观；H. 腹部，背面观。标尺=0.5 mm

4. 联陡盾茧蜂 *Ontsira apposita* Belokobylskij：A. 整体，侧面观；B. 头，背面观；C. 头，前面观；D. 前翅；E. 胸部，侧面观；F. 胸部，背面观；G. 腹部，背面观。标尺=0.5 mm

图版 XXVI

1. 河南陡盾茧蜂 *Ontsira henana* Belokobylskij, Tang *et* Chen：A. 整体，侧面观；B. 头，背面观；C. 头，前面观；D.翅；E. 触角，侧面观；F. 胸部，侧面观；G. 腹部，背面观；H. 胸部，背面观。标尺=0.5 mm

2. 火陡盾茧蜂 *Ontsira ignea* (Ratzeburg)：A. 整体，侧面观；B. 头，背面观；C. 头，前面观；D. 前翅；E. 胸部，背面观；F. 胸部，侧面观；G. 腹部，背面观。标尺=0.5 mm

3. 首陡盾茧蜂 *Ontsira imperator* (Haliday)：A. 整体，侧面观；B. 头，背面观；C. 头，前面观；D. 前翅；E. 胸部，背面观；F. 胸部，侧面观；G. 腹部，背面观。标尺=0.5 mm

4. 大陡盾茧蜂 *Ontsira macer* Chen *et* Shi：A. 整体，侧面观；B. 头，背面观；C. 头，前面观；D. 后足腿节，侧面观；E. 前翅；F. 胸部，侧面观；G. 胸部，背面观；H. 腹部，背面观。标尺=0.5 mm

1. 拟前陡盾茧蜂 *Ontsira neantica* Belokobylskij *et* Maeto：A. 整体，侧面观；B. 头，背面观；C. 头，前面观；D. 前翅；E. 后足腿节，侧面观；F. 胸部，背面观；G. 胸部，侧面观；H. 腹部，背面观。标尺=0.5 mm

2. 皱陡盾茧蜂 *Ontsira robusta* Belokobylskij, Tang *et* Chen：A. 整体，侧面观；B. 头，背面观；C. 胸部，侧面观；D. 头，前面观；E. 触角，侧面观；F. 翅；G. 腹部，背面观；H. 胸部，背面观。标尺=0.5 mm

3. 皱顶陡盾茧蜂 *Ontsira rugivertex* Belokobylskij, Tang *et* Chen：A. 整体，侧面观；B. 头，背面观；C. 胸部，背面观；D. 头，前面观；E. 翅；F. 胸部，侧面观；G. 触角，侧面观；H. 腹部，背面观。标尺=0.5 mm

4. 短鞘拟奇异茧蜂，新种 *Parallorhogas brevicauda* Tang *et* Chen, sp. nov.：A. 整体，侧面观；B. 头，背面观；C. 头，前面观；D. 前翅；E. 胸部，背面观；F. 胸部，侧面观；G. 腹部，背面观。标尺=0.5 mm

图版 XXVIII

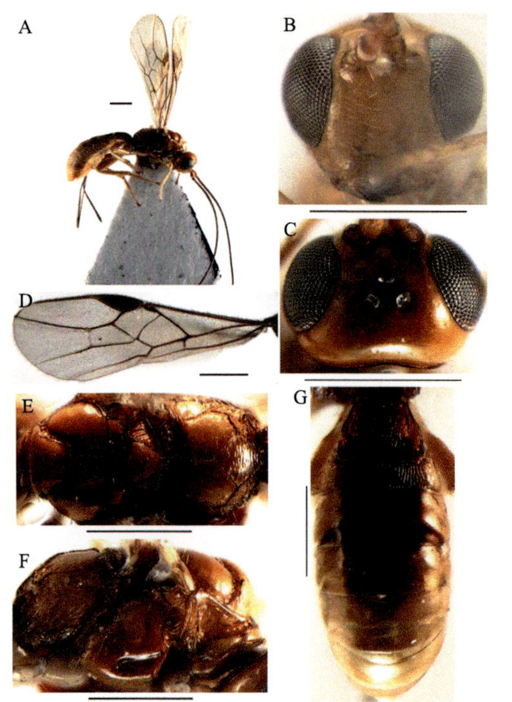

1. 光基拟奇异茧蜂，新种 *Parallorhogas glabricoxa* Tang *et* Chen, sp. nov.：A. 整体，侧面观；B. 头，前面观；C. 头，背面观；D. 前翅；E. 胸部，背面观；F. 胸部，侧面观；G. 腹部，背面观。标尺=0.5 mm

2. 光盾拟奇异茧蜂，新种 *Parallorhogas leviuscula* Tang *et* Chen, sp. nov.：A. 整体，侧面观；B. 头，前面观；C. 头，背面观；D. 胸部，背面观；E. 翅；F. 胸部，侧面观；G. 腹部，背面观。标尺=0.5 mm

3. 黑胸拟奇异茧蜂，新种 *Parallorhogas nigrothorax* Tang *et* Chen, sp. nov.：A. 整体，侧面观；B. 头，背面观；C. 头，前面观；D. 翅；E. 胸部，背面观；F. 胸部，侧面观；G. 腹部，背面观。标尺=0.5 mm

4. 白头拟奇异茧蜂 *Parallorhogas pallidiceps* (Perkins)：A. 整体，侧面观；B. 头，背面观；C. 头，前面观；D. 前翅；E. 胸部，侧面观；F. 后足腿节，侧面观；G. 胸部，背面观；H. 腹部，背面观。标尺=0.5 mm

1. 帕普拟奇异茧蜂，新种 *Parallorhogas pappi* Tang *et* Chen, sp. nov.：A. 整体，侧面观；B. 头，背面观；C. 头，前面观；D. 翅；E. 胸部，侧面观；F. 胸部，背面观；G. 腹部，背面观。标尺=0.5 mm

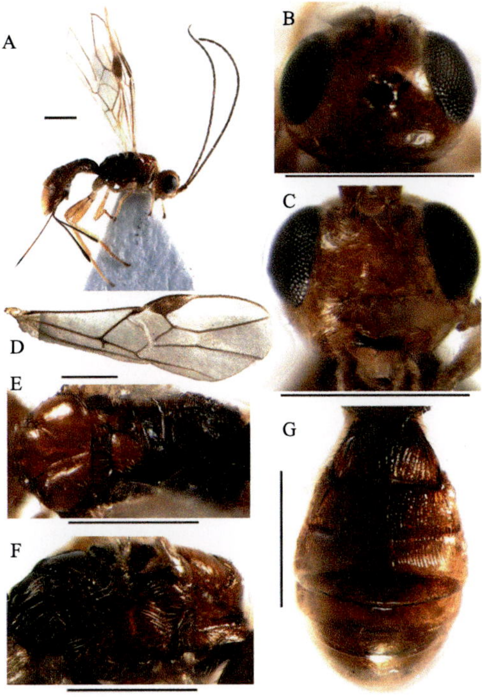

2. 曾氏拟奇异茧蜂，新种 *Parallorhogas zengae* Tang *et* Chen, sp. nov.：A. 整体，侧面观；B. 头，背面观；C. 头，前面观；D. 前翅；E. 胸部，背面观；F. 胸部，侧面观；G. 腹部，背面观。标尺=0.5 mm

3. 红头近柄腹茧蜂 *Paraspathius periparetus* Nixon：A. 头，前面观；B. 头，侧面观；C. 头，背面观；D. 腹部，侧面观；E. 腹部，背面观；F. 后足，侧面观；G. 触角，侧面观；H. 翅；I. 胸部，侧面观；J. 整体，侧面观

4. 弯脉秀矛茧蜂 *Pareucorystes varinervis* Tobias（仿 Li *et al*., 2015b）：A. 头，前面观；B. 头，背面观；C. 触角基部，侧面观；D. 胸部，背面观；E. 头和胸部，侧面观；F. 后足基节、腿节，侧面观；G. 后足胫节，侧面观；H. 后足跗节，侧面观；I. 腹部，背面观

图版 XXX

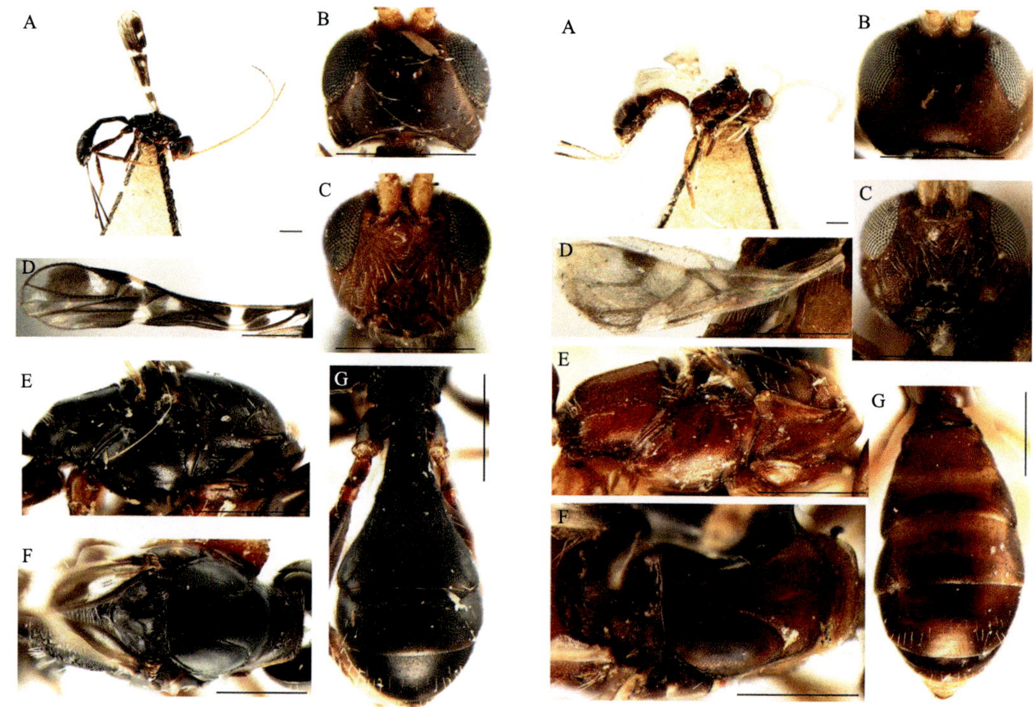

1. 双纹泡腿柄腹茧蜂 *Platyspathius bisignatus* (Walker)：A. 整体，侧面观；B. 头，背面观；C. 头，前面观；D. 前翅；E. 胸部，侧面观；F. 胸部，背面观；G. 腹部，背面观。标尺=0.5 mm

2. 丽泡腿柄腹茧蜂 *Platyspathius ornatulus* (Enderlein)：A. 整体，侧面观；B. 头，背面观；C. 头，前面观；D. 前翅；E. 胸部，侧面观；F. 胸部，背面观；G. 腹部，背面观。标尺=0.5 mm

3. 短背多窄茧蜂 *Polystenus brevitergum* Tang, Belokobylskij *et* Chen, comb. nov.：A. 整体，侧面观；B. 头，前面观；C. 头，背面观；D. 前翅；E. 胸部，侧面观；F. 腹部第 1–3 节，背面观；G. 腹部第 4–7 节，背面观；H. 胸部，背面观。标尺=0.5 mm

4. 皱多窄茧蜂 *Polystenus rugosus* Förster：A. 整体，侧面观；B. 头，背面观；C. 头，前面观；D. 后足腿节，侧面观；E. 前翅；F. 胸部，侧面观；G. 胸部，背面观；H. 腹部，背面观。标尺=0.5 mm

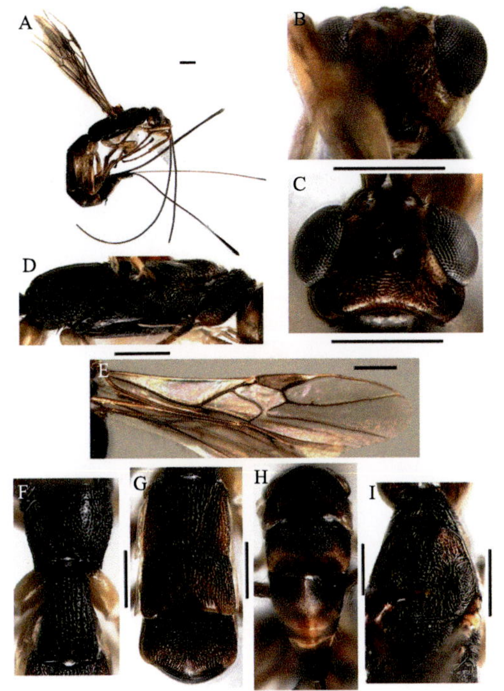

1. 台湾多窄茧蜂 *Polystenus taiwanus* Tang, Belokobylskij *et* Chen：A. 整体，侧面观；B. 头，前面观；C. 头，背面观；D. 胸部，侧面观；E. 翅；F. 并胸腹节和腹部第 1 节，背面观；G. 腹部第 2–4 节，背面观；H. 腹部第 5–7 节，背面观；I. 中胸盾片，背面观。标尺=0.5 mm

2. 联背纹茧蜂 *Rhaconotinus affinis* (Belokobylskij *et* Chen)：A. 整体，侧面观；B. 头，背面观；C. 头，前面观；D. 前翅；E. 胸部，侧面观；F. 胸部，背面观；G. 腹部，背面观。标尺=0.5 mm

3. 中华背纹茧蜂，新组合 *Rhaconotinus chinensis* (Belokobylskij *et* Chen)：A. 整体，侧面观；B. 头，背面观；C. 头，前面观；D. 前翅；E. 胸部，侧面观；F. 胸部，背面观；G. 腹部，背面观。标尺=0.5 mm

4. 齐背纹茧蜂 *Rhaconotinus concinnus* (Enderlein)：A. 整体，侧面观；B. 头，背面观；C. 头，前面观；D. 前翅；E. 胸部，背面观；F. 胸部，侧面观；G. 腹部，背面观。标尺=0.5 mm

图版 XXXII

1. 优雅背纹茧蜂 *Rhaconotinus elegans* (Belokobylskij)：A. 整体，侧面观；B. 头，背面观；C. 头，前面观；D. 前翅；E. 胸部，背面观；F. 胸部，侧面观；G. 腹部，背面观。标尺=0.5 mm

2. 福建背纹茧蜂 *Rhaconotinus fujianus* (Belokobylskij *et* Chen)：A. 整体，侧面观；B. 头，背面观；C. 头，前面观；D. 前翅；E. 胸部，背面观；F. 胸部，侧面观；G. 腹部，背面观。标尺=0.5 mm

3. 贵州背纹茧蜂 *Rhaconotinus guizhouensis* (Tang *et* Chen)：A. 整体，侧面观；B. 头，前面观；C. 头，背面观；D. 前翅；E. 后翅；F. 胸部，侧面观；G. 腹部，背面观；H. 腹部，侧面观；I. 腹部第 5–6 节，背面观。标尺=0.5 mm

4. 河北背纹茧蜂 *Rhaconotinus hebeiensis* (Tang *et* Chen)：A. 整体，侧面观；B. 腹部，背面观；C. 头，前面观；D. 头，背面观；E. 翅；F. 胸部，侧面观；G. 腹部第 6 节，背面观；H. 腹部，侧面观。标尺=0.5 mm

1. 何氏背纹茧蜂 *Rhaconotinus hei* (Belokobylskij *et* Chen)：A. 整体，侧面观；B. 头，背面观；C. 头，前面观；D. 后足腿节，侧面观；E. 前翅；F. 胸部，侧面观；G. 胸部，背面观；H. 腹部，背面观。标尺=0.5 mm

2. 多毛背纹茧蜂 *Rhaconotinus heterotrichus* (Belokobylskij *et* Chen)：A. 整体，侧面观；B. 头，背面观；C. 头，前面观；D. 后足腿节，侧面观；E. 前翅；F. 胸部，背面观；G. 胸部，侧面观；H. 腹部，背面观。标尺=0.5 mm

3. 六节背纹茧蜂 *Rhaconotinus hexatermus* (Belokobylskij)：A. 整体，侧面观；B. 头，背面观；C. 头，前面观；D. 前翅；E. 胸部，背面观；F. 腹部第 1–2 节，背面观；G. 腹部第 2–6 节，背面观。标尺=0.5 mm

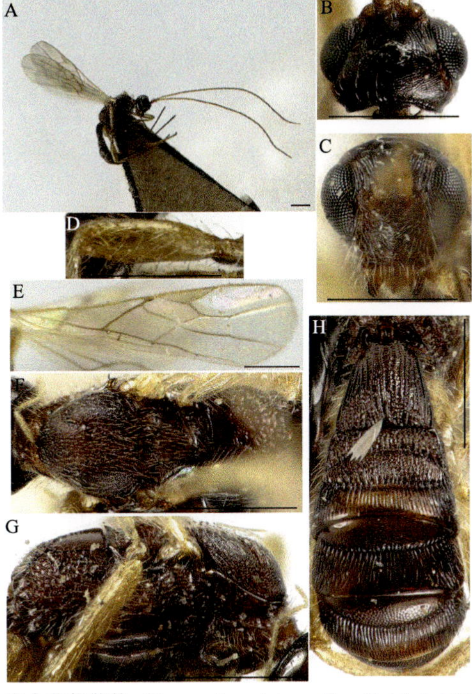

4. 中介背纹茧蜂 *Rhaconotinus intermedius* (Belokobylskij *et* Chen)：A. 整体，侧面观；B. 头，背面观；C. 头，前面观；D. 后足腿节，侧面观；E. 前翅；F. 胸部，背面观；G. 胸部，侧面观；H. 腹部，背面观。标尺=0.5 mm

1. 甲矛背纹茧蜂 *Rhaconotinus ipodoryctoides* (Belokobylskij *et* Chen)：A. 整体，侧面观；B. 头，背面观；C. 头，前面观；D. 前翅；E. 胸部，背面观；F. 胸部，侧面观；G. 腹部，背面观。标尺=0.5 mm

2. 重复背纹茧蜂 *Rhaconotinus iterabilis* (Belokobylskij *et* Chen)：A. 整体，侧面观；B. 头，背面观；C. 头，前面观；D. 后足腿节，侧面观；E. 前翅；F. 胸部，侧面观；G. 胸部，背面观；H. 腹部，背面观。标尺=0.5 mm

3. 刘氏背纹茧蜂 *Rhaconotinus liui* (Tang *et* Chen)：A. 整体，侧面观；B. 头，背面观；C. 头，前面观；D. 前翅；E. 后翅；F. 腹部，背面观；G. 腹部，侧面观；H. 胸部，侧面观。标尺=0.5 mm

4. 长背纹茧蜂 *Rhaconotinus longi* (Belokobylskij)：A. 整体，侧面观；B. 头，背面观；C. 头，前面观；D. 前翅；E. 胸部，背面观；F. 胸部，侧面观；G. 腹部，背面观。标尺=0.5 mm

1. 黄毛背纹茧蜂 *Rhaconotinus luteosetosus* (Belokobylskij *et* Chen)：A. 整体，侧面观；B. 头，背面观；C. 头，前面观；D. 前翅；E. 胸部，背面观；F. 胸部，侧面观；G. 腹部，背面观。标尺=0.5 mm

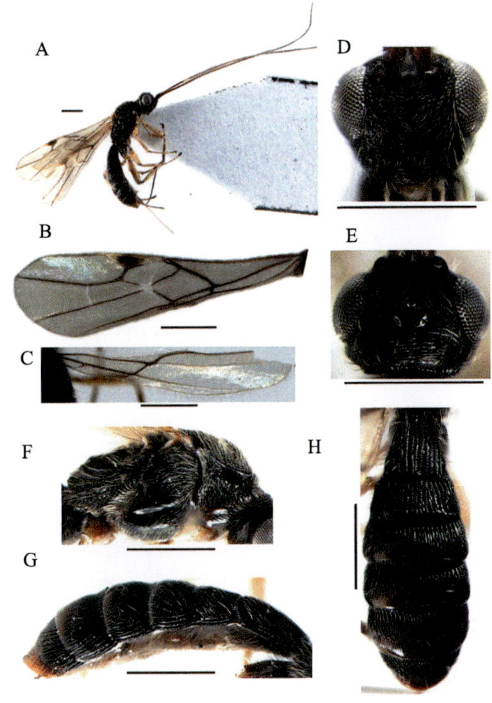

2. 斑痣背纹茧蜂，新组合 *Rhaconotinus maculistigma* (Chen *et* Shi), comb. nov.：A. 整体，侧面观；B. 前翅；C. 后翅；D. 头，前面观；E. 头，背面观；F. 胸部，侧面观；G. 腹部，侧面观；H. 腹部，背面观。标尺=0.5 mm

3. 墨尼帕斯背纹茧蜂 *Rhaconotinus menippus* (Nixon)：A. 整体，侧面观；B. 头，背面观；C. 头，前面观；D. 前翅；E. 胸部，背面观；F. 胸部，侧面观；G. 腹部，背面观。标尺=0.5 mm

4. 尼基塔背纹茧蜂 *Rhaconotinus nadezhdae* (Tobias *et* Belokobylskij)：A. 整体，侧面观；B. 头，背面观；C. 头，前面观；D. 前翅；E. 胸部，背面观；F. 胸部，侧面观；G. 腹部，背面观。标尺=0.5 mm

1. 红背纹茧蜂 *Rhaconotinus rutilans* (Tang *et* Chen)：A. 头，前面观；B. 头，背面观；C. 整体，侧面观；D. 翅；E. 胸部，侧面观；F. 腹部，侧面观；G. 腹部，背面观。标尺=0.5 mm

2. 三化螟背纹茧蜂 *Rhaconotinus schoenobivorus* (Rohwer)：A. 整体，侧面观；B. 头，背面观；C. 头，前面观；D. 前翅；E. 胸部，背面观；F. 胸部，侧面观；G. 腹部，背面观。标尺=0.5 mm

3. 天目山背纹茧蜂 *Rhaconotinus tianmushanus* (Belokobylskij *et* Chen)：A. 整体，侧面观；B. 头，背面观；C. 头，前面观；D. 后足腿节，侧面观；E. 翅；F. 胸部，背面观；G. 胸部，侧面观；H. 腹部，背面观。标尺=0.5 mm

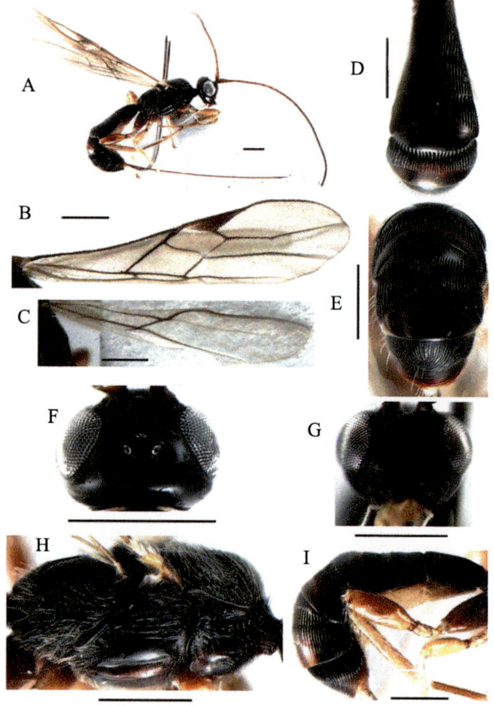

4. 武夷背纹茧蜂 *Rhaconotinus wuyiensis* (Tang *et* Chen)：A. 整体，侧面观；B. 前翅；C. 后翅；D. 腹部第 1–4 节，背面观；E. 腹部第 5–6 节，背面观；F. 头，背面观；G. 头，前面观；H. 胸部，侧面观；I. 腹部，侧面观。标尺=0.5 mm

1. 针刺条背茧蜂 *Rhaconotus aciculatus* Ruthe：A. 整体，侧面观；B. 头，背面观；C. 头，前面观；D. 前翅；E. 胸部，侧面观；F. 胸部，背面观；G. 腹部，背面观。标尺=0.5 mm

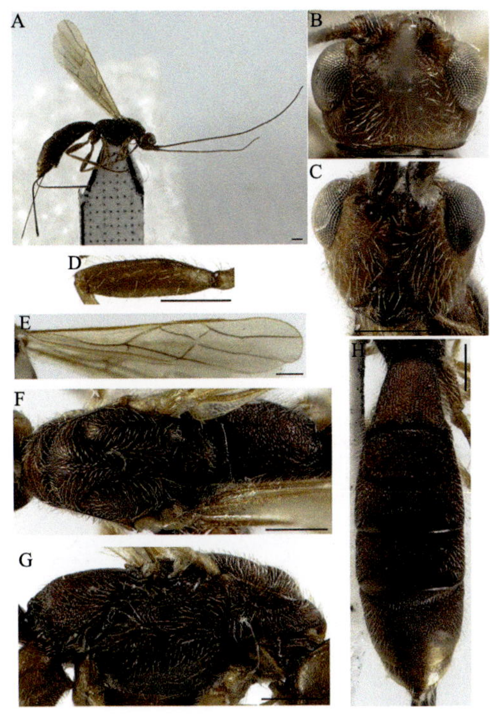

2. 大条背茧蜂 *Rhaconotus magnus* Belokobylskij *et* Chen：A. 整体，侧面观；B. 头，背面观；C. 头，前面观；D. 后足腿节，侧面观；E. 前翅；F. 胸部，背面观；G. 胸部，侧面观；H. 腹部，背面观。标尺=0.5 mm

3. 东洋条背茧蜂 *Rhaconotus oriens* Belokobylskij *et* Chen：A. 整体，侧面观；B. 头，背面观；C. 头，前面观；D. 前翅；E. 胸部，背面观；F. 胸部，侧面观；G. 腹部，背面观。标尺=0.5 mm

4. 绍氏条背茧蜂 *Rhaconotus sauteri* (Watanabe)：A. 整体，侧面观；B. 头，背面观；C. 头，前面观；D. 后足腿节，侧面观；E. 前翅；F. 胸部，侧面观；G. 胸部，背面观；H. 腹部，背面观。标尺=0.5 mm

图版 XXXVIII

1. 背甲条背茧蜂 *Rhaconotus tergalis* Belokobylskij *et* Chen：A. 整体，侧面观；B. 头，背面观；C. 头，前面观；D. 后足腿节，侧面观；E. 前翅；F. 胸部，背面观；G. 胸部，侧面观；H. 腹部，背面观。标尺=0.5 mm

2. 有壳条背茧蜂 *Rhaconotus testaceus* (Szépligeti)：A. 整体，侧面观；B. 头，背面观；C. 头，前面观；D. 后足腿节，侧面观；E. 前翅；F. 胸部，背面观；G. 胸部，侧面观；H. 腹部，背面观。标尺=0.5 mm

3. 姚氏条背茧蜂 *Rhaconotus yaoae* Belokobylskij *et* Chen：A. 整体，侧面观；B. 头，背面观；C. 头，前面观；D. 后足腿节，侧面观；E. 前翅；F. 胸部，侧面观；G. 胸部，背面观；H. 腹部，背面观。标尺=0.5 mm

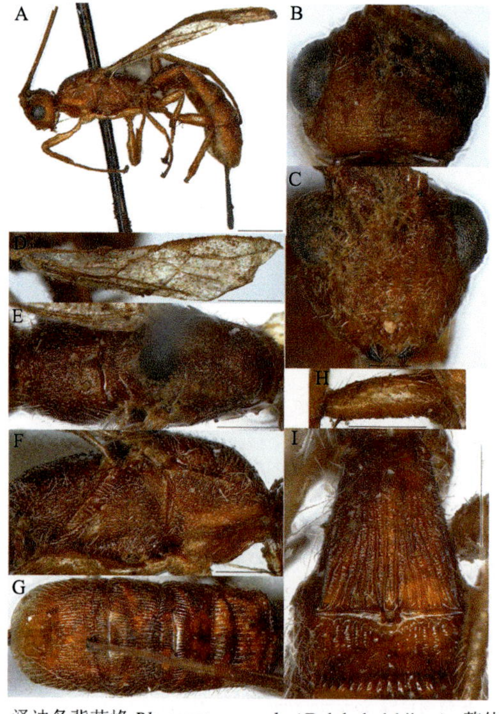

4. 泽迪条背茧蜂 *Rhaconotus zarudnyi* Belokobylskij：A. 整体，侧面观；B. 头，背面观；C. 头，前面观；D. 前翅；E. 胸部，背面观；F. 胸部，侧面观；G. 腹部第 2–5 节，背面观；H. 后足腿节，侧面观；G. 腹部第 1–2 节，背面观。标尺=0.5 mm

1. 暗长鞘茧蜂 *Rhoptrocentrus piceus* Marshall：A. 整体，侧面观；B. 头，背面观；C. 头，前面观；D. 前翅；E. 胸部，背面观；F. 胸部，侧面观；G. 腹部，背面观。标尺=0.5 mm

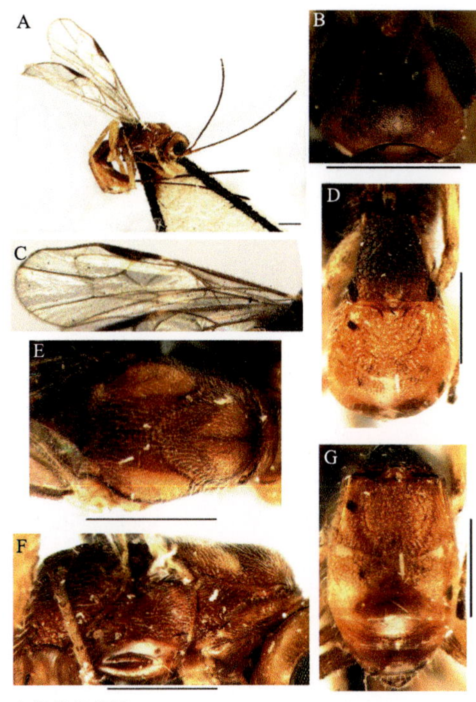

2. 中华楚南茧蜂 *Sonanus chinensis* Belokobylskij *et* Chen：A. 整体，侧面观；B. 头，背面观；C. 前翅；D. 腹部第 1–2 节，背面观；E. 胸部，背面观；F. 胸部，侧面观；G. 腹部第 2–6 节，背面观。标尺=0.5 mm

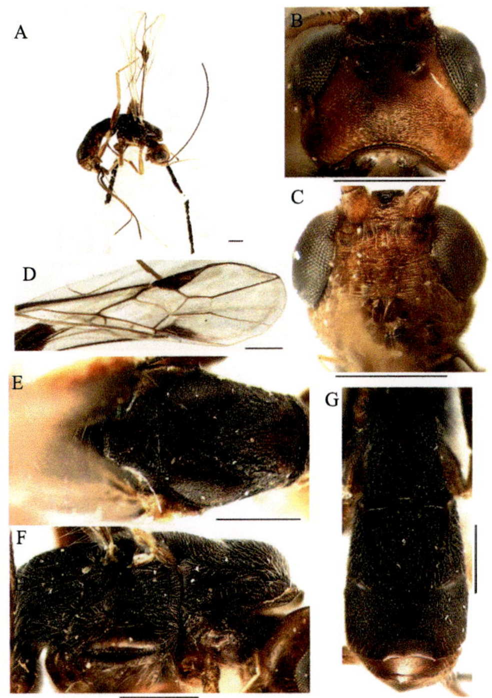

3. 千头楚南茧蜂 *Sonanus senzuensis* Belokobylskij *et* Konishi：A. 整体，侧面观；B. 头，背面观；C. 头，前面观；D. 前翅；E. 胸部，背面观；F. 胸部，侧面观；G. 腹部，背面观。标尺=0.5 mm

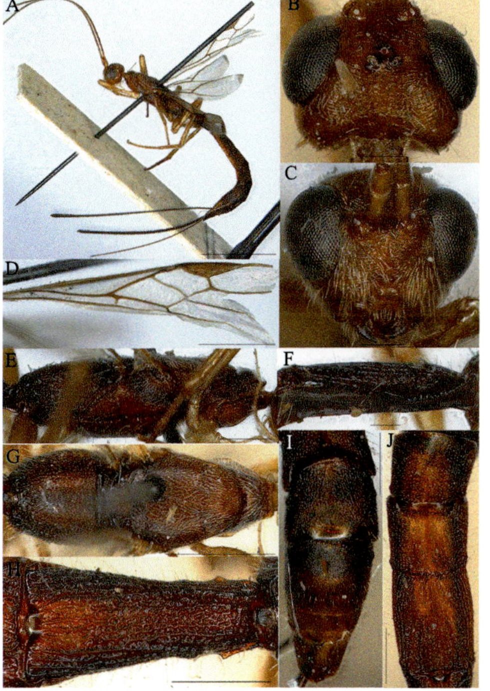

4. 台湾狭腹茧蜂 *Spathiostenus formosanus* (Watanabe)：A. 整体，侧面观；B. 头，背面观；C. 头，前面观；D. 前翅；E. 胸部，侧面观；F. 腹部第 1 节，侧面观；G. 胸部，背面观；H. 腹部第 1 节，背面观；I. 腹部第 5–7 节，背面观；H. 腹部第 2–4 节，背面观。标尺=0.5 mm

图版 XL

1. 细纹柄腹茧蜂 *Spathius aciculatus* Tang, Belokobylskij *et* Chen：A. 整体，侧面观；B. 头，前面观；C. 头，背面观；D. 前翅；E. 腹柄，侧面观；F. 胸部，背面观；G. 胸部，侧面观；H. 腹部，背面观。标尺=0.5 mm

2. 白胸柄腹茧蜂 *Spathius albithorax* Tang, Belokobylskij *et* Chen：A. 整体，侧面观；B. 头，前面观；C. 头，背面观；D. 前翅；E. 腹柄，侧面观；F. 胸部，背面观；G. 胸部，侧面观；H. 腹部，背面观。标尺=0.5 mm

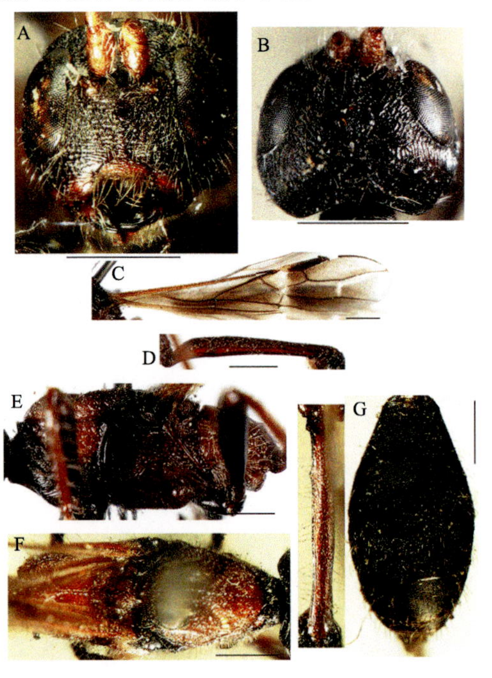

3. 间色柄腹茧蜂 *Spathius alternecoloratus* Chao：A. 头，前面观；B. 头，背面观；C. 前翅；D. 腹柄，侧面观；E. 胸部，侧面观；F. 胸部，背面观；G. 腹部，背面观。标尺=0.5 mm

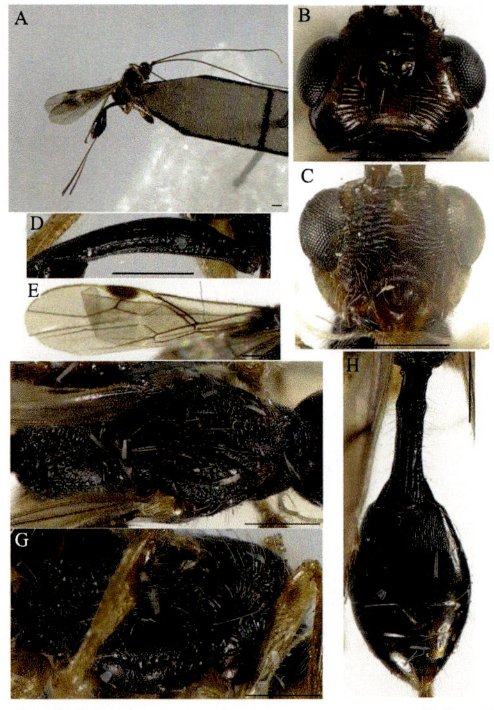

4. 妙柄腹茧蜂 *Spathius amoenus* Belokobylskij：A. 整体，侧面观；B. 头，背面观；C. 头，前面观；D. 腹柄，侧面观；E. 前翅；F. 胸部，背面观；G. 胸部，侧面观；H. 腹部，背面观。标尺=0.5 mm

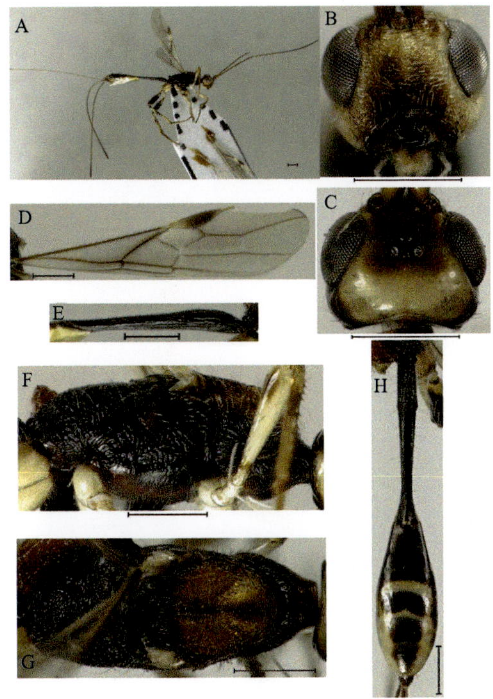

1. 狭翅柄腹茧蜂 *Spathius angustalatus* Tang, Belokobylskij *et* Chen：A. 整体，侧面观；B. 头，前面观；C. 头，背面观；D. 前翅；E. 腹柄，侧面观；F. 胸部，侧面观；G. 胸部，背面观；H. 腹部，背面观。标尺=0.5 mm

2. 环腹柄腹茧蜂 *Spathius annuliventris* (Enderlein)：A. 整体，侧面观；B. 头，背面观；C. 头，前面观；D. 腹柄，侧面观；E. 前翅；F. 胸部，背面观；G. 胸部，侧面观；H. 腹部，背面观。标尺=0.5 mm

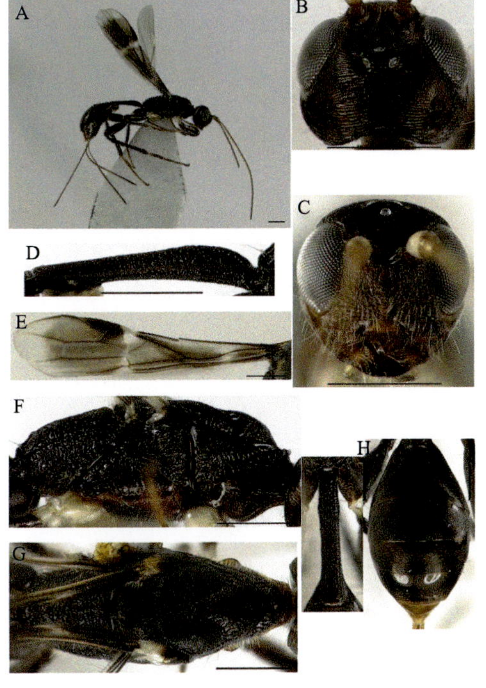

3. 广柄腹茧蜂 *Spathius apicalis* (Westwood)：A. 整体，侧面观；B. 头，背面观；C. 头，前面观；D. 腹柄，侧面观；E. 前翅；F. 胸部，侧面观；G. 胸部，背面观；H. 腹部，背面观。标尺=0.5 mm

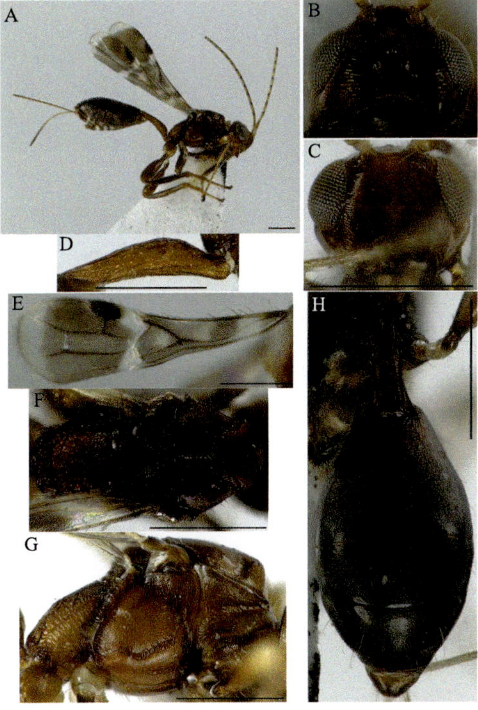

4. 窄角柄腹茧蜂 *Spathius araeceri* Nixon：A. 整体，侧面观；B. 头，背面观；C. 头，前面观；D. 腹柄，侧面观；E. 前翅；F. 胸部，背面观；G. 胸部，侧面观；H. 腹部，背面观。标尺=0.5 mm

图版 XLII

1. 扼柄腹茧蜂 *Spathius aspersus* Chao：A. 整体，侧面观；B. 头，背面观；C. 头，前面观；D. 腹柄，侧面观；E. 前翅；F. 胸部，背面观；G. 胸部，侧面观；H. 腹部，背面观。标尺=0.5 mm

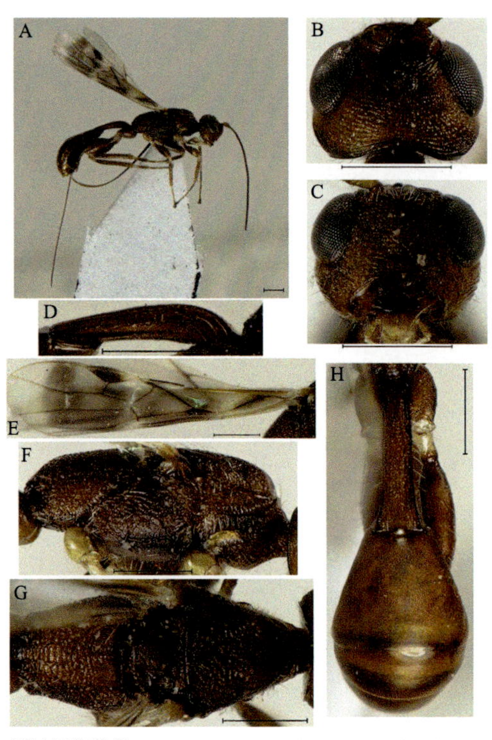

2. 近皱柄腹茧蜂 *Spathius aspratiloides* Tang, Belokobylskij *et* Chen：A. 整体，侧面观；B. 头，背面观；C. 头，前面观；D. 腹柄，侧面观；E. 前翅；F. 胸部，侧面观；G. 胸部，背面观；H. 腹部，背面观。标尺=0.5 mm

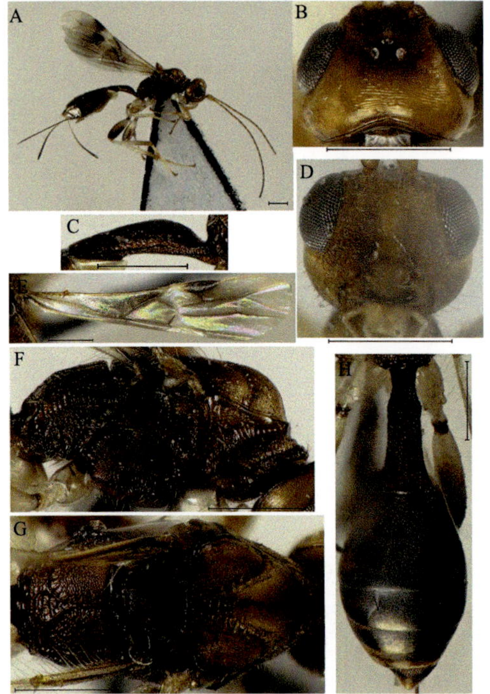

3. 齿基柄腹茧蜂 *Spathius basalis* Tang, Belokobylskij *et* Chen：A. 整体，侧面观；B. 头，背面观；C. 腹柄，侧面观；D. 头，前面观；E. 前翅；F. 胸部，侧面观；G. 胸部，背面观；H. 腹部，背面观。标尺=0.5 mm

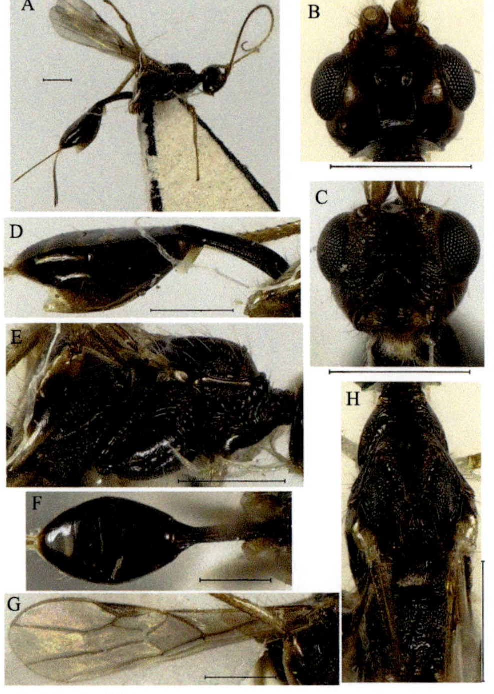

4. 拟辟柄腹茧蜂 *Spathius beatoides* Tang, Belokobylskij *et* Chen：A. 整体，侧面观；B. 头，背面观；C. 头，前面观；D. 腹部，侧面观；E. 胸部，侧面观；F. 腹部，背面观；G. 前翅；H. 胸部，背面观。标尺=0.5 mm

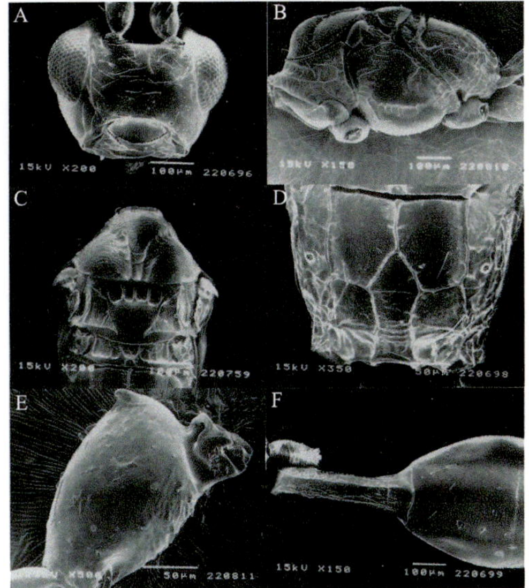

1. 短角柄腹茧蜂 *Spathius brevicornis* Shi *et* Chen（陈家骅和石全秀，2004）：A. 头，前面观；B. 胸部，侧面观；C. 胸部，背面观；D. 并胸腹节，背面观；E. 后足基节，侧面观；F. 腹部基部，背面观

2. 茸毛柄腹茧蜂 *Spathius capillaris* Shi *et* Chen：A. 整体，侧面观；B. 头，背面观；C. 头，前面观；D. 腹柄，侧面观；E. 前翅；F. 胸部，侧面观；G. 胸部，背面观；H. 腹部，背面观。标尺=0.5 mm

3. 短跗柄腹茧蜂 *Spathius capys* Nixon：A. 整体，侧面观；B. 头，背面观；C. 头，前面观；D. 腹柄，侧面观；E. 前翅；F. 胸部，侧面观；G. 胸部，背面观；H. 腹部，背面观。标尺=0.5 mm

4. 腔柄腹茧蜂 *Spathius cavus* Belokobylskij：A. 整体，侧面观；B. 头，背面观；C. 头，前面观；D. 腹柄，侧面观；E. 前翅；F. 胸部，侧面观；G. 胸部，背面观；H. 腹部，背面观。标尺=0.5 mm

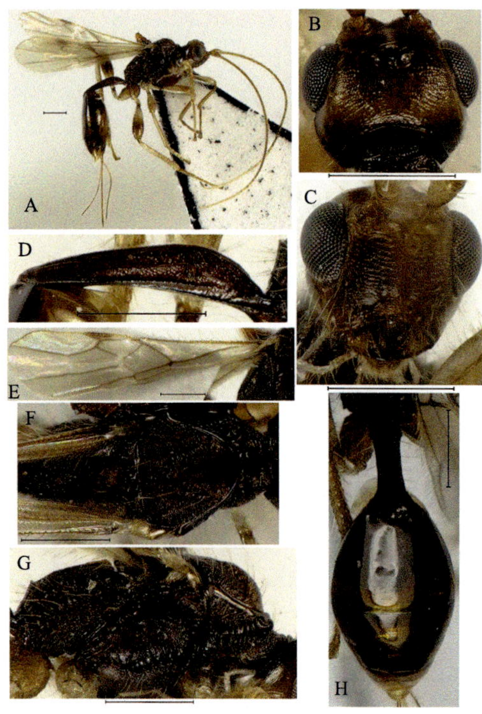

1. 头柄腹茧蜂 *Spathius cephalus* Tang, Belokobylskij *et* Chen：A. 整体，侧面观；B. 头，背面观；C. 头，前面观；D. 腹柄，侧面观；E. 前翅；F. 胸部，背面观；G. 胸部，侧面观；H. 腹部，背面观。标尺=0.5 mm

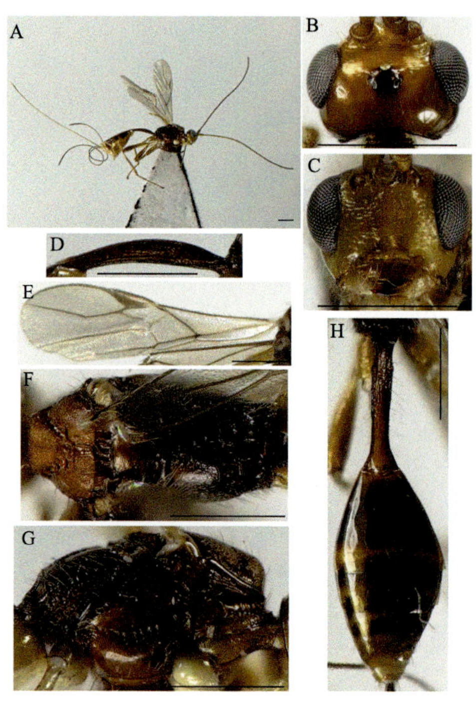

2. 纯鎏柄腹茧蜂 *Spathius chunliuae* Chao：A. 整体，侧面观；B. 头，背面观；C. 头，前面观；D. 腹柄，侧面观；E. 前翅；F. 胸部，背面观；G. 胸部，侧面观；H. 腹部，背面观。标尺=0.5 mm

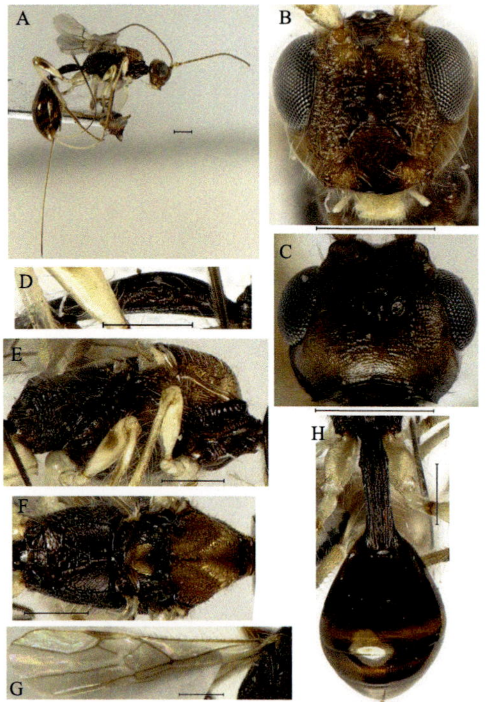

3. 棒柄腹茧蜂 *Spathius clavator* Tang, Belokobylskij *et* Chen：A. 整体，侧面观；B. 头，前面观；C. 头，背面观；D. 腹柄，侧面观；E. 胸部，侧面观；F. 胸部，背面观；G. 前翅；H. 腹部，背面观。标尺=0.5 mm

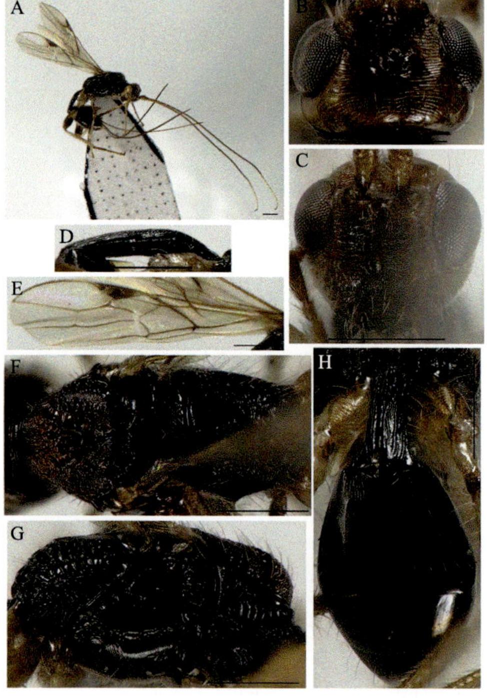

4. 柯柄腹茧蜂 *Spathius colophon* Nixon：A. 整体，侧面观；B. 头，背面观；C. 头，前面观；D. 腹柄，侧面观；E. 前翅；F. 胸部，背面观；G. 胸部，侧面观；H. 腹部，背面观。标尺=0.5 mm

1. 凸颊柄腹茧蜂 *Spathius convexitemporalis* Belokobylskij：A. 整体，侧面观；B. 头，背面观；C. 头，前面观；D. 腹柄，侧面观；E. 前翅；F. 胸部，侧面观；G. 腹部，背面观；H. 胸部，背面观。标尺=0.5 mm

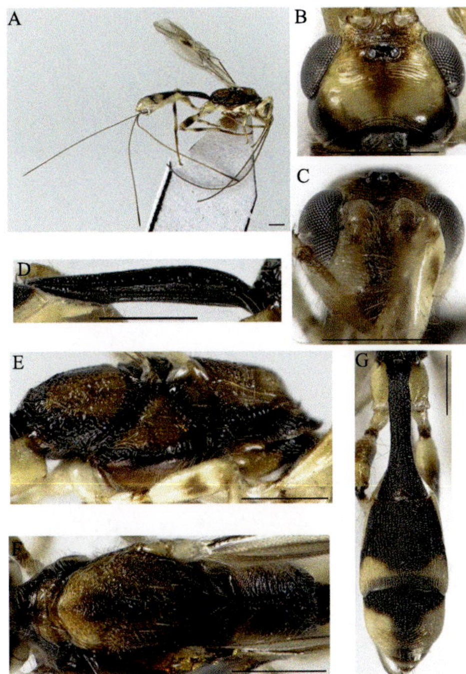

2. 落羽杉柄腹茧蜂 *Spathius cyparissus* Nixon：A. 整体，侧面观；B. 头，背面观；C. 头，前面观；D. 腹柄，侧面观；E. 胸部，侧面观；F. 胸部，背面观；G. 腹部，背面观。标尺=0.5 mm

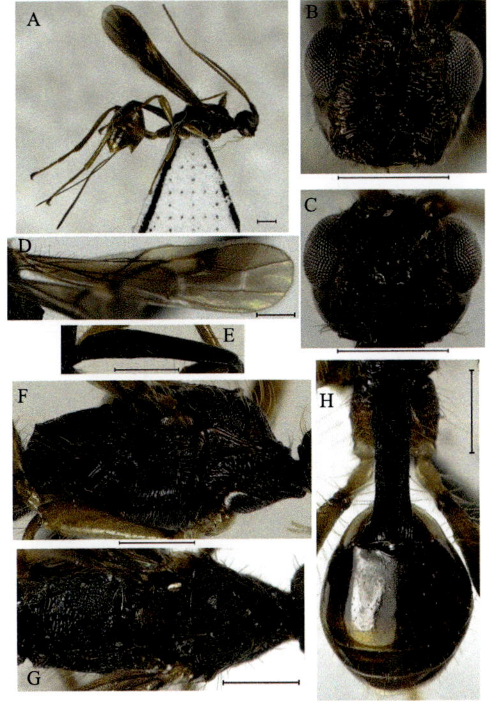

3. 大围柄腹茧蜂 *Spathius daweiensis* Tang, Belokobylskij *et* Chen：A. 整体，侧面观；B. 头，前面观；C. 头，背面观；D. 前翅；E. 腹柄，侧面观；F. 胸部，侧面观；G. 胸部，背面观；H. 腹部，背面观。标尺=0.5 mm

4. 低柄腹茧蜂 *Spathius deplanatus* Chao：A. 整体，侧面观；B. 头，背面观；C. 头，前面观；D. 腹柄，侧面观；E. 前翅；F. 胸部，背面观；G. 胸部，侧面观；H. 腹部，背面观。标尺=0.5 mm

1. 扁胸柄腹茧蜂 *Spathius depressithorax* Belokobylskij：A. 整体，侧面观；B. 头，背面观；C. 头，前面观；D. 腹柄，侧面观；E. 前翅；F. 胸部，侧面观；G. 胸部，背面观；H. 腹部，背面观。标尺=0.5 mm

2. 长尾柄腹茧蜂 *Spathius eunyce* Nixon：A. 整体，侧面观；B. 头，背面观；C. 头，前面观；D. 腹柄，侧面观；E. 前翅；F. 胸部，侧面观；G. 胸部，背面观；H. 腹部，背面观。标尺=0.5 mm

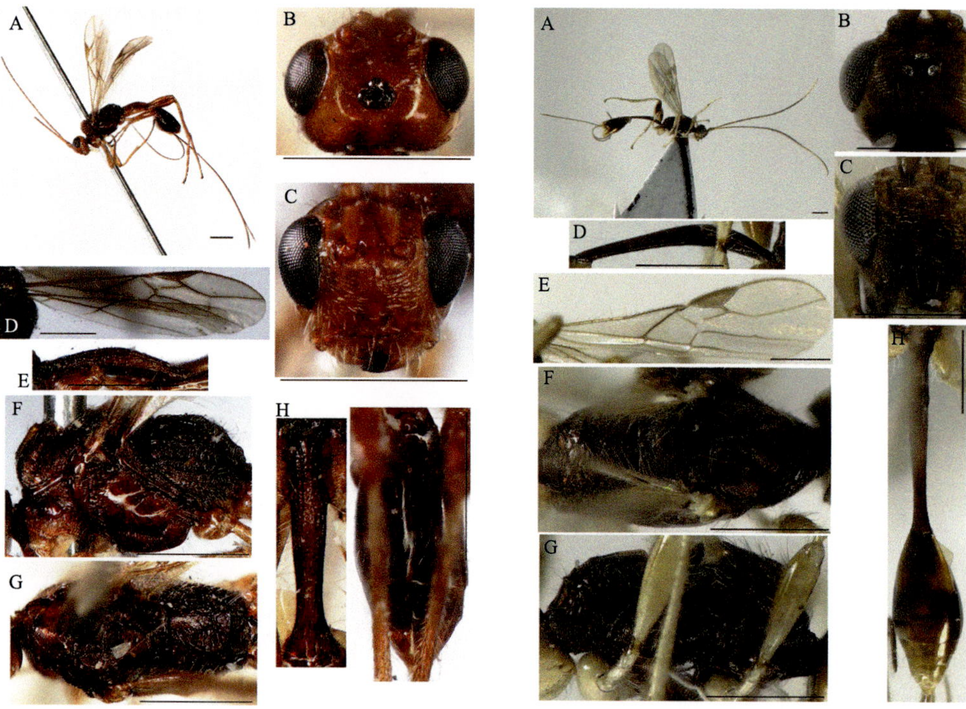

3. 直径柄腹茧蜂 *Spathius euthyradius* Chao：A. 整体，侧面观；B. 头，背面观；C. 头，前面观；D. 翅；E. 腹柄，侧面观；F. 胸部，侧面观；G. 胸部，背面观；H. 腹部，背面观。标尺=0.5 mm

4. 玲柄腹茧蜂 *Spathius evideus* Chao：A. 整体，侧面观；B. 头，背面观；C. 头，前面观；D. 腹柄，侧面观；E. 前翅；F. 胸部，背面观；G. 胸部，侧面观；H. 腹部，背面观。标尺=0.5 mm

1. 纹腹柄腹茧蜂 *Spathius exarator* (Linnaeus)：A. 整体，侧面观；B. 头，背面观；C. 头，前面观；D. 腹柄，侧面观；E. 前翅；F. 胸部，背面观；G. 胸部，侧面观；H. 腹部，背面观。标尺=0.5 mm

2. 圆口柄腹茧蜂 *Spathius fasciatus* Walker：A. 整体，侧面观；B. 头，背面观；C. 头，前面观；D. 腹柄，侧面观；E. 翅；F. 胸部，背面观；G. 胸部，侧面观；H. 腹部，背面观。标尺=0.5 mm

3. 红腿柄腹茧蜂 *Spathius femoralis* (Westwood)：A. 整体，侧面观；B. 头，背面观；C. 头，前面观；D. 腹柄，侧面观；E. 前翅；F. 胸部，背面观；G. 胸部，侧面观；H. 腹部，背面观。标尺=0.5 mm

4. 锈红柄腹茧蜂 *Spathius ferrugineus* Tang, Belokobylskij *et* Chen：A. 整体，侧面观；B. 头，背面观；C. 头，前面观；D. 前翅；E. 腹柄，侧面观；F. 胸部，侧面观；G. 胸部，背面观；H. 腹部，背面观。标尺=0.5 mm

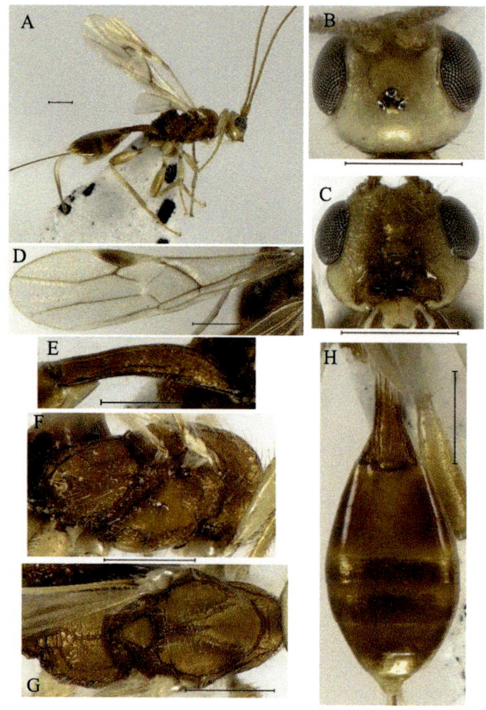

1. 黄体柄腹茧蜂 *Spathius flavicorpus* Tang, Belokobylskij *et* Chen：A. 整体，侧面观；B. 头，背面观；C. 头，前面观；D. 前翅；E. 腹柄，侧面观；F. 胸部，侧面观；G. 胸部，背面观；H. 腹部，背面观。标尺=0.5 mm

2. 加琳娜柄腹茧蜂 *Spathius galinae* Belokobylskij *et* Strazanac：A. 整体，侧面观；B. 头，背面观；C. 头，前面观；D. 腹柄，侧面观；E. 前翅；F. 胸部，侧面观；G. 胸部，背面观；H. 腹部，背面观。标尺=0.5 mm

3. 普柄腹茧蜂 *Spathius generosus* Wilkinson：A. 整体，侧面观；B. 头，背面观；C. 头，前面观；D. 腹柄，侧面观；E. 前翅；F. 胸部，侧面观；G. 胸部，背面观；H. 腹部，背面观。标尺=0.5 mm

4. 古田山柄腹茧蜂 *Spathius gutianensis* Tang, Belokobylskij *et* Chen：A. 整体，侧面观；B. 头，前面观；C. 头，背面观；D. 腹柄，侧面观；E. 前翅；F. 胸部，侧面观；G. 胸部，背面观；H. 腹部，背面观。标尺=0.5 mm

1. 土生柄腹茧蜂 *Spathius habui* Belokobylskij *et* Maeto：A. 整体，侧面观；B. 头，背面观；C. 头，前面观；D. 前翅；E. 腹柄，侧面观；F. 胸部，背面观；G. 胸部，侧面观；H. 腹部，背面观。标尺=0.5 mm

2. 海南柄腹茧蜂 *Spathius hainanensis* Chao：A. 整体，侧面观；B. 头，背面观；C. 头，侧面观；D. 腹柄，侧面观；E. 前翅；F. 胸部，侧面观；G. 胸部，背面观；H. 腹部，背面观。标尺=0.5 mm

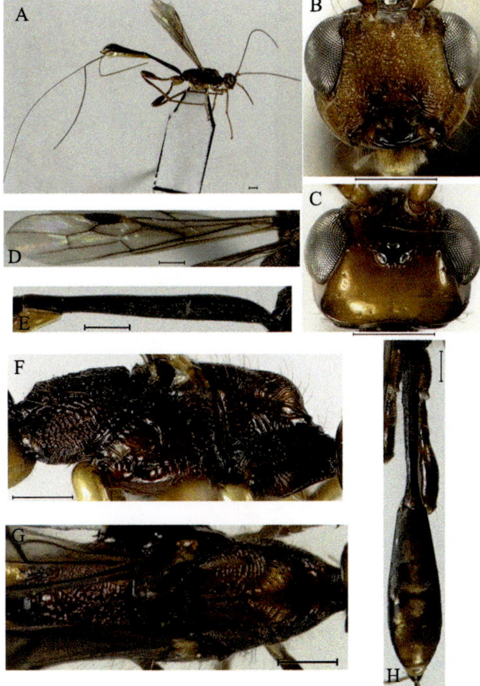

3. 琼柄腹茧蜂 *Spathius hainanicola* Tang, Belokobylskij *et* Chen：A. 整体，侧面观；B. 头，前面观；C. 头，背面观；D. 前翅；E. 腹柄，侧面观；F. 胸部，侧面观；G. 胸部，背面观；H. 腹部，背面观。标尺=0.5 mm

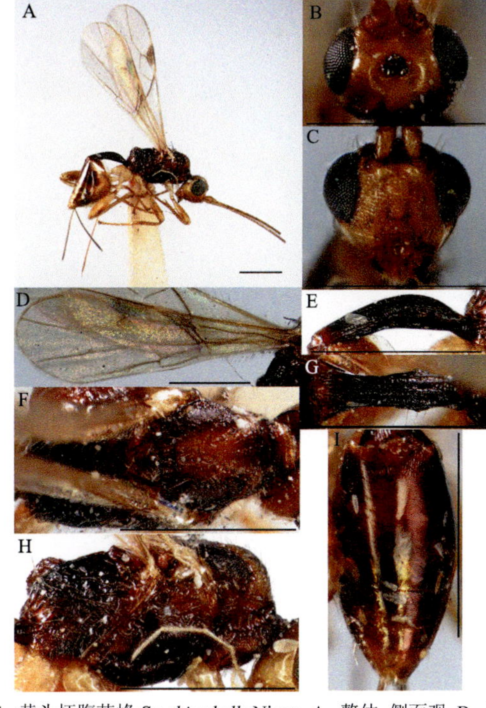

4. 黄头柄腹茧蜂 *Spathius helle* Nixon：A. 整体，侧面观；B. 头，背面观；C. 头，前面观；D. 前翅；E. 腹柄，侧面观；F. 胸部，背面观；G. 腹柄，背面观；H. 胸部，侧面观；I. 腹部，背面观。标尺=0.5 mm

图版 L

1. 赫菲柄腹茧蜂 *Spathius hephaestus* Nixon：A. 整体，侧面观；B. 头，背面观；C. 头，前面观；D. 腹柄，侧面观；E. 前翅；F. 胸部，背面观；G. 胸部，侧面观；H. 腹部，背面观。标尺=0.5 mm

2. 英彦柄腹茧蜂 *Spathius hikoensis* Belokobylskij：A. 整体，侧面观；B. 头，背面观；C. 头，前面观；D. 腹柄，侧面观；E. 前翅；F. 胸部，背面观；G. 胸部，侧面观；H. 腹部，背面观。标尺=0.5 mm

3. 茨城柄腹茧蜂 *Spathius ibarakius* Belokobylskij *et* Maeto：A. 整体，侧面观；B. 头，背面观；C. 头，前面观；D. 前翅；E. 胸部，背面观；F. 腹柄，侧面观；G. 胸部，侧面观；H. 腹部，背面观。标尺=0.5 mm

4. 石垣柄腹茧蜂 *Spathius ishigakus* Belokobylskij：A. 整体，侧面观；B. 头，背面观；C. 头，前面观；D. 腹柄，侧面观；E. 前翅；F. 胸部，背面观；G. 胸部，侧面观；H. 腹部，背面观。标尺=0.5 mm

1. 日本柄腹茧蜂 *Spathius japonicus* Watanabe：A. 整体，侧面观；B. 头，背面观；C. 头，前面观；D. 腹柄，侧面观；E. 前翅；F. 胸部，侧面观；G. 胸部，背面观；H. 腹部，背面观。标尺=0.5 mm

2. 小西柄腹茧蜂 *Spathius konishii* Belokobylskij：A. 整体，侧面观；B. 头，背面观；C. 头，前面观；D. 腹柄，侧面观；E. 翅；F. 胸部，背面观；G. 胸部，侧面观；H. 腹部，背面观。标尺=0.5 mm

3. 国后柄腹茧蜂 *Spathius kunashiri* Belokobylskij：A. 整体，侧面观；B. 头，背面观；C. 头，前面观；D. 腹柄，侧面观；E. 前翅；F. 胸部，背面观；G. 胸部，侧面观；H. 腹部，背面观。标尺=0.5 mm

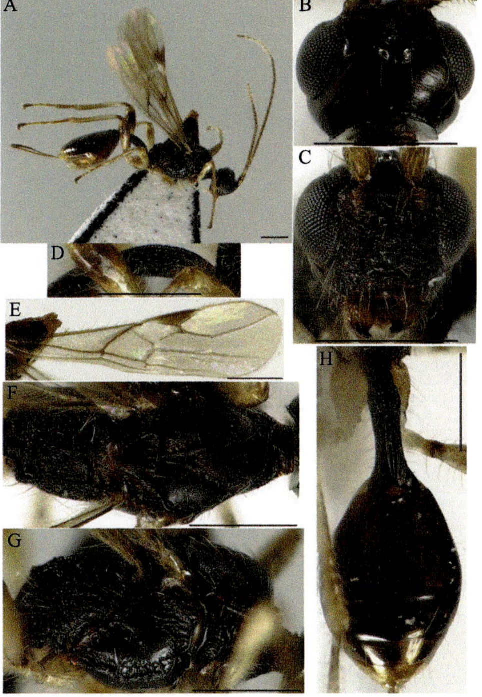

4. 莱氏柄腹茧蜂 *Spathius leschii* Belokobylskij：A. 整体，侧面观；B. 头，背面观；C. 头，前面观；D. 腹柄，侧面观；E. 前翅；F. 胸部，背面观；G. 胸部，侧面观；H. 腹部，背面观。标尺=0.5 mm

1. 长角柄腹茧蜂 *Spathius longicornis* Chao：A. 整体，侧面观；B. 头，背面观；C. 头，前面观；D. 前翅；E. 胸部，背面观；F. 胸部，侧面观；G. 腹部，背面观。标尺=0.5 mm

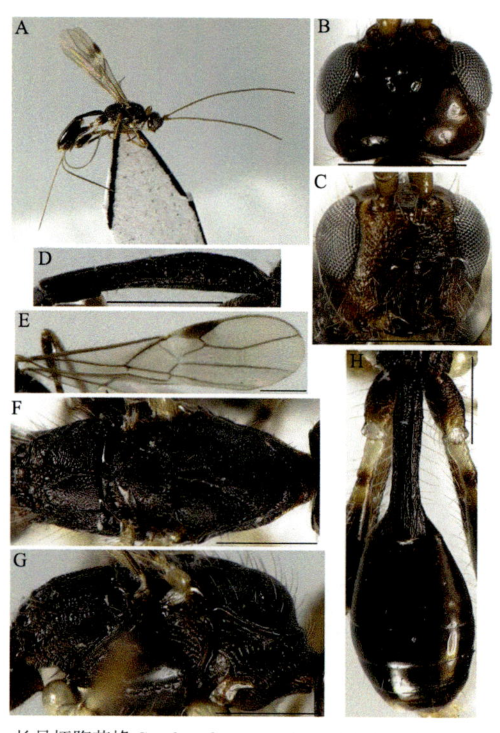

2. 长足柄腹茧蜂 *Spathius longipetiolus* Belokobylskij *et* Maeto：A. 整体，侧面观；B. 头，背面观；C. 头，前面观；D. 腹柄，侧面观；E. 前翅；F. 胸部，背面观；G. 胸部，侧面观；H. 腹部，背面观。标尺=0.5 mm

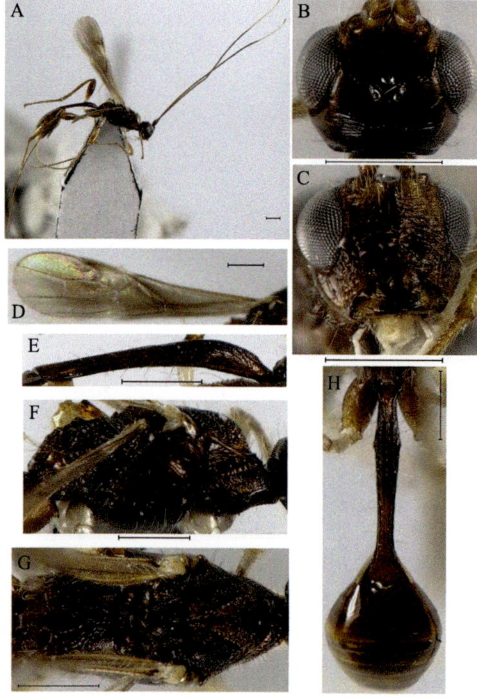

3. 尖柄腹茧蜂 *Spathius longulator* Tang, Belokobylskij *et* Chen：A. 整体，侧面观；B. 头，背面观；C. 头，前面观；D. 前翅；E. 腹柄，侧面观；F. 胸部，侧面观；G. 胸部，背面观；H. 腹部，背面观。标尺=0.5 mm

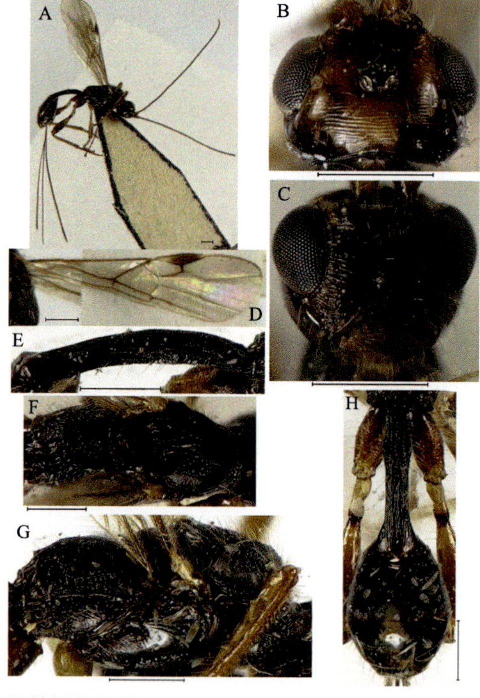

4. 长鞘柄腹茧蜂 *Spathius macrurus* Tang, Belokobylskij *et* Chen：A. 整体，侧面观；B. 头，背面观；C. 头，前面观；D. 前翅；E. 腹柄，侧面观；F. 胸部，背面观；G. 胸部，侧面观；H. 腹部，背面观。标尺=0.5 mm

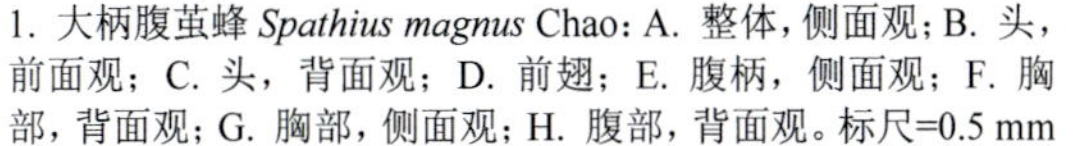

1. 大柄腹茧蜂 *Spathius magnus* Chao：A. 整体，侧面观；B. 头，前面观；C. 头，背面观；D. 前翅；E. 腹柄，侧面观；F. 胸部，背面观；G. 胸部，侧面观；H. 腹部，背面观。标尺=0.5 mm

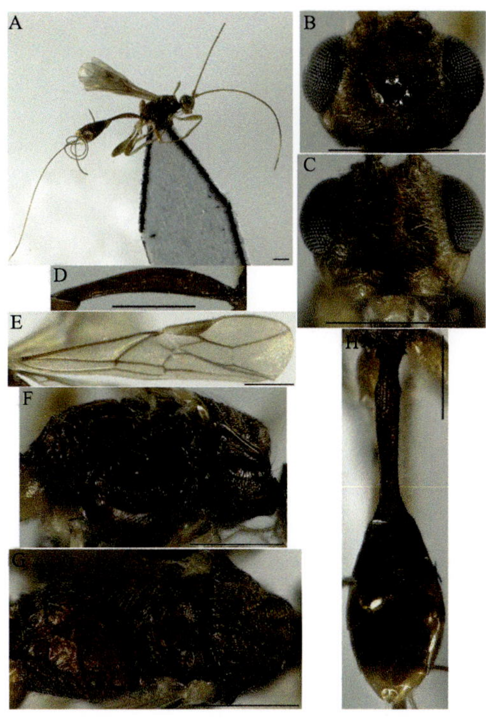

2. 间柄腹茧蜂 *Spathius medon* Nixon：A. 整体，侧面观；B. 头，背面观；C. 头，前面观；D. 腹柄，侧面观；E. 前翅；F. 胸部，侧面观；G. 胸部，背面观；H. 腹部，背面观。标尺=0.5 mm

3. 蛛形柄腹茧蜂 *Spathius melpomene* Nixon：A. 整体，侧面观；B. 头，背面观；C. 头，前面观；D. 腹柄，侧面观；E. 前翅；F. 胸部，背面观；G. 胸部，侧面观；H. 腹部，背面观。标尺=0.5 mm

4. 密柄腹茧蜂 *Spathius miletus* Nixon：A. 整体，侧面观；B. 头，背面观；C. 头，前面观；D. 腹柄，侧面观；E. 前翅；F. 胸部，侧面观；G. 胸部，背面观；H. 腹部，背面观。标尺=0.5 mm

图版 LIV

1. 近柄腹茧蜂 *Spathius mimeticus* (Enderlein)：A. 整体，侧面观；B. 头，背面观；C. 头，前面观；D. 腹柄，侧面观；E. 前翅；F. 胸部，侧面观；G. 胸部，背面观；H. 腹部，背面观。标尺=0.5 mm

2. 崇山柄腹茧蜂 *Spathius montivagans* Chao：A. 整体，侧面观；B. 头，前面观；C. 头，背面观；D. 前翅；E. 胸部，侧面观；F. 胸部，背面观；G. 腹部，背面观。标尺=0.5 mm

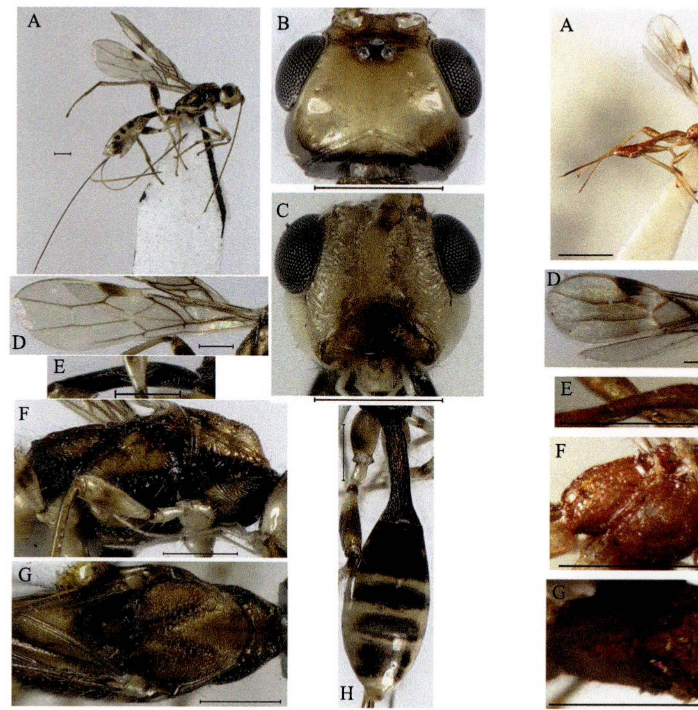

3. 近莫柄腹茧蜂 *Spathius moscoides* Tang, Belokobylskij *et* Chen：A. 整体，侧面观；B. 头，背面观；C. 头，前面观；D. 前翅；E. 腹柄，侧面观；F. 胸部，侧面观；G. 胸部，背面观；H. 腹部，背面观。标尺=0.5 mm

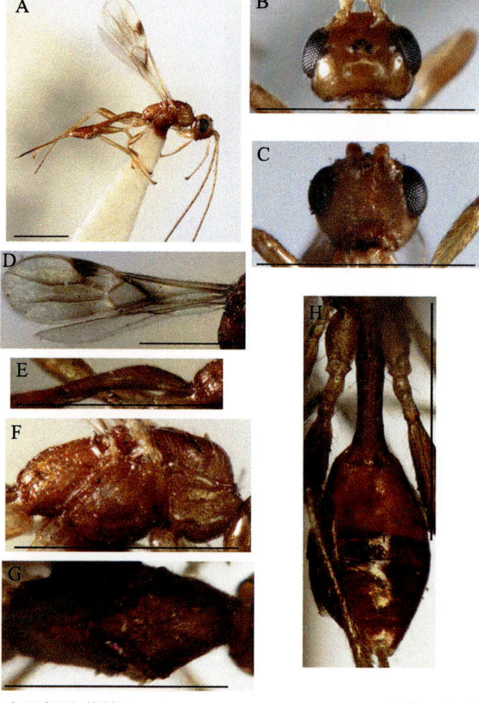

4. 南平柄腹茧蜂 *Spathius nanpingensis* Chao：A. 整体，侧面观；B. 头，背面观；C. 头，前面观；D. 翅；E. 腹柄，侧面观；F. 胸部，侧面观；G. 胸部，背面观；H. 腹部，背面观。标尺=0.5 mm

1. 疑天琴柄腹茧蜂 *Spathius nehebrus* Tang, Belokobylskij *et* Chen：A. 整体，侧面观；B. 头，背面观；C. 头，前面观；D. 前翅；E. 腹柄，侧面观；F. 胸部，背面观；G. 胸部，侧面观；H. 腹部，背面观。标尺=0.5 mm

2. 无情柄腹茧蜂 *Spathius neleiformis* Tang, Belokobylskij *et* Chen：A. 整体，侧面观；B. 头，背面观；C. 头，前面观；D. 胸部，侧面观；E. 前翅；F. 腹柄，侧面观；G. 胸部，背面观；H. 腹部，背面观。标尺=0.5 mm

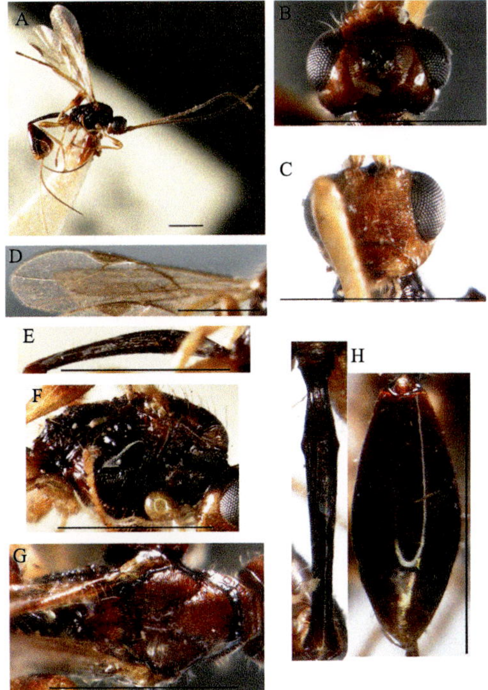

3. 黑柄柄腹茧蜂 *Spathius nigripetiolus* Chao：A. 整体，侧面观；B. 头，背面观；C. 头，前面观；D. 前翅；E. 腹柄，侧面观；F. 胸部，侧面观；G. 胸部，背面观；H. 腹部，背面观。标尺=0.5 mm

4. 尼氏柄腹茧蜂 *Spathius nixoni* Belokobylskij *et* Maeto：A. 整体，侧面观；B. 头，背面观；C. 头，前面观；D. 腹柄，侧面观；E. 前翅；F. 胸部，侧面观；G. 胸部，背面观；H. 腹部，背面观。标尺=0.5 mm

图版 LVI

1. 爆皮虫柄腹茧蜂 *Spathius ochus* Nixon：A. 整体，侧面观；B. 头，背面观；C. 头，前面观；D. 腹柄，侧面观；E. 前翅；F. 胸部，背面观；G. 胸部，侧面观；H. 腹部，背面观。标尺=0.5 mm

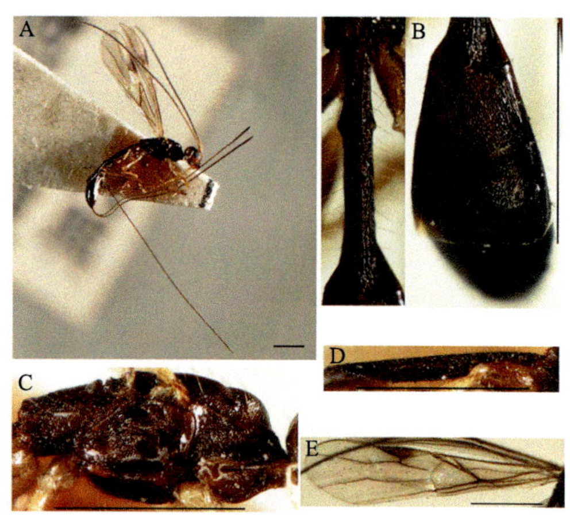

2. 峨眉柄腹茧蜂 *Spathius omiensis* Chao：A. 整体，侧面观；B. 腹部，背面观；C. 胸部，侧面观；D. 腹柄，侧面观；E. 前翅。标尺=0.5 mm

3. 东方柄腹茧蜂 *Spathius oriens* Belokobylskij：A. 整体，侧面观；B. 并胸腹节，背面观；C. 头，前面观；D. 头，背面观；E. 触角，侧面观；F. 翅；G. 胸部，侧面观；H. 胸部，背面观；I. 腹柄，侧面观；J. 腹部，背面观。

4. 白须柄腹茧蜂 *Spathius paracritolaus* Belokobylskij：A. 整体，侧面观；B. 头，背面观；C. 头，前面观；D. 前翅；E. 胸部，侧面观；F. 腹柄，侧面观；G. 胸部，背面观；H. 腹部，背面观。标尺=0.5 mm

1. 平行柄腹茧蜂 *Spathius parallelus* Tang, Belokobylskij *et* Chen：A. 整体，侧面观；B. 头，前面观；C. 头，背面观；D. 前翅；E. 腹柄，侧面观；F. 胸部，侧面观；G. 胸部，背面观；H. 腹部，背面观。标尺=0.5 mm

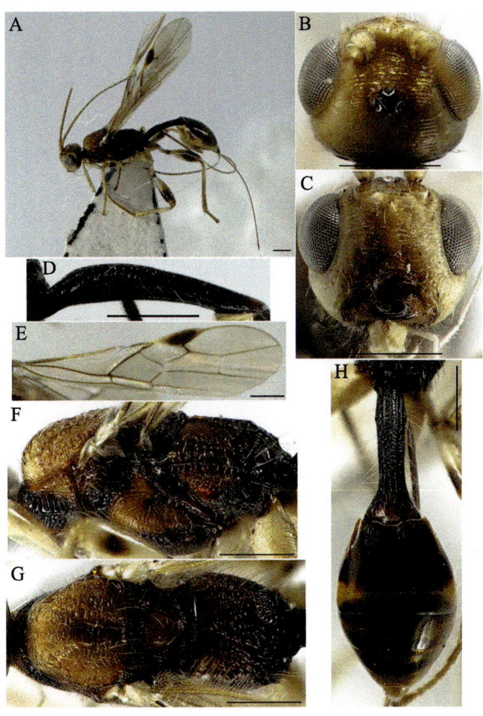

2. 副妙柄腹茧蜂 *Spathius paramoenus* Belokobylskij *et* Maeto：A. 整体，侧面观；B. 头，背面观；C. 头，前面观；D. 腹柄，侧面观；E. 前翅；F. 胸部，侧面观；G. 胸部，背面观；H. 腹部，背面观。标尺=0.5 mm

3. 近细长柄腹茧蜂 *Spathius parimbecillus* Tang, Belokobylskij *et* Chen：A. 整体，侧面观；B. 头，前面观；C. 头，背面观；D. 腹柄，侧面观；E. 前翅；F. 胸部，侧面观；G. 胸部，背面观；H. 腹部，背面观。标尺=0.5 mm

4. 拟爆皮虫柄腹茧蜂 *Spathius parochus* Belokobylskij *et* Maeto：A. 整体，侧面观；B. 头，背面观；C. 头，前面观；D. 腹柄，侧面观；E. 前翅；F. 胸部，侧面观；G. 胸部，背面观；H. 腹部，背面观。标尺=0.5 mm

图版 LVIII

1. 瘤柄腹茧蜂 *Spathius phymatodis* Fischer：A. 整体，侧面观；B. 头，背面观；C. 头，前面观；D. 腹柄，侧面观；E. 前翅；F. 胸部，背面观；G. 胸部，侧面观；H. 腹部，背面观。标尺=0.5 mm

2. 胡椒象柄腹茧蜂 *Spathius piperis* Wilkinson：A. 整体，侧面观；B. 头，背面观；C. 头，前面观；D. 腹柄，侧面观；E. 前翅；F. 胸部，侧面观；G. 胸部，背面观；H. 腹部，背面观。标尺=0.5 mm

3. 扁体柄腹茧蜂 *Spathius planus* Belokobylskij：A. 整体，侧面观；B. 头，背面观；C. 头，前面观；D. 腹柄，侧面观；E. 前翅；F. 胸部，背面观；G. 胸部，侧面观；H. 腹部，背面观。标尺=0.5 mm

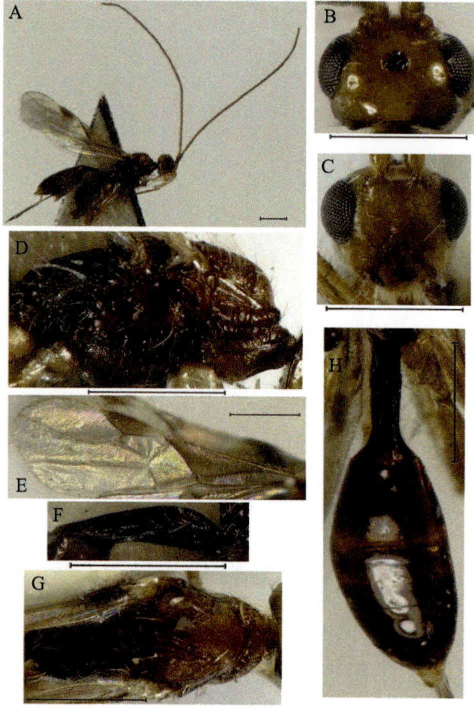

4. 拟莫柄腹茧蜂 *Spathius proximoscus* Tang, Belokobylskij *et* Chen：A. 整体，侧面观；B. 头，背面观；C. 头，前面观；D. 胸部，侧面观；E. 前翅；F. 腹柄，侧面观；G. 胸部，背面观；H. 腹部，背面观。标尺=0.5 mm

1. 拟裸柄腹茧蜂 *Spathius pseudaphareus* Tang, Belokobylskij *et* Chen：A. 整体，侧面观；B. 头，背面观；C. 头，前面观；D. 胸部，侧面观；E. 腹柄，侧面观；F. 前翅；G. 胸部，背面观；H. 腹部，背面观。标尺=0.5 mm

2. 假扼柄腹茧蜂 *Spathius pseudaspersus* Belokobylskij：A. 整体，侧面观；B. 头，背面观；C. 头，前面观；D. 腹部，侧面观；E. 胸部，背面观；F. 胸部，侧面观；G. 腹部，背面观。标尺=0.5 mm

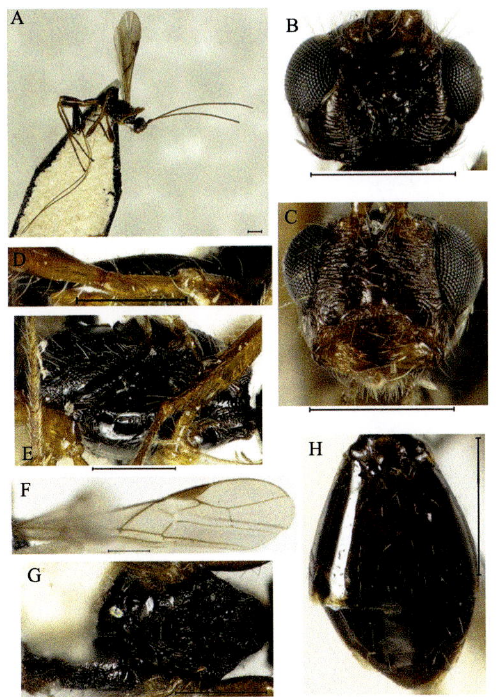

3. 黑胸柄腹茧蜂 *Spathius pseudido* Tang, Belokobylskij *et* Chen：A. 整体，侧面观；B. 头，背面观；C. 头，前面观；D. 腹柄，侧面观；E. 胸部，侧面观；F. 前翅；G. 胸部，背面观；H. 腹部，背面观。标尺=0.5 mm

4. 假白须柄腹茧蜂 *Spathius pseudocritolaus* Tang, Belokobylskij *et* Chen：A. 整体，侧面观；B. 头，前面观；C. 头，背面观；D. 腹柄，侧面观；E. 前翅；F. 胸部，侧面观；G. 胸部，背面观；H. 腹部，背面观。标尺=0.5 mm

1. 小柄腹茧蜂 *Spathius pumilio* Belokobylskij：A. 整体，侧面观；B. 头，背面观；C. 头，前面观；D. 前翅；E. 胸部，侧面观；F. 胸部，背面观；G. 腹部，背面观。标尺=0.5 mm

2. 德森柄腹茧蜂 *Spathius quasiasander* Tang, Belokobylskij *et* Chen：A. 整体，侧面观；B. 头，前面观；C. 头，背面观；D. 胸部，侧面观；E. 前翅；F. 腹柄，侧面观；G. 胸部，背面观；H. 腹部，背面观。标尺=0.5 mm

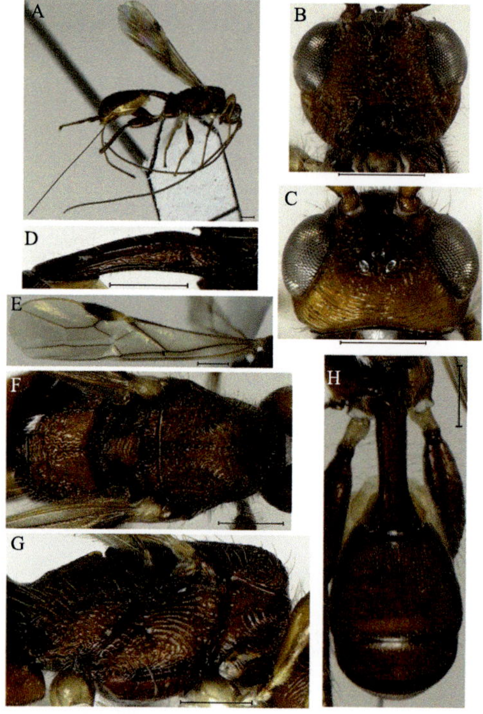

3. 陡盾柄腹茧蜂 *Spathius rectangulus* Tang, Belokobylskij *et* Chen：A. 整体，侧面观；B. 头，前面观；C. 头，背面观；D. 腹柄，侧面观；E. 前翅；F. 胸部，背面观；G. 胸部，侧面观；H. 腹部，背面观。标尺=0.5 mm

4. 网脊柄腹茧蜂 *Spathius reticulatus* Chao *et* Chen：A. 整体，侧面观；B. 头，背面观；C. 头，前面观；D. 腹柄，侧面观；E. 前翅；F. 胸部，侧面观；G. 胸部，背面观；H. 腹部，背面观。标尺=0.5 mm

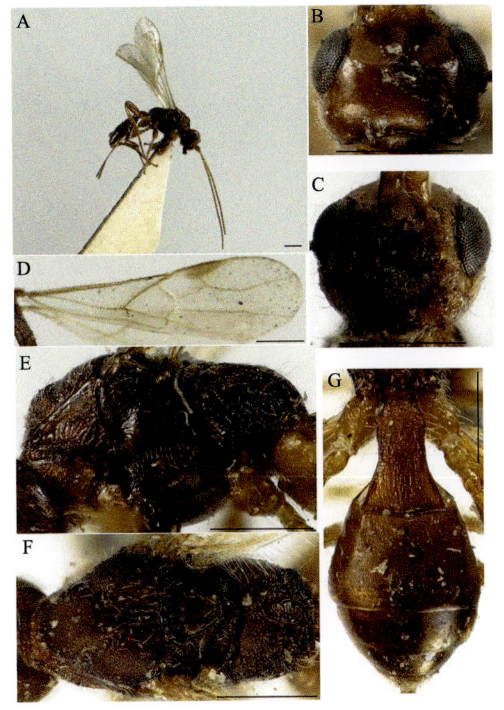

1. 北方柄腹茧蜂 *Spathius rubidus* (Rossi)：A. 整体，侧面观；B. 头，背面观；C. 头，前面观；D. 前翅；E. 胸部，侧面观；F. 胸部，背面观；G. 腹部，背面观。标尺=0.5 mm

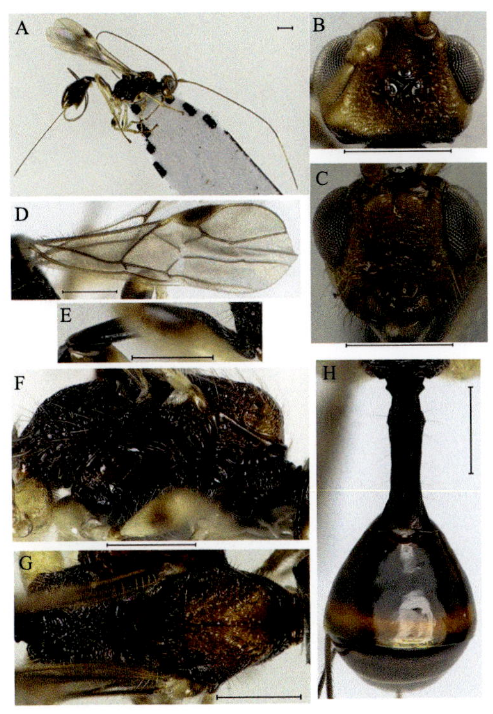

2. 皱顶柄腹茧蜂 *Spathius rugosivertex* Tang, Belokobylskij *et* Chen：A. 整体，侧面观；B. 头，背面观；C. 头，前面观；D. 前翅；E. 腹柄，侧面观；F. 胸部，侧面观；G. 胸部，背面观；H. 腹部，背面观。标尺=0.5 mm

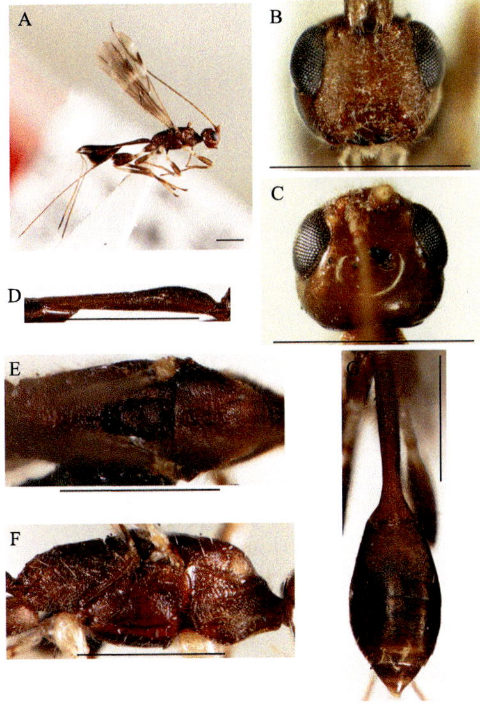

3. 细柄腹茧蜂 *Spathius sedulus* Chao：A. 整体，侧面观；B. 头，前面观；C. 头，背面观；D. 腹柄，侧面观；E. 胸部，背面观；F. 胸部，侧面观；G. 腹部，背面观。标尺=0.5 mm

4. 中华柄腹茧蜂 *Spathius sinicus* Chao：A. 整体，侧面观；B. 头，背面观；C. 头，前面观；D. 腹柄，侧面观；E. 翅；F. 胸部，背面观；G. 胸部，侧面观；H. 腹部，背面观。标尺=0.5 mm

1. 多刺柄腹茧蜂 *Spathius spinosus* Tang, Belokobylskij *et* Chen：A. 整体，侧面观；B. 头，背面观；C. 头，前面观；D. 腹柄，侧面观；E. 前翅；F. 胸部，背面观；G. 胸部，侧面观；H. 腹部，背面观。标尺=0.5 mm

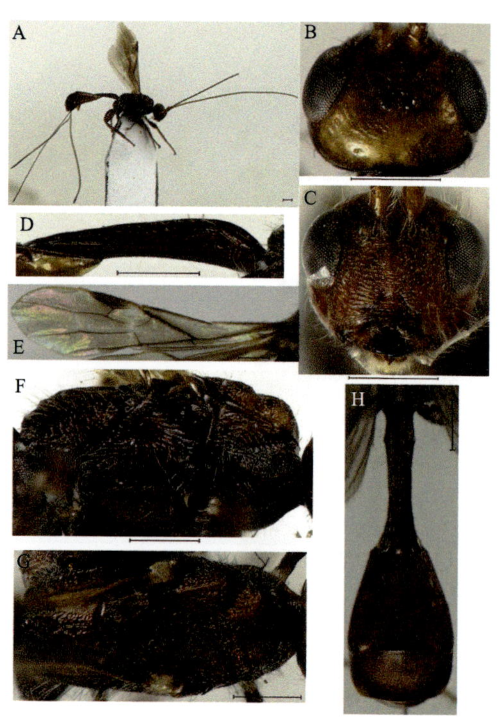

2. 拟多缘柄腹茧蜂 *Spathius striolatiformis* Tang, Belokobylskij *et* Chen：A. 整体，侧面观；B. 头，背面观；C. 头，前面观；D. 腹柄，侧面观；E. 前翅；F. 胸部，侧面观；G. 胸部，背面观；H. 腹部，背面观。标尺=0.5 mm

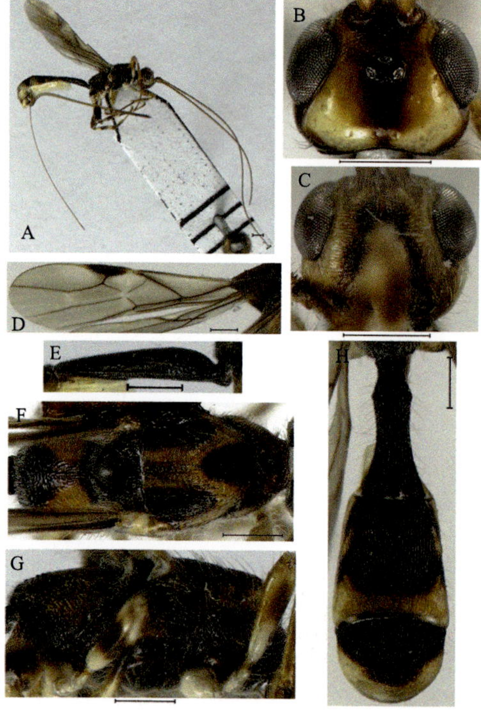

3. 近落羽杉柄腹茧蜂 *Spathius subcyparissus* Tang, Belokobylskij *et* Chen：A. 整体，侧面观；B. 头，背面观；C. 头，前面观；D. 翅；E. 腹柄，侧面观；F. 胸部，背面观；G. 胸部，侧面观；H. 腹部，背面观。标尺=0.5 mm

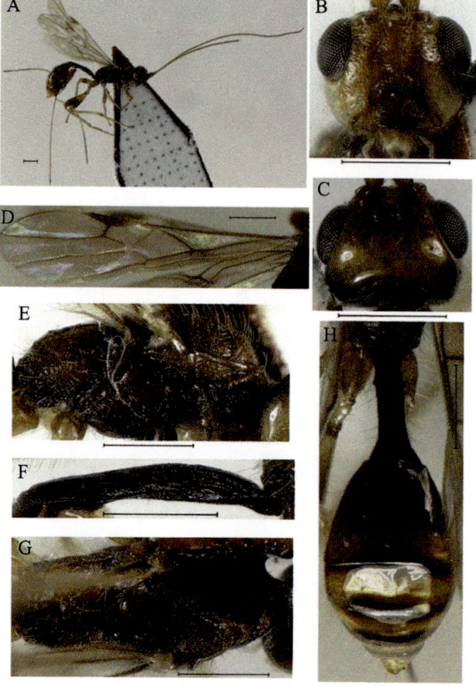

4. 近埃柄腹茧蜂 *Spathius suberymanthus* Tang, Belokobylskij *et* Chen：A. 整体，侧面观；B. 头，前面观；C. 头，背面观；D. 前翅；E. 胸部，侧面观；F. 腹柄，侧面观；G. 胸部，背面观；H. 腹部，背面观。标尺=0.5 mm

1. 飒柄腹茧蜂 *Spathius subtilis* Chao：A. 整体，侧面观；B. 头，背面观；C. 头，前面观；D. 腹柄，侧面观；E. 翅；F. 胸部，侧面观；G. 胸部，背面观；H. 腹部，背面观。标尺=0.5 mm

2. 台湾柄腹茧蜂 *Spathius taiwanicus* Belokobylskij：A. 整体，侧面观；B. 头，背面观；C. 头，前面观；D. 腹柄，侧面观；E. 前翅；F. 胸部，背面观；G. 胸部，侧面观；H. 腹部，背面观。标尺=0.5 mm

3. 谭氏柄腹茧蜂 *Spathius tanae* Tang, Belokobylskij *et* Chen：A. 整体，侧面观；B. 头，背面观；C. 头，前面观；D. 腹柄，侧面观；E. 前翅；F. 胸部，侧面观；G. 胸部，背面观；H. 腹部，背面观。标尺=0.5 mm

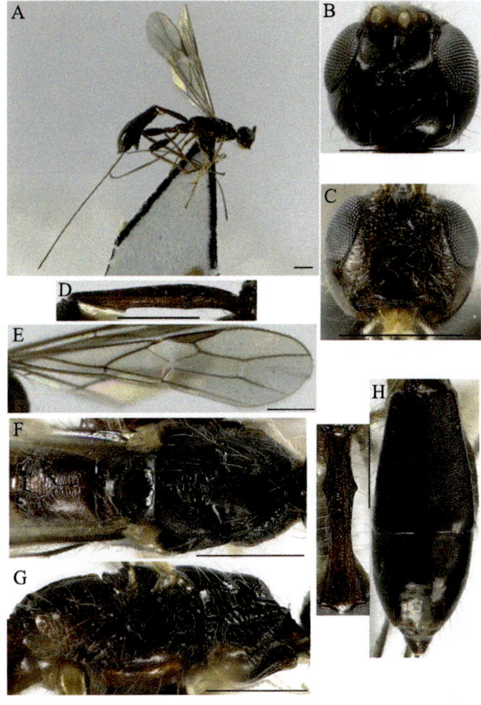

4. 长附柄腹茧蜂 *Spathius testaceitarsis* (Cameron)：A. 整体，侧面观；B. 头，背面观；C. 头，前面观；D. 腹柄，侧面观；E. 前翅；F. 胸部，背面观；G. 胸部，侧面观；H. 腹部，背面观。标尺=0.5 mm

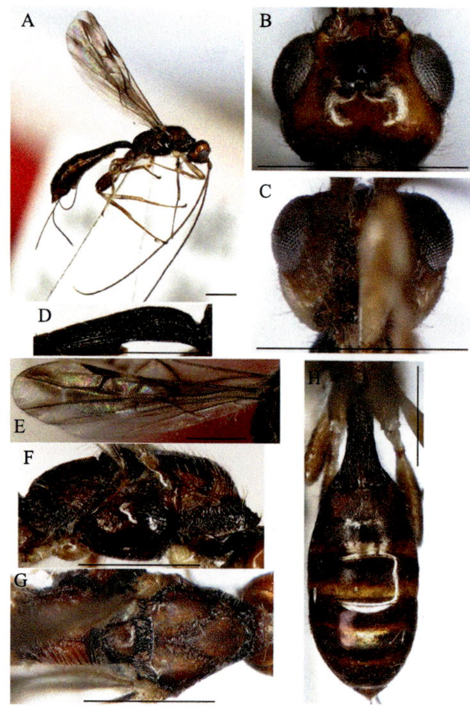

1. 妍柄腹茧蜂 *Spathius verustus* Chao：A. 整体，侧面观；B. 头，背面观；C. 头，前面观；D. 腹柄，侧面观；E. 前翅；F. 胸部，侧面观；G. 胸部，背面观；H. 腹部，背面观。标尺=0.5 mm

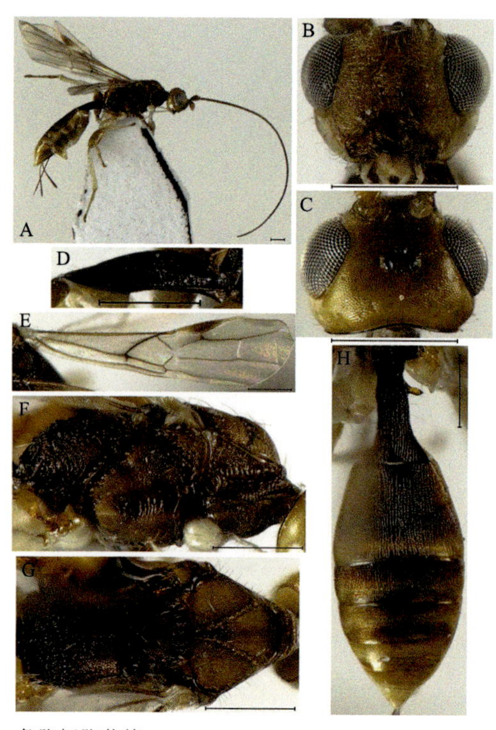

2. 条腹柄腹茧蜂 *Spathius virgulatus* Tang, Belokobylskij *et* Chen：A. 整体，侧面观；B. 头，前面观；C. 头，背面观；D. 腹柄，侧面观；E. 前翅；F. 胸部，侧面观；G. 胸部，背面观；H. 腹部，背面观。标尺=0.5 mm

3. 弗氏柄腹茧蜂 *Spathius vladimiri* Belokobylskij：A. 整体，侧面观；B. 头，背面观；C. 头，前面观；D. 腹柄，侧面观；E. 前翅；F. 胸部，侧面观；G. 胸部，背面观；H. 腹部，背面观。标尺=0.5 mm

4. 吴氏柄腹茧蜂 *Spathius wuae* Tang, Belokobylskij *et* Chen：A. 整体，侧面观；B. 头，前面观；C. 头，背面观；D. 腹柄，侧面观；E. 前翅；F. 胸部，背面观；G. 胸部，侧面观；H. 腹部，背面观。标尺=0.5 mm

1. 雾社柄腹茧蜂 *Spathius wusheensis* Belokobylskij：A. 整体，侧面观；B. 头，背面观；C. 头，前面观；D. 腹柄，侧面观；E. 前翅；F. 胸部，背面观；G. 胸部，侧面观；H. 腹部，背面观。标尺=0.5 mm

2. 许氏柄腹茧蜂 *Spathius xui* Tang, Belokobylskij *et* Chen：A. 整体，侧面观；B. 头，背面观；C. 头，前面观；D. 前翅；E. 胸部，侧面观；F. 胸部，背面观；G. 腹部，背面观。标尺=0.5 mm

3. 云南柄腹茧蜂 *Spathius yunnanensis* Chao：A. 整体，侧面观；B. 头，背面观；C. 头，前面观；D. 前翅；E. 腹柄，侧面观；F. 胸部，侧面观；G. 胸部，背面观；H. 腹部，背面观。标尺=0.5 mm

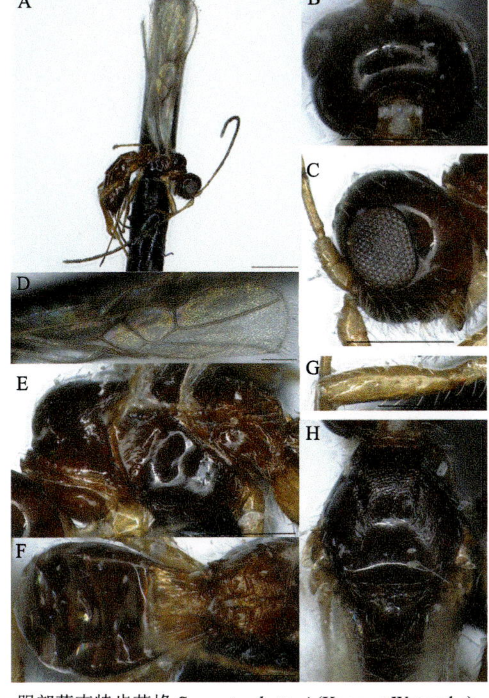

4. 服部萨克特步茧蜂 *Sycosoter hattori* (Kono *et* Watanabe)：A. 整体，侧面观；B. 头，背面观；C. 头，侧面观；D. 前翅；E. 胸部，侧面观；F. 腹部，背面观；G. 后足腿节，侧面观；H. 胸部，背面观。标尺=0.5 mm

图版 LXVI

1. 泰热纹茧蜂 *Troporhaconotus thayi* (Belokobylskij)：A. 整体，侧面观；B. 头，背面观；C. 头，前面观；D. 后足腿节，侧面观；E. 前翅；F. 胸部，背面观；G. 胸部，侧面观；H. 腹部，背面观。标尺=0.5 mm

2. 双色刺足茧蜂 *Zombrus bicolor* (Enderlein)：A. 整体，侧面观；B. 头，前面观；C. 翅；D. 头，背面观；E. 后足腿节，侧面观；F. 胸部，侧面观；G. 腹部，背面观。标尺=0.5 mm

(SCPC-BZBEZH23-0001)

ISBN 978-7-03-082745-6

定价：**648.00** 元